Immunologie

Charles A. Janeway jr. und Paul Travers

Immunologie

Aus dem Englischen übersetzt von
Ingrid Haußer-Siller, Marianne Mauch, Ilse Neufeldt-Brasche,
Renate Pollwein und Lothar Seidler

Mit einem Vorwort zur deutschen Ausgabe von
Klaus Rajewsky

Spektrum Akademischer Verlag Heidelberg · Berlin · Oxford

Originaltitel: Immunobiology
Aus dem Englischen übersetzt von Ingrid Haußer-Siller, Marianne Mauch,
Ilse Neufeldt-Brasche, Renate Pollwein und Lothar Seidler

Englische Originalausgabe bei Current Biology Ltd., London/Garland
Publishing Inc., New York
© 1994 Current Biology Ltd./Garland Publishing Inc.

Die Deutsche Bibliothek – CIP-Einheitsaufnahme
Janeway, Charles A.:
Immunologie / Charles A. Janeway jr. und Paul Travers. Aus dem Engl.
übers. von Ingrid Haußer-Siller ... Mit einem Vorw. zur dt. Ausg. von
Klaus Rajewsky. – Heidelberg ; Berlin ; Oxford : Spektrum, Akad. Verl.,
1995
  Einheitssacht.: Immunobiology <dt.>
  ISBN 3–86025–266–6 kart.
  ISBN 3–86025–253–4 Pp.
NE: Travers, Paul:

© 1995 Spektrum Akademischer Verlag GmbH
Heidelberg · Berlin · Oxford

Lektorat: Frank Wigger/Regine Zimmerschied, Marion Handgrätinger (Ass.)
Redaktion: Ingrid Glomp
Produktion: Myriam Nothacker
Umschlaggestaltung: Kurt Bitsch, Birkenau
Satz: Hagedornsatz GmbH, Viernheim
Druck und Verarbeitung: Paramount Printing Co. Ltd., Hongkong

Das Titelbild zeigt ein Computermodell eines IgG-Moleküls, das ein makro-
molekulares Antigen (Hühnereiweißlysozym; rot) gebunden hat. Der ypsi-
lonförmige Antikörper setzt sich aus einem Fc-Fragment (blau) und zwei
Fab-Fragmenten (gelb und grün) zusammen. (Photo © J. C. Revy/Focus)

Spektrum Akademischer Verlag GmbH Heidelberg · Berlin · Oxford

EIN VERLAG DER *SPEKTRUM FACHVERLAGE GMBH*

Vorwort zur deutschen Ausgabe

Hier ist endlich ein modernes und kompaktes Lehrbuch der Immunologie, das man neben dem noch nicht ins Deutsche übersetzten Buch von Abbas, Lichtman und Pober bedenkenlos allen jungen Medizinern und Biologen, Studenten, Doktoranden und Post-Docs, die sich mit Fragen der Immunologie beschäftigen wollen oder beschäftigen, empfehlen kann. In einer Zeit, in der das Wachstum der Erkenntnis in den Biowissenschaften so schnell erfolgt, da es schwerfällt, selbst auf begrenztem Gebiet auf dem aktuellen Stand des Wissens zu bleiben, ist es den beiden Autoren des Buches gelungen, das riesenhafte Gebiet der Immunologie in seiner ganzen Komplexität medizinischer, molekularbiologischer, genetischer und zellbiologischer Bezüge in einem gut lesbaren und stets interessanten Text vor dem Leser auszubreiten. Dazu kommt eine hervorragende, technisch perfekte und trotzdem unaufdringliche Illustrierung, die das Verständnis erleichtert und das Vergnügen am Sujet fördert.

Das Gelingen dieses ehrgeizigen Unternehmens beruht darauf, daß die beiden Autoren das Immunsystem durchweg vom Blickwinkel seiner wichtigsten biologischen Funktion, nämlich der Infektabwehr, betrachten. So wirkt das ganze Buch wie aus einem Guß, etwas, was man bei den meisten der heute so häufigen Mehrautorenwerke schmerzlich vermißt. So bleibt bei der enormen Spannbreite des behandelten Materials und der Ansiedlung eines Großteils des Buches in der modernen Molekular- und Zellbiologie stets die biologische Funktion im Blickpunkt, und die vielfältigen medizinischen Bezüge der Immunologie – Infektionskrankheiten und Impfungen, Tumorabwehr, Immundefizienzen, Allergien, Autoimmunkrankheiten – werden von den Autoren sachkundig und praxisnah in den Text einbezogen.

Die Stärke des Buches, nämlich der Versuch der Autoren, dem Leser ein klares Bild zu vermitteln, wie das Immunsystem funktioniert, bringt es mit sich, daß Kenner des Gebiets beim Lesen des Buches nicht immer mit dem Inhalt übereinstimmen werden. Ich selbst war nicht mit allem einverstanden, was ich gelesen habe. Ich halte dies aber angesichts der packenden Lektüre und des überzeugenden Gesamtkonzepts des Buches nicht für einen gravierenden Kritikpunkt. Der interessierte Leser findet am Schluß der einzelnen Kapitel nützliche Literaturhinweise, die auch neueste Arbeiten beinhalten und zu weiterem Studium anregen. Auch der Plan der Autoren, ihr Buch jährlich neu heraus- und auf den neuesten Stand zu bringen und so den Dialog mit dem interessierten Leser zu suchen, wird dazu beitragen, der sich ständig vermehrenden Erkenntnis inhaltlich und interpretativ Rechnung zu tragen.

So scheint es mir ein glücklicher Umstand zu sein, daß eine deutsche Übersetzung (die ich allerdings leider beim Abfassen dieses Vorwortes erst auszugsweise gesehen habe) des Janeway-Travers'schen Buches so rasch verfügbar wird. Sie bietet jungen, interessierten, des Englischen (noch) nicht recht mächtigen Biologen und Medizinern die gegenwärtig wahrscheinlich beste Möglichkeit, die zell- und molekularbiologischen Mechanismen kennenzulernen, die es den Zellen des Immunsystems in so wunderbarer Weise erlauben, Fremd von Selbst zu unterscheiden und auf der Basis dieser Fähigkeit ihre lebensnotwendige Schutzfunktion auszuüben.

Klaus Rajewsky
Institut für Genetik der Universität zu Köln   Januar 1995

Vorwort der Autoren

Dieses Buch ist als Einführung in die Immunologie für Medizin- und Biologiestudenten gedacht. Es versucht, das Gebiet der Immunologie aus der übergeordneten Perspektive der Wechselwirkungen zwischen dem Körper und der Vielzahl an potentiell schädlichen Mikroorganismen in seiner Umgebung darzustellen. Dieses besondere Vorgehen hat seine Berechtigung, da sich klinisch das Fehlen bestimmter Bestandteile des Immunsystems praktisch immer durch eine erhöhte Infektionsanfälligkeit manifestiert. Das Immunsystem dient also vor allem dazu, den Körper vor Infektionen zu schützen. Seine Evolutionsgeschichte muß deshalb stark von dieser Bedrohung geprägt sein. Andere Aspekte der Immunologie wie Allergien, Autoimmunreaktionen, Gewebeabstoßungen und die Immunität gegenüber Tumoren sind als Abwandlungen dieser grundlegenden Schutzfunktion zu betrachten, wobei die Art des Antigens die wichtigste Variable darstellt.

Wir haben versucht, das Buch logisch aufzubauen, und uns dabei besonders auf die adaptive Immunantwort konzentriert, die auf antigenspezifischen Lymphocyten beruht, welche ihre Aktivitäten auf der Basis der klonalen Selektion entfalten. Der erste Teil des Buches umreißt das konzeptionelle Gerüst der Immunologie und stellt die Hauptakteure vor – die Zellen, Gewebe und Moleküle des Immunsystems. Dieser Teil enthält außerdem eine „Werkzeugsammlung" jener Experimente und Methoden, welche die experimentelle Grundlage der Immunologie bilden. Die Teile II bis IV befassen sich mit den drei wichtigsten Aspekten der adaptiven Immunität: wie das Immunsystem verschiedene Moleküle erkennt und zwischen ihnen unterscheidet; wie einzelne Zellen sich so entwickeln, daß jede einen einzigartigen Rezeptor besitzt, der gegen fremde – und nicht gegen körpereigene – Moleküle gerichtet ist; und wie diese Zellen aktiviert werden, wenn sie auf Mikroorganismen stoßen, deren molekulare Komponenten an die Rezeptoren binden, sowie die Effektormechanismen, die diese Mikroorganismen im Körper vernichten.

Nach der Beschreibung der Hauptmerkmale der Lymphocyten und der adaptiven Immunantworten fügt der letzte Teil des Buches diese Bausteine schließlich auf der Ebene des gesamten Organismus zusammen. Hier wird untersucht, wann, wie und wo adaptive Immunantworten auftreten und wie sie in bestimmten Fällen versagen. In diesem Teil des Buches betrachten wir auch diejenigen Bestandteile des Immunsystems, die nicht auf der klonalen Selektion von Lymphocyten beruhen und die man als angeborene Immunität oder als natürliche Resistenz bezeichnet. Anschließend betrachten wir die Rolle des Immunsystems bei der Entstehung (statt der Verhinderung) von Krankheiten. Das Augenmerk gilt dabei vor allem den Allergien, der Autoimmunität und der Abstoßung von Geweben. Schließlich sehen wir uns an, wie man das Immunsystem zum Nutzen des Menschen beeinflussen kann, wobei die endogenen Regulationsmechanismen sowie die Möglichkeiten von Schutzimpfungen nicht nur gegen Krankheiten, sondern auch gegen Krebs und Immunerkrankungen besonders herausgestellt werden. Das Buch enthält außerdem ein Glossar der wichtigsten Begriffe, biographische Notizen über einige bedeutende Immunologen und zusammenfassende Tabellen der Schlüsselmoleküle.

Bei der Erstellung des vorliegenden Lehrbuches haben wir uns um eine einheitliche Gesamtdarstellung der Konzepte bemüht, die von Experimenten und Beobachtungen gestützt werden. Wir haben die einzelnen Kapitel Fachleuten (siehe Seite VIII) zur Durchsicht gegeben, die uns halfen, sachliche und logische Fehler zu beseitigen, die Art der Darstellung zu verbessern und für eine angemessene Themengewichtung zu sorgen. Wir sind ihnen allen für die Stunden harter Arbeit zu größtem Dank verpflichtet. Sollte das Buch dennoch Unzulänglichkeiten aufweisen, so liegt die Schuld dafür allein bei uns. Für die englischsprachige Originalausgabe ist geplant, die Inhalte jährlich auf den neuesten Stand zu bringen. Auch dabei werden wir uns für jedes Kapitel wieder an eine Reihe von Fachleuten wenden. Die größte Hilfe bei einer weiteren Verbesserung des Buches wird jedoch von den Lesern kommen. Wir freuen uns über Ihre Kommentare und Ihre Kritik. In jede Neuauflage werden wir Ihre Ideen mit einfließen lassen. Dies soll also das erste laufend aktualisierte Lehrbuch werden. Tatsächlich schreitet die Immunologie nach unserer Überzeugung gegenwärtig so rasch voran, daß eine jährliche Neuauflage unbedingt erforderlich ist.

Ohne Zweifel haben wir sowohl zuviel weggelassen als auch zuviel in das Buch aufgenommen. Die Immunologie umfaßt so viele verschiedene Interessengebiete, daß eine der schwierigsten Aufgaben beim Schreiben dieses Buches die Entscheidung darüber war, was behandelt werden muß und was vernachlässigt werden darf. Unsere Entscheidungen sind subjektiv und werden deswegen wahrscheinlich nicht von jedem geteilt. Auch hier begrüßen wir Ihre Beiträge und Vorschläge bezüglich der Stellen, an denen wir eindeutig ein falsches Urteil gefällt haben.

Schließlich möchten wir all denjenigen danken, durch deren harte Arbeit dieses Buch erst möglich wurde. Unsere Illustratorin Celia Welcomme hat ihr außergewöhnliches Talent in alle Abbildungen einfließen lassen. Das Buch selbst wurde von drei hochqualifizierten und überaus kompetenten Leuten bearbeitet: Miranda Robertson, Rebecca Ward und Eleanor Lawrence. Unter Führung von Miranda haben sie jedes Wort, jeden Satz, jedes Komma und jede Abbildung hinterfragt. Bei dem Versuch, verständlich und präzise zugleich zu sein, haben wir uns deshalb manches Mal die Haare gerauft. Falls wir gescheitert sind, so ist das nicht ihr Fehler. Peter Newmark und Vitek Tracz haben uns intelligent geleitet und nicht selten inspiriert. Ihre Motivation schöpften sie dabei zu einem nicht geringen Teil aus der Erinnerung an unseren ursprünglichen Lektor, den bemerkenswerten Gavin Borden, der leider jung verstorben ist und dieses Buch, für das er sich so sehr engagiert hatte, nie gedruckt sehen konnte. Ohne den Fleiß von Becky Palmer, die unter Mithilfe von Emma Dorey, Sylvia Purnell, Gary Brown und vielen anderen vom Verlag Current Biology Ltd. die ganze Zeit die organisatorischen Fäden in der Hand hielt, hätten wir diese Arbeit nicht geschafft. Charlie Janeway möchte auch mehreren geduldigen Sekretärinnen für all ihre Hilfe danken, insbesondere Liza Cluggish, Anne Brancheau, Susan Morin und Kara McCarthy. Mehr als wir haben schließlich unsere Familien gelitten – unter Vernachlässigung, Abwesenheit und Anfällen schlechter Laune. Deshalb danken wir Kim Bottomly, Katie, Hannah und Megan Janeway sowie Rose Zamoyska für ihre Nachsicht und ihre Unterstützung.

Charles A. Janeway jr.
Yale University School of Medicine
Howard Hughes Medical Institute

Paul Travers
Birkbeck College
University of London

April 1994

Danksagung

Wir danken folgenden Fachleuten, die die genannten Kapitel in Auszügen oder vollständig gelesen und uns überaus wertvolle Ratschläge gegeben haben.

Kapitel 1: J. Howard, Babraham Institute, Cambridge, England; E. Rothenberg, California Institute of Technology; J. W. Streilein, University of Miami School of Medicine.
Kapitel 2: D. B. Murphy, New York State Department of Health.
Kapitel 3: F. Alt, Howard Hughes Medical Institute, Columbia University College of Physicians and Surgeons; G. A. Petsko, Brandeis University; R. Poljak, Institute Pasteur, Paris.
Kapitel 4: F. M. Brodsky, University of California, San Francisco; A. Gann, Ludwig Institute for Cancer Research, London; R. N. Germain, National Institute of Allergy and Infectious Diseases; P. Parham, Stanford University Medical Center; G. A. Petsko, Brandeis University; M. Ptashne, Harvard University; J. Tooze, Imperial Cancer Research Fund, London.
Kapitel 5: S. Corey, Walter and Eliza Hall Institute, Melbourne; P. Kincade, Oklahoma Medical Research Foundation; K. Rajewsky, Universität zu Köln; A. Strasser, Walter and Eliza Hall Institute, Melbourne.
Kapitel 6: M. J. Bevan, Howard Hughes Medical Institute, University of Washington; E. J. Jenkinson, University of Birmingham, U. K.; B. Malissen, Centre d'Immunologie de Marseille-Luminy; D. H. Raulet; University of California, Berkeley; J. Sprent, Scripps Research Institute, California.
Kapitel 7: J. P. Allison, University of California, Berkeley; K. Arai, University of Tokyo; S. Gillis, Immunex Research and Development Corporation; W. E. Paul, National Institute of Allergy and Infectious Diseases, Bethesda; A. Sher, National Institute of Allergy and Infectious Diseases, Bethesda; R. Steinman, Rockefeller University.
Kapitel 8: D. T. Fearon, University of Cambridge; G.Kelsoe, University of Maryland; J-P. Kinet, National Institute of Allergy and Infectious Diseases, Bethesda; I. C. M. MacLennan, University of Birmingham, U. K.; R. J. Noelle, Dartmouth Medical School; K. Rajewsky, Universität zu Köln; K. B. M. Reid, University of Oxford.
Kapitel 9: D. Gray, Royal Postgraduate Medical School, London; T. Springer, Harvard Medical School.
Kapitel 10: J. Groopman, New England Deaconess Hospital, Boston; T. B. Nutman, National Institute of Allergy and Infectious Diseases, Bethesda; B. M. Peterlin, Howard Hughes Medical Institute, University of California, San Francisco; D. Richman, University of California, San Diego; F. Rosen, Harvard Medical School.
Kapitel 11: R. Geha, Boston Childrens's Hospital; N. R. Rose, Johns Hopkins University School of Hygiene and Public Health, Baltimore; D. H. Sachs, Massachussetts General Hospital; J. Sprent, Scripps Research Institute, California; H. Weiner, Harvard Medical School.
Kapitel 12: B. R. Bloom, Howard Hughes Medical Institute, Albert Einstein College of Medicine, New York; M. P. Cancro, University of Pennsylvania School of Medicine; R. Corley, Duke University Medical Center, Durham, N. C.; R. Handschumacher, Yale University School of Medicine; B. Moss, National Institute of Allergy and Infectious Diseases, Bethesda.

Unser Dank gilt außerdem den im folgenden aufgeführten Wissenschaftlern für ihre Hilfe in der Entstehungsphase des Buches:

A. K. Abbas, Harvard Medical School; S. C. Crebe, The American University, Washington, D. C.; R. B. Corley, Duke University Medical Center, Durham, N. C.; A. Coutinho, Institute Pasteur, Paris; A. de Franco, University of California, San Francisco; W. Dunnick, University of Michigan; E. R. Heise, Bowman Gray School of Medicine, Winston-Salem; S. K. Pierce, Northwestern University; F. R. Rosen, Harvard University Medical School; J. Uhr, University of Texas Southwestern Medical School; J. H. van Rood, University Hospital, Leiden.

Inhalts-übersicht

Teil IV Die adaptive Immunantwort

Teil V Die Bedeutung des Immunsystems für Gesundheit und Krankheit

Inhalt

Teil IV Die adaptive Immunantwort

7. Die T-Zell-vermittelte Immunität — 281

8. Die humorale Immunantwort — 331

Teil V Die Bedeutung des Immunsystems für Gesundheit und Krankheit

9. Immunabwehr von Infektionen   391

10. Das Versagen der Immunabwehr   443

11. Immunreaktionen in Abwesenheit einer Infektion   489

Teil I

Einführung in die Immunbiologie

Die Immunbiologie befaßt sich mit der Untersuchung des Immunsystems – mit den Molekülen, Zellen, Organen und Vorgängen, die an der Abwehr einer Infektion beteiligt sind. Der erste Teil dieses Buches führt in die Grundlagen der Immunbiologie ein und gibt einen Überblick über die wesentlichen Prinzipien, Begriffe und Methoden der Immunologie, die das Fundament der folgenden Teile des Buches bilden. In Kapitel 1 beschreiben wir die Zellen und Moleküle der Immunabwehr und die lymphatischen Organe, in denen Immunreaktionen stattfinden. Außerdem stellen wir die allgemeinen Funktionsprinzipien des Immunsystems vor, die normalerweise die Gesundheit aufrechterhalten und Infektionen bekämpfen.

Die Immunologie definiert sich im Kontext eines biologischen Systems, und ihre Untersuchungen erfolgen auf verschiedenen Ebenen. Zur Anwendung kommen dabei Methoden aus der Biochemie, Molekularbiologie, Zellbiologie, Physiologie, Pathologie und Mikrobiologie. Die Immunologie hat auch zahlreiche eigene Verfahren hervorgebracht. Diese hochwirksamen Techniken nutzen die Spezifität der Immunantwort, um seltene Moleküle in komplexen Gemischen nachzuweisen, die in der Biologie und der Medizin von Bedeutung sind. Kapitel 2 beschreibt die grundlegenden Experimente und Methoden der Immunologie. Das Kapitel erläutert, wie man das Immunsystem untersucht und mit welchen Verfahren die klinische Medizin den Immunstatus eines Menschen ermittelt. Die vorgestellten Techniken leisteten entscheidende Beiträge zu dem Wissen über das Immunsystem, wie es in den folgenden Teilen des Buches dargestellt ist. Kapitel 2 soll also als Einführung in die experimentellen Grundlagen der Immunologie dienen und dem Leser die Möglichkeit geben, später bei Bedarf darauf zurückzugreifen.

Grundbegriffe der Immunologie

Die Immunologie befaßt sich mit der körpereigenen Abwehr von Infektionen. Wir leben in einer Welt voller **Mikroorganismen** (**Viren**, **Bakterien**, **Pilze** und große eukaryotische **Parasiten**), die vielfach Infektionskrankheiten oder **pathologische Veränderungen** verursachen können. Solche Organismen heißen **pathogene Mikroorganismen** oder **Pathogene** (Krankheitserreger). Obwohl wir dauernd potentiellen Krankheitserregern ausgesetzt sind, erkranken wir doch verhältnismäßig selten. Wie also schützt sich der menschliche Körper? Wie kann er im Falle einer Infektion den pathogenen Organismus beseitigen und eine Heilung herbeiführen? Und wie entsteht die häufig langanhaltende **Immunität** gegen eine erneute Infektion mit demselben Erreger? Mit diesen Fragen befaßt sich die Immunologie. Ihre Aufgabe ist es, die zellulären und molekularen Grundlagen der körpereigenen Abwehr von Infektionen zu untersuchen und zu verstehen.

Die Immunologie ist eine ziemlich neue Wissenschaft. Die Erforschung der Immunität begann im späten 18. Jahrhundert mit Edward Jenner (Abb. 1.1). Er entdeckte, daß ein Mensch gegen **Pocken** geschützt ist, wenn man ihn mit **Kuhpocken**- oder **Vacciniaviren** impft. Die Pocken hatten damals oft verheerende Auswirkungen. Jenner bezeichnete sein Verfahren als *vaccination*. Dieser Begriff steht im Englischen und in der Fachsprache (Vakzination) auch heute für die **Schutzimpfung** einer gesunden Person mit **abgeschwächten** Krankheitserregern. Obwohl Jenner mit seinem gewagten Experiment Erfolg hatte, vergingen fast zwei Jahrhunderte, bis die Schutzimpfung überall auf der Welt eingeführt war. 1979 gab dann die Weltgesundheitsorganisation (WHO) bekannt, daß die Pocken ausgerottet seien, was unbestreitbar den größten Triumph der modernen Medizin darstellt (Abb. 1.2).

Als Jenner die Schutzimpfung einführte, wußte er noch nichts von Krankheitserregern und Immunologie. Erst im 19. Jahrhundert bewies Robert Koch, daß Infektionskrankheiten auf pathogene Mikroorganismen zurückgehen, von denen jeder eine spezifische Krankheit verursacht. Die Entdeckungen von Robert Koch und anderen bedeutenden Mikrobiologen des 19. Jahrhunderts ermöglichten die Entwicklung der Immunologie wie auch die Übertragung von Jenners Impfverfahren auf andere Krankheiten. In den achtziger Jahren des 19. Jahrhunderts stellte Louis Pasteur in Hüh-

1.1 Edward Jenner. Porträt von John Raphael Smith. (Mit freundlicher Genehmigung der Yale Historical Medical Library.)

nern einen Choleraimpfstoff her. Des weiteren gelang ihm mit einem Impfstoff gegen die Tollwut ein spektakulärer Erfolg, als er das erste Mal einen Jungen impfte, den ein tollwutkranker Hund gebissen hatte.

Dem Durchbruch in der Praxis folgte die Suche nach den Mechanismen des immunologischen Schutzes. 1890 fanden Emil von Behring und Shibasaburo Kitasato heraus, daß das Blutserum einer geimpften Person sogenannte **Antikörper** enthält, die spezifisch an einen bestimmten Krankheitserreger binden. Als Jules Bordet 1899 das **Komplementsystem** entdeckte, unterstützte das die Idee, daß die Antikörper bei der Immunität eine entscheidende Rolle spielen. Denn das Komplementsystem – ein Bestandteil des Serums – bewirkt in Verbindung mit Antikörpern die Zerstörung pathogener Bakterien.

Wird eine spezifische Immunantwort ausgelöst, wie etwa die Produktion von Antikörpern, spricht man auch von einer **adaptiven** oder **erworbenen Immunantwort**, da sie ein Mensch während seines Lebens als Anpassung an einen spezifischen Krankheitserreger entwickelt. Davon unterscheidet sich die **angeborene Immunität**, die ebenfalls seit der Zeit bekannt ist, als von Behring und Kitasato die Antikörper entdeckten. Hier sind vor allem die Arbeiten des großen russischen Immunologen Elie Metchnikoff zu nennen. Er fand heraus, daß phagocytische Zellen (die **Makrophagen**) Mikroorganismen aufnehmen und vernichten können. Sie vermitteln somit eine unspezifische Infektionsabwehr, die angeboren ist und nicht von der vorherigen Exposition gegenüber einem bestimmten Erreger abhängt.

Bald stellte sich auch heraus, daß der Körper spezifische Antikörper gegen ein enorm breites Spektrum von **Antigenen** produzieren kann. Antigene sind Substanzen jeglicher Art, die die Bildung von Antikörpern auslösen können. Wie erzeugt nun der Körper im Einzelfall einen bestimmten Antikörper? Die Antwort darauf gab F. Macfarlane Burnet in den fünfziger Jahren mit einer allgemeinen Theorie über die erworbene Immunität. Er nannte sie die Theorie der **klonalen Selektion**.

Diese erklärt die Spezifität der erworbenen Immunität so, daß im Körper von Anfang an zahlreiche verschiedene antikörperproduzierende Zellen vorhanden sein sollen, von denen jede einen ganz spezifischen Antikörper erzeugt. Antikörpermoleküle stellen eine bestimmte Klasse von Proteinen dar, die man auch **Immunglobuline** nennt (abgekürzt **Ig**). Entsprechend der Theorie der klonalen Selektion trägt jede dieser Zellen an ihrer Oberfläche Immunglobuline von einer einzigen, bestimmten Spezifität, die als **Rezeptoren** wirken und nur ihr entsprechendes Antigen binden. Eine solche Zelle bleibt inaktiv, bis sie auf ein passendes Antigen trifft und es bindet. Daraufhin beginnt sie, sich zu teilen und zahlreiche identische Nachkommen hervorzubringen (einen sogenannten **Klon**). Durch Differenzierung entstehen daraus Zellen, die nun Immunglobulinmoleküle sezernieren, welche mit dem Molekül auf der Oberfläche der ursprüngli-

1.2 Die Ausrottung der Pocken durch Schutzimpfungen. Nachdem drei Jahre lang keine Fälle von Pocken mehr aufgetreten waren, erklärte die Weltgesundheitsorganisation (WHO) 1979 die Krankheit für ausgerottet.

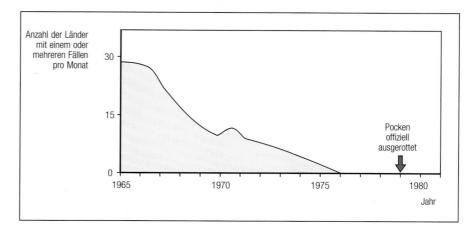

Anzahl der Länder mit einem oder mehreren Fällen pro Monat

Pocken offiziell ausgerottet

1965   1970   1975   1980

Jahr

chen Zelle übereinstimmen. So werden durch ein Antigen nur diejenigen Zellen **selektiert**, die den entsprechenden Antikörper produzieren können. Die Theorie der klonalen Selektion löste die frühere Hypothese ab, nach der Antikörper keine vorbestimmte Spezifität besitzen, sondern ihre Form dem jeweiligen Antigen anpassen (Instruktionstheorie). Diese Vorstellung verträgt sich jedoch nicht mit unserem heutigen Wissen von der Proteinfaltung, wonach die Primärstruktur (also die Aminosäureabfolge) eines Proteins bereits dessen Konformation festlegt. Allerdings warf die Theorie der klonalen Selektion ein anderes Problem auf: Wenn ein einziger Mensch Millionen von Antikörpern hervorbringen kann, die sich alle in ihrer Sequenz unterscheiden, wo befindet sich dann die genetische Information dafür? Wie wir sehen werden, ist die Lösung einzigartig und gilt nur für die Gene des Immunsystems.

Ein weiterer großer Fortschritt war zu verzeichnen, als James Gowans in den frühen sechziger Jahren die **Lymphocyten** als die Zellen identifizierte, die für die Immunantwort verantwortlich sind. Er entfernte aus Ratten die kleinen Lymphocyten – deren Funktion bis dahin nicht bekannt war – und stellte überrascht fest, daß damit bei den Tieren alle geläufigen Immunreaktionen verlorengingen. Die Immunfunktionen ließen sich jedoch vollständig wiederherstellen, wenn das Reservoir dieser Zellen wieder aufgefüllt wurde. Demnach mußte die klonale Selektion in den Lymphocyten stattfinden, deren Biologie seitdem im Mittelpunkt der **zellulären Immunologie** steht.

Die klonale Selektion von Lymphocyten mit unterschiedlichen Rezeptoren konnte zwar die adaptive Immunität erklären, warf allerdings ein grundlegendes Problem auf. Wenn die Rezeptoren auf somatischer Ebene rein zufällig entstehen, warum greifen dann die Lymphocyten körpereigenes Gewebe nicht genauso an, wie sie transplantiertes fremdes Gewebe erkennen und abstoßen? 1953 zeigte Medawar, daß sich das Unvermögen, Gewebe anzugreifen – die sogenannte **Toleranz** –, während der Entwicklung der Lymphocyten herausbildet. Burnet vermutete ganz richtig, daß Lymphocyten, die körpereigenes Gewebe angreifen können, vor ihrer endgültigen Ausdifferenzierung eliminiert werden.

Die Evolution des Immunsystems beruht darauf, daß sich Organismen vor Infektionen schützen müssen. Die größte Komplexität hat es bei Säugetieren erreicht, die infektiösen Mikroorganismen besonders günstige Lebensbedingungen bieten. Defekte in der Immunantwort führen fast immer zu einer gesteigerten Anfälligkeit für Erkrankungen. Von den Infektionen, die bei bestimmten **Immunschwächekrankheiten** auftreten (einschließlich des **erworbenen Immunschwächesyndroms**, *acquired immune deficiency syndrome*, **AIDS**), können wir viel über die einzelnen Komponenten des Immunsystems lernen, die dem Erhalt der Gesundheit dienen. Allerdings hat das Immunsystem auch für nichtinfektiöse Krankheiten eine große Bedeutung. **Allergien** oder **Überempfindlichkeitsreaktionen** entstehen durch eine an sich normale Immunantwort gegen harmlose Antigene. Des weiteren ist die Toleranz nicht immer vollständig. Bei Fehlern führen **Autoimmunreaktionen** gegen Eigengewebe zu einer **Autoimmunerkrankung**. Immunreaktionen sind auch für die Abstoßung transplantierter Organe oder Gewebe verantwortlich. Alle derartigen immunologischen Phänomene verursachen Krankheiten, anstatt sie zu verhindern. Dies unter Kontrolle zu bringen, ist ein wichtiges Ziel der Immunologie.

Der Rest dieses Kapitels gibt einen Überblick über das Immunsystem. Dabei liegt der Schwerpunkt auf den grundlegenden Prinzipien der Immunologie sowie auf den Zellen, Geweben und Molekülen, mit denen sich das vorliegende Buch befaßt. Das zweite Kapitel beschreibt die Methoden, die der Untersuchung des Systems dienen. Die mittleren drei Teile des Buches behandeln die relevanten Moleküle und Zellen im Detail, ihre Entstehung,

Aktivierung und Funktion. Sie beschreiben außerdem, wie diese Antigene erkennen und Krankheitserreger eliminieren. Der letzte Teil befaßt sich mit dem Immunsystem in seiner Gesamtheit und den Immunantworten auf infektiöse Faktoren und nichtinfektiöse Antigene.

Die adaptive Immunität entsteht durch die klonale Selektion von Lymphocyten

Es gibt zwei Arten von Abwehrsystemen gegen infektiöse Faktoren. Die angeborene Immunität ist immer vorhanden. Dagegen wird die adaptive, spezifische Immunantwort erst durch ein Antigen ausgelöst. Sie führt zu einem lang anhaltenden Schutz vor einer Erkrankung. Die angeborene Immunabwehr ist für die Gesunderhaltung von großer Bedeutung, wie wir in diesem Kapitel noch sehen werden. Der Schwerpunkt der Immunologie lag allerdings schon immer auf der adaptiven Immunantwort, da diese langfristig wirkt und so wirksame Schutzimpfungen ermöglicht.

1.1 Antigene aktivieren die Lymphocyten, so daß Klone antigenspezifischer Zellen entstehen, die die adaptive Immunantwort vermitteln

Die klonale Selektion (Abb. 1.3 und 1.4) ist das wichtigste Einzelprinzip der adaptiven Immunität. Alle kleinen Lymphocyten sind potentielle **Effektorzellen**. Sie werden nur dann im Kampf gegen eine Infektion aktiv, wenn einer ihrer Rezeptoren ein Antigen bindet. Die Rezeptoren aller Lymphocyten in einem Organismus können alle denkbaren Antigene erkennen, mit Ausnahme der körpereigenen. Insgesamt bilden sie in einem Organismus das **Rezeptorrepertoire**. Lymphocyten, die Rezeptoren gegen körpereigene Antigene aufweisen, werden bereits in der frühen Entwicklungsphase eliminiert. Denn in diesem Stadium führt eine Antigenbindung nicht zur Aktivierung der Zelle, sondern zu ihrem Tod. Das Repertoire an Rezeptoren ist also sowohl vollständig als auch selbsttolerant. Die klonale Selektion kann nur dann zu einer antigenspezifischen Immunantwort führen, wenn jeder Lymphocyt ausschließlich Rezeptoren einer einzigen Spezifität trägt. Eine solche **Monospezifität** ist für die Immunantwort entscheidend. Trüge eine Zelle unterschiedliche Rezeptoren, so wäre die Immunantwort auf ein fremdes Antigen auch von Reaktionen gegen nichtverwandte Antigene begleitet. Die genetische Basis der Monospezifität besteht darin, daß die Rezeptorbildung der Lymphocyten auf irreversiblen DNA-Veränderungen beruht. Inzwischen hat man vielfach nachgewiesen, daß Lymphocyten, die man aufgrund der Bindung an ein Antigen isoliert hat, anschließend nur auf dieses eine und nicht auf andere, nichtverwandte Antigene reagieren – ein klarer Beweis für Monospezifität.

Wenn ein fremdes Antigen in den Körper eindringt, beispielsweise als Teil eines pathogenen Mikroorganismus, entsteht aus jedem aktivierten Lymphocyten ein Klon von Zellen, deren Rezeptoren dasselbe Antigen binden. Solche Zellen differenzieren zu Effektorzellen, die dann beispielsweise Antikörper sezernieren. Die Aktivitäten der Effektorzellen vernichten den Krankheitserreger und entfernen so den auslösenden Reiz. Dadurch klingt die Immunantwort schließlich ab.

Die Erzeugung von Antikörpern begrenzt die ursprüngliche Infektion und sorgt für einen gewissen Schutz vor einer erneuten Infektion. Zusätzlich entsteht durch Vermehrung und Ausdifferenzierung von Zellen, die auf

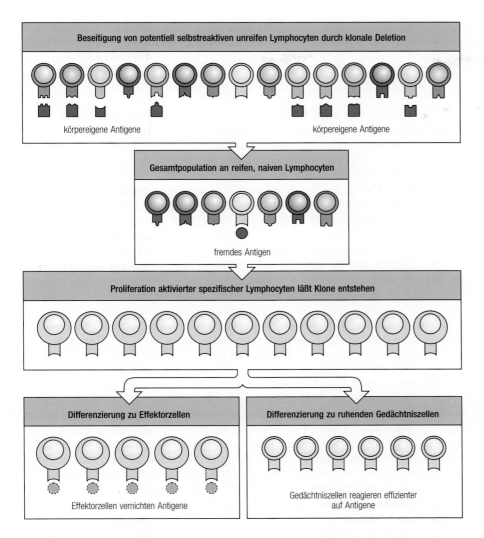

Beseitigung von potentiell selbstreaktiven unreifen Lymphocyten durch klonale Deletion

körpereigene Antigene   körpereigene Antigene

Gesamtpopulation an reifen, naiven Lymphocyten

fremdes Antigen

Proliferation aktivierter spezifischer Lymphocyten läßt Klone entstehen

Differenzierung zu Effektorzellen

Effektorzellen vernichten Antigene

Differenzierung zu ruhenden Gedächtniszellen

Gedächtniszellen reagieren effizienter
auf Antigene

1.3 Die Theorie der klonalen Selektion. Jeder naive (ungeprägte) Lymphocyt, der im Körper vorhanden ist und noch keinen Kontakt mit einem Antigen hatte, trägt einen Rezeptor für ein spezifisches Antigen. Lymphocyten mit Rezeptoren für körpereigene Antigene (Selbst- oder Autoantigene) werden während der frühen Entwicklungsphase beseitigt, bevor es zu einer Immunreaktion kommen kann. So ist die Selbst-Toleranz gewährleistet. Wenn ein Antigen mit dem Rezeptor auf einem gereiften Lymphocyten in Wechselwirkung tritt, wird die Zelle aktiviert und entwickelt sich zu einem Lymphoblasten, der sich zu teilen beginnt. So entsteht ein Klon von identischen Nachkommenzellen, deren Rezeptoren alle dasselbe Antigen binden. Die Antigenspezifität bleibt bei der Proliferation und der Differenzierung zu Effektorzellen erhalten. Sobald das Antigen durch solche Effektorzellen beseitigt ist, hört die Immunantwort auf. Einige Zellen werden nicht zu Effektorzellen, sondern zu Gedächtniszellen, die es dem Organismus ermöglichen, bei einem erneuten Auftreten desselben Antigens schneller und nachhaltiger zu reagieren.

ein bestimmtes Antigen reagieren, eine Lymphocytenpopulation, die ein langlebiges **immunologisches Gedächtnis** darstellt. Diese Gedächtniszellen sind durch ein Antigen wirksamer zu aktivieren, als es bei den **ungeprägten Lymphocyten** der Fall ist, von denen sie sich ableiten. Wenn ein Krankheitserreger zum zweiten Mal auftritt, kann eine Immunantwort schneller und effektiver erfolgen, da die Proliferation und Differenzierung

1.4 Die vier Grundprinzipien der Theorie der klonalen Selektion.

Grundforderungen der Theorie der klonalen Selektion

jeder Lymphocyt weist einen einzigen Rezeptortyp von einmaliger Spezifität auf

die Wechselwirkung zwischen einem fremden Molekül und einem Rezeptor, der dieses Molekül mit hoher Affinität bindet, aktiviert den entsprechenden Lymphocyten

die ausdifferenzierten Effektorzellen, die von einem aktivierten Lymphocyten abstammen, tragen Rezeptoren von derselben Spezifität wie die der Mutterzelle

Lymphocyten mit Rezeptoren für körpereigene Moleküle werden bereits während einer frühen Entwicklungsphase der Lymphocyten beseitigt und sind deshalb im Repertoire der reifen Zellen nicht mehr vorhanden

der Gedächtniszellen unverzüglich einsetzt. Darauf basiert die langfristige Immunität, die nach einer Infektion oder einer erfolgreichen Impfung eintritt.

1.2 Lymphocyten sind kleine Zellen, die zwischen Blut und lymphatischen Geweben zirkulieren

Die Lymphocyten sind für die adaptive Immunantwort verantwortlich. Meist sind es kleine Zellen ohne besondere Merkmale und mit wenig Cytoplasma (Abb. 1.5). Es überrascht daher nicht, wenn die Lehrbücher der frühen sechziger Jahre sie als Zellen ohne bekannte Funktion beschrieben. Ein großer Teil des Chromatins im Zellkern liegt kondensiert vor, und das Cytoplasma enthält kaum Organellen. Beides gilt als Merkmal für inaktive Zellen. Bis sie auf ihr spezifisches Antigen treffen, zeigen Lymphocyten tatsächlich keine funktionelle Aktivität.

Anhand ihrer Funktion lassen sich zwei Typen antigenspezifischer Lymphocyten unterscheiden. Im Licht- und Elektronenmikroskop sehen sie gleich aus. Sie weichen jedoch aufgrund der Moleküle an der Zelloberfläche voneinander ab. **B-Lymphocyten** entwickeln sich zu **Plasmazellen**, die Antikörper freisetzen. **T-Lymphocyten** werden zu Effektorzellen, die mit intrazellulären Erregern infizierte Zellen abtöten oder andere Zellen des Immunsystems wie Makrophagen und B-Lymphocyten aktivieren.

Lymphocyten treten vor allem in vier Bereichen auf – im **Knochenmark**, im **Thymus**, in den **peripheren lymphatischen Organen** und in den Schleimhäuten (Abb. 1.6) – sowie im Blut und in der Lymphflüssigkeit. Alle Lymphocyten leiten sich von Stammzellen des Knochenmarks ab: T-Lymphocytenvorläufer wandern zum **Thymus**, einem großen lymphatischen Organ im oberen Brustbereich, reifen dort heran und bilden ihre Antigenspezifität aus. B-Lymphocyten hingegen entwickeln sich im **Knochenmark**. Thymus und Knochenmark gelten als die **zentralen lymphatischen Organe**, in denen sich die Lymphocyten entwickeln. Ausgereifte, antigenspezifische Lymphocyten wandern von diesen Geweben über das Blut in die peripheren lymphatischen Organe, wie etwa die **Lymphknoten**, die **Milz** und die **darmassoziierten lymphatischen Gewebe**. Dort löst die Antigenerkennung durch einen Lymphocyten die adaptive Immunantwort aus.

Die kleinen T- und B-Lymphocyten, die noch keinen Kontakt mit einem Antigen hatten, heißen auch ungeprägte oder **naive Lymphocyten**. Sie wandern kontinuierlich vom Blut in die peripheren lymphatischen Gewebe.

1.5 Das Hauptmerkmal der kleinen Lymphocyten ist Inaktivität. Die lichtmikroskopische Aufnahme links zeigt einen kleinen Lymphocyten. Man beachte das kondensierte Chromatin im Zellkern, was auf eine niedrige Transkriptionsaktivität hindeutet, das fast völlige Fehlen von Cytoplasma und die geringe Zellgröße. Rechts ist eine transmissionselektronenmikrokopische Aufnahme eines kleinen Lymphocyten zu sehen. Man beachte das kondensierte Chromatin, das wenige Cytoplasma sowie das Fehlen eines rauhen endoplasmatischen Reticulums und anderer Hinweise auf eine funktionelle Aktivität. (Photo: N. Rooney.)

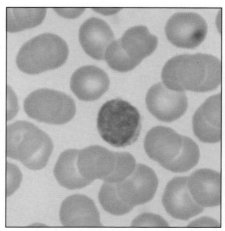
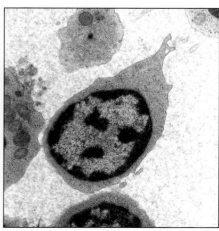

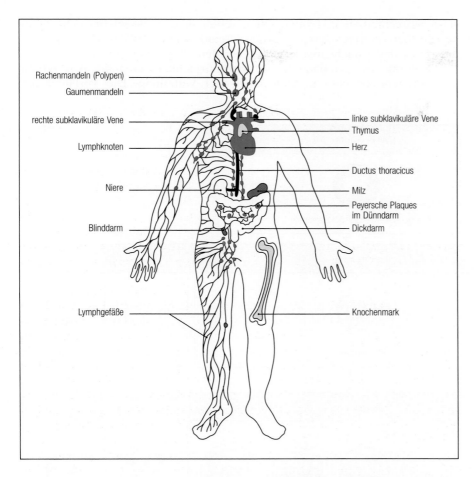

Rachenmandeln (Polypen)
Gaumenmandeln

rechte subklavikuläre Vene

Lymphknoten

Niere

Blinddarm

Lymphgefäße

linke subklavikuläre Vene
Thymus
Herz

Ductus thoracicus

Milz
Peyersche Plaques
im Dünndarm
Dickdarm

Knochenmark

1.6 Die Verteilung der lymphatischen Gewebe im Körper. Lymphocyten entstehen aus Stammzellen des Knochenmarks und differenzieren in den zentralen lymphatischen Organen (gelb): B-Zellen im Knochenmark und T-Zellen im Thymus. Von diesen Geweben aus wandern sie durch das Blut in die peripheren lymphatischen Gewebe (blau): in Lymphknoten, Milz und die lymphatischen Gewebe des Verdauungstraktes wie etwa die Mandeln, die Peyerschen Plaques und den Blinddarm. Hier erfolgt die Aktivierung der Lymphocyten durch die Antigene. Die Lymphgefäße leiten die extrazelluläre Flüssigkeit (Lymphe) über die Lymphknoten in den Ductus thoracicus, der in die linke subklavikuläre Vene (Unterschlüsselbeinvene, Vena subclavia) mündet und so die Lymphe in den Blutstrom zurückführt. Im Blut zirkulierende Lymphocyten wandern in die peripheren lymphatischen Organe und gelangen von dort aus mit der Lymphe über den Ductus thoracicus wieder in das Blut.

Von dort aus kehren sie über die Lymphgefäße wieder in das Blut zurück. Dieser Kreislauf ist notwendig, damit die wenigen naiven Lymphocyten, die für ein bestimmtes Antigen spezifisch sind, dies auch finden können.

1.3 Lymphocyten entstehen aus rezeptornegativen Vorläuferzellen im Knochenmark

Die Lymphocyten gehen wie alle zellulären Bestandteile des Blutes aus **hämatopoetischen Stammzellen** im Knochenmark hervor (Abb. 1.7). Diese Zellen sind also die Vorläufer der roten Blutkörperchen, die den Sauerstoff transportieren, der Blutplättchen, die für die Blutgerinnung bei Gewebeverletzungen sorgen, sowie der weißen Blutzellen oder **Leukocyten**, die für die Infektionsabwehr zuständig sind. Da sie alle Zelltypen des Blutes hervorbringen können, heißen sie auch pluripotente Stammzellen. In diesem Buch werden wir uns vor allem mit den weißen Blutzellen befassen: zum einen mit den Lymphocyten, da sie die antigenspezifische adaptive Immunantwort bewirken, und zum anderen mit den **Monocyten** und den **polymorphkernigen Leukocyten**, da diese die Krankheitserreger an den Infektionsherden vernichten. Jede der **hämatopoetischen Zelllinien** entwickelt sich über zahlreiche Zwischenstufen zu der endgültigen Form, wie sie schließlich im Blut zu finden ist. Dies geschieht üblicherweise unter Einwirkung sogenannter hämatopoetischer Wachstumsfaktoren, die die Erzeugung eines jeden Zelltyps regulieren und so die Homöo-

stase aufrechterhalten. Lymphocyten reifen in einer speziellen Mikroumgebung der zentralen lymphatischen Organe heran. Bei den B-Lymphocyten ist es das Knochenmark selbst, bei den T-Lymphocyten der Thymus.
Die Reifung der Lymphocyten ist gekennzeichnet durch die Ausbildung
von Antigenrezeptoren in klonspezifischer Verteilung. Die Vorläufer der

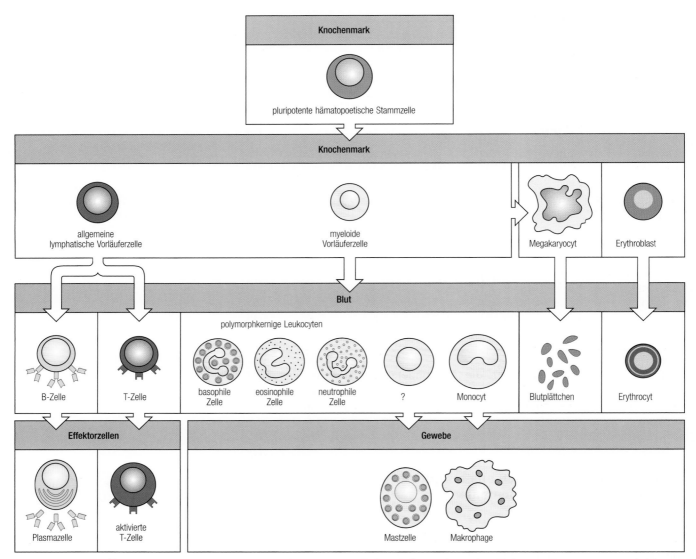

1.7 Alle zellulären Bestandteile des Blutes (einschließlich der Lymphocyten) entstehen aus hämatopoetischen Stammzellen im Knochenmark. Diese pluripotenten Zellen teilen sich und erzeugen so zwei spezialisierte Typen von Stammzellen: eine lymphatische Stammzelle (oder Vorläuferzelle), aus der sich B- und T-Lymphocyten bilden, und eine myeloide Stamm- oder Vorläuferzelle, aus der Leukocyten, Erythrocyten (rote Blutkörperchen für den Sauerstofftransport) und Megakaryocyten hervorgehen. Letztere erzeugen Blutplättchen, die für die Blutgerinnung wichtig sind. Wir zeigen hier nur eine Vorläuferzelle für die T- und die B-Lymphocyten, aber es ist nicht auszuschließen, daß sich beide Zellinien direkt aus der pluripotenten Stammzelle ableiten. Die T- und B-Lymphocyten unterscheiden sich durch ihre Antigenrezeptoren und den Ort, an dem sie ausdifferenzieren: T-Zellen im Thymus und B-Zellen im Knochenmark. B-Zellen differenzieren nach der Aktivierung zu antikörpersezernierenden Plasmazellen. T-Lymphocyten entwickeln sich zu Zellen, die infizierte Zellen abtöten oder andere Zellen des Immunsystems aktivieren. Die Leukocyten, die aus der myeloiden Stammzelle entstehen, sind die Monocyten, die basophilen, eosinophilen und neutrophilen Zellen, die man auch alle zusammen entweder (wegen ihrer ungewöhnlichen Zellkernform) als polymorphkernige Leukocyten oder (wegen ihres körnigen Cytoplasmas, das sich in Blutausstrichen charakteristisch anfärben läßt) als Granulocyten bezeichnet. Monocyten entwickeln sich im Gewebe zu Makrophagen. Dort bilden sie die vorherrschenden phagocytischen Zellen des Immunsystems. Neutrophile und eosinophile Zellen sind ebenfalls Phagocyten, die ähnliche Funktionen aufweisen wie die Makrophagen. Basophile Zellen kommen im Blut vor und ähneln in gewisser Weise den Mastzellen, stammen aber aus einer anderen Zellinie. Mastzellen bilden sich ebenfalls aus Vorläufern im Knochenmark. Sie beenden aber ihre Reifung im Gewebe, wobei man nicht weiß, wie sie dorthin gelangen. Sie sind wichtig für allergische Reaktionen.

Lymphocyten haben keine Antigenrezeptoren an der Zelloberfläche. Dagegen weist ein fertiger Lymphocyt Rezeptoren von einer ganz bestimmten Spezifität auf.

1.4 Jeder Lymphocyt erzeugt durch Umlagerung seiner Rezeptorgene einen einzigen, spezifischen Rezeptortyp

Lymphocyten können Rezeptoren für ein nahezu unbegrenztes Spezifitätsspektrum erzeugen. Das bedeutet, daß sie extrem viele verschiedene Rezeptormoleküle bilden müssen. 1976 konnte Susumu Tonegawa die lange Zeit offene Frage klären, wie sich mit einer begrenzten Anzahl von Genen eine solche Vielfalt erreichen läßt. Er entdeckte die Besonderheiten der Gene, die die Immunglobuline, also die Antigenrezeptoren der B-Zellen, codieren.

Die Fähigkeit der Antikörper, verschiedene Antigene spezifisch zu binden, ergibt sich aus der hohen Variabilität ihrer Struktur. Jede der beiden Polypeptidketten, die gemeinsam die Antigenbindungsstelle bilden, besitzt eine variable Region, die die Antigenspezifität festlegt, und einen konstanten Bereich, der die Funktion bestimmt. Mitte der siebziger Jahre stellte sich heraus, daß die Gene für die variablen Antikörperbereiche als Gruppen von **Gensegmenten** vererbt werden. Jedes Segment codiert einen Teil der variablen Region der Polypeptidkette (Abb. 1.8). Wenn die B-Lymphocyten im Knochenmark ausdifferenzieren, lagern sich die Segmente so zusammen, daß ein DNA-Bereich entsteht, der die gesamte variable Region codiert. Da in den einzelnen Zellen jeweils andere Segmente kombiniert werden, bildet jede Zelle ein eigenes Gen für die beiden variablen Polypeptidketten im Antikörpermolekül. Dieser Mechanismus hat drei wichtige Konsequenzen. Erstens kann eine begrenzte Anzahl von Genabschnitten eine sehr vielfältige Familie von Proteinen hervorbringen. Zweitens exprimiert jede Zelle eine einmalige Rezeptorspezifität. Drittens weisen alle Nachkommen einer solchen Zelle dieselbe Rezeptorspezifität auf, da die Umlagerung der DNA irreversibel ist.

Später fand man heraus, daß dieses allgemeine Schema auch für die Antigenrezeptoren der T-Lymphocyten gilt. Die Rezeptoren der B- und T-Lymphocyten unterscheiden sich vor allem dadurch, daß das Immunglobulin der B-Zellen zwei identische Antigenerkennungsstellen aufweist, wohingegen der **T-Zell-Rezeptor** kleiner ist und nur eine einzige Erkennungsstelle besitzt (Abb. 1.9). Später werden wir noch sehen, daß die Antigenerkennung durch beide Rezeptoren auf sehr unterschiedliche Weise erfolgt.

Die potentielle Vielfalt der Lymphocytenrezeptoren ist immens. Aus einigen hundert unterschiedliche Genabschnitten können durch unterschiedliche Verknüpfung Zehntausende von verschiedenen Rezeptormolekülen hervorgehen. Diese hohe Variabilität wird noch dadurch gesteigert, daß jeder Rezeptor aus zwei ungleichen variablen Ketten besteht. Jede der Ketten wird von einer anderen Gruppe von Gensegmenten codiert. 1000 verschiedene Ketten von jedem Molekültyp können durch die **kombinatorische Diversität** 10^6 unterschiedliche Antigenrezeptoren erzeugen. So codiert nur eine geringe Menge genetischen Materials eine wirklich beeindruckende Vielfalt von Rezeptoren; ein Mensch besitzt mindestens 10^8 verschiedene Lymphocyten. Nach der genetischen Umlagerung werden die Gene exprimiert, und der sich entwickelnde Lymphocyt präsentiert an seiner Oberfläche einen bestimmten Antigenrezeptor. Jetzt ist er bereit, auf ein Antigen aus der Umgebung zu reagieren.

1.8 Die Vielfalt der lymphocytischen Antigenrezeptoren entsteht durch somatische Genumlagerungen. In Gruppen angeordnete Gensegmente codieren die verschiedenen Teile der variablen Region eines Antigenrezeptors. Während der Entwicklung eines Lymphocyten wird aus jeder Gruppe ein Gensegment zufällig ausgewählt. Diese Abschnitte werden irreversibel zu einem neuen Gen zusammengefügt. Die rekombinierten Gene exprimieren zwei Polypeptide, die zusammen einen Antigenrezeptor bilden, der für jeweils einen einzigen Lymphocyten charakteristisch ist. Sind einmal die beiden erforderlichen Umlagerungen erfolgt, so sind weitere ausgeschlossen. Deshalb kann ein Lymphocyt auch nur einen bestimmten Rezeptor exprimieren, dessen Spezifität sich nie mehr ändert. Jeder Lymphocyt trägt viele Moleküle seines Rezeptortyps an der Oberfläche.

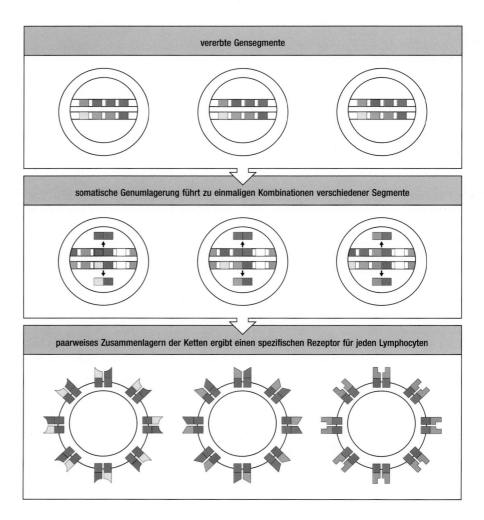

1.5 Lymphocyten mit Rezeptoren für ubiquitäre körpereigene Antigene werden während der Entwicklung zerstört

Die zufällig erfolgende Genumlagerung, die das vielfältige Repertoire der Lymphocytenrezeptoren hervorbringt, führt unweigerlich auch zu Rezeptoren, die körpereigene Antigene erkennen. Normalerweise bilden wir gegen unsere eigenen Gewebe keine Immunantwort aus, obwohl Lymphocyten entstehen, die für körpereigene Antigene spezifisch sind. Wie läßt sich eine solche **Selbst-Toleranz** erreichen?

1.9 Die Antigenrezeptoren der B-Zellen haben zwei Antigenerkennungsstellen, die der T-Zellen nur eine.

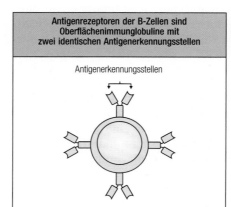

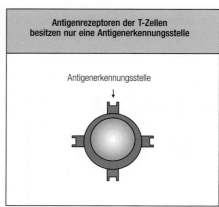

Macfarlane Burnet hat in seiner Theorie der klonalen Selektion hierfür eine Antwort vorgeschlagen. Wenn ein Lymphocyt während seiner Entwicklung das Rezeptorgen zum ersten Mal exprimiert, kommt er sofort mit körpereigenen Antigenen in Kontakt. In diesem Entwicklungsstadium löst die Bindung eines Antigens an den Rezeptor das Programm für den Zelltod aus. Erst nachdem ein Lymphocyt dieses Stadium durchlaufen hat, reift er zu einer Zelle, die sich durch die Bindung eines Antigens aktivieren läßt. So besteht für das mögliche Repertoire an Rezeptoren keinerlei Einschränkung, da alle Lymphocyten auf ihre Reaktivität gegenüber körpereigenen Antigenen (**Autoreaktivität**) kontrolliert werden, bevor sie als Effektoren wirken können. Lymphocyten, die selbstreaktive Rezeptoren tragen, unterliegen einer **klonalen Deletion** (Abb. 1.10), die alle Zellen beseitigt, die spezifisch auf ein ubiquitäres Selbst-Antigen reagieren. Da dies während der Lymphocytenentwicklung in den zentralen lymphatischen Organen geschieht, spricht man auch von **zentraler Toleranz**.

Die klonale Deletion unreifer selbstreaktiver Lymphocyten ist eine gute Erklärung für die Toleranz gegenüber jenen ubiquitären Selbst-Antigenen, die im Knochenmark und im Thymus vorkommen. Allerdings werden manche Proteine ausschließlich in bestimmten Geweben exprimiert, so zum Beispiel Myelin nur im Nervengewebe oder bestimmte Enzyme nur in Leberzellen. Toleranz gegenüber diesen Proteinen wird durch verschiedene Mechanismen erreicht, die wir später behandeln werden.

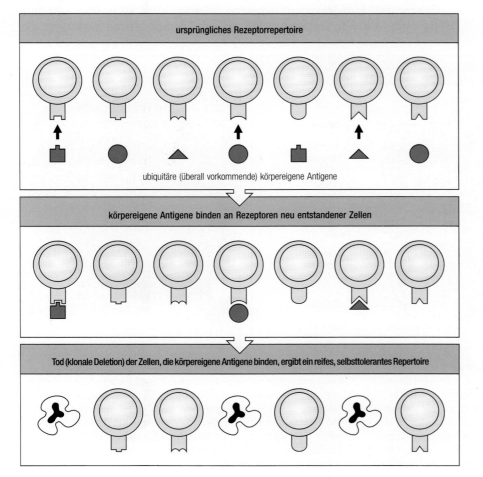

1.10 Die klonale Deletion bewirkt die Toleranz gegen häufig vorkommende körpereigene Antigene. Für die DNA-Umlagerungen, die die Rezeptorspezifitäten hervorbringen, gibt es keine Einschränkungen. So wird ein Teil der Lymphocyten zwangsläufig Rezeptoren exprimieren, die für körpereigene Antigene spezifisch sind. Trifft ein Lymphocyt allerdings innerhalb der ersten Tage nach dem Beginn der Expression auf ein spezifisches Antigen, so wird die Zelle nicht aktiviert, sondern stirbt ab. Der Zelltod tritt durch Apoptose ein. Dabei schrumpft der Zellkern erst zusammen und zerfällt dann ganz. So werden alle entstehenden Lymphocyten, die in den entsprechenden Organen auf ein häufiges körpereigenes Antigen treffen, früh genug beseitigt, so daß sie keine Immunantwort auslösen können. Dies nennt man klonale Deletion.

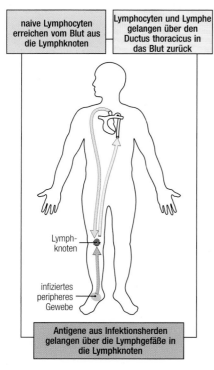

naive Lymphocyten erreichen vom Blut aus die Lymphknoten

Lymphocyten und Lymphe gelangen über den Ductus thoracicus in das Blut zurück

Lymph-knoten

infiziertes peripheres Gewebe

Antigene aus Infektionsherden gelangen über die Lymphgefäße in die Lymphknoten

1.11 Zirkulierende Lymphocyten treffen in peripheren lymphatischen Geweben auf Antigene.

1.6 In den peripheren lymphatischen Geweben treffen Lymphocyten auf Antigene

Nach der Beseitigung der selbstreaktiven Zellen wandern die verbliebenen, reifen Lymphocyten in die Peripherie, wo sie nun in der Lage sind, auf Antigene zu reagieren. Da die Anzahl an verschiedenen Rezeptoren, die von der Gesamtheit der kleinen Lymphocyten exprimiert werden, sehr hoch sein muß, kommt ein ungeprägter Lymphocyt, der ein bestimmtes Antigen bindet, innerhalb der Gesamtpopulation nur selten vor. Wie kann eine solche Zelle also ihr Antigen finden, besonders da Krankheitserreger auf vielerlei Weisen in den Körper eindringen und an einer beliebigen Stelle eine Infektion auslösen können?

Die Antwort liegt in der fortdauernden Zirkulation der ungeprägten Lymphocyten durch die peripheren lymphatischen Organe (Abb. 1.6). Dorthin werden auch die Antigene transportiert. Bei einer peripheren Infektion gelangen die Antigene vom Infektionsherd durch die **Lymphgefäße** zu einem der Lymphknoten. Dort treffen afferente Lymphbahnen zusammen (Abb. 1.11). Diese dünnwandigen Gefäße transportieren die Lymphflüssigkeit (Lymphe) aus den Geweben über zahlreiche Lymphknoten bis hin zum Blut. Die Lymphe gelangt aus den meisten Körperregionen zurück in den **Ductus thoracicus**, der in die linke subklavikuläre Vene (Vena subclavia, Unterschlüsselbeinvene) mündet. Die Lymphe aus dem Kopf, dem Hals und dem rechten Arm fließt über die rechte subklavikuläre Vene zum Blut zurück. Antigene gelangen mit der Lymphe in die Lymphknoten und werden dort von spezialisierten Zellen eingefangen, die sie dann den zirkulierenden Lymphocyten präsentieren.

Ungeprägte Lymphocyten gelangen ständig vom Blut über spezielle Blutgefäße in die Lymphknoten. Wenn ein Lymphocyt mit einem passen-

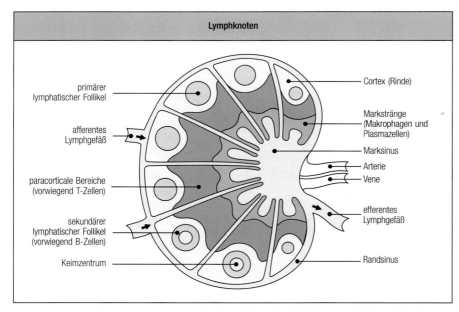

Lymphknoten

primärer lymphatischer Follikel

afferentes Lymphgefäß

paracorticale Bereiche (vorwiegend T-Zellen)

sekundärer lymphatischer Follikel (vorwiegend B-Zellen)

Keimzentrum

Cortex (Rinde)

Markstränge (Makrophagen und Plasmazellen)

Marksinus

Arterie

Vene

efferentes Lymphgefäß

Randsinus

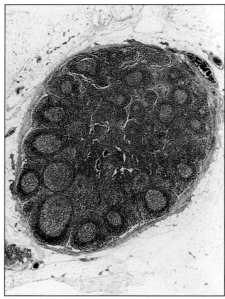

1.12 Schema und lichtmikroskopische Aufnahme eines Lymphknotens. Die Cortexschicht enthält vor allem B-Lymphocyten (in den „Keimzentren" der lymphatischen Follikel durchlaufen sie eine intensive Proliferation), während die darunterliegenden paracorticalen Bereich vor allem T-Lymphocyten beherbergen. Die Lymphflüssigkeit transportiert Antigene von den Geweben über die afferenten Lymphgefäße zu den Lymphknoten. Sie verläßt die Knoten über das efferente Lymphgefäß in der Medulla (Mark). Diese besteht aus Strängen von Makrophagen und antikörpersezernierenden Plasmazellen (Markstränge). Naive Lymphocyten treten aus dem Blut durch spezielle postkapilläre Venolen in den Knoten ein (nicht gezeigt) und verlassen ihn ebenfalls durch das efferente Lymphgefäß. Das Photo zeigt einen Schnitt durch einen Lymphknoten, mit hervortretenden Follikeln, in denen sich Keimzentren befinden. (Photo: N. Rooney; × 7.)

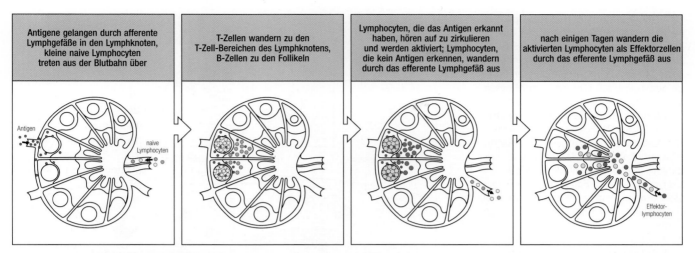

1.13 In den Lymphknoten erfolgt die Aktivierung der Lymphocyten durch die Antigene. Ein Antigen gelangt in den Lymphknoten und wird dort festgehalten, bis ein zirkulierender, naiver (ungeprägter) T-Lymphocyt (hellblau) oder B-Lymphocyt (hellgelb) darauf trifft. Beide gelangen vom Blut über spezielle kleine Venolen im Cortex in den Lymphknoten (nicht gezeigt). T-Zellen wandern in T-Zell-Bereiche und B-Zellen in die Follikel, wo sie mit den Antigenen zusammenkommen. Ungeprägte

Lymphocyten, die kein Antigen finden, verlassen den Knoten wieder durch das efferente Lymphgefäß. Die wenigen Lymphocyten, die ein Antigen erkennen, hören auf zu wandern. Nach einer Proliferationsphase differenzieren die Nachkommenzellen zu großen T-Effektorzellen (dunkelblau) und zu Plasmazellen (dunkelgelb) aus, die anschließend den Knoten durch das efferente Gefäß verlassen. Nur einige Plasmazellen verbleiben in den Marksträngen.

den Rezeptor an das gefangene Antigen bindet, wird er aktiviert und hört auf zu zirkulieren. Die Aktivierung von B- und T-Lymphocyten erfolgt in den Lymphknoten in getrennten Bereichen (Abb. 1.12). Die T-Zellen verteilen sich im **Paracortex**, wohingegen die B-Zellen in die **Lymphfollikel** wandern. Die aktivierten Lymphocyten gelangen schließlich durch die efferenten Lymphgefäße zurück ins Blut (Abb. 1.13). T-Zellen können dann das Blut am Infektionsherd verlassen und die Krankheitserreger zerstören, während die B-Zellen sich im Knochenmark und in den lymphatischen Organen ansammeln und dort Antikörper sezernieren. Immunantworten können in allen peripheren lymphatischen Organen ausgelöst werden, die jeweils darauf spezialisiert sind, Antigene aus den verschiedenen Körperregionen einzufangen. Antigene im Blut werden von der Milz festgehalten (Abb. 1.14). Diese ist nicht nur ein lymphatisches Organ, sondern läßt auch Blutzellen absterben und beseitigt sie. Dagegen sammeln die darmassoziierten lymphatischen Gewebe (Abb. 1.15), wie etwa die **Tonsillae palatinae** (Gaumenmandeln) und die **Peyerschen Plaques**, die Antigene von den gastrointestinalen Epithelien.

Obwohl sich Lymphknoten, die Milz und die darmassoziierten lymphatischen Gewebe von der äußeren Erscheinung her deutlich unterscheiden (Abb. 1.12, 1.14 und 1.15), besitzen sie alle dieselbe Grundstruktur. Diese besteht aus abgegrenzten Bereichen für die B-Lymphocyten (den Follikeln oder der B-Zellen-Corona) direkt neben Regionen, in denen T-Lymphocyten vorherrschen. In jedem Gewebe gibt es spezialisierte Bereiche (sogenannte Keimzentren), in denen die B-Zellen sich vermehren und zu antikörpersezernierenden Plasmazellen differenzieren. Solche Zentren liegen normalerweise an der Verbindung zwischen den Bereichen der B- und T-Zellen. Alle diese Gewebe funktionieren nach demselben Prinzip. Sie fangen Antigene aus Infektionsherden ein, präsentieren sie den wandernden kleinen Lymphocyten und regen so die adaptive Immunantwort an.

1.14 Schema und lichtmikroskopische Aufnahme eines Schnitts durch die Milz. In der roten Pulpa (rosa) werden Blutzellen abgebaut. Sie ist von einer weißen Pulpa durchzogen (im unteren Bildteil gelb und blau). Blut mit Lymphocyten und Antigenen gelangt durch einen Randsinus in jeden Bereich der weißen Pulpa. Die als PALS (*periarteriolar lymphoid sheath*) bezeichnete lymphatische Hülle aus T-Lymphocyten (im Photo dunkel) umgibt die zentrale Arteriole. Die lymphatischen Follikel bestehen vor allem aus B-Lymphocyten (wenig gefärbt), einschließlich der Keimzentren (die ungefärbten Zellen zwischen den Bereichen der B- und T-Zellen auf dem Photo). Obwohl sich Milz und Lymphknoten ähneln, gelangen Antigene eher vom Blut aus in die Milz als über die Lymphflüssigkeit. (Photo: J. C. Howard.)

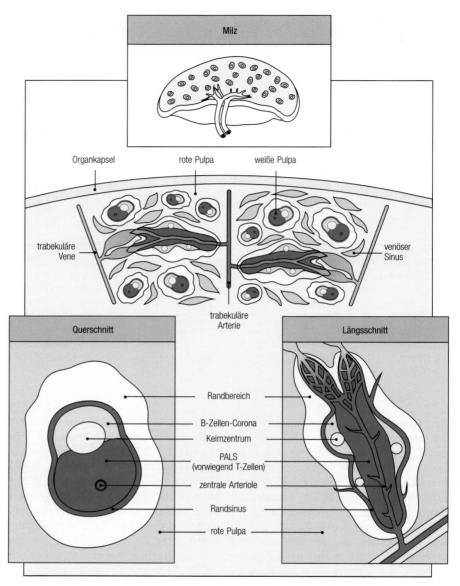

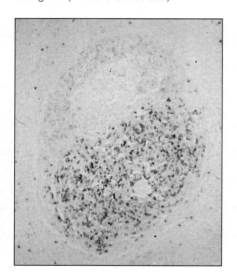

1.15 Typisches darmassoziiertes lymphatisches Gewebe in schematischer und lichtmikroskopischer Darstellung. Das Antigen tritt über ein spezielles Epithel aus sogenannten M-Zellen in das lymphatische Gewebe ein, das vor allem aus B-Zellen besteht. Diese bilden einen großen und gewölbten, hochaktiven Follikel. In den Bereichen zwischen den Follikeln befinden sich T-Zellen. Obwohl dieses Gewebe anderen lymphatischen Organen kaum ähnlich sieht, sind die grundlegenden Teilbereiche doch vorhanden. Das Photo zeigt einen Schnitt durch die Darmwand. Die Wölbung aus lymphatischem Gewebe ist unter den Epithelgeweben sichtbar. (Photo: N. Rooney; × 16.)

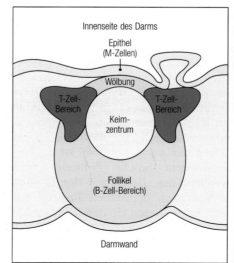

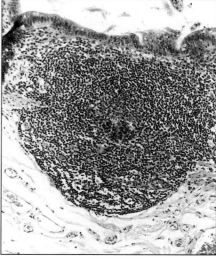

1.7 Nach der Aktivierung durch ein Antigen teilt sich ein Lymphocyt in Nachkommenzellen, die zu Effektorzellen differenzieren

Die Anzahl der Zellen, die auf ein vorhandenes Antigen reagieren können, ist zu Anfang sehr niedrig. Daher muß sich ein aktivierter Lymphocyt zuerst vermehren, damit genügend spezifische Effektorzellen vorhanden sind, die eine Infektion bekämpfen und den Organismus schützen können. Erst dann erfolgt die Differenzierung zu Effektorzellen.

Diese **klonale Expansion** ist charakteristisch für alle adaptiven Immunantworten. Da einige der antigenspezifischen Lymphocyten nach Beseitigung des Antigens erhalten bleiben, steht einem Krankheitserreger bei

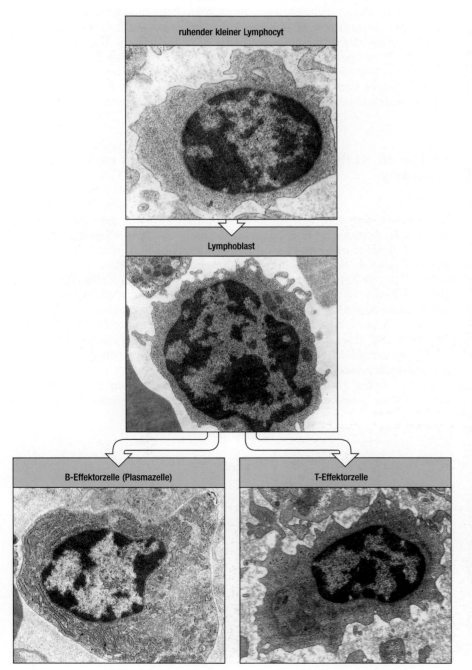

ruhender kleiner Lymphocyt

Lymphoblast

B-Effektorzelle (Plasmazelle)

T-Effektorzelle

1.16 Transmissionselektronenmikroskopische Aufnahmen von Lymphocyten in verschiedenen Aktivierungsstadien bei der Entwicklung zu Effektorzellen. Kleine, ruhende Lymphocyten (oben) haben noch kein Antigen getroffen. Man beachte die geringe Menge an Cytoplasma ohne rauhes endoplasmatisches Reticulum, die typisch für eine inaktive Zelle ist. Es kann sich entweder um eine B-oder eine T-Zelle handeln. Zirkulierende kleine Lymphocyten werden in den Lymphknoten festgehalten, wenn ihre Rezeptoren an ein Antigen auf antigenpräsentierenden Zellen binden. Die Stimulierung durch ein Antigen veranlaßt den Lymphocyten, sich in einen aktiven Lymphoblasten umzuwandeln. Diese Zelle durchläuft eine klonale Expansion mittels wiederholter Zellteilungen. Darauf folgt die Differenzierung zu Effektorzellen. Das mittlere Photo zeigt einen aktivierten Lymphoblasten, der auf ein Antigen reagiert. Man beachte die deutlich gesteigerte Größe, die Nucleoli, den vergrößerten Zellkern mit einem diffusen Chromatin und das aktive Cytoplasma. Wiederum sehen T- und B-Zellen gleich aus. Die unteren beiden Bilder zeigen T- und B-Effektorzellen. Man beachte die große Menge an Cytoplasma, den Zellkern mit den hervortretenden Nucleoli, die hohe Dichte an Mitochondrien und das rauhe endoplasmatische Reticulum, alles Merkmale aktiver Zellen. Das rauhe endoplasmatische Reticulum herrscht besonders in den antikörpersezernierenden B-Zellen vor, die man üblicherweise Plasmazellen nennt und die sehr große Mengen von Antikörpern synthetisieren und freisetzen. (Photos: N. Rooney.)

einem erneuten Eindringen eine größere Anzahl spezifischer Zellen gegenüber. Dies ermöglicht eine schnellere und wirksamere Reaktion und sorgt für eine anhaltende Immunität.

Wenn ein kleiner Lymphocyt sein spezifisches Antigen im lymphatischen Gewebe erkannt hat, durchläuft er eine beachtliche Reihe von Veränderungen. Die Zelle hört auf zu wandern und vergrößert sich. Die Dichte des Chromatins nimmt ab, Nucleoli erscheinen, das Volumen des Cytoplasmas nimmt zu, und eine Neusynthese von RNA und Proteinen setzt ein. Innerhalb weniger Stunden verändert sich das Aussehen der Zelle vollständig. Bei einer aktivierten Zelle in diesem Stadium spricht man auch von einem **Lymphoblasten** (Abb. 1.16). Die Zelle beginnt nun mit der Teilung und verdoppelt sich zwei- bis viermal in 24 Stunden. Das hält drei bis fünf Tage an, so daß der ursprüngliche Lymphocyt schließlich einen Klon von etwa 1000 Tochterzellen hervorgebracht hat, die alle dieselbe Spezifität besitzen. Diese differenzieren danach zu Effektorzellen, die entweder Antikörper sezernieren (B-Zellen) oder infizierte Zellen zerstören oder andere Zellen des Immunsystems aktivieren (T-Zellen). Die Antigenbindung an einen spezifischen Rezeptor löst also die klonale Expansion und Differenzierung aus. Das Ergebnis ist ein Klon von aktiven Effektorzellen, die den Körper von den Krankheitserregern befreien, die die Immunantwort hervorgerufen haben.

1.8 Für die Aktivierung eines Lymphocyten sind zwei Signale notwendig

Die Stimulierung über den Antigenrezeptor ist zwar für die Lymphocytenaktivierung notwendig, reicht aber allein nicht aus. Die klonale Expansion und Differenzierung eines ungeprägten Lymphocyten erfordert noch ein weiteres Signal, das normalerweise nur bestimmte andere Zellen geben können. Bei B-Zellen stammt es allgemein von einer T-Zelle (Abb. 1.17, links). T-Zellen wiederum (Abb. 1.17, rechts) können das sogenannte **costimulierende Signal** von drei verschiedenen Zelltypen erhalten: von B-Lymphocyten, Makrophagen oder dendritischen Zellen. Diese binden ebenfalls Antigene und präsentieren sie den T-Zellen. Da sie auf diesem Wege das zweite stimulatorische Signal liefern, heißen sie auch **professionelle antigenpräsentierende Zellen** (Abb. 1.18).

Solche Zellen (oft nur **antigenpräsentierende** Zellen genannt) treten vor allem in lymphatischen Geweben auf. Sie binden Antigene und prä-

1.17 Für die Aktivierung eines Lymphocyten sind zwei Signale notwendig. Reife Lymphocyten erhalten ein erstes Signal durch die Antigenrezeptoren. Das zweite Signal kommt bei B-Zellen (links) normalerweise von T-Zellen und bei T-Zellen (rechts) von einer professionellen antigenpräsentierenden Zelle (hier einer dendritischen Zelle).

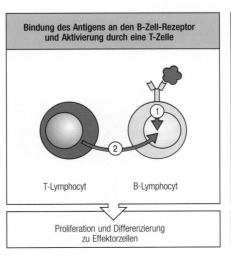

Bindung des Antigens an den B-Zell-Rezeptor und Aktivierung durch eine T-Zelle

T-Lymphocyt   B-Lymphocyt

Proliferation und Differenzierung zu Effektorzellen

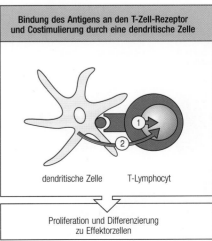

Bindung des Antigens an den T-Zell-Rezeptor und Costimulierung durch eine dendritische Zelle

dendritische Zelle   T-Lymphocyt

Proliferation und Differenzierung zu Effektorzellen

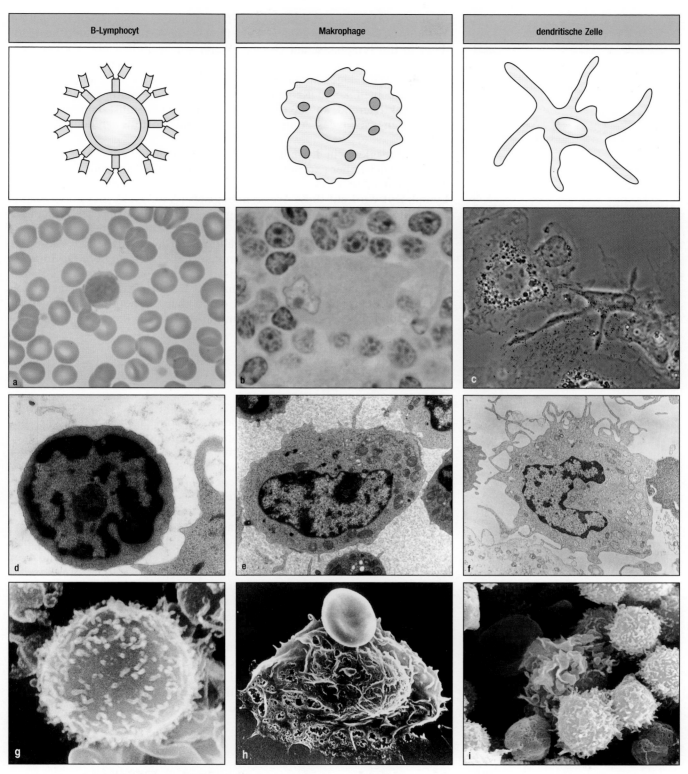

1.18 Professionelle antigenpräsentierende Zellen. Gezeigt sind die drei Zelltypen so, wie sie im ganzen Buch dargestellt sind (obere Reihe) und wie sie im Licht- (zweite Reihe), im Transmissionselektronen- (dritte Reihe) und im Rasterelektronenmikroskop (unterste Reihe) erscheinen. B-Lymphocyten besitzen antigenspezifische Rezeptoren in Form von Oberflächenimmunglobulinen. Sie ermöglichen es den Zellen, ein erkanntes Antigen in hohen Konzentrationen zu präsentieren. Auch können sie zu costimulierenden Aktivitäten angeregt werden. Makrophagen sind darauf spezialisiert, teilchenförmige Antigene aufzunehmen und zu präsentieren. Nach Anregung sind sie ebenfalls zur Costimulierung in der Lage. Dendritische Zellen treten in lymphatischen und anderen Geweben auf. Sie sind konstitutiv costimulierend. Vermutlich sind sie für die Immunität gegen Viren wichtig. (Photos: N. Rooney (a, b, d, e), R. M. Steinman (c), S. Knight (f, i) und P. F. Heap (g, h).)

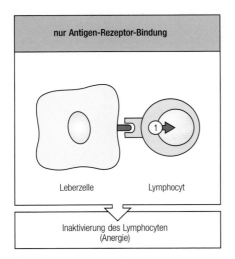

nur Antigen-Rezeptor-Bindung

Leberzelle   Lymphocyt

Inaktivierung des Lymphocyten
(Anergie)

1.19 Körpereigene Antigene induzieren Toleranz, wenn reife Lymphocyten sie auf Zellen antreffen, die keine costimulierenden Reize freisetzen können. Während der frühen Entwicklungsphase treffen selbstreaktive Lymphocyten nicht auf körpereigene Antigene, die nur von bestimmten Gewebezellen (wie etwa Leberzellen) exprimiert werden. Sie entgehen also der klonalen Deletion. Da jedoch die meisten Gewebezellen kein spezielles costimulierendes Signal geben können, das einen naiven Lymphocyten aktiviert, lösen solche Antigene keine Immunantwort aus. Statt dessen wird der Lymphocyt inaktiviert (anergisch) und ist in der Folge nicht mehr fähig, auf ein Antigen zu reagieren, selbst wenn es auf einer professionellen antigenpräsentierenden Zelle erscheint.

sentieren diese den zirkulierenden T-Lymphocyten. Sie können auch in anderen Geweben vorkommen. Dort fangen sie Antigene ein und wandern dann in die lymphatischen Organe. Wenn solche Zellen ein Antigen präsentieren, vermehren sich die Lymphocyten und differenzieren zu Effektorzellen. Wird dagegen ein Antigen von anderen Zellen präsentiert, erfolgt im allgemeinen keine Reaktion. Die Bindung des Antigens allein wirkt sogar inaktivierend, so daß die Lymphocyten später selbst dann nicht mehr ansprechen, wenn das Antigen zusammen mit costimulierenden Signalen auftritt.

Daher reagiert ein Lymphocyt, der Rezeptoren für ein Antigen besitzt, das nur in der Leber exprimiert wird, nicht auf dieses Antigen. Denn Leberzellen sind nicht in der Lage, das costimulierende Signal zu geben. Der Lymphocyt wird auf diese Weise **anergisch** (Abb. 1.19). Bei allen adaptiven Immunantworten sind zwei Signale erforderlich. Diese zusätzliche Beschränkung ist besonders wichtig, um die Toleranz auch gegen diejenigen körpereigenen Antigene zu gewährleisten, die während der Phase der klonalen Deletion nicht von den Lymphocyten erfaßt wurden. Da Immunantworten der B-Zellen bei den meisten Antigenen Signale der T-Zellen erfordern, gewährleistet eine Toleranz der T-Zellen im allgemeinen auch die der B-Zellen. Eine Toleranz, die durch Inaktivierung von reifen Lymphocyten entsteht, nennt man **periphere Toleranz**, da sie von den peripheren Geweben ausgeht.

Zusammenfassung

Die Theorie der klonalen Selektion der Lymphocyten bietet einen geeigneten theoretischen Rahmen, um die adaptive Immunität zu verstehen. Jeder Lymphocyt besitzt Oberflächenrezeptoren einer einzigen Spezifität, die sich durch zufällige Rekombination der variablen Rezeptorgensegmente und der Zusammenlagerung zweier verschiedener, variabler Proteinketten herausbildet. Dadurch entstehen Lymphocyten, von denen jeder einen anderen Rezeptor trägt, so daß das gesamte Repertoire praktisch jedes Antigen erfassen kann. Ist ein Rezeptor für eines der ubiqitären körpereigenen Antigene spezifisch, so wird der Lymphocyt beseitigt, wenn er in der frühen Entwicklungsphase auf das Antigen trifft. Begegnet ein selbstreaktiver Lymphocyt nach der Reifung seinem körpereigenen Antigen im Gewebe, wird er im allgemeinen inaktiviert, da ein weiteres, costimulierendes Signal erforderlich ist, das nur von professionellen antigenpräsentierenden Zellen ausgehen kann. Trifft ein zirkulierender Lymphocyt im lymphatischen Gewebe auf ein fremdes Antigen, das sich auf der Oberfläche einer antigenpräsentierenden Zelle befindet, erhält der Lymphocyt über seine Rezeptoren sowohl ein spezifisches als auch ein costimulierendes Signal. Beide zusammen lösen die Proliferation und die Differenzierung zu Effektorzellen aus, die den Krankheitserreger beseitigen können. Die mittleren drei Teile des Buches beschreiben die Vorgänge bei der Erkennung, Entwicklung und Differenzierung im einzelnen.

Verschiedene immunologische Effektormechanismen beseitigen Krankheitserreger

Die klonale Selektion beschreibt nur das grundlegende Funktionsprinzip der adaptiven Immunantwort, jedoch nicht die genauen Mechanismen, die einen Erreger im Körper erkennen und beseitigen. Die unterschiedlichen

das Immunsystem schützt vor vier Klassen von Krankheitserregern		
Art der Krankheitserreger	**Beispiele**	**Erkrankungen**
extrazelluläre Bakterien, Parasiten, Pilze	*Streptococcus pneumoniae* *Clostridium tetani* *Trypanosoma brucei*	Lungenentzündung Tetanus Schlafkrankheit
intrazelluläre Bakterien, Parasiten	*Mycobacterium leprae* *Listeria monocytogenes* *Leishmania donovani*	Lepra Listeriose Leishmaniose
Viren (intrazellulär)	Variola Influenza Varicella	Pocken Grippe Windpocken
parasitische Würmer (extrazellulär)	*Ascaris* *Schistosoma*	Ascariasis Schistosomiasis

1.20 Die wichtigsten Arten von Krankheitserregern, mit denen das Immunsystem konfrontiert ist, und die Krankheiten, die sie verursachen.

Lebensweisen der einzelnen Krankheitserreger erfordern verschiedene Vorgehensweisen für ihre Erkennung und Zerstörung. Wie wir bereits gesehen haben, gibt es zwei verschiedene Arten von Antigenrezeptoren: die Oberflächenimmunglobuline der B-Zellen und die kleineren Antigenrezeptoren der T-Zellen. Beide sind auf unterschiedliche Weise an die Antigenerkennung angepaßt: B-Zellen erkennen Antigene außerhalb von Zellen, wohingegen T-Zellen Antigene aufspüren können, die innerhalb von Zellen entstehen. Wir kommen nun zu den eigentlichen Effektormechanismen, durch die die verschiedenen Krankheitserreger beseitigt werden, und erklären, wie die T-Lymphocyten Krankheitserreger in Zellen erkennen. Abbildung 1.20 faßt die wichtigsten Klassen der intra- und extrazellulären Krankheitserreger zusammen.

1.9 Extrazelluläre Krankheitserreger und deren Toxine werden mit Hilfe von Antikörpern beseitigt

Die Antikörper waren das erste spezifische Produkt der Immunantwort, das man identifizieren konnte. Diese Proteine kommen in den flüssigen Bestandteilen des Blutes (**Plasma**) und in extrazellulären Flüssigkeiten vor. Da die Körperflüssigkeiten früher als Humores bezeichnet wurden, spricht man auch von der **humoralen Immunität**. Untersuchungen an Antikörpern erfolgen im allgemeinen unter Verwendung von geronnenem Blut immunisierter Tiere oder Menschen. Die von den festen Bestandteilen abtrennbare Flüssigkeit heißt **Serum**. Dieses enthält die Antikörper. Das Serum von einem immunisierten Lebewesen heißt **Antiserum**.

Die Antikörper aller Spezifitäten gehören zur Proteingruppe der **Immunglobuline**, die früher auch als Gammaglobuline bekannt waren. Jeder Antikörper ist ein Y-förmiges Molekül, dessen Arme zwei identische antigenbindende Bereiche bilden, die zwischen den einzelnen Molekülen stark variieren. So entsteht die notwendige Diversität für die spezifische Antigenerkennung, die wir in Kapitel 3 näher behandeln werden. Im Gegensatz dazu besitzt der „Stamm" des Y nur eine begrenzte Variabilität und heißt daher auch die **konstante Region** des Antikörpers (Abb. 1.21). Sie kann einem von insgesamt fünf Haupttypen (**Isotypen** oder Klassen) angehören und legt die funktionellen Eigenschaften des Antikörpers fest. Jede der fünf Immunglobulinklassen löst nach der Erkennung eines Antigens bestimmte Effektormechanismen für seine Beseitigung aus.

Antigenbindungsstellen

konstanter Bereich (Effektorfunktion)

1.21 Struktur eines Antikörpermoleküls. Die beiden Arme des Y-förmigen Moleküls enthalten die variablen Regionen, die die beiden identischen Antigenbindungsstellen bilden. Der Stamm (die sogenannte konstante Region) kann nur eine begrenzte Zahl von Formen annehmen. Dieser Teil ist an der Aktivierung der Effektorreaktionen beteiligt, mit deren Hilfe Krankheitserreger vernichtet werden.

Antikörper wirken, indem sie extrazellulär an Krankheitserreger und deren Produkte binden. Sie haben drei Möglichkeiten, den Schutz des Organismus zu sichern (Abb. 1.22). Erstens können Antikörper einen Krankheitserreger oder dessen toxisches Produkt durch einfache Bindung **neutralisieren** und so eine Infektion oder Vergiftung verhindern. Zweitens vermögen Antikörper einen Krankheitserreger zu opsonisieren (gewissermaßen „mit Butter zu überziehen", vom griechischen *opson* „Speise"), so daß ihn Phagocyten aufnehmen und zerstören können. Die dritte Funktion besteht in der Aktivierung des **Komplementsystems**, das aus Plasmaproteinen besteht, die ebenfalls die Fähigkeit der Phagocyten verbessern, Bakterien zu umschließen und zu vernichten. Die einzelnen Antikörperisotypen kommen in verschiedenen Körperbereichen vor, und sie unterscheiden sich in den Effektorwirkungen (Abb. 1.23). Aber alle Krankheitserreger und Fremdpartikel, die mit Antikörpern behaftet sind, werden letztendlich von den Phagocyten aufgenommen, abgebaut und aus dem Körper entfernt. Das Komplementsystem und auch die Phagocyten,

1.22 Antikörper können auf drei Arten an der Immunabwehr beteiligt sein.
Die linke Spalte zeigt Antikörper, die ein bakterielles Toxin binden und neutralisieren, damit es nicht mit Körperzellen in Wechselwirkung treten und pathologische Effekte verursachen kann. Freies Toxin kann mit den Rezeptoren der Körperzellen reagieren. Der Komplex aus Antikörper und Toxin kann das dagegen nicht mehr. Durch Bindung an Viruspartikel und Bakterienzellen können Antikörper auch diese Eindringlinge neutralisieren. Der Komplex aus Antigen und Antikörper wird schließlich von den Makrophagen aufgenommen und abgebaut. Durch die Umhüllung mit Antikörpern wird ein Antigen für die Phagocyten (Makrophagen und polymorphkernige Leukocyten) als körperfremd erkennbar. Diesen Vorgang nennt man Opsonisierung. Die mittlere Spalte zeigt die Opsonisierung und die Phagocytose einer Bakterienzelle. In der rechten Spalte ist dargestellt, wie Antikörper durch Anlagerung an ein Bakterium das Komplementsystem aktivieren. Gebundene Antikörper bilden einen Rezeptor für das erste Protein des Komplementsystems, das schließlich auf der Oberfläche des Bakteriums einen Proteinkomplex erzeugt und so dessen Aufnahme und Vernichtung durch Phagocyten fördert. In manchen Fällen ist auch eine direkte Zerstörung des Bakteriums möglich. So können Antikörper Krankheitserreger und deren Produkte für eine Beseitigung durch Phagocyten vorbereiten.

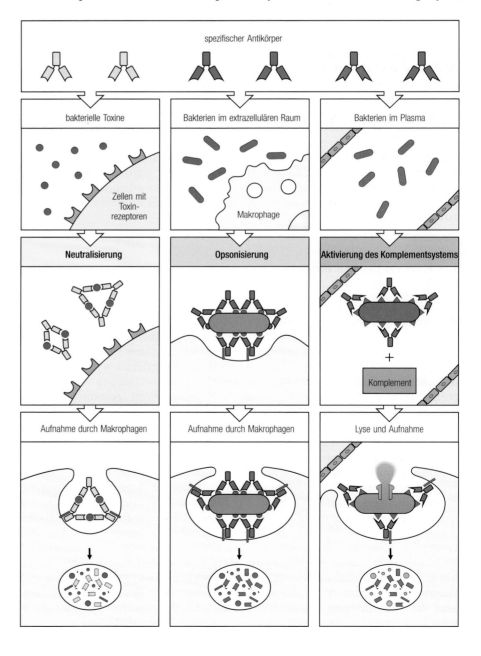

spezifischer Antikörper

| bakterielle Toxine | Bakterien im extrazellulären Raum | Bakterien im Plasma |

Zellen mit Toxinrezeptoren

Makrophage

Neutralisierung   **Opsonisierung**   **Aktivierung des Komplementsystems**

+

Komplement

Aufnahme durch Makrophagen   Aufnahme durch Makrophagen   Lyse und Aufnahme

die fünf Immunglobulinklassen haben spezielle Effektorfunktionen		
Klasse	**Wirkungsort**	**Effektorfunktionen**
IgM	intravasal	Komplementaktivierung, Agglutinierung
IgG	intravasal interstitielle Flüssigkeit durch die Placenta	Komplementaktivierung Neutralisierung, Opsonisierung Immunität von Neugeborenen
IgA	luminale Sekrete Muttermilch	Neutralisierung an der Körperoberfläche intestinale Immunität bei Neugeborenen
IgE	subkutan submucosal	Sensibilisierung von Mastzellen Aktivierung eosinophiler Zellen
IgD	Oberflächen der B-Zellen	unbekannt (B-Zell-Antigenrezeptor)

1.23 Effektorfunktionen und Wirkungsorte der Immunglobulinklassen. Die fünf Hauptklassen der Immunglobuline definieren sich aufgrund der konstanten Region: IgM, das vor allem das Blut schützt; IgG, dessen Wirkung sich auf das Blut und auf die extrazellulären (interstitiellen) Zwischenräume in Geweben erstreckt; IgA, das für den Darm- und Atmungstrakt sowie für andere sekretorische Oberflächen wie die Tränenkanäle zuständig ist; IgE, das vor allem an Mastzellen gebunden ist, die unter der Haut sowie unter den Schleimhäuten des Verdauungstraktes und des Atmungssystems liegen; IgD, das nie sezerniert wird und dessen Funktion unbekannt ist.

die von den Antikörpern angelockt werden, sind selbst nicht antigenspezifisch. Sie sind darauf angewiesen, daß Antikörpermoleküle die Partikel als fremdartig markieren.

1.10 Nur B-Lymphocyten können Antikörper erzeugen

Gemäß der Theorie der klonalen Selektion leiten sich antikörperproduzierende Lymphocyten von Zellen ab, die zelloberflächenspezifische Formen der Immunoglobuline als Antigenrezeptoren tragen. Die kleinen Lymphocyten, aus denen antikörperproduzierende Zellen entstehen, nennt man B-Lymphocyten oder B-Zellen, da sie sich bei Vögeln in der **Bursa Fabricii** und bei Säugetieren im Knochenmark (englisch *bone marrow*) entwikkeln. Antigene regen B-Zellen zur Antikörperproduktion an. Morphologisch ähneln solche antikörpersezernierenden Plasmazellen (Abb. 1.16) den kleinen Lymphocyten und den Lymphoblasten, aus denen sie hervorgehen, kaum. Das Cytoplasma wird vom rauhen endoplasmatischen Reticulum und von einem gut ausgebildeten Golgi-Apparat beherrscht – den Kennzeichen einer sekretorisch aktiven Zelle. Zwischen zehn und 20 Prozent der Proteine, die eine Plasmazelle erzeugt, sind Antikörper.

Entsprechend der Theorie der klonalen Selektion besitzen die Antikörper, die eine Plasmazelle produziert, dieselbe Spezifität wie der Rezeptor auf der ursprünglichen B-Zelle. Während der klonalen Expansion und Differenzierung verändert sich die Spezifität der B-Zellen nicht. Das bedeutet, daß Antikörper nur als Antwort auf ein bestimmtes Antigen produziert werden und daß sie ausschließlich an das auslösende Antigen binden, das schließlich beseitigt wird. Antikörper gegen nichtverwandte Strukturen sind weder notwendig noch wünschenswert. Deshalb macht die klonale Selektion die Immunantwort so wirkungsvoll.

1.11 T-Zellen erkennen Zellen, die von intrazellulären Krankheitserregern infiziert sind, und greifen sie an

Nicht alle Krankheitserreger wachsen im extrazellulären Raum, wo ein Angriff durch die Antikörper möglich ist. Alle Viren und einige Bakterien und Parasiten dringen in Zellen ein und vermehren sich dort – sicher vor den Antikörpern. Um den Körper auch von diesen Eindringlingen zu befreien, ist ein anderes Erkennungs- und Reaktionssystem notwendig: die **zelluläre Immunantwort**, die mittels T-Lymphocyten oder T-Zellen erfolgt. Deren Bezeichnung leitet sich vom Thymus ab, in dem sie heranreifen (Abb. 1.6).

Die zellvermittelten Reaktionen beruhen auf direkten Wechselwirkungen zwischen den T-Lymphocyten und den Körperzellen, die das entsprechende Antigen tragen. Mit Bakterien oder Viren infizierte Zellen präsentieren an ihrer Oberfläche Antigene, die der Krankheitserreger erzeugt. Diese werden von den T-Zellen erkannt, die dann die eingedrungenen Organismen direkt oder indirekt vernichten. Während die einzige bekannte Funktion der B-Lymphocyten in der Antikörperproduktion besteht, besitzen T-Lymphocyten verschiedene Effektorfunktionen.

1.12 Cytotoxische T-Lymphocyten töten mit Viren infizierte Zellen

Viruspartikel, die im Blut oder in Gewebeflüssigkeiten zirkulieren, können die Produktion von Antikörpern anregen, die den eingedrungenen Erreger neutralisieren. Wenn ein Virus allerdings eine Zelle infiziert hat, ist es vor den Antikörpern geschützt. Viren bestehen aus einem Genom, das von einer Proteinhülle umgeben ist. Diese wird abgestreift, wenn das Virus in die Zelle eindringt. Dabei werden die viralen Gene freigesetzt, die die biosynthetische Maschinerie der Zelle übernehmen, um virale Nucleinsäuren und Proteine zu erzeugen. So entstehen neue Viruspartikel. Dabei tötet das Virus oft die Zelle ab, in der es lebt, und ruft damit eine Erkrankung hervor. Die freigesetzten neuen Viren infizieren benachbarte Zellen, was zu einer weiteren Runde von viraler Replikation und Zellsterben führt. Wie kann ein infizierter Körper diesen Prozeß unter Kontrolle bringen?

1.24 Immunabwehr intrazellulärer Virusinfektionen. Spezialisierte T-Zellen (die cytotoxischen T-Lymphocyten, CTL) erkennen virusinfizierte Zellen und töten sie direkt ab. Dabei werden unter anderem Nucleasen in der infizierten Zelle aktiviert, die die DNA des Wirtes und des Virus zerstören. Bild a ist eine transmissionselektronenmikrokopische Aufnahme der Plasmamembran einer CHO-Zelle (*Chinese hamster ovary*), die mit dem Influenzavirus infiziert wurde. Zu erkennen sind zahlreiche Viruspartikel, die aus der Zelloberfläche austreten. Einige von ihnen sind mit einem monoklonalen Antikörper markiert, der spezifisch ist für ein virales Protein. Er ist an Goldpartikel gekoppelt, die als schwarze Punkte erscheinen. Bild b ist eine transmissionselektronenmikroskopische Aufnahme einer virusinfizierten Zelle, die von reaktiven T-Lymphocyten umgeben ist. Man beachte die enge Zusammenlagerung der Membranen der infizierten Zelle und der T-Zelle (links oben in Bild b) und die Ansammlung von cytoplasmatischen Organellen zwischen dem Zellkern des Lymphocyten und der Kontaktstelle zur infizierten Zelle. (Photos: M. Bui und A. Helenius (a), N. Rooney (b).)

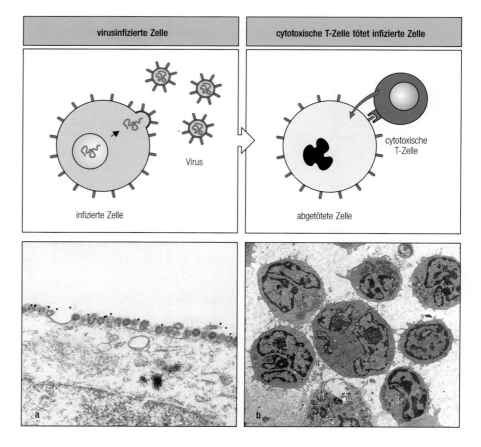

Einer der entscheidenden Schritte bei der Beendigung einer viralen Infektion besteht darin, jede infizierte Zelle so schnell wie möglich zu vernichten, um so weitere virale Replikationszyklen zu unterbinden. Das Immunsystem erreicht das durch spezialisierte T-Zellen, die man **Killerzellen** oder **cytotoxische T-Zellen** nennt. Sie töten virusinfizierte Zellen ab. Cytotoxische T-Zellen erkennen Zellen, die mit einem bestimmten Virus infiziert sind, und vernichten sie, bevor sie vollständige virale Partikel oder **Virionen** bilden können (Abb. 1.24).

1.13 Einige intrazelluläre bakterielle Infektionen lassen sich durch die Aktivierung von Makrophagen beseitigen

T-Lymphocyten sind auch für die Kontrolle von intrazellulären bakteriellen Infektionen wichtig. Einige Bakterien, etwa *Mycobacterium tuberculosis* (der Erreger der Tuberkulose), wachsen nur in den Vesikeln der Makrophagen (Abb. 1.25). Diese Bakterien überleben, da die Vesikel nicht mit den Lysosomen fusionieren, die zahlreiche antibakterielle Substanzen ent-

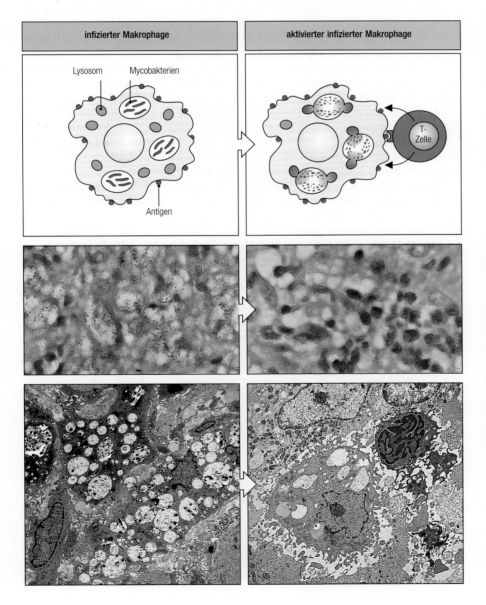

1.25 Mechanismen der Immunabwehr intrazellulärer Infektionen mit Mycobakterien. Mycobakterien, die Makrophagen infizieren, leben in cytoplasmatischen Vesikeln, die einer Fusion mit Lysosomen nicht zugänglich sind. So entgehen sie einer Vernichtung durch die Makrophagen. Wenn jedoch eine geeignete T-Zelle einen infizierten Makrophagen erkennt, setzt sie Signalmoleküle frei, die die lysosomale Fusion und die bakterientötende Aktivität des Makrophagen auslösen. Die lichtmikroskopischen Aufnahmen (mittlere Reihe) zeigen die Vernichtung von Mycobakterien in den Vesikeln aktivierter Makrophagen; links sind mit *M. tuberculosis* infizierte ruhende Zellen, rechts aktivierte Zellen zu sehen. Die Zellen wurden mit einem säurestabilen roten Farbstoff angefärbt, um die Anwesenheit der Mycobakterien zu zeigen, die in den ruhenden Makrophagen deutlich hervortreten, während sie in den aktivierten Makrophagen beseitigt sind. In den transmissionselektronenmikroskopischen Aufnahmen (unterste Reihe) sind in den Vesikeln der infizierten Zellen zahlreiche Mycobakterien zu sehen. Die dunklen Stäbchen und Kreise (links) sind Längs- und Queransichten der Bakterien. In einem aktivierten Makrophagen (rechts) bleiben keine Mycobakterien in den Vesikeln zurück. (Photos: G. Kaplan.)

halten. Makrophagen lassen sich jedoch gegen solche intrazellulären Bakterien durch eine zweite Art von T-Zellen aktivieren – die sogenannten Entzündungs- oder **inflammatorischen T-Zellen**. Diese Zellen geben den Makrophagen ein Signal, das bewirkt, daß ihre Lysosomen mit den Vesikeln verschmelzen, die die Bakterien enthalten. Gleichzeitig werden weitere antibakterielle Mechanismen ausgelöst. Die Aktivierung eines Makrophagen durch eine spezialisierte T-Zelle führt zur Vernichtung der Bakterien.

1.14 T-Zellen erkennen fremde Antigene in Form von Peptidfragmenten, die an Proteine des Haupthistokompatibilitätskomplexes gebunden sind

T-Lymphocyten wirken auf Körperzellen, die fremde Proteine enthalten, normalerweise solche, die von intrazellulären Krankheitserregern stammen. Die Erkennung erfolgt durch Rezeptoren, die das Antigen nicht wie die B-Zellen in seiner intakten Form erkennen, sondern vielmehr in Form von Peptidfragmenten, die an besondere Proteine an der Zelloberfläche gebunden sind. Dabei handelt es sich um Membranproteine, die von einer Gruppe von Genen mit der verwirrenden Bezeichnung **Haupthistokompatibilitätskomplex** (*major histocompatibility complex*, **MHC**) codiert werden. Ursprünglich hatte man den MHC durch Effekte bei der Transplantatabstoßung entdeckt – daher sein Name (Histokompatibilität bedeutet Gewebeverträglichkeit). Seine physiologische Funktion wurde jedoch erst viel später aufgeklärt. Heute kennt man zwei Klassen von MHC-Molekülen (I und II), die sich in Struktur und Funktion unterscheiden.

MHC-Moleküle binden bereits während ihrer Synthese in der Zelle die Peptidfragmente in einer Vertiefung ihrer extrazellulären Domäne (Abb. 1.26) und bringen sie schließlich an die Zelloberfläche. Der Peptid:MHC-Komplex wird dort den T-Zellen präsentiert, deren Antigenrezeptoren darauf spezialisiert sind, solche Komplexe zu erkennen.

Ein MHC-Molekül kann jedes beliebige Peptid von Krankheitserregern, aber auch Fragmente abgebauter, zelleigener Proteine binden und präsentieren. T-Zellen, die letztere erkennen, wurden jedoch bereits vor der Reifung eliminiert oder werden später inaktiviert, um die Selbsttoleranz zu gewährleisten. So können T-Zellen andere Zellen aufspüren, die Krankheitserreger oder deren antigene Produkte enthalten, und sie von nicht infizierten Zellen unterscheiden.

T-Zellen müssen fremde Peptide, die an MHC-Proteine auf der Zelloberfläche gebunden sind, nicht nur erfassen, sondern auch darauf reagieren können. Sie müssen virusinfizierte Zellen töten sowie Makrophagen, die intrazelluläre Bakterien enthalten, und B-Zellen, die ein Antigen an ihren Oberflächenimmunglobulinen gebunden haben, aktivieren. Für die unterschiedlichen Reaktionen sind verschiedene Arten von T-Zellen zuständig, die jeweils Antigene in Verbindung mit einer der beiden Klassen von MHC-Molekülen erkennen: T-Zellen, die infizierte Zellen abtöten, reagieren auf Peptide, die an MHC-Klasse-I-Proteine oder kurz MHC-I-Proteine gebunden sind. Dagegen sind T-Zellen, die Makrophagen und B-Zellen aktivieren, für MHC-II spezifisch.

1.15 Die zwei Haupttypen von T-Zellen erkennen Peptide, die an MHC-Moleküle der zwei verschiedenen Klassen gebunden sind

Da Lymphocyten verschiedener Funktionen alle gleich aussehen, haben Immunologen versucht, sie mit Hilfe von Antikörpern gegen Oberflächenmoleküle zu identifizieren und voneinander zu trennen. So lassen sich beispielsweise B-Zellen leicht von T-Zellen unterscheiden. Zur Identifizierung

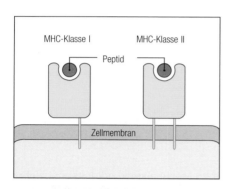

1.26 MHC-Moleküle präsentieren die Peptidfragmente von Antigenen auf der Zelloberfläche. MHC-Moleküle sind Membranproteine, deren äußere extrazelluläre Domänen eine Vertiefung bilden, in der ein Peptidfragment binden kann. Diese Fragmente, die von (fremden) Proteinen stammen, die in der Zelle abgebaut wurden, lagern sich an ein frisch synthetisiertes MHC-Molekül an, bevor es die Zelloberfläche erreicht. Es gibt zwei MHC-Klassen (I und II), die sich in Struktur und Funktion unterscheiden.

der B-Zellen nimmt man Anti-Immunglobulin-Antikörper und zur Markierung der T-Zellen Antikörper gegen T-Zell-Rezeptoren. Die beiden funktionellen Hauptklassen der T-Zellen sind ebenfalls durch Antikörper, die gegen Zelloberflächenmoleküle gerichtet sind, voneinander abgrenzbar. Cytotoxische T-Zellen tragen sogenannte CD8-Moleküle. CD4 ist für Helfer- und Entzündungszellen charakteristisch.

Man weiß inzwischen, daß CD8 und CD4 bei der spezifischen Erkennung von MHC-I- und MHC-II-Molekülen durch die T-Zellen der beiden funktionellen Klassen eine wichtige Rolle spielen. CD8 bindet gemeinsam mit einem Rezeptormolekül der cytotoxischen T-Zellen an ein MHC-I-Protein; CD4 bindet zusammen mit einem Rezeptormolekül von Helfer- oder Entzündungszellen an ein MHC-II-Protein (Abb. 1.27). Wenn das geschieht, helfen CD4 und CD8 bei der Signalübertragung. Deshalb nennt man sie **Corezeptoren**.

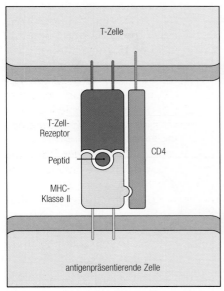
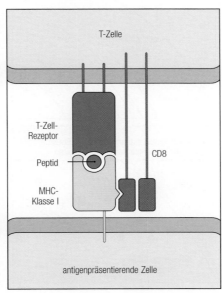

1.27 Gleichzeitiges Erkennen des Peptid:MHC-Komplexes durch den T-Zell-Antigenrezeptor und den Corezeptor. Die Corezeptoren CD4 und CD8 auf bestimmten T-Lymphocyten unterstützen den T-Zell-Rezeptor bei der Zellerkennung. Wenn der T-Zell-Rezeptor einen Peptid:MHC-Komplex auf einer anderen Zelle entdeckt, bindet auch ein Corezeptor an den MHC-Teil des Komplexes und hilft so mit, die T-Zelle zu aktivieren. Die beiden Corezeptortypen unterscheiden zwischen den beiden MHC-Klassen. Das CD4-Protein, das man an der Oberfläche von Helfer- und Entzündungszellen findet, bindet nur an Moleküle der Klasse II. Das CD8-Protein an der Oberfläche cytotoxischer T-Zellen bindet nur an Moleküle der Klasse I.

Die MHC-Moleküle beider Klassen binden Peptide unterschiedlicher Herkunft innerhalb der Zelle, um sie an der Zelloberfläche den verschiedenen T-Zellen zu präsentieren. MHC-I-Moleküle binden Peptide von Krankheitserregern, die sich im Cytosol vermehren. Das sind vor allem Viren und einige Bakterien. Die Erreger lassen sich nur durch Abtöten der Zellen zerstören, in denen sie sich befinden. Der CD8-Corezeptor unterstützt die cytotoxischen T-Zellen bei der Erkennung des Peptid:MHC-I-Komplexes an der Oberfläche der infizierten Zellen (Abb. 1.28, links). Alle Körperzellen exprimieren MHC-I-Proteine, so daß jede infizierte Zelle auf diese Weise zerstört werden kann.

Im Gegensatz dazu werden MHC-II-Moleküle vor allem von Zellen des Immunsystems exprimiert. Diese Moleküle binden Peptidfragmente aus Proteinen, die in intrazellulären Vesikeln abgebaut wurden. Solche Fragmente stammen von Bakterien oder intrazellulären Parasiten, die sich in den Vesikeln der Makrophagen vermehren (Abb. 1.28, rechts). Sobald die Peptide im MHC-II-Komplex an der Zelloberfläche erscheinen, aktivieren sie CD4-Entzündungszellen, die im Gegenzug die infizierten Makrophagen dazu bringen, Lysosomen mit den Vesikeln zu fusionieren, die die Parasiten enthalten. Externe Antigene, die an Oberflächenimmunglobuline der B-Zellen gebunden sind, werden ebenfalls aufgenommen und in intrazellulären

1.28 Die Moleküle der beiden MHC-Klassen präsentieren die Antigene unterschiedlichen T-Zelltypen. Proteine der MHC-Klassen I und II bringen Peptide aus verschiedenen Zellkompartimenten an die Zelloberfläche. Dort wird der Peptid:MHC-Komplex von bestimmten Untergruppen der T-Zellen erkannt, die unterschiedliche Corezeptoren und Funktionen besitzen. Zellen mit aktiven viralen Genen exprimieren virale Proteine im Cytosol (linke Spalte). Fragmente der Fremdproteine werden in das endoplasmatische Reticulum transportiert, wo sie an MHC-I-Moleküle binden, die sie dann an die Zelloberfläche bringen. Cytotoxische T-Zellen mit einem spezifischen Antigenrezeptor und dem CD8-Corezeptor erkennen den Peptid:MHC-I-Komplex. Das CD8-Protein bindet nur an MHC-I-Moleküle. Die Darstellung rechts zeigt, wie MHC-II-Moleküle bakterielle Peptide aus den intrazellulären Vesikeln an die Zelloberfläche bringen. Antigenspezifische T-Zellen mit dem CD4-Corezeptor erkennen den Peptid:MHC-II-Komplex. Das CD4-Protein bindet nur an MHC-II-Moleküle. Anders als die cytotoxischen CD8-Zellen aktivieren die CD4-Zellen den infizierten Makrophagen, was zu einer Zerstörung der intrazellulären Bakterien führt. Auf diese Weise wird jeweils die geeignete T-Zelle aktiviert, die mit einer bestimmten Art von Infektion fertig werden kann.

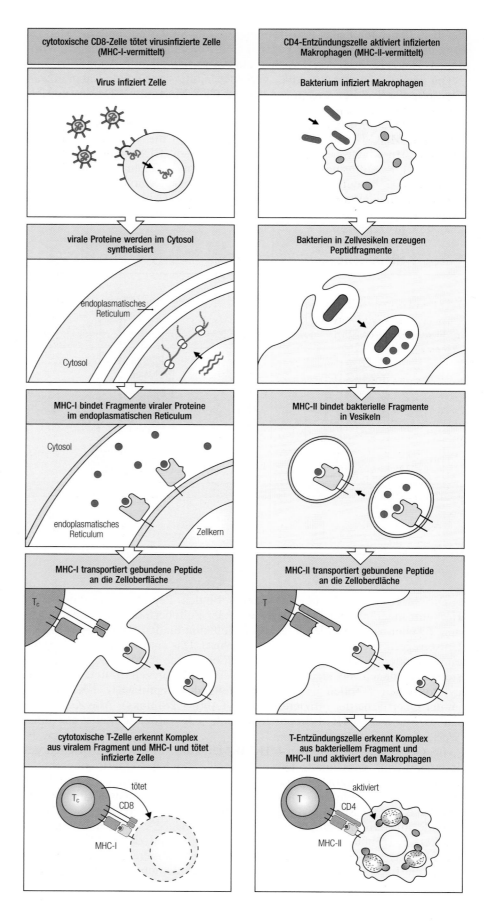

Vesikeln abgebaut. Dabei entstehen Peptide, die von MHC-II-Molekülen an die Zelloberfläche gebracht werden. Dort dienen sie der Steuerung von CD4-Helferzellen, wie wir im nächsten Abschnitt sehen werden.

Die beiden Wege, auf denen Antigene zu den beiden Klassen von MHC-Molekülen gelangen, ermöglichen es so den T-Zellen der verschiedenen funktionellen Klassen, ihre Angriffsziele sicher zu finden. Da sich die T-Zellen durch ihre Corezeptoren unterscheiden, ist die jeweils richtige Erkennung der MHC-Moleküle gewährleistet. Man nennt die T-Zellen, die für MHC-II spezifisch sind, oft CD4-Zellen, die für MHC-I spezifischen cytotoxischen Zellen heißen auch CD8-Zellen. Wie die Verbindung von MHC-Klassen-Spezifität, Funktion und Corezeptorenexpression während der T-Zell-Entwicklung zustande kommt, ist ein zentrales Problem der Immunologie.

1.16 T-Zellen steuern die Aktivierung der B-Zellen

T-Zellen zerstören intrazelluläre Krankheitserreger, indem sie infizierte Zellen töten und Makrophagen aktivieren. Sie spielen aber auch bei der Vernichtung extrazellulärer Erreger eine zentrale Rolle, weil sie die B-Zellen aktivieren. Dies ist die besondere Aufgabe von CD4-Helferzellen. Diese Zellen erkennen (wie alle CD4-Zellen) Antigenfragmente, die an MHC-II-Proteine gebunden sind, in diesem Fall an der Oberfläche von B-Zellen. Diese Fragmente entstehen in einer Art Kreislauf aus dem Antigen, das der Immunglobulinrezeptor auf der B-Zelle gebunden hat. Kurz nach der Anheftung des Antigens erfolgt die Aufnahme des Antigen:Rezeptor-Komplexes durch **rezeptorvermittelte Endocytose**. Anschließend wird das Antigen zu Peptidfragmenten abgebaut, die – an MHC-II-Proteine gebunden – über das zelluläre Vesikelsystem zurück an die Oberfläche gelangen. Dort erkennt eine CD4-Helferzelle das fremde Antigen und wird so angeregt, ihrerseits die geeignete, antigenbindende B-Zelle zu aktivieren (Abb. 1.29).

Obwohl das Antigen, das der T-Zelle präsentiert wird, nicht mit dem Antigen identisch ist, das die B-Zelle ursprünglich gebunden hat, stammt es doch davon ab. Bei B- und T-Zellen, die auf das Antigen reagieren, spricht man deshalb von einer **gekoppelten Erkennung**.

Zusammenfassung

Lymphocyten besitzen zwei unterschiedliche Erkennungssysteme, die auf die Erfassung von extra- und intrazellulären Krankheitserregern spezialisiert sind. B-Zellen tragen an ihrer Oberfläche Antikörper als Rezeptoren und erzeugen nach einer Aktivierung lösliche Antikörper gegen Krankheitserreger im extrazellulären Raum. T-Zellen besitzen Rezeptoren, die Peptidfragmente intrazellulärer Erreger erkennen. Solche Fragmente gelangen mit Hilfe der spezialisierten MHC-Moleküle an die Zelloberfläche. Es gibt zwei Klassen von MHC-Molekülen, die Peptidfragmente aus verschiedenen Zellkompartimenten zu zwei verschiedenen T-Effektorzellen transportieren. Die CD8-Zellen töten infizierte Zielzellen ab. CD4-Zellen wiederum aktivieren Makrophagen und B-Zellen. Deshalb sind die T-Zellen sowohl für die humorale als auch für die zellvermittelte adaptive Immunantwort ausgesprochen wichtig. Die Antikörpermoleküle und auch die komplexen Erkennungs- und Effektorsysteme der T-Zellen sind für eine effektive adaptive Immunantwort unabdingbar.

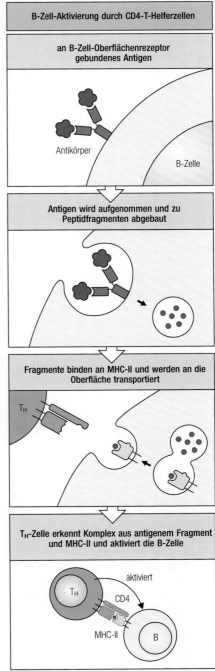

1.29 Aktivierung von B-Zellen durch T-Helferzellen (T_H-Zellen). Der Vorgang ähnelt der Makrophagenaktivierung durch CD4-Zellen. Hier gelangt jedoch ein extrazelluläres Antigen in eine spezifische B-Zelle, indem es an deren Rezeptor bindet und durch Endocytose aufgenommen wird. Anschließend entstehen in intrazellulären Vesikeln antigene Peptidfragmente, die mit MHC-II-Molekülen an die Oberfläche der B-Zelle gelangen, wo sie von einer CD4-Helferzelle erkannt werden. Diese aktiviert die B-Zelle zur Proliferation und Differenzierung in eine Plasmazelle.

Angeborene und adaptive Immunität

Nicht alle Abwehrsysteme eines Organismus beruhen auf der klonalen Selektion der Lymphocyten. Wie Elie Metchnikoff im 19. Jahrhundert feststellte, können die Phagocyten von sich aus Mikroorganismen erkennen und beseitigen. Dazu binden sie über Rezeptoren an bestimmte Moleküle, die man auf der Oberfläche vieler verschiedener Bakterien findet. Abwehrsysteme, die auf einer solchen nichtklonalen Erkennung basieren, nennt man auch **angeborene Immunität**. Wir alle wurden mit derselben Fähigkeit für diese Art der Immunantwort geboren, die sich auch nach einer bestimmten Infektion nicht ändert. Das angeborene Immunsystem ist aus zwei Gründen wichtig. Erstens ermöglicht es eine frühe Immunantwort, die den Organismus während der vier bis fünf Tage schützt, die für eine Aktivierung der Lymphocyten nötig sind. Zweitens stimmen die Effektormechanismen der angeborenen Immunität prinzipiell mit denjenigen überein, die in den späteren Phasen der adaptiven Immunität der Vernichtung von Krankheitserregern dienen. Die Parallelen sind sogar so erstaunlich, daß diese Mechanismen in der Evolution fast mit Sicherheit vor der Entwicklung klonal verteilter Lymphocytrezeptoren entstanden sein müssen. Die spezifische Erkennung durch solche Rezeptoren ist demnach nur der schon länger existierenden angeborenen Immunität hinzugefügt worden, um so die heutige adaptive Immunantwort hervorzubringen. Die Rezeptoren der angeborenen Immunität hingegen wurden von der Evolution so selektiert, daß sie konservierte Strukturen auf Krankheitserregern erkennen.

1.17 Ein angeborenes Abwehrsystem wirkt während der frühen Phase einer Infektion

Eine vollständige Abwehrreaktion läßt sich in drei Phasen unterteilen (Abb. 1.30). Die erste (sofortige) Phase basiert auf den bereits vorhandenen Bestandteilen des angeborenen Immunsystems, die ohne Induktion direkt auf die Krankheitserreger einwirken. Die Mechanismen umfassen Barrieren sowie humorale und zellvermittelte Funktionen. Sie können viele Gruppen von Mikroorganismen abwehren, vernichten oder in Schach halten. Nach einigen Stunden beginnt eine zweite (frühe) Phase, in der zwar schon induzierte, aber weiterhin unspezifische Abwehrreaktionen einsetzen. Diese unterscheiden sich auf zwei Arten grundlegend von der adaptiven Immun-

1.30 Die Immunantwort auf eine Infektion erfolgt in drei Phasen. Die erste Phase umfaßt die nichtinduzierbaren Mechanismen einer Abwehrreaktion, die immer vorhanden sind (angeborene Immunität). Die zweite Phase, die erst nach einigen Stunden einsetzt, wird durch die Infektion ausgelöst. Es fehlt jedoch die Spezifität, die zwischen einzelnen Antigenen unterscheiden kann. In dieser Phase bildet sich noch keine langanhaltende Immunität in Form eines immunologischen Gedächtnisses aus. Die dritte Phase schließlich ist die adaptive Immunantwort, die auf der klonalen Selektion basiert und vor allem von T-Lymphocyten getragen wird. Hier entsteht das immunologische Gedächtnis und eine langfristige, spezifische Immunisierung. Dies dauert etwa vier Tage, da sich die spezifischen Lymphocyten erst vermehren und ihre Effektorfunktionen entwickeln müssen.

Verlauf einer primären Immunantwort		
sofort	**früh (4–96 Stunden)**	**spät (>96 Stunden)**
angeborenes Abwehrsystem	T-Zell-unabhängiges Abwehrsystem	T-Zell-abhängiges Abwehrsystem

	sofort	früh (4–96 Stunden)	spät (>96 Stunden)
induzierbar	nein	ja	ja
spezifisch	nein	nein / ja	ja
Gedächtnis	nein	nein	ja
	nichtadaptiv		adaptiv

antwort. Sie sind niemals spezifisch für den eingedrungenen Mikroorganismus, und sie erzeugen kein immunologisches Gedächtnis. Wenn eine Infektion durch diese frühen Abwehrmaßnahmen beseitigt wurde, kommt es zu keiner adaptiven Immunantwort. Auch ein immunologisches Gedächtnis entsteht nicht.

Die dritte (späte) Phase ist die adaptive Immunantwort, die auf der klonalen Selektion spezifischer Lymphocyten beruht. In dieser Phase (etwa vier Tage nach Infektionsbeginn) entstehen die ersten aktiven Effektorzellen und -moleküle. Selbst wenn die angeborene Immunität von sich aus nicht in der Lage ist, die Krankheitserreger zu vernichten, spielen die ersten Phasen der Immunantwort doch eine wichtige Rolle, um das Wachstum und die Ausbreitung des Krankheitserregers zu behindern, bis die adaptive Immunität einsetzt. Außerdem entstehen bei der angeborenen Immunantwort wichtige Moleküle, wie etwa die Costimulatoren, die zum Auslösen der adaptiven Immunantwort beitragen.

1.18 Die angeborene Immunantwort besitzt humorale und auch zellvermittelte Komponenten, die den Effektormechanismen der adaptiven Immunantwort entsprechen

Die elementaren Mechanismen der angeborenen Immunabwehr sind grundsätzlich dieselben wie die Effektorfunktionen, die zur adaptiven Immunantwort gehören. So kann etwa das Komplementsystem, das durch Antikörper aktiviert wird, viele Bakterien auch direkt zerstören (Abb. 1.31, links). Da alle Komplementproteine ständig im Plasma vorhanden sind, gehört die Wirkung des Komplementsystems zur allerersten Phase der Immunantwort. Viele Bakterien widerstehen jedoch einem direkten Angriff. Sie werden dann durch die sogenannten Proteine der akuten Phase vernichtet. Diese Proteine entstehen bei einer Infektion in der Leber und wirken wie Antikörper. Sie binden an die Oberfläche einiger Krankheitserreger und können so das Komplementsystem aktivieren (Abb. 1.31, rechts). Anders als die Antikörper sind die Proteine der akuten Phase nicht für bestimmte Erreger spezifisch. Sie binden vielmehr an viele verschiedene Mikroorganismen.

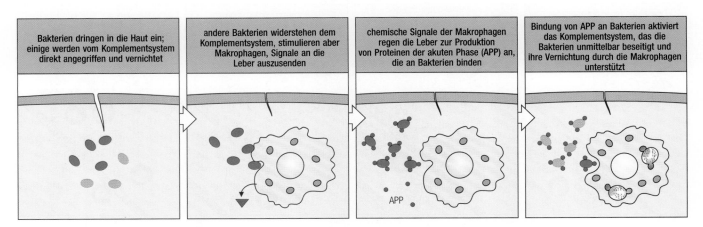

| Bakterien dringen in die Haut ein; einige werden vom Komplementsystem direkt angegriffen und vernichtet | andere Bakterien widerstehen dem Komplementsystem, stimulieren aber Makrophagen, Signale an die Leber auszusenden | chemische Signale der Makrophagen regen die Leber zur Produktion von Proteinen der akuten Phase (APP) an, die an Bakterien binden | Bindung von APP an Bakterien aktiviert das Komplementsystem, das die Bakterien unmittelbar beseitigt und ihre Vernichtung durch die Makrophagen unterstützt |

1.31 Das Komplementsystem kann in Minuten auf einige Bakterien einwirken, läßt sich aber auch durch die Proteine der akuten Phase (APP) aktivieren, die nach wenigen Stunden auftreten. Das Komplementsystem, das direkt auf Bakterien wirkt, bildet an deren Oberfläche Komplexe aus, die die Aufnahme durch Phagocyten oder die Lyse fördern. Dagegen resistente Bakterien aktivieren Makrophagen, die Signale freisetzen, welche die Produktion von APP in Leberzellen anregen. Diese Proteine heften sich an die Bakterienoberfläche und aktivieren das Komplementsystem. Bakterien, die auch dem widerstehen, lösen die Freisetzung von Antikörpern aus, die an die Bakterien binden und so auch dieses System aktivieren (Abb. 1.22).

Viele Mikroorganismen, insbesondere Bakterien, besitzen konservierte Oberflächenmoleküle, die von phagocytischen Zellen erkannt werden. Diese spielen bei der schnellen Beseitigung einer Infektion und als professionelle antigenpräsentierende Zellen eine wichtige Rolle. Dadurch lösen sie die späteren adaptiven Immunreaktionen aus. Zu den Phagocyten gehören die Makrophagen und die neutrophilen Zellen. Letztere nehmen nicht nur extrazelluläre Mikroorganismen auf (vor allem Bakterien) und zerstören sie, sondern sie sind auch für die Aktivierung anderer Zellen und Moleküle des Immunsystems von Bedeutung. Dies geschieht durch die Freisetzung entzündungsfördernder Substanzen.

1.19 Eine Infektion verursacht häufig eine Entzündung

Der Begriff **Entzündung** ist rein deskriptiv. Urprünglich definierte man ihn durch die vier lateinischen Wörter *dolor* (Schmerz), *rubor* (Rötung), *calor* (Hitze) und *tumor* (Schwellung). Diese Effekte entstehen durch Veränderungen der lokalen Blutgefäße, nämlich durch ihre Erweiterung, durch eine erhöhte Durchlässigkeit (Permeabilität) und durch eine erhöhte Adhäsivität für Leukocyten und Lymphocyten. Der gesteigerte Blutdurchfluß führt zur Rötung und Erwärmung, während das „Durchsickern" von Zellen und Flüssigkeit in das umgebende Gewebe und deren lokale Wirkung die Schmerzen und die Schwellung verursachen. Die vorherrschenden Zelltypen bei Entzündungsprozessen sind die polymorphkernigen neutrophilen Leukocyten und die Makrophagen sowie deren Vorläuferzellen (Monocyten). Man spricht deshalb auch von **Entzündungs-** oder **inflammatorischen Zellen**. Lymphocyten, sowie in geringerer Zahl eosinophile und basophile Zellen, sammeln sich ebenfalls in Entzündungsherden an. Bei extremer Permeabilisierung der Gefäßwand findet man manchmal sogar rote Blutkörperchen. Krankheitserreger, besonders Bakterien im frühen Stadium einer Infektion, können Entzündungsreaktionen direkt auslösen. Später halten Antikörper und T-Zellen, die Entzündungsfaktoren freisetzen, den Prozeß aufrecht. In der frühen Phase einer Infektion sind

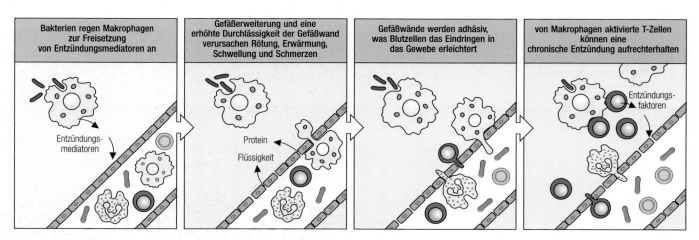

1.32 Eine bakterielle Infektion löst eine Entzündungsreaktion aus. Makrophagen, die im Gewebe auf Bakterien treffen, setzen Substanzen frei, die die Durchlässigkeit der Gefäßwände erhöhen, damit Proteine und Flüssigkeit in das Gewebe gelangen können. Die Adhäsivität der Endothelzellen in der Gefäßwand erhöht sich, so daß sich dort Blutzellen anheften und hindurchgelangen können. Die Abbildung zeigt Makrophagen und polymorphkernige neutrophile Leukocyten, die aus einem Blutgefäß in das Gewebe wechseln. Die Ansammlung von Flüssigkeit und Zellen am Infektionsherd verursacht eine Schwellung, Erwärmung und Schmerzen, also die Symptome einer Entzündung. Makrophagen und neutrophile Zellen sind die hauptsächlichen Entzündungszellen. Im späteren Stadium der Immunantwort tragen auch aktivierte Lymphocyten zur Entzündung bei.

Entzündungsprozesse wichtig, um nichtspezifische Abwehrzellen wie Monocyten und neutrophile Zellen anzuziehen. Später locken dieselben Veränderungen die Effektorlymphocyten an. Auch erlaubt die erhöhte Durchlässigkeit der Gefäßwand den Übertritt von Antikörpern in das infizierte Gewebe (Abb. 1.32).

Zahlreiche unterschiedliche Reize können Entzündungen hervorrufen. Verletzungen wie Wunden oder Verbrennungen setzen Proteine aus Geweben frei, die akute Entzündungen verursachen, ähnlich denen, die direkt von Bakterien ausgehen. Chronische Entzündungen beruhen im allgemeinen auf T-Zellen, die Makrophagen aktivieren. Diese verursachen häufig lokale Gewebeschäden, da sie Mediatoren freisetzen, die denen von Bakterien ähneln. Schließlich gibt es akute Entzündungsreaktionen, die durch spezifische Antikörper ausgelöst werden, die Antigene binden und so das Komplementsystem aktivieren. Oder diese Antikörper treten über Rezeptoren für gebundene Antikörper mit akzessorischen Effektorzellen in Wechselwirkung, wie wir im nächsten Abschnitt sehen werden. Entzündung ist eine allgemeine Bezeichnung für die äußere Erscheinung und das mikroskopische Bild, die entstehen, wenn aufgrund dieser Mechanismen Flüssigkeit und Zellen lokal in Gewebe eindringen.

1.20 Die spezifische Erkennung von Krankheitserregern durch Antikörper aktiviert nichtspezifische, akzessorische Zellen

Viele Mikroorganismen haben ihre Oberflächenmoleküle so angepaßt, daß sie einer direkten Entdeckung durch die angeborene Immunabwehr entgehen. Daher müssen Lymphocyten diese Mikroorganismen mit Hilfe ihrer verschiedenen Rezeptoren erkennen und dann die adaptive Immunantwort aufbauen. Die Art und Weise, wie die Mikroorganismen schließlich vernichtet werden, stimmt jedoch beim angeborenen und beim adaptiven Immunsystem grundsätzlich überein.

Bakterien, die einer direkten Bindung durch das Komplementsystem und die Proteine der akuten Phase widerstehen, werden mit spezifischen Antikörpern behaftet. Sobald die Antikörper an das Bakterium gebunden haben, aktivieren sie das Komplementsystem (Abb. 1.22) und die **akzessorischen Effektorzellen**, die Rezeptoren für gebundene Antikörper und Komplementproteine besitzen. Diese Zellen sind dieselben wie bei der angeborenen Immunität. So können Antikörper, die einen Krankheitserreger als körperfremd markieren, diesen daran hindern, der angeborenen Immunität zu entgehen. Abbildung 1.33 faßt die akzessorischen Zelltypen und die Mechanismen zusammen, mit denen sie die Krankheitserreger vernichten. In Kapitel 8 werden wir im Zusammenhang mit der humoralen Immunität noch mehr darüber erfahren.

Ähnlich erkennen T-Zellen Antigene in spezifischer Weise, um dann Effektorreaktionen auszulösen, die nicht antigenspezifisch sind. Der Spezifität der zellvermittelten Immunität liegt die antigenspezifische Freisetzung nichtspezifischer Effektormoleküle zugrunde. CD8-Killerzellen sezernieren ihre cytotoxischen Moleküle erst dann, wenn sie auf eine infizierte Körperzelle treffen, und CD4-Entzündungszellen aktivieren ausschließlich infizierte Makrophagen. Nur im Fall der B-Zell-Aktivierung durch T-Helferzellen ist das Ziel der Aktion ebenfalls antigenspezifisch. In diesem Fall ist jedoch, wie wir soeben gesehen haben, die Effektorreaktion, die letztendlich durch die Antikörper ausgelöst wird, nicht antigenspezifisch. Daher beruht sowohl bei der humoralen als auch bei der zellvermittelten Immunität die Spezifität auf den Rezeptoren antigenspezifischer Zellklone. Die Effektorfunktionen werden dagegen von unspezifischen Zellen und Molekülen ausgeübt. So können sie gegen vielerlei Krankheitserreger wirken.

1.33 Akzessorische Zellen bei der humoralen oder antikörpervermittelten Immunität. Einige Zelltypen tragen Rezeptoren, die für die konstante Region von Antikörpern der einzelnen Isotypen spezifisch sind (linke Spalte). Solche Rezeptoren binden Antikörpermoleküle, die sich an der Oberfläche eines Krankheitserregers oder eines multivalenten Antigens anlagern, und lösen so die Effektorfunktionen der Zelle aus (Beschreibung siehe rechte Spalte). Die mittlere Spalte zeigt lichtmikroskopische Aufnahmen von jedem Zelltyp. Makrophagen und neutrophile Zellen (oder polymorphkernige neutrophile Leukocyten) sind primär phagocytische Zellen, die mit Antikörpern bedeckte Krankheitserreger aufnehmen und in intrazellulären Vesikeln zerstören. Die anderen akzessorischen Zellen sind primär sekretorisch. Sie setzen den Inhalt ihrer deutlich hervortretenden Granula frei, nachdem sie ein Partikel mit einer Antikörperhülle gebunden haben. Von eosinophilen Zellen nimmt man an, daß sie beim Angriff auf große Parasiten (wie etwa Würmer) beteiligt sind. Die Funktion der basophilen Zellen ist hingegen unklar. Mastzellen sind Gewebezellen, die eine lokale Entzündungsreaktion auslösen können, indem sie bei Aktivierung vasoaktive Substanzen freisetzen. Natürliche Killerzellen schließlich sind große granuläre Lymphocyten, die von Antikörpern eingehüllte Zellen abtöten. Vielleicht vernichten sie auch Krankeitserreger. Man beachte die eingefärbten Granula im Cytoplasma. All diese Zellen setzen die Bindung eines Antikörpers in verschiedene Effektorreaktionen um. Da sie nur die konstanten Merkmale eines Antikörpers erkennen, können sie gegen jedes Partikel wirken, das von Antikörpern bedeckt ist. Einige der Zellen haben auch Rezeptoren für gebundene Komplementproteine. So sind auch Reaktionen gegen Krankheitserreger möglich, die mit diesen Proteinen behaftet sind. (Photos: B. Smith (NK-Zelle), N. Rooney.)

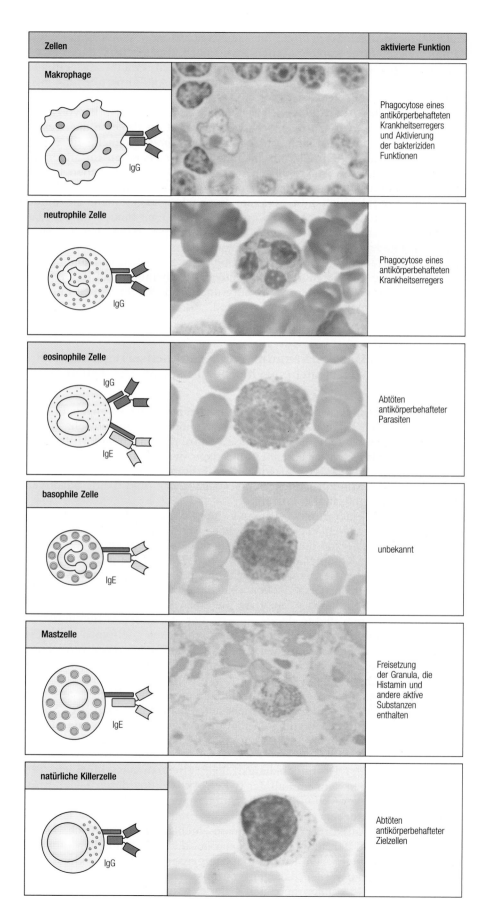

Zellen		aktivierte Funktion
Makrophage IgG		Phagocytose eines antikörperbehafteten Krankheitserregers und Aktivierung der bakteriziden Funktionen
neutrophile Zelle IgG		Phagocytose eines antikörperbehafteten Krankheitserregers
eosinophile Zelle IgG IgE		Abtöten antikörperbehafteter Parasiten
basophile Zelle IgE		unbekannt
Mastzelle IgE		Freisetzung der Granula, die Histamin und andere aktive Substanzen enthalten
natürliche Killerzelle IgG		Abtöten antikörperbehafteter Zielzellen

1.21 Die adaptive Immunität erzeugt einen langlebigen Zustand erhöhter spezifischer Reaktionsbereitschaft: das immunologische Gedächtnis

Eine der wichtigsten Eigenschaften der adaptiven Immunität ist das **immunologische Gedächtnis**, also die Fähigkeit, auf das zweite Zusammentreffen mit einem Krankheitserreger schneller und stärker zu reagieren. Die Besonderheiten des immunologischen Gedächtnisses werden deutlich, wenn man die Immunantwort eines Organismus auf die erste oder **primäre Immunisierung** mit der Reaktion auf die **sekundäre** Immunisierung (*booster*-Immunisierung) mit demselben Antigen vergleicht (Abb. 1.34). Wie Abbildung 1.35 genauer zeigt, setzt die **sekundäre Antikörperant-**

Unterschiede zwischen primärer und sekundärer Antikörperantwort		
Merkmal	Primärantwort	Sekundärantwort
Lag-Phase	5 Tage	1–2 Tage
Zunahme der Antikörpermenge	langsam	schnell
Plateaukonzentration	niedrig	hoch
Sensibilität gegen Antigen	niedrig	hoch
Affinität des Antikörpers	niedrig	hoch
Antikörperklasse	IgM > IgG	IgG > IgM

1.34 Vergleich der primären und der sekundären Antikörperantwort.

wort nach einer kürzeren Lag-Phase ein. Die Reaktion steigt schneller an, erreicht ein deutlich höheres Plateau und bringt Antikörper von stärkerer Affinität hervor, die auch zu einer anderen Klasse (einem anderen Isotyp) gehören. Die Grundlage stellen die klonale Expansion und Differenzierung von Zellen dar, die für das auslösende Antigen spezifisch sind. Das Gedächtnis ist daher vollkommen antigenspezifisch.

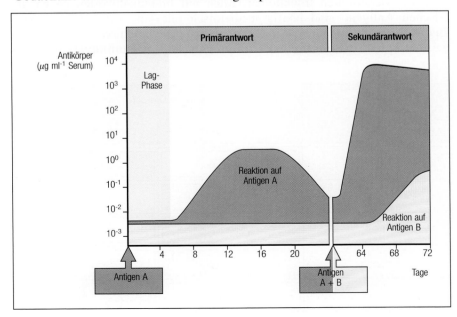

1.35 Der Verlauf einer typischen Antikörperantwort. Antigen A, zum Zeitpunkt 0 gegeben, trifft nur auf wenige spezifische Antikörper im Serum. Nach einer Lag-Phase erscheinen Antikörper gegen das Antigen A (blau). Ihre Konzentration erreicht ein Plateau und fällt dann ab. Gegen ein anderes Antigen B (gelb) gibt es keine Antikörper. Die Immunantwort ist spezifisch. Setzt man das Tier später einer Mischung aus den Antigenen A und B aus, tritt eine schnelle, intensive Reaktion gegen A ein. Die zweite Antwort des Immunsystems gegen dasselbe Antigen ist wirksamer (immunologisches Gedächtnis). Der Organismus erhält so einen spezifischen Schutz vor einer Infektion. Die Reaktion auf B ähnelt der ersten (primären) Immunantwort gegen A, da dies das erste Zusammentreffen des Organismus mit dem Antigen B ist.

Das immunologische Gedächtnis ermöglicht eine erfolgreiche Impfung und verhindert die erneute Infektion mit Krankheitserregern, die bereits einmal erfolgreich durch die adaptive Immunantwort abgewehrt wurden. Es ist vielleicht die wichtigste biologische Folge der Entstehung der adaptiven Immunität aufgrund der klonalen Selektion. Seine zellulären und molekularen Grundlagen sind jedoch noch nicht vollständig geklärt, wie wir in Kapitel 9 sehen werden.

Zusammenfassung

Die Immunantwort erfolgt in drei Phasen, von denen die ersten beiden keine Spezifität und keine klonale Basis aufweisen. Diese früh einsetzenden, angeborenen Abwehrsysteme sind zwar wichtig, schützen aber nicht vor neuartigen Krankheitserregern. Die Bildung eines immunologischen Gedächtnisses ist ebenfalls nicht möglich. Die adaptive Immunantwort ist offensichtlich durch die Entwicklung der spezifischen Antigenerkennung zusätzlich zu den bereits existierenden Abwehrmechanismen entstanden. Das läßt sich am Komplementsystem am besten verdeutlichen. Die Komplexität der Effektorreaktionen entstand daher unabhängig von der Komplexität der Erkennungssysteme. Die adaptive Immunantwort, die auf der klonalen Selektion von Lymphocyten mit spezifischen Rezeptoren beruht, ist ein wichtiges Ergebnis der Evolution, da so alle Krankheitserreger erkannt werden können, selbst wenn sie zum ersten Mal auftreten. Des weiteren ist die Bildung eines immunologischen Gedächtnisses möglich, was für die Gesunderhaltung eines Organismus besonders wichtig ist. Impfungen sind dafür das beste Beispiel.

Die Bedeutung des Immunsystems für Gesundheit und Krankheit

In der klinischen Medizin ist der wichtigste Aspekt des Immunsystems der Schutz vor einer Infektion. Dies erkennt man am besten dann, wenn das System versagt. Das Hauptproblem bei diesen **Immunschwächekrankheiten** sind die wiederholten Infektionen. Auch mit Immunantworten gegen die falschen Antigene sind häufig medizinisch relevante Erkrankungen verknüpft. Normale Immunreaktionen, ohne daß eine Infektion vorliegt, treten bei **Allergien**, **Autoimmunerkrankungen** und **Abstoßungsreaktionen**

1.36 Je nach Art des Antigens können Immunantworten nützlich oder schädlich sein. Nützliche Reaktionen sind mit weißem Hintergrund dargestellt, schädliche als schattierte Flächen. Ist eine Reaktion nützlich, so ist ihr Fehlen schädlich. Aufgeführt sind die Art des Antigens und die Bezeichnung der zugehörigen Reaktion.

Antigen	Wirkung der Reaktion auf das Antigen	
	normale Reaktion	ungenügende Reaktion
Krankheitserreger	Immunabwehr	wiederholte Infektionen
harmlose fremde Substanz	Allergie	keine Reaktion
Transplantat	Abstoßung	Annahme
körpereigenes Gewebe	Autoimmunreaktionen	Selbst-Toleranz
Tumor	Immunität gegen Tumoren	Krebs

auf. Bei Allergien ist das Antigen eine harmlose fremde Substanz. Bei Autoimmunerkrankungen erfolgt die Reaktion gegen ein körpereigenes Antigen, und bei Abstoßungsreaktionen ist das Antigen eine fremde Zelle. Ob wir von einer Immunantwort oder von ihrem Versagen sprechen und ob die Antwort für den Organismus schädlich oder nützlich ist, hängt nicht von der Abwehrreaktion selbst ab, sondern vom Antigen (Abb. 1.36). Bei erwünschten Reaktionen ist ihr spezifisches Auslösen mit Hilfe von Impfstoffen das erstrebte Ziel. Bei schädlichen Reaktionen möchte man dagegen die spezifische Immunantwort hemmen. Dabei soll jedoch die Abwehr als Ganzes erhalten bleiben.

1.22 Immunschwächekrankheiten veranschaulichen die Bedeutung der einzelnen Komponenten des Immunsystems bei der Infektionsabwehr

Wir neigen dazu, die Fähigkeit unseres Immunsystems, den Körper von Infektionen zu befreien und ihre Rückkehr zu verhindern, für selbstverständlich zu halten. Bei einigen Menschen versagt jedoch das Immunsystem teilweise oder ganz den Dienst. Solche Menschen leiden unter immer wiederkehrenden Infektionen. Die meisten Immunschwächekrankheiten sind angeboren und treten frühzeitig im Leben auf. Durch die Erforschung dieser Erkrankungen und der Infektionen, die sie begleiten, hat man viel über die Entwicklung des Immunsystems und die Bedeutung seiner Komponenten gelernt (Abb. 1.37). Seit kurzem kennt man eine verheerende Form von Immunerkrankung: das Syndrom der erworbenen Immunschwäche (*acquired immune deficiency syndrome*, AIDS). Die Krankheit selbst wird durch einen infektiösen Erreger ausgelöst. Sie zerstört die CD4-Zellen, die bei den meisten Immunantworten eine zentrale Rolle spielen. Als Folge treten Infektionen durch intrazelluläre Bakterien und andere Krankheitserreger auf, die normalerweise der Kontrolle durch die Makrophagen unterliegen, die von diesen T-Zellen aktiviert werden. Solche Infektionen sind der Hauptgrund für den tödlichen Verlauf dieser zunehmend verbreiteten Immunschwächekrankheit.

1.37 Verschiedene Defekte der Immunantwort, die bei Immunschwächekrankheiten zu beobachten sind, verursachen Anfälligkeiten für bestimmte Infektionen.

Zusammenhänge zwischen Immunschwächekrankheiten und der Anfälligkeit gegenüber Infektionen, die von verschiedenen Krankheitserregern verursacht werden			
Immunschwäche	extrazellulär	intrazellulär	Viren
schwere kombinierte Immunschwäche (SCID)	*Streptococcus* spp. *Meningococcus* spp. *Pneumocystis*	*Mycobacterium* spp. *Listeria* spp.	alle
humorale Immunschwäche	*Streptococcus* spp. *Meningococcus* spp. *Pneumocystis*	keine	Vaccinia
zelluläre Immunschwäche (einschließlich AIDS)	*Pneumocystis*	*Mycobacterium* spp. *Listeria* spp.	Polio, Masern, Cytomegalievirus, Varicella zoster
Defekte der Phagocyten	*Staphylococcus* spp. *Pseudomonas* spp. *Klebsiella* spp. *Proteus* spp., etc.	keine	keine
Defekte im Komplementsystem	*Pneumococcus* spp. *Staphylococcus* spp. *Neisseria* spp.	keine	keine

1.23 Normale Immunreaktionen gegen unschädliche Antigene sind die Ursache von Allergien

Die Immunantwort auf unschädliche fremde Substanzen (die sogenannten **Allergene**) ist die Ursache allergischer Reaktionen. Damit bei einem Menschen eine Allergie entstehen kann, muß er zuerst dem Allergen ausgesetzt sein und eine Immunantwort dagegen entwickeln. Dies nennt man die **Sensibilisierung** gegen das Allergen. Die Antikörper und die spezifischen T-Zellen, die bei der ersten Begegnung entstanden sind, reagieren wieder mit dem Allergen, wenn die Person diesem erneut ausgesetzt ist. So entsteht die **allergische Reaktion**. Allergien oder **Überempfindlichkeiten** (**Hypersensibilitäten**) sind ganz normale, aber fehlgeleitete Abwehrreaktionen des Organismus gegen Antigene, die ohne diese Immunantwort keine Schäden verursachen würden. Allergische Reaktionen sind vielfältig in ihrer Erscheinung, die von der ersten Immunantwort und von der Dosis und der Art des erneuten Zusammentreffens mit dem Allergen abhängt (Abb. 1.38).

1.38 Allergene und die Reaktionen, die sie verursachen.

häufige allergische Erkrankungen		
allergische Störung	**Symptome**	**Allergen**
Heuschnupfen	laufende Nase, tränende Augen	Pollen
Asthma	Atembeschwerden	Allergene (Staub, Pollen)
Bienenstichallergie	lokale oder systemische Schwellungen, Erstickungsanfälle	Bienengift
Nahrungsmittelallergie	Urticaria (Nesselsucht)	Schalentiere, Eier usw.
Medikamentenallergie	Urticaria, Schwellungen, Erstickungsanfälle	Penicillin (und viele andere)
Gift-Sumach	roter Hautausschlag an der Kontaktstelle	Pentadecacatechol
Nickelallergie	lokaler Hautausschlag an der Kontaktstelle	Ni^{2+}
Zöliakie	Diarrhoe, Auszehrung	Gluten

1.24 Die Immunantwort ist das Haupthindernis bei einer Gewebetransplantation

Lange haben Ärzte davon geträumt, schadhafte Gewebe oder Organe durch das gleiche Organ von einem gesunden Spender zu ersetzen. Die erfolgreiche Übertragung von Blut ließ hoffen, diesen Traum verwirklichen zu können. Transfusionen waren jedoch erst wirklich machbar, nachdem der deutsche Immunchemiker Karl Landsteiner die **Blutgruppenantigene** des **AB0-Blutgruppensystems** (Abb. 1.39) entdeckt hatte. Er fand heraus, daß Patienten spontan Antikörper gegen die A-oder B-Antigene erzeugen, wenn diese nicht auf ihren eigenen roten Blutkörperchen vorkommen. Deshalb darf man Personen mit der Blutgruppe 0, die Anti-A- und Anti-B-Antikörper aufweisen, nur Blut vom Typ 0 geben. Gibt man ihnen rote Blutkörper-

ABO-Blutgruppenantigene			
Blut-gruppe	Genotyp	vorhandene Agglutinine	Struktur der Kohlenhydratantigene der roten Blutkörperchen
0	0/0	anti-A, anti-B	GlcNAc – Gal | Fuc
A	A/0, A/A	anti-B	GlcNAc – Gal – GalNAc | Fuc
B	B/0, B/B	anti-A	GlcNAc – Gal – Gal | Fuc
AB	A/B	keine	GlcNAc – Gal – GalNAc + GlcNAc – Gal – Gal | | Fuc Fuc

1.39 Die AB0-Blutgruppenantigene. Die Antigene der roten Blutkörperchen bestehen aus bestimmten Zuckergruppen: Fucose (Fuc), Galactose (Gal), N-Acetylglucosamin (GlcNAc) und N-Acetylgalactosamin (GalNAc). Die Gene, die die Blutgruppe festlegen, codieren die Enzyme, die die terminalen Zuckergruppen an das Kohlenhydratgrundgerüst der Blutgruppe 0 anfügen. Da alle Menschen dieses Grundgerüst aufweisen, gibt es keine Anti-0-Antikörper.

chen, die das A-Antigen exprimieren, binden Antikörper an die Zellen, so daß sie als körperfremd behandelt und vernichtet werden. Das Unvermögen, Antikörper gegen die eigenen Blutgruppenantigene zu entwickeln, ist ein Beispiel von Selbst-Toleranz.

Da sich Transfusionen aufgrund genauer Bluttypisierungen gut durchführen ließen, wandten die Ärzte ihre Aufmerksamkeit der Verpflanzung von Organen zu. Dabei stießen sie jedoch auf ein wesentlich größeres Problem. Es schien kein einfaches Antigensystem zu geben, das festlegt, ob Gewebe erfolgreich übertragen werden kann. Vielmehr bewirkt ein polymorphes und genetisch variables System von **Histokompatibilitätsantigenen** (*histo* für „Gewebe") auf allen kernhaltigen Zellen eine schnelle Abstoßung des Transplantats (Abb. 1.40). Wie Tierversuche ergaben, reagieren T-Lymphocyten besonders stark auf eine bestimmte Gruppe solcher Antigene (die **Haupthistokompatibilitätsantigene**) auf körperfremden Geweben. Der MHC codiert diese Antigene, deren physiologische Funktion darin besteht, fremde Peptide für die Erkennung durch T-Zell-Rezeptoren zu präsentieren. Daher ist die Reaktion gegen unbekannte MHC-Moleküle auf übertragenem Gewebe eine Folge der Antigenerkennung durch die

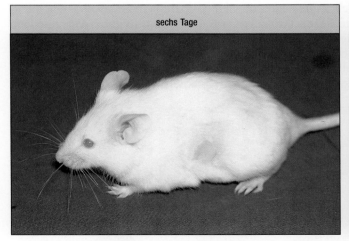

sechs Tage

zehn Tage

1.40 Die Immunantwort gegen ein Transplantat verursacht dessen Abstoßung. Haut von Mäusen des einen Genotyps wird auf eine Maus eines anderen Typs übertragen. Sechs Tage später ist die Haut gesund (links). Nach zehn Tagen führt jedoch eine adaptive Immunantwort gegen die fremden Antigene auf dem Transplantat zu dessen Zerstörung (rechts).

1.41 Hautübertragungen zwischen Inzuchtmäusen, die sich nur durch die MHC-Gene unterscheiden, werden abgestoßen. Die Mäusestämme A und B sind genetisch identisch und unterscheiden sich nur am MHC-Locus; (A × B) F1 ist ein Hybridstamm aus beiden. Überträgt man die Haut von A nach B oder umgekehrt, erfolgt als Ergebnis der Immunreaktionen gegen die fremden MHC-Antigene auf dem jeweiligen Transplantat eine Abstoßung. Die Hybridnachkommen enthalten beide Arten der elterlichen MHC-Antigene. Diese Mäuse tolerieren ein Transplantat, wenn es von einem Elternteil stammt. Kein Elternteil verträgt jedoch eine Hautübertragung von den Nachkommen, da jedes Mal eine Reaktion gegen das Antigen des anderen Elternteils eintritt.

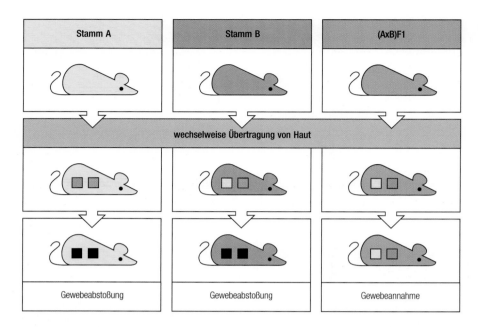

T-Zell-Rezeptoren, die sich auf die MHC-Proteine konzentriert, und der immensen genetischen Variabilität dieser Proteine. T-Zell-Rezeptoren erkennen die MHC-Moleküle eines anderen Menschen als körperfremd und wenden sich gegen Zellen, die solche Moleküle tragen (Abb. 1.41). Dieser Vorgang entspricht im wesentlichen der T-Killerzellreaktion auf eigene virusinfizierte Zellen. Die Reaktion gegen ein übertragenes Organ führt allerdings zu dessen Abstoßung und schädigt den Organismus.

Die Bluttransfusion funktioniert deshalb so gut, weil die roten Blutkörperchen nur wenig MHC-Proteine erzeugen. Daher sind hier nur die AB0-Blutgruppenantigene für eine erfolgreiche Übertragung ausschlaggebend.

1.25 Immunreaktionen gegen körpereigene Gewebe führen zu Gewebezerstörungen und zu einer Autoimmunkrankheit

Da die Rezeptoren der Lymphocyten durch einen Zufallsprozeß entstehen, treten unweigerlich Zellen auf, die auf körpereigenes Gewebe reagieren. Solche Zellen unterliegen normalerweise der Kontrolle durch verschiedene Mechanismen, die die Selbst-Toleranz sicherstellen (Abschnitte 1.5 und 1.8). Trotzdem können für körpereigene Antigene spezifische Antikörper oder T-Effektorzellen entstehen. Diese greifen dann körpereigenes Gewebe an und verursachen so eine Autoimmunkrankheit.

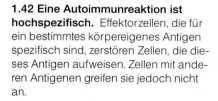

1.42 Eine Autoimmunreaktion ist hochspezifisch. Effektorzellen, die für ein bestimmtes körpereigenes Antigen spezifisch sind, zerstören Zellen, die dieses Antigen aufweisen. Zellen mit anderen Antigenen greifen sie jedoch nicht an.

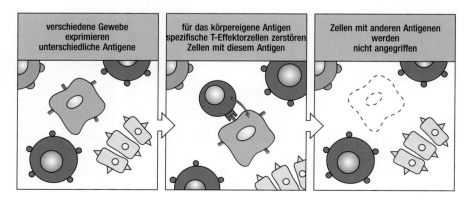

Autoimmunerkrankungen stellen kein allgemeines Versagen des Immunsystems dar, sondern nur eine spezifische Reaktion gegen ein bestimmtes, körpereigenes Antigen (Abb. 1.42). Deshalb besitzen sie eine ausgesprochen spezifische Pathogenese. Sie können viele verschiedene Gewebe betreffen und auf den meisten der bekannten Mechanismen der Immunabwehr beruhen. Dabei richtet sich der zerstörerische Prozeß allerdings gegen den Körper selbst und nicht gegen einen eingedrungenen Krankheitserreger. Abbildung 1.43 zeigt einige der klinisch wichtigen Autoimmunkrankheiten.

Zwischen den Immunantworten gegen Transplantate und gegen eigene Gewebe besteht eine starke Ähnlichkeit. Der Hauptunterschied liegt in der Art des Antigens. Bei der Autoimmunkrankheit richten sich Antikörper oder T-Zellen gegen körpereigene, bei Transfusionen und Transplantationen gegen fremde Antigene. In beiden Fällen ist eine Gewebezerstörung die Folge.

1.43 Beispiele für Autoimmunkrankheiten.

häufige Erkrankungen mit bekanntem oder vermutetem Autoimmundefekt als Ursache		
Erkrankung	Fälle in den USA pro Jahr	Autoantigen(e)
Basedow-Krankheit (Schilddrüsenüberfunktion)	10000	Rezeptor des thyroidstimulierenden Hormons (TSH)
insulinabhängiger (juveniler) Diabetes mellitus	7000	Antigen(e) der pankreatischen β-Zellen
rheumatische Arthritis	70000	unbekannt (Kollagen?)
Pemphigus vulgaris	selten	epidermales Cadherin
Schuppenflechte (Psoriasis)	50000	unbekannt
Myasthenia gravis	1000	Acetylcholinrezeptor
idiopathische Thrombocytopenie	selten	Blutplättchen
systemischer Lupus erythematodes	70000	intrazelluläre Nucleinsäure-Protein-Komplexe
Multiple Sklerose	10000	unbekanntes Myelinprotein

1.26 Die spezifische Stimulierung der Immunantwort kann Infektionskrankheiten verhindern und könnte auch in der Krebstherapie Verwendung finden

Die größten praktischen Erfolge der Immunologie liegen im Bereich der Schutzimpfungen. Programme für Reihenimmunisierungen führten bei einigen häufigen Krankheiten mit gravierenden Erkrankungs- und Sterbeziffern praktisch zu deren Ausrottung (Abb. 1.44). Man betrachtet die Immunisierung als ein so sicheres und wichtiges Verfahren, daß Kinder in den meisten Staaten der USA gegen mehrere Krankheiten geimpft werden müssen (Abb. 1.45). Trotz dieser eindrucksvollen Leistungen fehlen noch wirksame

1.44 Erfolgreiche Impfkampagnen.
Diphtherie, Polio und Masern wurden zusammen mit ihren Folgeerscheinungen in den USA praktisch ausgerottet, wie die drei Graphiken verdeutlichen. SSPE steht für die subakute sklerosierende Panencephalitis, die als Spätfolge einer Maserninfektion bei einigen wenigen Patienten auftritt. Zehn bis 15 Jahre, nachdem es gegen die Masern eine Vorbeugung gab, verschwand auch die SSPE. Da diese Krankheiten weltweit jedoch nicht ausgerottet wurden, muß die Immunisierung der Bevölkerung weiterhin zu einem hohen Prozentsatz aufrechterhalten werden, um einem Wiederauftreten vorzubeugen.

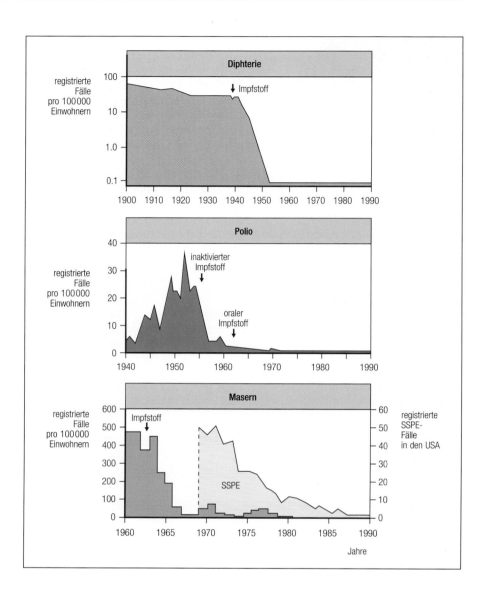

Impfstoffe gegen viele Krankheiten (Abb. 1.46). Selbst dann, wenn eine effektive Impfung in den Industriestaaten zur Verfügung steht (wie etwa gegen Masern oder Polio), verhindern technische und wirtschaftliche Probleme eine großräumige Nutzung in den Entwicklungsländern, wo die Sterblichkeit an diesen Krankheiten weiterhin hoch ist. Die Werkzeuge der modernen Immunologie und Molekularbiologie helfen bei der Entwicklung neuer Impfstoffe und bei der Verbesserung der schon vorhandenen. Die Aussicht, diese gravierenden Krankheiten kontrollieren zu können, ist außerordentlich attraktiv. Die Gesundheitssicherung ist ein wichtiger Schritt hin zu besserer Geburtenkontrolle und größerem Wirtschaftswachstum. Mit nur wenigen Pfennigen pro Person läßt sich manche Not lindern.

Viele Wissenschaftler sind davon überzeugt, daß Tumorzellen Antigene exprimieren, die das Immunsystem erkennen kann. Eine Erkrankung entsteht demnach, wenn die Immunreaktion gegen diese Antigene ausbleibt oder wenn sie den Tumor nicht beseitigen kann. Die Forschung in der **Tumorimmunologie** ist darauf ausgerichtet, solche Reaktionen zu identifizieren und für die Heilung von Krebs einzusetzen. Bis heute sind jedoch nur wenige Erfolge und zahlreiche Fehlschläge zu verzeichnen. Eine allgemeine Methode, um eine Immunität gegen bestimmte Krebsarten zu

Impfkalender für Kinder (USA)								
Impfstoff	2 Monate	4 Monate	6 Monate	15 Monate	18 Monate	24 Monate	4–6 Jahre	14–15 Jahre
Diphterie/Keuchhusten/Tetanus (DPT)	■	■	■		■		■	
trivalente orale Polio-Impfung	■	■		■			■	
Masern				■				
Röteln				■				
Mumps				■				
Polysaccharid von *Haemophilus* B						■		
Diphterie/Tetanus-Toxoide								■

1.45 Impfplan für Kinder (rote Markierungen) in den USA.

erzeugen, würde die Therapie dieser Erkrankung grundlegend verändern. Sie wäre nämlich physiologisch verträglich und wahrscheinlich nicht toxisch. Alle heutigen Behandlungsformen sind dagegen hochgiftig.

1.27 Die spezifische Hemmung einer Immunantwort könnte Allergien, Autoimmunreaktionen und Gewebeabstoßungen unterbinden

Unerwünschte Immunantworten sind hochspezifisch. Sie verursachen bestimmte Allergien, Autoimmunkrankheiten und die Abstoßung von

Erkrankungen, für die noch keine wirksamen Impfstoffe zur Verfügung stehen		
Erkrankung	Sterbeziffer pro Jahr	Fälle pro Jahr
Malaria	1 500 000	150 000 000
Schistosomiasis	330 000	10 000 000
Wurmbefall	50 000	4 900 000 000
Tuberkulose	3 000 000	10 000 000
Diarrhoe	4 300 000	28 000 000
Erkrankungen der Atemwege	10 000 000	15 000 000
AIDS	100 000	750 000
Masern	2 000 000	67 000 000

1.46 Krankheiten, für die es noch keinen wirksamen Impfschutz gibt. Heutige Impfstoffe gegen Masern sind zwar wirksam, jedoch hitzeempfindlich, was ihren Einsatz in tropischen Ländern erschwert.

Fremdgewebe. Zur Zeit behandelt man solche Reaktionen mit **Immunsuppressiva**, die alle Immunantworten unterdrücken, ob erwünscht oder unerwünscht. Wenn man statt dessen nur die Klone inhibieren könnte, die für die schädliche Reaktion verantwortlich sind, ließe sich die Krankheit heilen, ohne daß die übrige Immunabwehr darunter litte. Die antigenspezifische Suppression einer Immunantwort läßt sich bereits im Experiment erreichen. Die molekularen Grundlagen sind jedoch noch unbekannt. Der Traum von einer antigenspezifischen **Immunregulation** zur Kontrolle falscher Immunreaktionen würde wahr, wenn man ihre Mechanismen beherrschen könnte.

Zusammenfassung

Vor allem die Immunschwächekrankheiten, bei denen die wichtigste Todesursache immer wiederkehrende Infektionen sind, machen deutlich, daß die Immunantwort für die Abwehr von Infektionen von großer Bedeutung ist. Allerdings erweisen sich einige Immunreaktionen als eher schädlich. Dazu gehören Allergien, Autoimmunkrankheiten und Transplantatabstoßungen. In all diesen Fällen ist das Antigen kein infektiöses Agens. Die Immunologen sind bestrebt herauszufinden, wie sich die Immunabwehr gegen Krankheitserreger und möglicherweise auch gegen Tumoren stimulieren läßt und wie man unerwünschte Reaktionen gegen Allergene, körpereigene Gewebe und gegen Histokompatibilitätsantigene auf Transplantaten unterdrücken kann.

Zusammenfassung von Kapitel 1

Das Immunsystem schützt den Organismus vor Infektionen. Die angeborene Immunität dient der ersten Abwehr. Sie kann jedoch Krankheitserreger nicht spezifisch erkennen und auch keinen gezielten Schutz gegen eine erneute Infektion geben. Die adaptive Immunität basiert auf der klonalen Selektion von Lymphocyten, die eine Vielfalt hochspezifischer Rezeptoren besitzen, die es ihnen erlauben, jedes beliebige fremde Antigen zu erkennen. Bei der adaptiven Immunantwort vermehren sich die antigenspezifischen Lymphocyten und differenzieren zu Effektorzellen aus, die die Krankheitserreger vernichten. Die Immunabwehr benötigt unterschiedliche Erkennungssysteme und ein breites Spektrum an Effektormechanismen, um Krankheitserreger, die in großer Vielfalt überall im Körper und an dessen Oberfläche vorkommen können, aufzufinden und zu zerstören. Die adaptive Immunantwort sorgt nicht nur für die Beseitigung des Krankheitserregers. Während eines solchen Prozesses entsteht außerdem eine erhöhte Zahl ausdifferenzierter Gedächtniszellen. Das erlaubt bei einer erneuten Infektion eine schnellere und wirksamere Reaktion. Eine Impfung erzeugt ein solches Gedächtnis, so daß immunisierte Personen einen langanhaltenden Schutz vor einer Erkrankung besitzen, ohne dem Risiko einer Primärinfektion ausgesetzt gewesen zu sein. Normalerweise schützt das Immunsystem den Organismus vor pathogenen Faktoren. Manchmal kann es jedoch selbst eine Erkrankung herbeiführen, wie bei Allergien, Autoimmunkrankheiten und Abstoßungen von Transplantaten. In diesen Fällen wäre eine spezifische Hemmung des Immunsystems wünschenswert. Das Ziel der Immunologie ist es, die zellulären und molekularen Grundlagen der Immunabwehr zu verstehen, damit wir selbst diese Abwehr auslösen oder verhindern können.

Allgemeine Literatur

Historischer Hintergrund

Silverstein, A. M. *History of Immunology*. 1. Aufl. London (Academic Press) 1989.

Landsteiner, K. *The Specificity of Serological Reactions*. 3. Aufl. Boston (Harvard University Press) 1964.

Burnet, F. M. *The Clonal Selection Theory of Acquired Immunity*. London (Cambridge University Press) 1959.

Metchnikoff, E. *Immunity in Infectious Diseases*. 1. Aufl. New York (Macmillan Press) 1905.

Biologischer Hintergrund

Alberts, B.; Bray, D.; Lewis, J.; Raff, M.; Roberts, K.; Watson, J. D. *Molecular Biology of the Cell*. 3. Aufl. New York (Garland Publishing) 1994. [Deutsche Ausgabe: *Molekularbiologie der Zelle*. 2. Aufl. Weinheim (VCH) 1990.]

Davis, B. D.; Dulbecco, R.; Eisen, H. N.; Ginsberg, H.S. *Microbiology*. 4. Aufl. Philadelphia (J. B. Lippincott) 1990.

Stryer, L. *Biochemistry*. 3. Aufl. New York (Freeman) 1994. [Deutsche Ausgabe: *Biochemie*. Heidelberg/Berlin/Oxford (Spektrum Akademischer Verlag) 1990.]

Watson J. D.; Hopkins, N. H.; Roberts J. W.; Steitz, J. A.; Weiner, A. M. *Molecular Biology of the Gene*. 4. Aufl. Menlo Park, Calif. (W. A. Benjamin, Cummings Publishing) 1987.

Wichtige Zeitschriften, die sich ausschließlich oder überwiegend mit Immunologie befassen

Immunity
Journal of Immunology
European Journal of Immunology
International Immunology
Journal of Experimental Medicine
Immunology
Thymus
Clinical and Experimental Immunology
Regional Immunology
Comparative Developmental Immunology
Infection and Immunity
Immunogenetics
Autoimmunity
Journal of Autoimmunity

Wichtige Zeitschriften mit häufigen Artikeln aus der Immunologie

Nature
Science
Proceedings of the National Academy of Sciences, USA
Cell
EMBO Journal
Journal of Clinical Investigation
Journal of Cell Biology
Journal of Biological Chemistry
Molecular Cell Biology

Übersichtszeitschriften aus der Immunologie

Current Opinion in Immunology
Immunological Reviews
Annual Reviews in Immunology
Immunology Today
Seminars in Immunology
International Reviews in Immunology
Contemporary Topics in Microbiology and Immunology
Research in Immunology
Proceedings of the International Congress of Immunology: Progress in Immunology. Bde. 1–9 (1971–1992), erscheint alle drei Jahre.

Lehrbücher für Fortgeschrittene, Kompendien und so weiter

Brostoff, J.; Scadding, G. K.; Male, D.; Roitt, I. M. *Klinische Immunologie*. Weinheim (VCH/Chapman & Hall) 1993.

Gemsa, D.; Kalden, J. R.; Resch, K. (Hrsg.) *Immunologie. Grundlagen, Klinik, Praxis*. 3. Aufl. Stuttgart (Thieme) 1991.

Paul, W. E. (Hrsg.) *Fundamental Immunology*. 3. Aufl. New York (Raven Press) 1993.

Roitt, I. M.; Delves, P. J. (Hrsg.) *Encyclopedia of Immunology*. 3. Aufl. London/San Diego (Academic Press) 1992.

Sampter, M. (Hrsg.) *Immunological Diseases*. 4. Aufl. Boston (Little, Brown) 1988.

Stiehm, E. R. (Hrsg.) *Immunologic Disorders in Infants and Children*. 3. Aufl. Philadelphia (W. B. Saunders) 1989.

Auslösen, Messen und Beeinflussen der Immunantwort

2

Die Beschreibung des Immunsystems in Kapitel 1 beruht auf vielen verschiedenartigen Experimenten und auf der Untersuchung menschlicher Krankheiten. Die Immunologen haben eine große Vielfalt von Methoden entwickelt, um Immunantworten auszulösen, zu messen und zu charakterisieren und um das Immunsystem durch zelluläre, molekulare und genetische Verfahren zu beeinflussen. Bevor wir uns den zellulären und molekularen Grundlagen der Immunabwehr (die das gesamte übrige Buch einnehmen) zuwenden, wollen wir uns ansehen, wie man das Immunsystem untersuchen kann, und in die besondere Sprache der Immunologie einführen. Des weiteren beschreiben wir zahlreiche immunologische Phänomene, die die Wissenschaft durch die zellulären und molekularen Eigenschaften des Immunsystems zu erklären versucht. Da bei dieser Analyse die Genetik eine wichtige Rolle spielt, wird sie hier ebenfalls besprochen. Dazu gehören auch die neuesten methodischen Entwicklungen im Bereich der Gentechnologie, die starke Auswirkungen auf alle Bereiche der Biologie haben. Außerdem beschreiben wir klinische Tests, in denen man die Immunfunktion von Patienten mit immunologischen Erkrankungen bewerten kann.

Immunologische Methoden kommen auch auf vielen anderen Gebieten der Biologie und Medizin zur Anwendung. Der Einsatz von Antikörpern zum Nachweis bestimmter Moleküle in komplexen Substanzgemischen und in Geweben ist von besonderer Bedeutung. Deshalb ist diesen Verfahren, die in der Immunologie, in der Grundlagenforschung vieler anderer biologischer Disziplinen und in der Klinik gleichermaßen zum Einsatz kommen, ebenfalls ein ganzer Abschnitt gewidmet. Diese Methoden veranschaulichen die Spezifität und Nützlichkeit von Antikörpern, deren Struktur und Entstehung ein wichtiges Thema weiterer Teile des Buches bilden.

Auslösen und Nachweis von Immunantworten

Der größte Teil dieses Buches konzentriert sich auf die **adaptive Immunität**, das heißt die Immunantworten der Lymphocyten gegen fremde Substanzen, insbesondere gegen die Antigene zahlreicher pathogener Mikroorganismen. Die experimentellen Immunologen haben jedoch vor allem Reaktionen auf einfache, nichtlebende Antigene untersucht und so unser Verständnis von der Immunantwort vertieft. Das absichtliche Auslösen einer Immunreaktion nennt man **Immunisierung**. Experimentelle Immunisierungen erfolgen durch Injizieren des Testantigens in ein Tier oder einen

Menschen. Wir werden sehen, daß der Eintrittsweg, die Dosis und die Verabreichungsform grundlegend darüber entscheiden, ob eine Immunantwort überhaupt stattfindet und wie sie ausfällt. Um ihr Auftreten festzustellen und ihren Verlauf zu verfolgen, beobachtet man bei dem immunisierten Lebewesen, ob eine von zahlreichen verschiedenen Immunreaktionen gegen das spezifische Antigen eintritt. Dazu entnimmt man oft Blutproben, die man auf das Vorhandensein spezifischer Antikörper testet. Das grob abgetrennte **Serum**, die flüssige Phase von geronnenem Blut, enthält die Antikörper. Man nennt es daher auch **Antiserum**. Die Immunantworten gegen die meisten Antigene umfassen die Erzeugung spezifischer Antikörper und das Entstehen spezifischer T-Effektorzellen. Um die Immunantworten der T-Zellen zu untersuchen, testet man die Lymphocyten im Blut und aus den lymphatischen Organen. Dies geschieht jedoch gewöhnlich im Tierexperiment und nicht beim Menschen.

Ein **Immunogen** ist eine Substanz, die eine Immunantwort auslösen kann. Immunogene und Antigene unterscheidet man wie folgt. Ein Antigen ist definiert als eine Substanz, die an einen spezifischen Antikörper binden kann. Demnach besitzen alle Antigene das Potential, spezifische Antikörper hervorzurufen. Einige Antigene müssen dazu jedoch mit einem Immunogen verknüpft sein. Alle Immunogene sind also Antigene, aber nicht alle Antigene sind immunogen.

Die folgenden Abschnitte beschreiben einige der allgemein verwendeten Methoden, um adaptive Immunantworten auszulösen, nachzuweisen und zu messen. Mit ihnen geht man zahlreiche Fragen in der Immunologie an. Was entscheidet darüber, ob eine bestimmte Substanz immunogen ist oder nicht? Wie erzeugt man Antikörper gegen Substanzen, die von sich aus nicht immunogen sind? Und was entscheidet darüber, welche Reaktion eine bestimmte Immunisierung auslöst? Zuerst betrachten wir Antigene als solche und die Eigenschaften, die eine Substanz immunogen wirken lassen. Danach folgen allgemeine Überlegungen darüber, wie man eine Immunantwort nachweist.

2.1 Man kann Antikörper gegen fast jede Substanz erzeugen

Als man erkannt hatte, daß Antikörper eine Art Polizei der Infektionsabwehr sind, nahm man zuerst an, daß ihre Fähigkeit, Krankheitserreger zu binden, wegen ihrer Bedeutung für das Überleben durch evolutionäre Selektion entstanden sei. Karl Landsteiner entdeckte jedoch die Antikörper gegen die Blutgruppenantigene und stellte so diese Annahme in Frage. Er zeigte bald darauf, daß sich Antikörper gegen eine uneingeschränkte Zahl von Molekülen erzeugen lassen, sogar gegen Chemikalien, die es in der Natur gar nicht gibt. Dies bewies eindeutig, daß das Repertoire möglicher Antikörper in einem Organismus grundsätzlich unbegrenzt ist. Deshalb konnten die Gene, die die einzelnen Antikörper codieren, nicht wegen ihrer Fähigkeit selektiert worden sein, Krankheitserreger zu bekämpfen. Dies veränderte das Denken der Immunologen von Grund auf. Sie kamen zu dem Schluß, daß die Evolution nicht die spezifischen Antikörper hervorgebracht hat, sondern ein offenes Repertoire verschiedener möglicher Molekülstrukturen. Darauf werden wir in Kapitel 3 genauer eingehen. Die Immunologen erkannten so auch die Möglichkeit, Antikörper zu benutzen, um in komplexen Molekülgemischen fast jede Substanz nachzuweisen und zu messen.

Um das mögliche Spektrum an Antikörpern zu ermitteln, untersuchte Landsteiner die Immunantworten auf kleine organische Moleküle, wie Arsonate und Nitrophenyle. Solche einfachen Strukturen lösen allein keine Antikörperproduktion aus. Landsteiner entdeckte jedoch, daß eine Reaktion dann eintritt, wenn das kleine Molekül kovalent an ein Trägerprotein gebunden ist. Daher bezeichnete er die Moleküle als **Haptene** (vom griechischen *haptein* für „beschleunigen"). Tiere, die er mit einem Konjugat aus Hapten und Trägerprotein immunisierte, erzeugten drei verschiedene Gruppen von Antikörpern (Abb. 2.1). Eine Gruppe reagierte mit dem Hapten auf einem beliebigen Träger und auch mit dem freien Molekül. Die zweite Gruppe sprach auf das unmodifizierte Trägerprotein an. Die dritte Art von Antikörpern band nur an das spezifische Konjugat, das für die Immunisierung verwendet worden war. Landsteiner studierte vor allem die Antikörperreaktionen auf Haptene, da sich diese kleinen Moleküle in vielen nah verwandten Formen herstellen lassen. Wie Abbildung 2.2 zeigt, binden Antikörper gegen ein bestimmtes Hapten nur dieses eine Molekül und nicht einmal sehr ähnliche Formen. Die Bindung der Haptene durch Anti-Hapten-Antikörper spielte bei den Untersuchungen über die Genauigkeit der Wechselwirkung zwischen Antigen und Antikörper eine wichtige Rolle. Anti-Hapten-Antikörper sind auch medizinisch von Bedeutung, da sie allergische Reaktionen gegen Penicillin und andere Medikamente verursachen, die an körpereigene Proteine binden und so zu einer Antikörperreaktion führen (Abschnitt 11.5).

Antiseren enthalten viele verschiedene Antikörper, die an das Immunogen in jeweils etwas anderer Weise binden (Abb. 2.1 und 2.2). Einige dieser Antikörper kreuzreagieren mit verwandten Antigenen (Abb. 2.2) und manchmal sogar mit Antigenen, die zum Immunogen keinen klaren Bezug aufweisen. Solche kreuzreagierenden Antikörper können Probleme verursachen, wenn das Antiserum zum Nachweis eines spezifischen Antigens dienen soll und dabei Methoden verwendet werden, wie sie im nächsten Teil dieses Kapitels beschrieben sind. Unerwünschte Antikörper lassen sich durch **Absorption** an das kreuzreaktive Antigen entfernen. Die Probleme aufgrund der Heterogenität eines Antiserums treten bei **monoklonalen Antikörpern** nicht auf, die homogen sind und von einer einzigen antikörperproduzierenden Zelle abstammen (Abschnitt 2.11).

Proteine sind die Antigene, die man in der experimentellen Immunologie am häufigsten verwendet. Die so erzeugten Antikörper sind in der experimentellen Biologie und Medizin sehr nützlich. Deshalb konzentrieren wir uns in diesem Kapitel auf die Herstellung und die Anwendung von Anti-Protein-Antikörpern. Zwar lassen sich Antikörper auch gegen Haptene, Kohlenhydrate, Nucleinsäuren und andere strukturelle Klassen von Antigenen erzeugen, aber deren Induktion erfordert im allgemeinen das Anheften an ein Trägerprotein. So ist es immer die Immunogenität von Proteinantigenen, die das Ergebnis einer Immunantwort bestimmt.

2.2 Die Immunogenität eines Proteins beruht sowohl auf seinen inhärenten Eigenschaften als auch auf Faktoren des Wirtsorganismus

Obwohl jede Struktur als Antigen wirken kann, lösen nur Proteine eine vollständige adaptive Immunantwort aus, da nur sie die T-Lymphocyten aktivieren, die für das immunologische Gedächtnis erforderlich sind. Das liegt daran, daß T-Zellen Antigene nur als Peptidfragmente erkennen, die an zelleigene MHC-Moleküle gebunden sind (Abschnitt 1.14). Andere Antigene lösen eine adaptive Immunantwort, zu der auch das immunologische Gedächtnis gehört, erst bei Bindung an Trägerproteine aus. Daher muß man Immunogenität in bezug auf die Reaktion gegen Proteinantigene definieren. Verwendet man Proteine oder Hapten-Protein-Konjugate für eine Immunisierung, so bildet sich das immunologische Gedächtnis als Folge der ersten oder **primären Immunisierung**. Man bezeichnet dies auch als *priming*. Danach ist ein Mensch oder ein Tier in der Lage, bei einer erneuten Begegnung mit demselben Antigen wirksamer zu reagieren.

**2.1 Kleine chemische Gruppen (soge-
nannte Haptene) lösen die Bildung von
Antikörpern nur dann aus, wenn sie an
ein Trägerprotein gebunden sind.**
Es entstehen drei Arten von Antikörpern.
Die erste, trägerspezifische Gruppe (blau)
bindet allein an das Trägerprotein. Die
zweite, haptenspezifische Gruppe (rot)
bindet das Hapten auf jedem beliebigen
Trägerprotein und auch dann, wenn es
frei in Lösung vorliegt. Die dritte, konju-
gatspezifische Gruppe (violett) bindet
nur das spezifische Konjugat aus Hapten
und Trägermolekül, das zur Immunisierung verwendet wurde. Die Bindung
erfolgt anscheinend an den Verknüpfungsstellen zwischen beiden Molekülen.
Die Schaubilder unten zeigen schematisch, wieviel von jedem Antikörpertyp im
Serum vorhanden ist. Dabei ist zu beachten, daß das ursprünglich verwendete
Antigen mehr Antikörper bindet als die
Summe aus Anti-Hapten und Anti-
Trägerprotein ausmacht, da noch die
konjugatspezifischen Antikörper hinzu-
kommen.

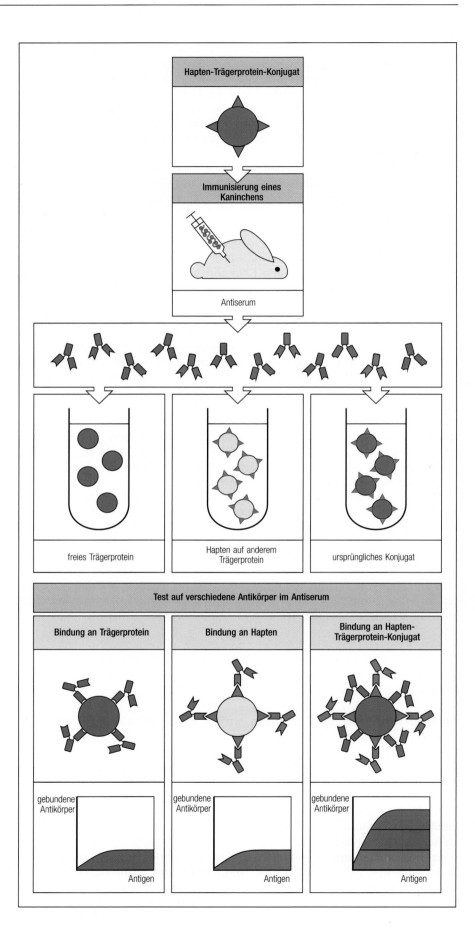

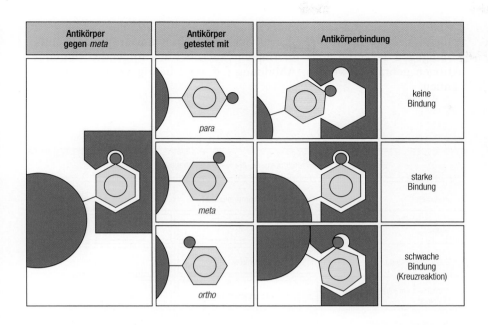

Antikörper gegen *meta*	Antikörper getestet mit	Antikörperbindung	
	para		keine Bindung
	meta		starke Bindung
	ortho		schwache Bindung (Kreuzreaktion)

2.2 Anti-Hapten-Antikörper können geringfügige Strukturänderungen im Hapten unterscheiden. Antikörper gegen den *meta*-substituierten Azobenzenarsonat-Ring reagieren vor allem mit der *meta*-Form und zeigen nur eine begrenzte Kreuzreaktivität mit der *para*- und *ortho*-Form. Der hier gezeigte Antikörper paßt perfekt zur *meta*-Form, bindet die *ortho*-Form schwach und die *para*-Form überhaupt nicht.

Die Intensität einer **sekundären**, **tertiären** (und jeder weiteren) Immunantwort nimmt immer mehr zu. Die wiederholte Injektion eines Antigens, die zu einer starken Immunität führen soll, nennt man **Hyperimmunisierung**.

Gewisse Eigenschaften von Proteinen, die den Aufbau einer adaptiven Immunantwort begünstigen, konnte man durch Untersuchungen von Antikörperreaktionen gegen einfache natürliche Proteine (wie Lysozym aus dem Eiklar von Hühnereiern) und insbesondere gegen synthetische Polypeptidantigene definieren (Abb. 2.3). Antikörperreaktionen gegen Proteinantigene erfordern eine wirksame Aktivierung von T-Helferzellen (Abschnitt 1.16). Daher läßt sich die Immunogenität erst im Zusammenhang mit dem *priming* von T-Zellen vollkommen verstehen, das in Kapitel 7 beschrieben wird. Damit ein Protein eine T-Helferzelle aktivieren kann, muß es von professionellen antigenpräsentierenden Zellen aufgenommen und zu Peptiden abgebaut werden, die dann im Komplex mit MHC-II-Molekülen an der Zelloberfläche erscheinen. Antigenpräsentierende Zellen nehmen bevorzugt aggregierte oder partikuläre Antigene auf. Je größer und komplexer ein Protein ist und je weniger es mit körpereigenen Proteinen verwandt ist, um so größer ist die Wahrscheinlichkeit, daß es Peptidfragmente enthält, die an MHC-Moleküle binden und die sich von körpereigenen Peptiden unterscheiden. Des weiteren läßt sich die Immunogenität eines Proteins durch die Art der Verabreichung erhöhen, wie wir in den Abschnitten 2.3 und 2.4 sehen werden.

2.3 Durch Verabreichung der Proteine in Adjuvantien läßt sich ihre Immunogenität verstärken

Wenn man sie allein verabreicht, sind die meisten Proteine nur schwach oder überhaupt nicht immunogen. Starke adaptive Immunantworten auf Proteinantigene erfordern fast immer, daß das Antigen in einem Gemisch injiziert wird, dessen Zusammensetzung auf Erfahrung beruht und das man als Adjuvans bezeichnet. Das kann jede beliebige Substanz sein, die die Immunogenität erhöht. Adjuvantien unterscheiden sich von Trägerproteinen dadurch, daß sie mit dem Immunogen keine stabile Verbindung eingehen. Außerdem sind sie vor allem bei der ersten Immunisierung notwendig, wohingegen Trägerproteine für Haptene auch bei den folgenden Immunreaktionen gebraucht werden. Abbildung 2.4 zeigt häufig verwendete Adjuvantien.

2.3 Eigenschaften von Proteinen, die ihre Immunogenität beeinflussen.

Eigenschaften eines Proteinantigens, die seine Immunogenität beeinflussen		
Parameter	größere Immunogenität	geringere Immunogenität
Größe	groß	klein (MW < 2500)
Zusammensetzung	komplex	einfach
Ähnlichkeit mit körpereigenen Proteinen	viele Unterschiede	wenige Unterschiede
Wechselwirkung mit MHC-Proteinen des Wirts	effektiv	ineffektiv

Die meisten Adjuvantien besitzen zwei Eigenschaften, die die Immunogenität der Proteine verstärken. Erstens können diese Hilfsstoffe lösliche Proteinantigene in partikuläres Material umwandeln, das die antigenpräsentierenden Zellen (wie etwa Makrophagen) schneller aufnehmen. Dies geschieht etwa durch Anlagern der Antigene an Aluminiumpartikel oder durch Emulsion in mineralischem Öl. Die Umwandlung löslicher Proteine in unlösliche Partikel erhöht die Immunogenität zwar zu einem gewissen Grad. Adjuvantien wirken jedoch verhältnismäßig schwach, wenn sie nicht einen zweiten, wesentlichen Bestandteil enthalten: Bakterien oder deren Produkte. Obwohl nicht genau bekannt ist, was mikrobielle Produkte zu der Reaktionsverstärkung beitragen, sind sie doch von den beiden Bestandteilen die eindeutig wichtigeren. Wahrscheinlich veranlassen sie die Makrophagen, Antigene wirkungsvoller zu präsentieren (siehe auch Kapitel 7). Die bakteriellen Zusätze in den Adjuvantien induzieren starke lokale Entzündungen, was ihre Anwendung beim Menschen ausschließt. Jedoch werden abgetötete Zellen des Bakteriums *Bordetella pertussis* (des Verursachers von Keuchhusten) als Antigen und auch als Adjuvans im Dreifachimpfstoff gegen Diphtherie, Keuchhusten und Tetanus (DPT) verwendet.

2.4 Die Reaktion auf ein Proteinantigen läßt sich durch die Dosis, die Form und den Eintrittsweg bei der Verabreichung beeinflussen

Die Stärke einer Immunantwort hängt von der Dosis des Immunogens ab. Unterhalb einer bestimmten Schwelle lösen die meisten Proteine keine Reaktion aus. Oberhalb der Schwelle nimmt die Reaktion proportional zur verabreichten Menge bis zum Erreichen eines Plateaus zu, sinkt aber bei sehr hohen Dosierungen wieder ab (Abb. 2.5). Da die meisten Krankheitserreger nur in geringer Zahl in den Körper eindringen, entstehen Immunantworten erst dann, wenn sich die Erreger ausreichend vermehrt haben. Das breite Optimum für eine Reaktion erlaubt es dem Organismus, auf infek-

Adjuvantien, die die Immunantwort verstärken		
Bezeichnung	Zusammensetzung	Wirkungsweise
unvollständiges Freundsches Adjuvans	Öl-in-Wasser-Emulsion	verzögerte Antigenfreisetzung; verstärkte Aufnahme durch Makrophagen
vollständiges Freundsches Adjuvans	Öl-in-Wasser-Emulsion mit toten Mycobakterien	verzögerte Antigenfreisetzung; verstärkte Aufnahme durch Makrophagen; Induktion von Costimulatoren in den Makrophagen
Freundsches Adjuvans mit MDP	Öl-in-Wasser-Emulsion mit Muramyldipeptid (MDP), einem Bestandteil von Mycobakterien	wie vollständiges Freundsches Adjuvans
Alum (Aluminiumhydroxid)	Aluminiumhydroxidgel	verzögerte Antigenfreisetzung; verstärkte Aufnahme durch Makrophagen
Alum plus *Bordetella pertussis*	Aluminiumhydroxidgel mit abgetöteten *B. pertussis*	verzögerte Antigenfreisetzung; verstärkte Aufnahme durch antigenpräsentierende Zellen; Induktion von Costimulatoren
immunstimulatorische Komplexe (ISCOMs)	Matrix aus Quil A mit viralen Proteinen	bringt Antigene ins Cytosol; ermöglicht Induktion der cytotoxischen T-Zellen

2.4 Gebräuchliche Adjuvantien und ihre Anwendung. Wenn man Antigene mit Adjuvantien vermischt, werden sie gewöhnlich in partikuläre Form überführt. Dies erhöht die Stabilität im Körper und fördert die Aufnahme durch die Makrophagen. Die meisten Adjuvantien enthalten ganze Bakterien oder bakterielle Bestandteile, die die Makrophagen stimulieren. Das erleichtert das Auslösen der Immunantwort. Immunstimulatorische Komplexe (*immune stimulatory complexes*, ISCOMs) sind kleine Micellen, die aus dem Detergens Quil A bestehen. Befinden sich virale Proteine in solchen Micellen, verschmelzen sie anscheinend mit der antigenpräsentierenden Zelle. Dadurch gelangt das Antigen in das Cytosol und löst dort Reaktionen aus, die etwa den antiviralen Reaktionen entsprechen, die das infizierende Virus selbst in der Zelle verursachen würde.

tiöse Faktoren innerhalb eines breiten Dosisbereichs zu reagieren. Bei sehr großen Mengen an Antigen ist die Immunantwort jedoch gehemmt. Das gewährleistet möglicherweise die Toleranz gegen ubiquitäre körpereigene Antigene (wie etwa die Plasmaproteine). Sekundäre und alle folgenden Immunreaktionen treten bereits bei niedrigeren Antigenkonzentrationen ein und erreichen ein höheres Plateau. Hier zeigt sich die Besonderheit des immunologischen Gedächtnisses. Sehr niedrige oder sehr hohe Mengen eines Antigens können jedoch zu spezifischen, nichtreaktiven Zuständen führen, zu einer erworbenen Niedrig- oder Hochzonentoleranz (*low zone*- oder *high zone*-**Toleranz**).

Wie ein Antigen verabreicht wird, beeinflußt ebenfalls die Stärke und die Art der Antwort (Abb. 2.6). Subkutan injizierte Antigene lösen im allgemeinen die stärksten Reaktionen aus. Eine direkte Injektion oder Transfusion in das Blut, vor allem wenn keine Aggregate enthalten sind, die von antigenpräsentierenden Zellen gut aufgenommen werden können, führt dagegen leicht zu einer Nichtreaktion (Toleranz). Gastrointestinal verabreichte Antigene zeigen deutlich andere Wirkungen. Häufig lösen sie eine lokale Antikörperreaktion im Bindegewebe der Schleimhaut aus. Gleichzeitig verursachen sie einen systemischen Toleranzzustand in Form einer verminderten Immunantwort auf dasselbe Antigen, falls es anderweitig in den Körper gelangt. Eine solche „gespaltene Toleranz" ist möglicherweise wichtig, um Allergien gegen Antigene in der Nahrung zu vermeiden. Dabei hindert die lokale Reaktion diese Antigene daran, überhaupt in den Körper zu gelangen, während die Unterdrückung der systemischen Immunität dazu beiträgt, die Bildung von IgE-Antikörpern auszuschalten, die eine Ursache von Allergien sind (Kapitel 11). Andererseits lösen Proteinantigene, die über die Atmungsepithelien in den Körper eindringen, besonders leicht allergische Reaktionen aus. Die Gründe dafür sind nicht geklärt.

2.5 Die Antigendosis der ersten Immunisierung beeinflußt die primäre und die sekundäre Antikörperantwort. Die typische Dosis-Wirkungs-Kurve eines Antigens veranschaulicht sowohl den Einfluß der Dosis auf die primäre Antikörperantwort (erzeugte Antikörpermenge in relativen Einheiten) als auch die Auswirkung der Dosis für die primäre Immunisierung auf die sekundäre Antikörperreaktion (bei einer Antigenmenge von 10^3 relativen Masseneinheiten). Sehr niedrige Dosen führen zu überhaupt keiner Reaktion. Etwas höhere Dosen scheinen die spezifische Antikörperproduktion zu hemmen (Niedrigzonentoleranz). Darüber gibt es einen stetigen Anstieg der Reaktion in Abhängigkeit von der Dosis, bis schließlich ein breites Optimum erreicht ist. Sehr hohe Antigendosen inhibieren die Reaktionsfähigkeit gegenüber dem Antigen (Hochzonentoleranz).

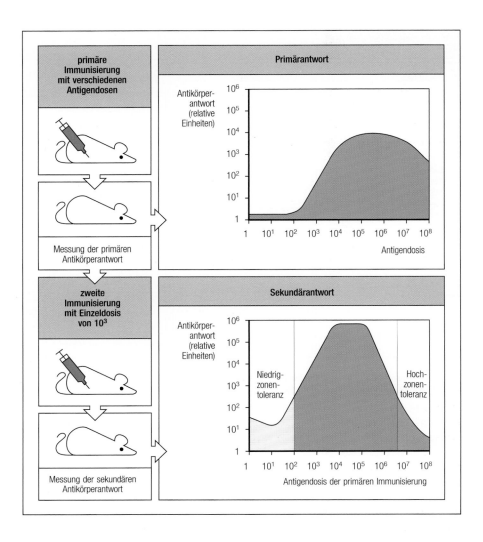

Wie die Antigenverabreichung die Art und die Intensität der Immunantwort genau beeinflußt, ist unbekannt. Antigene treffen, je nach Eintrittsweg in den Körper, auf unterschiedliche antigenpräsentierende Zellen und gelangen in verschiedene lymphatische Gewebe. Die besonderen Eigenschaften der regionalen Immunsysteme, wie zum Beispiel der **darmassoziierten lymphatischen Gewebe**, der **bronchienassoziierten lymphatischen Gewebe** und der **mucosaassoziierten lymphatischen Gewebe** sind ebenfalls nicht vollständig aufgeklärt. Wenn man erst verstanden hat, wie sich diese lokalen Milieus voneinander unterscheiden, sollte man die Auswirkungen des Eintrittsweges bei der Verabreichung eines Antigens auf die Immunantwort erklären können. In der Praxis eignet sich die orale Aufnahme gut dazu, eine systemische Immunreaktion zu verhindern. Dagegen löst die subkutane Injektion einer optimalen Dosis in einem passenden Adjuvans eine solche Reaktion am besten aus.

2.5 B-Zell-Antworten lassen sich anhand der Antikörperproduktion nachweisen

Die Reaktion von B-Zellen auf ein injiziertes Antigen läßt sich normalerweise durch die Analyse der in einer **humoralen Immunantwort** erzeug-

Faktoren, die die Reaktion auf ein Antigen beeinflussen		
Parameter	größere Immunogenität	geringere Immunogenität
Dosis	mittel	hoch oder niedrig
Eintrittsweg	subkutan > intraperitoneal > intravenös oder intragastral	
Form	partikelförmig	löslich
	denaturiert	nativ
Adjuvantien	langsame Freisetzung	schnelle Freisetzung
	Bakterien	keine Bakterien

2.6 Faktoren, die die adaptive Immunantwort gegen ein Antigen beeinflussen. Die Art, in der ein Antigen verabreicht wird, hat einen deutlichen Einfluß auf die Immunreaktion. Dosis, Eintrittsweg und Verabreichungsform sind genauso wichtig wie das verwendete Adjuvans.

ten Antikörper bestimmen. Dies erreicht man am einfachsten dadurch, daß man die Antikörper testet, die sich in der flüssigen Phase des Blutes (im Plasma) ansammeln. Solche zirkulierenden Antikörper werden normalerweise gemessen, indem man Blut sammelt, gerinnen läßt und das Serum daraus isoliert. Die Menge und die Eigenschaften der Antikörper im Immunserum lassen sich durch die Methoden ermitteln, die wir im nächsten Teil des Kapitels beschreiben.

Die wichtigsten Eigenschaften einer Antikörperantwort sind die Spezifität, die Menge, der Isotyp und die Affinität der erzeugten Antikörper. Spezifität bedeutet die Fähigkeit, das jeweilige Immunogen von körpereigenen und anderen körperfremden Antigenen zu unterscheiden. Die Menge läßt sich auf verschiedene Weisen bestimmen. Sie ist ein Maß für die Zahl der reagierenden B-Zellen, die Geschwindigkeit der Antikörpersynthese und die Lebensdauer der Antikörper im Plasma und in den extrazelluären Gewebebereichen. Letztere hängt von den erzeugten Isotypen ab (Abschnitt 3.20). Jeder Isotyp besitzt *in vivo* eine definierte Halbwertszeit. Die Isotypzusammensetzung einer Antikörperantwort legt auch deren mögliche biologische Funktionen fest sowie die Körperregionen, wo sie auftritt. So führt beispielsweise eine Immunantwort, die von IgE dominiert ist, bei Wiederauftreten des Antigens zu einer allergischen Reaktion. Abschnitt 2.9 behandelt Methoden zur Identifizierung der Isotypen. Die Bindungsstärke zwischen Antikörper und Antigen nennt man Affinität. Diese ist von großer Bedeutung, denn je höher die Affinität ist, um so weniger Antikörpermoleküle sind für die Beseitigung des Antigens erforderlich. Antikörper mit hoher Affinität binden auch bei einer niedrigen Antigenkonzentration (Abschnitt 2.12). Mit all diesen Parametern der humoralen Reaktion läßt sich bestimmen, inwieweit eine Immunreaktion für den Infektionsschutz ausreicht.

Reaktionen der B-Zellen kann man auch dadurch messen, daß man die Zahl der B-Zellen direkt bestimmt, die Antikörper gegen ein spezielles Antigen produzieren. Dafür läßt man die Antikörper, die von einer bestimmten B-Zelle stammen, mit einem Indikator reagieren, wie etwa mit roten Blutkörperchen von Schafen. Nach Zugabe von Komplementproteinen werden die Zellen zerstört, die Antikörper gebunden haben, was zu

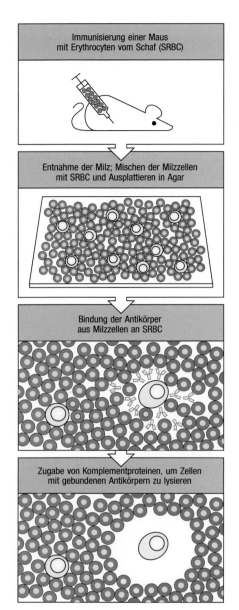

2.7 Die Antikörperfreisetzung einer einzelnen, aktivierten B-Zelle läßt sich mit Hilfe des hämolytischen Plaquetests nach Jerne nachweisen. Milzzellen, die Antikörper gegen rote Blutkörperchen des Schafes (*sheep red blood cells*, SRBC) produzieren, werden mit diesen vermischt und in eine dünne Agarschicht eingebettet. Die sezernierten Antikörper binden an die roten Blutkörperchen in der unmittelbaren Nachbarschaft der aktivierten B-Zelle. Zugesetzte Komplementproteine lagern sich an diese Antikörper ab. Das Ergebnis ist ein deutlich sichtbarer hämolytischer Plaque in der Schicht aus roten Blutkörperchen. In der Mitte eines jeden Plaques befindet sich eine einzelne, antikörpererzeugende Zelle. Die Gesamtzahl solcher Zellen entspricht der Zahl der Plaques.

einem klaren Plaque um jede antikörperproduzierende Zelle führt (Abb. 2.7). Da sich an die Indikatorzellen verschiedene Antigene anheften lassen, kann man mit dem **hämolytischen Plaquetest** B-Zell-Reaktionen gegen jedes Antigen messen.

2.6 T-Zell-Antworten lassen sich anhand ihrer Effekte auf andere Zellen nachweisen

Die Messung von Antikörperreaktionen bei der humoralen Immunität ist sehr einfach. Im Gegensatz dazu ist die von Zellen vermittelte Immunität technisch wesentlich schwerer zu bestimmen. Zum einen erzeugen T-Zellen kein antigenbindendes Produkt; es gibt also keinen einfachen Bindungstest. Zum anderen erfordern alle T-Zell-Reaktionen die Wechselwirkung zwischen zwei Zellen. Dazu gehören eine Zielzelle, die ein spezifisches Antigen in Form des Peptid:MHC-Komplexes präsentiert und eine bewaffnete T-Effektorzelle, die das Antigen auf der Oberfläche der Zielzelle erkennt. Meistens weist man das Vorhandensein von T-Zellen, die auf ein spezifisches Antigen angesprochen haben, *in vitro* dadurch nach, daß sie in Gegenwart desselben Antigens proliferieren. Die Vermehrung von T-Zellen zeigt jedoch nur, daß Zellen vorhanden sind, die einmal durch dieses Antigen aktiviert worden sind. Es sagt nichts über ihre Effektorfunktionen aus. Diese lassen sich aufgrund ihrer Wirkung auf geeignete Zielzellen testen. Wie wir in Kapitel 1 gesehen haben, gibt es drei grundlegende Effektorfunktionen der T-Zellen. Cytotoxische CD8-Zellen töten infizierte Zellen ab und verhindern so eine weitere Vermehrung intrazellulärer Krankheitserreger. CD4-Entzündungszellen (T_H1) sind darauf spezialisiert, Makrophagen zu aktivieren, die dann intrazelluläre Bakterien besser vernichten können. Und CD4-Helferzellen (T_H2) regen antigenbindende B-Zellen dazu an, zu antikörperproduzierenden Zellen zu differenzieren. Man muß alle diese Funktionen testen (Abschnitt 2.19), um T-Effektorzellen charakterisieren zu können.

Eine Immunisierung löst bei den T-Zellen verschiedene Effektorreaktionen aus, die die funktionelle Wirkung einer Immunantwort bestimmen. Um große Mengen von Antikörpern zu erhalten, ist es beispielsweise wichtig, die T-Helferzellen zu aktivieren. Dies ist besonders bei der Entwicklung von Impfstoffen von Bedeutung, die eine bestimmte Immunität fördern und andere unterdrücken oder vermindern sollen. Man kennt jedoch kein allgemeines Prinzip, das es erlaubt, die Art der Immunantwort aufgrund eines bestimmten Immunisierungsverfahrens vorherzusagen. Empirische Beobachtungen bieten hier zwar einige Anhaltspunkte, erlauben aber keine definitiven Aussagen. Eine experimentelle Vorgehensweise scheint am besten geeignet zu sein, das optimale Immunisierungsverfahren zu ermitteln, um die gewünschte Reaktion auf ein bestimmtes Antigen auszulösen (Abb. 2.8). Die Art der Immunantwort beeinflussen zu können, bleibt ein zentrales Ziel der Immunologie, wie wir in Kapitel 12 sehen werden.

Zusammenfassung

Die adaptive Immunität läßt sich untersuchen, indem man durch eine absichtliche Infektion oder, was üblicher ist, durch die Injektion von Antigenen in immunogener Form, eine Immunreaktion auslöst und anschließend das Ergebnis im Hinblick auf die humorale und zelluläre Immunität mißt. Die spezifischen Eigenschaften der Antigene bestimmen deren Immunogenität. Des weiteren hängt die Auslösung einer Immunreaktion stark von der Dosis, vom Eintrittsweg und vom verwendeten Adjuvans ab. Die wichtigsten Parameter der Antikörperantwort sind die Menge, die Affinität, die Isotypen und die Spezifität der erzeugten Antikörper. Die Isotypen bestimmen die funktionellen Eigenschaften der humoralen Immunantwort auf ein verabreichtes Antigen. Die wichtigsten Parameter der zellvermittelten Immunantwort sind die Intensität der Reaktion und die Funktionen der aktivierten T-Zellen, die sich sich in drei Hauptgruppen unterteilen lassen: die Aktivierung von Makrophagen und die Auslösung anderer Merkmale einer Entzündung, das Abtöten von infizierten Zielzellen und die Induktion der Antikörperproduktion durch B-Zellen (Helferfunktion der T-Zellen).

Einflüsse auf die Grundimmunisierung bei verschiedenen T-Zell-Typen		
T-Zell-Typ	**Antigen**	**Einfluß des Adjuvans**
CD4-Helferzellen ($T_H2 > T_H1$)	niedrige Antigendosis; extrazelluläres Antigen	deutlich verstärkte Grundimmunisierung; Freundsches Adjuvans fördert IgG2a (T_H1); Alum und *Bordetella pertussis* fördert IgG1, IgE (T_H2)
CD4-Entzündungs-zellen ($T_H1 \gg T_H2$)	hohe Antigendosis; intrazelluläres Antigen in Vesikeln	deutlich verstärkte Grundimmunisierung durch vollständiges Freundsches Adjuvans; Hemmung durch unvollständiges Freundsches Adjuvans
cytotoxische CD8-Zellen	Infektion mit lebenden Viren; Antigen im Cytosol	keine verstärkte Grundimmunisierung durch konventionelle Adjuvantien; ISCOMs vielleicht geeigneter

2.8 Faktoren, die die primäre Immunisierung von verschiedenen T-Zell-Subpopulationen beeinflussen. Gezeigt sind die allgemeinen Trends. Es läßt sich jedoch nur schwer vorhersagen, wie sich eine Immunisierung auf die beiden CD4-Subpopulationen (T_H1 und T_H2) auswirkt, die Makrophagen beziehungsweise B-Zellen aktivieren.

Die Messung und die Anwendung von Antikörpern

Antikörper sind hochspezifisch. Unter 10^8 ähnlichen Molekülen können sie ein ganz bestimmtes Proteinantigen gezielt herausfinden. Das erleichtert die Aufreinigung und die Untersuchung von Antikörpern. Auch macht es sie als Sonden für biologische Prozesse unentbehrlich. Während es mit chemischen Standardmethoden sehr schwer ist, etwa zwischen menschlichem und Schweineinsulin zu unterscheiden, lassen sich zwei so engverwandte Proteine mit Antikörpern klar voneinander abgrenzen. Die gute Einsetzbarkeit von Antikörpern als molekulare Sonden hat viel zur Entwicklung zahlreicher empfindlicher und hochspezifischer Methoden beigetragen. So lassen sich Antikörper leicht nachweisen, ihre Spezifität und Affinität für eine Reihe von Antigenen bestimmen und ihre funktionellen Eigenschaften ermitteln. Überall in der Biologie nutzen zahlreiche Standardverfahren die Spezifität und Stabilität der Antigenbindung. In vielen Büchern zur immunologischen Methodik finden sich umfassende Anleitungen für die Durchführung solcher Antikörpertests. Wir werden hier nur die wichtigsten behandeln, insbesondere jene, die zur Untersuchung der Immunantwort selbst geeignet sind. Die Beispiele veranschaulichen auch die einzigartigen Eigenschaften der Antikörper, die sich aus den strukturellen und genetischen Grundlagen ableiten (Kapitel 3).

2.7 Die Menge und die Spezifität von Antikörpern läßt sich direkt anhand der Antigenbindung bestimmen

Das Vorhandensein von spezifischen Antikörpern läßt sich mittels zahlreicher verschiedener Tests nachweisen. Einige Verfahren messen direkt die Bindung zwischen Antikörper und Antigen (**primäre Interaktionen**). Andere Tests bestimmen die Antikörperkonzentration anhand physikalischer Zustandsveränderungen des Antigens. Zu diesen **sekundären Interaktionen** gehören die Präzipitation von löslichem Antigen oder die Verklumpung von Antigenpartikeln. Dies werden wir im nächsten Abschnitt behandeln. Beide Methoden sind für die Konzentrationsbestimmung und Spezifitätsmessung von Antikörpern geeignet, die nach einer Immunisierung auftreten. Sie werden bei zahlreichen biologischen Fragestellungen angewandt. Wir beschreiben hier einige Tests, die man in der Immunologie, Biologie und Medizin häufig benutzt. Da sie ursprünglich mit Seren (Antiseren) immuner Lebewesen durchgeführt wurden, nennt man sie auch **serologische Tests**. Die Verwendung von Antikörpern bezeichnet man daher oft auch als **Serologie**.

Zwei gebräuchliche direkte Bindungstests sind der **Radioimmunoassay (RIA)** und der enzymgekoppelte Immunadsorptionstest (*enzyme-linked immunosorbent assay*, **ELISA**). Dafür benötigt man eine reine Präparation eines bekannten Antigens oder Antikörpers (oder von beiden). Beim RIA wird die aufgereinigte Komponente (Antigen oder Antikörper) radioaktiv markiert (üblicherweise mit ^{125}I). Für den ELISA verknüpft man ein Enzym chemisch mit dem Antikörper oder dem Antigen. Die unmarkierte Komponente wird an einen festen Träger gebunden (beispielsweise die Vertiefungen einer Mikrotiterplatte, die Proteine in gewissem Ausmaß adsorbieren). Meistens bindet man das Antigen an den Träger und testet die Anlagerung des markierten Antikörpers. Durch entsprechende Versuchsbedingungen verhindert man eine unspezifische Bindung. Nichtgebundenes Material läßt sich abwaschen. Beim RIA erfolgt die Messung der gebundenen Antikörper über die Menge an Radioaktivität, die in den beschichteten Vertiefungen zurückbleibt. Im ELISA stellt man die Antikörperbindung dagegen mit Hilfe einer enzymatischen Reaktion fest, die ein farbloses Substrat in ein farbiges Produkt umwandelt (Abb. 2.9). Der

2.9 Grundzüge des enzymgekoppelten Immunadsorptionstests (ELISA) für die Bindung von Antikörpern. Aufgereinigte Antikörper gegen das Antigen A werden chemisch an ein Enzym gekoppelt. Die Vertiefungen sind innen mit verschiedenen Proteinen beschichtet, die sich unspezifisch an die Kunststoffoberfläche anlagern; die verbleibenden adhäsiven Stellen sind mit Hilfsproteinen blockiert (nicht gezeigt). Man gibt nun verschiedene Mengen der markierten Antikörper in die Gefäße. Die gewählten Bedingungen verhindern eine unspezifische Bindung, so daß nur Antikörper gegen Antigen A an der Oberfläche haften bleiben. Anti-A-Antikörper binden nicht an Antigen B. Freie Antikörper werden aus den Gefäßen ausgewaschen. Gebundene Antikörper lassen sich durch einen enzymabhängigen Farbwechsel nachweisen. Der Test ist in Mikrotiterplatten mit Reihen von Vertiefungen, die in Mehrkanalspektrometern mit Glasfaseroptik durchgemessen werden, schnell durchführbar. Die Bindungsreaktion erfolgt spezifisch und erreicht letztlich ein Sättigungsstadium. Sind nämlich genügend Antikörper vorhanden, verbleiben auf den Antigenen keine freien Bindestellen mehr. Abwandlungen des Grundverfahrens ermöglichen auch die Antigen- oder Antikörperbestimmung in unbekannten Proben (Abb. 2.10 und 2.39; siehe auch Abschnitt 2.9).

Farbwechsel läßt sich direkt im Reaktionsgefäß messen, so daß das Sammeln der Daten sehr einfach ist. Der ELISA vermeidet auch die Gefahren der Radioaktivität und wird deshalb allgemein bevorzugt.

Diese Verfahren veranschaulichen zwei entscheidende Aspekte aller serologischen Tests. Erstens muß mindestens eine der beiden Komponenten in einer aufgereinigten und nachweisbaren Form vorliegen, um quantitative Aussagen zu ermöglichen. Zweitens muß sich der nichtgebundene Anteil der markierten Moleküle abtrennen lassen, um die spezifische Bindung bestimmen zu können. Das geschieht normalerweise durch Anheften der unmarkierten Komponente an einen festen Träger, was ein Abwaschen des freien Materials erlaubt, bevor man den gebundenen Anteil mißt. In Abbildung 2.9 ist das unmarkierte Antigen an die Oberfläche der Vertiefung adsorbiert, und der markierte Antikörper lagert sich daran an. Das Abtrennen des freien vom gebundenen Material ist bei allen Antikörpertests ein grundlegender Schritt.

Die beschriebenen Tests erlauben es nicht, die Menge an Antikörper oder Antigen in einer Probe von unbekannter Zusammensetzung direkt zu bestimmen, da beide Tests ein aufgereinigtes, markiertes Antigen oder einen ebensolchen Antikörper erfordern. Um dieses Problem zu umgehen, gibt es eine Reihe von Verfahren. Eines davon ist der **kompetitive Bindungstest** (Abb. 2.10). Hier bestimmt man das Vorhandensein und die Konzentration eines bestimmten Antigens in einer unbekannten Probe durch kompetitive Bindung an einen adsorbierten Antikörper im Vergleich zu einem markierten Referenzantigen. Durch Zugabe verschiedener Mengen eines bekannten, unmarkierten Standardpräparats läßt sich eine Standardkurve erstellen. Die Messung unbekannter Proben erfolgt dann durch Vergleich mit dem Standard. Da nur identische oder engverwandte Moleküle an den Antikörper binden, kann man mit dieser Methode auch Antigenmoleküle in niedriger Konzentration nachweisen, wie etwa Insulin im komplexen Proteingemisch des Serums. Einige Proteine, die eng mit dem Referenzantigen verwandt sind, zeigen vielleicht mit den Antikörpern eine Kreuzreaktion. Da sie jedoch im allgemeinen schwächer binden, verläuft ihre Inhibitionskurve flacher, was darauf hinweist, daß es sich nicht um dieselben Antigene handelt. Der kompetitive Bindungstest läßt sich auch für die Antikörperbestimmung in einer unbekannten Probe verwenden. Dabei gibt man ein geeignetes Antigen auf den Träger und stellt fest, inwieweit die Probe die Bindung eines markierten Antikörpers verhindert.

Ein anderes Verfahren verwendet markierte Anti-Immunglobulin-Antikörper, die für die konstanten Bereiche des Immunglobulins spezifisch sind, um die Bindung von Antikörpern aus einer unbekannten Probe an einen antigenbeschichteten Träger zu bestimmen. Diese Methode ist in Abschnitt 2.9 genauer beschrieben. Darauf basiert ein ELISA, den man dazu verwendet, in menschlichen Seren nach Antikörpern gegen das Immunschwächevirus (HIV) zu suchen. So läßt sich bei einem Blutspender eine eventuelle Infektion nachweisen.

Alle bis jetzt beschriebenen Testmethoden beruhen auf gereinigten Antikörpern. Im Gesamtprotein des Serums ist jedoch selbst nach wiederholten Immunisierungen der Anteil eines bestimmten Antikörpers nur sehr gering. Deshalb muß vor dessen Markierung erst einmal eine Aufreinigung erfolgen. Dazu dient die **Affinitätschromatographie**, bei der man die spezifische Bindung eines Antikörpers an ein Antigen ausnutzt, das an eine feste Matrix gekoppelt ist. Das Antigen wird dafür kovalent an kleine, chemisch reaktive Partikel gebunden. Dieses Material füllt man in eine lange Säule und schickt das Antiserum hindurch. Die spezifischen Antikörper binden an die Matrix, wohingegen sich alle anderen Proteine einschließlich der übrigen Antikörper auswaschen lassen.

Die gebundenen Antikörper setzt man dann in reiner Form mit Hilfe einer schwachen Säure oder Lauge frei, die die Antigen:Antikörper-Bin-

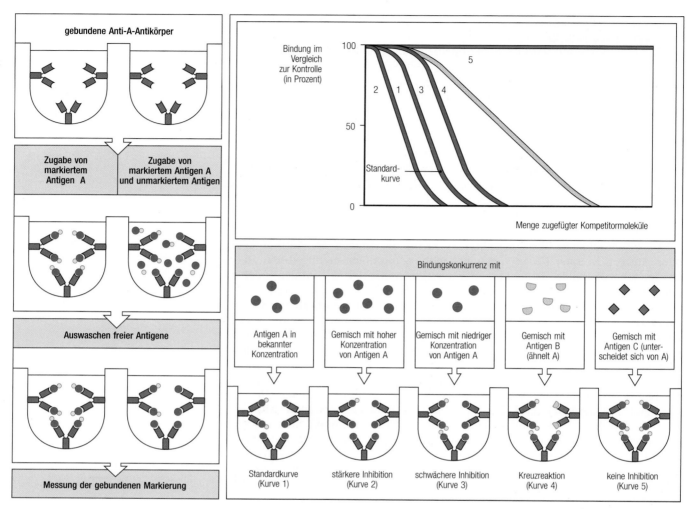

gebundene Anti-A-Antikörper

Zugabe von markiertem Antigen A

Zugabe von markiertem Antigen A und unmarkiertem Antigen

Auswaschen freier Antigene

Messung der gebundenen Markierung

Bindung im Vergleich zur Kontrolle (in Prozent)

100

50

0

5

2 1 3 4

Standard-kurve

Menge zugefügter Kompetitormoleküle

Bindungskonkurrenz mit

Antigen A in bekannter Konzentration

Gemisch mit hoher Konzentration von Antigen A

Gemisch mit niedriger Konzentration von Antigen A

Gemisch mit Antigen B (ähnelt A)

Gemisch mit Antigen C (unter-scheidet sich von A)

Standardkurve (Kurve 1)

stärkere Inhibition (Kurve 2)

schwächere Inhibition (Kurve 3)

Kreuzreaktion (Kurve 4)

keine Inhibition (Kurve 5)

2.10 Kompetitiver Inhibitionstest für Antigene in unbekannten Proben. Alle Gefäße werden mit derselben Menge von unmarkierten Antikörpern beschichtet. Daran bindet man Standardproben des markierten Antigens. Nach Zugabe von unmarkierten Standard- oder Testproben läßt sich die Freisetzung des markierten Antigens messen. Das Ergebnis sind charakteristische Inhibitionskurven. Eine Standardkurve (1) erhält man bei Verwendung bekannter Mengen der unmarkierten Form jenes Antigens, das sich in markierter Form auf den Gefäßwänden befindet (Antigen A). Durch Vergleich mit dieser Kurve kann man die Antigenmenge in unbekannten Proben berechnen. Bei größeren (2) oder kleineren (3) Mengen von Antigen A ergeben sich Kurven, deren Steigung mit der Standardkurve übereinstimmt, die aber parallel verschoben sind. Verschiebung nach links bedeutet höhere Konzentration, nach rechts niedrigere Konzentration. Die Konzentrationen lassen sich aus der relativen Position der beiden Kurven entlang der X-Achse ermitteln. Kurve 4 steht für eine unbekannte Probe mit einer kreuzreagierenden, aber nicht identischen Substanz (Antigen B). Eine Konzentrationsberechnung ist hier unmöglich, da die Kurven nicht parallel verlaufen. Kurve 5 stammt von einer Probe, in der sich kein Material befindet, das mit Anti-A-Antikörpern reagieren könnte. Insgesamt eignet sich der Inhibitionstest zur Bestimmung von Reinheit, Konzentration und immunologischer Verwandtschaft unbekannter Proteine. Das Verfahren kommt bei der Messung kleiner Moleküle in komplexen biologischen Proben (beispielsweise Serum oder Zellysaten) häufig zur Anwendung.

dung löst (Abb. 2.11). Dies zeigt, daß die Antikörperbindung unter physiologischen Bedingungen (Salzkonzentration, Temperatur und pH) stabil ist, es sich jedoch nicht um eine kovalente, sondern um eine reversible Bindung handelt. Die Affinitätschromatographie eignet sich auch für die Aufreinigung von Antigenen aus komplexen Gemischen. Dazu bindet man spezifische Antikörper an die Matrix. Ihren Namen erhielt diese Methode, weil sie Moleküle aufgrund ihrer Affinität füreinander auftrennt.

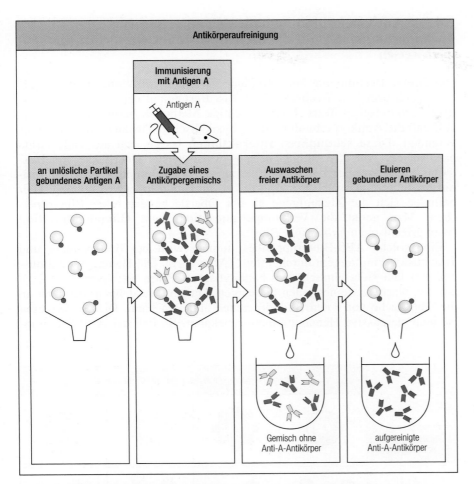

Antikörperaufreinigung

Immunisierung mit Antigen A

Antigen A

| an unlösliche Partikel gebundenes Antigen A | Zugabe eines Antikörpergemischs | Auswaschen freier Antikörper | Eluieren gebundener Antikörper |

Gemisch ohne Anti-A-Antikörper

aufgereinigte Anti-A-Antikörper

2.11 Die Affinitätschromatographie zur Aufreinigung von Antikörpern oder Antigenen beruht auf der Antigen:Antikörper-Bindung. Für die Aufreinigung eines spezifischen Antikörpers aus dem Serum befestigt man das Antigen an einer unlöslichen Matrix, beispielsweise an Chromatographiekügelchen. Anschließend schickt man das Serum durch die Matrix. Die spezifischen Antikörper binden, während andere Antikörper und Proteine ausgewaschen werden. Die spezifischen Antikörper lassen sich anschließend durch eine Änderung des pH-Werts oder der Ionenstärke eluieren. Antigene kann man entsprechend aufreinigen, indem man die Antikörper an einen festen Träger bindet (nicht gezeigt).

Alle bis jetzt beschriebenen Methoden basieren auf der primären Wechselwirkung zwischen Antikörper und Antigen. Sie sind in der Immunologie, klinischen Medizin und Zellbiologie weit verbreitet. Sie benutzen die spezifischen antigenbindenden Eigenschaften von Antikörpern für den direkten Nachweis und zur Bestimmung von Antigenen oder Antikörpern. Sie veranschaulichen auch die besondere Art und Spezifität der Wechselwirkung zwischen Antigen und Antikörper, die sich aus den einmaligen Eigenschaften des Antikörpermoleküls ergibt (Kapitel 3).

2.8 Die Antikörperbindung läßt sich aufgrund von Veränderungen des physikalischen Zustands eines Antigens nachweisen

Die direkte Bestimmung einer Bindung zwischen Antikörper und Antigen (also einer primären Wechselwirkung) ist Bestandteil der meisten quantitativen serologischen Tests. Einige wichtige Methoden beruhen jedoch darauf, daß die Antikörperbindung den physikalischen Zustand eines Antigens verändert. Diese **sekundären Interaktionen** lassen sich auf viele Arten nachweisen. Tritt das Antigen beispielsweise an der Oberfläche von Bakterien auf, so können die Antikörper zu einer Verklumpung oder **Agglutination** führen. Dasselbe Prinzip gilt für die Blutgruppenbestimmung. Hier befinden sich die Zielantigene an der Oberfläche der roten Blutkörperchen. Man nennt die Verklumpungsreaktion dann **Hämagglutination** (vom griechischen *haima* für „Blut").

Eine solche AB0-Blutgruppenbestimmung wird bei Blutspendern und Transfusionsempfängern durchgeführt (Abb. 2.12). Die Hämagglutinationsreaktion läßt sich, ähnlich dem hämolytischen Plaquetest (Abschnitt 2.5), auf den Nachweis eines jeden beliebigen Antigens ausdehnen, das man an die Oberfläche von roten Blutkörperchen anheften kann. Dieses Verfahren ist auch als passive Hämagglutination bekannt. Im Fall der AB0-Blutgrup-

2.12 Die Hämagglutination eignet sich zur Blutgruppenbestimmung und zur Zuordnung geeigneter Spender und Empfänger bei einer Bluttransfusion. Die A- und B-Blutgruppenantigene lassen sich nachweisen, weil Antikörper gegen sie rote Blutkörperchen mit diesen Antigenen verklumpen können. Antikörper gegen Blutgruppenantigene kommen bei jedem vor, dem das entsprechende Antigen fehlt (linke Spalte). Daher besitzen Personen mit der Blutgruppe 0 sowohl Anti-A- als auch Anti-B-Antikörper. Personen mit Blutgruppe AB weisen dagegen keine der Antikörper auf. Anhand der Agglutination der roten Blutkörperchen eines Spenders oder Empfängers durch Anti-A und/oder Anti-B läßt sich seine AB0-Blutgruppe bestimmen. Vor einer Transfusion wird das Blut des Empfängers auf Antikörper getestet, die die Erythrocyten des Spenders agglutinieren können und umgekehrt (Kreuzprobe). Antikörper im Spenderblut, die an Blutkörperchen des Empfängers binden, oder Antikörper des Empfängers, die an Zellen im Spenderblut binden, können jeweils zu einer Zerstörung der roten Blutkörperchen führen und sind daher zu vermeiden.

Serum von Personen mit der Blutgruppe	rote Blutkörperchen von Personen mit der Blutgruppe			
	A	B	0	AB
A — Anti-B-Antikörper	keine Agglutination	Agglutination	keine Agglutination	Agglutination
B — Anti-A-Antikörper	Agglutination	keine Agglutination	keine Agglutination	Agglutination
0 — Anti-A- und Anti-B-Antikörper	Agglutination	Agglutination	keine Agglutination	Agglutination
AB — keine Antikörper gegen A oder B	keine Agglutination	keine Agglutination	keine Agglutination	keine Agglutination

penantigene binden die Anti-A- oder Anti-B-Isoagglutinine an die Substanzen der Blutgruppen A oder B, die sich in zahlreichen Kopien an der Oberfläche der roten Blutkörperchen befinden. Die Agglutination beruht auf der gleichzeitigen Bindung von Antikörpermolekülen an zwei identische Partikel, was zu einer Quervernetzung führt. Das beweist auch, daß jedes Antikörpermolekül mindestens zwei identische Antigenbindungsstellen besitzt.

Wenn man eine ausreichende Menge von Antikörpern mit löslichen, makromolekularen Antigenen mischt, bildet sich ein sichtbares Präzipitat aus großen Aggregaten quervernetzter Antigen:Antikörper-Komplexe. Die Größe des Präzipitats hängt von den jeweiligen Konzentrationen der Reaktionspartner und von deren Verhältnis zueinander ab (Abb. 2.13). Diese **Präzipitinreaktion** ermöglichte die erste quantitative Antikörperbestimmung; sie kommt jedoch in der Immunologie nur noch selten zur Anwendung. Es ist dennoch wichtig, die Wechselwirkungen zwischen Antigen und Antikörper zu verstehen, die zu der Reaktion führen, da solche **Immunkomplexe** *in vivo* bei fast allen Immunantworten entstehen und oft pathologische Erscheinungen hervorrufen (Kapitel 11).

Bei der Präzipitinreaktion gibt man steigende Mengen des löslichen Antigens zu einer festgelegten Menge Serum, das die Antikörper enthält. Dabei nimmt die Menge an gebildetem Präzipitat bis zum Erreichen eines Maximums zu und fällt dann wieder ab (Abb. 2.13). Bei Zugabe kleiner Antigenmengen bilden sich Antigen:Antikörper-Komplexe unter den Bedingungen eines Antikörperüberschusses, so daß jedes Antigenmolekül mehrfach von Antikörpern gebunden wird und sich schließlich Quervernetzungen zu anderen Antigenmolekülen ausbilden. Gibt man große Mengen an Antigen dazu, so formieren sich nur kleine Antigen:Antikörper-Komplexe, die in diesem Bereich des Antigenüberschusses löslich bleiben. Zwischen den beiden Löslichkeitsbereichen befinden sich fast das gesamte Antigen und die Antikörper im Präzipitat. Es liegt also ein Gleichgewicht vor. Hier bilden sich sehr große, komplexe Netzwerke aus Antigen und

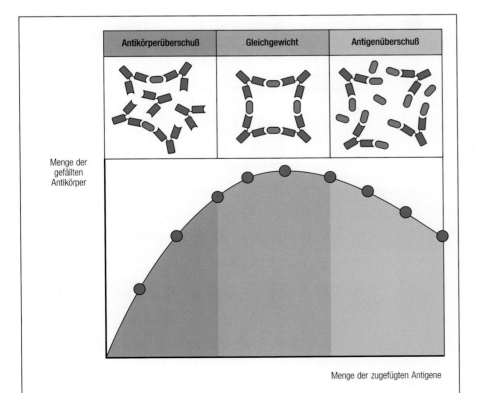

2.13 Antikörper können ein lösliches Antigen ausfällen; das Ergebnis ist eine Präzipitinkurve. Man gibt verschiedene Antigenmengen zu einer konstanten Menge an Antikörpern. Durch Quervernetzung zwischen Antigenen und Antikörpern bilden sich Präzipitate. Diese werden isoliert, um die Menge an ausgefällten Antikörpern zu ermitteln. Im Überstand verbliebene Antikörper und Antigene bestimmt man ebenfalls. Auf diese Weise kann man drei Bereiche definieren: Antikörperüberschuß, Gleichgewicht und Antigenüberschuß. Im Gleichgewichtszustand entstehen die größten Antigen:Antikörper-Komplexe; bei Antigenüberschuß sind einige der Immunkomplexe zu klein, um auszufallen. Solche löslichen Immunkomplexe können *in vivo* zu Schäden an kleinen Blutgefäßen führen (Kapitel 11).

2.14 Verschiedene Antikörper binden an unterschiedliche Epitope eines Antigenmoleküls. Die Oberfläche eines Antigens weist viele potentielle antigene Determinanten oder Epitope auf, an die Antikörper binden können. Die Anzahl der Antikörpermoleküle, die gleichzeitig an ein Antigen binden, definiert die Valenz des Antigens. Sterische Einschränkungen begrenzen diese Zahl (rechtes Bild), so daß die Anzahl der Epitope größer oder gleich der Valenzzahl ist.

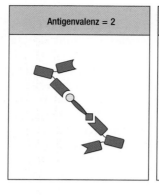
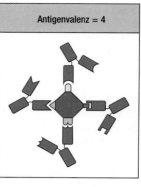

Antigenvalenz = 2   Antigenvalenz = 4   Antigenvalenz = 6

Antikörper aus. Die kleinen, löslichen Komplexe, die bei einem Antigenüberschuß entstehen, verursachen *in vivo* die pathologischen Effekte.

Antikörper können nur Antigene präzipitieren, die mehrere Antikörperbindungsstellen aufweisen, so daß große Antigen:Antikörper-Komplexe entstehen können. Makromolekulare Antigene besitzen komplexe Oberflächen, an die Antikörper vieler verschiedener Spezifitäten binden können. Die Stelle, an die sich ein bestimmter Antikörper anlagert, nennt man **antigene Determinante** oder **Epitop**. Aufgrund der Komplexität makromolekularer Oberflächen hat ein einziges Antigenmolekül viele verschiedene Epitope. Sterische Einschränkungen begrenzen jedoch die Zahl von Antikörpern, die gleichzeitig an ein Antigenmolekül binden können. Denn Antikörpermoleküle, die für teilweise überlappende Epitope spezifisch sind, konkurrieren bei der Bindung miteinander. Daher ist auch die

2.15 Ouchterlony-Geldiffusionstest für die Antigen:Antikörper-Bindung. Man gibt Antigene und Antikörper in verschiedene Löcher in einem Agarosegel. Beide diffundieren aufeinander zu und fallen im Gleichgewichtsbereich aus, was zu einer sichtbaren Bande führt. Dieses System ist geeignet, die Verwandtschaft von unbekannten Proteinen zu bestimmen (untere Reihe). Liegt in zwei unbekannten Proben dasselbe Protein vor, so ergibt sich eine durchgehende Präzipitationslinie (unten links). Unterscheiden sich die Proteine und werden sie von verschiedenen Antiköpern erkannt, überkreuzen sich die Linien (unten Mitte). Hat Antigen A einige Epitope, aber nicht alle, mit Antigen B gemeinsam, so kommt es zur Spornbildung (unten rechts), die durch eine Präzipitation von B durch diejenigen Anti-B-Antikörper entsteht, die nicht an A binden.

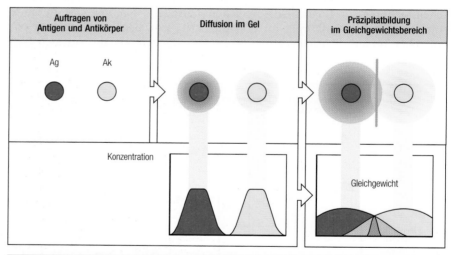

Auftragen von Antigen und Antikörper   Diffusion im Gel   Präzipitatbildung im Gleichgewichtsbereich

Ag   Ak

Konzentration   Gleichgewicht

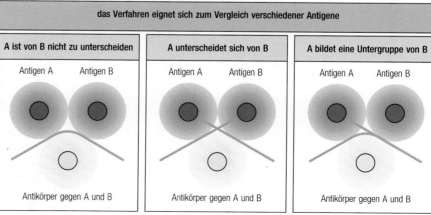

das Verfahren eignet sich zum Vergleich verschiedener Antigene

A ist von B nicht zu unterscheiden   A unterscheidet sich von B   A bildet eine Untergruppe von B

Antigen A   Antigen B   Antigen A   Antigen B   Antigen A   Antigen B

Antikörper gegen A und B   Antikörper gegen A und B   Antikörper gegen A und B

Valenz eines Antigens, also die Zahl der Antikörper, die im Sättigungsbereich an ein Antigenmolekül binden, fast immer kleiner als die Anzahl der Epitope (Abb. 2.14, rechts).

Die Antigenpräzipitation durch Antikörper läßt sich nutzen, um die Komplexität von Antigen- oder Antikörpergemischen zu charakterisieren. Dies geschieht in einem durchsichtigen Gel. Gibt man das Antigen in eine in das Gel geschnittene Vertiefung und den Antikörper in eine benachbarte Vertiefung, so diffundieren beide in das Gel und bilden im Gleichgewichtsbereich, in dem sie sich treffen, eine sichtbare Präzipitationslinie (Abb. 2.15). Da sich das Gleichgewicht zwischen verschiedenen Paaren von Antigenen und Antikörpern an verschiedenen Stellen im Gel einstellt, gibt die Anzahl der entstandenen Linien die Anzahl der möglichen Paarungen an. Außerdem lassen sich verschiedene Antigene oder Antikörper miteinander vergleichen, indem man sie in benachbarte Vertiefungen gibt, um sie dann mit demselben Partnermolekül reagieren zu lassen (Abb. 2.15, unten). Solche Immundiffusionstest ermöglichen es, die Komplexität von Antikörper- oder Antigengemischen schnell und einfach zu bestimmen. Dasselbe Prinzip kommt auch bei anderen Tests zur Anwendung, wie wir in den folgenden Abschnitten sehen werden.

2.9 Anti-Immunglobulin-Antikörper eignen sich gut zum Nachweis gebundener Antikörper

Wie wir in Abschnitt 2.7 erfahren haben, lassen sich markierte Antikörper durch direkte Bindung an ein trägergebundenes Antigen auf einer Kunststoffoberfläche bestimmen. Ein allgemeineres Verfahren, das die Markierung eines jeden Antikörpermoleküls umgeht, ist der Nachweis gebundener, unmarkierter Antikörper mittels eines markierten Antikörpers, der für alle Immunglobuline spezifisch ist. Immunglobuline wirken wie alle übrigen Proteine immunogen, wenn man sie in eine fremde Spezies überträgt. Die **Anti-Immunglobulin-Antikörper**, die sich auf diese Weise herstellen lassen, erkennen die konstanten Domänen, die in allen Immunglobulinmolekülen vorkommen. Man kann Anti-Immunglobulin-Antikörper durch Affinitätschromatographie aufreinigen, markieren und als allgemeine Sonden für gebundene Antikörper einsetzen.

Robin Coombs entwickelte als erster Anti-Immunglobulin-Antikörper, um die **fetale Erythroblastose** (Neugeborenen-Hämolyse) zu untersuchen. Der Test für diese Erkrankung wird heute noch als **Coombs-Test** bezeichnet. Die Störung tritt auf, wenn die Mutter IgG-Antikörper erzeugt, die für das **Rhesus-** oder **Rh-Blutgruppenantigen** spezifisch sind. Das Antigen wird von den roten Blutkörperchen des Fetus exprimiert. Rh-negative Mütter produzieren die Antikörper, wenn sie den fetalen Rh-positiven Erythrocyten ausgesetzt sind, die das väterlich vererbte Rh-Antigen aufweisen. Mütterliche IgG-Antikörper können durch die Placenta zum Fetus gelangen. So statten sie normalerweise das Neugeborene mit einem Infektionsschutz aus. Die IgG-Anti-Rh-Antikörper greifen jedoch die fetalen roten Blutkörperchen an, was zu einer hämolytischen Anämie beim Fetus und beim Neugeborenen führt.

Aus noch nicht ganz geklärten Gründen agglutinieren die Antikörper gegen die Rh-Blutgruppenantigene die roten Blutkörperchen nicht, im Gegensatz zu den Antikörpern gegen die AB0-Antigene. Dies macht einen Nachweis schwierig. Man kann jedoch an fetale Erythrocyten gebundene mütterliche IgG-Antikörper bestimmen, indem man die Zellen wäscht, um freie Immunglobuline im Serum zu entfernen, die den Nachweis gebundener Antikörper stören. Anschließend setzt man Antikörper gegen menschliche Immunglobuline zu, die die antikörperbehafteten fetalen Erythrocyten agglutinieren. Das Verfahren wird als **direkter Coombs-Test** bezeichnet

(Abb. 2.16), da es gebundene Antikörper direkt an der Oberfläche der roten Blutkörperchen des Patienten nachweist. Der **indirekte Coombs-Test** bestimmt nichtagglutinierende Anti-Rh-Antikörper. Dabei inkubiert man das Serum zuerst mit Rh-positiven Erythrocyten, die die Anti-Rh-Antikörper binden. Danach werden die antikörperbehafteten Zellen gewaschen, um freie Immunglobuline zu entfernen. Anti-Immunglobulin-Antikörper führen schließlich die Zellagglutination herbei (Abb. 2.16). Der indirekte Coombs-Test erlaubt es, Rh-Unverträglichkeiten zu erkennen, die zu einer Neugeborenen-Hämolyse führen könnten, und so die Krankheit zu verhindern (Kapitel 12).

Anti-Immunglobulin-Antiseren finden seit ihrer Einführung in der klinischen Medizin und in der biologischen Forschung vielfach Verwendung. Markierte Anti-Immunglobulin-Antikörper dienen im RIA und ELISA dazu, die Bindung unmarkierter Antikörper an antigenbeschichtete Träger nachzuweisen. Die Anti-Immunglobuline können mit Antikörpern aller Spezifitäten reagieren. Das zeigt, daß Antikörper neben ihrer erforderlichen Variabilität aufgrund der ungeheuren Vielfalt an Antigenen auch über konstante Merkmale verfügen, die von den Anti-Immunglobulinen erkannt werden. Das gleichzeitige Vorhandensein variabler und konstanter Strukturelemente innerhalb eines Proteins gab den Immunologen ein genetisches Rätsel auf, dessen Lösung sich in Kapitel 3 findet.

Nicht alle Anti-Immunglobulin-Antikörper reagieren mit allen Immunglobulinmolekülen. Einige reagieren nur mit Immunglobulinen eines einzigen Isotyps, und ebendiese Eigenschaft führte zur Entdeckung der unterschiedlichen Immunglobulingruppen (Isotypen) im menschlichen Serum. Menschliche Serumproteine lassen sich durch eine sogenannte **Immunelektrophorese** identifizieren. Dabei handelt es sich um die Kombination einer Elektrophorese (zur Trennung der Moleküle nach ihrer Ladung) mit einer Immundiffusion (zum Nachweis bestimmter Proteine in Präzipitationslinien). Nach dem Elektrophoreseschritt gibt man ein Antiserum gegen menschliches Gesamtserum in eine lange Tasche, die parallel zur Elektrophoreserichtung verläuft. So bildet jeder Antikörper mit einem bestimmten Serumprotein eine bogenförmige Präzipitationslinie (Abb. 2.17). In dem gezeigten Bei-

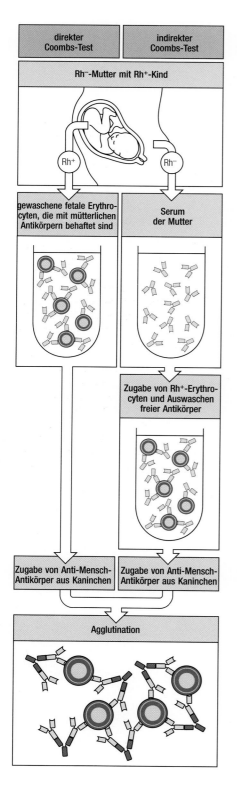

2.16 Direkter und indirekter Anti-Globulin-Test für Antikörper gegen Antigene der roten Blutkörperchen (nach Coombs). Bei der Rh⁻-Mutter eines Rh⁺-Fetus kann eine Immunisierung gegen fetale Erythrocyten stattfinden, die bei der Geburt in den mütterlichen Kreislauf gelangen. Bei einer erneuten Schwangerschaft mit einem Rh⁺-Fetus dringen IgG-Anti-Rh-Antikörper durch die Placenta und zerstören die fetalen roten Blutkörperchen. Anti-Rh-Antikörper agglutinieren Erythrocyten nicht. Die Antikörper lassen sich jedoch nachweisen, indem man die fetalen roten Blutkörperchen wäscht und dann Antikörper gegen menschliches Immunglobulin hinzufügt, da die Anti-Immunglobuline die antikörperbehafteten Blutkörperchen agglutinieren. Die Waschprozedur ist erforderlich, damit andere Antikörper entfernt werden, die sonst mit den Anti-Immunglobulinen reagieren würden. AB0-Antikörper gelangen nicht durch die Placenta, so daß sie den fetalen Erythrocyten nicht schaden. Anti-Rh-Antikörper sind im Serum der Mutter durch einen indirekten Coombs-Test nachweisbar. Man inkubiert das Serum mit Rh⁺-Blutkörperchen. Eventuell vorhandene Antikörper binden an die Zellen, die wie im direkten Coombs-Test weiterbehandelt werden. Beide Tests beruhen darauf, daß die Anti-Immunglobulin-Antikörper einer Spezies alle Immunglobuline einer anderen Art binden. Das ist möglich, da die Anti-Immunglobuline eine Mischung sind aus Antikörpern gegen invariante Merkmale, die viele oder alle Immunglobuline gemeinsam haben.

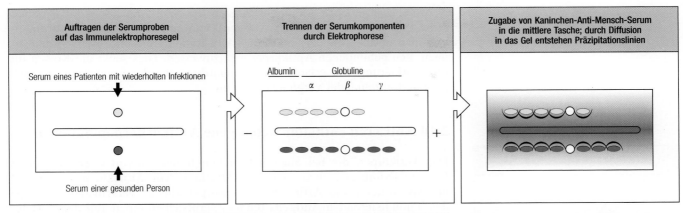

| Auftragen der Serumproben auf das Immunelektrophoresegel | Trennen der Serumkomponenten durch Elektrophorese | Zugabe von Kaninchen-Anti-Mensch-Serum in die mittlere Tasche; durch Diffusion in das Gel entstehen Präzipitationslinien |

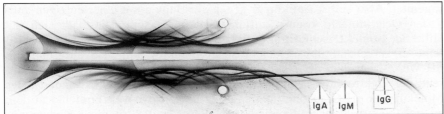

2.17 Die Immunelektrophorese zeigt die Existenz mehrerer unterscheidbarer Immunglobulinisotypen im normalen Serum an. Serumproben von einer normalen Kontrollperson und von einem Patienten, der wiederholt an bakteriellen Infektionen leidet, werden durch Elektrophorese auf einer agarbeschichteten Platte aufgetrennt. Der Patient erzeugt keinerlei Antikörper, was sich am Fehlen der Gammaglobuline zeigt. Antiserum gegen normales menschliches Gesamtserum, das Antikörper gegen viele verschiedene Proteine enthält, wird in der Mitte aufgetragen. Die Antikörper bilden mit den einzelnen Proteinen Präzipitationsbögen (wie in Abb. 2.15). Die Positionen der Bögen sind durch die unterschiedliche elektrophoretische Beweglichkeit der Serumproteine bedingt. Die Immunglobuline liegen im Gel im Bereich der Gammaglobuline. Das Photo unten zeigt das Fehlen mehrerer Immunglobulinisotypen bei einem Patienten mit einer X-gekoppelten Agammaglobulinämie. Bei dieser Art von Immunschwäche unterbleibt jegliche Antikörperproduktion. Das Bild zeigt, wie beim Serum des Patienten mehrere Präzipitationsbögen fehlen (obere Reihe). Dabei handelt es sich um IgM, IgA und mehrere Unterklassen von IgG, die im normalen Serum (untere Reihe) alle durch das Antiserum erkannt werden. (Photo: Dr. Charles A. Janeway sr.)

spiel enthielt das verwendete Antiserum Antikörper gegen viele verschiedene Proteine in normalem menschlichen Serum, einschließlich einiger Immunglobulinisotypen (Abb. 2.17, untere Probe). Diese Proteine fehlen im Serum eines Patienten, der keine Antikörper produzieren kann (Abb. 2.17, obere Probe). Da die Proteine, die bei der Elektrophorese in diesen Bereich wandern, **Gammaglobuline** genannt werden, spricht man bei der vorliegenden Immunschwäche, die auf einem einzelnen Defekt auf dem X-Chromosom beruht und deshalb vor allem bei Männern auftritt, von einer **X-gekoppelten Agammaglobulinämie**. Wie wir in Kapitel 10 sehen werden, ist die Ursache dafür inzwischen bekannt. Der Defekt eines einzigen Gens verhindert die Produktion verschiedener Immunglobulinisotypen (IgM, IgA und verschiedener Unterklassen von IgG).

Anti-Immunglobuline, die für jeden einzelnen Isotyp spezifisch sind, lassen sich durch Immunisierung von Tieren verschiedener Spezies mit einem aufgereinigten Isotyp erzeugen. Durch entsprechende Adsorption entfernt man dann die Antikörper, die mit den übrigen Isotypen kreuzreagieren. Man nimmt Anti-Isotyp-Antikörper, um festzustellen, wie stark ein bestimmter Isotyp in einem Antiserum mit einem bestimmten Antigen reagiert. Dies ist vor allem beim Nachweis von IgE-Antikörpern von Bedeutung, die für die meisten Allergien verantwortlich sind. Eine hohe Bindungsrate von IgE mit einem Antigen korreliert mit einer allergischen Reaktion.

Ein anderes Verfahren zum Nachweis gebundener Antikörper nutzt bakterielle Proteine, die mit hoher Affinität an Immunglobuline binden. Dazu gehört das **Protein A** des Bakteriums *Staphylococcus aureus*, das bei der Affinitätsaufreinigung von Immunglobulinen und beim Nachweis gebundener Antikörper Verwendung findet. In Kapitel 3 werden wir sehen, daß Protein A an die konstante Region von Antikörpern bindet, nahe dem Molekülbereich, der akzessorischen Zellen und Molekülen dazu dient, antikörperbehaftete Bakterien zu identifizieren und zu beseitigen. Wahrscheinlich erzeugt *S. aureus* Protein A, um die humorale Immunantwort abzuwehren, indem es diese entscheidende Stelle am Antikörpermolekül blockiert.

Alle beschriebenen Methoden nutzen die Spezifität der Antikörperbindung, um in einem Gemisch Antigene von anderen Molekülen zu unterscheiden. Dabei dienen markierte Anti-Immunglobuline oder Protein A dazu, den gebundenen Antikörper nachzuweisen. Dies senkt die Kosten für die Markierung und erlaubt eine Standardisierung der Ergebnisse, die sich so direkt miteinander vergleichen lassen.

2.10 Antiseren enthalten heterogene Antikörperpopulationen

Die Antikörper, die bei einer natürlichen Immunantwort oder nach einer Immunisierung entstehen, sind eine Mischung von Molekülen verschiedener Spezifitäten und Affinitäten. Antikörper, die an verschiedene Epitope des immunisierenden Antigens binden, verursachen einen Teil dieser Heterogenität. Aber selbst Antikörper gegen ein Hapten mit einer einzigen antigenen Determinante können auffällig heterogen sein. Dies läßt sich mit Hilfe der **isoelektrischen Fokussierung** zeigen. Das Verfahren trennt Proteine entsprechend ihres isoelektrischen Punktes auf, also aufgrund des pH-Wertes, bei dem die Nettoladung eines Moleküls gleich Null ist. Während der Elektrophorese, die eine gewisse Zeit beansprucht, wandert jedes Molekül den pH-Gradienten entlang, bis es den pH-Wert erreicht, an dem es sich elektrisch neutral verhält. An dieser Stelle tritt eine Konzentrierung (Fokussierung) der Moleküle ein. Unterzieht man Anti-Hapten-Antikörper diesem Verfahren und transferiert sie anschließend auf Nitrocellulosepapier, so lassen sie sich auf dem Trägermaterial durch die Bindung von markiertem Hapten nachweisen (Abb. 2.18). Das Auftreten von Antikörpern mit verschiedenen isoelektrischen Punkten zeigt, daß sogar Antikörper heterogen sind, die dieselbe antigene Determinante erkennen.

Antiseren sind für verschiedene biologische Zwecke einsetzbar. Sie besitzen jedoch einige Nachteile, die durch die Heterogenität der enthaltenen Antikörper bedingt sind. Erstens sind Antiseren immer unterschiedlich, selbst wenn sie in genetisch identischen Tieren mit demselben Antigenpräparat und demselben Immunisierungsprotokoll erzeugt wurden. Zweitens lassen sich Antiseren nur in begrenzten Mengen herstellen, so daß man für viele oder komplexe Experimente oder für klinische Tests nicht immer dasselbe serologische Material zur Verfügung hat. Drittens können Antikörper selbst nach einer Aufreinigung mittels Affinitätschromatographie (Abschnitt 2.7) noch kleine Mengen anderer Antikörper enthalten. Diese führen zu unerwarteten Kreuzreaktionen und erschweren die Auswertung der Experimente. Deshalb ist die unbegrenzte Verfügbarkeit von Antikörpermolekülen mit homogener Struktur und bekannter Spezifität ausgesprochen wünschenswert. Dies läßt sich durch die Erzeugung monoklonaler Antikörper in antikörperbildenden Hybridzellen erreichen. Seit neuestem sind auch gentechnische Verfahren möglich, wie wir im nächsten Abschnitt sehen werden.

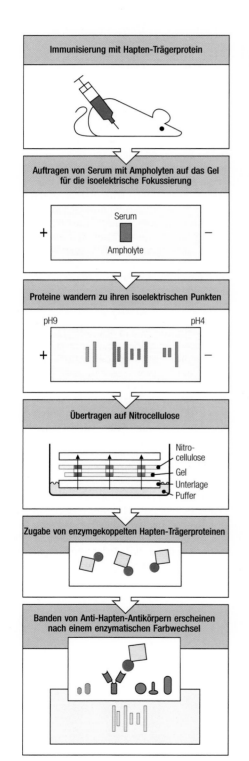

2.18 Die isoelektrische Fokussierung von Antikörpern aus einem Antiserum zeigt deren Heterogenität. Die Heterogenität von Antikörpern gegen ein bestimmtes Hapten in einem Antiserum läßt sich durch Elektrophorese in einem pH-Gradienten demonstrieren, der mit Hilfe von Ampholyten erzeugt wurde. Proteine wandern bis zu dem pH-Wert, der ihrem isoelektrischen Punkt entspricht. Dort besitzen sie keine Ladung mehr und hören auf zu wandern. Man nennt das Verfahren isoelektrische Fokussierung, da jedes Protein im pH-Gradienten an seinem isoelektrischen Punkt konzentriert wird. Nach Übertragung der Proteine auf Nitrocellulosepapier lassen sich die Anti-Hapten-Antikörper durch ein haptengekoppeltes Enzym nachweisen, das ähnlich dem ELISA aus einem farblosen Substrat ein farbiges Produkt erzeugt. Wie man hier sieht, können aufgrund der Unterschiede in der Aminosäuresequenz sogar Antikörper gegen ein einziges Hapten sehr heterogen sein.

2.11 Monoklonale Antikörper haben eine einheitliche Struktur und lassen sich durch Zellfusion oder gentechnische Verfahren erzeugen

Sogar Antikörper gegen dieselbe kleine definierte antigene Determinante sind in ihrer Struktur inhomogen, wie ihre unterschiedlichen isoelektrischen Punkte verdeutlichen. Genaue biochemische Analysen solcher Antikörper sind nicht möglich. Um eine Präparation homogener Antikörper zu untersuchen, analysierten Biochemiker zuerst Proteine, die von Patienten mit einem multiplen Myelom (einem häufigen Tumor der Plasmazellen) stammten. Man wußte, daß Plasmazellen normalerweise Antikörper produzieren. Da die Krankheit zu großen Mengen eines homogenen Gammaglobulins (des Myeloproteins) im Serum des Patienten führte, war anzunehmen, daß die Myeloproteine als Modellsysteme für Antikörper dienen konnten. Deshalb stammten viele der ersten Erkenntnisse über die Antikörperstruktur aus solchen Untersuchungen. Ein grundlegender Nachteil bei diesen Proteinen lag jedoch darin, daß ihre Antigenspezifität nicht bekannt war.

Georges Köhler und César Milstein lösten das Problem, indem sie eine Methode entwickelten, mit der man eine homogene Antikörperpopulation von bekannter Spezifität herstellen kann. Sie fusionierten Milzzellen einer immunisierten Maus mit Zellen eines Mausmyeloms. So entstanden Hybridzellen, die sich unbegrenzt vermehrten. Gleichzeitig sezernierten die Zellen spezifische Antikörper gegen das Antigen, mit dem die Maus immunisiert worden war, von der die Milz stammte. Die Milzzelle lieferte die Fähigkeit zur Antikörperproduktion, während die Myelomzelle die ungegrenzte Wachstumsfähigkeit und die kontinuierliche Antikörpersekretion beisteuerte. Nimmt man Myelomzellen, die selbst keine Antikörper erzeugen, so stammen die Antikörper der Hybridzelle ausschließlich von der ursprünglichen Milzzelle. Nach der Fusion werden die Hybridzellen mit Hilfe von Substanzen selektiert, die die unfusionierten Myelomzellen abtöten. Die unfusionierten Milzzellen besitzen nur eine begrenzte Lebensdauer und sterben ebenfalls ab, so daß nur die hybriden Myelomzellinien (**Hybridome**) überleben. Dann sucht man die Hybridome, die Antikörper der gewünschten Spezifität produzieren, und kloniert sie, indem man sie aus einzelnen Zellen wieder anwachsen läßt. Da jedes Hybridom sich als **Klon** von einer einzigen B-Zelle ableitet, besitzen alle erzeugten Antikörpermoleküle dieselbe Struktur (einschließlich der Antigenbindungsstelle) und denselben Isotyp. Solche Antikörper heißen deshalb auch **monoklonale Antikörper** (Abb. 2.19). Diese Methode hat die Anwendung von Antikörpern revolutioniert, da jetzt Antikörper mit einer einzigen, bekannten Spezifität und einer homologen Struktur unbegrenzt zur Verfügung stehen. Monoklonale Antikörper sind inzwischen Bestandteil der meisten serologischen Tests. Sie dienen als diagnostische Sonden und als Therapeutika.

Seit kurzem gibt es eine neue Methode zur Erzeugung antikörperähnlicher Moleküle. Gensegmente, die die antigenbindende variable Domäne von Antikörpern codieren, werden mit Genen für das Hüllprotein eines Bakteriophagen fusioniert. Dann infiziert man Bakterien mit Phagen, die solche Fusionsgene enthalten. Die entstehenden Phagenpartikel besitzen nun Hüllen mit dem antikörperähnlichen Fusionsprotein, wobei die antigenbindende Domäne nach außen zeigt. Eine **Phagen-Display-Bibliothek** ist eine Kollektion solcher rekombinanter Phagen, von denen jeder eine andere antigenbindende Domäne „zur Schau trägt". Analog zur Isolierung von spezifischen Antikörpern aus einem komplexen Gemisch durch die Affinitätschromatographie (Abschnitt 2.7) kann man aus solch einer Bibliothek die Phagen isolieren, die an ein bestimmtes Antigen binden. Diese verwendet man zur Infektion weiterer Bakterien. Jeder so isolierte

2.19 Die Erzeugung monoklonaler Antikörper. Mäuse werden mit Antigen A immunisiert und drei Tage vor der Tötung noch einmal mit einer intravenösen *booster*-Dosis behandelt. Auf diese Weise erhält man große Mengen an Milzzellen, die spezifische Antikörper sezernieren, aber normalerweise nach wenigen Tagen in Kultur absterben. Um nun eine kontinuierliche Quelle von Antikörpern zu bekommen, fusioniert man die Zellen in Anwesenheit von Polyethylenglykol (PEG) mit unsterblichen Myelomzellen. Das Ergebnis ist ein sogenanntes Hybridom. Die Myelomzellen hat man so selektiert, daß sie selbst keine Antikörper produzieren und gegen ein HAT-Medium empfindlich sind. Auf diese Weise können Hybride, die nur aus Myelomzellen bestehen, nicht wachsen, da ihnen das Enzym Hypoxanthin-Guanin-Phosphoribosyltransferase (HGPRT) fehlt. Das HGPRT-Gen, das von den Milzzellen stammt, ermöglicht es jedoch den gewünschten Hybridzellen, im HAT-Medium zu überleben. Und nur solche Hybridzellen können in Kultur kontinuierlich wachsen, da sie außerdem das maligne Potential der Myelomzellen besitzen. Deshalb sterben Myelomzellen und nichtfusionierte Milzzellen im HAT-Medium ab (in der Abbildung Zellen mit dunklen, unregelmäßigen Kernen). Die Hybridome werden anschließend auf Antikörperproduktion getestet. Durch Vereinzelung kloniert man die Zellen mit der gewünschten Spezifität. Die klonierten Hybridomzellen läßt man in Massenkulturen wachsen, um so große Mengen an Antikörpern zu erhalten. Da jedes Hybridom von einer einzigen Zelle abstammt, erzeugen alle Zellen einer Linie dieselben Antikörpermoleküle (sogenannte monoklonale Antikörper).

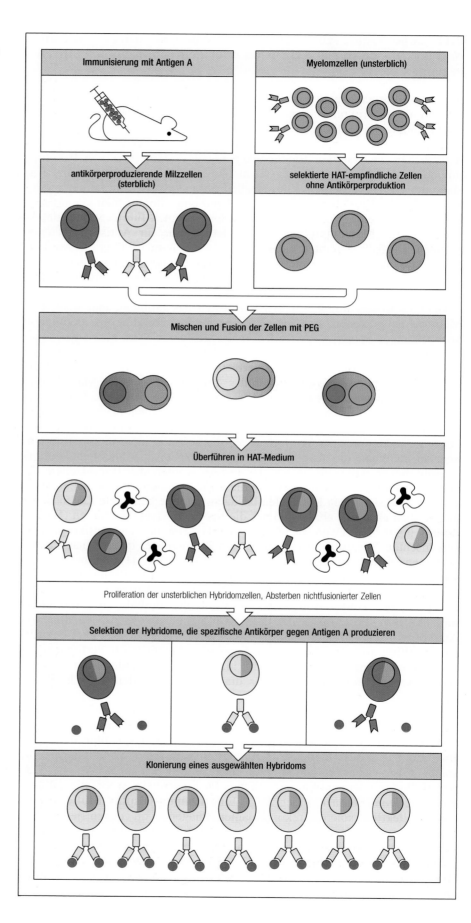

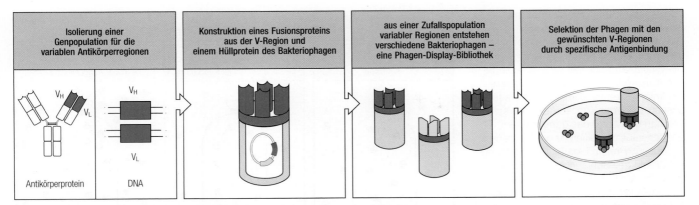

| Isolierung einer Genpopulation für die variablen Antikörperregionen | Konstruktion eines Fusionsproteins aus der V-Region und einem Hüllprotein des Bakteriophagen | aus einer Zufallspopulation variabler Regionen entstehen verschiedene Bakteriophagen – eine Phagen-Display-Bibliothek | Selektion der Phagen mit den gewünschten V-Regionen durch spezifische Antigenbindung |

Antikörperprotein   DNA

2.20 Die gentechnische Erzeugung von Antikörpern. Kurze Primer für die Consensussequenzen der variablen Bereiche der Gene für die schweren und die leichten Immunglobulinketten dienen zur Herstellung einer cDNA-Bibliothek mit Hilfe der PCR (Abb. 2.50). Ausgangsmaterial ist mRNA aus der Milz. Diese DNA-Segmente werden nach dem Zufallsprinzip in filamentöse Phagen kloniert, so daß jeder Phage je eine variable Region einer schweren und einer leichten Kette als Oberflächenfusionsprotein exprimiert. Solche Proteine besitzen antikörperähnliche Eigenschaften. Die entstandene Phagen-Display-Bibliothek wird in Bakterien vermehrt. Anschließend läßt man die Phagen an Oberflächen binden, die mit Antigenen beschichtet sind. Nach Auswaschen der freien Phagen werden die gebundenen Phagen abgelöst und erneut an Antigene gebunden. Nach wenigen Zyklen verbleiben nur noch spezifische, hochaffine antigenbindende Phagen. Diese lassen sich nun selbst wie Antikörper verwenden, oder man baut die enthaltenen V-Gene in Gene normaler Antikörper ein (nicht gezeigt). Dieses Verfahren zur Herstellung gentechnisch veränderter Antikörper könnte die Hybridomtechnik für monoklonale Antikörper ersetzen. Der Vorteil liegt darin, daß man jede Spezies als Quelle für die mRNA verwenden kann.

Phage erzeugt einen monoklonalen, antigenbindenden Partikel, der einem monoklonalen Antikörper entspricht (Abb. 2.20). Die Gene für die Antigenbindungsstelle, die für jeden Phagen einmalig sind, kann man aus der Phagen-DNA isolieren und zur Konstruktion vollständiger Antikörpergene einsetzen. Dabei werden einfach die Genstücke für die invarianten Antikörperteile angefügt. Führt man die rekonstruierten Gene in geeignete Zellinien ein, wie etwa in Myelomzellen, die keine Antikörper produzieren, so sezernieren die transfizierten Zellen Antikörper mit allen erwünschten Eigenschaften von monoklonalen Antikörpern, die aus Hybridomzellen stammen. Diese neue Methode könnte letztendlich den herkömmlichen Weg der Zellfusion ersetzen.

2.12 Die Affinität eines Antikörpers läßt sich direkt durch Bindung an kleine Liganden bestimmen

Die Affinität eines Antikörpers bezeichnet die Bindungsstärke zwischen einem monovalenten Liganden und der Antigenbindungsstelle. Die Affinität eines Antikörpers gegenüber kleinen Liganden (beispielsweise Haptenen), die frei durch eine Dialysemembran diffundieren, läßt sich durch eine **Gleichgewichtsdialyse** direkt bestimmen. Eine bekannte Menge an Antikörpern, die zu groß sind, um durch die Membran zu dringen, wird in einen Dialyseschlauch gefüllt und verschiedenen Antigenkonzentrationen ausgesetzt. Antigenmoleküle, die an die Antikörper binden, können nicht mehr frei durch die Membran diffundieren, so daß nur ungebundene Moleküle das Diffusionsgleichgewicht aufrechterhalten. Mißt man die Antigenkonzentration im Dialyseschlauch und in der umgebenden Flüssigkeit, kann man die gebundene und die freie Menge an Antigen bestimmen, die im Gleichgewichtszustand jeweils vorliegen. Ist die Antikörperkonzentration bekannt, so kann man die Affinität des Antikörpers und die Anzahl der spezifischen Antigenbindungsstellen auf einem Antikörpermolekül

2.21 Bestimmung der Affinität und Valenz eines Antikörpers durch Gleichgewichtsdialyse.

Man gibt eine bekannte Menge an Antikörpern in einen Dialyseschlauch. Dieser wird verschiedenen Konzentrationen eines monovalenten Antigens (etwa eines Haptens) ausgesetzt. Bei jeder Konzentration berechnet man den Anteil des gebundenen Antigens aus der Differenz der Konzentrationen an freiem Ligand innerhalb und außerhalb des Schlauches (oben). Diese Daten lassen sich in einem Scatchard-Plot darstellen. Dabei trägt man das Verhältnis r/c gegen r auf (mit r = Mole gebundenes Antigen pro Mol Antikörper und c = molare Konzentration des freien Antigens). Die Zahl der Bindungsstellen pro Antikörpermolekül ergibt sich aus dem Wert für r bei unendlich hoher Konzentration an freiem Antigen, wo $r/c = 0$, also am Schnittpunkt mit der X-Achse. Die Graphik zeigt die Analyse für ein IgG-Molekül mit zwei identischen Antigenbindungsstellen. Die Steigung der Kurve hängt von der Affinität des Antikörpers zum Antigen ab. Liegen nur identische Antikörper vor, wie etwa bei monoklonalen Antikörpern, entsteht eine gerade Linie, deren Steigung gleich $-K_a$ ist. K_a bezeichnet die Assoziations-oder Affinitätskonstante und $K_d = 1/K_a$ die Dissoziationskonstante (unten links). Selbst Antiseren gegen ein einfaches Antigen enthalten jedoch heterogene Antikörper (Abschnitt 2.10). Jeder Antikörper würde (könnte man ihn isolieren) als Teil des Ganzen eine gerade Linie ergeben, deren Schnittpunkt mit der X-Achse bei $x < 2$ liegen würde, da er nur einen Teil der gesamten Bindungsstellen enthält (unten rechts). Als Mischung führen sie zu gekrümmten Linien mit X-Achsenschnittpunkten bei $x = 2$. Aus der Steigung bei der Antigenkonzentration, bei der 50 Prozent der Bindungsstellen besetzt sind ($x = 1$), läßt sich die durchschnittliche Affinität $\bar{K}_a$ ableiten (unten Mitte). Die Assoziationskonstante bestimmt den Gleichgewichtszustand der Reaktion Ag + Ak $\rightleftharpoons$ Ag:Ak (Ag = Antigen, Ak = Antikörper, bei K_a = [Ag:Ak]/[Ag][Ak]). Die Konstante spiegelt die Geschwindigkeiten der Hin- und Rückreaktion der Antigen: Antikörper-Bindung wider. Bei sehr kleinen Antigenen ist die Bindung so schnell, wie es die Diffusion zuläßt, während die Geschwindigkeitsunterschiede bei der Rückreaktion die Affinitätskonstante bestimmen. Bei größeren Antigenen variiert die Geschwindigkeit der Bindung jedoch ebenfalls, da die Wechselwirkung komplexer wird.

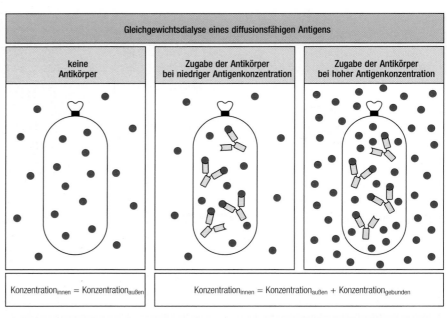

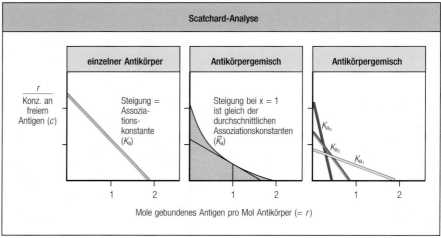

berechnen. Dies erfolgt üblicherweise durch eine **Scatchard-Analyse** (Abb. 2.21). So konnte man auch zeigen, daß ein IgG-Molekül zwei identische Antigenbindungsstellen besitzt.

Während die Affinität die Bindungsstärke zwischen einer antigenen Determinante und einer einzelnen Antigenbindungsstelle bestimmt, bindet ein Antikörper an Antigene mit mehreren identischen Epitopen oder an bakterielle Oberflächen mit seinen beiden Bindungsstellen. Das erhöht die apparente Bindungsstärke, da beide Bindungsstellen gleichzeitig von dem Antigen abdissoziieren müssen, wenn sich die beiden Moleküle voneinander lösen sollen. Dies nennt man oft Bindungskooperativität, was aber nicht mit der kooperativen Bindung von Proteinen verwechselt werden darf (wie etwa beim Hämoglobin), wo die Wechselwirkung mit einem Liganden die Affinität einer zweiten Bindungsstelle für den gleichen Liganden erhöht. Die Gesamtbindungsstärke zwischen einem Antikörper und einem Molekül oder Partikel nennt man **Avidität** (Abb 2.22). Für IgG-Antikörper kann eine bivalente Bindung die Avidität deutlich erhöhen. Bei IgM-Antikörpern, die zehn identische Antigenbindungsstellen besitzen, kann die Avidität für eine bakterielle Oberfläche mit vielen identischen Epitopen sehr hoch sein.

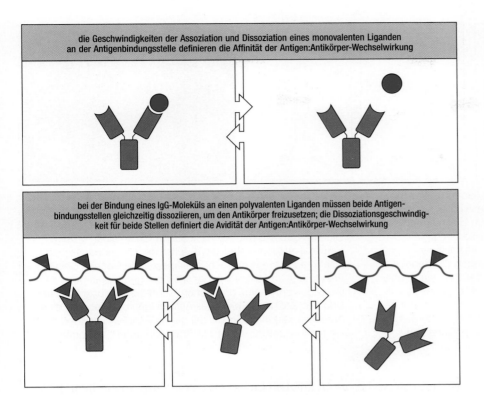

die Geschwindigkeiten der Assoziation und Dissoziation eines monovalenten Liganden an der Antigenbindungsstelle definieren die Affinität der Antigen:Antikörper-Wechselwirkung

bei der Bindung eines IgG-Moleküls an einen polyvalenten Liganden müssen beide Antigenbindungsstellen gleichzeitig dissoziieren, um den Antikörper freizusetzen; die Dissoziationsgeschwindigkeit für beide Stellen definiert die Avidität der Antigen:Antikörper-Wechselwirkung

2.22 Die Avidität eines Antikörpers ist die Stärke, mit der er an intakte Antigene bindet. Wenn ein IgG-Molekül auf einen Liganden mit mehreren identischen Epitopen trifft, können beide Bindungsstellen an dasselbe Molekül oder Teilchen binden. Die Bindungsstärke insgesamt (die sogenannte Avidität) ist größer als die Affinität, also die Bindungsstärke an einer einzelnen Stelle, da beide Bindungsstellen am Antikörper gleichzeiig vom Antigen abdissoziieren müssen. Dies ist bei der Wechselwirkung zwischen Antikörpern und Bakterien von Bedeutung, die an ihrer Oberfläche verschiedene identische Epitope aufweisen. Verstärkt gilt das noch für IgM-Moleküle, die zehn identische Antigenbindungsstellen besitzen.

2.13 Antikörper sind zur Identifizierung von Antigenen in Zellen, Geweben und komplexen Substanzgemischen geeignet

Da Antikörper stabil und spezifisch an ein Antigen binden, sind sie als Sonden zur Identifizierung bestimmter Moleküle in Zellen, Geweben und biologischen Flüssigkeiten von großem Wert. Man verwendet sie bei der Untersuchung von zahlreichen biologischen Prozessen und klinischen Fragestellungen. Dieser Abschnitt beschreibt einige Methoden für die Erforschung des Immunsystems und für die Zellbiologie im allgemeinen. Eine vollständige Abhandlung darüber findet sich in ausgezeichneten methodischen Werken, die es gibt.

Mit Antikörpern lassen sich die entsprechenden Zielmoleküle in einzelnen Zellen oder auch in Gewebeschnitten genau lokalisieren. Dafür gibt es eine Reihe unterschiedlicher Markierungstechniken. Wie bei allen serologischen Tests binden die Antikörper fest an die Antigene, und man kann ungebundene Moleküle einfach auswaschen. Antikörper erkennen die Oberflächenmerkmale von nativen, gefalteten Proteinen. Daher müssen diese Strukturen bei dem gesuchten Molekül normalerweise erhalten bleiben. Dies geschieht entweder durch sanfte Fixierungsmethoden oder durch Verwendung tiefgefrorener Gewebeschnitte, die erst nach der Antikörperreaktion fixiert werden. Einige Antikörper binden allerdings auch spezifisch an denaturierte Proteine, also auch an solche in fixierten Gewebeschnitten.

Die gebundenen Antikörper kann man durch zahlreiche empfindliche Verfahren sichtbar machen. Die Spezifität der Antikörperbindung ermöglicht beachtliche Aussagen über strukturelle Einzelheiten. Eine sehr wirkungsvolle Methode zur Identifizierung von Antikörpern in Zellen oder Gewebeschnitten ist die **Immunfluoreszenz**, bei der ein fluoreszierender Farbstoff direkt an einen spezifischen Antikörper gekoppelt wird. Noch häufiger bestimmt man gebundene Antikörper durch fluoreszierende Anti-Immunglobuline (**indirekte Immunfluoreszenz**). Die verwendeten Farbstoffe lassen sich durch Licht einer bestimmten Wellenlänge anregen. Das

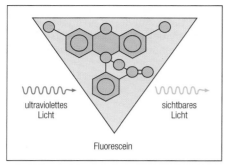
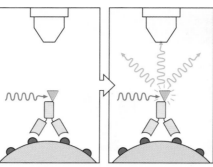

2.23 Immunfloureszenzmikroskopie. Mit fluoreszierenden Farbstoffen (etwa Fluorescein) markierte Antikörper können das Vorhandensein der zugehörigen Antigene in Zellen oder Geweben anzeigen. So färben beispielsweise Antikörper gegen ein bestimmtes Oberflächenprotein, die mit Fluorescein verknüpft sind, alle Zellen an, die dieses Protein aufweisen. Die Zellen lassen sich in einem Mikroskop untersuchen, das Fluorescein mit ultraviolettem Licht anregt. Der Farbstoff emittiert grünes Licht einer bestimmten Wellenlänge, das durch einen selektiven Filter zum Betrachter gelangt. Diese Methode findet in weiten Bereichen der Biologie Anwendung, um Moleküle in Zellen und Geweben zu lokalisieren. Verschiedene Antigene lassen sich in Gewebeschnitten mit unterschiedlich markierten Antikörpern differenziert nachweisen (rechts). So färben Antikörper gegen die Glutaminsäure-Decarboxylase (GAD), die an einen grünen Farbstoff gekoppelt sind, die β-Zellen der Langerhansschen Inseln im Pankreas an, nicht aber die α-Zellen, denen dieses Enzym fehlt und die hier mit Antikörpern gegen das Hormon Glucagon und einem orangenen Fluoreszenzfarbstoff markiert sind. Die GAD ist ein wichtiges Autoantigen bei Diabetes, einer Autoimmunerkrankung, bei der die insulinsezernierenden β-Zellen zerstört werden. (Photo: M. Solimena und P. De Camilli.)

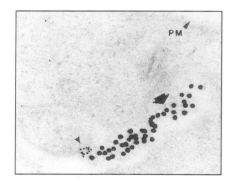

2.24 Immunogold-Markierung für die Elektronenmikroskopie. Antikörper gegen verschiedene zelluläre Bestandteile werden kovalent mit Goldpartikeln unterschiedlichen Durchmessers verknüpft. Hier handelt es sich um Antikörper gegen Oberflächenimmunglobuline, die mit 15 nm großen Goldpartikeln markiert sind (dicker Pfeil) sowie solche gegen eine Komponente unreifer MHC-II-Moleküle, die an 5 nm große Goldpartikel gekoppelt sind (Pfeilspitze). Beide Sonden dienen dazu, bei der Aufnahme eines Scheinantigens (eines Anti-Immunoglobulins) durch eine B-Zelle die Vesikel zu charakterisieren, in denen das aufgenommene Antigen auf unreife MHC-II-Moleküle trifft, welche die Peptide des Antigens anlagern (Kapitel 4). PM = Plasmamembran. (Photo: F. M. Brodsky.)

ist normalerweise ultraviolettes Licht. Das emittierte Licht liegt in verschiedenen Bereichen des sichtbaren Spektrums. Durch selektive Filter sieht man im Fluoreszenzmikroskop nur Licht von dem verwendeten Farbstoff oder Fluorochrom (Abb. 2.23). Albert Coons setzte diese Methode zuerst ein, als er die Plasmazelle als Ort der Antikörperproduktion identifizierte. Das Verfahren ist jedoch zur Bestimmung jeglicher Proteinverteilung geeignet. Verknüpft man die verschiedenen Antikörper mit verschiedenen Farbstoffen, so lassen sich die Verteilungsmuster von mehreren Molekülarten in einer Zelle oder in einem Gewebeschnitt ermitteln. Eine andere Methode für Gewebeschnitte ist die **Immunhistochemie**. Hier wird der Antikörper an ein Enzym gekoppelt, das ein farbloses Substrat in ein farbiges Produkt umwandelt, dessen Ablagerungen im Mikroskop direkt zu beobachten sind. Diese Methode entspricht dem ELISA (Abschnitt 2.7).

Das neuentwickelte konfokale Fluoreszenzmikroskop, das computerunterstützt ultradünne optische Schnitte von Zellen oder Gewebe erzeugt, gewährleistet bei der Immunfluoreszenz auch ohne komplizierte Probenaufbereitung eine hohe Auflösung. Um Zellen bei noch besserer Auflösung zu untersuchen, kann man ähnliche Verfahren auch bei der Untersuchung von Ultradünnschnitten im Transmissionselektronenmikroskop anwenden. Antikörper, die mit Goldpartikeln von unterschiedlichem Durchmesser markiert sind, ermöglichen die gleichzeitige Analyse mehrerer Proteine (Abb. 2.24). Ein Problem entsteht hier bei der Färbung der Ultradünnschnitte, da einige wenige Moleküle eines bestimmten Antigens überall vorkommen können.

Um Antikörper gegen Membranproteine und andere schwer isolierbare zelluläre Strukturen zu erhalten, immunisiert man häufig Mäuse mit ganzen Zellen oder Rohextrakten. Daran schließt sich die Präparation monoklonaler Antikörper an, die an die Zellen binden, die für die Immunisierung verwendet wurden. So gelangt man schließlich zu Antikörpern, die für einzelne Molekülarten spezifisch sind. Zu deren Charakterisierung werden die Zellen wiederum radioaktiv markiert und in nichtionischen Detergentien gelöst, die zwar die Zellmembran aufbrechen, die Wechselwirkungen zwischen Antigen und Antikörper jedoch nicht beeinflussen. Die markierten Proteine lassen sich wie bei der Affinitätschromatographie durch Bindung

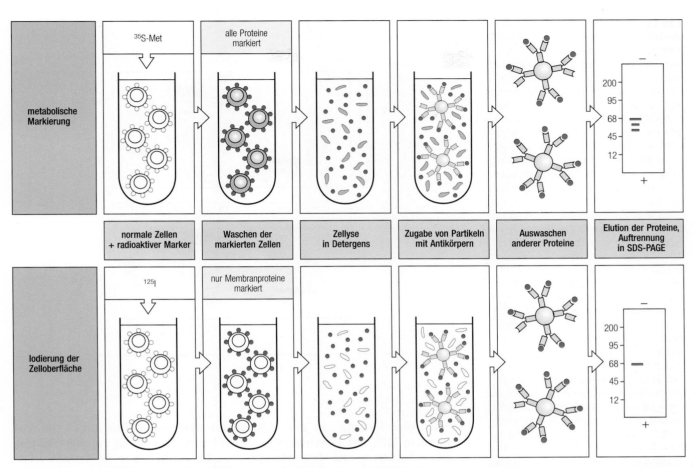

metabolische Markierung	^{35}S-Met	alle Proteine markiert				200 95 68 45 12
	normale Zellen + radioaktiver Marker	Waschen der markierten Zellen	Zellyse in Detergens	Zugabe von Partikeln mit Antikörpern	Auswaschen anderer Proteine	Elution der Proteine, Auftrennung in SDS-PAGE
Iodierung der Zelloberfläche	^{125}I	nur Membranproteine markiert				200 95 68 45 12

2.25 Zelluläre Proteine, die mit einem Antikörper reagieren, lassen sich durch eine Immunpräzipitation markierter Zellysate identifizieren. Alle aktiv synthetisierten zellulären Proteine lassen sich metabolisch markieren, indem man die Zellen mit radioaktiven Aminosäuren inkubiert (hier Methionin). Oberflächenproteine werden hingegen selektiv mit radioaktivem Iod markiert, das die Zellmembran nicht durchdringen kann. Nach einer Zellyse mit Detergens kann man die individuell markierten Proteine mit monoklonalen Antikörpern präzipitieren, die an Trägerpartikel fixiert sind. Nach Auswaschen der nichtgebundenen Proteine werden die gebundenen mit dem Detergens Natriumdodecylsulfat (SDS) eluiert. SDS umgibt das Protein mit einer stark negativ geladenen Hülle. Das ermöglicht ein Wandern in der Polyacrylamidgelelektrophorese (PAGE) entsprechend der Molekülgröße. Man nennt das Verfahren auch SDS-PAGE. Es dient der Molekulargewichtsbestimmung und dem Nachweis von Untereinheiten bei Proteinen. Proteinbanden, die man aufgrund einer metabolischen Markierung nachweist, sind im allgemeinen komplexer als die Muster, die auf einer radioaktiven Iodierung beruhen. Dies ist unter anderem auf Proteinvorstufen zurückzuführen (rechts oben). Die reife Form des Proteins, das an der Zelloberfläche vorliegt, läßt sich aufgrund der Bande identifizieren, die bei der Iodierungsmethode erscheint (rechts unten).

an die Antikörper isolieren, die auf einem festen Träger befestigt sind. Für diese **Immunpräzipitationsanalyse** gibt es zwei Möglichkeiten der Zellmarkierung. Biosynthetisch läßt sich das gesamte Zellprotein durch radioaktive Aminosäuren markieren. Andererseits kann man sich bei einer radioaktiven Jodierung auf die Proteine der Zelloberfläche beschränken, wenn man Bedingungen wählt, unter denen das Jod nicht durch die Plasmamembran gelangt (Abb. 2.25).

Hat man die markierten Proteine mit Hilfe des Antikörpers isoliert, so gibt es verschiedene Möglichkeiten, sie zu analysieren. Die häufigste Methode ist die Polyacrylamidgel-Elektophorese (PAGE) von Proteinen, die in dem starken ionischen Detergens Natriumdodecylsulfat (SDS) von den Antikörpern abdissoziieren. Das Verfahren nennt man auch abgekürzt **SDS-PAGE**. SDS bindet ziemlich gleichmäßig an Proteine und verleiht

2.26 Ein- und zweidimensionale Gel-elektrophorese von MHC-I- und MHC-II-Proteinen. Bei diesem Versuch wurden Proteine von Milzzellen metabolisch markiert (Abb. 2.25), mit einem Antiserum, das Antikörper gegen beide MHC-Proteinklassen enthält, ausgefällt und durch SDS-PAGE in einer Dimension aufgetrennt (Spur links). Demnach enthalten MHC-I-Proteine eine schwere Kette von 45 kd (Markierung K,D). Die leichte Kette mit 12 kd ist aus dem Gel herausgewandert. Die MHC-II-Proteine bestehen dagegen aus zwei Ketten von 33 kd (Aα) und 28 kd (Aβ). Zur besseren Auflösung erfolgte zuerst eine isoelektrische Fokussierung für die erste Dimension, woran sich senkrecht dazu ein SDS-PAGE-Lauf anschloß. Die Autoradiographie des zweidimensionalen Gels zeigt, daß der isoelektrische Punkt pI für die Aα-Kette im sauren Bereich und für die Aβ-Kette im basischen Bereich liegt. Die beiden verschiedenen allelen Formen d (oben) und b (unten) lassen sich ebenfalls aufgrund des pI voneinander abgrenzen. Daß es für jede Kette mehrere Flecken gibt, ist auf die unterschiedliche Glykosylierung desselben Proteins zurückzuführen. Der mit li markierte Punkt entspricht der schweren konstanten MHC-II-Kette, deren Mobilität sich bei den einzelnen Haplotypen nicht unterscheidet, da kein genetischer Polymorphismus vorliegt. Eine geringe Kontamination durch das in großen Mengen vorhandene Zellprotein Aktin ist ebenfalls zu erkennen. (Photos: P. P. Jones.)

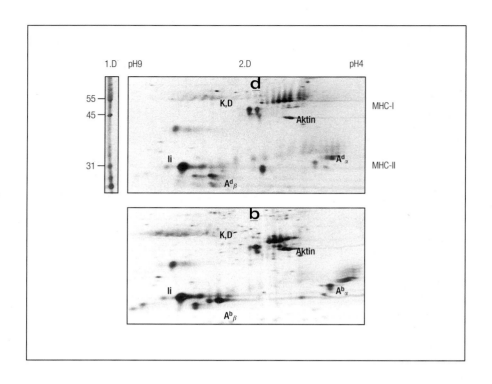

ihnen eine Ladung, die das Molekül im elektrischen Feld durch das Gel wandern läßt. Die Geschwindigkeit wird dabei vor allem von der Proteingröße bestimmt, wie die elektrophoretische Auftrennung der beiden Klassen von MHC-Molekülen zeigt (Abb. 2.26). Dieses Verfahren unterscheidet jedoch nicht zwischen gleichgroßen Proteinen mit unterschiedlicher Ladung (aufgrund differierender Aminosäuresequenzen). Solche Proteine kann man mit einer isoelektrischen Fokussierung auftrennen (Abschnitt 2.10). MHC-Proteine verschiedener Lebewesen können in ihren Sequenzen, also auch in ihrem isoelektrischen Punkt, sehr stark variieren. Dies läßt sich in einer **zweidimensionalen Gelelektrophorese** (Abb. 2.26) zeigen. Dazu führt man zuerst in einem engen, mit Polyacrylamid gefüllten Röhrchen eine isoelektrische Fokussierung durch. Dann legt man das Gel oben auf ein SDS-PAGE-Flachgel und trennt die Proteine darin nach ihrem Molekulargewicht auf. Dieses wirkungsvolle Verfahren ermöglicht die Unterscheidung mehrerer hundert Proteine in komplexen Gemischen.

Bei einem anderen Verfahren, das die problematische radioaktive Markierung von Zellen vermeidet, gibt man ein Detergens direkt zu unmarkierten Zellen. Die solubilisierten Proteine trennt man mittels SDS-PAGE. Anschließend überträgt man sie aus dem Gel auf einen festen Träger (beispielsweise Nitrocellulosepapier) und läßt spezifische Antikörper auf das Papier einwirken. Anti-Immunglobuline, die mit Radioisotopen oder Enzymen gekoppelt sind, machen dann die Stellen sichtbar, an denen sich die erkannten Proteine befinden. Dieses Verfahren ist der sogenannte **Western Blot** in Analogie zu der Nomenklatur für vergleichbare Methoden zum Nachweis der anderen beiden Arten von Makromolekülen: Southern Blot für DNA und Northern Blot für RNA. Western Blots kommen in der Grundlagenforschung und klinischen Diagnose vielfach zur Anwendung, zum Beispiel um Antikörper gegen Bestandteile des HIV nachzuweisen (Abb. 2.27).

2.27 Im Serum von HIV-infizierten Personen lassen sich Antikörper gegen das menschliche Immunschwächevirus durch einen Western Blot nachweisen. Das Virus wird durch eine SDS-Behandlung in seine Proteinbausteine zerlegt, die man in einer SDS-PAGE auftrennt. Anschließend überträgt man die Proteine auf Nitrocellulose und läßt sie mit dem Testserum reagieren. Anti-HIV-Antikörper des Serums binden an die verschiedenen HIV-Proteine. Ihr Nachweis erfolgt durch ein enzymgekoppeltes Anti-Immunglobulin, das mit einem geeigneten Substrat zu einer Farbreaktion führt. Diese häufig verwendete Methode kann zum Nachweis jeder beliebigen Kombination von Antikörper und Antigen dienen.

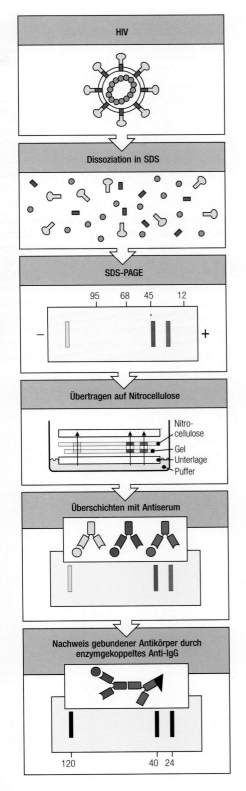

2.14 Mit Antikörpern lassen sich Proteinantigene isolieren und charakterisieren

Die Immunpräzipitation und der Western Blot eignen sich für die Bestimmung des Molekulargewichts und des isoelektrischen Punktes eines Proteins. Anhand dieser Merkmale kann man es dann von anderen unterscheiden und auf einem Elektrophoresegel erkennen. Die Menge und die Verteilung eines Proteins und eventuelle Änderungen des isoelektrischen Punktes oder des Molekulargewichts durch zelluläre Prozessierung lassen sich so feststellen (Abb. 2.26). Diese Methoden erlauben jedoch keine definitive Charakterisierung des Proteins.

Zu diesem Zweck muß man das Protein aufreinigen. Für eine Isolierung ist die Affinitätschromatographie mit Antikörpern geeignet (Abschnitt 2.7). Normalerweise liefert sie jedoch nicht genügend Ausbeute für eine vollständige Charakterisierung. Oft verwendet man eine kleine Menge aufgereinigten Proteins, um Sequenzinformationen vom aminoterminalen Ende oder von proteolytischen Fragmenten zu erhalten. Diese Sequenzen dienen als Basis für die Herstellung von synthetischen komplementären Oligonucleotiden, die sich als Sonden für die Isolierung des codierenden Gens aus einer cDNA-Bank oder einer genomischen DNA-Bank eignen. Die vollständige Proteinsequenz läßt sich aus der Nucleotidsequenz der zugehörigen cDNA ableiten. Sie kann Hinweise auf die Art des Proteins und seine biologischen Eigenschaften geben. Die Analyse von genomischen DNA-Klonen liefert die Sequenz des Gens und seiner regulatorischen Bereiche. Größere Proteinmengen für Funktionsanalysen lassen sich mit gentechnisch veränderten Zellen herstellen, in die das Gen beispielsweise durch eine Transfektion eingeschleust wurde. Bei diesem Verfahren gelangt man über das Protein an das Gen. Antikörper helfen dabei, die gewünschten Proteine zu identifizieren. Dann dient derselbe Antikörper zur Aufreinigung des Proteins, wodurch man schließlich die codierenden Gene identifizieren kann. Auf diese Weise gelang die Identifizierung der Gene von vielen immunologisch wichtigen Proteinen (beispielsweise die MHC-Glykoproteine).

2.15 Antikörper sind geeignet, Gene und deren Produkte zu identifizieren

Ein anderes Verfahren nutzt Antikörper, um ein Gen, das ein Zelloberflächenprotein codiert, direkt zu identifizieren und zu isolieren. Mit einem spezifischen Antikörper läßt sich das Protein an der Oberfläche von Zellen nachweisen, auf die das entsprechende Gen übertragen wurde, die es aber sonst nicht exprimieren würden. Zuerst stellt man sich aus der Gesamt-RNA von Zellen, die das Gen normalerweise exprimieren, eine geeignete cDNA-Bank her. Die cDNA-Fragmente werden in speziellen Vektoren klo-

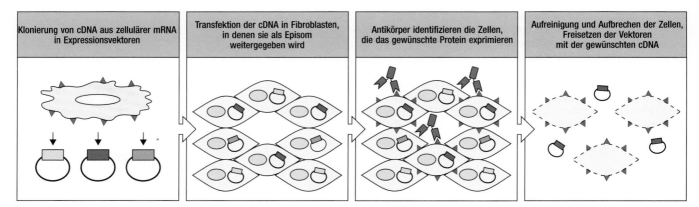

| Klonierung von cDNA aus zellulärer mRNA in Expressionsvektoren | Transfektion der cDNA in Fibroblasten, in denen sie als Episom weitergegeben wird | Antikörper identifizieren die Zellen, die das gewünschte Protein exprimieren | Aufreinigung und Aufbrechen der Zellen, Freisetzen der Vektoren mit der gewünschten cDNA |

2.28 Das Gen, das ein Zelloberflächenmolekül codiert, läßt sich isolieren, indem man es in Fibroblasten exprimiert und seine Produkte mit monoklonalen Antikörpern nachweist. Gesamt-mRNA aus Zellen oder Geweben, die das Protein exprimieren, dient als Grundlage für eine cDNA-Genbibliothek. Der verwendete Vektor erlaubt eine direkte Expression der in Fibroblasten transfizierten cDNA. Zellen, die ein Zelloberflächenprotein exprimieren, binden monoklonale Antikörper dagegen und lassen sich so isolieren. Der Vektor mit dem Gen wird aus den Zellen isoliert und für weitere Zyklen aus Transfektion und erneuter Isolierung eingesetzt, um so das Auffinden des richtigen Gens zu gewährleisten. Am Ende erhält man eine einheitliche, positive Expression. Durch Sequenzierung der cDNA läßt sich die Proteinsequenz ermitteln. Außerdem kann die cDNA zur Herstellung großer Proteinmengen dienen, die für Struktur- und Funktionsanalysen notwendig sind. Das beschriebene Verfahren ist auf Gene beschränkt, die Proteine mit nur einer Peptidkette codieren (also Proteine, die nur von einem Gen codiert werden) und die sich in Fibroblasten exprimieren lassen. Bis jetzt wurde es zur Klonierung zahlreicher für Immunologen interessanter Gene eingesetzt (beispielsweise des CD4-Gens).

niert, die eine Expression der enthaltenen Fremd-DNA in einer Säugerzellkultur ermöglichen. Dabei integriert die übertragene DNA normalerweise nicht in die DNA der Wirtszelle. Durch Bindung an Antikörper isoliert man nun an die Zellen, die das Protein exprimieren (Abschnitt 2.17). Man lysiert die Zellen und isoliert den Vektor (Abb. 2.28). Die so erhaltene DNA wird in Bakterien übertragen, dort vermehrt und dient dann für eine erneute Transfektion von Säugerzellen. Nach mehreren solcher Selektionszyklen gelangt man schließlich zu bakteriellen Einzelkolonien, die alle das gewünschte DNA-Fragment enthalten. Jetzt ist eine genaue Charakterisierung möglich. Diese Methode kam bereits bei vielen Genen von Zelloberflächenproteinen zur Anwendung. Für die Gene von Proteinen, die im Zellinnern bleiben, ist das Verfahren jedoch ungeeignet, da eine Antikörperbindung von außen nicht möglich ist. Auch lassen sich so keine Proteine identifizieren, die nur als Teil von größeren Komplexen an die Zelloberfläche gelangen, da dann mehrere cDNAs gleichzeitig in einer Zelle exprimiert werden müßten, um die entsprechenden Moleküle nachweisen zu können.

Das umgekehrte Verfahren dient der Identifizierung unbekannter Proteinprodukte eines klonierten Gens. Mit Hilfe der Gensequenz stellt man synthetische Peptidfragmente eines solchen Proteins her, die zehn bis 20 Aminosäuren lang sind. Die Peptide werden an Trägerproteine gekoppelt. Wie bei anderen Haptenen lassen sich nun Antikörper erzeugen. Solche Anti-Peptid-Antikörper binden häufig an das gesuchte native Protein, so daß es möglich ist, dessen Verteilung in Zellen und Geweben zu ermitteln, das Protein aufzureinigen und seine Funktion festzustellen (Abb. 2.29). Dieses Verfahren nennt man häufig „reverse Genetik", da es vom Gen zum Phänotyp führt, und nicht umgekehrt wie bei der klassischen genetischen Vorgehensweise. Der große Vorteil der reversen Genetik besteht darin, daß keine vorherigen phänotypischen Analysen erforderlich sind, um ein Gen zu

2.29 Reverse Genetik bezeichnet das Aufspüren des unbekannten Proteinprodukts eines bekannten Gens durch Antikörper. Hat man ein Gen isoliert, das für eine genetisch bedingte Erkrankung, wie etwa die Duchenne-Muskeldystrophie, verantwortlich ist, so läßt sich die Sequenz des unbekannten Proteinprodukts aus der Nucleotidsequenz ableiten. Nun ist eine synthetische Herstellung repräsentativer Peptide möglich. Man erzeugt Antikörper gegen diese Peptide und reinigt sie durch Affinitätschromatographie aus dem Antiserum auf (Abb 2.11). Markierte Antikörper dienen nun dazu, in Gewebeproben von erkrankten und gesunden Personen das Vorhandensein, die Menge und die Verteilung des normalen Genprodukts zu bestimmen. Das Produkt des Dystrophingens kommt bei normalen Mäusen in der Skelettmuskulatur vor (unteres Bild, rote Fluoreszenzfärbung). Es fehlt jedoch in den gleichen Zellen von Mäusen mit der *mdx*-Mutation, dem der Muskeldystrophie entsprechenden Defekt bei der Maus (nicht gezeigt). (Photos: H. G. W. Lidov und L. Kunkel; × 15.)

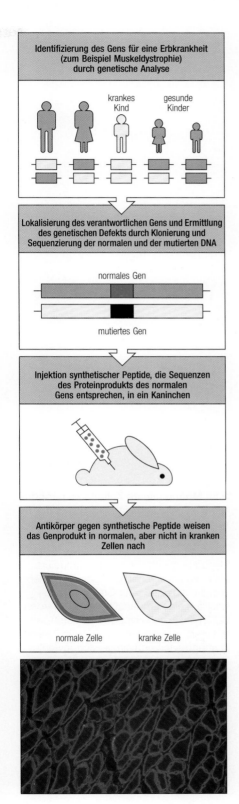

identifizieren. Andererseits ist dann häufig auch kein mutierter Phänotyp des gefundenen Gens bekannt, so daß sich dessen Funktion nur schwer ermitteln läßt. Die *in vitro*-Mutagenese erlaubt jedoch die Erzeugung mutierter Gene, die auf Zellen oder Tiere übertragen werden können, um so die Effekte zu bestimmen. Des weiteren ist es inzwischen möglich, Gene in Zellen und sogar in Tieren gezielt zu inaktivieren. Mutierte Phänotypen lassen sich so direkt von den Genen ableiten (Abschnitte 2.37 und 2.38).

Zusammenfassung

Die Wechselwirkung eines Antikörpermoleküls mit seinem Liganden dient als Paradigma für die Spezifität, die ein grundlegendes Prinzip in der Immunologie darstellt. Dies läßt sich am besten verstehen, wenn man die Bindung von Antikörpern an Antigene untersucht. Dabei wird die hohe Affinität der Antikörper für bestimmte Strukturen und auch deren immenses Potential deutlich, sogar zwischen verwandten Antigenen unterscheiden zu können. Das Verhalten von Antikörpern in serologischen Tests zeigt, daß sie sehr vielfältig und symmetrisch bivalent sind und sowohl konstante als auch variable Strukturmerkmale besitzen. Wie nun das Immunsystem Millionen verschiedener Antikörpermoleküle (wie sie im Serum zu finden sind) erzeugt und gleichzeitig ihre strukturelle Identität so sehr bewahrt, daß Anti-Immunglobuline jeden Antikörper entdecken können, soll Gegenstand von Kapitel 3 sein. In Kapitel 8 werden wir erfahren, wie B-Zellen Antikörper produzieren und inwieweit Menge, Spezifität, Isotyp und Affinität der Antikörper für die humorale Immunität wichtig sind. In diesem Kapitel konnten wir lernen, wie sich diese Merkmale mit vielen verschiedenen Tests messen lassen, die alle jeweils eine bestimmte Art von Information über die Immunantwort liefern. Antikörper lassen sich gegen jede Struktur erzeugen, an die sie mit hoher Affinität und Spezifität binden. Als monoklonale Antikörper stehen sie in unbegrenzter Menge zur Verfügung. Daher sind sie in der Forschung besonders wirkungsvolle Werkzeuge. Man hat viele verschiedene Verfahren entwickelt, die Antikörper verwenden. Sie alle sind in der klinischen Medizin und in der biologischen Forschung von zentraler Bedeutung.

Die Untersuchung von Lymphocyten

Die Analyse der immunologischen Spezifität hat sich vor allem auf die Antikörper konzentriert, da diese der am leichtesten zu erfassende Bestandteil der adaptiven Immunität sind. Alle adaptiven Immunantworten gehen jedoch von Lymphocyten aus. Deshalb muß das Verständnis der Immunologie auf einem Verständnis der Lymphocyten basieren. Um das Verhalten der Lymphocyten zu untersuchen, muß man die Zellen isolieren, die funktionellen Subpopulationen identifizieren und voneinander abgrenzen. Dieser Abschnitt beschäftigt sich besonders mit der Untersuchung der T-Lymphocyten, da die einzige bekannte Effektorfunktion der B-Zellen die Produktion von Antikörpern ist, die Thema des vorhergehenden Teilkapitels waren.

2.16 Lymphocyten lassen sich aus Blut, lymphatischen Organen, Epithelien und aus Entzündungsherden isolieren

Der erste Schritt bei der Erforschung der Lymphocyten ist ihre Isolierung, um ihr Verhalten *in vitro* analysieren zu können. Menschliche Lymphocyten lassen sich am leichtesten aus dem peripheren Blut mit einer Dichtezentrifugation über einen Gradienten aus Ficoll und Metrizimid (Hypaque) isolieren. Dabei reichern sich die mononucleären Zellen an der Phasengrenze an, unter Abtrennung der roten Blutkörperchen, der meisten polymorphkernigen Leukocyten oder Granulocyten (Abb. 2.30). Die so erhaltene Population sogenannter **mononucleärer Zellen des peripheren Blutes** besteht vor allem aus Lymphocyten und Monocyten. Obwohl sie sich leicht isolieren läßt, ist sie für das lymphatische System nicht unbe-

2.30 Mononucleäre Zellen des peripheren Blutes lassen sich aus Gesamtblut durch eine Ficoll-Hypaque-Zentrifugation isolieren. Verdünntes, gerinnungsunfähig gemachtes Blut wird über Ficoll-Hypaque geschichtet und zentrifugiert. Rote Blutkörperchen und polymorphkernige Leukocyten oder Granulocyten besitzen eine größere Dichte und werden durch das Ficoll-Hypaque hindurch zentrifugiert, während mononucleäre Zellen (Lymphocyten und einige Monocyten) darüber eine Bande bilden und von der Grenzschicht aufgenommen werden können. Die unteren Bilder zeigen angefärbte Ausstriche von Gesamtblut, mononucleären Zellen und Zellen aus dem Pellet (rote Blutkörperchen und Granulocyten). (Photos: D. Leitenberg und I. Visintin.)

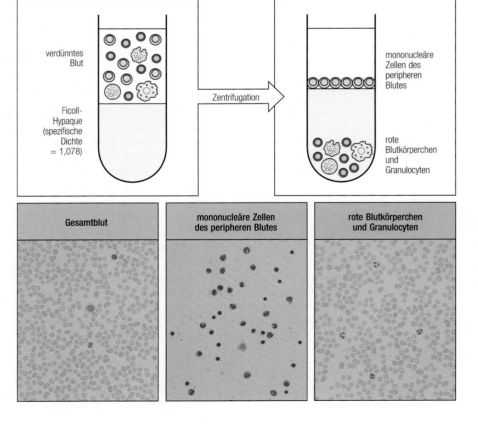

dingt repräsentativ, da im Blut nur zirkulierende Lymphocyten vorhanden sind. Man kann bei Versuchstieren und gelegentlich beim Menschen Lymphocyten aus den lymphatischen Organen isolieren, wie etwa aus der Milz, dem Thymus, den Lymphknoten und den darmassoziierten lymphatischen Geweben. Beim Menschen sind es meist die Gaumenmandeln (Abb. 1.6). In den Oberflächenepithelien kommt eine spezialisierte Population von Lymphocyten vor. Diese Zellen lassen sich nur durch Fraktionierung der von der Basalmembran abgelösten Epithelschicht isolieren. Bei lokalen Immunantworten kann man die Lymphocyten auch direkt vom Ort der Reaktion erhalten. Um beispielsweise die Autoimmunantwort zu untersuchen, die vermutlich für die rheumatische Arthritis (eine Gelenkentzündung) verantwortlich ist, isoliert man die Lymphocyten aus Flüssigkeitsabsonderungen der betroffenen Gelenkzwischenräume.

2.17 Spezifische Antikörper gegen Zelloberflächenmoleküle dienen zur Aufreinigung und Charakterisierung von Lymphocytenpopulationen

Ruhende Lymphocyten zeigen dem Forscher ein scheinbar einheitliches Aussehen. Alle Zellen sind klein und rund; sie besitzen einen verdichteten Kern und wenig Cytoplasma (Abb. 1.5). Dennoch umfassen diese Zellen zahlreiche funktionelle Subpopulationen, die sich voneinander durch die Expression ihrer jeweiligen Zelloberflächenproteine unterscheiden. Diese wiederum lassen sich durch spezifische Antikörper nachweisen (Abb. 2.31). B- und T-Lymphocyten lassen sich beispielsweise durch Antikörper gegen die konstanten Regionen ihrer Antigenrezeptoren eindeutig identifizieren und voneinander abtrennen. Aufgrund der Expression der Corezeptorproteine CD4 und CD8 kann man T-Zellen noch weiter unterteilen (Abschnitt 1.15).

Ein Durchflußcytometer ist gut geeignet, um Lymphocyten einzuordnen und zu zählen. Ein solches Gerät, das die Zellen gleichzeitig noch auftrennt, ist ein **fluoreszenzaktivierter Zellsorter** (*fluorescence-activated cell sorter*, FACS®). Damit lassen sich einzelne Zellen genau untersuchen. Monoklonale Antikörper gegen verschiedene Oberflächenproteine, die die verschiedenen Subpopulationen exprimieren, werden mit Fluoreszenzfarbstoffen gekoppelt, um bestimmte Zellen in einer gemischten Population zu markieren (Abb. 2.32). Das Zellgemisch wird dann durch eine Kapillare gedrückt, die einen Strahl feiner Tropfen erzeugt, von denen jeder nur eine einzige Zelle enthält. Alle Tropfen passieren einen Laserstrahl. An Zellen kommt es zu einer Lichtstreuung, und die Farbstoffmoleküle, die an die Zelle gebunden sind, werden zur Fluoreszenz angeregt. Empfindliche Photodetektoren messen sowohl das gestreute als auch das emittierte Licht. Ersteres liefert Informationen über die Größe und die Granularität der Zellen. Die Fluoreszenz ermöglicht Aussagen über die Bindung der markierten monoklonalen Antikörper und damit über die Expression der Oberflächenproteine in jeder Zelle. Markiert man Zellen mit einem einzigen Fluoreszenzfarbstoff, erscheinen die Daten üblicherweise als ein Histogramm der Fluoreszenzintensität gegen die Zellzahl. Bei zwei oder mehreren Antikörpern mit verschiedenen Fluoreszenzfarbstoffen erscheinen die Daten hingegen als zweidimensionales Streuungsdiagramm oder als Konturendiagramm, wobei die Fluoreszenz eines Antikörpers gegen die eines zweiten aufgetragen wird. Auf diese Weise läßt sich eine Zellpopulation, für die ein bestimmter Antikörper spezifisch ist, mit Hilfe des zweiten weiter unterteilen. Bei großen Zellzahlen liefert das FACS®-System Informationen über die quantitative Verteilung von Zellen mit bestimmten Molekülen. Dazu gehören beispielsweise die Oberflächen-Immunglobuline der B-Zellen, das rezeptorassoziierte CD3-Protein der

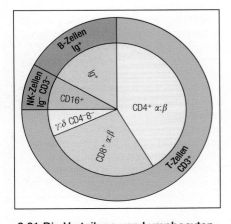

2.31 Die Verteilung von Lymphocytensubpopulationen im peripheren Blut des Menschen. Lymphocyten lassen sich unterteilen in T-Zellen mit T-Zell-Rezeptoren (die mit Anti-CD3-Antikörpern nachweisbar sind), B-Zellen mit Immunglobulinrezeptoren (nachweisbar mit Anti-Immunglobulinen) und Nullzellen, zu denen die natürlichen Killerzellen (NK-Zellen) gehören und die sich mit keinem der genannten Antikörper markieren lassen. Mit Anti-CD4- und Anti-CD8-Antikörpern kann man die $\alpha{:}\beta$-T-Zellen noch in zwei Gruppen unterteilen, wohingegen die $\gamma{:}\delta$-T-Zellen mit Antikörpern gegen den $\gamma{:}\delta$-T-Zell-Rezeptor identifizierbar sind und meist keine CD4- oder CD8-Moleküle aufweisen.

2.32 Die Durchfluß- oder Flowcytometrie ermöglicht die Identifizierung und Quantifizierung von Zellen aufgrund ihrer Oberflächenantigene. Für die Durchflußcytometrie werden Zellen mit Fluoreszenzfarbstoffen markiert (Bild oben), die üblicherweise an Antikörper gegen Oberflächenantigene gekoppelt sind. Die Zellen werden durch eine Kapillare gedrückt, so daß ein Strom einzelner Zellen entsteht, der dann von einem Laserstrahl erfaßt wird (zweites Bild). Photodetektoren (Photomultiplier) messen die Lichtstreuung, die ein Maß für die Größe und die Granularität einer Zelle darstellt, und die Emissionen der verschiedenen Fluoreszenzfarbstoffe. Ein Computer (CPU, *central processing unit*) analysiert die Informationen. Untersucht man viele Zellen auf diese Weise, läßt sich die Anzahl von Zellen mit bestimmten Eigenschaften genau ermitteln. Auch kann man die Expressionsraten verschiedener Moleküle auf der Zelloberfläche messen. In den linken unteren Bildern ist gezeigt, wie man bei Verwendung eines einzigen Antikörpers den prozentualen Anteil der Zellen bestimmen kann, die das zugehörige Antigen aufweisen. Gleichzeitig sind Aussagen über die exprimierte Menge des Moleküls pro Zelle möglich. Diese Informationen lassen sich in Form eines einfarbigen Histogramms (Bild links in der Mitte) oder als zweifarbiges Konturprofil darstellen (unten links). Letzteres ist vor allem beim Einsatz mehrerer Antikörper sinnvoll. Mit zwei Antikörpern (unten rechts) ist die Identifizierung von vier Zellpopulationen möglich: Zellen, die nur eine der Molekülarten exprimieren (rot oder grün), Zellen, die beide exprimieren (orange), und Zellen ohne Expression (grau). Die Größe und die Intensität der Kreisflächen zeigt die Anzahl der Zellen mit den jeweiligen Eigenschaften an.

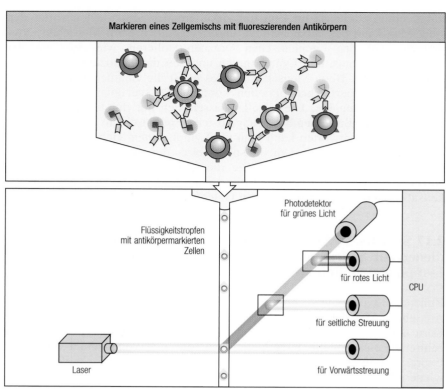

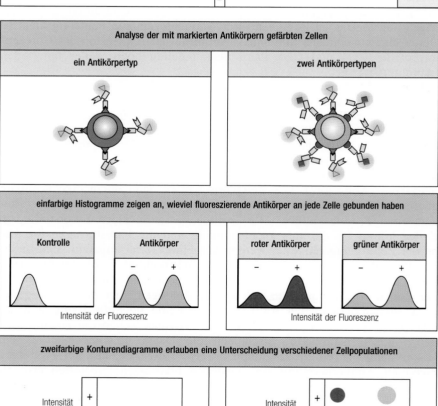

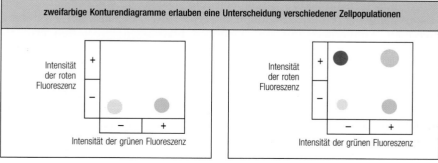

Die Untersuchung von Lymphocyten   81

2.33 Zellpopulationen, die sich in der Expression von Oberflächenantigenen unterscheiden, lassen sich mit einem fluoreszenzaktivierten Zellsorter trennen (FACS®). Die Fluoreszenzmarkierung der Zellen (oberes Bild) und der Fluoreszenznachweis durch Anregung mit einem Laserstrahl (zweites Bild) erfolgen wie beim Durchflußcytometer (Abb. 2.32). Der Zellsorter verändert jedoch nach Anweisung des Computers die elektrische Ladung der Flüssigkeitstropfen, die markierte Zellen enthalten. Diese Tropfen werden durch ein elektrisches Feld aus dem Zellstrom abgelenkt (drittes Bild), so daß sich die markierten Zellen von den unmarkierten abtrennen lassen (viertes Bild).

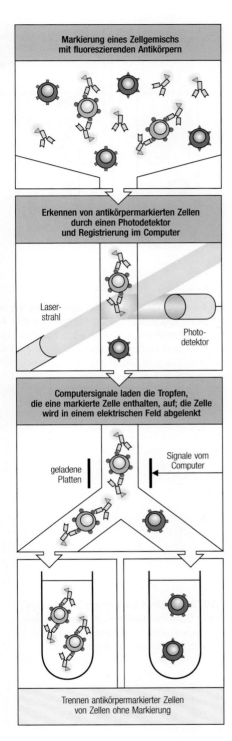

Markierung eines Zellgemischs mit fluoreszierenden Antikörpern

Erkennen von antikörpermarkierten Zellen durch einen Photodetektor und Registrierung im Computer

Laserstrahl

Photodetektor

Computersignale laden die Tropfen, die eine markierte Zelle enthalten, auf; die Zelle wird in einem elektrischen Feld abgelenkt

geladene Platten

Signale vom Computer

Trennen antikörpermarkierter Zellen von Zellen ohne Markierung

T-Zellen oder die Corezeptoren CD4 und CD8, anhand derer sich die großen Untergruppen der T-Zellen unterscheiden lassen. So kann man die Anzahl von Zellen ermitteln, die charakteristische Kombinationen dieser Moleküle zeigen, und sogar die exprimierte Menge eines jeden Moleküls pro Zelle. Des weiteren ermöglicht es das FACS®-System, Zellen mit bestimmten Eigenschaften von der übrigen Population abzutrennen (Abb. 2.33). FACS®-Analysen sind für zahlreiche immunologische Fragestellungen einsetzbar, wie etwa die Analyse der T-Zell-Entwicklung im Thymus (Kapitel 6). Das FACS®-System spielte auch bei der Entdeckung eine wichtige Rolle, daß AIDS eine Erkrankung ist, die selektiv CD4-Zellen zerstört (Kapitel 10).

Obwohl das FACS®-System ein sehr wirksames analytisches Werkzeug ist, untersucht es doch immer nur eine Zelle zu einem Zeitpunkt. Zwar beträgt der Durchfluß Tausende von Zellen pro Sekunde, aber die riesigen Zellzahlen, die häufig für Funktionsanalysen von Lymphocyten benötigt werden, lassen sich nur mit einem hohen Aufwand von Zeit und Geld isolieren. Deshalb sind mechanische Verfahren vorzuziehen. Ursprünglich hat man menschliche T-Zellen von anderen mononucleären Zellen des peripheren Blutes aufgrund ihrer Bindung an rote Blutkörperchen vom Schaf abgetrennt. Dabei kommt es zur Ausbildung sogenannter E-Rosetten (das heißt Lymphocyten, die von Erythrocyten umgeben sind), die schnell sedimentieren. Eine effektivere und genauere Methode besteht in der Verwendung von paramagnetischen Partikeln, die mit Antikörpern gegen ein charakteristisches Oberflächenmolekül beschichtet sind. In einem starken Magnetfeld lassen sich dann die an Partikel gehefteten Zellen von den übrigen Zellen (die das Oberflächenmolekül nicht besitzen) durch einfaches Dekantieren abtrennen (Abb. 2.34). Ein solches Verfahren nennt man positive Selektion. Es ist jedoch besser, Zellen mit einer negativen Selektion aufzureinigen, also alle anderen Zellen mit Hilfe verschiedener monoklonaler Antikörper zu entfernen. So waren die Oberflächenmoleküle der verbleibenden, gewünschten Zellen nicht dem Einfluß von Antikörpern ausgesetzt. Dennoch ließen sich auch mit positiv selektierten Zellen zahlreiche wertvolle Erkenntnisse gewinnen. Eine andere Isolierungsmethode verwendet antikörperbeschichtete Kunststoffflächen, um Zellen zu binden (das sogenannte *panning*). Oder man kann Zellen, die bestimmte Moleküle aufweisen, durch spezifische Antikörper und Komplementproteine abtöten (Abb. 2.44).

Untersuchungen isolierter Lymphocytenpopulationen zeigten vor allem, daß Lymphocyten, die bestimmte Kombinationen von Oberflächenproteinen aufweisen, unterscheidbare Funktionen haben. Dies läßt vermuten, daß diese Proteine direkt mit den Zellfunktionen zusammenhängen. Darum nannte man die Oberflächenmoleküle ursprünglich auch **Differenzierungsantigene**. Gruppen von monoklonalen Antikörpern, die dieselben Differenzierungsantigene erkennen, definieren daher sogenannte **Differenzierungscluster** (*clusters of differentiation*, **CD**). Deren willkürliche

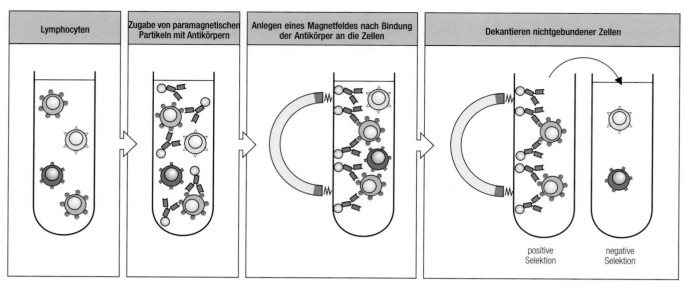

Lymphocyten	Zugabe von paramagnetischen Partikeln mit Antikörpern	Anlegen eines Magnetfeldes nach Bindung der Antikörper an die Zellen	Dekantieren nichtgebundener Zellen

positive Selektion   negative Selektion

2.34 Subpopulationen von Lymphocyten lassen sich durch an paramagnetische Partikel gekoppelte Antikörper physikalisch auftrennen. Lymphocyten mit einem bestimmten Oberflächenmolekül binden an paramagnetische Partikel, an die ein monoklonaler Antikörper der Maus gekoppelt ist. Die Abtrennung von den übrigen Zellen erfolgt mittels eines starken Magneten, der die Partikel anzieht. Freie Zellen werden dekan-tiert. Sie bilden eine sogenannte negativ selektierte Zellpopulation, da ihnen das von den Antikörpern erkannte Antigen fehlt. Die gebundenen Zellen gewinnt man durch Erwärmen der Partikel oder durch eine andere Behandlung, die die Antigen: Antikörper-Bindung löst. Diese Zellen gelten als positiv selektiert, da sie das Antigen besitzen.

Numerierung bildet die Grundlage für die Nomenklatur der lymphocytischen Zelloberflächenantigene. Die bekannten CD-Antigene sind in Anhang I aufgeführt.

Wie Antikörperanalysen von Oberflächenmolekülen ergaben, setzen sich Lymphocyten aus verschiedenen Umgebungen aus sehr unterschiedlichen Subgruppen zusammen (Abb. 2.35). Wie Zellen zu bestimmten Geweben wandern oder dort verbleiben und wie sich diese Spezialisierung auf die Zellfunktion auswirkt, ist noch nicht geklärt. Eine umfassende Beschreibung des Immunsystems erfordert jedoch eine Lösung dieser beiden interessanten Probleme.

2.35 Die relative Verteilung lymphocytischer Subpopulationen in verschiedenen Geweben. Der Thymus unterscheidet sich deutlich von den peripheren lymphatischen Geweben, da er praktisch nur T-Zellen enthält, von denen die meisten CD4/CD8-doppeltpositiv sind. Dieser Zelltyp ist in anderen Geweben selten. Blut, Lymphknoten und die Milz weisen in dieser Reihenfolge zunehmende Anteile an B-Zellen auf. NK-Zellen kommen am häufigsten im Blut vor. Lymphocytenpopulationen in den Epithelien und in den lymphatischen Geweben der Schleimhäute zeigen ebenfalls eine typische Zusammensetzung (nicht gezeigt).

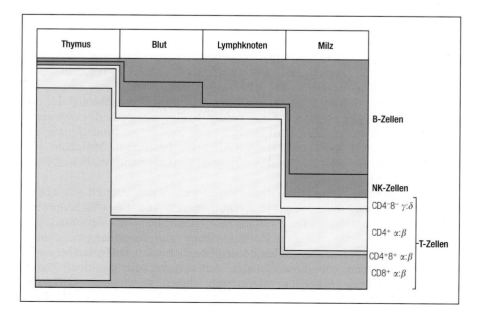

2.18 Polyklonale Mitogene oder spezifische Antigene können Lymphocyten zum Wachstum anregen

Um in der adaptiven Immunität ihre Funktion erfüllen zu können, müssen sich die seltenen, antigenspezifischen Lymphocyten erst stark vermehren, bevor sie zu funktionellen Effektorzellen ausdifferenzieren. Denn nur so stehen ausreichende Zellzahlen für die spezifischen Aufgaben zur Verfügung. Daher bildet die Analyse der induzierten Lymphocytenproliferation einen zentralen Punkt bei ihrer Erforschung. Allerdings ist es unmöglich, das Wachstum normaler Lymphocyten nach einem spezifischen Antigenreiz zu untersuchen, da immer nur ein minimaler Anteil der Zellen zur Teilung angeregt wird. Die Entdeckung von Substanzen, die viele oder sogar alle Lymphocyten eines bestimmten Typs zum Wachstum anregen, ermöglichten große Fortschritte bei der Kultivierung von Lymphocyten. Diese sogenannten **polyklonalen Mitogene** können bei Lymphocyten mit ganz unterschiedlicher klonaler Herkunft und Spezifität eine Mitose auslösen (Abb. 2.36). T- und B-Lymphocyten werden jedoch durch unterschiedliche polyklonale Mitogene stimuliert. Obwohl diese Mitogene wahrscheinlich nicht direkt über die Antigenrezeptoren wirken, scheinen sie dennoch dieselben Wachstumsreaktionen auszulösen wie die Antigene. Daher waren die polyklonalen Mitogene bei der Erforschung des normalen Lymphocytenwachstums sehr hilfreich. In der Klinik setzt man sie ein, um bei Patienten mit einer vermuteten Immunschwäche die Fähigkeit der Lymphocyten zu testen, auf einen unspezifischen Reiz zu reagieren.

Mitogen	Abkürzung	Herkunft	reagierende Zelle
Phytohämagglutinin	PHA	*Phaseolus vulgaris* (Gartenbohne)	T-Zellen
Concanavalin A	ConA	*Canavalia ensiformis* (Schwertbohne)	T-Zellen
Pokeweed-Mitogen	PWM	*Phytolacca americana* (*Pokeweed*, Kermesbeere)	T- und B-Zellen
Lipopolysaccharid	LPS	*Escherichia coli*	B-Zellen (Maus)
Staphylococcus-Protein A	SpA	*Staphylococcus aureus* Cowan-Stamm 1	B-Zellen (Mensch)

2.36 Polyklonale Mitogene, die oft aus Pflanzen stammen, stimulieren die Proliferation von Lymphocyten in Gewebekultur. Viele dieser Mitogene dienen dazu, die Proliferationsfähigkeit von Lymphocyten im peripheren Blut des Menschen zu testen.

Lymphocyten existieren normalerweise als ruhende Zellen in der G_0-Phase des Zellzyklus. Nach Stimulation mit einem polyklonalen Mitogen treten sie sofort in die G_1-Phase ein und durchlaufen dann den gesamten Zellzyklus. Dieser Vorgang läßt sich an einzelnen Zellen im FACS® beobachten. Dabei analysiert man den DNA- und RNA-Gehalt anhand selektiver Farbstoffe. Die meisten Untersuchungen der Lymphocytproliferation messen jedoch als Zeichen des Zellwachstums einfach den Einbau von ³H-Thymidin in die zelluläre DNA.

Durch die Optimierung der Lymphocytenkultur mit Hilfe der polyklonalen Mitogene wurde es auch möglich, mit Hilfe der Aufnahme von ³H-Thymidin eine spezifische T-Zell-Proliferation nachzuweisen, wenn der Donor der T-Zellen zuvor mit dem Antigen immunisiert worden war (Abb. 2.37). Dies ist inzwischen zwar der gebräuchliche Test, um T-Zell-Reaktionen

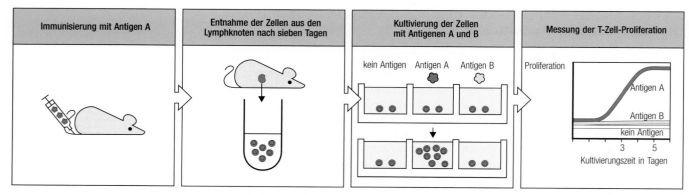

2.37 Die antigenspezifische T-Zell-Proliferation dient häufig als Test für T-Zell-Antworten. T-Zellen von Mäusen oder Menschen, die mit einem Antigen (A) immunisiert wurden, proliferieren, wenn man sie diesem Antigen und antigenpräsentierenden Zellen aussetzt. Auf nichtverwandte Antigene (B) reagieren sie nicht. Die Proliferation läßt sich durch den Einbau von ^{3}H-Thymidin in die DNA sich aktiv teilender Zellen messen. Die antigenspezifische Proliferation ist ein Erkennungszeichen der spezifischen CD4-Zell-Immunität.

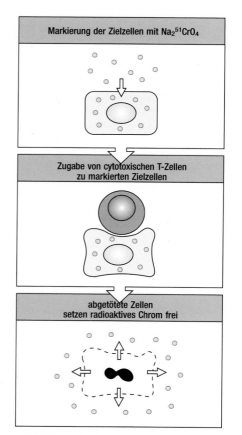

2.38 Die Aktivität cytotoxischer T-Zellen wird oft anhand der Chromfreisetzung aus markierten Zielzellen gemessen. Man markiert Zellen mit radioaktivem Chrom (Na$_2$^{51}CrO$_4$) und bringt sie mit cytotoxischen T-Zellen zusammen. Innerhalb von vier Stunden läßt sich die Zerstörung der Zellen als Freisetzung von radioaktivem Chrom messen.

nach einer Immunisierung zu analysieren; die Methode sagt allerdings wenig über die funktionellen Fähigkeiten der Zellen aus. Dazu dienen besondere Funktionstests, die im nächsten Abschnitt beschrieben sind.

2.19 T-Zell-Effektorfunktionen lassen sich auf vier Weisen bestimmen: Abtöten von Zielzellen, Aktivierung von Makrophagen, B-Zell-Aktivierung und Produktion von Lymphokinen

Wie wir im ersten Teil dieses Kapitels gesehen haben (Abschnitt 2.6), weist man T-Effektorzellen durch ihre Wirkung auf Zielzellen nach, die Antigene präsentieren. Auf der Messung dieser Effektorfunktionen basieren T-Zellen-Tests, mit denen die Antigenspezifität und die Effektorfunktionen bestimmt werden.

Die Funktion von CD8-Zellen weist man gewöhnlich mit dem einfachsten und schnellsten Testverfahren nach, dem Abtöten von Zielzellen durch cytotoxische T-Zellen. Der Test beruht auf der Freisetzung von ^{51}Cr. Lebende Zellen nehmen radioaktives Natriumchromat (Na$_2$^{51}CrO$_4$) zwar auf, geben es aber nicht spontan wieder ab. Werden die markierten Zellen abgetötet, kann man das Natriumchromat im Überstand messen (Abb. 2.38). Bei einem ähnlichen Test werden proliferierende Zielzellen (Tumorzellen) mit ^{3}H-Thymidin markiert, das bei der Replikation in die DNA eingebaut wird. Der Angriff einer cytotoxischen T-Zelle führt schnell zur Fragmentierung der DNA und zu deren Freisetzung in den Überstand. Man kann nun entweder die freien Fragmente oder den verbleibenden Anteil der makromolekularen DNA bestimmen. Beide Verfahren ermöglichen eine schnelle, empfindliche und spezifische Messung der Aktivität cytotoxischer T-Zellen.

Zu den Funktionen von CD4-Zellen gehört eher die Aktivierung als das Abtöten antigentragender Zellen. So können beispielsweise einige CD4-Zellen ruhende Makrophagen aktivieren. Normale Makrophagen nehmen bestimmte Bakterien zwar auf, die intrazellulär wachsen, zerstören sie aber nicht (beispielsweise *Listeria monocytogenes*). Infizierte Makrophagen töten ihre intrazellulären Bakterien jedoch ab, wenn man die Zellen mit CD4-Zellen von Mäusen zusammenbringt, die mit *L. monocytogenes* immunisiert wurden. Dies ist bei T-Zellen nichtinfizierter Mäuse nicht der Fall. T-Zellen, die andere Antigene auf den Makrophagen erkennen, können die Makrophagen ebenfalls aktivieren. Des weiteren können aktivierte Makrophagen bestimmte Tumorzellen zerstören, und sie können toxische chemische Mediatoren wie etwa Stickstoffoxid (NO) freisetzen. Die Aktivierung der Makrophagen ist für die Vernichtung von Krankheitserregern sehr wichtig. Daß AIDS-Patienten nicht mehr über diese Fähigkeit verfügen, ist vermutlich der Grund dafür, daß sie an opportunistischen Infektionen sterben. Andere CD4-Zellen regen B-Zellen zur Sekretion spezifischer Antikörper an. Auch diese Aktivität läßt sich in einem Test nachweisen. Solche T-Zellen heißen Helferzellen. Die Antikörperantworten gegen die meisten Antigene hängen völlig von der T-Zell-Helferfunktion ab (Abb. 1.29).

T-Zellen, die ein Antigen erkannt haben, setzen unspezifische Mediatorproteine (**Cytokine** oder **Cytotoxine**) frei, die die Effektorfunktionen vermitteln (Kapitel 7). Da die einzelnen Typen der T-Zellen unterschiedliche Arten und Mengen von Cytokinen erzeugen, läßt sich die (potentielle) Effektoraktivität einer T-Zelle auch aufgrund der freigesetzten Proteine bestimmen. Man kann Cytokine, die als Wachstumsfaktoren oder als Wachstumsinhibitoren wirken, mit biologischen Zellteilungstests bestimmen. Eine andere Methode, **Sandwich-ELISA** genannt, weist die Verknüpfung zweier monoklonaler Antikörper nach, die mit verschiedenen Epitopen auf einem Cytokinmolekül reagieren (Abb. 2.39). Bei einer Abwandlung des Sandwich-ELISA überschichtet man einen Träger, der mit Antikörpern gegen Cytokine beschichtet ist, mit ganzen Zellen. Nach kurzer Inkubation heften sich freigesetzte Cytokine an die Antikörper. Das Vorhandensein cytokinsezernierender Zellen läßt sich zeigen, indem man die Zellen abwäscht und die Oberfläche des Trägers mit einem zweiten, markierten Antikörper gegen Cytokine behandelt. Dadurch werden die Punkte sichtbar, an denen sich cytokinsezernierende Zellen befunden haben (**ELISPOT-Test**). Das ELISPOT-Verfahren ist auch geeignet, um die Antikörpersekretion von B-Zellen zu untersuchen. In diesem Fall ist der Träger mit dem entsprechenden Antigen beschichtet, und der Antikörpernachweis erfolgt durch markierte Anti-Immunglobuline. Der Sandwich-ELISA umgeht ein Hauptproblem biologischer Cytokintests, nämlich daß verschiedene Cytokine dieselbe Zellreaktion auslösen können. Biologische Tests müssen deshalb immer dadurch bestätigt werden, daß sich die zellulären Reaktionen durch monoklonale Anti-Cytokin-Antikörper inhibieren lassen.

2.20 Homogene T-Lymphocyten stehen in Form von Tumoren, Zellhybriden oder klonierten Zellinien zur Verfügung

Ähnlich wie die Entwicklung der Hybridomen, die monoklonale Antikörper erzeugen, die Spezifitäts- und Strukturanalysen der Immunglobuline vorangebracht hat, so basieren die Spezifitäts- und Effektorfunktionsanalysen von T-Zellen ebenfalls auf monoklonalen Zellpopulationen. Es gibt drei Möglichkeiten, solche Zellen zu erzeugen. Erstens lassen sich normale T-Zellen, die nach einer spezifischen Reaktion auf ein Antigen proliferieren, mit malignen T-Lymphom-Zellen fusionieren. Das Ergebnis sind **T-Zell-Hybride**, die den Hybridomen entsprechen. Die Hybride exprimieren den Rezeptor der normalen T-Zellen, aber aufgrund der krebsartigen Eigenschaften der ursprünglichen Lymphom-Zellen vermehren sie sich unbegrenzt. T-Zell-Hybride lassen sich klonieren, so daß eine Zellpopulation entsteht, die nur einen bestimmten T-Zell-Rezeptor exprimiert. Diese Zellen kann man durch spezifische Antigene stimulieren, biologisch aktive Mediatormoleküle (beispielsweise den T-Zell-Wachstumsfaktor Interleukin-2) freizusetzen. Die Produktion von Cytokinen dient dazu, die Spezifität der T-Zell-Hybride zu bestimmen.

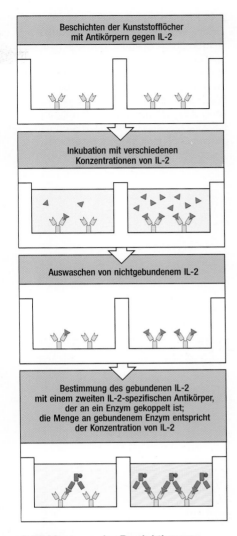

2.39 Messung der Produktion von Interleukin-2 (IL-2) mit Hilfe eines Sandwich-ELISA. Nach Aktivierung durch ein Mitogen oder ein Antigen sezernieren T-Zellen normalerweise den T-Zell-Wachstumsfaktor IL-2. Der Nachweis kann durch Auslösen des Wachstums bei IL-2-reaktiven Indikatorzellen erfolgen (nicht gezeigt). Der Sandwich-ELISA ist jedoch wesentlich genauer und spezifischer. Dabei werden unmarkierte Anti-IL-2-Antikörper auf einem Kunststoffträger fixiert. Nach Hinzufügen der IL-2-haltigen Flüssigkeit und einem anschließenden Waschschritt läßt sich das gebundene IL-2 durch einen zweiten, markierten Anti-IL-2-Antikörper nachweisen, der gegen ein anderes Epitop gerichtet ist. Der Test ist hochspezifisch, da Antigene, die mit einem Antikörper kreuzreagieren, mit großer Wahrscheinlichkeit nicht auch noch an den zweiten binden. Der Test kann IL-2 mit hoher Empfindlichkeit quantifizieren.

2.40 Klonierung von T-Zell-Linien.
T-Zellen von einem immunen Spender werden durch Antigene und antigenpräsentierende Zellen aktiviert. Zellen, die reagieren, werden durch limitierende Verdünnung in Gegenwart des T-Zell-Wachstumsfaktors IL-2 einzeln kultiviert (Abb. 2.42). Daraus leiten sich antigenspezifische Zellinien ab, die zusammen mit dem Antigen, antigenpräsentierenden Zellen und IL-2 in Kultur vermehrt werden.

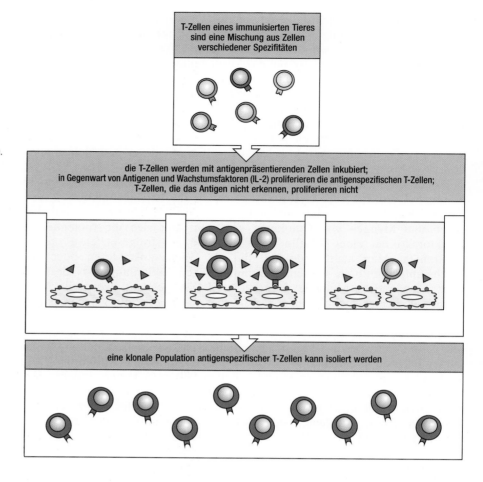

T-Zell-Hybride lassen sich ausgezeichnet für Spezifitätsanalysen verwenden, da sie in Suspensionskultur gut wachsen können. Sie sind jedoch nicht dazu geeignet, die Regulation der antigenspezifischen Proliferation von T-Zellen zu untersuchen, da sie sich fortwährend teilen. T-Zell-Hybride lassen sich auch nicht auf Tiere übertragen, um Funktionstests *in vivo* durchzuführen, da sich dann Tumoren ausbilden. Des weiteren sind jegliche Funktionstests an Hybridzellen nur eingeschränkt möglich, da die malignen Eigenschaften der Zellen deren Verhalten beeinflussen. Deshalb muß man die Regulation des Zellwachstums an klonierten T-Zell-Linien untersuchen, deren Proliferation von einer periodisch wiederholten Stimulierung mit dem spezifischen Antigen oder der Zuführung von T-Zell-Wachstumsfaktoren abhängt (Abb. 2.40). Solche Zellen sind zwar schwieriger zu vermehren, aber da ihr Wachstum auf der spezifischen Antigenerkennung basiert, behalten sie ihre Antigenspezifität, die bei T-Zell-Hybriden oft verloren geht. Auch kann man mit klonierten T-Zell-Linien die Effektorfunktionen *in vitro* und *in vivo* untersuchen. Die Proliferation der T-Zellen, die bei der klonalen Selektion eine wichtige Rolle spielt, läßt sich zudem nur an klonierten T-Zell-Linien verfolgen, die einen Antigenreiz benötigen. Daher kommt beiden Typen von monoklonalen T-Zell-Linien für experimentelle Studien eine große Bedeutung zu (Abb. 2.41).

Bei Untersuchungen menschlicher T-Zellen haben sich die klonierten Zellinien als von größtem Wert erwiesen, da es hier für die Herstellung von Zellhybriden noch keinen geeigneten Fusionspartner gibt. Man hat jedoch eine menschliche T-Lymphom-Linie (das Jurkat-Lymphom) genauer analy-

Merkmale von T-Zell-Klonen	Vorteile	Nachteile
antigeninduzierbares Wachstum	Selektion auf Wachstum durch Antigen; Selektion auf Spezifität durch Wachstum; Analyse des Zellzyklus	langsames Wachstum; Versorgungszellen notwendig
genetische Stabilität	Phänotyp bleibt erhalten	Varianten schwer zu selektieren
Funktion	Funktion bleibt stabil erhalten	Varianten schwer zu selektieren; Kontamination durch Versorgungszellen kann Funktion beeinträchtigen

Merkmale von T-Zell-Hybriden	Vorteile	Nachteile
antigenunabhängiges Wachstum	keine Versorgungszellen notwendig; schnelles Wachstum	Spezifitätsverlust häufig; nicht zur Untersuchung der klonalen Expansion geeignet
genetische Instabilität	Varianten leicht zu selektieren	instabiler Phänotyp
Funktion	keine kontaminierenden Zellen	nur einige Funktionen vorhanden; beide Fusionspartner beeinflussen die Funktion

2.41 Vergleich der Vor- und Nachteile von klonierten Zellinien und T-Zell-Hybriden bei Spezifitäts- und Funktionsanalysen.

siert. Die Zellen sezernieren Interleukin-2, wenn ihr Antigenrezeptor mit monoklonalen Anti-Rezeptor-Antikörpern quervernetzt wird. Dieses einfache Testsystem hat zahlreiche Informationen über die Signalübermittlung bei T-Zellen geliefert. Eines der interessantesten Merkmale der Jurkat-Zellen findet man auch bei T-Zell-Hybriden: Sie hören auf zu wachsen, wenn man ihre Antigenrezeptoren quervernetzt. Das ermöglicht es, Zellmutanten ohne Rezeptoren oder mit Defekten in der Signaltransduktion zu selektieren, weil sie bei Zugabe von Anti-Rezeptor-Antikörpern weiterwachsen. So finden auch T-Zell-Tumoren in der experimentellen Immunologie Verwendung.

2.21 Durch eine limitierende Verdünnnungskultur läßt sich die Häufigkeit von Lymphocyten bestimmen, die für ein bestimmtes Antigen spezifisch sind

Die Reaktion einer Lymphocytenpopulation liefert nur ein Gesamtbild. Die Häufigkeit spezifischer Lymphocyten, die auf ein bestimmtes Antigen reagieren, kann jedoch nur durch eine limitierende Verdünnungskultur festgestellt werden. Der Test verwendet die Poisson-Verteilung, eine statistische Funktion, die die zufällige Verteilung von Objekten beschreibt. Gibt man beispielsweise verschiedene Mengen von T-Zellen in alle Löcher einer Kulturschale, so enthalten einige Vertiefungen keine spezifische Zelle, andere hingegen eine oder mehrere. Die Zellen werden mit einem polyklonalen Mitogen und Wachstumsfaktoren aktiviert. Nach einigen Tagen, die für das Wachstum und die Differenzierung notwendig sind, testet man die Reaktion auf ein Antigen, etwa die Freisetzung von Cytokinen oder das Abtöten spezifischer Zielzellen. Man trägt die Zahl der Löcher ohne Reaktion gegen die Zahl der Zellen auf, die usprünglich hineingegeben worden sind. Wenn nur ein einziger Zelltyp (meist antigenspezifische T-Lymphocyten aufgrund ihrer Seltenheit) der limitierende Faktor für eine Reaktion ist, ergibt sich

2.42 Die Häufigkeit bestimmter Lymphocyten läßt sich durch limitierende Verdünnung bestimmen. Bei dieser Analyse gibt man verschiedene Mengen lymphatischer Zellen aus normalen und immunisierten Mäusen in einzelne Kulturgefäße und stimuliert sie mit einem Antigen oder einem polyklonalen Mitogen. Nach mehreren Tagen testet man die Kulturen auf spezifische Antigenreaktionen, wie etwa das cytotoxische Abtöten von Zielzellen oder die Antikörperproduktion durch aufgereinigte B-Zellen in Gegenwart von T-Helferzellen und Antigen. Jede Kultur, in die ursprünglich eine spezifische B-Zelle gelangt ist, erzeugt nun Antikörper. Die Poisson-Verteilung legt fest, daß bei einem Anteil von 37 Prozent negativen Kulturen jedes Gefäß zu Beginn durchschnittlich eine einzige spezifische B-Zelle enthalten hat. Im gezeigten Beispiel sind bei den nicht immunisierten Mäuse 37 Prozent der Kulturen negativ, wenn zu jedem Gefäß 12 000 B-Zellen zugefügt wurden. Also liegt der Anteil an antigenspezifischen Zellen bei 1/12 000. Für die immunisierten Mäuse sind bei nur 2 000 zugefügten Zellen 37 Prozent der Kulturen negativ. Der Anteil spezifischer B-Zellen beläuft sich hier also auf 1/2 000.

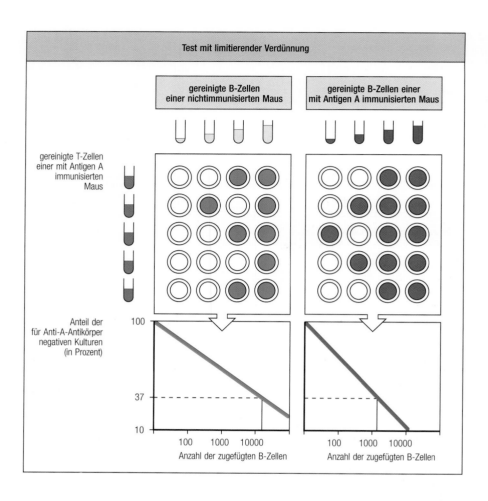

daraus eine gerade Linie. Bei der Poisson-Verteilung gilt, daß pro Vertiefung durchschnittlich eine antigenspezifische Zelle vorhanden ist, wenn der Anteil der negativen Löcher 37 Prozent beträgt. Dann entspricht der Anteil antigenspezifischer Zellen in einer Population dem Kehrwert der Zellzahl pro Gefäß. Mit demselben Test läßt sich auch die Häufigkeit von B-Zellen ermitteln, die Antikörper gegen ein bestimmtes Antigen produzieren (Abb. 2.42).

Zusammenfassung

Die zelluläre Basis der adaptiven Immunität ist die klonale Selektion der Lymphocyten durch Antigene. Daher ist für eine Untersuchung der adaptiven Immunantwort die Isolierung und Charakterisierung der Lymphocyten erforderlich. Lymphocyten lassen sich durch Antikörper, die Moleküle an der Zelloberfläche erkennen, in Subpopulationen unterteilen, da solche Moleküle von den verschiedenen Zelltypen selektiv exprimiert werden. Solchermaßen definierte Unterklassen unterscheiden sich auch in ihren Funktionen, was vermuten läßt, daß die Oberflächenmoleküle für die jeweilige Funktion wichtig sind. Antikörper gegen Zelloberflächenantigene ermöglichen außerdem eine physikalische Auftrennung der Lymphocyten mit Hilfe magnetischer Partikel oder mittels einer fluoreszenzaktivierten Zellseparation. Letztere gestattet auch eine quantitative Analyse der Zellverteilung. Die Zellfunktionen der isolierten Populationen lassen sich *in vitro* und *in vivo* untersuchen. Man kann einzelne T-Zellen klonieren –

entweder als T-Zell-Hybridome oder als kontinuierlich wachsende, normale Zellinien –, um so die Spezifität, die Funktion und die Signalgebung von T-Zellen analysieren zu können.

Immungenetik:
Der Haupthistokompatibilitätskomplex

Die Immungenetik verwendet Antikörper und seit kurzem auch T-Zellen, um genetische Unterschiede oder Polymorphismen zu entdecken. Karl Landsteiner definierte mit den AB0-Blutgruppen das erste immungenetische System. Heute erfolgen alle Bluttypisierungen mit immungenetischen Methoden (Abb. 2.12). Auf keinem Gebiet hat die Immungenetik eine so wichtige Rolle gespielt wie bei der Analyse des hochgradig polymorphen **Haupthistokompatibilitätskomplexes** (*major histocompatibility complex*, MHC; Kapitel 4). Wie wir in Kapitel 1 gesehen haben, gehört zu allen T-Zell-Reaktionen die Erkennung antigener Peptidfragmente, die an Oberflächenproteine gebunden sind. Da der MHC diese Proteine codiert, ist seine Erforschung ein Hauptanliegen der Immunologen. Der MHC weist von allen bekannten menschlichen Genkomplexen den größten Polymorphismus auf. Für Immunologen ist dieser Komplex von besonderer Bedeutung, da er die Antigenerkennung durch die T-Zellen (Kapitel 4), die Entwicklung der T-Zellen (Kapitel 6), die Abstoßung von übertragenem Gewebe (Kapitel 11) und die Anfälligkeit für viele immunologische Erkrankungen beeinflußt. Eine genaue Analyse des menschlichen MHC ist demnach auch von starkem klinischen Interesse. Für die Evolutionstheorie ist der MHC ebenfalls wichtig, da sich daran der Einfluß von Polymorphismen auf die genetische Selektion erforschen läßt. Der MHC spielt also in allen Bereichen der immunologischen Forschung eine zentrale Rolle. Wir werden uns nun mit den Methoden für die Analyse seiner Genetik und Funktion befassen. Um die Effekte des MHC-Polymorphismus auf die Immunantwort zu untersuchen, sind Mäusestämme erforderlich, die sich nur im MHC unterscheiden. Wir beginnen mit der Beschreibung der Abstoßung von Transplantaten, die auf dem MHC-Polymorphismus beruht und die die Biologen zuerst auf seine Existenz aufmerksam machte.

2.22 Übertragenes Gewebe von einem nichtverwandten Organismus wird abgestoßen

Auf die Existenz eines hochpolymorphen MHC ließ sich zuerst aus der Abstoßung übertragener Gewebe schließen. Nach der genetischen Entschlüsselung der AB0-Blutgruppen waren Bluttransfusionen kein Problem mehr. Dies führte zu der Idee, daß feste Gewebe entsprechend durch eine chirurgische Transplantation übertragbar sein müßten. Die ersten Versuche schlugen alle fehl. Die Gewebeabstoßung erfolgte sofort und vollständig, die meisten Transplantate erfüllten nur kurzzeitig ihre Funktion, bevor sie von Lymphocyten infiltriert wurden und abstarben.

Haut war das bevorzugte Gewebe für experimentelle Übertragungen, da hier eine Untersuchung direkt und regelmäßig erfolgen kann. Die genetischen Grundlagen der Gewebeabstoßung ließen sich zum ersten Mal aufzeigen, als eine Hautübertragung zwischen Inzuchtmäusen gelang. Bei diesen Mäusen handelt es sich um eine spezielle Züchtung, die in allen Loci homozygot ist. Alle Individuen eines Inzuchtstammes sind genetisch identisch. Sie entsprechen eineiigen Zwillingen beim Menschen, zwischen denen eine Gewebeübertragung ebenfalls möglich ist, ohne daß eine Absto-

2.43 Die Terminologie von Transplantationen. Eine Gewebeübertragung von einer Körperregion auf eine andere desselben Organismus nennt man autolog. Hier erfolgt eine Annahme des Transplantats. Eine Übertragung zwischen genetisch identischen Individuen (also bei Inzuchtstämmen oder eineiigen Zwillingen) nennt man syngen. Auch hier kommt es zu einer Annahme des Gewebes. Eine Übertragung zwischen genetisch verschiedenen (allogenen) Individuen derselben Spezies führt hingegen zu einer Abstoßung. Bei xenogenen Individuen verschiedener Arten erfolgt ebenfalls eine Abstoßung.

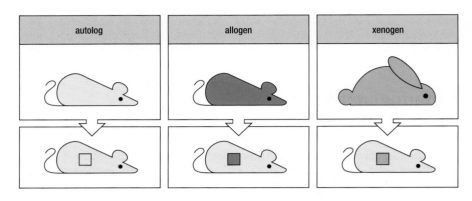

ßung eintritt. Hautgewebe, das man von Mäusen anderer Inzuchstämme oder von anderen Spezies überträgt, wurde ausnahmslos abgestoßen (Abb. 2.43). Das führte bald zu der Annahme, daß die Abstoßung auf einer Immunreaktion gegen das übertragene Gewebe beruhte. Zum einen ließ sich ein spezifisches immunologisches Gedächtnis beobachten, zum anderen blieb bei immundefekten Mäusen eine Abstoßung aus. Die immunologischen und genetischen Grundlagen waren jedoch weiterhin unklar.

Um die genetischen Grundlagen der Abstoßungsreaktion zu untersuchen, kreuzte man zwei Inzuchtstämme miteinander, die jeweils das Gewebe des anderen Stammes abstießen. Auf diese Weise besaßen die F1-Nachkommen je einen Allelsatz der beiden elterlichen Stämme. Bei einer Gewebeübertragung von einem der Elternstämme auf die Nachkommen trat keine Abstoßung mehr ein, wohingegen beide Elternstämme Transplantate von den Nachkommen abstießen (Abb. 1.41). Offensichtlich exprimierten die F1-Hybridmäuse alle Antigene, die an der Gewebeabstoßung beteiligt sind. Das Immunsystem der F1-Generation toleriert jedoch diese Antigene. Besonders interessant war die Beobachtung, daß die F1-Mäuse nach Rückkreuzung mit einem Elternstamm Nachkommen hervorbrachten, von denen die Hälfte Transplantate des anderen Elternstammes abstieß. Die Reaktion setzte etwa acht Tage nach der Übertragung ein. Demnach ist ein einziger Genlocus für die schnelle Abstoßung verantwortlich. Später stellte sich heraus, das der Locus aus einem Komplex miteinander verwandter Gene besteht, der Haupthistokompatibilitätskomplex (MHC) genannt wurde. Der MHC bestimmt hauptsächlich, ob ein Transplantat anwächst oder nicht. Der genetische Locus, der die schnelle Abstoßungsreaktion bewirkt, segregierte vollständig zusammen mit einem Antigen, das von einem Antikörper gegen Blutzellen von Mäusen erkannt wurde. Man bezeichnete das Antigen als Antigen-2 und den zugehörigen Locus als Histokompatibilität-2 oder **H-2** (die Bezeichnung des MHC bei der Maus). Im folgenden zeigte sich, daß Mäuse, die bezüglich H-2 übereinstimmten, dennoch das Gewebe der jeweils anderen Maus abstießen. Die Reaktion trat allerdings erst später nach der Übertragung ein. Diese Mäuse unterschieden sich in einem anderen Genlocus, der die **Nebenhistokompatibilitätsantigene** codiert.

Da bei einer genetischen Übereinstimmung im H-2-Locus die Transplantate länger überlebten, nahm man an, daß die Identifizierung eines entsprechenden Genkomplexes beim Menschen die Gewebeübertragung ermöglichen könnte. Erste Untersuchungen von Antikörperreaktionen mit weißen Blutzellen führten schließlich zur Entdeckung des **HLA**-Systems (*human leukocyte antigen*, Abb. 2.44). Unglücklicherweise zeigt der HLA-Komplex beim Menschen einen ausgeprägten Polymorphismus, so daß HLA-identische Personen nur sehr schwer zu finden sind. Das Vorhandensein weiterer Nebenhistokompatibilitätsantigene führt dazu, daß eine vollkommene genetische Übereinstimmung, wie sie bei den Inzuchtmäusen besteht, beim Menschen nur gegeben ist, wenn es sich bei Spender und Empfänger um eineiige Zwillinge handelt (Kapitel 11).

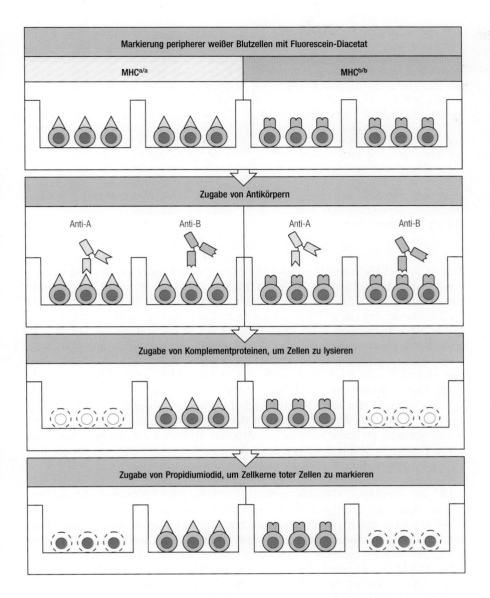

Markierung peripherer weißer Blutzellen mit Fluorescein-Diacetat

MHC^(a/a)   MHC^(b/b)

Zugabe von Antikörpern

Anti-A   Anti-B   Anti-A   Anti-B

Zugabe von Komplementproteinen, um Zellen zu lysieren

Zugabe von Propidiumiodid, um Zellkerne toter Zellen zu markieren

2.44 Der Mikrocytotoxizitätstest dient zum Überprüfen der Histokompatibilität. Mit dem Vitalfarbstoff Fluorescein-Diacetat markierte Leukocyten werden mit Antikörpern behandelt, die für allele Varianten der MHC-Proteine spezifisch sind. Anschließend setzt man Komplementproteine zu. Fluorescein-Diacetat färbt lebende Zellen grün. Wenn die Antikörper mit den MHC-Molekülen auf der Zelloberfläche reagiert haben, erfolgt anschließend eine Aktivierung der Komplementproteine. Dies führt zum Abtöten der Zelle. Die grünen Zellen verschwinden. Gleichzeitig treten verstärkt rote Zellen auf, da der Farbstoff Propidiumiodid (rot) nur in tote Zellen eindringt.

2.23 MHC-congene und MHC-mutierte Mäusestämme sind für die Analyse der MHC-Funktion von grundlegender Bedeutung

Der MHC ist ein Komplex von zahlreichen engverwandten Genen. Die meisten dieser Gene sind beim Menschen und bei der Maus hochgradig polymorph. Sie codieren die MHC-Proteine, die von den T-Zellen erkannt werden. Um die Funktionen des MHC und die Auswirkungen des MHC-Polymorphismus auf die Immunantwort untersuchen zu können, sind Tiere erforderlich, die sich genetisch nur im MHC-Bereich unterscheiden. George Snell nutzte dafür die Beobachtung, daß ein Maustumor, den man auf einen anderen Mäusestamm überträgt, dort nur dann progressiv weiterwächst, wenn die Empfängermaus dieselben MHC-Gene aufweist wie der Tumor. Unter diesen Umständen toleriert die Maus die MHC-Antigene des Tumors und geht an ihm zugrunde. Ein von Snell verwendeter Tumor konnte im Mäusestamm A gut wachsen. Also kreuzte Snell diese Mäuse (MHC-Genotyp H-2^a) mit Mäusen eines anderen MHC-Genotyps (wie etwa des Stammes C57BL/6, abgekürzt B6; MHC-Genotyp H-2^b). So entstanden F1-Hybridmäuse (H-2$^{a \times b}$), die nach einer Selbstkreuzung untereinander eine F2-Generation hervorbrachten. In die F2-Mäuse injizierte Snell den

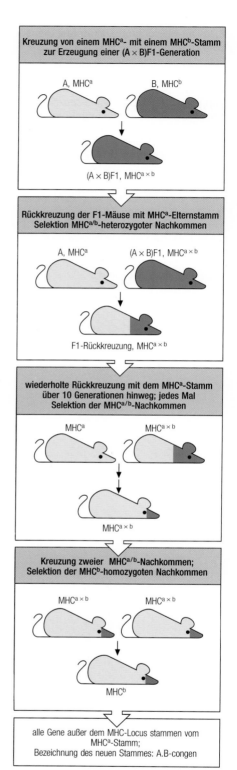

Kreuzung von einem MHC^a^- mit einem MHC^b^-Stamm zur Erzeugung einer (A × B)F1-Generation

A, MHC^a^   B, MHC^b^

(A × B)F1, MHC^a × b^

Rückkreuzung der F1-Mäuse mit MHC^a^-Elternstamm Selektion MHC^a/b^-heterozygoter Nachkommen

A, MHC^a^   (A × B)F1, MHC^a × b^

F1-Rückkreuzung, MHC^a × b^

wiederholte Rückkreuzung mit dem MHC^a^-Stamm über 10 Generationen hinweg; jedes Mal Selektion der MHC^a/b^-Nachkommen

MHC^a^   MHC^a × b^

MHC^a × b^

Kreuzung zweier MHC^a/b^-Nachkommen; Selektion der MHC^b^-homozygoten Nachkommen

MHC^a × b^   MHC^a × b^

MHC^b^

alle Gene außer dem MHC-Locus stammen vom MHC^a^-Stamm; Bezeichnung des neuen Stammes: A.B-congen

2.45 Die Erzeugung MHC-congener Mäusestämme. Mäuse von Stamm A mit dem MHC-Genotyp a (gelb) und von Stamm B mit dem MHC-Genotyp b (blau) werden miteinander gepaart. Die F1-Hybridnachkommen, die an allen Loci einschließlich MHC^axb^ (grün) heterozygot sind, kreuzt man mit dem Elternstamm A zurück. Die Nachkommen der Rück-kreuzung, die an 50 Prozent ihrer Loci A-homozygot sind (gelb), werden auf Expression des anderen elterlichen Allels MHC^b^ selektiert. Mäuse mit MHC^axb^ wer-den mit Stamm A erneut rückgekreuzt. Diesen Zyklus setzt man zehnmal fort.

Danach sind die Mäuse praktisch an allen Loci A-homozygot. Ausnahme ist der MHC-Locus, der A/B-heterozygot ist (grün). Diese Mäuse werden miteinander gekreuzt und auf MHC^b^-Homozygotie selektiert (blau). Das gesamte übrige Genom stammt praktisch von Stamm A, mit dem der MHC^b^-Genotyp introgressiv rückgekreuzt wurde. Diese Mäuse sind coisogen zu Stamm A und congen für MHC^b^. Daher tragen sie die Bezeichnung A.B. Sie sind dafür geeignet, genetische Unterschiede zwischen Stamm A und B dem MHC-Locus zuzuordnen.

Tumor, wobei die homozygoten H-2^b^-Mäuse (ein Viertel der Nachkommen) überlebten, da sie den H-2^a^-Tumor nicht tolerierten. Nach Rückkreuzung dieser Mäuse mit Stamm A und nach einer erneuten Selbstkreuzung der Nachkommen injizierte Snell erneut H-2^a^-Tumorzellen in die entstandenen Tiere. Nach insgesamt zehn Zyklen stand ein Mäusestamm zur Verfügung, der zu 99 Prozent dem Stamm A entsprach, aber H-2^b^-homozygot war. Diese Mäuse nannte man bezüglich des Tumors der Stamm-A-Mäuse **con-gen** resistent oder auch A.B, wobei B für den Elternstamm steht, der die MHC-Gene beisteuerte (hier: B6) (Abb. 2.45). Das Experiment veran-schaulicht nicht nur die Genetik und die Funktionsweise des MHC, son-dern auch, daß das Immunsystem in der Lage ist, Tumoren zu bekämpfen. Voraussetzung ist dafür allerdings, daß die Tumoren erkennbare Antigene exprimieren. In Kapitel 12 werden wir im Zusammenhang mit möglichen Therapieformen darauf zurückkommen.

Congen resistente Mäuse trugen entscheidend dazu bei, die Rolle des MHC zu verstehen. Glücklicherweise gibt es jetzt einfachere Methoden, solche Mäuse zu erzeugen. So lassen sich beispielsweise Antikörper gegen Allelvarianten der MHC-Proteine nutzen, um bei Nachkommen von Mäu-sen festzustellen, ob sie die neuen MHC-Gene, die in den Stamm A hinein-gezüchtet werden sollten, tatsächlich geerbt haben. Daher kann man in jeder Rückkreuzungsgeneration leicht die Mäuse identifizieren, die die gewünschten Gene besitzen. Dies beschleunigt die Erzeugung neuer Stämme, da die Selbstkreuzung der F1-Generation entfällt. Mit diesem Ver-fahren kann man auch Mäuse identifizieren, die innerhalb des MHC Rekombinationen aufweisen, wenn zum Beispiel nur einige MHC-Allele vom Donor-Elternstamm geerbt wurden. Mit Hilfe solcher intra-MHC-rekombinanten Mäuse lassen sich bestimmte Phänotypen einzelnen MHC-Regionen zuordnen, was zu einer größeren Genauigkeit der genetischen Karte führt. Obwohl die MHC-Struktur inzwischen aufgeklärt ist, ist eine *in vivo*-Analyse der MHC-Funktionen immer noch stark auf rekombinante und congene Mäusen angewiesen. Schließlich kann man, wie wir in Abschnitt 2.38 sehen werden, mit Hilfe von Mäusen mit einer Punktmuta-tion in einem einzigen MHC-Gen oder von transgenen beziehungsweise Gen-Knockout-Mäusen bestimmte Loci im MHC einzelnen phänotypi-schen Merkmalen zuordnen.

2.24 T-Lymphocyten reagieren stark auf MHC-Polymorphismen

Die Gewebeabstoßung geht von T-Zellen aus, die fremde MHC-Moleküle erkennen und das Transplantat zerstören. Zwar läßt sich der Prozeß *in vivo* studieren, aber eine tiefgreifende Analyse, insbesondere beim Menschen,

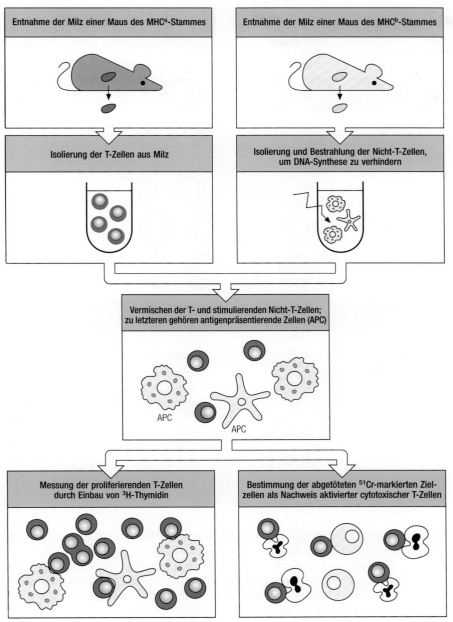

Entnahme der Milz einer Maus des MHCᵃ-Stammes	Entnahme der Milz einer Maus des MHCᵇ-Stammes
Isolierung der T-Zellen aus Milz	Isolierung und Bestrahlung der Nicht-T-Zellen, um DNA-Synthese zu verhindern

Vermischen der T- und stimulierenden Nicht-T-Zellen; zu letzteren gehören antigenpräsentierende Zellen (APC)

APC APC

Messung der proliferierenden T-Zellen durch Einbau von ³H-Thymidin	Bestimmung der abgetöteten ⁵¹Cr-markierten Zielzellen als Nachweis aktivierter cytotoxischer T-Zellen

2.46 Die gemischte Lymphocytenreaktion eignet sich zum Nachweis einer Gewebeunverträglichkeit. T-Zellen aus der Milz von einem Mäusestamm kultiviert man zusammen mit stimulatorischen Zellen (Nicht-T-Zellen) aus der Milz eines anderen Stammes. Die Nicht-T-Zellen, zu denen auch antigenpräsentierende Zellen gehören, werden vor der Kultivierung bestrahlt oder mit dem Antibiotikum Mitomycin C behandelt, um die DNA-Synthese und die Zellteilung zu blockieren. Drei bis sieben Tage nach Vermischen der Zellen testet man die Kulturen auf T-Zell-Proliferation mit Hilfe von ³H-Thymidin. Das Entstehen von cytotoxischen T-Zellen wird durch Chromfreisetzung aus markierten Zielzellen nachgewiesen (Abb. 2.38).

erforderte ein entsprechendes *in vitro*-Modell. Ein solcher Test ist die **gemischte Lymphocytenreaktion**. Dabei kultiviert man T-Zellen zusammen mit sogenannten stimulierenden Zellen. Das sind üblicherweise bestrahlte Lymphocyten einer nichtverwandten Person, die wahrscheinlich im MHC-Muster abweicht. Bei Untersuchungen von Lymphocytenkulturen aus verschiedenen Mäuse-Inzuchtstämmen zeigt sich, daß die T-Zellen angeregt werden, zu proliferieren und zu Effektorzellen zu differenzieren. Die Bestrahlung der Stimulatorzellen verhindert, daß sie die anderen Zellen angreifen können. Die eigentlichen T-Zellen reagieren auf die MHC-Moleküle der stimulierenden Zellen, da diese sich von den eigenen MHC-Molekülen unterscheiden. Die intensive Proliferation, die in gemischten Lymphocytenkulturen von Zellen nichtverwandter Individuen zu beobachten ist, geht vor allem auf die CD4-Zell-Erkennung der MHC-II-Polymorphismen zurück. Im Gegensatz dazu sind die cytotoxischen T-Zellen, die entstehen, vor allem CD8-Zellen, die MHC-I-Polymorphismen erkennen (Abb. 2.47).

2.47 MHC-Unterschiede zwischen reaktiven und stimulierenden Zellen sind für die Art der T-Zell-Reaktion in einer gemischten Lymphocytenkultur verantwortlich. Die MHC-Genotypen der beiden Zelltypen bestimmen die T-Zell-Reaktionen gegen allogene stimulierende Zellen. In einer menschlichen gemischten Lymphocytenkultur stimulieren Differenzen zwischen den MHC-II-Allelen (HLA-DR) besonders die T-Zell-Proliferation. Die Erzeugung cytotoxischer T-Zellen hängt hingegen vor allem von den Unterschieden zwischen den MHC-I-Allelen (HLA-A) ab. Die stärksten Reaktionen treten ein, wenn die MHC-I- und die MHC-II-Allele bei reaktiven und stimulierenden Zellen voneinander abweichen.

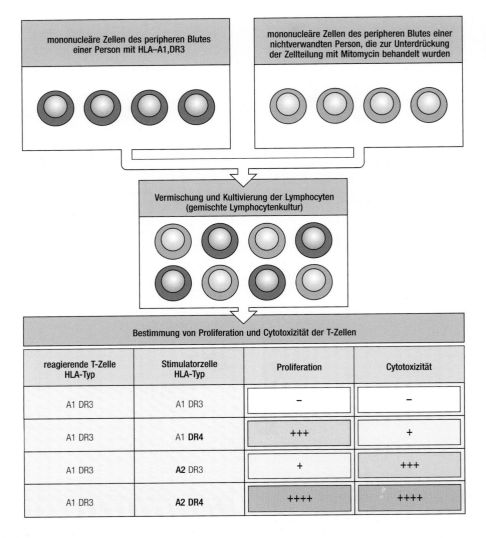

reagierende T-Zelle HLA-Typ	Stimulatorzelle HLA-Typ	Proliferation	Cytotoxizität
A1 DR3	A1 DR3	–	–
A1 DR3	A1 **DR4**	+++	+
A1 DR3	**A2** DR3	+	+++
A1 DR3	**A2 DR4**	++++	++++

Dieses *in vitro*-Modell der Gewebeabstoßung ist bei der Bestimmung von Unverträglichkeiten zwischen Spendern und Empfängern sehr hilfreich, da es ausgesprochen empfindlich ist und der normalen Gewebeabstoßung besser entspricht als der Mikrotoxizitätstest, den man mit Antikörpern durchführt (Abb. 2.44). Leider ist seine Durchführung kompliziert und teuer. Außerdem dauert es einige Tage, bis ein Ergebnis vorliegt.

2.25 Antikörper gegen MHC-Moleküle hemmen T-Zell-Reaktionen

Der MHC-Polymorphismus ist nicht nur für die Gewebeabstoßung verantwortlich. Er wirkt auch grundlegend bei der Antigenerkennung durch T-Zellen mit, wie wir in Kapitel 4 sehen werden. Da der MHC mehrere verschiedene Proteine codiert, die den T-Zellen Antigene präsentieren, ist es mit genetischen Methoden allein oft schwer, zu bestimmen, welches MHC-Molekül eine T-Zelle erkennt. Ein anderes Verfahren besteht in dem Einsatz monoklonaler Antikörper, die an ein bestimmtes MHC-Molekül binden und dessen Erkennung durch den T-Zell-Rezeptor verhindern (Abb. 2.48). So läßt sich die Wirkung der CD4-Zellen in gemischten Lymphocytenreaktionen größtenteils durch Antikörper gegen MHC-II-Proteine unterdrücken, während Antikörper gegen MHC-I-Moleküle in derselben Kultur die Funktion der CD8-Zellen blockieren. So kann man mit Antikörpern gegen

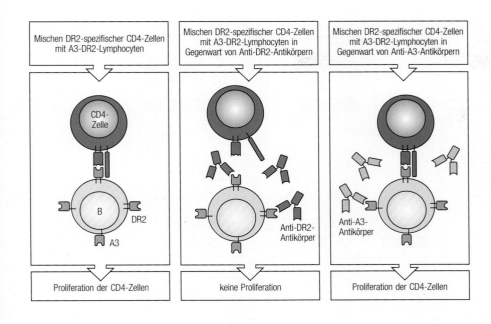

Mischen DR2-spezifischer CD4-Zellen mit A3-DR2-Lymphocyten	Mischen DR2-spezifischer CD4-Zellen mit A3-DR2-Lymphocyten in Gegenwart von Anti-DR2-Antikörpern	Mischen DR2-spezifischer CD4-Zellen mit A3-DR2-Lymphocyten in Gegenwart von Anti-A3-Antikörpern
Proliferation der CD4-Zellen	keine Proliferation	Proliferation der CD4-Zellen

2.48 Antikörper gegen spezifische MHC-Moleküle können die gemischte Lymphocytenreaktion hemmen. Anti-HLA-DR2-Antikörper, die mit den T-Zell-Rezeptoren um die Bindung an HLA-DR2 konkurrieren, inhibieren die Reaktion von CD4-Zellen auf HLA-DR2. Anti-HLA-A3-Antikörper beeinträchtigen diese Reaktion jedoch nicht, obwohl sie an die Oberflächen der stimulierenden Zellen binden. Dies zeigt, daß die Antikörper nur spezifische Erkennungsvorgänge inhibieren und die Reaktion nicht einfach in beliebiger Weise beeinflussen.

MHC-Proteine feststellen, welches MHC-Molekül einer antigenspezifischen T-Zelle die Peptide präsentiert. Entsprechend inhibieren Antikörper gegen Strukturen, die für andere zelluläre Wechselwirkungen wichtig sind, diese Reaktionen. So spielten monoklonale Antikörper, die bestimmte Reaktionen der T-Zellen unterdrücken, eine wichtige Rolle bei dem Bemühen, diese Vorgänge zu verstehen.

2.26 Mit Antikörpern gegen MHC-Moleküle läßt sich der MHC-Genotyp ermitteln

Mit T-Zellen kann man zwar die Variabilität des MHC nachweisen. Genetische Routineverfahren verwenden jedoch zur MHC-Typisierung Antikörper, um zwischen den zahlreichen verschiedenen Allelvarianten zu unterscheiden. Die meisten Informationen über die MHC-Genetik erhalten wir nach wie vor auf diese Weise. Antikörpertypisierungen definierten multiple Genloci innerhalb des MHC, von denen jeder bei den beiden untersuchten Spezies (Mensch und Maus) eine große Zahl von Allelen aufweist. Die Loci umfassen einen stark gekoppelten Genkomplex auf Chromosom 6 beim Menschen und auf Chromosom 17 bei der Maus. Da die MHC-Gene auf dem Chromosom dicht zusammenliegen, kommt es innerhalb des MHC nur selten zu einer Rekombination. Daher erben die meisten je einen unveränderten Satz dieser Allele von einem Elternteil. Solch einen Satz zusammenhängender Gene nennt man auch **Haplotyp**, also die Gene, die in einem haploiden Genom zu finden sind. Die enge Verknüpfung der MHC-Gene läßt sich durch Genotypisierungen von Familienmitgliedern leicht demonstrieren (Abb. 2.49).

Bestimmte MHC-Allele treten in manchen Haplotypen häufiger oder seltener auf, als bei einem genetischen Gleichgewicht der Allele zu erwarten wäre. Dieses **Kopplungsungleichgewicht** reflektiert möglicherweise die relativ späte Entstehung einiger Allele, die geographische Herkunft und die bevorzugte Fortpflanzung innerhalb der Rassen beim Menschen, eine Selektion bestimmter Haplotypen oder die Unterdrückung genetischer Rekombinationen, die bei einigen Haplotypen auftritt. Das Kopplungsungleichgewicht ist ein wichtiger Faktor bei dem Versuch, bestimmte Anfälligkeiten (beispielsweise für Autoimmunkrankheiten, Kapitel 11) bestimmten MHC-Allelen zuzuordnen. Denn bei Allelen von Genen, die mit

2.49 Die Vererbung von MHC-Haplotypen in Familien. Jeder Elternteil steuert Gene von einem seiner beiden Haplotypen bei. Die Haplotypen werden üblicherweise mit a, b, c und d bezeichnet. Die meisten Nachkommen erhalten von jedem Elter einen vollständigen MHC-Haplotyp. Man kann sie daher mit a/c, a/d, b/c oder b/d kennzeichnen. Eine Rekombination innerhalb eines MHC-Haplotyps tritt nur mit einer Häufigkeit von einem bis zwei Prozent auf (Darstellung ganz unten).

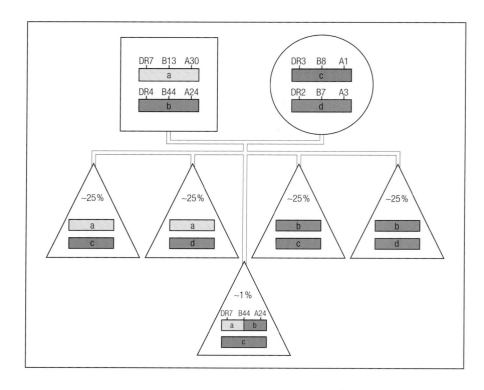

einem solchen „Anfälligkeitslocus" in einem Kopplungsungleichgewicht stehen, kann es scheinen, daß sie mit dieser Anfälligkeit verknüpft sind. Je mehr genetische Loci innerhalb des MHC bekannt werden, desto größer wird die Notwendigkeit einer präzisen Zuordnung von Anfälligkeitsallelen zu bestimmten Loci.

2.27 Die genaue Bestimmung des MHC-Genotyps erfordert eine direkte Analyse der DNA-Sequenzen

Die Bestimmung des HLA-Genotyps beim Menschen erfolgt vor allem durch serologische Untersuchungen. Für eine präzise Analyse, ob die Struktur bestimmter MHC-Proteine zweier nichtverwandter Personen, die zufällig ähnliche Gene besitzen, tatsächlich übereinstimmt, sind die verfügbaren Methoden jedoch nicht spezifisch genug. Zwar kann man mit serologischen Verfahren Mitglieder derselben Familie nach gemeinsamen MHC-Allelen einordnen, aber die Bestimmung der Identität von MHC-Allelen nichtverwandter Personen erfordert eine direkte Strukturanalyse der Gene. Mit der **Polymerasekettenreaktion** (*polymerase chain reaction*, PCR) läßt sich das sehr einfach und schnell durchführen. Dabei wird ein Stück der genomischen DNA selektiv repliziert (Abb. 2.50). Steht schließlich genügend DNA des gesuchten Gens zur Verfügung, ist eine Sequenzierung möglich. Sequenzanalysen ergaben, daß serologisch identische Allele tatsächlich mehrere engverwandte Allele umfassen. Inzwischen sind viele Sequenzvarianten der meisten serologisch definierten MHC-Allele bekannt. Diese stimmen größtenteils überein, unterscheiden sich jedoch in einer oder wenigen Aminosäuren. Die Proteine von serologisch abgrenzbaren Allelen differieren hingegen in bezug auf zahlreiche Aminosäuren.

Sobald von einem Allel die Sequenzinformation vorliegt, kann man für die Bereiche, in denen Unterschiede auftreten, Oligonucleotide herstellen. Mit diesen Sonden kann man die Unterschiede durch direkte Hybridisierung mit genomischer DNA nachweisen. Damit steht eine schnelle, preiswerte und empfindliche Methode zur Verfügung, um MHC-Genstrukturen

2.50 Die Polymerasekettenreaktion. Um einen bestimmten Bereich der genomischen DNA, wie etwa ein polymorphes Exon eines MHC-Gens, zu vermehren, stellt man zuerst Oligonucleotidprimer her, die zu den flankierenden DNA-Sequenzen der gewünschten Region komplementär sind. Die genomische DNA wird in Gegenwart eines großen Überschusses beider Oligonucleotide denaturiert, so daß die Primer bei dem erneuten Zusammenlagern (*annealing*) der DNA an die komplementären Sequenzen binden. Die Taq-DNA-Polymerase aus dem Bakterium *Thermus aquaticus* verlängert den Primer entlang der genomischen Matrizen-DNA. Die Polymerase bleibt auch bei den hohen Temperaturen stabil, die zur DNA-Denaturierung zwischen den Replikationszyklen notwendig sind. Die replizierte DNA wird dabei in die Einzelstränge getrennt. Durch Abkühlen kann ein neuer Zyklus aus Primer-Anlagerung und Replikation beginnen. Die ersten DNA-Produkte haben eine beliebige Länge, wohingegen alle weiteren Zyklen Fragmente von definierter Länge erzeugen, da die Matrize am ersten Primer endet. Die Zyklen lassen sich solange wiederholen, bis genügend DNA für eine Sequenzierung zur Verfügung steht.

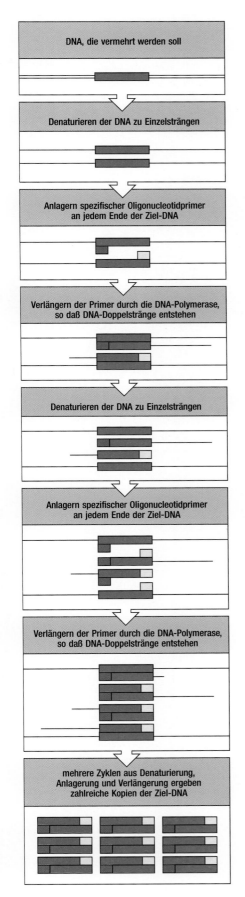

zu definieren. Mit dieser Methode ließ sich die Rolle von MHC-Genen bei mehreren immunologischen Krankheiten genau bestimmen. Allgemein kann das Verfahren dazu beitragen, die Mechanismen zu bestimmen, durch die einzelne MHC-Allele eine genetisch bedingte Anfälligkeit für bestimmte Krankheiten verursachen.

Zusammenfassung

Die Oberflächenglykoproteine, die der MHC codiert, spielen in der Immunologie eine zentrale Rolle. Wie wir in Kapitel 1 erfahren haben, besteht ihre Hauptfunktion in der Präsentierung von Antigenpeptidfragmenten an der Zelloberfläche, wo dann die T-Zellen die Peptid:MHC-Komplexe erkennen können. Ursprünglich hatte man den MHC jedoch als das wichtigste genetische Hindernis bei einer Gewebetransplantation identifiziert, da die starke Reaktion der T-Zellen gegen fremde MHC-Moleküle eine Gewebeabstoßung verursacht. Auch die Erkennung von Peptidantigenen durch die T-Zellen beeinflußt der MHC-Polymorphismus grundlegend. Daher ist seine Erforschung eine wichtige Aufgabe der Immunologie. Auch für die klinische Medizin ist sie von Bedeutung, nicht nur um Spender und Empfänger von Geweben einander zuordnen zu können, sondern auch, um die Rolle des MHC-Genotyps bei Anfälligkeiten des Menschen für zahlreiche Allergien und Autoimmunkrankheiten zu bestimmen. Solche Untersuchungen erfordern eine verläßliche Bestimmung des MHC-Genotyps durch serologische Analysen, gemischte Lymphocytenkulturen und (am genauesten) durch DNA-Analysen. Experimentelle Studien über den MHC-Polymorphismus werden durch spezielle congene, rekombinante und mutierte Mäusestämmen erleichtert. Alle diese klinischen und experimentellen Verfahren sind unerläßlich, um die Auswirkungen des MHC-Polymorphismus auf die Immunität und die immunologischen Krankheiten untersuchen zu können.

Die Analyse der Immunantwort im gesamten Organismus

Das Ziel der Immunologie ist es letztendlich, die Immunantwort *in vivo* zu verstehen und zu kontrollieren. Dafür sind Methoden unerläßlich, die eine Untersuchung der Immunität im lebenden Tier und bei Patienten ermöglichen. Die folgenden Abschnitte beschreiben, wie man im ganzen Organismus, sei es nun Maus oder Mensch, die Immunität messen und charakterisieren kann. Anhand solcher Beobachtungen läßt sich auch einiges über die Funktionsweise des intakten Immunsystems lernen. Wie diese Geschehnisse auf zellulärer und molekularer Ebene ablaufen, ist das Thema eines großen Teiles dieses Buches.

2.28 Durch Verabreichung infektiöser Faktoren kann man die schützende Immunität testen

Eine adaptive Immunantwort gegen einen Krankheitserreger führt oft zu einer langfristigen Immunität gegen eine erneute Infektion. Darauf beruht die Schutzimpfung. Das allererste Experiment der Immunologie, Jenners erfolgreiche Impfung gegen die Pocken, dient immer noch als Modell, um das Vorhandensein einer **schützenden Immunität** zu überprüfen. Diese Untersuchung umfaßt drei unabdingbare Schritte. Zuerst löst man durch Immunisierung mit dem entsprechenden Impfstoff eine Immunantwort aus. Dann verabreicht man den immunisierten Individuen und einer nichtimmunisierten Kontrollgruppe den infektiösen Faktor. Schließlich vergleicht man die Häufigkeit und das Ausmaß der Infektionen bei den Immunisierten und bei der Kontrollgruppe miteinander (Abb. 2.51, links). Aus einsichtigen Gründen werden solche Experimente zuerst bei Tieren durchgeführt, wenn es ein geeignetes Tiermodell gibt. Danach muß eine Untersuchung beim Menschen erfolgen. Solche Studien führt man gewöhnlich in Regionen durch, in denen die entsprechende Krankheit vorherrscht, wo also eine Infektion auf natürlichem Wege erfolgt. Die Wirksamkeit eines Impfstoffs läßt sich bestimmen, indem man Häufigkeit und Schwere neuer Infektionen einer immunisierten und einer nichtimmunisierten Personengruppe miteinander vergleicht. Solche Studien führen zwangsläufig zu ungenaueren Ergebnissen als direkte Experimente. Bei den meisten Krankheiten stellen sie jedoch die einzige Möglichkeit dar zu ermitteln, inwieweit ein Impfstoff eine schützende Immunität beim Menschen erzeugt.

2.29 Antikörper oder Lymphocyten können Immunität verleihen

Die im vorigen Abschnitt beschriebenen Testverfahren zeigen zwar an, daß eine schützende Immunität besteht. Sie können jedoch nichts darüber aussagen, ob die humorale oder die zellvermittelte Immunität oder beide daran beteiligt sind. Untersucht man immunisierte oder früher infizierte Inzuchtmäuse, so kann man die Art der schützenden Immunität dadurch nachweisen, daß man Serum oder lymphatische Zellen von einem immunisierten Donor auf einen nichtimmunisierten, erbgleichen Rezipienten überträgt. Wird die Immunität durch das Serum vermittelt, beruht sie auf freien Antikörpern (**humorale Immunität**). Die Immunitätsübertragung durch ein Antiserum oder durch aufgereinigte Antikörper verleiht einen sofortigen Schutz gegen viele Krankheitserreger und Toxine (wie etwa Tetanus oder Schlangengifte). Zwar tritt der Schutz sofort ein. Er hält jedoch nur solange an, wie die übertragenen Immunglobuline im Körper des Empfängers aktiv sind. Daher spricht man auch von einer **passiven Immunisierung** (Abb. 2.51, dritte Spalte). Nur die **aktive Immunisierung** mit einem Antigen kann für eine andauernde Immunität sorgen.

Bei vielen Erkrankungen läßt sich ein Schutz nicht durch Serum, sondern nur durch lymphatische Zellen eines immunisierten Spenders vermitteln. Eine solche **adoptive Übertragung** auf einen erbgleichen Empfänger (**adoptive Immunisierung**) führt zu einer **adoptiven Immunität**. Eine Immunität, die nur durch lymphatische Zellen übertragen werden kann, nennt man **zelluläre Immunität** (Abb. 2.51, vierte Spalte). Bei solchen Zellübertragungen müssen Donor und Rezipient genetisch übereinstimmen, wie es etwa innerhalb eines Inzuchtstammes von Mäusen der Fall

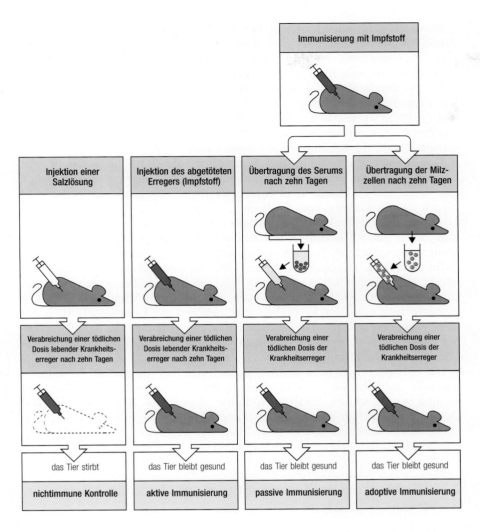

2.51 *In vivo*-Tests für den Nachweis und die Charakterisierung der schützenden Immunität nach der Impfung eines Tieres. Man injiziert Mäusen den Testimpfstoff oder eine Kontrollsubstanz beispielsweise Kochsalzlösung. Dann werden einzelne Gruppen der Tiere mit tödlichen oder pathogen wirkenden Dosen des zu testenden oder eines nicht-verwandten Krankheitserregers behandelt. Letzteres dient der Spezifitätskontrolle (hier nicht gezeigt). Tiere ohne Immunisierung sterben oder erleiden eine gravierende Infektion. Der spezifische Schutz gegen den Erreger ist ein Zeichen für die erfolgreiche Schutzimpfung einer Maus. Man spricht von einer aktiven Immunität und der zugehörige Vorgang ist die aktive Immunisierung. Wenn sich die Immunität durch das Serum eines immunen Spendertieres auf normale, syngene Empfängertiere übertragen läßt, liegt eine antikörpervermittelte oder humorale Immunität vor. Der zugehörige Vorgang ist dann eine passive Immunisierung. Ist eine Übertragung der Immunität nur durch eine Transfusion lymphatischer Zellen von einem immunen Spender auf einen normalen, syngenen Empfänger möglich, handelt es sich um eine zellvermittelte Immunität, wobei der Übertragungsvorgang eine adoptive Immunisierung darstellt. Die passive Immunität ist kurzlebig, da die Antikörper abgebaut werden. Die adoptive Immunität beruht jedoch auf immunen Zellen, die überleben können und einen längerfristigen Schutz gewährleisten.

ist, damit die Lymphocyten des Donors nicht abgestoßen werden und auch nicht das Gewebe des Empfängers angreifen. Eine Bestrahlung des Empfängertiers dient häufig dazu, dessen eigene Immunantwort auszuschalten, so daß sich die Effekte der adoptiv übertragenen Zellen isoliert beobachten lassen (Abschnitt 2.32). Die verhältnismäßig niedrige Strahlendosis ist für das Empfängertier nicht tödlich, zerstört aber alle reifen Lymphocyten, die für Strahlen besonders empfindlich sind. James Gowans verwendete diese Methode ursprünglich, um die Rolle der Lymphocyten bei Immunantworten aufzuzeigen. Er stellte fest, daß sich alle aktiven Immunantworten mit Hilfe der kleinen Lymphocyten von immunisierten Donoren auf bestrahlte Empfänger übertragen lassen. Durch Beschränkung auf bestimmte Subpopulationen, wie beispielsweise B-Zellen oder CD4-Zellen, kann man das Verfahren noch verfeinern. Sogar klonierte T-Zell-Linien können eine Immunität gegen ihr spezifisches Antigen verleihen. Die adoptive Immunisierung wird außer bei der experimentellen Krebstherapie in der Klinik nicht angewandt.

2.30 Lokale Reaktionen auf ein Antigen können eine aktive Immunität anzeigen

Insbesondere beim Menschen untersucht man häufig die aktive Immunität *in vivo*, indem man Antigene lokal in die Haut injiziert. Gibt es eine Reaktion, so ist das ein Anzeichen für das Vorhandensein von spezifischen Antikörpern oder Lymphocyten. Ein Beispiel dafür ist der **Tuberkulintest**. Personen mit einer Tuberkulose entwickeln eine zellvermittelte Immunität, die sich nach der Injektion einer geringen Menge von Tuberkulin als lokale Reaktion auf der Haut zeigt. Tuberkulin ist ein Extrakt aus dem Tuberkuloseerreger *Mycobacterium tuberculosis*. Die Reaktion tritt typischerweise ein bis zwei Tage nach der Injektion ein. Sie besteht aus einer roten, verhärteten (indurierten) Hautaufwölbung, die wieder verschwindet, sobald das Antigen abgebaut wurde.

Das Immunsystem kann auch weniger erwünschte Reaktionen hervorbringen, wie etwa Überempfindlichkeiten, die für Allergien verantwortlich sind (Kapitel 11). Lokale Injektionen minimaler Antigendosen in die Haut dienen zur Ermittlung von Antigenen, die bei einem Patienten Allergien auslösen. Lokale Reaktionen innerhalb der ersten Minuten nach der Injektion nennt man **Überempfindlichkeitsreaktionen vom Soforttyp**. Sie können verschiedene Formen annehmen. Dazu gehört die erythematöse Quaddelbildung (Kapitel 11). Die Überempfindlichkeit vom Soforttyp beruht auf spezifischen Antikörpern, die von einer früheren Antigenexposition herrühren. Reaktionen hingegen, die erst nach Stunden oder Tagen eintreten (wie etwa der Tuberkulintest), gehören zur **Überempfindlichkeit des verzögerten Typs**. Sie basieren auf schon vorhandenen T-Zellen. Jenner entdeckte diese Art der Immunantwort, als er geimpften Personen das Vacciniavirus lokal injizierte.

Die beschriebenen Tests beruhen darauf, daß das Antigen an der Injektionsstelle verbleibt, wo es im Gewebe die Reaktionen auslöst. Bei genügend kleinen Antigendosen bildet sich keine allgemeine Immunantwort aus. Dennoch beinhalten lokale Tests immer das Risiko einer systemischen allergischen Reaktion. Daher muß man bei Personen, die bereits Überempfindlichkeiten zeigten, vorsichtig vorgehen.

2.31 Die Messung der Immunantwort und der immunologischen Kompetenz beim Menschen

Die Methoden zur Untersuchung der Immunfunktionen des Menschen sind zwangsläufig stärker eingeschränkt als etwa bei Versuchstieren. Dennoch gibt es viele verschiedene Testverfahren, von denen wir einige bereits erwähnt haben. Sie sind je nach dem Grund der Untersuchung in mehrere Gruppen unterteilbar.

Die Messung der schützenden Immunität erfolgt beim Menschen im allgemeinen *in vitro*. Für die humorale Immunität bestimmt man im Serum eines Patienten mit Hilfe der entsprechenden Mikroorganismen oder der aufgereinigten mikrobiellen Produkte als Antigene die Menge der spezifischen Antikörper. Eine Immunität gegen Viren ermittelt man oft aufgrund der Fähigkeit des Serums, die Infektiosität eines Virus in einer Gewebekultur zu neutralisieren. Spezifische Antikörper zeigen nicht nur an, daß eine schützende Immunität besteht, sondern auch, daß ein Patient dem entsprechenden Krankheitserreger bereits ausgesetzt war. Deshalb sind solche Tests von großer Bedeutung für die Epidemiologie. Der zur Zeit wichtigste Test ist die Bestimmung von Antikörpern gegen das menschliche Immunschwächevirus. Dies ist nicht nur für Patienten, sondern auch für Blutbanken von Bedeutung. Infizierte Blutprodukte müssen sofort vernichtet werden. Bei Allergieuntersuchungen kommen im Grunde ähnliche Tests zum Einsatz. Dabei dienen Allergene als Antigene, mit denen man IgE-Antikörper in ELISA- oder RIA-Verfahren spezifisch nachweisen kann (Abschnitt 2.7). Auf diese Weise lassen sich die Ergebnisse von Hauttests überprüfen. Eine zellvermittelte Immunität gegen infektiöse Faktoren kann man ebenfalls durch Hauttests mit Extrakten der Krankheitserreger feststellen, wie etwa beim Tuberkulintest (Abschnitt 2.30). Oder man löst eine T-Zell-Proliferation *in vitro* aus (Abschnitt 2.18). Alle diese Tests liefern Informationen darüber, ob ein Patient bereits eine bestimmte Krankheit hatte und inwieweit er eine adaptive Immunantwort dagegen entwickeln kann.

Evaluierung der zellulären Komponenten des menschlichen Immunsystems			
	B-Zellen	**T-Zellen**	**Phagocyten**
normale Zellzahl ($\times 10^9$ pro Liter Blut)	etwa 0,3	gesamt 1,0–2,5 CD4 0,5–1,6 CD8 0,3–0,9	Monocyten 0,3–2,5 polymorphkernige Leukocyten neutrophile 3,00–5,5 eosinophile 0,05–0,25 basophile 0,02
Funktions-messung *in vivo*	Ig-Spiegel im Serum Spiegel der spezifischen Antikörper	Hauttest	–
Funktions-messung *in vitro*	induzierte Antikörperproduktion als Reaktion auf das Pokeweed-Antigen	T-Zell-Proliferation als Reaktion auf Concanavalin A oder Tetanus-Toxoid	Phagocytose, Aufnahme von Nitro-Blue-Tetrazolium, intrazelluläres Töten von Bakterien
spezifische Defekte	siehe Abb. 10.8	siehe Abb. 10.8	siehe Abb. 10.15

Evaluierung der humoralen Komponenten des menschlichen Immunsystems				
	Immunglobuline			**Komplementsystem**
Komponente	IgG	IgM	IgA	IgE	
Normalspiegel	600–400 mg dl^{-1}	40–345 mg dl^{-1}	60–380 mg dl^{-1}	0–200 IU ml^{-1}	CH_{50} von 125–300 Einh. ml^{-1}

2.52 Die Bestimmung der immunologischen Kompetenz beim Menschen. Man kann sowohl die humoralen als auch die zellvermittelten Anteile der Immunantwort überprüfen, um das Eintreten einer Immunantwort oder die Ursachen für eine immunologische Inkompetenz festzustellen. Das geschieht üblicherweise in einer festgelegten Reihenfolge. Zu Beginn mißt man die Mengen an Immunglobulinen und Komplementproteinen und zählt die Lymphocyten und Phagocyten. Dies zeigt normalerweise an, ob in der humoralen oder T-Zell-vermittelten Immunität ein Defekt besteht und ob dieser die Induktion oder Vermittlung einer Reaktion beeinflußt. Kapitel 10 beschreibt im einzelnen Störungen in der Immunabwehr, die man als Immunschwächeerkrankungen bezeichnet.

Patienten mit einer Immunschwäche (Kapitel 10) lassen sich klinisch aufgrund einer Krankheitsgeschichte wiederholter Infektionen erkennen. Um die Kompetenz des Immunsystems in solchen Fällen zu ermitteln, sind zahlreiche Tests notwendig (Abb. 2.52). So kann man die Art des Defekts immer weiter eingrenzen, bis hin zur definitiven Ursache. Das Vorhandensein der einzelnen Zelltypen im Blut wird routinemäßig durch hämatologische Verfahren bestimmt. Daran schließt sich häufig eine FACS®-Analyse an (Abschnitt 2.17), um die Subpopulationen der Lymphocyten zu erfassen. Außerdem mißt man die Mengen der verschiedenen Immunglobuline im Serum. Die Kompetenz der phagocytischen Zellen läßt sich an frisch isolierten polymorphkernigen Leukocyten und Monocyten feststellen. Die Effizienz des Komplementsystems (Kapitel 8) gibt man an als Serumsverdünnung, die noch 50 Prozent der antikörperbehafteten roten Blutkörperchen in einem Testansatz abtötet (CH_{50}). Ergeben die Tests bei einer der zahlreichen Immunfunktionen einen Defekt, so sind noch speziellere Verfahren notwendig, um nun den Fehler genauer einzukreisen. Funktionstests von Lymphocyten sind oft hilfreich. Am Anfang steht meist die Induktion einer T-Zell-Proliferation und einer Immunglobulinfreisetzung der B-Zellen durch polyklonale Mitogene in einer Gewebekulur (Abschnitt 2.18). So kann man schließlich den Grund für die Immunschwäche auf zellulärer Ebene aufspüren.

Bei Patienten mit einer Autoimmunerkrankung (Kapitel 11) dienen dieselben Parameter üblicherweise dazu festzustellen, ob es starke Abweichungen im Immunsystem gibt. Die meisten Patienten zeigen jedoch nur geringe Anomalien in der allgemeinen Immunfunktion. Um herauszufinden, ob ein Patient Antikörper gegen eigene zelluläre Antigene erzeugt, läßt man dessen Serum mit Gewebeschnitten reagieren. Gebundene Antikörper werden durch indirekte Immunfluoreszenz über markierte Anti-Immunglobuline nachgewiesen (Abschnitt 2.13). Die meisten Autoimmunkrankheiten gehen mit charakteristischen Mustern von Autoantikörpern gegen körpereigene Gewebe einher. Solche Muster helfen bei der Diagnose und bei der Unterscheidung der Autoimmunität von einer Gewebeentzündung aufgrund einer Infektion.

Zusammenfassung

Die Bestimmung der Immunfunktionen im intakten Organismus ist unerläßlich, um die Bedeutung des Immunsystems für Gesundheit und Krankheit vollständig zu verstehen. Die Fähigkeit eines immunisierten Lebewesens, sich einer Infektion zu widersetzen, ist nach wie vor der „Standardtest", um eine schützende Immunität nach einer Infektion oder Impfung nachzuweisen. Lokale Hautreaktionen gegen injizierte Antigene liefern Informationen über Antikörper- und T-Zell-Antworten auf diese Antigene. Dies ist vor allem bei Untersuchungen von Allergien von Bedeutung. Zahlreiche *in vitro*-Verfahren, wie etwa die Analyse spezifischer Antikörper im Serum oder proliferativer Reaktionen der T-Zellen gegen spezifische Antigene, dienen dazu, die Immunfunktionen bei menschlichen Patienten zu testen. Solchen Methoden mangelt es zwangsläufig an der Exaktheit und Eindeutigkeit der meisten zellulären und molekularbiologischen Methoden. Dennoch bilden sie einen zentralen Aspekt der Immunologie. Wenn wir *in vitro*-Studien nicht zur Erklärung der Funktionsweise des intakten Immunsystems nutzen können, um so die Auslösung einer schützenden Immunität oder die Unterdrückung unerwünschter Reaktionen bei Allergien, Autoimmunerkrankungen und Gewebeabstoßungen zu ermöglichen, hätten wir unsere wichtigsten Ziele verfehlt.

Die Beeinflussung des Immunsystems

Um die Rolle der verschiedenen Gewebe, Zellen und der einzelnen Moleküle des Immunsystems im intakten Organismus zu bestimmen, haben die Immunologen bisher vor allem natürlich vorkommende Mutationen benutzt oder Methoden, um anomale Immunsysteme zu erzeugen. Ein großer Teil unseres derzeitigen Wissens darüber, wie das Immunsystem *in vivo* funktioniert, und besonders darüber, wie es sich entwickelt, beruht auf dieser Art von Analyse. Neue Technologien führen hier jedoch allmählich zu Veränderungen. Dazu gehört vor allem das Erzeugen gezielter Mutationen in einzelnen Genen und von stabilen mutierten oder transgenen Mäusestämmen. Diese Verfahren sollten es in Kombination mit der herkömmlichen Manipulation von lymphatischen Zellen und Geweben ermöglichen, die Entwicklung und die Funktionsweise des Immunsystems *in vivo* mit derselben Genauigkeit zu analysieren, wie es derzeit *in vitro* geschieht. Auf diese Weise sollten wir in der Lage sein, unsere Erkenntnisse über das Immunsystem erheblich zu erweitern. Zu Beginn werden wir uns damit befassen, welche Manipulationen des Immunsystems zu unseren heutigem Erkenntnisstand führten. Anschließend betrachten wir neue Methoden, mit deren Hilfe man *in vivo* genetische Veränderungen erreichen kann, die bereits sehr genaue Informationen über die Rolle bestimmter Gene und deren Produkte bei der Immunabwehr liefern.

2.32 Bestrahlung tötet lymphatische Zellen ab und ermöglicht so eine adoptive Immunisierung

Ionisierende Röntgen- oder γ-Strahlung tötet lymphatische Zellen in Dosierungen, die andere Körpergewebe nicht angreifen. Bestrahlt man ein Empfängertier mit einer geeigneten Dosis, so läßt sich anschließend überprüfen, inwieweit die verschiedenen Zellpopulationen einer Spendermaus Immunfunktionen übertragen können. Solche adoptiven Immunisierungen sind ein grundlegender Bestandteil der Untersuchungen des Immunsystems, da sie sich schnell, einfach und mit jedem Mäusestamm durchführen lassen.

Etwas höhere Strahlendosen vernichten alle hämatopoetischen Zellen, was es ermöglicht, das gesamte blutbildende System, einschließlich der Lymphocyten, gegen Knochenmarkstammzellen eines Donors auszutauschen. Die so entstandenen Tiere nennt man **Knochenmarkchimären.** Der Begriff leitet sich vom griechischen *chimera* ab, das ein mythisches Tier bezeichnet, mit dem Kopf eines Löwen, dem Körper einer Ziege und dem Schwanz einer Schlange. Dieses Verfahren dient dazu, die Entwicklung (nicht die Effektorfunktion) von Lymphocyten, insbesondere von T-Zellen zu untersuchen (Kapitel 6). Beim Menschen verwendet man prinzipiell dieselbe Methode, um das Knochenmark bei einer Fehlfunktion auszutauschen, wie etwa bei einer aplastischen Anämie oder nach einem atomaren Unfall. Eine andere Anwendung ist die Therapie bestimmter Krebsarten. Dabei wird zuerst das erkrankte Knochenmark zerstört und anschließend durch gesundes ersetzt.

2.33 Die *scid*-Mutation bei Mäusen verhindert die Entwicklung von Lymphocyten, und homozygote *scid*-Mäuse können ein menschliches Immunsystem annehmen

Mehrere menschliche Immunmangelkrankheiten werden als **schwerer kombinierter Immundefekt** (*severe combined immune deficiency*, SCID) bezeichnet. Patienten mit solchen Erkrankungen sind für Infektionen der verschiedensten Art besonders anfällig. Die meisten von ihnen überleben nur, wenn sie vollständig von der Außenwelt isoliert werden. Einige SCID-Patienten können durch eine Knochenmarktransplantation behandelt werden. Dies zeigt, daß bei den verschiedenen Syndromen ausschließlich die hämatopoetischen Zellen betroffen sind. SCID-Patienten veranschaulichen auf tragische Weise, wie wichtig die Lymphocyten für die Immunantwort sind und daß sich alle Lymphocyten von Vorläuferzellen im Knochenmark ableiten.

Bei Mäusen verhindert eine rezessive Mutation, die man als *scid* bezeichnet, die Lymphocytenausdifferenzierung (Kapitel 10). Solche Mäuse besitzen eine normale Mikroumgebung für die Differenzierung von B- und T-Lymphocyten aus Stammzellen. Daher ist es möglich, normales Knochenmark auf homozygote *scid/scid*-Mäuse zu übertragen, aus dem dann in den Mäusen ein intaktes Immunsystem entsteht. Auch lassen sich einzelne Bestandteile des Immunsystems in *scid/scid*-Mäuse verpflanzen, so daß nur bestimmte Subpopulationen von Lymphocyten ihre Funktionen entfalten können. Die Mäuse sind also gut dazu geeignet, die angeborenen Immunfunktionen von der adaptiven Immunität, die spezifische Lymphocyten vermitteln, zu unterscheiden.

Vor kurzem ist es gelungen, in homozygoten *scid/scid*-Mäusen ein menschliches Immunsystem zu etablieren. Dies erlaubt zum ersten Mal

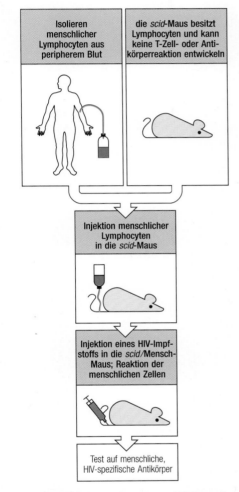

2.53 Die Verwendung der *scid*/Mensch-Maus bei der Analyse menschlicher Immunantworten. Der Mäusestamm C.B17 (*scid/scid*) zeigt eine erbliche, schwere kombinierte Immunschwäche. T- und B-Lymphocyten fehlen, normale hämatopoetische Zellen sind jedoch vorhanden. Injiziert man den Mäusen Lymphocyten aus dem peripheren Blut eines gesunden Menschen, so überleben diese Zellen mehrere Monate in der Maus und zeigen auch ihre normale Funktion, indem sie bei einer Infektion Antikörper und immune T-Zellen hervorbringen. An diesem Immunsystem läßt sich nun untersuchen, ob es Immunantworten auf Testimpfstoffe (beispielsweise gegen HIV) entwickeln kann.

The figure labels:

Isolieren menschlicher Lymphocyten aus peripherem Blut

die *scid*-Maus besitzt Lymphocyten und kann keine T-Zell- oder Antikörperreaktion entwickeln

Injektion menschlicher Lymphocyten in die *scid*-Maus

Injektion eines HIV-Impfstoffs in die *scid*/Mensch-Maus; Reaktion der menschlichen Zellen

Test auf menschliche, HIV-spezifische Antikörper

eine experimentelle Beeinflussung der menschlichen Immunantwort *in vivo* (Abb. 2.53). Man hofft, an solchen Mäusen Krankheiten wie AIDS unter definierten Bedingungen studieren zu können. So ließen sich Schutzimpfungen und Behandlungsprotokolle ohne Risiken für Menschen schnell und in geeigneter Weise untersuchen.

2.34 Durch Entfernen des Thymus oder durch die *nude*-Mutation kann man T-Zellen selektiv eliminieren

Die Bedeutung der T-Zell-Funktionen läßt sich *in vivo* besonders gut bei Mäusen zeigen, die keine eigenen T-Zellen besitzen. Bei ihnen kann man die Auswirkungen eines vollständigen Fehlens der T-Zellen untersuchen. Auch ist eine selektive Analyse der speziellen Funktionen von T-Zell-Subpopulationen möglich. Da T-Lymphocyten im Thymus entstehen, kann ein operatives Entfernen des Thymus (**Thymektomie**) bei der Geburt die T-Zell-Bildung sofort unterbinden. Die Thymektomie ist auch bei adulten Tieren möglich. Nach einer anschließenden Strahlenbehandlung der Mäuse kann man das Knochenmark rekonstituieren. Solche Mäuse entwikkeln alle hämatopoetischen Zellen mit Ausnahme der T-Zellen.

Die rezessive *nude*-Mutation bei Mäusen, die in ihrer homozygoten Form Haarlosigkeit und ein Fehlen des Thymus verursacht, führt ebenfalls dazu, daß aus den Vorläuferzellen im Knochenmark keine T-Zellen entstehen. Überträgt man auf thymektomierte Tiere oder auf *nude/nude*-Mutanten Teile des Thymusepithels, aus denen die Lymphocyten entfernt wurden, so können die Tiere normale reife T-Lymphocyten entwickeln. Das Verfahren ermöglicht die Untersuchung des nichtlymphatischen Stromagewebes des Thymus und diente dazu, die Rolle dieser Zellen bei der T-Zell-Entwicklung aufzuklären (Kapitel 6).

2.35 Durch Behandlung mit Anti-μ-Ketten-Antikörpern oder durch genetische Manipulation der Immunglobulingene lassen sich B-Zellen selektiv entfernen

Bei Mäusen gibt es keinen definierten Ort, an dem sich die B-Zellen bilden. Ein Verfahren ähnlich der Thymektomie läßt sich also zur Untersuchung der Funktion und der Entwicklung von B-Zellen bei Nagetieren nicht anwenden. Auch sind keine Mutationen bekannt, die *nude* entsprechen. Beim Menschen gibt es jedoch solche Mutationen, die eine humorale Immunantwort (Antikörperbildung) verhindern. Zuerst entdeckte man sie, weil Proteine von der Größe der Gammaglobuline fehlten (Abschnitt 2.9). Deshalb spricht man bei den entsprechenden Erkrankungen von **Agammaglobulinämien**. Da die genetische Grundlage für eine bestimmte Form dieser Leiden inzwischen bekannt ist (Kapitel 10), kann man die Krankheit bei Mäusen durch gezielte Zerstörung des homologen Gens auslösen (Abschnitt 2.38). Des weiteren haben verschiedene gezielte Mutationen in kritischen Bereichen der Immunglobulingene Mäuse hervorgebracht, die keine B-Zellen besitzen (Kapitel 5).

Bevor solche Mäuse zur Verfügung standen, konnte man die B-Zellen nur durch eine chronische Verabreichung von Antikörpern gegen die schweren μ-Ketten der IgM-Moleküle entfernen. Wahrscheinlich ahmt das Verfahren die Entwicklung der Selbst-Toleranz von B-Zellen nach. Die zugeführten Antikörper binden an die Rezeptoren der B-Zellen im frühen Entwicklungsstadium und markieren sie so, was zu ihrer Eliminierung führt (Kapitel 5). Die Behandlung muß beibehalten werden, damit die täglich neu entstehenden B-Zellen ebenfalls zugrunde gehen. Daher ist das Verfahren aufwendig und teuer. Obwohl man so einige Informationen über die

Beteiligung von B-Zellen an verschiedenen Krankheiten erhielt, wird doch deutlich, daß die neuen Mutanten, die die B-Zell-Entwicklung unterdrücken, besser geeignet sind, die einzigartige Rolle der B-Zellen bei der adaptiven Immunität schnell aufzuklären.

2.36 Eine Antikörperbehandlung *in vivo* führt zur Beseitigung von Zellen oder zur Hemmung ihrer Funktion

Antikörper gegen Moleküle an der Zelloberfläche können in der Gewebekultur interzelluläre Wechselwirkungen unterdrücken, wie wir bereits bei den Antikörpern gegen MHC-Moleküle gesehen haben (Abschnitt 2.25). Eine Injektion von monoklonalen Antikörpern gegen bestimmte Oberflächenmoleküle führt entweder zur Beseitigung des Zelltyps, auf dem diese Moleküle vorkommen, oder zu einer Hemmung der Funktion. Das Ergebnis hängt hauptsächlich vom Isotyp des Antikörpers ab, der seinerseits festlegt, welche akzessorischen Effektorfunktionen ein Antikörper auslöst. Monoklonale Antikörper können *in vivo* bestimmte Zelltypen beseitigen oder die Funktionen eines spezifischen Moleküls inhibieren. So sind Aussagen über Art und Bedeutung der jeweiligen Funktionen möglich. Wie monoklonale Antikörper so zu neuen therapeutischen Ansätzen beim Menschen geführt haben, sehen wir in Kapitel 12.

Eine chronische Behandlung mit monoklonalen Antikörpern ist gewöhnlich erforderlich, um die beobachteten Effekte aufrechtzuerhalten. Das schafft bei Menschen Probleme, denn sie produzieren normalerweise Antikörper gegen die Mausimmunglobuline, die man zu diesem Zweck benutzt. Man hat deshalb versucht, monoklonale Antikörper der Maus zu „humanisieren", indem man alle Maussequenzen bis auf die der antigenbindenden Stelle durch menschliche Immunglobulinsequenzen ersetzte, damit das Molekül nicht als fremd erkannt wird (Abb. 12.12). Bei der Behandlung von Abstoßungsreaktionen, Autoimmunerkrankungen und Krebs mit monoklonalen Antikörpern hat sich gezeigt, daß dieses Vorgehen unschädlich ist und therapeutische Möglichkeiten eröffnet (Kapitel 12). Ehe es zu einer breiten Anwendung kommen kann, sind jedoch bessere Antikörper erforderlich.

2.37 Die Rolle einzelner Gene kann man mit Hilfe von Mutagenese und Transfektion in Zellkulturen untersuchen

Die Funktion eines Gens kann man aufgrund der Auswirkung von Mutationen in einem ganzen Organismus und seit neuestem auch in Zellkulturen erforschen. Die Entwicklung der Genklonierung, der *in vitro*-Mutagenese und von Methoden zur Genexpression in heterologen Zellen hat die genetische Analyse in der Immunologie wie auch in anderen Bereichen der Biologie von Grund auf verändert.

Bei Zellkulturen läßt sich in ein Gen, das ein bekanntes Protein codiert, eine Mutation auf zwei Wegen einführen. Das klassische Verfahren besteht aus einer Behandlung der Zellen mit einem Mutagen. Mutierte Zellen kann man durch Selektion gegen das Genprodukt isolieren. Handelt es sich dabei um Moleküle an der Zelloberfläche, werden häufig die Zellen, die das Produkt noch exprimieren, durch spezifische Antikörper und Komplementproteine abgetötet. So bleiben die Zellen übrig, denen das Produkt fehlt. Das Verfahren ist nicht immer erfolgreich, da solche rezessiven oder Funktionsverlust-Mutationen nur dann nachzuweisen sind, wenn beide Genkopien in einer diploiden Zelle betroffen sind. Bei konventionellen Mutageneseverfahren geschieht das jedoch selten. Außerdem können sich in solchen Zel-

2.54 Die homologe Rekombination kann die spezifische Deletion eines Gens bewirken. Bringt man DNA-Fragmente in Zellen, so ist eine Integration in die zelluläre DNA auf zwei Weisen möglich. Bei einem zufälligen Einbau in DNA-Bruchstellen wird normalerweise das ganze Fragment aufgenommen, oft sogar in mehreren Kopien. Extrachromosomale DNA kann jedoch auch mit der zellulären Kopie des Gens eine homologe Rekombination eingehen. In diesem Fall ist nur der zentrale, homologe Bereich beteiligt. Fügt man ein selektierbares Markergen, wie etwa das Gen für die Neomycinresistenz, in die codierende Genregion ein, so ist eine homologe Rekombination weiterhin möglich. Auf diese Weise lassen sich zwei Ziele erreichen: Erstens ist die Zelle durch die integrierte DNA vor dem neomycinähnlichen Antibiotikum G418 geschützt; zweitens unterbricht das *neo*ʳ-Gen die codierende Sequenz des zellulären Gens, wenn die eingeschleuste DNA mit der homologen DNA in der Zelle rekombiniert. Homologe Rekombinanten lassen sich von zufälligen Insertionen unterscheiden, wenn sich das Gen für die Herpes-simplex-Virus Thymidinkinase HSV-tk an einem Ende des DNA-Konstrukts oder an beiden befindet. Man spricht hier auch von einem Zielkonstrukt, da es das zelluläre Gen gezielt erreicht. Bei einer zufälligen DNA-Integration bleibt die HSV-tk-Aktivität erhalten. Dieses Enzym macht die Zelle empfindlich für die antivirale Substanz Gancyclovir. Das HSV-tk-Gen ist jedoch nicht mit der Ziel-DNA homolog, so daß es bei einer homologen Rekombination verloren geht. Nur in einem solchen Fall ist die Zelle sowohl gegen Neomycin als auch gegen Gancyclovir resistent. Sie überlebt demnach in einem Medium, das beide Antibiotika enthält. Die Unterbrechung des Zielgens läßt sich durch einen PCR-Test mit Primern für das *neo*ʳ-Gen und für Bereiche außerhalb des Zielkonstrukts nachprüfen. Nur eine DNA-Matrize aus homologen Rekombinanten kann bei der PCR Fragmente der passenden Größe liefern (nicht gezeigt). Die Verwendung zweier verschiedener Resistenzgene kann zur Unterbrechung beider zellulärer Kopien eines Gens führen, so daß eine Deletionsmutante entsteht (nicht gezeigt).

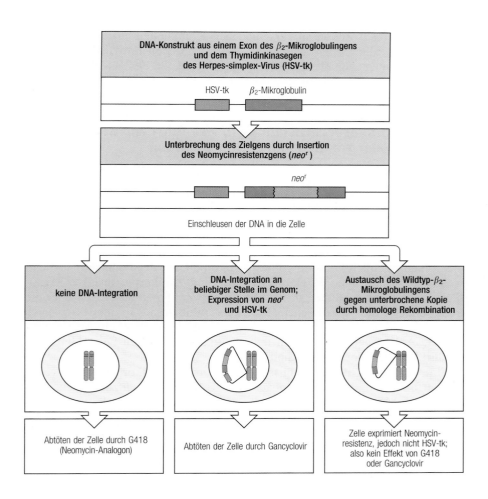

len weitere Mutationen ansammeln, für die keine Selektion erfolgte und welche die Analyse verfälschen.

Ein verläßlicher Weg zu homozygoten mutierten Zellen ist die **homologe Rekombination** (Abb. 2.54). Klonierte Kopien des gewünschten Gens werden so verändert, daß sie ihre Funktion einbüßen. Nach Einführung in die Zielzelle rekombiniert eine solche Kopie mit dem homologen Gen und ersetzt es. Üblicherweise besteht das Genkonstrukt aus der normalen Sequenz, in die ein Gen für eine Antibiotikumresistenz (wie etwa gegen Neomycin) eingebaut wurde. Dadurch können Zellen, die das neue Gen enthalten, in Gegenwart der neomycinähnlichen Substanz G418 wachsen. Die Antibiotikumresistenz zeigt jedoch nur an, daß das Resistenzgen vorhanden ist. Um nun die Zellen selektieren zu können, in denen eine homologe Rekombination stattgefunden hat, tragen die Enden des Konstrukts meist das Gen für für die Thymidinkinase des Herpes-simplex-Virus (HSV-tk). Bei Zellen, die die DNA an einer beliebigen Position integriert haben, ist auch dieses Gen vorhanden. Bei der erwünschten, homologen Rekombination hingegen findet ein Austausch zwischen dem Konstrukt und der zellulären DNA statt. Dies führt zur Eliminierung der nichthomologen HSV-tk-Gene. Zellen mit diesem Gen sind gegen die antivirale Substanz Gancyclovir sensitiv. Nur Zellen mit homologen Rekombinationen sind daher gegen beide Antibiotika resistent. Sie lassen sich selektieren, indem man beide Substanzen dem Kulturmedium zusetzt. Die große Häufigkeit, mit der bei dieser Methode eine homologe Rekombination eintritt, bedeutet, daß man beide Genkopien in einer diploiden Zelle mutieren kann und so eine homozygote Zelle erhält. Die Anwendung des Verfahrens bei embryonalen Stammzellen ermöglicht die Zerstörung

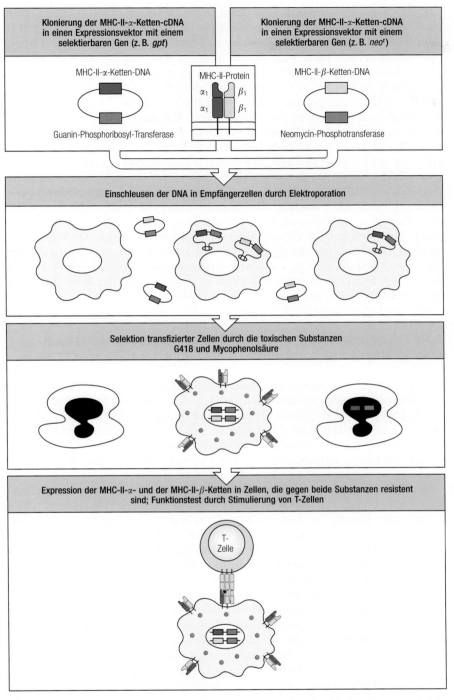

Klonierung der MHC-II-α-Ketten-cDNA in einen Expressionsvektor mit einem selektierbaren Gen (z. B. *gpt*)

MHC-II-α-Ketten-DNA

Guanin-Phosphoribosyl-Transferase

MHC-II-Protein
α₁ β₁
α₁ β₁

Klonierung der MHC-II-β-Ketten-cDNA in einen Expressionsvektor mit einem selektierbaren Gen (z. B. *neoʳ*)

MHC-II-β-Ketten-DNA

Neomycin-Phosphotransferase

Einschleusen der DNA in Empfängerzellen durch Elektroporation

Selektion transfizierter Zellen durch die toxischen Substanzen G418 und Mycophenolsäure

Expression der MHC-II-α- und der MHC-II-β-Ketten in Zellen, die gegen beide Substanzen resistent sind; Funktionstest durch Stimulierung von T-Zellen

T-Zelle

2.55 Die Transfektion von Genen, die in dem betreffenden Zelltyp normalerweise nicht exprimiert werden, ermöglicht eine spezifische Funktionsanalyse. Fibroblasten, die mit den Genen für die beiden Ketten eines MHC-II-Proteins transfiziert wurden, exprimieren dieses Molekül, wohingegen nichttransfizierte Zellen oder solche mit nur einem transfizierten Gen dies nicht tun. Zellen, die beide MHC-Gene exprimieren, lassen sich dadurch selektieren, daß man beide Gene mit je einem anderen, geeigneten Marker koppelt. In diesem Fall handelte es sich um die Gene für die Neomycin-Phosphotransferase (*neoʳ*) und die Guanin-Phosphoribosyl-Transferase (*gpt*). Das erste Enzym verursacht eine Resistenz gegen G418, das zweite Enzym eine Resistenz gegen Mycophenolsäure. Nur Zellen, die beide Gene exprimieren, zeigen eine Doppelresistenz und exprimieren auch beide MHC-II-Ketten. Die Funktionen, für die die Produkte der übertragenen Gene zuständig sind, lassen sich nun untersuchen. Hier haben die Fibroblasten die Fähigkeit erworben, CD4-Zellen Antigene zu präsentieren. Die Funktion bestimmter Aminosäuren kann man durch ortsspezifische Mutagenese der MHC-II-Gene ermitteln, die transfiziert werden.

von Genen bei Mäusen, wie wir im nächsten Abschnitt sehen werden (Abb. 2.57).

Hat man schließlich mit einer dieser Methoden eine mutierte Zelle mit einem funktionellen Defekt erhalten, so kann man ihn definitiv dem mutierten Gen zuordnen, wenn es gelingt, ihn durch eine Übertragung (**Transfektion**) des Wildtypgens wieder zu beheben. Eine Wiederherstellung der Funktion bedeutet, daß das Wildtypgen das mutierte Gen komplementiert. Das beschriebene Verfahren ist sehr wirkungsvoll, da sich das übertragene Gen gezielt verändern läßt, etwa um herausfinden zu können, welche Teile eines Proteins für die Funktion notwendig sind.

Durch eine Transfektion kann man auch Zellen dazu veranlassen, Proteine zu exprimieren, die sie normalerweise nicht herstellen. Wie wir in Abschnitt 2.15 erfahren haben, diente das bereits zur Isolierung von Genen. Die Methode ist auch bei vielen anderen Fragestellungen anwendbar. Einige Moleküle der Zelloberfläche werden nur als Teile von Multiproteinkomplexen exprimiert. Die Rezeptoren der B- und T-Lymphocyten sind sehr kompliziert aufgebaut. T-Zell-Rezeptoren bestehen beispielsweise aus den Produkten von sechs Genen. Um eine Expression der Rezeptoren in Zellen zu erreichen, die keines dieser Gene exprimieren, ist eine Transfektion aller sechs Gene erforderlich. Entsprechend lassen sich MHC-Moleküle nur nach einer Transfektion beider Gene in einer Zelle exprimieren (Abb. 2.55). Diese Art der Transfektion hat zahlreiche Informationen geliefert über die Zusammensetzung der Untereinheiten bei komplexen Proteinen, die Funktion einzelner Komponenten und die Kräfte, die einen solchen Komplex stabilisieren. So ergab die Erzeugung mutierter Phänotypen durch Mutagenese oder Gendeletionen in Kombination mit der Wiederherstellung der Funktion durch eine Transfektion, detaillierte Informationen über die Zusammenhänge zwischen Struktur und Funktion bei Proteinen, die für das Immunsystem wichtig sind. In Zukunft wird die Bedeutung solcher Verfahren noch zunehmen.

2.38 Transgenese und die gezielte Inaktivierung von Genen ermöglichen Funktionsanalysen einzelner Gene *in vivo*

Die homologe Rekombination, mit deren Hilfe sich in Gewebekulturen Mutationen erzeugen lassen (oben) eignet sich auch zur Manipulation des Mäusegenoms selbst. Durch **Transgenese** kann man neue Gene in das Genom einschleusen, und die Methode des **Gen-Knockout** durch homologe Rekombination ermöglicht gezielte Mutationen. Eine Kombination beider Verfahren erlaubt es, die Effekte von Punktmutationen *in vivo* genau zu bestimmen.

Die Transgenese ist bei Mäusen inzwischen ein gebräuchliches Verfahren. Die gewünschte DNA wird in den männlichen Pronucleus einer befruchteten Eizelle injiziert, die man dann in den Uterus einer scheinträchtigen weiblichen Maus einsetzt. Bei einigen Eiern integriert sich die DNA zufällig in das Genom, was zu einer Maus mit einem zusätzlichen genetischen Merkmal (zu einem Transgen) bekannter Struktur führt (Abb. 2.56). So kann man die Auswirkungen eines neuen Gens auf die Entwicklung untersuchen, die regulatorischen Elemente eines Gens für dessen gewebespezifische Expression identifizieren, die Auswirkungen seiner Überexpression oder seiner Expression im falschen Gewebe analysieren und die Folgen von Mutationen für die Genfunktion bestimmen. Transgene Mäuse waren besonders nützlich bei Studien über die Rolle von T- und B-Zell-Rezeptoren während der Entwicklung (Kapitel 5 und 6).

In vielen Fällen kann man die Funktionen eines Gens nur dann vollständig verstehen, wenn Tiere zur Verfügung stehen, die das Gen aufgrund

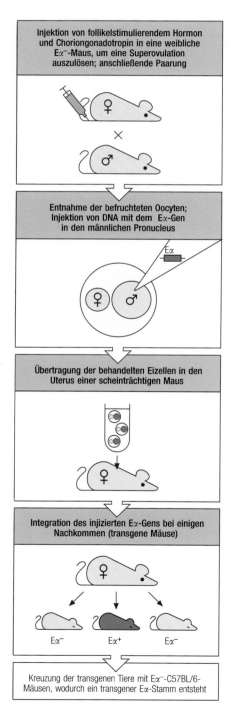

Injektion von follikelstimulierendem Hormon und Choriongonadotropin in eine weibliche Eα⁻-Maus, um eine Superovulation auszulösen; anschließende Paarung

Entnahme der befruchteten Oocyten; Injektion von DNA mit dem Eα-Gen in den männlichen Pronucleus

Eα

Übertragung der behandelten Eizellen in den Uterus einer scheinträchtigen Maus

Integration des injizierten Eα-Gens bei einigen Nachkommen (transgene Mäuse)

Eα⁻   Eα⁺   Eα⁻

Kreuzung der transgenen Tiere mit Eα⁻-C57BL/6-Mäusen, wodurch ein transgener Eα-Stamm entsteht

2.56 Die Funktion und die Expression von Genen lassen sich *in vivo* an transgenen Mäusen untersuchen. Zuerst mikroinjiziert man aufgereinigte DNA-Fragmente (hier das MHC-II-Gen Eα der Maus) in den männlichen Protonucleus einer befruchteten Eizelle einer Maus, der das Eα-Gen fehlt. Die Eizellen werden anschließend in eine scheinträchtige Maus eingesetzt. Die Nachkommen testet man darauf, ob sich das übertragene Gen in den Zellen befindet. Positive Mäuse dienen als Ausgangspunkt für eine Linie transgener Mäuse, die ein oder mehrere zusätzliche Gene erhalten. Die Funktion des Eα-Gens wird hier durch eine Übertragung auf C57BL/6-Mäuse untersucht, die kein eigenes Eα-Gen besitzen.

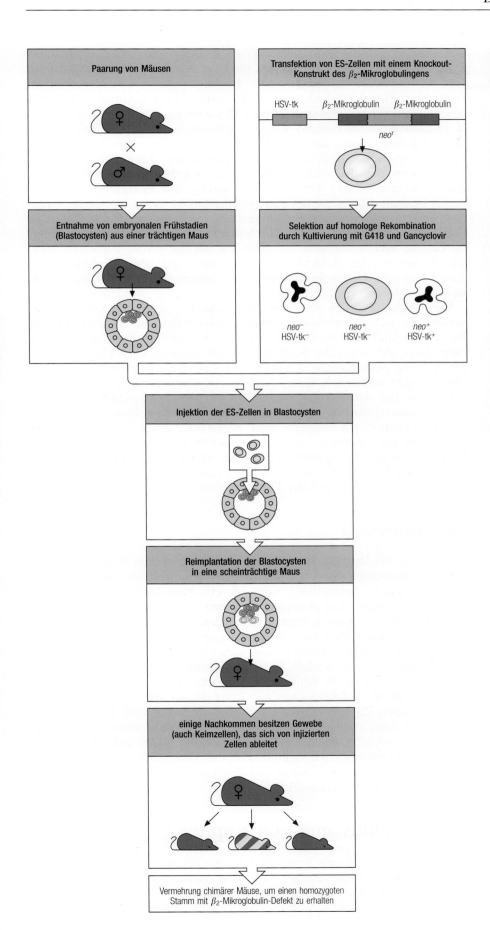

Paarung von Mäusen

Transfektion von ES-Zellen mit einem Knockout-Konstrukt des β_2-Mikroglobulingens

HSV-tk β_2-Mikroglobulin β_2-Mikroglobulin

neo^r

Entnahme von embryonalen Frühstadien (Blastocysten) aus einer trächtigen Maus

Selektion auf homologe Rekombination durch Kultivierung mit G418 und Gancyclovir

neo$^-$
HSV-tk$^-$

neo$^+$
HSV-tk$^-$

neo$^+$
HSV-tk$^+$

Injektion der ES-Zellen in Blastocysten

Reimplantation der Blastocysten in eine scheinträchtige Maus

einige Nachkommen besitzen Gewebe (auch Keimzellen), das sich von injizierten Zellen ableitet

Vermehrung chimärer Mäuse, um einen homozygoten Stamm mit β_2-Mikroglobulin-Defekt zu erhalten

2.57 Gen-Knockout bei embryonalen Stammzellen (ES-Zellen) ergibt mutierte Mäuse. In Gewebekulturen von embryonalen Stammzellen lassen sich Gene durch eine homologe Rekombination spezifisch deletieren. Aus ES-Zellen können in einer chimären Maus alle möglichen Zellinien entstehen. Die homologe Rekombination erfolgt wie in Abbildung 2.54 beschrieben. In diesem Beispiel wird das Gen für das β_2-Mikroglobulin in den ES-Zellen durch das Zielkonstrukt unterbrochen. Davon muß nur eine Genkopie betroffen sein. ES-Zellen, in denen eine homologe Rekombination stattgefunden hat, werden in Mausblastocysten injiziert. Wenn aus der mutierten ES-Zelle Keimzellen entstehen, so wird das mutierte Gen an die Nachkommen weitergegeben (in der Abbildung gestreift dargestellt). Züchtet man die Mäuse, bis das Gen homozygot vorliegt, bildet sich ein mutierter Phänotyp heraus. In diesem Fall besitzen die mutierten Mäuse keine MHC-I-Moleküle, da diese Proteine nur in Kombination mit dem β_2-Mikroglobulin an die Zelloberfläche treten. Die defekten Mäuse lassen sich mit transgenen Mäusen kreuzen, die feinere Mutationen desselben Gens aufweisen. So lassen sich auch solche Mutanten *in vivo* testen.

einer Mutation nicht exprimieren. Während man früher ein Gen meistens als Folge eines mutierten Phänotyps fand, ist es jetzt üblicher, zunächst ein Gen zu entdecken und dann seine Funktion mittels Gen-Knockout zu bestimmen. Dies ist jedoch erst seit der Entwicklung kontinuierlich wachsender **embryonaler Stammzellinien (ES-Zellen)** möglich. Diese können in undifferenziertem Zustand in Kultur gehalten werden. Nach Injektion in eine Mausblastocyste, die anschließend in den Uterus reimplantiert wird, können daraus alle denkbaren Zellinien entstehen. ES-Zellen leiten sich von embryonalen Tumoren ab, die bei einigen Mäusestämmen künstlich erzeugt werden können. Um ein Gen *in vivo* gezielt zu inaktivieren, transfiziert man die ES-Zellen mit genomischer DNA, die so verändert wurde, daß bei einer homologen Rekombination mit dem zellulären Gen eine Mutation entsteht (Abb. 2.57). Die Selektion der mutierten Zellen erfolgt im Grunde nach demselben Verfahren wie bei der Erzeugung von Mutanten in somatischen Zellkulturen (Abschnitt 2.37). Bei ES-Zellen muß jedoch nur eine Genkopie unterbrochen werden, um eine mutierte Mauslinie hervorzubringen.

Wenn man ES-Zellen mit einer Genmutation in die Blastocyste injiziert, nimmt der sich entwickelnde Embryo die Zellen auf. So werden sie Bestandteil aller Gewebe einschließlich der Keimbahnzellen. Die Mutation kann daher auf einige der Nachkommen der usprünglichen Chimäre übergehen. Eine nachfolgende Züchtung für das mutierte Gen homozygoter Mäuse ergibt schließlich Tiere, die keinerlei Expression des Genprodukts aufweisen. Die Auswirkungen eines Fehlers der Genfunktion lassen sich nun gut untersuchen. Außerdem kann man die Teile des Gens ermitteln, die für die Funktion entscheidend sind, wenn sich durch Transgenese von unterschiedlich mutierten Genen die Funktion wieder herstellen läßt. Die Manipulation des Mausgenoms durch Gen-Knockout und Transgenese verändert unser Wissen über die Bedeutung einzelner Gene für die Entwicklung der Lymphocyten und ihre Funktionen von Grund auf.

Zusammenfassung

Eingriffe in das Immunsystem *in vivo* verdeutlichen die Wichtigkeit aller seiner Komponenten. Beseitigt man alle Lymphocyten oder nur bestimmte Zellinien durch Bestrahlung oder durch Mutationen und überträgt anschließend reife Lymphocyten, isolierte Subpopulationen, klonierte T-Zell-Linien oder Knochenmarkstammzellen, so kann man die Entwicklung und Funktion einzelner normaler oder immuner Zelltypen *in vivo* erforschen. Die Rolle einzelner Gene dabei läßt sich mittels Manipulationen des Mausgenoms ebenfalls *in vivo* analysieren. Möglich ist ein Hinzufügen von Genen durch Transgenese oder ihre Eliminierung durch Gen-Knockout. Beide Verfahren kann man kombinieren und so genauere Informationen über Zusammenhänge zwischen Struktur und Funktion von Genen und ihren Proteinprodukten erhalten, und zwar sowohl in Zellkultur als auch *in vivo*. Diese aussagekräftigen Methoden vergrößern unser immunbiologisches Wissen in erstaunlichem Maße. Der Einsatz mutierter Mäuse sollte unser Verständnis der hochkomplexen Vorgänge bei der Immunantwort schnell voranbringen.

Zusammenfassung von Kapitel 2

Das Immunsystem ist sehr komplex. Für eine genaue Analyse muß man es in seine Komponenten zerlegen und diese isoliert betrachten. In diesem Kapitel haben wir beschrieben, wie man Immunantworten auslöst und mißt und wie man das Immunsystem experimentell manipulieren kann. Es ist notwendig, die beschriebenen Methoden und Ergebnisse zu begreifen, um die Immunbiologie ganz verstehen zu können. Inzwischen werden viele dieser Verfahren routinemäßig bei den Experimenten angewandt, die in den folgenden Kapiteln zur Sprache kommen. Einige Methoden, insbesondere die Verwendung monoklonaler Antikörper bei der Identifizierung von Molekülen in Zellen und Geweben, finden in der Biologie allgemein Anwendung.

Allgemeine Literatur über Methoden

Weir, D. (Hrsg.) *The Handbook of Experimental Immunology.* Bd. 1. 4. Aufl. Oxford (Blackwell Scientific Publications) 1986.

Coligan, J. E. *Current Protocols in Immunology.* 1. Aufl. New York (Greene Publishing Associates and Wiley Interscience) 1991.

Ausubel, M. *Current Protocols in Molecular Biology.* 1. Aufl. New York (Greene Publishing Associates and Wiley Interscience) 1987.

Sambrook, J.; Fritsch, E. F.; Maniatis, T. *Molecular Cloning: A Laboratory Manual.* 2. Aufl. Cold Spring Harbor (Cold Spring Harbor Laboratory Press) 1989.

Harlow, E.; Lane, D. *Antibodies: A Laboratory Manual.* Cold Spring Harbor (Cold Spring Harbor Laboratory Press) 1988.

Green, M. C. (Hrsg.) *Genetic Variant and Strains of the Laboratory Mouse.* 1. Aufl. New York (Fischer) 1981.

Rose, N. R.; Conway de Macario, E.; Fahey, J. L.; Friedman, H.; Penn, G. M. (Hrsg.) *Manual of Clinical Laboratory Immunology.* 4. Aufl. Washington, D.C. (American Society for Microbiology) 1992.

Zeitschriften und Reihen

Journal of Immunological Methods
Cytometry
Methods in Enzymology

Zusammenfassung von Teil I

In Kapitel 1 haben wir gelernt, daß die Abwehr einer Infektion die angeborene und die adaptive Immunantwort umfaßt. Der Schwerpunkt des Buches liegt auf der adaptiven Immunität. Diese läßt sich am einfachsten erklären mit dem Konzept der klonalen Selektion einzelner Lymphocyten durch Antigene, die von spezifischen Rezeptormolekülen auf der Zelloberfläche erkannt werden. Da diese Rezeptoren durch einen genetischen Zufallsprozeß in somatischen Zellen entstehen, muß die klonale Selektion außerdem die Unterscheidung zwischen „körpereigen" und „nichtkörpereigen" gewährleisten. Dies geschieht durch den Tod oder die Inaktivierung der selbstreaktiven Lymphocyten und stellt so die Eigen- oder Selbst-Toleranz sicher. In den folgenden Teilen des Buches betrachten wir die zellulären und molekularen Voraussetzungen der adaptiven Immunität. Die erforderlichen experimentellen Methoden dafür sind in Kapitel 2 beschrieben.

Teil II des Buches untersucht die molekularen und genetischen Grundlagen der spezifischen Antigenerkennung durch die B- und T-Lymphocyten, wobei sowohl deren Gemeinsamkeiten als auch deren Unterschiede besonders zur Sprache kommen. In Teil III beschreiben wir die Entwicklung und Differenzierung der B- und T-Zellen aus pluripotenten Knochenmarkstammzellen zu verschiedenen Populationen gereifter Lymphocyten, die das Grundmaterial für die klonale Selektion durch Antigene bilden. Teil IV befaßt sich im einzelnen mit der Aktivierung der T- und B-Lymphocyten durch Antigene und ihrer Umsetzung in die Mechanismen zur Beseitigung von Krankheitserregern. Wir werden erfahren, daß T-Zellen bei praktisch allen adaptiven Immunantworten eine zentrale Rolle spielen, während die entscheidende Funktion der B-Zellen in der Produktion spezifischer Antikörper liegt, die die humorale Immunität vermitteln.

Dieses Wissen bietet den notwendigen Hintergrund für das Verständnis des Immunsystems im Zusammenhang mit Gesundheit und Krankheit, den Schwerpunkt von Teil V. Dieser behandelt die Rolle des Immunsystems bei der Abwehr von Infektionen und die Auswirkungen von Immunschwächekrankheiten wie AIDS und anderen anhaltenden Infektionen. Auch die Ursachen von Allergien und Autoimmunkrankheiten kommen hier zur Sprache. Schließlich untersuchen wir die Möglichkeiten, wie sich die Immunantwort am besten zugunsten des menschlichen Organismus beeinflussen läßt – denn dies ist das eigentliche Ziel jeglicher immunologischer Forschung.

Teil II

Die Antigenerkennung

Adaptive Immunantworten entstehen, wenn die Rezeptoren auf einzelnen Lymphocyten ein Antigen erkennen. Die Grundlage der Antigenerkennung durch spezifische B- und T-Lymphocyten zu verstehen, ist damit ein Schlüssel zum Verständnis der adaptiven Immunität. Das Immunsystem erzeugt ein riesiges Aufgebot verschiedener Rezeptorproteine, deren variable Struktur es ihnen ermöglicht, alle möglichen Pathogene als fremd zu erkennen. Diese Rezeptoren haben auch unveränderliche Anteile, die an der Aktivierung der sie tragenden Zellen beteiligt sind.

Die Rezeptoren auf den B-Lymphocyten sind Zelloberflächenimmunglobulinmoleküle, die in ihrer Spezifität den Antikörpern entsprechen, die diese Zellen sezernieren, wenn sie durch ein Antigen aktiviert werden. Die Wechselwirkung des Antikörpermoleküls mit einem Antigen ist ein Musterbeispiel für eine spezifische Antigenerkennung. Bei Antikörpern trägt ein allen gemeinsames Gerüst eine jeweils individuell einzigartige Oberflächenstruktur, die letztendlich den Kontakt mit dem Antigen eingeht. Ein Antikörper vereinigt damit Vielfalt und Konstanz in einem Molekül. Bis zu 10^8 verschiedene Antikörper können von einem Individuum auf einmal hergestellt werden, und jeder Antikörper stellt das Produkt zweier einzigartiger Gene dar. In Kapitel 3 werden wir etwas über die Struktur der Antikörper und die speziellen genetischen Vorgänge erfahren, die die enorme Antikörpervielfalt aus einer begrenzten Gruppe von Genen hervorbringen. Wir werden auch die verschiedenen Klassen von Antikörpern kennenlernen, die unterschiedliche Effektorfunktionen ausüben.

T-Zellen haben ihre eigenen Rezeptoren, die zwar den Antikörpern von der Struktur her ähnlich sind und auf ähnliche Weise entstehen, die jedoch nicht direkt an ein Antigen binden. Sie erkennen vielmehr Peptidfragmente von Proteinantigenen, die an Moleküle gebunden sind, die im Haupthistokompatibilitätskomplex oder MHC codiert werden. Diese Moleküle transportieren die Peptide aus dem Inneren der Zelle an die Oberfläche. In Kapitel 4 wird beschrieben, wie diese Peptide entstehen und wie sie in der Zelle an MHC-Moleküle binden, und wir erfahren, wie Struktur und Polymorphismus der MHC-Moleküle es ihnen ermöglichen, ein breites Spektrum von Peptiden auf der Zelloberfläche zu präsentieren, wo die T-Zell-Rezeptoren sie erkennen. Wir werden in diesen beiden Kapiteln sehen, daß die B- und T-Lymphocyten einen wirkungsvollen Mechanismus zur Bildung von Rezeptoren von beachtlicher Vielfalt gemeinsam haben. Außerdem erfahren wir, wie die einzigartigen Merkmale jedes Rezeptortyps an die unterschiedlichen Rollen angepaßt sind, welche die verschiedenen Arten von Lymphocyten bei der Abwehr des Wirtes gegen Infektionen in verschiedenen Teilen des Körpers spielen.

Die Struktur des Antikörpermoleküls und der Immunglobulingene

3

Antikörper sind die antigenspezifischen Produkte von B-Zellen; ihre Produktion als Reaktion auf eine Infektion ist der wesentliche Beitrag der B-Zellen zur adaptiven Immunität. Unter den an der Immunantwort beteiligten Molekülen waren die Antikörper die ersten, die charakterisiert wurden, und sie sind noch immer die am besten verstandenen. Alle Antikörper zusammen bilden eine Familie von Plasmaproteinen, die sogenannten Immunglobuline. Dieser grundlegende Baustein findet in verschiedenen Formen in vielen Molekülen des Immunsystems wie auch anderer biologischer Erkennungssysteme Verwendung und liefert ein gutes Beispiel dafür, wie die Evolution ein Grundschema der Proteinfaltung unterschiedlichen Funktionen anpassen kann.

Das Antikörpermolekül selbst hat zwei klar unterscheidbare Funktionen. Die eine besteht darin, Moleküle desjenigen Pathogens zu binden, das die Immunantwort hervorgerufen hat, die zweite darin, andere Zellen und Moleküle zu rekrutieren, die das Pathogen zerstören, wenn der Antikörper daran gebunden ist. Diese Funktionen sind innerhalb des Antikörpermoleküls strukturell voneinander getrennt. Ein Teil erkennt spezifisch das Antigen, während der andere für die Wirkungs- oder Effektormechanismen verantwortlich ist, die es unschädlich machen. Die antigenbindende Region ist von Antikörper zu Antikörper sehr unterschiedlich. Man bezeichnet sie daher als die **variable Region**. Die Unterschiedlichkeit der Antikörper erlaubt jedem dieser Moleküle, ein ganz bestimmtes Antigen zu erkennen. Die Summe aller Antikörper kann nahezu jede Struktur binden. Die Region des Antikörpermoleküls, die für die Effektormechanismen des Immunsystems zuständig ist, variiert nicht in der gleichen Weise und heißt daher **konstante Region**. Es gibt davon allerdings fünf Hauptformen oder **Isotypen**, die auf die Aktivierung unterschiedlicher Immunwirkungsmechanismen spezialisiert sind.

Die bemerkenswerte Vielfalt der Antikörpermoleküle ist die Folge eines hochspezialisierten Mechanismus, durch den die in einer bestimmten Zelle exprimierten Antikörpergene zusammengebaut werden. Während der Entwicklung der B-Zelle verbinden sich nämlich zwei oder drei einer großen Zahl von Gensegmenten zu einem Gen für eine variable Region. Nachfolgende DNA-Umordnungen können das derart zusammengefügte Gen für die variable Region an jedes beliebige Segment für die konstante Region heften, das einen der fünf Isotypen codiert.

B-Zellen sezernieren Antikörper erst, wenn sie durch das spezifische Antigen stimuliert worden sind, das sie mittels membrangebundener

Immunglobulinmoleküle erkennen. Die Bindung des Antigens an diese Oberflächenrezeptoren trägt wesentlich dazu bei, die B-Zelle zur Vermehrung (Proliferation) und zur Differenzierung in eine antikörpersezernierende Zelle anzuregen.

In diesem Kapitel wollen wir die strukturellen und funktionellen Eigenschaften von Antikörpermolekülen beschreiben und die besonderen genetischen Vorgänge erklären, welche die Antikörpervielfalt sowie die funktionelle Vielseitigkeit hervorbringen. Zum Schluß erläutern wir, auf welche Weise die Antigenbindung durch Oberflächenimmunglobulinmoleküle in Signale an die B-Zellen umgesetzt wird.

Die Struktur eines typischen Antikörpermoleküls

Alle Antikörper sind gleichermaßen aus vier Polypeptidketten aufgebaut. Der Oberbegriff für all diese Proteine ist **Immunglobuline (Ig)**. Innerhalb dieser allgemeinen Gruppe unterscheidet man jedoch biochemisch und funktionell fünf Klassen von Antikörpern – IgM, IgD, IgG, IgA und IgE. Noch feinere Unterschiede innerhalb der variablen Region sind für die Spezifität der Antigenbindung verantwortlich. In diesem Abschnitt werden wir am Beispiel des IgG-Moleküls die allgemeinen strukturellen Merkmale von Immunglobulinmolekülen beschreiben. Wenn die grundlegenden Merkmale des Antikörpermoleküls bekannt sind, werden wir auf die DNA-Umordnungen eingehen, auf denen die Vielfalt und die funktionelle Vielseitigkeit von Antikörpern beruhen.

3.1 IgG-Antikörper bestehen aus vier Polypeptidketten

IgG-Antikörper sind große Moleküle mit einem Molekulargewicht (einer Molmasse) von ungefähr 150 kd. Wenn man sie mit Agentien behandelt, die Disulfidbrücken spalten, lassen sich zwei Untereinheiten unterscheiden. Die eine, eine Polypeptidkette von annähernd 50 kd, nennt man die **schwere** (*heavy*) oder **H-Kette**, die andere, eine Polypeptidkette von 25 kd, die **leichte** (*light*) oder **L-Kette** (Abb. 3.1). Die beiden Ketten liegen in äquimolaren Mengen vor, und jedes intakte IgG-Molekül enthält zwei schwere und zwei leichte Ketten [$(2 \times 50) + (2 \times 25) = 150$]. Die beiden schweren Ketten sind durch Disulfidbrücken miteinander verbunden und jede schwere Kette ebenfalls durch eine Disulfidbrücke mit einer leichten Kette. In jedem Immunglobulinmolekül sind jeweils die beiden schweren Ketten und die beiden leichten Ketten identisch, so daß das Molekül spiegelsymmetrisch ist.

Es gibt nur zwei Typen von leichten Ketten, die man als Lambda-(λ-) und Kappa-(κ-)Ketten bezeichnet. Zwischen Antikörpern mit λ-Ketten und solchen mit κ-Ketten ließen sich bis jetzt keine funktionellen Unterschiede feststellen. Aus unbekannten Gründen variiert das Verhältnis der beiden Typen von leichten Ketten von Spezies zu Spezies. Bei Mäusen beträgt das Verhältnis von κ zu λ 20:1, bei Menschen 2:1 und bei Rindern 1:20. Abweichungen von diesen Werten lassen sich manchmal dazu verwenden, Störungen des Immunsystems aufzudecken: Ein Überschuß von leichten Ketten des λ-Typs kann bei einem Menschen auf das Vorliegen eines λ-Ketten produzierenden B-Zell-Tumors hinweisen.

Im Gegensatz dazu gibt es fünf Hauptklassen von schweren Ketten, die man oft als **Isotypen** bezeichnet; sie bestimmen die funktionelle Aktivität eines Antikörpermoleküls. Die fünf funktionellen Immunglobulinklassen heißen **Immunglobulin M (IgM)**, **Immunglobulin D (IgD)**, **Immunglo-**

bulin G (IgG), **Immunglobulin A (IgA)** und **Immunglobulin E (IgE)**. Ihre schweren Ketten sind mit dem entsprechenden kleinen griechischen Buchstaben bezeichnet (μ, δ, γ, α und ε). Ihre charakteristischen funktionellen Eigenschaften erhalten die schweren Ketten durch ihre carboxyterminale Hälfte, die nicht mit der leichten Kette in Verbindung steht. Wir werden die unterschiedlichen Isotypen der schweren Ketten später noch genauer beschreiben. Da die allgemeinen strukturellen Merkmale aller Isotypen ähnlich sind, betrachten wir IgG, den häufigsten Isotyp im Plasma, als ein typisches Antikörpermolekül.

3.2 Die schweren und leichten Ketten setzen sich aus konstanten und variablen Regionen zusammen

Man kennt inzwischen die Aminosäuresequenzen vieler leichter und schwerer Immunglobulinketten. Jede Kette enthält verschiedene Unterregionen, die jeweils ungefähr 110 Aminosäuren lang sind. Die leichten Ketten besitzen zwei davon, die schwere Kette des IgG-Antikörpers vier. Allen Unterregionen sind Muster von Aminosäuresequenzen gemeinsam. Das läßt vermuten, daß sich die Immunglobulinketten durch wiederholte Verdoppelungen eines Urgens entwickelt haben, das einer Unterregion entspricht. Wie wir sehen werden, stimmen die einzelnen Bereiche mit getrennten Domänen innerhalb des gefalteten Proteins überein.

Ein Vergleich der Sequenzen einzelner Antikörpermoleküle ergibt, daß die aminoterminalen Sequenzen der schweren wie der leichten Ketten von verschiedenen Antikörpern erheblich differieren. Die Sequenzvariabilität beschränkt sich auf die ersten 110 Aminosäuren, was der ersten Unterregion entspricht. Die carboxyterminalen Sequenzen der leichten und schweren Ketten sind bei Immunglobulinketten desselben Isotyps dagegen konstant (Abb. 3.2). Die variablen Bereiche nennt man **V-Regionen** oder **V-Domänen**, die konstanten **C-Regionen** oder **C-Domänen**.

3.3 Die Struktur des Antikörpermoleküls wurde durch Röntgenstrukturanalyse aufgeklärt

Die Struktur des Antikörpermoleküls wurde durch Röntgenstrukturanalyse bestimmt und ist in Abbildung 3.3a dargestellt. Das Molekül umfaßt drei gleich große globuläre Domänen, die durch ein bewegliches Stück Polypeptidkette, die sogenannte **Gelenkregion** (*hinge*) miteinander verknüpft sind. Die Gestalt ähnelt insgesamt einem Y. Jeder Arm des Y wird durch die Verbindung einer leichten Kette mit der aminoterminalen Hälfte einer schweren Kette gebildet. Das Bein des Y kommt durch Zusammenlagern der carboxyterminalen Hälften der beiden schweren Ketten zustande. Jede der Ketten ist in getrennte Domänen aufgefaltet, die den Unterregionen entsprechen, die durch die Aminosäuresequenzierung identifiziert wurden. Die Verknüpfung der schweren und leichten Ketten sieht so aus, daß jeweils die V_H- und V_L-Domänen sowie die C_H1- und C_L-Domänen ein Paar bilden. Die beiden C_H3-Domänen lagern sich aneinander an, die C_H2-Domänen jedoch nicht. Kohlenhydratseitenketten an den C_H2-Domänen liegen zwischen den beiden Domänen der schweren Ketten (Abb. 3.3c).

Mit Hilfe von proteolytischen Enzymen (Proteasen), die Polypeptidsequenzen an bestimmten Aminosäuren spalten, ließ sich die Struktur von Antikörpermolekülen untersuchen. Eine begrenzte Verdauung mit der Protease Papain spaltet Antikörpermoleküle in drei Fragmente (Abb. 3.4). Zwei Fragmente sind identisch und enthalten die antigenbindende Aktivität. Man bezeichnet sie als die **Fab-Fragmente** (*Fragment antigen bin-*

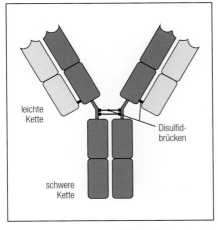

3.1 Immunglobulinmoleküle besitzen zwei verschiedene Polypeptidketten, die schwere Kette und die leichte Kette. Jedes Immunglobulinmolekül besteht aus zwei schweren Ketten (grün) und zwei leichten Ketten (gelb), die über Disulfidbrücken so verknüpft sind, daß jede schwere Kette mit einer leichten Kette und die beiden schweren Ketten miteinander verbunden sind.

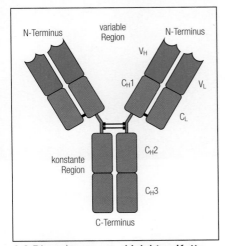

3.2 Die schweren und leichten Ketten eines Immunglobulins lassen sich aufgrund von Sequenzähnlichkeiten in verschiedene Regionen oder Domänen aufteilen. Wenn man mehrere Antikörper vergleicht, ist die Sequenz der aminoterminalen Domäne (N-Terminus, rot) jeder Kette variabel; die übrigen Domänen sind konstant (blau). Die beiden Domänen der leichten Ketten heißen V_L und C_L. Die vier Domänen der schweren Ketten bezeichnet man mit V_H, C_H1, C_H2 und C_H3.

ding). Das andere Fragment bindet keine Antigene, kristallisiert jedoch leicht und heißt daher **Fc-Fragment** (*Fragment crystallizable*). Die Fab-Fragmente entsprechen den Armen des Antikörpermoleküls und enthalten die vollständigen leichten Ketten und die damit gepaarten V_H- und C_H1-Domänen der schweren Ketten. Das Fc-Fragment umfaßt dagegen die zusammengefaßten C_H2- und C_H3-Domänen. Die Disulfidbrücken zwischen den schweren Ketten liegen in der kurzen Gelenkregion zwischen den C_H1- und C_H2-Domänen. Wie Abbildung 3.4 zeigt, spaltet Papain das Antikörpermolekül aminoterminal von den Disulfidbrücken und setzt die beiden Arme des Antikörpers als getrennte Fab-Fragmente frei. Die carboxyterminalen Hälften der schweren Ketten bleiben dagegen verbunden und bilden das Fc-Fragment. Eine andere Protease, Pepsin, spaltet in der gleichen Gegend, jedoch auf der carboxyterminalen Seite der Disulfidbrücken (Abb. 3.4). Dadurch entsteht das sogenannte $F(ab')_2$-Fragment, bei dem die beiden Arme des Antikörpermoleküls miteinander verknüpft bleiben.

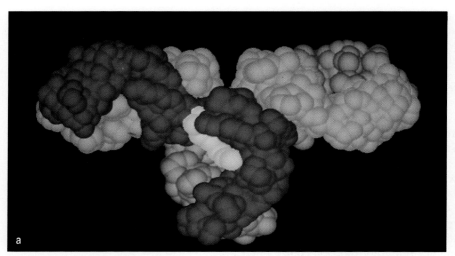

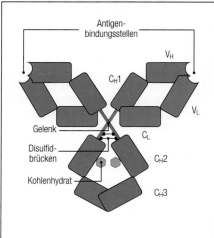

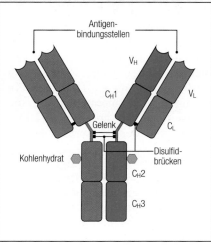

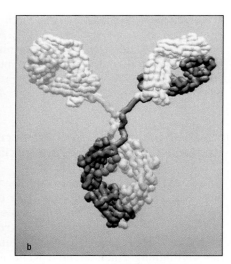

3.3 Struktur des Antikörpermoleküls.
a) Struktur eines IgG1-Antikörpers mit einer unvollständigen Gelenkregion aus röntgenstrukturanalytischen Daten.
b) Mögliches Modell der Struktur bei vollständigem Gelenk. (Wenn das Gelenk vollständig ist, verhindert seine Flexibilität die röntgenkristallographische Strukturaufklärung des Fc-Teils des Antikörpers mit C_H2 und C_H3.) c) Schematische Darstellung der Antikörperstruktur mit den unterschiedlichen Domänen und ihren Wechselwirkungen. d) Zeichnerische Darstellung des Antikörpermoleküls, wie wir sie in diesem Buch verwenden. (Photos: D. R. Davies (a); R. S. H. Pumphrey (b).)

Elektronenmikroskopische Untersuchungen von Antikörperkomplexen mit einem bivalenten Hapten, das zwei Antigenbindungsstellen vernetzen kann, zeigen, daß die Gelenkregion beweglich ist und daß der Winkel zwischen den beiden Fab-Armen variieren kann (Abb. 3.5). Eine derartige Flexibilität ist notwendig, damit die beiden Arme des Antikörpermoleküls an Stellen binden können, die unterschiedlich weit voneinander entfernt sind. Das ist zum Beispiel bei den Polysacchariden der bakteriellen Zellwand der Fall. Man nimmt an, daß die Beweglichkeit des Gelenks auch für die Wechselwirkung der Antikörper mit den antigenbindenden Proteinen notwendig ist, die Immuneffektormechanismen vermitteln. Darauf werden wir in Kapitel 8 eingehen.

3.4 Alle Domänen eines Immunglobulinmoleküls besitzen eine ähnliche Struktur

Die einzelnen globulären Domänen, in die sich Immunglobulinketten auffalten, gehören zu zwei unterschiedlichen strukturellen Klassen. Sie entsprechen den Domänen der variablen und der konstanten Regionen und sind jeweils ungefähr 110 Aminosäuren lang. Die Ähnlichkeiten und Unterschiede zwischen diesen beiden Domänen lassen sich der Darstellung einer leichten Kette in Abbildung 3.6 entnehmen. Die Grundstruktur einer Immunglobulindomäne besteht aus zwei Lagen der Polypeptidkette, die über eine Disulfidbrücke miteinander verbunden sind und zusammen eine

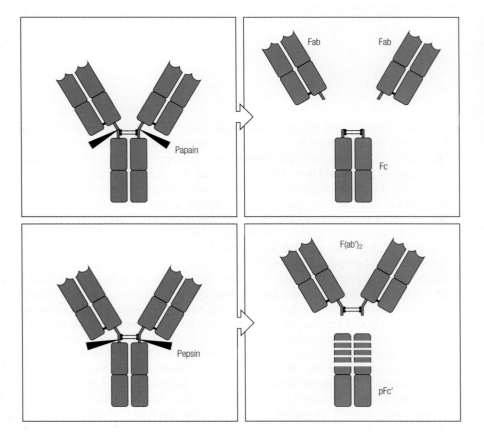

3.4 Das Y-förmige Immunglobulinmolekül kann durch teilweise Verdauung mit Proteasen zerlegt werden. Papain spaltet das Immunglobulinmolekül in drei Stücke, zwei Fab-Fragmente und ein Fc-Fragment (oben). Die Spaltung mit Pepsin ergibt ein $F(ab')_2$-Fragment und viele kleine Stücke des Fc-Fragments; das größte nennt man pFc'-Fragment (unten).

3.5 Die Antikörperarme sind durch ein flexibles Gelenk verbunden. In der elektronenmikroskopischen Aufnahme von Antikörperkomplexen kann man die Gesamtgestalt der Antikörper und die Beweglichkeit des Gelenks erkennen. Ein kleines bifunktionelles Hapten, als roter Ball dargestellt, das zwei antigenbindende Stellen miteinander vernetzen kann, dient zur Herstellung von Antigen-Antikörper-Komplexen. Wie man sieht, bilden die Komplexe dreieckige und viereckige Formen mit kurzen Ausläufern oder Stacheln. Eine begrenzte Verdauung mit Pepsin entfernt diese Stacheln, die demnach dem Fc-Anteil des Antikörpers entsprechen; die F(ab′)$_2$-Stücke bleiben durch das Antigen verknüpft. Die drei weiteren Teilabbildungen liefern die Interpretation der Komplexe. Der Winkel zwischen den Armen des Antikörpermoleküls schwankt zwischen 0 Grad in den Antikörperdimeren, 60 Grad in den dreieckigen Formen und 90 Grad in den viereckigen Formen, was zeigt, daß die Verbindung zwischen den Armen beweglich ist. (Photo: N. M. Green; × 300 000.)

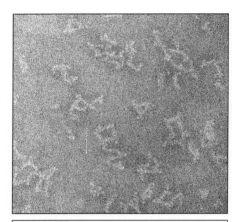

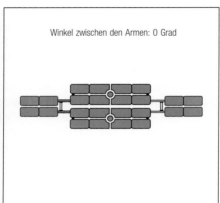

Winkel zwischen den Armen: 0 Grad

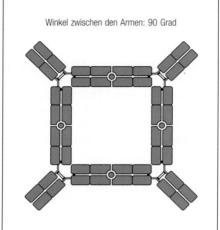

Winkel zwischen den Armen: 90 Grad

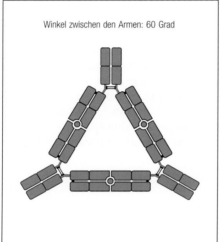

Winkel zwischen den Armen: 60 Grad

annähernd zylindrische Form bilden. Jede Lage wird von einer Reihe von Abschnitten der Polypeptidkette gebildet, die eine bestimmte Konformation einnehmen, den sogenannte **β-Strang**. Aus diesem Grund bezeichnet man die Lagen als **β-Faltblätter**. Die Anordnung der β-Stränge in jedem Faltblatt ist für Immunglobulindomänen charakteristisch, ebenso wie die Disulfidbrücke, welche die zentralen β-Stränge jedes Faltblatts verbindet. Diese dreidimensionale Struktur wird als **Immunglobulinfaltung** bezeichnet. Sowohl die grundlegende Ähnlichkeit der V- und C-Domänen als auch der entscheidende Unterschied zwischen ihnen sind am besten in den beiden unteren Teilabbildungen von 3.6 zu sehen. Dort sind die zylindrischen Domänen ausgebreitet, um die einzelnen β-Stränge zu zeigen, aus denen jedes β-Faltblatt besteht. Der Hauptunterschied zwischen den Strukturen der V- und C-Domänen besteht darin, daß die V-Domäne zwei β-Stränge mehr hat als die C-Domäne, die eine zusätzliche Polypeptidschleife bilden.

Viele der Aminosäuren, die allen Unterregionen der schweren und leichten Ketten gemeinsam sind, liegen im Zentrum der Immunglobulinfaltung und sind entscheidend für die Stabilität der Struktur. Aus diesem Grund nimmt man an, daß andere Proteine, die den Immunglobulinen homologe Sequenzen haben, Domänen mit einer ähnlichen Struktur besitzen. Diese immunglobulinartigen Domänen oder einfacher **Immunglobulindomänen**

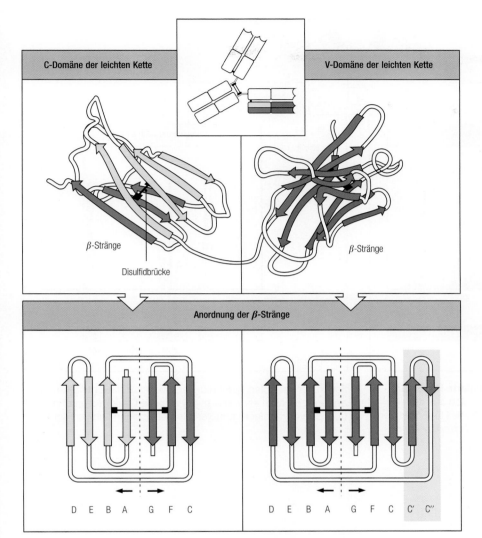

3.6 Die Struktur der variablen und konstanten Immunglobulindomänen.
Die oberen Teilabbildungen zeigen das Faltungsmuster der variablen und der konstanten Domäne einer leichten Immunglobulinkette. Jede Domäne ist eine globuläre Struktur, in der eine Reihe von Polypeptidkettensträngen zusammenlaufen und zwei antiparallele β-Faltblätter bilden, die durch eine Disulfidbrücke zusammengehalten werden. Die Stränge in jedem Faltblatt sind in der gefalteten Struktur mit unterschiedlichen Farben dargestellt. Ihre Anordnung ist jedoch besser zu sehen, wenn die Faltblätter ausgebreitet sind wie in den unteren Teilabbildungen. Die β-Stränge sind entsprechend ihrem Auftreten innerhalb der Aminosäuresequenz der Domänen der Reihe nach mit Buchstaben bezeichnet; die Anordnung in jedem β-Faltblatt ist charakteristisch für Immunglobulindomänen. Die β-Stränge, die es nur in variablen und nicht in konstanten Domänen gibt, sind hellblau hinterlegt.

gibt es in vielen Proteinen des Immun- und des Nervensystems sowie in anderen Proteinen, die vermutlich an Zell-Zell-Erkennungsprozessen beteiligt sind.

3.5 Bestimmte Bereiche mit hypervariabler Sequenz bilden die Antigenbindungsstelle

Die Sequenzvariabilität ist nicht gleichmäßig über die V-Regionen verteilt. Viele Aminosäuren sind konserviert, besonders diejenigen, die entscheidend für die Struktur der V-Domäne sind. Die Verteilung von variablen Resten läßt sich am besten mit einem sogenannten **Variabilitäts-** oder **Wu-und-Kabat-Plot** darstellen (Abb. 3.7). Es gibt drei besonders variable Regionen, und zwar ungefähr von Aminosäure 28 bis 35, von 49 bis 59 und von 92 bis 103. Man nennt sie **hypervariable Regionen (HV)** und bezeichnet sie mit HV1, HV2 und HV3. Der variabelste Teil der Domäne liegt in der HV3-Region. Der Rest der V-Domäne zeigt weniger Variabilität. Die Abschnittte zwischen den hypervariablen Regionen, die relativ gleichbleibend sind, nennt man **Gerüstregionen** (FR, *framework regions*). Es gibt vier davon: FR1, FR2, FR3 und FR4.

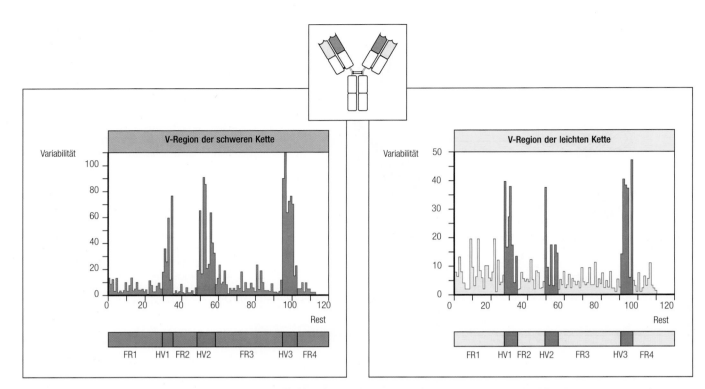

3.7 In den variablen Domänen gibt es definierte hypervariable Bereiche. Der Grad der Variabilität ergibt sich aus der Anzahl verschiedener Aminosäuren geteilt durch die Häufigkeit der gebräuchlichsten Aminosäure und ist für jede Aminosäureposition in der variablen Region der schweren und leichten Ketten angegeben. Man kann drei hypervariable Regionen erkennen (rot), die von weniger variablen Gerüstregionen flankiert sind.

Die Gerüstregionen bilden die β-Faltblätter, die strukturelle Basis der Domäne. Die Sequenzen der hypervariablen Region entsprechen dabei drei Schleifen an einem Rand eines jeden Faltblattes, die im gefalteten Protein nebeneinanderliegen (Abb. 3.8). Die Sequenzvielfalt ist also nicht nur auf ganz bestimmte Teile der variablen Regionen beschränkt, sondern auch räumlich einem bestimmten Bereich der Oberfläche des Moleküls zugeordnet. Darüberhinaus kommen durch das Aneinanderlagern der V_H- und V_L-Domänen im Antikörpermolekül die hypervariablen Schleifen jeder Domäne zusammen und bilden so einen einzigartigen hypervariablen Bereich an der Spitze des Fab-Fragments, der die **Antigenbindungsstelle** bildet. Da die hypervariablen Schleifen die Bindungsstelle für Antigene bilden und die Spezifität durch eine Oberflächenstruktur festlegen, die zum Antigen komplementär ist, nennt man sie auch **komplementaritätsbestimmende Regionen** (*complementarity determining regions*, CDRs). Eine Folge davon, daß alle CDRs zur antigenbindenden Stelle beitragen, ist, daß die Kombination der schweren und der leichten Kette die letztendliche Antigenspezifität bestimmt. Eine Möglichkeit, wie das Immunsystem Antikörper unterschiedlicher Spezifitäten erzeugen kann, besteht also darin, unterschiedliche Kombinationen von variablen Regionen schwerer und leichter Ketten zu bilden. So entsteht die **kombinatorische Vielfalt**.

Da die CDRs die Spezifität eines Antikörpers bestimmen, läßt sich diese manipulieren, indem man lediglich die CDRs mit Hilfe der Gentechnik austauscht. Dies ist von besonderem Wert bei monoklonalen Mausantikörpern, die bei Transplantationen oder in der Krebstherapie Verwendung finden (siehe Kapitel 12).

Zusammenfassung

IgG-Antikörper bestehen aus vier Polypeptidketten, zwei identischen leichten Ketten und zwei identischen schweren. Man kann sie sich als Y-förmige Struktur vorstellen. Jede der vier Ketten besitzt eine variable Region an ihrem Aminoende, die zur antigenbindenden Stelle beiträgt, und eine konstante Region, die im Fall der schweren Kette den Isotyp und damit die funktionellen Eigenschaften des Moleküls bestimmt. Die leichten Ketten sind über Disulfidbrücken an die schweren Ketten gebunden. Die variablen Regionen der schweren und leichten Ketten bilden Paare. So entstehen zwei identische antigenbindende Stellen, die an den Spitzen der Arme des Y liegen. Dadurch können Antikörpermoleküle Antigene vernetzen. Das Bein des Y, das Fc-Fragment, besteht aus den beiden carboxyterminalen Domänen der beiden schweren Ketten. Die flexiblen Gelenkregionen verbinden die Arme des Y mit dem Bein. Die aminoterminalen Domänen jeder Antikörperkette haben bei Antikörpern mit unterschiedlicher Spezifität eine jeweils andere Sequenz. In jeder Kette gibt es drei getrennte hypervariable Regionen. Die hypervariablen Regionen der schweren und leichten Ketten liegen nebeneinander und bilden gemeinsam die Antigenbindungsstelle an der Spitze des Fab-Fragments. Das Fc-Fragment und die Gelenkregionen unterscheiden sich bei Antikörpern verschiedener Isotypen und bestimmen deren funktionelle Eigenschaften. Der allgemeine Aufbau aller Isotypen ist jedoch ähnlich.

Die Wechselwirkung des Antikörpermoleküls mit einem spezifischen Antigen

Im vorangegangenen Abschnitt haben wir die Struktur des Antikörpermoleküls beschrieben und erläutert, wie sich die variablen Regionen der leichten und schweren Ketten zur Antigenbindungsstelle auffalten und paarweise zusammenlagern. In diesem Abschnitt werden wir die verschiedenen Arten erörtern, wie Antigene an Antikörper binden können. Außerdem wenden wir uns der Frage zu, wie die Variation der Sequenzen der hypervariablen Schleifen des Antikörpers die Spezifität für ein Antigen bestimmt.

3.6 Kleine Moleküle binden zwischen den variablen Domänen der schweren und leichten Ketten

Bei den frühen Untersuchungen der Antigenbindung waren Tumoren von antikörpersezernierenden Zellen, die homogene Antikörpermoleküle produzieren, die einzigen verfügbaren Quellen für einzelne Arten von Antikörpermolekülen. Die Spezifitäten der Antikörper, die von einem Tumor stammten, waren nicht bekannt. So mußte man viele Verbindungen überprüfen, um Liganden zu finden, die sich zur Untersuchung der Antigenbindung verwenden ließen. Die Substanzen, die an Antikörper banden, waren im allgemeinen kleine chemische Verbindungen oder Haptene wie Phosphorylcholin oder Vitamin K1. Die Strukturanalyse der Komplexe von Antikörpern und ihren Haptenliganden lieferte den ersten direkten Hinweis

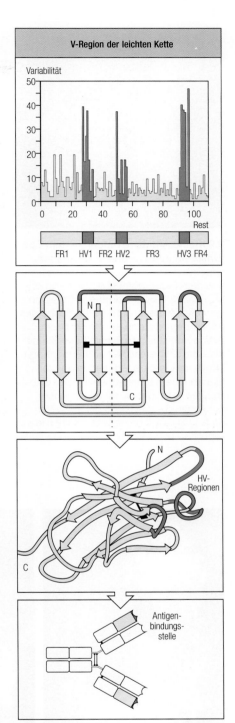

3.8 Die hypervariablen Regionen liegen in getrennten Schleifen der gefalteten Struktur. Die hypervariablen Bereiche befinden sich in Schleifen, die in der gefalteten Struktur nahe beieinanderliegen. Im Antikörpermolekül führt die Paarung der schweren und leichten Ketten die hypervariablen Schleifen beider Ketten zusammen. So entsteht eine hypervariable Oberfläche, die die antigenbindende Stelle an den Spitzen der Fab-Arme bildet.

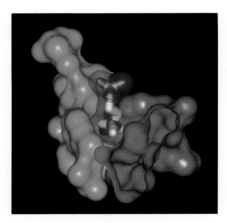

3.9 Kleine Antigene binden in dem Spalt zwischen den V$_H$- und V$_L$-Domänen. Gezeigt ist die Struktur des Komplexes aus dem Fab-Fragment des Antikörpers MOPC 603 mit dem Liganden Phosphorylcholin. Zu sehen ist die Oberfläche des Antikörpers, die den Kontakt mit dem Antigen herstellt; die leichte Kette ist hellblau, die schwere violett und Phosphorylcholin mit einer transparenten dunkelblauen Oberfläche dargestellt. Der Cholinanteil des Liganden steckt in einem Spalt, den die drei CDRs der schweren Kette und CDR3 der leichten Kette bilden. (Photo: C. Thorpe.)

darauf, daß die hypervariablen Regionen die antigenbindende Stelle bilden, und wies die strukturelle Grundlage für die Antigenspezifität nach. Es stellte sich heraus, daß die Antigene in einem Spalt liegen, den die Grenzfläche zwischen den variablen Domänen der H- und L-Ketten bildet (Abb. 3.9). Die Seiten des Spaltes, den die Aminosäuren bilden, die mit dem Antigen interagieren und dadurch die Spezifität des Antikörpers bestimmen, bestehen aus den CDRs der H- und L-Ketten. Wenn es sich um kleine Antigene handelt, tragen nicht alle CDRs in einem Antikörper zur Antigenbindung bei. In dem Beispiel von Abbildung 3.9 ist der Antikörper an Phosphorylcholin gebunden, und die variable Region der leichten Kette trägt nur CDR3 zur Bindungsstelle bei, während alle drei CDRs der variablen Region der schweren Kette beteiligt sind.

Diese Art der Bindung gilt allem Anschein nach auch für Antikörper, die Kohlenhydratantigene binden. Antikörper, die mit Polysacchariden reagieren, lassen sich in **enden-** und **mittigbindende** einteilen, je nachdem ob sie an ein Ende der Polysaccharidkette binden oder an ein Stück aus Zuckereinheiten, gewöhnlich sechs, in der Mitte der Kette. Man geht davon aus, daß die beiden Typen von Antikörpern entweder solche mit einer tiefen Tasche repräsentieren, die mit einem Ende des Moleküls interagieren können, oder solche mit einer längeren und flacheren Spalte, in der die Polysaccharidkette längs liegt. In beiden Fällen kommt die Spezifität jedoch durch die Wechselwirkung von Seitenketten mit der Tasche oder der Spalte zustande.

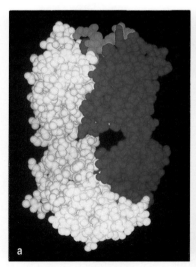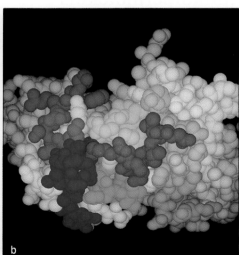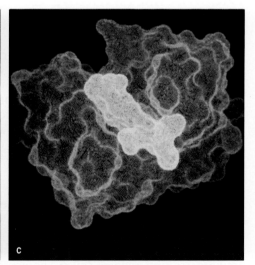

3.10 Peptidantigene in Taschen- und Spalttyp-Bindungsstellen von Antikörper-Fab-Fragmenten. a) Struktur des Fab:Peptid-Komplexes als raumfüllendes Kalottenmodell. Die dunkelblaue Kette entspricht der schweren, die hellblaue der leichten Kette des Fab-Fragments. Sieben Peptidreste des Antigens (rot) sind in der antigenbindenden Tasche gebunden. b) Raumfüllende Darstellung der Wechselwirkung zwischen dem Peptid (rot) und den hypervariablen Schleifen (CDRs) des Fab-Fragments, wie man sie sieht, wenn man in den Antikörper hineinschaut. Fünf der sechs CDRs (H1, H2, H3, L1 und L3) interagieren mit dem Peptid, während L2 keinen Kontakt mit dem Peptid eingeht. Farben der CDR-Schleifen: L1 – dunkelblau; L2 – violett; L3 – grün; H1 – hellblau; H2 – blaßviolett; H3 – gelb. c) In einem zweiten Komplex eines Antikörpers mit einem HIV-Peptid bindet das Peptid (gelb) entlang einer Spalte, die von den variablen Domänen der schweren und leichten Ketten gebildet wird (grün). (Photos: I. A. Wilson; R. L. Stanfield.)

Auf die gleiche Weise können Antikörper Peptide binden (Abb. 3.10). Wenn ein monoklonaler Antikörper mit einem synthetischen Peptid von 19 Aminosäuren reagiert, kommen sieben Aminosäuren des Peptids in einem Spalt aus den drei CDRs der H-Ketten und CDR1 und CDR3 der L-Ketten zu liegen. Bei einem zweiten Beispiel, bei dem ein kurzes Peptidstück aus dem gp-120-Molekül des HIV als Ligand dient, liegt das Peptid entlang einer offenen Furche zwischen den V_H- und V_L-Domänen (Abb. 3.10c). Wie wir gleich sehen werden, gehen jedoch Antikörper, die intakte Proteine binden, erheblich ausgedehntere Kontakte ein.

3.7 Antikörper binden an Stellen auf den Oberflächen nativer Proteinantigene

Die biologische Funktion von Antikörpern besteht darin, an Pathogene und deren Produkte zu binden und ihre Entfernung aus dem Körper zu erleichtern. Obwohl einige der wichtigsten Pathogene Polysaccharidhüllen besitzen, sind in vielen Fällen Proteine die Antigene, die eine Immunantwort auslösen. Antikörper, die vor Viren schützen, erkennen zum Beispiel virale Hüllproteine. In solchen Fällen bindet der Antikörper an die native Konformation des Proteins, und die erkannten Determinanten sind demnach Bereiche an der Oberfläche von Proteinen (Abb. 3.11). Regionen eines Moleküls, die spezifisch von Antikörpern erkannt werden, nennt man **antigene Determinanten** oder **Epitope**. Die Aminosäuren derartiger Stellen auf Proteinoberflächen stammen wahrscheinlich von verschiedenen Teilen der Sequenz, die durch Faltungsvorgänge nebeneinander zu liegen kommen. Epitope dieser Art bezeichnet man als **Konformations-** oder **diskontinuierliche Epitope**, da die Stelle aus Abschnitten des Proteins besteht, die in der Primärsequenz nicht zusammenhängen (Abb. 3.11), in der nativen Konformation jedoch nahe beieinander sind. Ein Epitop, das aus einem einzigen Segment einer Polypeptidkette besteht, nennt man dagegen ein **kontinuierliches** oder **lineares Epitop**. Antikörper, die gegen native Proteine gerichtet sind, erkennen normalerweise diskontinuierliche Epitope. Einige binden jedoch auch Peptidfragmente des Proteins. Umgekehrt binden Antikörper gegen Peptidfragmente eines Proteins oder gegen synthetische Pep-

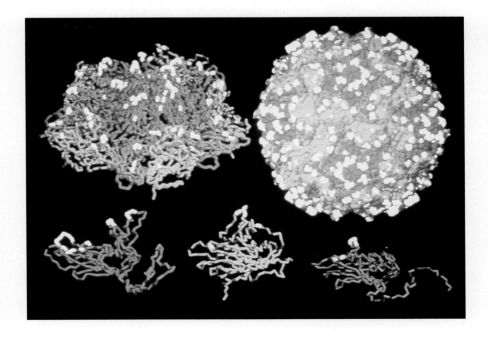

3.11 Antikörper binden an die Oberfläche von Proteinen. Lage bekannter Antikörperbindungsstellen auf der Oberfläche des Poliovirus. Unten sind die viralen Hüllproteine VP1 (blau), VP2 (gelb) und VP3 (rot) zu sehen. Die antigenen Stellen auf jedem dieser Proteine sind weiß. Diese drei Proteine bilden zusammen eine pentamere Struktur (oben links), aus der sich dann das vollständige ikosaedrische Virus aufbaut (oben rechts). Die einzelnen antigenen Stellen liegen nicht nur an der Oberfläche eines jeden Hüllproteins, sondern auch, wie bei der pentameren Untereinheit und dem gesamten Virus ersichtlich ist, auf der äußeren Oberfläche des Viruspartikels. (Photo: D. Filman; J. M. Hogle.)

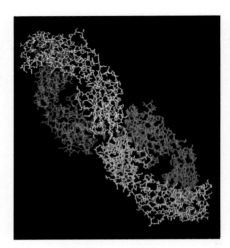

3.12 Die Struktur eines Komplexes aus einem Antikörper und einem antiidiotypischen Antikörper. Die Erkennung eines Antikörpermoleküls unterscheidet sich nicht von der Erkennung jedes anderen Proteinantigens. Die Abbildung zeigt die kristalline Struktur des Komplexes zwischen den Fab-Fragmenten des Anti-Lysozym-Antikörpers D1.3 und einem anti-idiotypischen Antikörper, den man durch Immunisierung einer Maus mit dem D1.3-Antikörper erhalten hat. Die schweren und leichten Ketten von D1.3 sind gelb und rot, diejenigen des antiidiotypischen Antikörpers hell- und dunkelblau. (Photo: R. J. Poljak.)

tide, die einem Teil seiner Sequenz entsprechen, gelegentlich auch an das native Protein. Daher lassen sich in einigen Fällen synthetische Peptide in Impfstoffen verwenden, die die Bildung von Antikörpern gegen ein intaktes Protein eines Pathogens anregen sollen. Den Aufbau solcher Impfstoffe werden wir in Abschnitt 12.23 besprechen.

Einen besonderen Fall der Antikörpererkennung stellt die Bindung eines Antikörpers an die variablen Regionen eines anderen Antikörpers dar. Da es wahrscheinlich keine zwei B-Zellen gibt, die Antikörper genau derselben Spezifität und Sequenz produzieren, zeichnen sich die Produkte einzelner Klone von B-Zellen durch unterschiedliche variable Regionen aus. Man bezeichnet sie daher als **Idiotypen** (vom griechischen *idios* für „eigen"). Idiotypische Unterschiede treten gehäuft in den hypervariablen Schleifen der variablen Domänen auf und stehen im Zusammenhang mit der Spezifität des Antikörpers.

Individuen können Immunantworten gegen ihre eigenen Idiotypen entwickeln, da jeder neue Idiotyp eine neue Spezifität darstellt, der das Immunsystem nie zuvor begegnet ist. Die daraufhin produzierten Anti-Idiotyp-Antikörper tragen jedoch ihre eigenen Idiotypen, die eine weitere Immunantwort hervorrufen. Solche antiidiotypischen Reaktionen spielen möglicherweise bei der Regulation der Immunantwort eine Rolle. Diese Hypothese des **idiotypischen Netzwerks** wird in Kapitel 12 ausführlich behandelt.

Die Kristallstruktur eines Antikörper:Anti-Idiotyp-Antikörper-Komplexes ist inzwischen aufgeklärt und in Abbildung 3.12 dargestellt. In diesem Fall läßt sich die Frage, wer das Antigen und wer der Antikörper ist, leicht beantworten. In anderen Fällen überläßt man die Antwort besser einem Philosophen als einem Immunologen.

3.8 Die Wechselwirkung eines Antikörpers mit Proteinantigenen erfolgt über eine Oberfläche, an der alle CDRs beteiligt sind

Antikörper, die an native Proteinantigene binden, treten mit einem größeren Areal des Proteins in Kontakt, als innerhalb des Spalts zwischen den V_H- und V_L-Domänen zur Verfügung steht. Die genauen molekularen Interaktionen zwischen Antikörper und Proteinantigenen hat man ebenfalls mittels Röntgenstrukturanalyse von Antigen:Antikörper-Komplexen mit Proteinantigenen wie Lysozym (Abb. 3.13) oder der Neuraminidase des Influenzavirus untersucht. Die Wechselwirkungen zwischen nativen Proteinantigenen und einem Antikörper sind, im Gegensatz zu denen mit Haptenen, nicht auf die Furche zwischen den variablen Regionen beschränkt, sondern erstrecken sich über die Oberfläche des Antikörpers in den Bereich der hypervariablen Schleifen. Man hat inzwischen mehrere Komplexe zwischen Fab-Fragmenten von Antikörpern und nativen Proteinantigenen analysiert. Die beteiligte Oberfläche ist relativ konstant und beträgt ungefähr 700 Å^2 (7 nm^2). Alle sechs CDRs sind daran beteiligt. In einigen Fällen können auch Reste, die außerhalb der CDRs liegen, an der Bindung beteiligt sein. Nichtsdestoweniger sind diese Interaktionen, wie wir im nächsten Abschnitt sehen werden, bei den Antigen:Antikörper-Komplexen, die bislang untersucht wurden, entscheidend dafür, daß die Bindung mit Aminosäuren des Antigens erfolgt, die in den Spalt des Antikörpers hineinragen.

3.9 An Antigen-Antikörper-Reaktionen sind verschiedene Kräfte beteiligt

Die Wechselwirkung zwischen einem Antikörper und seinem Antigen kann durch hohe Salzkonzentrationen, extreme pH-Werte und Detergentien

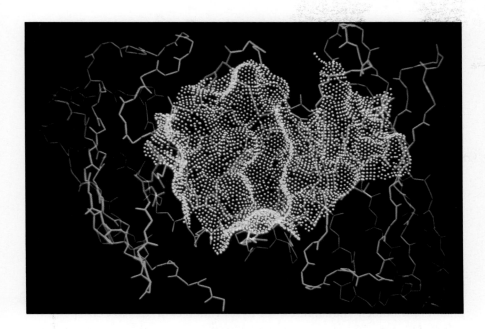

3.13 Die Bindung eines Antikörpers an Proteinantigene erfordert den Kontakt zwischen zwei ausgedehnten Oberflächen. In einem Komplex zwischen dem Lysozym des Hühnereiweißes und dem Fab-Fragment eines Antikörpers gegen Lysozym, HyHel5, sind, wie man hier sehen kann, die beiden Oberflächen, die in Kontakt treten, in den Bereichen komplementär, wo die Oberfläche des Lysozymmoleküls (gelbe Punkte) die antigenbindende Stelle des Antikörpers überlagert. Die Reste des Antikörpers, die mit Lysozym in Kontakt treten, sind vollständig dargestellt (rot), während für den Rest des Fab-Fragments nur das Peptidrückgrat steht (blau). Alle sechs CDRs des Antikörpers sind an der Bindung beteiligt. (Photo: S. Sherriff.)

gestört werden. Die Bindung ist also nicht kovalent. Die verschiedenen charakteristischen Kräfte oder Bindungsarten nichtkovalenter Wechselwirkungen sind in Abbildung 3.14 aufgeführt. Alle werden in größerem oder geringerem Ausmaß von Antikörpern verwendet.

An den nichtkovalenten Kräften sind hauptsächlich elektrostatische Wechselwirkungen beteiligt, und zwar entweder zwischen geladenen Aminosäureseitenketten wie bei Salzbindungen oder zwischen elektrischen Dipolen wie bei Wasserstoffbrücken und van-der-Waals-Kräften. Hohe Salzkonzentrationen und extreme pH-Werte schwächen elektrostatische Interaktionen und zerstören so die Antigen:Antikörper-Bindung.

Zu hydrophoben Wechselwirkungen kommt es, wenn zwei hydrophobe Oberflächen unter Ausschluß von Wasser zusammenkommen. Die Stärke hydrophober Interaktionen ist proportional der Größe der Oberfläche, die

3.14 Die nichtkovalenten Kräfte, die den Antigen:Antikörper-Komplex zusammenhalten. Partielle Ladungen in elektrischen Dipolen sind mit δ^+ oder δ^- bezeichnet.

nichtkovalente Kräfte	Ursache	
elektrostatische Kräfte	Anziehung zwischen entgegengesetzten Ladungen	$-NH_3 \overset{\oplus}{\quad} \quad \overset{\ominus}{\quad} OOC-$
Wasserstoffbrücken	verschiedene Gruppen teilen sich ein Wasserstoffatom, was entgegengesetzte partielle Ladungen erzeugt	$-N-\underset{\delta^+}{H}--\underset{\delta^-}{O}=C$
van-der-Waals-Kräfte	Fluktuationen in den Elektronenwolken um Moleküle herum polarisieren benachbarte Atome entgegengesetzt	$\delta^+ \leftrightarrows \delta^-$ $\delta^- \leftrightarrows \delta^+$
hydrophobe Kräfte	hydrophobe Gruppen stoßen Wasser ab und neigen dazu, sich zusammenzuballen, um Wassermoleküle zu verdrängen; an der Anziehung sind auch van-der-Waals-Kräfte beteiligt	

dem Wasser abgewandt ist. Bei sehr kleinen Antigenen kann das verborgene Oberflächenareal klein sein, und einen Großteil der Bindungsenergie müssen elektrostatische Interaktionen und Wasserstoffbrücken liefern. Bei großen Antigenen wie nativen Proteinen kann das verborgene Oberflächenareal über die Hälfte der Bindungsenergie beitragen.

Die Bedeutung jeder dieser Kräfte für die Interaktion zwischen Antigen und Antikörper hängt von dem jeweiligen Antikörper und Antigen ab. Ein wesentlicher Unterschied zu anderen Protein-Protein-Wechselwirkungen besteht darin, daß Antikörper an ihren antigenbindenden Stellen viele aromatische Reste besitzen, die an vielen van-der-Waals-Wechselwirkungen und Wasserstoffbrücken teilnehmen. Allgemein ausgedrückt tragen die hydrophoben und van-der-Waals-Kräfte zu der Interaktion zweier Oberflächen bei, die komplementär sein müssen, damit eine feste Bindung entsteht. Hügel auf der einen Oberfläche müssen in Täler auf der anderen passen. Andererseits hängen die elektrostatischen Bindungen und die Wasserstoffbrücken von spezifischen Merkmalen ab, die über die allgemeine Oberflächenkomplementarität hinaus interagieren müssen. In dem Komplex aus Hühnereiweißlysozym und dem Antikörper D1.3 bilden sich zum Beispiel starke Wasserstoffbrücken zwischen dem Antikörper und einem bestimmten Glutaminrest im Lysozymmolekül, das in den Spalt zwischen den V_H- und V_L-Domänen hineinragt (Abb. 3.15). Lysozyme vom Rebhuhn und vom Truthahn haben an dieser Stelle statt Glutamin eine

3.15 Der Komplex von Lysozym mit dem Antikörper D1.3. Die Wechselwirkung des Fab-Fragments von D1.3 mit Hühnereiweißlysozym. Lysozym ist grün, die schwere Kette blau und die leichte gelb dargestellt. Ein Glutaminrest des Lysozyms (rot) ragt in einen Spalt der antigenbindenden Stelle und ist Teil einer wichtigen Wasserstoffbrücke. (Photo: R. J. Poljak.)

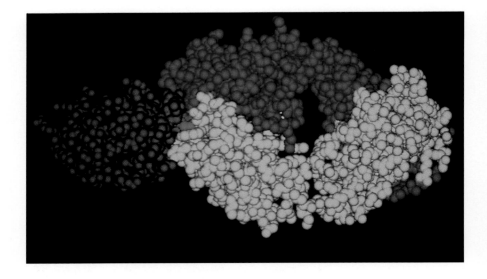

andere Aminosäure. An sie bindet der Antikörper nicht. In dem Komplex aus Hühnerlysozym und einem anderen Antikörper, HyHel5 (Abb. 3.13) bestehen wichtige Wechselwirkungen aus zwei Salzbrücken zwischen zwei Argininresten vom Lysozym und zwei Glutaminsäureresten, je eine von den V_H-Schleifen CDR1 und CDR2: Wieder fehlt Lysozymen anderer Vogelarten einer der beiden Argininreste, was eine 1000fache Abnahme der Affinität zur Folge hat. Obwohl also Oberflächenkomplementarität und hydrophobe Wechselwirkungen wichtig für die Bindung sind, scheint die Fähigkeit zur Ausbildung einiger spezifischer Interaktionen das Hauptmerkmal der Antikörperspezifität zu sein.

Zusammenfassung

Röntgenstrukturanalytische Untersuchungen von Antigen:Antikörper-Komplexen haben ergeben, daß die hypervariablen Schleifen der variablen Immunglobulinregionen die Spezifität von Antikörpern bestimmen. Wenn es sich um Proteinantigene handelt, nimmt das Antikörpermolekül Kontakt über ein großes Areal seiner Oberfläche auf, das der erkannten Oberfläche des Antigens komplementär ist. Elektrostatische Wechselwirkungen, Wasserstoffbrücken und van-der-Waals-Kräfte tragen zur Bindung bei. Aminosäureseitenketten in den meisten oder allen hypervariablen Schleifen treten mit dem Antigen in Kontakt und bestimmen sowohl die Spezifität als auch die Affinität der Interaktion. Andere Teile der variablen Region spielen beim direkten Kontakt mit dem Antigen kaum eine Rolle, liefern jedoch ein stabiles strukturelles Gerüst für die hypervariablen Schleifen und sind beim Festlegen ihrer Position behilflich. Antikörper gegen native Proteine binden gewöhnlich an die Oberfläche des Proteins und treten mit Resten in Kontakt, die in der Primärstruktur des Moleküls nicht nebeneinanderliegen. Sie können jedoch gelegentlich auch mit Peptidfragmenten des Proteins in Wechselwirkung treten. Antikörper gegen Peptide, die von einem Protein abstammen, lassen sich dagegen manchmal dazu verwenden, das native Proteinmolekül aufzuspüren. Peptide binden an Antikörper normalerweise im Spalt zwischen den variablen Regionen der schweren und leichten Ketten, wo sie spezifische Kontakte mit einigen, aber nicht notwendigerweise mit allen hypervariablen Schleifen eingehen. Dies ist auch die übliche Art der Reaktion mit Kohlenhydratantigenen und kleinen Antigenen oder Haptenen.

Die Entstehung der Vielfalt der humoralen Immunantwort

Nahezu jede Substanz kann eine Antikörperantwort hervorrufen. Darüber hinaus ist die Antwort auch auf ein einfaches Antigen vielfältig und umfaßt viele unterschiedliche Antikörpermoleküle, von denen jedes eine eigene Affinität und Spezifität besitzt. Die vollständige Sammlung von Antikörperspezifitäten in einem Individuum nennt man das **Antikörperrepertoire**. Es besteht aus immerhin 10^{11} verschiedenen Antikörpermolekülen. Bevor man Immunglobulingene direkt untersuchen konnte, gab es zwei Haupthypothesen über die Entstehung dieser Vielfalt. Nach der einen, der **Keimbahntheorie**, gibt es ein eigenes Gen für jedes Antikörpermolekül, und das Antikörperrepertoire wird weitgehend vererbt. Im Gegensatz dazu gehen Theorien der **somatischen Mutation** von der Vorstellung aus, daß eine begrenzte Zahl vererbter Antikörpergene in B-Zellen während des Lebens eines Individuums mutieren und so das beobachtete Repertoire schaffen. Die Klonierung der Gene, die Immunglobuline codieren, zeigte, daß das Antikörperrepertoire durch DNA-Umordnung aus einer großen, aber beschränkten Zahl von Antikörpergenen entsteht, und daß die Vielfalt durch einen Prozeß somatischer Hypermutation in B-Zellen noch vergrößert wird. Beide Theorien erklären also je einen Teil der Antikörpervielfalt.

3.10 In antikörperproduzierenden Zellen werden Immunglobulingene neu geordnet

Die Gene für die variablen und konstanten Domänen der Immunglobulinketten sind in der Keimbahn-DNA und in der DNA aller Zellen des Kör-

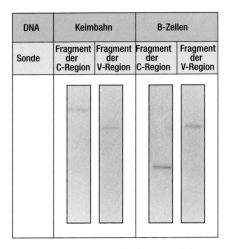

DNA	Keimbahn		B-Zellen	
Sonde	Fragment der C-Region	Fragment der V-Region	Fragment der C-Region	Fragment der V-Region

3.16 Die Anordnung der Immunglobulingene ist in B-Zellen anders als in anderen Zellen. Ein Verdau von DNA aus B-Zellen und aus anderen Zelltypen durch Restriktionsenzyme wird durch eine Agarosegelelektrophorese aufgetrennt. Durch Hybridisierung lassen sich DNA-Sequenzen für Immunglobuline lokalisieren. Bei allen Zellen außer B-Zellen befinden sich die V-und C-Regionen in unterschiedlichen DNA-Fragmenten. Bei B-Zellen liegen die V-und C-Regionen im selben Fragment. (Photo: S. Wagner; L. Luzzatto.)

pers außer in den Lymphocyten der B-Zellinie weit voneinander entfernt. Dies fand man heraus, als man Sonden für Sequenzen von variablen und konstanten Regionen mit DNA aus Spermien und Leber sowie aus bestimmten antikörpersezernierenden Zellen hybridisierte (Abb. 3.16). Die Sonden für die Sequenzen der variablen und konstanten Regionen hybridisierten bei DNA aus Spermien und Leber jeweils mit unterschiedlichen Restriktionsfragmenten, während bei der DNA antikörperproduzierender Zellen beide Sonden mit demselben Fragment hybridisierten. Das Zusammenführen von Genen der variablen und konstanten Regionen in antikörperproduzierenden Zellen erfolgt durch die sogenannte **somatische Rekombination**. Dieser Vorgang ist nicht zu verwechseln mit der meiotischen Rekombination während der Bildung von Gameten. Die Rekombination der Immunglobulingene ist eine Voraussetzung für ihre Expression. Exprimierte Gene sind immer umgeordnet worden, während sich die gleichen Gene in Geweben, die keine Immunglobuline exprimieren, in der **Keimbahnkonfiguration** befinden.

3.11 Vollständige variable Regionen entstehen durch die somatische Umordnung separater Gensegmente

Die eingehende Untersuchung von umgeordneten und Keimbahngenen für Immunglobulin-L-Ketten ergab, daß jede variable Domäne durch zwei separate DNA-Segmente codiert wird, die in B-Zellen durch eine DNA-Umordnung zusammengebracht werden. Das erste Segment codiert die ersten 95 oder 96 Aminosäuren der leichten Kette und wird als **V-Gensegment** bezeichnet. Ein zweites DNA-Stück codiert ungefähr die letzten zwölf bis 14 Aminosäuren der variablen Domäne und heißt **J-Gensegment** (von *joining* für „verbindend").

3.17 Die variablen Regionen der leichten Ketten werden aus zwei Gensegmenten aufgebaut. V-Gensegmente sind rot, J-Gensegmente gelb und C-Gensegmente blau dargestellt. Ein vollständiges Gen für eine variable Region entsteht durch somatische Rekombination eines V- und eines J-Gensegments. Immunglobulinketten sind extrazelluläre Proteine. Dem variablen Segment geht ein Exon voraus, das ein Leader-Peptid (L) codiert. Dieses führt das Protein zu den Sekretionspfaden der Zelle und wird dann abgespalten. Der konstante Bereich ist ebenfalls in einem getrennten Exon codiert und wird durch RNA-Spleißen mit der variablen Domäne verknüpft.

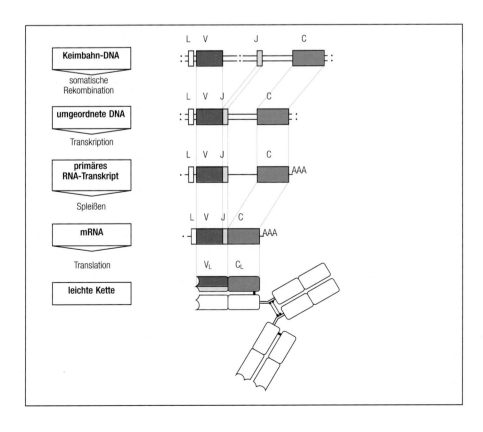

Abbildung 3.17 zeigt, wie die Genumordnung, die zur Produktion einer leichten Immunglobulinkette führt, vor sich geht. Die J-Gensegmente befinden sich nahe bei den Gensegmenten für die konstante Region, von denen sie durch ein kurzes Stück nichtcodierender DNA getrennt sind. Durch Verbinden von einem V- mit einem J-Gensegment entsteht ein zusammenhängendes DNA-Stück, das die gesamte variable Domäne codiert. Die verbundende VJ-Sequenz wird nach der Transkription durch RNA-Spleißen und nicht durch Rekombination von DNA-Sequenzen mit einer Sequenz für eine konstante Domäne verknüpft. Beim Experiment von Abbildung 3.16 enthält also eines der markierten Fragmente der Keimbahn-DNA das V-Gensegment und das anderen die J- und C-Segmente.

Die variablen Domänen der H-Kette sind in drei getrennten Gensegmenten verschlüsselt. Zusätzlich zu den V- und J-Segmenten (zur Unterscheidung von den Gensegmenten der leichten Kette V_L und J_L mit V_H und J_H bezeichnet) codiert ein drittes Gensegment Aminosäuren zwischen den V_H- und J_H-Segmenten. Die zusätzlichen Segmente werden als **D-Gensegmente** (von *diversity* für „Vielfalt") bezeichnet. Abbildung 3.18 zeigt den Rekombinationsvorgang während der Produktion schwerer Immunglobulinketten. Er verläuft in zwei getrennten Schritten. Im ersten wird ein D_H-Segment mit einem J_H-Segment verknüpft. Darauf folgt die Koppelung eines V_H-Segments an DJ_H zur Vervollständigung der codierenden Region. Wie bei den leichten Ketten wird das Segment, das die variable Region der schweren Kette codiert, mit dem Segment für die konstante Domäne durch RNA-Spleißen verbunden.

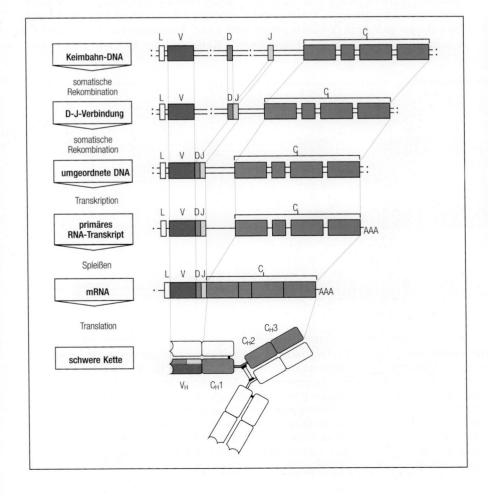

3.18 Die variablen Regionen der schweren Kette werden aus drei Gensegmenten aufgebaut. Die V-Gensegmente von schweren Immunglobulinketten sind rot, D-Segmente grün, J-Segmente gelb und C-Segmente blau dargestellt. Eine vollständige variable Domäne entsteht durch Rekombination. Zuerst fusionieren D- und J-Segmente, daran heftet sich dann das V-Segment an. Die Leader-Sequenzen (L) und die Sequenz der konstanten Region liegen in verschiedenen Exons und werden während der Weiterverarbeitung des RNA-Transkripts der schweren Kette an die variable Domäne gespleißt.

3.12 Gensegmente für variable Regionen liegen in zahlreichen Kopien vor

Der Einfachheit halber haben wir bisher über die Bildung vollständiger variabler Immunglobulingene gesprochen, als ob es nur einzelne Kopien jedes Gensegments gäbe. In Wirklichkeit gibt es in der Keimbahn-DNA multiple Kopien aller Gensegmente. Die exakte Zahl einiger der Gensegmente, besonders der V_H-Gensegmente, steht nicht fest. Abbildung 3.19 führt geschätzte Angaben für verschiedene Gensegmente an.

3.19 Geschätzte Anzahl der variablen Gensegmente für schwere und leichte Ketten in Maus-DNA.

* Bei jedem der Loci der leichten κ- und λ-Kette ist eines der J-Gensegmente nichtfunktionell (ein Pseudogen).

Zahl der Segmente in den Immunglobulingenen			
Segment	leichte Ketten		schwere Ketten
	κ	λ	H
V-Segmente	250	2	200–1000
D-Segmente	0	0	15
J-Segmente	4+1*	3+1*	4

Die Organisation der Gensegmente für die variablen Domänen unterscheidet sich in bezug auf jede der Immunglobulinketten in Einzelheiten und ist in Abbildung 3.20 dargestellt. Für die λ-L-Kette gibt es zwei Loci, von denen jeder ein V-Gensegment und zwei Ausführungen von J-und C-Gensegmenten enthält. Die Loci der κ-L-Kette und der H-Kette ähneln ein-

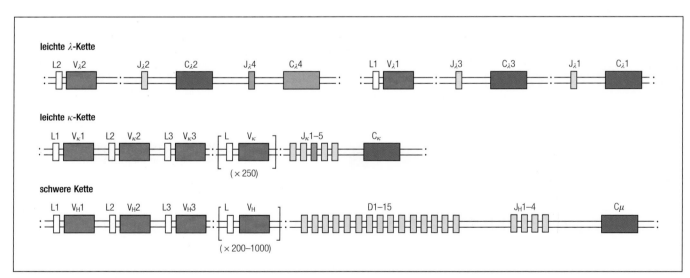

3.20 Die Organisation der Gensegmente für leichte und schwere Ketten im Genom der Maus. Die obere Reihe zeigt die beiden Genloci für die leichte λ-Kette. Es gibt ein V-Segment und zwei getrennte J- und C-Gene in jedem Locus, obwohl in einem Locus eines der J- und C-Paare nichtfunktionell ist (grau). Der einzelne κ-Locus (mittlere Reihe) ist anders aufgebaut. Es gibt ungefähr 250 V-Segmente, die von einer Gruppe von fünf J-Segmenten und einem einzelnen C-Gen begleitet werden. Eines der J_κ-Gensegmente ist ein Pseudogen (grau).

Die Organisation des Genlocus für die schwere Kette (untere Reihe) ist ähnlich wie die der κ-Kette. Es gibt jedoch zusätzlich eine Gruppe von 15 D-Segmenten, die zwischen den V- und den J-Segmenten liegen. Der Locus der schweren Kette enthält außerdem eine große Gruppe von C-Genen, die später beschrieben wird. Der Einfachheit halber zeigen wir hier nur ein einzelnes C-Gen einer schweren Kette. Einzelheiten des Genaufbaus unterscheiden sich bei verschiedenen Spezies, das Grundkonzept ist jedoch das gleiche. L = Leader-Sequenz.

ander insofern, als jeder mehrere Gruppen vieler V-Segmente und eine einzelne Gruppe von J-Segmenten enthält. Der Locus für die schwere Kette enthält zusätzlich eine Gruppe von D-Segmenten.

3.13 Vielfalt entsteht durch die zufällige Rekombination von Gensegmenten

Der Prozeß der somatischen Rekombination kann jedes V-Gensegment mit jedem J- oder DJ-Gensegment verbinden. Folglich entsteht ein Großteil der Antikörpervielfalt durch die Auswahl verschiedener Kombinationen von Gensegmenten, aus denen jede V-Domäne aufgebaut wird (Abb. 3.21). Die Zahl unterschiedlicher variabler Regionen, die entstehen können, läßt sich aus der Anzahl der Gensegmente jedes Typs abschätzen. Für κ-L-Ketten gibt es ungefähr 250 V_κ-Segmente und vier funktionelle J_κ-Segmente. Die Gesamtzahl der möglichen Kombinationen beträgt also (250×4) oder 1000. Schwieriger ist die Rechnung für die schweren Ketten, da die genaue Anzahl von V_H-Segmenten nicht bekannt ist und vermutlich irgendwo zwischen 200 und 1000 liegt. Die Zahl der Kombinationen, die bei zufälliger Verknüpfung der V-Segmente mit 15 D_H- und vier J_H-Segmenten möglich sind, kann von ($200 \times 15 \times 4$) oder 12 000 bis ($1000 \times 15 \times 4$), das heißt 60 000 reichen. Bei künftigen Berechnungen werden wir der Einfachheit halber einen Wert von 400 für die Gesamtzahl der V_H-Segmente verwenden, was eine geschätzte Vielfalt von ($400 \times 15 \times 4$) oder 24 000 ergibt.

Die Abschätzung der Diversität, die insgesamt durch die Kombination schwerer und leichter Ketten erreicht werden kann, wird durch die Verteilung der Vielfalt auf die verschiedenen Teile der variablen Domänen kompliziert. Die CDR1- und CDR2-Schleifen der variablen Domänen von schweren wie von leichten Ketten werden vollständig in den V-Segmenten codiert. Die Zahl der unterschiedlichen möglichen Kombinationen dieser Schleifen beträgt daher ungefähr 10^5, nämlich (250×400). Die CDR3-Schleifen enthalten die Verbindungsregion zwischen den V_L- und J_L-Segmenten und zwischen den V_H-, D_H- und J_H-Segmenten. Die Zahl der verschiedenen möglichen Kombinationen von CDR3-Schleifen ist daher 24 000 × 1000 oder ungefähr 2×10^7. Die Vielfalt der antigenbindenden Stelle konzentriert sich also auf die CDR3-Regionen. Das Ausmaß der CDR3-Diversität wird, wie wir in den nächsten Abschnitten sehen werden, durch den Mechanismus des Verknüpfens der Gensegmente noch erhöht.

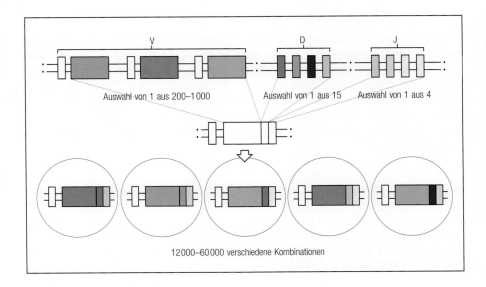

Auswahl von 1 aus 200–1 000   Auswahl von 1 aus 15   Auswahl von 1 aus 4

12 000–60 000 verschiedene Kombinationen

3.21 Die zufällige Auswahl von Gensegmenten aus einem Pool trägt zur Vielfalt der variablen Domänen bei. Die DNA, welche die vollständige variable Domäne einer schweren Immunglobulinkette codiert, besteht aus einem V-Segment, einem D-Segment und einem J-Segment. Jedes wird zufällig aus den vorhandenen Gruppen abwechselnder Segmente ausgewählt. Die genaue Anzahl verschiedener V-Segmente ist nicht bekannt. Wenn es 200 sind, beträgt die Zahl möglicher unterschiedlicher VDJ-Kombinationen 12 000, bei 1 000 wären es 60 000.

3.14 Konservierte Rekombinationssignale flankieren die Gensegmente der variablen Domänen

Wenn man die nichtcodierende DNA vergleicht, welche die verschiedenen Gensegmente für die variablen Domänen der schweren und leichten Ketten flankiert, so lassen sich auf der 3'-Seite der V-Segmente, der 5'-Seite der J-Segmente und auf beiden Seiten der D_H-Segmente konservierte Sequenzblöcke identifizieren (Abb. 3.22). Diese bestehen aus einem Block von sieben Nucleotiden (Heptamer) und einem Block von neun Nucleotiden (Nonamer), die durch ungefähr 12 oder 23 Basenpaaren nichtkonservierter „Spacer"-DNA getrennt sind. Die Heptamersequenz ist CACAGTG oder das umgekehrte Gegenstück CACTGTG, die Nonamersequenz entsprechend ACAAAAACC oder GGTTTTTGT. Das Zwischenstück von zwölf oder 23 Basenpaaren entspricht einer oder zwei ganzen Windungen der DNA-Helix, so daß die Heptamer- und Nonamersequenzen auf der gleichen Seite der DNA liegen. Vermutlich können sie dort von den Enzymen erkannt werden, die die Rekombination bewerkstelligen. Die Heptamer- und Nonamersequenzen bezeichnet man oft als **Rekombinationssignalsequenzen**.

3.22 Konservierte Heptamer- und Nonamersequenzen flankieren die Gensegmente der variablen Domänen von schweren und leichten Ketten. Der Zwischenraum zwischen den Heptamer- und Nonamersequenzen beträgt immer entweder ungefähr zwölf oder ungefähr 23 Basenpaare. An der Verknüpfung sind immer ein Rekombinationssignal aus zwölf und aus 23 Basenpaaren beteiligt.

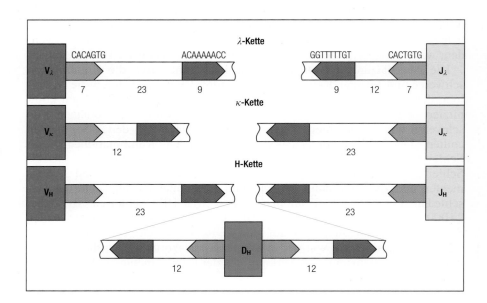

Obwohl der Mechanismus der Rekombination nicht in allen Einzelheiten bekannt ist, folgt er einer eisernen Regel (der 12/23-Regel). Sie besagt, daß eine Neuordnung nur zwischen einem Paar aus Heptamer und Nonamer, das durch einen 12mer-Spacer getrennt ist, und einem Paar, das durch einen 23mer-Spacer getrennt ist, stattfindet. Für die schweren Ketten heißt das also, daß die V-Segmente nicht direkt mit den J-Segmenten rekombinieren können, da beide von Rekombinationssignalen mit 23mer-Spacern flankiert sind.

3.15 Die Verknüpfung variabler Gensegmente erfolgt ungenau

Der Mechanismus der Genumordnung (Abb. 3.23) ähnelt sich bei den variablen Regionen der schweren und leichten Ketten, obwohl für die leichten Ketten nur ein Verknüpfungsvorgang zwischen den V- und J-Segmenten stattfinden muß, während bei den schweren Ketten getrennte Umordnungen erfolgen, um die D- und J-Segmente sowie die V- und DJ-Segmente zu koppeln. Beim gängigsten Rekombinationstyp haben die beiden Gensegmente, die verbunden werden sollen, die gleiche Transkriptionsrichtung. Die Heptamer- und Nonamererkennungssequenzen werden zusammengeführt, und zwar aller Wahrscheinlichkeit nach eher durch Wechselwirkungen zwischen Proteinen, die an die Erkennungssequenzen binden, als durch Wechselwirkungen zwischen den DNA-Molekülen selbst. Die Rekombination erfolgt zwischen den Heptamersequenzen. Die beiden Heptamere werden Kopf an Kopf verbunden und mitsamt der dazwischenliegenden DNA als Ring entfernt. Der DNA-Ring geht im Laufe der folgenden Teilungen der sich entwickelnden Zellen verloren. Der Verbindungsvorgang zwischen den V- und J-Gensegmenten verläuft nicht ganz präzise, wie wir gleich erläutern werden, und erzeugt ein hohes Maß an Variabilität.

In einigen Fällen sind die beiden Gensegmente, die verbunden werden sollen, hinsichtlich der Transkription entgegengesetzt ausgerichtet, so daß die Rekombinationssignale in die gleiche Richtung weisen und durch einfaches Ausstülpen der dazwischenliegenden DNA nicht in Reihe geschaltet werden können (Abb. 3.23, rechts). Eine Umordnung dieser Gensegmente kann dennoch erfolgen, nämlich durch eine kompliziertere Ausstülpung der DNA. Nachdem die Rekombinationssignale zusammengeführt worden sind und eine Rekombination stattgefunden hat, kommt es zu einer Inversion der dazwischenliegenden DNA und nicht zu deren Verlust.

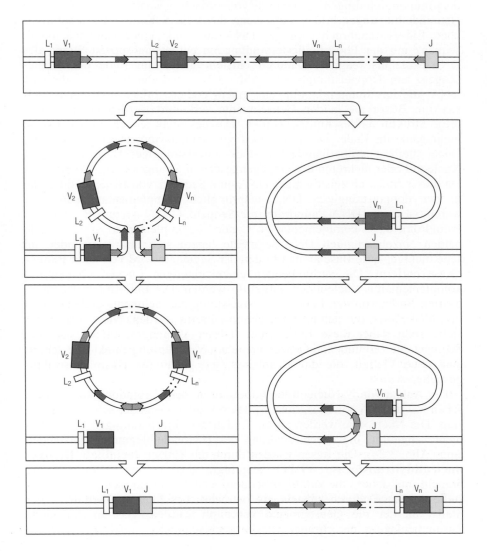

3.23 Gensegmente für variable Regionen werden durch Rekombination verknüft. Bei jedem Rekombinationsereignis innerhalb einer variablen Region müssen die Signalsequenzen, die die Gensegmente flankieren, zusammengeführt werden. Der Einfachheit halber ist hier die Umordnung bei leichten Ketten dargestellt. Damit eine funktionsfähige variable Region bei schweren Ketten entsteht, sind zwei getrennte Rekombinationsereignisse nötig. In vielen Fällen haben die V- und J-Segmente, wie auf den linken Abbildungen zu sehen ist, die gleiche Orientierung bei der Transkription. Durch Nebeneinanderlegen der Rekombinationssignale stülpt sich die dazwischenliegende DNA als Schleife aus. Die Rekombination erfolgt an den Enden der Heptamersequenzen. Die dazwischenliegende DNA wird als geschlossener Ring freigesetzt, und die V- und J-Segmente verknüpfen sich. In einigen Fällen sind die V- und J-Segmente, wie auf der rechten Seite, entgegengesetzt orientiert. Das parallele Zusammenführen der Signalsequenzen erfordert in einem solchen Fall kompliziertere Ausstülpungen der DNA. Die Verknüpfung der Enden der beiden Heptamersequenzen führt jetzt zur Inversion der dazwischenliegenden DNA. Wiederum entsteht durch Verknüpfung der V- und J-Segmente eine funktionelle variable Region.

Auf molekularer Ebene versteht man zwar die Einzelheiten des Rekombinationsprozesses noch nicht ganz, man kennt jedoch einige erforderliche Schritte. (Sie sind in Abbildung 3.24 aufgeführt.) Die Signale, welche die beiden zu rekombinierenden Gensegmente flankieren, werden in einer Reihe angeordnet, vermutlich aufgrund der Interaktion von Proteinen, die an die Signale binden. Solche Proteine müssen auch die Länge der Spacer zwischen den Heptamer- und Nonamersignalen erkennen, um die 12/23-Rekombinationsregel durchzusetzen. Die beiden DNA-Moleküle werden dann geöffnet und die Enden der Heptamersequenzen Kopf an Kopf präzise miteinander verknüpft. Die Enden der Gensegmente für die variablen Domänen werden nicht direkt verbunden, sondern vielmehr weiterverarbeitet. Dadurch entsteht eine zusätzliche Vielgestaltigkeit an den Verbindungsstellen, was als junktionale Vielfalt bezeichnet wird. Diese kommt durch zwei unterschiedliche Vorgänge zustande, bei denen Nucleotide angefügt werden, wenn während der Rekombination die beiden doppelsträngigen Enden der Gensegmente verknüpft werden. Der eine erfolgt in Genen von schweren und leichten Ketten und schafft zusätzliche Nucleinsäurereste, die man als **P-Nucleotide** bezeichnet, weil sie gewöhnlich Palindrome sind. Der andere, der nur bei der Rekombination von Gensegmenten der schweren Ketten vorkommt, erzeugt zusätzliche Nucleotide, die man als **N-Nucleotide** bezeichnet, da sie nicht in der Matrize codiert sind.

P-Nucleotide entstehen, wenn Haarnadelbiegungen in der DNA am Ende der Immunglobulingensegmente asymmetrisch gespalten werden. Diese Haarnadelbiegungen bilden sich, wenn das freie 5′-Ende eines ursprünglichen Einzelstrangbruches in der DNA am Ende einer Heptamersignalsequenz mit der Phosphodiesterbindung im entgegengesetzten Strang des DNA-Moleküls reagiert. Dadurch entsteht genau am Ende der Signalsequenz ein Doppelstrangbruch (Abb. 3.24), und die beiden Enden der DNA, die das Immunglobulingensegment codiert, bilden eine Haarnadelstruktur. Bevor die beiden Gensegmente verknüpft werden können, muß diese Struktur aufgeschnitten werden. Das geschieht jedoch normalerweise nicht ganz am Ende. Die DNA wird vielmehr asymmetrisch geschnitten. Dabei bleibt ein überhängendes Stück einzelsträngiger DNA aus einem Nucleotid oder mehreren des entgegengesetzten Stranges übrig (Abb. 3.24). Da dieses Stück einzelsträngiger DNA eine Sequenz von Basen enthält, die in der doppelsträngigen DNA ursprünglich komplementär zueinander waren, ist es ein DNA-Palindrom (die Sequenz GATC ist zum Beispiel ein Palindrom, da G komplementär zu C und A komplementär zu T ist). Die beiden einzelsträngigen DNA-Segmente lagern sich nun aneinander an. Jede nichtgepaarte Base an den Enden der Segmente wird von einer Exonuclease entfernt. Die verbleibenden einzelsträngigen Lücken können mit komplementären Nucleotiden aufgefüllt werden. Die Entfernung der ungepaarten Basen von den Enden der einzelsträngigen Segmente bedeutet, daß in vielen Fällen die palindromen Basen entfernt werden. Nicht jede Nahtstelle zeigt daher diese Eigenschaft. Dieser Vorgang verändert also die Sequenz der verbundenen Gensegmente am Verknüpfungspunkt und schafft eine neue Vielfalt, die davon abhängt, wo genau die Haarnadelstruktur gespalten wurde.

Der Anbau von N-Nucleotiden findet nur an den Verbindungsstellen zwischen V_H und D_H sowie D_H und J_H des variablen Gens der schweren Kette statt. Die Nucleotide werden an die Enden der einzelsträngigen DNA-Segmente angefügt, die durch Spaltung der Haarnadelbiegungen entstanden sind (Abb. 3.24). Die Basen werden durch das Enzym **terminale Desoxynucleotidyltransferase (TdT)** angefügt, das keinen Matrizenstrang braucht und daher eine zufällige Sequenz von N-Nucleotiden an der Nahtstelle anbaut. Dadurch entsteht ein beträchtliches Maß an Vielfalt an der Stelle, an der die Gensegmente verknüpft werden. Das anschließende Zusammenlagern der Stränge, das Zurechtschneiden durch Exonuclease

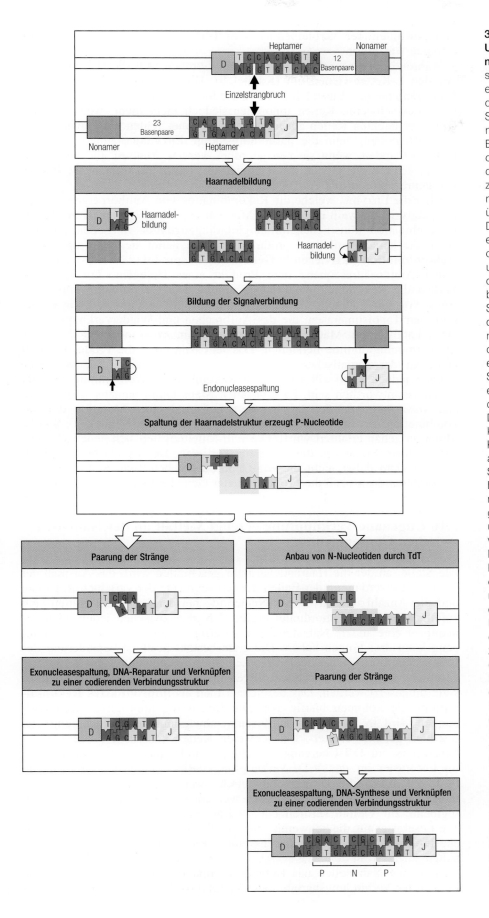

3.24 Enzymatische Schritte bei der Umordnung von Immunglobulingensegmenten am Beispiel von D und J.

Gezeigt sind die Heptamersignalsequenz und die ersten beiden Nucleotide der Gensegmente, die verknüpft werden sollen. Die gleichen Schritte erfolgen auch bei den Rekombinationen von V und D sowie V und J. Eine Exonuclease erkennt die Rekombinationssignale und schneidet einen Strang der DNA am Ende der Heptamersequenzen (oben). Das 5′-Ende des entstandenen DNA-Stranges reagiert mit dem gegenüberliegenden, ungeschnittenen Strang. Dieser wird so gespalten, daß auf der einen Seite am Ende der Heptamersequenz ein Doppelstrangbruch entsteht und auf der anderen Seite eine Haarnadelstruktur (zweites Bild). Dann werden die beiden Heptamersequenzen zu einer Signalverbindung verknüpft. Eine Endonuclease spaltet gleichzeitig die DNA-Haarnadel an irgendeiner Stelle (drittes Bild), so daß ein einzelsträngiges DNA-Segment entsteht (viertes Bild). Je nachdem, wo die Spaltung stattgefunden hat, kann diese einzelsträngige DNA Nucleotide enthalten, die ursprünglich in der doppelsträngigen DNA komplementär waren und die daher kurze DNA-Palindrome bilden (unterlegter Kasten im vierten Bild). Solche Nucleotidabschnitte aus dem komplementären Strang bezeichnet man als P-Nucleotide. Die Sequenz GA am Ende des D-Segments etwa ist komplementär zum vorausgehenden TC. Die folgenden Ereignisse unterscheiden sich bei den Genen von variablen Regionen schwerer und leichter Ketten. Wenn sich die Gene der schweren Ketten umordnen, wird die terminale Desoxynucleotidyltransferase (TdT) exprimiert, die Nucleotide an die Enden dieser einzelsträngigen DNA-Segmente anfügen kann. Ohne TdT (linke Seite) lagern sich die einzelsträngigen Segmente paarweise zusammen. Alle ungepaarten Basen an den Enden der Stränge werden durch eine Exonuclease entfernt. DNA-Reparaturenzyme füllen dann die einzelsträngigen Lücken auf und verknüpfen sie, so daß eine codierende Verbindung zwischen den beiden Gensegmenten entsteht. Ist die TdT vorhanden (rechte Seite), werden Nucleotide nach dem Zufallsprinzip an die Enden der einzelsträngigen Segmente geheftet, bevor sich die Stränge aneinanderlagern (ein unterlegter Kasten umgibt diese Nicht-Matrizen-(N-)Nucleotide). Das Zurechtschneiden durch die Exonuclease und die Reparatur der codierenden Verbindung erfolgt wie oben beschrieben. Die P- und N-Nucleotide im endgültigen codierenden Verbindungsstück sind unterlegt.

und Auffüllen der verbleibenden einzelsträngigen Lücken in der DNA erfolgen wie zuvor.

Während der Entwicklung der B-Zellen ordnen sich die H-Ketten-Gene vor den L-Ketten-Genen um (Kapitel 5). Die terminale Transferase wird früh während der Entstehung der B-Zellen exprimiert, während sich die Gene der schweren Ketten umordnen, jedoch nicht mehr, wenn sich die Gene der leichten Ketten zusammenfügen. Daher fehlen den leichten Ketten N-Regionen, denn die dafür notwendige Enzymmaschinerie ist nicht mehr vorhanden, wenn sie neu geordnet werden. Mäusen, die keine TdT haben, fehlt diese Quelle der Genvielfalt. Trotzdem können sie B-Zell-Antigenrezeptoren und Antikörper bilden.

Über die Enzyme, welche die Rekombination von Antikörpergensegmenten katalysieren, weiß man wenig. Man hat zwei Gene identifiziert, die die Rekombination künstlicher Immunglobulingengebilde in Zellen ermöglichen, die keine Antikörper produzieren. Man nennt sie *rag-1* und *rag-2* (**rekombinationsaktivierende Gene**). Das Genprodukt von *rag-1* ähnelt in seiner Aminosäuresequenz dem Produkt eines Hefegens, *hpr-1*, dessen Verlust die Rekombinationsfrequenz erhöht. Die Genprodukte von *rag-1* sowie von *hpr-1* ähneln wiederum beide bestimmten Enzymen von Bakterien, den Topoisomerasen, die das Aufbrechen und Wiederverknüpfen von DNA katalysieren. Mäuse mit einem Defekt in *rag-1* oder *rag-2* können keine Immunglobuline herstellen. Das legt nahe, daß die Produkte dieser Gene an der somatischen Rekombination beteiligt sind. Die *rag*-Gene können jedoch nicht alleine für die Rekombination von Immunglobulingenen verantwortlich sein. Es gibt einen Mausstamm namens *scid* (*severe combined immunodeficient*), bei dem aufgrund einer Mutation die Rekombination der Immunglobulingene defekt ist (siehe Kapitel 10, wo die Mutation genau erläutert wird). Die *scid*-Mutation ließ sich genetisch nicht an derselben Stelle wie die *rag*-Gene kartieren. Der Defekt bei den *scid*-Mäusen kann daher nicht die *rag*-Genprodukte betreffen. Sicher sind am Rekombinationsprozeß die Produkte vieler Gene beteiligt.

3.16 Ungenaue Verknüpfung erzeugt Vielfalt an der Nahtstelle zwischen Gensegmenten

Die Stelle, an der die Haarnadelstruktur geschnitten wird, das Ausmaß der Exonucleaseverdauung der Enden der Gensegmente der variablen Regionen und die Anzahl und Art der N-Nucleotide bei den schweren Ketten sind zufällig. Bei jeder Umordnung ergibt sich also zwischen jedem Gensegmentpaar eine andere Nahtstelle. Ein derartig ungenauer Verknüpfungsvorgang kann drei Folgen haben. Die erste besteht in einer Veränderung des Leserasters, dort wo die beiden Gensegmente zusammentreffen. Wenn dies geschieht, kann die entstehende mRNA nicht in eine reife Immunglobulinkette umgesetzt werden. Das bezeichnet man als **unproduktive Rekombination**. Sie kommen häufig vor. Die Bedeutung unproduktiver Umordnungen wird in Kapitel 5 im Zusammenhang mit der Entwicklung von B-Zellen genauer erörtert. Bei schweren Ketten kann eine Änderung des Leserasters am D/J-Übergang manchmal durch eine zweite Veränderung im Leseraster an der V/DJ-Verknüpfungsstelle kompensiert werden. Im Prinzip könnten die D-Segmente durch zwei solche Leserasterverschiebungen in allen drei Rastern gelesen werden, was den Beitrag der D-Gensegmente zur Vielfalt verdreifachen würde. In der Praxis lassen sich nicht alle Leseraster für die schweren Immunglobulinketten verwenden, da manche D-Gensegmente in mindestens einem Raster Terminationscodons enthalten.

Wenn die Nahtstellen das Leseraster nicht beeinträchtigen, hängen die Folgen der Verbindungsvariabilität von der Position innerhalb des jeweili-

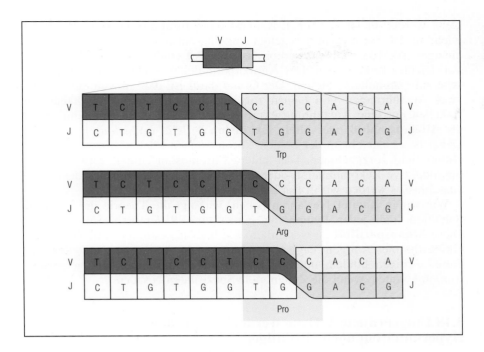

gen Codons ab, an dem das Verknüpfungsereignis stattfindet (Abb. 3.25). Wenn die Verknüpfung zwischen Codons erfolgt, wird eine Aminosäure von einem Gensegment codiert und die nächste von dem zweiten. Wenn jedoch der Übergangspunkt in einem Codon liegt, wird die entstehende Aminosäure von Nucleotiden beider beteiligter Gensegmente codiert. Die Identität der Aminosäure hängt von der genauen Position der Nahtstelle und den Sequenzen der einzelnen beteiligten Gensegmente ab. In dem Beispiel von Abbildung 3.25 ändert der Wechsel der Position der Verknüpfung die codierte Aminosäure von Tryptophan in Arginin oder Prolin. Die drei Aminosäuren haben sehr unterschiedliche physikalische und chemische Eigenschaften. Das sollte die Spezifität der entstehenden Bindungsstelle beeinflussen. Die üblichste Position für die Nahtstelle in variablen Regionen leichter Ketten befindet sich im Codon für Aminosäure 96. Das erklärt wohl die extreme Variabilität, die an dieser Position zu beobachten ist (Abb. 3.7).

Wie wir in Abschnitt 3.15 erfahren haben, besteht eine zusätzliche Quelle für die Vielfalt, die nur in den variablen Genen der schweren Ketten vorkommt, im Einschub von Nicht-Matrizen-Nucleotiden an den D_H/J_H- und V_H/D_H-Übergängen während der Rekombination. Solche zusätzlichen Basen können zusätzliche Aminosäuren codieren und ebenfalls zu Veränderungen des Leserasters führen.

Die Ungenauigkeit der Nahtstellen erhöht die Vielfalt der variablen Regionen mindestens um das Hundertfache. Die Kombinationen der verschiedenen möglichen Assoziationen von schweren und leichten Ketten erhöhen die Auswirkung der Verbindungsvielfalt und führen zu einer Gesamterhöhung von 10^4. Die Zahl verschiedener antigenbindender Stellen, die allein durch somatische Rekombination entstehen können, liegt also in der Größenordnung von 10^{11}.

3.17 Die Umordnung von Immunglobulingenen ist so reguliert, daß eine einzelne Antikörperspezifität entsteht

Die Umordnung der Immunglobulingene wird, wie wir in Kapitel 5 sehen werden, während der B-Zellentwicklung streng reguliert. Die H-Ketten-

Gene werden meist vor den L-Ketten-Genen zusammengesetzt. Was noch wichtiger ist, bei diesem geregelten Vorgang entstehen B-Zellen, die einen einzigen Typ von Antigenrezeptor aus einer Art von schwerer und einer Art von leichter Kette tragen. Das Antikörpermolekül besitzt also zwei identische antigenbindende Stellen. Der Grund dafür ist, daß, obwohl alle Zellen zwei Ausführungen von Genen für jede Immunglobulinkette haben, in B-Zellen nur eine Ausführung exprimiert wird. Diese Beschränkung wird als **Allelausschluß** oder **allele Exklusion** (*allelic exclusion*) bezeichnet. Dabei ist es nur einem der beiden Chromosomen erlaubt, eine produktive Umordnung vorzunehmen. Das andere Chromosom enthält entweder eine unproduktive Rekombination oder gar keine. Den Mechanismus des Allelausschlusses werden wir in Kapitel 5 besprechen.

Wie wir in Kapitel 1 erfahren haben, verlangt die Theorie der klonalen Selektion, daß jeder Lymphocyt genau eine Rezeptorspezifität besitzt. Diese **Monospezifität** ist wesentlich. Sie bedeutet nämlich, daß Zellen auf ein bestimmtes Antigen reagieren, indem sie nur Antikörper herstellen, die dieses Antigen binden, und nicht unwichtige Antikörper, die hergestellt werden könnten, wenn die Zellen viele Spezifitäten besäßen.

3.18 Umgeordnete V-Gene werden durch somatische Hypermutation noch vielfältiger

Die Mechanismen, durch die die Vielfalt entsteht, die wir in den vorausgegangenen Abschnitten beschrieben haben, laufen alle während der Umordnung von Gensegmenten in sich entwickelnden B-Zellen ab. Das Ziel besteht darin, ein funktionelles Antikörpermolekül herzustellen. Die Vielfalt konzentriert sich dabei gewöhnlich in der CDR3-Region der variablen Domäne. Es gibt jedoch einen zusätzlichen Mechanismus, der eine Mannigfaltigkeit in der gesamten variablen Domäne erzeugt und der wirksam wird, nachdem sich funktionelle Antikörpergene zusammengefügt haben. Diesen Prozeß bezeichnet man als **somatische Hypermutation**. Dabei werden mit sehr hoher Rate Punktmutationen in die variablen Domänen der exprimierten schweren und leichten Ketten eingefügt (Abb. 3.26). Andere Gene, die in den B-Zellen exprimiert werden, mutieren nicht mit derartiger Rate, und insbesondere die konstanten Immunglobulinregionen sind nicht betroffen. Wie diese Mutationen erzeugt werden, ist nicht bekannt.

Eine somatische Hypermutation erfolgt nach dem Zufallsprinzip, wenn B-Zellen auf ein Antigen reagieren, und zwar an rekombinierten Genen von V-Regionen, unabhängig davon, ob diese nun exprimiert und produktiv umgeordnet oder nichtexprimiert und unproduktiv umgeordnet sind. Das Mutationsmuster ist allerdings bei diesen beiden Typen unterschiedlich. Basenänderungen, die Aminosäuresequenzen abwandeln, kommen gehäuft in den drei CDRs vor, die in den exprimierten V-Genen Kontakte mit dem Antigen eingehen. Stumme Basenänderungen, die die Aminosäuresequenz bewahren, sind dagegen über die gesamte Gerüstregion verteilt. In den unproduktiven V-Genen derselben Zellen ist keine derartige gezielte Verteilung von stummen oder produktiven Mutationen festzustellen.

Das Mutationsmuster zeigt, daß Antigene solche B-Zellen selektieren, die mutierte Rezeptoren besitzen, die das Antigen besser binden. Diese verstärkte Bindung begünstigt die Stimulierung solcher B-Zellen und ihre Antikörpersekretion. Der Mutationsvorgang und die anschließende Antigenselektion wird in Kapitel 8 und 9 im Detail besprochen. Dort werden wir sehen, daß er im Verlauf der Antikörperantwort zu einer besseren Antigenbindung führt. Diesen Prozeß bezeichnet man als **Affinitätsreifung**.

Die Existenz vieler Kopien der Gensegmente für variable Regionen, die sich alle in der Sequenz unterscheiden, macht es möglich, daß die Vielfalt über die variablen Domänen verteilt ist und leistet damit einen wichtigen

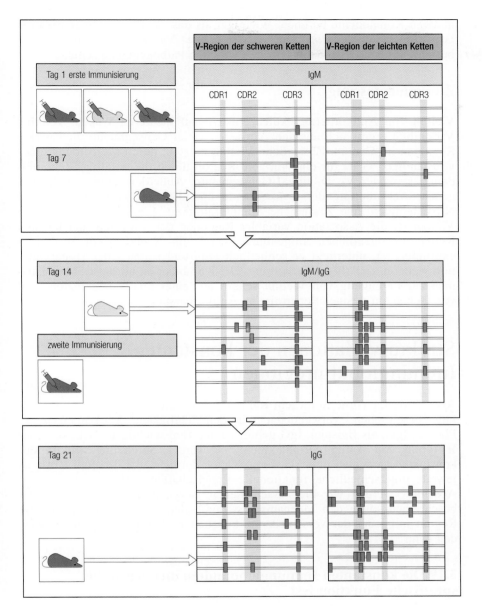

3.26 Somatische Hypermutationen tragen zur Vielfalt exprimierter Immunglobulingene bei. Diese Abbildung beschreibt ein Experiment, bei dem zu verschiedenen Zeiten nach der Immunisierung somatische Hypermutationen in variablen Regionen von Immunglobulinen nachgewiesen wurden, die für dasselbe Antigen spezifisch waren. Das geschah durch Sequenzierung der variablen Bereiche der leichten und schweren Ketten. Man immunisierte drei Gruppen von Mäusen, in diesem Fall mit Oxazolon, einem kleinen Hapten, für das die Mehrheit der produzierten Antikörper ein einziges V_H und V_L verwendet. Sieben Tage nach der Immunisierung entnahm man der ersten Gruppe B-Zellen und stellte damit Oxazolon-spezifische Hybridome her. Diese sezernierten hauptsächlich IgM-Antikörper und zeigten wenig Sequenzvariation in den V-Regionen. Aminosäurepositionen, die sich von den prototypischen Sequenzen der variablen Regionen unterscheiden, sind als Balken auf den die Sequenzen repräsentierenden Linien dargestellt. Nach sieben Tagen liegen die meisten Unterschiede in den Verbindungsbereichen, das heißt in CDR3. Nach weiteren sieben Tagen untersuchte man Oxazolon-spezifische Antikörper der zweiten Mäusegruppe. Zu dieser Zeit waren IgM- und IgG-Antikörper vorhanden, und man fand eine Reihe von Sequenzänderungen in allen sechs CDRs. Eine dritte Gruppe von Mäusen wurde ein zweites Mal immunisiert und nach weiteren sieben Tagen untersucht. In dieser letzten Gruppe waren fast alle Antikörper vom IgG-Typ, und alle wiesen intensive Veränderungen in den V-Regionen auf. Sowohl produktive als auch stumme Veränderungen waren in der ganzen variablen Region, produktive Veränderungen jedoch konzentriert in den CDRs zu finden. Die Anhäufung von Mutationen in CDRs beruht also auf der Selektion der mutierten B-Zellen auf Antigenbindung hin und nicht auf spezifischen Ausrichtung des mutagenen Prozesses an sich.

Beitrag zur Entwicklung des Antikörperrepertoires. Die große Zahl von Gensegmenten für variable Regionen stellt einen erblichen Beitrag zur Immunglobulinvielfalt dar. Die erbliche Komponente ist jedoch nur die Matrize, von der sich das endgültige Repertoire durch zufällige Vorgänge wie Kombinations- und Verbindungsvielfalt sowie somatische Hypermutation ableitet. Die Mannigfaltigkeit der Antikörper beruht zum größten Teil auf solchen zufälligen Prozessen und wird daher während des Lebens des Organismus erworben. Die Diversifikation, die während der Genumordnung erfolgt, konzentriert die Variabilität vor allem auf die CDR3-Region der variablen Domäne. Sie reicht alleine wohl nicht aus, das breite Spektrum an Antikörperspezifitäten zu schaffen, das nötig ist, um den Organismus vor infektiösen Agentien zu schützen. Die somatische Hypermutation wirkt sich auf die Vielfalt in allen CDRs aus und erhöht daher die Antikörperspezifität noch weiter. Das Nebeneinander von erblichen und erworbenen Komponenten der Vielfalt, die wir bisher beschrieben haben, ließ sich im Immunsystem mehrerer Säuger feststellen. Manche Arten haben Strategien zur Erzeugung von Vielfalt gewählt, die stärker auf der einen oder der anderen Komponente beruhen. Wichtiger als das „Wie" der Diversifikation ist wahrscheinlich, *daß* eine ausreichende Vielfalt im Immunsystem besteht, um den Organismus vor den üblichen Pathogenen zu schützen.

Zusammenfassung

Vielfalt von Antikörpermolekülen entsteht auf mehreren Wegen. Vererbte Variabilität ergibt sich aus dem Vorliegen vieler Gensegmente für variable Regionen im Genom. Zusätzliche Vielfalt entsteht durch die Bildung eines vollständigen Gens für eine variable Region durch die zufällige Rekombination separater V-, D- und J-Gensegmente. Außerdem erzeugen die ungenaue Verknüpfung der Gensegmente und die Einführung von P- und N-Nucleotiden eine zusätzliche Mannigfaltigkeit. Eine dritte Ursache für Vielfalt ist die Assoziation variabler Regionen der schweren und leichten Ketten zur eigentlichen antigenbindenden Stelle. Nachdem ein Antikörper exprimiert ist, unterliegt er schließlich aufgrund somatischer Hypermutation weiterer vielfältiger Gestaltung. Die Kombination all dieser Mechanismen zur Erzeugung von Vielfalt schafft aus einer relativ begrenzten Zahl von Genen ein riesiges Repertoire an Antikörperspezifitäten.

Strukturvariationen der konstanten Immunglobulinregionen

Als wir weiter vorne in diesem Kapitel die Struktur eines Antikörpermoleküls beschrieben, verwendeten wir den häufigsten Antikörpertyp im Plasma, IgG, als Beispiel. IgG gehört zu den fünf wichtigsten Klassen oder **Isotypen** von Antikörpermolekülen. Sie werden durch die Struktur der konstanten Domänen ihrer schweren Ketten definiert, die den fünf Isotypen jeweils unterschiedliche funktionelle Eigenschaften verleihen. In diesem Abschnitt werden wir die verschiedenen Isotypen und ihre Funktionen beschreiben sowie den Mechanismus, durch den eine bestimmte variable Region mit jeder der verschiedenen konstanten Regionen exprimiert werden kann.

3.19 Die konstanten Immunglobulindomänen legen die spezifische Funktion fest

Die fünf wichtigsten Isotypen der Immunglobuline sind IgM, IgD, IgG, IgE und IgA. Die schweren Ketten, die diese unterschiedlichen Isotypen cha-

3.27 Die physikalischen Eigenschaften der menschlichen Immunglobulinisotypen.

	Immunglobulin								
	IgG1	IgG2	IgG3	IgG4	IgM	IgA1	IgA2	IgD	IgE
schwere Kette	γ_1	γ_2	γ_3	γ_4	μ	α_1	α_2	δ	ε
Molekulargewicht (kd)	146	146	165	146	970	160	160	184	188
Serumspiegel (mittlerer Wert beim Erwachsenen in mg/ml^{-1})	9	3	1	6,5	1,5	3,0	0,5	0,03	0,00005
Halbwertszeit (Tage)	21	20	7	21	10	6	6	3	2

	Immunglobulin								
	IgG1	IgG2	IgG3	IgG4	IgM	IgA1	IgA2	IgD	IgE
klassischer Weg der Komplementaktivierung	++	+	+++	–	+++	–	–	–	–
alternativer Weg der Komplementaktivierung	–	–	–	–	–	+	–	–	–
Placentatransfer		+		+	–	–	–	–	–
Bindung an Makrophagen und andere Phagocyten	+	–	+	–	–	–	–	–	–
hochaffine Bindung an Mastzellen und basophile Granulocyten	–	–	–	–	–	–	–	–	+++
Reaktivität mit Protein A aus *Staphylococcus*	+	+	–	+	–	–	–	–	–

3.28 Die biologischen Funktionen der veschiedenen Immunglobulinisotypen.

rakterisieren, werden mit den kleinen griechischen Buchstaben μ, δ, γ, ε und α bezeichnet. Abbildung 3.27 zeigt außerdem auch die wichtigsten physikalischen Eigenschaften der verschiedenen menschlichen Isotypen.

Als erster Isotyp wurde IgG entdeckt, denn er ist der häufigste in normalem Serum. Danach unterschied man IgM-Antikörper von IgG. Diese fand man in der **Makroglobulin**-Fraktion (daher IgM) von Serum, die bei der Ultrazentrifugation schneller sedimentiert als IgG. IgA-Antikörper identifizierte man erstmals bei der Elektrophorese von Serumproteinen als separate Einheit. Der IgD-Isotyp wurde als Produkt eines Myeloms, eines antikörperproduzierenden Tumors, entdeckt. Schließlich fand man IgE als pathogenen Antikörper oder **Reagin** im Serum von Patienten, die unter schweren Allergien litten. Zusätzlich zu den fünf Hauptklassen gibt es vier Unterklassen von IgG beim Menschen (IgG1, IgG2, IgG3 und IgG4) und bei Mäusen (IgG1, IgG2a, IgG2b und IgG3) sowie zwei Unterklassen von IgA beim Menschen (IgA1 und IgA2).

Die verschiedenen Isotypen besitzen unterschiedliche Funktionen. Sie binden an unterschiedliche Rezeptoren und erfüllen getrennte Aufgaben bei der Immunantwort (Abb. 3.28). Die Effektorfunktionen der Immunglobulinisotypen übernimmt der Fc-Teil des Moleküls, der aus den gepaarten C_H2- und C_H3-Domänen besteht. Inzwischen ließen sich durch Untersuchungen von Immunglobulinmutanten Stellen auf dem Fc-Teil identifizieren, die an der Durchführung einiger Funktionen beteiligt sind.

Eine sehr wichtige Aufgabe von Immunglobulinen besteht in der Bindung von Komplement als Beginn der Komplementkaskade, die bei Rekrutierung und Aktivierung von Phagocyten behilflich ist und Pathogene auch direkt zerstört (Kapitel 8). Die allererste Komponente der Komplementkaskade ist ein Protein namens C1q, das an IgM und IgG in einem Bereich mit geladenen Resten auf der Seite der C_H2-Domäne bindet. Die C1q-Bindung wird auch durch Glykosylierung der C_H2-Domäne beeinflußt. Die Stelle, an der C1q an IgG bindet, ist in Abbildung 3.29 auf der Struktur des Fc-Fragments dargestellt. Ebenfalls zu sehen ist die Anlagerung eines Fragments von Protein A, einem immunglobulinbindenden Protein, welches das Bakterium *Staphylococcus aureus* synthetisiert (Abschnitt 2.9).

Wie wir in Kapitel 8 sehen werden, besteht eine zweite wesentliche Funktion von Antikörpern darin, Makrophagen und andere phagocytierende Zellen zu befähigen, Mikroorganismen und andere fremde Antigene, die diese nicht direkt erkennen können, zu verschlingen. Solche Antigene können, wenn sie mit Antikörpern bedeckt sind, von Rezeptoren auf der Oberfläche von Phagocyten gebunden werden. Diese erkennen den Fc-Teil

3.29 Die Komplementkomponente C1q bindet an die C$_H$2-Domäne des Fc-Fragments. Die Struktur des Fc-Fragments einer einzelnen schweren IgG-Kette ist hier im Komplex mit einem Fragment von Protein A gezeigt, des immunglobulinbindenden Proteins von *Staphylococcus aureus* (Abschnitt 2.9). Das Fc-Fragment hat zwei Domänen, C$_H$2 und C$_H$3 (violett). Eine Kohlenhydratkette hängt an einem Asparaginrest in der C$_H$2-Domäne; alle Atome sind dargestellt, und die Oberfläche ist grün wiedergegeben. Das Fragment von Protein A (weiß) bindet zwischen den beiden Domänen an das Fc-Fragment. Aminosäuren, die an der Bindung der Komplementkomponente C1q beteiligt sind (rot), liegen in der C$_H$2-(Cγ2)-Domäne. Die Bindungsstelle für den Fcγ-Rezeptor liegt in der Gelenkregion, die das Fc-Fragment mit den Fab-Armen verbindet, und ist hier nicht gezeigt. (Photo: C. Thorpe.)

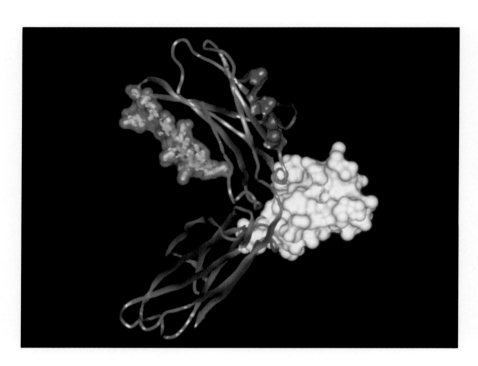

der Antikörper und werden dadurch stimuliert, das Antigen in sich aufzunehmen. Ein derartiges Einhüllen mit Antikörpern nennt man Opsonisierung (Kapitel 8). Der opsonierende Antikörperisotyp ist IgG. IgM-Antikörper können ebenfalls als Opsonine fungieren, aber nur, wenn die Phagocyten aktiviert sind. Die Rezeptoren auf der Oberfläche der Phagocyten, die die Fc-Region des Antikörpers erkennen, bezeichnet man daher als Fcγ-Rezeptoren. Diese binden an die Gelenkregion der meisten Immunglobuline. Die Beweglichkeit der Gelenkregion ist wichtig für die C1q-Bindung, möglicherweise deshalb, weil sie die Fab-Arme befähigt, sich von Positionen wegzubewegen, in denen sie die C1q-Bindungsstelle verdecken.

3.20 Isotypen unterscheiden sich in der Struktur der konstanten Domänen ihrer schweren Ketten

Wenn man den strukturellen Aufbau der schweren Ketten der unterschiedlichen Immunglobuline vergleicht (Abb. 3.30), wird klar, daß sich die verschiedenen Isotypen in der Zahl und Lokalisation der Disulfidbrücken zwi-

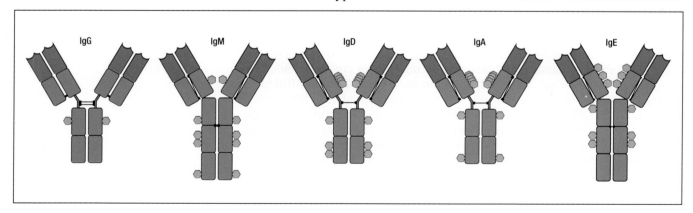

3.30 Struktur der wichtigsten menschlichen Immunglobulinisotypen. Zu beachten sind insbesondere die Unterschiede in der Anzahl und Position der Disulfidbrücken, die die Ketten verbinden, sowie das Fehlen einer Gelenkregion bei IgM und IgE. Die Isotypen unterscheiden sich auch in der Verteilung N-glykosidisch gebundener Kohlenhydratgruppen (grün).

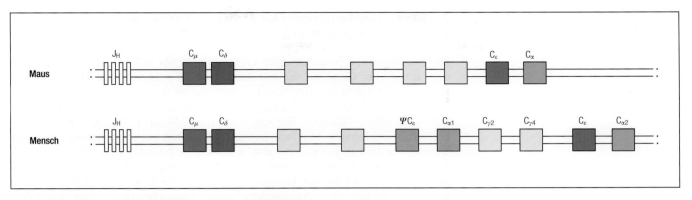

3.31 Der Aufbau der Gene für die konstanten Regionen der Immunglobuline bei Mäusen und Menschen. Bei der Maus umfaßt der Komplex ungefähr 200 kb. Beim Menschen weist der Cluster Anzeichen für eine Verdoppelung einer Einheit aus zwei γ-Genen, einem ε- und einem α-Gen während der Evolution auf. Eines der ε-Gene wurde inaktiviert und ist inzwischen ein Pseudogen Ψ. Daher wird nur ein IgE-Subtyp exprimiert. Der Einfachheit halber sind keine anderen Pseudogene angegeben.

schen den Ketten und in der Zahl der Oligosaccharide, die an der schweren Kette hängen, unterscheiden. Außerdem enthalten die schweren Ketten von IgM und IgE eine zusätzliche Domäne im konstanten Bereich. Sie ersetzt die Gelenkregion, die man in γ-, δ- und α-Ketten findet. Das Fehlen der Gelenkregion bedeutet nicht, daß IgM- und IgE-Moleküle nicht flexibel sind. Elektronenmikroskopische Bilder von IgM-Molekülen, die Liganden binden, zeigen eindeutig, daß sich die Fab-Arme relativ zum Fc-Teil verbiegen können. Ein solcher struktureller Unterschied könnte jedoch Folgen für die Funktion haben, die noch nicht bekannt sind.

Die Domänenstruktur der verschiedenen konstanten Bereiche der Proteine entspricht genau der Exonstruktur der Gene, die sie codieren. Jeder der Isotypen der schweren Immunglobulinketten wird von einem eigenen Gen codiert. Zusammen bilden diese eine große Gruppe von C_H-Genen auf der 3′-Seite der J_H-Gensegmente (Abb. 3.31). Der Cluster umfaßt ein großes Stück DNA. Bei der Maus sind es ungefähr 200 kb. Jedes Gen für eine konstante Region ist in drei oder vier Exons unterteilt, von denen jedes eine separate Domäne innerhalb der Proteinstruktur codiert (Abb. 3.32).

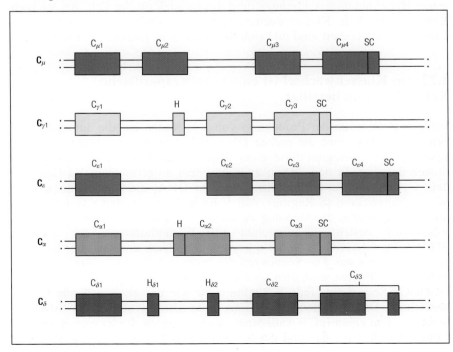

3.32 Struktur der Gene, die die wichtigsten menschlichen Immunglobulinisotypen codieren. Gezeigt ist die Struktur der Gene, welche die sezernierte Immunglobulinform codieren. SC steht für das carboxyterminale Ende, das beim sezernierten Immunglobulin verwendet wird. Ein anderes Exon (nicht abgebildet) codiert eine Transmembrandomäne, die bei Zelloberflächenrezeptoren auf B-Zellen eingesetzt wird (Abschnitt 3.26); H steht für *hinge* (Gelenk). Das δ-Gen unterscheidet sich von den anderen dadurch, daß sein sezerniertes carboxyterminales Ende von einem Exon codiert wird, das von der letzten C-Domäne getrennt ist. Bei der Maus ist die δ-Gelenkregion in einem einzigen Exon enthalten.

3.21 Dieselbe V_H-Region kann sich mit verschiedenen C_H-Regionen assoziieren

Es gibt nur einen Satz variabler Gensegmente für schwere Ketten, der mit der Gruppe der Gene für die konstante Region assoziiert ist. Die schweren Ketten der Antikörper aller Isotypen entnehmen daher ihre variablen Regionen aus demselben Pool. Noch überraschender ist, daß unterschiedliche Isotypen dieselben variablen Regionen enthalten können. Das wurde erstmals bei einem biklonalen Myelom festgestellt, einem antikörperproduzierenden Tumor, der sich differenziert hatte, nachdem er bösartig geworden war, und der zwei verschiedene Isotypen von Antikörpern produzierte. Ein Vergleich der Sequenzen der beiden Isotypen ergab, daß die konstanten Regionen der schweren Ketten des Antikörpers zwar unterschiedlich, ihre variablen Regionen sowie die beiden leichten Ketten jedoch identisch waren.

Das Auftreten derselben V-Regionen in Verbindung mit unterschiedlichen C-Regionen findet sich auch während der Reifung von B-Zellen nach Stimulation mit Antigen. Alle B-Zellen produzieren zunächst eine μ-H-Kette und folglich IgM-Antikörper. Die C_μ-Gensegmente liegen dem umgeordneten V_H-Gen am nächsten (Abb. 3.31). Eine vollständige Immunglobulin-mRNA wird durch Spleißen zwischen dem rekombinierten variablen Gen und dem C_μ-Gen gebildet. Nach der Antigenstimulation vermehren sich die B-Zellen und können differenzieren, so daß sie andere Isotypen herstellen. Das jeweilige variable Gen, das exprimiert wird, wird durch einen irreversiblen Rekombinationsvorgang festgelegt, der vor der Expression von Immunglobulin durch die B-Zelle erfolgen muß und in der gesamten Nachkommenschaft dieser B-Zellen erhalten bleibt. Dieselbe umgeordnete variable V-Region kann im Verlauf der B-Zell-Reifung während der Antikörperantwort für Antikörper verschiedener Isotypen verwendet werden. So können Antikörper einer bestimmten Spezifität ihre Funktion ändern. Die Fähigkeit derselben V-Region einer schweren Kette, sich mit unterschiedlichen C-Regionen zu verbinden, bezeichnet man als **Isotypwechsel** (*isotype switching*) oder **Klassenwechsel** (*class switching*). Obwohl nach dem Zusammenbau eines funktionellen Gens für eine variable Region keine weitere Umordnung von V-Segmenten erfolgt, kann es in zusammengebauten V-Segmenten nach dem Klassenwechsel zu somatischen Hypermutationen kommen, und das ist auch oft der Fall. Bei leichten Ketten findet kein Klassenwechsel statt, da κ und λ auf verschiedenen Chromosomen codiert sind und sich daher nicht austauschen können.

3.22 Am Klassenwechsel ist eine sequenzspezifische Rekombination beteiligt

Wenn B-Zellen von der Produktion von μ-H-Ketten auf die anderer Isotypen umschalten, wird die meiste DNA zwischen der V_H-Region und der gewünschten C_H-Region durch einen sequenzspezifischen Rekombinationsprozeß deletiert. In dem Intron zwischen dem umgeordneten V_H-Gen und dem C_μ-Gen liegt ein Abschnitt repetitiver DNA, die sogenannte *switch*- oder Schalterregion (S-Region). Am 5'-Ende der γ-, α- und ε-Gene gibt es jeweils Sequenzen, die homolog zu dieser S-Region sind (Abb. 3.33). Die μ-S-Region besteht aus ungefähr 150 Wiederholungen der Sequenz $[(GAGCT)_n \, GGGGGT]$, wobei n gewöhnlich gleich drei ist, aber auch bis zu sieben sein kann. Die Sequenzen der anderen S-Regionen unterscheiden sich in Einzelheiten, enthalten aber alle Wiederholungen der GAGCT- und GGGGGT-Sequenzen. Jede S-Region wird wie das entsprechende C-Gen bezeichnet. Die S-Region des μ-Gens heißt also S_μ und die γ_3-S-Region heißt $S_{\gamma3}$. Um einen IgG3-Antikörper zu produzieren, findet eine Rekombination zwischen der S_μ- und der $S_{\gamma3}$-Region statt (Abb. 3.33), unter Deletion der dazwischenliegenden Gensegmente für konstante Regionen. Die Transkription erfolgt nun vom V_H- zum $C_{\gamma3}$-Gen, wodurch eine funktionelle Immunglobulin-mRNA durch Spleißen gebildet werden kann.

Eine Rekombination kann zwischen der μ-S-Region und jeder anderen S-Region stattfinden. So ist die Produktion jedes Isotyps möglich, mit der Ausnahme von IgD, das immer durch differentielle Transkription und Spleißen der Exons der μ- und δ-C-Regionen mit IgM coexprimiert wird, wie wir später erläutern werden. Der rechte Teil von Abbildung 3.33 zeigt das Rekombinationsereignis, das den Wechsel von der IgM- zur IgA-Produktion möglich macht. Es können auch mehrere Wechsel in Folge vorkommen. Eine B-Zelle, die zum Beispiel auf IgG3 umgeschaltet hat (linkes Bild), kann weiter zur Produktion von IgA überwechseln, wie auf dem unteren Bild. Da die S-Sequenzen in einem Intron liegen, entstehen immer Gene,

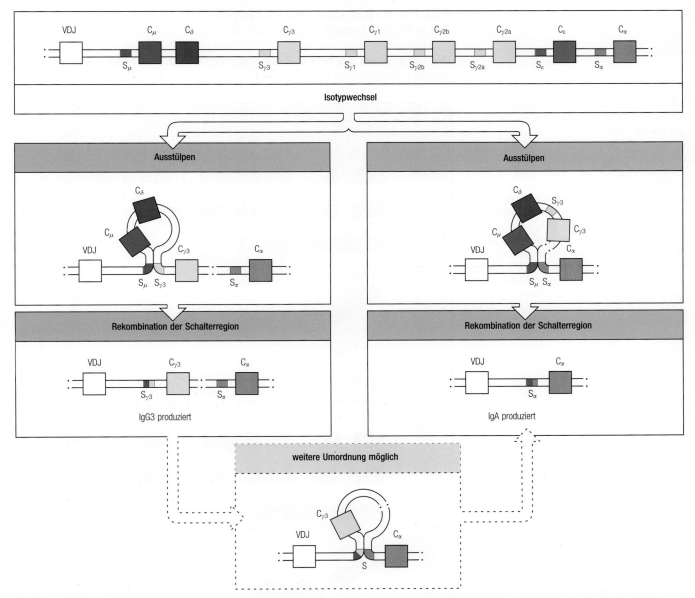

3.33 Am Isotypwechsel ist eine Rekombination zwischen spezifischen Signalen beteiligt. Vor den Genen für jede konstante Region befinden sich außer bei dem δ-Gen repetitive DNA-Sequenzen. Ein Klassenwechsel erfolgt durch Rekombination zwischen den Umschaltsignalen, wobei die dazwischenliegende DNA deletiert wird. Das erste Umschaltereignis findet von der μ-Schalterregion aus statt. Ein Wechsel zu anderen Isotypen kann nachfolgend von der rekombinanten Schalterregion aus erfolgen. S = Schalter- oder *switch*-Region.

die ein funktionelles Protein codieren. Die Umschaltrekombination unterscheidet sich damit von der Rekombination variabler Gensegmente, da sie immer produktiv ist.

Zum Klassenwechsel von Isotypen kommt es in aktivierten B-Zellen, die durch Antigene stimuliert wurden, sich zu teilen und zu differenzieren. Er stellt sicher, daß dieselbe V-Region, und damit dieselbe Antigenspezifität, von Isotypen mit unterschiedlichen konstanten Regionen exprimiert wird, die unterschiedliche Effektormechanismen in Gang setzen. Der Umschaltvorgang ist nicht zufällig, sondern wird von Proteinen reguliert, die von T-Zellen sezerniert werden (Abschnitt 8.4). Das Immunsystem kann die Wirkungen einer Antikörperantwort auf bestimmte Antigene also verändern, indem es den Isotyp des produzierten Antikörpers reguliert.

3.23 Die Expression von IgD beruht auf RNA-Weiterverarbeitung und nicht auf DNA-Umordnung

Die Expression des IgD-Isotyps unterscheidet sich von der Expression der anderen Isotypen in bezug auf zwei wesentliche Details. Erstens wird IgD

3.34 Die Expression von IgD wird durch die Weiterverarbeitung der RNA gesteuert. Die Transkription der μ- und δ-Gene kann an einer von zwei Stellen enden, nämlich entweder nach den μ-Gensegmenten (pA1) oder nach den δ-Gensegmenten (pA2). Dabei steht PA für Polyadenylierungsstelle. Der Einfachheit halber zeigen wir nicht alle Exons der konstanten Region einzeln. Transkripte, die bei pA2 enden, werden gespleißt, um die μ-Exons der konstanten Region zu entfernen, und ergeben damit eine RNA, die eine schwere δ-Kette codiert. Die relativen Mengen von produziertem IgM und IgD lassen sich entweder durch Beeinflussung der Stelle des RNA-Endes oder des Spleißens des μ-δ-Transkripts variieren.

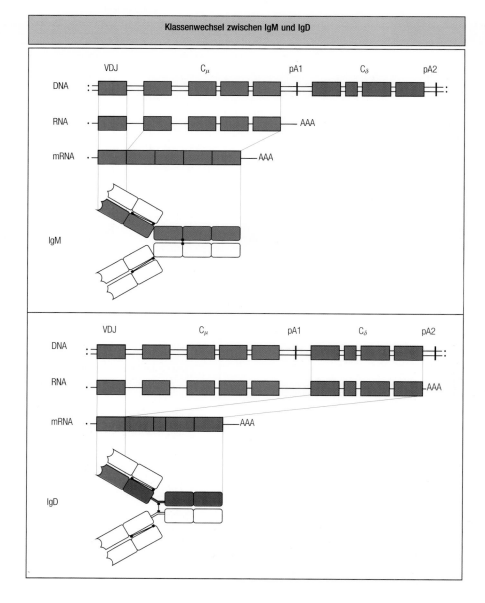

Klassenwechsel zwischen IgM und IgD

zusammen mit IgM auf der Oberfläche von reifen, naiven B-Zellen exprimiert. Das ist der einzige Fall, in dem zwei verschiedene Antikörperisotypen von derselben Zelle hergestellt werden. Zweitens geht dem Gen für die konstante δ-Region keine S-Region voraus. Die Gene für die konstanten Bereiche μ und δ liegen nahe zusammen (Abb. 3.27). B-Zellen, die IgM und IgD exprimieren, produzieren zwei verschiedene primäre RNA-Transkripte: Bei einem ist das Transkript nach dem μ-Gen zu Ende. Bei dem anderen werden μ- und δ-Gene transkribiert und das Transkript endet nach dem Gen für die konstante δ-Region (Abb. 3.34). Die Transkripte, die nach dem Gen für die konstante μ-Region enden, werden zu einer mRNA für eine μ-Kette gespleißt. Bei denjenigen, die nach dem Gen für die konstante δ-Region enden, werden die Exons des Gens für die konstante μ-Region während der RNA-Weiterverarbeitung entfernt, und es entsteht eine mRNA für eine δ-Kette. Durch die Regulierung der Stelle, an der die primären Transkripte enden, kann die B-Zelle entweder IgM allein oder IgM und IgD gemeinsam exprimieren. Außerdem ist die Entscheidung, IgD zu exprimieren, reversibel, da die DNA, die die Transkripte codiert, nicht betroffen ist. Die Funktion von IgD ist nicht bekannt, aber das Ausmaß der IgM- und IgD-Expression in sich entwickelnden B-Zellen korreliert mit der Eliminierung von B-Zellen, die selbstreaktive Antikörper exprimieren (Abschnitt 5.8).

3.24 IgM und IgA können Polymere bilden

Alle Immunglobulinmoleküle bestehen zwar aus einer Grundeinheit von zwei schweren und zwei leichten Ketten, IgM und IgA können sich jedoch zu größeren Gebilden zusammenlagern. IgM-Moleküle bilden vor allem Pentamere, IgA dagegen hauptsächlich Dimere (Abb. 3.35). Die Polymerisierung zu den Aggregaten wird durch eine separate Polypeptidkette von 15 kd unterstützt, der sogenannten J-Kette. Das IgM-Pentamer und das IgA-Dimer enthalten jeweils ein Molekül der J-Kette.

Die Polymerisierung von Immunglobulinmolekülen ist vermutlich für die Bindung von Antikörpern an polymere Epitope wichtig. Die Geschwindigkeit, mit der ein Antigen von der Bindungsstelle dissoziiert, ist abhängig von der Stärke der Bindung oder der Affinität zu dieser Stelle (Abschnitt 2.12). Antikörper besitzen jedoch zwei oder mehr identische Antigenbindungsstellen, und wenn beide an Epitope auf einem einzigen Partikel (etwa einem Bakterium) binden, löst sich das Molekül nur, wenn beide Stellen frei sind. Die Dissoziationsrate des gesamten Antikörpers ist daher viel langsamer als die Rate für die einzelnen Bindungsstellen. Daraus resultiert eine größere effektive Bindungsstärke oder **Avidität**. Das trifft besonders auf das pentamere IgM zu, das zehn Antigenbindungsstellen besitzt. IgM-Antikörper erkennen häufig repetitive Epitope wie die von bakteriellen Zellwandpolysacchariden. Die Bindung der einzelnen Stellen ist oft von niedriger Affinität. Die höhere Avidität als Folge der Polymerbildung könnte für IgM-Antikörper wichtig sein, damit sie Antigene effektiv binden können.

Wenn ein pentamerer IgM-Antikörper ein Pathogen bindet, kann er auch die Komplementkaskade mit großer Effizienz aktivieren (Kapitel 8). Zu den Ereignissen, die die Komplementkaskade auslösen, gehört die Bindung des Plasmaproteins C1q an den Fc-Teil eines Immunglobulins. Das C1q-Molekül hat sechs Immunglobulinbindungsstellen, von denen mindestens zwei besetzt sein müssen, bevor die Komplementkaskade aktiviert wird. Das pentamere IgM-Molekül besitzt fünf C1q-Bindungsstellen. Es stimuliert die Komplementaktivität sehr wirkungsvoll, da bereits ein Molekül des Pentamers ausreicht, um die Kaskade in Gang zu setzen. IgA bindet C1q nicht. Die Vorteile der IgA-Dimerisierung liegen also woanders. Wie in Kapitel 8 erläutert wird, ist die Polymerisierung von IgA für den Transport von IgA durch Epithelien erforderlich.

3.35 IgM- und IgA-Moleküle können Multimere bilden. IgM und IgA liegen im Serum als Multimere vor, die mit einer zusätzlichen Polypeptidkette assoziiert sind, der sogenannten J-Kette. Im pentameren IgM sind die Monomere durch Disulfidbrücken miteinander und mit der J-Kette vernetzt. Das obere Photo ist eine elektronenmikroskopische Aufnahme eines IgM-Pentamers und zeigt die Anordnung der Monomere in einer flachen Scheibe. (Photo: K. H. Roux; × 900 000.) Im dimeren IgA gibt es Disulfidbrücken zwischen den Monomeren und der J-Kette, aber nicht zwischen den Monomeren. Die elektronenmikroskopische Aufnahme der unteren linken Teilabbildung zeigt dimeres IgA. (Photo: K. H. Roux und J. M. Schiff.)

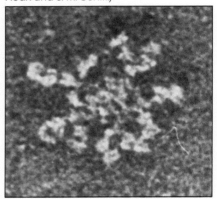

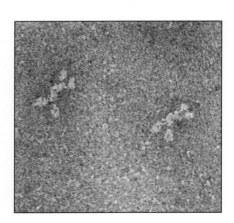

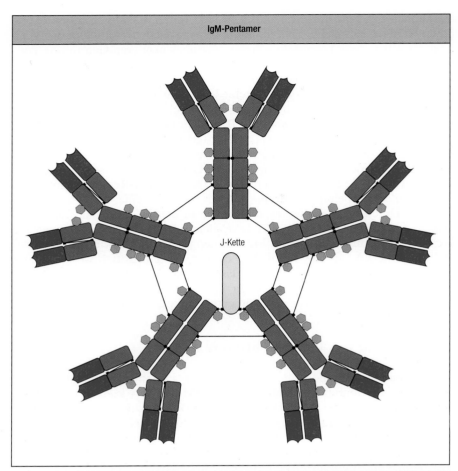

IgM-Pentamer

J-Kette

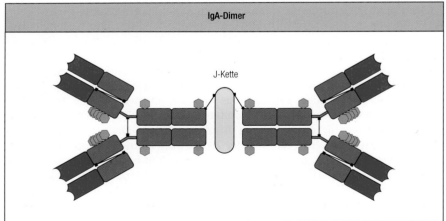

IgA-Dimer

J-Kette

3.25 Antikörper können Aminosäureunterschiede in Immunglobulinen erkennen

Wenn man ein Immunglobulin als Antigen verwendet, wird es wie jedes andere fremde Protein behandelt und ruft eine Antikörperantwort hervor. Wir haben bereits in Abschnitt 3.7 gesehen, daß Anti-Idiotyp-Antikörper einzelne Antikörpermoleküle erkennen können, indem sie an die CDRs der schweren und leichten Ketten binden. Anti-Immunglobulin-Antikörper können auch so hergestellt werden, daß sie die Aminosäuren erkennen, die den

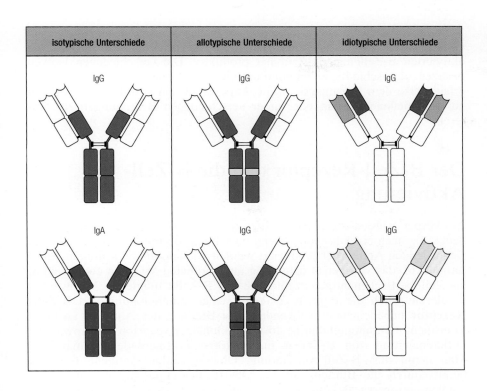

isotypische Unterschiede	allotypische Unterschiede	idiotypische Unterschiede
IgG	IgG	IgG
IgA	IgG	IgG

3.36 Immunglobuline können Aminosäureabweichungen in anderen Immunglobulinketten erkennen. Unterschiede zwischen Genen für konstante Regionen nennt man Isotypen, die zwischen zwei Allelen derselben konstanten Gene Allotypen, und Aminosäureveränderungen, die spezifisch für ein bestimmtes umgeordnetes V_H- und V_L-Gen sind, bezeichnet man als Idiotypen.

Isotyp des injizierten Antikörpers charakterisieren. Solche antiisotypischen Antikörper erkennen alle Immunglobuline desselben Isotyps bei allen Angehörigen der Spezies, von der der injizierte Antikörper stammte.

Man kann auch Antikörper herstellen, die Unterschiede in Antikörpern von Vertretern derselben Spezies erkennen, welche durch genetische Variation oder **Polymorphismus** bedingt sind. Solche allelen Varianten nennt man **Allotypen**. Sie stellen polymorphe Unterschiede in den Genen dar, die konstante Bereiche von schweren und leichten Ketten codieren. Im Gegensatz zu antiisotypischen Antikörpern erkennen antiallotypische Antikörper Immunglobuline eines bestimmten Isotyps nur bei einigen Vertretern einer Spezies.

Abbildung 3.36 ist eine schematische Darstellung der Unterschiede zwischen Idiotypen, Allotypen und Isotypen. Historisch wurden die Hauptmerkmale von Immunglobulinen aufgrund der isotypischen und allotypischen Kennzeichen bestimmt. Die unabhängige Segregation allotypischer Kennzeichen enthüllte die Existenz separater Gene für H-, κ- und λ-Ketten. Kaninchen, die als einzige Allotypen für die V-Region der schweren Ketten haben, lieferten den ersten Beweis, daß die V- und C-Regionen von unterschiedlichen Gensegmenten codiert werden. Die Entdeckung, daß Allotypen der V-Region mit verschiedenen Immunglobulinisotypen assoziiert sein konnten, erschütterte das Dogma, daß ein Gen eine Polypeptidkette codiert und kündigte die Entdeckung der somatischen Rekombination an.

Zusammenfassung

Die Isotypen der Immunglobuline werden durch die konstanten Regionen ihrer schweren Ketten festgelegt. Jeder Isotyp wird von einem separaten Gen codiert. Die Gene für die konstanten Bereiche der schweren Ketten liegen in einem Cluster auf der 3′-Seite der Gene für die variablen Regionen. Dasselbe umgeordnete V-Region-Gen kann durch den Prozeß des Klassenwechsels zusammen mit jedem Isotyp exprimiert werden. Dabei kommt die umgeordnete V-Region durch Rekombination neben dem

5′-Ende der exprimierten Gensegmente für die C-Region zu liegen. Im Gegensatz zur VDJ-Umlagerung erfolgt ein Isotypwechsel nur in spezifisch aktivierten B-Zellen und ist immer produktiv. Die verschiedenen Isotyen besitzen unterschiedliche immunologische Funktionen. Ein Isotypwechsel erlaubt also dem Immunsystem, die Antwort auf ein und dasselbe Antigen zu verschiedenen Zeiten oder unter verschiedenen Bedingungen zu variieren.

Der B-Zell-Rezeptor und die B-Zell-Aktivierung

Antikörper wurden zunächst in ihrer sezernierten Form als Proteine entdeckt, die nach einer Immunisierung oder Infektion im Plasma auftauchten. Bevor jedoch Antikörper produziert werden können, muß ein Immunglobulinmolekül, das von genau denselben umgeordneten V-Genen codiert wird, als Zelloberflächenantigenrezeptor für die B-Zelle fungieren. Wir werden in diesem Buch die Begriffe Zelloberflächenimmunglobulin und **B-Zell-Rezeptor** nebeneinander verwenden. Die Bindung des Antigens an diese Transmembranimmunglobuline löst die klonale Expansion aus sowie die Differenzierung von B-Zellen in antikörpersezernierende Plasmazellen. Man nennt dies B-Zell-Aktivierung. Obwohl einige Antigene B-Zellen bereits durch die Bindung an das Oberflächenimmunglobulin aktivieren können, erfordern B-Zell-Antworten auf die meisten Antigene spezielle Interaktionen mit anderen Zellen, die zusätzliche Signale beisteuern. Diese Zell-Zell-Interaktionen, die wir hier nur kurz erwähnen, werden in Kapitel 7 und 8 ausführlich besprochen. In den folgenden Abschnitten werden wir uns hauptsächlich damit beschäftigen, wie B-Zellen von der Produktion von Membranimmunglobulinen auf diejenige von sezernierten Molekülen umschalten, sowie mit dem Komplex aus assoziierten Ketten, der das Oberflächenimmunglobulin dazu befähigt, das Innere der Zelle von der Antigenbindung zu unterrichten.

3.26 Transmembran- und sezernierte Immunglobulinformen entstehen aus alternativen Transkripten der schweren Ketten

Antikörper aller H-Ketten-Isotypen können entweder in sezernierter Form oder als membrangebundene Rezeptoren produziert werden. In seiner membrangebundenen Form besitzt das Immunglobulinmolekül eine hydrophobe Transmembrandomäne, die es an der Oberfläche des B-Lymphocyten verankert. Diese Domäne fehlt der sezernierten Form. Die Transmembranform der Immunglobuline ist immer monomer, und bei IgM und IgA fehlen ihr die Cysteinreste, die zur Polymerbildung nötig sind (Abb. 3.35). Im Fall von IgM weist das Carboxyende der sezernierten Form eine zusätzliche Glykosylierungsstelle auf, die möglicherweise die Löslichkeit des pentameren Moleküls erhöht.

   Die beiden unterschiedlichen Carboxyenden der Transmembran- und der sezernierten Form der schweren Immunglobulinketten sind in separaten Exons codiert (Abb. 3.37). Wie bei der Regulation der IgM- und der IgD-Expression (Abschnitt 3.23) wird die Bildung von Transmembran- und sezerniertem Immunglobulin durch den Punkt bestimmt, an dem das ursprüngliche RNA-Transkript endet (Abb. 3.37). Das letzte Exon des Gensegments für die C-Region enthält die Sequenz, die das carboxyterminale Ende der Transmembranform der Immunglobuline codiert (gelb in Abb. 3.37). Wenn das primäre Transkript dieses Exon enthält, wird die Sequenz, die die sezernierte Form (orange in Abb. 3.37) codiert, während

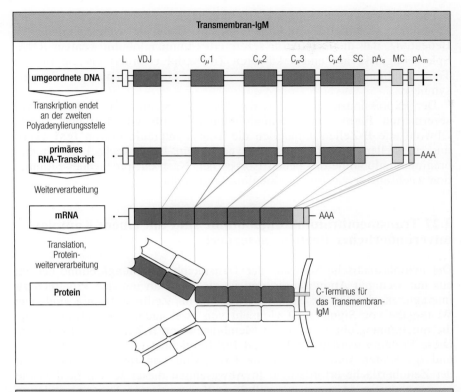

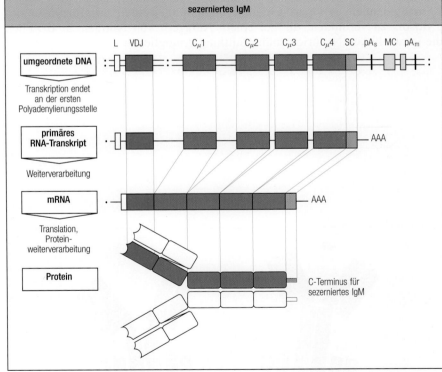

3.37 Transmembran- und sezernierte Formen von Immunglobulinen entstehen durch alternative RNA-Weiterverarbeitung desselben Gens. Jedes Immunglobulingen besitzt zwei Exons (MC; gelb), die die Transmembranregion und den cytoplasmatischen Schwanz der Transmembranform codieren, und eine SC-Sequenz (orange), die das carboxyterminale Ende der sezernierten Form codiert. Im Fall von IgD befindet sich die SC-Sequenz auf einem getrennten Exon. Bei den anderen Isotypen, wie dem hier dargestellten IgM, stoßen die SC-Sequenzen direkt an das letzte Exon für die konstante Domäne an. Die Ereignisse, die bestimmen, ob eine Immunglobulin-RNA ein sezerniertes oder ein Transmembranimmunglobulin codiert, finden während der Weiterverarbeitung des ursprünglichen Transkripts statt. Jedes Immunglobulingen hat zwei mögliche Terminationsstellen für die Transkription (pA$_s$ und pA$_m$). Im oberen Bild endet die Transkription an der zweiten Stelle (pA$_m$). Das Transkript wird im letzten C-Region-Exon an einer verborgenen Spleißdonorstelle gespleißt, um die SC-Sequenzen zu entfernen und die MC-Exons zu verbinden. Dadurch entsteht die Transmembranform des Immunglobulins. Im unteren Bild endet das Transkript an der ersten Stelle (pA$_s$), wodurch die Transmembranexons entfernt werden und die sezernierte Variante entsteht.

des RNA-Spleißens entfernt und die Zelloberflächenform des Immunglobulins wird produziert (Abb. 3.37, oben). Wenn das Transkript endet, bevor das Transmembranexon erreicht ist, kann nur die sezernierte Form angefertigt werden (Abb. 3.37, unten).

Die höchste Geschwindigkeit der Immunglobulinsynthese wird bei der Produktion sezernierter Antikörper erreicht. Dabei ist wahrscheinlich von Bedeutung, daß die mRNA für sezerniertes Immunglobulin weniger RNA-Spleißereignisse auf einem kürzeren Transkript erfordert als die für die Transmembranform. Das ermöglicht vielleicht eine effizientere Antikörpersynthese.

Der Expressionsmechanismus der Transmembranform im Vergleich zur sezernierten Form von Immunglobulinen ist für alle Isotypen gleich. Obwohl alle B-Zellen anfänglich die Transmembranform von IgM exprimieren, stellen B-Gedächtniszellen nach dem Isotypwechsel Transmembranimmunglobuline des neuen Isotyps her. Nach entsprechender Stimulation wechseln sie zur Immunglobulinsekretion über.

3.27 Transmembranimmunglobuline sind mit einem Komplex unveränderlicher Proteine assoziiert

Der cytoplasmatische Schwanz der Transmembranimmunglobuline besteht aus nur wenigen Aminosäuren und ist zu kurz, um mit den Proteinen zu interagieren, die für die Signalübertragung ins Zellinnere nötig sind. Die Weitergabe von Signalen ist vielmehr von zwei anderen Ketten abhängig, die mit Immunglobulinen in den Membranen von B-Zellen assoziiert sind. Diese Proteine werden als Igα und Igβ bezeichnet (Abb. 3.38). Die Igα- und Igβ-Ketten sind auch für die Expression von Immunglobulinen an der Zelloberfläche erforderlich. In Abwesenheit dieser Ketten bleiben die Immunglobuline in einem intrazellulären Kompartiment. Diese assoziierten Ketten erlauben es Oberflächenimmunglobulinen, sich mit Enzymen des Cytosols zu verbinden, die bei einem Anlagern von Antigen an B-Zellen die intrazelluläre Nachrichtenübermittlung ermöglichen.

3.38 Transmembranimmunglobuline bilden einen Komplex mit zwei anderen Proteinen, Igα und Igβ. Die Form des α-Proteins ist spezifisch für den jeweiligen Immunglobulinisotyp, das β-Protein ist bei allen gleich.

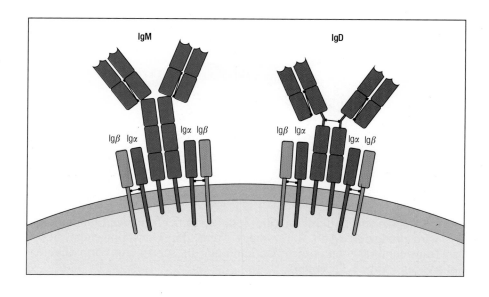

3.28 Die Vernetzung ihrer Rezeptoren kann B-Zellen aktivieren

Was man über die Signalübermittlung durch den B-Zell-Rezeptor weiß, stammt meist aus *in vitro*-Experimenten, bei denen die Oberflächenimmunglobuline durch Anti-Immunglobulin-Antikörper vernetzt werden. Dadurch aggregieren sie in der Membran. Natürliche Antigene können B-Zellen auf diese Weise nur aktivieren, wenn sie viele identische Epitope besitzen. Da das jedoch bei Polysacchariden in bakteriellen Zellwänden der Fall ist, spielt die B-Zell-Aktivierung durch Rezeptorvernetzung in der Immunität eine wichtige Rolle.

Der B-Zell-Rezeptor steht über die cytoplasmatischen Schwänze von Igα und Igβ mit mehreren **Tyrosinkinasen** des Cytosols in Verbindung. Werden die Rezeptoren vernetzt, so werden diese Enzyme angeregt, Phosphatgruppen an bestimmte Tyrosinreste anderer Proteine zu heften und sie

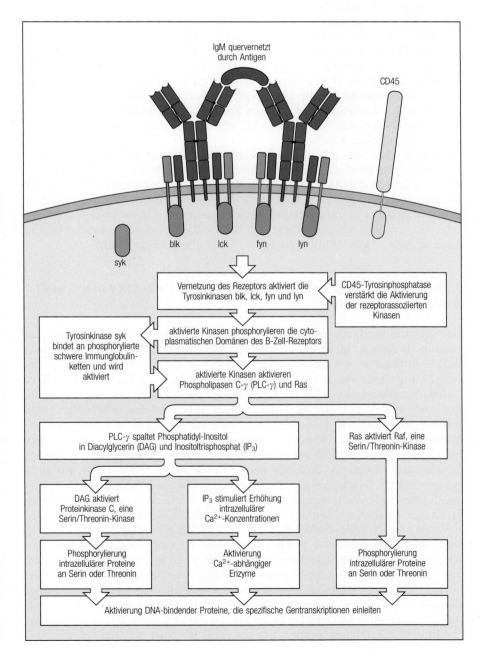

3.39 Die Quervernetzung von Immunglobulinmolekülen auf der Zelloberfläche startet eine intrazelluläre Signalkaskade. Antigene, die Immunglobuline auf der Oberfläche binden und quervernetzen, aktivieren die Tyrosinkinasen blk, lck, fyn und lyn, die mit dem Rezeptorkomplex assoziiert sind, und zwar wahrscheinlich mit Hilfe der CD45-Phosphatase. Diese entfernt vermutlich ein bestimmtes hemmendes Phosphat von der Kinase. Die Aktivierung der rezeptorassoziierten Kinasen löst eine Signalkaskade aus, an der mehrere Reaktionswege beteiligt sind. Zunächst startet sie die Phosphorylierung von Phospholipase C-γ, die das membrangebundene Phospholipid Phosphatidyl-Inositol in Inositoltrisphosphat und Diacylglycerin spaltet. Inositoltrisphosphat setzt Calciumionen aus intrazellulären Speichern frei und erhöht damit die intrazelluläre Calciumkonzentration. Diacylglycerin aktiviert die Serin/Threonin-Proteinkinase C. Zweitens phosphorylieren die rezeptorassoziierten Kinasen die Proteine des Rezeptorkomplexes selbst, die dann eine anderen Kinase, syk, binden und aktivieren. Schließlich wird das GTP-bindende Protein Ras aktiviert, das wiederum ein assoziiertes Protein Raf anschaltet. Dieses aktiviert daraufhin Proteinkinasen, die Proteine phosphorylieren, die an der Genregulation beteiligt sind.

damit zu aktivieren. Die Tätigkeit der rezeptorassoziierten Kinasen wird durch ein anderes Zelloberflächenprotein, CD45, gesteuert. CD45 ist eine tyrosinspezifische Phosphatase, die es in allen hämatopoetischen Zellen gibt und die bekanntermaßen die Signalübertragung durch B-Zell-Rezeptoren fördert.

Eines der wichtigsten Proteine, die durch die rezeptorassoziierten Kinasen aktiviert werden, ist das Enzym **Phospholipase C-γ**, welches das Membranphospholipid Phosphatidylinositol in **Inositoltrisphosphat**, das Calciumionen aus intrazellulären Speichern freisetzt, und **Diacylglycerin** spaltet, das weitere Proteinphosphorylierungen auslöst (Abb. 3.39). Eine zweite direkte Reaktion der aktivierten rezeptorassoziierten Kinasen besteht in der Phosphorylierung der Igα- und Igβ-Ketten selbst, was die Bindung einer zusätzlichen Tyrosinkinase, der sogenannten syk, an den Rezeptor verursacht. Das bringt in dazu, die Signalübertragung zu verstärken (siehe Legende von Abb. 3.39).

Die Kaskade intrazellulärer Reaktionen, die der Aktivierung der rezeptorassoziierten Tyrosinkinasen folgt, führt schließlich zu Modifikationen der Genexpression und damit zur Proliferation und Differenzierung der B-Zelle. Diese intrazelluläre Signalkaskade stellt bei B-Zellen die Verbindung zwischen dem Anlagern des Antigens an den Rezeptor und der Aktivierung der für die B-Zelle spezifischen Transkriptionsregulatoren her. In vielen verschiedenen Zelltypen trägt sie dazu bei, daß ein bestimmtes Signal an der Zelloberfläche, je nach Zelltyp, die Genexpression verändern kann. Die T-Zell-Aktivierung beruht, wie wir in Kapitel 4 sehen werden, auf einer ähnlichen Kaskade.

Obwohl eine Vernetzung von Oberflächenimmunglobulinen den gerade beschriebenen biochemischen Nachrichtenweg einleiten kann, reicht das allein nicht für die Aktivierung der Proliferation und Differenzierung der B-Zelle aus. Das erfordert auch Signale von Wachstumsfaktoren, die von anderen Zellen wie zum Beispiel T-Helferzellen und Makrophagen freigesetzt werden. Bei Antigenen, die den B-Zell-Rezeptor nicht vernetzen, sind diese anderen Aktivierungssignale von wesentlicher Bedeutung.

3.29 T-Helferzellen sind für die meisten B-Zell-Antworten auf Antigene notwendig

Die meisten Antigene enthalten keine multiplen identischen Epitope und können B-Zellen nicht durch Vernetzung ihrer Rezeptoren aktivieren. B-Zell-Antworten auf diese Antigene erfolgen aufgrund von Wechselwirkungen mit einer spezialisierten Untergruppe von T-Zellen, den **T-Helferzellen**. Sie erkennen ein auf der Oberfläche von B-Zellen präsentiertes Antigen und senden Signale aus, die wahrscheinlich alleine ausreichen, eine B-Zelle zu aktivieren. Die Rolle der Antigenbindung für die Nachrichtenübermittlung während dieser Wechselwirkung ist nicht klar. Obwohl der B-Zell-Rezeptor anscheinend einen Beitrag zur Signalübertragung leistet, besteht seine wichtigste Aufgabe darin, Antigene zur Präsentation für antigenspezifische T-Helferzellen einzufangen und Veränderungen auf der Zelloberfläche der B-Zelle einzuleiten, die diese Wechselwirkung unterstützen. In Kapitel 4 und 8 werden wir auf dieses Thema zurückkommen.

Wenn eine B-Zelle einmal durch eine T-Helferzelle aktiviert worden ist, kann ihr Antigenrezeptor noch einmal eine wichtige Rolle spielen. Die Amplifizierung der Antikörperantwort hängt nach allgemeiner Vorstellung von einer zweiten spezialisierten Zell-Zell-Interaktion ab, die in den Lymphfollikeln erfolgt (Abschnitt 1.6). Lymphfollikel enthalten die sogenannten follikulären dendritischen Zellen, die darauf spezialisiert sind, Antigene auf ihrer Oberfläche zu tragen, an die aktivierte B-Zellen mit vielen Rezeptormolekülen binden können. Das vernetzt die Rezeptoren und löst vermutlich die biochemischen Veränderungen aus, die man auch findet, wenn man die Rezeptoren mit Anti-Immunglobulinen vernetzt.

Auch aktivierte B-Zellen, deren Oberflächenimmunglobuline gut vernetzt sind, machen jedoch in Abwesenheit anderer Signale nur sehr begrenzte Mengen von Antikörpern. Follikuläre dendritische Zellen sollen die Empfindlichkeit der B-Zellen für ein Antigen durch ein Molekül namens CD23 erhöhen, das auf der Oberfläche dieser Zellen exprimiert wird und an einen Komplex auf der B-Zell-Oberfläche bindet, den sogenannten **Corezeptor**. Diese Bindung verstärkt die Signalgebung über den Antigenrezeptor erheblich, obwohl sie selbst keine Reaktion der B-Zelle induziert.

Der B-Zell-Corezeptor ist ein Komplex aus drei Proteinen (Abb. 3.40). Das erste ist ein Rezeptor, CR2 genannt, weil er an eine aktivierte Komplementkomponente bindet, jedoch auch das CD23-Molekül aufnimmt. Der zweite Bestandteil, TAPA-1, ist ein schlangenförmiges Protein, das viermal die Membran durchspannt, und die dritte Komponente heißt CD19. Der Komplex steht über den cytoplasmatischen Schwanz von CD19 mit der Tyrosinkinase lyn in Verbindung. Sie gehört zu einem der Signalübertragungswege, die wir bereits erwähnt haben (Abb. 3.39). Wenn der Corezeptor durch die Bindung eines Liganden aktiviert wird, lagert sich ein zweites Enzym, Phosphatidylinositol-3′-Kinase (PI3-Kinase) an CD19 an und wird dazu angeregt, intrazelluläre Signale zu senden, welche die Botschaft verstärken, die über den B-Zell-Rezeptor selbst übertragen wird. Wenn der Corezeptor also zur gleichen Zeit sendet wie der B-Zell-Rezeptor, ist viel weniger Antigen nötig, um ein aktivierendes Signal zu erzeugen.

Viele Einzelheiten der Signalgebung, die B-Zellen aktiviert, müssen noch aufgeklärt werden. Wir werden die Anregung von B-Zellen durch Signale von T-Zellen in Kapitel 8 besprechen, nachdem wir die Aktivierung der T-Zellen an sich erläutert haben. Im Augenblick ist jedoch unser Verständnis des Wechselspiels zwischen den verschiedenen Signalmolekülen der Zelloberfläche, die zur Aktivierung beitragen, noch unvollständig.

Zusammenfassung

Immunglobuline sind nicht einfach Serumproteine, sondern befinden sich auch auf der Oberfläche von allen B-Zellen, wo sie als Rezeptoren von Antigenen agieren. Die Transmembran- und die sezernierten Immunglobulinformen, die eine B-Zelle produziert, haben die gleiche Antigenspezifität. Der Unterschied zwischen den beiden Formen ergibt sich aus der unterschiedlichen Weiterverarbeitung der RNA der schweren Ketten. Ein Prinzip der klonalen Selektionstheorie, daß nämlich die Antikörperspezifität des sezernierten Antikörpers identisch mit derjenigen des zellulären Rezeptors sein soll, hat sich damit bestätigt. Die Expression von Transmembranimmunglobulinen an der Zelloberfläche und die Signalübertragung durch die Immunglobuline erfordern die Assoziation der schweren Ketten mit zwei anderen Membranproteinen, Igα und Igβ, in einem Komplex in der Zellmembran. Die Vernetzung des Komplexes durch Antigene ist für Aktivierung von Enzymen in der Zelle notwendig. Diese starten eine Reihe biochemischer Prozesse, die wiederum zur Aktivierung einer Proteinkinase und zu einer erhöhten intrazellulären Calciumionenkonzentration führen. Antigene, die Oberflächenimmunglobuline nicht vernetzen, können B-Zellen in Abwesenheit von T-Helferzellen nicht aktivieren. Ist die B-Zelle jedoch auf diese Weise aktiviert worden, so kann sie durch Vernetzung ihrer Rezeptoren durch Antigene, die auf der Oberfläche von follikulären dendritischen Zellen aufgereiht sind, weiter stimuliert werden. Diese Zellen tragen auch CD23 – einen Liganden für den B-Zell-Corezeptorkomplex – und verstärken so die Wirkung des Antigens.

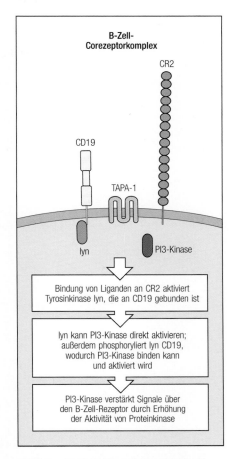

3.40 Der B-Zell-Corezeptor ist ein Komplex aus drei Zelloberflächenmolekülen, CD19, TAPA-1 und CR2. Die Bindung von Liganden an die CR2-Komponente des Corezeptors aktiviert die Proteintyrosinkinase lyn, die an den cytoplasmatischen Schwanz von CD19 gebunden ist. Lyn kann ein zweites Enzym, die Phosphatidylinositol-3′-Kinase (PI3-Kinase), direkt und durch Phosphorylierung von CD19 auch indirekt aktivieren. In dem Fall bindet CD19 die PI3-Kinase und aktiviert sie. Danach kann die PI3-Kinase eine zusätzliche Phosphatgruppe an Phosphatidylinositol anheften. Dadurch entsteht ein neues Signalmolekül, das die Proteinkinase C aktivieren kann und somit die Aktivierung dieses Enzyms durch Signale vom B-Zell-Rezeptor noch verstärkt.

Zusammenfassung von Kapitel 3

Dieses Kapitel gab einen Überblick über das Antikörpermolekül. In Kapitel 1 haben wir die klonale Selektionstheorie vorgestellt, die eine Basis für das Verständnis des Immunsystems bildet. Sie verlangt, daß es ein breites Spektrum an Antikörperspezifitäten gibt, die klonal verteilt sind. Der Aufbau des Antikörpermoleküls und seiner Gene ermöglicht die Entstehung von Vielfalt innerhalb der antigenbindenden Stelle. Außerdem stellen die Mechanismen, die diese Vielfalt schaffen, sicher, daß die Spezifität der Rezeptoren einer bestimmten B-Zelle einzigartig und damit klonal verteilt ist. Ein zweites Prinzip der Theorie der klonalen Selektion besagt, daß die Antikörpereffektormoleküle, die eine B-Zelle sezerniert, dieselbe Spezifität haben müssen wie der zelluläre Rezeptor. Das alternative Spleißen von RNA-Transkripten der schweren Ketten, das die carboxyterminalen Sequenzen der schweren Ketten variiert, befähigt dasselbe Gen, sowohl Transmembran- als auch sezernierte Immunglobuline zu codieren, und sorgt dafür, daß die Antigenspezifität dabei gleich bleibt. Die Duplikation der Gene für die konstanten Regionen der schweren Ketten sorgt für die Vielfältigkeit der Effektorfunktionen in verschiedenen Isotypen. Der Mechanismus des Klassenwechsels, bei dem ein aktives Gen für die variable Region einer schweren Kette an eine neue Expressionsstelle stromaufwärts vom Gen für die konstante Region verlagert wird, stellt sicher, daß bei Antikörpern mit unterschiedlichen funktionellen Eigenschaften dieselbe Antigenspezifität erhalten bleibt. Die Transmembranform der Immunglobuline bildet mit mindestens zwei weiteren Proteinen einen Komplex. Dieser kann als Antigenrezeptor dem Zellinneren mitteilen, daß ein Antigen gebunden hat. Werden die Rezeptoren durch multivalente Antigene in Anwesenheit von Wachstumsfaktoren vernetzt, kann dies B-Zellen aktivieren. Andere Antigene benötigen ein zweites Signal in Form von Botenstoffen, die von T-Helferzellen exprimiert werden.

Literatur allgemein

Kindt, T. J.; Capra, J. D. *The Antibody Enigma.* New York (Plenum Press) 1984.

Honjo, T.; Alt, F. W.; Rabbits, T. H. *Immunglobulin Genes.* London (Academic Press) 1989.

Schatz, D. G.; Oettinger, M. A.; Schlissel, M. S. *V(D)J Recombination: Molecular Biology and Regulation.* In: *Ann. Rev. Immunol.* 10 (1992) S. 359.

Reth, M. *Antigen Receptors on B Lymphocytes.* In: *Ann. Rev. Immunol.* 10 (1992) S. 97.

Reth, M. *B Cell Antigen Receptors.* In: *Curr. Opin. Immunol.* 6 (1994) S. 3.

Literatur zu den einzelnen Abschnitten

Abschnitt 3.1

Edelman, G. M.; Cunningham, B. A.; Gall, W. E.; Gottlieb, P. D.; Rutihauser, U.; Waxdal, M. J. *The Covalent Structure of an Entire Gamma G Immunoglobulin Molecule.* In: *Proc. Natl. Acad. Sci. USA* 63 (1969) S. 78–85.

Fleischman, J. B.; Pain, R. H.; Porter, R. R. *Reproduction of Gammaglobulins.* In: *Arch. Biochem. Biophys. Suppl.* 1 (1962) S. 174.

Abschnitt 3.2

Hilschman, N.; Craig, L. C. *Amino Acid Sequence Studies with Bence-Jones Proteins.* In: *Proc. Natl. Acad. Sci. USA* 53 (1969) S. 1403–1409.

Dreyer, W. J.; Bennett, J. C. *The Molecular Basis of Antibody Formation: a Paradox.* In: *Proc. Natl. Acad. Sci. USA* 54 (1965) S. 864–869.

Abschnitt 3.3

Valentine, R. C.; Green N. M. *Electron Microscopy of an Antibody-Hapten Complex.* In: *J. Mol. Biol.* 27 (1967) S. 615–617.

Porter, R. R. *The Hydrolysis of Rabbit Gammaglobulin and Antibodies by Crystalline Papain.* In: *Biochem. J.* 73 (1959) S. 119.

Alzari, P. M.; Lascombe, M.; Poljak, R. J. *Three Dimensional Structure of Antibodies.* In: *Ann. Rev. Immunol.* 6 (1988) S. 555–580.

Poljak, R. J. *X-Ray Diffraction Studies of Immunoglobulins.* In: *Adv. Immunol.* 21 (1975) S. 1–33.

Abschnitt 3.4

Amzel, L. M.; Poljak, R. J. *Three Dimensional Structure of Immunoglobulins.* In: *Ann. Rev. Biochem.* 48 (1979) S. 961.

Williams, A. F. *A Year in the Life of the Immunoglobulin Superfamily.* In: *Immunol. Today* 8 (1987) S. 298.

Abschnitt 3.5

Wu, T. T.; Kabat, E. A. *An Analysis of the Sequence of the Variable Regions of the Bence-Jones Proteins and Myeloma Light Chains and their Implications for Antibody Complementarity.* In: *J. Exper. Med.* 132 (1970) S. 211–250.

Kabat, E. A.; Wu, T. T.; Reid-Miller, M.; Perry, H. M.; Gottesman, K. S. *Sequences of Proteins of Immunologic Interest.* 4. Auflage. US Dept. of Health and Human Services, 1991.

Abschnitt 3.6

Davies, D. R.; Padian, E. A.; Sheriff, S. *Antigen:Antibody Complexes.* In: *Ann. Rev. Biochem.* 59 (1990) S. 439–473.

Abschnitte 3.7 und 3.8

Amit, A. G.; Mariuzza, R. A.; Phillips, S. E. V.; Poljak, R. J. *Three Dimensional Structure of an Antigen-Antibody Complex at 2.8 Å Resolution.* In: *Science* 233 (1986) S. 747–753.

Tulip, W. R.; Varghese, J. N.; Laver, W. G.; Webster, R. G.; Colman, P. M. *Refined Crystal Structure of the Influenza Virus N9 Neuraminidase-NC41 Fab Complex.* In: *J. Mol. Biol.* 227 (1992) S. 122–148.

Sheriff, S.; Silverton, E. W.; Padian, E. A.; Cohen, G. H.; Smith-Gill, S. J.; Finxel, B. C.; Davies, D. R. *Three Dimensional Structure of an Antigen:Antibody Complex.* In: *Proc. Natl. Acad. Sci. USA* 84 (1987) S. 8075–8079.

Abschnitt 3.9

Novotny, J.; Sharp, K. *Electrostatic Fields in Antibodies and Antibody/Antigen Complexes.* In: *Prog. Biophys. Mol. Biol.* 58 (1992) S. 203–224.

Abschnitt 3.10

Tonegawa, S.; Hozumi, N.; Matthyssens, G.; Schuller, R. *Somatic Changes in the Content and Context of Immunoglobulin Genes.* In: *Cold Spring Harbor Symposium on Quantitative Biology* 41 (1975) S. 877–888.

Tonegawa, S. *Somatic Generation of Antibody Diversity.* In: *Nature* 302 (1983) S. 575.

Abschnitt 3.11

Seidman, J. G.; Max, E. E.; Leder, P. *A κ Immunoglobulin Gene is Formed by Site-Specific Recombination Without Further Somatic Hypermutation.* In: *Nature* 280 (1979) S. 370.

Early, P.; Huang, H.; Davis, M.; Calame, K.; Hood, L. *An Immunoglobulin Heavy-Chain Variable Region Gene is Generated from Three Segments of DNA: VH, D and JH.* In: *Cell* 19 (1980) S. 981–992.

Bernard, O.; Hozumi, N.; Tonegawa, S. *Sequence of Mouse Immunoglobulin Light Chain Genes Before and After Somatic Changes.* In: *Cell* 15 (1978) S. 1133–1144.

Sakano, H.; Maki, R.; Kurosawa, Y.; Roeder, W.; Tonegawa, S. *Two Types of Somatic Recombination Are Necessary for the Generation of Complete Immunoglobulin Heavy-Chain Genes.* In: *Nature* 286 (1980) S. 676–683.

Sakano, H.; Kurosawa Y.; Weigert, M, Tonegawa, S. *Identification and Nucleotide Sequence of a Diversity DNA Segment (D) of Immunoglobulin Heavy-Chain Genes.* In: *Nature* 290 (1981) S. 562–565.

Abschnitt 3.12

Seidman, J. G.; Leder, A.; Edgell, M. H. et al. *Multiple Related Immunoglobulin Variable Region Genes Identified by Cloning and Sequence Analysis.* In: *Proc. Natl. Acad. Sci. USA* 75 (1978) S. 3881–3885.

Seidman, J. G.; Leder, P. *The Arrangement and Rearrangement of Antibody Genes.* In: *Nature* 276 (1978) S. 790–795.

Abschnitt 3.14

Sakano, H.; Huppi, K.; Heinrich, G.; Tonegawa, S. *Sequences at the Somatic Recombination Sites of Immunoglobulin Light Chain Genes.* In: *Nature* 280 (1979) S. 288–294.

Abschnitt 3.15

Lafaille, J. J.; DeCloux, A.; Bonneville, M.; Takagari, Y.; Tonegawa, S. *Functional Sequences of T Cell Receptor γ: δ T Cell Lineage and for a Novel Intermediate of V-(D)-J Joining.* In: *Cell* 59 (1989) S. 859–870.

Leiber, M. R. *Site-Specific Recombination in the Immune System.* In: *FASEB* 5 (1991) S. 2934–2944.

Abschnitt 3.16

Max, E. E.; Seidman, J. G.; Leder, P. *Sequences of Five Potential Recombination Sites Encoded Close to an Immunoglobulin κ Constant Region Gene.* In: *Proc. Natl. Acad. Sci. USA* 76 (1979) S. 3450–3454.

Abschnitt 3.18

Berek, C.; Milstein. C. *Mutation Drift and Repertoire Shift in the Maturation of the Immune Response.* In: *Immunol. Rev.* 96 (1987) S. 23–41.

Kim, S.; Davis, M.; Sinn, E.; Patten, P.; Hood, L. *Antibody Diversity: Somatic Hypermutation of Rearranged Vh Genes.* In: *Cell* 27 (1981) S. 573–581.

Gorski, J.; Rollini, P.; Mach, B. *Somatic Mutations of Immunoglobulin Variable Genes Are Restricted to the Rearranged V Gene.* In: *Science* 220 (1983) S. 179–1181.

Sablitzky, F.; Weisbaum, D.; Rajewsky, K. *Sequence Analysis of Nonexpressed Immunoglobulin Heavy-Chain Loci in Clonally Related, Somatically Mutated Hybridoma Cells.* In: *EMBO J.* 4 (1985) S. 3435–3437.

Abschnitt 3.19

Davies, D. R.; Metzger, H. *Structural Basis of Antibody Function.* In: *Ann. Rev. Immunol.* 1 (1983) S. 87–117.

Abschnitt 3.20

Natvig, J. B.; Kunkel, H. G. *Human Immunoglobulin: Classes, Subclasses, Genetic Variants, and Idiotypes.* In: *Adv. Immunol.* 16 (1973) S. 1–59.

Pumphrey, R. S. *Computer Models of the Human Immunoglobulins.* In: *Immunol. Today* 7 (1986) S. 206–211.

Abschnitte 3.21 und 3.22

Kataoka, T, Kawakami, T.; Takahashi, N.; Honjo, T. *Rearrangement of Immunoglobulin γ1-Chain Gene and Mechanism for Heavy-Chain Class Switch.* In: *Proc. Natl. Acad. Sci. USA* 77 (1980) S. 919–923.

Honjo, T.; Kataoka, T. *Organization of Immunoglobulin Heavy-Chain Genes and Allelic Deletion Model.* In: *Proc. Natl. Acad. Sci. USA* 75 (1978) S. 2140–2144.

Cory, S.; Adams, J. M. *Deletions Are Associated with Somatic Rearrangement of Immunoglobulin Heavy-Chain Genes.* In: *Cell* 19 (1980) S. 37–51.

Abschnitt 3.23

Cheung, H.-L.; Blattner, F. R.; Fitzmaurice, L.; Mushinski, J. F.; Tucker, P. W. *Structure of Genes for Membrane and Secreted Murine IgD Heavy-Chains.* In: *Nature* 296 (1982) S. 410–415.

Abschnitt 3.24

Cann, G. M.; Zaritsky, A.; Koshland, M. E. *Primary Structure of the Immunogobulin J Chain from the Mouse.* In: *Proc. Natl. Acad. Sci. USA* 79 (1982) S. 6656.

Chapus, R. M.; Koshland, M. E. *Mechanisms of IgM Polymerization.* In: *Proc. Natl. Acad. Sci. USA* 71 (1974) S. 657–661.

Abschnitt 3.25

Bentley, G.; Boulot, G.; Riottot, M. M.; Poljak, R. J. *Three Dimensional Structure of an Idiotype-Anti-Idiotype Complex.* In: *Nature* 348 (1990) S. 254–257.

Abschnitt 3.27

Venkitaraman, A. R.; Williams, G. T.; Dariavich, P.; Neuberger, M. S. *The B Cell Antigen Receptor of the Five Immunoglobulin Classes.* In: *Nature* 352 (1991) S. 777–781.

Hombach, J.; Tsubata, T.; Leclerq, L.; Stappert, H.; Reth, M. *Molecular Components of the B Cell Antigen Receptor Complex of the IgM Class.* In: *Nature* 343 (1990) S. 760–762.

Campbell, K. S.; Cambier, J. C. *B Lymphocyte Antigen Receptors (mig) Are Non-Covalently associated with an Disulfide-Linked Inducibly Phosphorylated Glycoprotein Complex.* In: *EMBO J.* 9 (1990) S. 441–448.

Abschnitt 3.28

Abbas, A. K. *A Reassessment of the Mechanisms of Antigen-Specific T Cell-Dependent B Cell Activation.* In: *Immunol. Today* 9 (1988) S. 89–94.

Burkhardt, A. L.; Brunswick, M.; Bolen, J. B.; Mond, J. J. *Anti-Immunoglobulin Stimulation of B Lymphocytes Activates src-Related Protein-Tyrosine Kinases.* In: *Proc. Natl. Acad. Sci. USA* 88 (1991) S. 7410–7414.

Early, P.; Rogers, J.; Davis, M.; Calame, K.; Bond, M.; Wall, R.; Hood, L. *Two mRNAs Can Be Produced from a Single Immunoglobulin μ Gene by Alternative RNA Processing Pathways.* In: *Cell* 20 (1980) S. 313–319.

Alt, F.; Bothwell, A. L.; Knapp, M.; Siden, E.; Mather, E.; Koshland, M.; Baltimore, D. *Synthesis of Secreted and Membrane-Bound Immunoglobulin μ Heavy Chains Is Directed by mRNAs that Differ at their 3'-Ends.* In: *Cell* 20 (1980) 293–301.

Rogers, J.; Early, P.; Carter, C.; Calame, K.; Bond, M.; Hood, L.; Wall, R. *Two mRNAs with Different 3'-Ends Encode Membrane-Bound and Secreted Forms of Immunoglobulin μ Chain.* In: *Cell* 20 (1980) S. 303–312.

Yamanishi, Y.; Kakiuchi, T.; Mizuguchi, J.; Yamamoto, T.; Toyoshima, K. *Association of B Cell Antigen Receptor with Protein Tyrosine Kinase Lyn.* In: *Science* 251 (1991) S. 192–194.

Abschnitt 3.29

Yamanishi, Y.; Fukui, Y.; Wongsasant, B.; Kinishita, Y.; Ichimori, Y.; Toyoshima, K.; Yamamoto; T. *Activation of Src-Like Protein-Tyrosine Kinase Lyn and its Association with Phosphatidylinositol 3-Kinase upon B Cell Antigen Receptor-Mediated Signaling.* In: *Proc. Natl. Acad. Sci. USA* 89 (1992) S. 1118–1122.

Cambler, J. C. *Signal Transduction by T- and B-Cell Antigen Receptors: Converging Structures and Concepts.* In: *Curr. Opin. Immunol.* 4 (1992) S. 257–264.

Fearon, D. T. *The CD19-CR2-TAPA-1 Complex, CD45 and Signaling by the Antigen Receptor of B Lymphocytes.* In: *Curr. Opin. Immunol.* 5 (1993) S. 341–348.

Carter, R. H.; Fearon, D. T. *Lowering the Threshold for Antigen Receptor Stimulation of B Lymphocytes.* In: *Science* 256 (1992) S. 105–107.

Antigenerkennung durch T-Lymphocyten

4

Die Antigenerkennung während der adaptiven Immunantwort wird durch zwei unterschiedliche Gruppen von hochvariablen Rezeptormolekülen vermittelt, nämlich den Immunglobulinen, die auf B-Zellen als Rezeptoren dienen, und den antigenspezifischen Rezeptoren der T-Zellen. Wie wir in Kapitel 3 gesehen haben, werden Immunglobuline von aktivierten B-Zellen sezerniert und binden Pathogene oder ihre toxischen Produkte in extrazellulären Räumen des Körpers. Mit der Antikörperbindung sind die Pathogene für die Zerstörung durch Phagocyten und Komplement gekennzeichnet. Die entsprechenden Mechanismen sind Thema von Kapitel 8. T-Zellen dagegen erkennen nur Antigene, die innerhalb von Zellen erzeugt und dann auf der Zelloberfläche präsentiert werden. Sie können von Pathogenen wie Viren oder intrazellulären Bakterien stammen, die sich innerhalb der Zelle vermehren, oder von Pathogenen oder deren Produkten, die Zellen aus der extrazellulären Flüssigkeit aufnehmen.

T-Zellen können die Anwesenheit intrazellulärer Pathogene erkennen. Peptidfragmente, die von den Proteinen dieser Pathogene stammen, binden nämlich fest an spezialisierte Moleküle, die diese fremden Proteine an die Zelloberfläche befördern und sie dort präsentieren. Diese spezialisierten Moleküle werden durch einen Komplex von Genen codiert, die man erstmals anhand ihrer starken Beeinflussung der Immunantwort gegen transplantierte Gewebe identifizierte. Aus diesem Grund bezeichnete man ihn als **Haupthistokompatibilitätskomplex** (*major histocompatibility complex*, **MHC**). Die peptidbindenden Proteine nennt man immer noch MHC-Moleküle. Das Erkennen von Antigen in Form eines kleinen Peptidfragments, das von einem MHC-Molekül auf der Zelloberfläche präsentiert wird, ist das wichtigste Merkmal der Antigenerkennung durch T-Zellen. Dies ist das zentrale Thema dieses Kapitels.

Zuerst besprechen wir den Mechanismus der **Antigenverarbeitung**, durch den Antigene in Zellen abgebaut und dann von MHC-Molekülen an die Zelloberfläche transportiert werden. Wir werden sehen, daß es zwei unterschiedliche Klassen von MHC-Molekülen gibt, die MHC-Klasse I und die MHC-Klasse II, die Peptide aus verschiedenen zellulären Kompartimenten an die Zelloberfläche befördern. Dort stimulieren Peptide, die an MHC-Klasse I und MHC-Klasse-II-Moleküle gebunden sind, die beiden Haupt-Klassen von T-Zellen dazu, Pathogene in diesen zellulären Kompartimenten zu zerstören. Antigene, die von außen in die Zellen aufgenommen wurden, können ebenfalls zu Peptiden verarbeitet werden, die an MHC-Klasse-II-Moleküle binden. Dieser Prozeß ist besonders wichtig für die Aktivierung von T-Helferzellen bei der humoralen Immunantwort.

Im zweiten Teil dieses Kapitels werden wir erfahren, daß es mehrere Gene für jede Klasse von MHC-Molekülen gibt; das heißt, der MHC ist **polygen**. Jedes dieser Gene besitzt viele Varianten. Die bemerkenswerteste Eigenschaft der MHC-Gene ist ihre genetische Variabilität oder ihr **Polymorphismus**. Der MHC-Polymorphismus hat eine tiefgreifende Auswirkung auf die Antigenerkennung durch T-Zellen, und die Kombination von Polygenie und Polymorphismus vergrößert die Bandbreite der Peptide, die ein Individuum den T-Zellen präsentieren kann, erheblich.

Schließlich werden wir die **T-Zell-Rezeptoren** selbst beschreiben. Wie man vielleicht schon aufgrund ihrer Funktion als hochvariable Strukturen der Antigenerkennung erwarten kann, sind T-Zell-Rezeptoren strukturell eng mit Antikörpermolekülen verwandt und werden, wie Immunglobuline, von V-, D- und J-Gensegmenten codiert, die sich zu vollständigen V-Domänen-Exons umordnen. T-Zell-Rezeptoren sind ganz ähnliche Proteinkomplexe wie B-Zell-Rezeptoren. Wenn sie Antigen binden, geben sie der Zelle auf analogen biochemischen Wegen Signale. Wir werden jedoch sehen, daß es wichtige Unterschiede zwischen T-Zell-Rezeptoren und Immunglobulinen gibt, die die Einzigartigkeit der Antigenerkennung durch T-Zellen direkt widerspiegeln.

Die Erzeugung von T-Zell-Liganden

Die Wirkungsweise von T-Zellen beruht auf ihrer Fähigkeit, Zellen zu erkennen, die Pathogene beherbergen oder sie aufgenommen haben. Sie bewerkstelligen dies, indem sie Peptidfragmente erkennen, die von dem Pathogen stammen und sich, gebunden an MHC-Moleküle, an der Oberfläche dieser Zellen befinden. In diesem Abschnitt werden wir erfahren, wie die Struktur und der intrazelluläre Transport der beiden Klassen von MHC-Molekülen diese befähigen, ein großes Spektrum von Peptiden die aus Pathogenen in jedem der beiden Hauptkompartimente von Zellen stammen, zu binden und sie für die Erkennung durch den passenden funktionellen T-Zell-Typ zu präsentieren.

4.1 T-Zellen mit unterschiedlichen Funktionen erkennen Peptide, die in zwei verschiedenen intrazellulären Kompartimenten produziert werden

Infektiöse Agentien können sich in zwei verschiedenen Zellkompartimenten vermehren (Abb. 4.1). Viren und einige Bakterien replizieren sich im Cytosol, während viele wichtige pathogene Bakterien und einige eukaryotische Parasiten im vesikulären System einschließlich der Endosomen und Lysosomen wachsen. Das Immunsystem verfügt über verschiedene Strategien, Infektionen an diesen beiden Orten zu beseitigen. Zellen, die mit Viren oder Bakterien infiziert sind, die im Cytosol leben, werden durch **cytotoxische T-Zellen** eliminiert, für die das Oberflächenmolekül **CD8** charakteristisch ist. Die Aufgabe der CD8-T-Zellen besteht darin, infizierte Zellen zu töten. Das ist eine wichtige Methode, Quellen neuer viraler Partikel und cytosolischer Bakterien zu vernichten und so den Wirt von Infektionen zu befreien. Eine andere Klasse von T-Zellen spürt Pathogene und ihre Produkte in vesikulären Zellkompartimenten auf. Diese T-Zellen exprimieren auf der Oberfläche das Molekül **CD4**. Mikrobielle Antigene können auf zwei Wegen in das Vesikel gelangen. Einige Bakterien, darunter die Mykobakterien, die Tuberkulose und Lepra verursachen, dringen in Makrophagen ein und leben in zellulären Vesikeln. Andere Bakterien, die in den extrazellulären Räumen gedeihen, können Toxine und andere Produkte sezernieren, und diese werden dann durch Endocy-

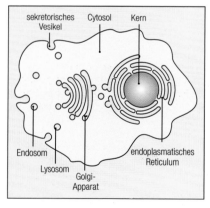

4.1 In Zellen gibt es zwei durch Membranen getrennte Hauptkompartimente. Das erste, das Cytosol, steht über Poren in der Kernmembran mit dem Kern in Verbindung. Das zweite ist das vesikuläre System aus endoplasmatischem Reticulum, Golgi-Apparat und anderen intrazellulären Vesikeln. Dieses stellt einen Übergang zur extrazellulären Flüssigkeit dar, da sich sekretorische Vesikel vom endoplasmatischen Reticulum abschnüren, über die Golgi-Membranen transportiert werden und ihren Inhalt aus der Zelle hinausbefördern. Endosomen nehmen dagegen extrazelluläres Material in das vesikuläre System auf.

tose aufgenommen. Vor allem B-Zellen verfügen mit ihren Oberflächenimmunglobulinen über ein besonderes Mittel zur Aufnahme spezifischer Antigene. CD4-T-Zellen sind darauf spezialisiert, andere Zellen zu aktivieren, und lassen sich in zwei Klassen einteilen: **inflammatorische CD4-T-Zellen** (oder T-Entzündungszellen), die Makrophagen dazu anregen, die Bakterien zu töten, die sie beherbergen, und CD4-**T-Helferzellen**, die B-Zellen dazu aktivieren, Antikörper zu produzieren.

Um eine angemessene Antwort auf infektiöse Mikroorganismen zu produzieren, erkennen T-Zellen nicht nur die reine Anwesenheit von fremdem Material im Cytosol und in Vesikeln. Sie können vielmehr auch zwischen den Hauptkompartimenten unterscheiden. Dies geschieht dadurch, daß zwei Klassen von MHC-Molekülen die Peptide aus den verschiedenen zellulären Kompartimenten an die Oberfläche befördern. MHC-Klasse-I-Moleküle transportieren Peptide aus dem Cytosol an die Zelloberfläche, wo der Peptid:MHC-Komplex von CD8-T-Zellen erkannt wird. Bei Peptiden aus dem vesikulären System sind es MHC-Klasse-II-Moleküle. Die entsprechenden Komplexe werden von CD4-T-Zellen erkannt (Abb. 4.2). Da bei der Bildung der Peptide Modifikationen des nativen Proteins erfolgen, bezeichnet man den Vorgang als **Antigenverarbeitung** (nach dem englischen *antigen processing* auch Antigenprozessierung). Das Vorzeigen des Peptids durch das MHC-Molekül auf der Zelloberfläche nennt **Antigenpräsentation**.

In den folgenden Abschnitten werden wir sehen, wie sich die beiden MHC-Klassen in ihrer Struktur unterscheiden und wie sie selektiv Peptide binden, die an unterschiedlichen Stellen innerhalb der Zelle gebildet werden. Später, wenn wir uns mit der Erkennung von MHC-Molekülen durch den T-Zell-Rezeptor beschäftigen, werden wir auch erfahren, wie die Moleküle CD4 und CD8, die die beiden Hauptuntergruppen von T-Zellen charakterisieren, bei der differentiellen Erkennung von MHC-Klasse-I- und MHC-Klasse-II-Molekülen durch den T-Zell-Rezeptor helfen.

4.2 Die beiden Klassen von MHC-Molekülen haben strukturell unterschiedliche Untereinheiten, aber einen ähnlichen dreidimensionalen Aufbau

Die MHC-Klasse-I- und MHC-Klasse-II-Moleküle sind Glykoproteine an der Zelloberfläche, die bezüglich ihrer Gesamtstruktur und Funktion eng

4.2 Krankheitserreger und ihre Produkte befinden sich entweder im Cytoplasma oder in den Vesikeln der Zelle. a) Alle Viren und einige Bakterien vermehren sich im Cytosol. b) Andere Bakterien und einige Parasiten werden in Endosomen aufgenommen, gewöhnlich von phagocytierenden Zellen, und können sich innerhalb der Vesikel vermehren. c) Proteine von extrazellulären Pathogenen können durch Bindung an Oberflächenmoleküle und anschließende Endocytose in das zelluläre Vesikelsystem eindringen. Dies ist anhand von Proteinen dargestellt, die durch Oberflächenimmunglobuline von B-Zellen gebunden sind, die so CD4-T-Helferzellen Antigene präsentieren; das stimuliert sie zur Produktion löslicher Antikörper. (ER und Golgi-Apparat sind der Einfachheit halber weggelassen worden). Andere Zelltypen können ebenfalls Antigene auf diese Weise aufnehmen. Verschiedene Klassen von MHC-Molekülen transportieren Peptide aus unterschiedlichen Zellkompartimenten und präsentieren sie bestimmten T-Zell-Typen.

	a) Pathogene in Cytosol	b) intrazelluläre Pathogene	c) extrazelluläre Pathogene und Toxine
Ort des Abbaus	Cytoplasma	angesäuerte Vesikel	angesäuerte Vesikel
Peptide binden an	MHC-Klasse I	MHC-Klasse II	MHC-Klasse II
präsentiert für	CD8-T-Zellen	CD4-T-Zellen	CD4-T-Zellen
Wirkung auf präsentierende Zelle	Zelltod	Aktivierung von Makrophagen, intrazelluläre Bakterien und Parasiten zu töten	Aktivierung von B-Zellen, Ig zu sezernieren und extrazelluläre Bakterien oder Toxine zu eliminieren

verwandt sind, obwohl die Strukturen ihrer Untereinheiten leicht zu unterscheiden sind. Die Gestalt der MHC-Klasse-I- und MHC-Klasse-II-Glykoproteine wurde durch Röntgenstrukturanalyse aufgeklärt. Der Aufbau von MHC-I ist in Abbildung 4.3 dargestellt. Es besteht aus zwei Polypeptidketten, eine α- oder schweren Kette, die im MHC codiert ist, und einer kleineren, nichtkovalent angelagerten Kette, dem β_2-Mikroglobulin, die nicht im MHC codiert ist. Nur die Klasse-I-α-Kette durchdringt die Membran. Das Molekül besitzt vier Domänen. Drei bildet die α-Kette, eine trägt das β_2-Mikroglobulin bei. Die α_3-Domäne und das β_2-Mikroglobulin haben eine gefaltete Struktur, die stark derjenigen der Immunglobuline ähnelt (Abschnitt 3.4). Das hervorstechendste Merkmal der MHC-Moleküle ist jedoch die Struktur der α_1- und α_2-Domänen, die ein Paar bilden und so einen Spalt an der Oberfläche des Moleküls schaffen. Dieser ist die peptidbindende Stelle.

MHC-Klasse-II-Moleküle bestehen aus einem nichtkovalenten Komplex zweier Ketten, α und β, die beide die Membran durchdringen (Abb. 4.4). Die Kristallstruktur des MHC-II-Moleküls zeigt, daß seine gefaltete Struktur derjenigen des MHC-I-Moleküls sehr ähnlich ist. Die wesentlichen Unterschiede zwischen den Strukturen der beiden Moleküle liegen an den

4.3 Die Struktur eines MHC-Klasse-I-Moleküls, bestimmt durch Röntgenstrukturanalyse. a) Graphische Darstellung der Struktur eines menschlichen MHC-Klasse-I-Moleküls, HLA-A2, das durch das Enzym Papain von der Zelloberfläche abgespalten wurde. b) Banddiagramm dieser Struktur. Wie d schematisch zeigt, ist das MHC-Klasse-I-Molekül ein Heterodimer einer α-Kette von 43000 kd, die nichtkovalent mit einer Polypeptidkette von 12000 kd, dem β_2-Mikroglobulin, assoziiert. Dieses durchspannt die Membran nicht. Die α-Kette faltet sich in drei Domänen, α_1, α_2 und α_3. Die α_3-Domäne und das β_2-Mikroglobulin weisen in ihrer Aminosäuresequenz Ähnlichkeiten mit konstanten Domänen von Immunglobulinen auf und haben eine ähnliche gefaltete Struktur. Die α_1- und α_2-Domänen falten sich dagegen zusammen zu einer Struktur, die aus zwei segmentierten α-Helices besteht, die auf einem Faltblatt aus acht β-Strängen liegen. Die Faltung der α_1- und α_2-Domänen erzeugt einen langen Spalt. Dort binden Peptidantigene an die MHC-Moleküle. Die Transmembranregion und das kurze Peptidstück, das die externen Domänen mit der Zelloberfläche verbindet, sind in a und b nicht zu sehen, da sie durch die Papainverdauung entfernt wurden. c zeigt einen Blick von oben auf das Molekül. Wie man sieht, werden die Seiten des Spaltes von den Innenseiten der beiden α-Helices gebildet, während das flache β-Faltblatt aus den gepaarten α_1- und α_2-Domänen den Boden des Spaltes bildet. Die schematische Darstellung von d werden wir im gesamten Buch weiterverwenden. (Photo: C. Thorpe.)

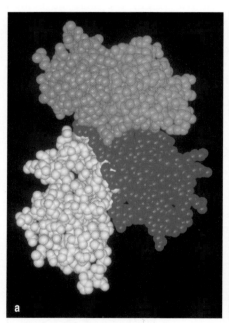

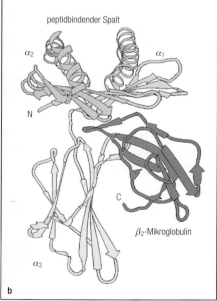

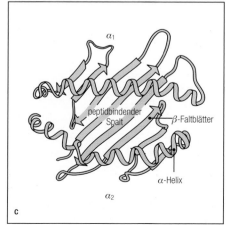

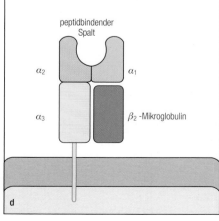

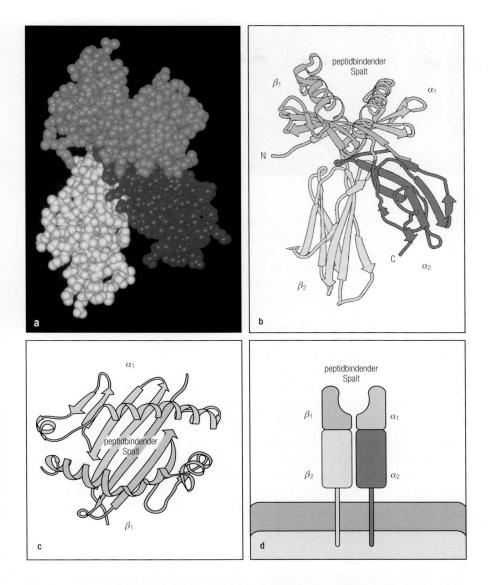

4.4 MHC-Klasse-II-Moleküle ähneln in ihrer Struktur MHC-Klasse-I-Molekülen.

Das MHC-Klasse-II-Molekül besteht, wie schematisch in d dargestellt, aus zwei Transmembranglykoproteinketten, α (34000 kd) und β (29000 kd). Jede Kette hat zwei Domänen. Beide zusammen bilden eine kompakte Struktur, die der des Klasse-I-Moleküls ähnelt (vergleiche 4.3d). a zeigt eine Computergraphik des MHC-Klasse-II-Moleküls (in diesem Fall das menschliche Protein HLA-DR1) und b das entsprechende Banddiagramm. Die α_2- und β_2-Domänen haben, wie die von α_3 und dem β_2-Mikroglobulin des MHC-Klasse-I-Moleküls, ähnliche Aminosäuresequenzen und Strukturen wie konstante Domänen von Immunglobulinen. Im MHC-Klasse-I-Molekül gehören die beiden Domänen, die den peptidbindenden Spalt bilden, zu verschiedenen Ketten und sind daher nicht durch eine kovalente Bindung verknüpft (c, d). Ein weiterer wichtiger Unterschied, der hier nicht sichtbar ist, besteht darin, daß der peptidbindende Spalt aufgrund der Unterschiede in der Struktur der α-Helices bei MHC-Klasse-II-Molekülen an beiden Enden offen ist. (Photo: C. Thorpe.)

Enden des Spaltes. Dies hat zur Folge, daß die Enden von Peptiden, die an MHC-Klasse-I-Moleküle gebunden sind, verborgen sind und die Enden von Peptiden, die an MHC-Klasse-II-Moleküle gebunden sind, nicht.

4.3 T-Zellen erkennen Komplexe von Peptidfragmenten fremder Proteine, die an einer einzigen Stelle im MHC-Molekül gebunden sind

Zur Erkennung von Proteinantigenen durch B-Zell-Rezeptoren und ihre sezernierten Gegenstücke, die Antikörpermoleküle, gehört die direkte Bindung an die native Proteinstruktur. Durch Röntgenstrukturanalyse läßt sich zeigen, daß im typischen Fall Antikörper an die Proteinoberfläche binden, indem sie mit Aminosäuren in Kontakt treten, die in der Primärstruktur nicht zusammenhängen, im gefalteten Protein jedoch aneinanderlagern (Abb. 4.5). Bei T-Zellen, die ihre Rezeptoren nicht sezernieren, ist es nicht möglich, die Antigenerkennung so direkt zu untersuchen. Die Erkennung durch T-Zellen muß man sich statt dessen aus den funktionellen Analysen ableiten, die in Kapitel 2 beschrieben sind. T-Zellen reagieren immer auf

4.5 Antikörper und T-Zellen erkennen unterschiedliche Epitope. B-Zell-Rezeptoren und ihre sezernierten Immunglobulingegenstücke binden, wie sich mit Hilfe der Röntgenstrukturanalyse zeigen läßt, Epitope auf der Oberfläche von Proteinen. a) Epitope von drei Antikörpern auf der Oberfläche von Hühnereiweißlysozym. (Die Wechselwirkung zwischen einem dieser Antikörper und Hühnereiweißlysozym wurde bereits in Abbildung 3.16 dargestellt). Die Epitope, die von T-Zell-Rezeptoren erkannt werden, müssen dagegen nicht unbedingt an der Oberfläche des Moleküls liegen, da der T-Zell-Rezeptor nicht das antigene Protein selbst erkennt, sondern ein Peptidfragment des Proteins. b zeigt das Peptid, das einem T-Zell-Epitop entspricht. Der Teil des Epitops, der an der Oberfläche des Proteins liegt, ist weiß. Der grün dargestellte Tyrosinrest, der bekanntermaßen vom T-Zell-Rezeptor erkannt wird, ragt in das Zentrum des Proteins hinein und ist im gefalteten Protein unzugänglich. Damit dieser Rest für den T-Zell-Rezeptor zugänglich wird, muß das Protein entfaltet werden. (Photos: a) S. Sheriff; b) C. Thorpe.)

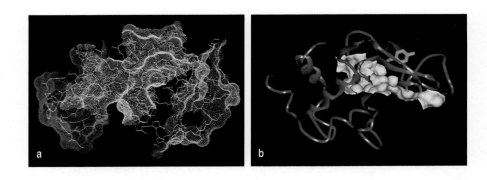

zusammenhängende, kurze Sequenzen in Proteinen, die oft im Inneren ihrer Struktur liegen. Dies wird in Abbildung 4.5 deutlich, welche die Teile des Lysozymmoleküls zeigt, die an Antikörper gebunden sind (Abb. 3.16) oder von T-Zellen erkannt werden. Die Peptide, die T-Zellen stimulieren, werden erst erkannt, wenn sie an ein passendes MHC-Molekül gebunden haben. Das läßt sich überzeugend beweisen, indem man T-Zellen mit gereinigten Peptid:MHC-Komplexen stimuliert.

Gereinigte Peptid:MHC-Komplexe sind ebenfalls strukturell charakterisiert worden (Abb. 4.6). Das Peptid bindet an den Spalt am äußeren Ende des MHC-Moleküls, so daß die Liganden, die von T-Zellen erkannt werden, sich eigentlich nur in dem sichtbaren Teil des Peptids unterscheiden. Von oben betrachtet also so, wie ein T-Zell-Rezeptor den Komplex sieht, besetzt das Peptid das Zentrum dieser Stelle und ist von den beiden α-Helices der α_1- und α_2-Domänen des MHC-Klasse-I-Moleküls umgeben. Ähnlich wird dieses Peptid im MHC-Klasse-II-Molekül zwischen den α-Helices der α_1- und β_1-Domänen festgehalten. Wenn man davon ausgeht, daß ein T-Zell-Rezeptor mit diesem Liganden mehr oder weniger so wie ein Antikörper mit einem Protein interagiert, dann ist eine Fläche von ungefähr 600 Å^2 in Kontakt mit dem T-Zell-Rezeptor, wobei am Rand die Kontakte mit dem MHC-Molekül bestehen und im Zentrum mit dem Pep-

4.6 MHC-Moleküle binden Peptide fest innerhalb des Spaltes. Die Kristallstrukturen der MHC-Klasse-I-Moleküle enthalten zusätzliches Material, das innerhalb des peptidbindenden Spaltes liegt (a). Man nimmt an, daß es die durchschnittliche Struktur der Mischung von Peptiden darstellt, die mit dem MHC-Molekül zusammen gereinigt wurden. Bei anderen Strukturen lassen sich Einzelheiten des Peptids bestimmen, und diese zeigen, daß das Peptid in einer ausgestreckten Konfiguration in der Furche liegt (b). Jedes der beiden Enden ist fest an ein Ende des Spaltes gebunden. Der obere Bereich des MHC-Moleküls, der vom T-Zell-Rezeptor erkannt wird, besteht aus Resten des MHC-Moleküls (weiß in c) und des Peptids (rot). d zeigt eine Modellstruktur eines Peptids, das an ein MHC-Klasse-II-Molekül bindet (Farben wie in c). Die offeneren Enden der Bindungsfurche erlauben dem roten Peptid, an beiden Enden des Spaltes überzustehen. (Photos: a) und b) D. Wiley; c) und d) C. Thorpe.)

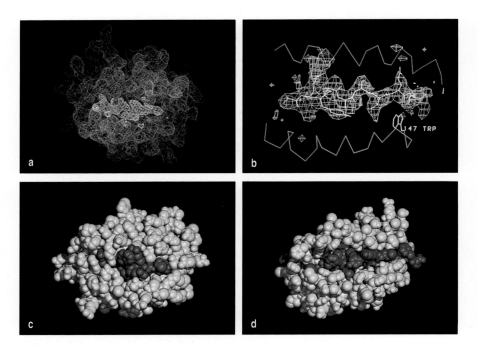

tidfragment des Antigens. Wie wir im letzten Teil dieses Kapitels erfahren werden, ist der variabelste Teil des T-Zell-Rezeptors das Zentrum, das mit dem Peptid interagiert.

4.4 Peptide werden stabil an reife MHC-Moleküle gebunden

Zellen stellen nur wenige verschiedene MHC-Klasse-I-Moleküle her. Eine einzelne Zelle kann jedoch von vielen verschiedenen Pathogenen infiziert werden, deren Proteine nicht notwendigerweise gemeinsame Peptidsequenzen aufweisen. Wenn T-Zellen auf alle möglichen intrazellulären Infektionen aufmerksam gemacht werden sollen, müssen daher die MHC-I-Moleküle jeder Zelle stabil an viele unterschiedliche Peptide binden können. Dieses Verhalten ist ein ganz anderes als das von peptidbindenden Rezeptoren, wie zum Beispiel von demjenigen für Peptidhormone, die Peptide ganz spezifisch binden. Es ähnelt eher der Spezifität einiger Proteasen, wo nur eine einzige Aminosäure die Bindungsfähigkeit bestimmt, obwohl die Bindungsstelle an sich ungefähr sechs Aminosäuren umfaßt. Die Kristallstrukturen von MHC:Peptid-Komplexen zeigten, wie eine einzelne Bindungsstelle die notwendige Stabilität für eine Peptidbindung erreichen kann, während gleichzeitig die Fähigkeit, ein breites Spektrum verschiedener Proteine zu binden, erhalten bleibt.

Wenn man MHC-I-Moleküle aus Zellen reinigt, werden ihre gebundenen Peptide mitisoliert. Durch Denaturierung des Komplexes in Säure lassen sie sich dann von den MHC-I-Molekülen lösen. Die freiwerdenden Peptide haben ein niedriges Molekulargewicht und lassen sich reinigen und sequenzieren. Man kann sie anschließend zusammen mit MHC-Molekülen wieder kristallisieren. Dadurch lassen sich Einzelheiten der Kontakte zwischen dem MHC-Molekül und dem Peptid erkennen. Peptide, die an MHC-Klasse-I-Moleküle binden, sind gewöhnlich acht bis zehn Aminosäuren lang. Die Bindung des Peptids wird an seinen beiden Enden durch Kontakte zwischen Atomen der Hauptkette des Peptids und unveränderlichen Stellen in der peptidbindenden Furche aller MHC-I-Moleküle stabilisiert. Die aminoterminale Amingruppe des Peptids nähert sich einer unveränderlichen Stelle an dem einen Ende der peptidbindenden Furche, und die Carboxylatgruppe am Carboxyende bindet an eine unveränderliche Stelle am anderen Ende der Furche. Das Peptid liegt in einer ausgestreckten Konformation entlang der Furche mit weiteren Kontakten zwischen Atomen der Hauptkette und konservierten Aminosäureseitenketten, die die Furche auskleiden. Variationen in der Peptidlänge werden durch Knicken des Peptidrückgrates ausgeglichen, oft an Prolin- oder Glycinresten, die für die erforderliche Flexibilität sorgen.

Wir haben erwähnt, daß die MHC-Gene hochpolymorph sind. Peptide, die an eine bestimmte Allelvariante eines MHC-Klasse-I-Moleküls binden, haben an zwei oder drei spezifischen Positionen der Peptidsequenz die gleichen oder sehr ähnliche Aminosäurereste (Abb. 4.7). Diese Aminosäureseitenketten ragen in Taschen, die mit polymorphen Aminosäureresten ausgekleidet sind. Da die Bindung dieser Reste an solche Taschen das Peptid im MHC-Molekül verankert, nennt man sie **Verankerungsreste**. Die meisten Peptide, die an MHC-I-Moleküle binden, haben am Carboxyterminus einen solchen Rest. Dieser ist immer klein und hydrophob. Eine Änderung des Verankerungsrestes verhindert die Bindung. Umgekehrt assoziieren sich die meisten, wenn auch nicht alle, synthetischen Peptide von richtiger Länge, die diese Verankerungsreste enthalten, mit dem passenden MHC-I-Molekül, ungeachtet der Sequenz des Peptids an anderen Positionen (Abb. 4.7 und 4.8). Diese besonderen Bedingungen erlauben es also MHC-I-Molekülen, ein breites Spektrum verschiedener Peptide von passender Länge zu binden. Da die Peptide in der Mitte, wo sie aus der Furche her-

4.7 Peptide binden über relativ invariante Verankerungsreste an MHC-Moleküle. Dargestellt sind Peptide, die aus zwei unterschiedlichen MHC-Klasse-I-Molekülen herausgelöst wurden. Die Verankerungsreste (grün) differieren bei Peptiden, die unterschiedliche MHC-Moleküle binden, ähneln sich bei allen Peptiden, die dasselbe MHC-Molekül binden. a und b zeigen Peptide, die an zwei verschiedene MHC-Klasse-I-Moleküle binden. Wie die Abbildung verdeutlicht, müssen die Verankerungsreste, die ein bestimmtes MHC-Molekül binden, nicht identisch sein. Sie sind aber immer verwandt (Valin (V), Leucin (L) und Isoleucin (I) sind zum Beispiel alle hydrophobe Aminosäuren, während Phenylalanin (F) und Tyrosin (J) aromatische Aminosäuren sind). Peptide binden auch mit ihren Aminotermini (blau) und Carboxytermini (rot) an MHC-Klasse-I-Moleküle.

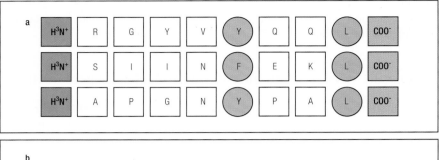

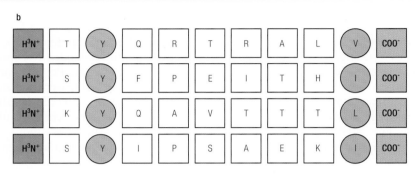

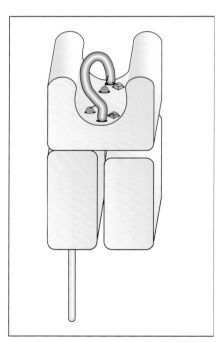

4.8 Schematische Darstellung der Peptidbindung an MHC-Klasse-I-Moleküle. Das Peptid, das einem der Moleküle in Abbildung 4.7 entspricht, liegt in ausgestreckter Konfiguration in der peptidbindenden Furche. Sein Aminoende (blau) und ein Verankerungsrest (grün) nahe dem Aminoende binden in spezifischen Taschen an einem Ende des MHC-I-Moleküls. Das Carboxyende des Peptids (rot) und ein zweiter Verankerungsrest (normalerweise die letzte Aminosäure) (grün) binden in Taschen am anderen Ende des Spaltes.

ausragen und den T-Zell-Rezeptor kontaktieren, knicken können, befinden sich die Verankerungsreste außerdem nicht immer genau an derselben Stelle in der linearen Sequenz der Peptide, die an ein bestimmtes MHC-Klasse-I-Molekül binden.

Die Peptidbindung an MHC-Klasse-II-Moleküle hat man ebenfalls untersucht, sowohl durch Herauslösen gebundener Peptide als auch durch Röntgenstrukturanalyse. Sie unterscheidet sich in einigen Punkten. Peptide, die an MHC-II-Moleküle binden, sind mindestens 13 Aminosäuren lang und können noch viel länger sein. Diese Peptide liegen ausgestreckt entlang der peptidbindenden Furche des MHC-II-Moleküls, die, wie wir erwähnt haben, an beiden Enden offen ist. Die unveränderlichen Reste, die die Enden des Peptids bei MHC-I-Molekülen binden, ließen sich bei MHC-II-Molekülen nicht nachweisen. Das Peptid wird hauptächlich durch Kontakte von Atomen der Hauptkette mit konservierten Resten gehalten, die die peptidbindende Furche auskleiden. Es gibt zwar deutliche Unterschiede in der Peptidbindung zwischen allelen Varianten von MHC-Klasse-II-Molekülen, worauf sie beruhen, ist jedoch noch nicht bekannt.

4.5 Die beiden Klassen von MHC-Molekülen werden auf Zellen differentiell exprimiert

In Abschnitt 4.1 haben wir erfahren, daß die zwei MHC-Molekül-Klassen Peptide aus verschiedenen intrazellulären Kompartimenten an die Zelloberfläche befördern, wo sie von zwei wichtigen funktionellen T-Zell-Klassen erkannt werden, die sich wiederum aufgrund der Zelloberflächenmoleküle CD4 und CD8 unterscheiden. Wir werden jetzt sehen, daß MHC-Klasse-I- und MHC-Klasse-II-Moleküle auf unterschiedliche Zellen verteilt sind, was direkt die verschiedenen Effektorfunktionen der T-Zellen widerspiegelt, die sie erkennen.

Wie wir bereits beschrieben haben, präsentieren MHC-Klasse-I-Moleküle CD8-Zellen Peptide von Pathogenen im Cytosol, gewöhnlich von Viren. Normalerweise töten die CD8-Zellen jede Zelle, die sie spezifisch erkennen. Da Viren jede kernhaltige Zelle infizieren können, exprimieren fast alle derartigen Zellen MHC-I-Moleküle, obwohl das Ausmaß der Expression von Zelltyp zu Zelltyp variiert (Abb. 4.9). Zellen des Immun-

Gewebe	MHC-Klasse I	MHC-Klasse II
lymphatische Gewebe		
T-Zellen	+++	–*
B-Zellen	+++	+++
Makrophagen	+++	++
andere antigenpräsentierende Zellen (wie Langerhans-Zellen)	+++	+++
epitheliale Zellen des Thymus	+	+++
andere kernhaltige Zellen		
neutrophile Granulocyten	+++	–
Hepatocyten	+	–
Niere	+	–
Gehirn	+	–**
kernlose Zellen		
rote Blutkörperchen	–	–

4.9 Die Expression von MHC-Molekülen unterscheidet sich in verschiedenen Geweben. MHC-Klasse-I-Moleküle gibt es auf allen kernhaltigen Zellen. Am höchsten ist die Expression jedoch in hämatopoetischen Zellen. MHC-Klasse-II-Moleküle werden nur in einer Untergruppe der blutbildenden Zellen und von Zellen des Thymusstroma exprimiert.

* Beim Menschen exprimieren aktivierte T-Zellen MHC-Klasse-II-Moleküle.
** Im Gehirn sind die meisten Zellen MHC-Klasse-II-negativ. Die Mikroglia jedoch, die mit den Makrophagen verwandt sind, sind MHC-Klasse-II-positiv.

systems exprimieren reichlich MHC-Klasse I auf ihrer Oberfläche, Leberzellen dagegen nur relativ geringe Mengen. Erwartungsgemäß beeinflußt das Maß an MHC-Expression die T-Zell-Aktivierung. Kernlose Zellen wie rote Blutkörperchen können die virale Replikation nicht unterstützen und exprimieren wenig oder keine MHC-Klasse I. Die Abwesenheit von MHC-Klasse-I-Molekülen macht das Innere von roten Blutkörperchen jedoch zu einem Ort, an dem eine Infektion von T-Zellen unentdeckt bleiben kann. Möglicherweise erlaubt die Abwesenheit von MHC-Klasse I der Art *Plasmodium*, die Malaria verursacht, an diesem bevorzugten Ort zu leben.

Die Hauptfunktion der CD4-T-Zellen besteht im Gegensatz dazu darin, andere Zellen des Immunsystems zu aktivieren. Daher exprimieren normalerweise nur Zellen, die an Immunantworten beteiligt sind, MHC-Klasse-II-Moleküle. Sie befinden sich auf B-Lymphocyten und Makrophagen, aber nicht auf den meisten Gewebezellen. Wenn CD4-T-Helferzellen Peptide erkennen, die an MHC-Klasse-II-Moleküle auf B-Zellen gebunden sind, regen sie diese zur Produktion von Antikörpern an. Inflammatorische CD4-T-Zellen, die Peptide erkennen, die an MHC-II-Moleküle auf Makrophagen gebunden sind, aktivieren diese Zellen dazu, die Pathogene in ihren Vesikeln zu zerstören. In Kapitel 7 werden wir sehen, daß MHC-II-Moleküle auch auf bestimmten antigenpräsentierenden Zellen in lymphoiden Geweben exprimiert werden, wo sie naive CD4-T-Zellen zur Differenzierung in T-Helfer- oder inflammatorische T-Zellen aktivieren. Viele andere Zelltypen lassen sich durch biologisch aktive Moleküle, die sogenannten **Cytokine**, die während der Immunantwort freigesetzt werden, zur Expression von MHC-II-Molekülen anregen. Möglicherweise ist das sowohl für die normale Immunfunktion als auch für die Autoimmunität wichtig.

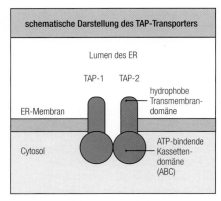

4.10 Die TAP-1- und TAP-2-Transportermoleküle bilden ein Heterodimer in der Membran des endoplasmatischen Reticulums. Alle Proteinmoleküle, die zur ABC-Transporterfamilie gehören, besitzen vier Domänen: zwei Transmembrandomänen und zwei ATP-bindende Domänen. TAP-1 und TAP-2 codieren beide eine hydrophobe und eine ATP-bindende Domäne und bilden zusammen einen heterodimeren Transporter aus vier Domänen. Aufgrund der Ähnlichkeiten zwischen den TAP-Molekülen und anderen Mitgliedern der ABC-Transporterfamilie nimmt man an, daß die ATP-bindenden Domänen im Cytoplasma der Zelle liegen, während die hydrophoben Domänen durch die Membran ins Lumen des endoplasmatischen Reticulums (ER) ragen.

4.6 Peptide, die an MHC-Klasse-I-Moleküle binden, werden aktiv vom Cytosol in das endoplasmatische Reticulum transportiert

Im typischen Fall stammen die Antigenfragmente, die an MHC-Klasse-I-Moleküle binden und dann CD8-Zellen präsentiert werden, von Viren, die den Biosyntheseapparat der Zelle übernehmen, um ihre eigenen Proteine im Cytosol herzustellen. Zelloberflächenmoleküle, einschließlich der beiden MHC-Klassen, werden auf der cytosolischen Seite des endoplasmatischen Reticulums synthetisiert und dabei in dessen Lumen überführt, wo sie sich falten müssen, bevor sie an die Zelloberfläche tranportiert werden können. Wie kommen jedoch Peptide, die aus viralen Proteinen im Cytosol stammen, in das Lumen des endoplasmatischen Reticulums und wie binden sie zur Beförderung an die Zelloberfläche an MHC-Klasse-I-Moleküle?

Einen ersten Hinweis lieferten Zellmutanten mit einen Defekt der Antigenpräsentation durch MHC-I-Moleküle. Obwohl diese Zellen beide Ketten der MHC-I-Moleküle normal synthetisieren, werden nur wenige MHC-I-Proteine auf der Zelloberfläche exprimiert. Das deutete darauf hin, daß die Mutation die Versorgung der MHC-I-Moleküle mit Peptiden beeinträchtigt und daß Peptide für ihr Erscheinen an der Zelloberfläche notwendig sind. Die Sequenzanalyse der betroffenen DNA in den mutierten Zellen unterstützte diese Annahme: Zwei Gene, die Mitglieder der Familie der ATP-bindenden Kassettenproteine codieren, waren in mehreren Zellen mit diesem Phänotyp mutiert oder fehlten (Abb. 4.10). Diese Gene kartieren innerhalb des MHC selbst (Abschnitt 4.12). ATP-bindende Kassettenproteine sind in vielen Zellen, darunter Bakterien, mit Membranen assoziiert. Sie sind immer am ATP-abhängigen Transport von Ionen, Zuckern, Aminosäuren oder Peptiden über diese Membranen beteiligt. Die beiden zuvor erwähnten ATP-bindenden Kassettenproteine sind mit der Membran des endoplasmatischen Reticulums verbunden. Die Transfektion der mutierten Zellen mit den beiden Genen stellt die Fähigkeit der MHC-Klasse-I-Moleküle der Zelle wieder her, Peptide cytosolischer Proteine zu präsentieren. Die entsprechenden Proteine nennt man daher *Transporters associated with Antigen Processing-1 und -2* (**TAP-1**, **TAP-2**, Transporter bei der Antigenverarbeitung). Die beiden TAP-Proteine bilden ein Heterodimer, und Mutationen in beiden Genen verhindern die Antigenpräsentation durch MHC-Klasse-I-Moleküle.

Bei *in vitro*-Versuchen nehmen mikrosomale Vesikel von normalen Zellen, die das endoplasmatische Reticulum nachahmen, Vesikel Peptide auf, die dann an MHC-Klasse-I-Moleküle im mikrosomalen Lumen binden. Vesikel aus Zellen, bei denen TAP-1 oder TAP-2 mutiert sind, tranportieren Peptide nicht. Der Peptidtransport in die normalen Mikrosomen erfordert eine ATP-Hydrolyse. Das beweist, daß der TAP-1:TAP-2-Komplex ein ATP-abhängiger Transporter ist, der selektiv Peptide ins Lumen des endoplasmatischen Reticulums verfrachtet. Der TAP-1:TAP-2-Transporter bevorzugt Peptide aus acht oder neun Aminosäuren mit hydrophoben Resten am Carboxyende. Das sind genau die Merkmale der Peptide, die MHC-Klasse-I-Moleküle binden. Die Peptide bewegen sich also mit dem TAP-1:TAP-2-Komplex vom Cytosol zu den MHC-I-Molekülen im endoplasmatischen Reticulum.

4.7 Neusynthetisierte MHC-Klasse-I-Moleküle werden im endoplasmatischen Reticulum zurückgehalten, bis sie Peptide binden

Die Entdeckung des TAP-1:TAP-2-Heterodimers erklärte, wie Peptide vom Cytosol ins Lumen des endoplasmatischen Reticulums gelangen. Seine

Fähigkeit, die Antigenpräsentation in mutierten Zellen wiederherzustellen, ließ vermuten, daß die Bindung eines Peptids für die Zelloberflächen-expression neusynthetisierter MHC-Klasse-I-Moleküle notwendig ist. Wir werden jetzt sehen, daß die MHC-I-Moleküle im endoplasmatischen Reticulum in einem partiell gefalteten Zustand bleiben, bis sie ein Peptid binden. Geschieht das nicht, sind sie instabil. Das erklärt, warum Zellen mit Mutationen in TAP-1 und TAP-2 keine MHC-I-Moleküle auf der Zellober-fläche tragen.

Neusynthetisierte α-Ketten binden schnell freies β_2-Mikroglobulin sowie ein membrangebundenes Molekül von 88 kd namens **Calnexin**, das MHC-I-Moleküle in einem partiell gefalteten Zustand im endoplasmatischen Reticulum zurückhält. Calnexin verbindet sich auch mit partiell gefalteten T-Zell-Rezeptoren, Immunglobulinen und MHC-Klasse-II-Molekülen. Es spielt also eine zentrale Rolle beim Zusammenbau vieler immunologischer Moleküle. In Zellen mit mutierten TAP-Genen werden MHC-I-Moleküle viele Stunden lang im endoplasmatischen Reticulum zurückgehalten. Ver-mutlich ist es also die Bindung des Peptids an die α-Kette, die eine voll-ständige MHC-Faltung ermöglicht und es von Calnexin freisetzt. Hat die α-Kette erst einmal ein Peptid gebunden, so wird der stabil gefaltete Pep-tid:MHC-I-Komplex rasch an die Zelloberfläche transportiert (Abb. 4.11). Auch in normalen Zellen bleibt Calnexin eine ganze Zeit lang mit dem MHC-I-Molekül assoziiert. Vermutlich gibt es also normalerweise mehr MHC-I-Moleküle als Peptide. Das ist sehr wichtig für die Funktion der MHC-I-Moleküle, da sie jederzeit, wenn die Zelle infiziert wird, für den Transport viraler Peptide an die Zelloberfläche zur Verfügung stehen müs-sen. Bei normalen Zellen füllen Peptide, die von Selbst-Proteinen stam-men, den peptidbindenden Spalt reifer MHC-I-Moleküle an der Zellober-fläche. Wenn eine Zelle von einem Virus infiziert wird, ermöglichen vielleicht die überschüssigen, zurückgehaltenen MHC-I-Moleküle die schnelle Präsentation der Peptide, die vom Pathogen stammen.

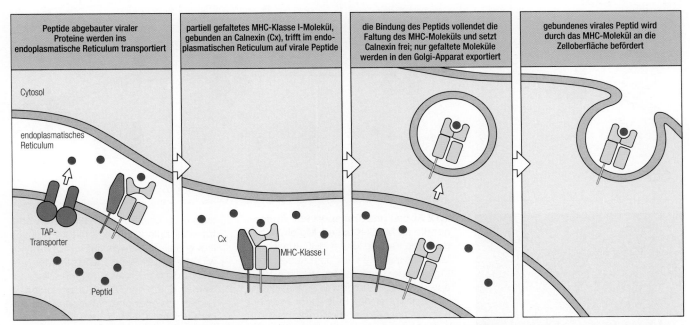

4.11 MHC-Klasse-I-Moleküle verlassen das endoplasmatische Reticulum nur, wenn sie Peptide gebunden haben.
Peptide, die beim Abbau von Proteinen im Cytoplasma entstehen, werden ins Lumen des endoplasmatischen Reticulums trans-portiert. MHC-Klasse-I-Moleküle lagern sich im endoplasmati-schen Reticulum mit β_2-Mikroglobulin und dem membrange-bundenen Calnexin (Cx) zusammen. So wird das MHC-Klasse-I-Molekül im endoplasmatischen Reticulum zurückgehalten. Die Bindung von Peptiden sorgt für eine vollständige Faltung des MHC-Klasse-I-Moleküls und löst es vom Calnexin. Der Peptid:MHC-Komplex wird dann über den Golgi-Komplex an die Zell-oberfläche transportiert.

4.8 Peptide aus cytosolischen Proteinen entstehen vor dem Transport ins endoplasmatische Reticulum im Cytosol

Ständig werden in Zellen Proteine abgebaut und durch neusynthetisierte ersetzt. Eine wichtige Rolle beim Abbau cytosolischer Proteine spielt ein großer, multikatalytischer Proteasekomplex aus 28 Untereinheiten von jeweils zwischen 20 und 30 kd, das sogenannte **Proteasom** (Abb. 4.12). Interessanterweise werden zwei Untereinheiten innerhalb des MHC codiert, und zwar in der Nähe der TAP-1- und TAP-2-Gene (Abschnitt 4.12). Das läßt vermuten, daß Proteasome eine spezifische Rolle bei der Herstellung von Peptiden für die Präsentation durch MHC-Klasse-I-Moleküle spielen. Nicht alle Proteasome einer Zelle besitzen diese beiden Untereinheiten. Möglicherweise binden sie den Proteasomkomplex an die Membran des endoplasmatischen Reticulums oder sogar an den TAP-1: TAP-2-Komplex selbst und erlauben so einen reibungslosen Transfer der Peptide, die durch das Proteasom enstanden sind, ins Lumen des endoplasmatischen Reticulums. Dafür gibt es jedoch noch keinen direkten Beweis.

Wenn Peptide, die an MHC-Klasse-I-Moleküle binden, im Cytosol der Zelle produziert werden, wie können MHC-I-Moleküle dann Peptidfragmente von Membran- oder sezernierten Proteinen präsentieren, die normalerweise während ihrer Synthese ins Lumen des endoplasmatischen Reticulums überführt werden? Wahrscheinlich mißlingt einem kleinen Teil solcher

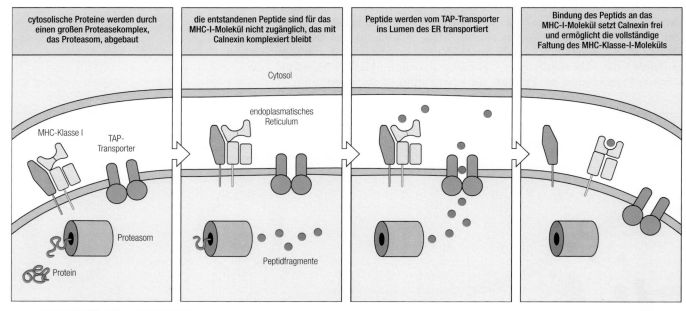

| cytosolische Proteine werden durch einen großen Proteasekomplex, das Proteasom, abgebaut | die entstandenen Peptide sind für das MHC-I-Molekül nicht zugänglich, das mit Calnexin komplexiert bleibt | Peptide werden vom TAP-Transporter ins Lumen des ER transportiert | Bindung des Peptids an das MHC-I-Molekül setzt Calnexin frei und ermöglicht die vollständige Faltung des MHC-Klasse-I-Moleküls |

MHC-Klasse I TAP-Transporter Cytosol endoplasmatisches Reticulum Proteasom Protein Peptidfragmente

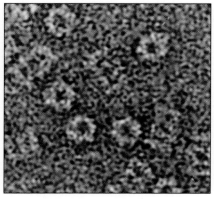

4.12 Abbau und Transport von Antigenenendie an MHC-Klasse-I-Moleküle binden. Die Peptide für die MHC-Klasse-I-Moleküle stammen aus dem Abbau von Proteinen im Cytosol. Man geht davon aus, daß daran ein großer Proteasekomplex beteiligt ist, das Proteasom. Es enthält, wie die elektronenmikroskopische Aufnahme zeigt, etwa 28 Untereinheiten, die zu einer zylindrischen Struktur aus vier Ringen von je sieben Untereinheiten angeordnet sind. Es ist nicht bekannt, wie das Proteasom Cytosolproteine abbaut. Wir zeigen hier die Entfaltung des Pro-teins und seine Passage durch das Zentrum der zylindrischen Struktur. Es gibt jedoch keinen Beweis dafür, daß das wirklich so geschieht. Die Peptidfragmente, die das Proteasom produziert, werden durch den TAP-Transporter ins Lumen des endoplasmatischen Reticulums befördert. Dort binden die Peptide an den Komplex aus dem partiell gefalteten MHC-Molekül und Calnexin. Letzteres wird dadurch freigesetzt und der MHC:Peptid-Komplex kann an die Zelloberfläche transportiert werden. (Photo: W. Baumeister; × 667000.)

Proteine die korrekte Translokation ins endoplasmatische Reticulum, so daß sie statt dessen vollständig im Cytosol synthetisiert werden. Spezifische aminoterminale Aminosäuren, die Zelloberflächen- und sezernierte Proteine vor dem Abbau im endoplasmatishen Reticulum schützen, sorgen für eine schnelle Zerlegung im Cytosol (und umgekehrt). Alle fehlgeleiteten Proteine, die im Cytosol landen, werden also schnell abgebaut. Ihre Peptide können dann über die Membran des endoplasmatischen Reticulums transportiert werden und mit MHC-Klasse-I-Molekülen interagieren. Dieser Mechanismus erklärt vielleicht, wie zum Beispiel aus viralen Oberflächenglykoproteinen Peptide entstehen, die von MHC-I-Molekülen präsentiert werden.

4.9 Peptide, die von MHC-Klasse-II-Molekülen präsentiert werden, entstehen in angesäuerten intrazellulären Vesikeln

Während sich Viren und einige Bakterien im Cytosol vermehren, replizieren sich mehrere Klassen von Pathogenen, darunter Mykobakterien, die Lepra und Tuberkulose verursachen, sowie *Leishmania*-Arten, in zellulären Vesikeln von Makrophagen. Die Proteine dieser Pathogene sind für Proteasomen nicht zugänglich, da sie sich in membranumschlossenen Vesikeln befinden. Proteine an solchen Orten werden von vesikulären Proteasen zu Peptiden abgebaut, die an MHC-II-Moleküle binden. Diese befördern sie zur Zelloberfläche, wo sie von CD4-T-Zellen erkannt werden können (Abb. 4.13). CD-4-T-Zellen erkennen auch Peptidfragmente, die von extrazellulären Pathogenen stammen, und Proteine, die in diese Vesikel aufgenommen werden. Das meiste über die Verarbeitung von Proteinen in den zellulären Vesikeln, wissen wir aus Experimenten, bei denen

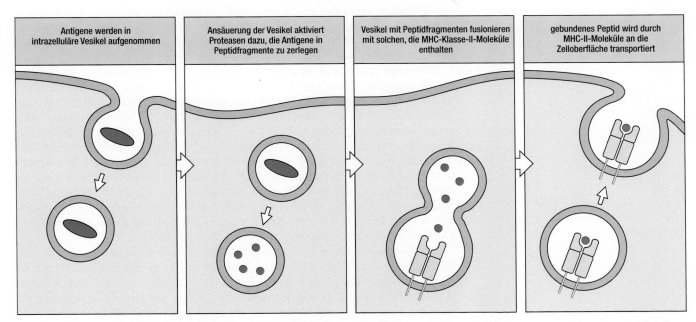

| Antigene werden in intrazelluläre Vesikel aufgenommen | Ansäuerung der Vesikel aktiviert Proteasen dazu, die Antigene in Peptidfragmente zu zerlegen | Vesikel mit Peptidfragmenten fusionieren mit solchen, die MHC-Klasse-II-Moleküle enthalten | gebundenes Peptid wird durch MHC-II-Moleküle an die Zelloberfläche transportiert |

4.13 Antigene, die an MHC-Klasse-II-Moleküle binden, werden in angesäuerten Endosomen abgebaut. In einigen Fällen können die Peptide von Bakterien oder Parasiten stammen, die in die Zelle eingedrungen sind und sich in intrazellulären Vesikeln vermehrt haben. In anderen Fällen können Mikroorganismen oder fremde Proteine von phagocytierenden Zellen verschlungen und zum Abbau in Lysosomen verfrachtet worden sein. Auf dem Weg zu den Lysosomen sinkt der pH-Wert der Vesikel (Endosomen) mit den verschlungenen Pathogenen immer mehr und aktiviert damit Proteasen, die sich im Endosom befinden, das Material abzubauen. An irgendeinem Punkt auf ihrem Weg zur Zelloberfläche gelangen neusynthetisierte MHC-Klasse-II-Moleküle in solche angesäuerten Endosomen und binden Peptidfragmente der Pathogene. Danach transportieren sie die Peptide an die Zelloberfläche, wo sie von den geeigneten CD4-T-Zellen erkannt werden können.

man einfache Proteine zur MHC-II-positiven, antigenpräsentierenden Zellen gibt. So läßt sich die Verarbeitung des zugefügten Antigens quantifizieren. Dieser Weg ist auch von wesentlicher Bedeutung für die Verarbeitung von Proteinen, die an Oberflächenimmunglobuline auf B-Zellen binden (Abschnitt 4.1).

Der pH-Wert der Vesikel des endosomalen Weges, auf dem Proteinantigene in die Zellen gelangen, wird mit ihrem Fortschreiten entlang des Weges immer niedriger. Die Vesikel enthalten außerdem Proteasen, die bei niedrigem pH-Wert aktiviert werden. Wirkstoffe, die den pH-Wert zellulärer Vesikel erhöhen, hemmen die Verarbeitung der Proteine, die auf diesem Weg in die Zelle eindringen. Saure Proteasen sind also vermutlich wichtig für die Proteinverarbeitung in diesen Vesikeln. Zu den sauren Proteasen gehören die Cathepsine B und D. Man kann die Antigenverarbeitung bis zu einem gewissen Grad durch Verdauung von Proteinen mit diesen Enzymen im Reagenzglas bei saurem pH-Wert imitieren. Neusynthetisierte MHC-II-Moleküle wandern in Vesikeln zur Zelloberfläche, die an einem bestimmten Punkt mit den hereinkommenden Endosomen fusionieren (Abb. 4.13). In diesem oder jedenfalls einem sehr ähnlichen Kompartiment erlangen MHC-II-Moleküle auch die Fähigkeit, Peptide zu binden. Proteine von Pathogenen, die in intrazellulären Vesikeln wachsen, durchlaufen ebenfalls diesen Weg der Antigenverarbeitung und -präsentation.

4.10 Die invariante Kette dirigiert neusynthetisierte MHC-Klasse-II-Moleküle zu angesäuerten intrazellulären Vesikeln

Die Funktion von MHC-Klasse-II-Molekülen besteht darin, Peptide, die in den intrazellulären Vesikeln von B-Zellen und Makrophagen gebildet werden, CD4-T-Zellen zu präsentieren, die dann die Zellen aktivieren, welche die fremden Proteine enthalten. MHC-II-Moleküle müssen daher daran gehindert werden, Peptide zu binden, die vom TAP-1:TAP-2-Transporter ins Lumen des endoplasmatischen Reticulums transportiert werden. Das geschieht durch das Zusammenfügen der neusynthetisierten MHC-Klasse-II-Moleküle mit einem bestimmten Protein, der sogenannten **invarianten Kette** (Ii). Die invariante Kette bildet Trimere, wobei jede Untereinheit nichtkovalent an ein $\alpha{:}\beta$-Heterodimer der Klasse II bindet. Während sich dieser Komplex im endoplasmatischen Reticulum zusammenbaut, sind seine immunkompetenten Teile mit Calnexin assoziiert. Erst wenn ein Komplex aus neun Ketten fertiggestellt ist, wird er für den Transport aus dem endoplasmatischen Reticulum von Calnexin freigesetzt. In diesem neunkettigen Komplex kann das MHC-II-Molekül keine Peptide binden, so daß die Peptide, die sich im endoplasmatischen Reticulum befinden, normalerweise nicht von MHC-II-Molekülen präsentiert werden. Der Einfachheit halber zeigen wir den Komplex aus MHC-II und invarianter Kette (Abb. 4.14) nur als einzelnen trimeren $\alpha{:}\beta{:}$Ii-Komplex.

Die invariante Kette besitzt eine zweite Funktion, nämlich die gezielte Beförderung der MHC-Klasse-II-Moleküle in die geeigneten endosomalen Kompartimente mit niedrigem pH-Wert. Der Komplex aus $\alpha{:}\beta$-Heterodimeren der MHC-Klasse-II mit der invarianten Kette wird im Durchschnitt fünf Stunden lang in diesem Kompartiment zurückgehalten. In dieser Zeit wird die invariante Kette an mehreren Stellen gespalten (Abb. 4.14). Die Spaltung erfolgt geordnet, so daß zuerst eine gestutzte Form der invarianten Kette entsteht, die an dem MHC-Klasse-II-Molekül gebunden bleibt und es im proteolytischen Kompartiment zurückbleibt. Das MHC-Klasse-II-Molekül kann jedoch möglicherweise Peptide binden. Nachfolgende Spaltungen setzen das MHC-II-Molekül frei, so daß es ein Peptid an die Zelloberfläche transportieren kann.

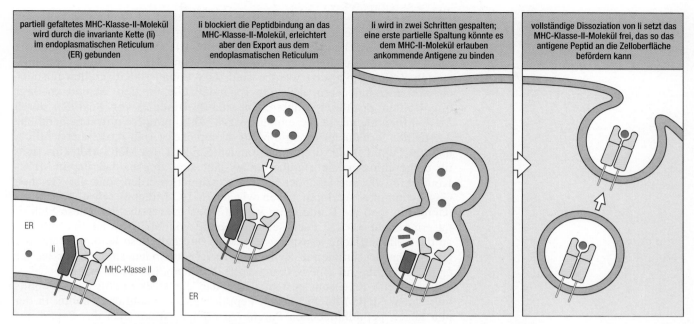

| partiell gefaltetes MHC-Klasse-II-Molekül wird durch die invariante Kette (Ii) im endoplasmatischen Reticulum (ER) gebunden | Ii blockiert die Peptidbindung an das MHC-Klasse-II-Molekül, erleichtert aber den Export aus dem endoplasmatischen Reticulum | Ii wird in zwei Schritten gespalten; eine erste partielle Spaltung könnte es dem MHC-II-Molekül erlauben ankommende Antigene zu binden | vollständige Dissoziation von Ii setzt das MHC-Klasse-II-Molekül frei, das so das antigene Peptid an die Zelloberfläche befördern kann |

4.14 Die mit MHC-Klasse II assoziierte invariante Kette verzögert die Peptidbindung und leitet MHC-Klasse-II-Moleküle zu den Endosomen. Die invariante Kette (gewöhnlich mit Ii bezeichnet, gelegentlich auch als Klasse-II-γ-Kette) heftet sich im endoplasmatischen Reticulum an ein neusynthetisiertes MHC-Klasse-II-Molekül an und verhindert so dessen Bindung an intrazelluläre Peptide im Lumen (Abb. 4.12). Sie dirigiert seinen Export durch den Golgi-Apparat zu angesäuerten Endosomen, die verschlungene extrazelluläre Proteine enthalten. Hier spalten die aktivierten endosomalen Proteasen Ii. Es entsteht ein kleineres Fragment, das am MHC-Klasse-II-Molekül gebunden bleibt und es im Endosom zurückhält. Eine Peptidbindung kann es aber nicht verhindern. Das MHC-Klasse-II-Molekül kann also Peptide in dem Kompartiment binden, in dem sie entstehen. Unterer weiterer Proteolyse des Ii-Fragments wird der Peptid:MHC-Klasse-II-Komplex an die Zelloberfläche transportiert.

Wie MHC-Klasse-I-Moleküle binden auch MHC-Klasse-II-Moleküle in nicht infizierten Zellen Peptide aus Selbst-Proteinen. MHC-II-Moleküle, die nach der Dissoziation von der invarianten Kette kein Peptid binden, aggregieren und werden bei dem niedrigen pH-Wert des endosomalen Kompartiments schnell abgebaut. Es überrascht daher nicht, daß Peptide, die von MHC-Klasse-II-Molekülen stammen, selbst einen wesentlichen Anteil der Peptide darstellen, die von diesen Molekülen in normalen Zellen präsentiert werden. Vermutlich wird, wie im Fall der MHC-I-Moleküle, ein Überschuß von MHC-Klasse-II-Moleküle gebildet. Wenn eine Zelle also von Mykobakterien oder anderen Pathogenen infiziert wird, die in zellulären Vesiklen proliferieren, oder wenn ein Phagocyt ein Pathogen verschlingt oder eine B-Zelle Antigen an ihren Immunglobulinrezeptor bindet, finden die aus ihnen entstehenden Peptide viele „leere" MHC-II-Moleküle zum Binden vor. Diese Komplexe aus MHC-II-Molekülen und fremden Peptiden können dann an der Zelloberfläche präsentiert werden. Dort werden sie von den CD4-T-Zellen erkannt, deren Hauptaufgabe darin besteht, Makrophagen oder B-Zellen zu aktivieren.

4.11 Die Eigenschaften der Bindung zwischen Peptiden und MHC-Molekülen sorgen für die effektive Antigenpräsentation auf der Zelloberfläche

Wir haben gesehen, daß die Fähigkeit von MHC-Molekülen, ein breites Spektrum verschiedener Peptide zu binden, wichtig dafür ist, daß T-Zellen intrazelluläre Pathogene entdecken können. Es ist entscheidend, daß der

Peptid:MHC-Komplex an der Zelloberfläche stabil ist. Wenn der Komplex zu leicht dissoziierte, könnte das Pathogen in der infizierten Zelle einer Entdeckung entgehen. Umgekehrt könnten MHC-Moleküle auf Zellen, die nicht infiziert sind, Peptide einfangen, die von MHC-Molekülen auf infizierten Zellen freigesetzt worden sind. Das könnte T-Killerzellen fälschlicherweise signalisieren, daß eine gesunde Zelle infiziert ist und zu ihrer ungewollten Zerstörung führen. Die stabile Bindung von Peptiden durch MHC-Moleküle macht diese ungünstigen Vorkommnisse unwahrscheinlich.

Aus der Struktur des Peptid:MHC-Komplexes (Abb. 4.6) ist ersichtlich, daß das Peptid in der dreidimensionalen Struktur des MHC-Moleküls richtig eingeschlossen ist. Darüberhinaus läßt sich zeigen, daß Peptid:MHC-Komplexe, die auf lebenden Zellen exprimiert werden, mit der gleichen Geschwindigkeit verloren gehen wie das MHC-Molekül selbst. Das weist darauf hin, daß die Bindung im wesentlichen irreversibel ist. Diese Stabilität ermöglicht es, daß auch seltene Peptide von MHC-Molekülen effektiv an die Zelloberfläche transportiert werden und daß diese Komplexe auf der Oberfläche der infizierten Zelle langfristig vorhanden sind; damit ist die erste Bedingung für eine wirkungsvolle Antigenpräsentation erfüllt.

Das zweite Kriterium besteht darin, daß die Dissoziation eines Peptids von einem MHC-Molekül neuen Peptiden nicht ermöglichen sollte, in der nun leeren peptidbindenden Furche zu binden. Wenn man das Peptid aus dem Bindungsspalt in Abbildung 4.6 entfernen würde, wäre das MHC-Klasse-I-Molekül, aufgrund von Erwartungen über seine Struktur, instabil. Die Entfernung des Peptids von gereinigten MHC-Klasse-I-Molekülen führt tatsächlich zu deren Denaturierung. Wenn das Peptid an der Zelloberfläche dissoziiert, ändert das MHC-I-Molekül seine Konformation, der β_2-Mikroglobulinanteil löst sich, und die α-Kette wird aufgenommen und schnell abgebaut. Unbeladene MHC-I-Moleküle verschwinden also schnell von der Zelloberfläche.

MHC-Klasse-II-Moleküle sind in Abwesenheit von Peptid bei neutralem pH-Wert stabiler. Der Peptidverlust wird jedoch erheblich beschleunigt, wenn MHC-II-Moleküle wieder in angesäuerte intrazelluläre Vesikel gelangen. MHC-II-Moleküle, die nicht mit Peptiden assoziiert sind, aggregieren bei diesem sauren pH-Wert und werden schnell abgebaut. Der Verlust des Peptids führt also ebenfalls zu einem schnellen Untergang des leeren MHC-Moleküls. Dieses Merkmal der Peptidbindung ist wichtig für die antigenpräsentierende Funktion von MHC-Molekülen, da es hilft zu verhindern, daß sich die MHC-Moleküle auf einer Zelloberfläche Peptide aus der extrazellulären Flüssigkeit angeln. Das gewährleistet, daß T-Zellen selektiv auf infizierte Zellen einwirken, die fremde, an MHC-Moleküle gebundene Peptide auf ihrer Oberfläche aufweisen und die umgebenden gesunden Zellen verschonen.

Zusammenfassung

Das charakteristischste Merkmal der Antigenerkennung durch T-Zellen ist die Form des Liganden, der von dem T-Zell-Rezeptor erkannt wird. Dieser besteht aus einem Peptid, das von dem fremden Antigen stammt und an ein MHC-Molekül gebunden ist. MHC-Moleküle sind Glykoproteine auf der Zelloberfläche, deren äußeres Ende eine peptidbindende Furche aufweist. Diese kann eine Vielzahl verschiedener Peptide aufnehmen. Das MHC-Molekül bindet das Peptid an einem intrazellulären Ort und befördert es an die Zelloberfläche, wo es von einer T-Zelle erkannt werden kann. Es gibt zwei Klassen von MHC-Molekülen, MHC-Klasse-I- und MHC-Klasse-II-Moleküle. MHC-II-Moleküle, die den CD4-T-Zellen Peptide präsentieren, binden Peptide von Proteinen, die in angesäuerten Vesikeln abgebaut werden. Typischerweise präsentieren Makrophagen, die mit Mykobakterien infiziert sind, oder eine B-Zelle, die ein bestimmtes Proteinantigen gebunden und aufgenommen hat, Peptide aus diesen fremden Proteinen, die an MHC-Klasse-II-Moleküle gebunden sind, CD4-T-Zellen. Diese aktivieren dann den Makrophagen oder die B-Zelle. MHC-Klasse-I-Moleküle, die den CD8-T-Zellen Peptide präsentieren, binden Proteine aus Proteinen, die im Cytosol abgebaut werden. Typischerweise stammen fremde Peptide, die MHC-Klasse-I präsentiert, aus viralen Proteinen. Die CD8-T-Zellen töten die infizierte Zelle, wenn sie den Komplex aus fremdem Peptid und MHC-Klasse-I auf der Zelloberfläche erkennen. Die beiden Klassen von MHC-Molekülen befördern also Peptide aus verschiedenen Kompartimenten an die Zelloberfläche, wo sie von T-Zellen erkannt werden, die verschiedene und geeignete Effektormechanismen in die Wege leiten.

Die Gene des Haupthistokompatibilitätskomplexes: Organisation und Polymorphismus

Wie wir gesehen haben, besteht die Aufgabe der MHC-Moleküle darin, Peptidfragmente zu binden, die von innerhalb der Zelle abgebauten Pathogenen abstammen, und diese Fragmente auf der Zelloberfläche zur Schau zu stellen, wo der Komplex von geeigneten T-Zellen erkannt wird. Die Folgen einer solchen Präsentation sind für das Pathogen fast immer fatal: Virusinfizierte Zellen werden getötet, Makrophagen werden dazu aktiviert, Bakterien in intrazellulären Vesikeln zu töten, und B-Zellen dazu, Antikörper zu produzieren, die extrazelluläre Pathogene neutralisieren oder eliminieren können. Es besteht also ein starker selektiver Druck, der solche Pathogene begünstigt, die ihre Strukturgene so mutieren können, daß sie der Präsentation durch ein MHC-Molekül entgehen. Dadurch können sie unentdeckt vom Immunsystem des Wirtes überleben. Zwei separate Mechanismen stehen diesem Vorgehen entgegen: Erstens ist der MHC **polygen** – es gibt mehrere MHC-Klasse-I- und MHC-Klasse-II-Gene, die Proteine mit unterschiedlichen Peptidbindungsspezifitäten codieren. Zweitens ist der MHC **polymorph** – es gibt für jeden Locus multiple Allele. Die MHC-Gene sind sogar die polymorphsten, die man kennt. In diesem Abschnitt werden wir die Organisation der Gene im MHC beschreiben und diskutieren, wie die allele Variation bei MHC-Molekülen entsteht und wie sich die Phänomene Polygenie und Polymorphismus auf die Peptidbindung auswirken und so zur Fähigkeit des Immunsystems beitragen, auf eine Vielzahl von unterschiedlichen und sich schnell weiterentwickelnden Pathogenen antworten zu können.

4.12 Gene im Haupthistokompatibilitätskomplex codieren die Proteine, die an der Verarbeitung und Präsentation von Antigenen beteiligt sind

Der Haupthistokompatibilitätskomplex erstreckt sich über 2–3 Centimorgan DNA oder ungefähr 4×10^6 Basenpaare. Beim Menschen enthält er mindestens 50 Gene. Die Gene, welche die α-Ketten der MHC-Klasse-I-Moleküle und die α- und β-Ketten von MHC-Klasse-II-Molekülen codieren, sind in diesem Komplex gekoppelt. Das Gen für das β_2-Mikroglobulin liegt auf einem anderen Chromosom. Abbildung 4.15 zeigt die Organisation dieser Gene im MHC der Maus und des Menschen. Getrennte Abschnitte enthalten jeweils die Gene für MHC-Klasse-I- und MHC-Klasse-II-Moleküle, und innerhalb dieser Regionen gibt es mehrere Gene für jede Kette. Menschen haben drei α-Ketten-Gene für die Klasse I, genannt HLA-A, -B und

4.15 Die genetische Organisation des Haupthistokompatibilitätskomplexes des Menschen und der Maus. Dargestellt ist der Aufbau der wesentlichen MHC-Gene bei Menschen (wo der MHC mit HLA bezeichnet wird und auf Chromosom 6 liegt) und Mäusen (wo der MHC mit H-2 bezeichnet wird und auf Chromosom 17 liegt). Die Organisation der MHC-Gene ist bei beiden Arten ähnlich. Es gibt getrennte Regionen mit Klasse-I- und Klasse-II-Genen. Allerdings ist in der Maus ein Klasse-I-Gen allem Anschein nach im Vergleich zum menschlichen MHC transloziert worden, so daß die Klasse-I-Region bei Mäusen zweigeteilt ist. Beide Arten besitzen drei Hauptgene der Klasse I, die bei Menschen mit HLA-A, -B und -C und bei Mäusen mit H2-K, -D und -L bezeichnet werden. Das Gen für das β_2-Mikroglobulin liegt, obwohl es einen Teil des MHC-Klasse-I-Moleküls codiert, auf einem anderen Chromosom, nämlich Chromosom 15 beim Menschen und Chromosom 2 bei der Maus. Die Gene für den TAP-1: Tap-2-Peptidtransporter sowie die LMP-Gene, die Proteasomuntereinheiten codieren, befinden sich in der MHC-Klasse-II-Region. Die sogenannten Klasse-III-Gene codieren verschiedene andere Proteine mit Immunfunktionen (Abb. 4.16).

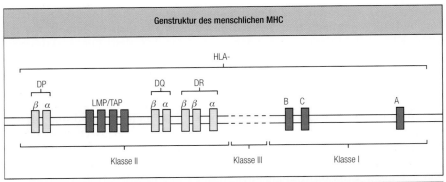

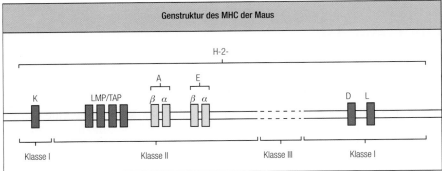

-C. Es gibt auch drei Paare von α- und β-Ketten-Genen für die Klasse II, genannt HLA-DR, -DP und -DQ. Der HLA-DR-Cluster enthält jedoch ein zusätzliches β-Ketten-Gen, dessen Produkt sich an die DRα-Kette anlagern kann. Das bedeutet, daß aus drei Gensätzen vier Typen von MHC-Klasse-II-Molekülen entstehen können. Alle MHC-Klasse-I- und MHC-Klasse-II-Moleküle können T-Zellen Antigene präsentieren. Da jedes von ihnen ein anderes Spektrum von Peptiden bindet, bedeutet das Vorhandensein mehrerer Loci, daß jedes Individuum eine viel größere Bandbreite verschiedener Peptide präsentieren kann, als wenn nur ein MHC-Protein jedes Typs an der Zelloberfläche exprimiert würde.

Die beiden TAP-Gene liegen in der MHC-Klasse-II-Region in enger Assoziation mit den beiden sogenannten *LMP*-Genen vor. Diese codieren Proteine mit niedrigem Molekulargewicht, die Bestandteile des Proteasoms sind (Abb. 4.16). Die genetische Koppelung der MHC-I-Moleküle, die cytosolische Peptide an die Zelloberfläche befördern, mit den TAP- und Proteasomgenen für Moleküle, die diese Peptide im Cytosol erzeugen und sie ins endoplasmatische Reticulum transportieren, läßt vermuten, daß der gesamte Komplex der Haupthistokompatibilitätsgene auf die Verarbeitung und Präsentation von Antigenen hin selektiert wurde. Wenn Zellen mit dem Cytokin Interferon-γ behandelt werden, steigert sich außerdem die Transkription der MHC-I-α-Kette, des β_2-Mikroglobulins sowie des MHC-gekoppelten Proteasoms und der TAP-Gene beträchtlich. Interferon-γ entsteht bei viralen Infektionen früh als Teil der angeborenen Immunantwort, wie wir in Kapitel 9 ausführlicher besprechen werden. Interferon-γ, das die Fähigkeit von Zellen erhöht, virale Proteine zu verarbeiten und die entstandenen Peptide an der Zelloberfläche zu präsentieren, kann helfen, T-Zellen zu aktivieren und die späteren Phasen der Immunantwort einzuleiten. Die koordinierte Steuerung der Gene, die diese Komponenten codieren, wird möglicherweise dadurch erleichtert, daß viele von ihnen im MHC gekoppelt sind.

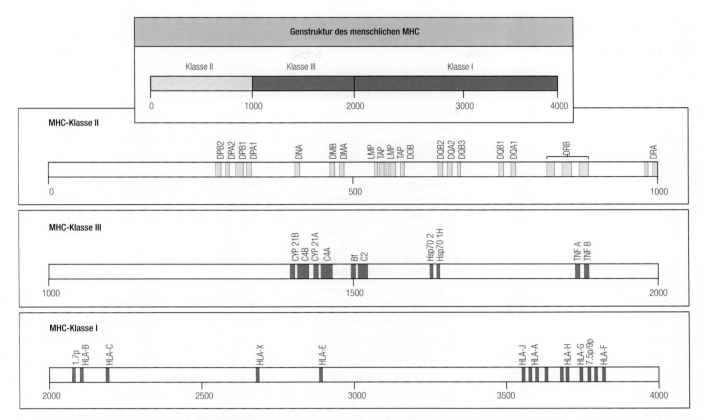

4.16 Ausführliche Karte der menschlichen MHC-Region.
Dargestellt ist die Organisation der Klasse-I-, Klasse-II- und Klasse-III-Regionen des MHC mit den ungefähren genetischen Abständen in kb. Die meisten Gene in der Klasse-I- und der Klasse-II-Region werden im Text erwähnt. Die zusätzlichen Gene in der Klasse-I-Region (zum Beispiel HLA-E, -F, -G, -H, -J und -X) sind Klasse-I-artige Gene, die Klasse-IB-Moleküle codieren. Die zusätzlichen Klasse-II-Gene sind Pseudogene. Die Gene in der Klasse-III-Region codieren die Komplementproteine C4 (zwei Gene, C4A und C4B), C2 und Faktor B (Bf) sowie Gene, welche die Cytokine Tumornekrosefaktor (TNF) α und β codieren. Eng gekoppelt mit den C4-Genen sind die Gene, welche die 21-Hydroxylase codieren (CYP 21A und CYP 21B), ein Enzym, das an der Steroidsynthese beteiligt ist. Ein Mangel an 21-Hydroxylase verursacht das congenitale adrenogenitale Syndrom und das Salzverlustsyndrom. Schließlich ist die Position von zwei Hitzeschockproteingenen angegeben (Hsp70 1H und Hsp70 2). Ob sie eine Rolle im Immunsystem spielen, ist nicht bekannt.

4.13 Eine Reihe von Genen mit speziellen Immunfunktionen sind ebenfalls im MHC codiert

Die wichtigsten bekannten Aufgaben der Genprodukte des MHC bestehen darin, Antigene zu verarbeiten und den T-Zellen zu präsentieren. Man hat allerdings noch viele andere Gene dieser DNA-Region zugeordnet, von denen einige bekanntermaßen andere Rollen im Immunsystem spielen. Eine große Anzahl von ihnen muß aber noch funktionell charakterisiert werden.

Zusätzlich zu den hochpolymorphen MHC-Klasse-I- und Klasse-II-Genen gibt es mehrere MHC-I- und MHC-II-Gene, die Varianten dieser Proteine codieren und wenig polymorph sind. Die meisten haben keine bekannte Funktion. Viele Gene, die mit der Klasse-I-Region des MHC gekoppelt sind, codieren Klasse-I-artige α-Ketten. Die genaue Zahl der Gene schwankt erheblich zwischen Arten und sogar zwischen Vertretern derselben Art. Man bezeichnet diese Gene als Klasse-IB-Gene. Wie MHC-Klasse-I-Gene codieren sie β2-Mikroglobulin-assoziierte Zelloberflächenmoleküle. Ihre Expression auf Zellen ist variabel, und zwar sowohl, was die exprimierte Menge auf der Zelloberfläche als auch was die Verteilung in Geweben betrifft. Eines dieser Moleküle kann Peptide mit N-formylierten Aminoenden präsentieren. Das ist interessant, weil alle Prokaryoten die Proteinsynthese mit N-Formyl-Methionin beginnen. Zellen, die mit cytosolischen Bakterien infiziert sind, können von CD8-Zellen getötet werden, die an dieses MHC-IB-Molekül gebundene, N-formylierte Bakterienpeptide erkennen. Die Funktion der meisten anderen Klasse-IB-Gene und ihrer Produkte ist unklar. Ihre große Zahl (50 oder mehr in der Maus) bedeutet, daß viele verschiedene Moleküle dieser Art in einem einzigen Lebewesen existieren können. Möglicherweise spielen sie spezielle Rollen bei der Antigenpräsentation, wie das Protein, das N-Formyl-Methionin-Peptide präsentiert.

Mindestens zwei zusätzliche MHC-Klasse-II-artige Moleküle, genannt DO und DM, sind innerhalb der Klasse-II-Region codiert. Das DO-Molekül entsteht durch Zusammenlagern der DNα- und DOβ-Ketten. Diese Gene werden anscheinend nur im Thymus und auf B-Zellen exprimiert. Es ist nicht bekannt, ob die DM-Gene ein funktionelles Zelloberflächenmolekül produzieren können. Die Rolle der DO- und DM-Genprodukte im Immunsystem ist unbekannt.

Einige der anderen Gene, die sich dem MHC zuordnen lassen, haben Produkte wie die Komplementkomponenten C2, Faktor B und C4 oder die Cytokine Tumornekrosefaktor α oder β (oder Lymphotoxin), die wichtige Immunfunktionen besitzen. Man bezeichnet sie als MHC-Klasse-III-Gene. In Abbildung 4.16 sind sie auf der Karte des menschlichen MHC eingezeichnet. Die Aufgaben dieser Gene werden in Kapitel 8 und 9 besprochen.

Wie wir in Kapitel 11 sehen werden, haben viele Untersuchungen Zusammenhänge zwischen der Anfälligkeit für bestimmte Krankheiten und bestimmten allelen Varianten von Genen im MHC ergeben. Von den meisten dieser Erkrankungen weiß man, daß sie immunologisch bedingt sind, oder man vermutet es zumindest. Das gilt jedoch nicht für alle, und man sollte sich in Erinnerung rufen, daß es in der MHC-Klasse-II-Region viele Gene ohne bekannte oder vermutete immunologische Funktion gibt. Eines codiert das Enzym 21-Hydroxilase. Ein Mangel verursacht das congenitale adrenogenitale Syndrom und das Salzverlustsyndrom. Bei Krankheiten, die man dem MHC zuordnet, muß man daher mit einer Interpretation vorsichtig sein. Sie darf nur aufgrund detaillierter Strukturinformationen erfolgen. Über die Funktionen einzelner Moleküle und die Bedeutung ihrer Lokalisation im MHC gibt es noch viel zu lernen. Die C4-Gene sind zum Beispiel hochpolymorph. Diese genetische Variabilität könnte eine Rolle spielen, wenn es darum geht, die Krankheitsabwehr neuen Bedingungen anzupassen, ganz ähnlich wie im Fall der MHC-Klasse-I- und Klasse-II-Proteine, denen wir uns jetzt zuwenden.

4.14 Die Proteinprodukte von MHC-Klasse-I- und Klasse-II-Genen sind hochpolymorph

Da es drei Gene gibt, die MHC-Klasse-I-Moleküle codieren, und vier mögliche Sätze von MHC-Klasse-II-Genen, exprimiert jeder mindestens drei verschiedene MHC-I-Proteine und vier MHC-II-Proteine auf seinen Zellen. Tatsächlich jedoch ist die Zahl der verschiedenen MHC-Proteine, die auf den Zellen der meisten Menschen exprimiert werden, aufgrund des extremen Polymorphismus des MHC viel größer. **Polymorphismus** leitet sich ab von den griechischen Wörtern *poly* für „viele" und *morph* für „Gestalt". Hier bedeutet es Variation in einem einzelnen Gen und seinen Produkten innerhalb einer Spezies. Die individuellen Genvarianten nennt man Allele. Die MHC-Klasse-I- und MHC-Klasse-II-Gene haben an manchen Loci bis zu 70 Allele (Abb. 4.17). Jedes Allel ist in der Bevölkerung

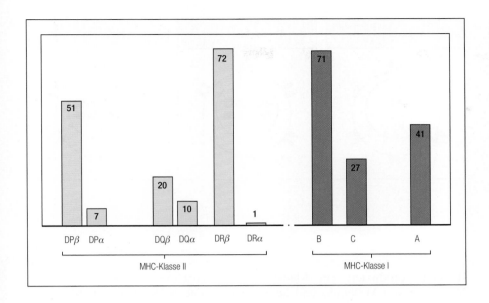

4.17 Die menschlichen MHC-Gene sind hochpolymorph. Mit der bemerkenswerten Ausnahme des DRα-Locus, der monomorph ist, besitzt jeder Locus viele Allele. Die Anzahl verschiedener Allele ist in dieser Abbildung als Höhe der Balken angegeben und entstammt im wesentlichen Untersuchungen kaukasischer Populationen. Bei anderen Populationen wie indianischen oder orientalischen findet man neue Allele, so daß die Gesamtvielfalt in diesen Loci größer ist als hier angegeben. Ohne eingehende weltweite Untersuchungen ist es unmöglich, die Gesamtvariabilität an diesen Loci zu bestimmen.

relativ häufig vorhanden. Deshalb ist die Wahrscheinlichkeit, daß die MHC-Gene auf beiden Chromosomen einer Person das gleiche Allel codieren, gering. Das heißt, die meisten Menschen sind an diesen Loci heterozygot. Die Produkte beider Allele werden exprimiert, und beide präsentieren ihrer Funktion gemäß den T-Zellen Antigene. Die Expression ist also **codominant** (Abb. 4.18). Der ausgeprägte Polymorphismus kann die Zahl einzelner MHC-Moleküle verdoppeln, die von jeder Zelle eines Individuum exprimiert werden. Damit erhöht sich die Vielfalt, die bereits aufgrund der Polygenie besteht, der Existenz multipler, funktionell äquivalenter Gene (Abb. 4.19). Bei drei MHC-I-Genen und vier potentiellen MHC-

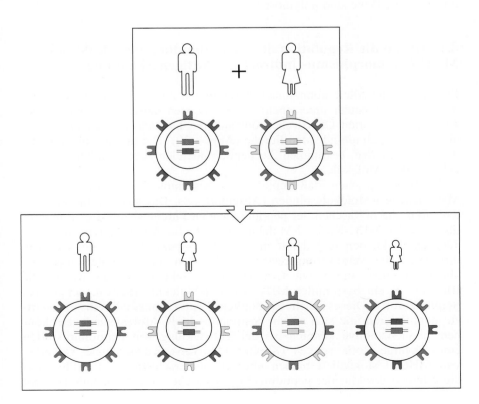

4.18 Die Expression von MHC-Allelen ist codominant. Der MHC ist so polymorph, daß wahrscheinlich die meisten Menschen für jeden Locus heterozygot sind. Beide Allele werden exprimiert, und die Produkte beider Allele finden sich auf allen exprimierenden Zellen. Bei jeder Fortpflanzung kann man bei den Nachkommen vier mögliche Kombinationen der Allele finden. Auch Geschwister unterscheiden sich meist in den MHC-Allelen, die sie exprimieren, wobei eine Chance von eins zu vier besteht, daß eine Person beide Allele mit einem der Geschwister gemeinsam hat. Deshalb ist es schwierig, geeignete Spender für Gewebetransplantationen zu finden.

4.19 Polymorphismus und Polygenie tragen zur Vielfalt der MHC-Moleküle bei, die ein Individuum exprimiert. Die MHC-Gene sind hochpolymorph, so daß jedes Individuum wahrscheinlich heterozygot ist, also zwei verschiedene allele MHC-Moleküle von jedem Locus exprimiert. Unabhängig davon, wie polymorph die Gene sind, kann jedoch kein Individuum mehr als zwei Allele eines bestimmten Gens exprimieren. Die Verdoppelung der MHC-Gene, die zur Polygenie führt, überwindet diese Beschränkung. Polymorphismus und Polygenie schaffen gemeinsam die Vielfalt an MHC-Molekülen, wie man sie sowohl bei einem Individuum und als auch in der Population vorfindet.

Polymorphismus	Polygenie	Polymorphismus und Polygenie
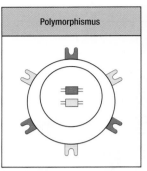	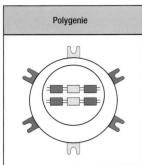	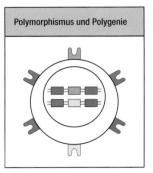

II-Genen produziert ein Mensch im Durchschnitt sechs verschiedene MHC-Klasse-I-Moleküle und acht verschiedene MHC-Klasse-II-Moleküle auf seinen Zellen. Im Fall der MHC-II-Gene kann die Zahl der unterschiedlichen Proteine durch die Kombination von α- und β-Ketten von verschiedenen Chromosomen (so daß aus zwei α-Ketten und zwei β-Ketten vier verschiedene Produkte entstehen) noch weiter erhöht werden.

Alle MHC-Produkte sind mehr oder weniger polymorph, mit Ausnahme der DRα-Kette und der homologen Eα-Kette in der Maus. Diese variieren zwischen verschiedenen Individuen nicht in ihrer Sequenz und sind damit **monomorph**. Das weist möglicherweise auf eine funktionelle Notwendigkeit hin, die eine Variation der DRα- und Eα-Proteine verhindert. Bis jetzt hat man jedoch noch keine derartige Funktion gefunden. Viele Mäuse, domestizierte und wilde, besitzen überhaupt kein Eα-Protein und also auch kein Zelloberflächenmolekül E. Seine Funktion ist also höchstwahrscheinlich nicht von so großer Bedeutung. Alle anderen MHC-Klasse-II- und Klasse-I-Gene sind polymorph.

4.15 Durch die Regulation der Peptidbindung beeinflußt der MHC-Polymorphismus indirekt die Antigenerkennung

Einzelne MHC-Allele können sich durch bis zu 20 Aminosäuren, also sehr deutlich, voneinander unterscheiden. Die meisten dieser Unterschiede liegen auf exponierten Oberflächen der äußeren Domäne des Moleküls, vor allem in der peptidbindenden Furche (Abb. 4.20). Die polymorphen Reste, die sie auskleiden, bestimmen die peptidbindenden Eigenschaften der einzelnen MHC-Moleküle.

Wir haben gesehen, daß Peptide über bestimmte Verankerungsreste an MHC-Klasse-I-Moleküle binden (Abschnitt 4.4). Das sind Aminosäureseitenketten, die in Taschen der peptidbindenden Furche sitzen. Der Polymorphismus der MHC-Klasse-I-Moleküle betrifft die Aminosäuren, die diese Taschen auskleiden und damit ihre Bindungsspezifität. Als Folge davon differieren die Verankerungsreste von Peptiden, die an unterschiedliche allele Varianten binden. Die Gruppe von Verankerungsresten, welche die Bindung an ein bestimmtes MHC-Klasse-I-Molekül erlauben, nennt man **Sequenzmotiv**. Dieses macht es möglich, Peptide innerhalb eines Proteins zu identifizieren, die sich an ein bestimmtes MHC-Molekül anlagern können. Sequenzmotive könnten bei der Entwicklung von Peptidimpfstoffen eine wichtige Rolle spielen (Kapitel 12). Verschiedene allele Varianten von MHC-II-Molekülen binden ebenfalls unterschiedliche Peptide, aber die offenere Struktur der peptidbindenden Furche dieser Moleküle und die

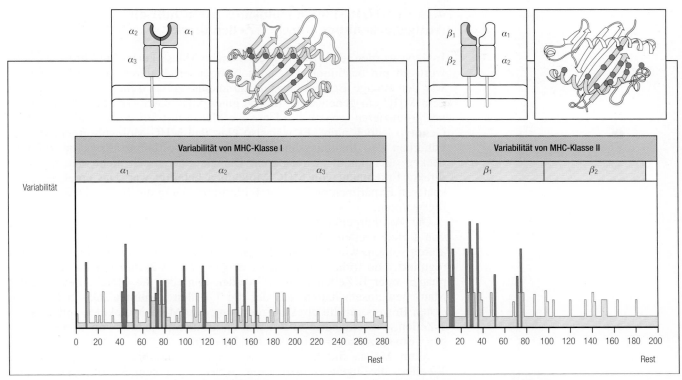

4.20 Allele Variation kommt an bestimmten Stellen in den MHC-Molekülen vor. Variabilitätsplots der MHC-Moleküle zeigen, daß sich die Variation aufgrund von Polymorphismus auf die aminoterminalen Domänen (α_1- und α_2-Domänen der Klasse-I- und vorwiegend die β_1-Domäne der MHC-Klasse-II-Moleküle) beschränkt, die Domänen also, die den peptidbindenden Spalt bilden. Außerdem häuft sich die allele Variabilität an bestimmten Stellen innerhalb der aminoterminalen Domänen. Sie befindet sich an Positionen, die den peptidbindenden Spalt entweder am Boden der Furche auskleiden oder von den Wänden nach innen stehen.

größere Länge der in ihr gebundenen Peptide erlauben eine größere Flexibilität. Es ist daher schwieriger vorherzusagen, welche Peptide an MHC-II-Moleküle binden.

Da unterschiedliche MHC-Moleküle mit jeweils anderen Peptiden in Kontakt treten, müssen die T-Zellen, die auf ein bestimmtes Proteinantigen reagieren, das von verschiedenen MHC-Molekülen präsentiert wird, gewöhnlich verschiedene Peptide erkennen. In seltenen Fällen enthält ein Protein keine Peptide mit einem geeigneten Motiv für eine Bindung an irgendeines der MHC-Moleküle, die auf den Zellen eines Lebewesens exprimiert werden. Dann kann dieses Individuum nicht auf das Antigen reagieren. Über solche Störungen der Immunantwort wurde bei Inzuchttieren bereits berichtet, als die Funktion der MHC-Moleküle noch längst nicht bekannt war. Man bezeichnete sie als Defekte der Immunantwortgene (**Ir-Gen**, *immune response gene*). Sie ließen sich genetisch Genen im MHC zuordnen und waren der erste Hinweis auf die antigenpräsentierende Funktion von MHC-Molekülen. Erst viel später jedoch wurde bewiesen, daß die Ir-Gene MHC-Klasse-II-Moleküle codieren. Ir-Gen-Defekte sind in Inzuchtstämmen von Mäusen häufig, da die Mäuse für alle ihre MHC-Gene homozygot sind und daher nur eine allele Variante jedes Genlocus exprimieren. Normalerweise sorgt der Polymorphismus der MHC-Moleküle für eine genügend große Zahl unterschiedlicher MHC-Moleküle in einem Lebewesen und macht damit diese Art des Immundefekts unwahrscheinlich.

4.16 Der MHC-Polymorphismus beeinflußt die Antigenerkennung durch T-Zellen direkt

Ir-Gene wurden identifiziert, weil manche Mäuse keine Antikörper als Antwort auf ein bestimmtes fremdes Antigen produzieren konnten. Zunächst war der einzige Beweis eines Zusammenhangs zwischen dem Defekt und dem MHC ein genetischer: Mäuse eines MHC-Genotyps konnten Antikörper produzieren, genetisch identische Mäuse mit nur einem anderen MHC-Genotyp jedoch nicht. Es war also klar, daß MHC-Moleküle irgendwie die Fähigkeit des Immunsystems beeinflußten, bestimmte Antigene zur entdecken oder darauf zu reagieren. Damals war jedoch nicht klar, daß eine direkte Erkennung von MHC-Molekülen beteiligt war. Das ergab sich aus späteren Experimenten, die durch die Entdeckung der Ir-Gen-Defekte angeregt wurden.

Die Antikörperantworten der Mäuse waren bekanntermaßen abhängig von T-Helferzellen. Dies führte zu einer Reihe von Experimenten, die aufklären sollten, wie der MHC-Polymorphismus die Antworten von T-Zellen reguliert. Die frühesten Versuche zeigten, daß T-Zellen nur durch Makrophagen oder B-Zellen aktiviert werden konnten, die MHC-Allele mit der Maus gemeinsam hatten, aus der die T-Zellen stammten. Das lieferte den ersten Beweis für die direkte Erkennung von MHC-Molekülen selbst durch T-Zellen. Das eindeutigste Beispiel dafür stammt jedoch von Untersuchungen virusspezifischer cytotoxischer T-Zellen.

Wenn Mäuse mit einem Virus infiziert sind, bilden sie cytotoxische T-Zellen, die eigene Zellen töten, welche von dem Virus befallen sind. Nichtinfizierte Zellen oder solche mit nichtverwandten Viren verschonen sie. Die cytotoxischen T-Zellen sind also virusspezifisch. Das besonders Erstaunliche an diesen Experimenten war jedoch, daß die Spezifität der cytotoxischen T-Zellen auch von dem allelen Polymorphismus der MHC-Moleküle abhing: Cytotoxische T-Zellen, die durch eine virale Infektion in Mäusen des MHC-Genotyps *a* (MHC^a) induziert wurden, töten jede mit dem Virus befallene Zelle dieses Genotyps, jedoch nicht infizierte Zellen des MHC-Typs *b*, *c* und so weiter. Da der MHC-Genotyp die Antigenspezifität von T-Zellen einschränkt, nennt man diesen Effekt **MHC-Abhängigkeit** (**MHC-Restriktion**). Zusammen mit früheren Untersuchungen an B-Zellen und Makrophagen zeigten diese Ergebnisse, daß die MHC-Abhängigkeit ein wesentliches Merkmal der Antigenerkennung durch alle T-Zell-Klassen ist.

Da verschiedene MHC-Moleküle unterschiedliche Peptide binden, ließ sich die MHC-Restriktion bei Reaktionen auf Viren und andere komplexe Antigene allein schon auf diesem indirekten Weg erklären. Aus Abbildung 4.20 geht jedoch hervor, daß einige der polymorphen Aminosäuren der MHC-Moleküle auf den α-Helices liegen, die den peptidbindenden Spalt so flankieren, daß sie sich auf der äußeren Oberfläche des Peptid:MHC-Komplexes befinden. Es ist daher nicht überraschend, daß T-Zellen leicht ein Peptid, das an MHC^a gebunden ist, von dem gleichen Peptid unterscheiden können, das an MHC^b gebunden ist. Die Spezifität der T-Zell-Rezeptoren wird also sowohl vom Peptid als auch vom MHC-Molekül bestimmt, das das Peptid aufnimmt (Abb. 4.21). Möglicherweise ist diese eingeschränkte Erkennung manchmal auf Unterschiede in der Konformation des gebundenen Peptids zurückzuführen, die die verschiedenen MHC-Moleküle bewirken, und nicht auf die direkte Erkennung polymorpher Aminosäuren auf dem MHC-Molekül selbst. Mit anderen Methoden läßt sich jedoch zeigen, daß ein direkter Kontakt des T-Zell-Rezeptors mit polymorphen Resten auf dem MHC-Molekül die Antigenerkennung beeinflußt. Die MHC-Abhängigkeit der Antigenerkennung beruht also auf Unterschieden bei der Peptidbindung und gleichzeitig auf dem direkten Kontakt zwischen MHC-Molekül und T-Zell-Rezeptor.

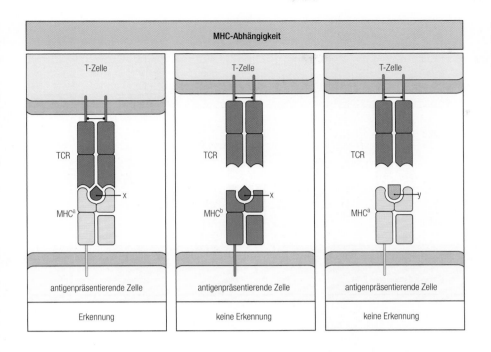

MHC-Abhängigkeit

Erkennung — keine Erkennung — keine Erkennung

4.21 Die T-Zell-Erkennung von Antigenen ist MHC-abhängig. Der antigenspezifische Rezeptor der T-Zellen (TCR) erkennt den Komplex aus antigenem Peptid und MHC. Eine Folge davon ist, daß eine T-Zelle, die spezifisch für Peptid X und ein bestimmtes MHC-Allel MHC^a ist (linke Teilabbildung), den Komplex von Peptid X mit einem anderen MHC-Allel, MHC^b (mittlere Teilabbildung), oder den Komplex von Antigen Y mit MHC^a (rechte Teilabbildung), nicht erkennt. Die gemeinsame Erfassung von Peptid und MHC-Molekül bezeichnet man als MHC-Abhängigkeit oder MHC-Restriktion, da das MHC-Molekül die Fähigkeit der T-Zelle einschränkt, ein Antigen zu erkennen. Diese Beschränkung könnte entweder vom direkten Kontakt zwischen MHC-Molekül und T-Zell-Rezeptor herrühren oder indirekt von einer Wirkung des MHC-Polymorphismus auf die Peptidbindung.

Die Entdeckung der MHC-Restriktion erhellte die physiologische Aufgabe der MHC-Moleküle und erklärte damit auch das ansonsten rätselhafte Phänomen der Nicht-Selbst-MHC-Erkennung bei der Transplantatabstoßung. Darauf kommen wir jetzt gleich kurz zu sprechen, bevor wir uns anderen Folgen des MHC-Polymorphismus zuwenden.

4.17 Nicht-Selbst-MHC-Moleküle werden von ein bis zehn Prozent der T-Zellen erkannt

Verpflanzte Gewebe oder Organe von Spendern mit MHC-Molekülen, die sich von denen des Empfängers unterscheiden, werden immer abgestoßen. Gewebetransplantate können bereits abgestoßen werden, wenn sich MHC-Moleküle in nur einer Aminosäure unterscheiden. Diese schnelle und sehr wirksame zellvermittelte Immunantwort resultiert aus den großen Zahlen von T-Zellen in jedem Individuum, die speziell auf bestimmte Nicht-Selbst- oder **allogene** MHC-Moleküle reagieren. Untersuchungen von T-Zell-Antworten auf allogene MHC-Moleküle mit Hilfe der gemischten Lymphocytenreaktion (Abschnitt 2.24) haben gezeigt, daß ungefähr ein bis zehn Prozent aller T-Zellen eines Lebewesens auf eine allogene Stimulierung ansprechen. Diesen Typ der T-Zell-Antwort bezeichnet man als **Alloreaktivität**, da er die Erkennung von allelen Polymorphismen allogener MHC-Moleküle darstellt.

Bevor man etwas über die Rolle der MHC-Moleküle bei der Antigenpräsentation wußte, verstand man nicht, warum so viele T-Zellen Nicht-Selbst-MHC-Moleküle erkennen sollten. Es gibt ja keinen Grund dafür, daß das Immunsystem eine Verteidigung gegen Gewebetranplantate hätte entwickeln sollen. Inzwischen glaubt man, daß die Alloreaktivität die Kreuzreaktivität von T-Zell-Rezeptoren darstellt, die normalerweise für verschiedene fremde, von Selbst-MHC-Molekülen gebundene Proteine spezifisch sind. Diese Kreuzreaktivität resultiert teilweise aus der Erkennung vieler Peptide, die an Nicht-Selbst-MHC-Moleküle, nicht jedoch an Selbst-MHC-Moleküle gebunden sind, so daß Komplexe entstehen, gegen die die reagierenden T-Zellen daher nicht tolerant sind. Andere alloreaktive T-Zellen ant-

4.22 Zwei Arten kreuzreaktiver Erkennung, die die Alloreaktivität erklären könnten. Eine T-Zelle, die spezifisch für eine Peptid:MHC-Kombination (links) ist, könnte mit Peptiden kreuzreagieren, die andere (allogene) MHC-Moleküle präsentieren. Das könnte auf zwei Arten zustande kommen. Die Peptide, die an das allogene MHC-Molekül gebunden sind, könnten gut zu dem T-Zell-Rezeptor passen und die Bindung erlauben, auch wenn das MHC-Molekül nicht so gut mit dem Rezeptor übereinstimmt (Mitte). Oder das allogene MHC-Molekül paßt vielleicht besser zu dem T-Zell-Rezeptor (TCR) und stellt eine feste Bindung her, die unabhängig von dem Peptid ist, das am MHC-Molekül hängt (rechts).

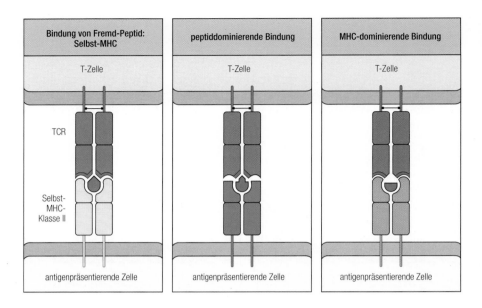

worten aufgrund einer direkten Bindung des T-Zell-Rezeptors an bestimmte Merkmale des Nicht-Selbst-MHC-Moleküls (Abb. 4.22). Im ersten Fall muß das Peptid, das an das Nicht-Selbst-MHC-Molekül gebunden ist, stark mit einem T-Zell-Rezeptor interagieren, der normalerweise spezifisch für ein Selbst-MHC-Molekül ist, das ein anderes antigenes Peptid bindet. Im zweiten Fall ist die Erkennung unabhängig vom Typ des gebundenen Peptids. Der Kontakt von T-Zell-Rezeptoren mit einzigartigen Merkmalen des Nicht-Selbst-MHC-Moleküls erzeugt wegen der hohen Konzentration des Nicht-Selbst-Moleküls an der Oberfläche der präsentierenden Zelle ein starkes Signal. Beide Mechanismen tragen dazu bei, daß viele T-Zellen auf Nicht-Selbst-MHC-Moleküle ansprechen und spiegeln deutlich wider, wie wichtig die Erkennung von MHC-Molekülen im allgemeinen für T-Zell-Rezeptoren ist.

4.18 Der MHC-Polymorphismus erweitert das Spektrum von Antigenen, auf die das Immunsystem reagieren kann

Die meisten polymorphen Gene codieren Proteine, die sich nur in einer oder einigen wenigen Aminosäuren unterscheiden. Wie wir gesehen haben, gibt es bei allelen Varianten der MHC-Proteine Differenzen von bis zu 20 Aminosäuren. Da die Rolle des Immunsystems darin besteht, vor Infektionen zu schützen, müssen wir untersuchen, welchen selektiven Vorteil der ausgeprägte Polymorphismus der MHC-Proteine bietet.

Pathogene verfolgen zwei mögliche Strategien, um einer Immunantwort zu entgehen. Sie können entweder ihrer Entdeckung entgehen oder die Antwort unterdrücken. Die Notwendigkeit der Präsentation durch ein MHC-Molekül eröffnet zwei mögliche Wege für die erste Strategie. MHC-Moleküle können zwar viele verschiedene Peptide aufnehmen, an ein bestimmtes MHC-Molekül binden jedoch nur bestimmte Peptide. Diejenigen, die es nicht tun, sind nicht immunogen. Ein Pathogen würde daher nicht entdeckt, wenn es Mutationen trüge, die aus seinen Proteinen alle Peptide entfernen, die an MHC-Moleküle binden können. Ein Beispiel dafür sind die Verhältnisse in Papua-Neuguinea, wo ungefähr 60 Prozent der Bevölkerung das HLA-A11-Allel tragen. Viele Isolate des Epstein-Barr-Virus aus dieser Bevölkerung tragen Mutationen in einem dominanten Epitop, das von

HLA-A11 präsentiert wird, mit der Folge, daß die veränderten Peptide nicht mehr an HLA-A11 binden und von HLA-A11-abhängigen T-Zellen nicht erkannt werden können. Erheblich schwieriger wird es, wenn es viele verschiedene MHC-Moleküle gibt. Das Vorkommen verschiedener Loci, die funktionell verwandte Proteine codieren, ist möglicherweise eine evolutionäre Anpassung an diese Strategie der Krankheitserreger. Der Polymorphismus an jedem Locus kann die Zahl unterschiedlicher MHC-Moleküle potentiell verdoppeln, die jedes Individuum exprimiert, da die meisten heterozygot sind. Der Polymorphismus bietet den zusätzlichen Vorteil, daß verschiedene Angehörige einer Population sich in den Kombinationen von MHC-Molekülen unterschieden, die sie exprimieren, und deshalb verschiedene Gruppen von Peptiden von jedem Pathogen präsentieren. Das macht es unwahrscheinlich, daß alle gleich anfällig für ein bestimmtes Pathogen sind, und seine Ausbreitung wird begrenzt. Man weiß auch, daß das HLA-B53-Allel eng assoziiert ist mit dem Überleben der ansonsten tödlichen Malaria und daß dieses Allel fast ausschließlich bei Menschen vorkommt, die in Westafrika leben, wo die Malaria endemisch ist. Das läßt stark vermuten, daß Pathogene die Expression bestimmter MHC-Allele selektiv beeinflussen können.

Ähnliche Argumente treffen auf eine zweite Möglichkeit zu, der Erkennung zu entgehen. Wenn Pathogene Mechanismen dafür entwickeln könnten, die Präsentation ihrer Peptide durch MHC-Moleküle zu blockieren, könnten sie der adaptiven Immunantwort ausweichen. Adenoviren codieren ein Protein, das im endoplasmatischen Reticulum an MHC-Klasse-I-Moleküle bindet und ihren Transport an die Zelloberfläche stoppt. So verhindert es die Erkennung viraler Peptide durch CD8-T-Killerzellen. Dieses MHC-bindende Protein muß mit einem polymorphen Bereich des MHC-I-Moleküls interagieren, da einige Allele zurückgehalten werden, andere dagegen nicht. Nimmt die Mannigfaltigkeit von exprimierten MHC-Molekülen zu, reduziert sich daher die Wahrscheinlichkeit, daß ein Pathogen die Präsentation aller Allele blockieren kann und so einer Immunantwort ganz entgeht.

Diese Überlegungen werfen die Frage auf, warum es, wenn es von Vorteil ist, drei, besser noch sechs MHC-Klasse-I-Moleküle zu haben, nicht viel mehr MHC-Klasse-I-Loci gibt? Auf eine befriedigende Antwort müssen wir warten, bis wir die Mechanismen besprechen, durch die das Repertoire der T-Zell-Rezeptoren im Thymus bestimmt wird; das geschieht in Kapitel 6. Kurz gesagt ist es jedoch wahrscheinlich so, daß jedes Mal, wenn ein neues MHC-Molekül dazukommt, alle T-Zellen, die Selbst-Peptide erkennen können, die an dieses Molekül gebunden sind, entfernt werden müssen, um die Selbst-Toleranz zu erhalten. Anscheinend bietet die Anzahl der Loci bei Menschen und Mäusen in etwa einen optimalen Mittelweg zwischen den Vorteilen der Präsentation eines größeren Spektrums fremder Peptide und den Nachteilen einer zunehmenden Präsentation von Selbst-Proteinen und dem damit einhergehenden Verlust von T-Zellen.

4.19 Der MHC-Polymorphismus entsteht durch multiple genetische Vorgänge

Der MHC-Polymorphismus scheint in der Evolution durch starken selektiven Druck entstanden zu sein. Damit es jedoch bei Organismen, die sich so langsam fortpflanzen wie der Mensch, überhaupt zur Selektion kommt, muß es wirksame Mechanismen geben, die eine Variabilität in den MHC-Allelen erzeugen, an der die selektiven Vorgänge ansetzen können. Obwohl man noch nicht genau weiß, wie der Polymorphismus der MHC-Moleküle entsteht, da es sich dabei um ein evolutionäres Problem handelt, das sich im Labor nur schwer untersuchen läßt, ist doch klar, daß mehrere genetische Prozesse zur Entstehung neuer Allele beitragen. Einige beruhen auf

4.23 Eine Genkonversion kann durch Überführen von Sequenzen von einem MHC-Gen zu einem anderen einen Polymorphismus erzeugen. Sequenzen können durch einen Vorgang, den man als Genkonversion bezeichnet, von einem Gen zu einem ähnlichen Gen übertragen werden. Dieser Prozeß kann zwischen zwei Allelen erfolgen oder, wie hier dargestellt, zwischen zwei nahe verwandten, durch Genduplikation in der Evolution entstandenen Genen. Dabei liegen die beiden Gene während der Meiose nebeneinander. Das kann eine Folge falscher Assoziation der beiden Chromosomen sein, wenn viele Kopien ähnlicher Gene hintereinanderliegen – etwa so wie wenn ein Knopf im falschen Knopfloch steckt. Die DNA-Sequenz von einem Chromosom kann dann auf dem anderen kopiert werden, wodurch eine neue Gensequenz entsteht. Auf diese Weise können mehrere Nucleotidänderungen auf einmal in ein Gen eingeschoben werden und eine Reihe von Aminosäureveränderungen zwischen dem neuen Gen und dem ursprünglichen Gen verursachen. Genkonversionen fanden während der Evolution der MHC-Allele viele Male statt.

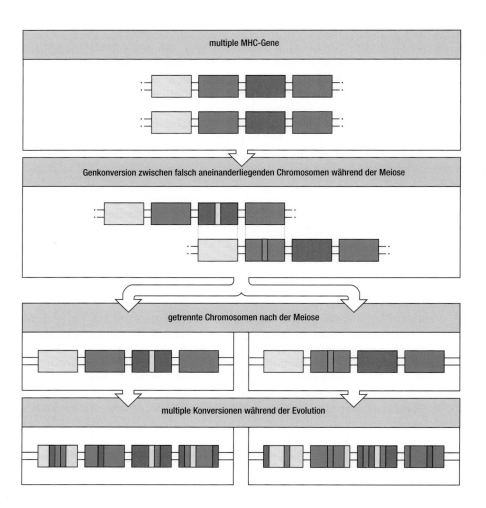

Punktmutationen, viele andere jedoch auf einer Kombination der Sequenzen anderer Allele, entweder durch genetische Rekombination oder durch Genkonversion. Dabei wird eine Sequenz teilweise durch eine andere aus einem homologen Gen ersetzt (Abb. 4.23).

Hinweise auf Genkonversionen stammen aus Untersuchungen der Sequenzen verschiedener Allele von MHC-Proteinen. Dabei zeigte sich, daß an einigen Veränderungen Gruppen mehrerer Aminosäuren beteiligt sind und daß sie vielfache Nucleotidänderungen in einem zusammenhängenden Stück des Gens erfordern. Die gleichen Sequenzen finden sich außerdem in anderen MHC-Genen auf demselben Chromosom. Das ist eine Voraussetzung für Genkonversion.

Rekombinationen zwischen allelen Varianten eines einzelnen Locus sind jedoch für die Entstehung des MHC-Polymorphismus möglicherweise wichtiger als Genkonversionen. Wenn man die Sequenzen von allelen MHC-Varianten vergleicht, sieht man, daß verschiedene Allele das Ergebnis von Rekombinationen zwischen Urallelen darstellen. Wenn man von einer kleinen Gruppe von Urallelen ausgeht, lassen sich die meisten heutigen Allele durch eine oder mehrere Rekombinationen innerhalb polymorpher Exons von MHC-Genen erklären (Abb. 4.24).

Die Auswirkungen des selektiven Druckes zugunsten von Polymorphismen lassen sich aus dem Muster der Punktmutationen in den MHC-Genen eindeutig ablesen. Diese kann man einteilen in echte Austauschsubstitutionen, die eine Aminosäure ändern, oder stumme Substitutionen, die nur das Codon, nicht aber die Aminosäure ändern. Echte Substitutionen lassen sich

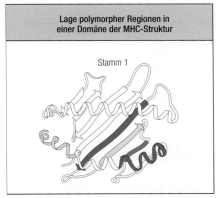

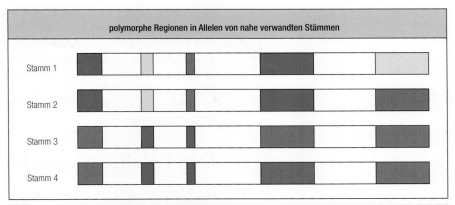

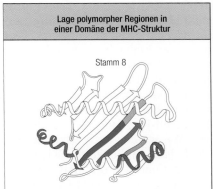

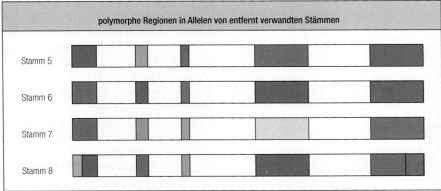

4.24 Eine Rekombination kann durch Umordnung verschiedener polymorpher Regionen neue Allele schaffen. Eine Rekombination unterscheidet sich von einer Genkonversion dadurch, daß die DNA-Segmente zwischen verschiedenen Chromosomen ausgetauscht werden und nicht, wie bei der Genkonversion, so kopiert werden, daß ein Segment Sequenzen in dem anderen ersetzt. Die Analyse einer großen Zahl von MHC-Allelsequenzen hat ergeben, daß das Austauschen von DNA-Segmenten viele Male in der Evolution der MHC-Allele stattgefunden hat. Die variablen Teile der MHC-Domänen entsprechen Struktursegmenten, wie zum Beispiel β-Strängen oder Teilen der α-Helix, wie in den beiden linken Teilabbildungen dargestellt ist. Nahe verwandte Mausstämme besitzen MHC-Gene, bei denen nur ein oder zwei Segmente zwischen Allelen vertauscht sind (oben). Entfernter verwandte Stämme zeigen eine Art Flickwerk, das sich aus der Anhäufung vieler solcher Rekombinationen ergibt (unten).

innerhalb des MHC im Vergleich zu stummen häufiger feststellen, als man erwarten würde. Das ist ein Hinweis darauf, daß Polymorphismen während der Evolution des MHC aktiv selektiert wurden.

Zusammenfassung

Der Haupthistokompatibilitätskomplex besteht aus einer Gruppe gekoppelter genetischer Loci, die viele der Proteine codieren, die an der Zurschaustellung von Antigenen für T-Zellen beteiligt sind. Besonders wichtig sind die MHC-Glykoproteine, die dem T-Zell-Rezeptor Peptide präsentieren. Das herausragendste Merkmal der MHC-Gene ist ihr ausgeprägter Polymorphismus, der für die Antigenerkennung durch T-Zellen von wesentlicher Bedeutung ist. T-Zellen nehmen Antigene als Peptide wahr, die an eine bestimmte allele Variante eines MHC-Moleküls gebunden sind. Sie bemerken dasselbe Peptid jedoch nicht, wenn es mit anderen MHC-Moleküle assoziiert ist. Dieses Verhalten der T-Zellen bezeichnet man als MHC-Abhängigkeit. Die meisten MHC-Allele differieren untereinander aufgrund multipler Aminosäuresubstitutionen. Diese Unterschiede kommen gehäuft an der peptidbindenden Stelle und in benachbarten Regionen vor, die einen direkten Kontakt mit dem T-Zell-Rezeptor eingehen. Mindestens drei Prozesse werden durch den MHC-Polymorphismus beeinflußt: die Bindung von Peptiden als solche, die Konformation des gebundenen Peptids und die direkte Wechselwirkung des MHC-Moleküls mit dem T-Zell-Rezeptor. Wirkungsvolle genetische Mechanismen erzeugen diesen Polymorphismus, und einiges spricht dafür, daß von infektiösen Agentien ein selektiver Druck ausgeht, eine große Vielfalt von MHC-Molekülen in der Bevölkerung aufrechtzuerhalten.

Der T-Zell-Rezeptorkomplex

Die Mechanismen, durch die eine mannigfaltige Gruppe von B-Zell-Rezeptoren durch Rekombination aus einer begrenzten Gruppe von Gensegmenten entsteht, sind so erfolgreich, daß es nicht überrascht, daß der Antigenrezeptor von T-Zellen sie bei homologen Genen ebenfalls einsetzt. Der T-Zell-Antigenrezeptor selbst ähnelt einem membrangebundenen Immunglobulin-Fab-Fragment und befindet sich, wie der Antigenrezeptor der B-Zellen (Abschnitt 3.27), auf der Zelloberfläche. Er ist mit einem Komplex unveränderlicher Proteine assoziiert, die für seine Oberflächenexpression erforderlich sind und eine Rolle bei der Signalübertragung spielen. In diesem Abschnitt werden wir die Struktur der T-Zell-Rezeptorproteine und die Organisation der Rezeptorgene beschreiben. Wir werden auch erfahren, wie sich der T-Zell-Rezeptor trotz der grundsätzlichen Ähnlichkeit in wichtigen Dingen von den Immunglobulinen unterscheidet und wie die MHC-bindenden **Corezeptor**moleküle CD4 und CD8 zur Antigenerkennung beitragen.

4.20 Der T-Zell-Rezeptor ähnelt einem membranassoziierten Immunglobulin-Fab-Fragment

T-Zell-Rezeptoren wurden erstmals identifiziert, als man monoklonale Antikörper gegen einzelne klonierte T-Zell-Linien herstellte (Abschnitt 2.20). Einige dieser Antikörper reagierten nur mit dem immunisierenden Klon, was vermuten ließ, daß sie einen einzigartigen Rezeptor auf der T-Zell-Oberfläche entdeckten. Dies wurde dadurch bestätigt, daß solche **klonotypischen** Antikörper die Antigenerkennung spezifisch hemmen konnten. Man verwendete sie dann, um nachzuweisen, daß jede T-Zelle ungefähr 30 000 T-Zell-Rezeptormoleküle auf ihrer Oberfläche trägt. Jeder Rezeptor besteht aus zwei verschiedenen Polypeptidketten, den sogenannten T-Zell-Rezeptor-α- oder β-Ketten, die miteinander durch eine Disulfidbrücke zu einer Struktur verbunden sind. Diese ist in hohem Maße einem Fab-Fragment eines Immunglobulins homolog (Abb. 4.25). Die α:β-Heterodimere sind für die Antigenerkennung durch alle funktionellen Klassen von T-Zellen verantwortlich, die wir bisher beschrieben haben. Es gibt noch einen weiteren Typ von T-Zell-Rezeptor aus anderen Polypeptidketten, die mit γ und δ bezeichnet werden. Seine Entdeckung kam jedoch unerwartet, und seine funktionelle Bedeutung ist noch nicht klar, wie wir später sehen werden (Abschnitt 4.28).

Obwohl es mit Hilfe von klonotypischen Antikörpern möglich war, die allgemeinen strukturellen Merkmale des α:β-T-Zell-Rezeptors aufzuklären, stammt das meiste, das wir über seine Struktur und Funktion wissen, aus Untersuchungen der DNA, die die Rezeptorketten codiert. Die entsprechenden Gene lagen zunächst als cDNAs vor, die aufgrund ihrer Expression in T-Zellen, jedoch nicht in B-Zellen, isoliert wurden. Da T- und B-Zellen nahe verwandt sind, gibt es relativ wenige solcher cDNAs. Diejenigen, die den T-Zell-Rezeptor codieren, suchte man mit Hilfe von zwei Kriterien. Erstens erwartete man, daß sie möglicherweise von Gensegmenten codiert

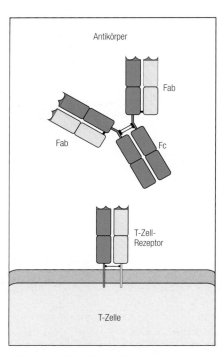

4.25 Der T-Zell-Rezeptor ähnelt einem membrangebundenen Fab-Fragment. Das Fab-Fragment von Antikörpermolekülen ist ein durch Disulfidbrücken verknüpftes Heterodimer. Jede Kette enthält eine konstante Ig-Domäne und eine variable Domäne. Die variablen Domänen bilden die Antigenbindungsstelle. Auch die zwei Ketten des T-Zell-Rezeptors sind durch Disulfidbrücken verknüpft. Ihre beiden Domänen ähneln der konstanten und der variablen Ig-Domäne. Die beiden variablen Regionen bilden die Antigenerkennungsstelle.

werden, die sich nur in T-Zellen umgeordnet hatten. Das zweite Kriterium bestand in der Sequenzhomologie zu Immunglobulinen. So identifizierte man die ersten cDNAs, die α- und β-Ketten von T-Zell-Rezeptoren codieren.

Vorausgehende Untersuchungen von T-Zell-Rezeptoren, die mit Hilfe klonotypischer Antikörper isoliert worden waren, deuteten an, daß sie wie Antikörper variable und konstante Regionen besitzen. Erst die aus den cDNAs abgeleitete Aminosäuresequenz des T-Zell-Rezeptors bewies jedoch eindeutig, daß beide Ketten des Rezeptors eine aminoterminale variable Domäne mit Homologie zu V-Regionen von Immunglobulinen besitzen sowie eine konstante Domäne mit Homologie zu C-Regionen von Immunglobulinen und eine kurze Gelenkdomäne mit einem Cysteinrest für die Disulfidbrücke zwischen den Ketten (Abb. 4.26). Jede Kette durchdringt die Lipiddoppelschicht mit einer hydrophoben Transmembrandomäne, deren besonderes Merkmal positiv geladene Aminosäuren sind. Das Vorkommen solcher geladener Reste in Transmembrandomänen ist ungewöhnlich und führt normalerweise zu ihrer Destabilisierung. Wir werden später sehen, daß diese geladenen Reste eine wichtige Rolle bei der Wechselwirkung der T-Zell-Rezeptorketten mit entsprechend geladenen Polypeptiden, die man als CD3γ, δ und ε bezeichnet, spielen. Diese besitzen Homologien mit den Ig-α-und Ig-β-Proteinen des B-Zell-Rezeptors. Schließlich endet jede Kette mit einer kurzen, geladenen cytoplasmatischen Domäne.

Die V-ähnlichen Domänen umfassen V-, D- und J-artige Elemente in der β-Kette und V- und J-artige Elemente in der α-Kette. Gerade diese großen Übereinstimmungen der T-Zell-Rezeptorketten mit den schweren und leichten Immunglobulinketten haben zu dem Schluß geführt, daß T-Zell-Rezeptorproteine einem Immunglobulin-Fab-Fragment stark ähneln müssen, obwohl man die Struktur des T-Zell-Rezeptors noch nicht direkt bestimmt hat. T-Zell-Rezeptoren unterscheiden sich von B-Zell-Rezeptoren darin, daß der T-Zell-Rezeptor monovalent ist, während Immunglobuline bivalent sind. Außerdem wird der T-Zell-Rezeptor nicht sezerniert, während Immunglobuline bei einer B-Zell-Aktivierung sezerniert werden können (Abb. 3.38).

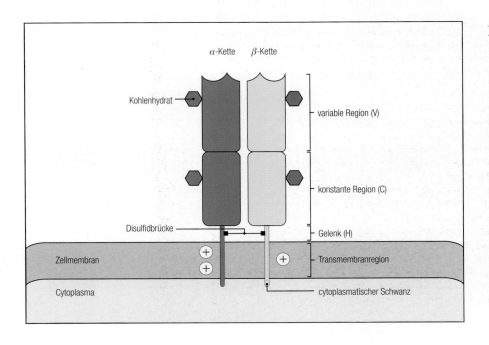

4.26 Strukturelle Einzelheiten des T-Zell-Rezeptors. Das T-Zell-Rezeptor-Heterodimer besteht aus zwei Transmembranglykoproteinketten namens α und β. Der äußere Teil jeder Kette besteht aus zwei Domänen, die den variablen beziehungsweise konstanten Immunglobulindomänen ähneln. Beide Ketten weisen an jeder Domäne Kohlenhydratseitenketten auf. Ein kurzes Segment, analog dem Immunglobulingelenk, verbindet die immunglobulinartigen Domänen mit der Membran und enthält das Cystein, das an der Disulfidbrücke zwischen den Ketten beteiligt ist. Die Transmembranhelices beider Ketten sind insofern ungewöhnlich, als sie positiv geladene Reste innerhalb des hydrophoben Transmembransegments enthalten. Die α-Ketten besitzen zwei solcher Reste, die β-Ketten einen.

Figure labels: α-Kette, β-Kette, Kohlenhydrat, variable Region (V), konstante Region (C), Disulfidbrücke, Gelenk (H), Zellmembran, Transmembranregion, Cytoplasma, cytoplasmatischer Schwanz

4.21 Die T-Zell-Rezeptorgene ähneln denen der Immunglobuline

Die Organisation der Gensegmente, die die T-Zell-Rezeptor-α- und β-Ketten codieren, entspricht im großen und ganzen derjenigen der Immunglobulingensegmente (Abb. 4.27, zum Vergleich siehe Abschnitte 3.11 und 3.12). Die α-Ketten werden wie die leichten Ketten aus V- und J-Gensegmenten zusammengebaut, obwohl die Gene der α-Ketten viel mehr J-Segmente haben. 50 J_α-Gensegmente sind auf ungefähr 80 kb DNA verteilt, während Gene von leichten Immunglobulinketten nur vier J-Gensegmente besitzen. Wir werden später sehen, daß das wichtige Folgen für die Antigenerkennung durch den T-Zell-Rezeptor hat. Die β-Ketten-Gene haben wie die der schweren Immunglobulinketten zusätzlich zu den V- und J-Segmenten noch D-Segmente.

Wie die Immunglobulingene in B-Zellen ordnen sich die Rezeptorgensegmente in T-Zellen zu vollständigen V-Domänen-Exons um (Abb. 4.28). Sie sind von heptameren und nonameren Rekombinationssignalen flankiert, die homolog zu denen in Immunglobulingenen sind (Abschnitt 3.14) und von den gleichen Enzymen erkannt werden. Defekte in drei verschiedenen Genen, die die Umstrukturierung regulieren, beeinträchtigen T- und B-Zell-Rezeptorgene gleichermaßen, und Tiere mit diesen genetischen Defekten haben überhaupt keine funktionellen Lymphocyten. Ein weiteres gemeinsames Merkmal der Umordnung von Immunglobulingenen und T-Zell-Rezeptorgenen ist das Vorhandensein von P- und N-Nucleotiden in den Verbindungsstücken zwischen den V-, D- und J-Gensegmenten der β-Kette. Allerdings werden bei T-Zellen im Gegensatz zu den Genen für leichte Ketten P- und N-Nucleotide auch zwischen den V- und J-Segmenten der α-Ketten eingefügt.

Die Hauptunterschiede zwischen den Immunglobulingenen und denen, die den T-Zell-Rezeptor codieren, beruhen auf der Tatsache, daß alle Effektorfunktionen von B-Zellen auf sezernierten Antikörpern beruhen, deren verschiedene Isotypen unterschiedliche Wirkungsmechanismen auslösen, während die Effektorfunktionen von T-Zellen auf Zell-Zell-Kontakten beruhen und nicht direkt vom T-Zell-Rezeptor vermittelt werden, der nur der Antigenerkennung dient. Die Gene für die konstanten Bereiche des T-Zell-Rezeptors sind daher viel einfacher als die von Antikörpern: Es gibt nur ein C_α-Gen, und obwohl es zwei C_β-Gene gibt, kennt man keine Unterschiede zwischen ihren Produkten. Die C-Gene des T-Zell-Rezeptors codieren außerdem nur ein Transmembranpolypeptid: Es gibt keine Exons, die eine alternative sezernierte Form codieren.

4.27 Die Organisation der Gene für die α- und β-Kette des T-Zell-Rezeptors der Maus. Die Anordnung der Gensegmente ähnelt derjenigen der Immunglobuline. Es gibt getrennte V-, D-, J- und C-Gensegmente. Das α-Ketten-Gen besteht aus über hundert variablen Segmenten. Jedes enthält ein Exon für eine V-Region, dem ein anderes Exon voransteht, das eine Leader-Sequenz (L) codiert, die das Protein für den Transport an die Zelloberfläche ins ER dirigiert. Eine Gruppe von ungefähr 50 J-Segmenten liegt in beträchtlicher Entfernung von den V-Segmenten. Den J-Segmenten folgt ein einzelnes Segment für die konstanten Bereiche, das getrennte Exons für die konstante und die Gelenkregion sowie ein einziges Exon für die Transmembran- und Cytoplasmaregionen enthält. Das β-Ketten-Gen ist anders aufgebaut. Es gibt eine Gruppe von ungefähr 30 V-Segmenten, die in einiger Entfernung von zwei getrennten Clustern liegen, die jeweils ein einzelnes D-Segment und sechs J-Segmente (eines ist ein Pseudogen) sowie ein einzelnes C-Segment enthalten. Jedes konstante Segment der β-Kette besitzt separate Exons für die konstante, die Gelenk-, die Transmembran- und die Cytoplasmaregion.

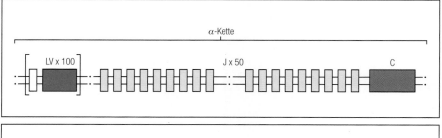

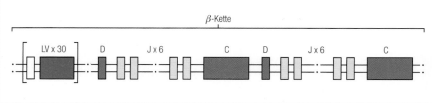

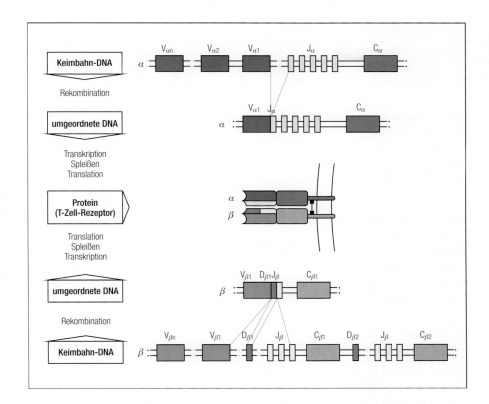

4.28 Umordnung und Expression der Gene für die α- und β-Ketten des T-Zell-Rezeptors. Die Gene für die α- und β-Ketten des T-Zell-Rezeptors (TCR) bestehen aus getrennten Segmenten, die während der Entwicklung der T-Zelle durch somatische Rekombination verknüpft werden, ähnlich wie es bei den Immunglobulingenen geschieht. Für die α-Kette gelangt ein V_α-Gensegment neben ein J_α-Gensegment und damit entsteht ein funktionelles Exon. Transkription und Spleißen des VJ_α-Exons an C_α bilden die mRNA, die zum TCR-α-Kettenprotein translatiert wird. Für die β-Kette ist die variable Domäne wie bei schweren Immunglobulinketten (Kapitel 3) in drei Gensegmenten codiert, V_β, D_β und J_β. Die Umordnung dieser Gensegmente schafft ein funktionelles Exon, das transkribiert und an C_β gespleißt wird. Die entstandene mRNA wird zum T-Zell-Rezeptor-β-Kettenprotein translatiert. Die α- und β-Ketten verbinden sich bald nach ihrer Biosynthese zum α:β-T-Zell-Rezeptor-Heterodimer.

4.22 Die Vielfalt des T-Zell-Rezeptors konzentriert sich in CDR3

Genauso wie das Fehlen einer sezernierten Form des T-Zell-Rezeptors die Notwendigkeit widerspiegelt, daß die Erkennung durch T-Zellen auf die Zelloberfläche gerichtet sein muß, so sollten das Ausmaß und das Muster der Vielfalt von T-Zell-Rezeptoren und Immunglobulinen die unterschiedliche Art ihrer Liganden reflektieren. Während sich Antikörpermoleküle an die Oberfläche einer fast unendlichen Vielfalt verschiedener Antigene anpassen müssen, ist der Ligand für den T-Zell-Rezeptor immer ein MHC-Molekül und wird daher eine relativ gleichbleibende Struktur haben. Der Großteil der Variabilität sollte auf das antigene Peptid abzielen, das das Zentrum der Kontaktfläche einnimmt.

Die dreidimensionale Struktur des T-Zell-Rezeptors ist noch nicht bekannt, aber sie wird aufgrund seiner Ähnlichkeit in Sequenz, Funktion und Genstruktur mit an Sicherheit grenzender Wahrscheinlichkeit stark mit der eines Antikörpers übereinstimmen. Die CDR3-Schleifen der α- und β-Ketten des T-Zell-Rezeptors sollten erwartungsgemäß das Zentrum der Antigenbindungsstelle bilden, wie das auch bei Antikörpern der Fall ist. Die Peripherie dieser Stelle besteht vermutlich aus dem Äquivalent der CDR1- und CDR2-Schleifen, die in den V-Gensegmenten der Keimbahn für die α- und β-Ketten codiert sind. Indem man vergleicht, worauf die Vielfalt bei Immunglobulin- und T-Zell-Rezeptorgenen beruht, kann man also feststellen, ob die Verteilung der Variabilität in den beiden Rezeptortypen die oben gemachten Voraussagen bestätigt.

T-Zell-Rezeptorgene besitzen viel weniger V-Gensegmente als Immunglobuline (Abb. 4.29). Die Vielfalt in der Peripherie der antigenbindenden Stelle eines Antikörpers, die die CDR1- und CDR2-Schleifen umfaßt, wird also weit größer sein als beim T-Zell-Rezeptor. Dessen Gene haben dagegen viel mehr J-Segmente. Außerdem gibt es zwar nur zwei D_β-Genseg-

4.29 Die Anzahl der T-Zell-Rezeptor-gensegmente und die Ursachen der T-Zell-Rezeptorvielfalt im Vergleich zu denen der Immunglobuline.

Element	Immunglobulin		α:β-Rezeptoren	
	H	κ	α	β
V-Segmente	250–1000	250	100	30
D-Segmente	10	0	0	2
D-Segmente, in drei Rastern gelesen	selten	–	–	oft
J-Segmente	4	4	50	12
Nahtstellen mit N- und P-Nucleotiden	2	0	1	2
Anzahl der V-Genpaare	62 500 – 250 000		3000	
Verbindungsvielfalt	~10^{11}		~10^{13}	
Gesamtvielfalt	~10^{16}		~10^{16}	

mente. Diese können jedoch in allen drei Leserastern gelesen werden, im Gegensatz zu denen der schweren Immunglobulinketten, bei denen mindestens ein Raster ein vorzeitiges Stopcodon enthält. Die große Anzahl von J-Gensegmenten steigert die Vielfalt nur in CDR3-Schleifen. Einen vielleicht noch größeren Beitrag zur Mannigfaltigkeit in diesen Schleifen des T-Zell-Rezeptors leisten N-Nucleotide, die in die Verbindungen zwischen

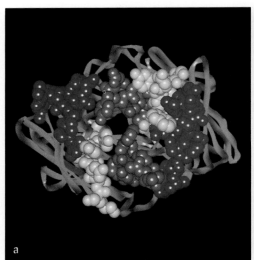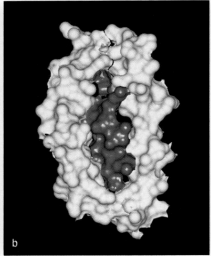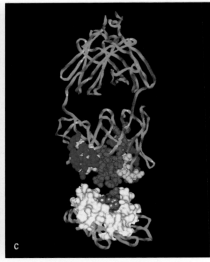

4.30 Die Variabilität des T-Zell-Rezeptors komplementiert diejenige im Peptid:MHC-Komplex. Die Vorstellungen über die Konformation der Antigenbindungsstelle des T-Zell-Rezeptors (a) stützen sich auf die Annahme, daß die variablen Domänen des T-Zell-Rezeptors den variablen Immunglobulindomänen ähneln. Die antigenbindende Stelle besteht aus den Schleifen CDR1 (gelb), CDR2 (dunkelblau) und CDR3 (pink) der α- und β-Ketten des T-Zell-Rezeptors und erstreckt sich über ein großes Oberflächenareal an einem Ende des Moleküls. Die Vielfalt der T-Zell-Rezeptoren konzentriert sich auf die CDR3-Schleifen, die im Zentrum der antigenbindenden Stelle liegen. Die CDR1- und CDR2-Schleifen, welche die Peripherie der Bindungsstelle bilden, zeigen weniger Veränderlichkeit. Der variabelste Teil eines Peptidantigen: MHC-Komplexes (b) ist das Peptid (rot), das sich im Spalt zwischen den α-Helices des MHC-Moleküls (weiß) anheftet. Es ist wahrscheinlich, daß der T-Zell-Rezeptor an den Antigenpeptid: MHC-Komplex so bindet (c), daß die am wenigsten variablen Teile der T-Zell-Rezeptorbindungsstelle, also die CDR1- und CDR2-Schleifen, in Kontakt mit den α-Helices des MHC-Moleküls treten, die CDR3-Schleifen dagegen mit dem Peptidantigen. (Photos: C. Thorpe.)

Gensegmenten sowohl von α- als auch von β-Ketten eingeführt werden, während nur die schweren Immunglobulinketten N-Nucleotide aufweisen.

Wenn man die Ursachen der Vielfalt in T-Zell-Rezeptoren mit der in Immunglobulinen vergleicht, wird klar, daß die höchste Variabilität bei T-Zell-Rezeptoren innerhalb der Verbindungsregionen zu finden ist, codiert durch D-, J- und N-Nucleotide. Dieser Bereich codiert in Immunglobulinen die CDR3-Schleifen, die das Zentrum der antigenbindenden Stelle bilden. Wenn man davon ausgeht, daß sich der T-Zell-Rezeptor ähnlich verhält, sollte sein Zentrum im Gegensatz zur Peripherie hochvariabel sein. Wenn man also die vorgeschlagene Struktur des T-Zell-Rezeptors mit seinen Liganden überlagert, so befindet sich sein variabelster Teil über dem variabelsten Teil des Liganden, dem gebundenen fremden Peptid (Abb. 4.30). Der Rand des Rezeptors, der sich hauptsächlich aus CDR1- und CDR2-Schleifen der α- und β-V-Domänen zusammensetzt, tritt in Kontakt mit der Peripherie des Liganden. Diese umfaßt vor allem Aminosäuren der α-Helices der beiden äußeren MHC-Domänen. Schließlich wird die unterschiedliche Verteilung der Variabilität in T-Zell-Rezeptoren und Immunglobulinen durch das Fehlen von somatischen Hypermutationen in T-Zellen noch zusätzlich unterstrichen.

4.23 Die Vielfalt wird bei T-Zell-Rezeptoren nicht durch somatische Hypermutationen gesteigert

Als wir in Abschnitt 3.18 die Entstehung der Antikörpervielfalt erläuterten, haben wir gesehen, daß somatische Hypermutationen die Mannigfaltigkeit aller drei komplementaritätsbestimmenden Regionen beider Immunglobulinketten erhöhen. Bei T-Zell-Rezeptorgenen gibt es sie nicht, so daß die Variabilität der CDR1- und CDR2-Regionen auf die der V-Gensegmente der Keimbahn beschränkt ist. Der Hauptanteil der Vielfalt von T-Zell-Rezeptoren entsteht also durch Genumordnung und konzentriert sich auf die CDR3-Regionen.

Warum sich T-Zell- und B-Zell-Rezeptoren in ihrer Fähigkeit, somatischen Hypermutationen zu unterliegen, unterscheiden, ist noch unklar. Aufgrund ihrer unterschiedlichen Funktion kann man jedoch einige Erklärungen vorschlagen. Da T-Zellen bei der Stimulierung sowohl der humoralen als auch der zellulären Immunantwort eine zentrale Rolle spielen, ist es von wesentlicher Bedeutung, dürfen sie nicht mit Selbst-Proteinen reagieren. T-Zellen, die Selbst-Antigene erkennen, werden während der Entwicklung rigoros vernichtet (Kapitel 6). Das Fehlen somatischer Hypermutationen hilft sicherzustellen, daß somatische Mutanten, die Selbst-Proteine erkennen, nicht später im Verlauf von Immunantworten entstehen. Diese Beschränkungen gelten nicht im gleichen Ausmaß für die Rezeptoren der B-Zellen, da diese normalerweise T-Zellen brauchen, um Antikörper sezernieren zu können. Eine B-Zelle, deren Rezeptor zu einem selbstreaktiven mutiert, wird unter normalen Umständen keine Antikörper erzeugen können, da es keine selbstreaktiven T-Zellen gibt, die ihm helfen. Ein weiteres Argument könnte sein, daß T-Zellen bereits mit einer Selbst-Komponente interagieren, nämlich dem MHC-Molekül, das einen Teil des Liganden für den Rezeptor darstellt, und daher ungewöhnlich anfällig für die Entwicklung der Fähigkeit von Selbst-Erkennung durch somatische Hypermutationen wären. In diesem Fall ließe sich auch umgekehrt argumentieren: Weil T-Zell-Rezeptoren Selbst-MHC-Moleküle als Teil ihrer Liganden erkennen können müssen, ist es wichtig, somatische Hypermutationen zu vermeiden, da sie zum Verlust der Erkennung und damit der Fähigkeit zu reagieren führen würden. Die wahrscheinlichste Erklärung für diesen Unterschied zwischen Immunglobulinen und T-Zell-Rezeptoren jedoch ist einfach die, daß somatische Hypermutationen eine adaptive Spezialisierung von B-Zellen darstellen, da diese hochaffine Antikörper machen müssen, um Toxinmoleküle in den extrazellulären Flüssigkeiten abzufangen. In Kapitel 9 werden wir sehen, daß sie dies durch somatische Hypermutation und nachfolgende Selektion auf Antigenbindung hin bewerkstelligen.

4.24 Viele T-Zellen reagieren auf „Superantigene"

Nicht alle Antigene, die an MHC-Klasse-II-Moleküle binden, werden als Peptid in der entsprechenden Furche präsentiert. Einige gehören zu einer eigenen Klasse, den sogenannten **Superantigenen**, die auf andere Art binden. Dies befähigt sie, sehr viele T-Zellen zu stimulieren, und das oft mit katastrophalen Folgen. Superantigene werden von vielen verschiedenen Pathogenen produziert, darunter Bakterien, Mykoplasmen und Viren, und binden direkt ohne Verarbeitung an MHC-Moleküle. Die Spaltung eines Superantigens zerstört sogar seine biologische Aktivität. Anstatt in der Furche des MHC-Moleküls binden Superantigene an die seitliche Oberfläche sowohl des MHC-II-Moleküls als auch der V_β-Region des T-Zell-Rezeptors (Abb. 4.31). Die V-Region der α-Kette und die DJ-Verbindung der β-Kette haben also wenig Einfluß auf die Erkennung des Superantigens. Jedes Superantigen kann sich an eine oder mehrere der verschiedenen V_β-Regionen anheften, von denen es bei Mäusen und Menschen 20 bis 50 gibt; ein Superantigen kann also zwei bis 20 Prozent aller T-Zellen stimulieren.

Diese Art der Anregung ist nicht spezifisch für das Pathogen und führt nicht zur adaptiven Immunität, sondern zur massiven Produktion von Cytokinen durch CD4-T-Zellen, die hauptsächlich auf die Superantigene reagieren. Die Cytokine haben zwei Wirkungen auf den Wirt, nämlich systemische Toxizität und Unterdrückung der adaptiven Immunantwort. Beide Effekte tragen zur mikrobiellen Pathogenität bei. Zu den bakteriellen Superantigenen gehören die **Staphylokokken-Enterotoxine (SE)**, die die gewöhnliche Nahrungsmittelvergiftung verursachen, und das ***toxic shock syndrome toxin*** (**TSST**).

Die Rolle der viralen Superantigene ist weniger klar. Sie sind bei Mäusen sehr häufig, und wir werden in Kapitel 6 sehen, daß die Untersuchung dieser Superantigene eine wesentliche Rolle bei der Aufklärung eines der wichtigen Mechanismen der Selbst-Toleranz gespielt haben.

4.25 Der T-Zell-Rezeptor assoziiert sich mit den invarianten Proteinen des CD3-Komplexes

Keine der Ketten des T-Zell-Rezeptorheterodimers besitzt eine große cytoplasmatische Domäne, die dazu dienen könnte, der Zelle zu signalisieren, daß der T-Zell-Rezeptor ein Antigen gebunden hat. Diese Funktion wird statt dessen von einem Komplex von Proteinen übernommen, die zusammen als **CD3** bezeichnet werden und die fest mit dem T-Zell-Rezeptor auf der Oberfläche der T-Zellen assoziiert sind. Der Komplex besteht aus drei verschiedenen Proteinen mit einiger Homologie zu den Immunglobulinen und zwei weiteren Proteinen ohne eine solche Homologie, die aber eng miteinander verwandt sind (Abb. 4.32). Im Gegensatz zum Heterodimer des T-Zell-Rezeptors haben die CD3-Proteine cytoplasmatische Ausläufer, mit denen sie mit signalübertragenden Proteinen interagieren können. Die Proteine mit Sequenzhomologien zu den Immunglobulinen werden als CD3γ, CD3δ und CD3ε bezeichnet. Abbildung 4.32 zeigt die grobe Struktur der CD3-Proteine. Diese bestehen wie Igα und Igβ aus extrazellulären Domänen mit schwacher Aminosäurehomologie zu Immunglobulindomänen, einer Transmembranregion und bescheidene cytoplasmatischen

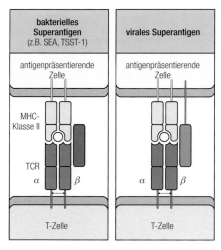

4.31 Superantigene binden direkt an T-Zell-Rezeptoren (TCR) und MHC-Moleküle. Superantigene interagieren mit MHC-Klasse-II-Molekülen und T-Zell-Rezeptoren ganz anders als normale Peptidantigene. Sie können unabhängig an MHC-Klasse-II-Moleküle und T-Zell-Rezeptoren binden, indem sie sich weit entfernt von der komplementaritätsbestimmenden Region an die β-Kette des T-Zell-Rezeptors sowie weit entfernt von der peptidbindenden Furche an die Außenseite des MHC-Klasse-II-Moleküls anlagern. Es ist noch nicht ganz klar, ob die Superantigene an die α- oder die β-Kette des MHC-Moleküls binden oder an beide. Bisher kennt man zwei verschiedene Klassen von Superantigenen: Superantigene wie die Staphylokokken-Enterotoxine (SEs) oder das toxische Schocksyndromtoxin (TSST-1) sind lösliche Proteine, die Bakterien sezernieren. Die sogenannten endogenen Superantigene sind Proteine, die einige Viren exprimieren, die Säugerzellen infizieren und sich dort in die DNA integrieren. Die am besten charakterisierten viralen Superantigene sind Membranproteine endogener Mausviren, vor allem des murinen Mammatumorvirus MMTV.

Domänen. Charakteristisch für die Transmembrandomänen ist ein negativ geladener Rest an einer Stelle, von der aus er eine Salzbindung mit den positiv geladenen Aminosäuren in der Transmembranregion des T-Zell-Rezeptors bilden kann. Die cytoplasmatischen Domänen enthalten Sequenzen, die es ihnen ermöglichen, sich mit cytosolischen Tyrosinkinasen zu assoziieren. Die Gene, die CD3γ, δ und ε codieren, sind im Genom eng gekoppelt, und ihre Expression erfolgt koordiniert.

Die beiden anderen Proteine, ζ und η, sind auch Teil dieses Komplexes, und zwar entweder als ζ:ζ- oder als ζ:η-Dimere, die durch eine Disulfidbrücke verbunden sind. Ungefähr 80 Prozent der T-Zell-Rezeptoren an der Zelloberfläche assoziieren sich mit einem ζ:ζ-Dimer, der Rest enthält ein ζ:η-Dimer. Es ist nicht bekannt, ob funktionelle Unterschiede zwischen den beiden Formen bestehen. Im Gegensatz zu den anderen CD3-Ketten ragen weder die ζ- noch die η-Polypeptide weit aus der Zelle heraus. Der Hauptanteil ihrer Polypeptidketten liegt im Cytoplasma. Abbildung 4.32 zeigt die grobe Struktur von ζ. Die η-Kette entsteht durch alternatives Spleißen des RNA-Transkripts der ζ-Kette zu einem Protein mit einer anderen carboxyterminalen Domäne. Die ζ-Kette enthält Sequenzen, die ihr die Wechselwirkung mit cytosolischen Tyrosinkinasen ermöglichen, und ist selbst Objekt von Tyrosinphosphorylierungen.

Die CD3-Proteine sind auch für die Expression des T-Zell-Rezeptors auf der Zelloberfläche erforderlich (Abb. 4.33). Mutierte Zellen, denen entweder die T-Zell-Rezeptorketten oder eine der γ-, δ- oder η-Ketten des CD3-Komplexes fehlen, können keine Bestandteile des Komplexes auf der Zelloberfläche exprimieren. Die Interaktion zwischen den entgegengesetzt geladenen Resten im T-Zell-Rezeptor und in den Transmembrandomänen von CD3 (Abb. 4.32) scheint für den Zusammenbau des Komplexes und seinen Transport zur Zelloberfläche notwendig zu sein. Zellmutanten, denen die ζ-Ketten fehlen, exprimieren erheblich weniger T-Zell-Rezeptoren auf der Zelloberfläche. Das läßt vermuten, daß die ζ-Kette eine wichtige, aber nicht unerläßliche Rolle beim Transport spielt.

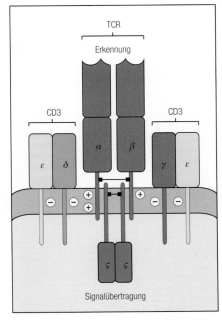

4.32 Skizze des T-Zell-Rezeptor: CD3-Komplexes. Der Rezeptor für Antigene auf der Oberfläche der T-Zellen besteht aus sieben Polypeptidketten. Zwei davon sind die über Disulfidbrücken verbundenen Ketten des T-Zell-Rezeptors, der das Antigen erkennt (TCR). Die anderen fünf Ketten, die man gemeinsam als CD3 bezeichnet, signalisieren ins Innere der Zelle, daß eine Antigenbindung stattgefunden hat. Diese Ketten werden koordiniert an der T-Zell-Oberfläche exprimiert.

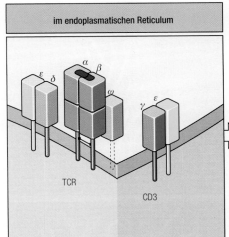

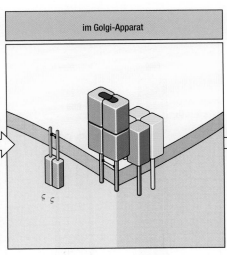

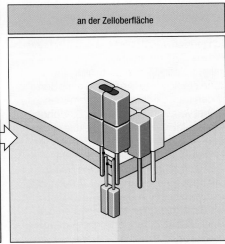

4.33 Die Assoziation des T-Zell-Rezeptors (TCR) mit den CD3-Proteinen ist notwendig für die Expression des Komplexes auf der Zelloberfläche. Der Transport des T-Zell-Rezeptors und der CD3-Proteine an die Zelloberfläche erfordert eine Reihe von Arbeitsschritten in der Zelle. Die α- und β-Ketten des T-Zell-Rezeptors assoziieren im endoplasmatischen Reticulum zunächst mit einem Protein namens ω. Ebenfalls im endoplasmatischen Reticulum lagern sich Dimere der γ- und ε-sowie der δ- und ε-CD3-Ketten zusammen. Diese drei separaten Komplexe werden zum Golgi-Apparat transportiert, wo die Bindung der γ:ε- und δ:ε-CD3-Heterodimere die ω-Kette vom α:β-TCR-Heterodimer verdrängt. Der entstehende αβγδε-Komplex wird erst an die Zelloberfläche transportiert, wenn er entweder ein ζζ-CD3-Homodimer oder ein ζ:η-CD3-Heterodimer bindet. Die αβγδε-Komplexe, welche die ζ-Kettendimere nicht binden, werden in der Zelle abgebaut. Das ist bei ungefähr 80 Prozent der T-Zell-Rezeptormoleküle, die die Zelle synthetisiert, der Fall.

4.26 Die Corezeptormoleküle CD4 und CD8 kooperieren bei der Antigenerkennung mit dem T-Zell-Rezeptor

Wie wir gesehen haben, gibt es zwei wichtige Untergruppen von T-Zellen, die verschiedene Klassen der MHC-Moleküle erkennen, die unterschiedliche Effektorfunktionen haben und die sich durch die Zelloberflächenproteine CD4 und CD8 unterscheiden lassen. Diese kannte man bereits einige Zeit als Kennzeichen für unterschiedliche funktionelle Gruppen von T-Zellen, bevor klar wurde, daß sie eine wichtige Rolle bei der differentiellen Erkennung von MHC-Klasse-II- und Klasse-I-Molekülen spielen. Man weiß inzwischen, daß CD4 an unveränderliche Teile des MHC-II-Moleküls und CD8 an unveränderliche Teile des MHC-I-Moleküls bindet. Während der Antigenerkennung assoziieren sich CD4- und CD8-Moleküle auf der T-Zell-Oberfläche mit Komponenten des T-Zell-Rezeptors. Aus diesem Grund bezeichnet man sie als **Corezeptoren.**

CD4 ist ein einzelkettiges Molekül aus vier immunglobulinartigen Domänen (Abb. 4.34). Die ersten beiden Domänen (D_1 und D_2) des CD4-Moleküls sind fest zu einem starren Stab von eine Länge von ungefähr 60 Å zusammengepackt. Man nimmt an, daß er über ein flexibles Gelenk mit einem ähnlichen Stab aus der dritten und vierten Domäne (D_3 und D_4) verbunden ist. Die cytoplasmatische Domäne interagiert stark mit einer cytoplasmatischen Tyrosinkinase namens lck oder p56[lck], die das CD4-Molekül befähigt, sich an der Signalübertragung zu beteiligen. CD4 heftet sich an MHC-Klasse-II-Moleküle hauptsächlich über die seitliche Oberfläche der ersten Domäne an. Man vermutet jedoch, daß auch Reste in der zweiten Domäne beteiligt sein könnten. Die CD4-Bindung an MHC-II an sich ist schwach, und es ist nicht klar, ob diese Interaktion ins Innere der T-Zelle übermittelt wird. Da CD4 an eine Stelle der β_2-Domäne des MHC-II-Moleküls bindet, die recht weit entfernt ist von der Stelle, wo der T-Zell-Rezeptor bindet (Abb. 4.35), können das CD4-Molekül und der T-Zell-Rezeptor mit demselben Peptid:MHC-II-Komplex reagieren. Da sie das unabhängig voneinander tun, kommen diese Strukturen nur während der Antigenerkennung zusammen, wo sie bei der Signalübermittlung synergi-

4.34 Skizzen der CD4- und CD8-Molekülstrukturen. Das CD4-Molekül (a) liegt als Monomer vor und enthält vier immunglobulinartige Domänen. Die Kristallstruktur der ersten beiden Domänen des menschlichen CD4 ist bereits aufgeklärt und in b dargestellt. Die aminoterminale Domäne, D_1 (weiß) besitzt eine ähnliche Struktur wie eine variable Immunglobulindomäne. Die zweite Domäne D_2 (violett) ist zwar deutlich verwandt mit den Immunglobulindomänen, unterscheidet sich jedoch von V- und C-Domänen und wird als C_2-Domäne bezeichnet. Die ersten beiden Domänen bilden eine starre stabförmige Struktur, die mit den beiden carboxyterminalen Domänen flexibel verbunden ist. An der Bindungsstelle für MHC-Klasse-II-Moleküle sind vermutlich sowohl die D_1- also auch die D_2-Domänen von CD4 beteiligt. Das CD8-Corezeptormolekül ist ein Heterodimer aus einer α- und einer β-Kette, die kovalent über eine Disulfidbrücke verbunden sind (a). Die beiden Ketten des Dimers besitzen sehr ähnliche Strukturen. Jede hat eine einzelne Domäne, die einer variablen Immunglobulinregion ähnelt, und ein Peptidstück, das, wie man annimmt, in einer relativ ausgestreckten Konformation vorliegt und die Domäne mit der Zellmembran verbindet. Die Struktur in c ist ein Homodimer aus CD8α-Ketten, das dem α:β-Heterodimer sowohl in der Struktur als auch in der Funktion ähnelt. (Photos: C. Thorpe.)

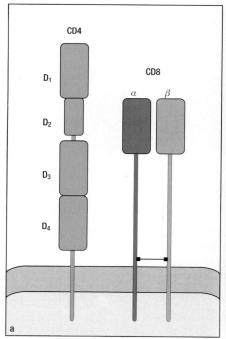
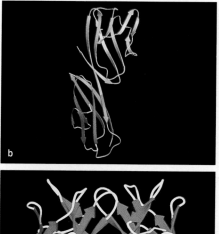
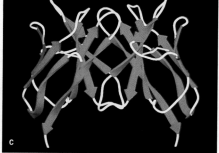

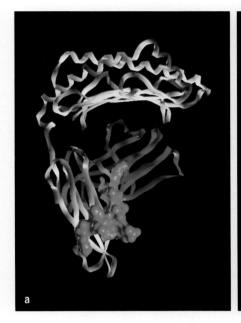 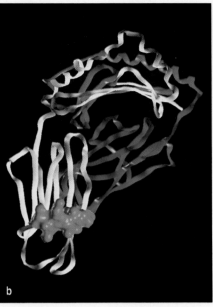

stisch zusammenwirken. Die Anwesenheit von CD4 führt zu einem beachtlichen Anstieg der Empfindlichkeit einer T-Zelle für ein von MHC-II präsentiertes Antigen. Wie nachher erläutert wird, verringert sich die zur Aktivierung benötigte Menge von Antigen auf ein Hundertstel.

Obwohl CD4 und CD8 beide als Corezeptoren fungieren, sind ihre Strukturen recht unterschiedlich. Das CD8-Molekül ist ein durch eine Disulfidbrücke verbundenes Heterodimer aus α- und β-Ketten. Jede enthält eine einzelne immunglobulinartige Domäne, die durch ein Stück Polypeptidkette mit der Membran verknüpft ist, die, wie man annimmt, in einer ausgestreckten Konformation vorliegt (Abb. 4.34). Es ist nicht bekannt, ob eine einzelne Domäne des CD8-Moleküls mit MHC-Klasse-I-Proteinen Kontakt aufnimmt oder ob sich die Bindungsstelle durch die Interaktion der CD8α- und CD8β-Ketten bildet. Man weiß jedoch, daß sich CD8α-Homodimere ebenfalls an MHC-Klasse-I-Moleküle anlagern können. Ähnlich wie CD4 bindet CD8 alleine schwach an die α_3-Domäne von MHC-I-Molekülen (Abb. 4.35). So kann es gemeinsam mit dem T-Zell-Rezeptor an spezifische Peptid:MHC-Klasse-I-Komplexe binden. CD8 reagiert auch mit lck über seinen cytoplasmatischen Schwanz. Es erhöht die Empfindlichkeit von T-Zellen für durch MHC-I-Moleküle präsentiertes Antigen um das 100fache. Die beiden Corezeptoren haben also ähnliche Funktionen, obwohl ihre Strukturen nur entfernt verwandt sind.

4.27 Die Antigenerkennung aktiviert Tyrosinkinasen in der T-Zelle

Die Signalübertragung durch antigenspezifische T-Zell-Rezeptoren erfordert ihre Aggregation durch eine Reihe von Peptid:MHC-Komplexen auf der Oberfläche einer Zielzelle, genauso wie die Stimulierung von B-Zellen die Vernetzung von Zelloberflächenimmunglobulinen erfordert. Für eine optimale Nachrichtenübermittlung durch den T-Zell-Rezeptor ist die gemeinsame Aggregation mit den Corezeptoren CD4 und CD8 nötig, genauso wie die gemeinsame Aggregation von CD19 mit Immunglobulinen die Signalweitergabe der B-Zellen verstärkt. Die Versammlung der Rezeptoren und Corezeptoren führt zur Aggregation von rezeptorassoziierten

4.36 Die Bindung des Antigens an den T-Zell-Rezeptor löst eine Reihe biochemischer Veränderungen innerhalb der T-Zelle aus. Man geht davon aus, daß Proteintyrosinphosphorylierungen eine wichtige Rolle bei der Aktivierung von T-Zellen spielt, da sowohl der T-Zell-Rezeptor als auch der Corezeptor (in diesem Beispiel das CD4-Molekül) mit cytoplasmatischen Tyrosinkinasen assoziiert sind. Außerdem ist bekannt, daß das CD45-Molekül, ein T-Zell-Oberflächenprotein, das für die Aktivierung von T-Zellen erforderlich ist, in seiner cytoplasmatischen Domäne eine Proteintyrosinphosphatase enthält. Man stellt sich vor, daß die Zusammenführung der CD4-, T-Zell-Rezeptor: CD3- und CD45-Moleküle es den CD45-Tyrosinphosphatasedomänen ermöglicht, die Tyrosinkinasen lck und fyn zu aktivieren, die mit den Corezeptor- beziehungsweise den T-Zell-Rezeptor: CD3-Molekülen assoziiert sind. Was sich nach der Aktivierung dieser Tyrosinkinasemoleküle abspielt, ist nicht genau bekannt. Eine Folge ist die Phosphorylierung von ζ, das daraufhin eine Tyrosinkinase im Cytosol namens ζ-assoziiertes Protein-70 (ZAP-70) bindet und aktiviert. Diese Kinasen aktivieren auch die Phospholipase C-γ, die das Phospholipid Phosphatidylinositol in Diacylglycerin (DAG) und Inositoltrisphosphat (IP$_3$) spaltet. DAG aktiviert in der Zelle eine Protein-Serin/Threonin-Kinase, die Proteinkinase C (PKC). IP$_3$ setzt Calciumionen (Ca^{2+}) aus intrazellulären Speichern frei. Zusätzlich öffnet sich ein Calciumkanal in der T-Zell-Membran und läßt Calciumionen aus extrazellulären Speichern einströmen. Die Aktivierung der Proteinkinase C und die Erhöhung der Calciumionenkonzentration in der Zelle sind bei einer Reihe von Zelltypen bekannte Merkmale der Stimulierung der Zellproliferation. Die Kombination dieser beiden Signale aktiviert intrazelluläre DNA-bindende Proteine und Transkriptionsfaktoren, die am Chromatin der T-Zelle angreifen und eine Kaskade von Ereignissen einleiten, die zur Proliferation und Differenzierung der T-Zelle führt. Dies werden wir in Kapitel 7 noch eingehender besprechen.

Tyrosinkinasen, einem Auslöser für die Aktivierung vieler Zelltypen durch Wachstumsfaktoren und Hormone. Außerdem weist vieles darauf hin, daß Veränderungen in der T-Zell-Rezeptorkonformation, die durch die Bindung von Liganden induziert werden, ebenfalls zur Signalübermittlung beitragen. Auch das ist ein Merkmal von Rezeptoren von Wachstumsfaktoren. Wie bereits erwähnt (Abschnitt 4.25), assoziieren sich die cytoplasmatischen Domänen der CD3-Proteine, besonders die ζ-Ketten, mit cytoplasmatischen Proteintyrosinkinasen, vor allem mit fyn (Abb. 4.36). CD4 und CD8 sind ebenfalls mit einer Proteintyrosinkinase assoziiert, nämlich mit lck. Wenn T-Zellen ihren spezifischen Peptid:MHC-Komplex erkennen, lagert sich der T-Zell-Rezeptorkomplex mit dem passenden Corezeptor zusammen. Die Schwänze des T-Zell-Rezeptorkomplexes treffen dann mit denen der Corezeptoren zusammen. Ungefähr 100 spezifische Peptid:MHC-Komplexe sind nötig, um eine T-Zelle zu stimulieren, die einen passenden Corezeptor

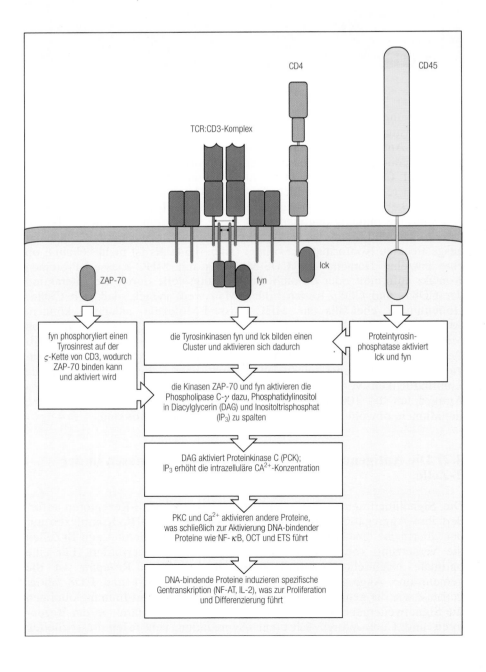

exprimiert. Ohne Corezeptor wären 10 000 identische Komplexe (oder ungefähr zehn Prozent aller MHC-Moleküle auf der Zelle) nötig. Das wäre kaum zu erreichen. Aufgrund von Experimenten mit künstlich zugegebenen Peptiden hat man berechnet, daß eine T-Zell-Aktivierung erfolgen kann, wenn nur 0,2 Prozent der MHC-Komplexe an das passende Peptid gebunden sind. Corezeptoren sind also wirklich wesentlich für die T-Zell-Aktivierung.

Substrate, die durch die rezeptorassoziierten Tyrosinkinasen phosphoryliert werden, sind die cytoplasmatischen Domänen von CD3 und ζ. Phosphorylierte ζ-Ketten binden und aktivieren daraufhin eine cytosolische Tyrosinkinase von 70 kd, das sogenannte zeta-assoziierte Protein 70 (ZAP-70). Diese Kinase ist verwandt mit syk in den B-Zellen und spielt vermutlich eine Rolle bei der Aufrechterhaltung der Signalübertragung des T-Zell-Rezeptors.

Die T-Zell-Aktivierung durch die rezeptorassoziierten Tyrosinkinasen wird durch ein anderes Molekül auf der T-Zell-Oberfläche moduliert, das sogennante **CD45** (*leukocyte common antigen*). Es befindet sich auf allen weißen Blutkörperchen und ist ein Transmembranmolekül, dessen cytoplasmatische Domäne tyrosinspezifische Phosphataseaktivität besitzt und die Tyrosinkinasen aktivieren soll, die mit den Rezeptor- und Corezeptormolekülen assoziiert sind. T-Zellen, denen CD45 fehlt, können nicht über den T-Zell-Rezeptor signalisieren. Wie die Corezeptoren soll sich CD45 direkt mit dem T-Zell-Rezeptorkomplex assoziieren, wie ist jedoch nicht bekannt.

Eine der frühesten Folgen der Stimulierung T-Zell-Rezeptor-assoziierter Tyrosinkinasen ist die Aktivierung des Enzyms Phospholipase C-γ innerhalb der T-Zelle durch Tyrosinphosphorylierung. Dieses Enzym spaltet dann Phosphatidylinositol in Diacylglycerin und Inositoltrisphosphat. Diacylglycerin aktiviert das Enzym Proteinkinase C, eine Serin/Threonin-Kinase, während Inositoltrisphosphat durch Freisetzen von Calciumionen aus intrazellulären Speichern die Calciumionenkonzentration erhöht. Zusätzlich wird in der T-Zell-Membran ein calciumspezifischer Kanal geöffnet, der den Einstrom von Calcium aus der umgebenden extrazellulären Flüssigkeit ermöglicht. Sowohl intrazelluläre Calciumionen als auch Proteinkinase C aktivieren daraufhin verschiedene Enzyme in der Zelle, darunter andere Proteinkinasen. Diese phosphorylieren eine Reihe von Proteinen innerhalb der Zelle, was schließlich zu einer zellulären Reaktion führt, die neue Genexpressionen erforderlich macht (Kapitel 7).

Die Signalübertragung in T-Zellen wird durch zwei Wirkstoffe namens **Cyclosporin A** und **FK506** stark gehemmt (Kapitel 12). Diese Wirkstoffe finden breite Anwendung, um die Abstoßung verpflanzten Gewebes zu verhindern. Dies tun sie, indem sie die Aktivierung alloreaktiver T-Zellen verhindern. Cyclosporin A und FK506 hemmen beide eine Serin/Threonin-spezifische Proteinphosphatase namens **Calcineurin**. Die Entfernung von Phosphaten von Serin- und/oder Threoninresten muß also ebenfalls wichtig für die T-Zell-Aktivierung sein.

Die Signalübertragungsereignisse, die hier beschrieben werden, finden in voll differenzierten T-Effektorzellen statt und führen zur Ausschüttung von Effektormolekülen durch die aktivierte T-Zelle. Das wiederum verursacht Veränderungen in den antigentragenden Zellen, zum Beispiel den Tod virusinfizierter Zellen oder die Aktivierung antigenbindender B-Zellen zur Produktion von Antikörpern. Die gleichen Signale sind auch schon früher im Leben eine T-Zelle von Bedeutung. Einerseits leiten sie beim ersten Zusammentreffen mit einem Antigen die Reifung zum Effektorstatus ein. Andererseits spielen sie eine Rolle bei der eigentlichen Differenzierung von T-Zellen während ihrer ontogenetischen Entwicklung im Thymus. Für diese letzteren Ereignisse sind jedoch noch andere Signale nötig, auf die wir in den Kapiteln 6 und 7 genauer eingehen werden.

4.28 Einige T-Zellen tragen eine andere Form des T-Zell-Rezeptors mit variablen γ- und δ-Ketten

Als man das $\alpha{:}\beta$-Heterodimer des T-Zell-Rezeptors entdeckte, ließen sich alle bekannten spezifischen Immunantworten in Zusammenhang mit Zellen bringen, die diese Polypeptide tragen. Es war daher eine wirkliche Überraschung, als man während der Suche nach Genen, die T-Zell-Rezeptoren codieren, eine dritte T-Zell-spezifische cDNA entdeckte, die ein Protein mit Homologie zu Immunglobulinen und einer Genumordnung in T-Lymphocyten codierte. Da dieses Gen eindeutig weder die α- noch die β-Kette des T-Zell-Rezeptors codierte, nannte man es T-Zell-Rezeptor-γ-Kette. Das γ-Polypeptid befindet sich auf der Zelloberfläche mit einem zweiten Polypeptid, der sogenannten T-Zell-Rezeptor-δ-Kette. Das $\gamma{:}\delta$-Heterodimer ist wie das homologe $\alpha{:}\beta$-Heterodimer mit dem CD3-Komplex auf der Zelloberfläche assoziiert. Man sollte die $\gamma{:}\delta$-Rezeptorketten nicht mit den CD3-γ- und -δ-Ketten verwechseln.

Auch die Organisation der γ- und δ-Ketten-Gene, die in Abbildung 4.37 dargestellt ist, ähnelt derjenigen der α- und β-Ketten-Gene. Es bestehen jedoch einige wichtige Unterschiede. Der Genkomplex, der die δ-Kette codiert, befindet sich vollständig innerhalb des Genkomplexes für die T-Zell-Rezeptor-α-Kette zwischen den V- und J-Gensegmenten. Aufgrunddessen zerstört jede Umordnung der α-Kettengene die Gene für die δ-Ketten. Für die γ- und δ-Gene gibt es viel weniger V-Regionen als für die α- und β-Ketten des T-Zell-Rezeptors sowie für alle Immunglobuline (Abb. 4.37). Die erhöhte Verbindungsvariabilität der δ-Ketten gleicht möglicherweise die geringe Zahl von V-Regionen aus. Nahezu die gesamte Variabilität innerhalb des $\gamma{:}\delta$-Rezeptors konzentriert sich damit auf die Verbindungsregion (Abb. 4.38). Wie wir gesehen haben, liegen die Aminosäuren, die dort codiert werden, im Zentrum der Bindungsstelle.

T-Zellen mit $\gamma{:}\delta$-T-Zell-Rezeptoren sind eine eigenständige Zellinie mit unbekannter Funktion. Den Liganden für diesen Rezeptor kennt man ebenfalls nicht, obwohl einige $\gamma{:}\delta$-T-Zellen Produkte bestimmter Klasse-IB-Gene erkennen können (Abschnitt 4.13). In peripheren Lymphgeweben exprimiert nur ein sehr kleiner Prozentsatz (im allgemeinen ein bis fünf

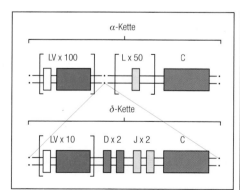

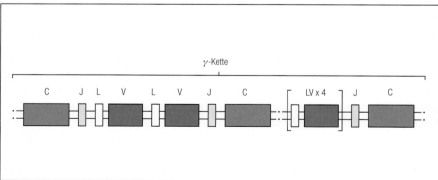

4.37 Die Organisation der γ- und δ-Ketten-Gene des T-Zell-Rezeptors der Maus. Die γ- und δ-Gene besitzen wie die α- und β-Gene verschiedene V-, D-, J- und C-Gensegmente. Einzigartigerweise liegt das Gen, das die δ-Kette codiert, vollständig innerhalb des Gens, das die α-Kette codiert, nämlich zwischen dem Cluster der V_α-Segmente und dem Cluster der J_α-Segmente. Es gibt ungefähr zehn V_δ-Segmente, zwei D_δ-Segmente, zwei J_δ-Segmente und ein einzelnes konstantes Segment. Die γ-Gene haben einen komplizierteren Aufbau. Es gibt drei funktionelle Cluster von γ-Genen. Jeder enthält V-, J- und C-Segmente. Die Umordnung der γ- und δ-Gene erfolgt wie bei den anderen T-Zell-Rezeptorgenen mit der Ausnahme, daß während der Neustrukturierung der δ-Kette beide D-Segmente in demselben Gen verwendet werden können. Das vergrößert die Variabilität erheblich, und zwar hauptsächlich deshalb, weil zusätzliche N-Nucleotide sowohl in die Nahtstellen zwischen den beiden D-Segmenten als auch in die VD- und DJ-Übergänge eingebaut werden können.

Element	$\alpha{:}\beta$-Rezeptoren		$\gamma{:}\delta$-Rezeptoren	
	α	β	γ	δ
V-Segmente	100	30	6	7
D-Segmente	0	2	0	2
Leseraster von D-Segmenten	–	3	–	3
J-Segmente	50	12	3	2
Nahtstellen mit N-Nucleotiden	1	2	1	2–3
Anzahl der V-Genpaare	3000		~10*	
Verbindungsvielfalt	~10^{13}		~10^{15}	
Gesamtvielfalt	~10^{16}		~10^{16}	

4.38 Ein Vergleich der Anzahl der Gensegmente und der Ursache für die Vielfalt von $\gamma{:}\delta$- und $\alpha{:}\beta$-T-Zell-Rezeptoren.

* Bei der Maus ist die Paarung von V-Regionen bei den $\gamma{:}\delta$-Rezeptoren sehr eingeschränkt; Daten vom Menschen stehen zur Zeit noch nicht zur Verfügung.

Prozent) der CD3-positiven Zellen $\gamma{:}\delta$-T-Zell-Rezeptoren anstatt der $\alpha{:}\beta$-Rezeptoren. In Epithelien, vor allem in der Epidermis und im Dünndarm der Maus, besitzen jedoch die meisten T-Zellen $\gamma{:}\delta$-T-Zell-Rezeptoren. Diese zeigen eine extrem eingeschränkte Variabilität. Auf die mögliche funktionelle Bedeutung dieser Befunde werden wir in Kapitel 9 zurückkommen.

Zusammenfassung

T-Zell-Rezeptoren sind Immunglobulinen sehr ähnlich und werden von homologen Genen codiert. Die Vielfalt ist jedoch bei T-Zell-Rezeptoren anders verteilt. Sie haben weniger V-Gensegmente, mehr J- und D-Gensegmente und wirkungsvollere Mechanismen, die Verbindungen zwischen den Gensegmenten noch vielfältiger zu gestalten. Das führt zu einer Rezeptorstruktur, bei der die höchste Vielfalt im zentralen Teil liegt, der in Kontakt mit dem gebundenen Peptidfragment des Liganden tritt. T-Zell-Rezeptoren erhöhen die Mannigfaltigkeit ihrer V-Gene nach der Umordnung nicht durch somatische Hypermutationen noch weiter. Die Form des Rezeptors an der Oberfläche von T-Zellen ähnelt in vieler Hinsicht der Zelloberflächenform von Immunglobulinen. Beide sind in der Zellmembran mit einem Komplex invarianter Proteine assoziiert, die zum Transport der Rezeptoren an die Zelloberfläche und für die Signalübertragung notwendig sind. Bei beiden Zelltypen ist es erforderlich, daß die Rezeptoren nicht nur Antigen binden, sondern gruppiert oder vernetzt werden, um die Zelle zu stimulieren. Die Corezeptoren CD4 und CD8 binden MHC-Klasse-II- beziehungsweise Klasse-I-Moleküle und unterstützen den T-Zell-Rezeptor bei der Signalübertragung, so daß sich die Empfindlichkeit der T-Zellen für ein Antigen um ungefähr das 100fache erhöht. Die biochemischen Ereignisse, die auf die Antigenbindung an den T-Zell-Rezeptor folgen, gleichen in vieler Hinsicht denen in anderen Systemen (zum Beispiel in B-Zellen), wo das Zellwachstum oder die Zellaktivierung durch die Bindung von Wachstumsfaktoren oder Hormonen reguliert werden.

Zusammenfassung von Kapitel 4

Der T-Zell-Rezeptor ist den Immunglobulinen sehr ähnlich, und zwar sowohl strukturell als auch in der Weise, wie die Variabilität in die antigenbindende Stelle eingeführt wird. Es bestehen jedoch auch ganz wesentliche Unterschiede zwischen T-Zell-Rezeptoren und Immunglobulinen, die mit der Art der Antigene zusammenhängen, die von T-Zellen erkannt werden. Die Erzeugung der Vielfalt von T-Zell-Rezeptoren konzentriert sich auf die CDR3-Region der variablen Bereiche, die im Zentrum der antigenbindenden Stelle liegen. Das spiegelt die Form wider, in der ein Antigen vom T-Zell-Rezeptor erkannt wird. Dabei handelt es sich um einen Komplex aus einem Peptidfragment des Antigens und einem MHC-Molekül auf der Zelloberfläche, an das es gebunden ist. Es gibt zwei Arten von MHC-Molekülen: MHC-Klasse-I-Moleküle, die Peptide aufnehmen können, die beim Abbau von Antigenen im Cytosol entstanden sind, sowie MHC-Klasse-II-Moleküle, die Peptide binden, die von in zellulären Vesikeln abgebauten Antigenen abstammen. Für jeden Typ von MHC-Molekül gibt es mehrere Gene, die in einem Cluster im Haupthistokompatibilitätskomplex angeordnet sind. Dort befinden sich auch Gene, die am Abbau von Proteinantigenen zu Peptiden beteiligt sind sowie an deren Transport, gebunden an MHC-Moleküle, zur Zelloberfläche. Da die Gene für die MHC-I- und MHC-II-Moleküle hochpolymorph sind, exprimiert jede Zelle eine Reihe verschiedener MHC-Klasse-I- und MHC-Klasse-II-Proteine, die eine große Zahl unterschiedlicher Peptidantigene binden können. Die Bindungsstelle für das Peptid auf dem MHC-Molekül liegt in einem Spalt zwischen zwei α-Helices. Der T-Zell-Rezeptor erkennt also einen Liganden, der einen Bereich hoher Veränderlichkeit (das Peptidantigen) zwischen Abschnitten von geringerer Variabilität (den α-Helices des MHC-Moleküls) aufweist. Die Verteilung der Variabilität im T-Zell-Rezeptor korreliert also mit derjenigen im Liganden, den er erkennen muß. Im Gegensatz zu den Immunglobulinen verwenden T-Zell-Rezeptoren keine somatische Hypermutation als Mittel zur Erhöhung der Rezeptorvielfalt. Die Eigenschaften, die allein der T-Zell-Rezeptor besitzt, lassen sich also alle als Ausdruck der einzigartigen Biologie der T-Zelle verstehen.

Literatur allgemein

Klein, J. *Natural History of the Major Histocompatibility Complex.* New York (Wiley & Sons) 1986.

Haas, W.; Pereira, P.; Tonegawa, S. *Gamma/Delta Cells.* In: *Ann. Rev. Immunol.* 11 (1993) S. 637–685.

Neefjes, J. J.; Mombourg, F. *Cell Biology of Antigen Presentation.* In: *Curr. Opin. Immunol.* 5 (1993) S. 27–34.

Klein, J.; Satta, Y.; OhUigin, C. *The Molecular Descent of the Major Histocompatibility Complex.* In: *Ann. Rev. Immunol.* 11 (1993)

Davis, M. M.; Bjorkman, P. J. *T-Cell Antigen Receptor Genes and T-Cell Recognition.* In: *Nature* 334 (1988) S. 395–402.

Davis, M. M. *T-Cell Receptor Gene Diversity and Selection.* In: *Ann. Rev. Biochem.* 59 (1990) S. 475–496.

Monaco, J. J. *A Molecular Model of MHC Class I-Restricted Antigen Processing.* In: *Immunol. Today* 13 (1992) S. 173–179.

Bodmer, J. G.; Marsh, S. G. E.; Albert, E. D.; Bodmer, W. F.; DuPont, B.; Erlich, H. A.; Mach, B.; Mayr, W. R.; Parham, P.; Saszuki, T. et al. *Nomenclature for Factors of the HLA System, 1991.* In: *Tissue Antigens* 39 (1992) S. 161–173.

Townsend, A.; Bodmer, H. *Antigen Recognition by Class I-Restricted T Lymphocytes.* In: *Ann. Rev. Immunol.* 7 (1989) S. 601–624.

Bjorkman, P. J.; Parham, P. *Structure, Function and Diversity of Class I Major Histocompatibility Complex Molecules.* In: *Ann. Rev. Biochem.* 59 (1990) S. 253–288.

Literatur zu den einzelnen Abschnitten

Abschnitt 4.1

Morrison, L. A.; Lukacher, A. E.; Braciale, V. L.; Fan, D. P.; Braciale, T. J. *Differences in Antigen Presentation to MHC Class I- and Class II-Restricted Influenza Virus-Specific Cytolytic T Lymphocyte Clones.* In: *J. Exp. Med.* 163 (1986) S. 903.

Abschnitt 4.2

Bjorkorman, P. J.; Saper, M. A.; Samraoui, B.; Bennett, W. S.; Stromminger, J. L.; Wiley, D. C. *The Foreign Antigen-Binding Site and T-Cell Recognition Regions of Class I*

Histocompatibility Antigens. In: *Nature* 329 (1987) S. 512–518.

Bjorkman, P. J.; Saper, M. A.; Samraoui, B.; Bennet, W. S.; Strominger, J. L.; Wiley, D. C. *Structure of the Human Class I Histocompatibility Antigen HLA-A2.* In: *Nature* 329 (1987) S. 506–512.

Brown, J. H.; Jardetzky, T. S.; Gorga, J. C.; Stern, L. J.; Urban, R. G.; Strominger, J. L.; Wiley, D. C. *The Three-Dimensional Structure of the Human Class II Histocompatibility Antigen HLA-DR1.* In: *Nature* 364 (1993) S. 33–39.

Abschnitt 4.3

Guillet, J. G.; Lai, M. Z.; Briner, T. J.; Smith, J. A.; Gefter, M. L. *Interaction of Peptide Antigens and Class II Major Histocompatibility Complex Antigens.* In: *Nature* 324 (1986) S. 260–262.

Buus, S.; Sette, A.; Colon, S. M.; Miles, C.; Grey, H. M. *The Relation Between Major Histocompatibility Complex (MHC) Restriction and the Capacity of Ia to bind Immunogenic Peptides.* In: *Science* 235 (1987) S. 1353–1358.

Shimonkevitz, R.; Kappler, J.; Marrack, P.; Grey, H. *Antigen Recognition by H-2-Restricted Cells. I. Cell-Free Antigen Processing.* In: *J. Exp. Med.* 158 (1983) S. 303.

Watts, T. M.; Brian, A. A.; Kappler, J. W.; Marrack, P.; McConnell, H. M. *Antigen Presentation by Supported Planar Membranes Containing I-A^d.* In: *Proc. Natl. Acad. Sci. USA* 81 (1984) S. 7564.

Abschnitt 4.4

Falk, K.; Rotzsche, O.; Stevanovic, S.; YJung, G.; Rammensee, H.-G. *Allele-specific Motifs Revealed by Sequencing of Self Peptides Eluted from MHC Molecules.* In: *Nature* 351 (1991) S. 290–296.

Hunt, D. F.; Henderson, R. A.; Shabanowitz, J.; Sakaguchi, K.; Michel, H.; Sevilir, N.; Cox, A.L.; Appella, E.; Engelhard, V. H. *Characterization of Peptides Bound to the Class I MHC Molecule HLA-A2.1 by Mass Spectrometry.* In: *Science* 255 (1992) S. 1261–1263.

Madden, D. R.; Gorga, J. C.; Strominger, J. L.; Wiley, D. C. *The Three-Dimensional Structure of HLA-B27 at 2.1 Å Resolution Suggests a General Mechanism for Tight Peptide Binding to MHC.* In: *Cell* 70 (1992) S. 1035–1048.

Guo, H.-C.; Jardetzky, T. S.; Lane, W. S.; Strominger, J. L.; Wiley, D. C. *Different Length Peptides Bind to HLA-Aw68 Similarly at their Ends but Bulge out in the Middle.* In: *Nature* 360 (1992) S. 364–366.

Fremont, D.H.; Matsumura, M.; Stura, E. A.; Peterson, P.A.; Wilson, J. *Crystal Structures of Two Viral Peptides in Complex with Murine MHC Class I H-2k^b.* In: *Science* 257 (1992) S. 919–927.

Abschnitt 4.6

Shepherd, J. C.; Schumacher, T. N. M.; Ashton-Rickardt, P. G.; Imaeda, S.; Ploegh, H. L.; Janeway, C. A. jr.; Tonegawa, S. *TAP1-Dependent Peptide Translocation in vitro Is ATP-Dependent and Peptide-Selective.* In: *Cell* 74 (1993) S. 577–584.

Townsend, A.; Ohlen, C.; Foster, L.; Bastin, J.; Lunggren, H.-G.; Karre, K. *A Mutant Cell in which Association of Class I Heavy and Light Chains Is Induced by Viral Peptides.* In: *Cold Spring Harbor Symp. Quant. Biol.* 54 (1989) S. 299–308.

Abschnitt 4.7

Degen, E.; Williams, D. B. *Participation of a Novel 88 kD Protein in the Biogenesis of Murine Class I Histocompatibility Molecules.* In: *J. Cell Biol.* 112 (1991) S. 1099–1155.

Degen, E.; Cohen-Doyle; Williams, D. B. *Efficient Dissociation of the p88 Chaperone from Major Histocompatibility Complex Class I Molecules Requires Both β 2-Microglobulin and Peptide.* In: *J. Exp. Med.* 175 (1992) S. 1653–1661.

Abschnitt 4.8

Goldberg, A. L.; Rock, K. L. *Proteolysis, Proteosomes and Antigen Presentation.* In: *Nature* 357 (1992) S. 875–879.

Abschnitt 4.10

Roche, P. A.; Cresswell, P. *Invariant Chain Association with HLA-DR Molecules Inhibits Immunogenic Peptide Binding.* In: *Nature* 345 (1990) S. 615–618.

Roche, P. A.; Marks, M. S.; Cresswell, P. *Formation of a Nine Subunit Complex by HLA Class II Glycoproteins and the Invariant Chain.* In: *Nature* 354 (1991) S. 392–394.

Peters, P. J.; Neefjes, J. J.; Orschot, V.; Ploegh, H. L.; Geuze, H. J. *Segregation of MHC Class II Molecules from MHC Class I Molecules in the Golgi Complex for Transport to Lysosomal Compartments.* In: *Nature* 349 (1991) S. 669–676.

Davidson, H. W.; Reid, P. A.; Lanzavecchia, A.; Watts, C. *Processed Antigen Binds to Newly Synthesized MHC Class II Molecules in Antigen Specific B Lymphocytes.* In: *Cell* 67 (1991) S. 105–116.

Abschnitt 4.11

Lanzavecchia, A.; Reid, P. A.; Watts, C. *Irreversible Association of Peptides with Class II MHC Molecules in Living Cells.* In: *Nature* 357 (1992) S. 249–252.

Abschnitt 4.12

Trowsdale, J.; Ragoussis, J.; Campbell, R. D. *Map of the Human MHC.* In: *Immunol. Today* 12 (1991) S. 443–446.

Trowsdale, J.; Campbell, R. D. *Complexity in the Major Histocompatibility Complex.* In: *Eur. J. Immunogenet.* 19 (1992) S. 45–55.

Abschnitt 4.15

Babbitt, B.; Allen, P. M.; Matsueda, G.; Haber, E.; Unuanue, E. R. *Binding of Immunogenic Peptides to Ia Histocompatibility Molecules.* In: *Nature* 317 (1985) S. 359.

Buus, S.; Sette, A.; Colon, S. M.; Miles, C.; Grey, H. M. *The Relation between Major Histocompatibility Complex (MHC) Restriction and the Capacity of Ia to Bind Immunogenic Peptides.* In: *Science* 235 (1987) S. 1353.

Abschnitt 4.16

Ajitkumar, P.; Geier, S. S.; Kesari, K. V.; Borriello, F.; Nakagawa, M.; Bluestone, J. A.; Saper, M. A.; Wiley, D. C.; Nathenson, S. G. *Evidence that Multiple Residues on Both the Alpha Helices of the Class I MHC Molecule Are Simultaneously Recognized by the T-Cell Receptor.* In: *Cell* 54 (1989) S. 47.

Zinkernagel, R. M.; Doherty, P. C. *Restriction of* in vivo *T-Cell Mediated Cytotoxicity in Lymphocytic Choriomeningitis within a Syngeneic or Semiallogeneic System.* In: *Nature* 248 (1974) S. 701–702.

Rosenthal, A. S.; Shevach, E. M. *Function of Macrophages in Antigen Recognition by Guinea Pig T Lymphocytes. I. Requirement for Histocompatible Macrophages and Lymphocytes.* In: J. Exp. Med. 138 (1973) S. 1194.

Katz, D. H.; Hamaoka, T.; Dorf, M. E.; Maurer, P. H.; Benacerraf, B. *Cell Interactions between Histoincompatible T and B Lymphocytes. IV. Involvement of Immune Response (Ir) Gene Control of Lymphocyte Interaction Controlled by the Gene.* In: *J. Exp. Med.* 138 (1973) S. 734.

Abschnitt 4.17

Kaye, J.; Janeway, C. A. jr. *The Fab Fragment of a Directly Activating Monoclonal Antibody that Precipitates a Disulfide-Linked Heterodimer from a Helper T Cell Clone Blocks Activation by Either Allogeneic Ia or Antigen and Self-Ia.* In: *J. Exp. Med.* 159 (1984) S. 1397–1412.

Abschnitt 4.18

Parham, P; Chen, B. P.; Clayberger, C.; Ennis, P. D.; Krensky, A. M.; Lawlor, D. A.; Littman, D. R.; Norment, A. M.; Orr, H. T.; Salter, R. D.; Zemmour, J. *Diversity of Class I HLA Molecules: Functional and Evolutionary Interactions with T Cells.* In: *Cold Spring Harbor Symp. Quant. Biol.* 54 (1989) S. 529.

Hill, A. V.; Elvin, J.; Willis, A. C.; Aidoo, M.; Allsopp, C. E. M.; Gotch, F. M.; Gao, X. M.; Takiguchi, M.; Greenwood, B. M.; Townsend, A. R. M.; McMichael, A. J.; Whittle, H. C. *Molecular Analysis of the Association of B53 and Resistance to Severe Malaria.* In: *Nature* 360 (1992) S. 434–440.

Abschnitt 4.19

Nathenson, S. G.; Geliebter, J.; Pfaffenbach, G. M.; Zeff, R. A. *Murine Major Histocompatibility Complex Class I Mutants: Molecular Analysis and Structure:Function Implications.* In: *Annu. Rev. Immunol.* 4 (1986) S. 471.

Begovich, A. B.; McClure, G. R.; Suraj, V. C.; Helmuth, R. C.; Fildes, N.; Bugawan, T. L.; Erlich, H. A.; Klitz, W. *Polymorphism, Recombination and Linkage Disequilibrium within the HLA Class II Region.* In: *Immunol.* 148 (1992) S. 249–258.

Erlich, H. A.; Gyllensten, U. B. *Shared Epitopes among HLA Class II Alleles: Gene Conversion, Common Ancestry and Balancing Selection.* In: *Immunol. Today* 12 (1991) S. 411–414.

She, J. X.; Boehme, S. A.; Wang, T. W.; Bonhomme, F.; Wakeland, E. K. *Amplification of Major Histocompatibility Complex Class II Gene Diversity by Intraexonic Recombination.* In: *Proc. Natl. Acad. Sci. USA* 88 (1991) S. 453–457.

Abschnitt 4.20

Allison, J. P.; McIntyre, B. W.; Bloch, D. *Tumor-Specific Antigen of Murine T Lymphoma Defined with Monoclonal Antibody.* In: *J. Immunol.* 129 (1982) S. 2293.

Meuer, S. C.; Fitzgerald, K. A.; Hussey, R. E.; Hodgdon, J. C.; Schlossman, S. F.; Reinharz, E. L. *Clonotypic Structures Involved in Antigen-Specific Human T-Cell Function: Relationship to T3 Molecular Complex.* In: *J. Immunol.* 129 (1982) S. 2293.

Abschnitt 4.24

Choi, Y. W.; Herman, A.; DiGiusto, D.; Wade, P.; Marrack, P.; Kappler, J. *Residues of the Variable Region of the T-Cell Receptor Beta Chain that Interact with* S. aureus *Toxin Superantigens.* In: *Nature* 346 (1990) S. 471–473.

Janeway, C. A. jr.; Yagi, J.; Conrad, P. J.; Katz, M. E.; Jones, B.; Vroegrop, S.; Buxser, S. *T-Cell Responses to Mls and to Bacterial Proteins that Mimic its Behavior.* In: *Immunol. Rev.* 197 (1989) S. 61–88.

Fraser, J. D. *High-Affinity Binding of Staphylococcal Enterotoxins A and B to HLA-DR.* In: Nature 339 (1989) S. 221–223.

Abschnitt 4.25

Weissman, A. M.; Baniyash, M.; Hou, D.; Samelson, L. E.; Burgess, W. H.; Klausner, R. D. *Molecular Cloning of the Zeta Chain of the T-Cell Antigen Receptor.* In: *Science* 239 (1988) S. 1018.

Weiss, A.; Stobo, J. D. *Requirement for the Co-Expression of T3 and T-Cell Antigen on a Malignant Human T-Cell Line.* In: *J. Exp. Med.* 160 (1984) S. 1284–1299.

Abschnitt 4.26

Janeway, C. A. jr. *The T-Cell Receptor as a Multicomponent Signaling Machine: CD4/CD8 Coreceptors and CD45 in T-Cell Activation.* In: *Annu. Rev. Immunol.* 10 (1992) S. 645–674.

Abschnitt 4.27

Pingel, J. R.; Thomas, M. L. *Evidence that the Leukocyte Common Antigen is Required for Antigen-Induced T-Lymphocyte Proliferation.* In: *Cell* 58 (1989) S. 1055.

Samelson, L. E.; Patel, M. D.; Weissman, A. M.; Harford, J. B.; Klausner, R. D. *Antigen Activation of Murine T Cells Induces Tyrosine Phosphorylation of a Polypeptide Associated with the T-Cell Antigen Receptor.* In: *Cell* 46 (1986) S. 1083.

Irving, B. A.; Weiss, A. *The Cytoplasmic Domain of the T Cell Receptor Chain is Sufficient to Couple to Receptor-Associated Signal-Transduction Pathways.* In: *Cell* 64 (1991) S. 891.

Zusammenfassung von Teil II

Dieser Teil des Buches beschrieb die beiden verschiedenen, aber verwandten Mechanismen, durch die Lymphocyten Antigene erkennen. Wie in der folgenden Abbildung zusammengefaßt ist, sind die Antigenrezeptoren auf B- und T-Zellen eindeutig homolog hinsichtlich ihrer Struktur und genetischen Organisation sowie der Methoden, durch die aus begrenzter genetischer Information ein vielfältiges Repertoire aller möglicher Rezeptortypen entsteht. Die rezeptorassoziierten Proteine, die vermutlich Signale durch die Membran übertragen, sind ebenfalls für beide Rezeptorklassen homolog. Die Verteilung der Vielfalt unterscheidet sich bei den beiden Rezeptortypen teilweise deshalb, weil somatische Hypermutationen nur zur Antikörpervielfalt beitragen. Einer der wichtigsten funktionellen Unterschiede zwischen B-Zell- und T-Zell-Rezeptoren besteht in ihren konstanten Domänen. Mittels alternativem Spleißen kann die konstante Region eines Immunglobulingenprodukts so variiert werden, daß entweder ein B-Zell-Rezeptor oder ein sezernierter Antikörper produziert wird. T-Zell-Rezeptoren werden dagegen immer als Transmembranproteine synthetisiert. Die konstanten Regionen von Antikörpern können auch durch Klassenwechsel so variiert werden, daß Moleküle mit unterschiedlichen Funktionen entstehen.

Vergleich der wichtigsten Eigenschaften von Immunglobulin-(Ig-)Genen und T-Zell-Rezeptor-(TCR-)Genen und ihren Proteinen						
Gene			Proteine			
	Ig	TCR		Ig	TCR	
viele VDJs, wenig Cs	ja	ja	Transmembranformen	ja	ja	
VDJ-Umordnung	ja	ja	sezernierte Formen	ja	nein	
V-Paare bilden die Antigenerkennungsstelle	ja	ja	Isotypen mit verschiedenen Funktionen	ja	nein	
somatische Hypermutation	ja	nein	Valenzen	2	1	

Die wichtigste Differenz zwischen B-Zell- und T-Zell-Rezeptoren besteht in der Natur der Liganden, die sie erkennen. B-Zellen können Moleküle von nahezu jeder Gestalt aus praktisch allen chemischen Verbindungen binden. T-Zellen dagegen erkennen ein begrenzteres Spektrum von Liganden, immer in Form kurzer Peptide (den Spaltprodukten von Proteinen, die fest im peptidbindenden Spalt eines MHC-Moleküls verankert sind. Da der peptidbindende Spalt von MHC-Molekülen ein Ort großen genetischen Polymorphismus ist, reagieren unterschiedliche Individuen auf verschiedene Peptide innerhalb eines gegebenen Antigens. Manche können auf kein Peptid reagieren. Das macht sie krankheitsanfällig. Die verschiedenen Arten der Erkennung durch T- und B-Zellen sorgen dafür, daß Antikörper mit extrazellulären infektiösen Agentien interagieren. T-Zell-Rezeptoren entdecken dagegen sowohl eine Infektion innerhalb von Zellen als auch Antigene, die in Zellen aufgenommen und danach in Peptide zerlegt worden sind. Die Effektorfunktionen, die jedes dieser Erkennungssysteme dann aktiviert, sind ebenfalls unterschiedlich und der Infektionsstelle angepaßt. Wie sich T-Zellen und B-Zellen aus Stammzellen entwickeln, die keinen der beiden Rezeptoren besitzen, wird in Teil III dieses Buches behandelt. Die Effektormechanismen, die sie vermitteln, sind Thema von Teil IV.

Teil III

Die Entwicklung des Lymphocytenrepertoires

Bei ihrer Geburt haben Kinder ein nahezu reifes Repertoire an naiven Lymphocyten, die jeden infektiösen Eindringling ausmachen können. In diesem Teil des Buches werden wir lernen, wie die Lymphocyten, von denen jeder einen einzigartigen Rezeptor exprimiert, aus hämatopoetischen Stammzellen hervorgehen. Diese sind das Ausgangsmaterial für die antigenbedingte klonale Selektion, durch die eine spezifische adaptive Immunantwort entstehen kann.

Wir werden uns auf drei Aspekte der Lymphocytenentwicklung konzentrieren. Der erste ist das Entwicklungsprogramm, das es einer Vorläuferzelle ermöglicht, sich zu einem Lymphocyten mit einer einzigen Rezeptorspezies zu entwickeln, wobei die Monospezifität einer jeden Zelle garantiert wird. Der zweite Aspekt besteht darin, daß aus einem kompletten Repertoire, das durch eine Umordnung der Rezeptorgene entsteht, Zellen entfernt werden, die auf „Selbst" ansprechen können. Hierdurch wird die Selbst-Toleranz von reifen Lymphocyten sichergestellt. Diese beiden Prozesse, die sich in den entstehenden B-Zellen im Knochenmark und in den sich entwickelnden T-Zellen im spezialisierten Milieu des Thymus abspielen, bringen reife Populationen von B- und T-Lymphocyten hervor, die für Nicht-Selbst-Proteine spezifisch sind. Schließlich werden wir uns einem selektiven Prozeß zuwenden, der im Thymus abläuft und sich nur auf T-Zellen bezieht. Dieser Vorgang, den man als positive Selektion bezeichnet, sorgt für die Aussendung ausschließlich solcher T-Zellen, deren Rezeptoren Peptide erkennen können, die von Selbst-MHC-Molekülen präsentiert werden – das heißt, T-Zellen, die Antigene erkennen können, denen sie in der „Selbst"-Umgebung begegnen. Diese drei Prozesse führen zu einer reifen Population von T-Zellen, von denen jede einzelne einen einzigartigen Rezeptor besitzt, der Selbst-MHC-abhängig, aber nicht autoreaktiv ist.

Die Entwicklung der B-Lymphocyten

5

Der Mensch stellt sein ganzes Leben lang, wenn auch in allmählich abnehmender Menge, B-Lymphocyten her; so hat er jederzeit neue B-Zellen zur Verfügung, um Antikörper zu produzieren, die in der Lage sein müssen, viele unterschiedliche Pathogene zu erkennen und abzuwehren. Der Name B-Lymphocyten oder B-Zellen erklärt sich daraus, daß diese Zellen bei Vögeln einem besonderen Organ, der Bursa Fabricii, entstammen; bei Säugetieren entwickeln sie sich im Knochenmark (*bone marrow*). Wie wir in Kapitel 3 sehen konnten, trägt jede einzelne B-Zelle einen spezifischen Rezeptor, der durch somatische Rekombination der Immunglobulingene entsteht. Die einzelnen Rekombinationsereignisse, die zur Produktion der zwei Ketten der Immunglobulinmoleküle führen, finden bei Säugern während der Entwicklung der B-Zellen im Knochenmark statt. Sie werden so reguliert, daß jede reife B-Zelle nur eine schwere und eine leichte Kette und somit Rezeptoren einer einzigen Spezifität produziert. Auf diese Weise entsteht während der frühen Phasen der B-Zell-Entwicklung ein großes und vielfältiges Repertoire an B-Zell-Rezeptoren.

Die Expression von Antigenrezeptoren auf der Zelloberfläche markiert einen wichtigen Wendepunkt im Lebenszyklus der B-Lymphocyten. Die B-Zelle kann jetzt in ihrer Umgebung Liganden erkennen. Vor der weiteren Reifung muß nun zuerst die Selbst-Toleranz entwickelt werden. Die Bindung von Antigenen an Oberflächenimmunglobulin in einer frühen Entwicklungsphase führt zur Inaktivierung oder zum Verlust der betreffenden B-Zelle und gewährleistet so eine Toleranz gegenüber weitverbreiteten (ubiquitären) Selbst- oder Autoantigenen. Die verbleibenden Zellen exprimieren ein breit gefächertes Repertoire an Rezeptoren, das der zukünftigen klonalen Selektion als Ausgangsmaterial dient.

In diesem Kapitel werden wir die verschiedenen Stadien der B-Zell-Entwicklung definieren und sehen, wie das unselektierte B-Zell-Rezeptorrepertoire entsteht. Danach werden wir die Mechanismen diskutieren – soweit sie bereits bekannt sind –, die für die Toleranz sorgen, solange die B-Zellen noch im Knochenmark sind. Schließlich werden wir das Schicksal der B-Zellen nach ihrer Reifung im Knochenmark bis zu dem Punkt verfolgen, an dem sie in das lymphatische Gewebe auswandern, in dem sie auf Fremdantigene treffen können. Die Hauptphasen der B-Zell-Entwicklung sind in Abbildung 5.1 zusammengefaßt. Die Wechselwirkungen mit T-Zellen, die für die Aktivierung der meisten B-Zellen und für deren einzige Effektorfunktion, nämlich die Produktion von Antikörpern, wichtig sind, werden wir in Kapitel 8 besprechen.

Die Erzeugung von B-Zellen

Wahrscheinlich ist kein Entwicklungsprozeß so gut charakterisiert wie die Differenzierung der B-Zellen aus ihren Vorläuferzellen. Dies beruht zum Teil darauf, daß die aufeinanderfolgenden Stadien der B-Zell-Differenzierung durch einzelne Schritte der Umordnung der Immunglobulingene gekennzeichnet sind. In diesem Abschnitt werden wir uns auf die Schritte konzentrieren, die zur Produktion von **reifen B-Zellen** führen, die Oberflächenimmunglobuline exprimieren (Abb. 5.1, dritte Teilabbildung). Diese schließen eine Serie von Genumordnungen ein, die jeweils durch das Proteinprodukt des vorangegangenen Schrittes reguliert zu werden scheinen.

5.1 Das Knochenmark bietet der B-Zell-Entwicklung ein unentbehrliches Mikromilieu

Die Differenzierung einer Knochenmarkstammzelle in eine unreife B-Zelle kann man gut in vier Schritte unterteilen. Der erste Schritt führt zur Produktion einer frühen **Pro-B-Zelle**. Diese treten vor Beginn der Immunglobulingenumordnungen auf und lassen sich anhand anderer B-Zell-typischer Oberflächenmarker identifizieren. Die folgenden Stadien sind durch Schritte in der Umstrukturierung der Immunglobulingene, durch anderwei-

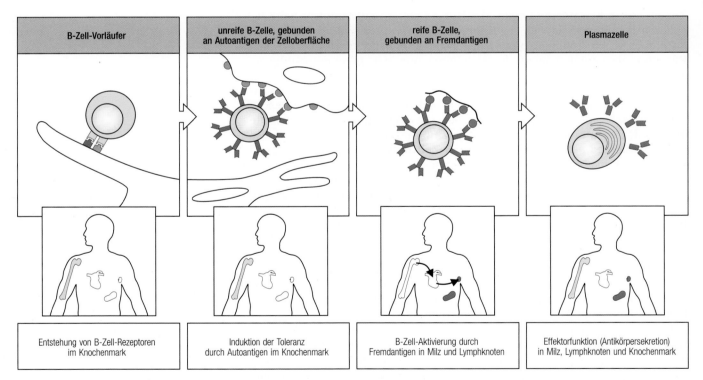

B-Zell-Vorläufer	unreife B-Zelle, gebunden an Autoantigen der Zelloberfläche	reife B-Zelle, gebunden an Fremdantigen	Plasmazelle
Entstehung von B-Zell-Rezeptoren im Knochenmark	Induktion der Toleranz durch Autoantigen im Knochenmark	B-Zell-Aktivierung durch Fremdantigen in Milz und Lymphknoten	Effektorfunktion (Antikörpersekretion) in Milz, Lymphknoten und Knochenmark

5.1 Die Lebensdauer einer B-Zelle umfaßt vier Hauptphasen. In der Phase I entstehen im Knochenmark aus Vorläuferzellen B-Zellen, die zur Herstellung eines Rezeptors mit einer einheitlichen Spezifität ihre Immunglobulin-(Ig-)Gene umordnen. Da bis zur Vollendung der Genumordnung kein Oberflächen-Ig exprimiert wird, ist dieser Prozeß antigenunabhängig. Er setzt jedoch Wechselwirkungen mit den Stromazellen des Knochenmarks voraus. In der Phase II können unreife B-Zellen, die Oberflächen-Ig exprimieren, mit Antigenen interagieren. Dann werden die Zellen tolerant. Das alles geschieht im Knochenmark. Von dort wandern die unreifen B-Zellen in den peripheren Lymphocyten-Pool. In der Phase III kann die B-Zelle durch einen Antigenkontakt in einem lymphatischen Organ aktiviert werden und dann mit der Proliferation und Differenzierung zur antikörpersezernierenden Plasmazelle der letzten Phase ihres Lebenszyklus reagieren. Zwar können diese Zellen im Lymphorgan verbleiben, sie wandern aber überwiegend ins Knochenmark. Dieses Kapitel befaßt sich hauptsächlich mit den ersten zwei Phasen der B-Zell-Entwicklung. Die beiden letzten werden in Kapitel 8 diskutiert.

tige Veränderungen von Zelloberflächenmolekülen, durch die Abhängigkeit von Wachstumsfaktoren sowie durch den Standort im Knochenmarkstroma definiert. So findet im späten Pro-B-Zell-Stadium die D_H-J_H-Verknüpfung statt, und im **Prä-B-Zell-Stadium** werden intakte schwere Ketten (H-Ketten) produziert. Dann durchlaufen die Gene für die leichten Ketten (L-Ketten) eine Umordnung, die zur Expression eines kompletten Immunglobulingenmoleküls an der Zelloberfläche und somit zur Entstehung einer **unreifen B-Zelle** führt. Die erste Phase der B-Zell-Differenzierung ist damit beendet (Abb. 5.2).

All diese Stadien der B-Zell-Entwicklung spielen sich im Knochenmark ab und sind stark von den Stromazellen abhängig. Stammzellen, die aus dem Knochenmark gewonnen und in Kultur genommen werden, sind ohne Stromazellen nicht in der Lage, zu B-Zell-Vorläuferzellen zu differenzieren. Die Beteiligung von Stromazellen ist in zweierlei Hinsicht notwendig. In frühen Entwicklungsstadien benötigen die B-Zell-Vorläufer ihren direkten Kontakt. In den späteren Stadien hängt die Entwicklung der B-Zellen wesentlich von Wachstumsfaktoren ab, die von den Stromazellen sezerniert werden (Abb. 5.3).

Die frühesten B-Zell-Vorläufer heften sich durch molekulare Wechselwirkungen an die Oberfläche der Stromazellen. An dieser Interaktion sind diverse Zelloberflächenmoleküle beteiligt, zu denen die Hyaluronsäure auf der Stromazelle und das Molekül CD44 auf dem B-Zell-Vorläufer gehören. CD44 ist ein Zelloberflächenadhäsionsprotein, das bei weiteren Zell-Zell-Wechselwirkungen während der Lymphocytenentwicklung wie auch bei der Migration von Lymphocyten und bei der Metastasierung von Tumoren eine Rolle spielt. Bei der B-Zell-Entwicklung kommt der Bindung von CD44 wahrscheinlich keine direkte Signalfunktion zu; sie dürften vielmehr die Anlagerung eines Rezeptors des B-Zell-Vorläufers, den man als c-kit bezeichnet, an ein zweites Molekül auf der Stromazelloberfläche, den sogenannten Stammzellfaktor (*stem-cell factor*, SCF), unterstützen. Das c-kit-Molekül besitzt Tyrosinkinaseaktivität, die durch die Bindung des Stammzellfaktors aktiviert wird und die Proliferation der frühen Pro-B-Zelle stimuliert (Abb. 5.3). In späteren Phasen der B-Zell-Entwicklung sorgen weitere Moleküle für die notwendige Zell-Zell-Adhäsion.

Im späten Pro-B-Zell-Stadium erscheinen auf der Zelloberfläche Rezeptoren für einen zweiten Wachstumsfaktor, IL-7, das von den Stromazellen freigesetzt wird. Es sorgt sowohl für die Fortdauer der Proliferation als auch für das Überleben im Prä-B-Zell-Stadium, nachdem die sich entwickelnden Lymphocyten ihre Abhängigkeit vom Stammzellfaktor verloren,

5.2 Die Entwicklung der B-Zellen durchläuft mehrere Stadien, die durch Umordnungen der Immunglobulingene charakterisiert sind. Die Knochenmarkstammzelle, die die B-Lymphocyten-Linie hervorbringt, hat mit der Umordnung ihrer Immunglobulingene noch nicht begonnen. Diese befinden sich noch in der Keimbahnkonfiguration. Die ersten Verknüpfungen eines D_H-Segments mit einem J_H-Segment ereignen sich erst in den frühen Pro-B-Zellen, aus denen sich die späten Pro-B-Zellen entwickeln. In diesen wiederum wird ein V_H-Segment mit dem DJ_H-Segment verknüpft, wodurch eine Prä-B-Zelle entsteht, die nur wenige Oberflächen-, aber viele cytoplasmatische μ-H-Ketten exprimiert. Schließlich werden die Gene für die leichten Ketten umgeordnet. Die Zelle, die man nun als unreife B-Zelle bezeichnet, exprimiert L- und μ-H-Ketten als Oberflächen-IgM-Moleküle.

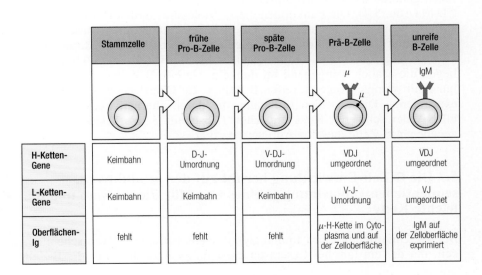

	Stammzelle	frühe Pro-B-Zelle	späte Pro-B-Zelle	Prä-B-Zelle	unreife B-Zelle
H-Ketten-Gene	Keimbahn	D-J-Umordnung	V-DJ-Umordnung	VDJ umgeordnet	VDJ umgeordnet
L-Ketten-Gene	Keimbahn	Keimbahn	Keimbahn	V-J-Umordnung	VJ umgeordnet
Oberflächen-Ig	fehlt	fehlt	fehlt	μ-H-Kette im Cytoplasma und auf der Zelloberfläche	IgM auf der Zelloberfläche exprimiert

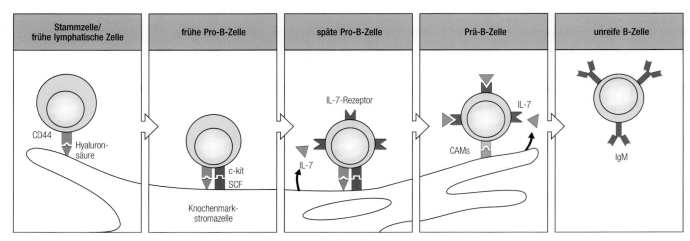

5.3 Die frühen B-Zell-Entwicklungsstadien sind von den Stromazellen desKnochenmarks abhängig. Lymphatische Vorläuferzellen und frühe Pro-B-Zellen binden über den C44-Rezeptor die Hyaluronsäure auf der Stromazelloberfläche; dies begünstigt die Bindung ihrer Oberflächentyrosinkinase c-kit an den Stammzellfaktor (SCF) der Stromazelloberfläche. Die Kinase wird aktiviert und die Proliferation induziert. Späte Pro-B-Zellen benötigen für ihr Wachstum und ihre Reifung sowohl den SCF auf der Stromazelloberfläche als auch lösliches Interleukin 7 (Il-7), während Prä-B-Zellen nur Il-7 brauchen. In späteren Entwicklungsstadien erlauben möglicherweise andere Zelladhäsionsmoleküle (*cell-adhesion molecules*, CAMs) die Bindung von sich entwickelnden B-Zellen an Stromazellen.

kelnden Lymphocyten ihre Abhängigkeit vom Stammzellfaktor verloren, die Expression von c-kit eingestellt und sich von den Stromazellen im Knochenmark abgelöst haben. Die bei diesem Prozeß entstehenden unreifen B-Zellen zirkulieren nicht im Körper und sind IL-7-unabhängig.

Einer der frühesten Marker in der Entwicklung der B-Zellen ist die Expression einer Isoform der membrandurchspannenden Tyrosinphosphatase CD45, die wir als CD45R (oder B220 in Mäusen) kennen. CD45 wird in verschiedenen Formen auf Zellen aller hämatopoetischen Linien exprimiert, und seine Beteiligung an der Signalweiterleitung über die Antigenrezeptoren von B- und T-Zellen haben wir bereits diskutiert (Abschnitte 3.28 und 4.27). CD45 ist in der Lage, die Aktivität einer Tyrosinkinase wie c-kit zu modulieren. Welche Rolle CD45R in der B-Zell-Entwicklung genau spielt, ist jedoch nicht bekannt. Als relativ frühe Marker in der B-Zell-Entwicklung dienen auch einige andere Proteine der Zelloberfläche, die für die Aktivierung von reifen B-Zellen durch T-Helferzellen wichtig sind. Zu ihnen gehören das Corezeptorprotein CD19, MHC-Klasse-II-Moleküle und CD40 (Abb. 5.4). Die Funktionen dieser Moleküle werden in Kapitel 8 diskutiert, wenn wir uns mit den T-Zell-B-Zell-Interaktionen beschäftigen. Sehr wahrscheinlich hat die frühe, regulierte Expression jedes dieser Moleküle wichtige funktionelle Konsequenzen für die B-Zell-Entwicklung, doch liegen diese noch weitgehend im dunkeln. Unreife B-Zellen differenzieren innerhalb weniger Tage zu reifen B-Zellen, die Oberflächen-IgM und -IgD exprimieren. Diese beiden Moleküle, die durch alternatives Spleißen der mRNA der schweren Kette entstehen (Abschnitt 3.23), besitzen in jeder gegebenen B-Zelle dieselbe Antigenspezifität.

5.2 Die B-Zell-Entwicklung beruht auf der produktiven, sequentiellen Umordnung je eines Gens für die schwere und die leichte Kette

Bei der Umordnung eines Immunglobulingens beträgt die Wahrscheinlichkeit, mit der ein falsches Leseraster entsteht, zwei zu drei. Für die B-Zell-

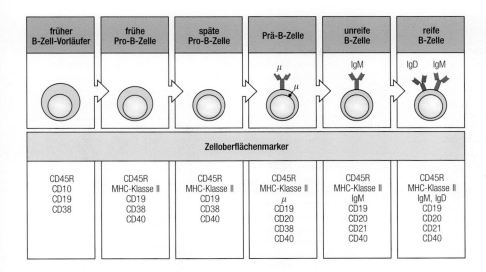

früher B-Zell-Vorläufer	frühe Pro-B-Zelle	späte Pro-B-Zelle	Prä-B-Zelle	unreife B-Zelle	reife B-Zelle
			μ μ	IgM	IgD IgM

Zelloberflächenmarker

CD45R	CD45R	CD45R	CD45R	CD45R	CD45R
CD10	MHC-Klasse II	MHC-Klasse II	MHC-Klasse II	MHC-Klasse II	MHC-Klasse II
CD19	CD19	CD19	μ	IgM	IgM, IgD
CD38	CD38	CD38	CD19	CD19	CD19
	CD40	CD40	CD20	CD20	CD20
			CD38	CD21	CD21
			CD40	CD40	CD40

5.4 Änderungen in der Expression der Zelloberflächenmoleküle während der B-Zell-Entwicklung. In jedem Stadium der B-Zell-Entwicklung des Menschen werden verschiedene Zelloberflächenmarker exprimiert, die sich zur Identifizierung von B-Zellen in spezifischen Entwicklungsstadien heranziehen lassen. Die Funktion der meisten dieser Proteine in den reifen B-Zellen ist bekannt, doch ihre spezifische Bedeutung für die B-Zell-Entwicklung kennt man noch nicht. So sind CD19, CD21 (auch CR2 genannt) und CD45 wichtig für die Signalgebung während der B-Zell-Aktivierung. MHC-Klasse-II-Moleküle präsentieren den T-Helferzellen Antigene, und CD40 ist an den Wechselwirkungen zwischen B- und T-Zellen beteiligt. Die Funktion von CD10, CD20 und CD38 ist nicht aufgeführt, aber sie stellen nützliche Zellmarker während der Entwicklung dar. Obwohl Prä-B-Zellen einige μ-H-Ketten an der Zelloberfläche exprimieren, ist gerade die Existenz von intrazellulären μ-Ketten für diese Zellen charakteristisch. Reife B-Zellen sind durch das Erscheinen von IgD auf ihrer Oberfläche gekennzeichnet.

Entwicklung ist eine produktive Umstrukturierung der Gene sowohl für die schwere (H-Kette) als auch für die leichte Kette (L-Kette) erforderlich. Deshalb gehen viele B-Zellen hauptsächlich während der frühen Differenzierungsstadien, also während der Umordnung der H-Ketten-Gene, verloren, weil es nicht zur einer Produktion funktionsfähiger Immunglobulinproteine (Ig-Proteine) kam. Bei den L-Ketten-Genen findet sich nach einer unproduktiven Umordnung aufgrund ihrer Anzahl und ihrer Organisation eher ein Ausweg. Folglich gibt es bei ihrer Rekombination in den späteren Stadien wesentlich weniger Ausschuß. Die Abfolge der Genrekombinationsereignisse haben wir in Abbildung 5.5 zusammengefaßt. Die Umstrukturierung der H-Ketten-Gene des Immunglobulins beginnt in den frühen Pro-B-Zellen mit der Verknüpfung des D-Segments mit dem J-Segment. Sie vollzieht sich auf beiden Allelen des diploiden Chromosomensatzes. Die so entstandenen späten Pro-B-Zellen gehen nun zum nächsten Schritt über, in dem ein V_H-Segment mit einem DJ_H-Komplex kombiniert wird. Die V_H-DJ_H-Verknüpfung findet zuerst auf einem Allel des diploiden Chromosomsatzes statt. Die Wahrscheinlichkeit, daß sie ein V_H-Exon mit dem richtigen Leseraster hervorbringt, ist eins zu drei. In diesem Fall entstehen intakte μ-Ketten. Die Zelle wird nun als Prä-B-Zelle bezeichnet. Ist die erste V_H-DJ_H-Verknüpfung nicht im Leseraster, läuft die Reaktion auf dem zweiten Allel weiter. Ist dieses Leseraster korrekt, kann doch noch eine Prä-B-Zelle entstehen. Sollten beide Umordnungen ein falsches Leseraster hervorbringen, kann aus der späten Pro-B-Zelle, die ihre gesamten intervenierenden D-Elemente im Laufe der erfolglosen Bemühungen, V_H und DJ_H zu vereinigen, verloren oder invertiert hat, keine reife B-Zelle entstehen. Sie wäre somit für die Zellinie verloren. Dies passiert in 45 Prozent der Fälle. Die einzigen Ausnahmen von der Regel findet man zum einen bei einigen Pro-B-Zell-Tumoren, bei denen ein V_H-Gensegment ein bereits umgeordnetes V_H-Gensegment ersetzen und so möglicherweise die B-Zelle retten kann (Abb. 5.6), und zum anderen bei einigen Mäusestämmen, die für ein umstrukturiertes Immunglobulingen transgen sind. Ob sich dies auch in der normalen B-Zell-Entwicklung ereignen kann, ist nicht bekannt.

Sobald eine produktive Umordnung der H-Ketten-Gene erfolgt ist, teilen sich die Zellen vermutlich mehrere Male bis zum Erreichen des Prä-B-Zell-Stadiums, in dem die Umordnung der L-Ketten-Gene beginnt. Dies erlaubt einer Zelle mit einem bestimmten, erfolgreich umgeordneten H-Ketten-Gen, Nachkommen mit verschiedenen Neuanordnungen von L-Ketten-Genen zu produzieren, was die Diversität der erzeugten Antikörpermoleküle steigert. Die erste L-Ketten-Genumordnung findet auf einem der bei-

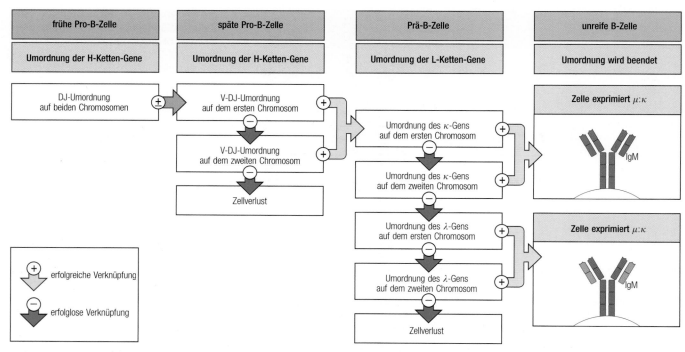

5.5 Schritte der Umordnung der Immunglobulingene, die zur Expression von Zelloberflächenimmunglobulin führen. Die Umordnungsereignisse sind in Spalten dargestellt, die den Zellen entsprechen, in denen sie ablaufen. Jede Umordnung bringt mit einer Wahrscheinlichkeit von etwa eins zu drei ein korrektes Leseraster hervor, was der Zelle erlaubt, zum nächsten Entwicklungsstadium überzugehen. Jede Zelle hat mehr als eine Möglichkeit, eine erfolgreiche Umstrukturierung durchzuführen. Nach einer ersten, nichtproduktiven Umordnung sind weitere Versuche erlaubt.

5.6 Ein V$_H$-Gen-Austausch kann unproduktive H-Ketten-Genumordnungen retten. Eine Umordnung von H-Ketten-Genloci kann auf einem Chromosom nur einmal ablaufen. Der Prozeß der D$_H$-J$_H$- und V$_H$-DJ$_H$-Gen-Verknüpfungen entfernt alle intervenierenden D-Gensegmente und macht so eine weitere Umstrukturierung der H-Ketten-Gene unmöglich. Der Grund ist, daß die Rekombinationssignale der V$_H$- und J$_H$-Elemente jeweils 23 bp lange Spacer besitzen und sich daher nicht direkt miteinander verknüpfen lassen. Der einzige Mechanismus, der die untauglichen H-Ketten-Genumordnungen retten könnte, wäre der Austausch des umgeordneten V$_H$-Gensegments gegen ein anderes V$_H$-Gensegment, das an das konservierte Heptamer der 3′ vom V$_H$-Gensegment gelegenen Rekombinationssequenz anknüpft. Bis jetzt konnte dies nur in B-Lymphomzellen und in einigen transgenen Mäusestämmen beobachtet werden. Es dürfte schwierig sein, dies auch in normalen B-Zellen nachzuweisen. Doch auszuschließen ist es nicht.

den Chromosomen statt, die die κ-L-Kette codieren. Auch in diesem Fall führen produktive Umordnungen zur Herstellung von intakten IgM-(μ:κ)-Molekülen und zur Beendigung weiterer Rezeptorgenrekombinationen. Da der κ-Locus mehrere V- und vier J-Gensegmente enthält, kann auf jedem Chromosom mehr als nur eine Umordnung versucht werden (Abb. 5.7). Führt die Rekombination der κ-Ketten-Gene nicht zur Produktion von intakten IgM-Molekülen, dann wird schließlich der Locus für die leichte

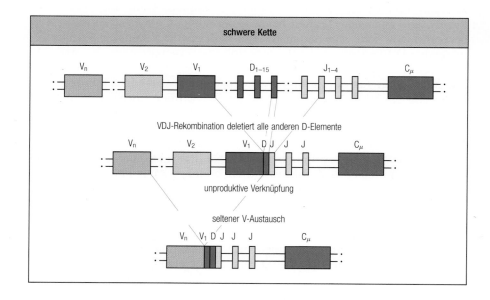

λ-Kette umgeordnet. Die multiplen V- und J-Elemente im λ-L-Ketten-Locus erlauben auch hier mehrere Versuche. Das Ergebnis dieses Überangebots an Genen für die L-Kette ist, daß praktisch alle B-Zell-Vorläufer, die das Prä-B-Zell-Stadium erreichen, Nachkommen mit intakten IgM-Molekülen hervorbringen, die als unreife B-Zellen bezeichnet werden (Abb. 5.7). Dieser Entwicklungsweg liefert mehr als 95 Prozent der reifen B-Zellen. In einigen wenigen Fällen können B-Zellen, die die H-Ketten-Gene nicht umgeordnet haben, dennoch die Rekombination der L-Ketten-Gene vornehmen. Es ist ebenfalls möglich, daß die Gene für die λ-L-Kette vor denen für die κ-L-Kette rekombiniert werden. Das Ausmaß der Beteiligung dieser alternativen Entwicklungswege an der Reifung von B-Zellen ist allerdings nicht bekannt.

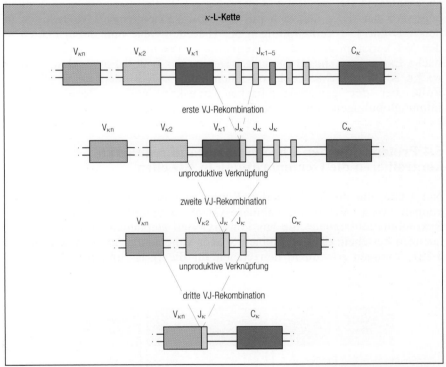

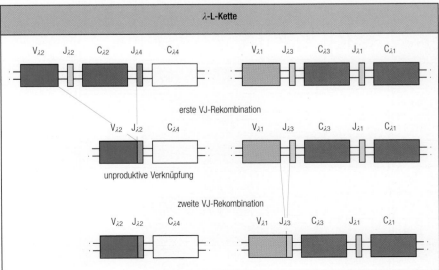

5.7 Unproduktive Umordnungen von L-Ketten-Genen können durch eine weitere Genumordnung kuriert werden. Die Organisation der Gene für die leichte Kette (L-Kette) von Mäusen (hier gezeigt) oder Menschen bietet viele Möglichkeiten zur Rettung von Prä-B-Zellen, die zuerst eine nicht im Leseraster liegende (*out-of-frame*) L-Ketten-Genumordnung durchgeführt haben. Als erstes kann ein 5′-V_κ-Gensegment mit einem 3′-J_κ-Gensegment rekombinieren und somit eine untaugliche Verknüpfung entfernen und durch eine ersetzen, die im Leseraster ist (oben). Da vier J_κ-Segmente existieren (das fünfte ist ein Pseudogen), kann dies prinzipiell bis zu vier Mal auf jedem Chromosom geschehen. Wenn alle Umordnungen der κ-Ketten-Gene keine produktive L-Ketten-Verknüpfung zustande bringen, ist vielleicht eine λ-Ketten-Genumordnung erfolgreicher. Die λ-Ketten-Gene bestehen aus vier Sätzen von V-, J- und C-Gensegmenten. Eines von ihnen ist ein Pseudogen, aber dessen ungeachtet erlaubt diese Organisation mehrere λ-Ketten-Genumordnungen auf jedem Chromosom. Somit ist die Wahrscheinlichkeit einer produktiven Umordnung in den sich entwickelnden B-Zellen sehr groß, und die meisten Prä-B-Zellen vollenden erfolgreich ihre Differenzierung zu unreifen B-Zellen.

5.3 Die Expression der Enzyme, die an den Umordnungen der Immunglobulingene beteiligt sind, ist entwicklungsabhängig programmiert

So wie die sequentiellen Schritte der Umordnung der Immunglobulingene die verschiedenen Stadien der B-Zell-Entwicklung definieren, sind auch andere Proteine Marker für spezifische Differenzierungsstadien (Abb. 5.8). *RAG-1* und *RAG-2*, Gene für Proteine, die bei der Rekombination von Immunglobulingenen benötigt werden (Abschnitt 3.15), sind in den frühesten bisher untersuchten Zellen der B-Zell-Linie aktiv. In einer reifen B-Zelle, die die Rekombination bereits abgeschlossen hat, sind sie jedoch nicht mehr vorhanden. Ähnliches gilt für die terminale Desoxynucleotidyltransferase (TdT), ein Enzym, das an der Anfügung von N-Nucleotid beteiligt ist (Abschnitt 3.15). Ihre Expression wird im Prä-B-Zell-Stadium eingestellt, nachdem die Umordnung der Gene für die schweren Ketten abgeschlossen ist, die Rekombination der L-Ketten-Gene aber noch nicht begonnen hat. Dies läßt sich mit der Anwesenheit von N-Nucleotiden in den V-D-und D-J-Verknüpfungen der H-Ketten-Gene und ihrem Fehlen in den V-J-Verknüpfungen der L-Ketten-Gene vereinbaren. Die stadienspezifische Expression einiger Schlüsselproteine der B-Zell-Entwicklung zeigen wir in Abbildung 5.8. Drei von ihnen sind DNA-Bindeproteine, die eine Rolle bei der gewebespezifischen transkriptionellen Regulation der Immunglobulingene spielen, zu der wir nun kommen.

5.4 Proteine, die den Chromatinzustand regulieren, kontrollieren die Genumordnung in B-Zellen

Nur Gene, die die konservierten Rekombinationszielsequenzen enthalten, können vom V(D)J-Rekombinasesystem umgeordnet werden. Diese Rekombinationssignale, die aus konservierten Heptamer- und Nonamersequenzen bestehen, die durch einen Spacer voneinander getrennt sind (Abb. 3.22), kommen sowohl in den Genen für die Ig-H- und Ig-L-Ketten als

5.8 Die Expression einiger wichtiger zellulärer Proteine ändert sich im Lauf der B-Zell-Entwicklung. Die Herstellung eines Zelloberflächenrezeptors durch B-Zellen erfordert die genaue zeitliche Regulation einiger verschiedener Prozesse. E32 und Oct-2 sind Proteine, die an der Transkription von Immunglobulin-H-Ketten beteiligt sind. Sie werden in einem frühen B-Zell-Entwicklungsstadium produziert, während NF-κB, welches für die Transkription der L-Ketten benötigt wird, später produziert wird. Entsprechend werden auch RAG-1 und RAG-2, die für die Genumstrukturierung gebraucht werden, die TdT, notwendig für die N-Nucleotidaddition, und λ5 und VpreB, erforderlich für die Regulation der Expression der Oberflächen-μ-Ketten, jeweils nur in bestimmten Entwicklungsstadien produziert. λ5 und VpreB sind spezialisierte Proteine, die in Prä-B-Zellen die L-Ketten ersetzen (Abschnitt 5.6). Die genaue zeitliche Regulation dieser Proteine sorgt für eine strikte Abfolge der Ereignisse der B-Zell-Differenzierung.

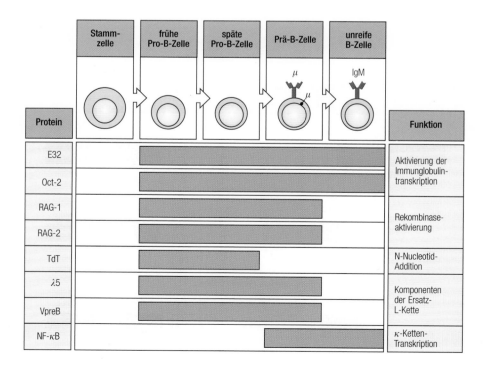

auch in denen für T-Zell-Rezeptoren vor. Die somatische Rekombination all dieser Rezeptorgene wird durch dieselben Enzyme bewerkstelligt. Bei Mäusen beispielsweise, die durch homologe Rekombination *RAG-1* und *RAG-2* verloren haben (Abschnitt 2.38), durchlaufen weder T- noch B-Zell-Rezeptorgene eine somatische Rekombination. Trotzdem ist eine produktive Umordnung der T-Zell-Rezeptorgene in B-Zellen nicht möglich, und in T-Zellen weisen Immunglobulingene nur einige DJ$_H$-Rekombinationen auf. Das ist so, weil die Zugänglichkeit des T- und B-Zell-Rezeptorchromatins für die Rekombinationsenzyme durch T- oder B-Zell-Linien-spezifische, genregulatorische Proteine festgelegt wird. Der gleiche Mechanismus ist möglicherweise für die sequentielle Umordnung der H- und L-Ketten-Gene verantwortlich.

Vor einer Genumordnung werden von den einzelnen Immunglobulingensegmenten, die verknüpft werden sollen, einige wenige Transkripte hergestellt. Diese werden durch Promotoren aktiviert, die stromaufwärts von jedem V-Gensegment und den J-C-Segmenten liegen. Die Aktivität dieser Promotoren wird ihrerseits durch genregulatorische Proteine gesteuert, die an gewebespezifische Enhancer binden, die im Fall der H-Ketten- und κ-L-Ketten-Gene im Intron zwischen den J-Gensegmenten und den Exons der C-Region sowie 3' vom C-Exon liegen (Abschnitt 5.5).

Man nimmt an, daß die B-Zell-spezifischen Proteine, die an die Immunglobulinenhancer binden, für die „Öffnung" des Chromatins in der Immunglobulingenregion verantwortlich sind, so daß es nicht nur für die transkriptionelle Aktivierung zugänglich ist, sondern auch für die an der somatischen Rekombination beteiligten Enzyme. Bei Mäusen, die nicht-rekombinierte Immunglobulintransgene mit ihren entsprechenden genregulatorischen DNA-Elementen tragen, wird das Transgen nur in B-Zellen umgeordnet, außer es integriert sich in Chromatinregionen, die eine Transkription in T-Zellen erlauben. Werden mehrere Kopien eines „Reportergens" in eine Pro-B-Zell-Linie eingebracht, in der Genumordnungen stattfinden, dann werden außerdem nur die Kopien neu kombiniert, die transkribiert werden (Abb. 5.9). Dennoch zeigen Experimente, daß die Transkription selbst für die Genumordnung nicht benötigt wird, da Substanzen, die die Transkription blockieren, die Genrekombination in diesen Zellen nicht hemmen. Folglich spiegelt die transkriptionelle Aktivität vermutlich nur den offenen Zustand des Chromatins wider, der die Zugänglichkeit für die DNA-Rekombinasen bestimmt. Da die Proteine, welche die regulatorischen DNA-Sequenzen der Immunglobulingene binden und das Chromatin öffnen, in den sich entwickelnden B-Zellen und nicht in T-Zellen entstehen, kommt es nur in B-Zellen zu einer vollständigen Umordnung der Immunglobulingene, nicht jedoch in T-Zellen. Die DJ$_H$-Verknüpfungen in einigen T-Zellen lassen eine gewisse „Undichtigkeit" in diesem Prozeß vermuten, können aber auch frühe Ereignisse in einem gemeinsamen Vorläufer von B- und T-Zellen widerspiegeln. Entsprechend öffnen T-Zell-spezifische DNA-Bindeproteine das Chromatin der Rezeptorgene in T-Zellen.

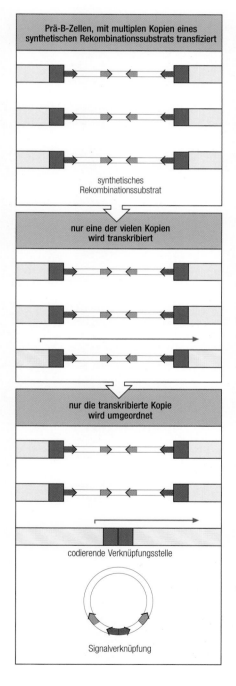

Prä-B-Zellen, mit multiplen Kopien eines synthetischen Rekombinationssubstrats transfiziert

synthetisches Rekombinationssubstrat

nur eine der vielen Kopien wird transkribiert

nur die transkribierte Kopie wird umgeordnet

codierende Verknüpfungsstelle

Signalverknüpfung

5.9 Offenes Chromatin ist notwendig für eine Genumordnung. Man konnte zeigen, daß die chromatinhaltigen Gensegmente der Immunglobbuline in einer offenen Konfiguration vorliegen müssen, indem man synthetische Gene mit geeigneten Rekombinationssignalen untersucht hat (Abschnitt 3.14). In B-Zell-Tumoren, in die multiple Kopien des synthetischen Gens eingebracht wurden, kann man einige dieser Gene in Chromatinregionen mit einer geschlossenen Konfiguration nachweisen (grau), während andere in Regionen mit einer offenen Konfiguration zu finden sind (rot) — möglicherweise weil sie sich in transkribierten Genen oder in deren Nähe befinden. Wenn die transfizierten Zellen zur Genumordnung angeregt werden, wird nur das synthetische Gen, das in einer offenen Chromatinregion liegt, umstrukturiert.

Es ist sehr wahrscheinlich, daß die Gene für die schwere Kette vor denen für die leichte Kette geöffnet werden, was zu den sequentiellen Umordnungen führt, die während der Entstehung einer B-Zelle stattfinden.

5.5 Die Umordnung der Immunglobulingene verändert die Aktivität ihrer Promotoren

Die Umordnung der Immunglobulingene erhöht die transkriptionelle Aktivität der neu arrangierten Gensegmente dramatisch. Vor der Rekombination werden die J- und C-Segmente von einem schwachen, stromaufwärts vor den D- und J-Gensegmenten liegenden Promotor aus nur in geringem Umfang transkribiert. Gleiches gilt für die Transkription der V_H-Gensegmente, die aufgrund der großen Distanz ihrer Promotoren zum Ig-Enhancer ebenfalls schwach ist (Abb. 5.10b). Nach der Umordnung gelangt der stromaufwärts vom V-Gensegment gelegene Promotor in die Nachbarschaft der Enhancer im J-C-Intron und weiteren, die 3' von den C-Exons liegen. Das Ergebnis ist eine deutlich erhöhte Transkriptionsrate der vollständig rekombinierten Gene (Abb. 5.10d; die 3'-Enhancer sind nicht gezeigt). Die Genumordnung ist also ein wirksamer Mechanismus sowohl für die Regulation der Genexpression als auch für die Erzeugung der Rezeptordiversität. Obwohl wir heute schon bei Prokaryoten und einzelligen Eukaryoten einige Beispiele für diesen Vorgang kennen, wissen wir bei den Vertebraten bisher nur von den Ig- und T-Zell-Rezeptorgenen, daß sie Genumordnungen zur Regulation der Genexpression einsetzen.

5.6 Zur Regulation der Genumordnung verbinden sich in der heranreifenden B-Zelle partielle Immunglobulinmoleküle mit konstanten Ketten

Die erhöhte Transkription von erfolgreich umgeordneten Ig-Genen und das daraus resultierende schnelle Auftreten ihrer Produkte spielen eine wichtige Rolle im Entwicklungsprogramm. Es garantiert, daß jede vollständig differenzierte B-Zelle nur ein erfolgreich rekombiniertes Gen für die schwere Kette und eines für die leichte Kette enthält. Ein anschauliches Beispiel dafür bietet die Einführung eines bereits umgeordneten Gens für eine H-Kette in die Keimbahn einer Maus. Nahezu alle B-Zellen dieses transgenen Tieres exprimieren das Produkt des H-Ketten-Transgens und unterdrücken gleichzeitig die Umordnung der eigenen H-Ketten-Gene. Die endogenen L-Ketten-Gene hingegen werden normal umgelagert, um ein komplettes Ig-Molekül bilden zu können. Eine ähnliche Unterdrückung, welche die Gene für die leichte Kette betrifft, vollzieht sich bei Mäusen, die ein Transgen für ein umgeordnetes L-Ketten-Gen tragen.

Die Suppression der H-Ketten-Genumordnung hängt von der Expression der Produkte der umstrukturierten Gene auf der Oberfläche ab. Schwere μ-Ketten können nicht allein auf der Oberfläche exprimiert werden, sondern benötigen dazu einen speziellen Mechanismus. Prä-B-Zellen produzieren zu diesem Zweck zwei Ig-ähnliche Proteine, die zusammen eine Ersatz-L-Kette bilden (Abb. 5.8). Eines dieser Proteine, $\lambda 5$, gleicht einer Cλ-Domäne, während das andere, VpreB, einer V-Domäne ähnelt, mit dem einen Unterschied, daß es eine zusätzliche N-terminale Proteinsequenz trägt. Beide Polypeptide zusammen bilden einen Komplex auf der Zelloberfläche, bestehend aus der μ-H-Kette und den zugehörigen konstanten Ketten Igα und Igβ (Abschnitt 3.27). Dieses Ig-ähnliche Molekül signalisiert offensichtlich der sich entwickelnden B-Zelle, daß ein komplettes μ-Ketten-Gen entstanden ist, und unterbindet so weitere Umordnungen von H-Ketten-Genen und veranlaßt gleichzeitig die Umordnung des κ-L-Ketten-

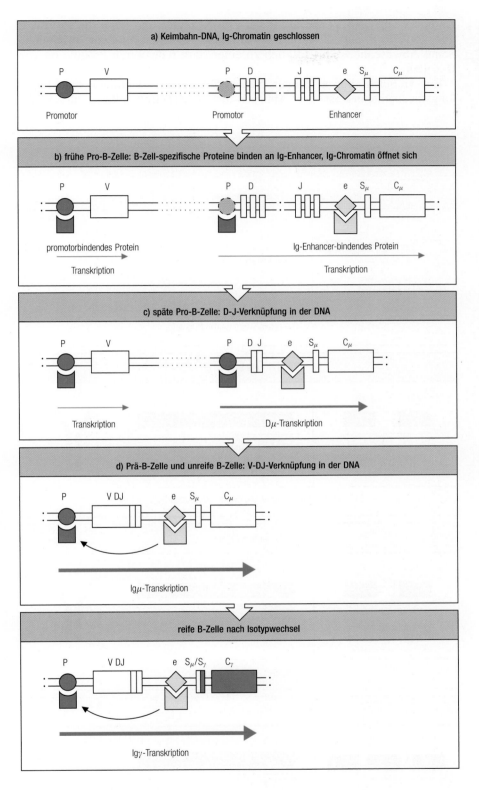

a) Keimbahn-DNA, Ig-Chromatin geschlossen

Promotor · Promotor · Enhancer

b) frühe Pro-B-Zelle: B-Zell-spezifische Proteine binden an Ig-Enhancer, Ig-Chromatin öffnet sich

promotorbindendes Protein · Ig-Enhancer-bindendes Protein

Transkription · Transkription

c) späte Pro-B-Zelle: D-J-Verknüpfung in der DNA

Transkription · $D\mu$-Transkription

d) Prä-B-Zelle und unreife B-Zelle: V-DJ-Verknüpfung in der DNA

$Ig\mu$-Transkription

reife B-Zelle nach Isotypwechsel

$Ig\gamma$-Transkription

5.10 Proteine, die an Promotor-(P-) und Enhancer-(e-)Elemente binden, bestimmen die Abfolge der Genumordnungen mit und regulieren das Ausmaß der RNA-Transkription. In Zellen der Keimbahn oder nichtlymphatischen Zellen liegt das Chromatin, das die Immunglobulingene enthält, in einer geschlossenen Konfiguration vor (a). In der frühen Pro-B-Zelle binden spezifische Proteine an die Ig-Enhancer-Elemente. Diese liegen im Fall der H-Kette im J-C-Intron (b) und 3' von den C'-Exons (nicht gezeigt). Diese Bindung öffnet die DNA und ermöglicht so eine schwache Transkription von den Promotoren aus, die stromaufwärts von den D-Segmenten liegen. Die Öffnung der DNA erlaubt außerdem deren DNA-Umordnung (c). Die nun folgende Umlagerung eines V-Gensegments bringt seinen Promotor unter den Einfluß des H-Ketten-Enhancers und führt so im Vergleich zur D_μ-Transkription, zu einer weitaus stärkeren Produktion von μ-mRNA in Prä-B-Zellen und unreifen B-Zellen (d). Die H-Ketten-Wechsel-(*switch-*)Region, S_μ, liegt zwischen dem Enhancer und den Gensegmenten der konstanten Region (Abschnitt 3.22). Daher beeinflussen die anschließenden Rekombinationsereignisse während des Isotypwechsels die Interaktion zwischen Enhancer und Promotor nicht mehr (e). Das bedeutet, daß alle Isotypen sehr stark exprimiert werden können.

Gens (Abb. 5.11). Wenn Mäuse mutierte μ-Ketten-Gene, die keine transmembranen Moleküle bilden können, besitzen, wird die B-Zell-Entwicklung nach der Rekombination der H-Ketten-Gene blockiert. Das Fehlen von $\lambda5$ hat einen ganz ähnlichen Effekt, obwohl bei einigen dieser Mäuse dennoch wenige B-Zellen gebildet werden können. Vermutlich wirkt der

Komplex aus μ:λ5:VpreB als Prä-B-Zell-Rezeptor und kann die Proliferation von Prä-B-Zellen vor der Umordnung der L-Ketten-Gene anschalten. Seine Abwesenheit führt folglich zu einer stark reduzierten Produktion von B-Zellen.

Ein vielleicht nur zufälliger Nebeneffekt dieses wichtigen Rückkopplungsmechanismus ist der Abbruch der B-Zell-Entwicklung durch die

5.11 Die Expression von Zelloberflächen-μ-Ketten während der B-Zell-Entwicklung. Im späten Pro-B-Zell-Stadium (obere Teilabbildung) wird kein funktionelles μ-Protein exprimiert, obwohl vom stromaufwärts von den D-Gensegmenten liegenden Promotor eine RNA transkribiert wird (Abb. 5.10). In der Prä-B-Zelle, in der die H-Ketten-Genumordnung stattgefunden hat (zweite Teilabbildung), können μ-Ketten auf der Zelloberfläche exprimiert werden. Das geschieht in immunglobulinähnlichen Komplexen mit zwei Ketten, λ5 und VpreB, die zusammen eine Ersatz-L-Kette bilden. Über diese Ig-ähnlichen Moleküle laufen Signale, die vermutlich die Prä-B-Zell-Proliferation, die Beendigung der H-Ketten-Genumordnung und den Beginn der Umstrukturierung der L-Ketten-Gene auslösen. Der erfolgreichen L-Ketten-Genumordnungen folgt die Produktion eines L-Ketten-Proteins, das die λ5:VpreB-Ersatz-L-Kette verdrängt und so die Expression von kompletten IgM-Molekülen auf der Zelloberfläche ermöglicht (dritte Teilabbildung). Über die IgM-Moleküle vermittelte Signale oder auch der Verlust des λ5:VpreB-Signals stimulieren vermutlich den Abbruch der L-Ketten-Genumordnung. Schließlich werden in der reifen B-Zelle (untere Teilabbildung) Transkripte hergestellt, die die konstanten Regionen der μ-und der δ-H-Kette enthalten, so daß IgM und IgD auf der Zelloberfläche exprimiert werden.

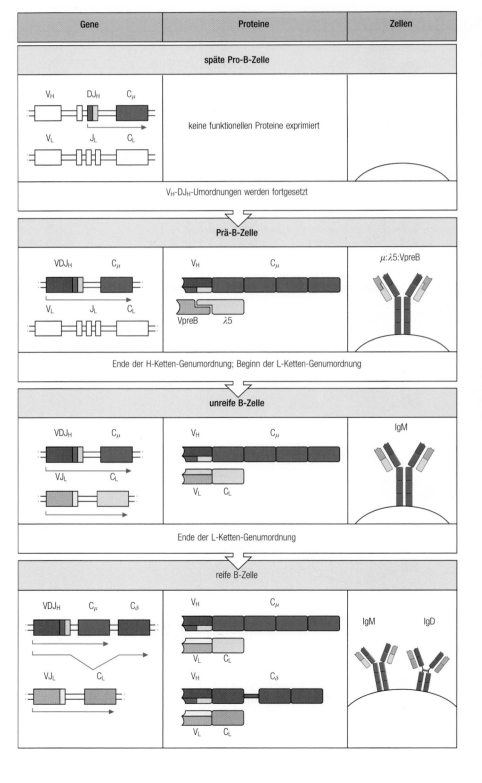

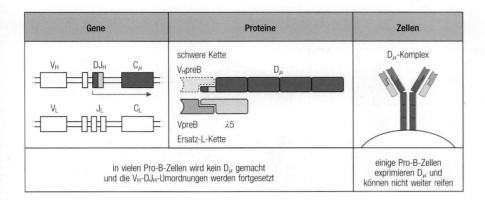

Gene	Proteine	Zellen
V_H DJ_H C_μ V_L J_L C_L	schwere Kette $V_H$preB D_μ VpreB $\lambda 5$ Ersatz-L-Kette	D_μ-Komplex
in vielen Pro-B-Zellen wird kein D_μ gemacht und die V_H-DJ_H-Umordnungen werden fortgesetzt		einige Pro-B-Zellen exprimieren D_μ und können nicht weiter reifen

5.12 Einige DJ_H-Verknüpfungen erlauben die Produktion eines verkürzten H-Ketten-Proteins, D_μ genannt, das die B-Zell-Entwicklung unterbindet. Nicht alle D-Gensegmente führen zur Herstellung von D_μ-Proteinen, und nur ein D-Gensegment-Leseraster erlaubt eine Proteinproduktion. In reifen B-Zellen findet man keine Antikörper mit D in diesem Leseraster. Der Grund ist, daß das D_μ-Protein sowohl $\lambda 5$ und VpreB bindet als auch eine mögliche Ersatz-V_H-Region und dann an die Oberfläche wandert. Man nimmt an, daß es hier Signale für die Beendigung der V_H-DJ_H-Verknüpfung aussendet und somit die B-Zell-Reifung blockiert. Die meisten B-Zellen, die sich in der Entwicklung befinden, stellen kein D_μ-Protein her und können so V_H und DJ_H zusammenbauen.

Expression von nur teilweise umgeordneten H-Ketten auf der Zelloberfläche. Dies geschieht jedoch nur sehr selten, nämlich wenn die D-J-Verknüpfung die H-Ketten-Transkription von einem 5′ von D gelegenen, bis zu diesem Zeitpunkt inaktiven Promotor auslöst (Abb. 5.10). Ist ein offenes Leseraster entstanden, so kann eine verkürzte Form einer H-Kette hergestellt werden, das D_μ-Protein (Abb. 5.12). Prä-B-Zellen, die dann den entstandenen Dμ:λ5:VpreB-Komplex auf ihrer Oberfläche exprimieren, gehen der B-Zell-Entwicklung verloren. Wahrscheinlich werden weitere Umordnungen des H-Ketten-Locus unterdrückt, so daß die für die Reifung einer B-Zelle wichtige V-DJ_H-Verknüpfung nicht mehr durchgeführt werden kann.

Sobald die Umordnung eines L-Ketten-Gens erfolgreich abgeschlossen ist, verdrängen seine Produkte die Ersatz-L-Ketten von den schweren Ketten, so daß ein intaktes IgM-Molekül entsteht. Die Expression von IgM auf der B-Zell-Oberfläche geht direkt mit der Einstellung weitere Rekombinationen einher. Möglicherweise geschieht dies durch das Entfernen des Signals, das von den Oberflächen-μ:λ5:VpreB-Komplexen ausgeht. Vermutlich wird jeder Umordnungsschritt der Ig-Gene durch das Produkt des jeweils vorangegangenen Schrittes reguliert, um sicherzustellen, daß jede einzelne B-Zelle nur einen Typ einer schweren und einer leichten Kette exprimiert.

5.7 Das Programm der Immunglobulingenumordnung führt zur Monospezifität von B-Zell-Rezeptoren

Wie wir in Kapitel 1 gesehen haben, ist die Monospezifität von B-Zellen unentbehrlich dafür, sicherzustellen, daß alle von einer aktivierten B-Zelle sezernierten Antikörpermoleküle spezifisch für jenes Antigen sind, das die B-Zell-Proliferation ursprünglich angeregt hat. Dies beugt einer gleichzeitigen unwirtschaftlichen oder sogar schädlichen Sekretion von Antikörpern weiterer Spezifitäten vor. Jetzt wissen wir, daß die kontrollierte Abfolge der Umordnung der Immunglobulingene die Monospezifität garantiert und somit das Phänomen des Allelausschlusses erklärt. Nur eines der beiden elterlichen Chromosomen nämlich produziert eine Ig-Kette aus jedem Satz von Ig-Gensegmenten (Abschnitt 3.17). Der Begriff Allelausschluß (allele Exklusion) ist historisch begründet und wird in Abbildung 5.13 erklärt.

Wenn ein komplettes Ig-Molekül entstanden ist, wird die monospezifische B-Zelle, die wir jetzt **unreife B-Zelle** nennen, durch die in ihrer Umgebung vorhandenen Antigene einer Selektion unterworfen. Um die Selbst-Toleranz zu etablieren, müssen unreife, autoantigenerkennende B-Zellen entfernt oder inaktiviert werden. Erst dann können die B-Zellen das Knochenmark verlassen und in die peripheren Lymphgewebe auswan-

5.13 Das Phänomen des Allelausschlusses bei der Expression von Immunglobulingenen in einzelnen B-Zellen. Die meisten Spezies weisen einen genetischen Polymorphismus in den konstanten Regionen ihrer H- und L-Ketten-Gene auf (Abschnitt 3.25). Daher exprimieren beispielsweise die B-Zellen eines Kaninchens, das homozygot für den Alleltyp a einer Immunglobulin-H-Kette (Igh) ist, ein Immunglobulin des Typs a, alle B-Zellen eines Kaninchens, das homozygot für den Alleltyp b ist, dagegen ein Immunglobulin des Typs b. Bei einem heterozygoten Tier mit Genen für die Typen a und b exprimiert jede B-Zelle entweder nur Typ a oder nur Typ b, niemals beide zusammen. Die Expression nur eines elterlichen Allels spiegelt die produktive Umordnung nur eines der beiden elterlichen Chromosomen in jeder B-Zelle wider.

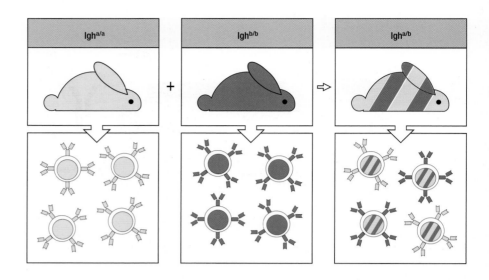

dern. Im folgenden wollen wir uns den Mechanismen der Selbst-Toleranz zuwenden. Die Aktivierung der B-Zellen in der Peripherie werden wir in Kapitel 8 besprechen.

Zusammenfassung

B-Zellen werden ein Leben lang im menschlichen Knochenmark gebildet. Zur Herstellung eines breiten Spektrums von Antigenrezeptoren durchlaufen die B-Zellen während der Differenzierung ausgehend von der primitiven Stammzelle eine Serie von Schritten, die durch sequentielle Ig-Segmentumordnungen gekennzeichnet sind. Jede intakte Ig-Kette, die durch eine somatische Genrekombination entstanden ist, gibt der sich entwickelnden Zelle das Signal, die Umordnungen des Gensegmentsatzes, aus dem sie selbst abstammt, einzustellen und die des nächsten Satzes zu beginnen. Das Endprodukt dieses Prozesses ist eine B-Zelle mit Oberflächenimmunglobulinen einer einzigen Spezifität. In diesem Entwicklungsstadium ist die B-Zelle bereit für Selektionsereignisse, die durch die Bindung von Antigenen an die Oberflächenrezeptormoleküle angetrieben werden.

Die Selektion von B-Zellen

Wenn B-Lymphocyten zum ersten Mal als unreife B-Zellen ein Antigen erkennen, werden sie eliminiert oder inaktiviert. Solche unreifen Zellen, die, während sie noch im Knochenmark sind, Autoantigene erkennen, werden also an ihrer weiteren Entwicklung und somit auch an der Produktion von Antikörpern gegen die eigenen Zellen und das eigene Gewebe gehindert. Dies führt zu einem B-Zell-Rezeptorrepertoire, das gegen sich selbst tolerant ist. Erst nach einer intensiven Prüfung auf eine potentielle Autoreaktivität hin vollenden die B-Zellen ihre Reifung und wandern in die peripheren Lymphgewebe aus. Dort können sie dann auf weitere Autoantigene treffen, die im Knochenmarkmilieu nicht vorkommen. Reife, autoantigenerkennende B-Zellen können auch hier noch unter Einsatz verschiedener Mechanismen inaktiviert werden. Im Gegensatz zum Menschen wird bei einigen Tierarten der Kontakt von B-Zell-Rezeptoren mit Autoantigenen auf ganz andere Art genutzt, nämlich um ein breites B-Zell-Rezeptorrepertoire zu produzieren.

5.8 Unreife B-Zellen können durch den Kontakt mit multimeren Formen von Selbst-Molekülen eliminiert oder inaktiviert werden

Die im Knochenmark entstandenen unreifen B-Zellen exprimieren nur Oberfächen-IgM-Moleküle. An der Vollendung der B-Zell-Entwicklung, die einige Tage später erfolgt, ist auch das alternative Spleißen der H-Ketten-Transkripte beteiligt. So entstehen reife, Oberflächen-IgM und -IgD exprimierende B-Zellen (Abb. 3.34). Wenn unreife B-Zellen, die nur IgM exprimieren, sehr viele multivalente Liganden ihrer Umgebung binden, werden sie eliminiert oder inaktiviert. Dies kann man nachweisen, indem man Anti-μ-Ketten-Antikörper einsetzt, die das Oberflächen-IgM unreifer B-Zellen kreuzvernetzen und so den Effekt von multivalenten Antigenen simulieren. Solch eine Behandlung führt zur Inaktivierung oder zum Tod aller unreifen B-Zellen. Dies unterscheidet unreife von reifen B-Zellen, welche durch multivalente Antigene aktiviert werden (Abschnitt 3.28). Folglich muß die Eliminierung von potentiell autoreaktiven B-Zellen während der wenigen Tage vor der Differenzierung zu IgM$^+$IgD$^+$-B-Zellen stattfinden.

Experimente mit transgenen Mäusen haben gezeigt, daß zwei Mechanismen für die Toleranz unreifer B-Zellen gegenüber Autoantigenen sorgen. Der eine wirkt im Fall von multivalenten Antigenen, einschließlich multipler Kopien eines Zelloberflächenmoleküls, der andere im Fall von niedervalenten Antigenen, zu denen lösliche Proteine gehören. Bringt man Transgene, die umgeordnete Gene für die beiden Ketten eines gegen MHC-Klasse-I-Molekül gerichteten Antikörpers codieren, in Mäuse ein, exprimieren deren B-Zellen diese Anti-MHC-Antikörper als Oberflächen-IgM. Wird dieses Transgen hingegen in eine Mäuselinie eingeführt, welche keine MHC-Allele exprimiert, die von Antikörpern erkannt werden können, dann entwickelt sich eine normale Anzahl B-Zellen, die ausnahmslos Anti-MHC-Rezeptoren tragen. Obwohl man auch bei Mäusen, die das spezifische, von Antikörpern erkannte MHC-Molekül tragen, eine normale Anzahl Prä-B-Zellen findet, entstehen keine B-Zellen mit Rezeptoren gegen die eigenen MHC-Moleküle. Statt dessen sterben die meisten dieser unreifen B-Zellen vermutlich durch einen Prozeß, den man programmierten

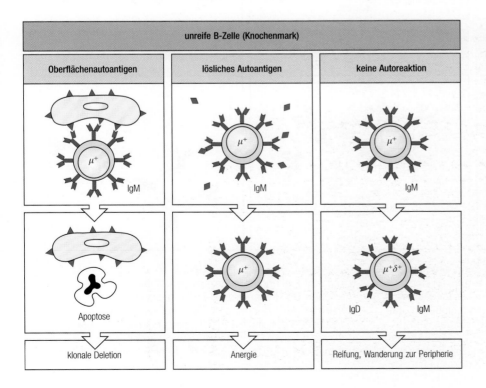

5.14 Autoantigene im Knochenmark können zur Eliminierung oder Inaktivierung von unreifen B-Zellen führen. Wenn sich entwickelnde B-Zellen Rezeptoren exprimieren, die ubiquitäre Autoantigene der Zelloberfläche wie jene des MHC erkennen, werden sie eliminiert. Man glaubt, daß bei diesen B-Zellen ein programmierter Zelltod oder eine Apoptose abläuft (erste Spalte). Unreife B-Zellen, die lösliche Autoantigene binden, werden nicht reaktiv gegenüber einem Antigen oder anergisch (zweite Spalte). Nur die unreifen B-Zellen, die in diesem frühen Stadium im Knochenmark nicht auf Antigen treffen, exprimieren Oberflächen-IgD und wandern vom Knochenmark in die peripheren lymphatischen Gewebe (dritte Spalte).

Zelltod oder **Apoptose** nennt, und gehen somit der Zellpopulation verloren (Abb. 5.14, Spalte 1).

Ganz ähnliche Experimente mit B-Zellen, die für lösliche Autoantigene spezifisch sind, zeigen ein anderes Ergebnis. Für diese Untersuchungen haben Mäuse zwei Transgene erhalten, von denen das eine das sekretorische Hühnereiweißlysozym (HEL), das zweite die beiden Ketten des Antikörpers gegen HEL codiert. Zwar reifen die B-Zellen heran, jedoch sind sie nicht in der Lage, auf ein Antigen zu reagieren. Dieses Stadium der Inaktivität nennen wir **Anergie**, entsprechend werden diese B-Zellen als **anergisch** bezeichnet (Abb. 5.14, Spalte 2). B-Zellen, die im Knochenmark auf keine Form eines Antigen treffen, exprimieren auch noch Oberflächen-IgD und wandern in die Peripherie aus.

5.9 Einige potentiell autoreaktive B-Zellen können durch eine weitere Umordnung von Immunglobulingenen gerettet werden

Zwar sind die meisten B-Zellen, die bei transgenen Mäusen die eigenen MHCs erkennen, dazu verurteilt, im Knochenmark zu sterben. Einige von

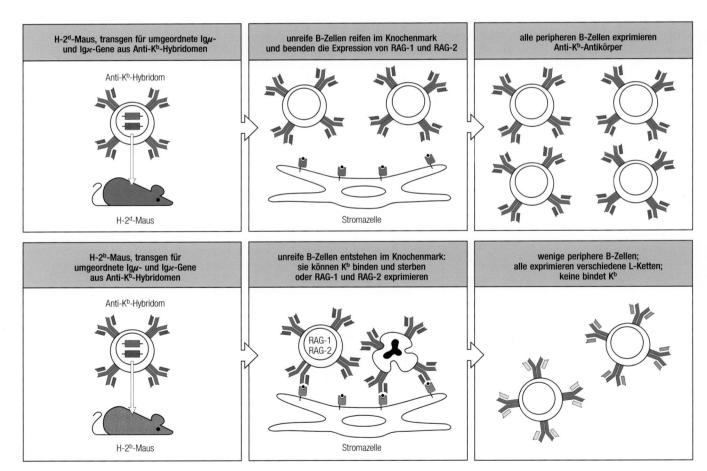

5.15 Der Austausch von leichten Ketten kann einige selbstreaktive B-Zellen vor einer Eliminierung retten. In einer H-2^d-Maus, der man die H- und L-Ketten-Gene eines für das Zelloberflächenmolekül H-2K^b spezifischen Immunglobulins übertragen hat, entstehen B-Zellen, die spezifisch für das H-2K^b-Molekül sind (obere Abbildungen). In einer H-2^b-Maus können die B-Zellen an ihre Liganden auf den Stromazellen des Knochenmarks binden. Dies gibt anscheinend das Zeichen für die Expression von RAG-1 und RAG-2, so daß die L-Ketten-Gene umgeordnet und neue Rezeptorspezifitäten hergestellt werden können. Bei den meisten B-Zellen geschieht dies nicht, und sie sterben. Wenn der neue Rezeptor keine Autoantigene bindet, reift die B-Zelle und wandert in den peripheren Kreislauf. Die transgenen H-2^b-Mäuse haben also viel weniger B-Zellen. Keine exprimiert die transgene L-Kette (untere Abbildungen).

ihnen fahren jedoch mit der Expression von RAG-1 und RAG-2 fort und ermöglichen so eine Umordnung ihrer endogenen L-Ketten-Gene. Man weiß nicht, warum RAG-1 und RAG-2 in einigen Zellen weiterhin exprimiert werden. Eine mögliche Erklärung ist, daß die Signalgebung über die Oberflächenimmunglobuline, die vorzeitig auf der Zelle exprimiert werden, diejenige über Komplexe aus μ-H- und Ersatz-L-Kette ersetzt, welche im Prä-B-Zell-Stadium normalerweise die RAG-1- und RAG-2-Expression aufrechterhält. Die Rekombination der endogenen L-Ketten-Gene kann die Spezifität des Rezeptors ändern, indem die transgene L-Kette, welche die Autoreaktivität überträgt, durch eine ersetzt wird, die das nicht tut.

In normalen B-Zellen kann dieser Prozeß zur Deletion des zuerst umgeordneten L-Ketten-Gens führen (Abb. 5.7) oder zur Verdrängung seines Produkts durch eine neue L-Kette, die effizienter an die umgeordnete H-Kette bindet. In beiden Fällen kann die B-Zelle ihre Autoreaktivität verlieren und so vor der Vernichtung bewahrt werden. Bis jetzt wurde dieser Prozeß nur bei transgenen Mäusen mit eingeschleustem Immunglobulingen beobachtet. Im Knochenmark von normalen Mäusen wurde jedoch eine seltene Population von unreifen B-Zellen mit aktivem RAG-1 und RAG-2 nachgewiesen. Es könnte sich hierbei um autoreaktive B-Zellen handeln, die ein weiteres Neuarrangement ihrer Rezeptorgene durchführen. Dieser Prozeß ereignet sich nur, wenn die B-Zellen noch relativ unreif sind und das Knochenmark noch nicht verlassen haben. Wenn das Antigen ausschließlich in Leberzellen exprimiert wird, so daß die B-Zelle erst nach der Wanderung zur Peripherie mit ihm in Kontakt kommt, so werden die B-Zellen, die transgene Rezeptoren tragen, wiederum deletiert. Eine Umordnung der L-Ketten-Gene wird jedoch nicht beobachtet.

5.10 Bei einigen Spezies tritt die erste Diversifikation der Immunglobulingene nach der Genumordnung auf

Wir haben gesehen, daß bei Menschen und Mäusen alle Stadien der B-Zell-Entwicklung und der Umordnung der Immunglobulingene im Knochenmark stattfinden. Bei einigen anderen Spezies entwickeln sich die B-Zellen ganz anders. Bei Vögeln, Kaninchen und Schafen gibt es wenig oder keine V-, D- und J-Gen-Vielfalt, und die rekombinierten Sequenzen der variablen Regionen sind in allen B-Zellen identisch oder sehr ähnlich. Folglich werden alle B-Zellen mit identischen oder sehr ähnlichen Rezeptoren hergestellt. Diese wandern dann in ein spezialisiertes Mikromilieu aus, von denen das wohl bekannteste die Bursa Fabricii der Hühner ist. Von ihr haben die B-Zellen auch ihren Namen. Hier proliferieren die Oberflächen-Ig-positiven B-Zellen sehr schnell, und ihre bereits rekombinierten Rezeptorgene unterziehen sich einer Diversifikation. Bei Vögeln und Kaninchen geschieht dies durch einen Konversionsprozeß der Gene, bei dem homologe V-Gene mit dem aktiven, umgeordneten V-Gen kurze Sequenzen austauschen. Die B-Zellen der Schafe erzielen ihre Vielfalt durch eine somatische Hypermutation.

Vermutlich ist der B-Zell-Rezeptor, der in diesen Tieren zuerst hergestellt wird, spezifisch für einen Liganden, der in den Zellen der Bursa Fabricii oder ihrer Äquivalente exprimiert wird. Die Erkennung dieses Liganden durch den konstanten Rezeptor ist wahrscheinlich verantwortlich für die dort beobachtete intensive B-Zell-Proliferation (Abb. 5.16). Obwohl in diesen B-Zellen schon eine Umordnung der Immunglobulingene stattgefunden hat und die Expression von RAG-1 bereits beendet ist, führen sie die Expression von RAG-2 fort. Diese Zellen können die Proliferation erst beenden und die Bursa als reife B-Zellen verlassen, wenn ihre Rezeptoren andere Formen annehmen und so diesen Selbst-Liganden nicht mehr erkennen (Abb. 5.16). Weder ist bekannt, warum diese alternative Strategie der Rezeptordiversifikation bei diesen Spezies vorkommt, noch ist klar, ob

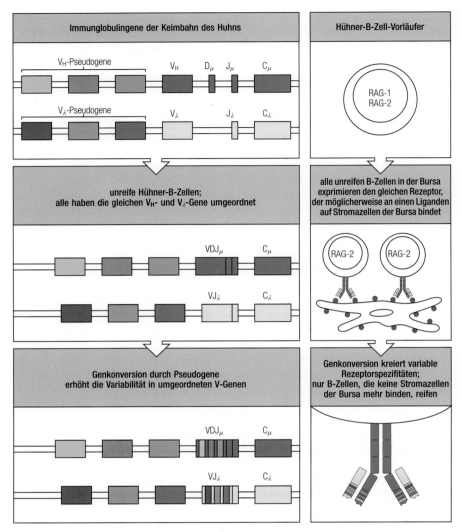

5.16 Die Bindung an einen Selbst-Liganden kann die Diversifikation von Hühnerimmunglobulinen stimulieren.
Bei Hühnern exprimieren alle B-Zellen anfangs das gleiche Oberflächenimmunglobulin. Es gibt nur ein aktives V(D)- und J-Gensegment für die H- und L-Ketten-Gene (obere Abbildungsreihe). Eine Genumordnung kann also nur eine einzige Rezeptorspezifität hervorbringen. Unreife B-Zellen, die diesen Rezeptor exprimieren, wandern zur Bursa Fabricii, wo der Rezeptor wahrscheinlich ein Autoantigen an der Zelloberfläche bindet und dadurch sowohl die Proliferation als auch die Expression von RAG-2 induziert. Genkonversionen fügen Sequenzen aus benachbarten V-Pseudogenen in das exprimierte Gen ein und sorgen so für eine Rezeptorvielfalt. Die vorliegende Übersicht zeigt, daß eine B-Zelle nur nach dem Verlust der Reaktivität gegen das Bursa-Antigen die Proliferation beendet, RAG-2 ausschaltet und in die Peripherie auswandert.

irgendein Gegenstück bei Menschen oder Mäusen existiert. Es könnte von Bedeutung sein, daß der vermutete Mechanismus der Fortführung der L-Ketten-Genumordnung ähnelt, die in B-Zellen abläuft, die Rezeptoren mit einer Spezifität gegen Selbst-Zelloberflächenmoleküle besitzen. Folglich könnte eine allgemeingültige Regel abgeleitet werden, die besagt, daß unreife B-Zellen, die einen endogenen Liganden erkennen, ihre Spezifität ändern können. Das könnte in dem Fall eintreten, daß alle B-Zellen ihre RAG-Expression so lange aufrechterhalten, wie der B-Zell-Rezeptor einen Liganden bindet, anfangs über λ5 und VpreB, und später, wenn die Zelle autoreaktiv ist, über den B-Zell-Rezeptor selbst. In Kapitel 6 werden wir sehen, daß die Wechselwirkung von Rezeptoren, die sich auf neu gebildeten Lymphocyten befinden, mit Autoantigenen, die auf Zellen in einem spezialisierten Mikromilieu vorgezeigt werden, für die Entwicklung der anderen wichtigen Lymphocytengruppe der T-Zellen ebenfalls entscheidend ist.

5.11 Reife B-Zellen können durch hohe Konzentrationen eines monomeren Antigens stillgelegt werden

Nicht alle potentiell autoreaktiven B-Zellen werden früh in der Entwicklung beseitigt oder inaktiviert. Obwohl das Screening auf Toleranz gegen ubiquitäre, multimere Antigene wie die Zelloberflächen-MHC-Klasse-I-Moleküle normalerweise im Knochenmark abgeschlossen ist, können B-Zellen, die lösliche Autoantigene wie Serumproteine oder nur auf speziellen Zelltypen exprimierte Proteine erkennen, überleben, reifen und zur Peripherie wandern. Das Unvermögen solcher Antigene, in der Entwicklung befindliche, autoreaktive B-Zellen im Knochenmark zu beseitigen, zeigt, daß möglicherweise eine Kreuzvernetzung von Rezeptoren notwendig ist, um die klonale Deletion von B-Zellen zu induzieren.

In den meisten Fällen jedoch ist das Überleben von potentiell autoreaktiven B-Zellen unerheblich. Der Grund ist, daß die meisten B-Zellen für ihre eigene Aktivierung T-Helferzellen benötigen. Sind diese nicht vorhanden, dann sind die B-Zellen nicht in der Lage zu proliferieren oder zu antikörpersezernierenden Zellen zu differenzieren. Ist die Toleranz von T-Zellen gegenüber Autoantigenen gesichert, dann können B-Zell-Antworten nicht induziert werden. Es scheint, daß die Unfähigkeit der B-Zellen, auf viele Autoantigene, die nur in kleinen Mengen vorkommen, zu antworten, auf diese Weise zu erklären ist und auf die T-Helferzelle zurückgeht und nicht auf die B-Zelle. In anderen Fällen können B-Zellen, die ohne eine geeignete T-Helferzelle auf ein Autoantigen treffen, anergisch oder sogar beseitigt werden (Abb. 5.17).

Sind hingegen Selbst-Proteine im Überfluß vorhanden, können B-Zellen nicht zur sekretorischen Form differenzieren, selbst wenn geeignete T-Helferzellen zugegen sind. Möglicherweise führt die Bindung von löslichem

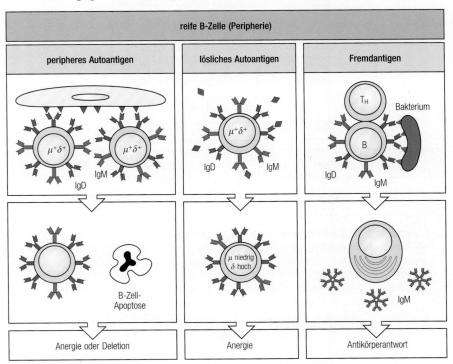

5.17 Reife B-Zellen können aufgrund ungeeigneter Antigenpräsentationen tolerant werden. Potentiell autoreaktive B-Zellen können reifen, wenn die Antigene, gegen die sie gerichtet sind, im Knochenmark nicht vorkommen. Diese Zellen verursachen selten eine Krankheit. Begegnen B-Zellen, die Autoantigene der Zelloberfläche erkennen, ihrem Antigen in Abwesenheit notwendiger T-Helferzell-(T$_H$-Zell-)Signale, so können sie anergisch gemacht oder eliminiert werden (linke Teilabbildung). Ebenso können in großer Menge vorhandene, lösliche Proteine einen Zustand der Anergie bei B-Zellen bewirken (mittlere Teilabbildung). Nur wenn die B-Zelle ihr Antigen erkennt und die notwendigen zusätzlichen Signale empfängt, die, wie in diesem Beispiel, von einer T-Zelle ausgesandt werden, kann eine Antikörperproduktion erfolgen (rechte Teilabbildung).

Protein, das in beträchtlicher Menge vorliegt, an reife B-Zellen zu diesem Ergebnis, wie man einer einfallsreichen Erweiterung des transgenen HEL-Experiments entnehmen kann, das in Abschnitt 5.8 beschrieben ist. Zu diesem Zweck hat man das HEL-Gen unter die Kontrolle eines induzierbaren Promotors gebracht, der anhand von Veränderungen in der Nahrung der Maus kontrolliert werden kann. So ist es möglich, das Entwicklungsstadium, in dem das Protein exprimiert wird, zu variieren und damit seine Auswirkungen auf die B-Zellen, die sich in den verschiedenen Reifungsstadien befinden, zu studieren. Untersuchungen dieser Art haben gezeigt, daß die B-Zellen inaktiviert werden, egal ob sie ständig oder auch nur kurzzeitig monomeren Antigenen ausgesetzt sind. Dabei ist es für die Inaktivierung unerheblich, in welchem Entwicklungsstadium sich die B-Zelle befindet, wenn sie auf das Antigen trifft.

Wenn reife, Oberflächen-IgM- und -IgD-exprimierende B-Zellen lösliche Autoantigene binden, verlieren sie die Fähigkeit, IgM an ihrer Oberfläche zu exprimieren und somit auf ein Antigen zu antworten. Außerdem wandern sie an einen bestimmten Ort in den peripheren Lymphgeweben und besiedeln das interfollikuläre Lymphgewebe des Lymphknotens (Abschnitt 8.5). Warum diese anergischen Zellen aufbewahrt werden, wenn sie durch Antigen nicht aktiviert werden können, ist nicht klar. Möglicherweise unterliegen sie nur einem schnellen Turnover, so daß sie durch weitere Zellen, die gerade inaktiviert wurden, ersetzt werden. Dieses Gebiet der B-Zell-Biologie wird zur Zeit erforscht.

Wie reife B-Zellen durch Antigenbindung inaktiviert oder beseitigt werden, ist nicht bekannt. Jedoch haben wir in Kapitel 3 bereits erwähnt, daß eine Bindung von Antigen an die B-Zell-Rezeptoren selten, wenn überhaupt, eine B-Zell-Aktivierung hervorruft. Man nimmt an, daß zusätzlich Botschaften von anderen Zellen für die Umwandlung eines inaktivierenden Signals, das durch die Antigenbindung zustande kommt, in ein aktivierendes Signal notwendig sind.

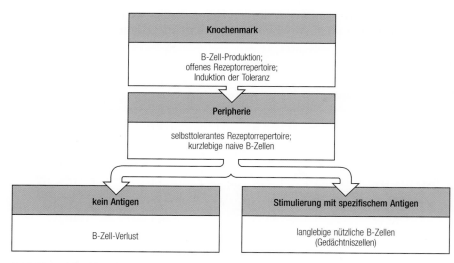

5.18 Vorschlag für die Populationsdynamik konventioneller B-Zellen. B-Zellen werden im Knochenmark als rezeptorpositive Zellen hergestellt. Die meisten autoreaktiven B-Zellen werden in diesem Stadium entfernt. Zur Reifung wandern die B-Zellen zur Peripherie und begeben sich in den zirkulierenden Pool. Etwa die Hälfte aller reifen B-Zellen ist langlebig. Es gibt also zwei Klassen von B-Zellen: langlebige und kurzlebige. Zu den langlebigen B-Zellen gehören vielleicht die Gedächtniszellen, die zuvor durch ein Antigen und T-Zellen aktiviert wurden. Die kurzlebigen B-Zellen sind laut Definition gerade erst hergestellte B-Zellen.

5.12 B-Zellen werden ununterbrochen produziert und haben eine kurze Halbwertszeit

Viele B-Zellen haben, sobald sie das Knochenmark verlassen und den peripheren B-Zell-Pool erreichen, nur eine kurze Lebendauer. Sie werden zumindest beim Menschen das ganze Leben hindurch immer wieder aufgefüllt. Markierungsstudien bei Mäusen zeigen, daß die verbleibenden B-Zellen ganz unterschiedlich lang leben. Es gibt sogar eine Population, die sich nicht teilt und somit extrem langlebig ist (Abb. 5.18). Diese umfaßt vielleicht auch die Gedächtniszellen, die aus reifen B-Zellen differenzieren, nachdem sie das erste Mal einem Antigen begegnet sind. Noch lange Zeit nach der Antigenstimulierung bleiben sie erhalten. Mit dem B-Zell-Gedächtnis werden wir uns in Kapitel 9 beschäftigen. Die rasche Produktion und der schnelle Verlust von neuen B-Zellen gewährleisten die fortwährende Erzeugung verschiedener Rezeptoren, um neuen antigenischen Herausforderungen zu begegnen. Dagegen gewährleistet die Langlebigkeit der klonalen Nachkommen solcher Zellen, die aktiviert wurden, daß Zellen, die nachweislich Pathogene erkennen, zur Bekämpfung von Infektionen erhalten werden.

Zusammenfassung

Drei verschiedene Mechanismen schützen vor autoreaktiven B-Zellen. B-Zellen mit einer Spezifität gegen ubiquitäre, multivalente Liganden werden in einem sehr frühen Entwicklungsstadium, gleich nach der Expression der Rezeptoren, entfernt. B-Zellen, die spezifisch für lösliche Antigene sind, werden entweder im reifen oder noch im unreifen Stadium inaktiviert. Die meisten B-Zellen benötigen für die Reaktion auf ein Antigen spezifische T-Helferzellen. So kann deren Toleranz ebenfalls dafür sorgen, daß B-Zellen keine Antikörper produzieren, selbst wenn sie Autoantigene binden. Um ein möglichst vielfältiges B-Zell-Spektrum aufrechtzuerhalten, werden ständig neue B-Zellen hergestellt und wieder vernichtet. Sind sie einmal auf Selbst-Toleranz hin untersucht, dann sind sie bereit, das periphere Lymphgewebe zu besiedeln und bei Herausforderung durch Antigene Antikörper herzustellen.

Die B-Zell-Heterogenität

Nach der Reifung im Knochenmark wandern die B-Zellen durch die Blutbahn zu den peripheren Lymphorganen. Die B-Zellen der peripheren Lymphgewebe sind ausgesprochen vielfältig in ihrer Morphologie, ihrem Standort und in der Art der Moleküle, die sie auf ihrer Zelloberfläche exprimieren. Ein Teil dieser Heterogenität beruht auf der Reifung der B-Zellen in der Peripherie als Antwort auf eine Antigenstimulation. Weiterhin gibt es auch eine B-Zell-Population, die möglicherweise aus bestimmten Stammzellen der frühen Ontogenese hervorgeht und sich im peripheren Lymphgewebe von adulten Tieren selbst immer wieder zu ersetzen scheint. In diesem Abschnitt werden wir diese B-Zell-Populationen und bösartige (maligne) Tumoren verschiedener B-Zellen, die ihre Besonderheiten widerspiegeln, beschreiben.

5.13 CD5-B-Zellen besitzen ein charakteristisches Repertoire

Nicht alle B-Zellen nehmen den Entwicklungsweg, den wir eben beschrieben haben. Eine signifikante Untergruppe von B-Zellen bei Mäusen und bei Menschen und die größte Population bei Kaninchen entstehen in einer

5.19 Vergleich der Eigenschaften von CD5-B-Zellen und konventionellen B-Zellen.

Eigenschaft	CD5⁺-B-Zellen	konventionelle B-Zellen
Ontogenese	früh	spät
Erneuerung	Selbsterneuerung	Ersetzen aus Knochenmark
Produktion von Immunglobulin	hoch	niedrig
Spezifität	degeneriert	präzise
sezernierte Isotypen	IgM >> IgG	IgG > IgM
somatische Hypermutation	niedrig–keine	hoch
Reaktion auf Kohlenhydratantigen	ja	vielleicht
Reaktion auf Proteinantigen	vielleicht	ja

frühen Phase der Ontogenese. Diese Zellen besitzen ein bestimmtes Rezeptorrepertoire und charakteristische funktionelle Eigenschaften (Abb. 5.19). Sie werden anhand der Expression des Proteins CD5 an der Oberfläche und des Oberflächen-IgM identifiziert, wobei nur wenig oder auch kein IgD vorliegt. CD5 bindet an ein weiteres Oberflächenprotein der B-Zellen, CD72, das die B-Zell-B-Zell-Wechselwirkung zu begünstigen scheint. Die funktionelle Bedeutung der CD5-Expression auf diesen Zellen ist jedoch noch weitgehend unbekannt. Bei Mäusen ohne CD5-Gen entwickeln sich die Zellen mit den Merkmalen von CD5-B-Zellen normal.

Bis jetzt ist noch sehr wenig über die Funktion von CD5-B-Zellen in heutigen Organismen bekannt. In Lymphknoten oder in der Milz befinden sich nur relativ wenige CD5-B-Zellen, dagegen bilden sie in der Bauchfellhöhle die vorherrschende B-Zell-Population. Sie tragen zwar wenig zur adaptiven Immunantwort auf normalerweise untersuchte Antigene wie etwa Proteine bei. Sie sind aber, wie wir in Kapitel 8 sehen werden, für einige Antikörperantworten von Bedeutung, die keiner T-Helferzellen bedürfen. Überdies wird ein Großteil der Immunglobuline, die sich im Normalserum befinden, von CD5-B-Zellen und ihren Vorläufern produziert (Abb. 3.27). Diese ungewöhnlichen Merkmale reflektieren wahrscheinlich den unabhängigen Ursprung und das einzigartige Spektrum an CD5-B-Zell-Rezeptoren.

CD5-B-Zellen erscheinen früh in der Ontogenese. Bei der Maus, wo sie am sorgfältigsten untersucht worden sind, leiten sich diese Zellen von einer unreifen Stammzelle ab, die in der vorgeburtlichen (pränatalen) Periode am aktivsten ist (Abb. 5.20). Die Rezeptoren dieser Zellen werden von den V_H-Genen dominiert, die den D-Gensegmenten am nächsten liegen. Vermutlich sind diese V_H-Gene durch ihr Nähe zum Enhancer für die Rekombinasen während der Entwicklung als erste zugänglich. Da die TdT in den frühen Entwicklungsphasen nicht aktiv ist, werden diese H-Ketten-Genumordnungen (wenn überhaupt) nur von einigen wenigen N-Nucleotidinsertionen begleitet. Die V(D)J-Verknüpfungen der CD5-B-Zellen sind somit wesentlich weniger vielfältig als die der konventionellen B-Zellen. Auch die Spezifität der Rezeptoren dieser Zellen ist anders, was man schon aufgrund ihrer speziellen strukturellen Merkmale erwarten könnte. Die CD5-B-Zell-Rezeptoren und die von ihnen produzierten Antikörper neigen dazu, viele verschiedene Liganden zu binden, eine Eigenschaft, die man **Polyspezifität** nennt. Hierbei bevorzugen diese Zellen gewöhnliche bakte-

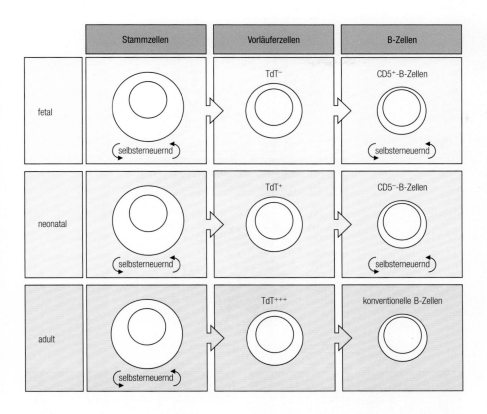

Stammzellen	Vorläuferzellen	B-Zellen
fetal — selbsterneuernd	TdT⁻	CD5⁺-B-Zellen — selbsterneuernd
neonatal — selbsterneuernd	TdT⁺	CD5⁻-B-Zellen — selbsterneuernd
adult — selbsterneuernd	TdT⁺⁺⁺	konventionelle B-Zellen

5.20 Aus Stammzellen verschiedener Entwicklungsstadien entstehen die einzelnen B-Zell-Populationen. Die Entwicklung der Stammzellpopulationen ist in der Vertikalen zu sehen, die Reifung der B-Zellen ist von links nach rechts aufgeführt. Die Stammzellen von Mäuseembryonen bringen Vorläufer mit wenig oder gar keiner TdT hervor, aus denen wiederum CD5-B-Zellen entstehen. Diese Zellen besitzen keine N-Nucleotide in ihren V(D)J-Nahtstellen und können sich selbst erneuern. Zum Zeitpunkt der Geburt entstehen aus den Knochenmarkstammzellen CD5⁻-B-Zellen, die wie die CD5-Zellen noch die Fähigkeit zur Selbsterneuerung und eine begrenzte Vielfalt besitzen. Aus den adulten Stammzellen des Knochenmarks schließlich bilden sich nur die konventionellen B-Zellen, die sich durch eine große Vielfalt an den Verknüpfungsstellen und eine kurze Lebenszeit auszeichnen. Da sie sich nicht sebst erneuern können, werden sie ununterbrochen durch das Knochenmark ersetzt.

rielle Polysaccharide. Tatsächlich könnten die V-Gensegmente, die die CD5-B-Zell-Rezeptoren codieren, in der Evolution auf die Erkennung allgemeiner bakterieller Antigene hin selektiert worden sein. Somit wäre es ihnen möglich, an den frühen Phasen der Immunität mitzuwirken, was wir in Kapitel 9 ausführlich beschreiben werden. Die Rezeptoren auf den CD5-B-Zellen neigen zu der Bindung repetitiver Autoantigene wie etwa doppelsträngiger DNA.

Die CD5-B-Zellen gehen im Laufe der Mausentwicklung nicht mehr aus den Stammzellen des Knochenmarks hervor. Diese scheinen einen Entwicklungswechsel durchgemacht zu haben, mit dem Ergebnis, daß nur noch konventionelle B-Zellen produziert werden (Abb. 5.20). Bei ausgewachsenen Tieren erhalten sich die CD5-B-Zellen durch Selbstreplikation in den peripheren Geweben und bilden dort die Quelle für einen sehr verbreiteten Tumor selbsterneuernder B-Zellen, die chronische lymphatische Leukämie. Die $\gamma{:}\delta$-T-Zellen, die früh in der Ontogenese entstehen, ähneln in vielen biologischen Aspekten auffallend den CD5-B-Zellen, wie wir in Kapitel 6 sehen werden, wenn wir uns mit der T-Zell-Entwicklung beschäftigen.

5.14 Unterschiedliche B-Zellen befinden sich an verschiedenen anatomischen Stellen

Während ihrer Reifung verlassen die B-Zellen das Knochenmark und wandern zu den lymphatischen Follikeln der Lymphknoten und der Milz. Reife B-Zellen sitzen nicht fest, sondern sind Teil des zirkulierenden Lymphocytenpools, der vom Blut in die primären Lymphfollikel und von dort wieder zurück ins periphere Blut wandert. Viele B-Zellen befinden sich in den lymphatischen Geweben der Eingeweide. Dort scheinen ausgedehnte Lymphfollikel, die sogenannten Peyerschen Plaques, spezialisierte Orte zur Verfügung zu stellen, an denen B-Zellen heranreifen, um IgA zu sezernieren.

5.21 Die Verteilung der B-Zellen.

B-Zellen befinden sich im Knochenmark, im Blut, in lymphatischen Organen und in der Lymphe. Sie entstehen bei erwachsenen Säugetieren im Knochenmark, gelangen über das Blut in die lymphatischen Organe, wo sie den Kreislauf über die postkapillären Venolen mit hohem Endothel (HEV) verlassen und so in den Cortex gelangen. In Abwesenheit von Antigen wandern sie durch die primären Follikel und kehren über das lymphatische System, das über den Ductus thoracicus mit dem Blut in Verbindung steht, in den Kreislauf zurück. In Gegenwart von Antigen werden die B-Zellen durch T-Helferzellen zur Bildung von Primärfoci, bestehend aus proliferierenden Zellen, angeregt. Letztere wandern ab, um Keimzentren von Sekundärfollikeln zu bilden. Das sind Orte schneller B-Zell-Proliferation und ihrer Differenzierung zu Plasmazellen, die wiederum zu den Marksträngen der Lymphknoten oder ins Knochenmark wandern, wo 90 Prozent der Antikörper produziert werden. Einige B-Zellen besiedeln eine Randzone um die Lymphfollikel herum. Bei diesen könnte es sich um anergische Zellen handeln. Hier haben wir einen Lymphknoten dargestellt. Die anderen wichtigen peripheren Lymphgewebe sind die Milz und die Peyerschen Plaques des Darms.

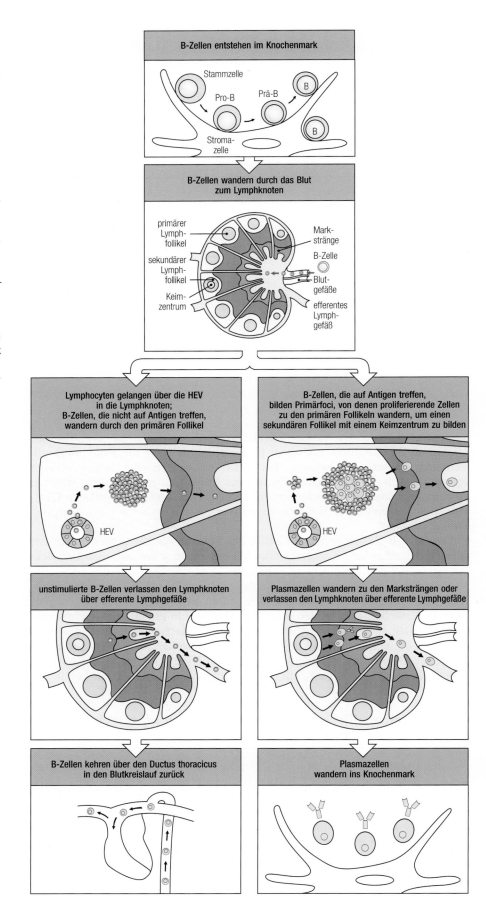

Wenn B-Zellen während des Eintritts in das lymphatische Gewebe auf ein Antigen und geeignete T-Helferzellen stoßen, wandern sie in das Zentrum der Lymphfollikel, um die **Keimzentren** aufzubauen. Dies sind Orte intensiver B-Zell-Proliferation, an denen somatische Hypermutationen in den Genen für die V-Region funktioneller Antikörper ablaufen (Kapitel 8). Aus den proliferierenden B-Zellen entstehen dort mit der Zeit antikörpersezernierende Plasmazellen. Letztere befinden sich hauptsächlich in den Marksträngen der Lymphknoten, im Milzmark und im Knochenmark. Bis zu 90 Prozent der Antikörperproduktion immuner Individuen können auf Plasmazellen im Knochenmark beruhen, weil reife, antikörpersezernierende Zellen dorthin wandern. Die Lokalisation dieser verschiedenen B-Zell-Populationen ist schematisch in Abbildung 5.21 dargestellt.

5.15 B-Zell-Tumoren und ihre normalen Gegenstücke besiedeln oft dieselbe Stelle

Tumoren bewahren viele Charakteristika derjenigen Zelltypen, aus denen sie hervorgegangen sind. Das gilt besonders für einen Tumor, der in der Differenzierung relativ weit fortgeschritten ist und langsam wächst. Dies kann im Fall von B-Zell-Tumoren klar gezeigt werden. Bei Menschen wurden B-Zell-Tumoren aus nahezu jedem Entwicklungsstadium beobachtet, vom frühesten Stadium bis zu den Myelomen, malignen Auswüchse von Plasmazellen (Abb. 5.22). Weiterhin behält jeder Tumortyp seine charakteristischen Standortmerkmale. Folglich hat ein Tumor, der reifen, noch nicht aktivierten (naiven) B-Zellen ähnelt, seinen Standort in Follikeln der Lymphknoten sowie der Milz und führt zu einem Lymphom des Follikelzentrums. Plasmazelltumoren hingegen sind normalerweise an vielen verschiedenen Stellen des Knochenmarks zu finden und werden klinisch als

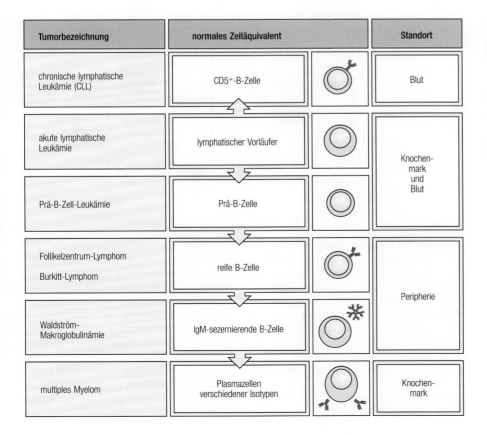

Tumorbezeichnung	normales Zelläquivalent		Standort
chronische lymphatische Leukämie (CLL)	CD5⁺-B-Zelle		Blut
akute lymphatische Leukämie	lymphatischer Vorläufer		Knochenmark und Blut
Prä-B-Zell-Leukämie	Prä-B-Zelle		
Follikelzentrum-Lymphom / Burkitt-Lymphom	reife B-Zelle		Peripherie
Waldström-Makroglobulinämie	IgM-sezernierende B-Zelle		
multiples Myelom	Plasmazellen verschiedener Isotypen		Knochenmark

5.22 B-Zell-Tumoren stellen klonale Auswüchse von B-Zellen verschiedener Entwicklungsstadien dar. Wie man sieht, entspricht jeder Tumorzelltyp einer normalen Zelle und hat ähnliche Bestimmungsorte und ähnliche Eigenschaften wie diese. Somit sehen Myelomzellen, deren Wachstum sehr aggressiv ist, fast so aus wie die Plasmazellen, von denen sie abstammen, sezernieren Immunglobuline und sind vorwiegend im Knochenmark zu finden.

multiple Myelome (Tumoren des Knochenmarks) bezeichnet. Diese Ähnlichkeiten zeigen, daß Zelloberflächenmoleküle, die die Lokalisation der B-Zellen bestimmen, sowohl in normalen B-Zellen als auch in ihren malignen Gegenstücken exprimiert werden. Der Analyse dieser Moleküle auf den B-Zell-Tumoren wird eine große Bedeutung für das Verstehen dieser komplexen Prozesse der Standortbestimmung zukommen.

5.16 Tumoren von B-Lymphocyten repräsentieren klonale Auswüchse von B-Zellen

Tumoren repräsentieren einen klonalen Auswuchs einer einzigen bösartigen, transformierten Zelle. Diese generelle Schlußfolgerung läßt sich sehr klar anhand von B-Zell-Tumoren unterstreichen. Alle Zellen solch eines Tumors weisen die gleichen Rekombinationen von Immunglobulingenen auf, was in entscheidender Weise ihre Abstammung von einer Vorläuferzelle dokumentiert. Dies findet besonders in der Diagnostik seine Anwendung, da man solche homogenen Rekombinationen mit sensitiven Testsystemen zur Bestimmung der Anwesenheit oder des Fehlens von Tumorzellen nachweisen kann (Abb. 5.23).

Diese homogenen Genumordnungen haben die B-Zell-Tumoren unschätzbar werden lassen als Werkzeuge für das Wissen über die B-Zell-Reifung, den Standort und die Antikörperproduktion. Tumoren aus reifen, antikörpersezernierenden Plasmazellen waren wesentlich für das Verstehen

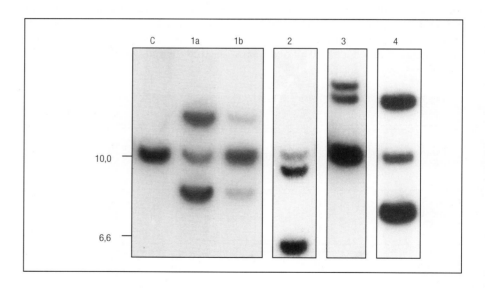

5.23 Klonale Analyse von B-Zell-Tumoren mit Southern Blots. Bei Nicht-B-Zellen befinden sich die Immunglobulingene in der Keimbahnkonfiguration, also ergibt der Verdau mit einer Restriktionsendonuclease ein einziges Fragment, das die Verknüpfungsregion des Gens der H-Kette (J_H) enthält. Normale B-Zellen (die in Spur C vorkommen) führen bei J_H viele verschiedene Umordnungen durch, so daß keine anderen Muster als das der Keimbahn zu sehen sind. Im Gegensatz dazu kann man bei einem bösartigen B-Zell-Tumor, bei dem aus einer einzigen Zelle alle anderen entstehen, eine oder zwei vorherrschende Banden entdecken, die das Ergebnis der Umstrukturierung eines oder beider Allele des J_H-Gens dieser Zelle sind. Jeder Tumor zeigt ein einzigartiges Bandenmuster. Indem man die Intensität der Banden mit dem Keimbahnsignal vergleicht, kann man die Menge an Tumorzellen in der Probe schätzen. (Spuren 1a und 1b: Analyse eines Patienten vor und nach Behandlung; Spuren 2, 3 und 4: andere Patienten.) (Photos: T. J. Vulliamy, S. Wagner und L. Luzzatto.)

der genetischen Grundlagen der Antikörpervielfalt und des Isotypenwechsels. Ebenso haben Tumoren aus weniger reifen B-Zellen die verschiedenen Stationen veranschaulicht, welche die B-Zell-Entwicklung durchläuft. Einige Tumoren, die B-Zellen eines frühen Entwicklungsstadiums repräsentieren, behalten die Fähigkeit bei, ihre Immunglobulingene umzuordnen. Vieles, was wir über die Umstrukturierung von Genen wissen, haben wir durch Studien ebendieser B-Zell-Tumorlinien erfahren.

5.17 Maligne B-Zellen enthalten häufig chromosomale Translokationen, die die Immunglobulinloci mit Genen verknüpfen, die das Zellwachstum regulieren

Das uneingeschränkte Wachstum, das auffälligste Charakteristikum von Tumorzellen, hängt mit Mutationen zusammen, die die Zelle von Faktoren, die normalerweise ihr Wachstum regulieren, entkoppelt. Darüber hinaus gibt es bei vielen B-Zell-Tumoren neben ihren einheitlichen, klonalen Umordnungen der Immunglobulingene zusätzliche Rekombinationen dieser Loci mit Genen, die das Zellwachstum kontrollieren und auf anderen Chromosomen liegen. Viele dieser Erbanlagen wurden entdeckt, weil sie Bestandteil von RNA-Tumorviren sind, die Zellen direkt transformieren können. Man nannte diese Gene deshalb **Onkogene**. Später fand man heraus, daß die Tumorviren diese Gene aus normalen, zellulären Genen aufgenommen haben, die Schlüsselrollen in normalen Zellen spielen und die Krebs hervorrufen, wenn ihre Funktion oder Expression durch eine Mutation zerstört wird. Diese normalen zellulären Gene werden **Protoonkogene** genannt.

Die interchromosomale Rekombination von Immunglobulingenloci und Protoonkogenen führt zu sichtbaren chromosomalen Fehlbildungen, die für jeden Tumortyp charakteristisch sind. Ein bekanntes Beispiel ist das sogenannte Philadelphia-Chromosom von Zellen der chronischen myeloischen Leukämie. Da an den Immunglobulinloci normalerweise in Zellen DNA-Doppelstrangbrüche auftreten, ist es vielleicht nicht überraschend, daß dort auch chromosomale Translokationen stattfinden.

Die Analyse dieser chromosomalen Anomalien hat viel über die Regulation des B-Zell-Wachstums und ihre Störung in Tumorzellen verraten. In Burkitt-Lymphom-Zellen gibt es eine Rekombination des Protoonkogens *c-myc* auf Chromosom 8 mit einem Immunglobulinlocus auf Chromosom 14 (schwere Kette), 2 (κ-L-Kette) oder 22 (λ-L-Kette). Diese Umordnung dereguliert die Expression des Myc-Proteins (Abb. 5.24), das an der Steuerung des Zellzyklus in normalen Zellen beteiligt ist. Eine Deregulation der Expression des Myc-Proteins als Folge der chromosomalen Translokation führt zu einer gesteigerten Proliferation der B-Zellen, obwohl noch weitere Mutationen benötigt werden, damit ein B-Zell-Tumor entstehen kann.

Auf ähnliche Weise zeigen gewisse B-Zell-Lymphome eine chromosomale Translokation, die durch die Rekombination von Immunglobulingenen mit dem Protoonkogen *bcl-2* entsteht und einen Anstieg der Expression des Bcl-2-Proteins nach sich zieht. Dieses Protein bewahrt die B-Zellen vor ihrem üblichen Schicksal: dem programmierten Zelltod. Genau wie die Änderung der c-Myc-Expression ermöglicht die deregulierte Bcl-2-Expression den B-Zellen das Überleben und das Proliferieren über die normale Lebensspanne hinaus. Währenddessen ereignen sich noch weitere genetische Änderungen, die zur malignen Transformation führen. Mäuse beispielsweise, die ein exprimiertes *bcl-2*-Transgen tragen, neigen zur Entwicklung von B-Zell-Lymphomen in einem späten Lebensstadium. Durch die sorgfältige Untersuchung von B-Zell-Lymphomen und Leukämien wird man noch viel über Krebs und über die normale B-Zell-Entwicklung lernen können.

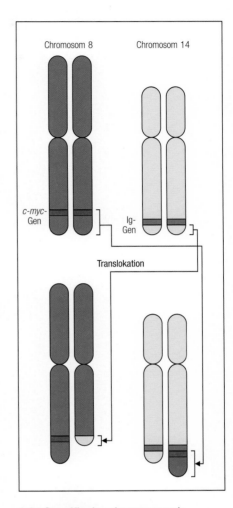

5.24 Spezifische chromosomale Umstrukturierungen findet man häufig in Plasmazelltumoren der Maus und Burkitt-Lymphomen. Chromosomale Umstrukturierungen in B-Zell-Tumoren umfassen oft die Rekombination eines Immunglobulingens mit einem zellulären Protoonkogen. In dem aufgeführten Beispiel hat die Translokation des Protoonkogens *c-myc* von Chromosom 8 auf Chromosom 14 in die H-Ketten-Genregion hinein eine deregulierte Expression von *c-myc* und ein unkontrolliertes Wachstum der B-Zelle zur Folge. Das Ig-Gen, das auf dem normalen Chromosom 14 liegt, wird gewöhnlich produktiv umgeordnet. Die Tumoren, die durch solche Translokationen entstehen, zeigen also einen reifen Phänotyp und exprimieren Immunglobulin.

5.25 Eine Zusammenfassung der B-Zell-Entwicklung. Gezeigt sind die Stadien der B-Zell-Entwicklung und deren Lokalisation, der Status der Ig-Gene, die Expression der Zelloberflächenmoleküle und die Expression der wichtigsten intrazellulären Proteine.

B-Zellen	H-Ketten-Gene	L-Ketten-Gene	intrazelluläre Proteine	Oberflächenmarkerproteine
Stammzelle	Keimbahn	Keimbahn	TdT	MHC-Klasse II CD10 CD19 CD38
frühe Pro-B-Zelle	Keimbahn	Keimbahn	RAG-1 RAG-2 TdT	CD45R MHC-Klasse II CD19 CD38
späte Pro-B-Zelle	D-J-Umordnung	Keimbahn	RAG-1 RAG-2 TdT	CD45R MHC-Klasse II (Dμ) CD19 CD38
Prä-B-Zelle	V-DJ-Verknüpfung	Keimbahn	RAG-1 RAG-2	CD45R MHC-Klasse II μ CD19 CD20 CD38
unreife B-Zelle	VDJ umgeordnet; μ-H-Kette in Membranform produziert	V-J-Verknüpfung		CD45R MHC-Klasse II IgM CD19 CD20 CD21
reife naive B-Zelle	VDJ umgeordnet; μ-Kette in Membranform produziert; alternatives Spleißen erzeugt μ- und δ-mRNA	VJ umgeordnet		CD45R MHC-Klasse II IgM/IgD CD19 CD20 CD21
Lymphoblast	VDJ umgeordnet; alternatives Spleißen erzeugt mRNA für sezerniertes μ	VJ umgeordnet		CD45R MHC-Klasse II CD19 CD20 CD21
Gedächtniszelle	Isotypwechsel zu Cγ, Cα oder Cε; somatische Hypermutation	VJ umgeordnet; somatische Hypermutation		CD45R MHC-Klasse II IgG/IgA CD19 CD20 CD21
Plasmazelle	Isotypwechsel und alternatives Spleißen erzeugen mRNA für sezerniertes γ, α oder ε	VJ umgeordnet		Plasmazell-Antigen-1 CD19 CD20 CD21 CD38

Left-side stage labels: antigenunabhängig · antigenabhängig · abschließende Differenzierung

Right-side localisation labels: Knochenmark · Peripherie

Bevor wir die normalen Funktionen der B-Zellen bei der humoralen Immunantwort verstehen können, müssen wir erst die Entwicklung und Aktivierung von T-Zellen, die ebenfalls für diese Immunantwort benötigt werden, kennenlernen. Dieses Thema wird uns in Kapitel 6 und 7 beschäftigen.

Zusammenfassung

B-Zellen sind nicht eine einzige homogene Population von Zellen. Vielmehr gibt es zwei große Subpopulationen, die aus verschiedenen Stammzellen hervorgehen und unterschiedliche Merkmale besitzen. CD5-B-Zellen entstehen in einem frühen Stadium der Ontogenese. Bei Erwachsenen bilden sie eine sich selbst erneuernde Population von B-Zellen, deren Funktionen und Spezifität noch bestimmt werden müssen. Konventionelle B-Zellen erscheinen in einem späteren Stadium der Ontogenese und werden während eines Lebens immerfort durch neue Zellen aus dem Knochenmark ersetzt. Sie können wiederum in mehrere Populationen unterteilt werden. Diese stellen auch verschiedene Reifungsstadien jener Zellen dar, wobei die antikörpersezernierenden Plasmazellen wohl die bemerkenswertesten sind. Weiterhin hat jeder Zelltyp im lymphatischen Gewebe einen charakteristischen Standort. Daraus kann man schließen, daß wichtige Faktoren im jeweiligen Mikromilieu die Zellen während der verschiedenen Entwicklungsstadien beeinflussen. Das Studium von B-Zell-Tumoren hat uns schon viele Kenntnisse beschert und wird dies auch weiterhin tun. Diese Tumoren können leicht anhand ihrer einheitlichen Umordnungen von Immunglobulingenen identifiziert werden. Das Verhalten der Tumoren reflektiert oft das normale Verhalten derjenigen Zellen, aus denen sie entstanden sind. Da diese klonalen Auswüchse normaler Zellen homogene Populationen von Zellen eines bestimmten Phänotyps sind, bieten sie einen einzigartigen Einblick in seltene Lymphocytenpopulationen. Die Analyse ihrer Wachstums- und ihrer Differenzierungsbedürfnisse könnte für die Entwicklung neuartiger biologischer Therapien dieser Tumoren von Bedeutung sein.

Zusammenfassung von Kapitel 5

Die B-Zellen entwickeln sich bei erwachsenen Säugern im Knochenmark und werden das ganze Leben hindurch produziert. Die B-Zell-Entwicklung

Ereignis	Prozeß	Art der Änderungen
Zusammensetzen der V-Region	somatische Rekombination von DNA	irreversibel
Verknüpfungsvielfalt	unpräzise Verknüpfungen, Insertion von N-Sequenzen in die DNA	irreversibel
transkriptionelle Aktivierung	Aktivierung des Promotors durch Nähe zum Enhancer	irreversibel
Wechsel-(*Switch*-)Rekombination	somatische Rekombination der DNA	irreversibel
somatische Hypermutation	DNA-Punktmutation	irreversibel
IgM-, IgD-Expression auf der Oberfläche	differentielles Spleißen von RNA	reversibel, reguliert
Membran oder sezernierte Form	differentielles Spleißen von RNA	reversibel, reguliert

5.26 Änderungen in den Immunglobulingenen, die die B-Zell-Entwicklung und die Differenzierung begleiten. Die Änderungen, die die immunologische Vielfalt etablieren, sind irreversibel, da sie Eingriffe in die B-Zell-DNA betreffen. Diejenigen, welche die Expression von Immunglobulingenen regulieren, sind reversibel, da sie Änderungen in der Transkription oder der RNA-Verarbeitung betreffen.

ist in Abbildung 5.25 zusammengefaßt. Die einzelnen Stadien sind durch eine Reihe irreversibler Veränderungen in den Immunglobulingenen gekennzeichnet, die zur Antikörpervielfalt beitragen, sowie durch Änderungen in ihrer Expression, die auf der Regulation der DNA-Transkription und dem Spleißen der RNA beruhen (Abb. 5.26). Die wichtigsten irreversiblen Veränderungen, durch die aus den einzelnen V-, D- und J-Gensegmenten des Genoms komplette Immunglobulingene entstehen, laufen in regulierten Schritten ab und bedingen die Monospezifität der meisten B-Zellen. Die H-Ketten-Gene werden zuerst umgeordnet, und sobald ein funktionelles Gen entstanden ist, wird es gemeinsam mit einer Ersatz-L-Kette auf der Zelloberfläche exprimiert. Gleichzeitig endet die H-Kettenumordnung. Die Rekombination der L-Ketten-Gene wird entsprechend durch deren Expression beendet. Das Ergebnis der Umordnungen der Immunglobulingene ist eine unreife B-Zelle, die IgM exprimiert. Die Herstellung eines Rezeptorrepertoires auf diese Art ist im wesentlichen zufällig und unabhängig vom Zusammentreffen mit Antigenen. Das exprimierte Oberflächenimmunglobulin kann nun als Antigenrezeptor fungieren. Unreife B-Zellen, die im Knochenmark Antigene binden, sterben oder werden anergisch. Dies ist äußerst wichtig für die Selbst-Toleranz. In reifen B-Zellen wird diese außerdem noch durch die Abhängigkeit der meisten B-Zell-Antworten von Signalen von T-Helferzellen sichergestellt. Reife, naive B-Zellen, die IgM und IgD coexprimieren, verlassen das Knochenmark und zirkulieren durch die lymphatischen Organe, einschließlich der Peyerschen Plaques im Darm, bis sie einem Antigen begegnen. Dann sammeln sie sich in den Lymphfollikeln und bilden die Keimzentren. Dort proliferieren sie sehr stark, und ihre Immunglobulingene erfahren durch somatische Hypermutationen weitere Veränderungen. Anschließend differenzieren die B-Zellen entweder in Plasmazellen, die große Antikörpermengen freisetzen, oder in langlebige Gedächtniszellen, die zum ständigen Immunitätsschutz beitragen. Die meisten Plasmazellen wandern zum Knochenmark, nur einige verbleiben im Markstrang der lymphatischen Organe. B-Zell-Tumoren können aus den Zellen vieler Entwicklungsstadien entstehen und sind an Orten zu finden, die für die normalen Zellen charakteristisch sind. Somit bietet die B-Zell-Entwicklung das notwendige Ausgangsmaterial für eine klonale Selektion während der adaptiven humoralen Immunantwort. Bevor wir diese in all ihren Einzelheiten verstehen können, müssen wir zuerst die Entwicklung und Aktivierung von T-Zellen beschreiben. Mit diesem Thema werden wir uns im folgenden Kapitel beschäftigen.

Literatur allgemein

Blackwell, T. K.; Alt, F. W. *Mechanisms and Developmental Program of Immunoglobulin Gene Rearrangement in Mammals.* In: *Ann. Rev. Genet.* 23 (1989) S. 605–636.

Kantor, A. B.; Herzenberg, L. A. *Origin of Murine B Cell Linieages.* In: *Ann. Rev. Immunol.* 11 (1993) S. 501–538.

Schatz, D. G.; Oettinger, M. A.; Schlissel, M. S. *V(D)J Recombination: Molecular Biology and Regulation.* In: *Ann. Rev. Immunol.* 10 (1993) S. 359–830.

Honjo, T.; Alt, F. W.; Rabbitts, T. H. (Hrsg.) *Immunoglobulin Genes.* 1. Aufl. San Diego, Calif. (Academic Press) 1989.

Osmond, D. G. *The Turnover of B-Cell Populations.* In: *Immunol. Today* 14 (1993) S. 34–37.

Moller, G. (Hrsg.) *The B-Cell Antigen Receptor Complex.* In. *Immunol. Rev.* 132 (1993) S. 5–206.

Melchers, F.; Karasuyama, H.; Haasner, D.; Bauer, S.; Kudo, A.; Sakaguchi, N.; Jameson, B.; Rolink, A. *The Surrogate Light Chain in B-Cell Developement.* In: *Immunol. Today* 14 (1993) S. 60–68.

Nossal, G. J. V. *B-Cell Selection and Tolerance.* In: *Curr. Opin. Immunol.* 3, (1991) S. 193–198.

Spangrude, G. J.; Heinfeld, S.; Weissman, I. L. *Purification and Characterization of Mouse Hematopoietic Stem Cells.* In: *Science* 241 (1988) S. 58–62.

Alt, F. W; Oltz, E. M.; Young, F.; Gorman, J.; Taccioli, G.; Chen, J. *VDJ Recombination.* In: *Immunol. Today* 13 (1992) S. 306–314.

Weill, J. C.; Reynaud, C.-A. *Early B-Cell Development in Chickens, Sheep, and Rabbits.* In: *Curr. Opin. Immunol.* 4 (1992) S. 177–180.

Chen, J.; Alt, F. W. *Gene Rearrangement and B-Cell Development.* In: *Curr. Opin. Immunol.* 5 (1993) S. 194–200.

Literatur zu den einzelnen Abschnitten

Abschnitt 5.1

Hardy, R. R.; Carmack, C. E.; Shinton, S. A.; Kemp, J. D.; Hayakawa, K. *Resolution and Characterization of Pro-B and Pre-Pro-B Cell Stages in Normal Mouse Bone Marrow.* In: *J. Exper. Med.* 173 (1991) S. 1213–1225.

Decker, D. J.; Boyle, N. E.; Koziol, J. A.; Klinman, N. R. *The Expression of the Ig H Chain Repertoire in Developing Bone Marrow B-Lineage Cells.* In: *J. Immunol.* 146 (1991) S. 350–361.

Tsubata, T.; Nishikawa, S.-I. *Molecular and Cellular Aspects of Early B-Cell Development.* In: *Curr. Opin. Immunol.* 3 (1991) S. 186–192.

Hayashi, S. I.; Kunishada, T.; Ogawa, M.; Sudo, T.; Kodama, H.; Suda, T.; Nishikawa, S.; Nishikawa, S. I. *Stepwise Progression of B-Lineage Differentiation Supported by Interleucin-7 and Other Stromal Cell Molecules.* In: *J. Exper. Med.* 171 (1990) S. 1683–1695.

Kincade, P. W.; Lee, G.; Pietrangeli, C. E.; Hayashi, S. I.; Gimble, J. M. *Cells and Molecules that Regulate B Lymphopoiesis in Bone Marrow.* In: *Ann. Rev. Immunol.* 7 (1993) S. 111–143.

Abschnitt 5.2

Maeda, T.; Sugiyama, H.; Tani, Y.; Miyake, S.; Oka, Y.; Ogawa, H.; Komori, T.; Soma, T.; Kishimoto, S. *Start of Chain Production by the Further Two Step Rearrangements of Immunoglobulin Heavy Chain Genes on One Chromosome from a DJH/DJH Configuration in an Abelson Virus-Transformed Cell Line: Evidence of Secondary DJH Complex Formation.* In: *J. Immunol.* 138 (1987) S. 2305–2310.

Lafaille, J. J.; DeCloux; Bonneville, M.; Takagaki, Y.; Tonegawa, S. *Functional Sequences of T-Cell Receptor Gamma Delta Genes: Implications for Gamma Delta T-Cell Lineages and for a Novel Intermediate of V-(D)-J Joining.* In: *Cell* 58 (1989) 859–870.

Alt, F. W.; Rosenberg, N.; Lewis, S.; Thomas, E.; Baltimore, D. *Oraganization and Reorganization of Immunoglobulin Genes in A-MuLV-Transformed Cells: Rearrangement of Heavy- but not Light-Chain Genes.* In: *Cell* 27 (1981) S. 381–390.

Hieter, P. A.; Korsmeyer, S. J.; Waldmann, T. A.; Leder, P. *Human Immunoglobulin κ Light-Chain Genes are Deleted or Rearranged in λ-Producing B Cells.* In: *Nature* 290 (1981) S. 368–372.

Chen, J.; Trounstine, M.; Kurahara, C.; Young, F.; Kuo, C. C.; Xu, Y.; Loring, J. F.; Alt, F. W.; Huszar, D. *B-Cell Development in Mice that Lack One or Both Immunoglobulin κ Genes.* In: *EMBO J.* 12 (1993) S. 821–830.

Zou, Y.-R.; Takeda, S.; Rajewsky, K. *Gene Targeting in the Igκ Locus: Efficient Generation of λ Expressing B Cells Independant of Gene Rearrangement in Igκ.* In: *EMBO J.* 12 (1993) S. 811–820.

Abschnitt 5.3

Oettinger, M. A.; Schatz D. G.; Gorka, C.; Baltimore, D. *RAG-1 and RAG-2, Adjacent Genes that Synergistically Activate V(D)J Recombination.* In: *Science* 248 (1990) S. 1517–1523.

Ma, A.; Fisher, P.; Dildrop, R.; Oltz, E.; Rathbum, G.; Achacoso P.; Stall, A.; Alt, F. W. *Surface IgM-Mediated Regulation of RAG Gene Expression in E-N-myc B-Cell Lines.* In: *EMBO J.* 11 (1992) S. 2727–2734.

Abschnitt 5.4

Schlissel M. S.; Baltimore, D. *Activation of Immunoglobulin κ-Gene Rearrangement Correlates with Induction of Germline κ-Gene Transcription.* In: *Cell* 58 (1989) S. 1001–1007.

Takeda, S; Zou, Y.-R.; Bluethmann, H.; Kitamura, D.; Müller, W.; Rajewsky, K. *Deletion of the Immunoglobulin κ-Chain Intron Enhancer Abolishes κ-Chain Gene Rearrangement in cis but not λ Chain Gene Rearrangements in trans.* In: *EMBO J.* 12 (1993) S. 2329–2336.

Hsieh, C.-L.; McCloskey, R. P.; Lieber, M. R. *V(D)J Recombination in Minichromosomes is not Affected by Transcription.* In: *J. Biol. Chem.* 267 (1992) S. 15613–15619.

Abschnitt 5.6

Gu, H.; Kitamura, D.; Rajewsky, K. *B-Cell Development Regulated by Gene Rearrangement – Arrest of Maturation by Membrane-Bound Dμ Protein and Selection of D_H Element Reading Frame.* In: *Cell* 65 (1991) S. 47–54.

Kitamura, D.; Roes, J.; Kuhn, R.; Rajewsky, K. *A B Cell-Deficient Mouse by Targeted Disruption of the Membrane Exon of the Immunoglobulin μ Chain.* In: *Nature* 350 (1991) S. 423–426.

Kitamura, D.; Rajewsky, K. *Targeted Disruption of the μ Chain Membrane Exon Causes Loss of Heavy Chain Allelic Exclusion.* In: *Nature* 356 (1992) S. 154–156.

Kitamura, D.; Kudo, A.; Schaal, S.; Müller, W.; Melchers, F.; Rajewsky, K. *A Critical Role of λ5 Protein in B-Cell Development.* In: *Cell* 69 (1992) S. 823–831.

Nishimoto, N.; Kubagawa, H.; Ohno, T.; Gartland, G. L.; Stankovic, A. K.; Cooper, M. D. *Normal Pre-B Cells Express a Receptor Complex of μ Heavy Chains and Surrogate Light-Chain Proteins.* In. *Proc. Natl. Acad. Sci. USA* 88 (1991) 6284–6288.

Cherayil, B. J.; Pillai, S. *The ψ/λ5 Surrogate Immunoglobulin Light Chain is Expressed on the Surface of Transitional B Lymphocytes in Murine Bone Marrow.* In: *Exper. Med.* 173 (1991) S. 111–116.

Abschnitt 5.7

Nussenzweig, M. C.; Shaw, A. C.; Sinn, E.; Danner, D. B.; Holmes, K. I.; Morse, H. C.; Leder, P. *Allelic Exclusion in Transgenic Mice that Express the Membrane Form of Immunoglobulin.* In: *Science* 236 (1987) S. 816–819.

Abschnitt 5.8

Goodnow, C. C.; Crosbie, J.; Adelstein, S.; Lavoie, T. B.; Smith-Gill, S. J.; Brink, R. A.; Pritchard-Briscoe, H.; Wotherspoon, J. S.; Loblay, R. H.; Raphael, K.; Trent, R. J.; Basten, A. *A Transgenic Mouse Model of Immunological Tolerance: Absence of Secretion and Altered Sur-*

face Expression of Immunoglobulin in Self-Reactive B Lymphocytes. In: *Nature* 334 (1988) S. 676–682.

Nemazee, D.; Burki, K. *Clonal Deletion of B Lymphocytes in a Transgenic Mouse Bearing Anti-MHC Class I Antibody Genes.* In: *Nature* 337 (1989) S. 562–566.

Abschnitt 5.9

Radic, M. Z.; Erikson, J.; Litwin S.; Weigert, M. *B Lymphocytes May Escape Tolerance by Revising Their Antigen Receptors.* In: *J. Exper. Med.* 177 (1993) S. 1165–1173.

Gay, D.; Saunders, T.; Camper, S.; Wegert, M. *Receptor Editing: An Approach by Autoreactive B Cells to Escape Tolerance.* In: *J. Exper. Med.* 177 (1993) S. 999–1008.

Tiegs, S. L.; Russell D. M.; Nemazee, D. *Receptor Editing in Selfreactive Bone Marrow B Cells.* In: *J. Exper. Med.* 177 (1993) S. 1009–1020.

Abschnitt 5.10

Becker, R. S.; Knight, K. L. *Somatic Diversification of Immunoglobulin Heavy-Chain VDJ Genes: Evidence for Somatic Gene Conversion in Rabbits.* In: *Cell* 63 (1990) S. 987–997.

McCormack, W. T.; Tjoelker, L. W.; Thompson, C. B. *Avian B-Cell Development: Generation of an Immunoglobulin Repertoire by Gene Conversion.* In: *Ann. Rev. Immunol.* 9 (1993) S. 219–241.

Abschnitt 5.11

Goodnow, C. C.; Crosbie, J.; Jorgensen, H.; Brink, R. A.; Basten, A. *Induction of Self-Tolerance in Mature Peripheral B Lymphocytes.* In: *Nature* 342 (1989) S. 385–391.

Goodnow, C. C.; Adelstein, S.; Basten, A. *The Need for Central and Peripheral Tolerance in the B-Cell Repertoire.* In: *Science* 248 (1990) S. 1373–1379.

Russel, D. M.; Dembic, Z.; Morahan, G.; Miller, J. F. A. P.; Burki, K.; Nemazee, D. *Peripheral Depletion of Self-Reactive B Cells.* In: *Nature* 354 (1991) S. 308–311.

Abschnitt 5.12

Forster, I.; Rajewsky, K. *The Bulk of the Peripheral B-Cell Pool in Mice is Stable and Not Rapidly Renewed from the Bone Marrow.* In: *Proc. Natl. Acad. Sci. USA* 87 (1990) S. 4781–4784.

Abschnitt 5.13

Herzenberg, L. A.; Kantor, A. B. *B-Cell Lineages Exist in the Mouse.* In: *Immunol. Today* 14 (1993) S. 79–83.

Abschnitt 5.14

Rouse, R. V.; Reichert, R. A.; Gallatin, W. M.; Weissman, I. L.; Butcher, E. C. *Localization of Lymphocyte Subpopulations in Peripheral Lymphoid Organs: Directed Lymphocyte Migration and Segregation into Specific Microenvironments.* In. *Am. J. Anat.* 170 (1984) S. 391.

Liu, Y. L.; Johnson, G. D.; MacLennan, I. C. *Germinal Centers in T Cell-Dependent Antibody Responses.* In: *Immunol. Today* 13 (1992) S. 17–21.

Abschnitt 5.15

Graves, M. F. *Differentiation-Linked Leukemogenesis in Lymphocytes.* In: *Science* 234 (1986) S. 697–704.

Waldmann, T. A. *The Arrangement of Immunoglobulin and T-Cell Receptor Genes in Human Lymphoproliferative Disorders.* In: *Adv. Immunol.* 40 (1987) S. 247–321.

Abschnitt 5.16

Korsmeyer, S. J. *B-Lymphoid Neoplasms: Immunoglobulin Genes as Molecular Determinants of Clonality, Lineage, Differentiation, and Translocation.* In: *Adv. Intern. Med.* 33 (1988) S. 1–15.

Waldmann, T. *Immune Receptors: Targets for Therapy of Leukemia/Lymphoma, Autoimmune Diseases, and for Prevention of Allograft Rejection.* In: *Ann. Rev. Immunol.* 10 (1993) S. 675–704.

Abschnitt 5.17

Korsmeyer, S. J. *Chromosomal Translocations in Lymphoid Malignancies Reveal Proto-Oncogenes.* In: *Ann. Rev. Immunol.* 10 (1993) S. 785–807.

Finger, L. R.; Haliska, F. G.; Croce, C. M. *Involvement of the Immunoglobulin Loci in B-Cell Neoplasia.* In: *Immunoglobulin Genes.* 1. Aufl. San Diego, Calif. (Academic Press) 1989. S. 221–222.

Der Thymus und die Entwicklung der T-Lymphocyten

6

Die T-Zell-Entwicklung hat viel mit der B-Zell-Entwicklung gemeinsam. Wie die B-Zellen stammen die T-Zellen aus dem Knochenmark und durchlaufen mehrere Genumordnungen in einem spezialisierten Mikromilieu, um einen einheitlichen Antigenrezeptor auf jeder Zelle zu produzieren. Anders jedoch als die B-Zellen differenzieren T-Zellen nicht im Knochenmark. Vielmehr wandern sie in einem sehr frühen Stadium in den **Thymus**, ein zentrales lymphatisches Organ, das das spezialisierte Mikromilieu für die Rekombination der Rezeptorgene und die Reifung der T-Zellen bietet. Ein weiterer, entscheidender Unterschied zwischen T-Zell- und B-Zell-Entwicklung beruht auf der unterschiedlichen Art, wie sie Antigene erkennen. T-Zellen nehmen Fremdantigene nur in Form von Peptidfragmenten wahr, die an Moleküle gebunden sind, welche vom MHC codiert werden. Somit sind nur diejenigen T-Zellen, die körpereigene MHC-Moleküle erkennen können, in der Lage, sich an der adaptiven Immunantwort zu beteiligen. Es ist entscheidend, daß die T-Zellen eines jeden Individuums fähig sind, fremde Antigenpeptide zu identifizieren, wenn diese an die körpereigenen MHC-Moleküle gebunden vorliegen. Sie müssen also einer Selbst-MHC-Restriktion unterliegen. Darüber hinaus ist gleichermaßen wichtig, daß T-Zellen auf körpereigene Peptide, die an die Selbst-MHC-Moleküle gebunden sind, nicht reagieren. Das heißt, sie müssen außerdem selbsttolerant sein.

T-Zellen werden so selektiert, daß sie diese zwei Anforderungen der Abhängigkeit vom eigenen MHC (Selbst-MHC-Restriktion) und der Selbst-Toleranz während ihrer Reifung im Thymus erfüllen (Abb. 6.1). Sobald die Gene für die Antigenrezeptoren in den unreifen T-Zellen umgeordnet sind und der Rezeptor an der Zelloberfläche exprimiert wird, durchlaufen die T-Zellen zwei selektive Prozesse. Im ersten, der **positiven Selektion**, werden sie auf Selbst-MHC-Restriktion hin geprüft, im zweiten, der **negativen Selektion**, werden diejenigen Zellen eliminiert, die gegen körpereigene Peptide gerichtet sind, die an Selbst-MHC-Moleküle gebunden sind.

Wie T-Zellen während ihrer Entwicklung in bezug auf Selbst-Restriktion, nicht jedoch Selbst-Erkennung hin selektiert werden, ist eines der interessantesten Probleme der Immunbiologie. Gleichzeitig ist es eines der aktivsten Forschungsgebiete. In diesem Kapitel werden wir beschreiben, was über die T-Zell-Entwicklung bekannt ist und welche Mechanismen die positive und die negative Selektion erklären können. Da die Studien größtenteils von experimentellen Eingriffen in das sich entwickelnde System abhängen, stammen nahezu alle Informationen, die wir über die T-Zell-Ent-

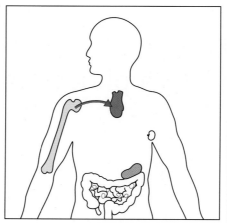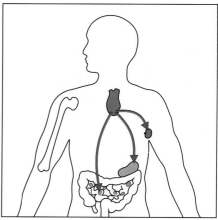

6.1 T-Zell-Vorläufer wandern zur Reifung in den Thymus. T-Zellen stammen von Knochenmarkstammzellen ab, deren Nachkommen vom Knochenmark in den Thymus wandern (links), wo die T-Zell-Entwicklung stattfindet. Die reifen T-Zellen verlassen den Thymus und zirkulieren vom Blut durch die sekundären Lymphgewebe (rechts). Zu ihnen zählen die Lymphknoten, die Milz und die Peyerschen Plaques. Dort können sie auf Antigene treffen.

wicklung im Thymus haben, aus Versuchen mit Mäusen. Wenn etwas über die Entwicklung von menschlichen T-Zellen bekannt ist, werden wir darauf eingehen.

Die Entwicklung der T-Zellen im Thymus

T-Zellen entwickeln sich aus den Knochenmarkstammzellen. Ihre Vorläufer wandern zur Reifung in den Thymus. Aus diesem Grunde werden sie **thymusabhängige (T-)Lymphocyten** oder **T-Zellen** genannt. Im Thymus proliferieren und differenzieren die unreifen T-Zellen (**Thymocyten**) und durchlaufen eine Reihe von einzelnen, phänotypischen Stadien, die mit Hilfe von charakteristischen Expressionsmustern verschiedener Proteine auf der Zelloberfäche identifiziert werden können. Während der Entwicklung der Thymocyten erfolgen die Genrekombinationen, aus denen der T-Zell-Rezeptor hervorgeht, sowie die positive und die negative Selektion, die das reife Rezeptorrepertoire gestalten. Diese Prozesse sind von Wechselwirkungen der heranreifenden Zellen mit den Zellen des Mikromilieus im Thymus abhängig. Wir werden deshalb mit einem generellen Überblick über die Stadien der Thymocytenentwicklung und ihre Beziehung zum strukturellen Aufbau des Thymus beginnen. Erst in den darauffolgenden Abschnitten werden wir die Umstrukturierung der T-Zell-Rezeptorgene und die Selektion des Rezeptorrepertoires betrachten.

6.1 Die T-Zellen entwickeln sich im Thymus

T-Lymphocyten entstehen im Thymus, einem lymphatischen Organ im oberen Brustbereich, direkt über dem Herz. Bei jungen Individuen enthält der Thymus viele sich entwickelnde T-Zell-Vorläufer, die in ein epitheliales Maschenwerk eingebettet sind, das wir als Thymustroma kennen. Es stellt für die T-Zell-Entwicklung ein einheitliches Mikromilieu zur Verfügung. Der Thymus besteht aus zahlreichen Lobuli, von denen jeder deutlich in eine äußere corticale Region, den Thymuscortex, und eine zentrale Region, das Thymusmark (Thymusmedulla), gegliedert ist. Das Stroma entsteht in der frühen Embryonalentwicklung aus den entodermalen und ektodermalen Schichten der Embryonalstrukturen, die wir als dritte Schlundtasche und als dritte Kiemenspalte kennen. Aus Untersuchungen mit Mäuseembryonen kann man ableiten, daß sich aus den ektodermalen Schichten die Epithelzellen des Cortex bilden, während die Epithelkomponente des Marks aus den entodermalen Zellen ensteht. Diese epithelialen Gewebe bilden zusammen zunächst den rudimentären Thymus, die sogenannte Thymusanlage (Abb. 6.2), die Zellen hämatopoetischen Ursprungs anlockt, die sich dort ansiedeln. Dazu gehören neben den Thymocytenvorläufern auch dendritische Zellen und Makrophagen.

Der menschliche Thymus ist bereits vor der Geburt voll entwickelt und besteht aus Cortex- und Markepithel, die mit dem Bindegewebe zusammen das Thymusstroma bilden, sowie aus sehr vielen Zellen, die aus dem Knochenmark stammen. Letztere verteilen sich unterschiedlich auf Cortex und Medulla. Während man im Cortex unreife Thymocyten und vereinzelt Makrophagen findet, kommen im Mark mehr reife Thymocyten, dendritische Zellen und der größte Teil der Makrophagen vor (Abb. 6.3). Wir werden bald sehen, daß diese Beobachtung die unterschiedlichen Entwicklungsereignisse widerspiegelt, die in diesen zwei Kompartimenten ablaufen.

Die T-Zell-Produktion im Thymus ist vor der Pubertät am höchsten. Danach beginnt der Thymus zu schrumpfen und die Produktion von neuen T-Zellen drastisch einzuschränken (Abb. 6.4). Im Gegensatz dazu nimmt die Zahl der reifen T-Zellen in der Peripherie nicht ab, was darauf hindeutet, daß die reifen Zellen entweder langlebig sind oder sich selbst erneuern können, oder beides. Das würde bedeuten, daß die Immunität nach abgeschlossener Etablierung eines T-Zell-Repertoires ohne eine Neuproduktion vieler T-Zellen erhalten bleiben kann.

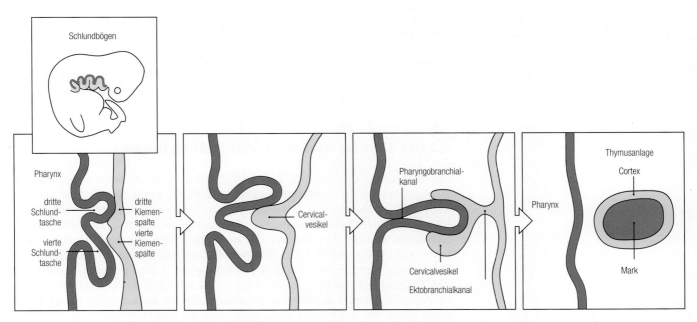

6.2 Der Thymus entwickelt sich aus einer Gewebefalte in der Pharynxregion des Embryos (dargestellt für die Maus). Zwei Schichten des embryonalen Gewebes sind beteiligt: das Ektoderm (gelb) der dritten Kiemenspalte und das Entoderm (blau) der dritten Schlundtasche (erstes Bild). Nach etwa neuneinhalb Tagen der Entwicklung (zweites Bild) wandern diese einwärts und bilden eine Struktur, die man als Cervicalvesikel bezeichnet. Mit fortschreitender Invagination nähern sich die zwei Schichten aneinander an. Die ektodermale beginnt, die entodermale zu umwandern (drittes Bild). Nach etwa elfeinhalb Tagen schließen sich die Invaginationen und isolieren schließlich das Thymusrudiment (letztes Bild). Vergleiche der Thymusentwicklung von normalen Mäusen und mutanten Nacktmäusen (*nude*-Mäusen), denen ein normaler Thymus fehlt, weisen darauf hin, daß die ektodermale Schicht das Cortexepithel und die entodermale Schicht die medullären Gewebe bilden.

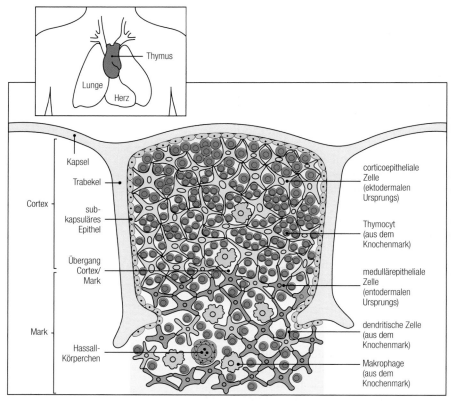

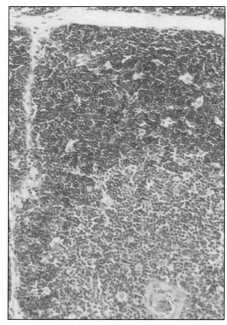

6.3 Der zelluläre Aufbau des Thymus. Der Thymus liegt auf der Mittellinie des Körpers oberhalb des Herzens. Er besteht aus mehreren Lobuli, von denen jeder einzelne corticale (äußere) und medulläre (zentrale) Bereiche enthält. Der Cortex besteht aus unreifen Thymocyten (dunkelblau), verzweigten corticalen Epithelzellen (hellblau), mit denen sie eng verbunden sind, und vereinzelten Makrophagen (gelb). Das Mark besteht aus reifen Thymocyten und medullären Epithelzellen (orange), Makro- phagen (gelb) und dendritischen Zellen (gelb), die aus dem Knochenmark stammen. Die Hassall-Körperchen des mensch- lichen Thymus sind wahrscheinlich Orte des Zellabbaus. Die Thymocyten in der äußeren corticalen Zellschicht sind proliferie- rende, unreife Zellen, während die meisten tiefer im Cortex gele- genen Thymocyten eine Selektion durchlaufen. Das Photo zeigt den entsprechenden Schnitt durch einen menschlichen Thymus, angefärbt mit Hämatoxylin und Eosin. (Photo: C. J. Howe.)

6.2 Der Thymus wird zur T-Zell-Reifung benötigt

Die Bedeutung des Thymus für die T-Zell-Entwicklung wurde zuerst durch Beobachtungen bei immunschwachen Kindern entdeckt. Seither gab es viele weitere Belege, die diese Beobachtungen bestätigen und erweitern. So kann sich der Thymus beispielsweise bei Menschen mit dem **DiGeorge-Syndrom** und bei Mäusen mit der *nude*-Mutation (die auch Haarlosigkeit hervorruft) nicht entwickeln. Die betroffenen Individuen produzieren zwar B-Lymphocyten, jedoch keine T-Lymphocyten. Eine operative Entfernung des Thymus (Thymektomie) bei Mäusen gleich nach der Geburt, wenn also noch keine reifen T-Zellen den Thymus verlassen haben, führt ebenfalls zu einer Maus mit B-Lymphocyten, aber ohne T-Lymphocyten.

Dem Thymusstroma kommt bei der Induktion der Differenzierung von Vorläuferzellen aus dem Knochenmark eine entscheidende Rolle zu. Dies kann man mit Hilfe von zwei Mäusemutanten veranschaulichen, die beide aus unterschiedlichen Gründen keine reifen T-Zellen ausbilden. Bei Nackt-mäusen (*nude*-Mäusen) kann das Thymusepithel nicht differenzieren, während bei *scid*-Mäusen, die wir bereits in Abschnitt 3.15 kennenge-lernt haben, das Thymusstroma zwar normal ist, sich jedoch wegen eines Defekts der Rekombination der Rezeptorgene weder B- noch

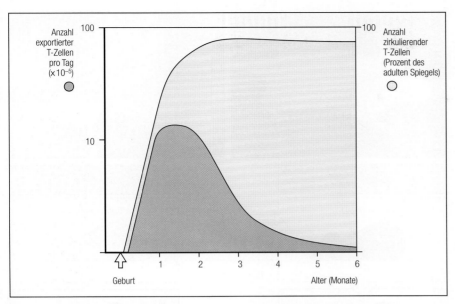

6.4 Die Produktion neuer T-Zellen nimmt nach der Pubertät ab. Die Kurven zeigen das frühe Leben einer Maus: Vor der Geburt werden nur wenige T-Zellen exportiert, während die Ausfuhr von neuen T-Zellen aus dem Thymus kurz nach der Geburt dramatisch ansteigt. Entsprechend steigt auch die T-Zell-Zahl im Blut an. Die Produktion von neuen T-Zellen im Thymus nimmt nach der Pubertät ab. Der Thymus selbst bildet sich zurück und beendet seine Aktivität. Die Anzahl der T-Zellen in der Peripherie sinkt allerdings nicht, was darauf hindeutet, daß die reifen T-Zellen langlebig sind und nicht unentwegt ersetzt werden müssen.

T-Lymphocyten entwickeln können. Wechselseitige Transplantationen von Thymus und Knochenmark zwischen diesen immundefizienten Stämmen zeigen, daß sich die Knochenmarkvorläufer aus einer Nacktmaus im Thymus der *scid*-Maus normal entwickeln (Abb. 6.5). Wir werden später sehen, daß gerade die Thymustransplantationen zwischen verschiedenen Mäusestämmen für die Bestimmung der Rolle des Thymus bei der Selektion des T-Zell-Repertoires von großer Bedeutung waren.

6.3 Sich entwickelnde T-Zellen proliferieren im Thymus, die meisten sterben dort jedoch auch

T-Zell-Vorläufer, die nach Verlassen des Knochenmarks den Thymus erreichen, treten in eine Phase intensiver Proliferation ein. In jungen adulten Mäusen, deren Thymus etwa $1-2 \times 10^8$ Thymocyten enthält, werden täglich etwa 5×10^7 neue Zellen gebildet. Dennoch verlassen nur etwa 10^6 (ungefähr zwei Prozent) davon den Thymus als reife T-Zellen. Trotz des Unterschieds zwischen der Zahl der kontinuierlich hergestellten T-Zellen und der Zellen, die den Thymus verlassen, verändert der Thymus weder seine Größe noch seine Zellzahl. Das ist so, weil nahezu 98 Prozent der Thymocyten, die täglich produziert werden, im Thymus sterben (Abb. 6.6). Da verstreute Zelltrümmer fehlen, die eigentlich für das Töten von Zellen oder den Gewebetod (Nekrose) charakteristisch sind, glaubt man, daß ein programmierter Zelltod oder eine **Apoptose** stattfindet. Dabei kondensiert der Zellkern, und die DNA wird in einer bestimmten Weise in Fragmente zerlegt. Die Apoptose ist ein allgemeines Merkmal vieler Entwicklungswege.

6.5 Der Thymus ist von entscheidender Bedeutung für die Reifung von T-Zellen aus Zellen, die aus dem Knochenmark stammen. Mäuse mit der *scid*-Mutation (oben links) haben einen Defekt, der Lymphocyten an der Reifung hindert, während Mäuse mit der *nude*-Mutation (oben rechts) einen Defekt haben, der die Entwicklung des Cortexepithels des Thymus beeinflußt. Bei keinem dieser Mäusestämme entwickeln sich T-Zellen: Dies kann, wie in den unteren Graphiken dargestellt ist, durch Markieren von Milzzellen mit Antikörpern gegen reife T-Zellen und anschließenden Untersuchungen im Durchflußcytometer (Kapitel 2) gezeigt werden. Aus Knochenmarkzellen von *nude*-Mäusen können sich in *scid*-Mäusen T-Zellen entwickeln, was zeigt, daß die *nude*-Knochenmarkzellen an sich normal sind und daher in geeigneter Umgebung T-Zellen produzieren können. Thymusepithelzellen von *scid*-Mäusen können die Reifung von T-Zellen in *nude*-Mäusen induzieren, was bedeutet, daß der Thymus als Umgebung für die T-Zell-Entwicklung essentiell ist.

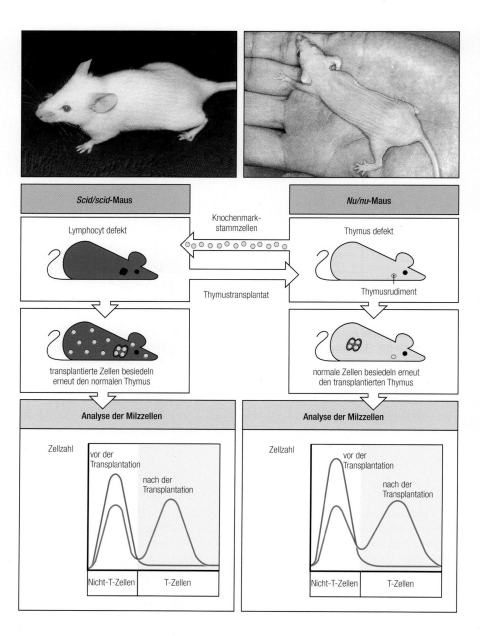

Dies wirkt wie eine ausgesprochene Verschwendung und ist ein entscheidender Bestandteil der T-Zell-Entwicklung. Sie beruht auf der intensiven Überprüfung, der jede neue T-Zelle im Hinblick auf MHC-Abhängigkeit und Selbst-Toleranz unterworfen wird.

6.4 Die aufeinanderfolgenden Stadien der Thymocytenentwicklung sind durch Änderungen der Zelloberflächenmoleküle gekennzeichnet

Während ihrer Proliferation und Reifung zu T-Zellen durchlaufen die Thymocyten eine Reihe von unterschiedlichen Schritten, die durch Veränderungen im Zustand der T-Zell-Rezeptorgene gekennzeichnet sind sowie der Expression des T-Zell-Rezeptors, der Corezeptoren CD4 und CD8 und anderer Moleküle der Zelloberfläche. Sie alle spiegeln das Stadium der

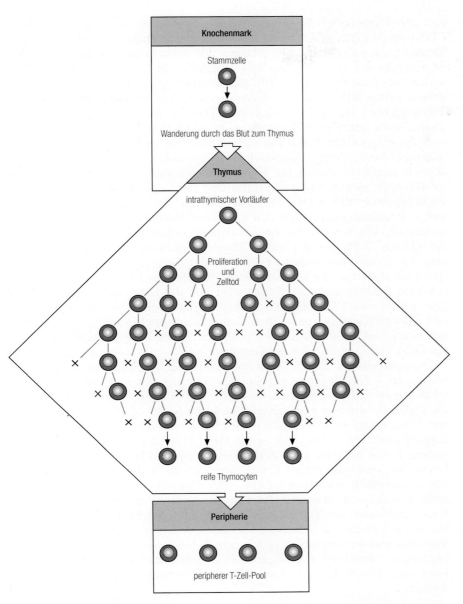

6.6 Der Thymus ist ein Ort massiver Zellproliferation, aber nur sehr wenige T-Zellen werden exportiert. Der Thymus der Maus hat $1-2 \times 10^8$ Thymocyten. Täglich werden 5×10^7 Thymocyten hergestellt, aber nur etwa 10^6 reife T-Zellen wandern aus. Die verbleibenden Zellen sterben im Thymus (markiert durch x). Dieser massive Zelltod ist weitgehend das Ergebnis positiver und negativer Selektion.

funktionellen Reifung der Zelle wider. Bestimmte Kombinationen von Zelloberflächenmolekülen können folglich als Marker für die verschiedenen T-Zell-Entwicklungsstadien dienen. Die wichtigsten Stadien sind in Abbildung 6.7 zusammengefaßt.

Wenn Vorläuferzellen nach Verlassen des Knochenmarks in den Thymus gelangen, fehlen ihnen noch die meisten Oberflächenmoleküle, die für reife T-Zellen charakteristisch sind, und ihre Rezeptorgene sind noch nicht umgeordnet. Sobald die Vorläuferzelle den Thymus erreicht hat, stimulieren Wechselwirkungen mit dem Thymusstroma eine starke Proliferation und die Expression der ersten T-Zell-spezifischen Oberflächenmoleküle CD2 und (bei Mäusen) Thy-1. Am Ende dieser Phase tragen die unreifen Thymocyten unterschiedliche Marker der entstehenden T-Zell-Linie. Sie exprimieren jedoch keines der drei Moleküle, die die reifen T-Zellen definieren, nämlich den CD3:T-Zell-Rezeptor-Komplex, CD4 oder CD8. Da diesen Zellen CD4 und CD8 fehlen, nennt man sie **„doppelt negative"** **Thymocyten**. Im voll entwickelten Thymus bilden diese Zellen eine kleine, stark heterogene Zellpopulation (etwa fünf Prozent der Thymocyten), die einige frühe T-Zell-Entwicklungsstadien enthält.

Einige dieser Zellen (hierbei handelt es sich um etwa 20 Prozent der doppelt negativen Zellen im Thymus) haben ihre Gene für den seltenen $\gamma{:}\delta$-Rezeptor umgeordnet und exprimieren sie. Sie stellen eine separate Entwicklungslinie der CD4$^-$CD8$^-$-Thymocyten dar (Abschnitt 6.7). Eine zweite Population exprimiert den $\alpha{:}\beta$-T-Zell-Rezeptor. Ihre Rolle ist bisher unbekannt. Wir werden den Begriff doppelt negative T-Zelle benutzen, um die übrigen 75 Prozent der frühen Thymocyten zu beschreiben, die die größere $\alpha{:}\beta$-T-Zell-Linie bilden werden, die ihre Gene für den α-oder β-T-Zell-Rezeptor aber noch nicht rekombiniert haben. Das Erscheinen einer funktionellen β-Kette in diesen Zellen wird von der Expression von CD8 und kurz darauf von CD4 begleitet. Diese Thymocyten exprimieren nun CD8 und CD4 gleichzeitig und werden somit als **„doppelt positive" Thymocyten** bezeichnet. Früh im doppelt positiven Stadium lagern sich die α-Ketten-Gene um. Danach wird der komplette $\alpha{:}\beta$-T-Zell-Rezeptor exprimiert.

Doppelt positive Thymocyten sind kleine Zellen, die nur eine geringe Menge an T-Zell-Rezeptor exprimieren. Die meisten von ihnen (mehr als 90 Prozent) sind zum Sterben verurteilt. Dabei handelt es sich um Zellen, die T-Zell-Rezeptoren exprimieren, die keine Selbst-MHC-Moleküle erkennen können und so keine positive Selektion erfahren. Dagegen reifen jene doppelt positiven Zellen, die Selbst-MHC-Moleküle erkennen, und exprimieren große Mengen an T-Zell-Rezeptor. Anschließend beenden sie die Expression eines der beiden Corezeptormoleküle und werden somit entweder zu **„einfach positiven"** CD4- oder CD8-Thymocyten, welche nicht mehr proliferieren. Während des doppelt positiven Stadiums der Entwicklung durchlaufen die Zellen auch eine negative Selektion. Diejenigen Zellen, die das zweifache Screening überleben, reifen zu einfach positiven Zellen heran und werden unverzüglich zum T-Zell-Repertoire in der Peripherie exportiert. Abbildung 6.8 zeigt diese Schritte der T-Zell-Entwicklung in Form einer FACS-Analyse (Kapitel 2) von Thymocyten für jedes Reifungsstadium.

6.5 Thymocyten verschiedener Entwicklungsstadien befinden sich in unterschiedlichen Teilen des Thymus

Wir haben gesehen, daß der Thymus in zwei große Regionen unterteilt ist, in den peripheren Cortex und die zentrale Medulla (Abb. 6.3). Der größte Teil der T-Zell-Entwicklung läuft im Cortex ab. Nur reife einfach positive Thymocyten befinden sich im Mark. Am äußeren Cortexrand, im subkapsulären Bereich des Thymus, gibt es eine starke Proliferation großer, unreifer doppelt negativer Thymocyten (Abb. 6.9). Dabei scheint es sich um die Vorläufer aus dem Thymus zu handeln, aus denen sich die folgenden Thymocytenpopulationen entwickeln. Tiefer im Cortex sind die meisten Thymocyten klein und doppelt positiv. Das corticale Stroma besteht aus epithelialen Zellen mit langen, verzweigten Fortsätzen, die MHC-Klasse-II- und MHC-Klasse-I-Moleküle auf ihrer Oberfläche exprimieren. Der Thymuscortex ist dicht gepackt mit Thymocyten, mit denen die verzweigten Fortsätze der corticalen Thymusepithelzellen in Kontakt treten. Wechselwirkungen zwischen den MHC-Molekülen der corticalen Epithelzellen und den

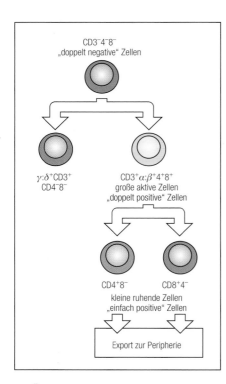

6.7 Änderungen der Zelloberflächenmoleküle erlauben eine Unterscheidung von Thymocytenpopulationen verschiedener Reifungsstadien. Die wichtigsten Zelloberflächenmoleküle für die Identifizierung von Thymocytensubpopulationen sind CD4, CD8 und T-Zell-Rezeptormoleküle. Die früheste Zellpopulation im Thymus exprimiert keines dieser Moleküle. Da diesen Zellen sowohl CD4 als auch CD8 fehlt, nennt man sie „doppelt negativ". (Im Thymus exprimieren die $\gamma{:}\delta$-T-Zellen weder CD4 noch CD8; sie stellen jedoch eine unbedeutende Population dar.) Die Reifung von $\alpha{:}\beta$-T-Zellen passiert ein Stadium, in dem eine Zelle CD4, CD8 und geringe Mengen an T-Zell-Rezeptor exprimiert. Man bezeichnet diese Zellen als „doppelt positive" Thymocyten. Die meisten von ihnen werden zu kleinen doppelt positiven Zellen und sterben im Thymus. Diejenigen, deren Rezeptoren Selbst-MHC-Moleküle binden, verlieren entweder die CD4- oder die CD8-Expression und erhöhen die Expression des T-Zell-Rezeptors. Das Ergebnis diese Prozesses ist die reife, „einfach positive" T-Zelle, die aus dem Thymus auswandert.

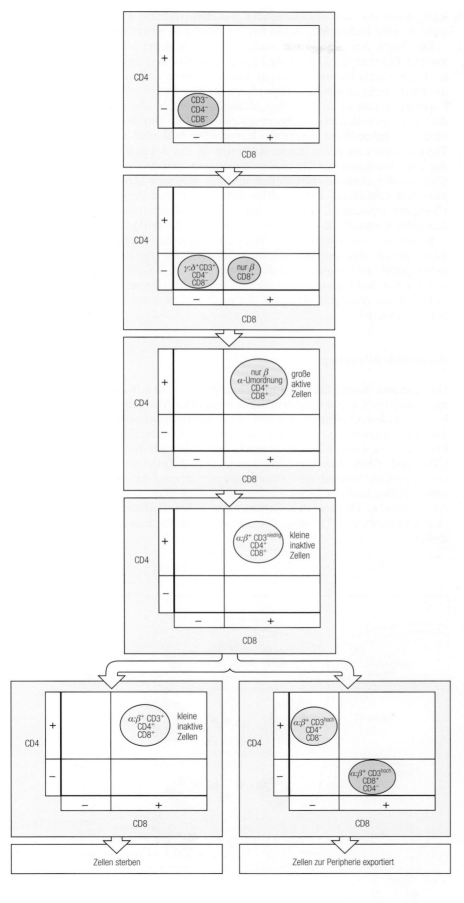

6.8 Die T-Zell-Entwicklung. Thymocyten können anhand der CD4- und CD8-Expression in mindestens vier Zellpopulationen getrennt und mittels FACS-Analyse (Abschnitt 2.17) unterschieden werden. Hier wird jedoch nur das Schicksal einer einzigen Zellgruppe gezeigt, wie es in einer FACS-Analyse erscheinen würde. Die Vorläuferzellen dieser Gruppe im Thymus exprimieren weder CD3, CD4 noch CD8 (ganz oben). Aus ihnen entwickeln sich sowohl die $\gamma{:}\delta$-T-Zellen (die im Thymus weiterhin CD4- und CD8-negativ bleiben) als auch die $\alpha{:}\beta$-T-Zellen (zweites Bild), bei deren Entwicklung als erstes ein Rezeptor-Komplex entsteht, der nur die β-Kette des T-Zell-Rezeptors (*T-cell receptor*, TCR) enthält. Diese Zellen können geringe Mengen CD8 exprimieren. Signale über den TCR-β-Ketten-Komplex aktivieren die T-Zelle, die anschließend CD4- und CD8-doppelt positiv wird und die TCR-α-Kette umordnet. Jetzt (drittes Bild) sind die Thymocyten groß und aktiv. Dann exprimieren sie etwas $\alpha{:}\beta$-CD3 (viertes Bild) und werden zu kleinen, inaktiven Zellen, von denen die meisten wahrscheinlich sterben, weil sie die Selektion nicht überstehen (Bild unten links). Der Rest reift zu einfach positiven Zellen heran, erhöht die Expression der T-Zell-Rezeptoren und stellt die Expression entweder von CD4 (wenn der Rezeptor MHC-Klasse-I-restringiert ist) oder CD8 (wenn der Rezeptor MHC-Klasse-II-restringiert ist) ein. Die Zellen wandern dann in den peripheren Kreislauf (Bild unten rechts).

Der Anteil der Populationen an der Gesamtzahl der Thymocyten bei jungen adulten Tieren ist unten dargestellt. Dieses Bild zeigt außerdem die Aufteilung von doppelt negativen Zellen im Thymus in drei Klassen: ein Prozent sind Zellen mit $\gamma{:}\delta$-T-Zell-Rezeptoren, ein Prozent tragen $\alpha{:}\beta$-T-Zell-Rezeptoren und drei Prozent sind unreife Vorläuferzellen.

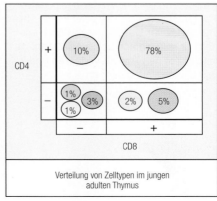

Verteilung von Zelltypen im jungen adulten Thymus

Rezeptoren der sich entwickelnden T-Zellen spielen, wie wir später zeigen werden, eine bedeutende Rolle bei der positiven Selektion.

Das Mark des Thymus ist nicht so gut charakterisiert. Es enthält relativ wenige Thymocyten. Diese sind einfach positiv und ähneln reifen T-Zellen. Es könnte sich hierbei einerseits um neue reife Zellen handeln, die durch die Medulla hindurch den Thymus verlassen. Andererseits könnten sie eine Population von reifen T-Zellen darstellen, die in der Medulla bleibt, um dort eine spezialisierte Funktion auszuüben, wie zum Beispiel die Eliminierung von infektiösen Agentien. Irgendwann während der Entwicklung im Thymuscortex und vor ihrem Auftreten in der Medulla muß deshalb eine negative Selektion der Thymocyten erfolgen. Wir werden sehen, daß hauptsächlich die dendritischen Zellen und die Makrophagen diesen Selektionsprozeß durchführen. Die dendritischen Zellen sind besonders zahlreich im Übergang zwischen Cortex und Mark. Die Makrophagen dagegen sind über den Cortex verteilt, kommen aber auch in der Medulla in großer Zahl vor.

Bevor wir die Abfolge der Wechselwirkungen genauer diskutieren, die dazu führen, daß doppelt negative Thymocyten zu einer Population von Selbst-MHC-restringierten und selbsttoleranten T-Zellen heranreifen, müssen wir uns den Genrekombinationen zuwenden, die willkürlich das Rezeptorrepertoire erzeugen, das von der positiven und der negativen Selektion beeinflußt wird.

Zusammenfassung

Der Thymus bietet für die Entwicklung von reifen T-Zellen ein isoliertes und strukturell organisiertes Mikromilieu. Die Vorläufer der T-Zellen verlassen das Knochenmark und reifen im Thymus, wobei sie eine Reihe von Stadien durchlaufen, die man anhand der differentiellen Expression der Proteine des CD3:T-Zell-Rezeptorkomplexes und der Corezeptorproteine CD4 und CD8 unterscheiden kann. Die T-Zell-Entwicklung wird von einem großen Ausmaß an Zelltod begleitet, der auf der intensiven Selektion von T-Zellen und der Eliminierung von Zellen ohne geeignete Rezeptorspezifität beruht. Die meisten Schritte der T-Zell-Differenzierung vollziehen sich im Cortex des Thymus. Die Thymusmedulla dagegen enthält nur reife Zellen.

6.9 In verschiedenen Bereichen des Thymus befinden sich Thymocyten unterschiedlicher Entwicklungsstadien. Die ersten Zellen, die in den Thymus einwandern, befinden sich in der subkapsulären Region des Cortex. Nach der Proliferation und Reifung zu doppelt positiven Thymocyten dringen sie tiefer in den Thymuscortex vor. Das Mark schließlich enthält nur reife einfach positive T-Zellen, die mit der Zeit den Thymus verlassen und in den Blutkreislauf gelangen.

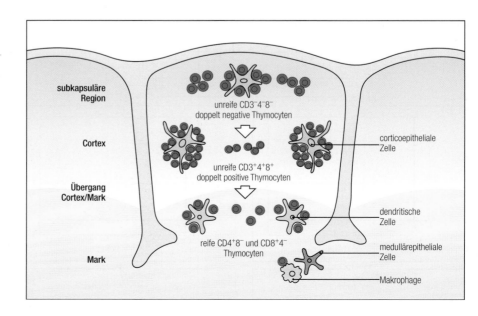

Die Umordnung von T-Zell-Rezeptorgenen und die Expression von Rezeptoren

In den frühen Stadien der Thymocytenreifung durchlaufen die Gene für die T-Zell-Rezeptoren eine genau festgelegte Abfolge von Umordnungen, die große Mengen an unreifen T-Zellen hervorbringen, von denen jede Rezeptoren einer einzigen Spezifität exprimiert. Bis auf zwei wichtige Unterschiede ähnelt dieser Prozeß in vielem dem von B-Zellen. Erstens ergibt die Umstrukturierung von zwei verschiedenen Rezeptorgensätzen zwei unterschiedliche T-Zell-Linien. Eine exprimiert α:β- und die andere γ:δ-Rezeptoren. Zweitens gibt es einen größeren Spielraum für wiederholte Umordnungen der T-Zell-Rezeptorgene eines einzelnen Locus, was die Rettung von vielen Zellen erlaubt, bei denen die erste Umstrukturierung unproduktiv verlaufen ist. Das Endergebnis ist bei der α:β-T-Zell-Linie das Entstehen von doppelt positiven Thymocyten, welche T-Zell-Rezeptoren produzieren, auf die die positive und die negative Selektion angewendet werden kann.

6.6 T-Zellen mit α:β-oder γ:δ-Rezeptoren entstehen im Thymus getrennt

Die γ:δ-T-Zellen gehen wie die α:β-T-Zellen aus Vorläuferzellen des hämatopoetischen Systems hervor. Sie unterscheiden sich jedoch in ihrer Spezifität, im Expressionsmuster der CD4- und CD8-Corezeptoren und ihrer anatomischen Verteilung voneinander. Die beiden T-Zell-Typen sind auch funktionell verschieden, obwohl man über die Aufgabe der γ:δ-T-Zellen sehr wenig weiß.

Bis jetzt kennt man die Signale, die die T-Zell-Vorläufer zur Expression eines der zwei Rezeptoren anregen, noch nicht. Man vermutet jedoch, daß diese unbekannten Signale auf die regulatorischen Regionen einwirken, die die Expression der γ-Ketten-Gene selbst kontrollieren. Diese Gene werden wie die Immunglobulingene der B-Zellen vor der Genumordnung schwach transkribiert. Die γ-Ketten-Transkripte sind daher in frühen Thymocyten zu sehen, welche für die γ:δ-Linie vorgesehen sind. In reifen Zellen, die α:β-Rezeptoren tragen, ruhen die γ-Ketten-Gene aufgrund der Aktivität eines Silencers (Abb. 6.10). Daß der Silencer bei der Bestimmung des Rezeptorentyps von T-Zellen eine Rolle spielt, weiß man aus Experimenten mit transgenen Mäusen. Mäuse, die ein umgeordnetes γ-Ketten-Transgen einschließlich der gesamten transkriptionellen Kontrollregion besitzen, exprimieren die transgene γ-Kette auf allen γ:δ-T-Zellen. Jedoch produzieren sie die normale Menge an α:β-T-Zellen, in denen die γ-Kette stummgeschaltet ist. Im Gegensatz dazu haben Mäuse mit dem γ-Transgen ohne Silencerbereich, sehr viele, das Transgen exprimierende γ:δ-T-Zellen, während die Differenzierung der α:β-T-Zellen unterdrückt wird. Das läßt vermuten, daß die sich entwickelnden T-Zellen darauf programmiert sind, die Gene für die γ-Kette stillzulegen, wenn sie für die α:β-T-Zell-Linie bestimmt sind. Da normale α:β-T-Zellen rekombinierte Gene für die γ-Kette aufweisen, erfolgt die Stummschaltung erst nach der Umordnung der γ-Ketten-Gene.

Welches Signal über die Entwicklung entweder zu einer α:β- oder einer γ:δ-T-Zell entscheidet, ist nicht bekannt. Man weiß auch nicht, ob es im Thymus gegeben wird oder ob T-Zell-Vorläufer, die den Thymus erreichen, schon für den einen oder den anderen Weg bestimmt sind. Die Genumordnungen, die zur Herstellung der beiden Rezeptortypen führen, sind in Abbildung 6.11 zusammengestellt.

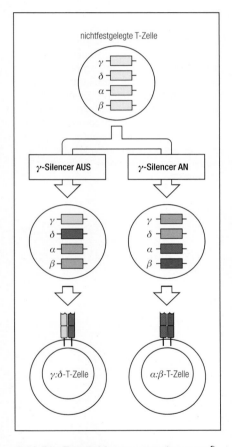

6.10 Die Entwicklung entweder zu γ:δ- oder α:β-T-Zellen könnte durch Faktoren bestimmt werden, die die Transkription der γ-Kette regulieren. In der Vorläuferzelle, die weder der α:β- noch der γ:δ-Linie angehört, ist keines der T-Zell-Rezeptor-Gene aktiv. Für die α:β-Linie vorbestimmte Zellen exprimieren ein „Silencer"-Protein, das als transkriptioneller Repressor der γ-Ketten-Gene fungiert. Fehlt es, werden die γ-Ketten-Gene exprimiert, die α- und die β-Ketten-Gene bleiben stumm. Der Thymocyt wird zur γ:δ-T-Zelle.

6.11 Entwicklungstadien von γ:δ- und α:β-T-Zellen. Nicht festgelegte T-Zell-Vorläufer werden durch ein unbekanntes Signal induziert, zu γ:δ- oder α:β-T-Zellen zu werden. Wenn das Signal für γ:δ bestimmt ist (linke Bilder), werden die γ-Ketten-Gene in geringem Umfang transkribiert und danach umgeordnet, was zur γ-Ketten-Expression und zur Festlegung der Zelle auf die Expression des γ:δ-Rezeptors führt. γ:δ-Rezeptor-positive T-Zellen besitzen weder CD4 noch CD8 und haben bestimmte Eigenschaften und Standorte im Körper. Wird die α:β-Entwicklung induziert (rechte Bilder), dann wird die Transkription und die anschließende Umordnung der β-Ketten-Gene gestartet, was schließlich zur Expression des α:β-Rezeptors führt. Man beachte, daß bei diesem Prozeß der gesamte δ-Gen-Cluster durch die Umstrukturierung der α-Ketten-Gene eliminiert wird. Wenn man ringförmige DNA, die die deletierten δ-Gene enthält, aus den sich entwickelnden T-Zellen isoliert, kann man feststellen, daß die δ-Gene keine Umordnungen mitgemacht haben. In einigen α:β-T-Zellen werden die γ-Ketten-Gene jedoch rekombiniert. Um eine Verwirrung zu vermeiden, ist dies nicht dargestellt.

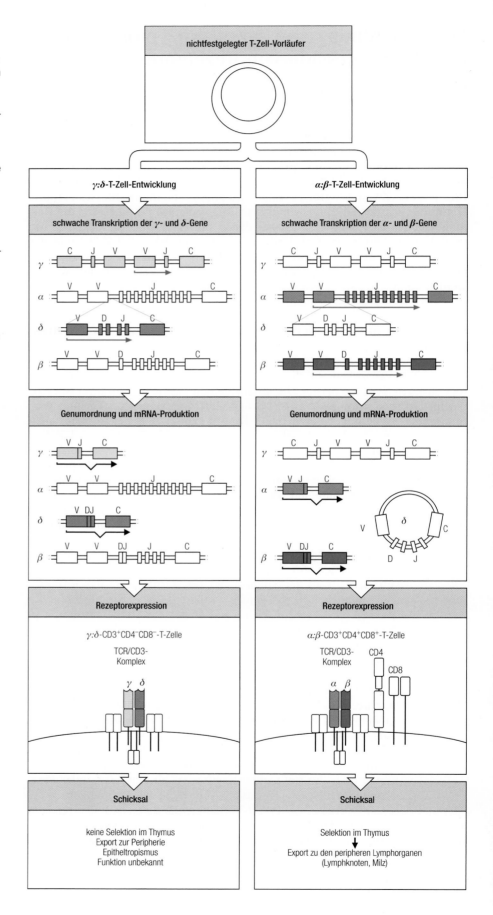

6.7 Zellen, die bestimmte γ:δ-Gene exprimieren, entstehen in der Embryonalentwicklung zuerst

Die ersten T-Zellen, die während der Embryonalentwicklung auftreten, tragen γ:δ-T-Zell-Rezeptoren (Abb. 6.12). Bei der Maus, bei der man die Entwicklung des Immunsystems in allen Einzelheiten untersuchen kann, erscheinen die γ:δ-T-Zellen zuerst in zwei getrennten Wellen oder Ausbrüchen, wobei die T-Zellen einer jeden Welle im erwachsenen Tier verschiedene Bestimmungsorte haben. Die erste Welle von γ:δ-T-Zellen haben ihr Ziel in der Epidermis und werden dort als **dendritische Epidermiszellen** (englisch *dendritic epidermal cells*, dEC) bezeichnet. Dagegen siedeln sich die γ:δ-T-Zellen der zweiten Welle in den Epidermisschichten des Fortpflanzungstraktes an. Die Rezeptoren, die von diesen γ:δ-T-Zellen der frühen Wellen exprimiert werden, sind im wesentlichen homogen: Alle Zellen einer jeden Welle exprimieren dieselben $V_γ$- und $V_δ$-Sequenzen und dieselben J-Regionen. N-Nucleotide steuern keine zusätzliche Vielfalt an den Verknüpfungsstellen zwischen den V-, D-und J-Gensegmenten bei, weil in diesen frühen T-Zellen die terminale Desoxynucleotidyltransferase fehlt.

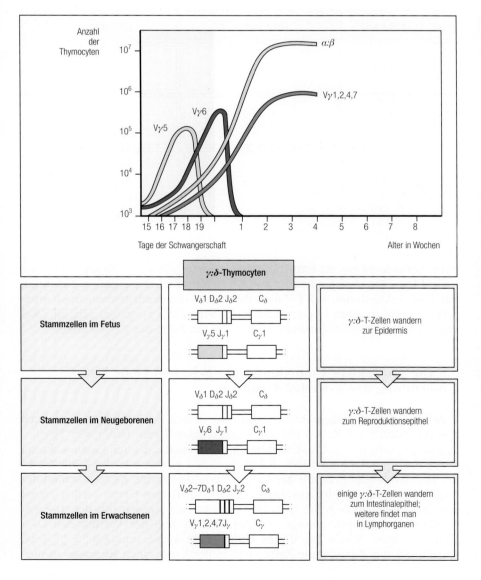

6.12 Die Umordnung der γ- und δ-T-Zell-Rezeptorgene in der Maus verläuft in Wellen von Zellen, die verschiedene V-Gensegmente exprimieren (oben). Etwa nach der zweiten Schwangerschaftswoche wird der Cγ1-Locus mit seinem nächstgelegenen V-Gen (Vγ5) exprimiert. Nach einigen Tagen verschwinden die Vγ5-tragenden Zellen und werden durch solche ersetzt, die das proximal nächste Gen, Vγ6, exprimieren. Diese beiden umgeordneten γ-Ketten werden zusammen mit demselben neu arrangierten δ-Ketten-Gen exprimiert, wie in den unteren Bildern gezeigt ist. (Es gibt keine Verknüpfungsvielfalt.) Als Folge davon haben alle γ:δ-T-Zellen einer jeden dieser frühen Wellen dieselbe Spezifität, obwohl man nicht weiß, welches Antigen von den frühen γ:δ-T-Zellen erkannt wird. Die Vγ5-tragenden Zellen wandern anschließend zur Epidermis, während die Vγ6-tragenden Zellen das Epithel des Fortpflanzungstraktes besiedeln. Nach der Geburt dominiert die Linie der α:β-T-Zellen, und, obwohl die γ:δ-T-Zellen noch produziert werden, sind sie eine weitaus heterogenere Population mit einer höheren Vielfalt in ihren Verknüpfungen.

Später werden T-Zellen nicht mehr in Wellen, sondern gleichmäßig produziert. $\alpha{:}\beta$-T-Zellen überwiegen und machen 95 Prozent der Thymocyten aus. Die $\gamma{:}\delta$-T-Zellen, die in diesem Stadium produziert werden, unterscheiden sich von denen, die in den frühen Wellen erscheinen. Sie tragen wesentlich mehr unterschiedliche Rezeptoren, die einige verschiedene V-Gensegmente und viele zusätzliche N-Regionen besitzen. Wie die $\alpha{:}\beta$-T-Zellen treten die meisten dieser $\gamma{:}\delta$-T-Zellen eher im peripheren Lymphgewebe auf als an spezifischen Orten in den Epithelien, welche die bevorzugten Bestimmungsorte der frühen $\gamma{:}\delta$-T-Zellen sind.

Die entwicklungsabhängigen Änderungen in der Verwendung von V-Gensegmenten und in der N-Nucleotid-Addition in $\gamma{:}\delta$-T-Zellen entsprechen Ereignissen in den B-Zell-Populationen während der fetalen Entwicklung (Abschnitt 5.13). Man nimmt an, daß sie ein Entwicklungsprogramm der hämatopoetischen Stammzellen widerspiegeln. Ähnliche Änderungen findet man in der Erythrocytenentwicklung, wo die roten Blutkörperchen während der einzelnen Stadien verschiedene Globingene exprimieren (Abb. 6.13).

Es muß betont werden, daß das meiste, was wir über die Entwicklung der $\gamma{:}\delta$-T-Zellen wissen, aus Untersuchungen von Mäusen stammt. Ob ähn-

6.13 Eigenschaften der hämatopoetischen Stammzellen. Die frühesten hämatopoetischen Stammzellen entstehen im Dottersack und bringen dort Erythrocyten hervor, die embryonales Hämoglobin enthalten. Es ist nicht bekannt, ob aus diesem embryonalen Stammzellen auch Lymphocyten entstehen. In einem späteren Entwicklungsstadium verlagert sich der Ort der Hämatopoese in die fetale Leber. Aus den Stammzellen gehen jetzt Erythrocyten, die fetale Hämoglobine herstellen, T-Lymphocyten, die einfache Umordnungen von γ- und δ-T-Zell-Rezeptorgenen durchführen, und CD5$^+$-B-Lymphocyten hervor. Sowohl bei den $\gamma{:}\delta$-T-Zellen als auch bei den frühen CD5$^+$-B-Zellen fehlen bei den Umordnungen N-Nucleotide, was darauf hindeutet, daß die terminale Desoxynucleotidyltransferase (TdT) inaktiv ist. Bei Erwachsenen verlagert sich die Hämatopoese ins Knochenmark. Adulte Stammzellen produzieren Erythrocyten mit adultem Hämoglobin und Lymphocyten mit höchst vielfältigen Rezeptoren, die viele N-Nucleotide in ihren Verknüpfungen enthalten. Man weiß nicht, ob die Veränderungen der von den Stammzellen produzierten Zelltypen auf einer Reifung der Stammzellen selbst beruhen oder auf den unterschiedlichen Umgebungen, in denen die Hämatopoese stattfindet.

Standort der Stammzelle	Erythrocyten	Lymphocyten
Embryonalstammzellen (Dottersack)	Embryonalhämoglobine	?
fetale Stammzellen (fetale Leber)	fetale Hämoglobine	CD5$^+$-B-Zellen V$_\gamma$ 5 $\gamma{:}\delta$-T-Zellen keine N-Nucleotide
adulte Stammzellen (Knochenmark)	adulte Hämoglobine	CD5$^-$-B-Zellen V$_\gamma$ 1,2,4,7,$\gamma{:}\delta$-T-Zellen $\alpha{:}\beta$-T-Zellen N-Nucleotid-Additionen

liche Veränderungen im Expressionsmuster von $\gamma{:}\delta$-T-Zell-Rezeptoren auch beim Menschen vorkommen, wissen wir nicht. Sicher ist, daß es für die in der Haut lokalisierten $\gamma{:}\delta$-T-Zellen der Maus, die dendritischen Epidermiszellen, keine exakten Gegenstücke beim Menschen zu geben scheint. Was das bedeutet, ist ebenso unbekannt wie die Funktion der $\gamma{:}\delta$-T-Zellen.

6.8 Die produktive Umordnung der β-Ketten-Gene löst die Umordnung der α-Ketten-Gene aus

T-Zellen, die $\alpha{:}\beta$-Rezeptoren exprimieren, treten zuerst einige Tage nach den frühesten $\gamma{:}\delta$-T-Zellen auf und werden schnell zum häufigsten Thymocytentyp (Abb. 6.12). Die Umordnung der β- und α-Ketten-Gene während der T-Zell-Entwicklung (Abb. 6.14) läuft fast genau wie die Umordnung der Immunglobulingene für die schwere und die leichte Kette während der B-Zell-Entwicklung ab (Abschnitt 5.2). Die β-Ketten-Gene werden zuerst neu arrangiert (Abb. 6.14). Die D$_\beta$-Gensegmente werden mit den J$_\beta$-Gensegmenten verknüpft, gefolgt von der Verknüpfung der V$_\beta$- mit den DJ$_\beta$-Gensegmenten. Wenn aus dieser Umordnung keine funktionelle β-Kette entstehen kann, dann ist die Zelle nicht in der Lage, einen Rezeptor zu produzieren, und stirbt. Anders als B-Zellen, die unproduktive Umordnungen in ihren Ig-Genen für die schwere Kette aufweisen, können Thymocytenzellen mit unproduktiven VDJ-Umordnungen der β-Kette jedoch durch weitere Umstrukturierungen gerettet werden. Die Organisation der D_β-und der J_β-Gensegmente in zwei Gruppen (Cluster) macht das möglich. So steigt die Wahrscheinlichkeit, daß eine produktive β-VDJ-Kette entsteht, von 55 Prozent für schwere Ketten auf über 80 Prozent für β-Ketten (Abb. 6.15).

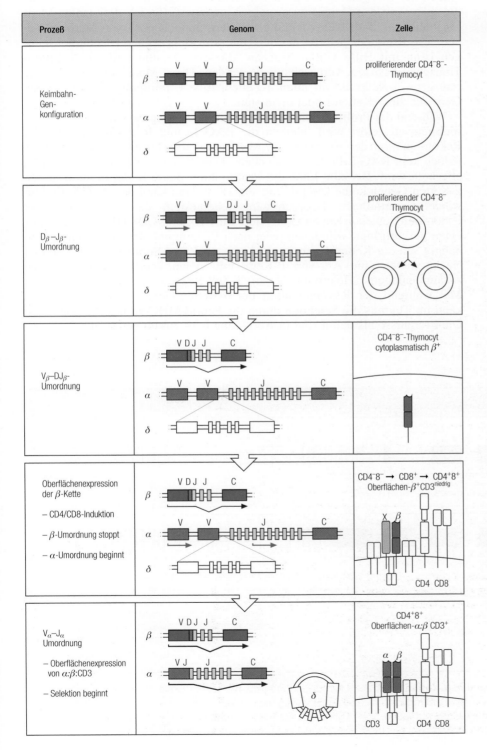

Prozeß	Genom	Zelle

6.14 Die Stadien der Genumordnung bei α:β-T-Zellen. Gezeigt ist die Abfolge der Genumordnungen zusammen mit Angaben über das Stadium, in dem die Ereignisse stattfinden, und der Art der Oberflächenrezeptormoleküle, die in den betreffenden Stadien exprimiert werden. Die β-Ketten-Gene des T-Zell-Rezeptors (TCR) werden zuerst in CD4$^-$CD8$^-$ Thymocyten umgeordnet. Wie bei den Ig-Genen für die schweren Ketten erfolgt zuerst die D-J- und dann die V-D-J-Verknüpfung. Da es vier D-Gensegmente und zwei Sätze von J-Gensegmenten gibt, ist es möglich, bis zu vier Versuche zur Herstellung einer produktiven Umordnung der β-Ketten-Gene zu unternehmen. Das produktiv umstrukturierte Gen wird zuerst in der Zelle und dann in kleinen Mengen auf der Zelloberfläche als Komplex mit den CD3-Ketten als β:X-Heterodimer exprimiert, wobei es sich bei X um eine α-Ersatzkette handelt. Das Heterodimer entspricht dem λ5:VpreB-Komplex in der B-Zell-Entwicklung. Die Expression des β-Ketten:CD3-Komplexes des TCR veranlaßt die Zelle auf eine noch unbekannte Weise, CD4 und CD8 zu exprimieren und die Umordnung der β-Ketten-Gene zu stoppen. Die erste Umordnung der α-Ketten-Gene deletiert alle D-, J- und C-Segmente der δ-Ketten auf dem betreffenden Chromosom und inaktiviert so die δ-Ketten-Gene. Die α-Ketten-Genumordnung kann wegen der großen Zahl an V- und J-Gensegmenten bis zur Produktion einer funktionellen α-Kette, die sich effizient mit der β-Kette zusammenlagern kann, viele Zyklen durchlaufen. Wenn ein funktioneller α:β-Rezeptor, der Antigene in Verbindung mit MHC-Molekülen erkennen kann, entstanden ist, so ist der Thymocyt, der CD4, CD8 und wenig CD3 trägt, schließlich zur Selektion bereit.

Nachdem eine produktive Umordnung der β-Ketten-Gene stattgefunden hat, wird das β-Ketten-Protein zusammen mit einer konstanten Partnerkette, die man zur Zeit einfach als X bezeichnet, auf der Zelloberfläche exprimiert. Wie der Rezeptorkomplex der Prä-B-Zelle ist dieses β:X-Heterodimer ein funktioneller Rezeptor, der die schnelle Proliferation der Zellen auslöst. Er unterbindet auch die Umordnung der β-Ketten-Gene und induziert die Expression der Corezeptorproteine CD4 und CD8. Das Einleiten der Proliferation und der Expression von CD4 und CD8 sowie das Unterbinden der Umordnung der β-Ketten-Gene benötigen die lck-Tyrosinkinase, die später mit den Corezeptorproteinen assoziiert. Bei lck-defizienten Mäusen bleibt die T-Zell-Entwicklung vor dem doppelt positiven Stadium stehen. Die Rolle der β-Kette bei der Unterdrückung weiterer Genumordnungen kann mit Hilfe von transgenen Mäusen, die umgeordnete β-Ketten-Transgene besitzen, veranschaulicht werden. Diese Mäuse exprimieren die transgene β-Kette auf all ihren T-Zellen. Eine Umordnung der endogenen Gene für die β-Ketten findet nicht statt.

Während der Proliferationsphase, die durch die Expression des β:X-Heterodimers ausgelöst wird, bleiben die RAG-1- und RAG-2-Gene, die die Rekombination der Rezeptorgene vermitteln, transkriptionell aktiv. Es ist jedoch kein RAG-2-Protein vorhanden, da es in sich teilenden Zellen rasch abgebaut wird. Bis zum Ende der Proliferationsphase findet deshalb in den α-Ketten-Genen keine Umordnung statt. Erst dann kann das RAG-2-Protein wieder akkumulieren. Dadurch wird sichergestellt, daß jede erfolgreiche Umordnung eines β-Ketten-Gens viele für CD4 und CD8 positiven Thymocyten hervorbringt, von denen jeder nach Beendigung der Zellteilung unabhängig seine α-Ketten-Gene umstrukturieren kann. Somit kann sich in den Nachkommen eine Art von β-Kette mit vielen verschiedenen α-Ketten zusammenlagern. Heterodimere α:β-T-Zell-Rezeptoren werden das erste Mal während der Rekombination der α-Ketten-Gene exprimiert. Danach kann im Thymus die Selektion durch die Peptid:MHC-Komplexe beginnen. Die Ereignisse bis dahin sind in Abbildung 6.14 zusammengefaßt.

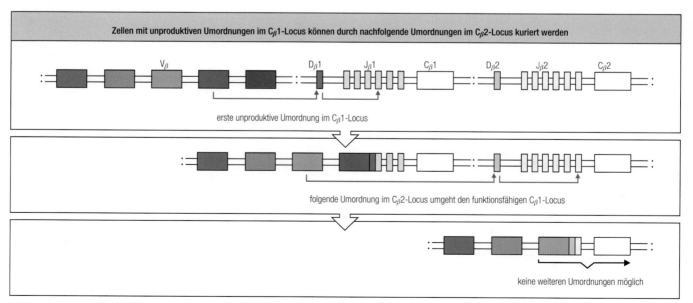

6.15 Rettung unproduktiver Umordnungen von β-Ketten-Genen. Nachfolgende Umordnungen können eine anfänglich nichtproduktive Umstrukturierung der β-Ketten-Gene nur retten, wenn daran der C_β1-Locus beteiligt war. Dann ist eine zweite Umordnung möglich, bei der ein zweites V_β-Gensegment zu einem DJ-Segment im C_β2-Locus umgelagert wird. Der C_β1-Locus und das unproduktiv umgeordnete Gen werden dabei deletiert.

6.9 Bei den Genen für die α-Kette der T-Zell-Rezeptoren können mehrere aufeinanderfolgende Umordnungen erfolgen

Die Gene für die α-Ketten der T-Zell-Rezeptoren sind mit den Genen für die κ-Ketten der Immunglobuline vergleichbar. Sie besitzen nämlich keine D-Gensegmente und werden als letztes von zwei Rezeptorkettengenen während der normalen T-Zell-Entwicklung umgeordnet. Dadurch, daß mehr als 50 J_α-Gensegmente auf über 80 kb DNA verteilt vorhanden sind, können jedoch viele aufeinanderfolgende VJ_α-Genumordnungen ablaufen. Dies ergibt, anders als bei den Genen für die κ-Ketten, einen viel größeren Spielraum, Zellen, die unproduktive Umordnungen erfahren haben, zu retten (Abb. 6.16).

Die Möglichkeit, auf beiden Chromosomen die α-Ketten-Gene nacheinander umordnen zu können, garantiert praktisch die Produktion von α-Ketten-Proteinen in jeder sich entwickelnden T-Zelle. Tatsächlich weisen viele T-Zellen auf beiden Chromosomen Umordnungen im Leseraster auf, und produzieren zwei α-Ketten-Proteine. Strenggenommen sind somit die α-Ketten der T-Zell-Rezeptoren dem Allelausschluß nicht unterworfen (Abschnitt 5.7). Dennoch wird auch in solchen Fällen nur ein α:β-T-Zell-Rezeptor auf der Zelloberfläche gebildet, der in der Lage ist, Peptid:Selbst-MHC zu erkennen. Die Zellen exprimieren also auch hier nur eine einzige Rezeptorspezifität. Das kommt vermutlich daher, daß nicht alle α-Ketten, die synthetisiert werden, auch einen funktionellen α:β-Rezeptor bilden können. Sobald solch eine produktive Umordnung stattgefunden hat, sind die Zellen bereit für eine Selektion durch Liganden, auf die sie im Mikromilieu des Thymus treffen. Wir werden jedoch sehen, daß sogar nach der Produk-

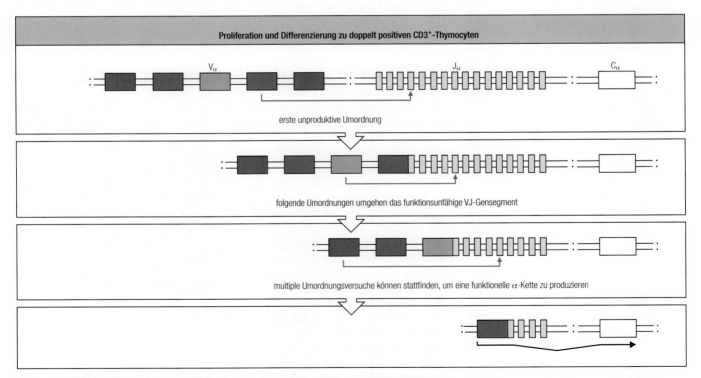

6.16 Nachfolgende Umordnungen können eine T-Zell-Rezeptor-α-Kette durch eine andere ersetzen. Die Vielzahl von V- und J-Gensegmenten ermöglicht es der T-Zell-Rezeptor-α-Kette, durch spätere Umordnungen einen „Bocksprung" über unproduktiv umgeordnete VJ-Segmente zu machen und somit alle intervenierenden Gensegmente zu deletieren. Dieser Prozeß kann sich fortsetzen, bis entweder eine produktive Umordnung stattgefunden hat oder bis alle V- oder J-Gensegmente für die Umstrukturierung verbraucht wurden. Der Rettungsweg für die α-Kette gleicht dem der κ-L-Kette der Ig-Gene (Abschnitt 5.2).

tion von Zelloberflächenrezeptoren die Umordnung von Genen für die α-Kette weiterlaufen kann. Sie endet erst, wenn eine Selektion stattgefunden hat oder die Zelle stirbt. Bei der Maus dauert dieser Prozeß drei bis vier Tage.

Zusammenfassung

In sich differenzierenden T-Zellen werden die Rezeptorgene nach einem definierten Programm umgeordnet, das dem der B-Zellen ähnelt, nur mit der zusätzlichen Komplikation, daß individuelle Vorläuferzellen einen von zwei unterschiedlichen Entwicklungswegen einschlagen können. Hierbei entstehen Zellen, die entweder $\gamma{:}\delta$- oder $\alpha{:}\beta$-Rezeptoren tragen. In der frühen Ontogenese dominieren die $\gamma{:}\delta$-T-Zellen. Von der Geburt an exprimieren jedoch mehr als 90 Prozent der T-Zellen $\alpha{:}\beta$-Rezeptoren. Die zwei T-Zell-Linien haben verschiedene Bestimmungsorte im Gewebe und unterschiedliche Aufgaben, obwohl die Funktion der $\gamma{:}\delta$-T-Zellen noch nicht vollständig geklärt ist. Bei Vorläufern, die zu $\gamma{:}\delta$-T-Zellen werden sollen, scheinen die γ- und δ-Gene praktisch gleichzeitig umgeordnet zu werden. Bei Zellen der $\alpha{:}\beta$-Linie werden die Gene für die β-Kette zuerst umstrukturiert. Die Expression einer funktionellen β-Kette gibt dann das Signal für die Expression von CD4 und CD8 und für die nachfolgende Umordnung der α-Kette in CD4 und CD8 positiven Thymocyten. Bei $\gamma{:}\delta$-T-Zellen hingegen signalisiert die Produktion funktionellen Oberflächenrezeptors die Einstellung der Genumordnung. Somit exprimiert jede $\gamma{:}\delta$-T-Zelle einen einzigen Rezeptortyp einheitlicher Spezifität. In $\alpha{:}\beta$-T-Zellen werden die Gene für die α-Kette während der Selektion ununterbrochen umgeordnet, jedoch wird zu einem bestimmten Zeitpunkt nur eine einzige Spezifität exprimiert. Folglich reifen sowohl die $\alpha{:}\beta$- als auch die $\gamma{:}\delta$-T-Zellen so heran, daß sie nur eine einzige Rezeptorspezifität exprimieren.

Positive und negative Selektion von T-Zellen

Im ersten Abschnitt dieses Kapitels haben wir gesehen, daß die T-Zellen den Thymus zuerst als doppelt negative Zellen erreichen, die weder den T-Zell-Rezeptor noch eines der beiden Corezeptormoleküle CD4 oder CD8 exprimieren. Während einer Phase starker Proliferation differenzieren diese unreifen Thymocyten in der subkapsulären Zone zu doppelt positiven Zellen, die wenige T-Zell-Rezeptoren und beide Corezeptormoleküle exprimieren. Danach wandern sie in den Thymuscortex. Hier durchlaufen sie eine positive Selektion auf Selbst-MHC-Abhängigkeit hin und beginnen, eines ihrer beiden Corezeptormoleküle zu verlieren. Die doppelt positiven Zellen müssen sich auch einer negativen Selektion unterziehen, durch die potentiell autoreaktive Zellen eliminiert werden. Wenn die einfach positiven Thymocyten bereit sind, auszuwandern, sind die autoreaktiven T-Zellen eliminiert worden. Diese Abfolge der Geschehnisse ist in Abbildung 6.17 zusammengestellt.

Die meisten Beweise für die Rolle des Thymus bei der Selektion des T-Zell-Rezeptorrepertoires stammen aus Untersuchungen von chimären oder transgenen Mäusen (Abschnitte 2.32 und 2.38). In diesem Abschnitt werden wir sehen, wie diese Studien die entscheidenden Wechselwirkungen zwischen den sich entwickelnden Thymocyten und den verschiedenen Thymuskomponenten aufgeklärt haben, die zur Selektion des reifen T-Zell-Repertoires beitragen. Wir werden ebenso die Mechanismen erörtern, mit deren Hilfe diese charakteristischen Selektionsprozesse für ein Selbst-MHC-restringiertes und selbsttolerantes Repertoire an T-Zellen sorgen.

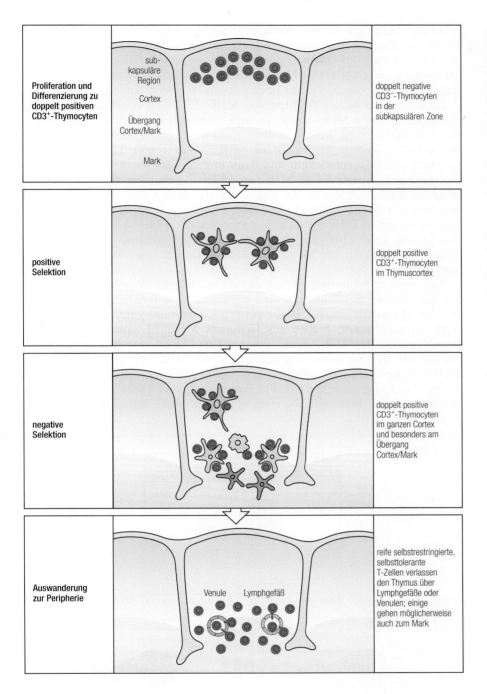

6.17 Die Entwicklung der T-Zellen kann man als Abfolge unterschiedlicher Phasen betrachten. Thymocytenvorläufer gelangen im subkapsulären Bereich in den Thymus. In diesem Stadium exprimieren sie weder den Antigenrezeptor noch einen der beiden Corezeptoren CD4 und CD8. Man nennt sie doppelt negative Zellen. Sie proliferieren und beginnen eine Abfolge von Genumordnungen, die in der Expression des Zelloberflächenrezeptors zusammen mit den Corezeptoren CD4 und CD8 ihren Höhepunkt findet. Die Zellen sind dann doppelt positiv. Mit der Reifung wandern die Zellen tiefer in den Thymus hinein. Die doppelt positiven Zellen halten sich im Thymuscortex auf und durchlaufen dort eine positive und eine negative Selektion. Letztere scheint am Übergang zwischen Cortex und Mark am strengsten zu sein, wo die beinahe ausgereiften Thymocyten auf viele dendritische Zellen aus dem Knochenmark treffen. Schließlich reifen die überlebenden Thymocyten und wandern aus der Medulla aus, um in den Kreislauf zu gelangen.

6.10 Nur T-Zellen, die spezifisch für Peptide sind, die an Selbst-MHC-Moleküle binden, reifen im Thymus

Die positive Selektion konnte man das erste Mal mit Hilfe einer Transplantation von Knochenmarkzellen einer Maus eines MHC-Genotyps in eine bestrahlte Maus eines anderen MHC-Genotyps nachweisen. Mit Bestrahlung vernichtet man im Wirtstier alle Lymphocyten und Vorläuferzellen des Knochenmarks, so daß alle Zellen, die nach der Transplantation im Knochenmark entstehen, den Genotyp des Spenders haben. Das gilt auch für alle Lymphocyten und antigenpräsentierende Zellen. Eine Maus, deren aus dem Knochenmark stammende Zellen durch die einer Spender-Maus ersetzt wurden, nennt man **Knochenmarkchimären** (Abschnitt 2.32). Die Spendermäuse, die bei den Untersuchungen der positiven Selektion eingesetzt wurden, waren F1-Hybride, die von MHC^a- und MHC^b-Eltern abstammten. Ihr Genotyp war MHC$^{a \times b}$. Die bestrahlten Empfängermäuse (Rezipienten) dagegen kamen von einem der oben genannten Elternstämme (Abb. 6.18).

Da die individuellen T-Zellen von MHC$^{a \times b}$-F1-Hybrid-Mäusen in ihrer Antigenerkennung MHC-abhängig sind, erkennen sie Antigene, die entweder von MHC^a oder MHC^b, jedoch nicht von beiden präsentiert werden. Wenn sich T-Zellen des Genotyps MHC$^{a \times b}$ in einem Thymus mit dem elterlichen MHC^a entwickeln und dann immunisiert werden, werden ihnen Antigene präsentiert, die an MHC^a und MHC^b gebunden sind, da die antigenpräsentierenden Zellen der Chimären aus dem Knochenmark stammen und folglich MHC$^{a \times b}$ sind. Dennoch erkennen diese T-Zellen Antigene nur, wenn sie an MHC^a-Moleküle gebunden vorliegen (Abb. 6.18). Dieses Experiment zeigt also ganz deutlich, daß die Umgebung, in der sich die T-Zellen entwickeln, die MHC-Moleküle bestimmt, von denen sie abhängig sein werden.

Ein weiteres Experiment veranschaulicht, daß die Wirtskomponente, die für die positive Selektion der sich entwickelnden T-Zellen verantwortlich ist, das Thymusstroma ist. Dafür verwendete man athymische Nacktmäuse oder thymektomierte Mäuse des Genotyps MHC$^{a \times b}$ mit Thymusstromatransplantaten des MHC^a-Genotyps als Empfängertiere. Alle ihre Zellen, bis auf die des Stromas, trugen also sowohl MHC^a als auch MHC^b. Die MHC$^{a \times b}$-Knochenmarkzellen dieser Mäuse reifen ebenfalls zu T-Zellen heran, die Antigene erkennen, die von MHC^a, nicht aber von MHC^b präsentiert werden. Was reife T-Zellen als Selbst-MHC betrachten, wird folg-

6.18 Knochenmarkchimären von Mäusen geben Aufschluß über die positive Selektion. Die T-Zellen in MHC$^{a \times b}$-F1-Mäusen können dazu veranlaßt werden, auf Antigene zu antworten, die von antigenpräsentierenden Zellen (APCs) der MHC-Typen a und b präsentiert werden. Wenn das Knochenmark einer solchen F1-Hybrid-Maus in eine letal bestrahlte Empfängermaus eines der parentalen Maustypen (MHC^a oder MHC^b) übertragen wird, werden die reifenden T-Zellen im entsprechenden Empfängerthymus positiv selektiert, wie anhand ihrer Antwort auf Antigene zu sehen ist. Wenn man dies *in vitro* mit Hilfe von APCs der Typen a oder b testet, antworten die T-Zellen solcher chimären Tiere nur auf ein Antigen, das durch MHC-Moleküle vom Empfängertyp präsentiert wird (untere Teilabbildung).

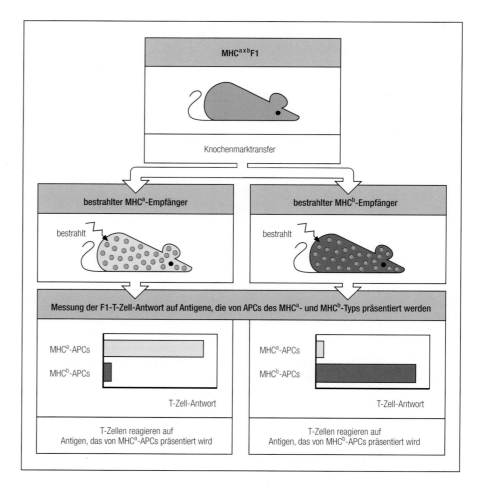

Knochen-mark-spender	Empfänger	Mäuse besitzen APC des Typs	T-Zelle reagiert auf Antigen, *in vitro* präsentiert von APC des Typs:	
			MHC^a-APC	MHC^b-APC
MHC^{axb}	MHC^a	MHC^{axb}	ja	nein
MHC^{axb}	MHC^b	MHC^{axb}	nein	ja
MHC^a	MHC^b	MHC^a	nein	nein
MHC^a	MHC^b + MHC^b-APC	MHC^a + MHC^b	nein	ja

6.19 Zusammenfassung der T-Zell-Antworten in Knochenmarkchimären von Mäusen. T-Zellen zeigen nur dann eine Immunantwort, wenn die antigenpräsentierenden Zellen (APCs) des Wirtes mindestens ein MHC-Molekül mit dem Thymus, in dem sich die T-Zellen entwickelt haben, gemeinsam haben.

lich von den MHC-Molekülen bestimmt, die von den Stromazellen exprimiert werden und denen die Zellen während der Entwicklung im Thymus begegnen. Wir werden später sehen, daß die corticalen Thymusepithelzellen für die Spezifität der positiven Selektion maßgeblich sind.

Die chimären Mäuse, die zum Nachweis der positiven Selektion verwendet werden, produzieren normale T-Zell-Antworten auf Fremdantigene. Dagegen können Chimären, die durch eine Injektion von MHC^a-Knochenmark in MHC^b-Tiere entstanden sind, keine normalen T-Zell-Antworten produzieren. Die T-Zellen dieser Tiere wurden nämlich nur auf die Erkennung von Peptiden selektiert, die von MHC^b präsentiert werden. Dagegen stammen die antigenpräsentiertenden Zellen, denen sie als reife T-Zellen in der Peripherie begegnen, aus dem Knochenmark und besitzen den MHC^a-Genotyp. Die T-Zellen sind daher nicht in der Lage, Antigen zu erkennen, welches von einer antigenpräsentierenden Zelle des eigenen MHC-Typs präsentiert wird. So können die T-Zellen dieser Tiere nur dann aktiviert werden, wenn antigenpräsentierende Zellen des MHC^b-Typs mit Antigen zusammen injiziert werden. Um die Immunität zu rekonstituieren, muß bei einer Knochenmarktransplantation folglich mindestens ein MHC-Moleküle im Spender und im Empfänger übereinstimmen (Abb. 6.19). Dies kann eine entscheidende Überlegung sein, wenn man menschliche Krankheiten wie die Leukämie mit Knochenmarktransplantationen behandeln will.

6.11 Zellen, die die positive Selektion nicht überstehen, sterben im Thymus

Knochenmarkchimären und Thymustransplantationen erbrachten die ersten entscheidenden Beweise für die zentrale Bedeutung des Thymus bei der positiven Selektion. Jedoch benötigte man im allgemeinen für weitere detaillierte Untersuchungen dieses Prozesses Mäuse, in die man Gene für einen fremden T-Zell-Rezeptor eingeschleust hatte. Werden umgeordnete Gene für T-Zell-Rezeptoren einer bestimmten Spezifität in das Genom von Mäusen eingebracht, so wird die Rekombination der endogenen Gene unterbunden. Daher exprimieren die meisten der sich entwickelnden T-Zellen den Rezeptor, den die α- und β-Ketten-Transgene codieren. Durch das Einbringen von Transgenen in Mäuse eines bekannten MHC-Genotyps ist es möglich, den Effekt von MHC-Molekülen auf die Reifung von Thymocyten nachzuweisen, deren Erkennungseigenschaften man kennt. Solch eine T-Zell-Rezeptor-transgene Maus wurde benutzt, um das Schicksal von T-Zellen aufzuklären, die die positive Selektion nicht überstanden haben. In diesem Fall wurden umgeordnete Rezeptorgene einer reifen T-Zelle, die von einem bestimmten MHC-Molekül abhängig war, in eine Empfängermaus übertragen, der dieses Molekül fehlte. Das Schicksal dieser Thymocyten wurde durch das Anfärben mit klontypischen, spezifisch gegen den transgenen Rezeptor gerichteten Antikörpern direkt verfolgt. Antikörper gegen andere Moleküle wie CD4 und CD8 wurden gleichzeitig eingesetzt, um die Stadien der T-Zell-Entwicklung zu markieren. Auf diese Weise konnte man zeigen, daß sich Zellen, die ihrem restringierenden MHC-Molekül auf dem Thymusepithel nicht begegnen, niemals weiter als bis zum frühen doppelt positiven Stadium entwickeln und innerhalb von drei oder vier Tagen nach der letzten Teilung im Thymus sterben.

Das gesamte potentielle Rezeptorrepertoire muß imstande sein, alle die Hunderte von verschiedenen allelischen Varianten der MHC-Moleküle zu erkennen. Denn vor der Rezeptorgenumordnung und der Oberflächenexpression eines α:β-T-Zell-Rezeptors können die Thymocyten die MHC-Moleküle, die im Thymus exprimiert werden, nicht erkennen. Da ein bestimmter Thymus nur ein paar dieser vielen verschiedenen MHC-Moleküle exprimiert, ist nur ein relativ kleiner Teil der Thymocyten in jedem Tier in der Lage, ein MHC-Molekül zu identifizieren. Der Grund für den Tod der meisten der 50×10^6 Thymocyten, die täglich im Thymus sterben, ist also, daß sie die positive Selektion nicht überstehen.

6.12 Die positive Selektion reguliert auch die Umordnung der α-Ketten-Gene

Wir haben gesehen, daß bei B-Zellen die Expression eines Rezeptors auf der Zelloberfläche eine weitere Umordnung der Rezeptorgene ausschaltet. Gleichzeitig endet die Expression von RAG-1 und RAG-2. Bei T-Zellen reicht die Rezeptorexpression allerdings nicht aus, um eine Umordnung zu unterbinden. Statt dessen ist die Umordnungsmaschinerie, die RAG-1, RAG-2 und TdT einschließt, aktiv, und die Umstrukturierung der α-Ketten-Gene läuft weiter, bis die Zellen positiv selektiert sind oder sterben. Auf diese Weise können mehrere verschiedene α-Ketten zusammen mit der β-Kette jeder sich entwickelnden T-Zelle auf Selbst-MHC-Erkennung hin untersucht werden. Findet eine positive Selektion nicht innerhalb von drei bis vier Tagen nach der ersten Expression der α:β-Rezeptoren statt, stirbt die Zelle.

Somit wählt die positive Selektion die Zellen nicht nur in bezug auf ihre weitere Reifung aus, sondern sie reguliert auch die Umordnung der Gene für die α-Kette der T-Zell-Rezeptoren. Die Fähigkeit eines einzelnen sich entwickelnden Thymocyten in der Zeit, in der er für die positive Selektion empfänglich ist, mehrere verschiedene, umstrukturierte α-Ketten-Gene zu exprimieren, muß die Ausbeute an brauchbaren T-Zellen erheblich steigern. Ohne diesen Mechanismus würden noch mehr Thymocyten sterben, weil sie die positive Selektion nicht überstehen.

6.13 Die Expression von CD4 und CD8 auf reifen Zellen wird durch die positive Selektion festgelegt

Während der positiven Selektion exprimiert ein Thymocyt die beiden Corezeptormoleküle CD4 und CD8. Danach exprimieren die reifen Thymocyten, die für die Wanderung in die Peripherie bereit sind, nur noch einen dieser beiden Corezeptoren. Darüber hinaus tragen alle reifen, CD4-exprimierenden T-Zellen Rezeptoren, die Peptide erkennen, die an Selbst-MHC-Klasse-II-Moleküle gebunden sind. Dagegen haben all diejenigen, die CD8 exprimieren, Rezeptoren, die Peptide an Selbst-MHC-Klasse-I-Molekülen erkennen. Somit bestimmt die positive Selektion auch den Zelloberflächenphänotyp der reifen T-Zelle, indem sie die Zelle mit demjenigen Corezeptor ausstattet, den sie für eine effiziente Antigenerkennung benötigt. Wieder zeigen Untersuchungen von Mäusen mit Transgenen für einen umstrukturierten T-Zell-Rezeptor, daß die Spezifität des T-Zell-Rezeptors für Selbst-

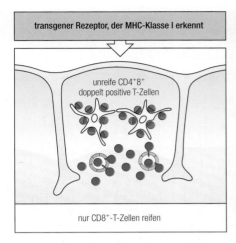

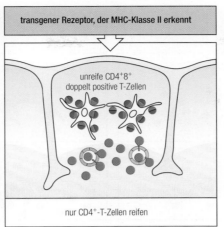

transgener Rezeptor, der MHC-Klasse I erkennt

unreife CD4⁺8⁺
doppelt positive T-Zellen

nur CD8⁺-T-Zellen reifen

transgener Rezeptor, der MHC-Klasse II erkennt

unreife CD4⁺8⁺
doppelt positive T-Zellen

nur CD4⁺-T-Zellen reifen

6.20 Die positive Selektion bestimmt die Corezeptorspezifität. Bei Mäusen, in die Gene für T-Zell-Rezeptoren übertragen wurden, die von MHC-Klasse-I-Molekülen abhängig sind (links), haben die T-Zellen, die reifen können, den CD8-Phänotyp (rot). Bei Mäusen mit Genen für T-Zell-Rezeptoren, die von MHC-Klasse-II-Molekülen abhängig sind (rechts), haben alle reifen T-Zellen den CD4-Phänotyp (blau). In beiden Fällen findet man eine normale Anzahl unreifer, doppelt positiver Thymocyten. Die Spezifität des T-Zell-Rezeptors bestimmt das Ziel des Entwicklungsweges. Das stellt sicher, daß nur diejenigen T-Zellen mit einem Corezeptor reifen, der dasselbe MHC-Molekül binden kann wie der T-Zell-Rezeptor.

MHC-Moleküle bestimmt, welchen Corezeptor die reife T-Zelle exprimieren wird. Wenn die Transgene einen Rezeptor codieren, der spezifisch für ein Antigen ist, das von Selbst-MHC-Klasse-I-Molekülen präsentiert wird, sind alle reifen, den transgenen Rezeptor exprimierenden T-Zellen auch CD8-Zellen. Gleichermaßen exprimieren bei Mäusen, die für einen Rezeptor transgen sind, der spezifisch für ein Antigen ist, das von Selbst-MHC-Klasse-II-Molekülen präsentiert wird, alle reifen, den transgenen Rezeptor tragenden T-Zellen CD4 (Abb. 6.20).

Wie wichtig MHC-Moleküle für solche Selektionsereignisse sind, kann man auch bei der Klasse der humanen Immunschwächekrankheiten sehen, die man als *bare lymphocyte syndromes* (BLS) bezeichnet. Hier führen Mutationen dazu, daß die Lymphocyten und die Epithelzellen des Thymus keine MHC-Moleküle ausbilden. Individuen, denen nur MHC-Klasse-II-Moleküle fehlen, haben CD8-T-Zellen, aber nur eine kleine Zahl von stark abnormen CD4-T-Zellen. Ein ähnliches Ergebnis erhielt man mit Mäusen, die aufgrund einer gezielten Genzerstörung keine MHC-Klasse-II-Moleküle mehr exprimierten (Abschnitt 2.38). Entsprechend fehlen Menschen und Mäusen, die keine MHC-Klasse-I-Moleküle besitzen, CD8-T-Zellen. Folglich sind für die CD4-T-Zell-Entwicklung MHC-Klasse-II-Moleküle und für die CD8-T-Zell-Entwicklung MHC-Klasse-I-Moleküle erforderlich.

6.14 Die MHC-Moleküle der corticalen Thymusepithelzellen bestimmen die Spezifität der positiven Selektion

Die Fähigkeit der Thymusstromazellen, die Corezeptorspezifität zu bestimmen, war die Grundlage für Experimente, die zum Ziel hatten, den Stromazelltyp zu identifizieren, der für die positive Selektion der Thymocyten entscheidend ist. Aufgrund indirekter Hinweise ist die corticale Thymusepithelzelle ein offensichtlicher Kandidat. Solche Zellen bilden ein Geflecht von Ausläufern, die einen engen Kontakt zu doppelt positiven T-Zellen herstellen, die eine positive Selektion durchlaufen. An diesen Kontaktstellen kann man beobachten, wie sich T-Zell-Rezeptoren mit MHC-Molekülen zusammenlagern. Ein direkter Beweis für die Bestimmung der Spezifität der positiven Selektion durch die corticalen Thymusepithelzellen beruht auf einem genialen Versuch mit Mäusen, deren MHC-Klasse-II-Gene gezielt eliminiert wurden.

Wie wir bereits gesehen haben, produzieren Mäuse, denen die MHC-Klasse-II-Moleküle fehlen, keine CD4-T-Zellen. Um die Rolle des Thymusepithels bei der positiven Selektion zu untersuchen, hat man ein MHC-Klasse-II-Gen in solche Mäuse eingebracht. Die codierende Region des

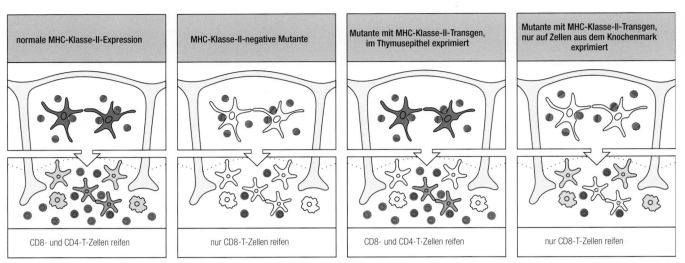

normale MHC-Klasse-II-Expression	MHC-Klasse-II-negative Mutante	Mutante mit MHC-Klasse-II-Transgen, im Thymusepithel exprimiert	Mutante mit MHC-Klasse-II-Transgen, nur auf Zellen aus dem Knochenmark exprimiert
CD8- und CD4-T-Zellen reifen	nur CD8-T-Zellen reifen	CD8- und CD4-T-Zellen reifen	nur CD8-T-Zellen reifen

6.21 Mäuse, denen die MHC-Klasse-II-Moleküle fehlen, können keine CD4-T-Zellen entwickeln. Abgebildet ist die Expression von MHC-Klasse-II-Molekülen im Thymus normaler und mutierter Mäusestämme. Die Stromazellen sind nur bei Expression von MHC-Klasse-II-Molekülen farbig dargestellt. Im Thymus von normalen Mäusen (erste Spalte), der MHC-Klasse-II-Moleküle auf den Epithelzellen des Cortex (blau) sowie der Medulla (orange) und den knochenmarkstämmigen Zellen (gelb) exprimiert, reifen sowohl CD4- (blau) als auch CD8-T-Zellen (rot). Doppelt positive Thymocyten sind halbrot und halbblau dargestellt. Die zweite Spalte zeigt mutierte Mäuse, deren MHC-Klasse-II-Expression durch gezieltes Zerstören der Gene eliminiert wurde. Bei diesen Mäusen entstehen keine CD4-T-Zellen, obwohl sich CD8-T-Zellen normal entwickeln. Bei MHC-Klasse-II-negativen Mäusen, in die ein MHC-Klasse-II-Transgen so eingebracht wurde, daß es nur auf den Epithelzellen des Cortex exprimiert wird (dritte Spalte), entsteht eine normale Anzahl von CD4-T-Zellen. Bei MHC-Klasse-II-negativen Mäusen, die ein MHC-Klasse-II-Transgen nur auf knochenmarkstämmigen Zellen (vierte Spalte) exprimieren, die im Thymus hauptsächlich in der Medulla vorkommen, enwickeln sich keine CD4-T-Zellen. Folglich sind die corticalen Epithelzellen der entscheidende Zelltyp bei der Durchführung der positiven Selektion.

MHC-Klasse-II-Transgens wurde der Kontrolle eines Promotors unterstellt, der seine Expression auf die corticalen Thymusepithelzellen beschränkte. Bei diesen Mäusen entwickeln sich die CD4-T-Zellen normal (Abb. 6.21). Wenn MHC-Klasse-II-Gene jedoch in anderen Geweben, aber nicht in corticalen Thymusepithelzellen exprimiert werden, entstehen nur wenige CD4-T-Zellen. Also benötigt die positive Selektion normalerweise die Expression von MHC-Molekülen auf den corticalen Thymusepithelzellen. Denn die Spezifität der sich entwickelnden T-Zellen gegenüber MHC-Molekülen wird durch den Genotyp der auf diesen Zellen exprimierten MHC-Moleküle bestimmt.

6.15 Die Corezeptorselektion verläuft in zwei Stufen

Wir haben gesehen, daß die Spezifität eines sich entwickelnden Thymocyten für MHC-Klasse-I- oder MHC-Klasse-II-Moleküle bestimmt, welcher Corezeptor in der reifen, einfach positiven T-Zelle erhalten bleibt. Obwohl man noch nicht genau weiß, wie die Rezeptorspezifität die Wahl eines Corezeptors festlegt, lassen neueste Ergebnisse vermuten, daß der Prozeß in zwei Stufen abläuft. Zuerst nimmt entweder die Expression von CD4 oder von CD8 willkürlich ab. Der zweite Schritt ist dagegen selektiv. Er benötigt eine Wechselwirkung von Antigenrezeptor und Corezeptor mit der passenden Klasse von MHC-Molekülen (Abb. 6.22).

Der erste Schritt läuft ab, wenn der Antigenrezeptor auf einem sich entwickelnden, doppelt positiven Thymocyten das erste Mal an sein spezifisches MHC-Molekül auf der corticalen Epithelzelle bindet. Man nimmt an, daß dies für die beliebige Einstellung der Transkription eines der beiden Gene für die Corezeptoren sorgt und so zur Entstehung von Zellen mit viel

6.22 Die Selektion der Expression des Corezeptors vollzieht sich in zwei Schritten. Der erste Schritt wird durch die spezifische Erkennung eines Selbst-MHC-Moleküls durch den T-Zell-Rezeptor (TCR) ausgelöst. Die Zellen bilden entweder viel CD4 und wenig CD8 und sind so wahrscheinlich für CD4-Effektorfunktionen programmiert, oder sie bilden viel CD8 und wenig CD4 und sind dann wahrscheinlich für CD8-Effektorfunktionen programmiert. Die Wahl des Weges scheint unabhängig von der Antigen- rezeptorspezifität für MHC-Klasse I oder II zu sein. Im zweiten Schritt reifen die T-Zellen mit viel CD4 und wenig CD8 nur dann zu einfach positiven CD4-Zellen heran, wenn der T-Zell-Rezeptor auf der Zelle Selbst-MHC-Klasse-II-Moleküle bindet. T-Zellen mit viel CD8 und wenig CD4 dagegen reifen nur dann zu einfach positiven CD8-Zellen heran, wenn der T-Zell-Rezeptor für Selbst-MHC-Klasse-I-Moleküle spezifisch ist. Zellen mit einem ungeeigneten Corezeptor durchlaufen den programmierten Zelltod.

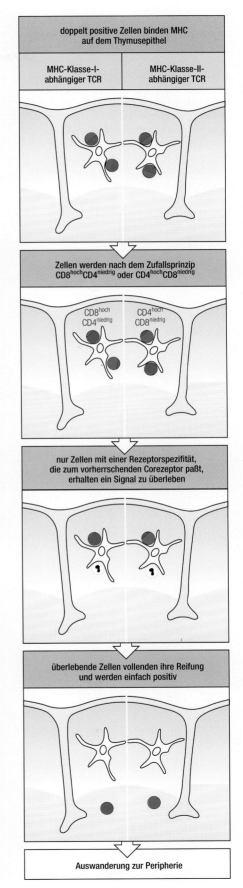

CD8 und wenig CD4 oder viel CD4 und wenig CD8 führt, die aber in jedem Fall noch doppelt positiv sind. Wahrscheinlich haben diese Zellen die Transkription eines ihrer Corezeptorgene beendet, aber noch einige der entsprechenden Proteine zurück behalten. Dieser Schritt geht vermutlich einher mit der Festlegung der unterschiedlichen Effektorfunktionen von CD4- und CD8-Zellen. Die Zellen müssen auch einen Antigenrezeptor besitzen, der Selbst-MHC binden kann. Jedoch ist es unerheblich, ob der Rezeptor MHC-Klasse-I- oder MHC-Klasse-II-Moleküle bindet. Demgemäß kann man bei Mäusen, denen eine der beiden Klassen von MHC-Molekülen fehlt, beide Typen von intermediären, doppelt positiven Zellen finden. Diese Zellen sterben jedoch, es sei denn, ihre Antigenrezeptoren und der verbleibende Corezeptor sind in der Lage, an dasselbe Selbst-MHC-Molekül zu binden. Das rettet die sich entwickelnde T-Zelle durch die Aktivierung unbekannter Gene, die den programmierten Zelltod verhindern können. Somit können nur diejenigen Zellen mit viel CD4 und wenig CD8 reifen, deren Antigenrezeptoren Selbst-MHC-Klasse-II-Moleküle erkennen. Umgekehrt können Zellen mit wenig CD4 und viel CD8 nur reifen, wenn ihre Antigenrezeptoren Selbst-MHC-Klasse-I-Moleküle erkennen. Da die Expression von CD4 oder CD8 willkürlich erfolgt, überlebt etwa die Hälfte der sich entwickelnden T-Zellen dieser Intermediärpopulationen. Die so selektierten Zellenen sind nun einfach positive Thymocyten.

6.16 T-Zellen gegen Autoantigene werden im Thymus eliminiert

Wenn eine reife T-Zelle in der Peripherie auf das Antigen trifft, für das ihr Rezeptor spezifisch ist, werden normalerweise ihre Proliferation und damit die Produktion von Effektorzellen ausgelöst. Wenn eine sich entwickelnde T-Zelle dagegen im Thymus auf das Antigen trifft, stirbt sie. Diese Reaktion der Thymocyten auf ein Antigen bildet die Grundlage für die negative Selektion und konnte deutlich in Experimenten mit transgenen Mäusen gezeigt werden, die Rezeptoren einer bekannten Spezifität auf ihren T-Zellen tragen. Bei Mäusen, die für einen Rezeptor transgen sind, der ein spezifisches Fremdpeptid in Verbindung mit Selbst-MHC-Molekülen erkennt, führt zum Beispiel eine Injektion dieses Peptids in die Maus zum apoptotischen Tod der Thymocyten, während die peripheren T-Zellen aktiviert werden (Abb. 6.23).

Bei nichtmanipulierten Mäusen treffen die sich entwickelnden T-Zellen im Thymus auf eine große Auswahl an Selbst-Peptiden, die auf Thymuszellen an Selbst-MHC-Moleküle gebunden sind. Diejenigen, die gegen diese Selbst-Peptide gerichtete Rezeptoren besitzen, werden aus dem Repertoire entfernt. Man vermutet, daß die Selbst-Peptide, mit denen die Thymocyten zusammentreffen, entweder von Proteinen abstammen, die im Thymus exprimiert werden, oder von ubiquitären Proteinen, die über das Blut zum

6.23 Autoantigenspezifische T-Zellen werden im Thymus eliminiert. Bei Mäusen, die für einen T-Zell-Rezeptor transgen sind, der ein bekanntes Peptidantigen in der Anwesenheit von Selbst-MHC erkennt, haben alle T-Zellen dieselbe Spezifität. Ist das Peptid nicht vorhanden, reifen ihre Thymocyten (unten links) und wandern in die Peripherie aus. Wenn man das spezifische Peptidantigen in Mäuse injiziert, durchlaufen die unreifen T-Zellen in demselben Tier (unten rechts) eine Apoptose und sterben. (Photos: K. Murphy.)

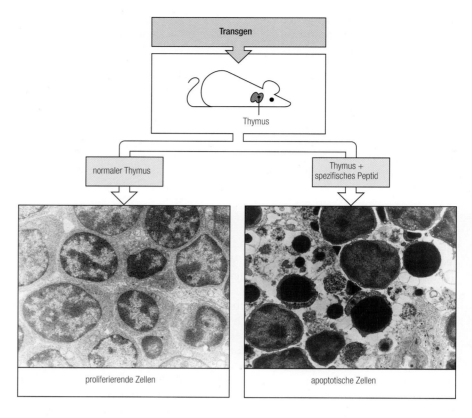

Thymus gelangen. Die Eliminierung von T-Zellen, die solche Selbst-Peptide im Thymus erkennen, kann man experimentell bei Mäusen nachweisen, in die rekombinierte Transgene eingeschleust wurden, die Rezeptoren ein bestimmtes Zelloberflächenantigen exprimieren. Dieses Antigen wird nur in männlichen Mäusen exprimiert. Bei männlichen Mäusen verschwinden Thymocyten, die diesen Rezeptor tragen, aus der sich entwickelnden T-Zell-Population im doppelt positiven Stadium (CD4$^+$CD8$^+$). In diesen Mäusen reifen auch keine einfach positiven Zellen, die Rezeptoren für das männliche Antigen tragen. Dagegen reifen die Zellen in weiblichen Mäusen normal. Ähnliche Experimente mit anderen Arten von Antigenen führten zu vergleichbaren Ergebnissen.

Die klonale Deletion im Thymus kann jedoch keine T-Zellen eliminieren, deren Rezeptoren Proteine erkennen, die ausschließlich an anderen Stellen im Körper und nicht im Thymus zu finden sind. Demnach können Proteine, die nur in anderen Geweben oder zu bestimmten Zeiten während der Entwicklung, wie etwa nach der Pubertät, exprimiert werden, die Deletion von potentiell autoreaktiven Thymocyten nicht veranlassen. Immunologische Toleranz gegenüber solchen Antigenen wird durch Inaktivierung von T-Zellen in der Peripherie aufrechterhalten anstatt durch ihre Deletion noch vor der Reifung. Diesen Mechanismus werden wir im folgenden Kapitel besprechen (Abschnitt 7.10).

6.17 Die negative Selektion wird am effizientesten durch antigenpräsentierende Zellen angetrieben

Während die corticalen Thymusepithelzellen für die positive Selektion zuständig sind, kann die negative Selektion im Thymus mit Hilfe mehrerer verschiedener Zelltypen erfolgen. Die wichtigsten sind die aus dem Knochenmark stammenden Makrophagen und die dendritischen Zellen. Sie sind außerdem die professionellen antigenpräsentierenden Zellen, die in den peripheren Lymphgeweben reife T-Zellen aktivieren. Von diesen Zellen präsentierte Autoantigene sind daher die wichtigste Quelle potentieller Autoimmunreaktionen, und T-Zellen, die auf solche Selbst-Peptide antworten, müssen im Thymus eliminiert werden.

Experimente mit Knochenmarkchimären haben die Rolle der Makrophagen und der dendritischen Zellen des Thymus bei der negativen Selektion verdeutlicht. Wenn also MHC$^{a \times b}$-F1-Knochenmark in die elterlichen Stämme (MHC^a oder MHC^b) transplantiert wird, tolerieren die T-Zellen, die sich in solchen Mäusen entwickeln, Hauttransplantate von Tieren der Stämme MHC^a und MHC^b (Abb. 6.24). Das bedeutet, daß sie nicht nur gegenüber den MHC^a-Antigenen des Wirts, sondern auch gegenüber den spenderspezifischen MHC^b-Antigenen, die auf den vom transplantierten Mark stammenden Zellen vorhanden sind, tolerant geworden sind. Da die einzigen Zellen, die die Spenderantigene präsentieren könnten, aus dem Knochenmark stammen, spricht man diesen Zellen eine entscheidende Rolle bei der negativen Selektion zu.

Interessanterweise werden bei einigen Kombinationen von Mäusestämmen solche Hauttransplantate abgestoßen. Dies wird durch einige Proteine verursacht, die in der Haut, aber nicht in Zellen, die aus dem Knochenmark stammen, exprimiert werden. Deshalb toleriert die Maus keine Peptide aus diesen Zellen. Wir werden in Kapitel 11 sehen, daß Reaktionen gegen solche **Nebenhistokompatibilitätsantigene** für Transplantationen beim Menschen wichtig sind. Obwohl die aus dem Knochenmark stammenden Zellen die Hauptvermittler der negativen Selektion sind, können sowohl die Thymocyten selbst als auch die Thymusepithelzellen, die Eliminierung von autoreaktiven Zellen veranlassen. Solche Reaktionen dürften normalerweise unbedeutend sein. Bei einer Knochenmarktransplantation von einem nichtverwandten Spender jedoch, wo alle Makrophagen und dendritischen Zellen des Thymus den Spendertyp aufweisen, könnte der von Thymusepithelzellen vermittelten negativen Selektion eine besondere Bedeutung für die Aufrechterhaltung der Toleranz gegenüber den empfängereigenen Gewebeantigenen zukommen.

6.18 Superantigene sind für die negative Selektion von T-Zell-Rezeptoren, die bestimmte V$_\beta$-Regionen enthalten, verantwortlich

Es ist praktisch unmöglich, die negative Selektion von T-Zellen direkt zu zeigen, die im normalen Thymus für ein bestimmtes Autoantigen spezifisch sind, denn die Zahl solcher T-Zellen liegt unter der Nachweisgrenze. Es gibt jedoch einen Fall, wo man bei normalen Mäusen die negative Selektion in großem Maßstab beobachten kann. So kann man bestimmen, wann sie in der Entwicklung abläuft. Bei den eindrucksvollsten Beispielen werden die T-Zellen, die bestimmte V$_\beta$-Gensegmente exprimieren, in den betroffenen Mäusestämmen praktisch eliminiert. Dies geschieht infolge der Wechselwirkung von unreifen Thymocyten mit endogenen Superantigenen, die in diesen Stämmen vorkommen. In Kapitel 4 haben wir bereits erfahren, daß die Superantigene virale oder bakterielle Proteine sind, die unabhängig von der Antigenspezifität des Rezeptors und des vom MHC-Molekül gebundenen Peptids fest an MHC-Klasse-II-Moleküle und bestimmte V$_\beta$-Domänen binden (Abb. 4.31).

Die endogenen Superantigene von Mäusen werden von Genomen des *mouse mammary tumorvirus* (MMTV) codiert, die in Chromosomen der Maus integriert sind. Diese werden zusammen mit den Mäusegenen von Generation zu Generation weitervererbt. Wie die bakteriellen Superantigene induzieren diese viralen Antigene starke T-Zell-Antworten. Tatsächlich wurden sie ursprünglich als **Mls**-Antigene (*minor lymphocyte stimulating*) bezeichnet, da sie, obwohl sie keine MHC-Proteine sind (daher

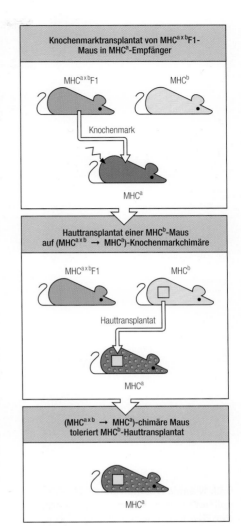

6.24 Zellen aus dem Knochenmark üben im Thymus die negative Selektion aus. Wenn man in eine bestrahlte Maus des Stammes A MHC$^{a \times b}$-F1-Knochenmark injiziert, reifen die T-Zellen des Thymusepithels und exprimieren nur MHC-Typ-a-Moleküle (MHC^a). Trotzdem sind die Mäuse tolerant gegen Hauttransplantate, die MHC^b-Moleküle exprimieren. Das besagt, daß die T-Zellen, deren Rezeptoren Antigene erkennen, die von MHC^b präsentiert werden, im Thymus offenbar eliminiert wurden. Da die transplantierten MHC$^{a \times b}$-F1-Knochenmarkzellen die einzige Quelle von MHC^b-Molekülen darstellen, müssen die knochenmarkstämmigen Zellen in der Lage sein, die negative Selektion auszulösen.

minor), außergewöhnlich starke primäre T-Zell-Antworten hervorrufen können. Dies ist der Fall, wenn T-Zellen aus Stämmen, denen das Gen für dieses Superantigen fehlt, durch B-Zellen stimuliert werden, die sich von MHC-identischen Mäusen ableiten, die dieses Superantigen exprimieren.

T-Zell-Rezeptoren, die V_β-Regionen enthalten, an die die Mls-Proteine binden, werden während der Reifung im Thymus von Mls$^+$-Stämmen gekennzeichnet, was eine Apoptose und damit die Eliminierung solcher T-Zellen verursacht. Eine Variante des Mls-Antigens (Mls-1^a) zum Beispiel enfernt alle Thymocyten, die die variable $V_\beta 6$-Region exprimieren (dies gilt auch für diejenigen, die $V_\beta 8.1$ und $V_\beta 9$ exprimieren), wohingegen die Zellen, denen Mls-1^a fehlt, nicht beseitigt werden. Deshalb hat die Expression endogener Superantigene bei Mäusen einen starken Einfluß auf das T-Zell-Rezeptorrepertoire. Trotz retroviraler Sequenzen in den Genomen vieler Säuger konnte man bis heute diese Art von Deletion bei anderen Spezies, einschließlich des Menschen, noch nicht beobachten.

Zellen mit Rezeptoren, die auf Superantigene ansprechen, findet man unter den doppelt positiven Thymocyten. Im Thymuscortex sind sie reichlich vertreten, während sie in der Thymusmedulla und in der Peripherie von Mäusen, die das Superantigen exprimieren und ihm gegenüber tolerant sind, nicht auftreten. Daher vermutet man, daß die Superantigene relativ weit gereifte Zellen eliminieren, wenn sie aus dem Cortex heraus in das Mark wandern, wo ein besonders dichtes Netzwerk aus dendritischen Zellen den Übergang zwischen diesen beiden Bereichen markiert (Abb. 6.25).

Obwohl die klonale Deletion durch Superantigene für die Untersuchung der negativen Selektion bei normalen Mäusen äußerst nützlich ist, muß man bedenken, daß sie möglicherweise nicht der klonalen Deletion durch Selbst-Peptid:Selbst-MHC-Komplexe entspricht. Dagegen ist sicher, daß die durch Superantigene oder durch Selbst-Peptid:Selbst-MHC-Komplexe ausgelöste klonale Deletion ein T-Zell-Repertoire erzeugt, das auf seine eigenen professionellen antigenpräsentierenden Zellen nicht reagiert.

6.25 Klonale Deletion durch Mls-1^a vollzieht sich in einem späten Stadium der Thymocytenentwicklung. T-Zellen mit Rezeptoren, die auf Mls-1^a reagieren und die von $V_\beta 6$ codiert werden, kann man sowohl im Cortex als auch im Mark von Mls-1^b-Mäusen finden (links, Zellen mit Anti-$V_\beta 6$-Antikörpern markiert). Man beachte, daß die reifen Zellen in der Medulla größere Mengen an Rezeptor exprimieren und dadurch dunkler gefärbt erscheinen als die unreifen Zellen im Cortex. Bei Mls-1^a-Mäusen sind keine reifen Zellen zu finden, stattdessen exprimieren nur die unreifen, corticalen Zellen den $V_\beta 6$-Rezeptor (rechts). (Photos: H. Hengartner.)

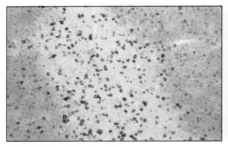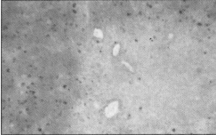

6.19 Die Signale für die negative und die positive Selektion müssen sich unterscheiden

In den vorangegangenen Abschnitten haben wir einige der Experimente beschrieben, die zu den zahlreichen Belegen dafür beigetragen haben, daß MHC-Moleküle, die auf Zellen im Thymus exprimiert werden, T-Zellen sowohl auf Selbst-MHC-Restriktion als auch auf Selbst-Toleranz hin selektieren. Wir wenden uns nun der zentralen Frage zu, die dadurch aufgeworfen wird: Wie ist es möglich, daß die Wechselwirkung desselben Rezeptors mit denselben MHC-Molekülen im Thymus sowohl, während der positiven Selektion, zur weiteren Reifung als auch, während der negativen Selektion, zum Zelltod führen kann?

Zwei Probleme müssen geklärt werden. Erstens muß sich die Wechselwirkung des T-Zell-Rezeptors mit dem Selbst-MHC für die positive Selektion von der für die negative Selektion unterscheiden. Wäre dem nicht so, dann würden alle Zellen, die im Thymuscortex positiv selektiert werden, anschließend durch die negative Selektion eliminiert. Keine T-Zelle würde jemals den Thymus verlassen (Abb. 6.26). Zweitens müssen sich die Auswirkungen der Interaktion so unterscheiden, daß Zellen, die Selbst-MHC auf den corticalen Epithelzellen erkennen, reifen, während Zellen, deren Rezeptoren eine Autoreaktivität vermitteln könnten, ausgemustert werden und sterben.

Man hat im wesentlichen zwei Hypothesen aufgestellt, um diese Unterschiede zwischen positiver und negativer Selektion zu erklären. Die erste und einfachere, die **Affinitätshypothese**, behauptet, daß der Schwellenwert der Bindung von MHC-Molekülen durch den T-Zell-Rezeptor, der für das Signal zur positiven Selektion benötigt wird, niedriger ist als der Schwellenwert, der zur negativen Selektion notwendig ist (Abb. 6.27). Deshalb werden mehr sich entwickelnde T-Zellen durch Selbst-Peptide, die an Selbst-MHC-Moleküle gebunden sind, positiv selektiert, als anschließend eliminiert werden. Unglücklicherweise kann diese Hypothese noch nicht direkt getestet werden, da man routinemäßige Messungen der Affinität von T-Zell-Rezeptoren zu ihren Liganden noch nicht durchführen kann. Man weiß jedoch, daß die Mindestbindung, die für eine negative Selektion im Thymus erforderlich ist, niedriger ist als diejenige, welche in der Peripherie für die Aktivierung benötigt wird. Dies ist wahrscheinlich wichtig, um einer Autoreaktivität vorzubeugen, die sonst bei einer eventuellen Überexpression eines Peptids oder eines MHC-Moleküls im peripheren Gewebe ein Risiko darstellen würde (Abb. 6.27).

Als Alternative kommt die **Hypothese der veränderlichen Liganden** in Betracht, der zufolge die MHC-Moleküle der corticalen Thymusepithelzel-

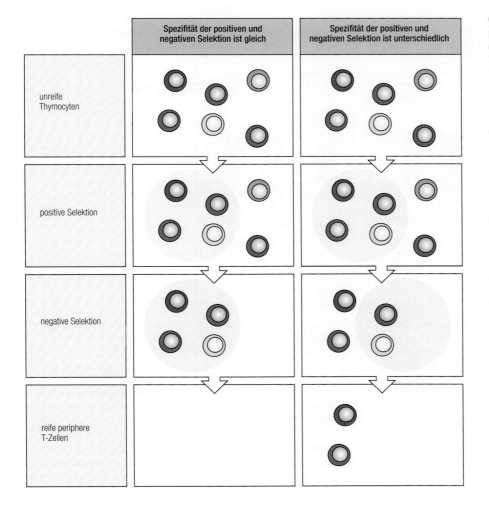

6.26 Die Spezifität oder Affinität der positiven Selektion muß sich von der der negativen unterscheiden. Unreife T-Zellen werden positiv selektiert, um solche Thymocyten zu entfernen, deren Rezeptoren nicht auf Selbst-MHC-Moleküle ansprechen. So entsteht eine selbstrestringierte Thymocytenpopulation. Durch die negative Selektion werden diejenigen T-Zellen eliminiert, deren Rezeptoren den Komplex aus Selbst-MHC-Molekülen und Selbst-Peptiden erkennen, um eine selbsttolerante Thymocytenpopulation zu gewinnen. Wenn die positive und die negative Selektion die gleiche Spezifität besitzen (linke Spalte), dann werden alle T-Zellen, die die positive Selektion überleben, während der negativen Selektion eliminiert. Nur wenn die Spezifität oder Affinität der negativen Selektion sich von der der positiven Selektion unterscheiden (rechte Spalte), können Thymocyten zu T-Zellen reifen.

In der Abbildung (6.26):
- Spezifität der positiven und negativen Selektion ist gleich
- Spezifität der positiven und negativen Selektion ist unterschiedlich
- unreife Thymocyten
- positive Selektion
- negative Selektion
- reife periphere T-Zellen

len einen Satz von Peptiden präsentieren, die sich von denjenigen der antigenpräsentierenden Zellen im Thymus und in der Peripherie unterscheiden und folglich auch eine andere (vermutlich größere) Auswahl an Rezeptoren binden (Abb. 6.28). Obwohl einige Befunde diese Hypothese unterstützen, sprechen neuere Untersuchungen gegen die Existenz einer speziellen Peptidspezies auf diesen Zellen. Diese haben nämlich gezeigt, daß auch andere Zellen als die des corticalen Thymusepithels die positive Selektion bewirken können.

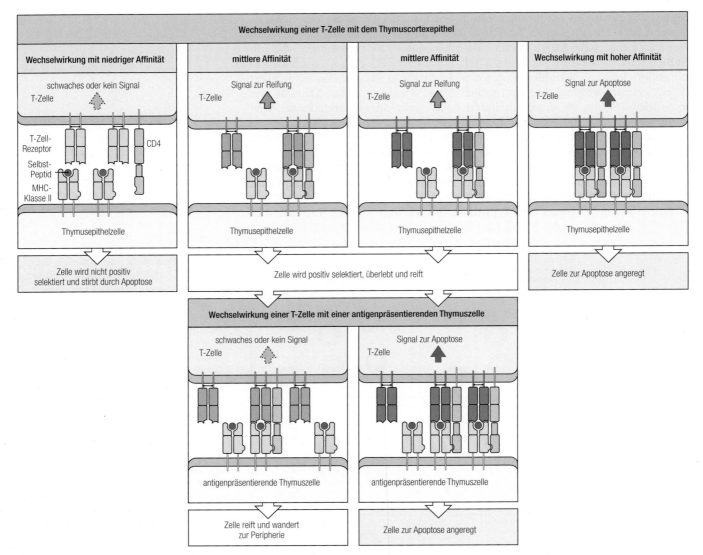

6.27 Das Affinitätsmodell der positiven und negativen Selektion postuliert die Eliminierung von T-Zellen, deren Rezeptoren sehr geringe oder sehr große Affinität für Autoantigene haben. Danach können Thymocyten, deren Rezeptoren eine so geringe Affinität zu Selbst-MHC-Molekülen in Komplexen mit Selbst-Peptiden haben, daß entweder kein oder ein zu schwaches Signal in die Thymocyten übertragen wird, nicht die positive Selektion überleben und sterben durch Apoptose (oben links). Thymocyten, deren Rezeptoren eine hohe Affinität zu Selbst-MHC-Molekülen und Selbst-Peptiden haben und Signale effektiv weitergeben können, übertragen möglicherweise ein Signal, das die Apoptose direkt induzieren kann (oben rechts).

Thymocyten mit Rezeptoren einer mittleren Affinität zu Selbst-MHC-Molekülen plus Selbst-Peptiden übermitteln ein Signal, das es der Zelle erlaubt, die positive Selektion zu überleben, das aber unzureichend ist, eine Apoptose zu induzieren (oben Mitte). Diese Zellen überleben und reifen. Dabei steigt die Expression des T-Zell-Rezeptors. Einige der T-Zellen mit Rezeptoren mittlerer Affinität empfangen jetzt ein Signal, das zur Induktion der Apoptose ausreicht (unten rechts). Sie werden negativ selektiert. Für andere Zellen mit einer niedrigeren Affinität zu Selbst-MHC-Molekülen und Selbst-Peptiden reicht dieses Signal zur Anregung der Apoptose immer noch nicht aus. Sie reifen schließlich und verlassen den Thymus als naive T-Zellen (unten links).

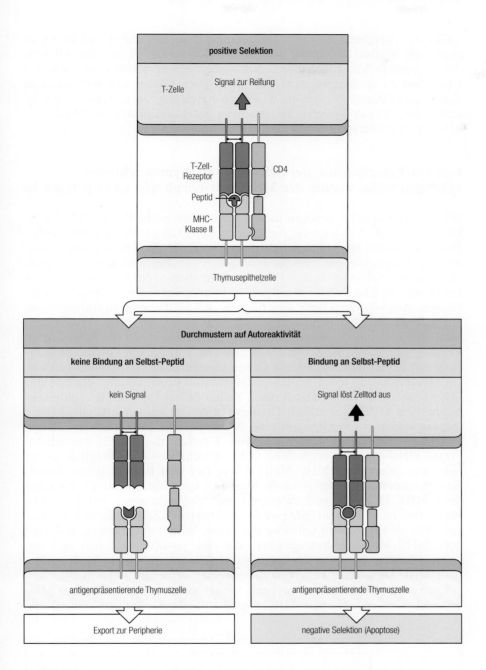

6.28 Die Hypothese der veränderten Liganden zur Erklärung der Selektion im Thymus. Wenn das Thymusepithel ein anderes Sortiment von Peptiden exprimiert als der Rest des Körpers, dann erzeugt die positive Selektion ein Repertoire von T-Zellen, die spezifisch für Peptide sind, die mit Hilfe von Selbst-MHC-Molekülen präsentiert werden, und die die meisten Selbst-Peptide, die an Selbst-MHC auf Zellen der Peripherie gebunden sind, nicht erkennen.

Einer der beiden hypothetischen Mechanismen oder beide zusammen könnten die unterschiedliche Spezifität der positiven und negativen Selektion erklären, aber keiner allein ist in der Lage zu erklären, wie eine Bindung an ein und denselben Rezeptor zu zwei so verschiedenen Ergebnissen führen kann. Eine naheliegende Möglichkeit ist, daß der Unterschied in den präsentierenden Zellen besteht, daß also nur Epithelzellen die positive Selektion durchführen können, dendritische Zellen und Makrophagen dagegen nur die negative Selektion. Dies ist jedoch unvereinbar mit der Beobachtung, daß auch andere Zelltypen die positive Selektion betreiben können. Darüber hinaus kann man sogar zeigen, daß Zellen, die auf Epithelzellen eine positive Selektion durchlaufen, deletiert werden können, wenn ihr spezifisches Peptid in großen Mengen vorhanden ist (Abb. 6.23). Das schließt jeden einfachen Unterschied zwischen den Signalen aus, die von Epithel- und dendritischen Zellen ausgesendet werden und zeigt ebenfalls, daß die verschiedenen Reaktionen nicht das Entwicklungsstadium der Thymocyten selbst reflektieren können.

Zur Zeit erscheint es am wahrscheinlichsten, daß der T-Zell-Rezeptor abgestufte Signale aussendet, die von der Beschaffenheit und der Affinität der Ligandenbindung abhängen. Schwache Signale reichen aus, um auf Überleben zu selektieren, sind aber nicht stark genug, sich entwickelnde Zellen zu eliminieren oder, im Falle einer Reifung, zu aktivieren. Solche schwachen Signale könnten zur positiven Selektion führen, während stärkere die Eliminierung hervorrufen.

6.20 Die Erfordernisse der Selektion im Thymus erklären möglicherweise, warum der MHC polymorph und nicht polygen ist

Wie wir in Kapitel 4 gesehen haben, binden unterschiedliche MHC-Moleküle bevorzugt verschiedene Antigenpeptide. Man glaubt, daß der MHC-Polymorphismus sowohl den Selektionsvorteil für die Spezies von Individuen widerspiegelt, die verschiedene Sätze von Peptiden binden können, als auch den Selektionsvorteil für jeden Organismus, der mehrere Varianten exprimiert, welche Peptide einer großen Bandbreite von Pathogenen binden können. Aus letzterem ließe sich folgern, daß ein Lebewesen um so besser vor infektiösen Organismen geschützt sein sollte, je mehr verschiedene MHC-Gene es besitzt. Eine Betrachtung der Bedingungen der Selektion im Thymus gibt jedoch Hinweise darauf, welche Vorzüge ein Polymorphismus einer nur begrenzten Anzahl von Genen gegenüber der Expression von vielen verschiedenen Genen bei einem Individuum haben könnte. Wahrscheinlich können etwa fünf Prozent der T-Zellen Selbst-Peptide, die von einem bestimmten MHC-Molekül im Thymus präsentiert werden, erkennen. Diese müssen eliminiert werden, um eine Autoreaktivität zu vermeiden. (Diese Schätzung basiert auf dem Anteil von T-Zellen, die auf ein bestimmtes Fremd-MHC-Molekül reagieren; siehe Abschnitt 4.17.) Folglich kostet jedes neu exprimierte MHC-Molekül das Tier fünf Prozent seines T-Zell-Rezeptorrepertoires. Der normale Mensch exprimiert bis zu 15 verschiedene MHC-Moleküle und deletiert somit vielleicht einen beträchtlichen Anteil (bis zu 75 Prozent) der positiv selektierten T-Zellen, die sich entwickeln. Dieser Effekt wird teilweise durch den Vorteil aufgewogen, daß man neue MHC-Moleküle hinzugewinnt, die eine positive Selektion in Gang setzen können, aber es erscheint unwahrscheinlich, daß man durch zusätzliche MHC-Gene seine Fähigkeit zu antworten verbessert (Abb. 6.29).

Ein zweiter Nachteil der Polygenie beruht auf dem Bedarf an einer Mindestzahl von spezifischen MHC-Peptid-Komplexen auf der Oberfläche

6.29 Die T-Zell-Selektion könnte erklären, warum der MHC in den Individuen einer Spezies eher polymorph als polygen ist. Wenn viele verschiedene MHC-Moleküle in einem Individuum exprimiert werden, dann werden mehr T-Zellen positiv selektiert. Noch mehr jedoch werden klonal deletiert. Bei einer relativ kleinen Anzahl von MHC-Molekülen ergibt sich ein Optimum. Würde man die Anzahl der exprimierten MHC-Gene erhöhen, könnte das zu einer Abnahme der Anzahl von funktionellen T-Zellen in der Peripherie führen und damit zusammenhängend zu einer größeren Wahrscheinlichkeit, daß einige infektiöse Agentien unerkannt bleiben.

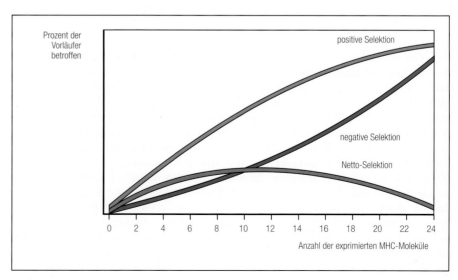

einer jeden Zelle, wenn eine T-Zelle erfolgreich stimuliert werden soll. Er wurde auf etwa 100 Kopien geschätzt; je größer die Anzahl verschiedener MHC-Moleküle, die von einer Zelle exprimiert werden, desto weniger Kopien können von jedem einzelnen Allel exprimiert werden und desto geringer ist daher die Kopienzahl einer jeden Art von Peptid:MHC-Komplex. Sowohl aus Gründen der Selektion als auch wegen der Erfordernisse der T-Zell-Aktivierung scheint also der Polymorphismus verglichen mit dem Polygenismus den größeren Anpassungsvorteil zu bieten.

6.21 Eine Reihe von Tumoren aus Zellen des Immunsystems beleuchtet verschiedene Stadien der T-Zell-Entwicklung

In Kapitel 5 haben wir gesehen, daß Tumoren lymphatischer Zellen, deren Phänotyp intermediären Stadien der B-Zell-Entwicklung entspricht, für die Analyse der B-Zell-Entstehung von unschätzbarem Wert sind. Man hat Tumoren aus T-Zellen oder anderen Zellen identifiziert, die an der T-Zell-Entwicklung beteiligt sind, hat aber, anders als bei den malignen Formen von B-Zellen, beim Menschen nur wenige gefunden, die intermediären Stadien der T-Zell-Entwicklung entsprechen. Statt dessen bestehen die Tumoren entweder aus reifen T-Zellen oder, wie im Fall der allgemeinen akuten lymphatischen Leukämie, aus dem frühesten Typ eines lymphatischen Vorläufers (Abb. 6.30). Ein möglicher Grund für das seltene Vorkommen von Tumoren, die intermediären Stadien entsprechen, ist, daß unreife T-Zellen zum Sterben verurteilt sind, wenn sie nicht innerhalb einer sehr kurzen Zeit durch die positive Selektion gerettet werden (Abschnitt 6.11). Es könnte daher sein, daß Thymocyten einfach nicht lange genug in den intermediären Stadien ihrer Entwicklung verweilen, damit eine maligne Transforma-

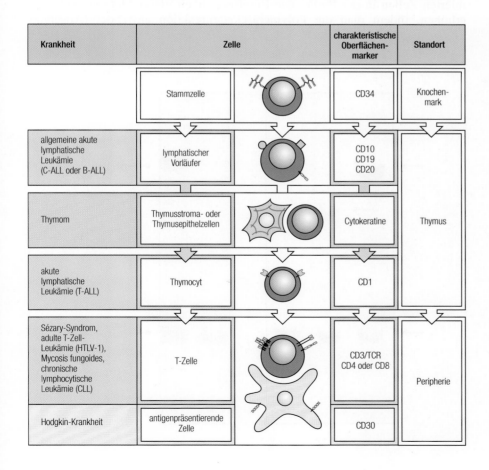

6.30 T-Zell-Tumoren repräsentieren monoklonale Auswüchse normaler Zellpopulationen. Jeder einzelne T-Zell-Tumor hat, vergleichbar mit den B-Zellen, ein normales Äquivalent und behält viele der Eigenschaften der Zelle bei, von der er abstammt. Einige von diesen Tumoren repräsentieren massive Auswüchse eines seltenen Zelltyps wie zum Beispiel die allgemeine akute lymphatische Leukämie, die von einer lymphatischen Vorläuferzelle abstammt. Folglich bieten die T-Zell-Tumoren wertvolle Informationen über den Phänotyp, die Standorteigenschaften und die Rezeptorgenrekombinationen der normalen Zelltypen. Zwei T-Zell-verwandte Tumoren gehören ebenfalls dazu. Thymome leiten sich von Thymusstroma- oder Thymusepithelzellen ab, während die bösartig transformierte Zelle bei der Hodgkin-Krankheit vermutlich eine antigenpräsentierende Zelle ist. Einige für das jeweilige Stadium charakteristische Zelloberflächenmarker sind ebenfalls angegeben. Beispielsweise ist CD10 (*common acute lymphoblastic leukemia antigen,* CALLA) ein sehr gebräuchlicher Marker für die akute lymphatische Leukämie. Man beachte, daß CLL-Zellen CD8 exprimieren, während andere genannte T-Zell-Tumore CD4 exprimieren.

Krankheit — Zelle — charakteristische Oberflächenmarker — Standort:

Krankheit	Zelle	charakteristische Oberflächenmarker	Standort
	Stammzelle	CD34	Knochenmark
allgemeine akute lymphatische Leukämie (C-ALL oder B-ALL)	lymphatischer Vorläufer	CD10 CD19 CD20	
Thymom	Thymusstroma- oder Thymusepithelzellen	Cytokeratine	Thymus
akute lymphatische Leukämie (T-ALL)	Thymocyt	CD1	
Sézary-Syndrom, adulte T-Zell-Leukämie (HTLV-1), Mycosis fungoides, chronische lymphocytische Leukämie (CLL)	T-Zelle	CD3/TCR CD4 oder CD8	Peripherie
Hodgkin-Krankheit	antigenpräsentierende Zelle	CD30	

tion stattfinden kann. Folglich erscheinen nur die Zellen als Tumoren, die entweder schon in früheren Stadien oder erst nach der vollständigen Reifung transformiert wurden.

Das Verständnis der normalen Entwicklung der reifen T-Zelle könnte helfen, die Pathologie der Tumoren, die aus solchen Zellen erwachsen, zu verstehen. Zum Beispiel sind **kutane T-Zell-Lymphome**, die sich in der Haut ansiedeln und langsam proliferieren, klonale Auswüchse einer CD4-T-Zelle, die sich nach der Aktivierung in der Haut niederläßt. Der komplizierteste lymphatische Tumor wird als **Hodgkin-Krankheit** bezeichnet und erscheint in mehreren Formen. Die maligne Zelle scheint eine antigenpräsentierende Zelle zu sein, so daß die Krankheit bei einigen Patienten von T-Zellen beherrscht wird, die durch die Tumorzellen stimuliert werden. Diese Krankheitsform nennt man Hodgkin-Lymphom. Andere Patienten haben keine lymphocytischen Anomalien sondern zeigen die Proliferation einer Retikularzelle, eine Erkrankung, die man **noduläre Sklerose** nennt. Möglicherweise beruhen die Unterschiede zwischen diesen zwei Erscheinungsbildern der Hodgkin-Krankheit auf einer tatsächlichen Heterogenität der transformierten Zellen. Wahrscheinlicher ist jedoch, daß es bei den einzelnen Patienten Unterschiede in der T-Zell-Antwort auf die transformierten Zellen gibt. Die Prognose für Hodgkin-Lymphome ist weitaus besser als für die noduläre Sklerose, was vermuten läßt, daß die antwortenden Zellen das Tumorwachstum kontrollieren. Die Kontrolle von Tumoren durch T-Zellen werden wir in Kapitel 12 besprechen.

Wie bei B-Zell-Tumoren kann man durch die Untersuchung der Umordnungen der Rezeptorgene zeigen, daß auch T-Zell-Lymphome monoklonale Auswüchse einer einzigen transformierten Zelle sind (Abb. 6.31). Wenn man Gewebe oder Zellen von Patienten untersucht, ist der Anteil an Zellen, die dieselben Umordnungen aufweisen, ein Maß für den Anteil an transformierten Zellen in der Probe. Die Empfindlichkeit dieser Methode läßt sich erhöhen, indem man die Polymerasekettenreaktion anwendet (Abschnitt

6.31 Die einzigartigen Umordnungen in jeder T-Zelle kann man zur Identifizierung von T-Zell-Tumoren benutzen.
Tumoren sind Auswüchse einer einzigen transformierten Zelle. Somit zeigen alle T-Zell-Rezeptorgene in jeder Zelle eines Tumors ein identisches Rekombinationsmuster. Die vorliegenden Bilder zeigen die Wanderung von DNA-Fragmenten, die die konstante Region der T-Zell-Rezeptor-β-Kette enthalten. Die DNA stammt entweder aus der Placenta (Spur P), einem Gewebe, in dem die T-Zell-Rezeptorgene nicht umgeordnet werden, aus normalen T-Zellen des peripheren Blutes (Spur N) oder aus Lymphocyten des peripheren Blutes von drei Patienten, die an T-Zell-Tumoren erkrankt sind (Spuren T1, T2 und T3). Man beachte, daß die Banden, die den nicht umstrukturierten Genen $C_{\beta}1$ und $C_{\beta}2$ entsprechen, in allen Spuren zu sehen sind. Bei der DNA aus normalen peripheren Lymphocyten sind keine Banden zu sehen, die mit einer spezifischen Umordnung zusammenhängen könnten. Jede T-Zelle in der Probe hatte wahrscheinlich eine andere Umstrukturierung. Keine der umgeordneten Banden ist in ausreichender Konzentration vorhanden, um mit dieser Methode nachgewiesen werden zu können. Dagegen erscheinen in jeder Tumorprobe zusätzliche Banden, die spezifischen Umordnungen entsprechen. Das deutet darauf hin, daß ein großer Teil der Zellen in der Probe eine identische Rekombination enthält. (a) T. Diss; b) F. E. Cotter.)

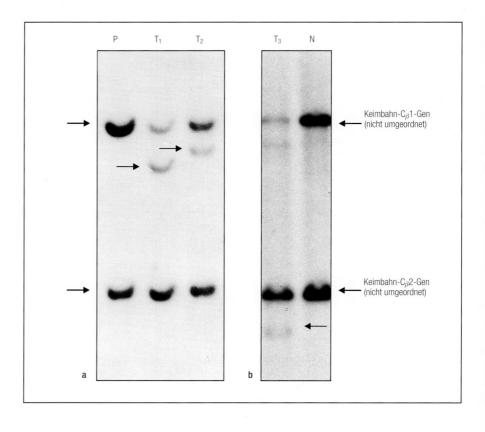

2.27), um diese tumorspezifische Umstrukturierung zu identifizieren. So ist es möglich, sehr wenige Tumorzellen aufzuspüren, die in einem Gewebe verbleiben. Das kann dann besonders wichtig sein, wenn man das patienteneigene Knochenmark nach einer Strahlentherapie zurückinjizieren will. Wenn das Mark noch transformierte Zellen enthält, dann würde eine Rückgabe eine Reimplantation des Tumors in den Patienten bedeuten, und die Therapie wäre unsinnig. Es existieren Methoden, mit denen man das Knochenmark von Tumorzellen befreien kann. Gleichzeitig kann die Behandlungseffizienz durch die Bestimmung der Persistenz der tumorspezifischen Umordnungen verfolgt werden.

Zusammenfassung

Die T-Zell-Entwicklung umfaßt zwei Arten der Selektion, die positive auf Selbst-MHC-Erkennung und die negative auf die Erkennung von Selbst-Peptid:Selbst-MHC-Komplexen. Der erste Vorgang wird einzig und allein durch Epithelzellen des Thymus vermittelt, der zweite dagegen weitestgehend durch dendritische Zellen und Makrophagen. Die positive Selektion stellt sicher, daß alle reifen T-Zellen auf Fremdantigene antworten können, die von Selbst-MHC-Molekülen auf antigenpräsentierenden Zellen vorgezeigt werden. Die negative Selektion hingegen eliminiert autoreaktive Zellen. Das Paradox, daß die Erkennung eines Liganden durch denselben Rezeptor zu zwei gegenläufigen Effekten führt – die positive und die negative Selektion –, ist eines der zentralen Rätsel der Immunologie. Um es zu lösen, muß man mehr herausfinden über die Liganden, die Rezeptoren, den Mechanismus der Signalübertragung und die Physiologie eines jeden Schrittes dieses Vorgangs.

Zusammenfassung von Kapitel 6

Die T-Zell-Entwicklung läuft in dem speziellen aktivierenden Mikromilieu des Thymuscortex ab. Dort wird die Umordnung der T-Zell-Rezeptorgene für die zwei T-Zell-Linien $\gamma{:}\delta$ und $\alpha{:}\beta$ separat induziert. Diese spezialisierte Umgebung selektiert mittels Kontakt zwischen dem Rezeptor und seinem Corezeptor und Selbst-MHC-Molekülen, die sich auf den corticalen Thymusepithelzellen befinden, auch $\alpha{:}\beta$-T-Zellen mit tauglichen Rezeptoren. Ebenfalls im Thymus eliminieren professionelle, antigenpräsentierende Zellen aus dem Knochenmark alle die T-Zellen, deren Rezeptoren Antigene erkennen, die normalerweise von diesen Zellen exprimiert werden. So wird die Selbst-Toleranz sichergestellt. Auf diese Weise wird ein nützliches und nichtschädigendes T-Zell-Rezeptorrepertoire erzeugt.

Literatur allgemein

Adkins, B.; Mueller, C.; Okada, C. Y.; Reichert, R. A.; Weissman, I. L.; Spangrude, G. J. *Early Events in T Cell Maturation*. In: *Ann. Rev. Immunol.* 5 (1987) S. 325–365.

Fowlkes, B. J.; Pardoll, D. M. *Molecular and Cellular Events of T Cell Development*. In: *Adv. Immunol.* 44 (1989) S. 207–264.

Kruisbeek, A. M. *Development of αβT Cells*. In: *Curr. Opin. Immunol.* 5 (1993) S. 227–234.

Möller, G. (Hrsg.) *Positive T-Cell Selection in the Thymus*. In: *Immunol. Rev.* 135 (1993) S. 5–242.

Boehmer, H. von. *Developmental Biology of T Cells in T Cell Receptor Transgenic Mice*. In: *Ann. Rev. Immunol.* 8 (1990) S. 531–556.

Boehmer, H. von. *The Developmental Biology of T Lymphocytes*. In: *Ann. Rev. Immunol.* 6 (1993) S. 309–326.

Boehmer, H. von; Kisielow, P. *Lymphocyte Lineage Commitment: Instruction Versus Selection*. In: *Cell* 73 (1993) S. 207f.

Boehmer, H. von. *Thymic Selection: A Matter of Life and Death*. In: *Immunol. Today* 13 (1992) S. 742–744.

Winoto, A. *Regulation of the Early Stages of T Cell Development*. In: *Curr. Opin. Immunol.* 3 (1991) S. 199–203.

Zinkernagel, R. M.; Doherty, P. *MHC-Restricted Cytotoxic T Cells: Studies on the Biological Role of Polymorphic Major Transplantation Antigens Determining T Cell*

Restriction-Specificity, Function, and Responsiveness. In: *Adv. Immunol.* 27 (1979) S. 51.

Literatur zu den einzelnen Abschnitten

Abschnitt 6.1

Cordier, A. C.; Haumont, S. M. *Development of Thymus, Parathyroids, and Ultimobranchial Bodies in NMRI and Nude Mice.* In: *Am. J. Anat.* 157 (1980) S. 227–263.

Owen, J. T.; Jenkinson, E. J. *Embryology of the Immune System.* In: *Allergy* 29 (1981) S. 1–34.

Ewijk, W. van. *T Cell Differentiation is Influenced by Thymic Microenvironments.* In: *Ann. Rev. Immunol.* 9 (1991) S. 591–615.

Gaudecker, B. van. *Functional Histology of the Human Thymus.* In: *Anat. Embryol.* 183 (1991) S. 1–15.

Abschnitt 6.2

Fulop, G. M.; Phillips, R. A. *Use of SCID Mice to Identify and Quantitate Lymphoid-Restricted Stem Cells in Long-Term Bone Marrow Cultures.* In: *Blood* 74 (1989) S. 1537–1544.

Hong, R. *The DiGeorge Anomaly.* In: *Immunodef. Rev.* 3 (1991) S. 1–14.

Pritchard, H.; Micklem, H. S. *Haemopoietic Stem Cells and Progenitors of Functional T Lymphocytes in the Bone Marrow of Nude Mice.* In: *Clin. Exper. Immunol.* 14 (1973) S. 597.

Abschnitt 6.3

Shortman, K.; Egerton, M.; Spangrude, G. J.; Scollay, R. *The Generation and Fate of Thymocytes.* In: *Semin. Immunol.* 2 (1990) S. 3–12.

Abschnitt 6.4

Crispe, I. N.; Shimonkevitz, R. P.; Husmann, L. A.; Kimura, J.; Allison, J. P. *Expression of T Cell Antigen Receptor β Chains on Subsets of Mouse Thymocytes. Analysis by Three-Color Flow Cytometry.* In: *J. Immunol.* 139 (1987) S. 3585–3589.

Crispe, I. N.; Moore, M. W.; Husmann, L. A.; Smith, L.; Bevan, M. J.; Shimonkevitz, R. P. *Differentiation Potential of Subsets of CD4-8-Thymocytes.* In: *Nature* 329 (1987) S. 336–339.

Petrie, H. T.; Hugo, P.; Scollay, R.; Shortman, K. *Lineage Relationships and Developmental Kinetics if Immature Thymocytes: CD3, CD4, and CD8 Acquisition in Vivo and in Vitro.* In: *J. Exper. Med.* 172 (1990) S. 1583–1588.

Scollay, R. *T Cell Subsets in Thymocyte Development.* In: *Curr. Opin. Immunol.* 3 (1991) S. 204–209.

Scollay, R.; Bartlett, P.; Shortman, K. *T Cell Development in the Adult Murine Thymus: Changes in the Expression of the Surface Antigens Ly2, L3T4, and B2A2 During Development from Early Precursor Cells to Emigrants.* In: *Immunol. Rev.* 82 (1984) S. 79–103.

Scollay, R.; Wilson, A.; Damico, A.; Kelly, K.; Egerton, M.; Pearse, M.; Wu, L.; Shortman, K. *Developmental Status and Reconstitution Potential of Subpopulations of Murine Thymocytes.* In: *Immunol. Rev.* 104 (1988) S. 81–120.

Wu, L.; Scollay, R.; Egerton, M.; Pearse, M.; Spangrude, G. J.; Shortman, K. *CD4 Expressed on Earliest T-Lineage Precursor Cells in the Adult Murine Thymus.* In: *Nature* 349 (1991) S. 71–74.

Abschnitt 6.6

Bonneville, M.; Ishida, J.; Mombaerts, P.; Katsuki, M.; Verbeek, S.; Bem, S.; Tonegawa, S. *Blockage of αβ T Cell Development by TCR γδ Transgenes.* In: *Nature* 342 (1989) S. 931–934.

Ishida, J. Verbeek, S.; Bonneville, M.; Itohara, S.; Berns, A.; Tonegawa, S. *T Cell Receptor γδ and γ Transgenic Mice Suggest a Role of a γ Gene Silencer in the Generation of αβ T Cells.* In: *Proc. Natl. Acad. Sci. USA* 87 (1990) S. 3067–3071.

Raulet, D. H.; Spencer, D. M.; Hsiang, Y.-H. et al. *Control of γδ T Cell Development.* In: *Immunol. Rev.* 120 (1991) S. 185–204.

Winoto, A.; Baltimore, D. *Seperate Lineages of T Cells Expressing the αβ and γδ Receptors.* In: *Nature* 338 (1989) S. 430–432.

Abschnitt 6.7

Goldman, J. P.; Spencer, D. M.; Raulet, D. H. *Ordered Rearrangements of Variable Region Genes of the T Cell Receptor γ Locus Correlates With Transcription of the Unrearranged Genes.* In: *J. Exper. Med.* 177 (1993) S. 729–739.

Haas, W.; Tonegawa, S. *Development and Selection of γδ T Cells.* In: *Curr. Opin. Immunol.* 4 (1992) S. 147–155.

Itohara, S.; Nakanishi, N.; Kanagawa, O.; Kubo, R.; Tonegawa, S. *Monoclonal Antibodies Specific to Native Murine T Cell Receptor γδ Analysis of γδ T Cells in Thymic Ontogeny and Peripheral Lymphoid Organs.* In: *Proc. Natl. Acad. Sci. USA* 86 (1989) S. 5094–5098.

Abschnitt 6.8

Kishi, K.; Borgulya, P.; Scott, B.; Karjalainen, K.; Traunecker, A.; Kaufman, J.; Boehmer, H. von. *Surface Expression of the β T Cell Receptor (TRC) Chain in the Absence of Other TCR or CD3 Proteins on Immature T Cells.* In *EMBO J.* 10 (1991) S. 93–100.

Mombaerts, P.; Clarke, R.; Rudnicki, M. A.; Iacomini, J.; Itohara, S.; Lafaille, J. J.; Ichikawa, Y.; Jaenisch, R.; Hooper, M. I.; Tonegawa, S. *Mutations in T Cell Antigen Receptor Genes α and β Block Thymocyte Development at Different Stages.* In: *Nature* 360 (1992) S. 255–258.

Molina, T. J.; Kishihara, K.; Siderovski, D. P.; Van Ewijk, W.; Narendran, A.; Timms, A.; Wakeham, A.; Paige, C. J.; Hartmann, K.-U.; Veillette, A.; Davidson, D.; Mak, T. W. *Profound Block in Thymocyte Development in Mice Lacking p56^{lck}.* In: *Nature* 357 (1992) S. 161–164.

Philpott, K. I.; Viney, J. L.; Kay, G.; Rastan, S.; Gardiner, E. M.; Chae, S.; Hayday, A. C.; Owen, M. J. *Lymphoid Development in Mice Congenitally Lacking T Cell*

Receptor α β-Expressing Cells. In: *Science* 256 (1992) S. 1448–1453.

Abschnitt 6.10

Fink, P. J.; Bevan, M. J. *H-2 Antigens of the Thymus Determine Lymphocyte Specificity.* In: *J. Exper. Med.* 148 (1978) S. 766–775.

Sprent, J.; Lo, D.; Gao, E.-K.; Ron, Y. *T Cell Selection in the Thymus.* In: *Immunol. Rev.* 10 (1989) S. 57–61.

Zinkernagel, R. M.; Callahan, G. N.; Klein, J.; Dennert, G. *Cytotoxic T Cells Learn Specificity for Self H-2 During Differentiation in the Thymus.* In: *Nature* 271 (1978) S. 251–253.

Abschnitt 6.11

Huessman, M.; Scott, B.; Kisielow, P.; Boehmer, H. von. *Kinetics and Efficacy of Positive Selection in the Thymus of Normal and T Cell Receptor Transgenic Mice.* In: *Cell* 66 (1991) S. 533–562.

Shortman, K.; Vremec, D.; Egerton, M. *The Kinetic of T Cell Antigen Receptor Expression By Subgroups of CD4⁺8⁺3²⁺ Thymocytes as Postselection Intermediates Leading to Mature T Cells.* In: *J. Exper. Med.* 173 (1991) S. 323–332.

Teh, H. S.; Kisielow, P.; Scott, B.; Kishi, H.; Uematsu, Y.; Bluthmann, H.; Boehmer, H. von. *Thymic Major Histocompatibility Complex Antigens and the αβ T Cell Receptor Determine the CD4/CD8 Phenotype of Cells.* In: *Nature* 335 (1988) S. 229–233.

Abschnitt 6.12

Borgulya, P.; Kishi, H.; Uematsu, Y.; Boehmer, H. von. *Exclusion and Inclusion of α and β T Cell Receptor Alleles.* In: *Cell* 65 (1992) S. 529–537.

Malissen, M.; Trucy, J.; Jouvin-Marche, E.; Cazenave, P. A.; Scollay, R.; Malissen, B. *Regulation of TCR α and β Chain Gene Allelic Exclusion During T Cell Development.* In: *Immunol. Today* 13 (1992) S. 315–322.

Abschnitt 6.13

Kaye, J.; Hsu, M. L.; Sauvon, M. E.; Jameson, S. C.; Gascoigne, N. R. J.; Hedrick, S. M. *Selective Development of CD4+ T Cells in Transgenic Mice Expressing a Class II MHC-Restricted Antigen Receptor.* In: *Nature* 341 (1989) S. 746–748.

Boehmer, H. von; Kisielow, P.; Lishi, H.; Scott, B.; Borgulya, P.; Teh, H. S. *The Expression of CD4 and CD8 Accessory Molecules on Mature T Cells is not Random But Correlates With the Specificity of the αβ Receptor for Antigen.* In: *Immunol. Rev.* 109 (1989) S. 143–151.

Abschnitt 6.14

Cosgrove, D.; Shan, S. H.; Waltzinger, C.; Benoist, C.; Mathis, D. *The Thymic Compartment Responsible for Positive Selection of CD4+ T Cells.* In: *Int. Immunol.* 4 (1992) S. 707–710.

Abschnitt 6.15

Chan, S. H.; Benoist, C.; Mathis, D. *A Challange to the Instructive Model of Positive Selection.* In: *Immunol. Rev.* 135 (1993) S. 119–131.

Chan, S. H.; Cosgrove, D.; Waltzinger, C.; Benoist, C.; Mathis, D. *Another View of the Selective Model of Thymocyte Selection.* In: *Cell* 73 (1993) S. 225–236.

Davis, C. B.; Killeen, N.; Casey Crooks, M. E.; Raulet, D.; Littman, D. R. *Evidence for a Stochastic Mechanism in the Differentiation of Mature Subsets of T Lymphocytes.* In: *Cell* 73 (1993) S. 237–247.

Abschnitt 6.18

Kappler, J. W.; Roehm, N.; Marrack, P. *T Cell Tolerance By Clonal Elimination in the Thymus.* In: *Cell* 49 (1987) S. 273–280.

MacDonald, H. R.; Schneider, R.; Lees, R. K.; Howe, R. C.; Acha-Orbea, H.; Festenstein, H.; Zinkernagel, R. M.; Hengartner, H. *T Cell Receptor Vβ Use Predicts Reactivity and Tolerance to Misᵃ-Encoded Antigens.* In: *Nature* 332 (1988) S. 40–45.

Abschnitt 6.19

Ashton-Rickardt, P. G.; Van Kaer, L.; Schumacher, T. N. M.; Ploegh, H. L.; Tonegawa, S. *Peptide Contributes to the Specificity of Positive Selection of CD6+ T Cells in the Thymus.* In: *Cell* 73 (1993) S. 1041–1049.

Ashton-Rickardt, P. G.; Bandeira, A.; Delaney, J. R.; Van Kaer, L.; Pircher, H. P.; Zinkernagel, R. M.; Tonegawa, S. *Evidence for a Differential Avidity Model of T Cell Selection in the Thymus.* In: *Cell* (1994)

Elliott, J. I. *Thymic Selection Reinterpreted.* In: *Immunol. Rev.* 135 (1993) S. 227–242.

Marrack, P.; Kappler, J. *The T Cell Receptor.* In: *Science* 238 (1987) S. 1073–1079.

Hogquist, K. A.; Gavin, M. A.; Bevan, M. J. *Positive Selection of CD8⁺ T Cells Induced by Major Histocompatibility Complex Binding Peptides in Fetal Thymus Organ Culture.* In: *J. Exper. Med.* 177 (1993) S. 1464–1473.

Hogquist, K. A.; Gavin, M. A.; Bevan, M. J. *T Cell Receptor Antagonist Peptides Induce Positive Selection.* In: *Cell* 76 (1994) S. 17–27

Matzinger, P. *Why Positive Selection?* In: *Immunol. Rev.* 135 (1993) S. 81–117.

Zusammenfassung von Teil III

Im Knochenmark, in dem potentiell autoreaktive B-Zellen vor ihrer vollständigen Reifung eliminiert werden, entstehen aus hämatopoetischen Vorläufern monospezifische B-Lymphocyten. Monospezifische T-Zellen dagegen differenzieren im Thymus, in dem sie ebenfalls auf Selbst-Toleranz selektiert werden. Diese Entwicklungsprozesse, die in der unteren Abbildung miteinander verglichen werden, bringen B- und T-Zellen hervor, welche die adaptive Immunität vermitteln.

B- und T-Zellen unterscheiden sich in ihren Mechanismen der Antigenerkennung und in ihren Effektorfunktionen. B-Zellen müssen praktisch jedes

Entwicklungsschritt	B-Zellen	T-Zellen
Bildung von Rezeptoren		
D zu J	ja	ja
V zu DJ	ja	ja
intakte VDJ-Signale für VJ-Verknüpfung	ja	ja
funktioneller Rezeptor beendet Genumordnung	ja	ja
Mikromilieu	Bursa (Vögel) Knochenmark (Säuger)	Thymus
Zellinien		
primitiv	CD5$^+$-B-Zellen	$\gamma{:}\delta$-T-Zellen
reif	CD5$^-$-B-Zellen	$\alpha{:}\beta$-T-Zellen
Toleranz		
ubiquitäres Zelloberflächenantigen	Deletion	Deletion
lösliches Antigen	Inaktivierung	Deletion
peripheres Antigen	?	Inaktivierung
positive Selektion auf Selbst-MHC-Erkennung	nein	ja

Antigen erkennen können. Hierbei gibt es keine Möglichkeit, vor der eigentlichen Antigenerkennung auf potentiell nützliche Zellen zu selektieren. Im Gegensatz dazu müssen T-Zellen fähig sein, Peptide zu erkennen, die an Selbst-MHC-Moleküle auf den Zelloberflächen gebunden sind. Somit ist die positive Selektion auf die Erkennung von Selbst-MHC im Thymus für das effiziente Funktionieren von T-Zellen wesentlich. Die naiven T- und B-Lymphocyten, die durch diese Prozesse entstehen, wandern in die peripheren Lymphgewebe und erlangen dort die Fähigkeit, Fremdantigene zu erkennen und auf sie zu antworten. Auf welche Weise sie reagieren und wie diese Antworten den Wirt vor infektiösen Agentien schützen, ist das Thema von Teil IV dieses Buches.

Teil IV

Die adaptive Immunantwort

Reife Lymphocyten differenzieren sich nur weiter, wenn sie Antigenen begegnen. Dies löst ihre Proliferation aus, durch die eine große Anzahl antigenspezifischer Lymphocyten entsteht; ihre anschließende Differenzierung befähigt sie, dasjenige Antigen zu eliminieren, das die Antwort induziert hat. In diesem Teil des Buches beschreiben wir, wie naive Lymphocyten so aktiviert werden, daß sie mit einer adaptiven Immunantwort beginnen, und wie die verschiedenen Effektorfunktionen der differenzierten Nachkommen für die Entfernung des Pathogens sorgen.

Die adaptive Immunität setzt sich aus zwei Hauptbestandteilen zusammen: der humoralen Immunität, die durch Antikörper vermittelt wird, und der zellvermittelten Immunität, die in das Aufgabengebiet der T-Zellen fällt. T-Zellen können infizierte Zellen direkt abtöten oder Makrophagen aktivieren, die dann den Krankheitserreger in intrazellulären Vesikeln vernichten. Sie sind außerdem erforderlich, um die B-Zell-Reaktionen gegen die meisten Antigene und damit die humorale Immunantwort auszulösen. Diese ist für die Abwehr extrazellulärer Krankheitserreger von größter Bedeutung. Die Antikörperbindung markiert diese Pathogene für eine Aufnahme und Zerstörung durch Phagocyten, die Rezeptoren für die konstanten Regionen von Immunglobulinen besitzen. Sie aktiviert außerdem das Komplementsystem, das zusätzlich zur Entfernung der Pathogene beiträgt. Die zellvermittelte Immunität schützt vor intrazellulären Krankheitserregern.

Die Effektoraktionen der Antikörper und T-Zellen sind stark und zerstörerisch. Selbst wenn T-Zellen in der richtigen Weise aktiviert werden, können sie dem Wirt schaden; ihre fälschliche Aktivierung muß also unbedingt verhindert werden. Wir werden in diesem Teil des Buches sehen, wie die Bedingungen, die für die Stimulierung naiver Lymphocyten erforderlich sind, normalerweise die Initiierung adaptiver Immunantworten verhindern, wenn keine Infektion vorliegt, wie infektiöse Organismen diese Reaktionen hervorrufen und wie sie elimiert werden.

Weil die Antikörperantworten fast immer von T-Helferzellen abhängen, beginnen wir mit der Beschreibung der Aktivierung naiver T-Lymphocyten und der Funktionen der T-Effektorzellen bei der zellvermittelten Immunität. Anschließend behandeln wir die Aktivierung von B-Zellen und die Effektormechanismen der humoralen Immunantwort.

Die T-Zell-vermittelte Immunität

Nachdem die T-Zellen ihre Entwicklung im Thymus abgeschlossen haben, gelangen sie ins Blut und von dort aus in die peripheren lymphatischen Organe. Anschließend kehren sie wieder in das Blut zurück. Sie zirkulieren so lange, bis sie auf Antigene treffen. Um an einer adaptiven Immunantwort teilzunehmen, müssen diese **naiven T-Zellen** angeregt werden, zu proliferieren und zu Zellen zu differenzieren, die sich an der Beseitigung von Krankheitserregern beteiligen können. Diese Zellen nennen wir **bewaffnete T-Effektorzellen**. Wie wir in Kapitel 4 gelernt haben, gibt es drei funktionale Klassen von T-Effektorzellen. Sie entdecken Antigene, die von unterschiedlichen Pathogenen stammen und von den zwei verschiedenen MHC-Molekülklassen präsentiert werden. Antigene von Pathogenen, die sich im Cytosol vermehren, werden von MHC-Klasse-I-Molekülen an die Zelloberfläche gebracht und den cytotoxischen CD8-T-Zellen gezeigt, die die infizierten Zellen töten. Antigene von Krankheitserregern, die in intrazellulären Vesikeln wachsen, und solche, die von aufgenommenen extrazellulären Bakterien und Toxinen abstammen, werden von MHC-Klasse-II-Molekülen an die Zelloberfläche transportiert und den CD4-T-Zellen präsentiert. Diese können zu zwei Arten von Effektorzellen differenzieren: inflammatorische T-Zellen (manchmal auch als T_H1 bezeichnet), die infizierte Makrophagen aktivieren, damit diese intrazelluläre Pathogene vernichten, und T-Helferzellen (manchmal auch als T_H2 bezeichnet), die bestimmte B-Zellen anregen, Antikörper zu produzieren (Abb. 7.1). Die Zellen, auf die bewaffnete T-Effektorzellen einwirken, werden hier als **Zielzellen** bezeichnet.

In diesem Kapitel werden wir sehen, wie naive T-Zellen aktiviert werden, um zu proliferieren und zu bewaffneten Effektorzellen zu differenzieren, wenn sie ihr spezifisches Antigen zum ersten Mal auf der Oberfläche einer professionellen antigenpräsentierenden Zelle antreffen. Diese unterscheidet man anhand bestimmter Oberflächenmoleküle, die mit spezifischen Antigenen bei der Aktivierung von naiven T-Zellen zusammenwirken. Sie treten gehäuft in den peripheren lymphatischen Organen auf, wo sie Antigene einfangen und ihre Peptidfragmente den zirkulierenden T-Zellen präsentieren. Die wichtigsten professionellen antigenpräsentierenden Zellen sind hochspezialisierte **dendritische Zellen**, deren einzige bekannte Funktion darin besteht, Antigen zu präsentieren, sowie Makrophagen. Diese fungieren sowohl als phagocytierende Zellen, die eine erste Abwehrfront gegen Infektionen bilden, als auch als Ziele für eine Aktivierung durch T-Effektorzellen. B-Zellen können unter bestimmten Umständen ebenfalls als professionelle antigenpräsentierende Zellen dienen. Das erste Zusammentreffen einer naiven T-Zelle mit einem Antigen auf einer professionellen antigenpräsentierenden Zelle führt zu einer **primären Immunantwort** und erzeugt gleichzeitig ein immunologisches Gedächtnis, das einen Schutz vor nachfolgenden Angriffen der gleichen Pathogene bietet. Über die Entstehung von Gedächtniszellen ist derzeit noch wesentlich weniger bekannt als über die ursprüngliche Aktivierung von T-Zellen; sie wird in Kapitel 9 behandelt.

Bewaffnete T-Effektorzellen unterscheiden sich in vielerlei Hinsicht von ihren naiven Vorläufern, und wir werden sehen, wie diese Veränderungen es ihnen ermöglichen, schnell und effektiv zu reagieren, wenn sie Antigene auf ihren Zielzellen antreffen. Am Ende dieses Kapitels werden wir die spezialisierten Mechanismen der CD8-T-Zell-vermittelten Cytotoxizität und der Makrophagenaktivierung durch inflammatorische T-Zellen behandeln, der Hauptkomponenten der **zellvermittelten Immunität**. Die B-Zell-Aktivierung durch T-Helferzellen ist das Thema von Kapitel 8. Dort werden wir die humorale oder antikörpervermittelte Immunantwort behandeln.

Die Bildung von bewaffneten T-Effektorzellen

Für die Aktivierung von naiven T-Zellen ist das Erkennen von fremden Peptidfragmenten, die an ein Selbst-MHC-Molekül gebunden sind, erforderlich. Dies allein reicht aber nicht aus. Für eine T-Zell-Aktivierung wird gleichzeitig ein **costimulierendes Signal** von einer spezialisierten antigenpräsentierenden Zelle benötigt. Nur **professionelle antigenpräsentierende Zellen (APCs)** sind in der Lage, neben den beiden Klassen von MHC-Molekülen auch die Oberflächenmoleküle zu exprimieren, die es ihnen erlauben, die klonale Expansion der naiven T-Zellen und ihre Differenzierung zu bewaffneten Effektorzellen zu steuern. Die Aktivierung der naiven T-Zellen nach einem ersten Zusammentreffen mit Antigenen auf der Oberfläche einer professionellen antigenpräsentierenden Zelle wird oft als *priming* bezeichnet, im Unterschied zu den Reaktionen der bewaffneten T-Effektorzellen auf ein Antigen auf ihren Zielzellen.

7.1 Die Rolle der T-Effektorzellen bei der zellvermittelten und der humoralen Immunität gegen repräsentative Pathogene. Die zellvermittelte Immunität beinhaltet die Zerstörung infizierter Zellen durch cytotoxische T-Zellen oder die Eliminierung intrazellulärer Pathogene durch Makrophagen, die durch inflammatorische CD4-T-Zellen (oder T$_H$1) aktiviert wurden. Sie ist hauptsächlich gegen intrazelluläre Parasiten gerichtet. Die humorale Immunität ist abhängig von der Antikörperproduktion durch B-Zellen, die durch CD4-Helferzellen (oder T$_H$2) aktiviert worden sind, und richtet sich hauptsächlich gegen extrazelluläre Pathogene. Bei vielen Infektionen spielen jedoch sowohl die zellvermittelte als auch die humorale Immunität eine Rolle, wie zum Beispiel bei der Reaktion auf eine *Pneumocystis carinii*-Infektion, die für die Aufnahme durch Phagocyten Antikörper erfordert und für die effektive Zerstörung der aufgenommenen Pathogene eine Makrophagenaktivierung.

	zellvermittelte Immunität		humorale Immunität
typische Pathogene	Vacciniavirus Influenzavirus Tollwutvirus *Listeria* *Toxoplasma gondii*	*Mycobacterium tuberculosis* *Mycobacterium leprae* *Leishmania donovani* *Pneumocystis carinii*	*Clostridium tetani* *Staphylococcus aureus* *Streptococcus pneumoniae* Poliovirus *Pneumocystis carinii*
Lokalisation	Cytosol	Makrophagenvesikel	extrazelluläre Flüssigkeit
T-Effektorzelle	cytotoxische CD8-T-Zelle	inflammatorische CD4-T-Zelle (T$_H$1)	CD4-T-Helferzelle (T$_H$2)
Antigenpräsentation	Peptid:MHC-Klasse-I auf infizierter Zelle	Peptid:MHC-Klasse-II auf infiziertem Makrophagen	Peptid:MHC-Klasse-II auf spezifischer B-Zelle
Effektoraktion	Töten der infizierten Zelle	Aktivierung infizierter Makrophagen	Aktivierung spezifischer B-Zellen zur Antikörperproduktion

7.1 Die erste Interaktion zwischen naiven T-Zellen und Antigenen erfolgt in den peripheren lymphatischen Organen

Adaptive Immunantworten werden nicht dort ausgelöst, wo ein Pathogen zuerst einen Infektionsherd hervorruft. Dies ist vielmehr die Aufgabe organisierter peripherer lymphatischer Gewebe, wie zum Beispiel der Lymphknoten. Dorthin werden der Krankheitserreger oder seine Produkte in der Lymphe transportiert, die kontinuierlich durch Filtration extrazellulärer Flüssigkeit aus dem Blut produziert wird. Pathogene, die periphere Stellen befallen, werden in den Lymphknoten direkt unterhalb der Infektionsstellen festgehalten. Diejenigen, die in das Blut gelangen, werden in der Milz abgefangen, und solche, die Schleimhäute infizieren, werden in den Peyerschen Plaques oder den Mandeln gesammelt (Abschnitt 1.6). Alle diese lymphatischen Organe enthalten antigenpräsentierende Zellen, die auf das Abfangen von Antigenen und die Aktivierung von T-Zellen spezialisiert sind. Naive Lymphocyten zirkulieren kontinuierlich vom Blut in die lymphatischen Organe und wieder zurück in das Blut. Dabei treffen sie jeden Tag mit vielen antigenpräsentierenden Zellen zusammen. Dadurch wird sichergestellt, daß jede naive T-Zelle mit hoher Wahrscheinlichkeit auf Antigene trifft, die an irgendeinem Infektionsherd von Pathogenen gebildet wurden.

Die naiven T-Zellen verlassen das Blut, indem sie die Wände spezieller Venolen, der **postkapillären Venolen mit hohem Endothel**, durchqueren, die sie in die Cortexregion der Lymphknoten bringen. Die kontinuierliche Passage der naiven T-Zellen vorbei an den antigenpräsentierenden Zellen in den Lymphknoten ist sehr wichtig für die adaptive Immunität. Da wahrscheinlich nur eine von 10^5 naiven T-Zellen für ein bestimmtes Antigen spezifisch ist, wird die überwiegende Mehrheit der vorbeiströmenden T-Zellen dieses Antigen nicht erkennen. Diese T-Zellen erreichen schließlich das Mark des Lymphknotens und werden von den efferenten Lymphgefäßen zurück in das Blut transportiert, damit sie weiter durch andere lymphatische Organe zirkulieren können. Die naiven T-Zellen, die ihr spezifisches Antigen auf der Oberfläche einer professionellen antigenpräsentierenden Zelle erkennen, beenden ihre Wanderung und beginnen mit den Schritten, die zur Entstehung der bewaffneten Effektorzellen führen (Abb. 7.2).

Die drei wichtigsten Arten von spezialisierten antigenpräsentierenden Zellen in den peripheren lymphatischen Organen sind die Makrophagen, die dendritischen Zellen und die B-Zellen. Jede dieser Zellarten ist auf die Verarbeitung und Präsentation anderer Antigene spezialisiert. Zwei von ihnen, die Makrophagen und die B-Zellen, sind außerdem Ziele für die darauffolgenden Aktionen der bewaffneten T-Effektorzellen. Nur diese drei Zelltypen exprimieren die speziellen costimulierenden Moleküle, die sie befähigen, naive T-Zellen zu aktivieren. Makrophagen und B-Zellen exprimieren diese Moleküle jedoch nur, wenn sie durch eine Infektion entsprechend stimuliert werden. Die drei Arten von antigenpräsentierenden Zellen sind in den lymphatischen Organen unterschiedlich verteilt (Abb. 7.3). Makrophagen findet man in allen Bereichen der Lymphknoten. Sie nehmen aktiv Mikroben und teilchenförmige Antigene auf. Da die meisten Krankheitserreger Partikelform besitzen, stimulieren die Makrophagen Immunantworten gegen viele Infektionsquellen. Dendritische Zellen, die in lymphatischen Geweben auch als **interdigitierende retikuläre Zellen** bezeichnet werden, treten nur in den T-Zell-Bereichen des Lymphknotens auf. Diese Zellen, die wir in Kapitel 6 wegen ihrer Rolle bei der negativen Selektion von Thymocyten erwähnten, sind für naive T-Zellen die wirkungsvollsten antigenpräsentierenden Zellen. Man nimmt an, daß sie für die Präsentation viraler Antigene besonders wichtig sind. Die B-Zellen in den Lymphfollikeln schließlich können wegen der Immunglobulinmoleküle an ihrer Zell-

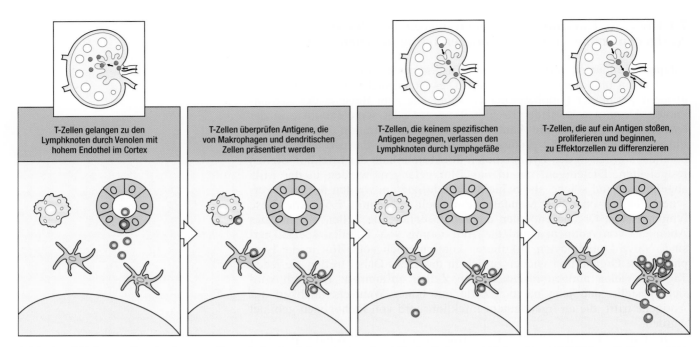

| T-Zellen gelangen zu den Lymphknoten durch Venolen mit hohem Endothel im Cortex | T-Zellen überprüfen Antigene, die von Makrophagen und dendritischen Zellen präsentiert werden | T-Zellen, die keinem spezifischen Antigen begegnen, verlassen den Lymphknoten durch Lymphgefäße | T-Zellen, die auf ein Antigen stoßen, proliferieren und beginnen, zu Effektorzellen zu differenzieren |

7.2 Naive T-Zellen treffen Antigene, während sie durch lymphatische Organe zirkulieren. Naive T-Zellen zirkulieren spezifisch durch periphere lymphatische Organe, wie zum Beispiel die hier gezeigten Lymphknoten, in die sie über spezielle Regionen des vaskulären Endothels, die sogenannten Venolen mit hohem Endothel, gelangen. Beim Verlassen der Blutgefäße treten die T-Zellen in den Cortex des Lymphknotens ein, wo sie auf viele antigenpräsentierende Zellen treffen (hauptsächlich dendritische Zellen und Makrophagen). T-Zellen, die ihrem spezifischen Antigen nicht begegnen (hier grün gezeichnet), verlassen den Lymphknoten über die Lymphe und kehren in den Kreislauf zurück. T-Zellen (blau), die auf antigenpräsentierenden Zellen ihr Antigen treffen, werden zur Proliferation und Differenzierung zu Effektorzellen aktiviert. Ist dieser Prozeß abgeschlossen, verlassen die bewaffneten Effektorzellen den Lymphknoten über die efferenten Lymphgefäße und gelangen in den Kreislauf.

oberfläche lösliche Antigene, wie zum Beispiel bakterielle Toxine, besonders effizient aufnehmen. Zerkleinerte Fragmente dieser Antigene können die B-Zell-Oberfläche auf MHC-Klasse-II-Molekülen erreichen, so daß B-Zellen eine Rolle bei der Aktivierung von naiven CD4-T-Zellen spielen können.

7.3 Professionelle antigenpräsentierende Zellen sind im Lymphknoten differentiell verteilt. Dendritische Zellen, die auch als interdigitierende retikuläre Zellen bezeichnet werden, findet man im Cortex des Lymphknotens in den T-Zell-Bereichen. Makrophagen sind über den gesamten Lymphknoten verteilt. B-Zellen treten hauptsächlich in den Follikeln auf. Diese drei Arten von Zellen präsentieren vermutlich verschiedene Pathogene oder deren Produkte.

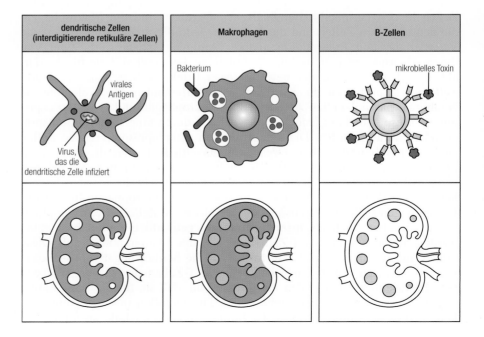

Die Erzeugung von Effektorzellen aus einer naiven T-Zelle nimmt mehrere Tage in Anspruch. Am Ende dieser Periode verlassen die bewaffneten T-Effektorzellen die lymphatischen Organe, gelangen zurück in das Blut und wandern zu den Infektionsherden.

7.2 Wanderung, Aktivierung und Effektorfunktion der Lymphocyten sind von Adhäsionsmolekülen abhängig

An allen Schritten, die von einer zirkulierenden naiven T-Zelle zu einem Klon antigenspezifischer bewaffneter T-Effektorzellen führen, einschließlich der Wanderung der Zellen durch die Lymphknoten und ihrer ersten Interaktionen mit den antigenpräsentierenden Zellen, sind antigenunspezifische Wechselwirkungen der Lymphocyten mit anderen Zellen beteiligt. Ähnliche Wechselwirkungen führen die T-Effektorzellen schließlich in die peripheren Gewebe und spielen eine wichtige Rolle bei ihren Kontakten mit Zielzellen. Diese Bindungsreaktionen werden kontrolliert von einem variierenden Aufgebot an **Adhäsionsmolekülen** auf der Oberfläche des T-Lymphocyten, das eine komplementäre Anordnung von Adhäsionsmolekülen auf der Oberfläche der Zellen erkennt, mit denen die T-Zelle interagiert. Die wichtigsten Klassen, von denen bekannt ist, daß sie eine Rolle bei den Lymphocyteninteraktionen spielen, sind die **Selektine**, die **Integrine**, Mitglieder der **Immunglobulinsuperfamilie** sowie einige dem **Mucin** ähnliche Moleküle. Das CD44-Molekül ist ebenfalls beteiligt. Einige dieser Moleküle sind hauptsächlich am *homing* der Lymphocyten beteiligt, das heißt am Erreichen ihres Bestimmungsortes, sowie an ihrer Wanderung. Das wird in Kapitel 9 genauer behandelt, wo wir einen Überblick über die Immunantwort geben. Andere Moleküle spielen allgemeinere Rollen bei der Erzeugung der Immunreaktionen und den Wechselwirkungen zwischen T-Effektorzellen und ihren Zielzellen. Das wollen wir jetzt betrachten.

Die Nomenklatur der Adhäsionsmoleküle kann verwirren, da die meisten von ihnen zuerst als Zelloberflächenmoleküle durch monoklonale Antikörper definiert wurden oder durch Tests von Zell-Zell-Wechselwirkungen. Biochemisch wurden sie erst später charakterisiert. Daher ist aus den Namen der Adhäsionsmoleküle häufig nicht ersichtlich, zu welcher Strukturfamilie sie gehören. Eine kurze Erklärung der Terminologie gibt die Legende von Abbildung 7.4, in der die Hauptklassen der Leukocytenadhäsionsmoleküle zusammengefaßt sind. Wir beginnen unsere Darstellung jedoch mit einer kleinen Molekülfamilie, den **Selektinen**, deren Bezeichnungen auf ihren strukturellen Eigenschaften beruhen.

Die Selektine sind von besonderer Bedeutung dafür, daß Leukocyten ihren Bestimmungsort in spezifischen Geweben erreichen (*homing*). Sie können entweder auf Leukocyten (**L-Selektin**) oder auf dem vaskulären Endothel (**P-** und **E-Selektine**, die in Kapitel 9 behandelt werden) exprimiert werden. Selektine sind Zelloberflächenmoleküle ähnlicher Grundstruktur. Sie unterscheiden sich durch die lektinähnliche Kette in ihrem extrazellulären Bereich (Abb. 7.5). Lektine binden an spezifische Zuckergruppen. Jedes Selektin bindet an ein Kohlenhydratmolekül an der Zelloberfläche: L-Selektin, das auf naiven T-Zellen exprimiert wird, bindet an den Kohlenhydratteil von mucinähnlichen Molekülen, die man als **vaskuläre Adressine** bezeichnet und die auf dem vaskulären Endothel exprimiert werden. Zwei von ihnen, **CD34** und **GlyCAM-1**, werden in den Lymphknoten auf postkapillären Venolen mit hohem Endothel exprimiert. Ein drittes, **MAdCAM-1**, erscheint auf dem Schleimhautendothel und dirigiert den Eintritt von Lymphocyten in das lymphatische Schleimhautgewebe, zum Beispiel im Darm (Abb. 7.5).

Die Wechselwirkung zwischen L-Selektin und den vaskulären Adressinen ist verantwortlich für das spezifische *homing* naiver T-Zellen in lymphatischen Organen. Sie befähigt die Zellen jedoch nicht, die Endothelbarriere zum lymphatischen Gewebe zu durchbrechen. Dafür sind Moleküle aus zwei anderen Familien erforderlich, den Integrinen und der Immunglobulinsuperfamilie. Diese spielen auch eine wesentliche Rolle bei den nachfolgenden Interaktionen der Lymphocyten mit antigenpräsentierenden Zellen und später mit ihren Zielzellen.

Die **Integrine** umfassen eine große Molekülfamilie, die die Adhäsion zwischen Zellen sowie zwischen Zellen und der extrazellulären Matrix bei der Immunantwort und der inflammatorischen Antwort ermöglichen. Für viele Aspekte des Aufbaus von Gewebe und der Zellwanderung während der Entwicklung sind sie ebenfalls bedeutsam. Integrine bestehen aus einer großen α-Kette mit verschiedenen Kationenbindungsstellen, die gewöhnlich mit Calciumionen besetzt sind. Diese ist nichtkovalent mit einer kleineren β-Kette zusammengelagert. Es gibt verschiedene Unterfamilien der Integrine, grob definiert durch ihre gemeinsame β-Kette. Wir beschäftigen uns hauptsächlich mit den **Leukocytenintegrinen**, die eine gemeinsame β_2-Kette mit unterschiedlichen α-Ketten aufweisen (Abb. 7.6). Alle T-Zellen exprimieren ein Leukocytenintegrin, das als **LFA-1** (*lymphocyte function-associated antigen-1*) bezeichnet wird. Man nimmt an, daß dies das

7.4 Adhäsionsmoleküle bei Leukocytenwechselwirkungen.
Verschiedene Strukturfamilien von Adhäsionsmolekülen spielen bei der Leukocytenwanderung, bei ihrer Zielortbestimmung (*homing*) und bei Zell-Zell-Interaktionen eine Rolle: die Selektine, mucinähnliche Moleküle, die Integrine, Moleküle der Immunglobulinsuperfamilie und das Molekül CD44. Die Abbildung zeigt schematisch ein Beispiel aus jeder Familie, weitere Mitglieder, die an Leukocyteninteraktionen teilnehmen, ihre zelluläre Verteilung und die zugehörigen Partner bei der Adhäsion. Die hier aufgeführten Familienmitglieder beschränken sich auf solche, die im Text erwähnt werden, einige allerdings erst in Kapitel 9. Die Nomenklatur ist verwirrend, da sie oft den Weg reflektiert, auf dem die Moleküle zuerst identifiziert wurden, ohne Bezug auf ihre strukturellen Charakteristika. Während alle ICAMs immunglobulinverwandte Moleküle sind und alle VLA-Moleküle β_1-Integrine, umfassen die CD-Moleküle, die durch monoklonale Antikörper gegen Oberflächenmoleküle entdeckt wurden, welche typisch für Leukocyten sind, eine große und vielfältige Sammlung von Zelloberflächenmolekülen, zu denen auch Adhäsionsmoleküle aus verschiedenen Strukturfamilien gehören. (Anhang I enthält Angaben über alle CD-Moleküle, die in diesem Buch vorkommen.) Die LFA-Moleküle wurden durch Experimente definiert, bei denen das Töten durch cytotoxische T-Zellen mit Hilfe monoklonaler Antikörper blockiert werden konnte, die Zelloberflächenmoleküle auf den interagierenden Zellen erkannten. LFA-Moleküle gibt es sowohl bei den Integrinen als auch in den Immunglobulinfamilien. Andere Namen für jedes der aufgeführten Moleküle sind in Klammern angegeben. Sialyl-Lewis-X, das von P- und E-Selektin erkannt wird, ist ein Kohlenhydratanteil, der auf Zelloberflächenglykoproteinen zirkulierender Leukocyten exprimiert wird.

		Name	Gewebeverteilung	Ligand
Selektine binden Kohlenhydrate lösen Leukocyten-Endothel-Wechselwirkung aus	L-Selektin	L-Selektin (MEL-14, CD62L)	naive und Gedächtnislymphocyten, Neutrophile, Monocyten, Eosinophile	GlyCAM-1, CD34 MAdCAM-1
		P-Selektin (PADGEM, CD62P)	aktiviertes Endothel	Sialyl-Lewis-x
		E-Selektin (ELAM-1, CD62E)	aktiviertes Endothel	Sialyl-Lewis-x
mucinähnliche vaskuläre Adressine binden an L-Selektin lösen Leukozyten-Endothel-Wechselwirkung aus	CD34	CD34	Endothel	L-Selektin
		GlyCAM-1	Venolen mit hohem Endothel	L-Selektin
		MAdCAM-1	Venolen lymphatischen Schleimhautgewebes	L-Selektin, VLA-4
Integrine binden an Zelladhäsionsmoleküle und extrazelluläre Matrix starke Bindung	LFA-1	$\alpha_L\beta_2$ (LFA-1, CD11a/CD18)	Lymphocyten	ICAMs
		$\alpha_M\beta_2$ (Mac-1, CR3, CD11b/CD18)	Makrophagen	ICAMs, iC3b
		$\alpha_X\beta_2$ (CR4, p150,95, CD11c/CD18)	dendritische Zellen, Makrophagen	iC3b
		$\alpha_4\beta_1$ (VLA-4, LPAM-1, CD49d/CD29)	Lymphocyten, Monocyten	VCAM-1
		$\alpha_5\beta_1$ (VLA-5, CD49d/CD29)	T-Zellen?	Fibronektin
		$\alpha_4\beta_7$ (LPAM-2)	B-Zellen	MAdCAM-1
Immunglobulin-superfamilie verschiedene Funktionen bei der Zelladhäsion Ziel für Integrine	CD2	CD2 (LFA-2)	T-Zellen	LFA-3
		ICAM-1 (CD54)	aktivierte Gefäße, Lymphocyten	LFA-1
		ICAM-2 (CD102)	ruhende Gefäße	LFA-1
		ICAM-3 (CD50)	antigenpräsent. Zellen	LFA-1
		LFA-3 (CD58)	Lymphocyten, antigenpräsentierende Zellen	CD2
		VCAM-1 (CD106)	aktiviertes Endothel	VLA-4

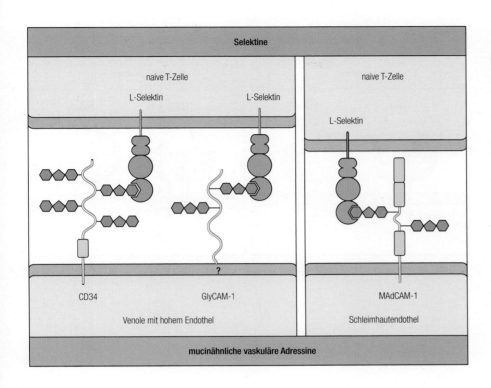

Selektine

naive T-Zelle

L-Selektin   L-Selektin

CD34   GlyCAM-1

Venole mit hohem Endothel

naive T-Zelle

L-Selektin

MAdCAM-1

Schleimhautendothel

?

mucinähnliche vaskuläre Adressine

7.5 L-Selektin und die mucinähnlichen vaskulären Adressine CD34, GlyCAM-1 und MAdCAM-1 steuern das *homing* naiver Lymphocyten in die lymphatischen Gewebe. L-Selektin wird auf naiven T-Zellen exprimiert, die an CD34 und GlyCAM-1 auf Venolen mit hohem Endothel binden, um in Lymphknoten einzudringen. Die relative Bedeutung von CD34 und GlyCAM-1 bei dieser Wechselwirkung ist noch unklar. GlyCAM-1 erscheint nur auf Venolen mit hohem Endothel. Es besitzt jedoch keine Transmembranregion, und man weiß nicht, wie es sich an die Membran anheftet. CD34 hat einen Transmembrananker und wird auf Endothelzellen exprimiert, aber nicht ausschließlich auf Venolen mit hohem Endothel. MAdCAM-1 wird auf Schleimhautendothel exprimiert und steuert den Eintritt in lymphatisches Schleimhautgewebe. L-Selektin erkennt Kohlenhydratbestandteile vaskulärer Adressine.

wichtigste Adhäsionsmolekül für die Lymphocytenaktivierung ist, da Antikörper gegen LFA-1 die Aktivierung sowohl der naiven als auch der bewaffneten T-Effektorzellen effektiv hemmen. Leukocytenintegrine werden auch auf Neutrophilen und Makrophagen exprimiert. Bei der **Leukocyten-Adhäsionsdefizienz**, einer erblichen Immunschwäche, die auf einem Defekt bei der Synthese der gemeinsamen β_2-Ketten beruht, ist die Immunität gegen eine Infektion mit extrazellulären Bakterien wegen defekter Neutrophilen-und Makrophagenfunktion erheblich beeinträchtigt. Überraschenderweise können die T-Zell-Antworten bei solchen Patienten normal ausfallen, wahrscheinlich weil T-Zellen auch andere Adhäsionsmoleküle exprimieren, einschließlich CD2 und Mitgliedern der β_1-Integrinfamilie, die das Fehlen von LFA-1 kompensieren könnten. Die Expression der β_1-Integrine steigt während der späten Phase der T-Zell-Aktivierung deutlich an. Daher werden sie oft als **VLA** (*very late antigen*) bezeichnet. In Kapitel 9 werden wir sehen, daß sie eine wichtige Rolle dabei spielen, die T-Effektorzellen zu ihren Zielgeweben zu dirigieren.

Viele Adhäsionsmoleküle der Zelloberfläche sind Mitglieder der Immunglobulinsuperfamilie, zu der auch die Antigenrezeptoren der T- und B-Zellen gehören, sowie die Corezeptoren CD4, CD8 und CD19 und die konstanten Domänen der MHC-Moleküle. Mindestens fünf Adhäsionsmoleküle der Immunglobulinsuperfamilie sind bei der T-Zell-Aktivierung besonders wichtig (Abb. 7.7). Drei sehr ähnliche **interzelluläre Adhäsionsmoleküle (ICAM)**, **ICAM-1**, **ICAM-2** und **ICAM-3** binden alle an das T-Zell-Integrin LFA-1. ICAM-1 und ICAM-2 werden sowohl auf dem Endothel exprimiert als auch auf den antigenpräsentierenden Zellen. In Kapitel 9 werden wir sehen, daß eine Bindung an diese Moleküle die Lymphocyten dazu befähigt, durch Blutgefäßwände zu wandern. ICAM-3 wird nur auf Leukocyten exprimiert und hat wahrscheinlich einen großen Anteil an der Adhäsion zwischen T-Zellen und antigenpräsentierenden Zellen. Die Interaktion von LFA-1 mit ICAM-1, -2 und -3 wirkt synergistisch mit einer anderen Anhaftungsreaktion, an der **CD2** beteiligt ist, ebenfalls ein Mitglied der Immunglobulin-

**7.6 Integrine, die für die Leukocyten-
adhäsion wichtig sind.** Integrine sind
Heterodimere, die eine β-Kette enthalten,
welche die Klasse der Integrine definiert,
und eine α-Kette, die die verschiedenen
Integrine innerhalb einer Klassse definiert. Die α-Kette ist größer als die
β-Kette und enthält Bindungsstellen für
bivalente Kationen, die für die Signalgebung wichtig sein könnten. Die meisten
Integrine, die auf Leukocyten exprimiert
werden, haben die gleiche β-Kette, β_2,
aber unterschiedliche α-Ketten. LFA-1
und VLA-4, ein β_1-Integrin, werden auf
T-Zellen exprimiert und sind für die Wanderung und die Aktivierung dieser Zellen
von Bedeutung. Mac-1 ist auch ein Komplementrezeptor (iC3b), dessen Funktion
in Kapitel 8 behandelt wird. Die Aufgabe
von p150.95, das ebenfalls Komplement
bindet, ist nicht bekannt.

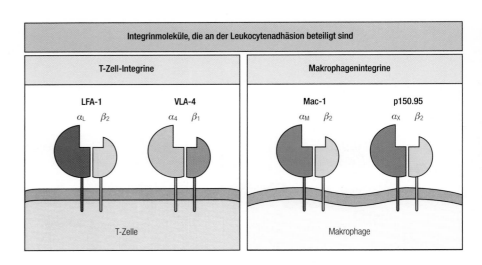

superfamilie, das auf der T-Zell-Oberfläche exprimiert wird, sowie **LFA-3**,
das auf der antigenpräsentierenden Zelle exprimiert wird und ebenfalls zur
Immunglobulinsuperfamilie gehört (Abb. 7.7).

Schließlich ist auch das Zelloberflächenmolekül CD44 an der Kontakt-
bildung der T-Lymphocyten beteiligt. Wie wir in Kapitel 5 sahen, bindet es
an Hyaluronsäure und ist wichtig für die frühe B-Zell-Entwicklung. CD44
kann durch alternatives RNA-Spleißen in verschiedenen Isoformen produziert werden, die an der differentiellen Wanderung von aktivierten Lymphocyten in die Gewebe beteiligt sind. Dies werden wir in Kapitel 9 genauer
behandeln.

**7.7 Zelloberflächenmoleküle der Im-
munglobulinsuperfamilie sind wichtig
für die Wechselwirkungen von Lymphocyten mit antigenpräsentierenden
Zellen.** Bei dem ersten Zusammentreffen
von T-Zellen mit antigenpräsentierenden
Zellen bindet CD2 an LFA-3 auf der antigenpräsentierenden Zelle und wirkt
zusammen mit der Anlagerung von
LFA-1 an die ICAMs 1, 2 und 3 auf der
antigenpräsentierenden Zelle. Ähnliche
adhäsive Interaktionen treten zwischen
den T-Effektorzellen und ihren Zielzellen
auf (nicht gezeigt).

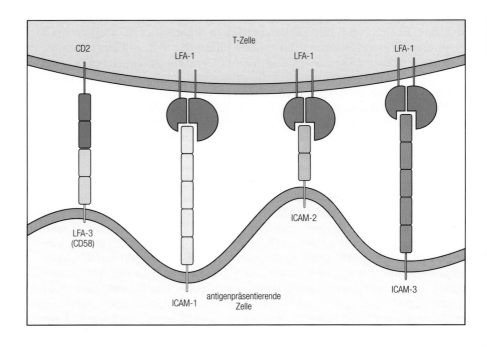

7.3 Die erste Wechselwirkung von T-Zellen mit antigenpräsentierenden Zellen wird durch Adhäsionsmoleküle herbeigeführt

Wenn naive T-Zellen durch den Cortex eines Lymphknotens wandern, binden sie vorübergehend an jede antigenpräsentierende Zelle, die sie treffen. Professionelle antigenpräsentierende Zellen, besonders die dendritischen Zellen, binden die naiven T-Zellen sehr effektiv durch Interaktionen zwischen LFA-1 und CD2 auf der T-Zelle und ICAM-1,-2 und -3 und LFA-3 auf der antigenpräsentierenden Zelle. Diese Moleküle wirken beim Kontakt zwischen Lymphocyten und antigenpräsentierenden Zellen zusammen, die genaue Rolle von jedem einzelnen ist jedoch schwer zu erkennen. Wir haben bereits gesehen, daß Patienten, denen LFA-1 fehlt, normale T-Zell-Antworten haben können. Dies scheint auch auf genmanipulierte Mäuse, denen CD2 fehlt, zuzutreffen. Es ist zu erwarten, daß es diese Moleküle, die für die adhäsiven Interaktionen der T-Zellen verantwortlich sind, im Überfluß gibt, damit eine Immunantwort auch erfolgen kann, wenn eines von ihnen fehlt. Solch eine molekulare Redundanz wurde auch bei anderen komplexen biologischen Prozessen beobachtet.

Die vorübergehende Bindung naiver T-Zellen an professionelle antigenpräsentierende Zellen mittels dieser adhäsiven Interaktionen ist wichtig, damit die T-Zellen ausreichend Zeit haben, um viele MHC-Moleküle auf das Vorhandensein spezifischer Peptide auf der Oberfläche jeder antigenpräsentierenden Zelle prüfen zu können. In den seltenen Fällen, in denen eine naive T-Zelle ihren spezifischen Peptid:MHC-Liganden erkennt, wird über den T-Zell-Rezeptor eine Konformationsänderung von LFA-1 induziert. Dadurch wird dessen Affinität für ICAM-1, -2 und -3 deutlich erhöht. Wie dies geschieht, ist nicht bekannt, doch scheint die Bindung von Mg^{2+} anstelle von Ca^{2+} an seine bivalenten Kationenbindungsstellen eine Rolle zu spielen. Diese Veränderungen stabilisieren die Assoziation zwischen der antigenspezifischen T-Zelle und der Zelle, die das Antigen präsentiert. Sie kann mehrere Tage lang bestehen, in denen die naive T-Zelle proliferiert und ihre Nachkommen zu bewaffneten T-Effektorzellen differenzieren (Abb. 7.8).

Bei den allermeisten Zusammentreffen von T-Zellen und antigenpräsentierenden Zellen kommt es jedoch nicht zur Erkennung von spezifischen Antigenen. Die T-Zellen müssen sich dann erfolgreich von den antigenpräsentierenden Zellen trennen können, um ihre Wanderung durch den Lymphknoten fortzusetzen. Schließlich gelangen sie durch die efferenten Lymphgefäße wieder in das Blut und zirkulieren weiter. Die Dissoziation könnte, wie die stabile Bindung, bei der Signalgebung zwischen T-Zellen und antigenpräsentierenden Zellen eine Rolle spielen, aber darüber ist wenig bekannt.

7.4 Für die klonale Expansion der naiven T-Zellen sind spezifische Liganden und costimulierende Signale der professionellen antigenpräsentierenden Zellen nötig

In Kapitel 4 haben wir gesehen, daß die Bildung der T-Effektorzellen ausgelöst wird, wenn ihre antigenspezifischen Rezeptoren und die Corezeptoren, entweder CD4 oder CD8, an einen Peptid:MHC-Komplex binden. Die Bindung eines Liganden allein an den T-Zell-Rezeptor stimuliert naive T-Zellen nicht zur Proliferation und Differenzierung. Die klonale Expansion der antigenspezifischen naiven T-Zellen benötigt eine zweites, **costimulierendes Signal** (Abb. 7.9), das, im Falle der CD4-T-Zellen, von derselben antigenpräsentierenden Zelle, auf der die T-Zelle ihr spezifisches Antigen erkennt, geliefert wird. Eine Aktivierung von CD8-T-Zellen erfordert ebenfalls beide Signale auf einer einzigen Zelle, obwohl dies weniger direkt sein kann, wie wir später sehen werden.

7.8 Vorübergehende adhäsive Interaktionen zwischen T-Zellen und antigenpräsentierenden Zellen (APCs) werden durch eine spezifische Antigenerkennung stabilisiert. Wenn eine T-Zelle an ihren spezifischen Liganden auf einer antigenpräsentierenden Zelle bindet, löst eine intrazelluläre Signalgebung über den T-Zell-Rezeptor (TCR) eine Konformationsänderung von LFA-1 aus, das dadurch enger an ICAM-3 auf der antigenpräsentierenden Zelle bindet. Die hier gezeigte Zelle ist eine CD4-T-Zelle.

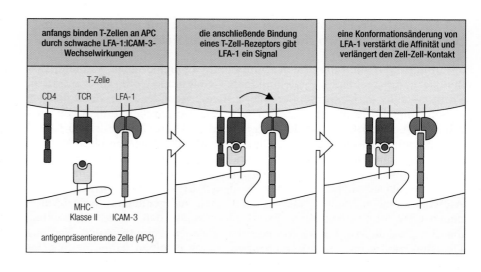

7.9 Die Aktivierung von naiven T-Zellen erfordert zwei unabhängige Signale. Die Bindung des Peptid:MHC-Komplexes durch den T-Zell-Rezeptor und, in diesem Beispiel, den CD4-Corezeptor schickt ein Signal (Pfeil 1) an die T-Zelle, die das Antigen erkannt hat. Eine Aktivierung der naiven T-Zelle erfordert ein zweites, costimulierendes Signal (Pfeil 2) von derselben antigenpräsentierenden Zelle (APC).

Das am besten charakterisierte costimulierende Molekül auf antigenpräsentierenden Zellen ist **B7**, manchmal auch BB1 genannt. B7 ist ein homodimeres Mitglied der Immunglobulinsuperfamilie. Man findet es ausschließlich auf der Oberfläche von Zellen, die das T-Zell-Wachstum anregen können. Seine Rolle bei der Costimulierung wurde nachgewiesen, indem man das B7-Gen in Fibroblasten transferierte. Man konnte zeigen, daß diese dann das Wachstum von naiven T-Zellen costimulieren konnten. Der Rezeptor für B7 auf der T-Zelle ist das Molekül **CD28**, ebenfalls ein Mitglied der Immunglobulinsuperfamilie (Abb. 7.10). Eine Bindung von CD28 an B7 oder an Anti-CD28-Antikörper costimuliert das Wachstum naiver T-Zellen, während Antikörper gegen B7 dessen Bindung an CD28 und somit T-Zell-Antworten verhindern. Vor kurzem wurde ein zweites costimulierendes Molekül, B7.2, identifiziert. Es ist in der Sequenz ähnlich wie B7 und wird auf ruhenden Monocyten und dendritischen Zellen sowie auf aktivierten T- und B-Lymphocyten exprimiert. Die Bedeutung von B7.2 im Vergleich zu B7 für die Costimulierung von T-Zellen ist nicht bekannt.

Bei naiven T-Zellen ist CD28 der einzige Rezeptor für B7. Sind jedoch die T-Zellen erst einmal aktiviert, exprimieren sie einen zusätzlichen Rezeptor, CTLA-4, der mit einer höheren Affinität als CD28 an B7 bindet (Abb. 7.11). CTLA-4 ist in seiner Sequenz CD28 sehr ähnlich. Beide Moleküle werden von dicht nebeneinanderliegenden Genen codiert. Vielleicht sind die aktivierten Nachkommen naiver T-Zellen empfindlicher für eine Stimulierung durch ein Antigen als naive T-Zellen, weil CD28 und CTLA-4 bei der T-Zell-Aktivierung kooperieren können. Dies könnte dabei helfen, die frühe proliferative Antwort auf Antigene und B7 auf der Oberfläche von antigenpräsentierenden Zellen aufrechtzuerhalten. Obwohl andere Moleküle beschrieben wurden, die naive T-Zellen costimulieren sollen, konnten bis heute nur bei einer Bindung von B7 und B7.2 an CD28 costimulierende Signale bei normalen Immunantworten definitiv nachgewiesen werden.

Da antigenspezifische und costimulierende Signale bei der Aktivierung von naiven T-Zellen gleichzeitig auftreten müssen, können nur professionelle antigenpräsentierende Zellen die T-Zell-Antworten auslösen. Das ist wichtig, weil nicht alle potentiell selbstreaktiven T-Zellen im Thymus ausgelöscht werden. Peptiden von Proteinen, die nur in spezialisierten Zellen im peripheren Gewebe gebildet werden, begegnen die Thymocyten während der negativen Selektion möglicherweise nicht. Wenn naive autoreaktive T-Zellen Selbst-Antigene auf Gewebezellen erkennen und dann von einer professionellen antigenpräsentierenden Zelle costimuliert werden, entweder lokal oder an einer anderen Stelle, könnte die Selbst-Toleranz durchbrochen werden. Daher spielt bei der Verhütung destruktiver Immunantworten gegen eigenes Gewebe eine wesentliche Rolle, daß dieselbe Zelle das spezifische Antigen und das costimulierende Signal präsentiert. In der Tat aktiviert die Antigenbindung an den T-Zell-Rezeptor, wie wir sehen werden, beim Fehlen einer Costimulierung die Zelle nicht nur nicht, sie führt sogar einen Zustand herbei, der als **Anergie** bezeichnet wird, in dem die T-Zelle auf eine Aktivierung nicht reagiert (Abb. 7.12).

Die professionellen antigenpräsentierenden Zellen müssen außer B7 auch Adhäsionsmoleküle wie ICAM-3 exprimieren, und sie müssen fähig sein, ein Antigen zur Präsentation auf beiden Klassen von MHC-Molekülen weiterzuverarbeiten. Wir werden sehen, daß die drei Typen von antigenpräsentierenden Zellen sich sowohl in ihren costimulierenden als auch in ihren antigenverarbeitenden Eigenschaften voneinander unterscheiden und verschiedene Funktionen bei der Initiierung der Immunantworten haben.

7.5 Makrophagen sind Freßzellen, die von Pathogenen dazu induziert werden können, naiven T-Zellen fremde Antigene zu präsentieren

Viele Mikroorganismen, die in den Körper gelangen, werden von Phagocyten einfach verschlungen und zerstört. Diese bilden eine angeborene, antigenunspezifische Verteidigungslinie gegen Infektionen. Mikroorganismen, die von Phagocyten zerstört werden, verursachen keine Krankheit und erfordern keine adaptive Immunantwort. Krankheitserreger haben per Definition Mechanismen entwickelt, um einer Eliminierung durch angeborene Immunmechanismen zu entgehen. Die Erkennung und Entfernung solcher Pathogene ist die Aufgabe der adaptiven Immunantwort. Mononucleäre Phagocyten oder Makrophagen tragen als professionelle antigenpräsentierende Zellen zur adaptiven Immunantwort bei.

Wir haben gesehen, daß die professionellen antigenpräsentierenden Zellen fähig sein müssen, Peptidfragmente des Antigens auf beiden Klassen von MHC-Molekülen zu präsentieren und ein costimulierendes Signal zu überbringen, vermutlich über B7. Ruhende Makrophagen haben jedoch wenige oder keine MHC-Klasse-II-Moleküle auf ihrer Oberfläche, und sie exprimieren auch kein B7. Die Ausbildung von MHC-Klasse-II-Molekülen und B7 werden bei diesen Zellen durch die Aufnahme von Mikroorganismen induziert.

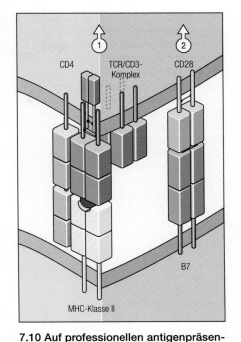

7.10 Auf professionellen antigenpräsentierenden Zellen wird als costimulierendes Signal hauptsächlich B7 exprimiert, das an das T-Zell-Protein CD28 bindet. Die Bindung des T-Zell-Rezeptors (TCR) und seines Corezeptors CD4 an den Peptid:MHC-Klasse-II-Komplex setzt ein Signal frei (Signal 1), das die klonale Expansion von T-Zellen nur induziert, wenn die Bindung von CD28 an B7 ein costimulierendes Signal (Signal 2) gibt. CD28 und B7 gehören beide zur Immunglobulinsuperfamilie. B7 ist ein Homodimer, dessen beide Ketten eine V-ähnliche und eine C-ähnliche Domäne besitzen. CD28 ist ein disulfidgebundenes Homodimer, in dem jede Kette eine Domäne hat, die einer Immunglobulin-V-Domäne ähnelt.

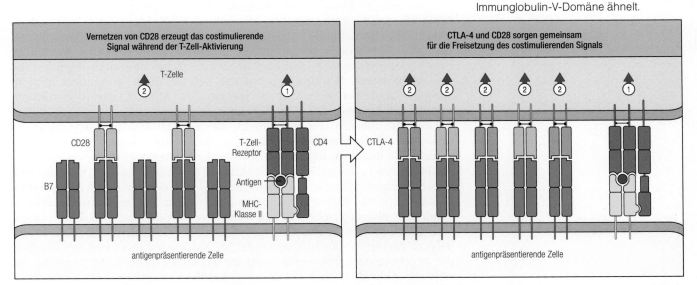

7.11 Die T-Zell-Aktivierung über den T-Zell-Rezeptor und CD28 führt zu einem Anstieg der Expression von CTLA-4, einem weiteren Rezeptor für B7. CTLA-4 hat eine höhere Affinität für B7 als CD28, so daß die Zelle für eine Stimulierung durch B7 empfindlicher wird.

7.12 Die Bedingung, daß eine Zelle sowohl das antigenspezifische als auch das costimulierende Signal geben muß, spielt eine wesentliche Rolle bei der Vermeidung einer Immunantwort gegen Selbst-Antigene. Bei diesem Beispiel der Auslösung einer Immunantwort gegen ein Virus erkennt die T-Zelle ein virales Peptid auf einer professionellen antigenpräsentierenden Zelle (APC) und wird zur Proliferation und Differenzierung zu einer Effektorzelle aktiviert, die fähig ist, jede virusinfizierte Zelle zu eliminieren, wie es in der oberen Reihe gezeigt wird. Naive T-Zellen, die Antigene auf Zellen erkennen, die keine Costimulierung erbringen können, werden anergisch, wie in der unteren Reihe gezeigt wird. Dort erkennt die T-Zelle ein Selbst-Antigen, das auf einer Epithelzelle exprimiert wird. Diese T-Zelle differenziert nicht zu einer bewaffneten Effektorzelle und kann auch nicht weiter durch eine professionelle APC stimuliert werden (Abb. 7.21).

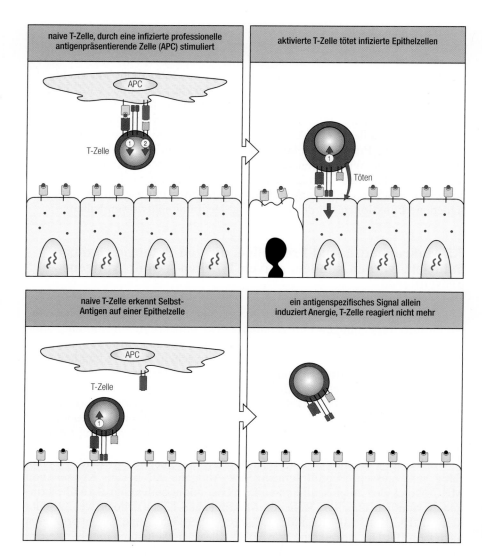

Makrophagen besitzen eine Vielzahl von Rezeptoren, einschließlich des Makrophagen-Mannoserezeptors, die bakterielle Kohlenhydrate und andere mikrobielle Bestandteile erkennen und es ihnen erlauben, Mikroorganismen, die diese Komponenten aufweisen, zu verschlingen. Diese werden in den Endosomen und Lysosomen abgebaut. Dabei entstehen Peptide, die von MHC-Klasse-II-Molekülen auf der Zelloberfläche präsentiert werden können. Zur selben Zeit wird die Bildung von MHC-Klasse-II-Molekülen und B7 auf der Oberfläche des Makrophagen angeregt.

Über die meisten der Rezeptoren, die es den Makrophagen erlauben, mikrobielle Bestandteile zu erkennen, ist nur wenig bekannt. Man vermutet jedoch, daß dieselben Rezeptoren sowohl die Pathogenaufnahme als auch die Auflösung der costimulierenden Aktivität bewirken, da der Kontakt mit einem einzigen mikrobiellen Bestandteil B7 auf den meisten Makrophagen induzieren kann. Wahrscheinlich entstanden diese Rezeptoren ursprünglich, damit die phagocytischen Zellen primitiver Organismen Mikroben durch eine Bindung von Strukturen wie bakteriellen Kohlenhydraten oder Lipopolysacchariden erkennen können, die bei Eukaryoten nicht vorkommen. Bei der angeborenenen Immunität scheinen sie immer noch diese Funktion zu erfüllen. Außerdem sind sie für das Auslösen adaptiver Immunantworten wichtig.

Man vermutet, daß die Induktion costimulierender Aktivitäten durch gewöhnliche bakterielle Bestandteile dem Immunsystem die Unterschei-

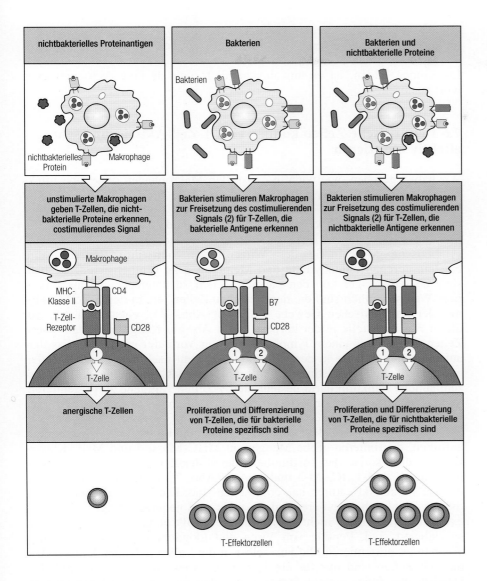

7.13 Viele mikrobielle Substanzen können bei Makrophagen eine costimulierende Aktivität auslösen. Wenn Proteinantigene von Makrophagen aufgenommen und präsentiert werden, ohne daß weitere bakterielle Komponenten in den Makrophagen eine costimulierende Aktivität induzieren, wird die T-Zelle, die für das Antigen spezifisch ist, anergisch (widerstandsfähig gegen Aktivierung). Viele Bakterien induzieren die Expression von Costimulatoren durch antigenpräsentierende Zellen, und Makrophagen können Peptidantigene präsentieren, die durch den Abbau solcher Bakterien freigesetzt werden. Mischt man Bakterien mit Proteinantigenen, so werden diese immunogen, weil die Bakterien eine costimulierende Aktivität in den antigenpräsentierenden Zellen induzieren. Solche zugefügten Bakterien wirken als Adjuvantien.

dung erlauben zwischen Antigenen auf infektiösen Agentien und Antigenen, die mit harmlosen Proteinen, einschließlich der eigenen Proteine, assoziiert sind. Tatsächlich rufen viele fremde Proteine keine Immunantwort hervor, wahrscheinlich weil sie bei den antigenpräsentierenden Zellen keine costimulierende Aktivität verursachen. Mischt man solche Proteinantigene mit Bakterien, so werden sie immunogen, weil die Bakterien bei den Zellen, die das Protein verdauen, die essentielle costimulierende Aktivität induzieren (Abb. 7.13). Auf diese Art eingesetzte Bakterien werden als Adjuvantien bezeichnet (Abschnitt 2.3). In Kapitel 11 werden wir sehen, wie Eigengewebsproteine, die mit bakteriellen Adjuvantien gemischt werden, tatsächlich eine Autoimmunkrankheit hervorrufen können. Dies veranschaulicht die große Bedeutung der Regulierung der costimulierenden Aktivität bei der Unterscheidung zwischen Selbst und Nicht-Selbst.

Es ist besonders wichtig, daß Makrophagen beim Fehlen einer Infektion T-Zellen normalerweise nicht aktivieren können, da sie andauernd tote oder alte Zellen beseitigen. Die Kupffer-Zellen der Lebersinusoide und besonders die Makrophagen der roten Milzpulpa entfernen täglich große Mengen sterbender Zellen aus dem Blut. Kupffer-Zellen exprimieren nur wenige MHC-Klasse-II-Moleküle. Ohne eine Infektion oder Entzündung, nur aufgrund der Verdauung von toten Zellen allein wird die Anzahl dieser Moleküle nicht erhöht. Außerdem sind sie nicht an Stellen lokalisiert, an denen große Mengen von naiven T-Zellen vorüberkommen. Obwohl diese Makrophagen also große Mengen von Selbst-Peptiden in ihren Endosomen und Lysosomen bilden, ist es unwahrscheinlich, daß sie eine Autoimmunantwort auslösen.

7.6 Dendritische Zellen können eine T-Zell-Aktivierung sehr effektiv induzieren

Wir haben gesehen, wie wichtig es ist, daß Makrophagen ohne eine Infektion keine T-Zellen aktivieren können, aber es ist ebenso wichtig, daß alle Krankheitserreger von T-Zellen entdeckt werden. Viele gefährliche Pathogene induzieren jedoch keine MHC-Klasse-II- und costimulierenden Moleküle auf Makrophagen. Dazu gehören die meisten Viren, welche die biosynthetische Maschinerie des Wirts nutzen, um ihre Proteine, ihre Nucleinsäuren, Kohlenhydrate und Membranen zu synthetisieren. Deshalb sind sie schwieriger von den eigenen Zellen zu unterscheiden als Bakterien. Wahrscheinlich sind die dendritischen Zellen, die in den T-Zell-Regionen der lymphatischen Gewebe auftreten (Abb. 7.3), entstanden, um mit dieser Schwachstelle in der körpereigenen Abwehr fertig zu werden. Diese Zellen können aus einem lymphspezifischen Vorläufer entstehen, was darauf hindeutet, daß sie in der Evolution vielleicht nach den T-und B-Zellen entstanden sind. Das stimmt damit überein, daß anscheinend ihre ausschließliche Funktion darin besteht, den T-Zellen Antigene zu präsentieren. Verschiedene Spezialisierungen ermöglichen ihnen das Erfüllen dieser Aufgabe.

Die dendritischen Zellen, die in den lymphatischen Geweben gehäuft auftreten, exprimieren große Mengen an MHC-Klasse-I-und MHC-Klasse-II-Molekülen sowie das costimulierende Molekül B7 und die Adhäsionsmoleküle ICAM-1, ICAM-3 und LFA-3 (Abb. 7.14). Es überrascht nicht, daß sie starke Aktivatoren naiver T-Zellen sind. Die lymphatischen dendritischen Zellen phagocytieren jedoch nicht und nehmen Antigene aus dem extrazellulären Milieu nicht einfach auf. Das läßt vermuten, daß sie darauf spezialisiert sind, Peptide von Viren und möglicherweise von zellulären Toxinen zu präsentieren, die von selbst in die Zellen gelangen können. Die meisten Zellen sind nur für ein begrenztes Spektrum von Viren anfällig. Dendritische Zellen können jedoch von vielen verschiedenen Viren infiziert werden und auf ihren reichlich vorhandenen Oberflächen-MHC-Molekülen effizient Peptide präsentieren, die von viralen Proteinen abstammen. Diese Peptide werden entweder auf MHC-Klasse-I-Molekülen präsentiert, wo sie von naiven CD8-T-Zellen erkannt werden (die sich dann in cytotoxische Effektorzellen umwandeln) oder auf MHC-Klasse-II-Molekülen, wo sie von CD4-T-Zellen erkannt werden (die dann zu inflammatorischen und T-Helferzellen werden). T-Helferzellen regen die Bildung von Antikörpern an, die wichtig sind, um den Eintritt der Viren in die Zellen zu blockieren (Kapitel 8). Wir haben gesehen, daß die meisten viralen Proteine im Cytosol gebildet werden, so daß die Peptide, die daraus entstehen, von MHC-Klasse-I-Molekülen an die Oberfläche transportiert und dann von CD8-T-Zellen erkannt werden. Virale Hüllproteine werden jedoch in das endoplasmatische Reticulum überführt, von wo aus sie an die Zelloberfläche gebracht werden. Anschließend können sie in Endosomen gelangen. Peptide dieser Proteine werden von MHC-Klasse-II-Molekülen an die Oberfläche transportiert und stimulieren CD4-T-Zellen. Daher können die dendritischen Zellen bei vielen viralen Infektionen sowohl CD8- als auch CD4-T-Zellen stimulieren.

An vielen Stellen im Körper gibt es Zellen, die den dendritischen Zellen ähneln, und es ist möglich, daß die interdigitierenden retikulären dendriti-

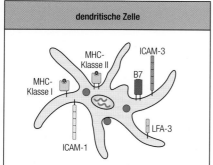

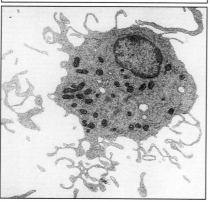

7.14 Dendritische Zellen im Lymphgewebe besitzen eine costimulierende Aktivität. Um naive T-Zellen zu aktivieren, müssen antigenpräsentierende Zellen fähig sein, Antigene von Pathogenen weiter zu verarbeiten und sie auf MHC-Klasse-I-und MHC-Klasse-II-Molekülen zu präsentieren und außerdem costimulierende Moleküle, wahrscheinlich B7, zu exprimieren. Dendritische Zellen exprimieren diese Moleküle sowie große Mengen der Adhäsionsmoleküle ICAM-3 und LFA-3. Sie können jedoch nur wenig Antigene aufnehmen. (Photo: J. Barker.)

schen Zellen der lymphatischen Gewebe aus diesen dendritischen Gewebezellen entstanden sind. Am besten sind die dendritischen Zellen der Haut
untersucht. Sie werden **Langerhans-Zellen** genannt und unterscheiden
sich von denen der lymphatischen Gewebe in zwei wesentlichen Punkten:
Sie können Antigene aufnehmen, und sie haben keine costimulierende
Aktivität. Diese Zellen können durch eine Infektion veranlaßt werden,
durch die Lymphe zu den lymphatischen Organen zu wandern, wo sie zu
dendritischen Zellen differenzieren, die keine Antigene aufnehmen können,
jedoch eine starke costimulierende Aktivität besitzen (Abb. 7.15). Wahrscheinlich besteht ihre Rolle bei physiologischen Immunantworten darin,
Antigene von den Infektionsherden zu den lymphatischen Geweben zu
transportieren, wo sie zirkulierende T-Lymphocyten effektiv aktivieren. Ob
alle lymphatischen dendritischen Zellen von phagocytierenden Vorläufern
aus den peripheren Geweben abstammen, ist nicht bekannt.

Es ist wichtig, daß dendritische Zellen, wenn sie einmal in das lymphatische Gewebe gelangt sind, nur schwer extrazelluläre Antigene aufnehmen
oder körpereigene Zellen oder Proteine beseitigen, da ihre konstitutiv exprimierte costimulierende Aktivität sie dazu befähigt, T-Zellen jedes Antigen
zu präsentieren, das sie aufnehmen oder synthetisieren können. Natürlich
präsentieren dendritische Zellen effizient Peptide, die von ihren eigenen
Proteinen abstammen. Dennoch führt dies nicht zu Autoimmunreaktionen,
da dendritische Zellen im Thymus diejenigen sich entwickelnden T-Zellen,
die spezifisch für diese Peptide sind, zerstören (Abschnitt 6.17).

Für die Bedeutung der dendritischen Gewebezellen spricht vor allem,
daß sie beim Auslösen der Abstoßung von Gewebetransplantaten eine
Rolle spielen, wie wir in Kapitel 11 sehen werden. Bei Versuchstieren werden Transplantate ohne dendritische Zellen von den Empfängern zumindest
so lange gut toleriert, bis sie wieder von antigenpräsentierenden Zellen des
Wirtes besiedelt waren.

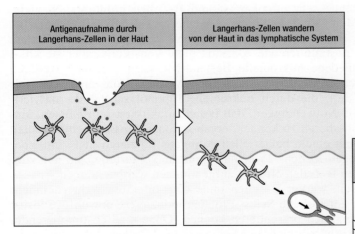

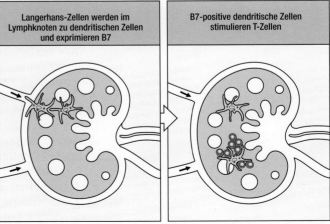

**7.15 Langerhans-Zellen nehmen Antigene in der Haut auf
und wandern zu den lymphatischen Organen, wo sie sie
T-Zellen präsentieren.** Langerhans-Zellen besitzen keine costimulierende Aktivität. Bei einer Infektion können sie allerdings
Antigene in der Haut aufnehmen und zu den Lymphknoten wandern, wo sie sich in dendritische Zellen umwandeln, die keine
Antigene aufnehmen, jedoch costimulierend wirken können.

7.7 B-Zellen präsentieren sehr effektiv Antigene, die an ihre Oberflächenimmunglobuline binden

Weder Makrophagen noch dendritische Zellen können lösliche Antigene in größerem Umfang aufnehmen. Im Gegensatz dazu sind B-Zellen durch ihre Zelloberflächenimmunglobuline auf einzigartige Weise dazu geeignet, lösliche Moleküle zu binden, und dies ist, wie wir in Abschnitt 8.2 sehen werden, entscheidend, um als Zielzellen für antigenspezifische bewaffnete T-Helferzellen dienen zu können. Jedoch können B-Zellen auch als professionelle antigenpräsentierende Zellen wirken und naive T-Zellen aktivieren, die spezifisch für Peptidfragmente von Proteinen sind, die an ihre Oberflächenimmunglobuline gebunden sind. Es ist nicht klar, wie wichtig dies für die natürliche Immunantwort ist. Lösliche Proteinantigene sind bei natürlichen Infektionen selten. Die meisten natürlichen Antigene, wie Bakterien und Viren, sind kleine Teilchen, während lösliche bakterielle Toxine wirken, indem sie an Zelloberflächen binden, und daher nur in geringen Konzentrationen in Lösung vorliegen. Einige natürliche Immunogene dringen allerdings als lösliche Moleküle in den Körper ein: zum Beispiel Insektentoxine, Antikoagulantien, die durch blutsaugende Insekten injiziert werden, Schlangengifte und viele Allergene. Viel von dem, was wir über das Immunsystem im allgemeinen und über T-Zell-Antworten im besonderen wissen, stammt aus Untersuchungen der Immunantworten auf lösliche Proteinimmunogene, wie Ovalbumin, das Hühnereiweißlysozym, und Cytochrom *c*. Für CD4-T-Zell-Antworten auf diese löslichen Proteinantigene scheinen B-Zellen als antigenpräsentierende Zellen nötig zu sein. Außerdem sind sie von Adjuvantien abhängig, um eine costimulierende Aktivität auszulösen.

Wenn ein Antigen an ein Immunglobulinmolekül auf der Oberfläche einer B-Zelle gebunden ist, wird der Komplex aus Immunglobulin und spezifischem Antigen aufgenommen und abgebaut. Weil dieser Mechanismus der Antigenaufnahme sehr effizient ist und B-Zellen grundsätzlich viele MHC-Klasse-II-Moleküle exprimieren, entstehen auf der B-Zell-Oberfläche viele spezifische Peptid:MHC-Klasse-II-Komplexe (Abb. 7.16). B-Zellen exprimieren eine costimulierende Aktivität nicht konstitutiv, aber sie können durch verschiedene mikrobielle Bestandteile dazu veranlaßt werden, B7 zu exprimieren (Abb. 7.17). Tatsächlich wurde B7 das erste Mal auf B-Zellen identifiziert, die durch mikrobielle Lipopolysaccharide aktiviert worden waren. Die Notwendigkeit, daß B-Zellen aktiviert sein müssen, um naive T-Zellen stimulieren zu können, ergab sich aus der Beobachtung, daß man ein Protein mit einem bakteriellen Adjuvans injizieren muß, um eine Immunantwort gegen lösliche Proteinantigene hervorzurufen, die nur von antigenspezifischen B-Zellen effektiv aufgenommen werden können.

Dies erklärt auch, warum B-Zellen ohne eine Infektion wahrscheinlich keine Reaktionen auf lösliche Selbst-Proteine induzieren, obwohl sie lösliche Antigene erfolgreich präsentieren können: Ohne eine costimulierende Aktivität kann ein Antigen nicht nur keine naiven T-Zellen aktivieren, vielmehr macht es sie sogar, wie wir gesehen haben (Abb. 7.12), anergisch. Dies ist eine weitere Vorsichtsmaßnahme zusätzlich zu den Mechanismen, die wir in Kapitel 5 besprochen haben, durch die potentiell auf Selbst reagierende B-Zellen im Knochenmark eliminiert oder inaktiviert werden.

T-Zell-Antworten werden also durch drei verschiedenen Klassen von professionellen antigenpräsentierenden Zellen ausgelöst. Jede ist optimal ausgestattet, um naiven T-Zellen eine bestimmte Gruppe von Antigenen zu präsentieren: Diejenigen, die aufgenommene Antigene präsentieren können, exprimieren eine costimulierende Aktivität nur nach Stimulierung durch mikrobielle Partikel. Nur dendritische Zellen, die wahrscheinlich darauf spezialisiert sind, virale Antigene zu präsentieren, exprimieren konstitutiv eine costimulierende Aktivität. Dadurch können antigenpräsentierende Zel-

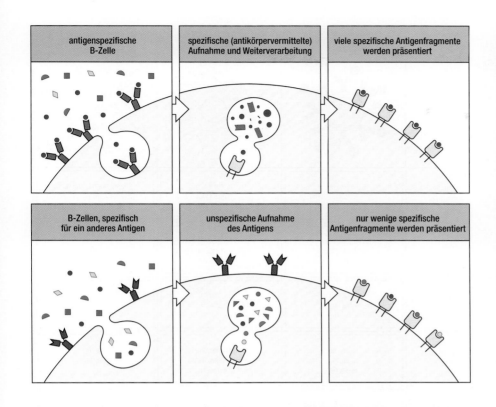

7.16 B-Zellen können ihren Immun-globulinrezeptor einsetzen, um spezifischen T-Zellen sehr effizient Antigene zu präsentieren. Oberflächenimmunglobuline erlauben es den B-Zellen, spezifische Antigene sehr effizient zu binden und aufzunehmen, wie in der oberen Reihe zu sehen ist. Das Antigen wird in zellulären Vesikeln weiterverarbeitet, wo es an MHC-Klasse-II-Moleküle bindet, die die Antigenfragmente an die Zelloberfläche transportieren. Dort können sie von T-Zellen erkannt werden. Wird das Proteinantigen nicht spezifisch von B-Zellen erkannt, wie in der unteren Reihe gezeigt, so ist seine Internalisierung ineffektiv, und es werden danach nur wenige Antigenfragmente eines bestimmten Proteins an der B-Zell-Oberfläche präsentiert.

len Peptide von Pathogenen vorzeigen und gleichzeitig eine Autoimmunisierung gegen Selbst vermeiden (Abb. 7.18).

7.8 Aktivierte T-Zellen synthetisieren den T-Zell-Wachstumsfaktor Interleukin-2 und seinen Rezeptor

Naive T-Zellen können viele Jahre leben, ohne sich zu teilen. Diese kleinen, ruhenden Zellen haben ihr Chromatin kondensiert, kaum Cytoplasma, und sie synthetisieren wenig RNA oder Proteine. Bei einer Aktivierung müssen sie wieder in den Zellzyklus eintreten und sich schnell teilen, um große Mengen an Nachkommen zu bilden, die sich in bewaffnete T-Effektorzellen umwandeln. Ihre Proliferation und Differenzierung wird durch

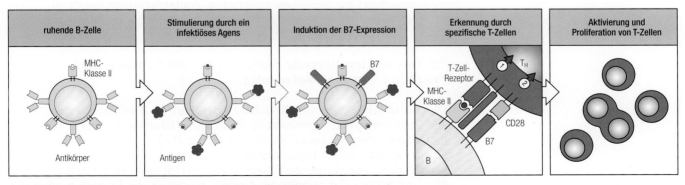

7.17 Ruhende B-Zellen können durch infektiöse Agentien dazu gebracht werden, naive T-Zellen zu aktivieren. Normalerweise haben sie kein B7 (Bild 1) und können T-Zellen nicht aktivieren, obwohl sie mikrobielle Antigene aufnehmen und wei-ter verarbeiten können (Bild 2). Bakterielle Substanzen wie Zellwandpolysaccharide können sie jedoch dazu anregen, B7 zu exprimieren (Bild 3). Jetzt sind die B-Zellen in der Lage, naive T-Zellen zu aktivieren (Bild 5).

7.18 Die Eigenschaften professioneller antigenpräsentierender Zellen. B-Zellen, Makrophagen und dendritische Zellen sind die wichtigsten Zelltypen, die naiven T-Zellen exogene Antigene präsentieren. Diese Zellen unterscheiden sich in der Art der Antigenaufnahme, in der Expression von MHC-Klasse-II-Molekülen und Costimulatoren, den Antigenen, die sie präsentieren können, und in ihrer Lokalisierung im Körper.

	B-Zellen	Makrophagen	dendritische Zellen
Antigen-aufnahme	++++ antigenspezifischer Rezeptor (Ig)	+++ Phagocytose	+++ Phagocytose durch gewebedendritische Zellen ++++ virale Infektion
MHC-Expression	konstitutiv, Anstieg nach Aktivierung +++ bis ++++	durch Bakterien und Cytokine induzierbar – bis +++	++++ konstitutiv
Costimulator-freisetzung	induzierbar – bis +++	induzierbar – bis +++	++++ konstitutiv
präsentiertes Antigen	Toxine Viren Bakterien	extrazelluäre und vesikuläre Bakterien	Viren (Allergene?)
Lokalisation	lymphatisches Gewebe peripheres Blut	lymphatisches Gewebe Bindegewebe Körperhohlräume	lymphatisches Gewebe Bindegewebe Epithelien

einen Proteinwachstumsfaktor oder ein Cytokin gesteuert, das man als **Interleukin-2 (IL-2)** bezeichnet und das von den aktivierten T-Zellen selbst gebildet wird.

Das erste Zusammentreffen mit einem spezifischen Antigen in Gegenwart des erforderlichen costimulierenden Signals bewirkt, daß die T-Zelle in die G1-Phase des Zellzyklus eintritt, und es induziert gleichzeitig die Synthese von IL-2 sowie einem Rezeptor mit hoher Affinität für diesen Wachstumsfaktor (Abb. 7.19). Die Bindung von IL-2 an diesen hochaffinen Rezeptor (Abb. 7.20) läßt die Zellen dann den Rest des Zellzyklus durchlaufen. T-Zellen, die so aktiviert worden sind, können sich mehrere Tage lang zwei- oder dreimal täglich teilen, so daß aus einer Zelle Tausende von Nachkommen entstehen, die alle einen identischen Antigenrezeptor tragen. IL-2 fördert auch die Differenzierung dieser Zellen zu bewaffneten T-Effektorzellen.

7.9 Das costimulierende Signal ist für die Synthese und Sekretion von IL-2 notwendig

Durch die Produktion von IL-2 wird festgelegt, ob eine T-Zelle proliferiert und eine bewaffnete Effektorzelle wird. Die wichtigste Funktion des costimulierenden Signals ist es, die Synthese von IL-2 zu fördern. Wir sahen in Kapitel 4, daß die Antigenerkennung durch den T-Zell-Rezeptor schließlich verschiedene Transkriptionsfaktoren induziert. Einer dieser Faktoren, NF-AT (*nuclear factor of activation in T cells*), bindet an die Promotorregion des IL-2-Gens und ist für die Transkriptionsaktivierung notwendig. Dies allein führt jedoch nicht zur Produktion von IL-2. Dafür ist zusätzlich die Bindung von B7 an CD28 erforderlich. Die wichtigste Auswirkung dieser Bindung an CD28 liegt in der Stabilisierung der IL-2-mRNA. Cytokin-mRNAs sind

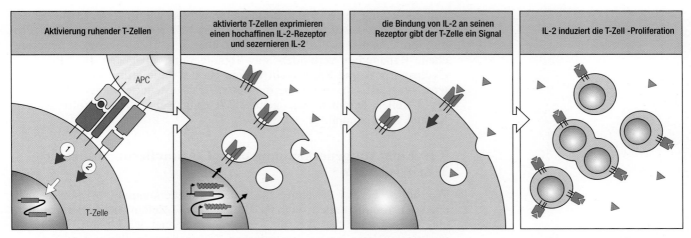

| Aktivierung ruhender T-Zellen | aktivierte T-Zellen exprimieren einen hochaffinen IL-2-Rezeptor und sezernieren IL-2 | die Bindung von IL-2 an seinen Rezeptor gibt der T-Zelle ein Signal | IL-2 induziert die T-Zell-Proliferation |

7.19 Aktivierte T-Zellen sezernieren Interleukin-2 (IL-2) und reagieren auf dieses Molekül. Die Aktivierung naiver T-Zellen durch die Erkennung eines Peptid:MHC-Komplexes (Signal 1) bei gleichzeitiger Costimulierung (Signal 2) induziert die Expression und Sekretion von IL-2 und die Expression hochaffiner IL-2-Rezeptoren. IL-2 bindet an diese Rezeptoren und unterstützt so das T-Zell-Wachstum auf autokrine Art.

7.20 IL-2-Rezeptoren bestehen aus drei Ketten – α, β und γ –, die nur auf aktivierten T-Zellen voll exprimiert werden. Auf ruhenden T-Zellen werden nur die β-und die γ-Kette exprimiert. Diese binden IL-2 mit geringer Affinität. Daher können ruhende T-Zellen auf sehr hohe Konzentrationen von IL-2 reagieren. Die Aktivierung von T-Zellen induziert die Synthese einer α-Kette und die Bildung eines heterodimeren Rezeptors mit einer hohen Affinität für Il-2, so daß die T-Zelle auf sehr niedrige IL-2-Konzentrationen reagieren kann. Der IL-2-Rezeptor ist mit der cytoplasmatischen Tyrosinkinase, lck, assoziiert. Ob dies jedoch für die Signalübertragung essentiell ist, weiß man noch nicht genau. Die β- und γ-Ketten zeigen Aminosäureähnlichkeiten mit Zelloberflächenrezeptoren für Wachstumshormon und Prolaktin, die alle das Zellwachstum und die Differenzierung regulieren.

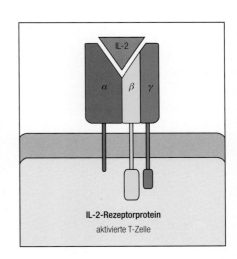

IL-2-Rezeptorprotein
aktivierte T-Zelle

wegen einer „Instabilitätssequenz" an ihrer untranslatierten 3′-Region sehr instabil, wie wir später in diesem Kapitel noch sehen werden. Dadurch wird ein ununterbrochener Cytokinausstoß verhindert und die Cytokinaktivität reguliert. Die Stabilisierung der mRNA von IL-2 läßt seine Synthese um das Zwanzig- bis Dreißigfache ansteigen, und zur gleichen Zeit steigt die Transkription von IL-2-mRNA aufgrund der CD28-Bindung ungefähr um das Dreifache. Diese beiden Effekte zusammen steigern die IL-2-Produktion etwa um den Faktor 100. Wenn eine T-Zelle spezifische Antigene ohne eine Costimulierung über ihr CD28-Molekül erkennt, wird nur wenig IL-2 produziert und die T-Zelle reagiert nicht auf die Antigene.

Die Voraussetzungen für die Expression des IL-2-Rezeptors sind weniger streng, als die für die IL-2-Synthese. Zum Beispiel reicht die Bindung eines Liganden an den T-Zell-Rezeptor allein häufig schon aus, um eine Expression der hochaffinen IL-2-Rezeptoren auf der T-Zelle zu veranlassen. Dadurch kann IL-2, das in einer Zelle gebildet wurde, auf die IL-2-Rezeptoren benachbarter antigenspezifischer Zellen einwirken. Später in diesem Kapitel werden wir sehen, welchen wichtigen Einfluß dies auf die Aktivierung von CD8-T-Zellen haben kann.

Die zentrale Rolle, die IL-2 bei der Auslösung adaptiver Immunantworten zukommt, wird durch die Medikamente verdeutlicht, die meist zur

Unterdrückung unerwünschter Immunantworten wie der Transplantatabstoßung eingesetzt werden. Cyclosporin A und FK506 hemmen die IL-2-Produktion, indem sie die Signalgebung über den T-Zell-Rezeptor unterbrechen. Rapamycin verhindert die Signalgebung über den IL-2-Rezeptor. Cyclosporin A und Rapamycin wirken bei der Inhibierung einer Immunantwort synergistisch, indem sie die durch IL-2 gesteuerte, klonale Expansion der T-Zellen hemmen. Die genaue Wirkungsweise dieser Stoffe wird in Kapitel 12 behandelt.

7.10 Eine Antigenerkennung ohne Costimulierung führt zu T-Zell-Toleranz

Wir haben bereits erwähnt, daß eine Antigenerkennung in Abwesenheit eines costimulierenden Signals die naiven T-Zellen inaktiviert und zu einem Zustand führt, der als **Anergie** bezeichnet wird (Abb. 7.21). Die wichtigste Veränderung angergischer Zellen liegt in ihrem Unvermögen, IL-2 zu produzieren. Dies verhindert, daß sie bei dem Zusammentreffen mit Antigen proliferieren und differenzieren, selbst wenn das Antigen danach von professionellen antigenpräsentierenden Zellen präsentiert wird. Das trägt zur Toleranz von T-Zellen gegenüber eigenen Gewebeantigenen bei.

Wie wir in Abschnitt 6.16 sahen, wird in allen Zellen jedes synthetisierte Protein im Thymus von professionellen antigenpräsentierenden Zellen vorgezeigt. Das führt zur klonalen Deletion der T-Zellen, die gegen diese allgegenwärtigen Selbst-Proteine reaktiv sind. Es gibt aber viele Proteine mit speziellen Funktionen, die nur in Zellen bestimmter Gewebe gebildet werden. Da MHC-Klasse-I-Moleküle nur Peptide von Proteinen, die innerhalb der Zelle synthetisiert worden sind, präsentieren, werden solche gewebespezifischen Peptide nicht auf den MHC-Molekülen der Thymuszellen gezeigt, und es ist unwahrscheinlich, daß Zellen, die sie erkennen, im Thymus vernichtet werden. Ein wichtiger Faktor bei der Vermeidung von Autoimmunreaktionen gegen solche gewebespezifischen Proteine ist das Fehlen einer costimulierenden Aktivität auf Gewebezellen. Naive T-Zellen, die Selbst-Peptide auf Gewebezellen erkennen, werden nicht aktiviert. Stattdessen können sie in einen anergischen Zustand übergehen.

Man hat die Induktion einer Anergie gegen Antigene, die auf peripheren Geweben exprimiert werden, in einer Reihe von Experimenten mit transgenen Tieren demonstriert, die auch die Bedeutung von B7 bestätigten sowie zusätzlich die Induktion von IL-2 als eine wesentliche Funktion von B7.

7.21 Eine T-Zell-Toleranz gegen Antigene, die auf Gewebezellen exprimiert werden, entsteht bei einer Antigenerkennung ohne Costimulierung. Antigenpräsentierende Zellen (APC) können T-Zellen weder aktivieren noch inaktivieren, wenn kein spezifisches Antigen auf ihrer Oberfläche vorhanden ist, selbst wenn sie ein costimulierendes Molekül exprimieren und das Signal 2 freisetzen. Wenn T-Zellen jedoch ein Antigen in Abwesenheit von costimulierenden Molekülen erkennen, erhalten sie nur das Signal 1 und werden inaktiviert. Dadurch induzieren Selbst-Antigene, die auf Gewebezellen exprimiert werden, bei T-Zellen eine Toleranz.

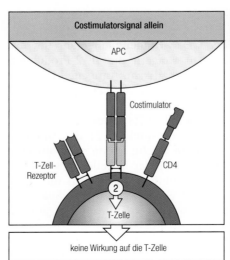
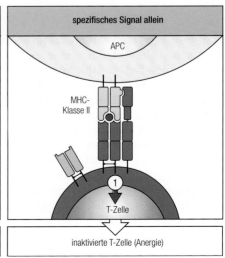

Bei diesen Versuchstieren wird ein Transgen, das ein Nicht-Selbst-MHC-Allel codiert, unter die Kontrolle eines gewebespezifischen Promotors gestellt, so daß es nur in den Zellen eines bestimmten peripheren Gewebes exprimiert wird (in diesem Fall im Pankreas). Die transgenen Mäuse sind tolerant gegenüber dem „Pseudo-Selbst"-Antigen. Den Mechanismus dieser Toleranz kann man untersuchen, indem man sie mit Mäusen kreuzt, in die man Gene für einen T-Zell-Rezeptor übertragen hat, der das „Pseudo-Selbst"-MHC-Protein erkennt (Abb. 7.22). Obwohl alle T-Zellen der doppelt transgenen Nachkommen dieses „Pseudo-Selbst"-Antigen erkennen können, entwickelt sich keine Autoimmunreaktion. Bei diesen Mäusen findet man reife T-Zellen, die auf dieses „Pseudo-Selbst"-Protein antworten können, im Thymus, was darauf hindeutet, daß sie während der Thymusontogenie nicht zerstört werden. Man findet sie jedoch nicht im peripheren Blut, das heißt, sie werden anschließend inaktiviert. Wenn bei diesen Mäu-

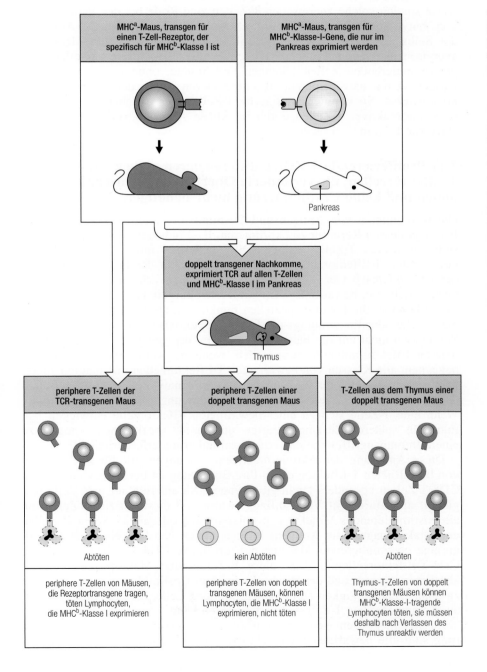

7.22 Eine T-Zell-Toleranz kann in der Peripherie durch antigenabhängige Inaktivierung reifer T-Zellen induziert werden. In MHC^a-Mäuse wird ein MHC^{b-}-Klasse-I-Gen transferiert, das unter der Kontrolle des Ratten-Insulin-1-Promotors exprimiert wird, also nur in insulinproduzierenden β-Zellen der Bauchspeicheldrüse. Andere MHC^a-Mäuse sind für umarrangierte T-Zell-Rezeptorgene transgen, die das MHC^b-Klasse-I-Produkt erkennen. Doppelt transgene Nachkommen exprimieren den transgenen T-Zell-Rezeptor (TCR) auf allen T-Zellen, aber die T-Zellen reagieren nicht auf die MHC^b-Moleküle, die im Pankreas exprimiert werden. Es gibt gar keine oder nur eine geringe Infiltration der Inseln durch T-Zellen. Außerdem reagieren in einer gemischten Lymphocytenkultur zirkulierende T-Zellen dieser Mäuse nicht auf MHC^b-Zellen. T-Zellen, die man dagegen aus dem Thymus entnimmt, reagieren auf MHC^b-tragende Zellen. Die Toleranz muß also in der Peripherie erworben worden sein.

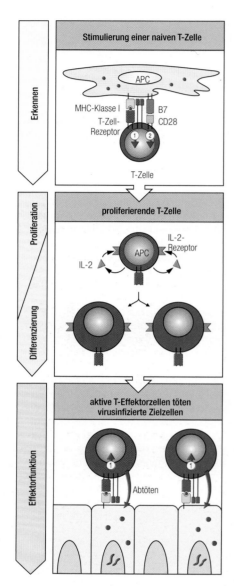

7.23 Die klonale Expansion geht einer Differenzierung zur Effektorfunktion voraus. Eine naive T-Zelle, die ein Antigen auf der Oberfläche einer antigenpräsentierenden Zelle (APC) erkennt und die erforderlichen zwei Signale (Pfeile 1 und 2, oberes Bild) erhält, wird aktiviert und expandiert klonal, indem sie IL-2 sezerniert und darauf antwortet. Danach (mittleres Bild) folgt die Differenzierung der T-Zellen zu bewaffneten Effektorzellen. Jetzt löst jedes Zusammentreffen mit spezifischen Antigenen ihre Effektoraktionen aus, auch ohne eine Costimulierung. Daher kann eine T-Zelle Zielzellen, die nur den Peptid:MHC-Liganden und keine costimulierenden Signale exprimieren (unteres Bild), vernichten.

sen entweder das IL-2-Gen oder das Gen, das B7 codiert, mit demselben gewebespezifischen Promotor verknüpft sind, wie das „Pseudo-Selbst"-Antigen, dann werden die T-Zellen aktiviert und zerstören das Gewebe. Dies bedeutet, daß IL-2 nötig ist und ausreicht, damit naive T-Zellen sich in Gegenwart eines spezifischen Antigens in bewaffnete Effektorzellen umwandeln, und daß es vermutlich die Hauptfunktion von B7 ist, die IL-2-Produktion zu induzieren.

Die Deletion potentiell autoreaktiver T-Zellen als ein einfacher Weg, die Selbst-Toleranz aufrechtzuerhalten, ist relativ einsichtig. Schwieriger ist jedoch die Erhaltung anergischer T-Zellen zu verstehen, die spezifisch für Gewebeantigene sind. Es erscheint ökonomischer und effizienter, solche Zellen zu eliminieren. Tatsächlich kann die Bindung eines T-Zell-Rezeptors auf peripheren T-Zellen in Abwesenheit von Costimulatoren ebenso zum programmierten Zelltod wie zur Anergie führen. Trotzdem überdauern *in vivo* tatsächlich einige Zellen in einem anergischen Zustand. Möglicherweise spielen solche anergischen T-Zellen eine Rolle bei der Verhinderung von Antworten naiver, nichtanergischer T-Zellen gegen fremde Antigene, die Selbst-Peptid:Selbst-MHC-Komplexe nachahmen. Die überdauernden anergischen T-Zellen könnten solche Komplexe auf professionellen antigenpräsentierenden Zellen erkennen und binden, ohne zu reagieren, und würden so mit naiven, potentiell autoreaktiven Zellen derselben Spezifität konkurrieren. So könnten anergische T-Zellen die versehentliche Aktivierung autoreaktiver T-Zellen durch infektiöse Agentien verhindern und so aktiv zur Toleranz beitragen.

7.11 Proliferierende T-Zellen differenzieren zu bewaffneten T-Effektorzellen, die veränderte Oberflächeneigenschaften haben und keine Costimulierung mehr benötigen

Die Kombination von Antigen und Costimulator veranlaßt naive T-Zellen, IL-2 und dessen Rezeptor zu exprimieren. IL-2 induziert die klonale Expansion der naiven T-Zelle und die Differenzierung ihrer Nachkommen zu bewaffneten T-Effektorzellen (Abb. 7.23). Spät in der Proliferationsphase der Antwort, nach vier bis fünf Tagen schnellen Wachstums, wandeln sich diese T-Zellen in bewaffnete T-Effektorzellen um, die alle Proteine synthetisieren können, die für ihre speziellen Funktionen als Helfer-(T_H2-), inflammatorische oder Entzündungs-(T_H1-) oder cytotoxische T-Zellen nötig sind. Sie müssen nicht nur die Fähigkeit erwerben, das geeignete Arsenal spezialisierter Effektormoleküle herzustellen, wenn sie Antigenen auf Zielzellen begegnen, alle Klassen von bewaffneten T-Effektorzellen durchlaufen außerdem verschiedene Veränderungen, die sie von naiven T-Zellen unterscheiden. Eine der wichtigsten besteht in den Bedingungen für eine Aktivierung: Wenn eine T-Zelle sich zu einer bewaffneten Effektorzelle entwickelt hat, führt ein späteres Zusammentreffen mit ihrem spezifischen Antigen zu einem Immunangriff, ohne daß eine Costimulierung erforderlich ist.

Diese Änderung der Aktivierungsvoraussetzungen gilt für alle Klassen von bewaffneten T-Effektorzellen. Ihre Bedeutung ist bei den cytotoxischen CD8-T-Zellen besonders leicht zu erkennen. Sie müssen auf jede Zelle reagieren, die von einem Virus infiziert wurde, ob diese infizierte Zelle nun ein costimulierendes Molekül exprimieren kann oder nicht. Sogar B-Zellen und Makrophagen, die Antigene aufgenommen haben, weisen oft eine zu geringe costimulierende Aktivität auf, um naive CD4-T-Zellen anzuregen. CD4-T-Effektorzellen müssen diese B-Zellen und Makrophagen effektiv aktivieren können, und der Wechsel von einer Costimulierungsabhängigkeit zu einer Unabhängigkeit stellt sicher, daß jede Zelle, die ein Antigen zeigt, auch eine geeignete T-Zell-Antwort auslösen kann.

Zusätzlich zu den weniger strengen Voraussetzungen für eine Aktivierung sind alle bewaffneten T-Effektorzellen auch empfindlicher für diesen

7.24 Die Aktivierung von T-Zellen verändert die Expression einiger Zelloberflächenmoleküle. Ruhende, naive T-Zellen exprimieren L-Selektin, durch das sie in die Lymphknoten dirigiert werden, sowie relativ wenig Adhäsionsmoleküle, wie CD2, LFA-1, und CD45RA, eine Isoform des CD45 Moleküls mit hohem Molekulargewicht. Bei einer Aktivierung der T-Zelle verändert sich die Expression dieser Moleküle. Aktivierte T-Zellen exprimieren mehr CD2 und LFA-1, wodurch die Avidität der Wechselwirkung der aktivierten T-Zellen mit den potentiellen Zielzellen steigt. Die Expression des L-Selektin-*homing*-Rezeptors stoppt, und statt dessen wird eine größere Menge des Integrins VLA-4 gebildet.

Dieses wirkt als *homing*-Rezeptor für das vaskuläre Endothel an Entzündungsstellen und stellt sicher, daß aktivierte T-Zellen durch periphere Gewebe zirkulieren, wo sie auf Infektionsherde stoßen können. Schließlich verändert sich die Isoform des CD45-Moleküls, das von aktivierten Zellen exprimiert wird, durch alternatives Spleißen des RNA-Transkripts des CD45-Gens, so daß die aktivierte T-Zelle nun die CD45RO-Isoform exprimiert, die sich mit CD4 und dem T-Zell-Rezeptor verbindet. Als Konsequenz dieser Veränderung von CD45 wird die T-Zelle empfindlicher für eine Stimulierung durch geringe Konzentrationen von Peptid:MHC-Komplexen.

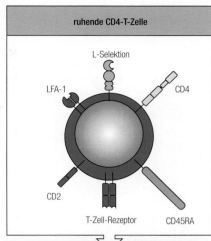

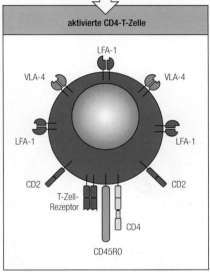

Vorgang, zum Teil aufgrund einer erhöhten Anzahl von LFA-1-und CD2-Molekülen auf diesen Zellen, die eine effektivere Adhäsion an die Zielzellen erlaubt. Das ist wichtig, da die meisten Zellen im Körper nicht so große Mengen von ICAMs oder LFA-3 exprimieren, wie man sie auf professionellen antigenpräsentierenden Zellen findet.

Gleichzeitig steigern Änderungen im Aufbau des T-Zell-Rezeptorkomplexes die Effektivität der Signalübertragung. Die tyrosinspezifische Phosphatase CD45, ein Transmembranmolekül, das, wie wir in Abschnitt 4.27 sahen, von großer Bedeutung für die Signalvermittlung über den T-Zell-Rezeptor ist, wird auf bewaffneten T-Effektorzellen in einer anderen Form ausgebildet. Dies geschieht durch alternatives Spleißen der RNA, die ihre extrazelluläre Domäne codiert. Diese bestimmte Isoform von CD45, die auf bewaffneten T-Effektorzellen exprimiert wird, bringt den T-Zell-Rezeptor mit seinen Corezeptoren zusammen. Man kann zeigen, daß diese Abwandlung die Empfindlichkeit des T-Zell-Rezeptors für das Antigen erhöht.

Schließlich verlieren bewaffnete T-Effektorzellen die L-Selektine an ihrer Zelloberfläche und zirkulieren daher nicht mehr durch die Lymphknoten. Statt dessen exprimieren sie das Integrin VLA-4, das es ihnen erlaubt, an den Entzündungsherden an das vaskuläre Endothel zu binden. Die T-Zellen können nun zu Infektionsstellen im peripheren Gewebe gelangen, wo ihr Arsenal an Effektorproteinen zum Einsatz kommen kann. Diese Veränderungen an der T-Zell-Oberfläche sind in Abbildung 7.24 zusammengefaßt.

7.12 Die Entscheidung, ob die humorale oder die zellvermittelte Immunität dominiert, fällt mit der Differenzierung von CD4-T-Zellen zu Helfer-(T_H2-) oder inflammatorischen (T_H1-)Effektorzellen

Naive CD8-T-Zellen die aus dem Thymus kommen, sind schon dafür vorbestimmt, cytotoxische Zellen zu werden, obwohl sie noch keine der differenzierten Funktionen bewaffneter Effektorzellen exprimieren. Bei CD4-T-Zellen ist die Lage jedoch komplizierter. Sie können entweder zu inflammatorischen Zellen (T_H1) oder zu Helferzellen (T_H2) werden. Die endgültige Entscheidung, welchen Weg die Zelle einschlägt, fällt bei ihrem ersten Zusammentreffen mit dem Antigen. Man vermutet, daß die CD4-T-Zellen bei ihrer Differenzierung ein Zwischenstadium durchlaufen, das als T_H0 bezeichnet wird. Solche Zellen exprimieren einige differenzierte Effektorfunktionen sowohl von inflammatorischen als auch von Helferzellen (Abb. 7.25).

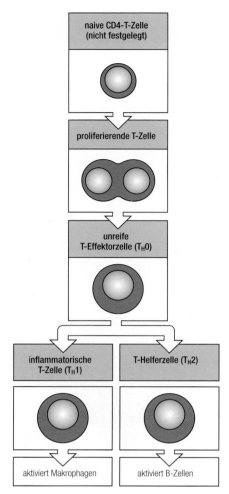

naive CD4-T-Zelle
(nicht festgelegt)

proliferierende T-Zelle

unreife
T-Effektorzelle (T$_H$0)

inflammatorische
T-Zelle (T$_H$1)

T-Helferzelle (T$_H$2)

aktiviert Makrophagen

aktiviert B-Zellen

7.25 Die Aktivierungsstadien der CD4-T-Zellen. Naive T-Zellen reagieren zuerst auf Peptid:MHC-Klasse-II-Komplexe, indem sie IL-2 bilden und proliferieren. Diese Zellen wandeln sich dann in einen Zelltyp um, den man als T$_H$0 bezeichnet. Die T$_H$0-Zelle kann entweder zu einer inflammatorischen CD4-T-Zelle (T$_H$1) oder zu einer CD4-T-Helferzelle (T$_H$2) werden. T$_H$0-Zellen haben vielleicht selbst einige Effektorfunktionen.

7.26 Naive CD8-T-Zellen können durch starke antigenpräsentierende Zellen direkt aktiviert werden. Naive CD8-T-Zellen, die auf einen Peptid:MHC-Klasse-I-Komplex auf der Oberfläche dendritischer Zellen treffen, die viele costimulierende Moleküle exprimieren (Bild 1), werden zur IL-2-Produktion aktiviert und proliferieren als Reaktion darauf (Bild 2). Schließlich differenzieren sie zu bewaffneten cytotoxischen CD8-T-Zellen (nicht abgebildet).

Warum sich eine proliferierende CD4-T-Zelle in eine inflammatorische CD4-T-Zelle oder in eine CD4-Helferzelle umwandelt, weiß man nicht genau. Die Cytokine, die durch infektiöse Agentien hervorgerufen werden, und die Dichte der Peptid:MHC-Liganden haben beide einen Effekt. Mehr darüber werden wir in Kapitel 9 lernen. Die Konsequenzen dieser Entscheidung sind jedenfalls weitreichend: Die selektive Aktivierung von inflammatorischen CD4-T-Zellen führt zu einer zellvermittelten Immunität, während die selektive Produktion von CD4-T-Helferzellen eine humorale Immunität hervorruft. Ein eindrucksvolles Beispiel dafür, wie dieser Unterschied den Verlauf einer Infektion beeinflussen kann, bietet die Lepra, eine Krankheit, die durch eine Infektion mit *Mycobacterium leprae* hervorgerufen wird. *M. leprae*, wie auch *M. tuberculosis*, wächst in Makrophagenvesikeln. Eine effektive Verteidigung des Wirtes erfordert die Aktivierung der Makrophagen durch inflammatorische CD4-T-Zellen. Bei Patienten mit tuberkuloider Lepra, bei der hauptsächlich inflammatorische CD4-T-Zellen induziert werden, findet man wenige lebende Bakterien, und nur wenige Antikörper werden produziert. Obwohl die Haut und die peripheren Nerven durch die inflammatorische Antwort, die mit der Makrophagenaktivierung verbunden ist, geschädigt werden, schreitet die Krankheit langsam voran, und der Patient überlebt meistens. Wenn jedoch hauptsächlich CD4-T-Helferzellen induziert werden, ist die Hauptantwort humoral, die Antikörper können die intrazellulären Bakterien nicht erreichen, und die Patienten entwickeln eine lepromatöse Lepra, bei der *M. leprae* in den Makrophagen ungebremst weiterwachsen, was zu großen, schließlich tödlichen Gewebezerstörungen führt.

7.13 Naive CD8-T-Zellen können auf unterschiedlichen Wegen aktiviert werden, sich in bewaffnete cytotoxische Effektorzellen umzuwandeln

Naive CD8-T-Zellen können sich nur zu cytotoxischen Zellen differenzieren. Vielleicht weil ihre Effektoraktionen so destruktiv sind, benötigen sie eine stärkere Costimulierung als naive CD4-T-Zellen. Diese Bedingung kann auf zwei Arten erfüllt werden. Die einfachste ist durch Aktivierung auf antigenpräsentierenden Zellen, wie zum Beispiel dendritischen Zellen, die starke costimulierende Eigenschaften haben. Diese Zellen können die CD8-T-Zellen direkt anregen, das IL-2 zu synthetisieren, das ihre eigene Proliferation und Differenzierung antreibt (Abb. 7.26).

Reaktionen cytotoxischer T-Zellen gegen einige Viren und Gewebetransplantate scheinen jedoch die Anwesenheit von CD4-T-Zellen während der Aktivierung der naiven CD8-T-Zellen zu erfordern. Bei diesen Antworten

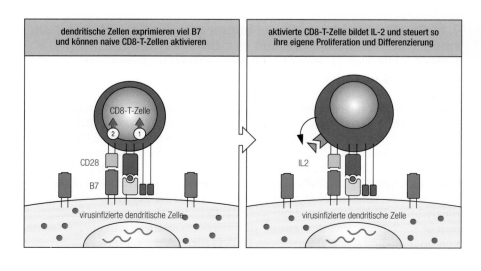

dendritische Zellen exprimieren viel B7 und können naive CD8-T-Zellen aktivieren

CD8-T-Zelle

CD28

B7

virusinfizierte dendritische Zelle

aktivierte CD8-T-Zelle bildet IL-2 und steuert so ihre eigene Proliferation und Differenzierung

IL2

virusinfizierte dendritische Zelle

müssen sowohl die naive CD8-T-Zelle als auch die CD4-T-Zelle Antigene auf der Oberfläche derselben antigenpräsentierenden Zelle erkennen. Man vermutet, daß in diesem Fall die CD4-T-Zellen nötig sind, um eine Costimulierung der antigenpräsentierenden Zellen zu ergänzen, die für die direkte Aktivierung der CD8-T-Zellen unzureichend ist. Dieser kompensatorische Effekt könnte auf zwei Wegen erreicht werden. Falls die CD4-T-Zelle eine bewaffnete Effektorzelle ist, könnte sie die antigenpräsentierende Zelle dazu aktivieren, eine stärker costimulierende Aktivität zu entwickeln. (Wir werden noch sehen, daß dies eine der Aufgaben der spezialisierten Moleküle ist, die von CD4-Effektorzellen gebildet werden). Dies würde es der antigenpräsentierenden Zelle ermöglichen, auf eine CD8-T-Zelle costimulierend einzuwirken (Abb. 7.27, linke Spalte).

Andererseits könnte die CD4-T-Zelle eine naive oder T-Gedächtniszelle sein, die als Antwort auf ein Antigen IL-2 und geringe Mengen costimulierender Moleküle sezerniert. Da für die Induktion der IL-2-Rezeptoren eine Bindung der Liganden an die Rezeptoren ausreicht, könnte die CD8-T-Zelle IL-2-Rezeptoren exprimieren, obwohl sie das IL-2, das sie zur Proliferation benötigt, nicht selbst produzieren kann. Das IL-2 stammt in diesem Fall statt dessen von einer benachbarten, reagierenden CD4-T-Zelle (Abb. 7.27, rechte Spalte). Es ist bekannt, daß bei IL-2-Zugabe kein costimulierendes Signal mehr für die CD8-T-Zell-Aktivierung nötig ist. Dies stimmt mit der Erkenntnis überein, daß die wesentliche costimulierende Funktion bei T-Zellen darin besteht, ausreichend IL-2 für die Steuerung der klonalen Expansion zu produzieren. Dadurch können sie sich zu bewaffneten T-Effektorzellen differenzieren.

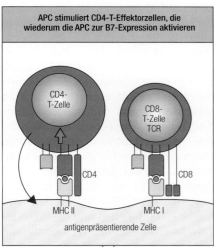

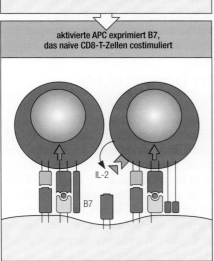

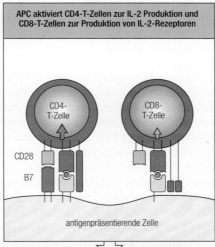

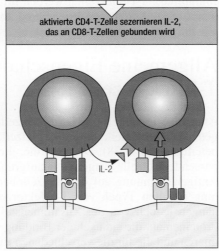

7.27 Einige CD8-T-Zell-Reaktionen benötigen CD4-T-Zellen. CD8-T-Zellen, die ein Antigen auf nur schwach costimulierenden Zellen erkennen, können nur in Gegenwart von CD4-T-Zellen, die an dieselbe antigenpräsentierende Zelle (APC) gebunden sind, aktiviert werden. Es gibt zwei Wege, auf denen die CD4-T-Zellen zur Aktivierung der CD8-T-Zellen beitragen könnten. Eine CD4-T-Effektorzelle erkennt vielleicht ein Antigen auf der antigenpräsentierenden Zelle und wird so angeregt, eine höhere costimulierende Aktivität auf der antigenpräsentierenden Zelle zu induzieren, die daraufhin die CD8-T-Zelle aktiviert, ihr eigenes IL-2 zu bilden (linke Spalte). Alternativ dazu könnte eine naive CD4-T-Zelle, die durch eine antigenpräsentierende Zelle aktiviert wurde, das IL-2 liefern, das für die Proliferation und Differenzierung der CD8-T-Zelle nötig ist (rechte Spalte). Welcher von beiden Mechanismen *in vivo* abläuft, ist nicht bekannt.

Zusammenfassung

Der entscheidende erste Schritt der adaptiven Immunantwort ist die Aktivierung naiver antigenspezifischer T-Zellen durch professionelle antigenpräsentierende Zellen. Das besondere Merkmal der professionellen antigenpräsentierenden Zellen ist die Expression costimulierender Faktoren, von denen das B7 Molekül am besten charakterisiert ist. Naive T-Zellen antworten auf ein Antigen nur, wenn dieselbe Zelle dem T-Zell-Rezeptor das spezifische Antigen und gleichzeitig CD28 das B7-Molekül präsentiert. CD28 befindet sich auf der T-Zelle und ist der Ligand von B7. Die drei Zelltypen, die als antigenpräsentierende Zelle fungieren können, sind Makrophagen, dendritische Zellen und B-Zellen. Jede dieser Zellen hat bei der Immunantwort eine andere Funktion. Makrophagen nehmen einzelne Antigene auf, und sie werden durch infektiöse Antigene dazu induziert, MHC-Klasse-II-Moleküle und eine costimulierende Aktivität zu exprimieren. Dendritische Zellen exprimieren konstitutiv sowohl MHC-Klasse-II-Moleküle als auch costimulierende Faktoren. Möglicherweise sind sie darauf spezialisiert, Pathogene, wie zum Beispiel einige Viren, zu präsentieren, die bei Makrophagen keine costimulierende Aktivität induzieren. Die einzigartige Fähigkeit von B-Zellen, lösliche Proteinantige, die an ihre Rezeptoren binden, zu konzentrieren, könnte wichtig sein, um T-Zellen gegen diese Klasse von Antigenen zu aktivieren, vorausgesetzt, daß auch costimulierende Moleküle auf den B-Zellen induziert werden. Die Aktivierung von T-Zellen durch professionelle antigenpräsentierende Zellen führt zu ihrer Proliferation und zur Differenzierung ihrer Nachkommen zu bewaffneten Effektorzellen. Diese Vorgänge sind von der Produktion des T-Zell-Wachstumsfaktors IL-2 und dessen Bindung an einen hochaffinen Rezeptor auf der aktivierten T-Zelle abhängig. T-Zellen, deren Rezeptoren ihre Liganden ohne gleichzeitige costimulierende Signale binden, produzieren kein IL-2. Sie werden statt dessen anergisch. Diese beiden Vorbedingungen, Rezeptorbindung und Costimulierung, sorgen dafür, daß naive T-Zellen nicht auf Antigene auf eigenem Gewebe reagieren, das keine costimulierenden Faktoren aufweist. Proliferierende T-Zellen entwickeln sich zu bewaffneten T-Effektorzellen, das entscheidende Ereignis der meisten adaptiven Immunantworten. Wenn ein expandierter Klon von T-Zellen einmal die Effektorfunktion erreicht hat, können seine Nachkommen auf jede Zielzelle reagieren, die Antigene an ihrer Oberfläche trägt. Dies erlaubt es den bewaffneten T-Effektorzellen, jede Zelle zu erkennen, die das Antigen trägt, ob es nun eine professionelle antigenpräsentierende Zelle ist oder nicht. T-Effektorzellen können eine Vielzahl von Funktionen ausüben. Die wichtigsten sind das Töten infizierter Zellen durch cytotoxische CD8-T-Zellen und die Aktivierung von Makrophagen durch inflammatorische CD4-T-Zellen (zellvermittelte Immunität). T-Helferzellen werden für die Aktivierung von B-Zellen benötigt, damit diese Antikörper produzieren können (humorale Immunantwort).

Allgemeine Eigenschaften bewaffneter T-Effektorzellen

An allen Funktionen von T-Effektorzellen ist die Wechselwirkung einer bewaffneten T-Effektorzelle mit einer Zielzelle, die ein spezifisches Antigen vorzeigt, beteiligt (Abb. 7.28). Die Proteine, die diese T-Zellen freisetzen, sind auf die passende Zielzelle ausgerichtet aufgrund von Mechanismen, die die spezifische Antigenerkennung auf der Zielzelloberfläche auslöst. Diese gezielte Ausrichtung ist allen Typen von T-Effektorzellen gemeinsam. Ihre Effektoraktionen hängen jedoch von der Zusammenstellung von Membranen und sezernierten Proteinen ab, die sie nach der Bindung von Liganden an ihre Rezeptoren exprimieren und die für die verschiedenen Effektorzelltypen spezifisch sind.

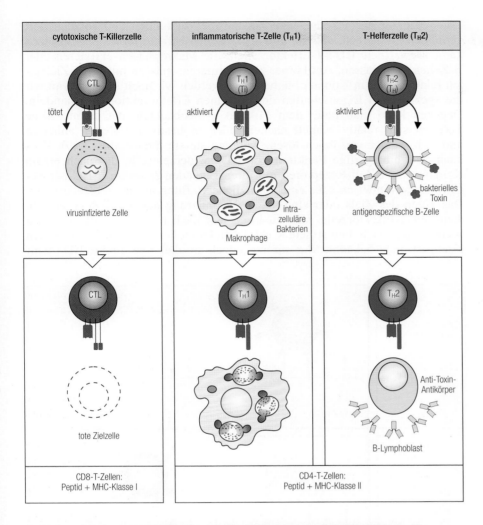

7.28 Es gibt drei Klassen von T-Effektorzellen, die auf drei Klassen von Krankheitserregern spezialisiert sind. Cytotoxische CD8-Zellen (linke Spalte) töten Zielzellen, die Antigenfragmente von cytosolischen Pathogenen, hauptsächlich Viren, an MHC-Klasse-I-Moleküle gebunden auf der Zelloberfläche tragen. Inflammatorische CD4-T-Zellen (T$_H$1, mittlere Spalte) und CD4-T-Helferzellen (T$_H$2, rechte Spalte) exprimieren beide den CD4-Corezeptor und erkennen Fragmente von Antigenen, die in intrazellulären Vesikeln abgebaut wurden und an der Zelloberfläche von MHC-Klasse-II-Molekülen präsentiert werden. Nach der Aktivierung stimulieren die inflammatorischen CD4-T-Zellen Makrophagen, die danach intrazelluläre Mikroorganismen effektiver zerstören können. CD4-T-Helferzellen dagegen regen B-Zellen zur Differenzierung und Sekretion von Immunglobulinen an, den Effektormolekülen der humoralen Immunantwort.

7.14 Antigenunspezifische Zelladhäsionsmoleküle lösen die Interaktionen zwischen T-Effektorzellen und Zielzellen aus

Wenn eine T-Effektorzelle ihre Differenzierung im lymphatischen Gewebe abgeschlossen hat, muß sie die Zielzellen mit dem spezifischen Peptid:MHC-Komplex finden, den sie erkennt. Dies geschieht in zwei Schritten: Zuerst verlassen die bewaffneten T-Effektorzellen den Ort ihrer Aktivierung in den lymphatischen Geweben und gelangen in das Blut. Anschließend wandern sie aufgrund der Zelloberflächenveränderungen, die während der Differenzierung aufgetreten sind, in die peripheren Gewebe, besonders an die Orte einer Infektion. Dorthin werden sie durch Veränderungen der Adhäsionsmoleküle geleitet, die auf dem Endothel der lokalen Blutgefäße exprimiert werden, wie wir in Kapitel 9 sehen werden.

Die erstmalige Bindung einer T-Effektorzelle an ihr Ziel, ähnlich der einer naiven T-Zelle an antigenpräsentierende Zellen, ist ein antigenunspezifischer Vorgang, den die Adhäsionsmoleküle LFA-1 und CD2 vermitteln. Die Menge an LFA-1 und CD2 ist jedoch auf bewaffneten T-Effektorzellen zwei- bis viermal höher als auf naiven T-Zellen. Daher können T-Effektorzellen an Zielzellen binden, die weniger ICAMs und LFA-3 auf ihrer Zelloberfläche aufweisen als professionelle antigenpräsentierende Zellen. Diese Wechselwirkung ist, wieder ähnlich der zwischen naiven T-Zellen und antigenpräsentierenden Zellen, normalerweise nur vorübergehend, außer eine spezifische Erkennung von Antigen auf der Zielzelle bewirkt eine Veränderung der Affinität von LFA-1 für seine Liganden auf der Zielzelloberfläche.

Das veranlaßt die T-Zelle, enger an ihr Ziel zu binden und solange dort gebunden zu bleiben, daß sie ihre spezifischen Effektormoleküle freisetzen kann. Bewaffnete CD4-T-Effektorzellen, die Makrophagen aktivieren oder B-Zellen veranlassen, Antikörper zu sezernieren, müssen mit ihren Zielzellen relativ lange in Kontakt bleiben. Das werden wir noch sehen, wenn wir die spezifischen Eigenschaften der einzelnen Effektoraktionen behandeln. Dagegen kann man unter dem Mikroskop beobachten, daß cytotoxische T-Zellen sich relativ schnell nacheinander an bestimmte Zellen anheften und sich wieder von ihnen lösen, während sie sie töten (Abb. 7.29). Dies kann eine einzigartige Funktion von CD8 widerspiegeln, das nach einem Kontakt von T-Zell-Rezeptoren mit ihren Liganden fester an MHC-Klasse-I-Moleküle bindet und für eine zusätzliche Haftung an der Zielzelle sorgt. Das Töten des Ziels oder eine lokale Veränderung auf der T-Zelle erlaubt dann der T-Effektorzelle, sich zu lösen und nach neuen Angriffszielen zu suchen. Wie sich bewaffnete CD4-T-Effektorzellen von ihren Zielzellen lösen, ist nicht bekannt. Man nimmt jedoch an, daß eine direkte CD4-Bin-

7.29 Interaktionen von T-Zellen mit ihren Zielzellen werden ausgelöst durch unspezifische Adhäsionsmoleküle, deren Bindung durch spezifische Wechselwirkungen erhöht wird.
Der erste Kontakt zwischen T-Zellen und ihren potentiellen Zielzellen schließt antigenunspezifische adhäsive Interaktionen ein. Die wichtigste Wechselwirkung erfolgt zwischen LFA-1, das auf der T-Zelle exprimiert wird, hier als cytotoxische CD8-T-Zelle dargestellt, und ICAM-1, ICAM-2 oder ICAM-3, die von der Zielzelle gebildet werden. Diese Bindung erlaubt der T-Zelle, mit der Zielzelle in Kontakt zu bleiben und so ihre Oberfläche nach spezifischen Peptid:MHC-Komplexen abzusuchen. Falls die Zielzelle das spezifische Antigen nicht vorzeigt, löst sich die T-Zelle von ihr und überprüft andere potentielle Zielzellen. Falls die Zielzelle das spezifische Antigen exprimiert (wie die rechte), dann verstärkt die Signalgebung durch den T-Zell-Rezeptor die Affinität der adhäsiven Interaktionen, wodurch der Kontakt zwischen den beiden Zellen verlängert wird, und sie stimuliert die T-Zelle, ihre Effektormoleküle freizusetzen, die in diesem Fall die Zielzellen töten.

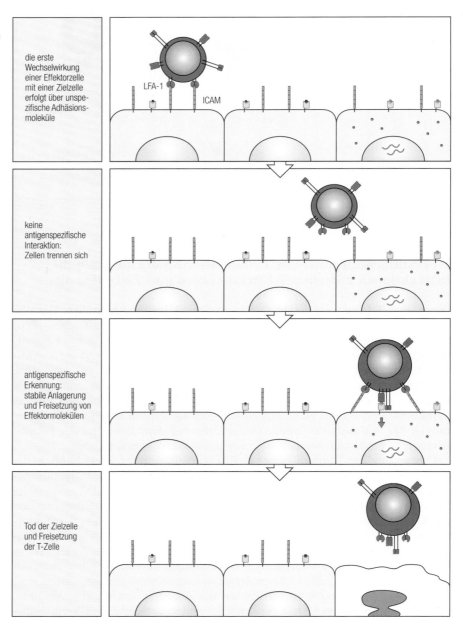

die erste Wechselwirkung einer Effektorzelle mit einer Zielzelle erfolgt über unspezifische Adhäsionsmoleküle

LFA-1   ICAM

keine antigenspezifische Interaktion: Zellen trennen sich

antigenspezifische Erkennung: stabile Anlagerung und Freisetzung von Effektormolekülen

Tod der Zielzelle und Freisetzung der T-Zelle

dung an MHC-Klasse-II-Moleküle auf Zellen, die keine Antigene aufweisen, das Signal für die Ablösung gibt.

7.15 Der T-Zell-Rezeptorkomplex steuert die Freisetzung der Effektormoleküle und dirigiert sie zur Zielzelle

Der Kontakt des T-Zell-Rezeptors mit Antigenen, die von MHC-Molekülen auf einer Zielzelle präsentiert werden, steigert nicht nur die Stärke, mit der die T-Zelle an diese bindet. Sie gibt auch das Signal für eine Reorganisation des Cytoskeletts, die die Effektorzelle so polarisiert, daß die Freisetzung von Effektormolekülen sich auf die Stelle des Kontaktes mit der spezifischen Zielzelle konzentriert (Abb. 7.30). Der antigenspezifische T-Zell-Rezeptor kontrolliert also die Effektoraktionen der T-Zelle auf drei Arten: Er bewirkt eine stabile Bindung zwischen den Effektorzellen und ihren Angriffszielen, so daß sich die Effektormoleküle auf engem Raum konzentrieren können; er löst die Freisetzung der Effektormoleküle aus und er richtet diese auf das antigentragende Ziel hin aus. All diese Mechanismen führen dazu, daß die Effektormoleküle selektiv auf die Zellen einwirken, die das spezifische Antigen tragen, obwohl sie selbst nicht antigenspezifisch sind.

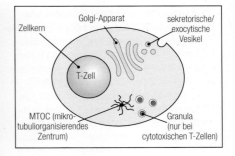

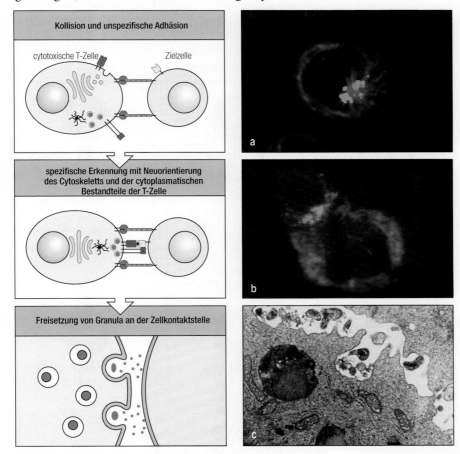

7.30 Die Polarisierung von T-Zellen während der Erkennung von spezifischen Antigenen erlaubt, daß die Cytokinfreisetzung und die Effektormolekülexpression gegen die antigentragende Zielzelle ausgerichtet werden. In T-Zellen, wie in allen kernhaltigen Zellen, gibt es eine Reihe Organellen, wie den Golgi-Apparat, das mikrotubuliorganisierende Zentrum (MTOC) und verschiedene Populationen von Vesikeln, wie oben rechts im Bild gezeigt ist. Die Bindung einer T-Zelle an ihre Zielzelle verursacht eine Polarisierung der T-Zelle (hier gezeigt für eine cytotoxische CD8-Zelle): Das Cytoskelett wird neu orientiert, um den Golgi-Apparat und das MTOC zur Zielzelle hin auszurichten. Die Proteinsekretion ist daher spezifisch gegen die Zielzelle gerichtet. Dies wird hier für Granula gezeigt, die von einer cytotoxischen T-Zelle freigesetzt werden (linke Spalte). Die mikroskopische Aufnahme a zeigt lytische Granula mit einer Anfärbung für Granzym A (grün), die sich um das MTOC, mit Antitubulin-Antikörpern (rot) markiert, herum ansammeln. Bild b zeigt eine cytotoxische Zelle, die eine Zielzelle tötet, wobei sich die Granula am Übergang zur Zielzelle befinden. Bild c zeigt die Freisetzung von Granula. (Photos a und b: G. Griffiths; Photo c: E. R. Podack.)

7.16 Die Effektorfunktionen der T-Zellen werden durch die Expression von membrangebundenen und sezernierten Molekülen vermittelt

Die meisten der am besten verstandenen Funktionen der bewaffneten T-Effektorzellen beruhen auf sezernierten Molekülen, deren Freisetzung durch die spezifische Antigenerkennung angeregt wird. Diese Moleküle unterteilen sich in zwei große Gruppen: **Cytotoxine**, die von cytotoxischen CD8-T-Zellen und von einigen inflammatorischen CD4-Zellen freigesetzt werden; und **Cytokine**, die von allen T-Effektorzellen abgegeben werden und die als die entscheidenden Mediatoren der CD4-T-Zell-Effektoraktionen gelten. Die Cytotoxine sind nicht spezifisch und können auf jede Zelle einwirken. Die Cytokine benötigen spezifische Rezeptoren auf der Zielzelle. Die wichtigsten Effektoraktionen der CD4-Zellen richten sich daher gegen bestimmte Zellen, die solche Rezeptoren exprimieren.

Außer diesen sezernierten Mediatoren, die wir später genauer betrachten werden, exprimierten alle drei Klassen von T-Effektorzellen membran-assoziierte Effektormoleküle, deren Bildung, wie die der Cytokine, durch

7.31 Die drei wichtigsten Arten von bewaffneten T-Effektorzellen produzieren verschiedene Effektormoleküle. CD8-T-Zellen sind überwiegend Killerzellen, die Peptide von Pathogenen aus dem Cytosol erkennen, die an MHC-Klasse-I-Moleküle gebunden sind. Sie setzen Perforin-1 frei, das Löcher in die Membranen der Zielzellen bohrt, Granzyme, das sind Proteasen, und oft auch Interferon-γ. Das membrangebundene Effektormolekül auf CD8-T-Zellen ist vermutlich der Ligand für Fas, einen Rezeptor, dessen Aktivierung eine Apoptose hervorruft. CD4-T-Zellen erkennen Peptide, die an MHC-Klasse-II-Moleküle gebunden sind. Es gibt zwei funktionelle Typen: Inflammatorische CD4-T-Zellen (T$_H$1) sind auf die Aktivierung von Makrophagen spezialisiert, die Pathogene enthalten oder aufnehmen, sie sezernieren Interferon-γ und andere Effektormoleküle, und man nimmt an, daß sie membrangebundenes TNF exprimieren. CD4-T-Helferzellen (T$_H$2) sind auf die B-Zell-Aktivierung spezialisiert und sezernieren die Wachstumsfaktoren IL-4, IL-5 und IL-6, die alle bei der Aktivierung und Differenzierung von B-Zellen eine Rolle spielen. Sie exprimieren außerdem den CD40-Liganden, ein membrangebundenes Effektormolekül, das an CD40 auf der B-Zelle bindet und die Proliferation induziert.

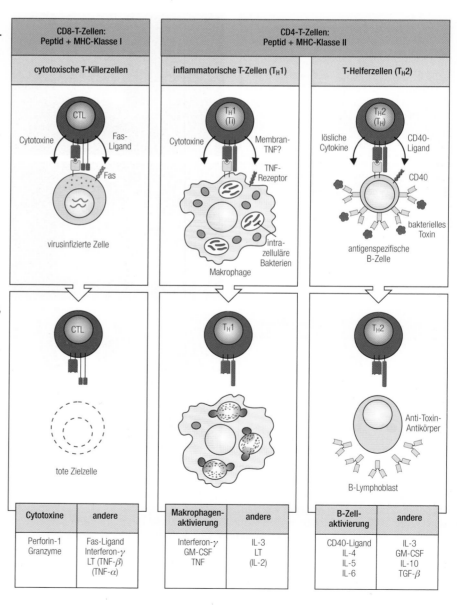

Cytotoxine	andere
Perforin-1 Granzyme	Fas-Ligand Interferon-γ LT (TNF-β) (TNF-α)

Makrophagen-aktivierung	andere
Interferon-γ GM-CSF TNF	IL-3 LT (IL-2)

B-Zell-aktivierung	andere
CD40-Ligand IL-4 IL-5 IL-6	IL-3 GM-CSF IL-10 TGF-β

die Erkennung von Antigen auf der Zielzelle ausgelöst wird. Aus diesem Grunde kann man mit Überständen von aktivierten T-Zellen selten den vollen Effekt reproduzieren, selbst wenn man sie in hohen Konzentrationen einsetzt. Man nimmt an, daß diese Zelloberflächeneffektormoleküle membrangebundene Formen von Molekülen sind, die zur Familie der Tumornekrosefaktoren (TNF) gehören und daß ihre Rezeptoren auf den Zielzellen zur Familie der TNF-Rezeptoren gehören. Man weiß jedoch nur, daß dies für die T-Helferzellen und für die cytotoxischen T-Zellen zutrifft. Bei T-Helferzellen ist der TNF-verwandte Partner ein Membranmolekül, das als CD40-Ligand bezeichnet wird. Sein Rezeptor auf der B-Zelle ist CD40. Bei cytotoxischen T-Zellen ist der TNF-verwandte Partner ein Molekül, das als Fas-Ligand bezeichnet wird und das an einen Fas genannten Rezeptor auf der Zielzelle bindet. Wir werden den CD40-Liganden und die Effektoraktionen der T-Helferzellen später in Kapitel 8 behandeln. In Abbildung 7.31 sind die Effektoraktionen und die wichtigsten Effektormoleküle aller drei funktionalen Klassen von T-Effektorzellen zusammengefaßt. Die Cytokine bilden eine vielfältige Gruppe von Molekülen, über die wir einen kurzen Überblick geben, bevor wir die T-Zell-Cytokine und ihren spezifischen Beitrag zu den Effektoraktionen der cytotoxischen und inflammatorischen T-Zellen besprechen.

7.17 Cytokine können lokal oder über eine Entfernung wirken

Cytokine sind kleine, lösliche Proteine, die von einer Zelle gebildet werden und das Verhalten oder die Eigenschaften einer anderen Zelle verändern. Sie werden von vielen Zellen, nicht nur denen des Immunsystems, freigesetzt. Die Cytokine aus phagocytierenden Zellen werden wir in Kapitel 9 behandeln, zusammen mit den inflammatorischen Reaktionen, die einen wichtigen Teil zur angeborenen Immunität beitragen. Die Cytokine, die die Effektorfunktionen von CD4-T-Zellen vermitteln, sollen an dieser Stelle besprochen werden. Als **Lymphokine** bezeichnet man die Cytokine, die von Lymphocyten gebildet werden. Diese Nomenklatur kann jedoch verwirren, da einige Lymphokine auch von nichtlymphatischen Zellen sezerniert werden. Wir werden daher für alle nur den Begriff „Cytokine" verwenden. Die meisten Cytokine, die von T-Zellen produziert werden, bezeichnet man mit **Interleukin (IL)** und einer Zahl. Interleukin-2 kennen wir bereits. Immunologisch interessante Cytokine sind im Anhang II aufgelistet.

Wenn man sie in hohen Konzentrationen *in vitro* testet, zeigen die meisten Cytokine viele verschiedene biologische Effekte. Das macht einfache Aussagen über ihre Funktion schwierig. Allerdings hat kürzlich die gezielte Zerstörung von Cytokingenen in sogenannten Knock-out-Mäusen (Abschnitt 2.38) geholfen, ihre physiologische Rolle zu klären. Die wichtigsten Auswirkungen der Cytokine, die von T-Effektorzellen gebildet werden, sind in Abbildung 7.32 aufgeführt. Da die Wirkungen eines Cytokins von der Zielzelle abhängen, sind sie im Hinblick auf den Typ des Angriffsziels beschrieben: B-Zellen, T-Zellen, Makrophagen, Gewebezellen und hämatopoetische Zellen.

Das wichtigste Cytokin, das von CD8-T-Effektorzellen freigesetzt wird, ist IFN-γ, das die virale Replikation hemmen kann. Die wichtigsten Cytokine, die von den verschiedenen Klassen der CD4-T-Effektorzellen gebildet werden, sind in Abbildung 7.33 zusammengefaßt. Inflammatorische T-Zellen und T-Helferzellen synthetisieren unterschiedliche Sätze von Cytokinen, die sich aber zum Teil überschneiden und die ihre unterschiedlichen Aufgaben definieren. Die T_H0-Zellen, von denen diese beiden funktionalen Klassen vermutlich abstammen, bilden ebenfalls Cytokine (außer IL-2) und üben möglicherweise selbst irgendeine Funktion aus. Die meisten Cytokine

Cytokin	gebildet von	Wirkung auf				
		B-Zellen	T-Zellen	Makrophagen	hämatopoetische Zellen	andere somatische Zellen
Interleukin-4 (IL-4)	T_H2	Aktivierung, Wachstum, Ig G1, IgE-Antwort, ↑ MHC-Klasse-II-Induktion	Wachstum, Überleben	inhibiert Makrophagen-aktivierung	↑ Wachstum von Mastzellen	–
Interleukin-5 (IL-5)	T_H2	Differenzierung, IgA-Synthese	–	–	↑ Wachstum u. Differenzierung v. Eosinophilen	–
Interleukin-6 (IL-6)	T_H2	Wachstum und Differenzierung	Costimulator (Abb. 9.14)	–	induziert colony-stimulating factor	Freisetzung v. Proteinen der akuten Phase (Abb. 9. 15)
Interleukin-10 (IL-10)	T_H2	↑ MHC-Klasse II	inhibiert T_H1	inhibiert Cytokinfreisetzung	costimuliert Mastzellwachstum	–
Interleukin-2 (IL-2)	T_H1, einige CTL	stimuliert Wachstum und Synthese der J-Kette	Wachstum	–	stimuliert NK-Zell-Wachstum	–
Interferon-γ (IFN-γ)	T_H1, CTL	Differenzierung, IgG2a-Synthese	tötet	Aktivierung, ↑ MHC-Klasse I und -Klasse II	aktiviert NK-Zellen	antiviral, ↑ MHC-Klasse I und -Klasse II
Lymphotoxin (LT, TNF-β)	T_H1, einige CTL	inhibiert	tötet	aktiviert und induziert NO-Produktion	aktiviert Neutrophile	tötet Fibroblasten und Tumorzellen
Interleukin-3 (IL-3)	T_H1, T_H2, einige CTL	–	–	–	Wachstumsfaktor für viele hämatopoetische Zellen (Multi-CSF)	–
TNF-α	T_H1, einige T_H2, einige CTL			aktiviert und induziert NO-Produktion		
Granulocyten-Makrophagen-colony-stimulating factor (GM-CSF)	T_H1, einige T_H2, einige CTL	Differenzierung	inhibiert das Wachstum	Aktivierung	Stimulierung der Bildung von Granulocyten und Makrophagen (Myelopoese)	
transformierender Wachstumsfaktor-β (TGF-β)	T-Zellen Makrophagen	inhibiert Wachstum, IgA-Wechsel-Faktor	–	inhibiert Aktivierung	aktiviert Neutrophile	inhibiert/stimuliert Zellwachstum

7.32 Nomenklatur und Funktionen gut definierter T-Zell-Cytokine. Die wichtigsten Aufgaben sind in Kästchen aufgeführt. Jedes Cytokin zeigt vielfältige Auswirkungen auf verschiedene Zelltypen. Das Gemisch von Cytokinen, das von einer bestimmten Zelle produziert wird, erzeugt über ein sogenanntes Cytokinnetzwerk vielfältige Wirkungen. Die wichtigsten Aktivitäten der Effektorcytokine sind rot unterlegt. (↑ = Anstieg.)

wirken lokal und unterstützen so membrangebundene Effektoren auf den spezifischen Zielzellen, mit denen sie in Kontakt sind. T-Helferzellen (T_H2) sezernieren IL-4, IL-5, IL-6 und IL-10, die alle B-Zellen aktivieren; inflammatorische T-Zellen (T_H1) bilden Interferon-γ (IFN-γ), das wichtigste makrophagenaktivierende Cytokin, und Lymphotoxin (LT) oder TNF-β, das auf einige Zellen direkt cytotoxisch wirkt.

Einige Cytokine agieren jedoch auch über eine Entfernung. IL-3 und GM-CSF zum Beispiel, die von beiden Typen von CD4-T-Effektorzellen gebildet werden, helfen bei einer Infektion, Effektorzellen zu rekrutieren. Sie wirken auf Knochenmarkzellen ein und stimulieren so die **Myelopoese**, also die Produktion von Makrophagen und Granulocyten. Das sind wichtige Effektorzellen der humoralen und der zellvermittelten Immunität, wie

7.33 Inflammatorische CD4-T-Zellen (T_H1), CD4-T-Helferzellen (T_H2) und ihre T_H0-Vorläufer sezernieren verschiedene, jedoch sich überschneidende Kollektionen von Cytokinen. GM-CSF und IL-3, die von inflammatorischen und CD4-T-Helferzellen abgegeben werden, besitzen eine Fernwirkung auf hämatopoetische Zellen im Knochenmark. Die Cytokine, die nur von den inflammatorischen CD4-T-Zellen freigesetzt werden, aktivieren Makrophagen, die nur von CD4-T-Helferzellen freigesetzten dagegen B-Zellen.

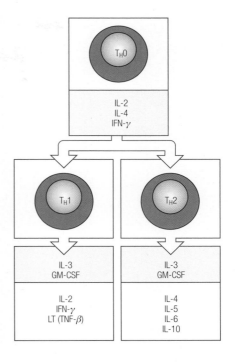

wir noch sehen werden. Ob die lokale oder entfernte Cytokinwirkung von der Menge der freigesetzten Cytokine abhängt oder von ihrer Stabilität *in vivo*, ist noch nicht bekannt.

Die Cytokine reagieren mit Rezeptoren, die man aufgrund genetischer, struktureller und funktioneller Ähnlichkeiten in vier Familien einteilen konnte (Abb. 7.34). Entsprechend kann man auch die Cytokine aufgrund ihrer Struktur, der Kopplung ihrer Gene und der Zellen, aus denen sie stammen, unterscheiden. Wichtige Cytokine, die von den T_H2-Zellen produziert werden, sind zum Beispiel IL-3, IL-5 und GM-CSF, die strukturell verwandt sind und deren Gene im Genom dicht beieinanderliegen. Sie binden außerdem an eng verwandte Rezeptoren, die eine gemeinsame β-Kette haben. Dies trifft auch auf andere Cytokingruppen zu, so daß man annimmt, daß sich die Vielfalt der Cytokine und ihrer Rezeptoren während der Evolution der zunehmend spezialisierten Effektorfunktionen gemeinsam entwickelt hat.

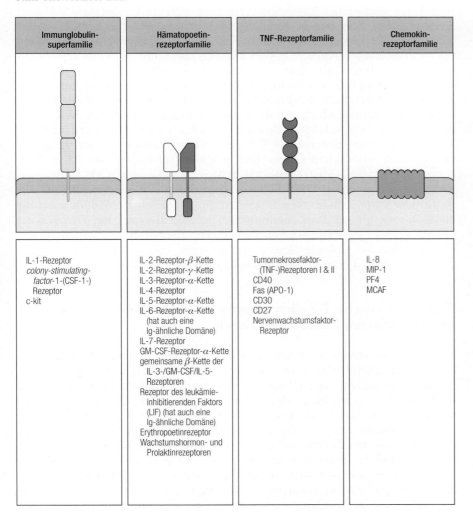

Immunglobulin-superfamilie	Hämatopoetin-rezeptorfamilie	TNF-Rezeptorfamilie	Chemokin-rezeptorfamilie
IL-1-Rezeptor *colony-stimulating-factor*-1-(CSF-1-) Rezeptor c-kit	IL-2-Rezeptor-β-Kette IL-2-Rezeptor-γ-Kette IL-3-Rezeptor-α-Kette IL-4-Rezeptor IL-5-Rezeptor-α-Kette IL-6-Rezeptor-α-Kette (hat auch eine Ig-ähnliche Domäne) IL-7-Rezeptor GM-CSF-Rezeptor-α-Kette gemeinsame β-Kette der IL-3-/GM-CSF/IL-5-Rezeptoren Rezeptor des leukämie-inhibitierenden Faktors (LIF) (hat auch eine Ig-ähnliche Domäne) Erythropoetinrezeptor Wachstumshormon- und Prolaktinrezeptoren	Tumornekrosefaktor-(TNF-)Rezeptoren I & II CD40 Fas (APO-1) CD30 CD27 Nervenwachstumsfaktor-Rezeptor	IL-8 MIP-1 PF4 MCAF

7.34 Cytokinrezeptorgene gehören zu vier Familien von Rezeptorproteinen, jede mit einer anderen Struktur. Einige Cytokinrezeptoren sind Mitglieder der Immunglobulinsuperfamilie, einige gehören zur Hämatopoetinrezeptorfamilie, einige zur Tumornekrosefaktor-(TNF-)Familie und einige sind Mitglieder der Chemokinrezeptorfamilie, die sich alle voneinander unterscheiden. Jedes Familienmitglied stellt wiederum eine Variante dar mit anderer Spezifität und anderen Funktionen in der Zelle, auf der es exprimiert wird. Im Fall der Hämatopoetinrezeptorfamilie definiert oft eine α-Kette die Ligandenspezifität des Rezeptors, während die β-Kette für die intrazelluläre Signalgebung zuständig ist. Bei der TNF-Rezeptorfamilie sind die Liganden wahrscheinlich eher mit der Zellmembran assoziiert und werden nicht sezerniert. Von den hier aufgelisteten Rezeptoren wurden einige bereits erwähnt, andere kommen in späteren Kapiteln vor, und einige sind wichtige Beispiele aus anderen biologischen Systemen. In den Diagrammen sind die Rezeptoren so gezeigt, wie sie in diesem Buch dargestellt werden.

Zusammenfassung

Wechselwirkungen zwischen bewaffneten T-Effektorzellen und ihren Angriffszielen beginnen mit einem vorübergehenden unspezifischen Kontakt zwischen den Zellen. T-Zell-Effektorfunktionen werden nur ausgelöst, wenn der Rezeptor der bewaffneten T-Effektorzelle auf der Oberfläche der Zielzelle Peptid:MHC-Komplexe erkennt. Danach binden die bewaffneten T-Effektorzellen fester an die antigentragende Zielzelle und schicken ihre Effektormoleküle direkt zu ihr, was zu ihrer Aktivierung oder zu ihrem Tod führt. Welche Folgen die Antigenerkennung durch eine bewaffnete T-Effektorzelle hat, hängt von den Molekülen ab, die sie nach der Stimulierung freisetzt. Häufig handelt es sich dabei um Cytokine. CD4-T-Helferzellen (T_H2) sezernieren B-Zell-aktivierende Cytokine, während die Cytokine der inflammatorischen CD4-T-Zellen (T_H1) Makrophagen aktivieren. CD8-T-Killerzellen setzen IFN-γ frei. CD8-T-Zellen sezernieren außerdem Cytotoxine, ihre wichtigsten Effektormoleküle. Die Cytokine reagieren mit Cytokinrezeptoren, die lokal auf der Zielzelle exprimiert werden oder über eine Entfernung auf hämatopoetische Zellen. Auf der Wirkung von Cytokinen auf Zellen über Cytokinrezeptoren zusammen mit der von Cytotoxinen, die von CD8-Zellen gebildet werden, beruhen die Effektorfunktionen der T-Zellen.

T-Zell-vermittelte Cytotoxizität

Alle Viren und einige Bakterien vermehren sich im Cytoplasma der infizierten Zellen, wie wir in Kapitel 4 gesehen haben. Tatsächlich ist das Virus ein sehr komplizierter Parasit, der keinen eigenen biosynthetischen oder metabolischen Apparat besitzt und sich daher nur in Zellen replizieren kann. Sind solche Pathogene erst einmal in einer Zelle, sind sie für Antikörper unzugänglich und können nur durch die Zerstörung der infizierten Zellen, von denen sie abhängig sind, eliminiert werden. Diese Rolle bei der Wirtsverteidigung übernehmen die cytotoxischen CD8-T-Zellen. Wie wichtig diese sind, um solche Infektionen in Schach zu halten, kann man bei Tieren beobachten, denen diese T-Zellen entfernt wurden und die daraufhin eine erhöhte Anfälligkeit zeigen. Dies gilt auch für Mäuse oder Menschen, denen die Klasse-I-MHC-Moleküle fehlen, welche den CD8-Zellen die Antigene präsentieren. CD8-T-Zellen sind nicht nur bei Infektionen mit Viren oder cytoplasmatischen Bakterien von Bedeutung, sondern auch für die Kontrolle einiger Protozoeninfektionen, zum Beispiel mit *Toxoplasma gondii*, einem cytoplasmatischen Parasit. Um die befallenen Zellen zu eliminieren, ohne das gesunde Gewebe zu zerstören, müssen die CD8-T-Zellen die Zellen sowohl effektiv als auch selektiv töten.

7.18 Cytotoxische T-Zellen können bei Zielzellen einen programmierten Zelltod induzieren

Zellen können auf zwei verschiedene Arten sterben. Zu einer **Nekrose**, das heißt einem Zerfall der Zelle, kommt es bei physikalischen oder chemischen Verletzungen, zum Beispiel bei einem Sauerstoffmangel, wie er im Herzmuskel während eines Herzinfarkts auftritt, oder infolge einer Membranschädigung durch Antikörper und Komplement. Dies werden wir in Kapitel 8 besprechen. Das abgestorbene oder nekrotische Gewebe muß von phagocytierenden Zellen aufgenommen und abgebaut werden. Diese beseitigen mit der Zeit das geschädigte Gewebe und heilen die Wunde. Die andere Form des Zelltodes ist der **programmierte Zelltod** oder die **Apoptose**. Das ist eine normale zelluläre Reaktion, die eine wichtige Rolle bei der Gewebeumformung während der Entwicklung und Metamorphose aller untersuchten vielzelligen Lebewesen spielt. Wie wir in Kapitel 6 gesehen haben, sterben die meisten Thymocyten einen apoptotischen Tod, wenn sie die positive Selektion nicht bestehen oder als Folge der Autoantigenerkennung negativ selektiert werden. Die ersten Veränderungen, die man bei der Apoptose beobachtet, sind die Fragmentierung der DNA, die Auflösung des Zellkerns und Veränderungen der Zellmorphologie. Anschließend zerstört sich die Zelle von innen heraus selbst, indem sie zusammenschrumpft und sich selbst abbaut, bis nur noch wenig übrig ist. Ein Merkmal dieses Zelltodes ist die Aufspaltung der Kern-DNA in Fragmente von 200 bp Länge. Dies geschieht durch die Aktivierung endogener Nucleasen, die zwischen Nucleosomen schneiden.

Es gibt viele Hinweise darauf, daß cytotoxische T-Effektorzellen ihre Ziele zerstören, indem sie sie für die Apopotose programmieren. Zentrifugiert man cytotoxische T-Zellen zusammen mit Zielzellen, so daß sie schnell miteinander in Kontakt kommen, können sie diese so beeinflussen, daß sie innerhalb von fünf Minuten sterben, obwohl es Stunden dauern kann, bevor sich ihr Tod erkennen läßt. Ein frühes Merkmal des Prozesses, durch den cytotoxische T-Zellen den Zelltod bewirken, ist der Abbau der DNA der Zielzellen. Später erst wird durch andere cytotoxische Mechanismen die Membran angegriffen. Der kurze Zeitraum, den die cytotoxischen T-Zellen benötigen, um ihre Zielzellen für den Tod zu programmieren, läßt vermuten, daß vorgeformte Effektormoleküle von CD8-T-Zellen freigesetzt werden und einen endogenen apoptotischen Weg innerhalb der Zielzelle aktivieren (Abb. 7.35).

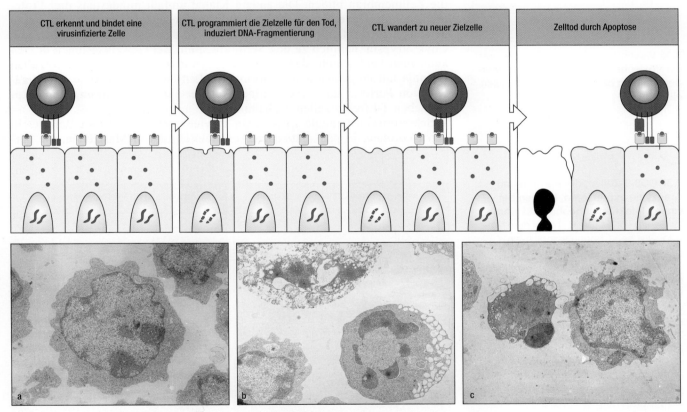

7.35 Cytotoxische CD8-T-Zellen können einen programmierten Zelltod (Apoptose) in Zielzellen auslösen. Die Erkennung von Peptid:MHC-Komplexen auf einer Zielzelle (obere Reihe) durch eine cytotoxische CD8-T-Zelle (CTL) führt zum Tod der Zielzelle durch Apoptose. Cytotoxische T-Zellen können nacheinander mehrere Zielzellen töten. Jede Zerstörung erfordert dieselbe Abfolge von Schritten. Dazu gehören die Rezeptorbindung und die gerichtete Freisetzung von cytotoxischen Mediatoren. Der Prozeß der Apoptose ist in den mikroskopischen Aufnahmen gezeigt (untere Reihe). Bild a zeigt eine gesunde Zelle mit einem normalen Kern. Früh in der Apoptose ist das Chromatin kondensiert und, obwohl die Zelle Membranvesikel ausstößt, ist die Integrität der Zellmembran gewahrt, im Gegensatz zu der nekrotischen Zelle im oberen Teil desselben Feldes. Im späten Stadium der Apoptose (Bild c) ist der Zellkern stark kondensiert, man sieht keine Mitochondrien, und die Zelle hat durch das Abstoßen von Vesikeln viel von ihrem Cytoplasma und der Membran verloren. (Photos: R. Windsor, E. Hirst; × 3500.)

Die Apoptose könnte nicht nur die Wirtszelle töten, sondern auch direkt auf cytosolische Krankheitserreger einwirken. Zum Beispiel können die Nucleasen, die bei der Apoptose aktiviert werden, um zelluläre DNA zu zerstören, auch virale DNA degradieren, was den Zusammenbau von Virionen verhindert und damit die Freisetzung von Viren und die Infektion benachbarter Zellen. Andere Enzyme, die während der Apoptose tätig werden, könnten andere Krankheitserreger im Cytosol zerstören, bevor die Plasmamembran zerfällt und sie von der Zelle freigesetzt werden. Dieser Mechanismus wäre der Nekrose vorzuziehen, bei der intakte Pathogene entweder aus den toten Zellen herausgelangen können oder von gesunden Phagocyten aufgenommen werden, die dadurch von den Parasiten befallen werden.

7.19 Cytotoxische T-Zellen speichern cytotoxische Proteine in vorgeformten Granula, die sie beim Erkennen eines Antigens auf einer Zielzelle durch gezielte Exocytose freisetzen

Eine cytotoxische T-Zelle übt ihre Wirkung vor allem dadurch aus, daß sie sekretorische Granula freisetzt, wenn sie auf der Oberfläche einer Zielzelle Antigene erkennt. Diese sekretorischen Granula enthalten mindestens zwei verschiedene Proteinklassen, die man insgesamt als **Cytotoxine** bezeichnet und die selektiv in cytotoxischen T-Zellen exprimiert werden (Abb. 7.36). Eine von ihnen, die **Perforine**, kann polymerisieren und so Poren durch die Zellmembran bilden. Die andere Klasse umfaßt mindestens drei Proteasen, die als **Granzyme** oder **Fragmentine** bezeichnet werden und die zu derselben Enzymfamilie gehören wie die Verdauungsenzyme Trypsin und Chymotrypsin, nämlich zu den Serinproteasen. Bei Gewebeläsionen *in vivo* kann man beobachten, daß bewaffnete cytotoxische CD8-T-Effektorzellen Granula mit eingelagertem Perforin enthalten (Abb. 7.37). Eine Kombination von Perforin und Fragmentinen kann *in vitro* die Wirkung von cytotoxischen T-Effektorzellen nachahmen.

Sekretorische Granula findet man in vielen Zelltypen, zum Beispiel in den Neuronen, in pankreatischen Acinarzellen und in Mastzellen, die dar-

Cytotoxin	Wirkung auf Zielzellen
Perforin-1 (P1)	polymerisiert und bildet Pore in der Zielmembran
Granzyme (Fragmentine)	Serinproteasen, manchmal zur Abtötung erforderlich
Lymphotoxin (TNFβ)	? induziert Apoptose

7.36 Verschiedene Cytotoxine, die von cytotoxischen T-Zellen freigesetzt werden, spielen beim Töten von Zielzellen eine Rolle.

7.37 CD8-T-Zellen, die Perforin und Granzyme exprimieren, können bei viralen Infektionen beobachtet werden. Im Gehirn von Mäusen, die mit dem lymphocytischen Choriomeningitis-Virus (LCMV) infiziert sind, kann man virusinfizierte Zellen nachweisen, indem man spezifische Antikörper gegen die viralen Proteine einsetzt (Bild a). CD8-T-Zellen werden mit einem CD8-spezifischen Antikörper angefärbt (Bild b). Diese CD8-T-Zellen produzieren sowohl Perforin (Bild c) als auch Granzyme (Bild d). Das kann man mit radioaktiv markierten Sonden für Perforin- und Granzym-mRNAs und einer photographischen Emulsion zeigen. (Photos: E. R. Podack.)

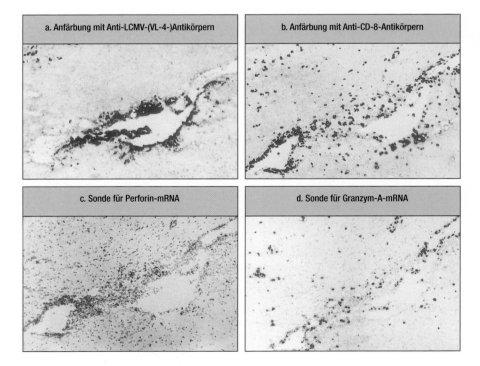

a. Anfärbung mit Anti-LCMV-(VL-4-)Antikörpern

b. Anfärbung mit Anti-CD-8-Antikörpern

c. Sonde für Perforin-mRNA

d. Sonde für Granzym-A-mRNA

auf spezialisiert sind, auf ein bestimmtes Signal hin schnell Proteine freizusetzen. Bei all diesen Zellen wird der Inhalt der Granula sofort nach der Stimulierung durch Verschmelzen der Granulamembran mit der Plasmamembran freigesetzt. Ähnlich erfolgt die Cytotoxinsekretion durch die cytotoxischen T-Zellen meist unmittelbar nach der Rezeptorbindung, und sie erfordert keine Neusynthese von Protein oder RNA. Dadurch können cytotoxische T-Zellen schnell auf ihre Angriffsziele einwirken und sie innerhalb von Minuten für eine Lyse programmieren.

Wenn man gereinigte Granula aus cytotoxischen T-Zellen *in vitro* zu Zielzellen gibt, dann lysieren sie diese, indem sie in der Lipiddoppelschicht Poren bilden. Diese bestehen aus Polymeren von Perforin-1, dem Hauptbestandteil dieser Granula. Bei der Freisetzung polymerisiert Perforin-1 zu einer zylindrischen Struktur, die an der Außenseite lipophil ist und entlang eines Hohlzylinders mit einem inneren Durchmesser von 160 Å hydrophil. Diese Struktur kann in die Lipiddoppelschicht eindringen, wobei sie eine Pore bildet, durch die Wasser und Salz schnell in die Zelle gelangen können (Abb. 7.38). Wenn die Zellmembran undicht wird, stirbt die Zelle schnell ab. Werden gereinigte Granula so eingesetzt, töten sie jedoch die Zielzellen, ohne daß eine Fragmentierung ihrer DNA stattfindet. Wahrscheinlich spielt sich dieses Töten der Zellen durch Lyse nur bei unnatürlich hohen Perforinmengen ab, die nicht der physiologischen Wirkungsweise von cytotoxischen T-Zellen entsprechen. Statt dessen, so wird vermutet dient *in vivo* eine begrenzte Anzahl von Perforinporen dazu, Fragmentinen den Eintritt in die Zielzelle zu ermöglichen. Diese sind dann wahrscheinlich für die Induktion der Apoptose verantwortlich, die eher typisch für den Tod einer Zielzelle ist.

Belegen läßt sich dies durch Untersuchungen, bei denen *in vitro* der Inhalt sekretorischer Granula den Zielzellen einzeln zugeführt wurde. Die

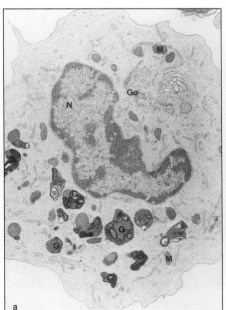
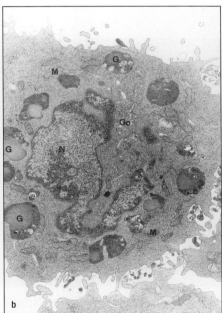
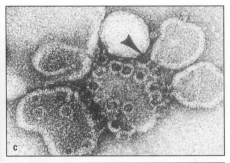
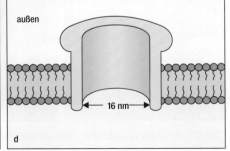

7.38 Cytotoxische T-Zellen können töten, indem sie Perforin in die Zellmembran der Zielzelle einbauen. Perforinmoleküle und auch eine Reihe weiterer Effektormoleküle sind in den Granula von cytotoxischen T-Zellen enthalten.(Bild a: G, Granula. N, Kern (Nucleus). M, Mitochondrien. Go, Golgi-Apparat). Wenn eine cytotoxische CD8-T-Zelle ihr Ziel erkennt, werden die Granula dorthin freigesetzt (Bild b, Quadrant rechts unten). Die Perforin-moleküle, die aus den Granula abgegeben wurden, polymerisieren und bauen sich in die Membran der Zielzelle ein, wo sie Poren bilden. Die Struktur dieser Poren kann man am besten sehen, wenn gereinigtes Perforin zu synthetischen Lipidvesikeln hinzugegeben wird (Bild c, Poren sind sowohl von oben (als Kreise) als auch von der Seite (Pfeil) sichtbar. Die Poren durchspannen die Zielzellmembran (Bild d). (Photos: E. R. Podack.)

direkte Zugabe eines Fragmentins hat keinen Effekt. Wenn man es jedoch mit einer begrenzten Menge Perforin zu den Zielzellen gibt, tritt wie bei der Apoptose schnell eine Fragmentierung der zellulären DNA in Oligomere von 200 bp ein. Fragmentine sind jedoch Proteasen und können daher nicht direkt für die Fragmentierung der DNA verantwortlich sein. Man nimmt an, daß ihre Wirkung darin besteht, das zelleigene apoptotische Programm zu induzieren. Wie dies geschieht, ist jedoch nicht bekannt.

7.20 Auch Membranproteine von CD8-T-Zellen können eine Apoptose auslösen

Obwohl die Freisetzung von Granulainhaltsstoffen den größten Teil der cytotoxischen Aktivität der CD8-T-Effektorzellen ausmacht, reichen solche gereinigten Substanzen nicht aus, um das Abtöten durch cytotoxische T-Zellen vollständig nachzuvollziehen. Außerdem ist die Wirkung des Granulainhalts streng calciumabhängig, doch auch in Abwesenheit von Calcium zeigen die CD8-T-Zellen noch etwas cytotoxische Aktivität. Diese Beobachtungen weisen auf einen zweiten, unabhängigen Cytotoxizitätsmechanismus hin, der von Membranproteinen auf der cytotoxischen Zelle abhängig ist. Man nimmt an, daß die Aktivierung von **Fas** in der Zielzellmembran daran beteiligt ist, einem Rezeptor der TNF-Rezeptor-Familie. Fas, auch APO-1 genannt (Abb. 7.34), induziert eine Apoptose, wenn er durch gegen sich selbst gerichtete Antikörper aktiviert wird. Kürzlich wurde der Fas-Ligand in der cytotoxischen Zellmembran identifiziert. Dabei handelt es sich um ein membrangebundenes Mitglied der TNF-Familie. Von diesen Faktoren gibt es auf den T-Effektorzellen einige. Wir werden noch sehen, daß andere Mitglieder dieser Familie wichtige Effektorfunktionen auf andere Klassen von T-Effektorzellen ausüben.

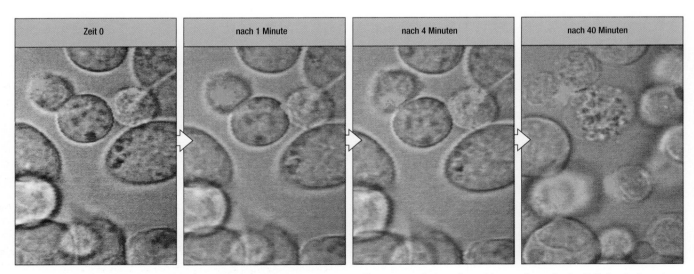

| Zeit 0 | nach 1 Minute | nach 4 Minuten | nach 40 Minuten |

7.39 T-Zell-Granula setzen Effektormoleküle sehr gerichtet frei. Die Granula cytotoxischer T-Zellen können mit Fluoreszenzfarbstoffen markiert werden, so daß man ihre Bewegungen unter dem Mikroskop mit Zeitrafferphotographie verfolgen kann. Die Bilderserie entstand während der Wechselwirkung einer cytotoxischen T-Zelle mit einer Zielzelle, die schließlich getötet wird. Im ersten Bild hat die T-Zelle (oben links) gerade Kontakt mit der Zielzelle (unten rechts) aufgenommen. Die mit rotem Fluoreszenzfarbstoff markierten Granula der T-Zelle sind noch nicht an der Kontaktstelle. Im zweiten Bild haben die Granula begonnen, sich in Richtung der Zielzelle zu bewegen. Der Vorgang ist nach vier Minuten abgeschlossen. Nach 40 Minuten ist der Granulainhalt in den Zwischenraum zwischen T- und Zielzelle freigesetzt worden. Letztere beginnt nun mit der Apoptose (man beachte den fragmentierten Zellkern). Die T-Zelle löst sich von der Zielzelle, um weitere zu töten. (Photos: G. Griffiths.)

7.21 Cytotoxische T-Zellen töten selektiv Zielzellen, die spezifische Antigene exprimieren

Wenn cytotoxische T-Zellen zu gleichen Teilen zwei verschiedenen Zielzellen beigemischt werden, von denen die einen ein spezifisches Antigen tragen, die anderen aber nicht, so töten sie nur diejenigen mit dem Antigen. Die „unschuldigen Zuschauer" und die cytotoxischen T-Zellen selber werden nicht getötet, obwohl klonierte cytotoxische T-Zellen wie jede andere Gewebezelle von anderen cytotoxischen T-Zellen erkannt und getötet werden können. Auf den ersten Blick mag das überraschen, da die Effektormoleküle, die von den cytotoxischen T-Zellen freigesetzt werden, keine Spezifität für ein Antigen aufweisen. Die Erklärung liegt wahrscheinlich in der ganz gezielten Freisetzung der Effektormoleküle. Wir haben gesehen (Abb. 7.30), daß cytotoxische T-Zellen ihren sekretorischen Apparat so ausrichten, daß er auf die Kontaktstelle mit der Zielzelle weist (Abb. 7.39). Tatsächlich richten cytotoxische T-Zellen, die mehrere Zielzellen berühren, ihren sekretorischen Apparat gegen jede Zelle neu aus und töten sie eine nach der anderen. Das deutet darauf hin, daß der Mechanismus, durch den die cytotoxischen Mediatoren freigesetzt werden, zu einer bestimmten Zeit nur einen bestimmten Punkt angreifen kann. Das könnte zum Teil auf der brennpunktartigen Expression von Effektormolekülen auf der Zelloberflä-

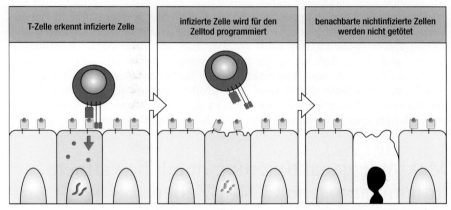

T-Zelle erkennt infizierte Zelle	infizierte Zelle wird für den Zelltod programmiert	benachbarte nichtinfizierte Zellen werden nicht getötet

7.40 Cytotoxische T-Zellen töten Zielzellen, die spezifische Antigene tragen, ohne benachbarte, nichtinfizierte Zellen zu beeinträchtigen. Alle Zellen in einem Gewebe sind für die Lyse durch T-Zellen empfindlich, aber nur die infizierten Zellen werden getötet. Die spezifische Erkennung durch den T-Zell-Rezeptor identifiziert die zu tötende Zelle, und die gerichtete Freisetzung von Granula (nicht gezeigt) stellt dann sicher, daß benachbarte Zellen verschont werden.

che in der Nachbarschaft von vernetzten Rezeptoren beruhen. Eine derartige lokalisierte Expression von Membranmolekülen kann ganz klar bei der B-Zell-Aktivierung durch T-Helferzellen beobachtet werden, die wir später betrachten werden. Die eng fokussierte Wirkung von cytotoxischen CD8-T-Zellen erlaubt es, einzelne infizierte Zellen in einem Gewebe zu töten, ohne ausgedehnte Gewebeschädigungen hervorzurufen (Abb. 7.40). Sie ist von großer Bedeutung bei Geweben, die sich gar nicht regenerieren können, wie zum Beispiel die Neuronen des Nervensystems, oder nur in geringem Maße, wie in den Langerhans-Inseln.

7.22 Cytotoxische T-Zellen wirken auch durch die Freisetzung von Cytokinen

Man vermutet, daß die Sekretion von Cytotoxinen wesentlich für die Beseitigung einer Infektion durch cytotoxische CD8-T-Zellen ist. Die meisten cytotoxischen CD8-T-Zellen können aber auch **Interferon-γ** (IFN-γ) und TNF-α freisetzen, die auf andere Art und Weise zur Wirtsverteidigung beitragen. Interferon-γ inhibiert direkt die virale Replikation und induziert eine gesteigerte Expression von MHC-Klasse-I- und Peptidtransportermolekülen in infizierten Zellen. So erhöht es die Möglichkeit, daß infizierte Zellen als Ziele für cytotoxische Angriffe erkannt werden. IFN-γ aktiviert auch Makrophagen und lockt sie zu Infektionsherden, wo sie als Effektorzellen oder als antigenpräsentierende Zellen fungieren. TNF-α und TNF-β werden auch von cytotoxischen CD8-T-Zellen produziert und wirken synergistisch mit IFN-γ beim cytokinvermittelten Töten einiger Zielzellen zusammen sowie bei der Makrophagenaktivierung. Die bewaffneten cytotoxischen CD8-T-Effektorzellen schränken also auf verschiedenen Wegen die Verbreitung cytosolischer Pathogene ein. Die relative Bedeutung dieser Mechanismen muß noch geklärt werden.

Zusammenfassung

Bewaffnete cytotoxische CD8-T-Effektorzellen spielen eine wesentliche Rolle bei der Verteidigung des Wirtes gegen Mikroben, die im Cytosol leben, meist also Viren. CD8-Zellen können jede Zelle abtöten, die so ein Pathogen in sich trägt. Sie erkennen dabei fremde Peptide, die, gebunden an MHC-Klasse-I-Moleküle, an die Zelloberfläche transportiert werden. Cytotoxische T-Zellen wirken durch die Freisetzung von zwei Klassen vorgeformter Cytotoxine. Die Fragmentine scheinen den programmierten Zelltod in jeder Zielzelle zu induzieren. Das porenbildende Protein Perforin bohrt Löcher in die Zielzellmembran, durch die Fragmentine in die Zelle gelangen können. Auch die membrangebundenen Moleküle auf CD8-T-Zellen können eine Apoptose induzieren. Diese Eigenschaften erlauben es der cytotoxischen T-Zelle, praktisch jede Zelle, deren Cytosol mit einem Krankheitserreger infiziert ist, anzugreifen und zu vernichten. Cytotoxische CD8-T-Zellen produzieren auch Interferon-γ, das die virale Replikation hemmt und große Bedeutung für die Expression von MHC-Klasse-I-Molekülen und für die Makrophagenaktivierung hat. Cytotoxische CD8-T-Zellen vernichten infizierte Zielzellen mit großer Präzision und verschonen benachbarte normale Zellen. Dies erlaubt die Vernichtung befallener Zellen bei gleichzeitiger Minimalisierung der Gewebeschädigungen.

Makrophagenaktivierung durch bewaffnete inflammatorische CD4-T-Zellen

Einige Mikroorganismen, wie die Mycobakterien, die Verursacher von Tuberkulose und Lepra, wachsen vorwiegend in den Vesikeln von Makrophagen, wo sie vor Antikörpern und cytotoxischen T-Zellen sicher sind. Diese Mikroben überdauern in der gewöhnlich feindseligen Umgebung der Phagocyten, indem sie verhindern, daß die Lysosomen mit den Vesikeln verschmelzen, in denen sie wachsen. Solche Mikroorganismen werden eliminiert, wenn eine inflammatorische CD4-T-Zelle den Makrophagen aktiviert. Bewaffnete inflammatorische CD4-T-Zellen synthetisieren und sezernieren ein Spektrum von Cytokinen, deren lokale und entfernte Aktionen die Immunantwort gegen diese intrazellulären Pathogene koordinieren. Makrophagen, die gerade erst einen Krankheitserreger aufgenommen haben, können bei seiner Vernichtung durch eine T-Zell-vermittelte Aktivierung unterstützt werden.

7.23 Bewaffnete inflammatorische CD4-T-Zellen spielen eine zentrale Rolle bei der Makrophagenaktivierung

Wir haben bereits gesehen, daß Makrophagen viele extrazelluläre Bakterien erkennen und aufnehmen können. So zerstören sie die Bakterien und präsentieren gleichzeitig deren Peptide den CD4-T-Zellen. Dies kann zur Entstehung von bewaffneten CD4-T-Effektorzellen führen, die spezifisch für den aufgenommenen Mikroorganismus sind. Eine wichtige Funktion dieser Zellen ist es, wiederum auf die Makrophagen einzuwirken und so deren Fähigkeit zu steigern, die aufgenommenen Bakterien zu töten. Viele dieser Bakterien haben nämlich Strategien entwickelt, um innerhalb der phagocytischen Zelle zu überleben und zu proliferieren. Die Makrophagenaktivierung ist die hauptsächliche Funktion der inflammatorischen (oder T_H1-) CD4-T-Zellen. Zu den extrazellulären Erregern, die durch eine Makrophagenaktivierung vernichtet werden, gehört *Pneumocystis carinii*. Viele Menschen, die an AIDS leiden, sterben daran, weil ihnen die CD4-T-Zellen fehlen. Die Makrophagenaktivierung kann man anhand der Fähigkeit der aktivierten Makrophagen messen, helminthische Parasiten wie *Schistosoma mansoni* und bestimmte Tumorzellen zu schädigen. Makrophagen müssen normalerweise in einem inaktivierten Zustand gehalten werden, da sie nicht nur extrazelluläre Ziele, sondern auch normale körpereigene Zellen angreifen können.

Makrophagen benötigen für ihre Aktivierung zwei Signale, von denen nur eines von den bewaffneten inflammatorischen CD4-T-Zellen stammen muß. Das erste Signal, das den Makrophagen für das zweite sensibilisiert, kommt von dem makrophagenaktivierenden Cytokin IFN-γ (Abb. 7.41). Dabei handelt es sich um das charakteristischste Cytokin bewaffneter inflammatorischer CD4-T-Zellen. CD4-T-Helferzellen (T_H2), die kein IFN-γ produzieren, aktivieren Makrophagen nicht effektiv. Sie können allerdings ein kontaktabhängiges Signal abgeben, das benötigt wird, um Makrophagen zu aktivieren, die durch IFN-γ stimuliert wurden. Das zweite Signal kann entweder von membrangebundenen Molekülen stammen, die auf bewaffneten CD4-T-Effektorzellen induziert werden, wenn sie ein spezifisches Antigen auf der Makrophagenoberfläche antreffen, oder aber von sehr kleinen Mengen bakterieller Lipopolysaccharide. Wahrscheinlich handelt es sich bei dem Signal, das von aktivierten CD4-T-Zellen freigesetzt wird, um eine membrangebundene Form von TNF-α. Lösliches TNF-α in hoher Konzentration kann das membrangebundene Signal bei der Makrophagenaktivierung ersetzen. Antikörper gegen TNF-α können dagegen die Makrophagenaktivierung verhindern. Das stimmt mit der Erkenntnis überein, daß auf anderen Klassen von T-Effektorzellen die membrangebundenen Mitglieder der TNF-Familie als Effektormoleküle fungieren.

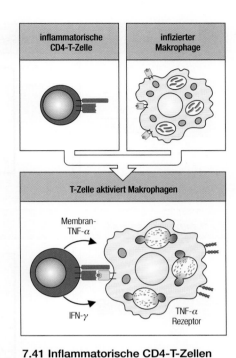

7.41 Inflammatorische CD4-T-Zellen (oder T_H1) aktivieren Makrophagen so, daß diese stark bakterizid werden. Wenn eine inflammatorische CD4-T-Zelle, die spezifisch für ein bakterielles Peptid ist, einen infizierten Makrophagen trifft, so wird sie veranlaßt, makrophagenaktivierende Faktoren zu sezernieren, von denen der wichtigste Interferon-γ ist. Dieses Cytokin macht den Makrophagen vermutlich empfindlicher für Zelloberflächenmoleküle, wahrscheinlich TNF-α, auf der T-Zelle.

7.24 Die Expression von Cytokinen und membranassoziierten Molekülen auf inflammatorischen CD4-T-Zellen erfordert eine neue RNA- und Proteinsynthese

Wir haben gesehen, daß innerhalb von Minuten nach der Erkennung eines spezifischen Antigens durch die bewaffnete cytotoxische CD8-T-Effektorzelle, die gerichtete Exocytose von vorgeformten Cytotoxinen die Zielzelle dazu programmiert, durch Apoptose zu sterben. Wenn dagegen bewaffnete inflammatorische CD4-T-Zellen ihren Liganden treffen, synthetisieren sie *de novo* die Cytokine und die Zelloberflächenmoleküle, die sie für ihre Funktion benötigen. Dieser Prozeß erfordert mehrere Stunden. Daher müssen die inflammatorischen CD4-T-Zellen länger an ihre Zielzelle angeheftet bleiben als die cytotoxischen T-Zellen.

Erkennt eine inflammatorische CD4-T-Zelle spezifisch ihr Ziel, so wird schnell die Transkription der Gene induziert, welche die für diesen Effektorzelltyp charakteristischen Cytokine codieren, und die Proteinneusynthese beginnt innerhalb einer Stunde nach der Rezeptorstimulierung. Die neu entstandenen Cytokine werden dann direkt durch die Mikrovesikel des konstitutiven sekretorischen Wegs zur Stelle des Kontaktes zwischen der T-Zell-Membran und dem Makrophagen gebracht. Man nimmt an, daß die neu synthetisierten Zelloberflächenmoleküle ebenfalls in einer polarisierten Weise exprimiert werden. Dies bedeutet, daß der Makrophage, der gerade

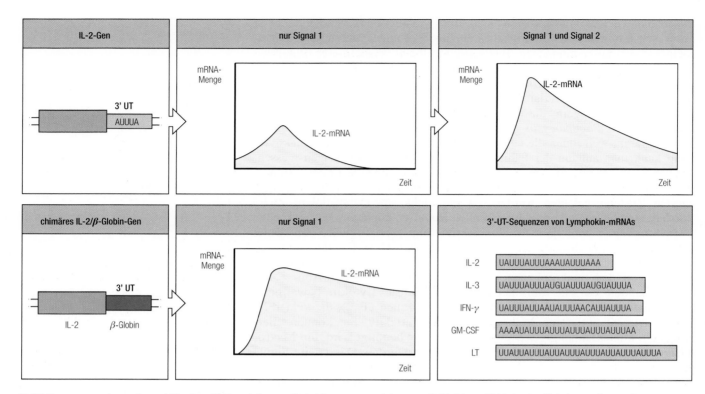

7.42 Sequenzen im untranslatierten 3′-Bereich von Cytokin-mRNAs destabilisieren diese so, daß die Cytokinexpression nur vorübergehend ist (obere Reihe). Die Aktivierung einer T-Zelle läßt die Menge an IL-2-mRNA in der stimulierten Zelle ansteigen. Diese IL-2-mRNA ist infolge spezifischer Signale in der untranslatierten 3′-Region (UT) instabil, wie in der unteren Reihe rechts gezeigt ist. Werden diese Sequenzen ersetzt durch solche von β-Globin-mRNA (unten links), so gibt es einen hohen und gleichmäßigen Spiegel an IL-2-mRNA, allein durch die Antigenbindung, da der Abbau verlangsamt wird. In T-Zellen stabilisieren costimulierende Signale von CD28 die mRNAs von IL-2 und anderen Cytokinen, was eine gleichmäßig hohe IL-2-Synthese ermöglicht. Dieselben Regeln gelten für die meisten anderen Cytokine.

der T-Zelle das Antigen zeigt, mit viel größerer Wahrscheinlichkeit aktiviert wird, als die benachbarten, nichtinfizierten Makrophagen, obwohl alle Makrophagen Rezeptoren für Interferon-γ besitzen.

Wie wir später sehen werden, können aktivierte Makrophagen im Wirtsgewebe großen Schaden anrichten. Daher ist es nicht nur wichtig, daß die Freisetzung von Interferon-γ sehr genau auf die infizierte Zelle ausgerichtet wird, sondern auch, daß die Produktion der Cytokine sofort aufhört, wenn der Kontakt mit der infizierten Zelle abbricht. Dies wird anscheinend auf zwei Wegen erreicht. Erstens enthält die mRNA, die Interferon-γ codiert, eine Sequenz an ihrer nichttranslatierten 3′-Region, die ihre Halbwertszeit erheblich reduziert und dazu dient, die Cytokinproduktion zeitlich zu begrenzen (Abb. 7.42). Das ist typisch für die mRNA aller Cytokine. Zweitens scheint die Aktivierung der T-Zelle die Produktion eines neuen Proteins zu induzieren, das den mRNA-Abbau fördert: Die Behandlung einer aktivierten T-Effektorzelle mit dem Proteinsyntheseinhibitor Cycloheximid läßt den Spiegel der Cytokin-mRNA nämlich stark ansteigen. Die schnelle Zerstörung der Cytokin-mRNA zusammen mit der gerichteten Freisetzung von Interferon-γ an der Kontaktstelle zwischen der aktivierten inflammatorischen CD4-T-Zelle und ihrem Ziel, beschränkt daher die Wirkung der T-Effektorzellen auf die Aktivierung des infizierten Makrophagen. Bei der Besprechung der B-Zell-Aktivierung durch CD4-T-Helferzellen in Kapitel 8 werden wir sehen, daß derselbe Mechanismus die T-Helferzellenabhängige Aktivierung der B-Zellen auf die spezifische antigenbindende B-Zelle begrenzt.

7.25 Die Aktivierung von Makrophagen durch inflammatorische CD4-T-Zellen unterstützt das Abtöten von Bakterien und muß sehr genau reguliert werden, um eine Schädigung des Wirtsgewebes zu vermeiden

Die Makrophagenaktivierung durch Zellkontakte und die Sekretion von IFN-γ durch eine bewaffnete inflammatorische CD4-T-Zelle löst eine Reihe von biochemischen Reaktionen aus, die den Makrophagen in eine starke antibakterielle Effektorzelle umwandeln (Abb. 7.43). Aktivierte Makrophagen können ihre Lysosomen besser mit Phagosomen verschmelzen, wobei sie intrazelluläre oder frisch aufgenommene Bakterien verschiedenen lysosomalen, bakteriziden Enzymen aussetzen. Aktivierte Makrophagen bilden Sauerstoffradikale und Stickstoffoxid, die beide stark antibakteriell wirken, sowie antibakterielle Peptide (Abb. 7.41). Zusätzliche Veränderungen der aktivierten Makrophagen bewirken eine Verstärkung der Immunantwort. Die Menge an MHC-Klasse-II-Molekülen und Rezeptoren für TNF-α auf der Makrophagenoberfläche steigt an. Dadurch wird die Antigenpräsentation für neue, naive T-Zellen effektiver, die sich so in Effektorzellen umwandeln können. Gleichzeitig kann der Makrophage besser auf TNF-α ansprechen. TNF-α wirkt bei der Makrophagenaktivierung mit IFN-γ zusammen, besonders bei der Induktion des reaktiven Stickstoffoxids (NO), das eine starke antimikrobielle Aktivität besitzt. Diese und viele andere Oberflächen- und sezernierte Moleküle aktivierter Makrophagen sind an den Aktionen der Makrophagen bei der zellvermittelten und bei der humoralen Immunantwort, die wir in Kapitel 8 diskutieren, beteiligt sowie bei der Anlockung anderer Immunzellen zu den Infektionsstellen, eine Funktion, auf die wir in Kapitel 9 zurückkommen werden.

Da die aktivierten Makrophagen Pathogene sehr wirkungsvoll zerstören können, fragt man sich vielleicht, warum sie nicht einfach in einem Zustand konstanter Aktivierung verbleiben. Das erfordert jedoch große Mengen an Energie. Außerdem können aktivierte Makrophagen das Wirtsgewebe ernsthaft schädigen. Die Makrophagenaktivierung *in vivo* ist gewöhnlich mit einer lokalen Gewebezerstörung verbunden, weil die freigesetzten antibakteriellen Mediatoren, wie die Sauerstoffradikale, auch für die Wirtszellen toxisch sind. Die Fähigkeit der aktivierten Makrophagen, toxische Mediatoren freizusetzen, ist wichtig für die Wirtsverteidigung, da sie so große extrazelluläre Pathogene angreifen können, die sie nicht aufnehmen können, wie zum Beispiel parasitische Würmer. Dabei wird jedoch das Gewebe geschädigt. Die strenge Regulierung der Makrophagenaktivität durch inflammatorische CD4-T-Zellen ermöglicht daher diese spezifische und effektive Wirtsverteidigung, während die Schädigung des lokalen Gewebes und der Energieverbrauch minimiert werden.

7.26 Inflammatorische CD4-T-Zellen koordinieren die Wirtsantwort gegen intrazelluläre Bakterien und Parasiten

Die Aktivierung der Makrophagen durch Interferon-γ, das von bewaffneten inflammatorischen CD4-T-Zellen sezerniert wird, ist bei der Wirtsantwort gegen Pathogene, die in Makrophagenvesikeln proliferieren, von großer Bedeutung. Bei Mäusen, in denen das Interferon-γ-Gen gezielt zerstört wurde, ist die Produktion antimikrobieller Agentien durch die Makrophagen herabgesetzt, und die Tiere sterben an subletalen Dosen von Mycobakterien, *Leishmania* und Vacciniavirus. Wir werden in Kapitel 9 sehen, daß Interferon-γ auch für andere Immunantworten wichtig ist. Mäuse, denen der TNF-α-Rezeptor fehlt, sind ebenfalls anfälliger für diese Pathogene. INF-γ und TNF-α sind wahrscheinlich die wichtigsten Cytokine, die von den inflammatorischen CD4-T-Zellen gebildet werden. Die Immunantwort gegen Pathogene, die in Makrophagenvesikeln proliferieren, ist jedoch sehr

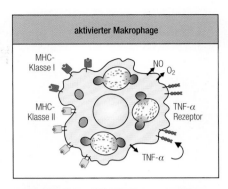

7.43 Aktivierte Makrophagen verändern sich so, daß ihre antibakterielle Wirkung und ihre Immunantwort verstärkt werden. Die Expression von MHC-Klasse-II-Oberflächenmolekülen ist bei aktivierten Makrophagen erhöht. Sie exprimieren außerdem TNF-α-Rezeptoren und sezernieren TNF-α. Dieser autokrine Stimulus wirkt synergistisch mit IFN-γ, das von inflammatorischen CD4-T-Zellen abgegeben wird, so daß die antibakterielle Wirkung der Makrophagen gesteigert wird, besonders durch das Auslösen der Bildung von Stickstoffoxid und Sauerstoffradikalen.

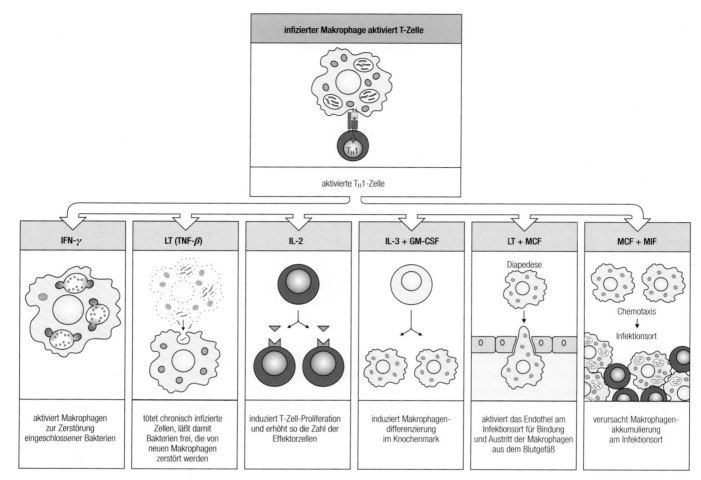

7.44 Die Immunantwort gegen intrazelluläre Bakterien wird von aktivierten inflammatorischen CD4-T-Zellen koordiniert. Die Aktivierung von inflammatorischen CD4-T-Zellen (T$_H$1) durch infizierte Makrophagen führt zur Freisetzung von Cytokinen, die sowohl den Makrophagen stimulieren als auch die Immunantwort gegen intrazelluläre Bakterien koordinieren. IFN-γ aktiviert den Makrophagen zur Tötung der eingeschlossenen Bakterien. Chronisch infizierte Makrophagen verlieren die Fähigkeit, intrazelluläre Bakterien zu töten. Lymphotoxin (LT, TNF-β), das von den inflammatorischen CD4-T-Zellen gebildet wird, kann solche Makrophagen zerstören, wobei die Bakterien freigesetzt werden, um dann von neuen Makrophagen aufgenommen und zerstört zu werden. Daher wirken IFN-γ und Lymphotoxin bei der Entfernung intrazellulärer Bakterien zusammen. IL-2, das von den inflammatorischen CD4-T-Zellen gebildet wird, induziert die T-Zell-Proliferation und verstärkt die Freisetzung weiterer Cytokine. IL-3 und GM-CSF stimulieren die Produktion neuer Makrophagen durch ihre Wirkung auf hämatopoetische Stammzellen im Knochenmark. Neue Makrophagen werden an die Stelle der Infektion gelockt durch die Wirkung von Lymphokinen, wie zum Beispiel LT (TNF-β), auf dem vaskulären Endothel, die den Makrophagen signalisieren, das Blut zu verlassen und in das Gewebe einzuwandern. Ein Chemokin mit makrophagenanlockender Aktivität (MCF) veranlaßt die Makrophagen, sich zum Ort der Infektion zu begeben. Zusammen mit einem zweiten Chemokin, dem Migrationsinhibitionsfaktor (MIF) führt dies so zu einer Akkumulierung von Makrophagen am Infektionsherd. So koordinieren die inflammatorischen CD4-T-Zellen eine Makrophagenreaktion, die lokale infektiöse Agentien sehr effektiv einschließt und zerstört.

komplex und andere Cytokine, die von inflammatorischen CD4-T-Zellen sezerniert werden, spielen bei der Koordinierung dieser Vorgänge eine wesentliche Rolle (Abb. 7.44).

Makrophagen, die chronisch mit intrazellulären Bakterien infiziert sind, können möglicherweise nicht mehr aktiviert werden. Solche Zellen würden ein Reservoir für eine Infektion abgeben, das vor den Immunangriffen geschützt ist. Bis zu einem gewissen Grad können aktivierte inflammatorische CD4-T-Zellen Zielzellen abtöten, und sie zerstören vielleicht solche infizierten Zellen. Diese cytotoxische Aktivität wird vermutlich durch das synergistische Handeln von TNF-β und IFN-γ bewirkt, beides Produkte

7.45 Granulome bilden sich, wenn intrazelluläre Krankheitserreger oder deren Bestandteile nicht völlig eliminiert werden. Wenn Mycobakterien (rot) die Angriffe von Makrophagen überstehen, entsteht eine charakteristische lokale Entzündung, die als Granulom bezeichnet wird. Sie besteht aus einem zentralen Makrophagenkern, zu dem vielkernige Riesenzellen aus verschmolzenen Makrophagen gehören können, umgeben von großen Makrophagen, die man oft als epithelioide Zellen bezeichnet. Mycobakterien können in den Zellen der Granulome überdauern. Der zentrale Kern ist von T-Zellen umgeben. Viele von ihnen sind CD4-positiv. Der genaue Mechanismus, durch den dieses Gleichgewicht erreicht wird, und wie es zusammenbricht, ist nicht bekannt. Granulome bilden sich auch in der Lunge und anderswo bei einer Krankheit, die als Sarcoidose bezeichnet wird und die durch verborgene mycobakterielle Infektionen verursacht sein könnte (unteres Bild). (Photo: J. Orrell.)

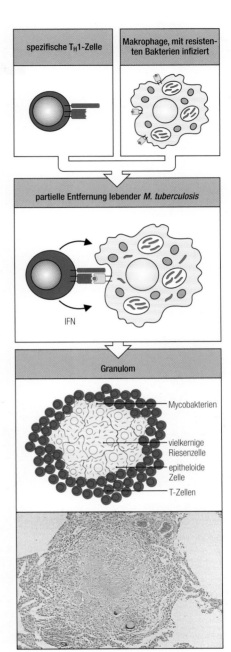

von inflammatorischen CD4-T-Zellen. Diese Cytokinkombination wirkt auch bei der Zerstörung von Fibroblasten zusammen, wichtigen Bestandteilen von Bindegewebe und könnte eine wichtige Rolle dabei spielen, Zellen den Zugang zu den Stellen einer Infektion zu ermöglichen.

Eine andere wichtige Funktion der inflammatorischen CD4-T-Zellen besteht darin, phagocytische Zellen zu einem Infektionsherd zu locken. Während einige intravesikuläre Bakterien ein Risiko darstellen, weil sie chronisch infizierte Makrophagen kampfunfähig machen, können andere, zu denen einige Mycobakterien und *Listeria* gehören, aus den Zellvesikeln entkommen und in das Cytoplasma eindringen, wo sie für die Makrophagenaktivierung nicht zugänglich sind. Ihre Anwesenheit kann jedoch von cytotoxischen CD8-T-Zellen entdeckt werden, die sie dann freisetzen, indem sie die Zelle töten. Wenn inflammatorische CD4-T-Zellen oder cytotoxischen CD8-T-Zellen Makrophagen töten und so die Pathogene freisetzen, so können diese von neurekrutierten Makrophagen aufgenommen werden, bei denen ein Auslösen antibakterieller Aktivitäten noch möglich ist.

Inflammatorische CD4-T-Zellen rekrutieren Makrophagen mittels zweier Mechanismen. Ersten stellen sie die hämatopoetischen Wachstumsfaktoren IL-3 und GM-CSF her, die die Bildung von neuen phagocytischen Zellen im Knochenmark stimulieren. Zweitens verändern TNF-α und -β, die von den inflammatorische CD4-T-Zellen an den Stellen einer Infektion sezerniert werden, die Oberflächeneigenschaften der Endothelzellen, so daß sich Phagocyten an sie anlagern. Dabei steuern andere Cytokine, die während der Entzündungsreaktion gebildet werden, die Wanderung dieser phagocytischen Zellen.

Wenn Antigene oder Mikroben den bakteriziden Effekten aktivierter Makrophagen erfolgreich widerstehen, kann sich eine chronische Infektion mit Entzündung entwickeln. Oft besitzt sie ein charakteristisches Muster, das aus einem Zentrum mit Makrophagen besteht, die von aktivierten Lymphocyten umgeben sind. Dieses pathologische Muster wird als **Granulom** (Abb. 7.45) bezeichnet. Riesige Zellen, die aus verschmolzenen Makrophagen bestehen, bilden meistens das Zentrum. Es dient dazu, Pathogene, die der Zerstörung entkommen sind, „einzumauern". In Granulomen scheinen T$_H$2-Zellen gemeinsam mit T$_H$1 zu agieren, vielleicht, indem sie deren Aktivität regulieren und dadurch eine weitgestreute Gewebeschädigung verhindern. Bei der Tuberkulose kann sich das Zentrum der großen Granulome isolieren, und die Zellen sterben dort ab, wahrscheinlich aufgrund einer Kombination von Sauerstoffmangel und cytotoxischen Effekten der aktivierten Makrophagen. Da das tote Gewebe im Zentrum Käse ähnelt, wird dieser Vorgang **verkäsende Nekrose** genannt. So kann also die CD4-T-Zell-Aktivierung ein signifikantes Krankheitsbild hervorrufen. Doch ohne sie würde aufgrund einer Ausbreitung der Infektion der Tod eintreten. Dies beobachtet man jetzt häufig bei Patienten mit AIDS und einer Mycobakterieninfektion.

Zusammenfassung

CD4-T-Zellen können Makrophagen aktivieren und spielen daher eine wichtige Rolle bei der Abwehr solcher intrazellulären Pathogene, die den Tötungsversuchen nichtaktivierter Makrophagen widerstehen. Die Makrophagenaktivierung erfolgt durch membrangebundene Signale inflammatorischer CD4-T-Zellen und durch das stark makrophagenaktivierende Cytokin IFN-γ, das von diesen Zellen sezerniert wird. Einmal aktiviert, können die Makrophagen intrazelluläre Bakterien abtöten. Sie können außerdem eine lokale Gewebeschädigung hervorrufen. Daher müssen T-Zellen die Aktivität der Makrophagen streng regulieren. Inflammatorische CD4-T-Zellen bilden verschiedene Cytokine, die nicht nur infizierte Makrophagen aktivieren können, sondern auch alternde Makrophagen töten, um die dort eingeschlossenen Bakterien freizusetzen, und sie können frische Makrophagen an den Ort der Infektion locken. Die inflammatorischen CD4-T-Zellen spielen also eine zentrale Rolle bei der Kontrolle und Koordinierung der Wirtsabwehr gegen intrazelluläre Pathogene. Wahrscheinlich erklärt das Fehlen dieser Funktion das Vorherrschen intrazelluärer Infektionen bei erwachsenen AIDS-Patienten.

Zusammenfassung von Kapitel 7

Bewaffnete T-Effektorzellen spielen bei fast allen adaptiven Immunantworten eine sehr wichtige Rolle. Wenn naive T-Zellen ein spezifisches Antigen auf der Oberfläche einer professionellen antigenpräsentierenden Zelle antreffen und diese gleichzeitig ein costimulierendes Molekül exprimiert, meistens B7, dann wird eine Immunantwort ausgelöst. Die aktivierten T-Zellen produzieren IL-2, das dann ihre Proliferation und Differenzierung zu bewaffneten T-Effektorzellen steuert. An allen T-Zell-Effektorfunktionen sind Zellinteraktionen beteiligt. Wenn bewaffnete T-Effektorzellen auf der Zielzelle spezifische Antigene erkennen, setzen sie Mediatoren frei, die direkt auf die Zielzelle einwirken und so deren Verhalten verändern. Das Anregen bewaffneter T-Effektorzellen durch einen Peptid:MHC-Komplex erfolgt unabhängig von einer Costimulierung, so daß jede infizierte Zielzelle von einer bewaffneten T-Effektorzelle aktiviert oder zerstört werden kann. Cytotoxische CD8-T-Zellen töten Zielzellen, deren Cytosol mit Krankheitserregern infiziert ist, und beseitigen so Orte ihrer Vermehrung. Inflammatorische oder Entzündungs-CD4-T-Zellen (T_H1) regen Makrophagen dazu an, intrazelluläre Parasiten abzutöten. CD4-T-Helferzellen (oder T_H2) sind für die Aktivierung von B-Zellen unerläßlich, damit diese Antikörper sezernieren. Diese vermitteln dann die humorale Immunantwort, die, wie wir im nächsten Kapitel sehen werden, gegen extrazelluläre Pathogene gerichtet ist. Die T-Effektorzellen kontrollieren also offensichtlich durch ihre Wechselwirkungen mit Zielzellen alle bekannten Effektormechanismen der adaptiven Immunantwort.

Literatur allgemein

Dustin, M. L.; Springer, T. A. *The Role of Lymphocyte Adhesion Receptors in Transient Interactions and Cell Locomotion.* In: *Annu. Rev. Immunol.* 9 (1993) S. 27–66.

Schwartz, R. H. *Costimulation of T Lymphocytes: The Role of CD28, CTLA-4, and B7/BB1 in Interleukin-2 Production and Immunotherapy.* In: *Cell* 71 (1992) S. 1065–1068.

Linsley, P. S.; Ledbetter, J. A. *The Role of the CD28 Receptor During T Cell Responses to Antigen.* In: *Annu. Rev. Immunol.* 11 (1993) S. 191–221.

Knight, S. C.; Stagg, A. J. *Antigen-Presenting Cell Types.* In: *Curr. Opin. Immunol.* 5 (1993) S. 374–382.

Bottomly, K. *A Functional Dichotomy in CD4+ T-Lymphocytes.* In: *Immunol. Today* 9 (1988) S. 268–273.

Mosmann, T. R.; Coffman, R. L. *Th1 and Th2 Cells: Different Patterns of Lymphokine Secretion Lead to Differ-*

ent Functional Properties. In: *Annu. Rev. Immunol.* 7 (1993) S. 145–173.

Thomson, A. (Hrsg.) *The Cytokine Handbook.* 1. Aufl. San Diego (Academic Press) 1991.

Kupfer, A.; Singer, S. J. *Cell Biology of Cytotoxic and Helper T Cell Functions.* In: *Annu. Rev. Immunol.* 7 (1993) S. 309–337.

Cohen, J. J.; Duke, R. C.; Fadok, V. A.; Sellins, K. S. *Apoptosis and Programmed Cell Death in Immunity.* In: *Annu. Rev. Immunol.* 10 (1993) S. 267–293.

Stout, R. D. *Macrophage Activation by T Cells: Cognate and Non-Cognate Signals.* In: *Curr. Opin. Immunol.* 5 (1993) S. 398–403.

Pigott, R.; Power, C. *The Adhesion Molecule Facts Book.* London (Academic Press) 1993.

Literatur zu den einzelnen Abschnitten

Abschnitt 7.1

Picker, L. J.; Butcher, E. C. *Physiological and Molecular Mechanisms of Lymphocyte Homing.* In: *Annu. Rev. Immunol.* 10 (1993) S. 561–591.

Barker, C. F.; Billingham, R. E. *The Role of Regional Lymphatics in the Skin Homograft Response.* In: *Transplantation* 5 (1967) S. 692.

Tilney, N. L.; Gowans, J. L. *The Sensitization of Rats by Allografts Transplanted to Allymphatic Pedicles of Skin.* In: *J. Exper. Med.* 113 (1971) S. 951.

Abschnitt 7.2

Hogg, N.; Landis, R. C. *Adhesion Molecules in Cell Interactions.* In: *Curr. Opin. Immunol.* 5 (1993) S. 383–390.

Hynes, R. S.; Lander, A. D. *Contact and Adhesive Specifities in the Associations, Migrations, and Targeting of Cells and Axons.* In: *Cell* 68 (1992) S. 303–322.

Abschnitt 7.3

Shimizu, Y.; Seventer, G. van; Horgan, K. J.; Shaw, S. *Roles of Adhesion Molecules in T Cell Recognition: Fundamental Similarities Between Four Integrins on Resting Human T Cells (LFA-1, VLA-4, VLA-5, VLA-6) in Expression, Binding, and Costimulation.* In: *Immunol. Rev.* 114 (1990) S. 109–143.

Dustin, M. L.; Springer, T. A. *T Cell Receptor Crosslinking Transiently Stimulates Adhesiveness Through LFA-1.* In: *Nature* 341 (1989) S. 619–624.

Hahn, W. C.; Rosenstein, Y.; Clavo, V.; Burakoff, S. J.; Biener, B. *A Distinct Cytoplasmic Domain of CD2 Regulates Ligand Avidity and T Cell Responsiveness to Antigen.* In: *Proc. Natl. Acad. Sci. USA* 89 (1992) S. 7179–7183.

Abschnitt 7.4

Freeman, G. J.; Gribben, J. G.; Boussitis, V. A.; Ng, J. W.; Restive, V.A. jr.; Lombard, L.A.; Gray, G. S.; Nadler, L. M. *Cloning of B7-2: CTLA-4 Counter Receptor That Costimulates Human T Cell Proliferation.* In: *Science* 262 (1993) S. 907–909.

Shahinian, A.; Pfeffer, K.; Lee, K. P.; Kundig, T. M.; Kishihara, K.; Wakeham, A.; Kawai, K.; Ohashi, P. S.; Thompson, C. B.; Mak, T. W. *Differential T Cell Costimulatory Requirements in CD28-Deficient Mice.* In: *Science* 261 (1993) S. 609–612.

Liu, Y.; Janeway, C. A. jr. *Cells that Present Both Specific Ligand and Costimulatory Activity Are the Most Efficient Inducers of Clonal Expansion of Normal CD4 T Cells.* In: *Proc. Natl. Acad. Sci. USA* 89 (1992) S. 3845–3949.

Linsley, P. S.; Brady, W.; Grosmaire, L.; Aruffo, A.; Damle, N. K.; Ledbetter, J. A. *Binding of the B Cell Activation Antigen B7 to CD28 Costimulates T Cell Proliferation and Interleukin 2 mRNA Accumulation.* In: *J. Exper. Med.* 173 (1991) S. 721–730.

Koulova, L.; Clark, E. A.; Shu, G.; Dupont, B. *The CD28 Ligand B7/BB1 Provides Costimulatory Signals for Alloactivation of CD4+ T Cells.* In: *J. Exper. Med.* 173 (1991) S. 759–762.

Abschnitt 7.5

Razi-Wolf, Z.; Freeman, G. J.; Galvin, F.; Benacerraf, B.; Nadler, L.; Reiser, H. *Expression and Function of the Murine B7 Antigen, the Major Costimulatory Molecule Expressed by Peritoneals Exudate Cells.* In: *Proc. Natl. Acad. Sci. USA* 89 (1992) S. 4210–4214.

Liu, Y.; Janeway, C. A. jr. *Microbial Induction of Costimulatory Activity for CD4 T Cell Growth.* In: *Intl. Immunol.* 3 (1991) S. 323–332.

Abschnitt 7.6

Schon-Hegard, M. A.; Oliver, J.; McMenamin, P. G.; Holt, P. G. *Studies on the Density, Distribution, and Surface Phenotype of Intraepithelial Class II Major Histocompatibility Complex (Ia) Antigen-Bearing Dendritic Cells in the Conducting Airways.* In: *J. Exper. Med.* 173 (1991) S. 1345–1356.

Austyn, J. M.; Kupiec; Weglinski, J. W.; Hankins, D. F.; Morris, P. J. *Migration Patterns of Dendritic Cells in the Mouse: Homing to T Cell-Dependent Areas of Spleen, and Binding Within Marginal Zone.* In: *J. Exper. Med.* 167 (1988) S. 646–651.

Steinman, R. M. *The Dendritic Cell System and Its Role in Immunogenicity.* In: *Annu. Rev. Immunol.* 9 (1993) S. 271–296.

Abschnitt 7.7

Lanzavecchia, A. *Receptor-Mediated Antigen Uptake and Its Effect on Antigen Presentation to Class II-Restricted T Lymphocytes.* In: *Annu. Rev. Immunol.* 8 (1993) S. 773–793.

Ron, J.; DeBaetselier, P.; Gordon, J.; Feldman, M.; Segal, S. *Defective Induction of Antigen-Reactive Proliferating T Cells in B Cell-Deprived Mice.* In: *Eur. J. Immunol.* 11 (1981) S. 964–968.

Abschnitt 7.8

Minami, Y.; Kono, T.; Miyazaki, T.; Taniguchi, T. *The IL-2 Receptor Complex: Its Structure, Function, and Target Genes.* In: *Annu. Rev. Immunol.* 11 (1993) S. 245–267.

Smith, K. A. *Interleukin 2.* In: *Annu. Rev. Immunol.* 2 (1993) S. 319–333.

Abschnitt 7.9

Fraser, J. D.; Irving, B. A.; Grabtree, G. R.; Weiss, A. *Regulation of Interleukin-2 Gene Enhancer Activity by the T Cell Accessory Molecule CD28.* In: *Science* 251 (1991) S. 313–316.

Abschnitt 7.10

Eynon, E. E.; Parker, D. C. *Small B Cells as Antigen-Presenting Cells in the Induction of Tolerance to Soluble Protein Antigens.* In: *J. Exper. Med.* 175 (1993) 131–138.

Lenschow, D. J.; Zeng, Y.; Thislethwaite, J. R.; Montag, A.; Brady, W.; Gibson, M. G.; Linsley, P. S.; Bluestone, J. A. *Long-Term Survival of Xenogenic Pancreatic Islet Cell Grafts Induced by CTLA-4 Ig.* In: *Science* 257 (1992) S. 789–792.

Miller, J. F. A. P.; Morahan, G.; Allison, J. *Extra-Thymic Acquisition of Tolerance by T Lymphocytes.* In: *Cold Spring Harbor Symp. on Quant. Biol.* 54 (1989) S. 807.

Abschnitt 7.11

Katz, M. E.; Jones, B.; Janeway, C. A. jr. *Cloned T Cell Lines do Not Discriminate Between Self in Molecules on B Cells and Antigen-Presenting Cells.* In: Pierce, C. W.; Cullen, S. E.; Kapp, J. A.; Schwartz, B. D.; Shreffer, D. C. (Hrsg.) *Ir Genes, Past, Present, and Future.* Clifton, N. J. (Human Press) 1983 S. 467–472.

Abschnitt 7.12

Salgame, P. R.; Abrams, J. S.; Clayberger, C.; Goldstein, H.; Convit, J.; Modlin, R. L.; Bloom, B. R. *Differing Lymphokine Profiles of Functional Subsets of Human CD4 and CD8 T Cell Clones.* In: *Science* 254 (1991) S. 279–289.

Abschnitt 7.13

Macatonia, S. E.; Taylor, P. M.; Knight, S. C.; Askonas, B. A. *Primary Stimulation by Dendritic Cells Cell Induces Antiviral Proliferation and Cytotoxic T Cell Responses in vitro.* In: *J. Exper. Med.* 155 (1988) S. 1255–1264.

Keene, J.; Forman, J. *Helper Activity is Required for the in vivo Generation of Cytotoxic T Lymphocytes.* In: *J. Exper. Med.* 155 (1982) S. 768.

Guerder, S.; Matzinger, P. *Activation Versus Tolerance: A Decision Made by T Helper Cells.* In: *Cold Spring Harbor Symp. on Quant. Biol.* 54 (1989) S. 799–805.

Azuma, M.; Cayabyab, M.; Buck, D.; Phillips, J. H.; Lanier, L. L. *CD28 Interaction with B7 Costimulates Primary Allogeneic Proliferative Responses and Cytotoxicity Mediated by Small, Resting T Lymphocytes.* In: *J. Exper. Med.* 175 (1992) S. 353–360.

Abschnitt 7.14

Seventer, G. A. van; Simuzi, Y.; Shaw, S. *Roles of Multiple Accessory Molecules in T Cell Activation.* In: *Curr. Opin. Immunol.* 3 (1991) S. 294–303.

Rodrigues, M.; Nussezwieg, R. S.; Romero, P.; Zavala, F. *The in vivo Cytotoxic Activity of CD8+ T Cell Clones Correlates with Their Levels of Expression or Adhesion Molecules.* In: *J. Exper. Med.* 175 (1992) S. 895–905.

O'Rourke, A. M.; Mescher, M. F. *Cytotoxic T Lymphocyte Activation Involves a Cascade of Signaling and Adhesion Events.* In: *Nature* 358 (1992) S. 253–255.

Abschnitt 7.15

Geiger, B.; Rosen, D.; Berke, G. *Spatial Relationships of Microtubule-Organizing Centers and the Contact Area of Cytotoxic T Lymphocytes and Target Cells.* In: *J. Cell. Biol.* 95 (1982) S. 137–143.

Poo, W. J.; Conrad, L.; Janeway, C. A. jr. *Receptor-Directed Focusing of Lymphokine Release by Helper T Cells.* In: *Nature* 332 (1988) S. 332–378.

Abschnitt 7.16

Brian, A. A. *Stimulation of B Cell Proliferation by Membrane-Associated Molecule from Activated T Cells.* In: *Proc. Natl. Acad. Sci. USA* 85 (1988) S. 564.

Armitage, R. J.; Fanslow, W. C.; Strockbine, L.; Sato, T. A.; Cliffors, K. N.; MacDuff, B. M.; Anderson, D. M.; Gimpel, S. D.; Davis Smith, T.; Maliszewski, C. R. *Molecular and Biological Characterization of a Murine Ligand for CD40.* In: *Nature* 357 (1992) S. 80–82.

Abschnitt 7.17

Arai, K.; Lee, F.; Miyajima, A.; Miyatake, S.; Arai, N.; Yokota, T. *Cytokines: Coordinators of Immune and Inflammatory Responses.* In: *Annu. Rev. Biochem.* 59 (1990) S. 783.

Abschnitt 7.18

Apasov, S.; Redegeld, F.; Sitkovsky, M. *Cell-Mediated Cytotoxicity: Contact and Secreted Factors.* In: *Curr. Opin. immunol* 5 (1993) S. 404–410.

Berke, G. *Lymphocyte-Triggered Internal Target Disintegration.* In: *Immunol. Today* 12 (1991) S. 396–399.

Abschnitt 7.19

Shiver, J. W.; Su, L.; Henkart, P. A. *Cytotoxicity with Target DNA Breakdown by Rat Basophilic Leukemia Cells Expressing Both Cytolysin and Granzyme A.* In: *Cell* 71 (1992) S. 315–322.

Podack, E. R.; Hengartner, H.; Lichtenheld, M. G. *A Central Role of Perforin in Cytolysis?* In: *Annu. Rev. Immunol.* 9 (1993) S. 129–157.

Abschnitt 7.20

Rouvier, E.; Luciani, M.-F.; Golstein, P. *Fas Involvement in Ca²⁺ Independent T Cell-Mediated Cytotoxicity.* In: *J. Exper. Med.* 177 (1993) S. 195–200.

Suda, T.; Takahashi, T.; Goldstein, P.; Nagata, S. *Molecular Cloning and Expression of the Fas Ligand, a Novel Member of the Tumor Necrosis Factor Family.* In: *Cell* 75 (1993) S. 1169–1178.

Watanbe Fukunaga, R.; Branna, C. I.; Copeland, N. G.; Jenkins, N. A.; Nagata, S. *Lymphoproliferation Disorder in Mice Explained by Defects in Fas Anitgen That Mediates Apoptosis.* In: *Nature* 356 (1992) S. 314–317.

Abschnitt 7.21

Kuppers, R. C.; Henney, C. S. *Studies on the Mechanism of Lymphocyte-Mediated Cytolysis. IX. Relationships Between Antigen Recognition and Lytic Expression in Killer T Cells.* In: *J. Immunol.* 118 (1977) S. 71–76.

Abschnitt 7. 22

Ramshaw, I.; Ruby, J.; Ramsay, A.; Ada G.; Karupiah, G. *Expression of Cytokines by Recombinant Vaccinia Viruses: A Model for Studying Cytokines in Virus Infections in vivo.* In: *Immunol. Rev.* 127 (1992) S. 157–182.

Abschnitt 7.23

Stout, R.; Bottomly, K. *Antigen-Specific Activation of Effector Macrophages by Interferon-Gamma Producing (Th1) T Cell Clones. Failure of IL-4 Producing (Th2) T Cell Clones to Activate Effector Functions in Macrophages.* In: *J. Immunol.* 142 (1989) S. 760.

Munoz Fernandez, M. A.; Fernandez, M. A.; Fresno, M. *Synergism Between Tumor Necrosis Factor-Alpha and Interferon-Gamma on Macrophage Activation for the Killing of Intracellular Trypanosoma crusi Through a Nitric Oxide-Dependent Mechanism.* In: *Eur. J. Immunol.* 22 (1992) S. 301–307.

Abschnitt 7.24

Lindsten, T.; June, C. H.; Ledbetter, J. A.; Stella, G.; Thompson, C. B. *Regulation of Lymphokine Messenger RNA Stability by a Surface-Mediated T Cell Activation Pathway.* In: *Science* 244 (1989) S. 339–342.

Shaw, G.; Karmen, R. A. *Conserved UAU Sequence from the 3′ Untranslated Region of GM-CSF mRNA Mediates Selective mRNA Degradation.* In: *Cell* 46 (1986) S. 659.

Abschnitt 7.25

Paulnock, D. M. *Macrophage Activation by T Cells.* In: *Curr. Opin. Immunol.* 4 (1992) S. 344–349.

Abschnitt 7.26

Tite, J. P.; Janeway, C. A. jr. *Cloned Helper T Cells Can Kill B Cells in the Presence of Specific Antigen: Ia Restriction and Cognate vs Non-Cognate Interactions in Cytolysis.* In: *Eur. J. Innunol.* 14 (1984) S. 878.

Oppenheim, J. J.; Zachariae, C. O. C.; Mukaida, W.; Matsushima, K. *Properties of the Novel Proinflammatory Supergene Intercrine Cytokine Family.* In: *Annu. Rev. Immunol* 9 (1991) S. 617.

Kindler, V.; Sappino, A.-P.; Grau, G. E.; Piquet, P.-F.; Vassali, P. *The Inducing Role of Tumor Necrosis Factor in the Development of Bactericidal Granulomas During BCG Development.* In: *Cell* 56 (1989) S. 731–740.

McInnes, A.; Rennick, D. M. *Interleukin 4 Induces Cultured Monocytes/Macrophages to Form Giant Multinucleated Cells.* In: *J. Exper. Med.* 167 (1988) S. 598–611.

Yamamura, M.; Uyemura, K.; Deans, R. J.; Weinberg, K.; Rea, T. H.; Bloom, B. R.; Modlin, R. L. *Defining Protective Responses to Pathogens: Cytokine Profiles in Leprosy Lesions.* In: *Science* 254 (1991) S. 277–279.

Die humorale Immunantwort

8

Viele der für den Menschen infektiösen Bakterien vermehren sich in den extrazellulären Bereichen des Körpers, und die meisten intrazellulären Krankheitserreger verbreiten sich von Zelle zu Zelle, indem sie sich durch die extrazellulären Flüssigkeiten bewegen. Die Hauptfunktion der humoralen Immunantwort ist es, die extrazellulären Mikroorganismen zu zerstören und die Verbreitung intrazellulärer Infektionen zu verhindern. Dies wird durch Antikörper erreicht, die von B-Lymphocyten sezerniert werden.

Antikörper können auf drei Wegen zur Immunität beitragen (Abb. 8.1). Viren und intrazelluläre Bakterien, die in Zellen eindringen müssen, um wachsen zu können, verbreiten sich von Zelle zu Zelle, indem sie an spezifische Moleküle auf der Oberfläche ihrer Zielzelle binden. Antikörper, die sich an ein Pathogen anheften, verhindern diese Bindung. Sie **neutralisieren** das Pathogen. Die Neutralisierung durch Antikörper ist auch für den Schutz vor Toxinen von Bedeutung. Andere Arten von Bakterien vermehren sich außerhalb der Zellen. Vor ihnen schützen Antikörper hauptsächlich, indem sie ihre Aufnahme in phagocytische (phagocytierende) Zellen erleichtern, die darauf spezialisiert sind, aufgenommene Bakterien zu zerstören. Es gibt zwei Möglichkeiten, wie dies geschehen kann. Im ersten Fall werden gebundene Antikörper von spezifischen **Fc-Rezeptoren** auf der Oberfläche einer phagocytischen Zelle erkannt. Das Bedecken der Oberfläche eines Pathogens, um so die Phagocytose zu verstärken, wird **Opsonisierung** genannt. Im anderen Fall aktivieren Antikörper, die an die Oberfläche eines Erregers binden, die Proteine des **Komplementsystems**. Komplementproteine, die an das Pathogen gebunden sind, opsonisieren es ebenfalls, indem sie an **Komplementrezeptoren** auf Phagocyten binden. Andere Komplementkomponenten locken phagocytische Zellen zu der Stelle einer Infektion. Die letzten Komponenten des Komplementsystems können Mikroorganismen direkt lysieren, indem sie Poren in deren Membranen bilden. Die **Isotypen** der Antikörper entscheiden, welcher Effektormechanismus bei einer bestimmten Antwort eingesetzt wird.

Die Aktivierung von B-Zellen und ihre Differenzierung zu antikörpersezernierenden Zellen wird durch Antigene ausgelöst und erfordert gewöhnlich **T-Helferzellen**. Diese kontollieren auch den **Isotypwechsel** (*isotype switching*), und sie spielen eine Rolle bei der Auslösung der **somatischen Hypermutationen** der Gene für die variablen Regionen der Antikörper, die bei der Affinitätsreifung der Antikörper im Verlauf einer humoralen Immunantwort auftreten. Im ersten Teil dieses Kapitels werden wir die Interaktionen von B-Zellen mit T-Helferzellen beschreiben und die Mecha-

8.1 Die humorale Immunantwort wird durch Antikörpermoleküle vermittelt, die von Plasmazellen sezerniert werden.

Die Bindung eines Antigens an den B-Zell-Rezeptor gibt der B-Zelle ein Signal. Das Antigen wird außerdem in Peptide zerlegt, die T-Helferzellen aktivieren, so daß die B-Zelle proliferiert und sich zu Plasmazellen differenziert, die spezifische Antikörper sezernieren. Es gibt drei wichtige Wege, wie diese Antikörper den Wirt vor einer Infektion schützen. Sie können die toxischen Effekte oder die Infektiosität von Pathogenen hemmen, indem sie an sie binden. Dies wird als Neutralisierung bezeichnet. Durch ein Einhüllen der Pathogene ermöglichen sie es akzessorischen Zellen, die das Fc-Stück des Antikörpers erkennen können, das Pathogen aufzunehmen und abzutöten. Dies wird als Opsonisierung bezeichnet. Antikörper können außerdem die Komplementkaskade von Proteinen auslösen, die die Opsonisierung verstärkt und Bakterienzellen direkt zerstören kann.

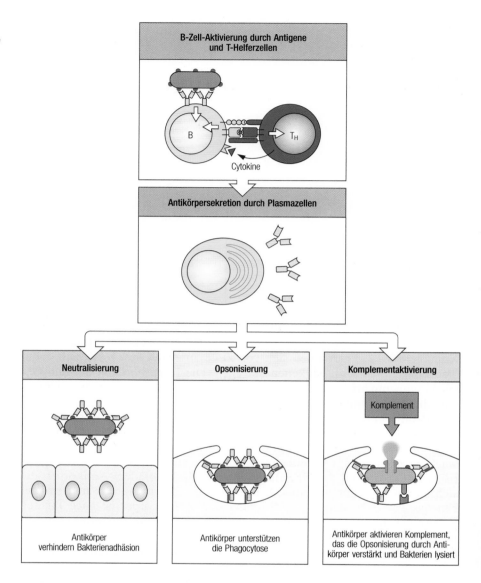

nismen der Affinitätsreifung im spezialisierten Mikromilieu der peripheren lymphatischen Gewebe. Der Rest dieses Kapitels befaßt sich genauer damit, wie Antikörper Infektionen in Schach halten und eliminieren.

Die Antikörperproduktion durch B-Lymphocyten

Oberflächenimmunglobuline, die auf B-Lymphocyten als Antigenrezeptoren dienen, haben bei deren Aktivierung zwei Funktionen. Erstens übertragen sie, wie die Antigenrezeptoren auf T-Zellen, bei Antigenbindung direkt ein Signal in das Zellinnere. Zweitens transportieren sie Antigene in das Zellinnere, wo sie abgebaut werden und von wo sie als an MHC-Klasse-II-Moleküle gebundene Peptide an die B-Zell-Oberfläche zurückkehren. Die Peptid:MHC-Klasse-II-Komplexe können dann von antigenspezifischen bewaffneten T-Helferzellen erkannt werden. Diese bilden daraufhin Moleküle, welche die B-Zelle zur Proliferation und deren Nachkommen zur Differenzierung in antikörpersezernierende Zellen anregen. Einige mikrobielle Antigene können B-Zellen direkt ohne T-Zell-Hilfe aktivieren. Dadurch können schnell Antikörper gegen viele wichtige bakterielle Pathogene produziert werden. Die Änderungen der funktionellen Eigenschaften von Antikörpermolekülen, die auf dem Isotypwechsel beruhen, und die Veränderungen in der variablen Region, die der Affinitätsreifung zugrundeliegen, sind jedoch von den Wechselwirkungen von antigenstimulierten B-Zellen mit T-Helferzellen und anderen Zellen in den peripheren lymphatischen Organen abhängig.

8.1 Die Antikörperantwort wird ausgelöst, wenn B-Zellen Antigene binden und von T-Helferzellen oder bestimmten mikrobiellen Antigenen ein Signal erhalten

Für die adaptive Immunität gilt, daß naive, antigenspezifische Lymphocyten nicht durch Antigene allein aktiviert werden können. Naive T-Zellen benötigen ein costimulierendes Signal von professionellen antigenpräsentierenden Zellen. Bei naiven B-Zellen können die zusätzlichen Signale entweder von einer bewaffneten T-Helferzelle oder manchmal auch direkt von mikrobiellen Bestandteilen stammen.

Antikörperreaktionen auf Proteinantigene brauchen die Hilfe von T-Zellen. B-Zellen werden zu effektiven Zielen für bewaffnete T-Helferzellen, wenn Antigene, die an Oberflächenimmunglobuline gebunden sind, in das Zellinnere aufgenommen wurden und als an MHC-Klasse-II-Moleküle gebundene Peptide an die Zelloberfläche zurückgekehrt sind. T-Helferzellen, die den Peptid:MHC-Komplex erkennen, setzen dann aktivierende Signale für die B-Zelle frei. Daher sorgt die Bindung von Proteinantigenen sowohl für ein spezifisches Signal für die B-Zelle als auch für einen Angriffspunkt für die T-Zell-Hilfe. Antigene, die T-Zell-Hilfe benötigen, um B-Zellen zu aktivieren, werden **thymusabhängige** (*thymus-dependent*)

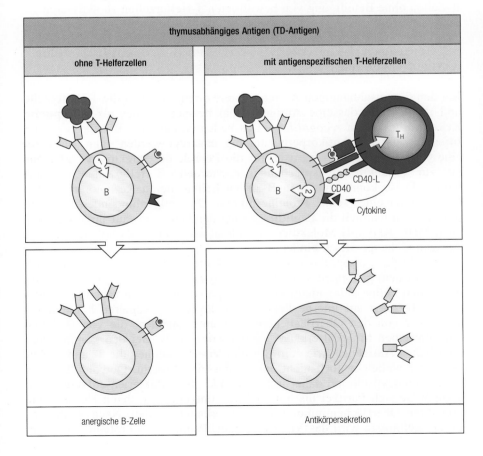

8.2 B-Zellen können durch Antigene aktiviert oder inaktiviert werden. T-Zellabhängige Antigene binden den B-Zell-Rezeptor und können eine Anergie induzieren, wenn nicht eine T-Helferzelle Peptidfragmente des Antigens erkennt, die an MHC-Klasse-II-Moleküle der B-Zelle gebunden sind, und so zur Freisetzung von Signalen für die Aktivierung veranlaßt wird. Das führt schließlich zur Produktion von antikörpersezernierenden Plasmazellen. T-Helferzellen aktivieren B-Zellen durch die Expression des CD40-Liganden (CD40-L) an der Zelloberfläche und durch die Sekretion von Cytokinen.

8.3 Für die B-Zell-Aktivierung wird ein zweites Signal benötigt, entweder durch thymusabhängige oder durch thymusunabhängige Antigene. Bei thymusabhängigen Antigenen wird das zweite Signal von der T-Helferzelle gegeben. Bei thymusunabhängigen Antigenen stammt es von dem Antigen selbst.

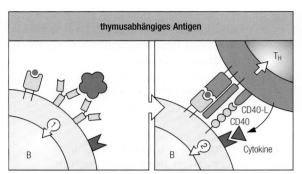

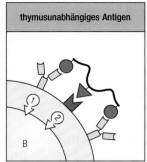

oder **TD-Antigene** genannt. Bei Tieren oder Menschen, bei denen der Thymus nicht entwickelt ist, werden nämlich keine funktionierenden T-Zellen gebildet. Daher kann bei ihnen auch keine Antikörperantwort gegen diese Antigene erfolgen. B-Zellen, die an TD-Antigene binden, ohne ein aktivierendes Signal von T-Zellen zu erhalten, können sogar anergisch werden (Abb. 8.2).

Bewaffnete T-Helferzellen sind zwar für die B-Zell-Antworten gegen Proteinantigene erforderlich, Bestandteile von Mikroben, wie bakterielle Polysaccharide, können B-Zellen jedoch direkt induzieren, Antikörper zu bilden, auch ohne T-Helferzellen (Abb. 8.3). Diese mikrobiellen Antigene werden als **thymusunabhängige** (*thymus-independent*) oder **TI-Antigene** bezeichnet. Thymusunabhängige Antikörperantworten findet man auch bei Individuen, die keine funktionsfähigen T-Lymphocyten besitzen. Sie sind zwar anfällig für virale Infektionen und intrazelluläre Erreger, zeigen aber eine relativ große Resistenz gegen Infektionen mit extrazellulären Bakterien. Am Ende dieses Abschnitts werden wir auf die speziellen Charakteristika der TI-Antigene zurückkommen, die es ihnen ermöglichen, naive B-Zellen ohne Beteiligung von bewaffneten T-Helferzellen zu aktivieren.

8.2 Bewaffnete T-Helferzellen aktivieren B-Zellen, die dasselbe Antigen erkennen

Bei den thymusabhängigen Antikörperantworten erkennen die T-Helferzelle und die B-Zelle dasselbe Antigen. Man bezeichnet dies als **gekoppelte Erkennung** (*linked recognition*). Das bedeutet, daß eine B-Zelle bei einer Infektion erst zur Antikörperherstellung angeregt werden kann, nachdem eine CD4-T-Zelle, die spezifisch für die Peptide des infektösen Pathogens ist, zur Produktion entsprechender bewaffneter T-Helferzellen aktiviert wurde. Diese können nur den B-Zellen helfen, deren Rezeptoren an den Erreger oder eines seiner Proteine binden. Die antigenbindenden B-Zellen präsentieren nämlich die Peptidfragmente des Pathogens auf ihren Oberflächen-MHC-Klasse-II-Molekülen 10000mal wirksamer als solche, die das Antigen nicht spezifisch binden.

Obwohl das Epitop, das von der bewaffneten T-Helferzelle erkannt wird, daher mit dem gekoppelt sein muß, auf das eine B-Zelle anspricht, müssen die beiden Zellen keine identischen Epitope erkennen. Wir sahen in Kapitel 4, daß T-Zellen auf interne Peptide von Proteinen reagieren können, die sich stark von den Oberflächenepitopen unterscheiden, die von B-Zellen auf demselben Molekül erkannt werden (Abb. 4.5). Bei den komplexeren natürlichen Antigenen, wie zum Beispiel Viren, erkennen die T- und B-Zellen sogar vielleicht noch nicht einmal dasselbe Protein. Obwohl B-Zellen nicht phagocytisch und daher unfähig sind, ganze Bakterien aufzunehmen, können sie sich Partikel bis hin zu Viren einverleiben, deren Hüllproteine von ihren Oberflächenimmunglobulinen erkannt werden. Nach Aufnahme in das Zellinnere wird das Virus abgebaut. Peptide von Proteinen aus dem

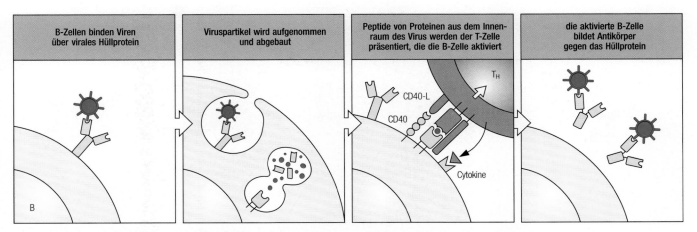

8.4 B-Zellen und T-Helferzellen müssen Epitope desselben molekularen Komplexes erkennen, um in Wechselwirkung treten zu können. Ein Epitop auf einem viralen Hüllprotein wird von dem Oberflächenimmunglobulin auf einer B-Zelle erkannt, und das Virus wird aufgenommen und abgebaut. Peptide, die aus viralen Proteinen stammen, einschließlich eines Virusproteins aus dem Inneren, werden dann, gebunden an MHC-Klasse-II-Moleküle, wieder auf die B-Zell-Oberfläche gebracht. Dort werden sie von T-Helferzellen erkannt, die dann die B-Zellen dazu aktivieren, Antiköper gegen das Hüllprotein zu bilden.

Inneren oder von Hüllproteinen können von den MHC-Klasse-II-Molekülen an der Oberfläche der B-Zelle dargeboten werden. T-Helferzellen, die schon in einem früheren Stadium der Infektion durch Makrophagen oder dendritische Zellen aktiviert wurden, die dieselben inneren Peptide präsentierten, können dann die B-Zelle stimulieren, Antikörper zu bilden, die das Hüllprotein erkennen (Abb. 8.4).

Die Notwendigkeit einer gekoppelten Erkennung hat wichtige Konsequenzen für die Regulation und Manipulation der humoralen Immunantwort. Zum Beispiel wird dadurch die Selbst-Toleranz mit sichergestellt. Eine B-Zelle, die an ein Selbst-Antigen bindet, wird dessen Peptide auf Selbst-MHC-Klasse-II-Molekülen präsentieren. Solange jedoch T-Zellen, die Peptide von Selbst-Proteinen erkennen, entweder im Thymus eliminiert oder in der Perpherie inaktiviert werden, wird keine T-Zell-Hilfe vorhanden sein, um solch eine B-Zelle zu aktivieren. Daher verhindert die T-Zell-Toleranz die Herstellung selbstreaktiver Antikörper durch B-Zellen, die selbst einer Deletion oder Inaktivierung entkommen sind. Man weiß, daß es solche potentiell selbstreaktiven B-Zellen gibt, denn bei einer Immunantwort gegen eine Infektion werden manchmal selbstreaktive Antikörper gebildet. In diesem Falle bindet die selbstreaktive B-Zelle vermutlich an ein Epitop auf dem infektiösen Mikroorganismus, das einem Epitop auf dem Selbst-Protein ähnelt. Die B-Zelle kann dann das Antigen aufnehmen und mikrobielle Peptide bilden, die von MHC-Klasse-II-Molekülen auf der Oberfläche gezeigt werden.

Bewaffnete T-Helferzellen, die schon auf die mikrobiellen Peptide reagiert haben, können diese B-Zellen aktivieren, Antikörper zu produzieren, die sowohl die Mikroorganismen als auch das Selbst-Antigen erkennen. Solche Antikörper verschwinden gewöhnlich wieder, wenn die Infektion abklingt, da dann nur noch das Selbst-Antigen präsentiert wird und T-Helferzellen gegen Selbst-Peptide tolerant bleiben.

Die gekoppelte Erkennung nutzt man für die Entwicklung von Impfstoffen wie dem, mit dem man Kinder gegen *Haemophilus influenzae* B immunisiert. Das ist ein bakterieller Erreger, der die Hirnhäute oder Meningen infizieren kann und so eine Meningitis und in schweren Fällen neurologische Schäden oder sogar den Tod verursacht. Für eine schützende Immunität gegen dieses Pathogen sorgen Antikörper gegen seine kapsulären Polysaccharide. Erwachsene bilden viele hocheffektive T-Zell-unabhängige

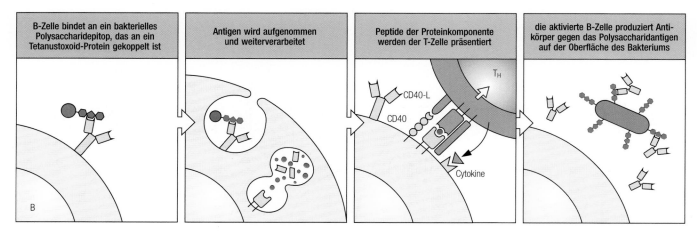

| B-Zelle bindet an ein bakterielles Polysaccharidepitop, das an ein Tetanustoxoid-Protein gekoppelt ist | Antigen wird aufgenommen und weiterverarbeitet | Peptide der Proteinkomponente werden der T-Zelle präsentiert | die aktivierte B-Zelle produziert Antikörper gegen das Polysaccharidantigen auf der Oberfläche des Bakteriums |

8.5 Proteinantigene, die mit Polysaccharidantigenen verknüpft sind, erlauben es T-Zellen, polysaccharidspezifischen B-Zellen zu helfen. Die Antwort von B-Zellen auf einen Impfstoff gegen *Haemophilus influenzae* B, ein Konjugat aus bakteriellem Polysaccharid und Tetanustoxoidprotein, ist T-Zell-abhängig. Die B-Zelle erkennt und bindet das Polysaccharid, nimmt das Toxoidprotein, mit dem es verknüpft ist, auf, zerlegt es und präsentiert die entstandenen Peptide auf MHC-Klasse-II-Molekülen an der Oberfläche. T-Helferzellen, die als Reaktion auf eine frühere Impfung mit dem Toxoid gebildet wurden, erkennen den Komplex auf der B-Zell-Oberfläche und aktivieren die B-Zelle, Antikörper gegen die Polysaccharide zu bilden. Diese Antikörper können dann vor einer Infektion mit *H. influenzae* B schützen.

Antworten gegen diese Antigene, im unreifen Immunsystem des Kindes sind diese jedoch nur schwach ausgebildet. Um ein effektives Vakzin für Kinder herzustellen, koppelt man daher das Polysaccharid chemisch an Tetanustoxoid, ein fremdes Protein, gegen das Kinder routinemäßig und erfolgreich geimpft werden (Abb. 1.45). B-Zellen, die an die Polysaccharidkomponente des Vakzins binden, können von T-Helferzellen aktiviert werden, die für die Peptide des angehängten Proteins spezifisch sind (Abb. 8.5). Die gekoppelte Erkennung wurde ursprünglich bei Untersuchungen der Produktion von Antikörpern gegen Haptene entdeckt. Dies haben wir in Kapitel 2 beschrieben. Haptene sind kleine chemische Gruppen, die keine Antikörperantwort hervorrufen, da sie keine T-Zell-Hilfe auslösen können. Wenn sie an ein Trägerprotein gekoppelt sind, werden sie jedoch immunogen, da T-Zellen gegen Peptide, die von dem Protein abstammen, aktiviert werden können. Dieser Effekt ist verantwortlich für allergische Reaktionen vieler Menschen gegen das hochwirksame Antibiotikum Penicillin. Es reagiert mit Proteinen und bildet so ein Hapten, das eine Antikörperantwort stimulieren kann, wie wir in Kapitel 11 erfahren werden.

8.3 Peptid:MHC-Klasse-II-Molekül-Komplexe auf einer B-Zelle veranlassen bewaffnete T-Helferzellen, sezernierte und Membranmoleküle zu bilden, die die B-Zelle aktivieren

Bewaffnete T-Helferzellen aktivieren B-Zellen, wenn sie auf deren Oberfläche den geeigneten Peptid:MHC-Klasse-II-Komplex erkennen. Wie bei der Wirkung inflammatorischer CD4-T-Zellen auf Makrophagen, sorgen Peptid:MHC-Klasse-II-Komplexe auf B-Zellen dafür, daß die bewaffneten CD4-T-Helferzellen sowohl zellgebundene als auch sezernierte Effektormoleküle synthetisieren, die bei der B-Zell-Aktivierung zusammenwirken. In den frühen Phasen der B-Zell-Antwort ist das wichtigste Effektormolekül ein T-Zell-Oberflächenmolekül der TNF-Familie, das man als **CD40-Ligand** bezeichnet, weil es an das CD40-Oberflächenmolekül auf der B-Zelle bindet. **CD40** ist ein Mitglied der TNF-Rezeptorfamilie der Cyto-

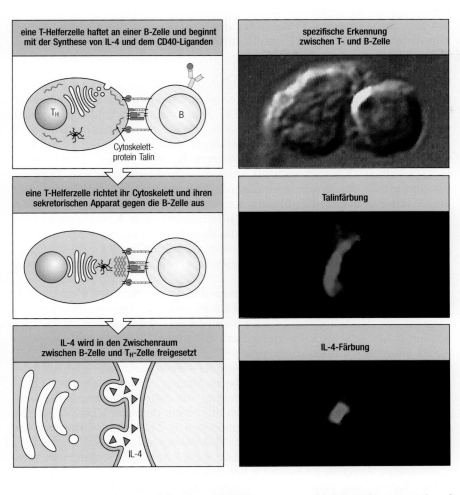

eine T-Helferzelle haftet an einer B-Zelle und beginnt mit der Synthese von IL-4 und dem CD40-Liganden

T_H   B

Cytoskelett-protein Talin

eine T-Helferzelle richtet ihr Cytoskelett und ihren sekretorischen Apparat gegen die B-Zelle aus

IL-4 wird in den Zwischenraum zwischen B-Zelle und T_H-Zelle freigesetzt

IL-4

spezifische Erkennung zwischen T- und B-Zelle

Talinfärbung

IL-4-Färbung

8.6 Wenn eine bewaffnete T-Helferzelle auf eine antigenbindende B-Zelle trifft, exprimiert sie den CD40-Liganden (CD40-L) und sezerniert IL-4 und andere Cytokine. Diese werden an der Kontakt-stelle mit der antigenbindenden B-Zelle freigesetzt, wie durch die Markierung von IL-4 (rechte Spalte unten) gezeigt wird. Das Bild unten links zeigt, daß IL-4 nur im Raum zwischen der B-Zelle und der T-Helferzelle vorliegt. In dem Bild rechts Mitte ist das Cytoskelettprotein Talin der T-Helferzelle angefärbt. Man sieht, daß das Cytoskelett polarisiert und die Sekre-tion von IL-4 auf die Kontaktstelle zwi-schen den Zellen ausgerichtet ist. (Photos: A. Kupfer.)

kinrezeptoren und entspricht dem TNF-Rezeptor auf Makrophagen und auf den Zielzellen cytotoxischer T-Zellen. Eine Bindung von CD40 an den CD40-Liganden hilft, die ruhende B-Zelle in den Zellzyklus zu steuern, und ist für die B-Zell-Reaktionen gegen thymusabhängige Antigene uner-läßlich. Patienten mit Mutationen, die den CD40-Liganden betreffen, zei-gen nur sehr schwache und ineffektive Antikörperantworten. Sie leiden unter einer schweren humoralen Immunschwäche, wie wir in Kapitel 10 sehen werden. *In vitro* werden B-Zellen zur Proliferation angeregt, wenn man sie einer Mischung aus künstlich synthetisierten CD40-Liganden und dem Cytokin IL-4 aussetzt. IL-4 wird auch von bewaffneten T-Helferzellen gebildet, wenn sie ihren spezifischen Liganden auf der B-Zell-Oberfläche erkennen. IL-4 und der CD40-Ligand lenken vermutlich zusammen die klonale Expansion, die *in vivo* der Antikörperproduktion vorangeht. Die T-Helferzelle sezerniert IL-4 gezielt zur Kontaktstelle mit der B-Zelle hin (Abb. 8.6), so daß es selektiv auf diese antigenspezifische Zielzelle ein-wirkt.

Die ersten Schritte der Aktivierung von B-Zellen durch T-Helferzellen besitzen eine verblüffende Ähnlichkeit mit der Aktivierung von Makropha-gen durch inflammatorische T-Zellen. Doch während die Aktivierung von infizierten Makrophagen direkt zur Zerstörung des Pathogens führt, müssen naive B-Zellen, genau wie naive T-Zellen, erst eine klonale Expansion durchmachen, bevor sie zu Effektorzellen differenzieren können. Der Diffe-renzierung von B-Zellen zu antikörpersezernierenden Plasmazellen (Abb. 8.7) geht daher eine proliferative Phase voraus. Zwei zusätzliche Cytokine, IL-5 und IL-6, die beide von T-Helferzellen abgegeben werden, tragen zu diesen späteren Stadien der B-Zell-Aktivierung bei.

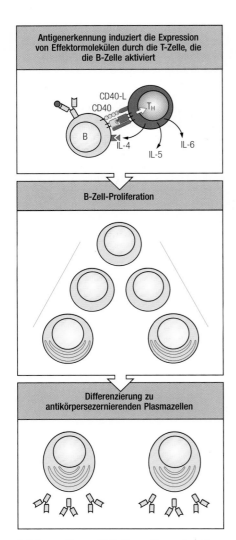

Antigenerkennung induziert die Expression von Effektormolekülen durch die T-Zelle, die die B-Zelle aktiviert

CD40-L
CD40
T_H
B
IL-4
IL-5
IL-6

B-Zell-Proliferation

Differenzierung zu antikörpersezernierenden Plasmazellen

8.7 Bewaffnete T-Helferzellen stimulieren zuerst die Proliferation und dann die Differenzierung der antigenbindenden B-Zellen. Die spezifische Interaktion zwischen einer antigenbindenden B-Zelle und einer bewaffneten T-Helferzelle führt zur Expression des B-Zell-stimulierenden CD40-Liganden (CD40-L) auf der Oberfläche der T-Helferzelle und zur Sekretion der B-Zell-stimulierenden Cytokine IL-4, IL-5 und IL-6, die die Proliferation der B-Zelle und ihre Differenzierung zu antikörpersezernierenden Plasmazellen steuern.

8.4 Ein Isotypwechsel erfordert die Expression des CD40-Liganden auf der T-Helferzelle und wird durch Cytokine gesteuert

Wie wir in Kapitel 3 sahen, sind Antikörper nicht nur wegen der Vielfalt der Antigenbindungsstellen bemerkenswert, sondern auch wegen ihrer Vielseitigkeit als Effektormoleküle. Die Spezifität einer Antikörperantwort ergibt sich aus der Antigenbindungsstelle, die die zwei variablen Domänen enthält. Die Effektorfunktion der Antikörper wird dagegen durch den Isotyp der konstanten Domänen der schweren Kette bestimmt. Durch einen **Isotypwechsel (Klassenwechsel)** kann eine bestimmte variable Domäne der schweren Kette mit der konstanten Region eines jeden Isotyps assoziieren. Wir werden später in diesem Kapitel sehen, wie Antikörper der verschiedenen Isotypen spezifisch zur Eliminierung von Krankheitserregern beitragen. Die DNA-Umordnungen, die dem Klassenwechsel zugrunde liegen und die der humoralen Immunantwort vielfältige Funktionen verleihen, werden von Cytokinen gesteuert, besonders von denen aus bewaffneten CD4-T-Effektorzellen.

Alle reifen naiven B-Zellen exprimieren Zelloberflächen-IgM und -IgD. Trotzdem macht IgM weniger als zehn Prozent der Immunglobuline des Plasmas aus. Dort findet man hauptsächlich IgG. Die meisten Antikörper werden daher von B-Zellen produziert, die einen Isotypwechsel durchgemacht haben. Es werden immer nur wenig IgD-Antikörper gebildet. In den frühen Stadien der Antikörperreaktion überwiegen daher die IgM-Antikörper. Später sind IgG und IgA die vorherrschenden Isotyen, wobei IgE einen kleinen, aber biologisch wichtigen Beitrag zur Antwort leistet. Diese Veränderungen treten nicht bei Individuen mit einem defekten CD40-Liganden auf. Dieser ist für die Interaktionen zwischen B-Zellen und T-Helferzellen nötig. Solche Individuen bilden nur IgM-Antikörper und haben ungewöhnlich hohe IgM-Spiegel in ihrem Plasma, vielleicht induziert durch thymusunabhängige Antigene (Abschnitte 8.9 und 8.10).

Das meiste, was man über die Regulierung des Klassenwechsels durch T-Helferzellen weiß, stammt aus Experimenten, bei denen Maus-B-Zellen *in vitro* mit gereinigten Cytokinen stimuliert wurden. Diese Versuche zeigten, daß verschiedene Cytokine bevorzugt den Wechsel zu unterschiedlichen Isotypen auslösen (Abb. 8.8). Einige dieser Cytokine steuern auch die B-Zell-Proliferation zu Beginn einer B-Zell-Antwort. Bei der Maus induziert IL-4 überwiegend den Wechsel zu IgG1 und IgE, während TGF-β einen Wechsel zu IgG2b und IgA hervorruft. Diese beiden Cytokine werden von CD4-T-Helferzellen gebildet, genau wie IL-5, das die IgA-Sekretion in Zellen induziert, die bereits einen Wechsel hinter sich haben. Obwohl die inflammatorischen CD4-T-Zellen kaum in der Lage sind, Antikörperantworten zu initiieren, haben sie am Isotypwechsel einen Anteil, indem sie IFN-γ freisetzen, das bevorzugt den Wechsel zu IgG3 und IgG2a induziert. Die Cytokine, die B-Zellen veranlassen, verschiedene Antikörperisotypen zu bilden, sind in Abbildung 8.9 zusammengefaßt.

Cytokine induzieren einen Klassenwechsel, indem sie die Rekombinationsstellen, die 5′ von jedem C$_H$-Gen liegen (Abb. 3.33), für *switch*-Rekombinasen zugänglich machen. Wenn zum Beispiel aktivierte B-Zellen IL-4 ausgesetzt sind, kann man einen oder zwei Tage, bevor der Wechsel auftritt, eine Transkription von DNA stromaufwärts von den *switch*-Regionen von Cγ_1 und Cϵ beobachten (Abb. 8.10). Dies deutet darauf hin, daß an diesen Stellen das Chromatin für DNA-Bindungsproteine zugänglich ist. Die transkriptionale Aktivierung der *switch*-Regionen vor dem Isotypwechsel entspricht der Transkription, die der somatischen Rekombination von Immunglobulingensegmenten während der Bildung von intakten Exons der variablen Regionen in sich entwickelnden B-Zellen vorausgeht (Kapitel 5). Jedes der Cytokine, die einen Wechsel hervorrufen, scheint eine Änderung

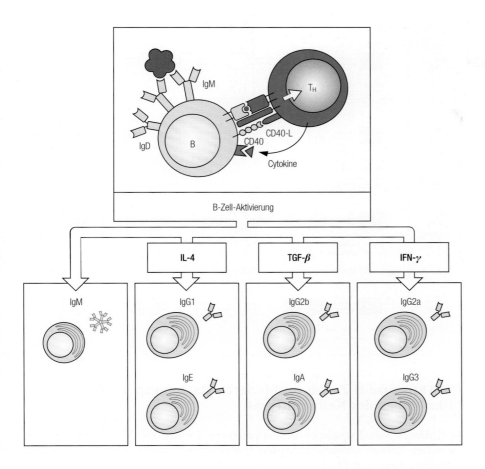

B-Zell-Aktivierung

8.8 Cytokine, die von T-Helferzellen freigesetzt werden, induzieren den Isotypwechsel. Alle reifen B-Zellen haben Oberflächen-IgM und -IgD. Wenn sie aktiviert werden, sezernieren sie zuerst IgM. Durch einen Klassenwechsel können aus einer einzelnen B-Zelle Nachkommen entstehen, die andere Isotypen bilden. Diese besitzen dann dieselbe Spezifität wie die elterliche B-Zelle, da die exprimierten Gene der variablen Region sich während des Isotypwechsels nicht verändern. Verschiedene Isotypen werden durch unterschiedliche Cytokine induziert.

der Chromatinkonformation in den *switch*-Regionen von zwei verschiedenen C_H-Genen zu induzieren, wobei nur eins dieser beiden Gene spezifisch rekombiniert wird. Für so einen gerichteten Mechanismus spricht auch die Beobachtung, daß individuelle B-Zellen häufig einen Wechsel zu demselben C_H-Gen auf beiden Chromosomen durchmachen, obwohl nur eines der Chromosomen den exprimierten Antikörper bildet. Daher regulieren T-Helferzellen sowohl die Produktion der Antikörper durch die B-Zellen als auch den Isotyp, der die Effektorfunktion des Antikörpers, der schließlich entsteht, bestimmt. Wie das Gleichgewicht zwischen verschiedenen Isotypen bei der humoralen Immunantwort gegen einen bestimmten Erreger reguliert wird, ist noch unbekannt.

die Rolle von Cytokinen bei der Regulation der Ig-Isotyp-Expression							
Cytokine	IgM	IgG3	IgG1	IgG2b	IgG2a	IgA	IgE
IL-4	hemmt	hemmt	induziert		hemmt		essentiell für Induktion
IL-5						erhöht die Produktion	
IFN-γ	hemmt	induziert	hemmt		induziert		hemmt
TGF-β	hemmt	hemmt		induziert		induziert	

8.9 Verschiedene Cytokine induzieren den Wechsel zu unterschiedlichen Isotypen. Die einzelnen Cytokine induzieren (violett) oder hemmen (rot) die Bildung bestimmter Isotypen. Der inhibierende Effekt beruht zum großen Teil wahrscheinlich darauf, daß der Wechsel zu einem anderen Isotyp veranlaßt wird.

8.10 Einem Isotypwechsel gehen Chromatinveränderungen voraus, die sich als eine Aktivierung der Transkription von C_H-Genen äußern. Ruhende naive B-Zellen transkribieren die μ- und δ-Loci in geringem Umfang, so daß Oberflächen-IgM und -IgD entstehen. Bakterielles Lipopolysaccharid (LPS), das B-Zellen unabhängig von Antigenen aktivieren kann (Abschnitt 8.9), induziert die IgM-Sekretion. In Gegenwart von IL-4 jedoch werden Cγ1 und Cε in geringer Rate transkribiert, was auf einen Wechsel zur IgG1- und IgE-Produktion hinweist. Die Transkripte stammen aus der Region, in der der Wechsel stattfindet, und sie kodieren kein Protein. Ähnlich führt TGF-β zur Transkription von Cγ2b und Cα und steuert den Wechsel zu IgG2b und IgA. Es ist nicht bekannt, wodurch bestimmt wird, welches der beiden transkriptional aktivierten C_H-Gensegmente den Wechsel durchmacht. Die Pfeile bedeuten Transkription.

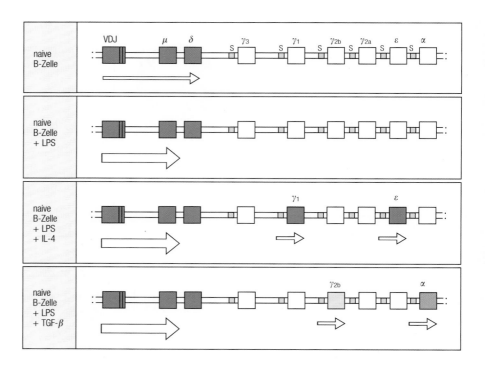

8.5 Aktivierte B-Zellen proliferieren stark im spezialisierten Mikromilieu des Keimzentrums

In Kulturen von Lymphocytensuspensionen können die Wechselwirkungen zwischen naiven antigenbindenden B-Zellen und spezifischen bewaffneten T-Helferzellen zur Produktion von Antikörpern aller Isotypen führen. *In vitro* können also die B-Zell-Proliferation und Differenzierung (einschließlich des Klassenwechsels) alle auf diesem Weg induziert werden. Die Interaktionen mit T-Zellen in Suspensionskulturen können jedoch weder in Größe noch in Umfang die Antworten reproduzieren, die man erhält, wenn man dieselben Zellen mit Fragmenten einer Milz kultiviert, oder die Antikörperreaktion, die *in vivo* erreicht wird. Besonders die wachsende Affinität der Antikörper für das induzierende Antigen, die bei einer Immunantwort beobachtet wird, erfordert bestimmte Eigenschaften des lymphatischen Gewebes. Dieses Phänomen, das man als **Affinitätsreifung** bezeichnet, ergibt sich aus einer somatischen Hypermutation der Immunglobulingene, gefolgt von einer Selektion von B-Zellen mit hochaffinen Oberflächenimmunglobulinen. Es ist abhängig von der Interaktion zwischen aktivierten B-Zellen und Zellen im spezialisierten Mikromilieu des **Keimzentrums**, das sich nach einer Antigenstimulierung bildet. Dieses haben wir schon in Kapitel 5 erwähnt als eine Stelle mit intensiver B-Zell-Proliferation in den Lymphknoten und der Milz (Abb. 8.11).

Keimzentren werden ungefähr eine Woche nach der Antigenstimulierung gebildet. B-Zellen, die von T-Helferzellen in den T-Zell-Bereichen des lymphatischen Gewebes aktiviert wurden, gehen einem von zwei möglichen Schicksalen entgegen. Einige differenzieren zu Plasmazellen und sezernieren IgM oder IgG, womit sie eine frühe Versorgung mit zirkulierenden Antikörpern ermöglichen. Andere wandern in die **primären Follikel** (Abb. 8.11 oben), wo sie die Keimzentren bilden. Die primären Follikel enthalten ruhende B-Zellen. Sie ordnen sich um ein dichtes Netzwerk von Zellfortsätzen herum an, die von einem spezialisierten Zelltyp, den **follikulären dendritischen Zellen** ausgehen. Diese leisten wahrscheinlich einen zentralen Beitrag zu den selektiven Vorgängen, auf denen die Antikörperantwort beruht.

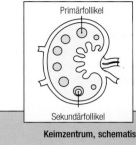

Primärfollikel

Sekundärfollikel

Keimzentrum, schematisch

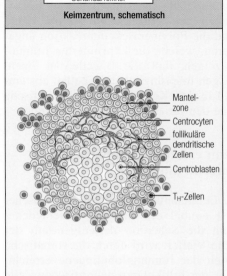

Mantel-
zone

Centrocyten

follikuläre
dendritische
Zellen

Centroblasten

T_H-Zellen

Keimzentrum, lichtmikroskopische Aufnahme (starke Vergrößerung)

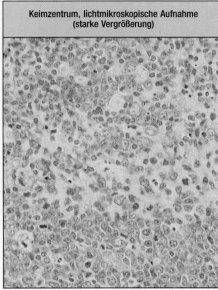

Keimzentrum (schwach vergrößert), angefärbt, um follikuläre dendritische Zellen zu zeigen

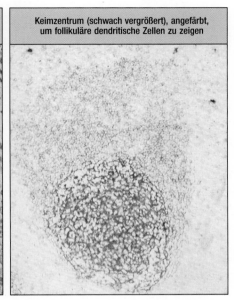

8.11 Die B-Zell-Proliferation, die somatischen Hypermutationen und die Selektion auf eine Antigenbindung hin geschehen alle im spezialisierten Mikromilieu des Keimzentrums. Keimzentren entstehen, wenn aktivierte B-Zellen in Lymphfollikel gelangen, wo sie schnell mit der Proliferation beginnen. In diesem Stadium werden sie als Centroblasten bezeichnet. Dicht gepackte Centroblasten bilden die sogenannte „dunkle Zone" des Keimzentrums, wie in dem Bild unten Mitte, das einen Schnitt durch ein Keimzentrum zeigt. Wenn diese Zellen reifen, beenden sie die Teilung und werden zu kleinen Centrocyten, die sich in die „helle Zone" des Keimzentrums begeben (oben Mitte).

Dort treten sie in Kontakt mit einem dichten Netzwerk von Fortsätzen follikulärer dendritischer Zellen. Die follikulären dendritischen Zellen sind in der mittleren Spalte nicht angefärbt. In der rechten Spalte kann man sie jedoch deutlich erkennen. Dort sind die follikulären dendritischen Zellen im Keimzentrum mit einem Antikörper gegen CD21 blau und die reifen B-Zellen mit einem Antikörper gegen IgD in der Mantelzone braun gefärbt. Die Ebene dieses Schnittes läßt zum großen Teil das dichte Netzwerk der follikulären dendritischen Zellen in der hellen Zone erkennen, obwohl das weniger dichte Netzwerk in der dunklen Zone unten im Bild zu erkennen ist. (Photos: I. C. M. MacLennan.)

Die zellulären Ursprünge der follikulären dendritischen Zellen liegen im Dunkeln. Sie sind nicht mit den dendritischen Zellen verwandt, die T-Zellen aktivieren. Mit diesen haben sie nur die verzweigte Gestalt gemeinsam (dendritisch bedeutet verzweigt). Aufgrund von zwei Besonderheiten können sie die Ausbildung der humoralen Immunantwort steuern. Erstens können sie intakte Antigene über lange Zeit auf ihrer Oberfläche festhalten. Zweitens exprimieren sie das Zelloberflächenmolekül **CD23**, einen Liganden der CR2-Komponente des CD19-B-Zell-Corezeptorkomplexes. Diese Eigenschaften ermöglichen es den follikulären dendritischen Zellen vermutlich, die sequentielle Proliferation und Selektion von aktivierten B-Zellen zu lenken, die zur Reifung der Antikörperantwort führen. Andere spezialisierte Eigenschaften der follikulären dendritischen Zellen, zum Beispiel die Fähigkeit, B-Zellen zu den Follikeln zu locken, sind nur schlecht charakterisiert, da sich dieser Zelltyp außerhalb eines intakten lymphatischen Organs nur schwer untersuchen läßt.

Wenn aktivierte B-Zellen in einen primären lymphatischen Follikel eindringen, beginnen sie mit der Teilung. Diese schnell proliferierenden B-Zellen sind durch morphologische Merkmale gekennzeichnet, die für

Blastenzellen typisch sind (Abb. 1.16). Sie sind größer, haben mehr Cytoplasma und diffuses Chromatin im Zellkern. Die B-Zell-Blasten in den Keimzentren werden **Centroblasten** genannt. Sie teilen sich ungefähr einmal in sechs Stunden. Innerhalb von wenigen Tagen bilden die Centroblasten in einem primären lymphatischen Follikel ein sichtbares Keimzentrum. Die restlichen B-Zellen werden nach außen gedrückt und bilden die **Mantelzone**.

Die schnelle Proliferation von Zellen im Keimzentrum läßt die Zahl der B-Zellen ansteigen, die spezifisch für das Pathogen sind, das die Antikörperantwort hervorgerufen hat. Nachdem man einzelne Keimzentren und sogar einzelne Centrocyten isoliert und die Polymerasekettenreaktion angewendet hat, um die DNA zu analysieren, welche die exprimierten Immunglobulinketten codiert, konnte man zeigen, daß alle B-Zellen in einem Keimzentrum von nur einer oder wenigen ursprünglichen B-Zellen abstammen. Diese Methode zeigte auch, daß in den Keimzentren die somatische Hypermutation der Immunglobulingene der variablen Domäne stattfindet.

8.6 Die somatische Hypermutation erfolgt in den sich schnell teilenden Centroblasten im Keimzentrum

Die Affinitätsreifung im Verlauf einer Immunantwort kann als Darwinscher Prozeß betrachtet werden, der zuerst einmal die Bildung verschiedener B-Zell-Rezeptoren erfordert und dann die Selektion derjenigen mit der höchsten Affinität für das Antigen. Die Vielfalt wird durch die somatische Hypermutation der variablen Domänen der Immunglobulingene erreicht. Die Selektion findet auf der Oberfläche der follikulären dendritischen Zelle statt. Die somatische Hypermutation geschieht in sich teilenden Centroblasten, deren neuarrangierte Immunglobulingene der variablen Region eine Mutationsrate von einem Basenpaar pro 10^3 pro Zellteilung erreichen. (Die Mutationsrate aller anderen bekannten somatischen Zell-DNAs liegt bei einem Basenpaar pro 10^{12} pro Zellteilung). Da in einer B-Zelle ungefähr 360 Basenpaare jedes der exprimierten Gene der variablen Regionen der schweren und leichten Ketten codieren und ungefähr drei von vier Basenaustauschvorgängen zu einer veränderten Aminosäure führen, erhält bei jeder Teilung jede zweite Zelle in ihrem Rezeptor eine Mutation.

Die somatische Hypermutation beeinflußt alle neugeordneten Gene der variablen Regionen einer B-Zelle, ob sie nun in einer Immunglobulinkette exprimiert werden oder nicht. Diese Mutationen betreffen auch einige DNA-Bereiche, die die umarrangierten V-Gene flankieren, dehnen sich jedoch nicht auf die Exons der konstanten Region aus. Daher werden die rekombinierten Gene der variablen Regionen in der B-Zelle irgendwie als Ziele für zufällige somatische Punktmutationen angepeilt. Die so entstandenen mutierten Rezeptoren werden auf den Nachkommen der sich schnell teilenden Centroblasten exprimiert. Dies sind kleine Zellen, die man als **Centrocyten** bezeichnet und die alle von den wenigen antigensspezifischen Vorläufern abstammen, die das Keimzentrum bildeten. Mit der Zunahme der Centrocyten im Keimzentrum bilden sich zwei unterschiedliche Bereiche. Die dunkle Zone, in der proliferierende Centroblasten dicht zusammengepackt sind und wo es nur wenige follikuläre dendritische Zellen gibt, und die helle Zone, in der weniger dicht gepackte Centrocyten in Kontakt mit unzähligen follikulären dendritischen Zellen treten (Abb. 8.11).

Aus den Centrocyten bilden sich schließlich die antikörpersezernierenden Plasmazellen. Wie wir später sehen werden, kann man durch einen Vergleich der exprimierten und der nichtexprimierten Gene der variablen Regionen in antikörperproduzierenden Zellen die Auswirkungen der Selektion von denen unterscheiden, die nur die Folge von Mutationen sind.

8.7 Nicht teilungsaktive Centrocyten mit den besten antigenbindenden Rezeptoren werden durch Bindung von Antigen auf einer follikulären dendritischen Zelle für das Überleben ausgewählt

Centrocyten sind darauf programmiert, innerhalb einer bestimmten Zeit zu sterben, es sei denn, ihre Oberflächenimmunglobuline binden an Antigene. Es ist nicht bekannt, ob follikuläre dendritische Zellen bei der Induktion der somatischen Hypermutation in Centroblasten ein Rolle spielen. Man nimmt jedoch an, daß sie einen wesentlichen Beitrag zur Auswahl von Centrocyten mit einer starken Bindung an Antigene leisten.

Es gibt indirekte, aber eindeutige Hinweise darauf, daß follikuläre dendritische Zellen an der Selektion von Centrocyten im Keimzentrum beteiligt sind. Wir haben schon erwähnt, daß eine ihrer besonderen Eigenschaften darin besteht, Antigene für lange Zeit auf ihrer Oberfläche festzuhalten. Diese Spezialisierung, zusammen mit den großen Mengen von CD23, die ebenfalls auf der Oberfläche von follikulären dendritischen Zellen exprimiert werden, sollte es diesen Zellen erlauben, ein starkes Signal an die Centrocyten auszusenden, die Antigene binden können. Obwohl die Ereignisse im Keimzentrum nicht direkt experimentell untersucht werden können, ist aus Untersuchungen *in vitro* bekannt, daß CD23 ein natürlicher Ligand für die CR2-Komponente des CD19-B-Zell-Corezeptorkomplexes ist und daß die Bindung dieses Komplexes zusammen mit den Oberflächenimmunglobulinen die Empfindlichkeit der B-Zelle für Antigene um das Hundertfache erhöht. Daher könnte das gemeinsame Auftreten von Antigenen und CD23 auf der Oberfläche der follikulären dendritischen Zellen die Empfindlichkeit der Selektion von antigenbindenden Centrocyten stark erhöhen.

Nach der somatischen Hypermutation können die Oberflächenimmunglobuline auf den Centrocyten, die von einer einzigen B-Vorläuferzelle stammen, Antigene entweder besser oder schlechter binden, als das Immunglobulin, das auf dem Vorläufer exprimiert wurde. Einige verlieren ihre Fähigkeit, Antigene zu binden, völlig. Die Centrocyten, die solche Mutationen enthalten, sterben: Ein charakteristisches Merkmal von Keimzentren ist das Vorhandensein apoptotischer Zellen. Wenn andererseits das mutierte Oberflächenimmunglobulin des Centrocyten das Antigen gut bindet, wird die Zelle induziert, das *bcl-2*-Gen zu exprimieren, dessen Produkt den apoptotischen Zelltod verhindert, und die Zelle ist gerettet (Abb. 8.12). Solche B-Zellen, deren Rezeptoren nun eine geringere Affinität für das Antigen besitzen, müssen nicht nur mit diesen Zellen konkurrieren, sondern auch, und das ist noch wichtiger, mit sezernierten Antikörpern um Antigene auf follikulären dendritischen Zellen. Bei einer Primärantwort ist der Spiegel an sezernierten Antikörpern zuerst niedrig und der selektive Druck auf Zellen mit Oberflächenimmunglobulinen mit mäßiger Affinität noch entsprechend gering. Die Affinitätsreifung erfolgt daher erst spät während der Primärantwort. Bei der zweiten Antwort und bei späteren ist sie viel ausgeprägter, wie wir in Kapitel 9 sehen werden.

Weil die Centrocyten auf diesem Weg im Hinblick auf eine Antigenbindung selektiert werden, verändern die Mutationen in den exprimierten Immunglobulingenen der überlebenden Zellen hauptsächlich die Aminosäuren in den komplementaritätsbestimmenden Regionen. Mutationen in den Sequenzen dagegen, die das Gerüst codieren und einen Einfluß auf die Stabilität der variablen Domäne haben könnten, sind gewöhnlich stumm, wie wir in Kapitel 3 gesehen haben. In den umgeordneten, nichtexprimierten V-Genen sind im Gegensatz dazu die Austausch- und die stummen Mutationen gleichmäßig über das Exon der V-Domäne verteilt.

Die Auswahl der Centrocyten in Keimzentren gleicht in mancher Hinsicht der positiven Selektion von Thymocyten. Die B-Zellen werden jedoch während der Reaktion auf fremde Antigene selektiert und nicht während

8.12 Nach somatischen Hypermutationen werden B-Zellen mit hochaffinen Rezeptoren durch ein Antigen auf der Oberfläche follikulärer dendritischer Zellen selektiert. Somatische Hypermutationen finden während der Proliferation der Centroblasten in den Keimzentren statt. Aus den Centroblasten entstehen kleine, sich nicht teilende Centrocyten. Diese treten in Wechselwirkung mit follikulären dendritischen Zellen (FDC), die auf ihrer Oberfläche Antigene zusammen mit CD23 zeigen. Centrocyten, deren Rezeptoren nicht länger an Antigene binden, sterben durch Apoptose. Centrocyten mit bindenden Rezeptoren, werden dazu induziert, bcl-2 zu exprimieren und überleben. Je höher die Affinität des Rezeptors für ein Antigen ist, desto erfolgreicher konkurriert der Centrocyt mit anderen Centrocyten und mit vorhandenen Antikörpern um das Antigen und umso wahrscheinlicher ist sein Überleben. Die Bindung des B-Zell-Corezeptorkomplexes (CD2:CD19) an CD23 auf der Oberfläche der follikulären dendritischen Zelle verstärkt wahrscheinlich das Signal vom Antigenrezeptor. Dieser Prozeß erlaubt es der Selektion von B-Zellen mit immer höherer Affinität, zu der Antwort beizutragen.

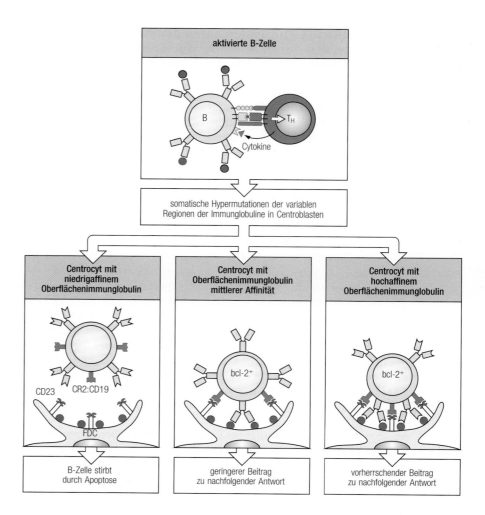

der Ontogenese. Außerdem handelt es sich bei dem selektierenden Antigen um das fremde Antigen selbst. So läßt sich direkt überprüfen, ob die Zellen fähig sind, Antikörper zu produzieren, die dann an das eindringende Pathogen binden können, wenn sie gebraucht werden. Dieser selektive Schritt kann durch die anomale Expression des *bcl-2*-Gens verhindert werden. Wie wir in Kapitel 5 erfahren haben, kann das zu B-Zell-Tumoren führen, die Zellen in Keimzentren ähneln. Wie zu erwarten, bilden Mäuse, die *bcl-2* konstitutiv von einem Transgen exprimieren, über viel längere Zeit nach der antigenen Stimulierung viel größere Mengen an Antikörper, da antigenbindende B-Zellen, die normalerweise auf Absterben programmiert wären, statt dessen überleben. Da diese Zellen jedoch nicht selektiert wurden, haben die Antikörper, die bei diesen ausgedehnten Antworten gebildet werden, wahrscheinlich durchschnittlich eine geringere Affinität für das Antigen als diejenigen, die in normalen Mäusen produziert werden.

8.8 B-Zellen, die das Keimzentrum verlassen, differenzieren zu antikörpersezernierenden Plasmazellen oder zu B-Gedächtniszellen

Diejenigen B-Zellen, die Antigene erfolgreich gebunden und die Selektion überlebt haben, verlassen das Keimzentrum, um entweder B-Gedächtniszellen zu werden oder antikörpersezernierende Plasmazellen. Welches dieser beiden Schicksale eine B-Zelle erfährt, wird vielleicht durch Signale von CD23 und CD40 bestimmt, wenn die B-Zellen das Keimzentrum verlassen (Abb. 8.13).

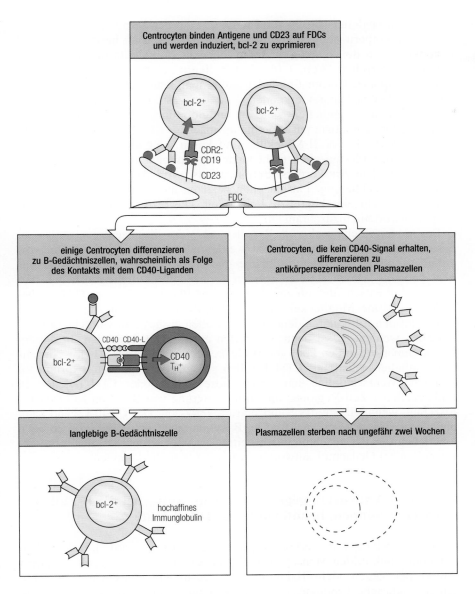

Centrocyten binden Antigene und CD23 auf FDCs und werden induziert, bcl-2 zu exprimieren

bcl-2⁺

bcl-2⁺

CDR2: CD19

CD23

FDC

einige Centrocyten differenzieren zu B-Gedächtniszellen, wahrscheinlich als Folge des Kontakts mit dem CD40-Liganden

Centrocyten, die kein CD40-Signal erhalten, differenzieren zu antikörpersezernierenden Plasmazellen

CD40 CD40-L

bcl-2⁺

CD40 T$_H$⁺

langlebige B-Gedächtniszelle

Plasmazellen sterben nach ungefähr zwei Wochen

bcl-2⁺

hochaffines Immunglobulin

8.13 Überlebende Centrocyten wandern aus dem Keimzentrum heraus und werden entweder antikörpersezernierende Plasmazellen oder B-Gedächtniszellen. Einige Centrocyten differenzieren unter dem Einfluß von CD23 und Cytokinen zu Plasmazellen und sezernieren große Mengen von Antikörpern. Andere, wahrscheinlich infolge einer Stimulierung durch den CD40-Liganden (CD40-L), überdauern als kleine Lymphocyten mit hochaffinen Rezeptoren, die zu der Gedächtnisantwort gegen dasselbe Antigen beitragen.

Die Plasmazelldifferenzierung erhält ihre Signale vermutlich von CD23 auf der Oberfläche von follikulären dendritischen Zellen, CD23 wird aber auch von follikulären dendritischen Zellen in einer löslichen Form freigesetzt, was zu der Signalvermittlung beitragen könnte. Die Differenzierung einer B-Zelle zu einer Plasmazelle wird von vielen morphologischen Ver-

8.14 Plasmazellen sezernieren viele Antikörper, können jedoch nicht mehr auf Antigene oder T-Helferzellen reagieren. B-Zellen können ein Antigen aufnehmen und es T-Helferzellen präsentieren, die sie dann zum Wachstum, zum Isotypwechsel oder zum Durchführen somatischer Hypermutationen veranlassen. Sie sezernieren jedoch keine nennenswerten Mengen an Antikörpern. Plasmazellen sind ausdifferenzierte antikörpersezernierende Zellen mit einer begrenzten Lebensdauer. Sie können nicht mehr mit T-Helferzellen interagieren, da ihnen Oberflächen-Ig-Rezeptoren und MHC-Klasse-II-Moleküle fehlen. Sie haben auch die Fähigkeit zum Isotypwechsel und zur somatischen Hypermutation verloren.

B-Linien-Zelle	Eigenschaft					
	Oberflächen-Ig	Oberflächen-MHC-Klasse-II-Moleküle	Wachstum	somatische Hyper-mutation	Isotyp-wechsel	starke Ig-Sekretion
ruhende B-Zelle	ja	ja	ja	ja	ja	nein
Plasmazelle	nein	nein	nein	nein	nein	ja

änderungen begleitet, die für die Produktion großer Mengen von sekretorischen Antikörpern nötig sind (Abb. 8.14). Plasmazellen besitzen sehr viel Cytoplasma, in dem viele Schichten von rauhem endoplasmatischen Reticulum vorherrschen (Abb. 1.16). Der Zellkern zeigt ein charakteristisches Muster peripherer Chromatinkondensation, man kann einen markanten perinucleären Golgi-Apparat erkennen, und die Zisternen des endoplasmatischen Reticulums enthalten viele Immunglobuline, die zehn bis zwanzig Prozent aller synthetisierten Proteine ausmachen. Oberflächenimmunglobuline und MHC-Klasse-II-Moleküle sind kaum oder gar nicht vorhanden. Daher können Plasmazellen nicht mehr mit Antigenen oder T-Helferzellen interagieren. Die Antikörpersekretion ist also von Antigenen und T-Zell-Regulation unabhängig. Plasmazellen besitzen nach ihrer endgültigen Differenzierung nur eine begrenzte Lebenszeit. Das hilft, die Dauer von Antikörperantworten einzuschränken.

Das andere Schicksal von B-Zellen, die das Keimzentrum verlassen, besteht darin, Gedächtniszellen zu werden, die bei der primären Antwort keine Antikörper sezernieren, die aber bei einem späteren Auftreten desselben Antigens schnell aktiviert werden können. Es ist nicht genau bekannt, was darüber entscheidet, ob eine B-Zelle eine Plasma- oder eine Gedächtniszelle wird. Eine Möglichkeit wäre, daß B-Zellen, die von Antigenen und CD23 auf den follikulären dendritischen Zellen ausgewählt wurden, zu Plasmazellen werden, es sei denn, sie treffen einen CD40-Liganden. In diesem Fall kommen sie in den Pool von B-Gedächtniszellen (Abb. 8.13). Keimzentren enthalten verstreute CD4-T-Zellen, die CD40-Liganden exprimieren könnten. Wahrscheinlich induzieren diese Zellen oder CD4-T-Zellen in umliegenden T-Zell-Regionen die Differenzierung von B-Zellen zu Gedächtniszellen, wenn letztere das Keimzentrum verlassen. Der CD40-Ligand kann außerdem die *bcl-2*-Expression in B-Zellen auslösen. Dies könnte zum Überleben der B-Gedächtniszellen beitragen. Wir werden auf die Rolle dieser Zellen bei Gedächtnisantworten in Kapitel 9 zurückkommen.

8.9 B-Zell-Antworten gegen bakterielle Antigene, die B-Zellen aktivieren können, benötigen keine T-Zell-Hilfe

Obwohl Antikörperantworten gegen Proteinantigene von T-Helferzellen abhängig sind, bilden Menschen (und Mäuse) mit T-Zell-Mängeln trotzdem Antikörper gegen viele Bakterien. Bei gesunden Menschen induzieren einige bakterielle Produkte, die keine Proteine sind, Antikörperantworten, obwohl sie selbst keine T-Zell-Reaktion stimulieren können. Sie liefern nämlich keine Peptide, die an MHC-Moleküle binden, die einzige Form, wie T-Zellen Antigene erkennen. Einige bakterielle Polysaccharide, polymere Proteine und Lipopolysaccharide können aufgrund spezieller Eigenschaften naive B-Zellen ohne T-Zell-Hilfe stimulieren, das heißt, sie sind thymusunabhägige Antigene (TI-Antigene).

Thymusunabhängige Antigene können B-Zellen durch verschiedene Mechanismen aktivieren und lassen sich so in zwei Klassen unterteilen. Die **TI-1-Antigene** können in hoher Konzentration direkt die Proliferation und Differenzierung aller B-Zellen induzieren, unabhängig von ihrer Antigenspezifität. Dies wird als **polyklonale Aktivierung** bezeichnet (Abb. 8.15, rechts). Wegen ihrer Fähigkeit, alle B-Zellen zur Teilung anzuregen, werden TI-1-Antigene oft als **B-Zell-Mitogene** bezeichnet. Ein Mitogen ist eine Substanz, die Zellen dazu induziert, eine Mitose durchzumachen. Wenn B-Zellen Konzentrationen von TI-1 Antigenen ausgesetzt werden, die 10^3- bis 10^5mal niedriger sind als diejenigen, die man bei einer polyklonalen Aktivierung einsetzt, werden nur die B-Zellen aktiviert, deren Immunglobulinrezeptoren diese TI-1-Moleküle binden. Nur durch die Anheftung an die antigenen Determinanten auf dem Molekül sind sie fähig,

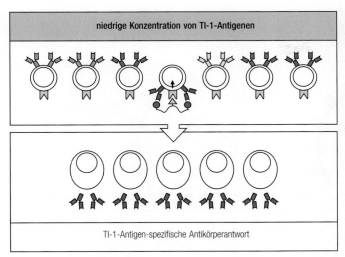

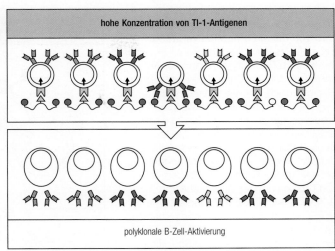

niedrige Konzentration von TI-1-Antigenen	hohe Konzentration von TI-1-Antigenen
TI-1-Antigen-spezifische Antikörperantwort	polyklonale B-Zell-Aktivierung

so viele TI-1-Moleküle auf der Zelloberfäche zu konzentrieren, daß sie aktiviert werden können (Abb. 8.15, links). Bei großen Mengen von TI-1-Antigenen ist dieser konzentrierende Effekt nicht nötig, und alle B-Zellen können stimuliert werden.

Während einer normalen Infektion *in vivo* sind wahrscheinlich die Konzentrationen der TI-1-Antigene niedrig. Vermutlich werden daher nur antigenspezifische B-Zellen aktiviert, die für TI-1-Antigene spezifische Antikörper produzieren. Solche Reaktionen spielen bei der spezifischen Abwehr verschiedener extrazellulärer Erreger eine wichtige Rolle. Sie treten früher ein als die T-abhängigen, da sie keine vorherige Aktivierung und klonale Expansion von T-Helferzellen erfordern. TI-1-Antigene können aber weder einen Isotypwechsel, noch eine Affinitätsreifung oder B-Gedächtniszellen effizient induzieren, die alle eine spezifische T-Zell-Hilfe benötigen.

8.10 B-Zell-Antworten gegen bakterielle Polysaccharide erfordern keine spezifische T-Zell-Hilfe

Die zweite Gruppe von thymusunabhängigen Antigenen besteht aus Molekülen wie den bakteriellen Zellwandpolysacchariden mit hochrepetitiven Strukturen. Man bezeichnet sie als **TI-2-Antigene**, und sie können B-Zellen nicht aus sich heraus stimulieren. TI-1-Antigene können unreife und reife B-Zellen aktivieren, TI-2-Antigene dagegen nur reife B-Zellen. Wie wir in Kapitel 5 gesehen haben, werden unreife B-Zellen durch repetitive Epitope inaktiviert. Dies könnte der Grund dafür sein, daß Kinder kaum Antikörper gegen Polysaccharide bilden. Die meisten ihrer B-Zellen sind nämlich noch unreif. Man konnte zeigen, daß Reaktionen auf verschiedene TI-2-Antigene von CD5-B-Zellen dominiert werden, einer kleineren Subpopulation von B-Zellen (Kapitel 5). In der Tat könnte eine wichtige Funktion von CD5-B-Zellen bei der Wirtsverteidigung die Produktion von Anti-Polysaccharid-Antikörpern sein.

TI-2-Antigene wirken höchstwahrscheinlich, indem sie die Zelloberflächenimmunglobuline von spezifischen reifen B-Zellen intensiv miteinander vernetzen (Abb. 8.16, linke Spalte). Sind die Rezeptoren allerdings zu stark verbunden, dann reagieren reife B-Zellen nicht mehr, genau wie es bei unreifen B-Zellen der Fall ist. Die Epitopdichte scheint also für die Aktivierung von B-Zellen durch TI-2-Antigene entscheidend zu sein: Bei einer zu geringen Dichte reicht der Anteil der Rezeptoren, die miteinander verbunden sind, für die Aktivierung der Zelle nicht aus, bei einer zu hohen Dichte wird die Zelle anergisch.

8.15 T-Zell-unabhängige Antigene vom Typ 1 sind in hoher Konzentration polyklonale B-Zell-Aktivatoren. Bei niedrigen Konzentrationen binden nur spezifische antigenbindende B-Zellen genügend TI-1-Antigene, um dessen B-Zellaktivierende Eigenschaften auf die B-Zelle zu richten. Dies führt zu einer spezifischen Antikörperantwort gegen Epitope auf dem TI-1-Antigen. Bei hohen Konzentrationen reicht das Signal, das von dem B-Zell-aktivierenden Anteil der TI-1-Antigene freigesetzt wird, dazu aus, die Proliferation und Antikörperproduktion der B-Zellen ohne eine spezifische Antigenbindung an Oberflächenimmunglobuline zu induzieren, so daß alle B-Zellen darauf ansprechen.

8.16 Eine B-Zell-Aktivierung durch TI-2-Antigene erfordert Cytokine oder wird von diesen erheblich verstärkt.

Ein multiples Vernetzen der B-Zell-Rezeptoren durch TI-2-Antigene kann zur Antikörperproduktion führen (linke Spalte). Es gibt jedoch Hinweise darauf, daß T-Helferzellen (T$_H$) diese Antworten erheblich verstärken und auch zu einem Isotypwechsel führen (rechte Spalte). Es ist nicht klar, wie T-Zellen in diesem Falle aktiviert werden, da Polysaccharidantigene keine Peptidfragmente bilden, die von T-Zellen auf der Oberfläche von B-Zellen erkannt werden könnten. Eine Möglichkeit wäre, daß eine Komponente des Antigens an ein Oberflächenmolekül bindet, das den T-Zellen aller Spezifitäten gemeinsam ist, wie in der Abbildung gezeigt. Das ist jedoch nur Spekulation.

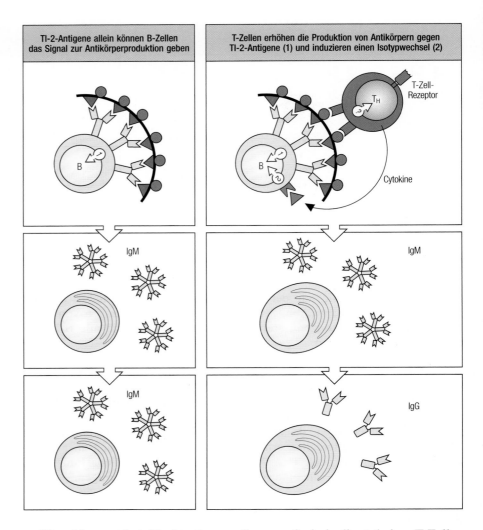

Obwohl man bei Nacktmäusen, die genetisch bedingt keine T-Zellen haben, Antworten gegen TI-2-Antigene beobachtet, verhindert in Kultur die Beseitigung aller T-Zellen solche Antworten. Außerdem können Antworten auf TI-2-Antigene *in vivo* gesteigert werden, indem man kleine Mengen von T-Zellen in T-Zell-defiziente Mäuse transferiert. Wie T-Zellen zu diesen TI-2-Reaktionen beitragen, ist unklar. Möglicherweise können T-Zellen über Zelloberflächenmoleküle, die allen T-Zellen gemeinsam sind, TI-2-Antigene erkennen (Abschnitt 9.13). Eine Bindung des TI-2-Antigens an solche Rezeptoren könnte die T-Helferzellen stimulieren, B-Zellen zu helfen, die Polysaccharide binden (Abb. 8.16, rechte Spalte).

B-Zell-Reaktionen auf TI-2-Antigene sorgen für eine frühe und spezifische Antwort gegen eine wichtige Klasse von Pathogenen. Die meisten extrazellulären bakteriellen Erreger haben Zellwandpolysaccharide, die sie vor einer Aufnahme durch Phagocyten schützen. Aber Antikörper gegen diese Polysaccharidhülle können solche bekapselten Bakterien bedecken und ihre Aufnahme und damit Zerstörung herbeiführen. Die Antworten gegen solche TI-2-Antigene sind daher wahrscheinlich ein wichtiger Teil der humoralen Immunantwort bei vielen bakteriellen Infektionen. Die Bedeutung von Antikörpern gegen das kapsuläre Polysaccharid von *Haemophilus influenza* B, ein TI-2-Antigen, für die protektive Immunität gegen diesen Bazillus, haben wir bereits früher erwähnt. Ein weiteres Beispiel für die Bedeutung der TI-Antworten geben Patienten mit einer Immunschwächekrankheit, die man **Wiskott-Aldrich-Syndrom** nennt. Diese Patienten reagieren normal auf Proteinantigene, bilden jedoch keine Antikörper gegen

	TD-Antigen	TI-1-Antigen	TI-2-Antigen
Antikörperproduktion bei normalen Tieren	ja	ja	ja
Antikörperproduktion bei Tieren ohne T-Zellen	nein	ja	ja
aktiviert T-Zellen	ja	nein	nein
polyklonale B-Zell-Aktivierung	nein	ja	nein
benötigt repetitive Epitope	nein	nein	ja
Beispiele für Antigene	Diphtherietoxin virales Hämagglutinin gereinigtes Proteinderivat (PPD) von *Mycobacterium tuberculosis*	bakterielle Lipopolysaccharide *Brucella abortus*	Pneumokokken-polysaccharid polymerisiertes Salmonellenflagellin Polyvinylpyrolidon haptengebundenes Ficoll (Polysaccharose)

8.17 Eigenschaften verschiedener Antigenklassen, die eine Antikörperantwort hervorrufen.

Polysaccharidantigene, und sie sind sehr anfällig für Infektionen mit extrazellulären Bakterien, die Polysaccharidkapseln besitzen. Die TI-Antworten sind also wichtige Bestandteile der humoralen Immunantwort gegen Nichtproteinantigene, die keine antigenspezifische T-Zell-Hilfe auslösen können. Die unterschiedlichen Eigenschaften der thymusabhängigen sowie der TI-1- und TI-2-Antikörperantworten sind in Abbildung 8.17 aufgeführt.

Zusammenfassung

Die B-Zell-Aktivierung durch die meisten Antigene erfordert die Bindung des Antigens durch B-Zell-Oberflächenimmunglobuline und eine Wechselwirkung mit antigenspezifischen T-Helferzellen. Diese induzieren eine Phase starker B-Zell-Proliferation. Anschließend differenzieren die klonal expandierten Nachkommen der naiven B-Zellen zu antikörpersezernierenden Zellen oder zu B-Gedächtniszellen. Während der Differenzierung der aktivierten B-Zellen können verschiedene Veränderungen im Antikörpermolekül auftreten. Erstens kann sich der Antikörperisotyp ändern. Zweitens werden die antigenbindenden Eigenschaften des Antikörpers durch somatische Hypermutationen in den Genen der variablen Region beeinflußt. Das kann zu einem Verlust der Antigenbindung und zum Tod der B-Zelle führen oder zu einer erhöhten Affinität des Antikörpers für dieses bestimmte Antigen und damit zur selektiven Expansion. Die somatischen Hypermutationen und die Selektion auf eine hochaffine Bindung hin erfolgen in Keimzentren, die von den proliferierenden B-Zellen in den Lymphfollikeln gebildet werden, wo das Antigen zusammen mit CD23 auf follikulären dendritischen Zellen präsentiert wird. T-Helferzellen kontrollieren diese Prozesse, indem sie selektiv die Zellen aktivieren, die antigene Peptide vorzeigen, indem sie Cytokine abgeben, die einen Klassenwechsel bewirken, und indem sie die Differenzierung zu B-Gedächtniszellen induzieren. Einige Antigene stimulieren B-Zellen auch ohne spezifische T-Helferzellen. Diese T-unabhängigen Antigene bewirken weder einen Isotypwechsel noch die Bildung von B-Gedächtniszellen. Sie spielen aber eine wichtige Rolle bei der Verteidigung gegen Erreger, deren Oberflächenantigene keine T-Zell-Antwort herbeiführen können.

Die Verteilung und Funktionen der Isotypen

Extrazelluläre Krankheitserreger können an die meisten Stellen im Körper gelangen. Die Antikörper müssen sich daher ebenso weit ausbreiten, um sie bekämpfen zu können. Die meisten Antikörper verteilen sich durch Diffusion von ihrem Syntheseort aus. Damit sie jedoch an die inneren Epitheloberflächen, wie die der Lunge oder des Darms, gelangen können, sind spezialisierte Transportmechanismen nötig. Die Lokalisation der Antikörper wird duch ihren Isotyp bestimmt, der ihre Diffusion einschränken kann oder sie dazu befähigt, spezifische Transporter zu benutzen, die sie über verschiedene Epithelien befördern. In diesem Kapitel werden wir die verschiedenen Mechanismen diskutieren, mit denen Antikörper verschiedener Isotypen in die einzelnen Körperbereiche verteilt werden, in denen sie ihre unterschiedlichen schützenden Aufgaben erfüllen können. Außerdem besprechen wir die direkten Effektorfunktionen von Antikörpern, die sich allein daraus ergeben, daß sie ein Pathogen binden können. Diese Fähigkeit zum Neutralisieren beruht indirekt auf ihrem Isotyp. Dieser bestimmt auch die Möglichkeit, daß Antikörper auf andere Effektorzellen und -moleküle einwirken können, wie wir in den beiden letzten Teilen dieses Kapitels sehen werden.

8.11 Antikörper mit verschiedenen Isotypen wirken an unterschiedlichen Stellen und haben verschiedene Effektorfunktionen

Krankheitserreger gelangen gewöhnlich durch epitheliale Barrieren in den Körper, das heißt durch die Schleimhäute (Mucosae) des respiratorischen, des urogenitalen oder des Verdauungstraktes sowie durch Hautverletzungen. Anschließend können sie im Gewebe eine Infektion verursachen. Seltener gelangen Mikroben durch Insekten, Wunden oder Injektionsnadeln direkt in das Blut. Die Schleimhäute, Gewebe und das Blut müssen vor solchen Infektionen durch Antikörper geschützt werden. Die verschiedenen Isotypen sind dabei so angepaßt, daß sie in unterschiedlichen Bereichen des Körpers wirken können (Abb. 8.18). Da sich beim Klassenwechsel eine bestimmte variable Region mit irgendeiner konstanten Region verbinden kann, können B-Zellen Antikörper produzieren, die alle für dasselbe auslösende Antigen spezifisch sind und die für alle protektiven Funktionen sorgen können, die in dem jeweiligen Körperbereich angemessen sind.

Die ersten Antikörper, die bei einer humoralen Immunantwort entstehen, sind immer IgM, da die VDJ-Verbindung genau 5′ von den Cμ-Genexons geschieht (Abb. 8.8 und 3.33). Diese frühen IgM-Antikörper werden gebildet, bevor die B-Zellen eine somatische Hypermutation durchgemacht haben. Sie besitzen daher nur eine geringe Affinität. Die IgM-Moleküle bilden jedoch Pentamere, deren zehn Antigenbindungsstellen gleichzeitig mit multimeren Antigenen interagieren können, zum Beispiel mit bakteriellen Zellwandpolysacchariden. Eine Bindung an vielen Punkten, die eine hohe Avidität verleiht, kompensiert so die relativ geringe Affinität der Monomere. Wegen der Größe des Pentamers bleibt IgM hauptsächlich auf das Blut beschränkt, obwohl es an die Stellen einer Infektion gelangen kann, wenn die Durchlässigkeit der Gefäße durch die Freisetzung von vasoaktiven Substanzen erhöht wurde. Wie wir später sehen werden, können IgM-Antikörper durch die pentamere Struktur das Komplementsystem besonders gut aktivieren. Eine Infektion des Blutes hat schwere Folgen, wenn sie nicht sofort unter Kontrolle gebracht wird. Die schnelle Produktion von IgM und damit die effektive Aktivierung des Komplementsystems sind für die Abwehr solcher Infektionen von großer Bedeutung.

Antikörper der anderen Isotypen, IgG, IgA und IgE, sind kleiner, und sie können aus dem Blut in die Gewebe diffundieren. Wie wir in Kapitel 3

Funktion	IgM	IgD	IgG1	IgG2	IgG3	IgG4	IgA	IgE
Neutralisierung	+	–	++	++	++	++	++	–
Opsonisierung	–	–	+++	–	++	+	+	–
Sensibilisierung für tödlichen Angriff von NK-Zellen	–	–	++	–	++	–	–	–
Sensibilisierung von Mastzellen	–	–	–	–	–	–	–	++++
Aktivierung des Komplementsystems	++++	–	++	+	++	–	+	–

Verteilung	IgM	IgD	IgG1	IgG2	IgG3	IgG4	IgA	IgE
Transport durch Epithel	+	–	–	–	–	–	+++	–
Transport durch Placenta	–	–	+	+	+	+	–	–
Diffusion zu extravaskulären Stellen	–	–	++	++	++	++	+	++
Serumspiegel (mg ml^{-1})	1,25	0,04	9	3	1	0,5	2,1	0,0003

8.18 Jeder menschliche Ig-Isotyp besitzt spezielle Funktionen und eine einzigartige Verteilung. Die Effektorfunktionen jedes Isotyps sind ihrer jeweiligen Ausprägung entsprechend mit unterschiedlichen Rottönen unterlegt und mit ein (unwichtig) bis vier (dominierende Funktion) Pluszeichen versehen. Die Verteilungen sind in gleicher Weise gekennzeichnet, wobei die tatsächlichen Spiegel im Serum in der untersten Reihe aufgeführt sind.

sahen, bildet IgA Dimere. IgG und IgE sind immer Monomere. Die Affinität der einzelnen Bindungsstellen für das Antigen ist daher entscheidend für die Wirksamkeit der Antikörper dieser drei Isotypklassen. B-Zellen mit erhöhter Affinität werden in den Keimzentren hauptsächlich selektiert, nachdem sie den Wechsel zu diesen drei Isotypen durchgemacht haben. IgG ist der häufigste Isotyp im Blut und in extrazellulären Flüssigkeiten, IgA dagegen in Sekreten, vor allem in denen der Schleimhautepithelien im Darm und im respiratorischen Trakt. IgG opsonisiert Pathogene für die Aufnahme durch Phagocyten und aktiviert das Komplementsystem, IgA wirkt nur schwach opsonisierend und aktiviert das Komplementsystem kaum. Dieser Unterschied überrascht nicht, da IgG hauptsächlich in den Körpergeweben wirkt, in denen es akzessorische Zellen und Moleküle gibt, während IgA vorwiegend an Körperoberflächen wirkt, wo Komplement und Phagocyten normalerweise nicht vorkommen. Daher fungieren sie hauptsächlich als neutralisierende Antikörper. IgE-Antikörper schließlich treten nur in geringen Konzentrationen im Blut oder in extrazellulären Flüssigkeiten auf. Sie werden jedoch bevorzugt von Rezeptoren auf Mastzellen gebunden, die gerade unterhalb der Haut und der Mucosa gefunden werden, sowie entlang der Blutgefäße im Bindegewebe. Eine Antigenbindung an dieses IgE bewirkt, daß die Mastzellen starke chemische Mediatoren freisetzen, die Reaktionen wie Husten, Niesen und Erbrechen induzieren, wodurch die infektiösen Agentien ausgestoßen werden.

8.12 Transportproteine, die an die Fc-Domäne der Antikörper binden, tragen spezifische Isotypen über epitheliale Barrieren

Die IgA-Antikörpersynthese findet vorwiegend auf den epithelialen Oberflächen im Körper statt, wo auch ihr Hauptwirkungsort ist. Die meisten IgA-sezernierenden Plasmazellen findet man in dem Bindegewebe, das man als Lamina propria bezeichnet. Es liegt direkt unter der Basalmembran vieler Oberflächenepithelien. Von dort müssen die IgA-Antikörper quer durch das

8.19 Die Transcytose von IgA-Antikörpern über Epithelien erfolgt mit Hilfe des Poly-Ig-Rezeptors, eines spezialisierten Transportproteins. Die meisten IgA-Antikörper werden in Plasmazellen synthetisiert, die sich gerade unterhalb der epithelialen Basalmembranen des Darms, der respiratorischen Epithelien, der Tränen- und Speicheldrüsen sowie der milchabsondernden Brustdrüsen befinden. Das IgA-Dimer, das an eine J-Kette gebunden ist, diffundiert durch die Basalmembran und lagert sich an den Poly-Ig-Rezeptor auf der basolateralen Oberfläche der Epithelzelle an. Im Laufe der Transcytose wird der gebundene Komplex in einem Vesikel durch die Zelle zur apikalen Oberfläche transportiert. Dort wird der Poly-Ig-Rezeptor so geschnitten, daß er die extrazelluläre, IgA-bindende Komponente, die mit dem IgA-Molekül verknüpft ist, als die sogenannte sekretorische Komponente freisetzt. Das restliche Stück des Poly-Ig-Rezeptors ist nichtfunktional und wird abgebaut. So wird IgA durch Epithelien in das Lumen verschiedener Organe transportiert, die in Kontakt mit der äußeren Umgebung stehen.

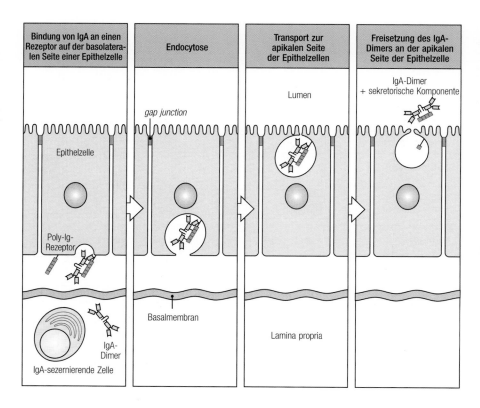

Epithel zu dessen äußerer Oberfläche, zum Beispiel zum Lumen des Darmes oder der Bronchien, transportiert werden. Die IgA-Antikörper, die in der Lamina propria synthetisiert wurden, werden als dimere IgA-Moleküle, die mit einer einzelnen J-Kette assoziiert sind (Abb. 3.35), sezerniert. Diese polymere Form von IgA bindet spezifisch an ein Molekül, den **Poly-Ig-Rezeptor**, der auf den basolateralen Oberflächen der darüberliegenden Epithelzellen exprimiert wird (Abb. 8.19). Wenn der Poly-Ig-Rezeptor ein dimeres IgA-Molekül gebunden hat, wird der Komplex in die Zelle aufgenommen und durch das Cytoplasma in einem Transportvesikel an die apikale Oberfläche der Epithelzelle befördert. Dieser Prozeß wird als **Transcytose** bezeichnet. An der apikalen Seite wird der Poly-Ig-Rezeptor enzymatisch gespalten, wobei der extrazelluläre Anteil des Rezeptors, der immer noch mit dem Fc-Teil des dimeren IgA verbunden ist, freigesetzt wird. Dieses Rezeptorfragment, das man als **sekretorische Komponente** bezeichnet, schützt das dimere IgA vielleicht vor einer proteolytischen Spaltung.

Die IgA-Synthese und -Sekretion finden hauptsächlich im Darm, im respiratorischen Epithel, in der Milch absondernden Brust und in verschiedenen anderen exokrinen Drüsen statt, wie den Speichel- und Tränendrüsen. Man nimmt an, daß die Hauptfunktion der IgA-Antikörper darin besteht, die epithelialen Oberflächen vor infektiösen Agentien zu schützen, so, wie die IgG-Antikörper die extrazellulären Räume des inneren Milieus. IgA-Antikörper verhindern die Anlagerung von Bakterien oder Toxinen an Epithelzellen sowie die Absorption fremder Substanzen. Sie bilden die erste Verteidigungslinie gegen eine große Zahl von Erregern. Neugeborene Kinder sind besonders anfällig für eine Infektion, da sie vor der Geburt noch keinen Mikroben aus der Umwelt ausgesetzt waren. IgA-Antikörper werden in die Muttermilch sezerniert und gelangen dann in den Darm des Neugeborenen, wo sie vor Bakterien schützen, bis das Kind seine eigenen protektiven Antikörper synthetisieren kann.

IgA ist nicht der einzige protektive Antikörper, der von der Mutter auf das Kind übertragen wird. Mütterliches IgG wird durch die Placenta direkt in das Blut des Fetus transportiert. Neugeborene haben bei der Geburt einen genauso hohen Spiegel an Plasma-IgG wie ihre Mütter und zwar mit den gleichen Spezifitäten. Für den selektiven Transport des IgG von der Mutter zum Fetus ist ein spezifisches Protein in der Placenta verantwortlich. Wie der Transport abläuft, ist jedoch nicht so gut geklärt wie bei IgA.

Bei einigen Nagetieren bewirkt ein völlig anderes Transportsystem, daß das IgG vom Darmlumen aus in den Kreislauf des Neugeborenen gelangt. Mütterliches IgG wird von den neugeborenen Tieren mit dem Kolostrum aufgenommen, der proteinreichen Flüssigkeit aus der mütterlichen Brustdrüse in den ersten Tagen nach der Geburt. Ein IgG-spezifisches Transportprotein mit einer Struktur, die der der MHC-Klasse-I-Moleküle stark ähnelt, befördert dann das mütterliche IgG über das Darmepithel, diesmal aber vom Darmlumen in das Blut und die Gewebe. Dieser Rezeptor wird nur im fetalen und frühen postnatalen Lebensabschnitt gefunden und scheint kein Gegenstück beim Menschen zu haben.

Durch diese spezialisierten Transportsysteme sind Säugetiere verschiedener Spezies von Geburt an mit Antikörpern gegen die häufigsten Pathogene versehen. Wenn sie reifen und ihre eigenen Antikörper mit allen Isotypen bilden, werden diese selektiv an die einzelnen Stellen im Körper verteilt (Abb. 8.20). Daher wird während des gesamten Lebens durch den Klassenwechsel und die Verteilung der Isotypen über den Körper Vorsorge für einen wirksamen Schutz gegen Infektionen in extrazellulären Räumen getroffen.

8.13 Hochaffine IgG- und IgA-Antikörper können bakterielle Toxine neutralisieren

Viele Bakterien verursachen Krankheiten, indem sie Moleküle, die sogenannten bakteriellen Toxine, sezernieren, die die Funktion somatischer Zellen beeinträchtigen oder unmöglich machen (Abb. 8.21). Zur Auslösung dieser Effekte müssen die Toxine mit spezifischen Molekülen interagieren, die auf der Oberfläche der Zielzelle als Rezeptoren dienen. Bei vielen Toxinen liegt die rezeptorbindende Domäne auf einer Polypeptidkette, während die toxischen Eigenschaften von einer zweiten Kette ausgehen. Antikörper, die an die rezeptorbindende Stelle auf dem Toxinmolekül binden, können verhindern, daß das Toxin sich an die Zelle anlagert und so die Zelle vor einer toxischen Attacke schützen (Abb. 8.22). Wie wir schon erwähnt haben, werden diese schützende Effekte der Antikörper als Neutralisierung und die auf diese Weise wirkenden Antikörper als **neutralisierende Antikörper** bezeichnet.

Die meisten Toxine sind in nanomolaren Konzentrationen aktiv: Ein einzelnes Molekül des Diphtherietoxins kann eine Zelle abtöten. Um Toxine zu neutralisieren, müssen Antikörper daher in das Gewebe diffundieren und das Toxin schnell und mit hoher Affinität binden können. Die IgG-Antikörper können in die extrazellulären Flüssigkeiten diffundieren und haben eine hohe Affinität, daher sind diese für die Neutralisierung von Toxinen, die an einer bestimmten Stelle auftreten, am besten geeignet. IgA-Antikörper neutralisieren Toxine an den Schleimhäuten des Körpers auf ähnliche Weise.

Diphterie- und Tetanustoxine gehören zu den bakteriellen Toxinen, bei denen die toxischen und die rezeptorbindenden Funktionen des Moleküls auf zwei getrennte Ketten liegen. Eine Immunisierung, meistens bei Kindern, ist daher mit modifizierten Toxinmolekülen möglich, bei denen die toxische Kette denaturiert wurde. Diese abgewandelten Toxinmoleküle, die als **Toxoide** bezeichnet werden, sind nicht mehr giftig, haben aber immer noch die Rezeptorbindungsstelle, so daß die Impfung neutralisierende Antikörper induziert, die effektiv vor dem nativen Toxin schützen können.

Bei einigen Tier- oder Insektengiften, wo ein einziger Kontakt zu schweren Gewebeschädigungen oder zum Tod führen kann, ist die adaptive Immunantwort zu langsam für eine Bildung von neutralisierenden Antikörpern. Um ihrer Wirkung beim Menschen entgegenzuwirken, kann man neu-

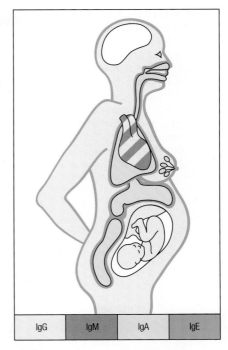

IgG | IgM | IgA | IgE

8.20 Immunglobulinisotypen sind selektiv im Körper verteilt. IgG und IgM herrschen im Plasma vor, während IgG der wichtigste Isotyp in der extrazellulären Flüssigkeit innerhalb des Körpers ist und IgA in Sekreten durch Epithelien, einschließlich der Muttermilch. Der Fetus erhält IgG von der Mutter mittels Transport durch die Placenta. IgE wird hauptsächlich als mastzellassoziierter Antikörper direkt unterhalb epithelialer Oberflächen (Atemwege, Gastrointestinaltrakt und besonders Haut) gefunden. Im Gehirn gibt es normalerweise keine Immunglobuline.

8.21 Viele verbreitete Krankheiten werden von bakteriellen Toxinen verursacht. Hier werden verschiedene Beispiele gezeigt. Es handelt sich immer um Exotoxine oder sezernierte Proteine von Bakterien. Bakterien besitzen auch Endotoxine (nichtsezernierte Toxine), die beim Absterben des Bakteriums freigesetzt werden. Diese können ebenfalls Krankheiten verursachen, doch ist die Wirtsantwort hier komplexer (siehe Kapitel 9).

Krankheit	Organismus	Toxin	Auswirkungen *in vivo*
Tetanus	*Clostridium tetani*	Tetanus-toxin	blockiert die inhibitorische Neuronenaktivität; Folge: chronische Muskelkontraktionen
Diphtherie	*Corynebacterium diphtheriae*	Diphtherie-toxin	hemmt Proteinsynthese; Folge: Schädigung der Epithelzellen, Myokarditis
Gasgangrän	*Clostridium perfringens*	clostridisches α-Toxin	Phospholipase führt zu Zelltod
Cholera	*Vibrio cholerae*	Cholera-toxin	aktiviert Adenylatcyclase, erhöht cAMP in den Zellen; Folge: Veränderungen der intestinalen Epithelzellen, die einen Wasser- und Elektrolytverlust verursachen
Anthrax (Milzbrand)	*Bacillus anthracis*	toxischer Anthraxkomplex	erhöht die Gefäßdurchlässigkeit; Folge: Ödeme, Hämorrhagie und Kreislaufkollaps
Botulismus	*Clostridium botulinum*	Botulinus-toxin	blockiert Freisetzung von Acetylcholin; Folge: Lähmung
Keuchhusten	*Bordetella pertussis*	Pertussis-toxin	ADP-Ribosylierung von G-Proteinen; Folge: Lymphocytose
		tracheales Cytotoxin	hemmt Flimmerhaare und verursacht Verlust von Epithelzellen
Scharlach	*Streptococcus pyogenes*	erythrogenes Toxin	Gefäßerweiterung; Folge: Scharlachausschlag
		Leukocidin Streptolysine	tötet Phagocyten, ermöglicht Überleben von Bakterien
Lebensmittel-vergiftung	*Staphylococcus aureus*	Staphylokokken-enterotoxin	wirkt auf intestinale Neuronen und verursacht Erbrechen; auch ein starkes T-Zell-Mitogen (SE-Superantigen)
Syndrom des toxischen Schocks	*Staphylococcus aureus*	*toxic shock syndrome*-Toxin	verursacht niedrigen Blutdruck und Hautverlust; auch ein starkes T-Zell-Mitogen (TSST-1-Superantigen)

tralisierende Antikörper benutzen, die bei einer Immunisierung von anderen Arten, zum Beispiel von Pferden, mit Insekten- oder Schlangengiften gebildet wurden. Eine solche Übertragung von Antikörpern wird als **passive Immunisierung** bezeichnet (Abschnitt 2.29).

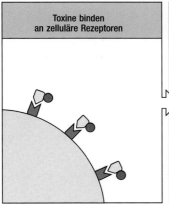 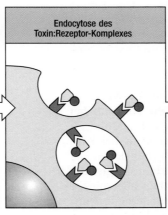  

Toxine binden an zelluläre Rezeptoren | Endocytose des Toxin:Rezeptor-Komplexes | Zerlegen des Toxins; die freigesetzte aktive Kette vergiftet die Zelle | Antikörper schützen die Zelle, indem sie die Bindung des Toxins blockieren

8.22 Die Neutralisierung durch IgG-Antikörper schützt die Zellen vor Toxinen. Viele Bakterien (sowie giftige Insekten und Schlangen) wirken durch zelluläre Gifte oder Toxine (Abb. 8.21). Diese bestehen gewöhnlich aus unterschiedlichen Teilen. Ein Teil des Toxins muß an einen zellulären Rezeptor binden, so daß das Molekül aufgenommen werden kann. Ein zweiter Teil des Toxinmoleküls dringt dann in das Cytoplasma ein und vergiftet die Zelle. In einigen Fällen kann ein einziges Toxinmolekül eine Zelle töten. Antikörper, die an das Toxin binden, können diese Auswirkungen verhindern oder neutralisieren.

8.14 Hochaffine IgG- und IgA-Antikörper können die Infektiosität von Viren hemmen

Wenn Tierviren Zellen infizieren, müssen sie erst an ein spezifisches Zelloberflächenprotein binden, oft ein zelltypisches Protein, das bestimmt, welche Zellen befallen werden können. Zum Beispiel hat das Influenzavirus ein Oberflächenprotein, das als Influenzahämagglutinin bezeichnet wird und an die endständigen Sialinsäurereste der Kohlehydratanteile bindet, die man auf bestimmten Glykoproteinen findet, die von Epithelzellen der Atemwege exprimiert werden. Man nennt es **Hämagglutinin**, da es ähnliche Sialinsäurereste auf roten Blutkörperchen von Hühnern erkennen und diese Zellen agglutinieren kann, indem es an sie bindet. Antikörper gegen das Hämagglutinin können eine Ansteckung mit dem Influenzavirus verhindern. Man bezeichnet sie als virusneutralisierende Antikörper. Aus denselben Gründen wie bei der Neutralisierung von Toxinen sind hochaffine IgA- und IgG-Antikörper auch in diesem Fall besonders wichtig.

Viele Antikörper neutralisieren Viren, indem sie die Bindung des Erregers an die Oberflächenrezeptoren verhindern (Abb. 8.23). Eine Virusneutralisierung wurde jedoch schon dann beobachtet, wenn nur ein einziges Antikörpermolekül an ein Virus anheftet, das viele rezeptorbindende Proteine auf seiner Oberfläche hat. In diesen Fällen muß der Antikörper einige Veränderungen bewirken, die die Struktur des Virus zerstören und entweder den Kontakt mit seinem Rezeptor verhindern oder die die Fusion der Virusmembran mit der Zelloberfläche stören, nachdem das Virus seinen Oberflächenrezeptor gebunden hat, so daß die virale Nucleinsäure nicht in die Zelle gelangen und sich dort replizieren kann.

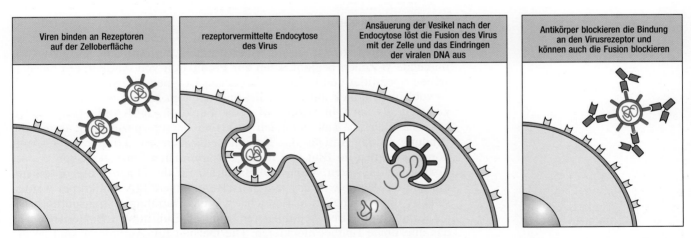

| Viren binden an Rezeptoren auf der Zelloberfläche | rezeptorvermittelte Endocytose des Virus | Ansäuerung der Vesikel nach der Endocytose löst die Fusion des Virus mit der Zelle und das Eindringen der viralen DNA aus | Antikörper blockieren die Bindung an den Virusrezeptor und können auch die Fusion blockieren |

8.23 Die virale Infektion von Zellen kann durch neutralisierende Antikörper blockiert werden. Damit ein Virus eine Zelle infizieren kann, muß es seine Gene in das Cytoplasma einschleusen. Dazu sind die virale Bindung an die Zelle und die Fusion mit der Zellmembran nötig. Antikörper können an virale Oberflächenproteine binden, um einen dieser Schritte zu verhindern.

8.15 Antikörper können die Anheftung von Bakterien an Wirtszellen verhindern

Viele Bakterien haben spezifische Moleküle, die Adhäsine, welche es ihnen erlauben, an die Oberfläche der Wirtszelle zu binden. Diese Anheftung ist für die Infektiosität dieser Bakterien von Bedeutung, egal ob sie in die Zelle eindringen, wie etwa der Krankheitserreger *Salmonella* spp., oder ob sie als extrazelluläre Pathogene an der Zelloberfläche bleiben. Zum Beispiel besitzt das Bakterium *Neisseria gonorrheae*, die Ursache der sexuell übertragenen Krankheit Gonorrhoe, ein Zelloberflächenprotein, das als

8.24 Antikörper können die Anlagerung von Bakterien an Zelloberflächen verhindern. Viele bakterielle Infektionen erfordern eine Interaktion zwischen dem Bakterium und der Zelloberfläche. Dies gilt besonders für Infektionen von Schleimhautoberflächen. Der Anlagerungsprozeß umfaßt sehr spezifische molekulare Wechselwirkungen zwischen bakteriellen Adhäsinen und ihren Liganden auf der Wirtszelle. Antikörper gegen bakterielle Adhäsine können solche Infektionen verhindern.

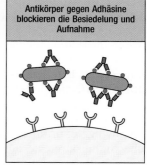

| Besiedelung von Zelloberflächen durch Bakterien mit Hilfe von Adhäsinen | einige Bakterien werden aufgenommen und pflanzen sich in inneren Vesikeln fort | Antikörper gegen Adhäsine blockieren die Besiedelung und Aufnahme |

Pilin bezeichnet wird. Dieses erlaubt es dem Bakterium, sich an die Epithelzellen des Urogenitaltrakts anzulagern, und ist für die Infektiosität unerläßlich. Antikörper gegen Pilin können diese Anheftung und damit eine Infektion verhindern (Abb. 8.24).

Wie wir gesehen haben, hat das humorale Immunsystem eine spezialisierte Antwort entwickelt, die zur Sekretion von IgA-Antikörpern auf den Schleimhäuten des Körpers führt, wie dem intestinalen, dem respiratorischen und dem reproduktiven Trakt. Hier können die IgA-Antikörper die Adhäsion von Bakterien, Viren oder anderen Pathogenen an die Epithelzellen verhindern, die gewöhnlich einer Infektion über die transepitheliale Route vorausgeht. Die Anheftung von Bakterien an Zellen innerhalb des Körpers kann ebenfalls zur Pathogenese beitragen, und IgG-Antikörper gegen Adhäsine können vor einer Schädigung auf diesem Weg schützen.

Zusammenfassung

Die Antikörperantwort, die mit einer Bindung des Antigens an IgM-exprimierende B-Zellen beginnt, kann zur Produktion von Antikörpern mit derselben Spezifitiät und allen verschiedenen Isotypen führen. Jeder Isotyp ist sowohl im Hinblick auf die Stelle, an der er im Körper wirken kann, spezialisiert als auch in bezug auf seine Funktion. IgM-Antikörper werden hauptsächlich im Blut gefunden und sind darauf spezialisiert, durch die Bindung an das Antigen das Komplementsystem zu aktivieren. IgG-Antikörper kommen im Blut und in der extrazellulären Flüssigkeit vor, wo sie Toxine neutralisieren, Viren und Bakterien für die Phagocytose opsonisieren und das Komplementsystem aktivieren können. IgA-Antikörper werden selektiv über Epithelien in Bereiche, wie das Darmlumen, transportiert, wo sie Toxine und Viren neutralisieren und den Eintritt von Bakterien durch das intestinale Epithel blockieren. Die meisten IgE-Antikörper sind an die Oberfläche von Mastzellen gebunden, die gerade unterhalb der Körperoberflächen liegen. Die Antigenbindung an diese IgE löst lokale Verteidigungsreaktionen aus. Jeder Isotyp besetzt also eine bestimmte Stelle im Körper und spielt eine spezifische Rolle bei der Abwehr des Körpers gegen extrazelluläre Pathogene und ihre toxischen Produkte.

Akzessorische Zellen mit Fc-Rezeptoren bei der humoralen Immunität

Die Fähigkeit von hochaffinen Antikörpern, Toxine, Viren oder Bakterien zu neutralisieren, kann zwar den Wirt vor einer Infektion schützen, nicht jedoch das Problem lösen, wie das Pathogen und seine Produkte aus dem Körper entfernt werden können. Außerdem lassen sich viele Krankheitserreger nicht durch Antikörper neutralisieren und müssen auf andere Art zerstört werden. Um neutralisierte Mikroorganismen zu entfernen und um resistente extrazelluläre Pathogene anzugreifen, können Antikörper eine Vielzahl von **akzessorischen Effektorzellen** mit **Fc-Rezeptoren** aktivieren, die spezifisch für das Fc-Fragment der Antikörper eines bestimmten Isotyps sind. Zu diesen akzessorischen Zellen gehören die phagocytischen Zellen (Makrophagen und polymorphkernige neutrophile Leukocyten), die antikörperbehaftete Bakterien aufnehmen und töten, sowie die natürlichen Killerzellen, Eosinophile und Mastzellen (Abb. 1.33), die gespeicherte Mediatoren freisetzen können, wenn ihre Fc-Rezeptoren besetzt werden. Alle diese akzessorischen Zellen werden aktiviert, wenn ihre Fc-Rezeptoren aggregieren, weil sie an die Fc-Fragmente von Antikörpermolekülen binden, die mit einem Pathogen reagiert haben.

8.16 Die Fc-Rezeptoren der akzessorischen Zellen sind Signalmoleküle und spezifisch für Immunglobuline verschiedener Isotypen

Die Fc-Rezeptoren umfassen eine Molekülfamilie, die an den Fc-Teil von Immunglobulinen bindet. Jedes Mitglied der Familie erkennt Immunglobuline von einem oder einigen eng verwandten Isotypen über eine Erkennungsdomäne, die selbst zur Immunglobulinsuperfamilie der Proteine gehört. Verschiedene akzessorische Zellen besitzen Fc-Rezeptoren für Antikörper der verschiedenen Isotypen, und der Isotyp des Antikörpers bestimmt so, welche akzessorische Zelle an einer bestimmten Reaktion teilnimmt. Die verschiedenen Fc-Rezeptoren und die Zellen, die sie exprimieren, sind in Abbildung 8.25 gezeigt. Dabei ist der Vollständigkeit halber auch CD23 aufgeführt, das wir schon als Liganden für den B-Zell-Corezeptor kennengelernt haben. CD23 bindet schwach an die Fc-Region von IgE, aber strukturell ist es nicht mit den anderen Fc-Rezeptoren verwandt. Da noch nicht bewiesen ist, daß seine Fähigkeit, IgE zu binden, eine Effektorfunktion bei der humoralen Immunität steuert, werden wir es hier nicht weiter diskutieren.

Fc-Rezeptoren sind wie T-Zell-Rezeptoren Proteine aus vielen Untereinheiten, von denen nur eine Kette für die spezifische Erkennung notwendig ist. Die anderen Ketten sind für den Transport an die Zelloberfläche und für die Signalübermittlung bei der Bindung von Fc erforderlich. Tatsächlich

8.25 Auf verschiedenen akzessorischen Zellen werden verschiedene Rezeptoren für die Fc-Region unterschiedlicher Immunglobulinisotypen exprimiert. Die Struktur der Untereinheit, die Bindungseigenschaften und der Zelltyp, der diese Rezeptoren exprimiert, sind angegeben. Vielleicht sind alle Fc-Rezeptoren vielkettige molekulare Komplexe und ähneln dem Fcε-Rezeptor-I. Die vollständige multimolekulare Struktur der meisten Rezeptoren ist jedoch noch nicht bekannt, sie ist vielleicht auch in den verschiedenen Zelltypen unterschiedlich. Zum Beispiel wird FcγRIII in Neutrophilen als ein Molekül mit einem Glykophosphoinositol-Membrananker ohne γ-Ketten exprimiert, während es in NK-Zellen ein Transmembranmolekül ist und mit γ-Ketten assoziiert ist (siehe Abbildung). Der niedrigaffine IgE-Rezeptor, CD23, hat eine andere Struktur. Er scheint als Fc-Rezeptor nicht von entscheidender Bedeutung zu sein. Er könnte jedoch als ein Ligand für den CD19-Komplex auf B-Zellen wichtig sein.

Rezeptor	FcεRI	FcγRII (CD32)	FcγRIII (CD16)	FcγRI (CD64)	FcεRII (CD23)
Struktur	α 45 kd β 33 kd γ 9 kd	α 40 kd γ	α 50–70 kd γ oder ζ	α 74 kd γ	α 45 kd
Bindung **Reihenfolge der Affinität**	IgE, 10^{10} M^{-1}	IgG1, 2×10^6 M^{-1} 1) IgG1 2) IgG3=IgG4 3) IgG2	IgG1, 5×10^5 M^{-1} IgG1 = IgG3	IgG1, 10^8 M^{-1} 1) IgG1 2) IgG3=IgG4 3) IgG2	IgE, niedrige Affinität
Zelltyp	Mastzelle	Makrophagen Neutrophile Eosinophile Blutplättchen B-Zellen	natürliche Killerzellen Neutrophile Eosinophile Makrophagen	Makrophagen Neutrophile Eosinophile	Eosinophile aktivierte B-Zellen follikuläre dendritische Zellen

erfolgt der größte Teil der Nachrichtenübertragung durch Fc-Rezeptoren über eine Kette, die γ-Kette genannt wird und die eng mit der ζ-Kette des T-Zell-Rezeptors verwandt ist.

Obwohl die Hauptfunktion des Fc-Rezeptors in der Aktivierung der akzessorischen Zellen gegen Pathogene liegt, können sie auch auf andere Weise zu der Immunantwort beitragen. Zum Beispiel tragen B-Zellen, Langerhans-Zellen der Haut und follikuläre dendritische Zellen alle Fc-Rezeptoren, die es ihnen ermöglichen, an Antigene zu binden, wenn diese mit Antikörpern assoziiert sind. Antigen:Antikörper-Komplexe, die von follikulären dendritischen Zellen eingefangen wurden, sind wichtig für die Reifung der humoralen Immunantworten. Eine Aufnahme des Antigen:Antikörper-Komplexes über die Fc-Rezeptoren könnte zur Antigenpräsentation und Rekrutierung von T-Zellen für Immunantworten durch Makrophagen und Langerhans-Zellen beitragen. Und Fc-Rezeptoren auf B-Zellen regulieren B-Zell-Antworten, wie wir in Kapitel 12 sehen werden.

8.17 Fc-Rezeptoren auf Phagocyten werden durch Antikörper, die an die Oberfläche von Pathogenen gebunden sind, aktiviert

Phagocyten werden durch IgG-Antiköper aktiviert, speziell IgG1 und IgG2, die an spezifische Fcγ-Rezeptoren auf der Phagocytenoberfläche binden (Abb. 8.25). IgG-Antikörper, die für ein bestimmtes Antigen spezifisch sind, machen nur einen sehr kleinen Teil des gesamten Immunglobulins im Plasma aus. Es ist daher essentiell, daß die Fc-Rezeptoren auf Phagocyten Antikörpermoleküle, die an ein Pathogen gebunden sind, von der großen Mehrheit der freien Antikörpermoleküle, die ungebunden sind, unterscheiden können. Zwei Veränderungen treten ein, wenn Antikörper Antigene binden: die Aggregation der Antikörper, wenn sie an eine Pathogenoberfläche anheften, und die Konformationsänderungen im Fc-Teil des Moleküls, die durch die Bindung induziert werden können.

Eine Aggregation erfolgt, wenn die Antikörper an multimere Antigene oder antigene Partikel binden, wie Viren oder Bakterien. Wenn Fc-Rezeptoren auf der Oberfläche einer akzessorischen Zelle jedes Ig-Monomer mit geringer Affinität binden, dann werden sie solche antikörperbehafteten Partikel mit hoher Avidität binden. Dies ist wahrscheinlich der prinzipielle Mechanismus, wie gebundene Antikörper von freien Immunglobulinen unterschieden werden. Mutationen im Gelenkbereich einiger Antikörper beeinflußen jedoch die Fähigkeit von Aggregaten, an den Fc-Rezeptor zu binden, obwohl sie keinen Effekt auf die Monomerbindung haben. Dies läßt vermuten, daß leichte Konformationsänderungen im Antikörpermole-

8.26 Gebundene Antikörper lassen sich von freien Immunglobulinen durch den Aggregationszustand und/oder durch Konformationsänderungen unterscheiden. Freie Immunglobulinmoleküle können nicht an Fc-Rezeptoren binden. Antigengebundene Imunglobuline können dies jedoch, entweder weil mehrere Antikörpermoleküle, die sich auf derselben Oberfläche befinden mit hoher Avidität an die Fc-Rezeptoren binden, oder weil eine Antigenbindung und Aggregation eine Konformationsänderung im Fc-Teil des Immunglobulinmoleküls induzieren und so dessen Affinität für den Rezeptor erhöhen. Beide Effekte tragen vermutlich dazu bei, daß Fc-Rezeptoren zwischen freien und gebundenen Antikörpern unterscheiden können.

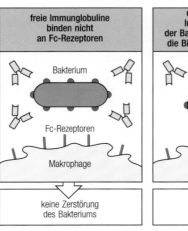
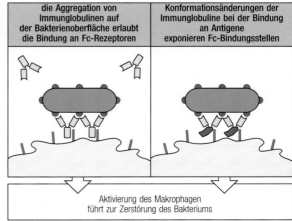

| freie Immunglobuline binden nicht an Fc-Rezeptoren | die Aggregation von Immunglobulinen auf der Bakterienoberfläche erlaubt die Bindung an Fc-Rezeptoren | Konformationsänderungen der Immunglobuline bei der Bindung an Antigene exponieren Fc-Bindungsstellen |

Bakterium
Fc-Rezeptoren
Makrophage

keine Zerstörung des Bakteriums

Aktivierung des Makrophagen führt zur Zerstörung des Bakteriums

kül, die bei der Bindung an Antigene auftreten, ebenfalls wichtig sind, damit der Fc-Rezeptor gebundene von freien Antikörpern unterscheiden kann (Abb. 8.26). Das Ergebnis ist jedenfalls, daß Fc-Rezeptoren es den akzessorischen Zellen erlauben, Pathogene mit Hilfe gebundener Antikörpermoleküle zu entdecken. Spezifische Antikörper und Fc-Rezeptoren sorgen also dafür, daß die akzessorische Zellen, die selbst keine Spezifität besitzen, Erreger und ihre Produkte identifizieren und aus den extrazellulären Räumen des Körpers entfernen können.

8.18 Fc-Rezeptoren auf Phagocyten erlauben es diesen, opsonisierte extrazelluläre Pathogene aufzunehmen und zu vernichten

Die wichtigsten akzessorischen Zellen der humoralen Immunantwort sind die phagocytischen Zellen der monocytischen und myelocytischen Linie, besonders die Makrophagen und neutrophilen polymorphkernigen Leukocyten oder Neutrophilen. Die Phagocytose ist die Aufnahme von Partikeln durch Zellen und umfaßt die Bindung der Partikel an die Oberfläche des Phagocyten sowie die anschließende Aufnahme und Zerstörung. Viele Bakterien werden von Phagocyten direkt erkannt, verschluckt und zerstört. Sie sind für gesunde Lebewesen nicht pathogen. Bakterielle Pathogene besitzen jedoch gewöhnlich Polysaccharidkapseln, so daß die Phagocyten sie nicht direkt aufnehmen können. Das kann nur geschehen, wenn sie mit Antikörpern umhüllt sind, die die Fcγ-Rezeptoren auf phagocytischen Zellen besetzen und so die Aufnahme und Zerstörung des Bakteriums auslösen (Abb. 8.27). Das Behaften von Mikroorganismen mit Molekülen, die deren Zerstörung durch Phagocyten ermöglichen, wird als **Opsonisierung** bezeichnet. Bakterielle Polysaccharide gehören, wie wir gesehen haben, zur TI-2-Klasse von T-Zell-unabhängigen Antigenen. Eine Opsonisierung durch thymusunabhängige Antikörper, die früh während der Immunantwort gegen bakterielle Polysaccharide produziert wurden, ist wichtig, um die schnelle Zerstörung vieler eingekapselter Bakterien sicherzustellen.

Die Aufnahme und die Zerstörung von Mikroorganismen werden durch die Interaktionen zwischen den Molekülen, die opsonisierte Mikroorganismen umhüllen, und den spezifischen Rezeptoren für sie auf der Phagocytenoberfläche erheblich verstärkt. Wenn zum Beispiel ein antikörperbehaf-

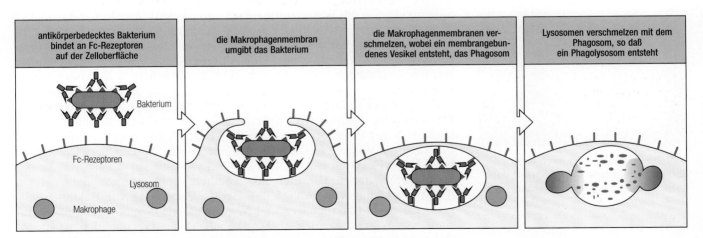

8.27 Eine wichtige Funktion von Fc-Rezeptoren auf Phago-cyten ist die Aufnahme und der Abbau von antikörperbehaf-teten Bakterien. Viele Bakterien sind gegen eine Phagocytose durch Makrophagen und polymorphkernige Leukocyten gefeit. Wenn jedoch Antikörper an diese Bakterien binden, können sie aufgenommen und zerlegt werden. Ermöglicht wird dies durch Interaktionen zwischen multiplen Fc-Domänen auf der bakteriellen Oberfläche und Fc-Rezeptoren auf dem Phagocyten. Die Bindung an den Fc-Rezeptor veranlaßt den Phagocyten außerdem, die Phagocytoserate zu erhöhen, Lysosomen mit Phagosomen zu verschmelzen und seine bakterizide Aktivität zu verstärken (Abb. 8.28).

teter Erreger an die Fcγ-Rezeptoren auf der Oberfläche der phagocytischen Zelle bindet, umfließt die Oberfläche der phagocytischen Zelle die Oberfläche des Partikels durch sukzessive Bindung von Fcγ-Rezeptoren an gebundene Antikörper-Fc-Domänen auf der Pathogenoberfläche. Dies ist ein aktiver Prozeß, der durch die Bindung der Fcγ-Rezeptoren ausgelöst wird. Die Aufnahme des Partikels führt zu seinem Einschluß in ein saures cytoplasmatisches Vesikel, das als Phagosom bezeichnet wird. Dieses verschmilzt dann mit einem oder mehreren Lysosomen zu einem Phagolysosom. Dabei werden die lysosomalen Enzyme in das Phagosom freigesetzt, wo sie das Bakterium zerstören (Abb. 8.27).

8.28 Die Aufnahme antikörperumhüllter Bakterien löst bei phagocytischen Zellen die Bildung oder Freisetzung vieler bakterizider Agentien aus. Die meisten dieser Agentien werden in Makrophagen und neutrophilen polymorphkernigen Leukocyten gefunden. Einige von ihnen sind toxisch, andere, wie das Laktoferrin, wirken durch die Bindung von essentiellen Nährstoffen, die dann von Bakterien nicht mehr aufgenommen werden können. Dieselben Agentien können von Phagocyten freigesetzt werden, die mit großen, antikörperbehafteten Oberflächen interagieren, wie einem parasitischen Wurm oder Wirtsgewebe. Da diese Mediatoren auch für die Wirtszelle toxisch sind, kann eine Phagocytenaktivierung bei einer Infektion schwere Gewebeschädigungen hervorrufen.

Mechanismus	spezifische Produkte
Ansäuerung	pH = ~3,5–4,0, bakteriostatisch oder bakterizid
toxische Sauerstoffderivate	Superoxid O_2^-, Wasserstoffperoxid H_2O_2, Singletsauerstoff $^1O_2$, Hydroxylradikal OH^-, Hypohalit OCl^-
toxische Stickstoffoxide	Stickstoffoxid NO
antimikrobielle Peptide	Defensine, kationische Proteine
Enzyme	Lysozym – löst Zellwände einiger grampositiver Bakterien auf saure Hydrolasen – weitere Bakterienverdauung
Kompetitoren	Laktoferrin – bindet Fe, Vitamin-B_{12}-bindendes Protein

Phagocyten können Bakterien auch durch die Bildung einer Vielzahl von toxischen Produkten schädigen. Die wichtigsten davon sind Wasserstoffperoxid (H_2O_2), das Superoxidanion (O^{2-}) und das Stickstoffoxid (NO), die für Bakterien giftig sind. Die Herstellung dieser Metaboliten wird durch die Bindung von aggregierten Antikörpern an die Fcγ-Rezeptoren induziert. Die bakteriziden Produkte der aktivierten Phagocyten können aber auch die Wirtszelle schädigen. Eine Reihe von Enzymen, einschließlich Katalase, die das Wasserstoffperoxid abbaut und die Superoxiddismutase (die das Superoxidanion in Wasserstoffperoxid umwandelt), werden während der Phagocytose ebenfalls gebildet, um die Wirkungsweise dieser Produkte zu steuern, so daß sie primär auf die Pathogene innerhalb der Phagolysosomen einwirken. Die Agentien, durch die phagocytische Zellen aufgenommene Bakterien schädigen und zerstören, sind in Abbildung 8.28 zusammengefaßt.

Einige Partikel sind zu groß für die Aufnahme durch einen Phagocyten. Helminthische parasitische Würmer sind ein Beispiel. In diesem Falle lagert sich der Phagocyt mit seinen Fcγ-Rezeptoren an die Oberfläche des Parasiten an, und die Lysosomen fusionieren mit dieser Oberflächenmembran. Diese Reaktion lädt die Inhalte des Lysosoms auf der Oberfläche des antikörperbehafteten Parasiten ab, wodurch er im extrazellulären Raum direkt geschädigt wird (Abb. 8.29). Bei der Zerstörung von Bakterien wirken zwar meist Makrophagen und Neutrophile als Phagocyten, große Parasiten wie Würmer werden aber gewöhnlich von Eosinophilen attackiert. Daher können Fcγ-Rezeptoren die Aufnahme externer Partikel, die Phagocytose, oder die Abgabe innerer Vesikel, die Exocytose, auslösen. Wir werden in den nächsten drei Abschnitten sehen, daß natürliche Killerzellen und Mastzellen ebenfalls Mediatoren aus ihren Vesikeln freilassen, wenn ihre Fc-Rezeptoren sich zusammenlagern.

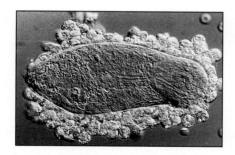

8.29 Eosinophile attackieren eine *Schistosoma*-Larve in Gegenwart von Serum eines infizierten Patienten. Große Parasiten können nicht verschlungen werden. Sind sie aber mit Antikörpern bedeckt, besonders mit IgE, können Eosinophile sie über den Fcε-Rezeptor-II angreifen. Ähnliche Attacken können andere Fc-Rezeptor-tragende Zellen auf verschiedene größere Ziele ausführen. (Photo: A. Butterworth.)

8.19 Fc-Rezeptoren aktivieren natürliche Killerzellen dazu, antikörperbehaftete Zielzellen zu zerstören

Das Absuchen der Zelloberflächen nach fremden Peptiden, die eine intrazelluläre Infektion anzeigen, ist die Aufgabe der zellulären Immunreaktionen, also der T-Effektorzellen. Dennoch können Antikörper gegen virale Proteine, die auf der Oberfläche von infizierten Zellen exprimiert werden, produziert werden. Zellen, die von solchen Antikörpern gebunden werden, können durch spezialisierte, lymphatische Nicht-T-, Nicht-B-Zellen getötet werden, die man als **natürliche Killerzellen** (NK) bezeichnet. Das sind große lymphatische Zellen mit deutlich erkennbaren zellulären Granula, die einen kleinen Teil der peripheren lymphatischen Blutzellen ausmachen. Sie tragen, soweit man weiß, keine antigenspezifischen Rezeptoren, können jedoch ein begrenztes Spektrum anomaler Zellen erkennen und töten. Sie wurden zuerst aufgrund ihrer Fähigkeit entdeckt, einige Tumorzellen zu töten. Inzwischen weiß man allerdings, daß sie einen wichtigen Beitrag zur angeborenen Immunität leisten, wie wir in Kaptitel 9 besprechen werden.

Die Zerstörung von antikörperbehafteten Zielzellen durch natürliche Killerzellen bezeichnet man als **antikörperabhängige zellvermittelte Cytotoxizität** (ADCC). Sie wird ausgelöst, wenn Antikörper, die an die Oberfläche einer Zelle gebunden sind, mit Fc-Rezeptoren auf einer natürlichen Killerzelle in Kontakt treten (Abb. 8.30). NK-Zellen exprimieren den Fc-Rezeptor FcγRIII (CD16). Dieser erkennt die IgG1- und IgG3-Subklassen und löst einen cytotoxischen Angriff der NK-Zellen auf die antikörperbehafteten Zielzellen aus. Dabei entsprechen die Mechanismen genau denen, die wir bei den cytotoxischen T-Zellen kennengelernt haben, einschließlich der Freisetzung cytoplasmatischer Granula, die Perforin und Granzyme enthalten. Die Bedeutung der ADCC bei der Abwehr von Infektionen mit Bakterien oder Viren ist noch nicht vollständig geklärt. Die ADCC stellt jedoch einen weiteren Mechanismus dar, durch den eine Effektorzelle, die keine Spezifität für ein Antigen besitzt, antigenspezifische Funktionen vermitteln könnte, indem sie die Fähigkeiten zur Erkennung der Antikörpermoleküle unter Vermittlung durch einen Fc-Rezeptor nutzt.

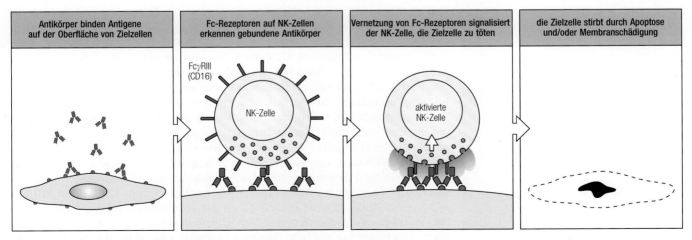

| Antikörper binden Antigene auf der Oberfläche von Zielzellen | Fc-Rezeptoren auf NK-Zellen erkennen gebundene Antikörper | Vernetzung von Fc-Rezeptoren signalisiert der NK-Zelle, die Zielzelle zu töten | die Zielzelle stirbt durch Apoptose und/oder Membranschädigung |

8.30 Antikörperbedeckte Zielzellen können bei einer antikörperabhängigen zellvermittelten Cytotoxizität (ADCC) durch natürliche Killerzellen (NK) getötet werden. NK-Zellen sind große granuläre Nicht-T-Nicht-B-Zellen, die FcγRIII-(CD16-)Rezeptoren haben. Wenn sie auf Zellen treffen, die mit IgG-Antikörpern bedeckt sind, dann töten sie sie schnell. Die Bedeutung der ADCC für die Wirtsverteidigung oder bei Gewebeschädigungen ist noch umstritten.

8.20 Mastzellen binden IgE-Antikörper mit hoher Affinität

Wenn Pathogene die epithelialen Barrieren überschreiten und eine lokale Infektion hervorrufen, muß der Wirt seine Abwehr mobilisieren und sie an den Ort dirigieren, wo der Erreger sich vermehrt. Ein Mechanismus, durch den das erreicht wird, ist die Aktivierung eines speziellen Zelltyps, der **Mastzellen**. Das sind große Zellen, die charakteristische cytoplasmatische Granula enthalten, mit den vasoaktiven Aminen Histamin und bei manchen Spezies, wie Ratten und Mäusen, auch Serotonin. Nach einer Anfärbung mit Toluidinblau können sie in Geweben leicht identifiziert werden (Abb. 1.33). Man findet sie in besonders hoher Konzentration in submucosalen Geweben gerade unterhalb der Körperoberflächen, einschließlich denen des gastrointestinalen und des respiratorischen Traktes, sowie in Bindegeweben entlang der Blutgefäße. Eine lokale Aktivierung der Mastzellen führt zu einer stärkeren Durchblutung und einem Anstieg des Durchtritts von Flüssigkeit in die umgebenden Gewebe, wodurch Proteine und Zellen, die das Pathogen angreifen können, dorthin gelangen.

Mastzellen werden durch Antikörper aktiviert, die an IgE-spezifische Fc-Rezeptoren gebunden sind. Anders als die übrigen Fc-Rezptoren jedoch, die mit der Fc-Region der Antikörper nur reagieren, wenn diese an ein Antigen gebunden sind, assoziieren sich diese Rezeptoren, die Fcε-Rezeptoren, mit monomeren IgE-Antikörpern mit einer sehr hohen Affinität. Gemessen wurde sie als ungefähr 10^{10} M^{-1}. Sogar bei dem niedrigen Gehalt an IgE, der bei normalen Individuen zirkuliert, wird also ein bedeutender Teil des gesamten IgE an diesen Fcε-Rezeptoren auf Mastzellen und ihren zirkulierenden Gegenstücken, den Basophilen, gebunden. Obwohl Mastzellen daher gewöhnlich stabil mit gebundenem IgE assoziiert sind, werden sie von IgE in dessen monomerer Form nicht aktiviert. Die Mastzellaktivierung tritt ein, wenn gebundendes IgE durch die Anlagerung an multivalente Antigene vernetzt wird. Eine solche Signalgebung bringt die Mastzellen dazu, den Inhalt ihrer Granula freizusetzen, und löst eine lokale inflammatorische Antwort aus.

8.21 Die Mastzellaktivierung durch Antigenbindung an IgE löst eine lokale imflammatorische Antwort aus

Die unmittelbare Konsequenz einer Vernetzung von IgE auf Mastzellen durch Antigene ist die Degranulierung, die innerhalb von Sekunden abläuft. Dadurch werden die vasoaktiven Amine **Histamin** und **Serotonin** freigesetzt (Abb. 8.31). Die lokale Durchblutung wird so erhöht ebenso wie die Durchlässigkeit der Gefäße, was schnell zu einer Flüssigkeitsansammlung in dem umliegenden Gewebe führt und zu einem Zufluß von Zellen aus dem Blut, zum Beispiel von polymorphkernigen Leukocyten. In der Haut läßt sich eine solche Reaktion leicht als eine erythematöse Quaddelbildung erkennen. Solche lokalen inflammatorischen Antworten dienen dazu, innerhalb von wenigen Minuten mehr Antikörper und Phagocyten an die Stelle einer Infektion zu bringen. Derselbe Vorgang, der sich gegen unschädliche Antigene richtet, ist verantwortlich für viele Symptome allergischer Reaktionen, die wir detailliert in Kapitel 11 behandeln werden.

Histamin und Serotonin sind kleine, kurzlebige Mediatoren. Ihr Effekt geht nach der Mastzelldegranulierung schnell verloren. Die lokale inflammatorische Antwort wird jedoch durch die anschließende Produktion anderer Moleküle aufrechterhalten. Zum Beispiel schaltet die Mastzellaktivierung einen enzymatischen Stoffwechselweg ein, der zur Bildung von Metaboliten der Arachidonsäure führt, die man als Leukotriene bezeichnet (Abb. 8.32). Diese Substanzen sind ebenfalls vasoaktiv und erzeugen eine länger andauernde vaskuläre Antwort. Schließlich synthetisieren und sezer-

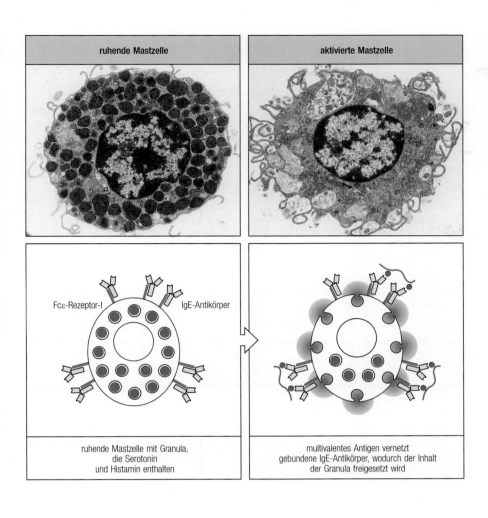

| ruhende Mastzelle | aktivierte Mastzelle |

Fcε-Rezeptor-I IgE-Antikörper

ruhende Mastzelle mit Granula, die Serotonin und Histamin enthalten

multivalentes Antigen vernetzt gebundene IgE-Antikörper, wodurch der Inhalt der Granula freigesetzt wird

8.31 Die Vernetzung von IgE-Antikörpern auf Mastzellen führt zu einer schnellen Freisetzung von inflammatorischen Mediatoren. Mastzellen sind große Zellen, die im Bindegewebe auftreten und durch sekretorischen Granula, die viele inflammatorische Mediatoren enthalten, charakterisiert werden können. Sie haben den hochaffinen Fcε-Rezeptor-I, mit dem sie stabil an monomere IgE-Antikörper binden. Eine Antigenvernetzung dieser IgE-Antikörpermoleküle löst eine schnelle Degranulation aus, wobei inflammatorische Mediatoren in das umgebende Gewebe freigesetzt werden. Diese lösen eine lokale Entzündung aus, die Zellen und Proteine anlockt, die für die Wirtsverteidigung am Ort der Infektion erforderlich sind. Sie ist auch die Basis der akuten allergischen Reaktion, die Asthma, Heuschnupfen und die lebensbedrohende systemische Anaphylaxe verursacht (Kapitel 11). (Photo: A. M. Dvorak.)

nieren die Mastzellen nach einer Aktivierung eine Vielzahl von Cytokinen. Dazu gehören IL-4 und TNF-α, wobei letzteres zu einer lang andauernden lokalen inflammatorischen Reaktion beiträgt, die ebenfalls hilft, die lokale Infektion einzudämmen.

Obwohl Menschen in Industriegesellschaften IgE-Antikörper und Mastzellaktivierung vor allem im Zusammenhang mit allergischen Reaktionen kennen, glaubt man, daß Mastzellen mindestens zwei wichtige Funktionen bei der Wirtsverteidigung haben. Erstens erlaubt ihnen ihre Lokalisation dicht unter der Körperoberfläche, spezifische und unspezifische Effektorelemente an die Stellen zu locken, an denen infektöse Agentien am wahrscheinlichsten in das innere Milieu eindringen. Außerdem erhöhen sie den Fluß von Lymphe von den Orten der Antigenablagerung zu den regionalen Lymphknoten, wo naive Lymphocyten zuerst aktiviert werden. Der zweite Effekt tritt ein, wenn IgE, gebunden an Mastzellen, auf Antigene im submucosalen Gewebe des Darms oder der Atemwege trifft. Die freigesetzten Mediatoren Histamin, Serotonin und die Leukotriene induzieren Kontraktionen der glatten Muskulatur, wodurch der Inhalt der Hohlorgane zusammen mit dem infektiösen Agens aus dem Körper ausgestoßen wird. Daher führt die Mastzelldegranulierung im Darm zu Durchfall oder Erbrechen, in den Lungen dagegen zu einer erhöhten Schleimsekretion und bronchialen Kontraktionen, was das Husten effektiver macht und Antikörper und polymorphkernige Leukocyten an die Stellen der Antigenablagerung in den Atemwegen lockt (Abb. 8.33). IgE-Antikörper und Mastzellen scheinen eine besonders wichtige Rolle bei der Immunität gegen intestinale Würmer

8.32 Nach Stimulierung durch die Antigenbindung an IgE synthetisieren Mastzellen eine Vielzahl von Lipidmediatoren der Entzündung. Diese entstehen aus Phospholipiden durch die Freisetzung des Vorläufermoleküls Arachidonsäure. Dieses Molekül kann, wie gezeigt, auf zwei Wegen so modifiziert werden, daß Prostaglandine, Thromboxane und Leukotriene entstehen. Die Hauptprodukte von Mastzellen sind die Leukotriene, welche die Entzündungsreaktionen im Gewebe aufrechterhalten. Dies gilt besonders für die Leukotrienmoleküle C4, D4 und E4. Viele antiinflammatorische Medikamente sind Inhibitoren des Arachidonsäuremetabolismus. Aspirin zum Beispiel ist ein Inhibitor der Cyclooxygenase und blockiert die Produktion von Prostaglandinen.

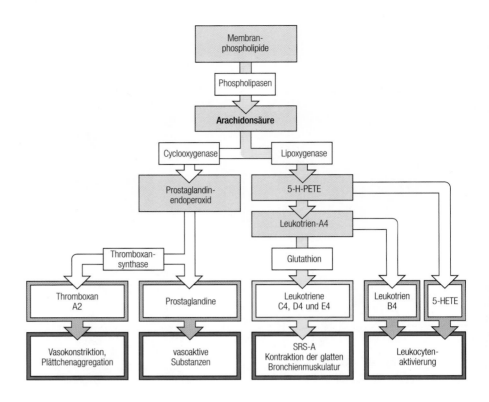

zu spielen. Interessanterweise führt Wurmbefall zu einer starken IgE-Antikörperproduktion, ein Hinweis darauf, daß IgE-Antikörperantworten auf diese Klasse von Pathogenen spezialisiert sind.

8.33 Mastzellen haben bei der Wirtsverteidigung verschiedene wichtige Funktionen. Die Aktivierung von Mastzellen, die gerade unterhalb der epithelialen Barrieren des Körpers liegen, dient in vielen Fällen als erste Reaktion auf eine Invasion. Im Darm führt die Mastzellaktivierung zu einer erhöhten Flüssigkeitsmenge und zu einer stärkeren Darmbewegung, was zum Ausstoß der infektiösen Agentien aus dem Lumen beiträgt. In den Atemwegen führt die Mastzellaktivierung zu einer verstärkten Schleimsekretion und einer Verengung der Luftwege, wodurch Pathogene durch Husten effektiver ausgeschleudert werden. Und im Gewebe unterstützt der verstärkte Eintritt von Zellen und Proteinen die lokale Verteidigung, während die erhöhte Flüssigkeitsmenge zu einem effizienteren Transport des Antigens zu lokalen Lymphknoten führt, wo die Immunantworten ausgelöst werden. Dieselben Reaktionen auf harmlose Antigene sind der Grund für Allergien.

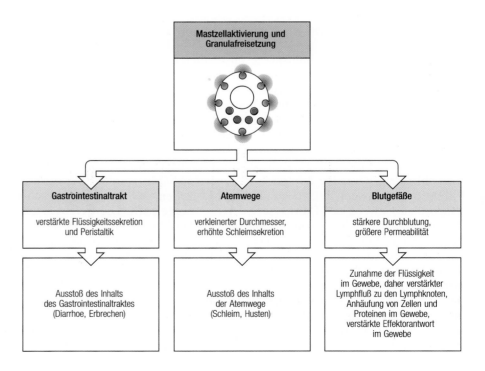

Zusammenfassung

Pathogene, an die Antikörper gebunden haben, können von phagocytischen Zellen aufgenommen und zerstört werden. Diese erkennen die antikörperbehafteten Partikel über die Fc-Rezeptoren, die an die Domänen der konstanten Region der gebundenen Antikörper binden. Fc-Rezeptoren bilden eine Familie von Molekülen, von denen jedes Immunglobuline eines bestimmten Isotyps erkennt. Makrophagen und Neutrophile sind diejenigen phagocytischen Zellen, die hauptsächlich Bakterien vernichten. Sie tragen Fc-Rezeptoren, die die konstanten Regionen von IgG-Antikörpern erkennen. Das Besetzen der Fc-Rezeptoren durch Antikörper, die auf einer Pathogenoberfläche angeordnet sind, löst das Verschlingen des Pathogens durch einen Phagocyten aus und induziert die Produktion von bakteriziden Agentien in dessen intrazellulären Vesikeln. Eosinophile sind wichtig für die Eliminierung von Parasiten, die zu groß sind, um aufgenommen zu werden. Sie tragen ebenfalls Fc-Rezeptoren, die für die konstante Region von IgG spezifisch sind, und die Bindung dieser Rezeptoren an Antikörper löst die Freisetzung toxischer Substanzen auf die Oberfläche des Parasiten aus. Auch natürliche Killerzellen und Mastzellen setzen den Inhalt ihrer Granula frei, wenn ihre Fc-Rezeptoren besetzt worden sind. Mastzellen wirken wie akzessorische Zellen einer humoralen Immunantwort. Ihre Fc-Rezeptoren, die IgE erkennen, binden, jedoch anders als die anderer akzessorischer Zellen, freie monomere Antikörper. Wenn das IgE auf der Oberfläche einer Mastzelle durch die Bindung an Antigene aggregiert wird, löst es in den Mastzellen die Freisetzung vasoaktiver Amine aus, die den Blutfluß zu Stellen der Infektion ansteigen lassen und Antikörper und Effektorzellen dorthin locken. Mastzellen befinden sich meist unter epithelialen Oberflächen der Haut, des Verdauungstraktes und der Atemwege. Ihre Aktivierung durch harmlose Substanzen ist verantwortlich für allergische Reaktionen.

Das Komplementsystem und die humorale Immunität

Komplement wurde vor vielen Jahren als ein hitzeempfindlicher Bestandteil des normalen Plasmas entdeckt, der die Opsonisierung von Bakterien durch Antikörper verstärkt und es einigen Antikörpern ermöglicht, Bakterien zu töten. Von dieser Aktivität wurde gesagt, sie komplementiere die antibakterielle Aktivität der Antikörper, daher der Name Komplement für diese Proteine. Das Komplementsystem besteht aus vielen verschiedenen Plasmaproteinen. Eines wird direkt durch gebundene Antikörper aktiviert und löst dann eine Kaskade von Reaktionen aus, von denen jede zur Aktivierung der nächsten Komplementkomponente führt. Einige aktivierte Komplementproteine binden kovalent an Bakterien und opsonisieren sie so für die Aufnahme durch Phagocyten, die **Komplementrezeptoren** tragen. Kleine Fragmente von Komplementproteinen locken dagegen Phagocyten an den Ort der Komplementaktivierung. Die **terminalen Komplementkomponenten** schädigen Bakterien durch Porenbildung in deren Membranen.

Es gibt zwei Möglichkeiten, wie die Effektorfunktionen von Komplement aktiviert werden können (Abb. 8.34). Beim **klassischen Weg** geschieht dies durch eine Antikörperbindung an Antigene. Er ist daher ein Teil der adaptiven humoralen Immunantwort. Der **alternative Weg** kann ausgelöst werden, wenn eine spontan aktivierte Komplementkomponente an die Oberfläche eines Pathogens bindet. Er ist daher ein Teil des angeborenen Immunsystems. Der alternative Weg bildet auch eine Verstärkerschleife des klassischen Weges der Komplementaktivierung, da eine der

8.34 Schematischer Überblick über die Komplementkaskade. Es gibt zwei Wege der Komplementaktivierung, den klassischen, der von Antikörpern ausgelöst wird, und den alternativen, der direkt auf der Pathogenoberfläche beginnt. Sie erzeugen ein wichtiges Enzym, das wiederum die Effektoraktivitäten des Komplements hervorruft. Die drei wichtigsten Folgen der Komplementaktivierung sind die Opsonisierung von Pathogenen, das Anlocken inflammatorischer Zellen und das direkte Abtöten von Pathogenen.

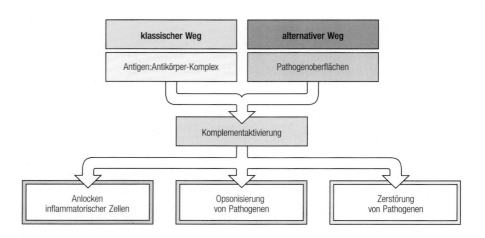

aktivierten Komponenten des klassischen Weges auch den alternativen Weg in Gang setzen kann. Wir werden uns hier auf den klassischen Weg konzentrieren. Den alternativen Weg tangieren wir nur kurz bei der Amplifizierung des klassischen Weges. Wie der alternative Weg initiiert wird, ohne daß gebundene Antikörper vorhanden sind, werden wir in Kapitel 9 bei den angeborenen Mechanismen der Immunität diskutieren.

8.22 Komplement ist ein System von Plasmaproteinen, die mit gebundenen Antikörpern interagieren und bei der Beseitigung von Krankheitserregern helfen

Bei der humoralen Immunanwort aktiviert entweder die Bindung von IgM oder von den meisten IgG-Klassen an ein Pathogen die Komplementkaskade. Diese läßt sich in zwei Abfolgen von Reaktionen unterteilen, die wir als „frühe" und „späte" Ereignisse bezeichnen. Die frühen Vorgänge bestehen aus einer Reihe von proteolytischen Schritten, bei denen ein inaktives Vorläuferprotein gespalten wird. Dabei bildet sich ein großes Fragment, das an die Oberfläche eines Pathogens bindet und an der nächsten Spaltung beteiligt ist, und ein kleines Peptidfragment, das von der Zelle freigesetzt wird und oft die Entzündungsreaktionen bewirkt. Die frühen Vorgänge enden mit der Bildung einer Protease, **C3/C5-Konvertase** genannt, die kovalent an die Pathogenoberfläche gebunden ist und die wichtigsten Effektormoleküle des Komplementsystems erzeugt. Dies sind viele Moleküle eines Opsonins, die kovalent an die Pathogenoberfläche binden, sowie zwei kleine Peptidmediatoren der Entzündung. Die C3/C5-Konvertase initiiert auch die späten Ereignisse der Komplementaktivierung, zu denen eine Reihe von Polymerisierungsreaktionen gehören, bei denen die terminalen Komplementkomponenten sich so zusammenlagern, daß sie einen **membranangreifenden Komplex** bilden, der eine Pore in der Membran des Erregers bildet, was zu dessen Tod führen kann. Die Reaktionen, die durch gebundene Antikörpermoleküle ausgelöst werden, werden als **klassischer Weg** der Komplementaktivierung bezeichnet, da sie zuerst entdeckt wurden. Vermutlich entstand jedoch während der Evolution zuerst der **alternative Weg**, bei dem die frühen Abläufe in Abwesenheit von Antikörpern ausgelöst werden. Beide Wege erzeugen über eine jeweils andere Route eine C3/C5-Konvertase. Die beiden Enzyme sind jedoch homolog und haben dieselbe Aktivität. Die wichtigsten Effektormoleküle und die späten Ereignisse sind daher bei beiden Wegen dieselben.

Die Nomenklatur der Komplementproteine macht es schwer, dieses System zu verstehen. Die folgenden konventionellen Definitionen werden hier benutzt: Alle Komponenten des klassischen Komplementweges werden mit dem Buchstaben C bezeichnet, gefolgt von einer Zahl, und die nativen Komponenten haben simple Zahlenbezeichnungen, zum Beispiel C1 und C3. Unglücklicherweise wurden die Komponenten aufgrund der Reihenfolge ihrer Entdeckung und nicht entsprechend der Abfolge der Reaktionen numeriert, die nun C1, C4, C2, C3, C5, C6, C7, C8 und C9 ist. Die Produkte der Spaltungsreaktionen werden durch zusätzliche Kleinbuchstaben bezeichnet, das größere Fragment durch b und das kleinere durch a. Daher wird zum Beispiel C4 in C4b und C4a geschnitten. Die Komponenten des alternativen Weges werden dagegen nicht numeriert, sondern durch verschiedene Großbuchstaben zum Beispiel B und D gekennzeichnet. Ihre Spaltprodukte erhalten, wie beim klassischen Weg, zusätzlich die Kleinbuchstaben a und b. Das große Fragment von B ist also Bb, das kleine Ba. Aktivierte Komplementkomponenten werden oft mit einer horizontalen Linie gekennzeichnet, zum Beispiel $\overline{C2b}$, aber wir werden diese Konvention nicht verwenden. Man sollte auch wissen, daß das große aktive Fragment von C2 ursprünglich in manchen Publikationen auch heute noch C2a genannt wurde. Hier werden wir jedoch alle großen Fragmente des Komplements mit b bezeichnen, das große C2-Fragment ist also C2b.

Abbildung 8.35 gibt einen Überblick über das Komplementsystem. Die Bildung der C3/C5-Konvertase, die so genannt wird, weil sie die Komplementkomponenten C3 und C5 spezifisch spaltet, führt zu einer schnellen Spaltung vieler C3-Moleküle. Dabei entsteht C3b, das kovalent an die Pathogenoberfläche bindet. Die Spaltung von C3 und die Bindung von vielen C3b-Molekülen an die Pathogenoberfläche ist ein Angelpunkt der Komplementaktivierung. Hier kommen die beiden Wege zusammen, entstehen

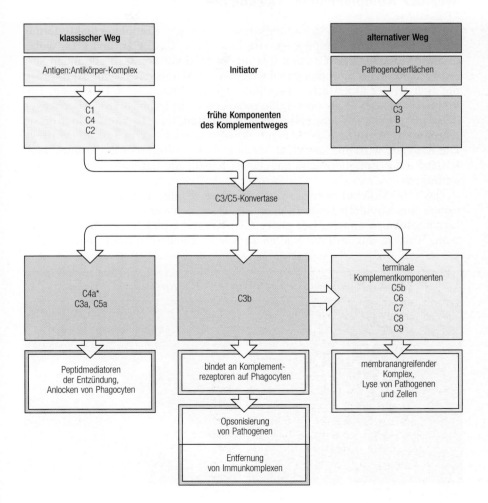

8.35 Überblick über die wichtigsten Komponenten und Auswirkungen des Komplements. Die frühen Vorgänge des klassischen oder antikörperinitiierten und des alternativen Weges umfassen eine Reihe von Spaltungsreaktionen, die zur der Bildung eines Enzyms führen, das man als C3/C5-Konvertase bezeichnet, da sie die C3- und C5-Komplementkomponenten schneidet. An diesem Punkt laufen die beiden Wege zusammen. Hier entstehen auch die Effektorfunktionen des Komplements. Das größere Spaltfragment von C3 (C3b) bindet an die Membran und opsonisiert Bakterien, die dann von Phagocyten aufgenommen werden können. Die kleinen Fragmente von C5 und C3, C5a und C3a, sind Peptidmediatoren der lokalen Entzündung. C4a, das durch die Spaltung von C4 während der frühen Ereignisse des klassischen Weges gebildet wurde (*und nicht durch die C3/C5-Konvertase), ist ebenfalls ein Peptidmediator der Entzündung. Seine Wirkung ist jedoch relativ schwach. Ähnlich ist das große Fragment, C4b, ein schwaches Opsonin (nicht gezeigt). Schließlich bindet C3b an C5, wodurch C5b entsteht und mit der bakteriellen Membran assoziiert. Dies löst die späten Ereignisse aus, bei denen die terminalen Komponenten des Komplements sich zu einem membranangreifenden Komplex zusammenfügen, der die Membran des Pathogens schädigt.

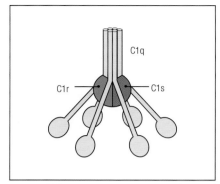

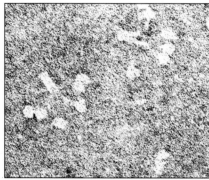

8.36 Das erste Protein des klassischen Weges der Komplementaktivierung ist C1, ein Komplex aus C1q, C1r und C1s. C1q setzt sich aus sechs gleichen Untereinheiten mit globulären Köpfen und langen, kollagenähnlichen Schwänzen zusammen. Die Schwänze binden an je zwei Moleküle von C1r und C1s. Die Köpfe binden an die Fc-Domänen der Immunglobulinmoleküle. (Photo: K. B. M. Reid; × 500000.)

die Haupteffektoraktivitäten des Komplements und beginnen die späten Vorgänge, wobei C3b eine zentrale Rolle spielt. Das gebundene C3b ist das wichtigste Opsonin des Komplementsystems. Es bindet an **Komplementrezeptoren** auf den Phagocyten und erleichtert die Aufnahme des Pathogens. C3b bindet auch C5, so daß es von der C3/C5-Konvertase geschnitten werden kann, um so die Bildung des membranangreifenden Komplexes einzuleiten. C5a und C3a lösen lokale Entzündungsreaktionen aus, indem sie Flüssigkeit, Zellen und Proteine an die Stelle der Infektion locken. Schließlich initiiert die Bindung von C3b den alternativen Weg und verstärkt so die Komplementaktivierung.

Es ist klar, daß ein Stoffwechselweg, der solche starken inflammatorischen und zerstörerischen Auswirkungen hat und außerdem einen eingebauten Amplifizierungsschritt enthält, potentiell gefährlich ist und genau reguliert werden muß. Eine wichtige Vorsichtsmaßnahme besteht darin, daß die aktivierten Schlüsselkomponenten schnell inaktiviert werden, falls sie nicht an die Pathogenoberfläche, durch die sie aktiviert wurden, binden. Außerdem gibt es auf dem Weg verschiedene Punkte, an denen regulatorische Proteine auf die Komplementkomponenten einwirken, um die unbeabsichtigte Aktivierung von Komplement auf Wirtszellen und so deren Schädigung zu verhindern. Wir werden am Ende dieses Kapitels auf diese regulatorischen Mechanismen zurückkommen.

8.23 Das C1q-Molekül assoziiert mit aggregiertem IgG oder gebundenen IgM-Antikörpermolekülen und löst den klassischen Weg der Komplementaktivierung aus

Die erste Komponente des klassischen Weges der Komplementaktivierung ist C1. Das ist ein Komplex aus drei Proteinen, C1q, C1r, und C1s, wobei je zwei Moleküle von C1r und C1s an ein Molekül von C1q gebunden sind (Abb. 8.36). Die Komplementaktivierung wird initiiert, wenn Antikörper, die sich an der Oberfläche eines Pathogens befinden, an C1q binden. Das können entweder IgM- oder IgG-Antikörper sein (Abb. 8.18). Aber wegen der strukturellen Erfordernisse für eine Bindung an C1q kann keiner dieser Antikörpertypen das Komplement aktivieren, wenn er in Lösung vorliegt. Die Kaskade wird nur ausgelöst, wenn sich die Antikörper an multiple Stellen auf einer Zelloberfläche angelagert haben, normalerweise an die eines Pathogens.

Das C1q-Molekül besitzt sechs globuläre Köpfe, die mit einem gemeinsamen Stamm durch lange filamentöse Domänen verbunden sind, die Kollagenmolekülen ähneln. Der ganze C1q-Komplex gleicht einem Strauß von sechs Tulpen, die an ihren Stielen zusammengehalten werden. Jeder globu-

8.37 Die zwei Konformationen von IgM. Das linke Bild zeigt die planare Konformation von löslichem IgM, die rechte die „Krampenform" von IgM, das an eine bakterielle Geißel gebunden ist. (Photos: K. H. Roux; × 760000.)

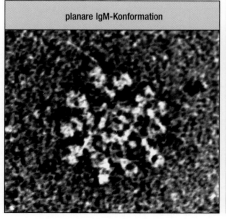

planare IgM-Konformation

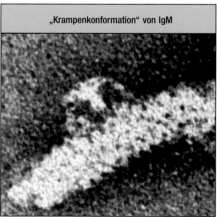

„Krampenkonformation" von IgM

läre Kopf kann an eine Fc-Domäne binden. Die Bindung von zwei oder mehr globulären Köpfen aktiviert das C1q-Molekül. Im Plasma besitzt das pentamere IgM-Molekül eine planare Konformation, die nicht mit C1q reagiert (Abb. 8.37, linkes Bild). Die Bindung an die Oberfläche eines Pathogens verformt das IgM-Pentamer, so daß es wie eine Krampe aussieht (Abb. 8.37, rechtes Bild). Diese Verbiegung gibt Bindungsstellen für die C1q-Köpfe frei. C1q bindet mit geringer Affinität an einige Subklassen von IgG in Lösung, aber die Bindungsenergie, die für eine C1q-Aktivierung erforderlich ist, wird nur erreicht, wenn C1q an zwei oder mehr IgG-Moleküle binden kann, die auf einer Pathogenoberfläche zusammengelagert sind. Die einzelnen IgG-Monomere dürfen nur 30 bis 40 nm auseinanderliegen, um an die Köpfe von einem einzigen C1q-Molekül zu binden, und dies erfordert die Bindung vieler IgG-Moleküle an ein einziges Pathogen nach dem Zufallsprinzip. Aus diesem Grund aktiviert IgM Komplement weitaus effektiver als IgG.

Das Anheften von C1q an ein einziges gebundenes IgM-Molekül oder an zwei oder mehr IgG-Moleküle führt zur Aktivierung einer enzymatischen Aktivität in C1r. Die aktive Form von C1r schneidet dann sein assoziiertes

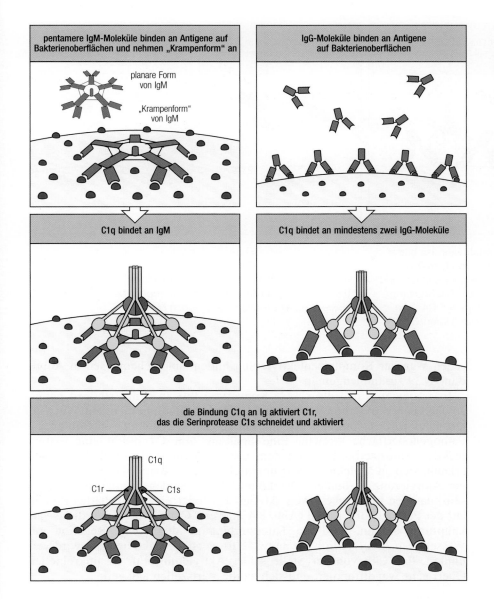

8.38 Der klassische Weg der Komplementaktivierung wird durch die Bindung von C1q an Antikörper auf der Bakterienoberfläche initiiert. Ein Molekül von IgM durch die Bindung an verschiedene identische Epitope auf einer Pathogenoberfläche in die „Krampenkonformation" gebogen, oder aber multiple Moleküle von IgG ermöglichen den globulären Köpfen von C1q, an ein Fc-Fragment oder mehrere auf der Pathogenoberfläche zu binden. Die Bindung von C1q aktiviert das assoziierte C1r, das ein aktives Enzym wird und das Proenzym C1s schneidet, eine Serinprotease, welche die klassische Komplementkaskade auslöst.

pentamere IgM-Moleküle binden an Antigene auf Bakterienoberflächen und nehmen „Krampenform" an

planare Form von IgM

„Krampenform" von IgM

IgG-Moleküle binden an Antigene auf Bakterienoberflächen

C1q bindet an IgM

C1q bindet an mindestens zwei IgG-Moleküle

die Bindung C1q an Ig aktiviert C1r, das die Serinprotease C1s schneidet und aktiviert

C1q

C1r — C1s

C1s, wodurch eine aktive Serinprotease entsteht (Abb. 8.38). Die Aktivierung von C1s vollendet den ersten Schritt des klassischen Weges der Komplementaktivierung.

8.24 Der klassische Weg der Komplementaktivierung erzeugt eine C3/C5-Konvertase, die an die Pathogenoberfläche gebunden ist

Wenn ein gebundener Antikörper erst einmal C1s aktiviert hat, so wirkt das C1s-Enzym auf die nächsten beiden Komponenten des klassischen Weges ein. Zuerst schneidet es das Plasmaprotein C4. Es entsteht C4b, das kovalent an die Oberfläche des Pathogens bindet. Dann reagiert es mit einem C2-Molekül, wodurch dieses wiederum für die proteolytische Aktivierung durch C1s zugänglich wird. So entsteht das große C2b-Fragment, das selbst eine Serinprotease ist. Der Komplex aus C4b und der aktiven Serinprotease C2b ist die oberflächengebundene C3/C5-Konvertase des klassischen Weges. Ihre wichtigste Aufgabe ist die Spaltung vieler C3-Moleküle in C3b, das an die Pathogenoberfläche bindet, und C3a, das eine lokale entzündliche Antwort initiiert. Diese Reaktionen, die zusammen den klassi-

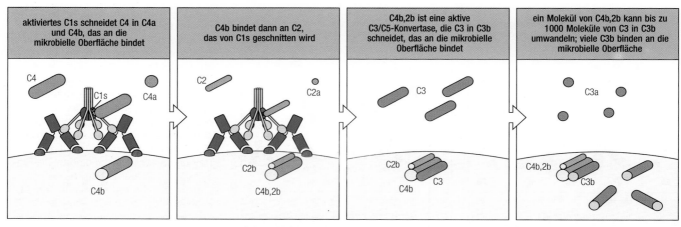

8.39 Der klassische Weg der Komplementaktivierung bildet eine C3/C5-Konvertase, die große Mengen von C3b-Molekülen auf dem Pathogen ablädt. Die Schritte der Reaktion sind hier kurz angegeben und im Text genau erläutert. Die Spaltung von C4 durch C1s exponiert eine reaktive Guppe auf C4b, die dann kovalent an die Pathogenoberfläche binden kann. C4b bindet an C2, so daß dieses dann durch C1s gespalten werden kann. Das größere C2b-Fragment ist die aktive Proteasekomponente der C3/C5-Konvertase, die viele Moleküle von C3 schneidet und so C3b bildet, das an die Pathogenoberfläche bindet, sowie C3a, einen inflammatorischen Mediator.

schen Weg der Komplementaktivierung bilden, sind schematisch in Abbildung 8.39 zusammengefaßt.

Es ist wichtig, daß die C3/C5-Konvertase fest an dem Pathogen haftet, so daß eine Aktivierung von C3 und C5 dort erfolgt und nicht auf Wirtszellen. Dies wird hauptsächlich durch die kovalente Bindung von C4b an die Pathogenoberfläche erreicht. Eine Spaltung von C4 macht eine extrem reaktive Thioesterbindung auf dem C4b-Molekül zugänglich, die es ihm erlaubt, sich an Moleküle in der unmittelbaren Nachbarschaft der Stelle seiner Aktivierung zu binden. Das könnte das gebundene Antikörpermolekül sein, das den klassischen Weg aktiviert hat, oder ein benachbartes Protein auf der Pathogenoberfläche (Abb. 8.40). Wenn C4b nicht schnell diese Verknüpfung aufbaut, wird die Thioesterbindung durch eine Reaktion mit Wasser gespalten (Hydrolyse) und C4b irreversibel inaktiviert. So wird verhindert, daß C4b von der Stelle seiner Aktivierung auf der mikrobiellen Oberfläche wegdiffundiert und sich an die Wirtszellen anlagert.

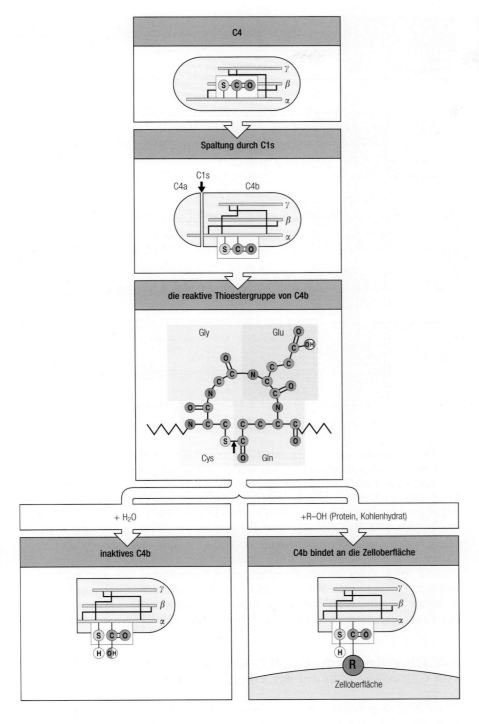

8.40 Die Spaltung von C4 macht eine aktive Thioesterbindung zugänglich, mit der das große Fragment, C4b, kovalent an naheliegende Moleküle auf der bakteriellen Oberfläche bindet. Ein intaktes C4 besteht aus einer α-, einer β- und einer γ-Kette mit einer abgeschirmten Thioesterbindung an der α-Kette, die zugänglich wird, wenn die α-Kette durch C1s geschnitten wird und C4b entsteht. Die Thioesterbindung (Pfeil) wird durch Wasser schnell hydrolysiert, wobei C4b inaktiviert wird, wenn sie nicht mit Hydroxyl- oder Aminogruppen reagiert und eine kovalente Bindung mit Molekülen auf der Pathogenoberfläche bildet. Das homologe Protein C3 besitzt eine identische reaktive Thioesterbindung, die ebenfalls auf dem C3b-Fragment exponiert wird, wenn C3 von C2b geschnitten wird. Die kovalente Anlagerung von C3b und C4b ermöglicht es diesen Molekülen als Opsonine zu wirken. Sie trägt auch entscheidend dazu bei, die Komplementaktivierung auf die Pathogenoberfläche zu beschränken.

C2 kann von C1s nur gespalten werden, wenn es an C4b gebunden ist. Die C2b-Serinprotease ist hierdurch ebenfalls auf die Pathogenoberfläche beschränkt, wo sie mit C4b assoziiert bleibt und die enzymatische Aktivität der C3/C5-Konvertase des klassischen Weges zur Verfügung stellt. Die Aktivierung von C3- und C5-Molekülen erfolgt daher ebenfalls an der Oberfläche des Pathogens. C3b, das Produkt der C3-Spaltung, bildet kovalent durch denselben Mechanismus wie C4b eine Bindung, wie wir weiter unten sehen werden. Die Proteine des klassischen Weges der Komplementaktivierung und ihre aktiven Formen sind in Abbildung 8.41 aufgeführt.

8.41 Die Proteine des klassischen Weges der Komplementaktivierung.

Proteine des klassischen Weges der Komplementaktivierung		
native Komponenten	**aktive Form**	**Funktion der aktiven Form**
C1 (C1q: C1r$_2$:C1s$_2$)	C1q	bindet an antigengebundenen Antikörper, aktiviert C1r
	C1r	wandelt C1s in aktive Protease um
	C1s	schneidet C4 und C2
C4	C4b	kovalente Bindung an Pathogen, opsonisiert es; bindet C2 für Spaltung durch C1s
	C4a	Peptidmediator der Entzündung (schwach)
C2	C2b	aktives Enzym der C3/C5-Konvertase des klassischen Weges: schneidet C3 und C5
	C2a	unbekannt
C3	C3b	viele Moleküle binden an die Pathogenoberfläche und wirken als Opsonin; initiiert Verstärkung über den alternativen Weg; bindet C5 für Spaltung durch C2b
	C3a	Peptidmediator der Entzündung (mittel)

funktionelle Proteinklassen des Komplementsystems	
Bindung an Antigen:Antikörper-Komplexe	C1q
aktivierende Enzyme	C1r C1s C2b Bb D
membranbindende Proteine und Opsonine	C4b C3b
Peptidmediatoren der Entzündung	C5a C3a C4a
membranangreifende Proteine	C5b C6 C7 C8 C9
Komplementrezeptoren	CR1 CR2 CR3 CR4 C1qR
komplementregulierende Proteine	C1 INH C4bp CR1 MCP DAF H P CD59

8.42 Funktionelle Proteinklassen des Komplementsystems.

Mit Ausnahme der terminalen Komplementkomponenten, die den membranangreifenden Komplex bilden, haben wir nun Repräsentanten von jeder der fünf funktionellen Hauptgruppen aktiver Komplementproteine kennengelernt. Das sind die antikörperbindenden Proteine, von denen C1q das einzige Mitglied ist; aktivierende Proteasen; membranbindende Proteine, die Proteasen binden und als Opsonine wirken; und kleine inflammotorische Peptide. Diese funktionellen Proteinklassen sind in Abbildung 8.42 zusammengefaßt. Dort sind die Proteine aller Klassen aufgelistet, einschließlich der des alternativen Weges des membranangreifenden Komplexes, den wir noch nicht behandelt haben. Der Vollständigkeit halber sind auch die Komplementrezeptoren und die regulatorischen Komplementproteine angegeben, die Teil des Komplementsystems sind und ebenfalls später diskutiert werden.

8.25 Die zellgebundene C3/C5-Konvertase lagert große Mengen von C3b-Molekülen auf der Oberfläche des Pathogens ab

Die C3/C5-Konvertase des klassischen Weges besteht aus dem C4b,2b-Komplex und schneidet C3 in C3b und C3a. C3 ist strukturell und funktionell homolog zu C4. C3b hat, wie C4b, eine reaktive Thioesterbindung, die durch die Spaltung exponiert wird. Dadurch kann C3b kovalent an benachbarte Moleküle auf der Pathogenoberfläche binden, andernfalls wird es durch Hydrolyse inaktiviert. C3 ist das häufigste Komplementprotein im Plasma. Bis zu 1000 Moleküle von C3b können in der Nähe einer einzigen aktiven C3/C5-Konvertase binden (Abb. 8.39). Daher ist die wichtigste Auswirkung der Komplementaktivierung die Deponierung von großen Mengen an C3b auf der Oberfläche des auslösenden Erregers. So bildet sich eine kovalent verknüpfte Hülle, die, wie wir sehen werden, das Signal für die endgültige Zerstörung des Pathogens durch Phagocyten geben kann.

C3b bindet anschließend wiederum C5, so daß dieses dann durch die Serinprotease C2b gespalten werden kann. Diese Reaktion unterliegt viel stärkeren Beschränkungen als die Spaltung von C3, da C5 nur geschnitten werden kann, wenn es sich mit C3b in der Nachbarschaft des C3/C5-Konvertase-Komplexes assoziiert. Das Ergebnis der frühen Vorgänge der Komplementaktivierung des klassischen Weges ist daher die Bindung vieler C3b-Moleküle an die Oberfläche des Pathogens unter Bildung einer begrenzteren Zahl von C5b-Molekülen sowie die Freisetzung von C3a und C5a.

Die vielen C3b-Moleküle, die auf der Pathogenoberfläche abgelagert wurden, können von **Komplementrezeptoren** auf phagocytischen Zellen erkannt werden, die so stimuliert werden, das Pathogen zu verschlingen. Die Peptide C4a, C3a und besonders C5a sind starke lokale Entzündungsmediatoren. Schließlich führt die Entstehung von C5b als Ergebnis der Aktivierung des klassischen Komplementweges zur Bildung des membranangreifenden Komplexes. Bevor wir diese Effektorfunktionen des Komplements genauer besprechen, wollen wir betrachten, wie gebundenes C3b die Effekte des klassischen Weges verstärken kann, indem es die Aktivierung des alternativen Weges auslöst.

8.26 Gebundenes C3b setzt den alternativen Weg der Komplementaktivierung in Gang und verstärkt so die Effekte des klassischen Weges

Abgesehen von dem auslösenden Schritt entsprechen die Abläufe des alternativen Weges der Komplementaktivierung genau denen des klassischen Weges. Homologe aktivierte Komponenten sind daran beteiligt. In beiden Fällen wird also ein großes aktives Fragment auf der Oberfläche des Pathogens deponiert, wo es eine zweite Komponente bindet und sie für eine Spaltung durch eine aktivierende Protease vorbereitet. Dadurch wird der aktive Proteasebestandteil der entstandenen C3/C5-Konvertase gebildet (Abb. 8.43). Beim klassischen Weg ist das kovalent gebundene Fragment C4b, das bei der Spaltung von C4 durch aktiviertes C1s entstanden ist. Beim alternativen Weg ist es C3b, und der alternative Weg kann durch die kovalente Bindung von C3b an die Pathogenoberfläche aktiviert werden.

Wir haben bereits gesehen, daß C3b strukturell und funktionell homolog zu C4b ist, dem ersten aktiven Fragment, das bei dem klassischen Weg an die Pathogenoberfläche bindet. Im zweiten Schritt des alternativen Weges bindet C3b an den Faktor B, der strukturell und funktionell C2 entspricht.

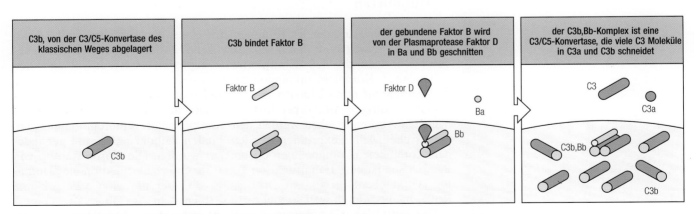

8.43 Der alternative Weg der Komplementaktivierung kann den klassischen verstärken, indem er mehr C3b-Moleküle auf dem Pathogen ablagert. C3b, das durch den klassischen Weg angelagert wurde, kann Faktor B binden. Danach kann dieser von Faktor D geschnitten werden. Der C3b,Bb-Komplex ist die C3/C5-Konvertase des alternativen Weges der Komplementaktivierung. Ihre Tätigkeit führt, ähnlich wie die von C4b,2b, zur Deponierung vieler C3b-Molekülen auf der Pathogenoberfläche.

8.44 Die Proteine des alternativen
Weges der Komplementaktivierung.

Proteine des alternativen Weges der Komplementaktivierung		
native Komponenten	aktive Fragmente	Funktion
C3	C3b	bindet an Pathogenoberfläche, bindet B für die Spaltung durch D, C3,Bb ist eine C3/C5-Konvertase
Faktor B (B)	Ba	kleines Fragment von B, unbekannte Funktion
	Bb	Bb ist das aktive Enzym der C3/C5-Konvertase C3b,Bb
Faktor D (D)	D	Plasmaserinprotease, schneidet B, wenn es an C3b gebunden ist, in Ba und Bb

Die Bindung von Faktor B an C3b macht ihn zugänglich für die Spaltung durch den Plasmaproteasefaktor D. Sie ergibt ein kleines Fragment Ba und eine aktive Protease Bb, die an C3b gebunden bleibt. So entsteht der C3b,Bb-Komplex. Dies ist die C3/C5-Konvertase des alternativen Weges der Komplementaktivierung. Man beachte, daß C3b,Bb das exakte strukturelle und funktionelle Homolog zu C4b,2b ist, der C3/C5-Konvertase des klassischen Weges, und daß die homologen Komponenten C2 des klassischen und Faktor B des alternativen Weges von benachbarten Genen in der Klasse-III-Region des MHC codiert werden (Abb. 4.16). Die Komponenten des alternativen Weges der Komplementaktivierung sind in Abbildung 8.44 zusammengefaßt.

Die C3/C5-Konvertase des alternativen kann, wie die des klassischen Weges, viele C3-Moleküle schneiden und somit noch mehr aktive C3b-Moleküle auf der Oberfläche des Pathogens bilden (Abb. 8.43). Sie erzeugt auch C5b. Das Endergebnis der Aktivierung des klassischen Weges und seiner Verstärkung durch den alternativen Weg ist die schnelle Sättigung der Oberfläche eines Pathogens mit C3b und die Bildung von C5b unter Freisetzung der kleinen inflammatorischen Mediatoren C3a und C5a. Wir kehren jetzt zurück zu den Effektoraktionen, die von C3b in die Wege geleitet werden.

8.27 Einige Komplementkomponenten binden an spezifische Rezeptoren auf Phagocyten und helfen dabei, ihre Aktivierung zu stimulieren

Die wichtigste Aufgabe des Komplements ist es, die Aufnahme und Zerstörung von Pathogenen durch phagocytische Zellen zu erleichtern. Dies geschieht dadurch, daß **Komplementrezeptoren (CR)** auf Phagocyten gebundene Komplementkomponenten spezifisch erkennen. Ähnliche Rezeptoren auf roten Blutkörperchen spielen eine Rolle bei der Entfernung löslicher Antigen:Antikörper-Komplexe aus dem Kreislauf, wie wir im nächsten Abschnitt sehen werden. Die Komplementrezeptoren, die auf phagocytischen Zellen exprimiert werden, binden Pathogene, die mit gebundenen Komplementkomponenten opsonisiert wurden. Die Opsonisierung von Pathogenen ist eine Hauptfunktion von C3b. C4b, sein funktionelles Homolog, wirkt ebenfalls als ein Opsonin, spielt aber nur eine relativ kleine Rolle, hauptsächlich weil so viel mehr C3b entsteht als C4b.

Die fünf bekannten Rezeptortypen für gebundene Komplementkomponenten sind mit ihrer Funktion und Verteilung in Abbildung 8.45 aufgeführt. Am besten ist der C3b-Rezeptor CR1 charakterisiert. CR1 wird sowohl auf Makrophagen als auch auf polymorphkernigen Leukocyten

Rezeptor	Spezifität	Funktionen	Zelltypen
CR1	C3b, C4b	C3b- und C4b-Zerfall, stimuliert die Phagocytose; Erythrocytentransport von Immunkomplexen	Erythrocyten, Makrophagen, Monocyten, polymorphkernige Leukocyten, B-Zellen
CR2	C3d, C3dg, iC3b Epstein-Barr-Virus	Teil des B-Zell-Corezeptors, Epstein-Barr-Virus-Rezeptor	B-Zellen
CR3 (CD11b/CD18)	iC3b	stimuliert die Phagocytose	Makrophagen, Monocyten, polymorphkernige Leukocyten
CR4 (gp150, 95) (CD11c/CD18)	iC3b	stimuliert die Phagocytose	Makrophagen, Monocyten, polymorphkernige Leukocyten
C1q-Rezeptor	C1q (Kollagen-region)	Bindung von Immunkomplexen an Phagocyten	B-Zellen, Makrophagen, Monocyten, Blutplättchen, Endothel-Zellen

8.45 Verteilung und Funktion von Rezeptoren für Komplementproteine auf der Oberfläche von Zellen. Es gibt mehrere verschiedene Rezeptoren, die für unterschiedliche Komplementkomponenten spezifisch sind. CR1 und CR3 sind besonders wichtig für die Induktion der Phagocytose von Bakterien, die Komplementkomponenten tragen. CR1 spielt auf Erythocyten auch eine wichtige Rolle bei der Entfernung von Immunkomplexen aus dem Kreislauf. CR2 wird hauptsächlich auf B-Zellen gefunden, wo es auch der Rezeptor ist, über den das Epstein-Barr-Virus selektiv B-Zellen infiziert und so eine infektiöse Mononucleose auslöst.

exprimiert. Er bindet an C3b und verstärkt die Phagocytose und die antimikrobielle Aktivität, die durch die Bindung von IgG an den Fcγ-Rezeptor ausgelöst werden (Abb. 8.46). C3b allein kann über CR1 keine Phagocytose stimulieren. Es kann jedoch, gebunden an einen Mikroorganismus, ohne IgG in einem Makrophagen die Phagocytose induzieren, der schon durch andere Signale aktiviert worden ist, zum Beispiel durch das Cytokin Interferon-γ aus T-Zellen. Das kleine Komplementfragment C5a kann ebenfalls allein Makrophagen dazu aktivieren, Bakterien zu verdauen, die mit Komplement bedeckt sind. Dies ist besonders bei Pathogenen wichtig, die mit Komplement und IgM umhüllt sind, da Phagocyten keine Fc-Rezeptoren für IgM haben (Abb. 8.47). Einen weiteren Beitrag zur Aktivierung kann die Bindung des Phagocyten an extrazelluläre matrixassoziierte Proteine, wie Fibronectin, leisten. Darauf treffen Phagocyten, wenn sie in Bindegewebe gelockt und dort aktiviert werden.

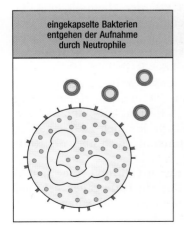
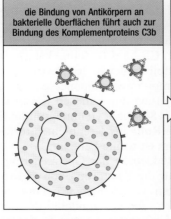
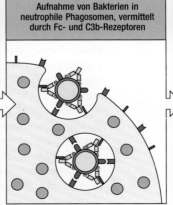
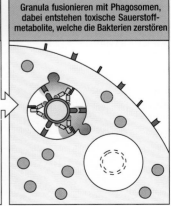

eingekapselte Bakterien entgehen der Aufnahme durch Neutrophile

die Bindung von Antikörpern an bakterielle Oberflächen führt auch zur Bindung des Komplementproteins C3b

Aufnahme von Bakterien in neutrophile Phagosomen, vermittelt durch Fc- und C3b-Rezeptoren

Granula fusionieren mit Phagosomen, dabei entstehen toxische Sauerstoffmetabolite, welche die Bakterien zerstören

8.46 Eingekapselte Bakterien werden von Phagocyten effektiver aufgenommen, wenn sie mit Komplement umhüllt sind. Die hier abgebildeten Phagocyten sind polymorphkernige neutrophile Leukocyten (Neutrophile). Makrophagen tragen ebenfalls Komplementrezeptoren, die auf dieselbe Weise wirken. Hier bindet der Neutrohile das Bakterium sowohl über Fc-Rezeptoren als auch über Komplementrezeptoren, die bei der Auflösung der Pathogenaufnahme und der Neutrophilenaktivierung zusammenwirken.

8.47 Komplementrezeptoren benötigen zusätzliche aktivierende Signale, um an der Phagocytose teilzunehmen.
Fc-Rezeptoren und Komplementrezeptoren wirken bei der Phagocytoseinduktion zusammen. Bakterien, die mit IgG-Antikörpern und Komplement bedeckt sind, werden daher schneller aufgenommen, als solche die nur mit IgG umhüllt sind (obere Reihe). Doch wenn Bakterien mit IgM-Antikörpern und Komplement bedeckt sind, können sie nur verschlungen werden, wenn der Phagocyt voraktiviert wurde, zum Beispiel durch T-Zellen oder durch C5a, da Phagocyten keine Fc-Rezeptoren für IgM haben (untere Reihe).

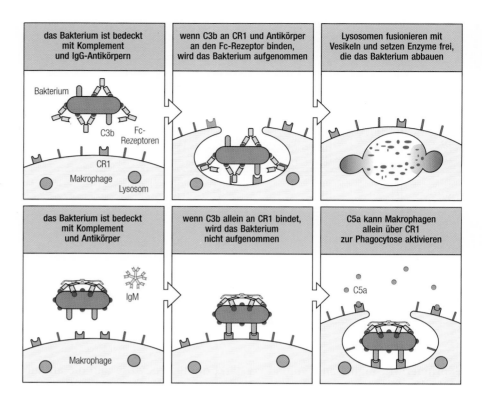

Drei andere Komplementrezeptoren, CR2, CR3 und CR4, binden an inaktive Formen von C3b, die an der Pathogenoberfläche angeheftet bleiben. Wie verschiedene andere Schlüsselkomponenten des Komplements, kann C3b durch einen regulatorischen Mechanismus in inaktive Derivate gespalten werden (siehe unten). Eines davon ist iC3b. Es bleibt am Pathogen haften und wirkt als eigenständiges Opsonin, wenn es vom Komplementrezeptor CR3 gebunden wird. Anders als die Bindung von C3b an CR1, reicht die Assoziierung von iC3b mit CR3 aus, um die Phagocytose zu stimulieren.

Über die Rolle des Komplementrezptors CR2, der ebenfalls inaktive Fragmente von C3b erkennt, weiß man viel weniger. CR2 wird auf B-Lymphocyten exprimiert und macht die Zellen für das **Epstein-Barr-Virus (EBV)** anfällig, das spezifisch an CR2 bindet und die **infektiöse Mononucleose** verursacht. CR2 auf B-Zellen hat als Teil des B-Zell-CD19-Corezeptorkomplexes Anteil an der B-Zell-Aktivierung durch Antigene. Möglicherweise leisten Komplementkomponenten, die an CD2 binden, einen Beitrag zur B-Zell-Aktivierung durch diesen Komplex. CR3 und CR4 sind Mitglieder der CD11/CD18-Leukocytenintegrinfamilie, zu der auch LFA-1 gehört. Sowohl über ihre Rolle als Komplementrezeptoren als auch über die Rolle des C1q-Rezeptors ist wenig bekannt.

Die zentrale Bedeutung der Opsonisierung durch C3b und seine inaktiven Fragmente für die Zerstörung von extrazellulären Pathogenen geht aus den Auswirkungen verschiedener Komplementmangelkrankheiten hervor. Während Personen, denen irgendeine der späten Komponenten des Komplementsystems fehlt, relativ wenig beeinträchtigt sind, zeigen diejenigen, denen C3 fehlt oder Moleküle, die die C3b-Ablagerung katalysieren, eine erhöhte Anfälligkeit für Infektionen mit vielen extrazellulären Bakterien, wie wir in Kapitel 10 sehen werden.

8.28 Komplementrezeptoren sind wichtig für die Entfernung von Immunkomplexen aus dem Kreislauf

Viele kleine lösliche Antigene bilden Antigen:Antikörper-Komplexe, die für eine Bindung an Fcγ-Rezeptoren zu wenig IgG-Moleküle enthalten. Dazu gehören Toxine, an die neutralisierende Antikörper gebunden sind, und Reste von toten Mikroorganismen. Solche **Immunkomplexe** findet man nach den meisten Antikörperantworten. Mit Hilfe von Komplement und dem Komplementrezeptorsystem werden sie aus dem Kreislauf entfernt. Besonders größere Aggregate aus partikulären Antigenen und Antikörpern können durch die Aktivierung des klassischen Komplementweges in Lösung gebracht und dann durch Bindung an Komplementrezeptoren entfernt werden.

Diese löslichen Immunkomplexe können Komplement direkt aktivieren. Die aktivierten Komponenten C4b und C3b binden dann kovalent an den Immunkomplex, der anschließend aus dem Kreislauf entfernt wird, indem C4b und C3b sich an CR1 auf der Oberfläche von Erythrocyten anlagern. Diese transportieren die gebundenen Komplexe aus Antigen, Antikörper und Komplement zur Leber und zur Milz. Hier entfernen Makrophagen die Komplexe von der Erythrocytenoberfläche, ohne die Erythrocyten zu zerstören, und bauen dann die Immunkomplexe ab.

Immunkomplexe, die nicht entfernt werden, lagern sich gewöhnlich in Basalmembranen kleiner Blutgefäße ab, vor allem in denen des Glomerulus der Niere, wo das Blut zur Urinbildung gefiltert wird. Immunkomplexe, die die Basalmembran des Glomerulus passieren, binden an CR1 auf den Nierenpodocyten, die unter der Basalmembran liegen. Welche Funktion diese Rezeptoren haben, ist unbekannt. Sie spielen jedoch eine wichtige Rolle bei den Krankheitsbildern mancher Autoimmunkrankheiten. Beim systemischen Lupus erythematodes, einer Autoimmunkrankheit, die wir in Kapitel 11 besprechen, verursachen extrem hohe Spiegel an zirkulierenden Immunkomplexen riesige Ablagerungen von Antigenen, Antikörpern und Komplement auf den Podocyten, wodurch der Glomerulus geschädigt wird. Ein Nierenversagen ist die Hauptgefahr bei dieser Krankheit. Bei Patienten mit einem Mangel an frühen Komplementkomponenten können Immunkomplexe ebenfalls ein Krankheitsbild verursachen. Solche Patienten können Immunkomplexe nicht effektiv beseitigen, und sie leiden auf ähnliche Weise an Gewebe- und besonders Nierenschäden.

8.29 Kleine Peptidfragmente, die während der Komplementaktivierung freigesetzt wurden, lösen eine lokale Antwort auf eine Infektion aus

Viele Moleküle, die während der Immunantworten freigesetzt werden, induzieren eine lokale Entzündungsreaktion. Wir haben schon früher in diesem Kapitel gesehen, wie Mastzellen dazu veranlaßt werden können, lokale inflammatorische Mediatoren freizusetzen, und wir werden in Kapitel 9 sehen, daß ähnliche Reaktionen bei aktivierten Makrophagen hervorgerufen werden können. Die kleinen Komplementfragmente C3a, C4a und C5a wirken auf bisher kaum charakterisierte Rezeptoren ein und rufen ähnliche lokale inflammatorische Antworten hervor. Daher werden sie oft als **Anaphylatoxine** bezeichnet (Anaphylaxe ist eine akute systemische Entzündungsantwort). Von den dreien ist C5a am stabilsten und besitzt die höchste spezifische biologische Aktivität. Alle drei induzieren Kontraktionen der glatten Muskulatur und erhöhen die Gefäßdurchlässigkeit. C5a kann Mastzellen zur Freisetzung von Mediatoren mit den gleichen Auswirkungen aktivieren. Diese Veränderungen locken Antikörper, Komplement und phagocytische Zellen zum Ort einer Infektion. Die vermehrte Flüssigkeit im Gewebe beschleunigt die Bewegung der Pathogene zu den lokalen Lymphknoten. Dies trägt zur schnellen Auslösung der adaptiven Immunantwort bei.

C5a wirkt auch direkt auf Neutrophile und Monocyten und verstärkt so ihre Anheftung an Gefäßwände, ihre Wanderung zu Stellen mit Antigenablagerungen und ihre Fähigkeit, Partikel aufzunehmen. Außerdem steigt dadurch die Expression von CR1 und CR3 auf der Oberfläche dieser Zellen. So wirken C5 und, weniger ausgeprägt, C3a und C4a mit anderen Komplementkomponenten zusammen, um die Zerstörung von Pathogenen durch Phagocyten zu beschleunigen (Abb. 8.48).

8.30 Die terminalen Komplementproteine polymerisieren und bilden Poren in den Membranen, die die Pathogene töten

Der dramatischste Effekt der Komplementaktivierung besteht in der Zusammenlagerung der terminalen Komplementkomponenten (Abb. 8.49), so daß ein membranangreifender Komplex entsteht. Die Reaktionen, die zur Bildung dieses Komplexes führen, sind in Abbildung 8.50 schematisch aufgeführt. Das Endergebnis ist ein membranangreifender Komplex oder Poren in den Lipiddoppelschichtmembranen. So wird die Integrität der Membran zerstört. Vermutlich tötet dies den Erreger, indem der Protonengradient über die Pathogenmembran zerstört wird.

8.48 Kleine Komplementfragmente, besonders C5a, können lokale Entzündungsreaktionen induzieren. Die kleinen Komplementfragmente sind unterschiedlich aktiv, C5a mehr als C3a, C4a am wenigsten. Sie führen zu lokalen inflammatorischen Antworten, indem sie direkt auf lokale Blutgefäße einwirken. C5a wirkt außerdem indirekt, indem es Mastzellen aktiviert. Wie bei der Mastzellaktivierung durch IgE verursachen die kleinen Komplementfragmente eine Verstärkung der lokalen Durchblutung, eine erhöhte Bindung von Phagocyten an lokale Endothelzellen sowie eine Zunahme der Gefäßdurchlässigkeit, was zu einer Flüssigkeits-, Protein- und Zellansammlung im lokalen Gewebe führt. Die Flüssigkeit erhöht die lymphatische Drainage, wodurch Antigene zu den lokalen Lymphknoten gebracht werden. Die Antikörper, Zellen und Komplement, die so angelockt wurden, tragen zur Beseitigung der Pathogene durch eine verstärkte Phagocytose bei. Die kleineren Komplementfragmente erhöhen die Aktivität der Phagocyten auch direkt.

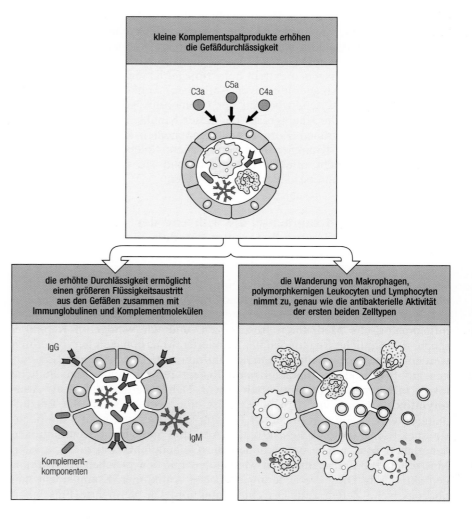

Der erste Schritt bei der Bildung des membranangreifenden Komplexes ist die Bindung eines C6-Moleküls an ein Molekül des aktivierten Fragmentes C5b. Der C5b,6-Komplex lagert sich dann an ein Molekül von C7 an. Diese Reaktion führt zu einer Konformationsänderung bei den beteiligten Molekülen, wobei eine hydrophobe Stelle auf C7 zugänglich wird. Diese hydrophobe Domäne von C7 schiebt sich in die Lipiddoppelschicht. Hydrophobe Stellen werden auf ähnliche Weise bei den späteren Komponenten C8 und C9 exponiert, wenn sie sich an den Komplex binden, und sie dringen ebenfalls in die Lipiddoppelschicht ein. Der nächste Schritt ist die Anlagerung eines C8-Moleküls an den membranassoziierten C5b,6,7-

die terminalen Komplementkomponenten, die den membranangreifenden Komplex bilden		
natives Protein	aktive Komponente	Funktion
C5	C5a	kleine Peptidmediatoren der Entzündung
	C5b	löst die Bildung des membranangreifenden Komplexes aus
C6	C6	bindet C5b, bildet Anlagerungsstelle für C7
C7	C7	bindet C5b,C6, amphiphiler Komplex schiebt sich in die Lipiddoppelschicht
C8	C8	bindet C5b,6,7, löst die Polymerisierung von C9 aus
C9	C9n	polymerisiert mit C5b,6,7,8, bildet den membrandurchspannenden Kanal, lysiert die Membran

8.49 Die terminalen Komplementkomponenten, die den membranangreifenden Komplex bilden.

Komplex. C8 ist ein Komplex aus zwei Proteinen: β, das an C5b bindet, und α-γ, das in die Lipiddoppelschicht eindringt. Die Bindung von C8β ermöglicht die Anlagerung der α-γ-Komponente. Schließlich induziert C8α-γ die Polymerisierung von zehn bis 16 C9-Molekülen zu der ringförmigen Struktur, die als membranangreifender Komplex bezeichnet wird.

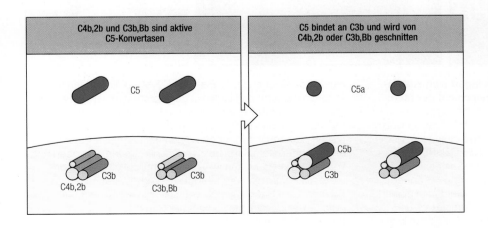

8.50 Die Komplementkomponente C5 wird durch die C3/C5-Konvertase aktiviert, wenn C5 mit C3b einen Komplex bildet. Die Produktion von C5b löst das Zusammenfügen der terminalen Komplementkomponenten zum membranangreifenden Komplex aus.

Der membranangreifende Komplex ist schematisch und elektronenmikroskopisch in Abbildung 8.51 dargestellt. Er besitzt eine hydrophobe äußere Oberfläche, wodurch er mit der Lipiddoppelschicht assoziieren kann, jedoch einen hydrophilen inneren Kanal. Der Durchmesser dieses Kanals beträgt etwa 100 Å. Damit ist das freie Passieren von Lösungen und Wasser durch die Lipiddoppelschicht möglich. Das Durchbrechen der Lipiddoppelschicht führt zum Verlust der zellulären Homöostase, zur Zerstörung des Protonengradienten über die Membran, zum Eindringen von Enzymen, wie Lysozym, in die Zellen und schließlich zur Zerstörung des Pathogens.

Der membranangreifende Komplex gleicht den Perforinporen, die durch cytotoxische T-Zellen und natürliche Killerzellen gebildet werden auf verblüffende Weise. Die Hauptkomponenten dieser beiden Strukturen, C9 und Perforin-1, sind Produkte eng verwandter Gene. Der Durchmesser des inneren Kanals des membranangreifenden Komplexes ist kleiner als der des Perforinringes, der einen inneren Durchmesser von ungefähr 160 Å hat. Die größere Perforinpore mag nötig sein, um den direkten Zugang der Granzyme zum Inneren der Zielzelle zu ermöglichen und damit die Auslösung der Apoptose.

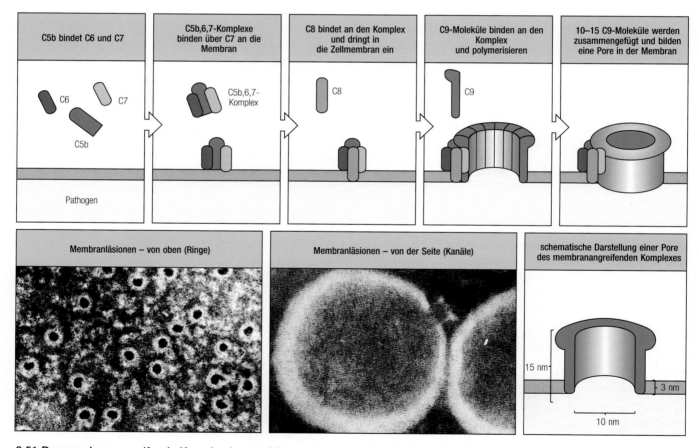

8.51 Der membranangreifende Komplex lagert sich zusammen, so daß eine Pore in der Lipiddoppelschicht der Membran entsteht. Die Abfolge der Schritte und ihr ungefähres Auftreten sind hier in schematischer Form gezeigt. C5, das an C3b gebunden ist, wird von der C4b,2b-Konvertase gespalten, wobei C5b entsteht (beim alternativen Weg spaltet die C3b,Bb-Konvertase). Dieses löst die Zusammenlagerung von je einem C6-, C7- und C8 Molekül, in dieser Reihenfolge aus. C7 und C8 ändern ihre Konformation und hydrophobe Domänen werden exponiert, die dann in die Membran eindringen. Dieser Komplex verursacht selbst eine leichte Membranschädigung. Außerdem induziert er die Polymerisierung von C9, wiederum mit Exposition einer hydrophoben Stelle. Bis zu 16 C9-Moleküle werden dann zusammengefügt und bilden in der Membran einen Kanal von etwa 100 Å Durchmesser. Dieser durchbricht die äußere Bakterienmembran und tötet das Bakterium. Die elektronenmikroskopische Aufnahme zeigt Erythrocytenmembranen mit membranangreifenden Komplexen in zwei Orientierungen, von oben und von der Seite. Bemerkenswert ist die Ähnlichkeit dieser Komplexe mit Poren, die durch Perforin gebildet werden. C9 und Perforin-1, die Hauptkomponenten dieser beiden Membranläsionen, sind Produkte verwandter Gene. (Photos: S. Bhakdi und J. Tranum-Jensen.)

Obwohl die Effekte des membranangreifenden Komplexes sehr dramatisch sind, besonders bei Experimenten, in denen Antikörper gegen Erythrocytenmembranen benutzt wurden, um die Komplementkaskade auszulösen (Abb. 8.51, unten), scheint die Bedeutung dieser Komponenten für die Wirtsverteidigung eher begrenzt zu sein. Bis heute wurde ein Mangel an Komplementkomponenten C5 bis C8 nur mit einer Anfälligkeit für *Neisseria* spp. in Verbindung gebracht. Das ist das Bakterium, das die sexuell übertragbare Krankheit Gonorrhoe verursacht sowie eine verbreitete Form der bakteriellen Meningits. Ein C9-Mangel ist nicht mit einer erkennbaren Infektionsanfälligkeit verbunden. Die opsonisierenden und inflammatorischen Aktionen der früheren Komponenten der Komplementkaskade scheinen daher für die Wirtsverteidigung gegen eine Infektion am wichtigsten zu sein.

8.31 Komplementregulierende Proteine schützen Wirtszellen vor den Auswirkungen der Komplementaktivierung

Wenn die Komplementkomponenten aktiviert werden, binden sie meistens sofort an Moleküle auf der Pathogenoberfläche. Hierdurch bleiben sie auf die Mikrobe beschränkt, die ihre Aktivierung ausgelöst hat. Doch manchmal können aktivierte Komplementkomponenten entwischen und an Wirtszellproteine binden. Außerdem werden im Plasma spontan alle Komponenten des Komplements in geringem Umfang aktiviert. Diese können potentiell alle Zellen zerstören, an die sie binden. Wirtszellen werden vor solch einer unbeabsichtigten Schädigung durch komplementregulierende Proteinen geschützt (Abb. 8.52). Einige dieser Proteine sind mit der Wirtszelloberfläche assoziiert. Ähnliche Proteine schützen die Wirtszellen vor einer zufälligen Auslösung des alternativen Weges der Komplementaktivierung, so daß diese Reaktionen auf die Oberflächen von Pathogenen beschränkt bleiben.

Die Aktivierung von C1 wird durch ein Plasmaprotein kontrolliert, den **C1-Inhibitor (C1INH)**, der an den aktiven Enzymteil von C1 bindet, C1r:C1s. So wird dieser dazu gebracht, von C1q abzudissoziieren, das, gebunden an Antikörper, auf dem Pathogen verbleibt. C1INH dient auch dazu, die Aktivierung von Komplement durch C1 zu verhindern, das gelegentlich spontan im Plasma aktiviert wird. C1INH begrenzt die Zeit, während der aktive C1s C4 und C2 schneiden kann, auf einige wenige Minuten. Seine Bedeutung läßt sich anhand einer C1INH-Mangel-Krankheit, des **erblichen angioneurotischen Ödems**, erkennen. Eine chronische spontane Komplementaktivierung führt hier zur Produktion großer Mengen kleiner Komplementfragmente. Diese verursachen starke Schwellungen. Am gefährlichsten sind lokale Schwellung der Luftröhre, die zu Erstickungen führen können. Diese Krankheit kann durch die Gabe von C1INH vollständig korrigiert werden. Schädigungen, die bei solchen Patienten auf großen aktivierten Fragmenten beruhen, werden durch weitere Kontrollmechanismen verhindert, die auf spätere Komponenten der Kaskade einwirken.

Der erste inaktiviert den C4b,2b-Komplex, der für die C3/C5-Konvertase des klassischen Weg sorgt. Zuerst kann C2b durch eines von zwei Proteinen aus dem Komplex verdrängt werden, entweder durch ein Serumprotein, C4-Bindungsprotein genannt (C4bp), oder durch ein Zelloberflächenprotein, den *decay-accelerating factor* (DAF). Diese konkurrieren mit C2b um die Bindung an C4b. Wenn C4bp an C4b bindet, wird dieses sehr anfällig für die Spaltung durch ein Plasmaprotein, das als Faktor I bezeichnet wird. Faktor I schneidet C4b in C4c und C4d und inaktiviert es damit. Ein fast analoger Mechanismus wirkt bei der Ausschaltung von C3b. In diesem Falle binden entweder der Komplementrezeptor CR1 oder ein Plasmaprotein, Faktor H, an C3b. C2b wird dabei verdrängt, und C3b kann von Fak-

8.52 Die Proteine, die die Komplement-aktivität regulieren.

Kontrollproteine des klassischen Weges	
Name (Symbol)	**Rolle bei der Regulation des klassischen Weges**
C1-Inhibitor (C1INH)	bindet an aktiviertes C1r, C1s und trennt es von C1q
C4-bindendes Protein (C4BP)	bindet an C4b und trennt C2b ab; Cofaktor für C4b-Spaltung durch I
Komplementrezeptor 1 (CR1)	bindet an C4b und trennt C2b ab, oder an C3b und trennt Bb ab; Cofaktor für I
Faktor H (H)	bindet C3b und trennt Bb ab; Cofaktor für I
Faktor I (I)	Serinprotease, die C3b schneidet, unterstützt von H, MCP oder CR1
decay-accelerating factor (DAF)	Membranprotein, das Bb von C3b entfernt und C2b von C4b
Membran-Cofaktor-Protein (MCP)	Membranprotein, das die C3b- und C4b-Inaktivierung durch I unterstützt
CD59	verhindert die Bildung von MAC auf homologen Zellen, auf Membranen häufig exprimiert

tor I geschnitten werden. Ein zweites membranassoziiertes Protein, das Membran-Cofaktor-Protein (MCP), kann an das membranassoziierte C3b binden und dessen Zerstörung durch den Faktor I katalysieren. Diese regulatorischen Reaktionen sind in Abbildung 8.53 dargestellt. Alle diese Proteine, die die homologen C4b- und C3b-Moleküle binden, haben eine oder mehrere Kopien eines Strukturelements gemeinsam, das man als Komplementkontrollprotein-(CCP-)Wiederholung (oder, speziell in Japan, als Sushi-Domänen) bezeichnet.

Die Aktivität der terminalen Komplementkomponenten wird auch durch Zelloberflächenproteine reguliert, von denen CD59 das bekannteste ist. CD59 und DAF sind, wie viele andere Membranproteine, mit der Zelloberfläche durch einen Phosphoinositol-Glykolipid-Schwanz verbunden. Die Krankheit **paroxysmale nächtliche Hämoglobinurie** ist durch die episodische intravaskuläre Lyse von roten Blutkörperchen durch Komplement charakterisiert. Sie wird meistens verursacht durch einen Mangel an CD59 und DAF und tritt bei Patienten auf, die keine Glykophosphoinositol-Kopplung herstellen können. Auch Zellen, denen nur CD59 fehlt, können durch eine spontane Aktivierung der Komplementkaskade leicht zerstört werden.

Zusammenfassung

Das Komplementsystem ist einer der wichtigsten Mechanismen, durch die eine Antigenerkennung in eine wirkungsvolle Verteidigung gegen Infektionen umgesetzt wird. Seine Bedeutung liegt besonders im Schutz vor extrazellulären Bakterien. Komplement ist ein System von Plasmaproteinen, die durch Antikörper aktiviert werden können. Das führt zu einer Kaskade von Reaktionen, die auf der Oberfläche von Krankheitserregern abläuft und aktive Komponenten mit verschiedenen Effektorfunktionen erzeugt. Es gibt zwei Wege der Komplementaktivierung, den klassischen, der durch Antikörper ausgelöst wird, und den alternativen, der eine Verstärkungsschleife des klassischen Weges ist und der auch unabhängig von Antikörpern als

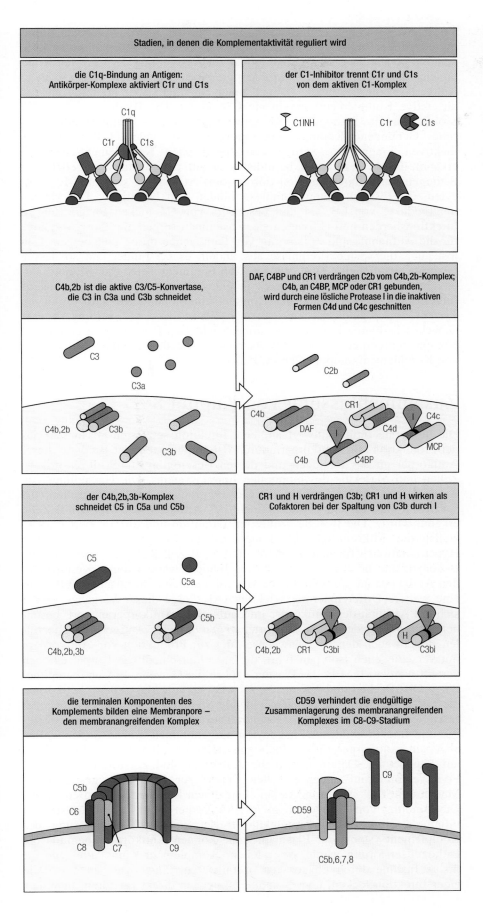

Stadien, in denen die Komplementaktivität reguliert wird

**die C1q-Bindung an Antigen:
Antikörper-Komplexe aktiviert C1r und C1s**

C1q
C1r   C1s

**der C1-Inhibitor trennt C1r und C1s
von dem aktiven C1-Komplex**

C1INH   C1r   C1s

**C4b,2b ist die aktive C3/C5-Konvertase,
die C3 in C3a und C3b schneidet**

C3
C3a
C4b,2b   C3b
C3b

**DAF, C4BP und CR1 verdrängen C2b vom C4b,2b-Komplex;
C4b, an C4BP, MCP oder CR1 gebunden,
wird durch eine lösliche Protease I in die inaktiven
Formen C4d und C4c geschnitten**

C2b
CR1
C4b   C4c
DAF   C4d
MCP
C4b   C4BP

**der C4b,2b,3b-Komplex
schneidet C5 in C5a und C5b**

C5
C5a
C5b
C4b,2b,3b

**CR1 und H verdrängen C3b; CR1 und H wirken als
Cofaktoren bei der Spaltung von C3b durch I**

C4b,2b   CR1   C3bi   C3bi
H

**die terminalen Komponenten des
Komplements bilden eine Membranpore –
den membranangreifenden Komplex**

C5b
C6
C8   C7   C9

**CD59 verhindert die endgültige
Zusammenlagerung des membranangreifenden
Komplexes im C8-C9-Stadium**

C9
CD59
C5b,6,7,8

8.53 Die Komplementaktivierung wird durch eine Reihe von Proteinen reguliert, die dazu dienen, die Wirtszelle vor zufälliger Schädigung zu schützen. Diese wirken in verschiedenen Stadien der Komplementkaskade. Sie zerlegen Komplexe oder katalysieren den enzymatischen Abbau kovalent gebundener Komplementproteine. Die Komplementkaskade ist in der linken Reihe schematisch gezeigt, die Kontrollreaktionen rechts.

Teil der angeborenen Immunität ausgelöst werden kann. Die frühen Ereignisse bestehen bei beiden Wegen aus einer Abfolge von Spaltungsreaktionen, bei denen das größere Spaltpodukt zur Aktivierung der nächsten Komponente beiträgt. Die Wege konvergieren bei der Bildung einer C3/C5-Konvertase, die bei beiden Wegen unterschiedlich, aber homolog ist und die aktive Komplementkomponente C3b bildet. Die Bindung vieler C3b-Moleküle an das Pathogen ist das zentrale Ereignis der Komplementaktivierung. Gebundene Komplementkomponenten, besonders C3b und seine inaktiven Fragmente, werden von spezifischen Komplementrezeptoren erkannt. Diese Rezeptoren befinden sich auf phagocytischen Zellen, die Pathogene aufnehmen, die von C3b opsonisiert wurden, sowie auf Erythrocyten, die lösliche Immunkomplexe binden und beseitigen. Die kleinen Spaltpodukte von C3, C4 und besonders von C5 locken Phagocyten zu Infektionsherden und aktivieren sie. Zusammen sorgen alle diese Vorgänge für die Aufnahme und Zerstörung von Pathogenen durch Phagocyten. C3b löst auch die späten Ereignisse aus, indem es C5 bindet und so dessen Spaltung ermöglicht. Das größere C5b-Fragment setzt die Bildung des membranangreifenden Komplexes in Gang, der zur Lyse des Pathogens führen kann. Die Aktivität der Komplementkomponenten wird durch ein System von regulatorischen Proteinen kontrolliert. Sie verhindern eine Gewebeschädigung infolge einer unbeabsichtigten Bindung von aktivierten Komplementkomponenten an Wirtszellen sowie die spontane Aktivierung von Komplementkomponenten im Plasma.

Zusammenfassung von Kapitel 8

Die humorale Immunantwort auf eine Infektion setzt sich zusammen aus der Produktion von Antikörpern durch B-Lymphocyten, der Bindung dieser Antikörper an das Pathogen und dessen Beseitigung durch akzessorische Zellen und Moleküle des humoralen Immunsystems. Die Herstellung von Antikörpern erfordert gewöhnlich das Eingreifen von T-Helferzellen, die spezifisch sind für ein Peptidfragment des Antigens, das von der B-Zelle erkannt wurde. Die B-Zelle proliferiert daraufhin und differenziert im spezialisierten Mikromilieu des lymphatischen Gewebes, wo somatische Hypermutationen für eine große Vielfalt an B-Zell-Rezeptoren sorgen. Die B-Zellen, die die Antigene am besten binden, werden durch Kontakt mit den Antigenen auf der Oberfläche von follikulären dendritischen Zellen für eine weitere Differenzierung selektiert. Als Folge dieser Vorgänge erhöht sich die Affinität der Antikörper im Laufe einer Antikörperantwort, besonders aber bei wiederholten Antworten gegen dasselbe Antigen. T-Helferzellen steuern auch den Klassenwechsel, der zur Produktion von Antikörpern mit verschiedenen Isotypen führt, die auf unterschiedliche Körperregionen verteilt werden: IgM in das Plasma, IgG in die Gewebe, IgA an die epithelialen Oberflächen und IgE an die Oberfläche von Mastzellen. Antikörper, die mit hoher Affinität an entscheidende Stellen von Toxinen, Viren oder Bakterien binden, können diese neutralisieren. Meistens aber werden Erreger und ihre Produkte in Phagocyten aufgenommen und in diesen Zellen abgebaut. Antikörper, die ein Pathogen umhüllen, binden an Fc-Rezeptoren auf Phagocyten. Dadurch wird die Aufnahme und Zerstörung ausgelöst. Fc-Rezeptoren auf anderen Zellen führen zur Exocytose gespeicherter Mediatoren. Dies ist besonders bei allergischen Reaktionen von Bedeutung. Die Bindung von Antigenen an IgE-Antikörper bewirkt, daß Mastzellen inflammatorische Mediatormoleküle freisetzen. Durch Aktivierung des Komplementsystems der Plasmaproteine können Antikörper ebenfalls die Pathogenzerstörung in die Wege leiten. Komplement kann Pathogene für die Aufnahme durch Phagocyten opsonisieren, Phagocyten an die Stelle einer Infektion locken, und es kann Pathogenen direkt zerstören, indem es

Poren in deren Oberfläche bildet. Die humorale Immunantwort richtet sich durch die Bildung spezifischer Antikörper also gegen spezifische Pathogene. Die Effektoraktionen dieser Antikörper werden durch ihren Isotyp bestimmt. Sie sind für alle Pathogene, die an Antikörper mit einem bestimmten Isotyp binden, gleich.

Literatur allgemein

Gallin, J. I.; Goldstein, I. M,; Snyderman, R. (Hrsg.) *Inflammation – Basic Principles and Clinical Correlates*. 2. Aufl. New York (Raven Press) 1992.

Law, S. K. A.; Reid, K. B. M. *Complement* 1. Aufl. Oxford (RL Press) 1988.

Liu, Y. J.; Johnson, G. D.; Gordon, J.; MacLennan, I. C. M. *Germinal Centres in T-Cell Dependent Antibody Responses*. In: *Immunol. Today* 13 (1992) S. 17–21.

Metzger, H. (Hrsg.) *Fc Receptors and the Action of Antibodies* 1. Aufl. Washington, D.C. (American Society for Microbiology) 1990.

Moller, G. (Hrsg.) *Fc Receptors*. In: *Immunol. Rev.* 125 (1992) S. 1–98.

Moller, G. (Hrsg.) *Germinal Centers in the Immune Response*. In: *Immunol. Rev.* 126 (1992) S. 1–178.

Moller, G. (Hrsg.) *The B-Cell Antigen Receptor Complex*. In: *Immunol. Rev.* 132 (1993) S. 1–206.

Ross, G. D. (Hrsg.) *Immunobiology of the Complement System*. 1. Aufl. Orlando (Academic Press) 1986.

Underdown, B. J.; Schoff, J. M. *Innunoglobulin A: Strategic Defense Initiative at the Mucosal Surface*. In: *Ann. Rev. Immunol.* 4 (1993) S. 389–417.

Vitetta, E. S.; Fernandez, B. R.; Myers, C. D.; Sanders, V. M. *Cellular Interactions in the Humoral Immune Response*. In: *Adv. Immunol.* 45 (1989) S. 1–105.

Literatur zu den einzelnen Abschnitten

Abschnitt 8.1

DeFranco, A. L. *Molecular Aspects of B Lymphocyte Activation*. In: *Ann. Rev. Cell Biol.* 3 (1987) S. 143–178.

Mosier, D. E.; Scher, I.; Paul, W. E. *In vitro Responses of CBA/N Mice: Spleen Cells of Mice with an X-Linked Defect That Precludes Immune Responses to Several Thymus-Independent Antigens can Respond to TNP-Lipopolysaccharide*. In: *J. Immunol.* 117 (1976) S. 1363.

Mosier, D. E.; Mond, J. J.; Goldings, E. A. *The Ontogeny of Thymic Independent Antibody Responses in vitro in Normal Mice and Mice with an X-Linked B Cell Defect*. In: *J. Immunol.* 119 (1977) S. 1874.

Abschnitt 8.2

Parker, D. C. *T-Cell-Dependent B Cell Activation*. In: *Ann. Rev. Immunol.* 11 (1993) S. 331–340.

Abschnitt 8.3

Armitage, R. J.; Fanslow, W. C.; Stockbrine, I.; Sato, T. A.; Clifford, K. N.; MacDuff, B. M.; Anderson, D.M.; Gimpel, S. D.; Davis Smith, T.; Maliszewski, C. R. *Molecular and Biological Characterization of a Murine Ligand for CD40*. In: *Nature* 357 (1992) S. 80–82.

Banchereau, J.; De Paoli, P.; Valle, A.; Garcia, E.; Rousset, F. *Long-Term Human B Cell Lines Dependent on Interleukin-4 and Antibody to CD40*. In: *Science* 251 (1991) S. 70–72.

Lederman, S.; Yellin, M. J.; Covey, L. R.; Cleary, A. M.; Callard, R.; Chess, L. *Non-Antigen Signals for B Cell Growth and Differentiation to Antibody Secretion*. In: *Curr. Opin. Immunol.* 5 (1993) S. 439–444.

Noelle, R. ; Snow, E. C. *T Helper Cells*. In: *Curr. Opin. Immunol.* 4 (1992) S. 333–337.

Noelle, R. J.; Roy, M.; Shepherd, D. M.; Stamekovic, I.; Ledbetter, J. A.; Aruffo, A. *A 39-kDa Protein in Activated Helper T Cells Binds CD40 and Transduces the Signal for Cognate Activation of B Cells*. In: *Proc. Natl. Acad. Sci. USA* 89 (1992) S. 6550–6554.

Abschnitt 8.4

Aruffo, A.; Farrington, M.; Hollenbaugh, D.; Li, X.; Milatovich, A.; Nonoyama, S.; Bajorath, J.; Grosmaire, L. S.; Stenkamp, R.; Neubauer, M.; Roberts, R. L.; Noelle, R. J.; Ledbetter, J. A.; Francke, U.; Ochs, H. D. *The CD40 Ligand, gp39, is Defective in Activated T Cells from Patients with X-Linked Hyper-IgM Syndrome*. In: *Cell* 72 (1993) S. 291–300.

Gauchat, J.-F.; Lebman, D. A.; Coffman, R. L.; Gascan, H.; DeVries, J. E. *Structure and Expression of Germline ε Transcripts in Human B Cells Induced by Interleukin-4 to Switch to IgE Production*. In: *J. Exper. Med.* 172 (1990) S. 463–473.

Harriman, W.; Volk, H.; Defranoux, N.; Wabl, M. *Immunoglobulin Class Switch Recombination*. In: *Ann. Rev. Immunol.* 11 (1993) S. 361–384.

Rothman, P.; Chen, Y.-Y.; Lutzker, S.; Li, S. C.; Stewart, V.; Coffman, R.; Alt, F. W. *Structure and Expression of Germ Line Immunoglobulin Heavy-Chain ε Transcripts: Interleukin-4 Plus Lipopolyysaccharide-Directed Switching to Cε*. In: *Mol. Cell. Biol.* 10 (1990) S. 1672–1679.

Abschnitt 8.5

Kelsoe, G.; Zheng, B. *Sites of B Cell Activation in vivo*. In: *Curr. Opin. Immunol.* 5 (1993) S. 418–422.

MacLennan, I. C.; Liu, Y. J.; Johnson, G. D. *Maturation and Dispersal of B Cell Clones During T Cell-Dependent Antibody Responses*. In: *Immunol. Rev.* 126 (1992) S. 143.

Abschnitt 8.6

Jacob, J.; Kelsoe, G. *In situ Studies of The Primary Immune Response to (4-Hydroxy-3-Nitrophenyl) Acetyl II. A Common Clonal Origin for Periarteriolar Lymhoid Sheath-Associated Foci and Germinal Centers.* In: *J. Exper. Med.* 176 (1992) S. 679–687.

Jacob, J.; Kelsoe, G.; Rajewsky, K.; Weiss, U. *Intraclonal Generation of Anibody Mutants in Germinal Centres.* In: *Nature* 354 (1991) S. 389–392.

Abschnitt 8.7

Berek, C. *The Development of B Cells and the B Cell Repertoire in the Microenvironment of the Germinal Center.* In: *Immunol. Rev.* 126 (1992) S. 5.

Humphrey, J. H.; Grennan, D.; Sundaram, V. *The Origin of Follicular Dendritic Cells in the Mouse and the Mechanism of Trapping of Immun Complexes on Them.* In: *Eur. J. Immunol.* 14 (1984) S. 1859.

Liu, Y. J.; Joshua, D. E.; Williams, G. T.; Smith, C. A.; Gordon, J.; MacLennan, I. C. M. *Mechanism of Antigen-Driven Selection in Germinal Centres.* In: *Nature* 342 (1989) S. 929–931.

Abschnitt 8.8

Liu, Y. J.; Cairns, J. A.; Hoder, M. J.; Abbot, S. D.; Jansen, K. U.; Bonnefoy, J. Y.; Gordon, J.; MacLennan, I. C. M. *Recombinant 25-kDa CD23 and Interleukin 1 alpha Promote the Survival of Germinal Center B Cells: Evidence for Bifurcation in the Development of Centrocytes Rescued from Apoptosis.* In: *Eur. J. Immunol.* 21 (1991) S. 1107.

Abschnitt 8.9

Anderson, J.; Coutinho, A.; Lernhardt, W.; Melchers, F. *Clonal Growth and Maturation to Immunoglobulin Secretion in vitro of Every Growth-Inducible B Lymphocyte.* In: *Cell* 10 (1977) S. 27–34.

Coutinho, A. *The Theory of the One Non-Specific Model for B Cell Activation.* In: *Transplant. Rev.* 23 (1975) S. 49.

Abschnitt 8.10

Dintzis, H. M.; Dintzis, R. Z.; Vogelstein, B. *Molecular Determinants of Immunogenicity: The Immunon Model of Immune Response.* In: *Proc. Natl. Acad. Sci. USA* 73 (1976) S. 3671–3675.

Mond, J.; Mongini, P. K. A.; Siekmann, D.; Paul, W. E. *Role of T Lymphocytes in the Response to TNP-AECM-Ficoll.* In: *J. Immunol.* 125 (1980) S. 1066–1070.

Pecanha, L.; Snapper, C.; Finkelman, F.; Mond, J. *Dextran-Conjugated Anti-Ig Antibodies as a Model for T-Cell-Independent Type 2 Antigen-Mediated Stimulation of Ig Secretion in vitro. I. Lymphokine Dependence.* In: *J. Immunol.* 146 (1991) S. 833–839.

Abschnitt 8.11

Janeway, C. A.; Rosen, F. S.; Merler, E.; Alper, C. A. *The Gamma Globulins.* 2. Aufl. Boston (Little, Brown & Co) 1967.

Abschnitt 8.12

Mostov, K. E.; Friedlander, M.; Blobel, G. *The Receptor for Transepithelial Transport of IgA and IgM Contains Multiple Inmmunoglobulin-Like Domains.* In: *Nature* 308 (1984) S. 37–43.

Simister, N. E. *Transport of Monomeric Antibodies Across Epithelia.* In: *Fc Receptors and the Action of Antibodies.* Washington, D.C. (American Society for Microbiology) 1990. S. 57–73.

Simister, N. E.; Mostov, K. E. *An Fc Receptor Structurally Related to MHC Class I Antigens.* In: *Nature* 337 (1989) S. 184–187.

Abschnitt 8.14

Mandel, B. *Neutralization of Polio Virus: A Hypothesis to Explain the Mechanism and the One Hit Character of the Neutralization Recaction.* In: *Virology* 69 (1976) S. 500–510.

Possee, R. D.; Schild, G. C.; Dimmock, N. J. *Studies on the Mechanism of Neutralization of Influenza Virus by Antibody: Evidence that Neutralizing Antibody (Anti-Hemaglutinin) Inactivates Influenza Virus in vivo by Inhibiting Virion Transcriptase Activity.* In: *J. Gen. Virol.* 58 (1982) S. 373–386.

Abschnitt 8.15

Fischetti, V. A.; Bessen, D. *Effect of Mucosal Antibodies to M Protein in Colonization by Group A Streptococci.* In: Switalski, L.; Hook, M.; Beachery, E. (Hrsg.) *Molecular Mechanisms of Microbial Adhesion.* New York (Springer) 1989. S. 128–142.

Abschnitt 8.16

Ravetch, J. V.; Kinet, J. *Fc Receptors.* In: *Ann. Rev. Immunol.* 9 (1993) S. 457–492.

Takai, T.; Li, M.; Sylvestre, D.; Clynes R.; Ravetch, J. V. *FcR γ Chain Deletion Results in Pleiotrophic Effector Cell Defects.* In: *Cell* 76 (1994) S. 519–529.

Abschnitt 8.17

Burton, D. R. *The Conformation of Antibodies.* In: Metzger, H. (Hrsg.) *Fc Receptors and the Action of Antibodies.* 1.Aufl. Washington, D.C. (Raven Press) 1990. S. 3154.

Abschnitt 8.18

Gounni, A. S.; Lamkhioued, B.; Ochiai, K.; Tanaka, Y.; Delaporte, E.; Capron, A.; Kinet, J.-P.; Capron, M. *High-*

Affinity IgE Receptor on Eosinophils Is Involved in Defence Against Parasites. In: *Nature* 367 (1994) S. 183–186.

Karakawa, W. W.; Sutton, A.; Schneerson, R.; Karpas, A.; Vann, W. F. *Capsular Antibodies Induce Type-Specific Phagocytosis of Capsulated Staphylococcus aureus by Human Polymorphonuclear Leukocytes.* In: *Infect. Immun.* 56 (1986) S. 1090–1095.

Johnston, R. B. jr; Lehmeyer, J. E.; Guthrie, L. A. *Generation of Superoxide Anion and Chemiluminescence by Human Monocytes During Phagocytosis and on Contact with Surface-Bound Immunoglobulin G.* In: *J. Exper. Med.* 143 (1976) S. 1551–1556.

Pfefferkorn L. C.; Fanger, M. W. *Crosslinking of FcγRI Triggers Transient Activation of NADPH Oxidase Activity: Continuous Oxidase Activation Requires Continuous De-Novo Receptor Crosslinking.* In: *J. Biol. Chem.* 264 (1989) S. 14112.

Rouzer, C. A.; Scott, W. A.; Kempe, J.; Cohn, Z. A. *Prostaglandin Synthesis by Macrophages Requires a Specific Receptor-Ligand Interaction.* In: *Proc. Natl. Acad. Sci. USA* 77 (1990) S. 4279–4282.

Abschnitt 8.19

Lanier, L. L.; Phillips, J. H. *Evidence for Three Types of Human Cytotoxic Lymphocyte.* In: *Immunol. Today* 7 (1986) S. 132.

Lanier, L. L.; Ruitenberg, J. J.; Phillips, J. H. *Functional and Biochemical Analysis of CD16 Antigen on Natural Killer Cells and Granulocytes.* In: *J. Immunol.* 141 (1988) S. 3487–3485.

Abschnitt 8.20

Beaven, M. A.; Metzger, H. *Signal Transduction by Fc Receptors: the FcεRI Case.* In: *Immunol. Today* 14 (1993) S. 222–226.

Paolini, R.; Numerof, R.; Kinet, J. P. *Phosphorylation/ Dephosphorylation of High-Affinity IgE Receptors: A Mechanism for Coupling/Uncoupling a Large Signaling Complex.* In: *Proc. Natl. Acad. Sci. USA* 89 (1992) S. 10733-10737.

Sutton, B. J.; Gould, H. J. *The Human IgE Network.* In: *Nature* 366 (1993) S.421–428.

Abschnitt 8.21

Bradding, P.; Feather, J. H.; Howarth, P. H.; Mueller, R.; Roberts, J. A.; Britten, K.; Bews, J. P. A.; Hunt, T. C.; Okayama, Y.; Huesser, C. H.; Bullock, G. R.; Church, M. K.; Holgate, S. T. *Interleukin-4 is Localized to and Released by Human Mast Cells.* In: *J. Exper. Med.* 176 (1992) S. 1381–1386.

Schleimer, R. P.; MacGlashan, D. W. jr.; Peters, S. P.; Pinchard, R. N.; Adkinson, N. F. jr.; Lichtenstein, L. M. *Characterization of Inflammatory Mediator Release from Purified Human Lung Mast Cells.* In: *Ann. Rev. Resp. Dis.* 133 (1986) S. 614–617.

Walsh, L.; Trinchieri, G.; Waldorf, H. A.; Whitaker, D. A.; Murphy, G. F. *Human Dermal Mast Cells Contain and Release TNF-Alpha which Induces Endothelial-Leukocyte Adhesion Molecule-1.* In: *Proc. Natl. Acad. Sci. USA* 88 (1991) S. 4220–4224.

Zweiman, B. *The Late-Phase Reaction of IgE, Its Receptor and Cytokines.* In: *Curr. Opin. Immunol.* 5 (1993) S. 950–955.

Abschnitt 8.22

Tomlinson, S. *Complement Defense Mechanisms.* In: *Curr. Opin. Immunol.* 5 (1993) S. 83–89.

Abschnitt 8.23

Cooper, N.R. *The Classical Complement Pathway. Activation and Regulation of the First Complement Component.* In: *Adv. Immunol.* 37 (1985) S. 151–216.

Feinstein, A.; Munn, E. A.; Richardson, N. E. *The Three-Dimensional Conformation of gamma-M and gamma-A Globulin Molecules.* In: *Ann. N. Y. Acad. Sci.* 190 (1971) S. 104–107.

Feinstein, A.; Richardson, N. E.; Taussig, M. J. *Immunoglobulin Flexibility in Complement Activation.* In: *Immunol. Today* 7 (1986) S. 169–174.

Perkins, S. J.; Nealis, A. S. *The Quaternary Structure in Solution of Human Complement Subcompenent C1r2Cs2.* In: *Biochem. J.* 263 (1989) S. 463–469.

Sim, R. B.; Reid, K. B. M. *C1: Molecular Interactions with Activating Systems.* In: *Immunol. Today* 12 (1991) S. 307–311.

Abschnitt 8.24

Chan, A. R.; Karp, D. R.; Shreffler, D. C.; Atkinson, J. P. *The 20 Faces of the Fourth Component of Complement.* In: *Immunol. Today* 5 (1984) S. 200–203.

Levine, R. P.; Dodds, A. W. *The Thioesterbond of C3.* In: *Curr. Top. Microbiol. Immunol.* 153 (1989) S. 73–82.

Oglesby, T. J.; Accavitti, M. A.; Volanakis, J. E. *Evidence for a C4b Binding Site on the C2b Domain of C2.* In: *J. Immunol.* 141 (1988) S. 926–931.

Abschnitt 8.25

deBruijn, M. H. L.; Fey, G. M. *Human Complement Component C3: cDNA Coding Sequence and Derived Primary Structure.* In: *Proc. Natl. Acad. Sci. USA* 82 (1985) S. 708–712.

Volanakis, J. E. *Participation of C3 and its Ligand in Complement Activation.* In: *Curr. Top. Microbiol. Immunol.* 153 (1989) S. 1–21.

Abschnitt 8.26

Kolb, W. P.; Morrow, P. R.; Tamerius, J. D. *Ba and Bb Fragments of Factor B Activation: Fragment Production, Biological Activities, Neoepitope Expression and Quantitation in Clinical Samples.* In: *Complement Inflamm.* 6 (1989) S. 175–204.

Abschnitt 8.27

Aheam, J. M.; Fearon, D. T. *Structure and Function of the Complement Receptors of CR1 (CD35) and CR2 (CD21)*. In: *Adv. Immunol.* 46 (1989) S. 183–219.

Krych, M.; Atkinson, J. P.; Holers, V. M. *Complement Receptors*. In: *Curr. Opin. Immunol.* 4 (1992) S. 8–13.

Abschnitt 8.28

Schifferli, J. A.; Taylor, J. P. *Physiologic and Pathologic Aspects of Circulation Immune Complexes*. In: *Kidney Intl.* 35 (1989) S. 993–1003.

Schifferli, J. A.; Ng, Y. C.; Peters, D. K. *The Role of Complement and Its Receptor in the Elimination of Immune Complexes*. In: *N. Engl. J. Med.* 315 (1986) S. 488–495.

Abschnitt 8.29

Frank, M. M.; Fries, L. F. *The Role of Complement in Inflammation and Phagocytosis*. In: *Immunol. Today* 12 (1991) S. 322–326.

Gerard, N. P.; Gerard, C. *The Chemotactic Receptor for Human C5a Anaphylotoxin*. In: *Nature* 349 (1991) S. 614–617.

Abschnitt 8.30

Bhakdi, S.; Tranum-Jensen, J. *Complement Lysis: A Hole is a Hole*. In: *Immunol. Today* 12 (1991) S. 318–320.

Esser, A. F. *Big MAC Attack: Complement Proteins Cause Leaky Patches*. In: *Immunol. Today* 12 (1991) S. 316–318.

Morgan, B. P. *Effects of the Membrane Attack Complex of Complement on Nucleated Cells*. In: *Curr. Top. Microbiol. Immunol.* 178 (1992) S. 115–140.

Podack, E. R. *Perforin – Structure, Function, and Regulation*. In: *Curr. Top. Microbiol. Immunol.* 178 (1992) S. 175–184.

Abschnitt 8.31

Davies, A.; Simmons, D. I.; Hale, G.; Harrison, R. A.; Tighe, H.; Lachmann, P. J.; Waldmann, H. *CD59, an Ly-6-Like Protein Expressed in Human Lymphoid Cells, Regulates the Action of the Complement Membrane Attack Complex on Homologous Cells*. In: *J. Exper. Med.* 170 (1989) S. 637–654.

Molines, T. E.; Lachmann, P. J. *Regulation of Complement*. In: *Scand. J. Immunol.* 27 (1988) S. 127–142.

Zusammenfassung von Teil IV

Die Aktivierung der adaptiven Immunantwort erfordert nicht nur ein Antigen, sondern auch costimulierende Wechselwirkungen mit anderen spezialisierten Zellen, an denen sezernierte und oberflächengebundene Moleküle beteiligt sind. Die T-Zellen werden von professionellen antigenpräsentierenden Zellen, von Makrophagen, dendritischen Zellen und B-Zellen aktiviert. Diese exprimieren costimulierende Moleküle und präsentieren fremde Peptide, die an MHC-Moleküle auf ihrer Oberfläche gebunden sind. Naive T-Zellen treffen diese Zellen in den T-Zell-Regionen der lymphatischen Gewebe. Die costimulierenden Signale für die B-Zellen kommen von T-Helferzellen. Ohne ein costimulierendes Signal inaktiviert ein Antigen gewöhnlich die Lymphocyten. Dadurch wird sichergestellt, daß Selbst-Antigene, die von spezialisierten Zellen exprimiert werden, keine adaptiven Immunantworten hervorrufen.

Nach der Aktivierung treten B- und T-Lymphocyten in eine Phase der Proliferation ein, die zur klonalen Expansion antigenspezifischer Zellen führt. Diese differenzieren zu Effektorzellen. Es gibt drei Arten von T-Effektorzellen: cytotoxische CD8-T-Zellen, die Zellen, die mit cytoplasmatischen Pathogenen infiziert sind, direkt abtöten; inflammatorische CD4-T-Zellen, die Makrophagen aktivieren, damit diese die Pathogene in intrazellulären Vesikeln abtöten und zusätzlich Entzündungsmediatoren freisetzen; und CD4-T-Helferzellen, die B-Zellen stimulieren.

B-Zellen werden von differenzierten CD4-T-Helferzellen im lymphatischen Gewebe aktiviert und proliferieren in Keimzentren, wo sie Antigene binden, die auf der Oberfläche von follikulären dendritischen Zellen präsentiert werden. Sie können zu antikörpersezernierenden Plasmazellen differenzieren, von denen die meisten in das Knochenmark wandern. Einige wenige bleiben in den Marksträngen der Lymphknoten. Plasmazellen sind ausdifferenziert und sterben nach einigen Wochen.

Antikörper haben drei wichtige Schutzfunktionen. Sie können Krankheitserreger oder ihre Produkte neutralisieren, indem sie diese binden und damit verhindern, daß sie Zellen infizieren oder schädigen. Sie können sie opsonisieren und ihre Aufnahme durch Phagocyten mit Fc-Rezeptoren bewirken. Sie können Komplement aktivieren, das die Opsonisierung fördert und Entzündungsreaktionen induziert sowie einige Bakterien direkt lysiert. Schließlich werden alle Partikel, die von Antikörpern erkannt werden, von phagocytischen Zellen beseitigt.

Die verschiedenen Effektormechanismen der humoralen und der T-Zell-vermittelten Antworten zusammen erlauben es der adaptiven Immunität, Infektionen praktisch an allen Stellen im Körper und an seinen Oberflächen zu bekämpfen. Die geeignete Mobilisierung der adaptiven Immunantwort führt zur Elimierung der Infektion und erzeugt eine lang andauernde, spezifische Resistenz, die man als schützende Immunität bezeichnet. Wie diese Verteidigungsmechanismen gesteuert werden, wie sie versagen und wie sie in Situationen zum Tragen kommen, die für den Wirt schädlich sind, wird im letzten Teil dieses Buches behandelt.

Teil V

Die Bedeutung des Immunsystems für Gesundheit und Krankheit

Bisher haben wir in diesem Buch die Mechanismen kennengelernt, mit deren Hilfe die adaptive Immunantwort den Wirt vor infektiösen Krankheitserregern schützt. Für einen wirksamen Schutz müssen sämtliche Komponenten des Immunsystems zusammenwirken, um den Erreger zu beseitigen und eine langanhaltende schützende Immunität herbeizuführen. Im nun folgenden Teil des Buches wollen wir betrachten, wie die Zellen und Moleküle des Immunsystems als einheitliches Verteidigungssystem zusammenwirken. Zunächst wollen wir die Rolle des Immunsystems als Ganzes bei der Abwehr einer Infektion untersuchen. Wie das Immunsystem funktioniert, können wir nicht nur durch die in Kapitel 9 beschriebenen, wirksamen Abwehrreaktionen gegen Infektionen lernen. Viel erfahren wir auch durch das Versagen der Immunabwehr bei Immunschwächekrankheiten, oder wenn ein Erreger sich so angepaßt hat, daß er der Immunreaktion standhalten kann. Dies sind die Themen von Kapitel 10. Ein solches Versagen der Immunabwehr ist von großer Bedeutung für die klinische Medizin – am offensichtlichsten ist dies bei dem erworbenen Immunschwächesyndrom, AIDS.

Das Immunsystem kann auch selbst Krankheiten verursachen, wie etwa dann, wenn es sich nicht gegen ein infektiöses Agens richtet, sondern gegen harmlose Substanzen. Solche Immunreaktionen sind in Kapitel 11 beschrieben. Man bezeichnet sie als Allergien, wenn sie sich gegen ein körperfremdes Antigen richten, und als Autoimmunkrankheiten, wenn das Antigen körpereigenem Gewebe entstammt. Immunreaktionen gegen transplantierte Gewebe sind ein spezieller Fall, bei dem das Gewebe sich zwar im eigenen Körper befindet, jedoch fremde Proteine exprimiert. Wir werden sehen, daß der einzige Unterschied zwischen den Immunantworten gegen Antigene, die nicht mit einer Infektion verbunden sind, und solchen der schützenden Immunität in der Art des antigenen Stimulus liegt.

Letztlich ist das Ziel der klinischen Immunologie die Kontrolle der Immunreaktionen, um ausbleibende oder zu schwache Reaktionen zu stimulieren und schädliche zu unterdrücken. In Kapitel 12 werden wir sehen, daß dies in der heutigen Praxis mit sehr unspezifischen Substanzen erreicht wird. Die experimentellen Immunologen hoffen, langfristig die körpereigenen Mechanismen zur Regulation der Immunantwort so gut zu verstehen, daß sie die Reaktion auf ein bestimmtes Antigen steuern können. Schließlich wird es vielleicht sogar möglich sein, nicht nur Infektionskrankheiten durch Impfung zu verhindern, sondern auch unerwünschte Immunreaktionen. Der Entwicklung von Impfstoffen mit Hilfe moderner Technologien ist der letzte Teil von Kapitel 12 gewidmet.

Alles in allem will der abschließende Teil dieses Buches das Immunsystem als die Gesamtheit seiner Bestandteile vorstellen und untersuchen, wie diese bei der Immunabwehr oder aber bei immunologischen Erkrankungen zusammenwirken. Dieses Wissen ist notwendig, um die Funktionsweise des Immunsystems – insbesondere bei einem gesunden Menschen – verstehen zu können. Wenn wir erst besser verstehen, wie das Immunsystem zum Schutz oder zum Schaden eines Individuums wirkt, sind wir vielleicht in der Lage, viele Krankheiten zu verhindern oder zu heilen.

Immunabwehr von Infektionen

9

Nur selten verursachen die Mikroorganismen, mit denen ein gesundes Individuum normalerweise in Kontakt kommt, merkliche Erkrankungen. Die meisten werden innerhalb von Stunden aufgespürt und durch Abwehrmechanismen zerstört, die nicht antigenspezifisch sind und keine lange Anlaufphase benötigen: die Mechanismen der **angeborenen Immunität**. Nur wenn ein Krankheitserreger diese erste Verteidigungslinie durchbrechen kann, kommt es zu einer adaptiven Immunantwort. Dabei werden antigenspezifische Effektorzellen gebildet, die spezifisch gegen diesen Erreger gerichtet sind, sowie Gedächtniszellen, die einer zweiten, späteren Infektion mit demselben Erreger vorbeugen.

In den vorangegangenen zwei Kapiteln dieses Buches haben wir gesehen, wie eine adaptive Immunreaktion ausgelöst wird und wie die dabei gebildeten Effektorzellen Pathogene beseitigen. In diesem Kapitel werden wir diese Mechanismen nun in dem größeren Zusammenhang aller Abwehrsysteme der Säugetiere betrachten. Wir wollen dabei mit der angeborenen Immunität beginnen, die in den meisten Fällen verhindert, daß sich eine Infektion überhaupt etablieren kann, und die eine wichtige Rolle bei der Aktivierung der nachfolgenden Immunreaktionen gegen die Erreger spielt, denen es gelungen ist, diese ersten Verteidigungslinien zu überwinden.

Der Zeitverlauf der verschiedenen Phasen einer Immunantwort ist in Abbildung 9.1 dargestellt. Die angeborenen Immunmechanismen setzen sofort ein; ihnen folgt einige Stunden später eine **frühe induzierte Antwort**, die durch die Infektion ausgelöst werden muß, aber nicht zu einer dauerhaften schützenden Immunität führt. Diese frühen Reaktionen helfen, die Infektion unter Kontrolle zu halten, während die antigenspezifischen Lymphocyten der **adaptiven Immunantwort** aktiviert werden. Die klonale Vermehrung und Differenzierung der naiven Lymphocyten zu T-Effektorzellen und antikörperbildenden Zellen benötigt einige Tage. Während dieser Zeit wird ein spezifisches immunologisches Gedächtnis etabliert, das den Wirt über lange Zeit vor einer erneuten Infektion durch denselben Erreger schützt. In diesem Kapitel werden wir sehen, wie die verschiedenen Phasen der Abwehrreaktionen des Wirtes räumlich und zeitlich zusammenwirken und wie Veränderungen spezialisierter Zelloberflächenmoleküle die Lymphocyten in den verschiedenen Stadien einer Infektion und der entsprechenden Immunreaktion zu ihrem Wirkungsort geleiten.

9.1 Die Reaktion auf eine erstmalige Infektion verläuft in drei Phasen. Die Effektormechanismen zur Beseitigung der infektiösen Organismen sind in jeder Phase ähnlich oder identisch, aber die Erkennungsmechanismen unterscheiden sich. Die adaptive Immunantwort setzt verspätet ein, da sich seltene, antigenspezifische Zellen zunächst durch klonale Expansion vermehren müssen, bevor sie zu Effektorzellen differenzieren können. Die Reaktion auf eine erneute Infektion verläuft viel schneller. Bereits vorhandene Antikörper und Effektorzellen wirken sofort auf den Erreger ein, und das immunologische Gedächtnis beschleunigt eine erneute adaptive Immunreaktion.

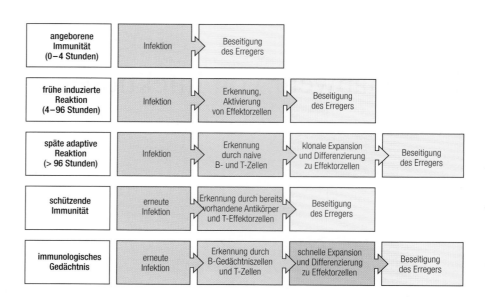

Infektion und angeborene Immunität

Mikroorganismen, die für Menschen oder Tiere pathogen sind, dringen in bestimmte Regionen des Körpers ein und lösen dort durch eine Vielzahl von Mechanismen Krankheiten aus. Angeborene, in jedem Individuum bereits existierende Verteidigungsmechanismen, deren Wirkung innerhalb von Minuten nach der Infektion einsetzt, sind die effektivste Waffe im Kampf der Wirbeltiere gegen solche Infektionen. Nur wenn die Erreger die angeborenen Abwehrmechanismen des Wirtes umgehen oder überwältigen, ist eine induzierte oder adaptive Immunantwort notwendig. In diesem Abschnitt werden wir die Infektionsstrategien der Mikroorganismen kurz umreißen, bevor wir auf die angeborenen Abwehrmechanismen eingehen, die in den meisten Fällen verhindern, daß sich eine Infektion überhaupt entwickeln kann.

9.1 Der Infektionsvorgang läßt sich in mehrere Phasen unterteilen

Eine Infektion verläuft in mehreren Phasen, die jeweils durch andere Abwehrmechanismen blockiert werden können. Bevor diese Abwehrreaktionen einsetzen, muß es zunächst zu einer Infektion durch Erregerpartikel von einem bereits infizierten Individuum gekommen sein. Die Anzahl der Erreger, ihre Stabilität außerhalb des Wirtes, der Übertragungsweg und die Art und Weise, wie sie in den Körper eindringen, bestimmen ihre Infektiosität. Einige Pathogene, wie etwa der Erreger des Milzbrandes (Anthrax), verbreiten sich als Sporen, die sowohl gegen Hitze als auch gegen Trockenheit resistent sind, während andere, wie das menschliche Immunschwächevirus, nur durch den Austausch von Geweben übertragen werden, da sie als isoliertes, infektiöses Agens nicht überleben können.

Obwohl der Körper ununterbrochen infektiösen Organismen ausgesetzt ist, kommt es verhältnismäßig selten zu Krankheiten. Die epithelialen Oberflächen des Körpers bilden eine schützende Barriere gegen die meisten Mikroorganismen. Eine Infektion entsteht nur, wenn ein Mikroorganismus eine solche Barriere durchbrochen hat, und erst, wenn er sich im Körper ausbreitet, verursacht er Krankheitssymptome. Extrazelluläre Krankheitserreger breiten sich entweder durch direkte Vergrößerung des Infektionsherdes, über die Lymphgefäße oder mit dem Blut aus. Letzteres geschieht gewöhnlich erst, wenn das lymphatische System der großen Zahl an Erregern nicht mehr Herr wird. Obligat intrazelluläre Krankheitserreger breiten sich von Zelle zu Zelle aus, und zwar entweder direkt oder durch Sekretion in den Extrazellulärraum und anschließende Reinfektion sowohl benachbarter als auch weiter entfernt liegender Zellen.

Die meisten infektiösen Organismen weisen eine deutliche Spezifität für bestimmte Wirte auf und verursachen Erkrankungen nur bei einer oder einigen wenigen verwandten Spezies. Wodurch diese Spezifität bei den einzelnen Erregern bedingt ist, weiß man nicht genau. Ein Faktor ist jedoch, daß für das Anheften ein bestimmtes Molekül auf der Zelloberfläche erforderlich ist, und da normalerweise auch andere Wechselwirkungen mit der Wirtszelle notwendig sind, damit sich der Erreger vermehren kann, können die meisten Mikroorganismen nur eine begrenzte Gruppe von Wirtsorganismen infizieren.

Eine erstmalige Infektion führt im allgemeinen zu wahrnehmbaren Krankheitssymptomen, denen eine effektive Immunantwort folgt. Bei einer Heilung werden sowohl die infektiösen Organismen außerhalb der Zellen beseitigt als auch die Überreste der Infektion innerhalb der Zellen. Bei vielen Infektionen ist die Krankheit nach einer effektiven primären Immunreaktion vollkommen ausgemerzt. In manchen Fällen verursacht die Infektion oder die durch sie ausgelöste Immunreaktion jedoch eine massive Gewebeschädigung, und es bleiben Krankheitssymptome bestehen.

Zusätzlich zu der Beseitigung der Erreger beugt eine adaptive Immunreaktion auch einer erneuten Infektion vor. Gegenüber manchen Organismen ist dieser Schutz nahezu absolut, während bei anderen Erregern eine zweite oder dritte Infektion lediglich weniger stark ausfällt. In Abbildung 9.2 ist der Infektionsvorgang skizziert; sie zeigt die in den verschiedenen Phasen aktivierten Abwehrmechanismen, die wir im Lauf dieses Kapitels noch detaillierter kennenlernen werden.

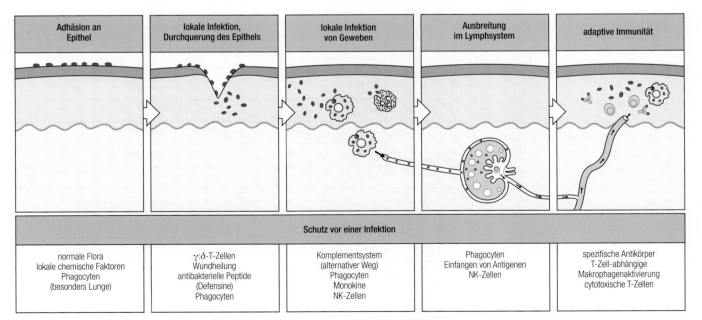

Adhäsion an Epithel	lokale Infektion, Durchquerung des Epithels	lokale Infektion von Geweben	Ausbreitung im Lymphsystem	adaptive Immunität
Schutz vor einer Infektion				
normale Flora lokale chemische Faktoren Phagocyten (besonders Lunge)	$\gamma{:}\delta$-T-Zellen Wundheilung antibakterielle Peptide (Defensine) Phagocyten	Komplementsystem (alternativer Weg) Phagocyten Monokine NK-Zellen	Phagocyten Einfangen von Antigenen NK-Zellen	spezifische Antikörper T-Zell-abhängige Makrophagenaktivierung cytotoxische T-Zellen

9.2 Infektionen und die durch sie ausgelösten Immunantworten lassen sich in mehrere Stadien untereinteilen. Diese sind hier für einen infektiösen Organismus dargestellt, der über das Epithel in den Körper gelangt. Der Erreger muß sich zunächst an die Epithelzellen anheften und es dann durchqueren. Eine lokale, nichtadaptive Immunreaktion hilft, die Infektion einzudämmen, und liefert Antigene in naheliegende Lymphknoten, was zu einer adaptiven Immunreaktion und zur Beseitigung der Infektion führt.

9.3 Viele verschiedene Mikroorganismen können Krankheiten verursachen.

Es gibt fünf Haupttypen pathogener Organismen: Viren, Bakterien, Pilze, Protozoen und Würmer. In dieser Tabelle sind einige häufige Vertreter dieser Haupttypen aufgeführt.

einige verbreitete Erreger menschlicher Erkrankungen			
Viren	DNA-Viren	Adenoviren	menschliche Adenoviren (z.B. Typ 3, 4 und 7)
		Herpesviren	Herpes-simplex-Virus, Varicella-zoster-Virus, Epstein-Barr-Virus, Cytomegalievirus
		Pockenviren	Vacciniavirus
		Parvoviren	menschliches Parvovirus
		Papovaviren	Papillomavirus
		Hepadnaviren	Hepatitis-B-Virus
	RNA-Viren	Orthomyxoviren	Grippevirus (Influenzavirus)
		Paramyxoviren	Mumpsvirus, Masernvirus, *respiratory syncytial virus*
		Coronaviren	Erkältungsviren
		Picornaviren	Poliovirus, Coxsackievirus, Hepatitis-A-Virus, Rhinovirus
		Reoviren	Rotavirus, Reovirus
		Togaviren	Rötelnvirus, durch Arthropoden übertragene Encephalitis
		Flaviviren	durch Arthropoden übertragene Viren (Gelbfieber, Dengue)
		Arenaviren	lymphocytäre Choriomeningitis, Lassafiebervirus
		Rhabdoviren	Tollwutvirus
		Retroviren	menschliches T-Zell-Leukämie-Virus, HIV
Bakterien	grampositive Kokken	Staphylokokken	*Staphylococcus aureus*
		Streptokokken	*Streptococcus pneumoniae, S. pyogenes*
	gramnegative Kokken	Neisseriae	*Neisseria gonorrheae, N. meningitidis*
	grampositive Bacilli		*Corynebacterium, Bacillus anthracis, Listeria monocytogenes*
	gramnegative Bacilli		*Salmonella, Shigella, Campylobacter, Vibrio, Yersinia, Pasteurella, Pseudomonas, Brucella, Hemophilus, Legionella, Bordetella*
	anaerobe Bakterien	Clostridien	*Clostridium tetani, C. botulinum, C. perfringens*
	Spirochaeten		*Treponema pallidum, Borrelia burgdorferi, Leptospira interrogans*
	Mycobakterien		*Mycobacterium tuberculosis, M. leprae*
	Rickettsien		*Rickettsia prowazeki*
	Chlamydien		*Chlamydia trachomatis*
	Mycoplasmen		*Mycoplasma pneumoniae*
Pilze			*Candida albicans, Cryptococcus neoformans, Aspergillus, Histoplasma capsulatum, Coccidioides immitis, Pneumocystis carinii*
Protozoen			*Entamoeba histolytica, Giardia, Leishmania, Plasmodium, Trypanosoma, Toxoplasma gondii, Cryptosporidium*
Würmer (Helminthen und Nematoden)	intestinal		*Trichteris trichiura, Trichinella spiralis, Enterobius vermicularis, Ascaris lumbricoides, Ancylostoma, Strongyloides*
	Gewebe		*Filaria, Onchocerca volvulus, Loa loa, Dracuncula medinensis*
	Blut, Leber		*Schistosoma, Clonorchis sinensis*

9.2 Infektionskrankheiten werden durch verschiedene lebende Agentien verursacht, die sich in ihrem Wirt vermehren

Krankheitsverursachende Mikroorganismen sind sehr vielfältig. Sie lassen sich in fünf Gruppen unterteilen: Viren, Bakterien, Pilze, Protozoen und Würmer (Helminthen und Nematoden). Protozoen, Helminthen und Nematoden faßt man normalerweise unter dem Oberbegriff Parasiten zusammen. Sie sind die Untersuchungsobjekte der Parasitologie, während sich die Mikrobiologie mit Viren, Bakterien und Pilzen befaßt. In Abbildung 9.3 sind die häufigsten Klassen pathogener Mikroorganismen mit jeweils einigen typischen Beispielen aufgelistet. Wegen der Vielfalt der Krankheitserreger mußten potentielle Wirtsorganismen zwei wesentliche Eigenschaften der adaptiven Immunität entwickeln. Erstens hat die Notwendigkeit, eine Vielzahl unterschiedlicher Krankheitserreger erkennen zu können, die Ausbildung einer vergleichbaren oder sogar noch größeren Vielfalt von Rezeptoren bewirkt. Zweitens muß der Wirtsorganismus den verschiedenen Habitaten und Lebenszyklen der Krankheitserreger eine ganze Reihe unterschiedlicher Effektormechanismen entgegenstellen. Die charakteristischen Merkmale der einzelnen Erreger sind die Art und Weise ihrer Übertragung und ihrer Vermehrung sowie die Krankheitssymptome und die Immunantwort, die sie verursachen. Wir werden uns hier auf die letzte dieser Eigenschaften konzentrieren.

Infektiöse Organismen können sich in verschiedenen Kompartimenten des Körpers vermehren, wie in Abbildung 9.4 schematisch gezeigt ist. Die zwei Hauptkompartimente haben wir bereits kennengelernt: den Intrazellulärraum und den Extrazellulärraum. Intrazelluläre Krankheitserreger können sich nur innerhalb der Zellen des Wirtes vermehren. Das Immunsystem muß sie also daran hindern, in die Zellen einzudringen, oder es muß sie dort aufspüren und daraus entfernen. Diese Erreger lassen sich noch weiter aufteilen in solche, die sich im Cytosol vermehren, wie etwa Viren und bestimmte Bakterienarten (Vertreter der Chlamydien und Rickettsien), und solche, die sich in zellulären Vesikeln replizieren, wie etwa die Mycobakte-

	intrazellulär		extrazellulär	
	Cytoplasma	Vesikel	interstitielle Bereiche Blut, Lymphe	Epitheloberflächen
Ort der Infektion				
Organismen	Viren *Chlamydia* spp. *Rickettsia* spp. *Listeria monocytogenes* Protozoen	Mycobakterien *Salmonella typhimurium* *Leishmania* spp. *Listeria* spp. *Trypanosoma* spp. *Legionella pneumophila* *Cryptocccus neoformans* *Brucella* spp. *Yersinia pestis*	Viren Bakterien Protozoen Pilze Würmer	*Neisseria gonorrheae* Helminthen *Mycoplasma* *Streptococcus pneumoniae* *Vibrio cholerae* *Escherichia coli* *Candida albicans* *Helicobacter pylori*
schützende Immunität	cytotoxische T-Zellen antikörperabhängige zellvermittelte Cytotoxizität (?)	T-Zell-abhängige Makrophagen-aktivierung	Antikörper Komplement Phagocytose Neutralisierung	Antikörper, insbesondere IgA inflammatorische Zellen

9.4 Krankheitserreger können in verschiedenen Kompartimenten des Körpers vorkommen, wo sie jeweils mit anderen Abwehrmechanismen bekämpft werden müssen. Nahezu alle Krankheitserreger haben in ihrem Infektionszyklus eine extrazelluläre Phase, in der sie für antikörpervermittelte Effektormechanismen anfällig sind. Liegt der Erreger intrazellulär vor, ist er für Antikörper nicht mehr zugänglich. Die infizierten Zellen werden dann von T-Zellen angegriffen.

	direkte Gewebeschädigung durch Krankheitserreger			indirekte Gewebeschädigung durch Krankheitserreger		
	Exotoxine	Endotoxine	direkte zellschädigende Wirkung	Immunkomplexe	Antikörper gegen Wirtszellen	zellvermittelte Immunität
Mechanismus der Pathogenität						
infektiöser Organismus	Streptococcus pyogenes Staphylococcus aureus Corynebacterium diphtheriae Clostridium tetani Vibrio cholerae	Escherichia coli Haemophilus influenzae Salmonella typhi Shigella Pseudomonas aeruginosa Yersinia pestis	Variola Varicella-zoster-Virus Hepatitis-B-Virus Poliovirus Masernvirus Grippevirus	Hepatitis-B-Virus Malaria Streptococcus pyogenes Treponema pallidum die meisten akuten Infektionen	Streptococcus pyogenes? Mycoplasma pneumoniae	Mycobacterium tuberculosis Mycobacterium leprae LCM-Virus (lymphocytäre Choriomeningitis) menschliches Immunschwäche-virus Borrelia burgdorferi Schistosoma mansoni
Erkrankung	Mandelentzündung, Scharlach Furunkel, Syndrom des toxischen Schocks Lebensmittelvergiftung Diphtherie Tetanus Cholera	gramnegative Sepsis Meningitis, Lungenentzündung Typhus bakterielle Dysenterie Wundinfektionen Pest	Pocken Windpocken, Gürtelrose Hepatitis Poliomyelitis Masern, subakute sklerosierende Leukoencephalitis Grippe	Niere Ablagerungen in Gefäßen Glomerulonephritis Nierenschäden durch Syphilis im Sekundärstadium vorübergehende Ablagerungen in der Niere	rheumatisches Fieber Anämie	Tuberkulose tuberkuloide Lepra aseptische Meningitis AIDS Lyme-Borreliose Schistosomiasis

9.5 Krankheitserreger können Gewebe auf verschiedene Weise schädigen. Die Mechanismen der Gewebeschädigung, typische infektiöse Organismen und die allgemeine Bezeichnung der Erkrankung sind in dieser Tabelle aufgeführt. Einige Mikroorganismen setzen Exotoxine frei, die an der Oberfläche der Wirtszellen wirken, indem sie zum Beispiel Rezeptormechanismen aktivieren und unpassende Reaktionen auslösen. Endotoxine regen Makrophagen zur Ausschüttung von Cytokinen an, die lokale oder systemische Symptome hervorrufen. Viele Krankheitserreger schädigen die Zellen, die sie infizieren, direkt. Schließlich entstehen bei adaptiven Immunreaktionen gegen einen Erreger Antigen:Antikörper-Komplexe und Antikörper, die mit körpereigenem Gewebe kreuzreagieren, sowie T-Zellen, die infizierte Zellen abtöten. All dies schädigt die Gewebe des Wirts.

rien. Viele Mikroorganismen vermehren sich im Extrazellulärraum, entweder im Körperinneren oder auf der Oberfläche von Epithelien. Extrazelluläre Bakterien sind normalerweise anfällig für die Phagocytose und haben daher Mechanismen entwickelt, um einer solchen Vernichtung zu entgehen. Die eingekapselten grampositiven Kokken zum Beispiel leben im Extrazellulärraum und widerstehen der Phagocytose mit Hilfe ihrer Polysaccharidhülle. Wird diese allerdings opsonisiert, können Phagocyten die Bakterien leicht aufnehmen und abtöten.

Verschiedene infektiöse Organismen verursachen ganz unterschiedliche Krankheiten. Das beruht auf den verschiedenen Prozessen, durch die sie das Gewebe schädigen (Abb. 9.5). Viele extrazelluläre Erreger verursachen Krankheiten, indem sie bestimmte toxische Substanzen sezernieren (Abb. 8.21). Intrazelluläre Organismen schädigen dagegen häufig die Zellen, in denen sie leben. Bei einigen Erkrankungen ist auch die Immunantwort des Wirtsorganismus selbst, als Reaktion auf eine Infektion, eine wichtige Ursache der Symptome (Abb. 9.5). Die durch einen bestimmten Erreger verursachten Krankheitsbilder sind in manchen Fällen auch abhängig von der Körperregion, in der diese sich vermehren. Beispielsweise verursacht *Streptococcus pneumoniae* in der Lunge eine Lungenentzündung, im Blut jedoch eine systemische Erkrankung, die schnell zum Tod führt.

9.3 Oberflächenepithelien bilden eine natürliche Barriere gegen Infektionen

Unsere Körperoberflächen sind durch Epithelien geschützt, die eine physische Barriere zwischen dem Körperinneren und der Außenwelt mit ihren Krankheitserregern bilden. Zu diesen Epithelien gehören die Haut und die Epithelzellen, die die tubulären Strukturen unseres Körpers auskleiden, wie etwa das Gastrointestinal-, das respiratorische und das Urogenitalsystem. Zu einer Infektion kommt es nur, wenn ein Krankheitserreger diese Barriere überqueren oder besiedeln kann. Die Bedeutung der Epithelien für den Schutz vor Infektionen wird deutlich, wenn sie verletzt sind, zum Beispiel bei der Wundinfektion oder bei Verbrennungen, wo meist Infektionen für die Todesursache oder für die Symptomatik verantwortlich sind. Der forschende Immunologe durchdringt diese Barriere mit Hilfe einer Injektionsnadel, um Antigene in den Körper einzuschleusen. Krankheitserreger überqueren die epithelialen Schranken normalerweise unabhängig von einer Verwundung oder Verletzung, indem sie sich an Moleküle auf der Oberfläche von Epithelzellen der Schleimhaut (Mucosa) anheften. So kann der Erreger die Epithelzelle infizieren oder so schädigen, daß er durch das Epithel hindurchgelangen kann.

Unsere Oberflächenepithelien sind jedoch mehr als nur eine physische Barriere gegen Infektionen. Sie produzieren auch chemische Substanzen, die Mikroorganismen töten oder ihr Wachstum hemmen. Beispielsweise bilden der saure pH im Magen und die Verdauungsenzyme im oberen Gastrointestinaltrakt eine wirksame chemische Barriere gegen Infektionen, und die Zellen des Darmepithels bilden auch antibakterielle Peptide mit einem breiten Wirkungsspektrum. Darüber hinaus ist mit den meisten Epithelien eine normale Flora nichtpathogener Bakterien assoziiert, die mit den pathogenen Mikroorganismen um Nährstoffe und Anheftungsstellen auf der Zelloberfläche konkurrieren. Auch diese normale Flora kann antimikrobielle Substanzen produzieren, wie zum Beispiel die Colicine (von *Escherichia coli* gebildete antibakterielle Proteine), die die Besiedelung durch andere Bakterien verhindern. Wenn die nichtpathogenen Mikroorganismen im Zuge einer Antibiotikabehandlung abgetötet werden, nehmen pathogene Organismen häufig ihre Position ein und verursachen Krankheiten (Abb. 9.6).

Epithelbarrieren gegen Infektionen	
mechanisch	enge Verbindungen *(tight junctions)* zwischen Epithelzellen Luft- oder Flüssigkeitsstrom entlang des Epithels
chemisch	Fettsäuren (Haut) Enzyme: Lysozym (Speichel, Schweiß, Tränen), Pepsin (Darm) niedriger pH (Magen) antibakterielle Peptide (Defensine) (Darm)
mikrobiologisch	die normale Mikroorganismenflora konkurriert um Nährstoffe und Bindungsstellen an Epithelzellen und kann antibakterielle Substanzen produzieren

9.6 Oberflächenepithelien stellen eine mechanische, chemische und mikrobiologische Barriere gegen Infektionen dar. Infektiöse Organismen müssen diese Barriere durchdringen, um eine systemische Infektion zu verursachen. Normale, nichtpathogene Mikroorganismen (die normale Flora des Körpers) heften sich an die Epithelien an, konkurrieren mit Krankheitserregern um Anheftungsstellen und Nährstoffe und helfen auf diese Weise, eine Infektion zu verhindern. Eine Antibiotikabehandlung, die die normale Flora abtötet, kann ein Individuum anfällig für Infektionen machen.

Wenn ein Erreger die epitheliale Barriere überschreitet und mit der Vermehrung im Wirtsgewebe beginnt, müssen die Abwehrmechanismen ihn entfernen. Die erste Phase der Wirtsverteidigung beruht auf speziellen Zellen und Molekülen, die für die angeborene Immunität zuständig sind.

9.4 Der alternative Weg der Komplementaktivierung bildet die erste nichtadaptive Verteidigungslinie gegen viele Mikroorganismen

Der alternative Weg der Komplementaktivierung kann an der Oberfläche einiger Mikroorganismen auch ohne spezifische Antikörper ablaufen. Dann löst er dieselben Abwehrreaktionen aus wie der klassische Weg, allerdings ohne die Verzögerung von fünf bis sieben Tagen, die zur Produktion der Antikörper notwendig sind.

Die Reaktionskaskade ist schematisch in Abbildung 9.7 dargestellt. C3 ist überall im Plasma vorhanden, und C3b wird in nicht unbedeutender Menge durch spontane Spaltung gebildet (auch *tickover* genannt). Obwohl ein Großteil dieses C3b durch Hydrolyse inaktiviert wird, binden einige C3b-Moleküle über ihre reaktiven Thioestergruppen an die Oberfläche der Wirtszellen oder der Krankheitserreger. An so gebundenes C3b kann sich Faktor B anlagern. Dadurch kann letzterer durch die Serinprotease Faktor D gespalten werden. Dabei entstehen Bb und Ba. Wenn dies an der Oberfläche einer Wirtszelle geschieht, verhindern die Zelloberflächenproteine DAF und MCP sowie das Plasmaprotein Faktor H, daß der C3b,Bb-Komplex weitere Aktivierungsschritte auslösen kann (Kapitel 8). DAF und Faktor H binden an C3b, verdrängen Bb und verhindern auf diese Weise den nächsten Schritt der Aktivierungskaskade. Darüber hinaus bewirken Faktor H und das Zelloberflächenprotein MCP, daß C3b durch Faktor I gespalten werden kann. Dabei handelt es sich um eine Serinprotease, die in aktiver Form zirkuliert, C3b in C3c und C3d spaltet und es dadurch dauerhaft inaktiviert (Abb. 9.7).

Mikroorganismen fehlen die schützenden Proteine MCP und DAF, und Faktor H bindet bevorzugt an C3b auf der Oberfläche von Wirtszellen. Infolgedessen werden die C3b,Bb-Komplexe auf der Oberfläche von Mikroorganismen nicht gespalten und wirken als aktive C3/C5-Konvertase. Anscheinend begünstigt die Oberfläche von Mikroorganismen auch die Bindung einer regulatorischen Komponente des alternativen Weges. Dieses sogenannte **Properdin** oder **Faktor P** fördert die Aktivierung, indem es sich an C3b,Bb-Komplexe anlagert, sie stabilisiert und somit ihre Dissoziation durch Faktor H und die anschließende Spaltung durch Faktor I verhindert. Diese stabilisierte C3/C5-Konvertase wirkt dann in derselben Weise wie die C3/C5-Konvertase des klassischen Aktivierungsweges (Abschnitt 8.25) und wandelt eine große Anzahl freier C3-Moleküle in C3b-Moleküle um. Diese bedecken die benachbarte Oberfläche, binden C5 und induzieren so dessen Spaltung. Das löst den lytischen Weg aus und damit die Freisetzung der inflammatorischen Peptide C3a und C5a. Einmal in Gang gebracht, kann der alternative Weg seine eigene Feedback-Verstärkung fördern. Dann reagiert membrangebundenes C3b mit noch mehr Faktor-B-Molekülen, was die C3/C5-Konvertaseaktivität auf der Oberfläche des Erregers erhöht.

Nicht alle mikrobiellen Oberflächen lassen die Aktivierung des alternativen Weges zu, und es ist nicht bekannt, worin sich die Oberflächen, an denen die alternative Reaktionskaskade ablaufen kann, von denen unterscheiden, an denen dies nicht möglich ist. Allerdings sind Oberflächen mit einem hohen Gehalt an Sialinsäureresten, wie etwa die Oberfläche von Wirbeltierzellen, widerstandsfähiger gegenüber einem Angriff durch die alternative Reaktionskette als Bakterien, die keine Sialinsäure tragen.

Nur zwei Ereignisse des klassischen Weges der Komplementaktivierung sind nicht exakt homolog zu den entsprechenden Schritten des alternativen Weges: Der erste ist die erste Spaltungsreaktion, die beim klassischen Weg zur Ablagerung von C4b auf der Bakterienoberfläche führt, und der zweite die Spaltung, bei der C2b entsteht, die aktive Protease der C3/C5-Konvertase. Diese beiden Schritte werden beim klassischen Weg durch die Aktivierung von C1s durch gebundene Antikörper vermittelt. Beim alternativen Weg wird C3 spontan aktiviert, während Faktor B durch das Plasmaprotein Faktor D aktiviert wird. Der alternative Weg der Komplementaktivierung

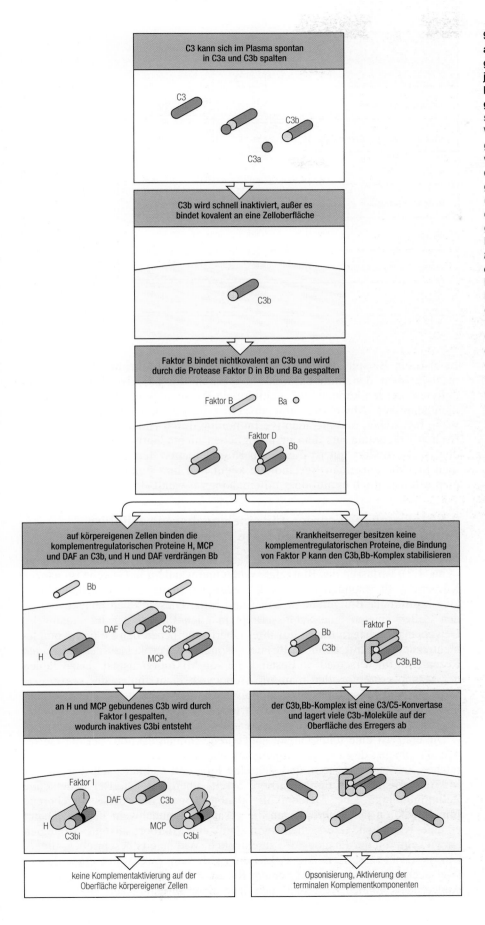

C3 kann sich im Plasma spontan in C3a und C3b spalten

C3

C3b

C3a

C3b wird schnell inaktiviert, außer es bindet kovalent an eine Zelloberfläche

C3b

Faktor B bindet nichtkovalent an C3b und wird durch die Protease Faktor D in Bb und Ba gespalten

Faktor B   Ba

Faktor D   Bb

auf körpereigenen Zellen binden die komplementregulatorischen Proteine H, MCP und DAF an C3b, und H und DAF verdrängen Bb

Bb

DAF   C3b

H

MCP

Krankheitserreger besitzen keine komplementregulatorischen Proteine, die Bindung von Faktor P kann den C3b,Bb-Komplex stabilisieren

Faktor P

Bb

C3b

C3b,Bb

an H und MCP gebundenes C3b wird durch Faktor I gespalten, wodurch inaktives C3bi entsteht

Faktor I

DAF   C3b

H   C3bi

MCP   C3bi

der C3b,Bb-Komplex ist eine C3/C5-Konvertase und lagert viele C3b-Moleküle auf der Oberfläche des Erregers ab

keine Komplementaktivierung auf der Oberfläche körpereigener Zellen

Opsonisierung, Aktivierung der terminalen Komplementkomponenten

9.7 Komplementproteine, die über den alternativen Weg aktiviert worden sind, greifen Krankheitserreger an, nicht jedoch körpereigene Zellen, die von komplementregulatorischen Proteinen geschützt werden. C3b wird im Serum spontan gespalten und kann sich an Wirtszellen oder Krankheitserreger anlagern, wo es an Faktor B bindet. Faktor B wiederum wird schnell von Faktor D, einer Serumprotease, in Bb, das an C3b gebunden bleibt, und Ba gespalten (obere Bilder). Körpereigene Zellen werden durch die Bindung von C3b,Bb nicht geschädigt (unten links), da sie die Membranproteine DAF (*decay accelerating factor*) und MCP (*membrane cofactor of proteolysis*) exprimieren und die Bindung von Faktor H aus dem Serum begünstigen. DAF und Faktor H verdrängen Bb von C3b, während MCP und Faktor H die Spaltung von gebundenem C3b durch Faktor I katalysieren. Dabei entsteht das inaktive C3bi. Bakterienoberflächen besitzen keine komplementregulatorischen Proteine und begünstigen die Bindung von Faktor P (Properdin), das die Aktivität der C3b,Bb-Konvertase stabilisiert (unten rechts). Diese Konvertase entspricht dem C4b,C2b des klassischen Weges der Komplementaktivierung (Abb. 9.8) und löst die Spaltung weiterer C3-Moleküle aus. Dies führt zur Opsonisierung durch C3b und zur Aktivierung der terminalen Komplementkomponenten.

9.8 Zwischen den Faktoren des alternativen und des klassischen Weges der Komplementaktivierung besteht eine enge Verwandtschaft. Die meisten Faktoren sind entweder identisch oder die Produkte von Genen, die zuerst dupliziert wurden und sich dann in ihrer Sequenz leicht verändert haben. Die Proteine C4 und C3 sind homolog und enthalten die instabilen Thioesterbindungen, die für die Anheftung an die Membran notwendig sind. Die Gene für C2 und B liegen neben den Klasse-III-Genen im MHC-Cluster und sind durch Genduplikation entstanden. Die regulatorischen Proteine Faktor H, CR1 und C4bp haben eine Wiederholungssequenz gemeinsam, die bei vielen komplementregulatorischen Proteinen vorkommt. Am stärksten unterscheiden sich die beiden Wege in ihrem allerersten Schritt, wo C1 dazu dient, auf einer bestimmten Oberfläche die Antikörperbindung in eine Enzymaktivität umzuwandeln. Beim alternativen Weg ist diese Enzymaktivität durch Faktor D gegeben. Alle anderen Faktoren der beiden Wege sind identisch.

Schritt in der Reaktionskette	Protein, das die Funktion erfüllt		Verhältnis
	alternativer Weg	klassischer Weg	
auslösende Serinprotease	D	C1s	unbekannt
kovalente Bindung an Zelloberfläche	C3b	C4b	homolog
C3/C5-Konvertase	Bb	C2b	homolog
Kontrolle der Aktivierung	H	CR1, C4bp	homolog
Opsonisierung	C3b		identisch
Auslösen der Effektorreaktionen	C5b		identisch
lokale Entzündung	C5a, C3a		identisch

ist also ein Beispiel für das allgemeine Prinzip, daß die meisten Effektormechanismen der Immunabwehr, die durch die adaptive Immunantwort aktiviert werden können, auf nichtklonale Weise auch als Teil einer frühen, nichtadaptiven Abwehrreaktion ausgelöst werden können. Es ist mittlerweile fast sicher, daß die adaptive Immunität durch Hinzufügen einer spezifischen Erkennung aus dem ursprünglichen nichtadaptiven System entstanden ist. Besonders gut ist dies beim Komplementsystem zu beobachten, da man hier die einzelnen Bestandteile kennt und ihre funktionellen Homologien offensichtlich evolutionär miteinander verwandt sind (Abb. 9.8).

9.5 Makrophagen sorgen für eine angeborene zelluläre Immunität im Gewebe und lösen Abwehrreaktionen aus

Makrophagen reifen kontinuierlich aus zirkulierenden Monocyten heran (Abb. 1.7), verlassen das Blutgefäßsystem und wandern in Gewebe im ganzen Körper ein. In besonders großer Zahl findet man sie im Bindegewebe und entlang bestimmter Blutgefäße in Leber und Milz. Diese großen phagocytierenden Zellen spielen eine Schlüsselrolle in allen Phasen der Immunabwehr. Gewebemakrophagen tragen auf ihrer Oberfläche neben den Fc-und Komplementrezeptoren, mit deren Hilfe sie opsonisierte Partikel aufnehmen, auch Rezeptoren für verschiedene Bestandteile von Mikroorganismen. Dazu zählen der Mannoserezeptor, den man auf Monocyten nicht findet, der *scavenger*-Rezeptor und Rezeptoren für Lipopolysaccharide (Abb. 9.9). Wenn Krankheitserreger eine Epithelbarriere überwinden, werden sie in den subepithelialen Bindegeweben von Phagocyten erkannt. Das hat drei wichtige Folgen:

Die erste ist eine unmittelbare angeborene Immunreaktion, bei der Gewebemakrophagen den Erreger aufnehmen und zerstören. Dies kann schon ausreichen, um zu verhindern, daß sich eine Infektion etabliert, selbst wenn der Mikroorganismus die Epithelbarriere bereits überquert hat. Der bedeutende Zellimmunologe Elie Metchnikoff glaubte sogar, daß diese angeborene Immunreaktion der Makrophagen die gesamte Immunabwehr umfaßt. Damit er eine Krankheit verursachen kann, muß ein Mikroorganismus Strategien entwickeln, um der Phagocytose zu entgehen. Wie bereits beschrieben, umgeben sich viele extrazelluläre Bakterien zu diesem Zweck mit einer dicken Polysaccharidkapsel, die von keinem Rezeptor der Phagocyten erkannt wird. Andererseits können Bakterien auch dann einen Infektionsherd bilden, wenn sie in genügend großer Zahl in den Körper eindringen und so das angeborene Verteidigungssystem überwältigen.

Der zweite wichtige Effekt der Wechselwirkung zwischen Gewebemakrophagen und Krankheitserregern ist die Sekretion von Cytokinen durch

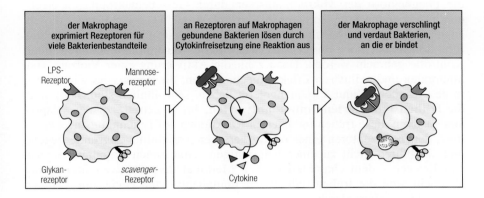

der Makrophage exprimiert Rezeptoren für viele Bakterienbestandteile

LPS-Rezeptor
Mannose-rezeptor
Glykan-rezeptor
scavenger-Rezeptor

an Rezeptoren auf Makrophagen gebundene Bakterien lösen durch Cytokinfreisetzung eine Reaktion aus

Cytokine

der Makrophage verschlingt und verdaut Bakterien, an die er bindet

9.9 Makrophagen tragen mehrere verschiedene Rezeptoren, die Bestandteile von Mikroorganismen erkennen und die die Phagocytose und die Freisetzung von Cytokinen auslösen können. In der Abbildung ist dies für einen solchen Rezeptor, der bakterielle Lipopolysaccharide (LPS) erkennt, dargestellt.

die Phagocyten. Man nimmt an, daß die Erreger die Cytokinsekretion durch Bindung an dieselben Rezeptoren auslösen, die auch bei der Phagocytose eine Rolle spielen. Die Cytokine sind ein wichtiger Bestandteil der anschließenden Phase der Immunantwort, die eine Reihe von induzierten, jedoch nichtadaptiven Reaktionen umfaßt, wie wir später sehen werden. Schließlich üben diese Rezeptoren wahrscheinlich auch bei der Aufnahme und Verarbeitung von Antigenen eine wichtige Funktion aus, sowie bei der Induktion costimulatorischer Aktivitäten auf Makrophagen und damit beim Auslösen der adaptiven Immunreaktion (Kapitel 7).

Zusammenfassung

Der Körper der Säugetiere ist anfällig für Infektionen durch eine Vielzahl von Krankheitserregern, die zunächst mit dem Wirt in Kontakt treten und dann einen Infektionsherd bilden müssen, um eine Erkrankung auszulösen. Diese Erreger unterscheiden sich sehr in ihrer Lebensweise und den Mechanismen, durch die sie Krankheiten auslösen. Der Wirt muß daher mit vielfältigen, funktionell unterschiedlichen Immunantworten reagieren. Die erste Phase der Wirtsverteidigung bezeichnet man als angeborene Immunität, da die zugrundeliegenden Mechanismen immer vorhanden sind und einen Eindringling jederzeit angreifen können. Eine erste Verteidigungslinie bilden die Epitheloberflächen, indem sie die Erreger daran hindern, in den Körper zu gelangen, und viele Viren und Bakterien können nur durch spezielle Wechselwirkungen mit den Zelloberflächen eindringen. Bakterien, denen es gelungen ist, diese Barriere zu überwinden, stehen zwei unmittelbaren Abwehrmechanismen gegenüber. Erstens sind sie dem humoralen Angriff durch das Komplementsystem ausgesetzt, das im Plasma spontan über den alternativen Weg aktiviert wird. Es kann Bakterien opsonisieren oder zerstören, während die körpereigenen Zellen durch komplementregulatorische Proteine geschützt sind. Zweitens können sie von Makrophagen phagocytiert werden, die Rezeptoren für häufige Bestandteile von Bakterien tragen. Die angeborene Immunität erfordert das direkte Auslösen eines Effektormechanismus durch den Erreger. Sie greift unmittelbar beim ersten Kontakt mit dem Eindringling und ihre Wirksamkeit ist auch bei einer zweiten oder dritten Infektion durch denselben Erreger immer gleich. Darin unterscheidet sich die angeborene Immunität von den induzierten Immunreaktionen, die wir als nächstes betrachten wollen, und von der adaptiven Immunität, die zu einem langfristigen Schutz vor einer erneuten Infektion führt.

Nichtadaptive Abwehrreaktionen gegen Infektionen

Die Aktivierung des Komplementsystems über den alternativen Weg und die Phagocytose der Mikroorganismen durch Gewebemakrophagen erfolgen in den ersten Stunden einer lokalen Infektion. Wenn der Erreger diesen angeborenen Abwehrmechanismen entgeht oder sie überwindet, kann die Infektion immer noch durch eine zweite Serie von Immunreaktionen unter Kontrolle gebracht werden. Dazu zählt die Aktivierung einer Vielzahl von humoralen und zellulären Effektormechanismen, die denen, die wir bereits in den Kapiteln 7 und 8 kennengelernt haben, sehr ähnlich sind. Dies sind die **frühen induzierten Immunantworten**. Im Gegensatz zu den adaptiven basieren diese frühen induzierten Reaktionen auf Erkennungsmechanismen, denen Rezeptoren einer relativ geringen Variabilität zugrunde liegen, und sie führen nicht zu einer langfristigen schützenden Immunität gegen den Erreger – dem charakteristischen Merkmal der adaptiven Immunität. Vielmehr sind die frühen induzierten Immunantworten gegen alle Erreger mehr oder weniger gleich.

Die frühen induzierten, jedoch nichtadaptiven Immunantworten sind vor allem aus zwei Gründen wichtig. Erstens können sie einen Krankheitserreger vernichten, oder – was häufiger der Fall ist – ihn so lange in Schach halten, bis eine adaptive Immunantwort eingeleitet ist. Die frühen Antworten sind sehr schnell, da keine klonale Vermehrung notwendig ist. Die adaptiven Immunreaktionen kennzeichnet dagegen eine Latenzzeit der klonalen Expansion, bevor die proliferierenden Lymphocyten zu Effektorzellen reifen, die eine Infektion beseitigen können. Zweitens beeinflussen die frühen Immunreaktionen die adaptiven Antworten auf verschiedene Weise. Das werden wir sehen, wenn wir diese spätere Phase der Immunantwort im nächsten Teil dieses Kapitels betrachten.

9.6 Von Makrophagen freigesetzte Cytokine wirken auf das Endothel ein und verstärken so die lokale Reaktion auf eine Infektion

Die wichtigste Aufgabe der Makrophagen während der zweiten Phase einer Immunantwort ist, noch mehr phagocytierende Zellen und Effektormoleküle zum Infektionsherd zu locken, indem sie eine Reihe von Cytokinen sezernieren, die die folgenden Ereignisse stark beeinflussen. Diese Cytokine, deren Synthese stimuliert wird, wenn Makrophagen mikrobielle Moleküle erkennen, nennt man oft **Monokine**, da sie vor allem von Zellen der Monocyten-Makrophagen-Linie produziert werden. Es handelt sich dabei um eine strukturell sehr verschiedenartige Gruppe von Molekülen, zu der unter anderem die Interleukine 1, 6, 8 und 12 sowie der Tumornekrosefaktor-α (TNF-α) zählen. Alle diese Monokine haben wichtige lokale und systemische Wirkungen, die in Abbildung 9.10 zusammengefaßt sind.

Die lokalen Wirkungen von TNF-α sind besonders erstaunlich und wichtig, obwohl auch die anderen von Makrophagen bei Kontakt mit Mikroorganismen gebildeten Cytokine signifikant zu lokalen Abwehrreaktionen beitragen. Die wichtigste lokale Wirkung von TNF-α ist das Auslösen einer **Entzündung**. Diese ist durch Schmerzen, Rötung, erhöhte Temperatur und Schwellung am Infektionsort gekennzeichnet und beruht auf zwei Typen von TNF-α-induzierten Veränderungen in den lokalen Blutgefäßen. Die erste umfaßt eine Vergrößerung des Gefäßdurchmessers, die zu einem verstärkten lokalen Blutfluß führt – daher die Erwärmung und Rötung –, sowie eine Erhöhung der Permeabilität der Gefäße, die zu einer lokalen Flüssigkeitsansammlung führt – daher die Schwellung und der Schmerz. Zu diesen ersten Veränderungen zählt auch die Akkumulation von Immunglobulinen, Komplementproteinen und anderen Proteinen des Blutes.

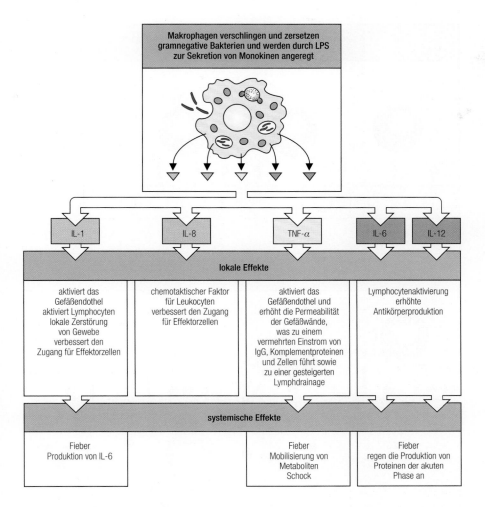

Makrophagen verschlingen und zersetzen gramnegative Bakterien und werden durch LPS zur Sekretion von Monokinen angeregt

| IL-1 | IL-8 | TNF-α | IL-6 | IL-12 |

lokale Effekte

| aktiviert das Gefäßendothel aktiviert Lymphocyten lokale Zerstörung von Gewebe verbessert den Zugang für Effektorzellen | chemotaktischer Faktor für Leukocyten verbessert den Zugang für Effektorzellen | aktiviert das Gefäßendothel und erhöht die Permeabilität der Gefäßwände, was zu einem vermehrten Einstrom von IgG, Komplementproteinen und Zellen führt sowie zu einer gesteigerten Lymphdrainage | Lymphocytenaktivierung erhöhte Antikörperproduktion |

systemische Effekte

| Fieber Produktion von IL-6 | | Fieber Mobilisierung von Metaboliten Schock | Fieber regen die Produktion von Proteinen der akuten Phase an |

9.10 Zu den wichtigen Monokinen, die von Makrophagen als Reaktion auf bakterielle Bestandteile freigesetzt werden, gehören unter anderem IL-1, IL-6, IL-8, IL-12 und TNF-α. Besonders TNF-α stimuliert lokale Entzündungsreaktionen, die helfen, die Infektion einzudämmen (Abb. 9.12). Es hat auch systemische Effekte, von denen einige schädlich sind. IL-6, IL-12 und IL-1 spielen eine wichtige Rolle beim Auslösen der Reaktion der akuten Phase in der Leber (Abb. 9.15). IL-1 und IL-6 rufen Fieber hervor, was eine effektive Immunabwehr auf verschiedene Weise begünstigt. Die wichtigste Aufgabe von IL-8 ist es, die neutrophilen Zellen zu den Infektionsherden zu leiten.

Zweitens induziert TNF-α in den Epithelzellen kleiner Blutgefäße die Expression von Adhäsionsmolekülen, die sich an die Oberfläche von zirkulierenden Monocyten und polymorphkernigen Leukocyten binden und die Geschwindigkeit, mit der diese phagocytierenden Zellen durch die Wand der Gefäße ins Gewebe wandern, stark erhöhen. Wir haben bereits gesehen, daß Monocyten kontinuierlich ins Gewebe einwandern, wo sie zu Makrophagen differenzieren. Während einer Entzündungsreaktion locken die Neubildung von Adhäsionsmolekülen auf den lokalen Blutgefäßen sowie Veränderungen der von den Leukocyten exprimierten Adhäsionsmoleküle, viele zirkulierende Zellen zum Infektionsort.

Die Wanderung von Leukocyten aus Blutgefäßen heraus – man nennt diesen Vorgang auch **Extravasation** – läuft vermutlich in vier Schritten ab (Abb. 9.11). Der erste wird durch die Adhäsionsmoleküle P- und E-Selektin vermittelt. Bereits innerhalb weniger Minuten nach dem Kontakt mit TNF-α läuft die Expression von P-Selektin an, während E-Selektin erst nach einigen Stunden gebildet wird. Diese Moleküle gehören derselben Familie an wie L-Selektin, das auf naiven T-Zellen exprimiert wird (Abb. 7.4), und genau wie L-Selektin erkennen sie Kohlenhydratepitope bestimmter Glykoproteine auf Leukocyten, in diesem Fall die Sialyl-Lewis[x]-Einheit. Die Wechselwirkung von P-Selektin und E-Selektin mit diesen Glykoproteinen führt zu einer schwachen Anheftung der Leukocyten an die Gefäßwand, so daß zirkulierende Leukocyten an Endothelien, die man zuvor mit inflammatorischen Cytokinen behandelt hat, entlang „rollen" (Abb. 9.11, oben). Diese schwache Adhäsion ermöglicht die stärkeren Interaktionen des zweiten Schritts.

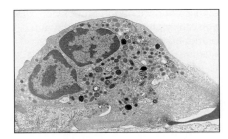

9.11 Wechselwirkungen zwischen Adhäsionsmolekülen, die durch Monokine induziert werden, leiten phagocytierende Leukocyten zu den Infektionsherden. Der erste Schritt (oben) besteht aus einer schwachen Bindung der Leukocyten an das Gefäßendothel, die auf Wechselwirkungen zwischen den auf den Endothelzellen induzierten Selektinen und den entsprechenden Kohlenhydratliganden auf den Leukocyten beruht. Hier ist dieser Vorgang für E-Selektin und seinen Liganden, den Sialyl-Lewis^x-Rest (s-Le^x), gezeigt. Diese Bindung ist nicht stark genug, um den Scherkräften des Blutstroms zu widerstehen, so daß die Zellen am Endothel entlangrollen, indem sie ständig neue Verbindungen ausbilden und alte zerbrechen. Dieser schwachen Bindung folgen jedoch stärkeren Wechselwirkungen, die das Resultat der Induktion von ICAM-1 auf dem Endothel und der Aktivierung seiner Liganden LFA-1 und Mac-1 (nicht gezeigt) auf dem Leukocyten sind. Die stabile Bindung zwischen diesen Molekülen beendet die Rollbewegung und ermöglicht es den Leukocyten, sich zwischen den Endothelzellen hindurch zu zwängen, die die Wand der Blutgefäße bilden (Extravasation). Sowohl für diesen Vorgang als auch für die Wanderung entlang des Chemokingradienten sind die Leukocytenintegrine LFA-1 und Mac-1 notwendig. Auch die Adhäsion zwischen CD31-Molekülen, die sowohl auf Leukocyten als auch an der Verbindung zwischen den Endothelzellen exprimiert werden, trägt wahrscheinlich zur Diapedese bei. Schließlich wandern die Leukocyten einen Konzentrationsgradienten von Chemokinen entlang (in unserem Beispiel IL-8), die von Zellen am Infektionsherd ausgeschüttet werden. Die elektronenmikroskopische Aufnahme oben zeigt eine neutrophile Zelle, die gerade begonnen hat, zwischen zwei Endothelzellen (am unteren Bildrand) hindurch zu wandern. Man beachte das Pseudopodium, das der Leukocyt zwischen zwei benachbarte Endothelzellen gezwängt hat. Die dunkle Masse rechts ist ein Erythrocyt, der unter der neutrophilen Zelle eingeklemmt ist. (Photo: I. Bird und J. Spragg; × 5500.)

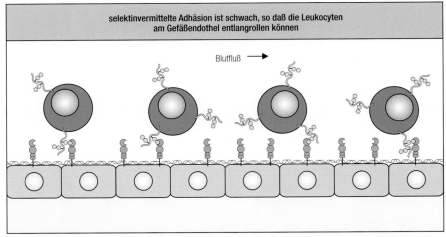

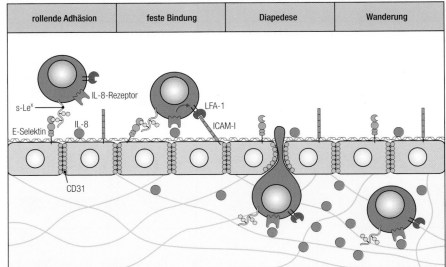

Dieser ist abhängig von Wechselwirkungen zwischen dem immunglobulinähnlichen Molekül ICAM-1, dessen Expression auf Epithelzellen ebenfalls durch TNF-α ausgelöst wird, und den Leukocytenintegrinen LFA-1 und Mac-1 auf der Oberfläche von Phagocyten (Abb. 9.11, unten). LFA-1 und Mac-1 haben normalerweise nur eine geringe Affinität zu ICAM-1. IL-8, das ebenfalls von stimulierten Makrophagen freigesetzt wird (Abb. 9.10), verursacht jedoch eine Konformationsänderung von LFA-1 und Mac-1 auf der Oberfläche rollender Leukocyten, wodurch sich die Affinität dieser Moleküle zu ICAM-1 stark erhöht. Demzufolge heften sich die Leukocyten fest an das Endothel an, und das Entlangrollen endet. Im dritten Schritt durchqueren die Leukocyten das Gefäßendothel. Dabei spielen wieder die Integrine LFA-1 und Mac-1 eine Rolle sowie eine weitere Wechselwirkung, an der das immunglobulinähnliche Molekül PECAM oder CD31 beteiligt ist, das sowohl auf den Leukocyten als auch an den Verbindungsstellen zwischen den Epithelzellen exprimiert wird. Diese Interaktionen zwischen den Leukocyten und den Epithelzellen erlauben es den Phagocyten schließlich, das Gefäßendothel zu durchqueren – man nennt dies auch **Diapedese** – und zum Infektionsherd zu gelangen. Der letzte Schritt ist die Wanderung der Leukocyten durchs Gewebe unter dem Einfluß von IL-8 und anderen verwandten Molekülen, die wir später in diesem Kapitel noch detaillierter betrachten werden. Man nimmt an, daß ähnliche Vorgänge auch für das Ansteuern ihres zukünftigen Standortes (*homing*) in den peripheren lymphatischen Organen durch naive T-Lymphocyten und für die Wanderung von T-Effektorzellen zu den Infektionsorten verantwortlich sind.

Die durch die Monokine ausgelösten molekularen Veränderungen an der Oberfläche der Endothelzellen induzieren auch die Expression von solchen Molekülen auf der Oberfläche dieser Zellen, die eine lokale Gerinnung des Blutes verursachen. Die Gerinnsel verschließen die kleinen Blutgefäße und unterbinden dadurch den Blutfluß. Dies verhindert, daß die Erreger in den Blutstrom gelangen und sich mit ihm im ganzen Körper ausbreiten. Statt dessen transportiert die Flüssigkeit, die anfangs aus der Blutbahn ins

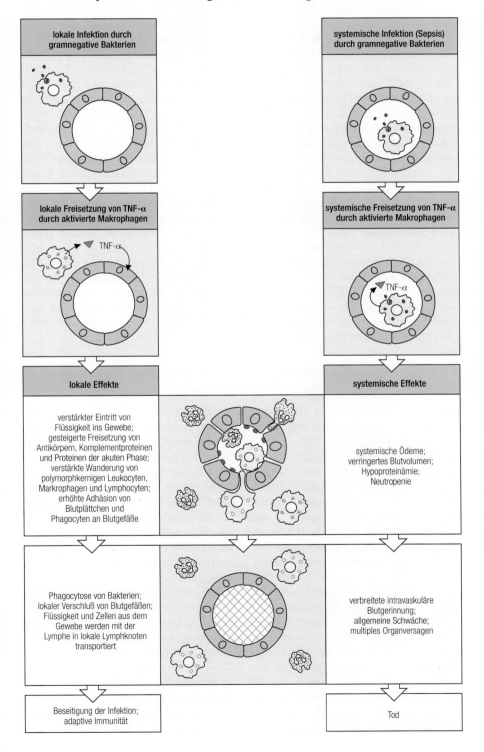

9.12 Die Ausschüttung von TNF-α durch Makrophagen induziert lokale schützende Effekte. Wenn es systemisch freigesetzt wird, kann TNF-α jedoch auch schädliche Wirkungen haben. Links sind die Ursachen und die Folgen einer lokalen, rechts die einer systemischen Freisetzung von TNF-α dargestellt. Die Bilder in der Mitte zeigen den allgemeinen Einfluß von TNF-α auf Blutgefäße. Hier verursacht es einen gesteigerten Blutfluß, eine erhöhte Durchlässigkeit für Flüssigkeit, Proteine und Zellen sowie eine stärkere Adhäsion von weißen Blutzellen und Blutplättchen. Die lokale Freisetzung führt also zu einem Einströmen von Flüssigkeit, Zellen und Proteinen, die an den Abwehrreaktionen beteiligt sind, in das infizierte Gewebe. Die engen Gefäße werden später von den Blutplättchen verschlossen, so daß sich die Infektion nicht in das Gefäßsystem ausbreiten kann. Das Gewebe wird über die regionalen Lymphknoten entwässert, wo die Initiation der adaptiven Immunreaktion stattfindet. Liegt eine systemische Infektion (Sepsis) durch Bakterien vor, die eine TNF-α-Produktion auslösen, dann wirkt TNF-α in ähnlicher Weise auf alle kleinen Blutgefäße. Dies führt zum Schock, zu einer verbreiteten intravaskulären Gerinnung, dadurch zur Erschöpfung der Vorräte an freien Blutplättchen und folglich zu Blutungen, zum Ausfall zahlreicher Organe und zum Tod. Antikörper gegen TNF-α fördern die Ausbreitung lokaler Infektionen, verhindern jedoch einen septischen Schock. In der medizinischen Praxis verwendet man sie nur zur Behandlung systemischer Infektionen, wo die Auswirkungen von TNF-α hauptsächlich schädliche sind.

Gewebe übergetreten ist, die Erreger entweder so, wie sie sind, oder eingeschlossen in Phagocyten durch das Lymphsystem zu den regionalen Lymphknoten, wo eine adaptive Immunreaktion ausgelöst werden kann. Wie wichtig TNF-α bei diesen Vorgängen ist, wird durch Experimente deutlich, bei denen man Kaninchen lokal mit einem Bakterium infiziert. Normalerweise bleibt die Infektion auf den Bereich der Injektion beschränkt. Injiziert man jedoch zusätzlich zu den Erregern Anti-TNF-α-Antikörper, dann breitet sich die Infektion über das Blut auch in andere Organe aus.

Sobald eine Infektion das Blut erreicht, haben dieselben Mechanismen, durch die TNF-α eine lokale Infektion so effektiv in Schach hält, katastrophale Folgen (Abb. 9.12). Bei dieser Erkrankung, die man auch als Sepsis (Blutvergiftung) bezeichnet, setzen Makrophagen im ganzen Körper TNF-α frei. Das verursacht eine Gefäßerweiterung und den Verlust von Blutplasma aufgrund der erhöhten Permeabilität der Gefäßwände und führt schließlich zum Schock. Außerdem löst TNF-α beim septischen Schock an vielen Stellen eine intravaskuläre Blutgerinnung aus, die zur Bildung winziger Thrombosen führt und Gerinnungsproteine aufbraucht, so daß eine angemessene Blutgerinnung nicht mehr möglich ist. Dies führt häufig zum Versagen lebenswichtiger Organe, wie etwa von Nieren, Leber, Herz und Lunge, die bei einer ungenügenden Blutversorgung schnell geschädigt werden. Dementsprechend ist die Mortalitätsrate beim septischen Schock hoch. Wie zu erwarten, lassen sich die Auswirkungen durch Gabe von Antikörpern gegen TNF-α mildern, die man experimentell zur Behandlung des septischen Schocks eingesetzt hat. Außerdem kommt es bei Mausmutanten, die einen Defekt im TNF-α-Rezeptor aufweisen, niemals zu einem septischen Schock. Solche Mutanten sind allerdings auch nicht in der Lage, eine lokale Infektion zu kontrollieren. Obwohl die Eigenschaften von TNF-α, die den Faktor bei der Eindämmung einer lokalen Infektion so wertvoll machen, genau die sind, die ihn zu einem Schlüsselmolekül bei der Entstehung des septischen Schocks werden lassen, zeigt die Konservierung von TNF-α im Laufe der Evolution, daß seine Vorteile die verheerenden Wirkungen bei einer systemischen Freisetzung deutlich überwiegen.

9.7 Kleine Proteine, die sogenannten Chemokine, locken neue phagocytierende Zellen zum Infektionsort

Einige der Monokine, die als Reaktion auf eine Infektion sezerniert werden, gehören zu einer Familie eng miteinander verwandter Proteine, den sogenannten **Chemokinen**. Dies sind kleine Polypeptide, die nicht nur von Makrophagen sondern auch von Endothelzellen gebildet werden, von den Keratinocyten der Haut und von den Fibroblasten und den glatten Muskelzellen der Bindegewebe. Auch Interleukin-8, dessen Rolle bei der Extravasation wir gerade kennengelernt haben, gehört zu dieser Gruppe von Monokinen. Alle Chemokine besitzen ähnliche Aminosäuresequenzen, und ihre dreidimensionale Struktur (nicht aber die Sequenz) weist einige Ähnlichkeiten mit den antigenbindenden Domänen der HLA-Moleküle auf. Die Chemokine fungieren hauptsächlich als chemische Lockstoffe für phagocytierende Zellen, indem sie Makrophagen und neutrophile Granulocyten aus dem Blut zu den Infektionsherden locken. Man bezeichnet sie auch als **Intercrine**, obwohl dieser Begriff in diesem Buch nicht verwendet wird.

Die Mitglieder der Familie der Chemokine lassen sich anhand kleiner struktureller Unterschiede zwei großen Gruppen zuteilen, α und β. Sie wirken auf unterschiedliche Zelltypen ein: Im allgemeinen fördern die α-Chemokine die Wanderung neutrophiler Zellen, die β-Chemokine dagegen die der Monocyten. IL-8 gehört zu den α-Chemokinen. Ein Beispiel für ein β-Chemokin ist der sogenannte *human macrophage chemoattractant and activating factor* (MCAF oder MCP-1). IL-8 und MCAF haben ähnliche, wenn auch komplementäre Funktionen. Als chemischer Lockstoff für neu-

Chemokin	Unterklasse	produziert durch	Wirkung auf		
			T-Zellen	Monocyten	Neutrophile
IL-8	α	Monocyten Makrophagen Fibroblasten Keratinocyten			chemotaktischer Faktor Aktivierung
PBP/β-TG/ NAP-2	α	Blutplättchen			chemotaktischer Faktor Induktion der Degranulierung
MIP-1β	β	Monocyten Makrophagen Neutrophile Endothel	chemotaktischer Faktor für CD8-T-Zellen		chemotaktischer Faktor Aktivierung
MCP-1 oder MCAF	β	Monocyten Makrophagen Fibroblasten Keratinocyten	chemotaktischer Faktor für T-Gedächtniszellen	chemotaktischer Faktor Aktivierung	
RANTES	β	T-Zellen	chemotaktischer Faktor für CD4-T-Gedächtniszellen	chemotaktischer Faktor	

9.13 Eigenschaften einiger ausgewählter Chemokine. Chemokine lassen sich in zwei verschiedene, jedoch miteinander verwandte Gruppen einteilen: Die α-Chemokine sind beim Menschen alle in einem Bereich von Chromosom 4 codiert, die β-Chemokine in einem Cluster auf Chromosom 17. In der Tabelle sind auch die Wirkungen einiger Chemokine aus jeder Gruppe aufgeführt.

trophile Zellen regt IL-8 diese Zellen dazu an, die Blutbahn zu verlassen und in die umgebenden Gewebe einzuwandern. Dagegen wirkt MCAF auf Monocyten und löst deren Wanderung aus den Gefäßen und damit ihre Entwicklung zu Gewebemakrophagen aus. Andere Chemokine fördern möglicherweise den Übertritt weiterer Zellen ins Gewebe, wie etwa von T-Effektorzellen (Abschnitt 9.17), wobei die einzelnen Chemokine auf verschiedene Zellgruppen einwirken (Abb. 9.13).

IL-8 und MCAF erfüllen zweierlei Funktionen beim Anlocken von Zellen: Erstens stoppen sie die Zirkulation der Zellen im Blut, und zweitens dirigieren sie die Zellen entlang eines steigenden Konzentrationsgradienten zum Infektionsherd. Zunächst war nicht klar, wie die kleinen, löslichen Chemokine die erste der beiden Funktionen ausüben können, ohne vom Blutstrom weggespült zu werden. Heute nimmt man an, daß sie sich an Proteoglykanmoleküle in der extrazellulären Matrix und auf Endothelzellen binden, sich also auf einer festen Unterlage befinden, an der die Leukocyten entlangwandern können. Sobald die Leukocyten das Endothel durchquert haben, wird ihre Wanderung zum Infektionsherd von einem Gradienten matrixassoziierter Chemokinmoleküle geleitet.

Chemokine können von einer Vielzahl von Zelltypen als Reaktion auf bakterielle Produkte und auf Viren gebildet werden, aber auch auf Agentien, die physische Schäden verursachen, wie zum Beispiel Kieselerde oder Harnsäurekristalle bei Gicht. Sowohl eine Infektion als auch eine Verletzung des Gewebes setzen also Prozesse in Gang, die phagocytierende Zellen zum Ort der Schädigung locken. Darüber hinaus aktivieren IL-8 und MCAF auch ihre spezifischen Zielzellen, so daß neutrophile Zellen und Makrophagen nicht nur an mögliche Infektionsorte gebracht, sondern währenddessen auch „bewaffnet" werden, um mit allen Krankheitserregern, denen sie begegnen, fertig werden zu können. Genau wie alle Chemokine eine ähnliche Struktur besitzen, sind auch die Rezeptoren für Chemokine einander sehr ähnlich (Abb. 7.34). Sie sind allesamt integrale Membranproteine mit sieben Transmembranhelices. Diese Struktur ist charakteristisch für Rezeptoren wie Rhodopsin oder den muskarinischen Acetylcholinrezeptor, die beide an G-Proteine gekoppelt sind. Auch die Chemokine aktivieren G-Proteine.

Gewebemakrophagen lösen also Abwehrreaktionen im Gewebe aus, und aufgrund der Wirkung der Chemokine, die viele phagocytierende Zellen zu den Infektionsherden und in beschädigte Gewebe locken, sind sie dort bald sehr zahlreich vorhanden. Warum es so viele verschiedene Chemokine gibt, und welche Rolle jedes einzelne bei der Immunabwehr und bei pathologischen Immunreaktionen spielt, weiß man nicht.

9.8 Von Makrophagen freigesetzte Cytokine aktivieren auch die Immunreaktionen der akuten Phase

Neben ihren wichtigen lokalen Effekten haben die von den Makrophagen produzierten Monokine auch langfristige Auswirkungen, die zur Immunabwehr beitragen. Eine davon ist die Erhöhung der Körpertemperatur, die IL-1 und IL-6 verursachen. Man nennt diese Substanzen auch endogene Pyrogene, weil sie Fieber auslösen und aus einer inneren (körpereigenen) Quelle stammen. Fieber nützt im allgemeinen der Immunabwehr. Die meisten Krankheitserreger wachsen besser bei etwas niedrigeren Temperaturen,

9.14 IL-1 und IL-6 haben ein breites Spektrum an biologischen Wirkungen, die helfen, die Reaktionen des Körpers auf eine Infektion zu koordinieren. Bei beiden Substanzen handelt es sich um endogene Pyrogene. Sie bewirken eine Erhöhung der Körpertemperatur, was wahrscheinlich die Beseitigung einer Infektion erleichtert. IL-6 stimuliert Hepatocyten zur Synthese von Proteinen der akuten Phase. Daran wirkt auch IL-1 mit, indem es Kupffer-Zellen (Lebermakrophagen) zur Produktion von IL-6 anregt. Die Proteine der akuten Phase wirken opsonisierend, und diese Wirkung wird durch das Anlocken neutrophiler Zellen aus dem Knochenmark gesteigert. Die wichtigsten Ziele von IL-1 und IL-6 sind der Hypothalamus, der die Regulation der Körpertemperatur vermittelt, sowie Muskel-und Fettzellen, wo die beiden Substanzen die Energiemobilisierung antreiben, um die Temperaturerhöhung zu ermöglichen. Bei erhöhter Temperatur ist die bakterielle und virale Vermehrung verlangsamt, die Antigenverarbeitung dagegen beschleunigt. Schließlich unterstützen IL-1 und IL-6 die Aktivierung von B- und T-Zellen, was zusammen mit der beschleunigten Antigenverarbeitung die adaptive Immunantwort verstärkt.

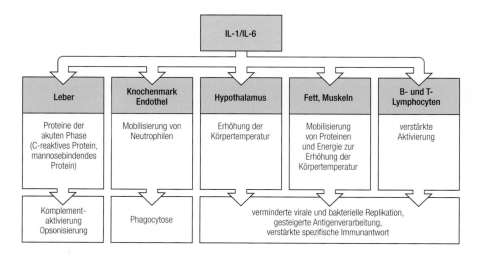

die adaptiven Immunantworten dagegen sind bei höheren Temperaturen intensiver. Auch sind die Wirtszellen bei erhöhten Temperaturen vor den zerstörerischen Effekten von TNF-α geschützt.

Die Wirkungen von IL-1 und IL-6 sind in Abbildung 9.14 zusammengefaßt. Eine ihrer wichtigsten ist das Auslösen einer Immunreaktion, die man auch als **Immunantwort der akuten Phase** bezeichnet (Abb. 9.15). Dazu gehört eine Veränderung der von der Leber ins Blutplasma abgegebenen Proteine ein. Dies geschieht aufgrund der Wirkung von IL-6 auf die Leberzellen (Hepatocyten). Allerdings kann auch IL-1 dazu beitragen, indem es die Kupffer-Zellen – makrophagenähnliche Zellen, die die Lebersinusoide auskleiden – zur Produktion von IL-6 anregt. Bei der Immunreaktion der akuten Phase sinken die Spiegel einiger Plasmaproteine ab, während sich die Konzentrationen anderer deutlich erhöhen. Die Proteine, deren Synthese durch IL-6 angeregt wird, nennt man auch **Proteine der akuten Phase**. Zwei dieser Proteine sind besonders interessant, da sie die Wirkung von Antikörpern imitieren. Eines, das **C-reaktive Protein**, bindet an Phosphorylcholin, einen Bestandteil der Membran vieler Mikroorganismen. Phosphorylcholin kommt auch in den Zellmembranen von Säugerzellen vor, hier allerdings in einer Form, die nicht mit dem C-reaktiven Proteine interagieren kann. Wenn sich das C-reaktive Protein an ein Bakterium bindet, kann es nicht nur dessen Oberfläche opsonisieren, sondern auch die Komplementkaskade auslösen.

Das **mannosebindende Protein**, das ebenfalls während der akuten Phase gebildet wird, ist ein calciumabhängiges, zuckerbindendes Protein oder Lektin. Es bindet an Mannosereste, die auf der Oberfläche vieler Bak-

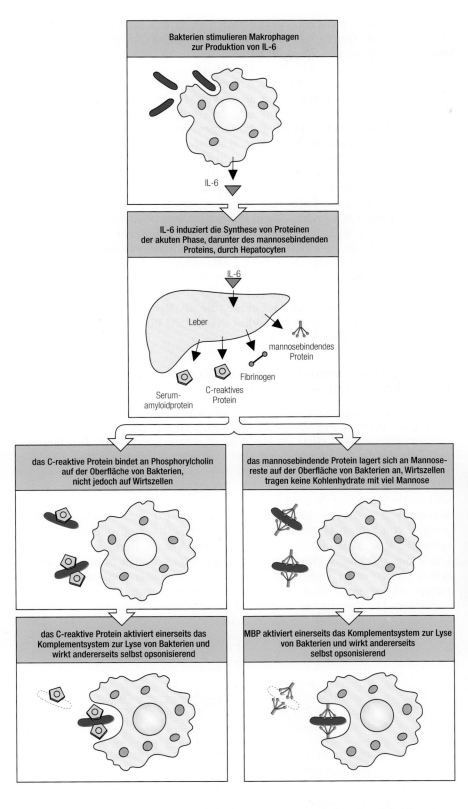

Bakterien stimulieren Makrophagen
zur Produktion von IL-6

IL-6

IL-6 induziert die Synthese von Proteinen
der akuten Phase, darunter des mannosebindenden
Proteins, durch Hepatocyten

IL-6

Leber

mannosebindendes
Protein

Fibrinogen

Serum-
amyloidprotein

C-reaktives
Protein

das C-reaktive Protein bindet an Phosphorylcholin
auf der Oberfläche von Bakterien,
nicht jedoch auf Wirtszellen

das mannosebindende Protein lagert sich an Mannosereste auf der Oberfläche von Bakterien an, Wirtszellen
tragen keine Kohlenhydrate mit viel Mannose

das C-reaktive Protein aktiviert einerseits das
Komplementsystem zur Lyse von Bakterien und
wirkt andererseits selbst opsonisierend

MBP aktiviert einerseits das Komplementsystem zur Lyse
von Bakterien und wirkt andererseits
selbst opsonisierend

9.15 Bei der Immunantwort der akuten Phase werden Moleküle gebildet, die an Bakterien, nicht aber an körpereigene Zellen binden. Leberzellen produzieren Proteine der akuten Phase als Reaktion auf IL-6, das von Makrophagen in Gegenwart von Bakterien freigesetzt wird. Zu den Proteinen der akuten Phase zählen das Serumamyloidprotein (SAP), das C-reaktive Protein (CRP), Fibrinogen und das mannosebindende Protein (MBP). SAP und CRP sind in ihrer Struktur homolog; beides sind Pentraxine, die fünfgliedrige Scheiben bilden, wie unten für SAP gezeigt ist (oberes Photo). CRP bindet an Phosphorylcholin auf der Oberfläche von Bakterien, erkennt dieses jedoch nicht in der Form, in der es gewöhnlich in den Wirtszellmembranen vorliegt. Es kann selbst als Opsonin wirken oder die klassische Komplementkaskade aktivieren, was beides zur Lyse der Bakterien führt. MBP ähnelt in seiner Struktur dem C1q, wie auf dem unteren Photo zu erkennen ist, und bindet an Mannosereste auf der Bakterienoberfläche. Wie CRP ist auch MBP ein Opsonin, das ebenfalls die klassische Komplementkaskade auslösen kann; MBP bindet und aktiviert eine Serinesterase, die

Serumamyloidprotein

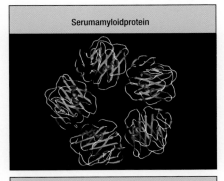

mannosebindendes Protein

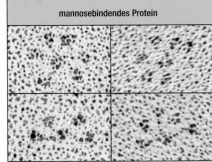

C1rs ähnelt, und diese wiederum aktiviert C4 und C2. CRP und MBP können also auf die gleiche Weise wie ein IgM-Antikörper zur Beseitigung der Bakterien führen. (Photos: J. Emsley (SAP) und K. Reid (MBP).)

terien gut zugänglich sind, bei Wirbeltierzellen jedoch von anderen Zuckerresten verdeckt werden. Das mannosebindende Protein wirkt auch als ein Opsonin für Monocyten, die – anders als Gewebemakrophagen – nicht den Mannoserezeptor der Makrophagen exprimieren. Die Struktur des mannosebindenden Proteins ähnelt der der C1q-Komponente des Komplementsystems, obwohl zwischen diesen beiden Proteinen keine Sequenzhomologien bestehen. Genau wie C1q kann auch das mannosebindende Protein einen proteolytischen Enzymkomplex aktivieren, der C4 und C2 spaltet und damit den klassischen Weg der Komplementaktivierung auslöst, wenn es an Bakterien bindet. Innerhalb von einem oder zwei Tagen stellt die Immunantwort der akuten Phase also zwei Moleküle mit den funktionellen Eigenschaften von Antikörpern zur Verfügung, die sich an viele verschiedene Bakterien anheften können. Im Gegensatz zu Antikörpern besitzen sie jedoch keine strukturelle Vielfalt, und sie werden auf jeden Reiz hin gebildet, der die Freisetzung von IL-6 auslöst. Ihre Synthese erfolgt also nicht so gezielt und spezifisch wie die von Antikörpern.

Schließlich bewirken die von Makrophagen produzierten Cytokine noch eine Leukocytose, das heißt eine Erhöhung der Anzahl zirkulierender polymorphkerniger Leukocyten. Diese Zellen, die Neutrophilen und die Eosinophilen, erfüllen wichtige phagocytische Funktionen bei der angeborenen und der adaptiven Immunität. Die Leukocyten stammen aus zwei Quellen: dem Knochenmark, aus dem reife Leukocyten in großer Zahl freigesetzt werden, und bestimmten Bereichen der Blutgefäße, in denen die Leukocyten locker an den Endothelzellen haften.

All diese Wirkungen der Monokine, die als Reaktion auf eine Infektion produziert werden, tragen zur Infektionskontrolle bei, während die adaptive Immunantwort vorbereitet wird.

9.9 Interferone hemmen die virale Replikation und aktivieren bestimmte Abwehrreaktionen

Die Infektion mancher Zellen mit Viren induziert die Produktion von Proteinen, die man als Interferone bezeichnet, weil sie mit der viralen Replikation in kultivierten Zellen „interferieren". Diese Interferone, **Interferon-α** und **Interferon-β**, unterscheiden sich stark von Interferon-γ, das vor allem von T-Effektorzellen produziert wird und hauptsächlich nach der Induktion der adaptiven Immunantwort auftritt. Interferon-α – eigentlich eine Familie von einigen eng miteinander verwandten Proteinen – wird bei Kontakt mit Viren von Leukocyten gebildet. Interferon-β wird unter ähnlichen Bedingungen von Fibroblasten und vielen anderen Zelltypen produziert. Doppelsträngige RNA, die ein Bestandteil mancher Viren ist und anscheinend im Laufe des Infektionszyklus aller Viren gebildet wird, in normalen Säugerzellen jedoch nicht vorkommt, ist ein wirkungsvoller Aktivator der Interferonsynthese und möglicherweise das gemeinsame Element bei ihrer Induktion. Die Interferone tragen auf verschiedene Weise zur Verteidigung gegen virale Infektionen bei (Abb. 9.16).

9.16 Interferone sind antivirale Proteine, die von Leukocyten und Fibroblasten als Reaktion auf eine Virusinfektion gebildet werden. Die α- und β-Interferone haben zwei Hauptfunktionen. Erstens verhindern sie die virale Replikation, indem sie zelluläre Gene aktivieren, die mRNA abbauen und die Translation von Proteinen hemmen. Zweitens aktivieren sie natürliche Killerzellen (NK-Zellen), die wiederum selektiv die virusinfizierten Zellen abtöten (Abb. 9.17 und 9.18). Außerdem induzieren sie in den meisten Zellen des Körpers die Expression von MHC-Klasse-I-Proteinen und erhöhen so deren Resistenz gegen NK-Zellen und ihre Anfälligkeit für cytotoxische CD8-T-Zellen.

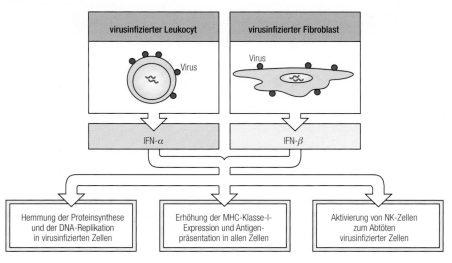

Eine offensichtliche und wichtige Wirkung der Interferone ist, daß sie die virale Replikation in den Wirtszellen hemmen. Die Interferone α und β binden an einen weit verbreiteten Rezeptor auf den Wirtszellen und lösen die Synthese zahlreicher Proteine aus, die zur Hemmung der viralen Vermehrung beitragen. Eines dieser Proteine ist das Enzym Oligoadenylatsynthetase, das die Polymerisierung von ATP zu einer Reihe von $2'$-$5'$-verbundenen Oligomeren katalysiert, die eine Endoribonuclease aktivieren, welche ihrerseits dann die virale RNA abbaut. Ein zweites durch die Interferone α und β aktiviertes Protein ist eine Serin/Threonin-Kinase, die man als P1-Kinase bezeichnet. Dieses Enzym phosphoryliert den Initiationsfaktor eIF2 der eukaryotischen Proteinsynthese, inhibiert dadurch die Translation und trägt so zur Hemmung der viralen Replikation bei. Wie wichtig diese Vorgänge sind, kann man gut bei Mäusen beobachten, denen ein durch Interferon induzierbares Protein, das Mx-Protein, fehlt. Dieses Protein ist notwendig, damit sich Grippeviren nicht in den Zellen vermehren können, und die betroffenen Tiere sind extrem anfällig für eine Infektion mit solchen Viren.

Zweitens führen die Interferone zu einer gesteigerten Expression von MHC-Klasse-I-und TAP-Transport-Proteinen. Dadurch erhöhen sie die Fähigkeit virusinfizierter Zellen, den CD8-T-Zellen virale Proteine zu präsentieren. Im Gegensatz zu Interferon-γ induzieren Interferon-α und -β allerdings nicht die Synthese von MHC-Klasse-II-Proteinen.

Die dritte Wirkung der Interferone ist die Aktivierung natürlicher Killerzellen, die wir in Kapitel 8 bereits kurz als die Vermittler der antikörperabhängigen zellulären Cytotoxizität kennengelernt haben. Aktivierte natürliche Killerzellen leisten einige wichtige Beiträge zu der frühen Reaktion auf eine Virusinfektion.

9.10 Natürliche Killerzellen dienen der frühen Abwehr bestimmter intrazellulärer Infektionen

Natürliche Killerzellen oder **NK-Zellen** lassen sich anhand ihrer Fähigkeit identifizieren, bestimmte lymphatische Tumorzellinien *in vitro* abzutöten, ohne daß zuvor eine Immunisierung oder Aktivierung notwendig ist. Bei der Immunabwehr erfüllen sie ihre Funktion in den frühen Phasen einer Infektion durch verschiedene intrazelluläre Krankheitserreger, insbesondere Herpesviren und *Listeria monocytogenes*. Wir werden sie hier unter diesem Aspekt betrachten.

Obwohl man NK-Zellen, die empfindliche Zielzellen abtöten können, auch bei nichtinfizierten Individuen antrifft, erhöht sich ihre Aktivität um das 20- bis 100fache, wenn man sie mit Interferon-α und -β in Kontakt bringt oder mit dem Aktivierungsfaktor für natürliche Killerzellen, dem IL-12 – einem der Monokine, die in den frühen Phasen vieler Infektionen gebildet werden (Abb. 9.17). IL-12 kann zusammen mit TNF-α auch die Synthese großer Mengen von Interferon-γ durch NK-Zellen auslösen. Dies ist von großer Bedeutung für die Kontrolle einiger Infektionen, bevor die T-Zellen zur Produktion dieses Cytokins angeregt worden sind. Ein Beispiel ist die Reaktion auf das intrazelluläre Bakterium *Listeria monocytogenes*. Mäuse, die keine B- oder T-Lymphocyten besitzen, sind mehr oder weniger resistent gegen diesen Erreger; fehlen ihnen jedoch die NK-Zellen, TNF-α oder Interferon-γ, so werden sie extrem anfällig für eine Infektion und sterben bereits innerhalb weniger Tage, noch bevor eine adaptive Immunreaktion aktiviert werden kann.

Wenn NK-Zellen die Immunreaktionen gegen eine Virusinfektion vermitteln sollen, müssen sie über Mechanismen verfügen, die es ihnen erlauben, zwischen infizierten und nichtinfizierten Zellen zu unterscheiden. Wie ihnen dies gelingt, weiß man noch nicht genau. Aber die Beobachtung, daß NK-Zellen selektiv Zellen mit einem niedrigen Gehalt an MHC-Klasse-I-Proteinen töten können, weist auf einen möglichen Mechanismus hin (Abb. 9.18). NK-Zellen besitzen zwei Typen von Oberflächenrezeptoren:

9.17 Natürliche Killerzellen sind ein früher Bestandteil der Immunreaktion auf eine Virusinfektion. Die Interferone α und β erscheinen zuerst. Ihnen folgt eine Welle von NK-Zellen, und gemeinsam halten sie die virale Vermehrung niedrig, eliminieren die Viren jedoch nicht. Dies geschieht erst, wenn spezifische CD8-T-Zellen produziert werden. Ohne NK-Zellen ist die Anzahl mancher Viren in den ersten Tagen der Infektion weit höher.

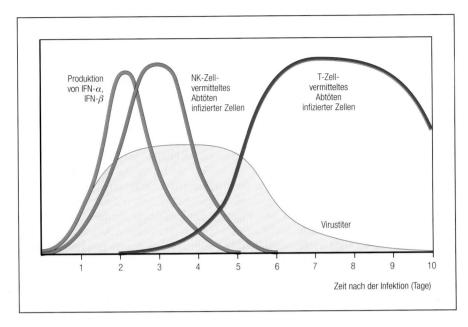

NKR-P1 löst das Töten durch NK-Zellen aus. Dieser Rezeptor hat die charakteristischen Eigenschaften von calciumbindenden Lektinen oder Lektinen vom C-Typ, wie der Mannoserezeptor der Makrophagen. Er erkennt einen bisher noch unbekannten Liganden, der anscheinend auf vielen Zel-

9.18 Mögliche Mechanismen, wie NK-Zellen zwischen infizierten und nichtinfizierten Zellen unterscheiden können. Die Abbildung zeigt einen hypothetischen Erkennungsmechanismus. NK-Zellen tragen lektinähnliche Rezeptoren, NKR-P1 genannt, die Kohlenhydrate auf körpereigenen Zellen erkennen. Diese Erkennung aktiviert die NK-Zellen bereits zum Töten. Ein zweiter Rezeptor, Ly49, erkennt jedoch MHC-Klasse-I-Moleküle und verhindert, daß die Zellen abgetötet werden. Dieses inhibitorische Signal geht verloren, wenn Wirtszellen keine MHC-Klasse-I-Proteine mehr exprimieren. Dies kann zum Beispiel bei virusinfizierten Zellen der Fall sein, wo die Expression von MHC-Klasse-I-Proteinen behindert oder die Konformation der Proteine verändert ist. Normale Zellen reagieren auf Interferon-α und -β, indem sie mehr MHC-Klasse-I-Proteine exprimieren und somit gegen die Vernichtung durch NK-Zellen resistent werden. Infizierte Zellen können möglicherweise ihre MHC-Klasse-I-Expression nicht steigern, so daß sie zu Zielobjekten für aktivierte NK-Zellen werden.

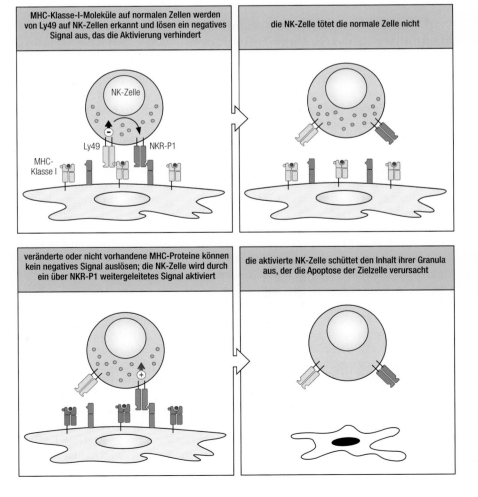

len vorkommt. Der zweite Rezeptor, Ly49, verhindert, daß NK-Zellen zum Töten normaler Zellen aktiviert werden. Er erkennt körpereigene MHC-Klasse-I-Moleküle, insbesondere H-2D bei der Maus und HLA-C beim Menschen. Die Bindung von Ly49-Rezeptoren an körpereigene MHC-Klasse-I-Moleküle unterbindet die Aktivität der NK-Zellen, so daß normale Zellen nicht dem cytotoxischen Angriff durch NK-Zellen ausgesetzt sind. Sowohl NKR-P1 als auch Ly49 werden von Mitgliedern einer kleinen Genfamilie codiert, die auf den verschiedenen Gruppen von NK-Zellen differentiell exprimiert werden. Dies bringt eine gewisse Variabilität der Strukturen mit sich, die von NK-Zellen erkannt werden.

Virusinfizierte Zellen sind dagegen auf zweierlei Weise für die Vernichtung durch NK-Zellen anfällig. Erstens unterbinden einige Viren die gesamte Proteinsynthese ihrer Wirtszelle, so daß die durch Interferone ausgelöste, gesteigerte Synthese von MHC-Klasse-I-Proteinen in den infizierten Zellen selektiv blockiert wird und die NK-Zellen nicht länger durch Aktivierung ihres MHC-Rezeptors gehemmt werden. Zweitens verhindern einige Viren den Export von MHC-Klasse-I-Molekülen, was die infizierte Zelle zwar möglicherweise vor einer Erkennung durch CD8-T-Zellen schützt, sie aber der Vernichtung durch NK-Zellen aussetzt.

Es gibt auch Hinweise darauf, daß NK-Zellen die Einführung neuer Peptide in körpereigene MHC-Klasse-I-Moleküle erkennen. Auf diese Weise könnten sie möglicherweise infizierte Zellen identifizieren, selbst wenn deren MHC-Expression durch die Infektion nicht verändert ist. Im Hinblick auf diesen angeborenen Mechanismus des cytotoxischen Angriffs sind noch viele Fragen offen. In Kapitel 10 werden wir sehen, daß die wenigen Patienten mit einem Mangel an NK-Zellen sehr empfindlich für die frühen Phasen einer Herpesinfektion sind. Dies ist bisher der einzige Hinweis auf die Funktion der NK-Zellen beim Menschen. Diese Zellen, die in den frühen Phasen einer Immunabwehr aktiv werden und dabei unter anderem Mechanismen zur Erkennung körpereigener MHC-Moleküle benutzen, lassen möglicherweise die Evolution der T-Zellen erahnen. Zwei andere „primitive" Typen von Lymphocyten, die $\gamma{:}\delta$-T-Zellen und die CD5-B-Zellen, sind möglicherweise ebenfalls an der präadaptiven Immunantwort beteiligt. Die $\gamma{:}\delta$-T-Zellen sind die rätselhafteren dieser beiden Zelltypen, und wir werden sie zuerst betrachten.

9.11 T-Zellen mit $\gamma{:}\delta$-T-Zell-Rezeptoren kommen in den meisten Epithelien vor und tragen möglicherweise zur Immunabwehr an der Körperoberfläche bei

Eine der auffallendsten Eigenschaften der $\gamma{:}\delta$-T-Zellen, die man nur zufällig entdeckt hat und deren Funktion noch immer unklar ist, ist die relativ geringe Vielfalt ihrer Rezeptoren. Dies ist besonders deutlich bei den

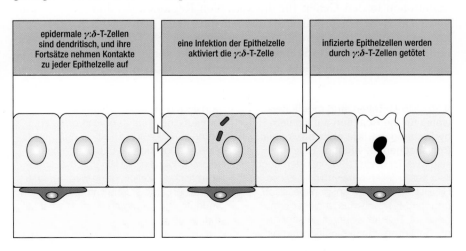

epidermale $\gamma{:}\delta$-T-Zellen sind dendritisch, und ihre Fortsätze nehmen Kontakte zu jeder Epithelzelle auf	eine Infektion der Epithelzelle aktiviert die $\gamma{:}\delta$-T-Zelle	infizierte Epithelzellen werden durch $\gamma{:}\delta$-T-Zellen getötet

9.19 $\gamma{:}\delta$-T-Zellen in Epithelien spielen möglicherweise eine Rolle beim Schutz der Epithelzellen vor Infektionen.
$\gamma{:}\delta$-T-Zellen sind in den Oberflächenepithelien zahlreicher Spezies zu finden. Jedes Epithel weist eine homogene Population von $\gamma{:}\delta$-T-Zellen auf. Man nimmt an, daß diese Zellen ein körpereigenes Protein erkennen, das von infizierten, nicht aber von normalen Zellen in diesem Epithel exprimiert wird, und daß die $\gamma{:}\delta$-T-Zellen die infizierten Zellen abtöten, um eine Ausbreitung der Infektion zu verhindern. Mögliche Kandidaten für dieses Zielprotein sind die MHC-Klasse-IB-Moleküle, Peptide aus Hitzeschockproteinen oder die Hitzeschockproteine selbst. Hitzeschockproteine werden selektiv von Zellen, die unter Streß stehen, exprimiert, wie beispielsweise von infizierten Zellen.

γ:δ-T-Zellen in Epithelien der Körperoberfläche, deren Rezeptoren innerhalb desselben Epithels mehr oder weniger identisch sind. Darüber hinaus reagieren alle Lymphocyten des Darmepithels auf dasselbe Antigen, obwohl sie offensichtlich unterschiedliche Rezeptorsequenzen besitzen. Sie sind damit funktionell, wenn auch nicht völlig homolog. Bei den meisten intraepithelialen Lymphocyten kennt man den Liganden nicht. Was können Zellen mit derart wenig variablen Rezeptoren erkennen, und warum kommen diese homogenen Lymphocyten ausgerechnet an den Oberflächen des Körpers vor?

Eine mögliche Erklärung ist, daß die γ:δ-T-Zellen, obwohl sie Rezeptoren exprimieren, die von rekombinierenden Genen codiert werden, Teil eines nichtadaptiven und früh wirksamen Abwehrsystems sind. Weil sie in einem Gewebe nur einen einzigen Rezeptor exprimieren und das Gewebe auch nicht verlassen, um wieder im Körper zu zirkulieren, hat man die Hypothese aufgestellt, daß γ:δ-T-Zellen möglicherweise eher die Veränderungen auf Epithelzellen erkennen, die durch irgendeinen beliebigen Fremdkörper infiziert sind, als bestimmte Eigenschaften des Erregers. So könnten infizierte Zellen beispielsweise auf eine Infektion hin Streß- oder Hitzeschockproteine bilden, und viele γ:δ-T-Zellen reagieren tatsächlich auf diese Liganden. Ebenso könnten sie die fehlerhafte Expression von MHC-Klasse-IB-Genen erkennen, zu der es kommt, wenn Epithelzellen infiziert sind. Da intraepitheliale Lymphocyten *in vitro* Zielzellen töten, an die sich ihre Rezeptoren binden, könnte dies auch *in vivo* mit infizierten Epithelzellen geschehen. Das würde der Ausbreitung des Krankheitserregers entgegenwirken (Abb. 9.19). Diese Vorstellungen sind jedoch noch sehr spekulativ, und die tatsächliche Funktion der γ:δ-T-Zellen muß noch geklärt werden.

9.12 CD5-B-Zellen sind eine separate Population von B-Zellen, die Antikörper gegen verbreitete bakterielle Produkte herstellen

Die Bildung von Antikörpern durch gewöhnliche B-Zellen spielt eine große Rolle bei der adaptiven Immunantwort. In Abschnitt 5.13 haben wir jedoch gesehen, daß es auch eine gesonderte Gruppe von B-Zellen gibt, die durch das Oberflächenprotein CD5 gekennzeichnet sind, und deren Eigenschaften sich teilweise von denen der konventionellen B-Zellen unterscheiden. Diese CD5-B-Zellen weisen viele Analogien zu den epithelialen γ:δ-T-Zellen auf: Sie erscheinen bereits früh während der Entwicklung, sie verwenden eine ganz spezielle und begrenzte Gruppe von V-Genen für ihre Rezeptoren, sie vermehren sich selbständig in der Peripherie, und sie sind die dominierenden Lymphocyten in einer bestimmten Mikroumgebung – der Peritonealhöhle.

CD5-B-Zellen scheinen vor allem Antikörper gegen Polysaccharidantigene des TI-2-Typs zu bilden. Diese T-Zell-unabhängigen Antworten verursachen nur in geringem Umfang Klassenwechsel oder somatische Hypermutationen in den Genen für die variablen Regionen der Immunglobuline. Die CD5-B-Zellen produzieren dementsprechend hauptsächlich IgM-Antikörper (Abb. 9.20). Obwohl diese Antworten durch T-Zellen verstärkt werden können, wobei IL-5 eine wichtige Rolle spielt (Abschnitt 8.10), ist diese Wechselwirkung nicht antigenspezifisch, und sie führt auch nicht zur

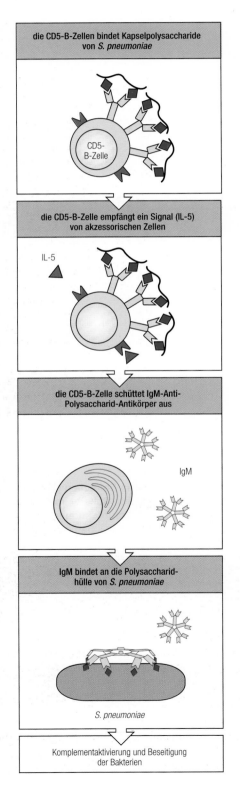

die CD5-B-Zellen bindet Kapselpolysaccharide von *S. pneumoniae*

die CD5-B-Zelle empfängt ein Signal (IL-5) von akzessorischen Zellen

IL-5

die CD5-B-Zelle schüttet IgM-Anti-Polysaccharid-Antikörper aus

IgM

IgM bindet an die Polysaccharid-hülle von *S. pneumoniae*

S. pneumoniae

Komplementaktivierung und Beseitigung der Bakterien

9.20 CD5-B-Zellen sind möglicherweise für die Reaktion auf Kohlenhydratantigene, wie etwa bakterielle Polysaccharide, wichtig. Es könnte sein, daß für diese TI-2-Antworten auch IL-5 aus T-Zellen notwendig ist. Diese Hilfe ist jedoch nicht antigenspezifisch, und der Mechanismus ist nicht genau bekannt. TI-2-Antworten sind schnell – die Antikörper treten bereits innerhalb von 48 Stunden auf –, was wahrscheinlich auf eine hohe Zahl von Vorläuferzellen zurückzuführen ist, so daß bereits eine geringe klonale Expansion ausreicht. Erfolgt keine Hilfe durch antigenspezifische T-Zellen, dann wird nur IgM produziert, und solche Immunantworten verlaufen daher über die Komplementaktivierung.

Ausbildung eines immunologischen Gedächtnisses: Der wiederholte Kontakt mit demselben Antigen löst jedesmal dieselben Reaktionen aus. Außerdem sind diese Reaktionen bereits innerhalb von 48 Stunden nach dem Antigenkontakt zu beobachten, und das ist zu schnell, als daß antigenspezifische T-Zellen gebildet worden sein könnten. Obwohl sie durch Lymphocyten mit rekombinierenden Rezeptoren ausgelöst werden, gleichen diese Vorgänge also eher angeborenen als adaptiven Immunantworten.

Genau wie bei den $\gamma{:}\delta$-T-Zellen ist die genaue Funktion der CD5-B-Zellen bei der Immunabwehr unklar. Mäuse mit einem Mangel an CD5-B-Zellen sind anfälliger für eine Infektion durch *Streptococcus pneumoniae* als normale Mäuse, weil sie keine Antikörper gegen Phosphatidylcholin produzieren können, die sie effektiv vor diesen Mikroorganismen schützen würden. Ein großer Teil der CD5-B-Zellen kann nämlich Antikörper mit dieser Spezifität herstellen, und da keine Hilfe durch die T-Zellen notwendig ist, können sie bereits in einer frühen Phase der Infektion mit diesem Erreger eine wirksame Immunantwort leisten. Ob menschliche CD5-B-Zellen dieselbe Aufgabe erfüllen, wissen wir nicht.

Aus einem evolutionären Blickwinkel ist es interessant, daß $\gamma{:}\delta$-T-Zellen anscheinend die Körperoberflächen schützen, während CD5-B-Zellen die Körperhöhle verteidigen. Sowohl die Breite der Spezifität als auch die Effektivität ihrer Antworten ist bei diesen beiden Zelltypen relativ gering. Es ist also möglich, daß diese Zelltypen einen Übergangszustand in der Entwicklung der adaptiven Immunität repräsentieren, indem sie die zwei Hauptkompartimente primitiver Organismen bewachen: die Körperhöhle und die epithelialen Oberflächen. Ob sie für die Immunabwehr immer noch unerläßlich sind oder lediglich ein evolutionäres Relikt darstellen, ist unbekannt. Da beide Zelltypen aber in bestimmten Körperregionen deutlich in Erscheinung treten und zu gewissen Immunreaktionen beitragen, müssen wir sie in unsere Überlegungen über die Immunabwehr einschließen.

9.13 T-Zellen tragen aktivierende Oberflächenmoleküle, die bei nichtadaptiven Immunreaktionen eine Rolle spielen könnten

Als Wissenschaftler monoklonale Antikörper gegen Oberflächenmoleküle von T-Zellen durchmusterten, entdeckten sie Moleküle, die T-Zellen zur Proliferation oder zum Ausüben ihrer Effektorfunktionen anregen können. Die

T-Zell-Oberflächenmolekül	Ligand	Auswirkung einer Vernetzung
CD2	CD58 (LFA-3)	Aktivierung
CD28	B7,1, B7,2	Aktivierung, Costimulierung
CD43	?	Aktivierung
CD44	HEV, Hyaluronsäure	Aktivierung
CD73	?	Aktivierung
Thy-1	?	Aktivierung
Qa-2	?	Aktivierung
Ly6A	?	Aktivierung

9.21 Die Aggregation mehrerer Oberflächenstrukturen auf T-Zellen löst Immunreaktionen aus. Die meisten der betreffenden Moleküle hat man aufgrund ihrer Bindung an monoklonale Antikörper entdeckt. Mit Ausnahme von CD28, das bei Bindung an B7.1 oder B7.2 als costimulierendes Signal für T-Zellen wirkt, sind ihre genaue Funktion und Spezifität bislang unbekannt. (HEV = Venolen mit hohem Endothel.)

Liganden der meisten dieser Oberflächenmoleküle sind nicht bekannt. Ihre physiologische Funktion liegt also im dunkeln (Abb. 9.21). Möglicherweise erkennen sie einige verbreitete Merkmale von Krankheitserregern und ermöglichen es dadurch den T-Zellen, sich an nichtadaptiven wie auch an adaptiven Immunreaktionen zu beteiligen. Wenn dies zuträfe, so könnte man spekulieren, daß die Effektorfunktionen der T-Zellen im Laufe der Evolution vor den antigenspezifischen Rezeptoren entstanden und ursprünglich von den eher unspezifischen Oberflächenrezeptoren kontrolliert wurden.

Eine andere mögliche Funktion solcher Moleküle ist die Beteiligung an der Erkennung von TI-2-Antigenen. Wie wir in Kapitel 8 gesehen haben, verstärken T-Zellen die Antworten auf diese Antigene deutlich, aber man weiß nicht, wie sie sie erkennen. Ein nichtklonales Erkennungsmolekül würde mit der geringen Anzahl von T-Zellen, die zur Steigerung der TI-2-Antworten notwendig sind, im Einklang stehen.

Zusammenfassung

Die frühen induzierten, jedoch nichtadaptiven Reaktionen auf eine Infektion umfassen eine ganze Reihe verschiedener Effektormechanismen, die gegen bestimmte Klassen von Krankheitserregern gerichtet sind. Diese Antworten werden durch Rezeptoren vermittelt, die entweder nicht klonal sind oder von sehr begrenzter Vielfalt. Sie unterscheiden sich von der adaptiven Immunität darin, daß sie nicht zur Ausbildung einer anhaltenden schützenden Immunität oder eines immunologischen Gedächtnisses führen. Einige der Antworten werden durch Cytokine ausgelöst, die Makrophagen als Reaktion auf eine bakterielle Infektion freisetzen, und die im wesentlichen drei Dinge bewirken: Erstens induzieren sie die Synthese von Proteinen der akuten Phase in der Leber. Diese binden an bakterielle Oberflächenmoleküle und aktivieren das Komplementsystem oder Makrophagen. Zweitens verursachen einige Cytokine eine Erhöhung der Körpertemperatur, was wahrscheinlich eine zerstörerische Wirkung auf die Mikroorganismen hat, gleichzeitig aber die Immunreaktion verstärkt. Diesen beiden Effekten liegen hauptsächlich IL-1 und IL-6 zugrunde. Drittens verursachen Cytokine Entzündungsreaktionen, welche die Oberflächeneigenschaften und die Permeabilität der Blutgefäße verändern. Dadurch locken sie Immunzellen und -moleküle zum Infektionsherd. Man nimmt an, daß diese Wirkung hauptsächlich durch TNF-α vermittelt wird, wobei IL-8 und MCAF als chemische Lockstoffe für die Immunzellen fungieren. Natürliche Killerzellen, CD5-B-Zellen und γ:δ-T-Zellen sind Lymphocyten mit Rezeptoren von begrenzter Diversität, die offensichtlich einen gewissen Schutz vor bestimmten Krankheitserregern bieten, aber keine anhaltende Immunität hervorrufen. All diese Mechanismen spielen einerseits selbst eine wichtige Rolle, weil sie die Infektion in Schach halten, bis die adaptiven Immunreaktionen greifen. Sie haben aber auch großen Einfluß auf die adaptive Immunität, die sich im Anschluß entwickelt.

Adaptive Immunität gegen Infektionen

Man weiß nicht, wie viele Infektionen das Immunsystem lediglich durch nichtadaptive Mechanismen bekämpft. Da solche Infektionen schnell ausgemerzt werden, führen sie kaum zu Krankheitssymptomen. Außerdem sind Mangelerkrankungen der nichtadaptiven Verteidigung rar, so daß es bisher nur selten möglich war, deren Folgen zu untersuchen. In den meisten Fällen gehen solche Defekte mit Infektionen einher, die in der Frühphase sehr schwerwiegend verlaufen und dann von der adaptiven Immunantwort unter Kontrolle gebracht werden, wenn der Patient lange genug überlebt.

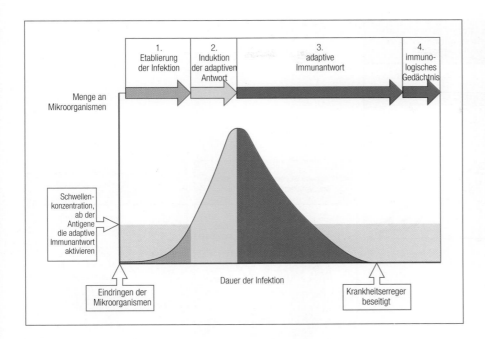

9.22 Der Verlauf einer typischen akuten Infektion. 1) Bei einer Infektion steigt mit der Vermehrung der Krankheitserreger deren Menge im Körper an. 2) Wenn die Zahl der Erreger die Schwelle übersteigt, die für eine adaptive Immunreaktion notwendig ist, wird die Antwort ausgelöst. Die Vermehrung der Erreger schreitet fort, zunächst lediglich durch die angeborenen und nichtadaptiven Immunreaktionen gebremst. 3) Nach vier bis fünf Tagen beginnen Effektorzellen und Moleküle der adaptiven Immunantwort mit der Beseitigung der Infektion. 4) Wenn die Infektion beseitigt und die Antigenmenge wieder unter die Schwelle abgesunken ist, klingt die Immunreaktion ab. Verbleibende Antikörper, Effektorzellen und das immunologische Gedächtnis sorgen jedoch für einen langfristigen Schutz vor einer erneuten Infektion.

Eine adaptive Immunantwort wird ausgelöst, wenn die Infektion den angeborenen Abwehrmechanismen entgeht und eine bestimmte Antigenmenge überschritten wird (Abb. 9.22). Diese Antigene setzen dann eine adaptive Immunreaktion in Gang, die jedoch erst einige Tage später greift, da zunächst die antigenspezifischen T- und B-Zellen proliferieren und zu Effektorzellen differenzieren müssen. Währenddessen vermehren sich die Erreger im Wirt weiter, wobei sie vor allem durch angeborene und nichtadaptive Mechanismen in Schach gehalten werden. In den ersten Kapiteln dieses Buches haben wir die Zellen und Moleküle kennengelernt, die für die adaptive Immunantwort verantwortlich sind, sowie die Wechselwirkungen zwischen den Zellen, die einzelne Schritte auslösen. Nun wissen wir genug, um uns anzusehen, wie jeder einzelne dieser Zelltypen im Verlauf einer primären Immunantwort rekrutiert wird und wie die Effektorzellen und -moleküle, die als Reaktion auf ein Antigen gebildet werden, an ihren Einsatzort gelangen, was zur Beseitigung der Infektion und zur Ausbildung einer schützenden Immunität führt.

9.14 Wenn zirkulierende T-Zellen in lymphatischen Geweben ihren spezifischen Antigenen begegnen, werden sie aktiviert

Der erste Schritt jeder adaptiven Immunantwort, die zu einer schützenden Immunität führt, ist die Aktivierung von T-Zellen in lymphatischen Organen, in die verstärkt Lymphe abfließt. Die Bedeutung der peripheren lymphatischen Organe wurde erstmals durch sehr elegante Experimente gezeigt, bei denen man einen Hautlappen so von der Körperoberfläche isolierte, daß er zwar eine Blutzirkulation, aber keine Lymphdrainage besaß. Dort applizierte Antigene riefen keine T-Zell-Antwort hervor, was zeigte, daß T-Zellen in peripheren Geweben nicht sensibilisiert werden. Wir wissen heute, daß T-Lymphocyten im allgemeinen in lymphatischen Organen aktiviert werden: Antigene aus den Körpergeweben werden in Lymphknoten zurückgehalten, durch die T-Zellen zirkulieren. Antigene, die man direkt in die Blutbahn injiziert hat, oder die aus einem infizierten Lymphknoten ins Blut gelangen, werden dagegen in der Milz von antigenpräsentierenden Zellen aufgenommen. Die Sensibilisierung lymphatischer Zellen findet dann in der weißen Pulpa der Milz statt (Abb. 9.23). Das Einfangen

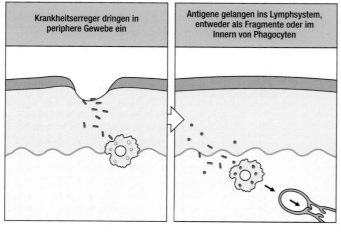

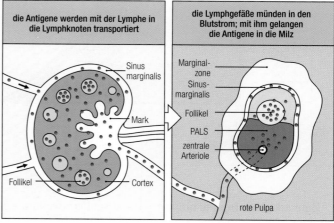

9.23 In lymphatischen Geweben lokalisierte Antigene sind die Auslöser einer adaptiven Immunantwort. Infektiöse Organismen und ihre Produkte werden in den afferenten Lymphbahnen aus den Geweben zu den Lymphknoten transportiert. Hier binden sie an verschiedene Typen antigenpräsentierender Zellen, wie etwa an Makrophagen im Sinus marginalis und der Medulla, an dendritische Zellen im Cortex des Lymphknotens und an folliküre dendritische Zellen in den Lymphfollikeln. Zirkulierende Lymphocyten begegnen an diesen Stellen ihren Antigenen. Ist die Infektion ausgeprägt genug, wandern Erreger mit der Lymphe ins Blut und weiter in die Milz. Dort werden sie von den Zellen des retikuloendothelialen Systems und von den antigenpräsentierenden Zellen der weißen Pulpa aufgenommen, die den Zellen in den Lymphknoten entsprechen. Zirkulierende Lymphocyten können auch in der weißen Pulpa der Milz, die sie über den Sinus marginalis erreichen, auf ihr Antigen treffen.

von Antigenen durch antigenpräsentierende Zellen in den lymphatischen Geweben und die kontinuierliche Zirkulation der T-Zellen durch diese Gewebe stellt sicher, daß die seltenen antigenspezifischen T-Zellen ihrem Antigen auf einer professionellen antigenpräsentierenden Zelle begegnen.

Das Kreisen naiver T-Zellen durch die lymphatischen Organe wird durch adhäsive Wechselwirkungen zwischen den Lymphocyten und Endothelzellen gesteuert, die wir bereits in Kapitel 7 kurz angesprochen haben. Der Mechanismus, mit dessen Hilfe naive T-Zellen in die lymphatischen Organe gelangen, entspricht im wesentlichen dem bereits beschriebenen Vorgang, der Phagocyten zum Infektionsherd leitet (Abb. 9.11). Allerdings wird in diesem Fall das Selektin auf der Oberfläche der T-Zellen und nicht auf den Endothelzellen exprimiert. L-Selektin auf der Oberfläche naiver T-Zellen bindet an die Adressine GlyCAM-1 und CD34 (Abb. 7.5), die ausschließlich auf den postkapillären Venolen mit hohem Endothel der Lymphknoten exprimiert werden. Das ermöglicht ein Entlangrollen, wie es auch von P- und E-Selektin vermittelt wird, wenn sie an die Oberfläche von Phagocyten binden. Diese Wechselwirkung spielt beim *homing* naiver Lymphocyten (der Zielortbestimmung) eine wichtige Rolle. Obwohl sie schwach ist, bildet sie die Voraussetzung für die anschließende Ausbildung der stärkeren Interaktionen zwischen den T-Zellen und dem hohen Endothel, die durch in vielen Geweben vorkommende Moleküle vermittelt werden. Eine Stimulierung der T-Zellen durch lokal gebundene Chemokine aktiviert das Adhäsionsmolekül LFA-1 und erhöht dessen Affinität für ICAM-2, das konstitutiv auf allen Endothelzellen exprimiert wird, und für ICAM-1, das nur auf Venolen mit hohem Endothel vorkommt, sofern keine Entzündung vorliegt. Die Bindung von LFA-1 an ICAM-1 ist entscheidend für die Adhäsion der T-Zellen an die Gefäßwand und ihre Wanderung durch sie hindurch zum Lymphknoten (Abb. 9.24).

Nachdem sie die Venole mit hohem Endothel verlassen haben, durchqueren die meisten naiven T-Zellen die Lymphknoten bis zum Mark (Medulla) und kehren durch efferente Lymphgefäße ins Blut zurück, um durch weitere Lymphknoten zu zirkulieren.

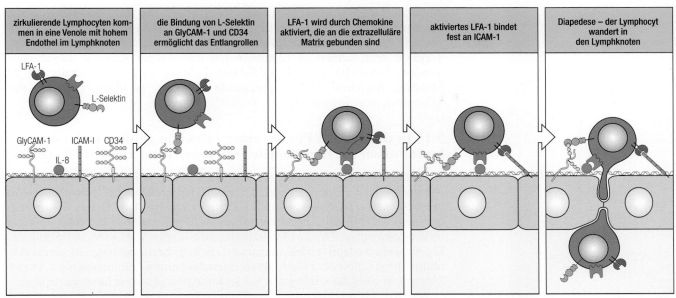

| zirkulierende Lymphocyten kommen in eine Venole mit hohem Endothel im Lymphknoten | die Bindung von L-Selektin an GlyCAM-1 und CD34 ermöglicht das Entlangrollen | LFA-1 wird durch Chemokine aktiviert, die an die extrazelluläre Matrix gebunden sind | aktiviertes LFA-1 bindet fest an ICAM-1 | Diapedese – der Lymphocyt wandert in den Lymphknoten |

In seltenen Fällen erkennt eine naive T-Zelle einen spezifischen Peptid:MHC-Komplex auf der Oberfläche einer professionellen antigenpräsentierenden Zelle. Dies verursacht die Aktivierung von LFA-1, so daß die T-Zelle fest an der antigenpräsentierenden Zelle haften bleibt und ihre Wanderung beendet. Außerdem bewirkt die Bindung an den Peptid:MHC-Komplex die Vermehrung und Differenzierung der Zellen zu bewaffneten, antigenspezifischen T-Effektorzellen. Diese Ereignisfolge ist schematisch in

9.24 Lymphocyten aus dem Blut gelangen durch die Wand der postkapillären Venolen mit hohem Endothel in die lymphatischen Gewebe. Der erste Schritt hierbei ist die Bindung des L-Selektins auf den Lymphocyten an GlyCAM-1 und CD34 auf den hohen Endothelzellen. Lokale Chemokine aktivieren LFA-1 auf den Lymphocyten und bewirken dessen stabile Bindung an ICAM-1 auf der Endothelzelle, so daß die Lymphocyten nun zwischen den Endothelzellen hindurch wandern können.

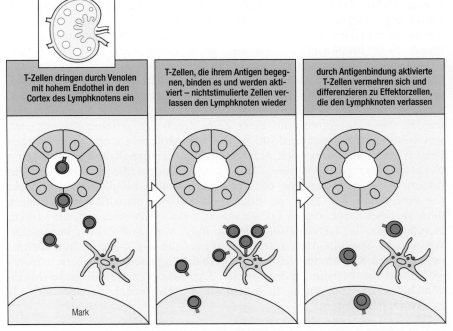

| T-Zellen dringen durch Venolen mit hohem Endothel in den Cortex des Lymphknotens ein | T-Zellen, die ihrem Antigen begegnen, binden es und werden aktiviert – nichtstimulierte Zellen verlassen den Lymphknoten wieder | durch Antigenbindung aktivierte T-Zellen vermehren sich und differenzieren zu Effektorzellen, die den Lymphknoten verlassen |

Mark

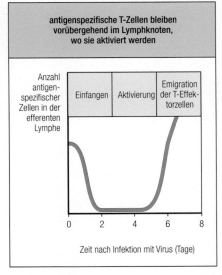

antigenspezifische T-Zellen bleiben vorübergehend im Lymphknoten, wo sie aktiviert werden

Anzahl antigenspezifischer Zellen in der efferenten Lymphe

Einfangen | Aktivierung | Emigration der T-Effektorzellen

Zeit nach Infektion mit Virus (Tage)

9.25 Naive T-Zellen wandern kontinuierlich aus dem Blut in lymphatische Gewebe ein. Im Cortex der Lymphknoten begegnen T-Zellen vielen antigenpräsentierenden Zellen. Treffen sie nicht auf ihr spezifisches Antigen, treten sie wieder in die Lymphe ein. Finden sie das passende Antigen, so werden sie über den T-Zell-Rezeptor aktiviert, was zur Entstehung bewaffneter

T-Effektorzellen führt. Die Lymphocyten zirkulieren so aktiv, daß sämtliche T-Zellen einer bestimmten Spezifität innerhalb von zwei Tagen von ihrem Antigen in den Lymphknoten eingefangen werden können (rechtes Bild). Fünf Tage nach dem Eindringen des Antigens in den Körper verlassen viele aktivierte T-Effektorzellen die Lymphknoten.

Abbildung 9.25 gezeigt (die ersten drei Bilder). Die Zahl der T-Zellen, die mit einer jeden antigenpräsentierenden Zelle in den Lymphknoten wechselwirken, ist sehr hoch, was daran zu erkennen ist, daß antigenspezifische T-Zellen sehr schnell in Lymphknoten mit diesem Antigen eingefangen werden: Sämtliche antigenspezifischen T-Zellen werden innerhalb von 24 Stunden, nachdem das entsprechende Antigens in einen Lymphknoten gelangt ist, dort festgehalten (Abb. 9.25, rechts).

9.15 In den frühen Phasen einer Infektion gebildete Cytokine beeinflussen die funktionelle Differenzierung von CD4-T-Zellen

Während der ersten Reaktion naiver CD4-T-Zellen auf Antigene in den peripheren lymphatischen Geweben findet die Differenzierung dieser Zellen zu den beiden Hauptklassen von CD4-T-Effektorzellen statt. Dieser Schritt, bei dem eine CD4-T-Zelle entweder zu einer T-Helferzelle (T_H2) oder zu einer inflammatorischen T-Zelle (T-Entzündungszelle oder T_H1) wird, beeinflußt das Ergebnis einer adaptiven Immunantwort stark. Er bestimmt nämlich, ob die Antikörperproduktion oder die Makrophagenaktivierung dominieren wird. Dieser Moment ist einer der wichtigsten bei der Induktion adaptiver Immunantworten.

Wie die Differenzierung der CD4-T-Zellen gesteuert wird, weiß man nicht genau. Sie kann aber offensichtlich stark durch die Cytokine beeinflußt werden, die während der ersten proliferativen Phase der T-Zell-Aktivierung zugegen sind. *In vitro*-Experimente haben gezeigt, daß in Gegenwart von IL-12 und Interferon-γ erstmalig stimulierte CD4-T-Zellen sich meist zu inflammatorischen T-Zellen entwickeln – zum Teil, weil Interferon-γ die Bildung von CD4-T-Helferzellen verhindert. Da Makrophagen und NK-Zellen in den frühen Phasen einer Immunreaktion gegen Viren und einige intrazelluläre Bakterien wie *Listeria* IL-12 und Interferon-γ ausschütten, herrschen bei solchen Infektionen die inflammatorischen T-Zellen vor. Dagegen neigen in Gegenwart von IL-4 aktivierte CD4-T-Zellen dazu, sich zu CD4-T-Helferzellen zu entwickeln (Abb. 9.26), da IL-4 die Differenzierung zu CD4-T_H2-Zellen fördert und die Bildung von CD4-T-Entzündungszellen hemmt. Es ist nicht ganz klar, woher das IL-4 in dieser frühen Phase einer Immunantwort stammt, noch bevor sich IL-4-freisetzende CD4-T-Zellen entwickelt haben. Mögliche Quellen sind Mastzellen und basophile Zellen, die in peripheren lymphatischen Geweben vorkommen und IL-4 zusammen mit einigen anderen Cytokinen ausschütten können, wenn sie über ihre Fcε-Rezeptoren stimuliert worden sind. Normalerweise werden diese Rezeptoren auf einer Zelle durch IgE miteinander vernetzt, was bestimmte Signale auslöst. Solche IgE-Moleküle sind in den frühen Phasen einer Infektion noch nicht vorhanden. Einige Krankheitserreger – wie etwa parasitische Würmer, die die Entwicklung der CD4-T-Helferzellen fördern – regen Mastzellen oder basophile Zellen möglicherweise direkt zur Produktion von IL-4 an. Eine Infektion mit parasitischen Würmern führt zu einer ausgeprägten IgE-Reaktion, möglicherweise, weil eine frühe, nichtadaptive IL-4-Produktion die Bildung von T_H2-Zellen begünstigt. Wenn diese Spekulationen zutreffen, so sind die angeborenen Immunreaktionen gegen Krankheitserreger an der Auslösung der adaptiven Immunantwort nicht nur beteiligt, indem sie die Expression costimulierender Moleküle bewirken, sondern auch, indem sie die Differenzierung der CD4-T-Effektorzellen steuern.

9.16 Die Dichte der Antigene auf der Oberfläche antigenpräsentierender Zellen kann ebenfalls die Differenzierung der CD4-T-Zellen beeinflussen

Ein weiterer Faktor, der die Differenzierung von CD4-T-Zellen zu den verschiedenen Arten Effektorzellen beeinflußt, ist die Konzentration eines

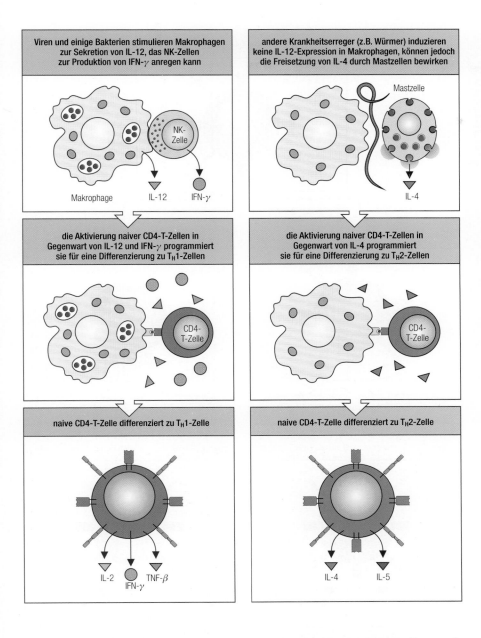

Viren und einige Bakterien stimulieren Makrophagen zur Sekretion von IL-12, das NK-Zellen zur Produktion von IFN-γ anregen kann

Makrophage   NK-Zelle   IL-12   IFN-γ

die Aktivierung naiver CD4-T-Zellen in Gegenwart von IL-12 und IFN-γ programmiert sie für eine Differenzierung zu T$_H$1-Zellen

CD4-T-Zelle

naive CD4-T-Zelle differenziert zu T$_H$1-Zelle

IL-2   IFN-γ TNF-β

andere Krankheitserreger (z.B. Würmer) induzieren keine IL-12-Expression in Makrophagen, können jedoch die Freisetzung von IL-4 durch Mastzellen bewirken

Mastzelle

IL-4

die Aktivierung naiver CD4-T-Zellen in Gegenwart von IL-4 programmiert sie für eine Differenzierung zu T$_H$2-Zellen

CD4-T-Zelle

naive CD4-T-Zelle differenziert zu T$_H$2-Zelle

IL-4   IL-5

9.26 Die Differenzierung von naiven CD4-T-Zellen zu den verschiedenen Typen bewaffneter Effektorzellen erfolgt unter dem Einfluß von Cytokinen, deren Freisetzung durch den Erreger hervorgerufen wird. Viele Krankheitserreger, besonders intrazelluläre Bakterien und Viren, regen Makrophagen und NK-Zellen zur Produktion von IL-12 und IFN-γ an, die ihrerseits auf proliferierende CD4-T-Zellen wirken und ihre Differenzierung zu inflammatorischen CD4-T-Zellen (T$_H$1-Zellen) verursachen. IL-4 kann diesen Vorgang unterbinden. Es wird vermutlich von Mastzellen oder basophilen Zellen als Reaktion auf einige parasitische Würmer gebildet und bewirkt, daß sich proliferierende CD4-T-Zellen zu CD4-T-Helferzellen (T$_H$2-Zellen) entwickeln. Man weiß bisher weder genau, wie diese Faktoren gebildet werden, noch auf welche Weise die Cytokine die selektive Differenzierung der CD4-T-Zellen auslösen. Sie entfalten ihre Wirkung entweder, wenn die CD4-T-Zelle erstmals durch eine antigenpräsentierende Zellen aktiviert wird (zweites Bild), oder während der darauffolgenden proliferativen Phase.

bestimmten Peptid:MHC-Klasse-II-Komplexes auf der professionellen antigenpräsentierenden Zelle, die die Antwort auslöst. Peptide, die sehr gut an MHC-Klasse-II-Moleküle binden und somit eine hohe Dichte auf der Oberfläche einer antigenpräsentierenden Zelle erreichen, stimulieren eher inflammatorische CD4-T-Zell-Antworten, während die Präsentation in niedrigerer Dichte eher CD4-T-Helferzell-Antworten hervorruft (Abb. 9.27). Dies kann manchmal sehr wichtig sein. Zum Beispiel werden Allergien durch die Produktion von IgE-Antikörpern hervorgerufen. Wie wir in Kapitel 8 gelernt haben, ist hierfür ein hoher IL-4-Spiegel notwendig. In Gegenwart von Interferon-γ findet jedoch keine IgE-Produktion statt, da dieses Cytokin ein wirksamer Inhibitor des IL-4-abhängigen Klassenwechsels zu IgE ist. In Kapitel 11 werden wir sehen, daß Antigene, die eine IgE-vermittelte Allergie hervorrufen, im allgemeinen in verschwindend kleinen Mengen vorliegen und die Entstehung von CD4-T-Helferzellen fördern, die IL-4, jedoch kein Interferon-γ freisetzen. Ebenso ist wichtig, daß Allergene keine der bekannten angeborenen Immunreaktionen auslösen, bei denen Cytokine produziert werden, die die Differenzierung der CD4-T-Zellen in

9.27 Die Dichte der Liganden, die einer CD4-T-Zelle bei der ersten Stimulierung präsentiert werden, kann ihren funktionellen Phänotyp festlegen. CD4-T-Zellen, denen Liganden in geringer Dichte präsentiert werden, entwickeln sich bevorzugt zu T_H2-CD4-T-Zellen, die IL-4 und IL-5 freisetzen und B-Zellen bei der Antikörperproduktion unterstützen. Liegen ihre Liganden dagegen in hoher Dichte vor, so differenzieren sie zu T_H1-CD4-T-Zellen, die IL-2, TNF-β sowie IFN-γ ausschütten und Makrophagen aktivieren.

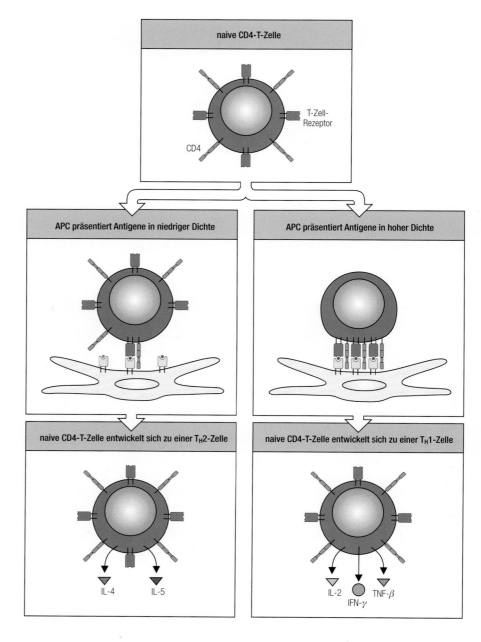

Richtung der inflammatorischen CD4-T-Zellen verschieben. Ob auch der Typ der antigenpräsentierenden Zelle, welche die CD4-T-Zelle aktiviert, die Differenzierung in irgendeiner Weise beeinflußt, ist nicht bekannt.

Die meisten Proteinantigene, die CD4-T-Zell-Antworten hervorrufen, stimulieren sowohl T-Helferzellen als auch T-Entzündungszellen. In den meisten Proteinen gibt es nämlich mehrere verschiedene Peptidsequenzen, die an MHC-Klasse-II-Moleküle gebunden und der T-Zelle präsentiert werden können. Da diese Peptide sich wahrscheinlich mit unterschiedlicher Affinität an dasselbe MHC-Klasse-II-Molekül anlagern, treffen die auf ein bestimmtes Protein reagierenden T-Zellen – je nach Spezifität – auf Liganden, die in sehr unterschiedlicher Dichte an die Oberfläche der antigenpräsentierenden Zellen gebunden sind. Tatsächlich läßt sich experimentell nachweisen, daß manche Peptide aus einem Protein eher die Bildung von CD4-T-Helferzellen auslösen, andere dagegen eher die inflammatorischer CD4-T-Zellen.

Der Unterschied in der Dichte der Liganden, der notwendig ist, um die Entwicklung von T-Helferzellen oder von inflammatorischen T-Zellen zu stimulieren, ist möglicherweise eine Anpassung an das unterschiedliche Verhalten der infektiösen Organismen, gegen die sich die verschiedenen Effektorfunktionen der beiden Typen von CD4-T-Zellen richten. CD4-T-Helferzellen sind für eine effektive Abwehrreaktion gegen extrazelluläre Krankheitserreger notwendig. Sie müssen eine schnelle Immunantwort hervorrufen, um mit diesen schnell proliferierenden Mikroorganismen fertig zu werden. Es ist also von Vorteil, wenn sie bereits auf niedrige Konzentrationen fremder Peptide reagieren. Inflammatorische CD4-T-Zellen sind hauptsächlich wichtig, um intrazelluläre Erreger zu bekämpfen, die anfangs nur einzelne Zellen infizieren, sich langsamer vermehren und im Frühstadium der Infektion nur geringen Schaden verursachen. Gegen solche Erreger gerichtete Abwehrreaktionen können es sich also leisten, eine höhere Antigenschwelle bis zu ihrer Aktivierung abzuwarten. Die notwendigen großen Antigenmengen werden bereits durch die Vermehrung vieler Bakterien oder Viren in einer einzigen infizierten Zelle erreicht. Dabei sorgen die Erreger für eine reiche endogene Quelle antigen wirkender Peptide, die durch MHC-Klasse-II-Moleküle an die Oberfläche verfrachtet werden (Abb. 9.28).

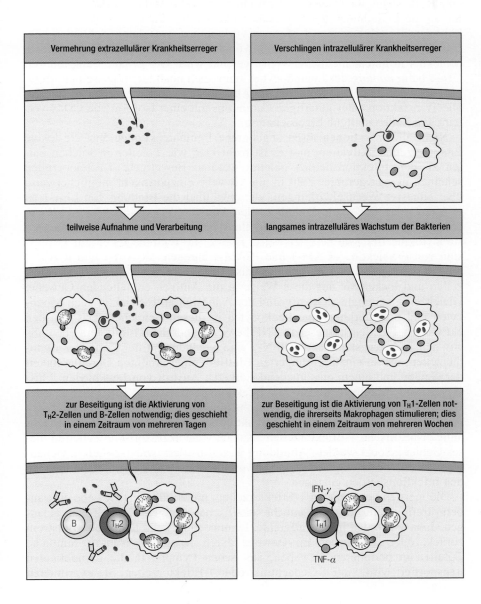

9.28 Eine hypothetische Erklärung, weshalb für eine Aktivierung von T-Helferzellen und inflammatorischen CD4-T-Zellen unterschiedliche Voraussetzungen zu erfüllen sind. CD4-T-Helferzellen (links) sind für die Produktion von Antikörpern gegen extrazelluläre Krankheitserreger und deren toxische Produkte notwendig, da bei solchen Infektionen eine schnelle Reaktion wichtig ist. Eine ubiquitär vorkommende antigenpräsentierende Zelle, die alle Proteine externen Ursprungs in niedriger Dichte präsentiert, wäre in einem solchen System zum Auslösen einer Immunantwort ideal. Allerdings würden auf diese Weise nur CD4-T-Helferzellen aktiviert, da hierfür eine niedrigere Ligandendichte ausreicht als für die Induktion inflammatorischer CD4-T-Zellen. Diese sind jedoch notwendig für die Abwehr der verhältnismäßig langsam wachsenden intrazellulären Krankheitserreger (rechts). Ein einziger infizierter Makrophage bildet an seiner Oberfläche eine hohe Dichte an Liganden aus, wenn sich in seinem Innern Bakterien vermehren. Somit aktiviert er schließlich die inflammatorischen CD4-T-Zellen, welche die Makrophagen zur Beseitigung der Infektion aktivieren.

9.17 Bewaffnete T-Effektorzellen werden durch neu exprimierte Oberflächenmoleküle zu den Infektionsherden geleitet

Die vollständige Aktivierung naiver T-Zellen erfordert vier bis fünf Tage und geht mit Veränderungen der Adhäsionsmoleküle auf der Zelloberfläche einher, welche die gerade ausdifferenzierten bewaffneten T-Effektorzellen zu den Infektionsherden in den peripheren Geweben leiten. So exprimieren bewaffnete T-Effektorzellen zum Beispiel kein L-Selektin mehr, das zuvor das Ansteuern der Lymphknoten bewirkt hat. Statt dessen entstehen verstärkt andere Adhäsionsmoleküle (Abb. 9.29). Eine wichtige Veränderung ist die deutlich gesteigerte Expression des Integrins VLA-4 (Abschnitt 7.2), das an VCAM-1 (*vascular cell adhesion molecule*-1) bindet. Monokine induzieren die Expression von VCAM-1 auf Endothelzellen am Infektionsherd im peripheren Gewebe.

Möglicherweise dirigiert die differentielle Expression von Adhäsionsmolekülen verschiedene Untergruppen bewaffneter T-Effektorzellen in unterschiedliche Regionen. Einige wandern zum Beispiel zu den Peyerschen Plaques, wo sie vermutlich zu den Immunreaktionen in der Schleimhaut (Mucosa) beitragen. Man weiß, daß das CD44-Molekül, das an Hyaluronsäure bindet, dabei eine Rolle spielt, da gegen CD44 gerichtete Antikörper die Bindung der T-Zellen an die Endothelien der Peyerschen Plaques blockieren. Das CD44-Molekül kann in verschiedenen Isoformen vorkommen, was darauf schließen läßt, daß die Wanderung der Lymphocyten von den verschiedenen Isoformen dieses Moleküls in unterschiedlicher Weise gelenkt wird. Die genaue Funktion von CD44 beim *homing* der Lymphocyten kennt man noch nicht. Dieselben Moleküle scheinen auch eine Rolle bei der Ausbreitung von Krebszellen zu spielen: Die Transfektion eines gutartigen Carcinoms mit einer Isoform von CD44 verleiht den Zellen maligne Eigenschaften.

Nicht alle Infektionen lösen angeborene Immunreaktionen aus, die lokale Endothelzellen aktivieren, und es ist nicht klar, wie T-Zellen in solchen Fällen zu den Infektionsherden geleitet werden. Bewaffnete T-Effektorzellen scheinen in sehr geringer Zahl in alle Gewebe einzudringen, möglicherweise über adhäsive Wechselwirkungen, wie etwa über die Bindung von LFA-1 an ICAM-2, das auf allen Endothelzellen konstitutiv exprimiert wird. Wenn diese T-Zellen dann im Gewebe auf ihr spezifisches Antigen treffen, setzen sie Cytokine frei, wie beispielsweise TNF-α, die Endothelzellen zur Expression von E-Selektin, VCAM-1 und ICAM-1 anregen. VCAM-1 und ICAM-1 binden dann an VLA-4 beziehungsweise LFA-1 auf bewaffneten T-Effektorzellen und locken sie auf diese Weise in die Antigen enthaltenden Gewebe. Gleichzeitig sammeln sich aufgrund der Adhäsion an E-Selektin auch Monocyten und polymorphkernige Leukocyten in diesen Bereichen. Das von den aktivierten T-Zellen freigesetzte TNF bewirkt synergistisch mit dem ebenfalls aus den T-Zellen stammenden IFN-γ eine Veränderung der Form der Endothelzellen, die zu einem gesteigerten Blutfluß, einer erhöhten Durchlässigkeit der Gefäße und einem entsprechend stärkeren Austritt von Leukocyten, Flüssigkeit und Proteinen hin zu den Infektionsherden führt. Eine einzige oder wenige T-Effektorzellen, die im Gewebe auf ihr Antigen treffen, können also eine wirksame lokale Entzündungsreaktion auslösen, durch die sowohl mehr antigenspezifische T-Effektorzellen als auch viele akzessorische Zellen in dieses Gebiet gelockt werden. Abbildung 9.30 illustriert, wie T-Zellen in Gegenwart (oben) beziehungsweise in Abwesenheit (unten) einer Entzündung zu den Infektionsherden gelangen.

Die meisten bewaffneten T-Effektorzellen, die zufällig ins Gewebe einwandern, treffen natürlich nicht auf ihr spezifisches Antigen. Diese Zellen gelangen dann entweder in die afferente Lymphe und kehren in den Blutstrom zurück, oder sie sterben im Gewebe durch Apoptose. Nahezu sämtliche T-Zellen in peripheren Geweben, aus denen Lymphe in die Lymphknoten transportiert wird, sind T-Gedächtnis- oder T-Effektorzellen. Sie exprimieren

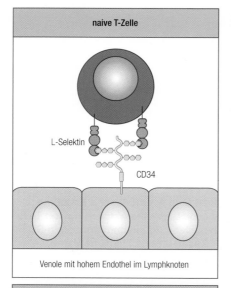

naive T-Zelle

L-Selektin

CD34

Venole mit hohem Endothel im Lymphknoten

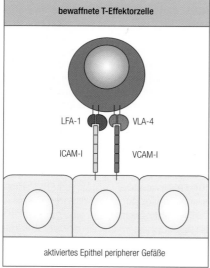

bewaffnete T-Effektorzelle

LFA-1   VLA-4

ICAM-I   VCAM-I

aktiviertes Epithel peripherer Gefäße

9.29 Bewaffnete T-Effektorzellen verändern ihre Oberflächenmoleküle, um zu Infektionsherden wandern zu können. Naive T-Zellen gelangen über die Bindung von L-Selektin an CD34 und Gly-CAM-1 in die Lymphknoten (oben). Wenn sie dort auf ihr Antigen treffen und zu Effektorzellen werden, verlassen sie vier bis fünf Tage später die Lymphknoten. Statt Selektin exprimieren sie VLA-4 und mehr LFA-1, die an VCAM-1 beziehungsweise ICAM-1 auf den Zellen peripherer Gefäße bei den Infektionsherden binden.

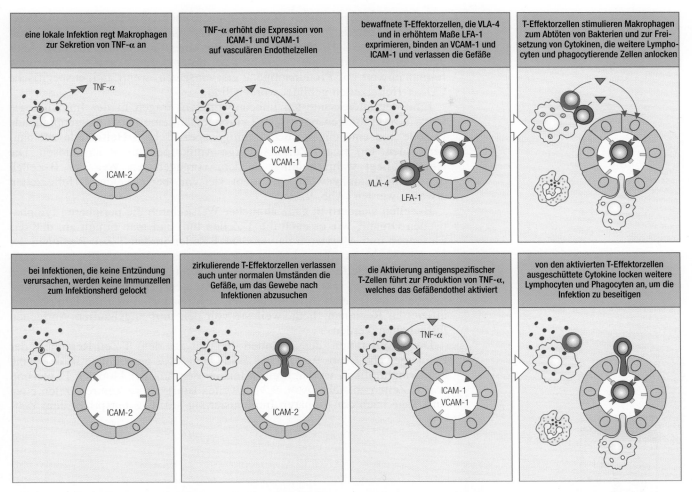

| eine lokale Infektion regt Makrophagen zur Sekretion von TNF-α an | TNF-α erhöht die Expression von ICAM-1 und VCAM-1 auf vasculären Endothelzellen | bewaffnete T-Effektorzellen, die VLA-4 und in erhöhtem Maße LFA-1 exprimieren, binden an VCAM-1 und ICAM-1 und verlassen die Gefäße | T-Effektorzellen stimulieren Makrophagen zum Abtöten von Bakterien und zur Freisetzung von Cytokinen, die weitere Lymphocyten und phagocytierende Zellen anlocken |
| bei Infektionen, die keine Entzündung verursachen, werden keine Immunzellen zum Infektionsherd gelockt | zirkulierende T-Effektorzellen verlassen auch unter normalen Umständen die Gefäße, um das Gewebe nach Infektionen abzusuchen | die Aktivierung antigenspezifischer T-Zellen führt zur Produktion von TNF-α, welches das Gefäßendothel aktiviert | von den aktivierten T-Effektorzellen ausgeschüttete Cytokine locken weitere Lymphocyten und Phagocyten an, um die Infektion zu beseitigen |

9.30 Aktivierte T-Zellen, die VLA-1 und viel LFA-1 tragen, verlassen in allen Körperregionen die kleinen Blutgefäße, indem sie an ICAM-2 auf normalen Endothelzellen binden oder an VCAM-1 und ICAM-1 auf den Endothelzellen an Entzündungsherden. Dieser Vorgang ist hier am Beispiel der inflammatorischen CD4-T-Zellen dargestellt. Am Ort der Entzündung (oben) induzieren Cytokine wie TNF-α die Expression von ICAM-1 und VCAM-1 auf lokalen Endothelzellen. An diese Moleküle binden sich VLA-4 und LFA-1 der T-Zellen, so daß diese das Endothel durchqueren können. Wenn sie am Infektionsort auf ihr spezifisches Antigen treffen, stimulieren sie Makrophagen und setzen Cytokine frei, welche die Endothelzellen aktivieren und weitere Effektorzellen anlocken. Allerdings verursachen nicht alle infektiösen Agentien eine Entzündung. In solchen Fällen (unten) wandern nur wenige T-Zellen ins Gewebe ein. Sobald jedoch eine T-Zelle im Gewebe auf ihr spezifisches Antigen trifft, wird sie zur Synthese und Sekretion von Cytokinen, darunter TNF-α, angeregt, die ihrerseits die Expression von ICAM-1 und VCAM-1 auf den Endothelzellen induzieren und somit zu derselben Anhäufung von Lymphocyten und Phagocyten führen, wie wir sie bei einer Entzündungsreaktion beobachten können. T-Zellen, die ihrem spezifischen Antigen im Gewebe nicht begegnen, sterben entweder ab oder kehren mit der Lymphe ins Blut zurück (nicht gezeigt).

kein L-Selektin und können aus diesem Grund nicht über Venolen mit hohem Endothel in die Lymphknoten gelangen. Sie scheinen vielmehr dazu bestimmt zu sein, durch potentielle Infektionsherde zu wandern.

9.18 Antikörperantworten entstehen in lymphatischen Geweben unter der Leitung von bewaffneten T-Helferzellen

Die Wanderung in die Peripherie ist offensichtlich für die cytotoxischen CD8-T-Zellen von großer Bedeutung, damit sie ihre Effektorfunktionen ausüben können, sowie für die inflammatorischen CD4-T-Zellen, die am Infektionsort Makrophagen aktivieren müssen. Die wichtigsten Funktionen der CD4-T-Helferzellen beruhen jedoch auf ihren Wechselwirkungen mit

B-Zellen, und diese finden in den lymphatischen Geweben statt. Für Proteinantigene spezifische B-Zellen können erst aktiviert werden, wenn sie auf eine bewaffnete T-Helferzelle treffen, die eines der Peptide aus dem Antigen oder Antigenkomplex erkennt. Aus diesem Grund kann eine humorale Immunantwort auf Proteinantigene erst einsetzen, wenn antigenspezifische CD4-T-Helferzellen gebildet worden sind.

Eine der interessantesten unbeantworteten Fragen in der Immunologie ist, wie zwei antigenspezifische Lymphocyten, eine naive antigenbindende B-Zelle und eine entsprechende antigenspezifische T-Helferzelle zueinander finden, um eine T-Zell-abhängige Antikörperantwort auszulösen. Die Antwort liegt wahrscheinlich in dem vorgegebenen Weg der B-Zellen durch die Lymphgewebe, auf dem sie von bewaffneten T-Helferzellen erwartet werden (Abb. 9.31).

B-Zellen wandern in ganz ähnlicher Weise durch die peripheren lymphatischen Organe, wie es auch die T-Zellen tun, und man nimmt an, daß das Einfangen und Aktivieren naiver CD4-T-Zellen in den T-Zell-Regionen der Lymphgewebe zu einer erhöhten Konzentration antigenspezifischer bewaffneter CD4-T-Helferzellen führt, die die wenigen B-Zellen mit derselben Antigenspezifität aktivieren können. Antigenspezifische B-Zellen sind möglicherweise auch in Lymphknoten angereichert, durch die Lymphe aus infizierten Regionen fließt, weil sie von den dort angehäuften Antigenen festgehalten werden.

Die Proliferation der B-Zellen beginnt in den T-Zell-Regionen der Lymphgewebe (Abb. 9.31, erstes Bild), und zwar gewöhnlich in der Nähe der Lymphfollikel, wodurch ein primäres Zentrum der klonalen Expansion von B-Zellen entsteht (Abb. 9.31, zweites Bild). Diese Zentren treten etwa fünf Tage nach der primären Immunisierung auf. Das entspricht dem Zeit-

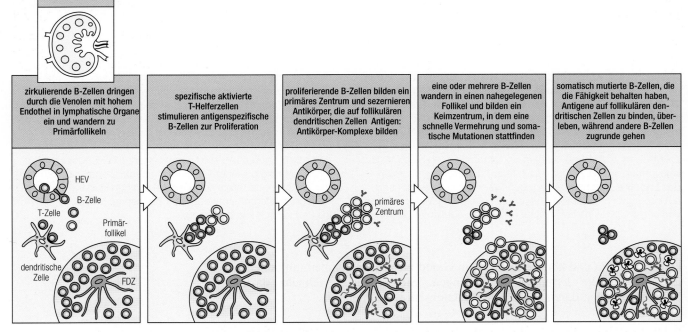

9.31 Spezielle Regionen der lymphatischen Gewebe bilden ein Mikromilieu, in dem B-Zellen mit bewaffneten T-Helferzellen derselben Antigenspezifität wechselwirken können. Der erste Kontakt zwischen antigenspezifischen B-Zellen und den passenden T-Helferzellen findet an der Grenze zwischen den T-Zell- und den B-Zell-Regionen der lymphatischen Gewebe statt. Dabei werden die B-Zellen zur Vermehrung angeregt, wodurch es bereits in einem geringen Umfang zum Klassenwechsel kommt. Die aktivierten B-Zell-Blasten wandern dann in primäre Lymphfollikel, wo sie sich schnell vermehren und unter dem Einfluß von immobilisierten Antigenen auf follikulären dendritischen Zellen und von T-Helferzellen ein Keimzentrum bilden. Dort finden somatische Hypermutationen statt sowie die Selektion hochaffiner B-Zellen. Bei einer primären Immunreaktion erfolgt das Einfangen von Antigenen erst nach der Bildung von Antikörpern durch B-Zellen im primären Zentrum.

raum, der für die Differenzierung der CD4-T-Helferzellen notwendig ist. In Kapitel 8 haben wir gesehen, daß einige der B-Zellen in einem solchen primären Zentrum nach ein paar Tagen spezifische Antikörper sezernieren können (Abb. 9.31, drittes Bild), während andere in die Follikel wandern, wo sie in eine zweite Vermehrungsphase eintreten und dadurch ein Keimzentrum bilden, in dem die somatische Hypermutation stattfindet. Die von früh differenzierenden B-Zellen ausgeschütteten Antikörper führen nicht nur zu einem frühen Schutz. Sie sind auch wichtig, weil sie Antigene in Form von Antigen:Antikörper-Komplexen auf der Oberfläche von follikulären dendritischen Zellen fixieren und dadurch zu der Selektion von B-Zellen beitragen, die der Reifung der Antikörperreaktion zugrunde liegt (Abb. 9.31, letztes Bild). Die Antigen:Antikörper-Komplexe werden von einem nichtphagocytischen Fc-Rezeptor auf der Oberfläche der follikulären dendritischen Zellen festgehalten. Auf diese Weise können die Antigene über lange Zeit in den Lymphfollikeln zurückgehalten werden.

Die Proliferation, die somatische Hypermutation und die Selektion, die während einer primären Antikörperreaktion in den Keimzentren ablaufen, wurden in Kapitel 8 beschrieben. Die Adhäsionsmoleküle, welche die Wanderung der B-Zellen lenken, spielen dabei wahrscheinlich eine wichtige Rolle. Bisher weiß man jedoch noch wenig über sie oder über ihre Liganden.

9.19 Die Antikörperreaktionen werden in den Marksträngen der Lymphknoten und im Knochenmark aufrechterhalten

Die antikörperbildenden Plasmazellen, die sich im Lymphgewebe entwickeln, verbleiben in den Marksträngen der Lymphknoten und in der roten Pulpa der Milz. Diese beiden Regionen enthalten auch zahlreiche Makrophagen, die möglicherweise helfen, die Krankheitserreger in den lymphatischen Geweben festzuhalten. Andere B-Zellen verlassen die Keimzentren als Centrocyten und wandern ins Knochenmark, um dort ihre Entwicklung zu Plasmazellen zu vollenden. Etwa 90 Prozent der *in vivo* produzierten Antikörper stammen von diesen im Knochenmark sitzenden Plasmazellen (Abb. 9.32). Die Tendenz der Plasmazellen, sich in das Knochenmark zu begeben, könnte erklären, warum Tumoren der Plasmazellen multifokal im Knochenmark auftreten, was ihnen die Bezeichnung multiple Myelome (Knochenmarkzelltumoren) eingebracht hat. Über die molekularen Veränderungen auf der Oberfläche dieser Zellen, die sie veranlassen, in das Knochenmark zu wandern, wissen wir kaum etwas. Das Knochenmark bildet möglicherweise ein spezielles Mikromilieu, denn hier überleben Plasmazellen länger als in der Milz oder den Lymphknoten. Auch sezernieren sie hier mehr Antikörper, als sie produzieren würden, wenn sie in den lymphatischen Geweben blieben.

9.20 Welche Effektormechanismen bei der Beseitigung einer Infektion zum Einsatz kommen, hängt von dem Erreger ab

Die Funktion einer primären adaptiven Immunantwort auf eine Infektion ist es, die primäre Infektion auszumerzen und einen Schutz vor einer erneuten Infektion durch denselben Krankheitserreger zu schaffen. In Abbildung 9.33 sind die verschiedenen Infektionstypen und die Möglichkeiten zu ihrer effektiven Beseitigung durch eine adaptive Immunreaktion zusammengefaßt.

Die Immunität gegen eine Reinfektion bezeichnet man auch als **schützende Immunität**. Sie herbeizuführen ist das Ziel bei der Entwicklung von Impfstoffen. Die schützende Immunität besteht einerseits aus den Immunzellen und -molekülen, die auf die erste Infektion oder eine Impfung hin

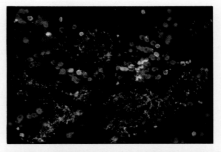

9.32 Plasmazellen sind in den Marksträngen der Lymphknoten und im Knochenmark verteilt. Dort sezernieren sie schnell viele Antikörper direkt ins Blut, so daß diese im ganzen Körper verteilt werden. Oben sind Plasmazellen in den Marksträngen der Lymphknoten grün angefärbt, wenn sie IgM sezernieren, und rot, wenn sie IgG freisetzen. Darunter sind Plasmazellen im Knochenmark mit Antikörpern gegen die leichten Ketten markiert. Plasmazellen, die Immunglobuline mit leichten λ-Ketten sezernieren, sind grün gefärbt, solche, die Immunglobuline mit κ-Ketten freisetzen, rot. (Photos: P. Brandtzaeg.)

infektiöser Organismus	Krankheit	humorale Immunität				zelluläre Immunität	
		IgM	IgG	IgE	IgA	CD4-T-Zellen (Makrophagen)	CD8-T-Killerzellen
Viren Variola	Pocken						
Varicella-zoster-Virus	Windpocken						
Epstein-Barr-Virus	Pfeiffersches Drüsenfieber						
Grippevirus	Grippe (Influenza)						
Mumpsvirus	Mumps						
Masernvirus	Masern						
Poliovirus	Poliomyelitis						
menschliches Immunschwächevirus	AIDS						
Bakterien Staphylococcus aureus	Furunkel						
Streptococcus pyogenes	Mandelentzündung						
Streptococcus pneumoniae	Lungenentzündung						
Neisseria gonorrheae	Gonorrhoe						
Neisseria meningitidis	Meningitis						
Corynebacterium diphtheriae	Diphtherie						
Clostridium tetani	Tetanus						
Treponema pallidum	Syphilis			vorübergehend			
Borrelia burgdorferi	Lyme-Borreliose			vorübergehend			
Salmonella typhi	Typhus						
Vibrio cholerae	Cholera						
Legionella pneumophila	Legionärskrankheit						
Rickettsia prowazeki	Fleckfieber						
Chlamydia trachomatis	Trachom						
Mycobakterien	Tuberkulose, Lepra						
Pilze Candida albicans	Candida-Mykose						
Protozoen Plasmodium	Malaria						
Toxoplasma gondii	Toxoplasmose						
Trypanosoma spp.	Trypanosomiasis						
Leishmania spp.	Leishmaniase						
Würmer Schistosoma	Bilharziose						

9.33 Unterschiedliche Effektormechanismen merzen primäre Infektionen durch verschiedene Krankheitserreger aus und schützen den Organismus vor einer erneuten Infektion. Die Erreger sind nach steigender Komplexität aufgeführt. Die Abwehrmechanismen zur Beseitigung einer primären Infektion sind dort, wo man sie kennt, durch die rote Markierung in den Kästen gekennzeichnet. Die gelbe Markierung steht für eine Rolle bei der schützenden Immunität. Blassere Farben kennzeichnen weniger gut etablierte Mechanismen. Es ist gut zu erkennen, daß die einzelnen Klassen der Krankheitserreger ähnliche Abwehrmechanismen hervorrufen, was Ähnlichkeiten in ihrer Lebensweise widerspiegelt.

gebildet worden sind, und andererseits aus dem langlebigen immuno-logischen Gedächtnis, dem der letzte Teil dieses Kapitels gewidmet ist (Abb. 9.34). Für die Entstehung einer schützenden Immunität sind mögli-cherweise bereits existierende Komponenten notwendig, wie etwa Antikör-permoleküle oder bewaffnete T-Effektorzellen. Zum Beispiel müssen für einen effektiven Schutz vor dem Poliovirus bereits Antikörper vorhanden sein, da das Virus schnell Neuronen des Rückenmarks infiziert und ihre Zerstörung hervorruft, wenn es nicht neutralisiert wird, sobald es in den Körper gelangt. Die schützende Immunität kann also zum Teil auf Effektor-mechanismen basieren, die bei der Beseitigung einer primären Infektion nicht wirksam werden.

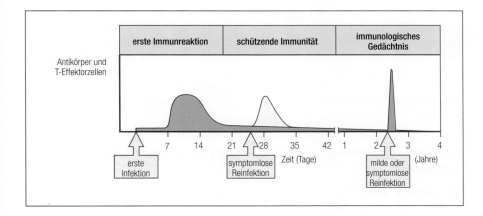

9.34 An der schützenden Immunität sind sowohl bereits vorhandene Immunreaktanden als auch das immunologische Gedächtnis beteiligt. Die Antikörperspiegel und die Aktivität der T-Effektorzellen nehmen nach der Besei-tung einer Infektion mit der Zeit ab. Eine frühe erneute Infektion wird durch ver-bleibende Reaktanten schnell ausge-merzt. Dabei treten wenige Symptome auf, aber die Menge der Reaktanden erhöht sich. Eine erneute Infektion nach einem größeren Zeitabstand führt auf-grund des immunologischen Gedächt-nisses zu einem schnellen Anstieg der Antikörper und T-Effektorzellen, so daß auch hier nur wenige oder überhaupt keine Symptome auftreten.

Zusammenfassung

Die adaptive Immunantwort ist zum effektiven Schutz des Wirts vor patho-genen Mikroorganismen notwendig. Sie kommt zum Zuge, wenn Krank-heitserreger die nichtadaptiven Abwehrmechanismen überwunden haben oder ihnen entgehen konnten und einen Infektionsherd gebildet haben. Die Antigene des Erregers werden von wandernden antigenpräsentierenden Zel-len zu den lokalen lymphatischen Organen transportiert oder durch dort befindliche Zellen festgehalten. Die eingefangenen Antigene werden verar-beitet und antigenspezifischen naiven T-Zellen dargeboten, die kontinuier-lich durch die lymphatischen Organe zirkulieren. Hier findet auch die Akti-vierung (*priming*) der T-Zellen und ihre Differenzierung zu bewaffneten T-Effektorzellen statt. Diese verlassen dann entweder das lymphatische Organ, um an den Infektionsherden im Gewebe zelluläre Immunreaktionen auszuführen, oder sie bleiben an Ort und Stelle, um antigenbindende B-Zel-len zu aktivieren. Welche dieser beiden Möglichkeiten eintritt, hängt von der nichtadaptiven zellulären Cytokinproduktion ab, die die Differenzie-rung der CD4-T-Zellen zu T-Helferzellen oder inflammatorischen CD4-T-Zellen beeinflußt. Auch die Antigenkonzentration spielt bei der Differen-zierung der CD4-T-Zellen eine Rolle. Die humorale Immunantwort wird von Antikörpern getragen. Diese stammen aus B-Zellen, die ursprünglich in den lymphatischen Organen aktiviert worden sind, dann jedoch in weit-entfernte Regionen, vor allem ins Knochenmark, wandern, wo sie die Anti-körper ins Blut sezernieren. Die primäre Sensibilisierung von B- und T-Lymphocyten findet also in spezialisierten lymphatischen Organen statt, während sich ihre Effektorfunktionen mit dem Blut über den gesamten Kör-per verteilen. Im Idealfall beseitigt die adaptive Immunantwort die Erreger und führt zu einem Zustand schützender Immunität, der eine Reinfektion durch denselben Organismus verhindert.

Das immunologische Gedächtnis

Eine der wichtigsten Folgen einer adaptiven Immunantwort ist die Ausbildung eines **immunologischen Gedächtnisses**. Darunter versteht man die Fähigkeit des Immunsystems, schneller und effektiver auf einen Krankheitserreger zu reagieren, dem es bereits zuvor begegnet ist. Das immunologische Gedächtnis beruht auf dem Vorhandensein einer klonal expandierten Population antigenspezifischer Lymphocyten. Man bezeichnet die Gedächtnisreaktionen – je nach Anzahl der Antigenkontakte – als sekundäre Reaktionen, tertiäre Reaktionen, und so weiter. Sie unterscheiden sich auch qualitativ von den primären Immunantworten. Besonders deutlich ist dies bei Antikörperreaktionen, denn die Eigenschaften der bei einer sekundären oder weiteren Reaktion produzierten Antikörper unterscheiden sich von denen der Antikörper gegen dasselbe Antigen, die bei der primären Reaktion produziert wurden. Darüber, wie das immunologische Gedächtnis aufrechterhalten wird, weiß man jedoch noch wenig. Unser Hauptaugenmerk wollen wir daher in diesem Abschnitt auf den sich ändernden Charakter der Gedächtnisreaktionen richten. Gleichzeitig werden wir aber auch die Mechanismen beschreiben, die man vorgeschlagen hat, um die Persistenz des immunologischen Gedächtnisses nach dem ersten Antigenkontakt zu erklären.

9.21 Das immunologische Gedächtnis nach einer Infektion ist langlebig

Die meisten Kinder in den Vereinigten Staaten sind heute gegen Masern geimpft. Bevor die Impfung allgemein eingeführt wurde, kamen die meisten Kinder auf natürlichem Wege mit dem Masernvirus in Kontakt und litten unter einer akuten, unangenehmen und gefährlichen Viruserkrankung. Kinder, die dem Virus bereits einmal ausgesetzt waren – sei es durch frühere Erkrankung oder Impfung –, sind langfristig vor Masern geschützt. Dasselbe gilt für viele andere akute Infektionskrankheiten.

Die Grundlagen des immunologischen Gedächtnisses waren experimentell sehr schwer zu erforschen: Obwohl bereits die alten Griechen dieses Phänomen kannten und es mehr als 250 Jahre lang im Rahmen von Impfprogrammen genutzt wurde, weiß man noch immer nicht sicher, ob das immunologische Gedächtnis auf einer langlebigen Population spezialisierter Gedächtniszellen beruht oder ob ihm winzige, nicht meßbare Antigenmengen zugrunde liegen, die ständig antigenspezifische Lymphocyten stimulieren.

Allerdings sind nur diejenigen Individuen, die selbst zuvor einem bestimmten Erreger ausgesetzt waren, später immun. Das immunologische Gedächtnis wird nicht über kontinuierliche Reinfektion durch andere Individuen aufrechterhalten. Dies hat man anhand von Beobachtungen der Bewohner isolierter Inseln festgestellt, wo ein Virus wie das Masernvirus eine Epidemie verursachen kann, indem es alle Menschen infiziert, die sich zu der Zeit auf der Insel befinden, und dann wieder für viele Jahre verschwindet. Bringt man das Virus später wieder von außerhalb auf die Insel, so infiziert es die ursprüngliche Population nicht. Es erkranken jedoch all diejenigen, die nach der letzten Epidemie geboren wurden. Das bedeutet, daß das immunologische Gedächtnis nicht durch wiederholten Kontakt mit dem Virus hervorgerufen wird. Es bleiben zwei Erklärungsmöglichkeiten: 1) Das Gedächtnis wird durch langlebige Lymphocyten aufrechterhalten, die seit dem ersten Kontakt in einem ruhenden Stadium im Körper überdauern, bis sie dem Erreger ein zweites Mal begegnen. 2) Die beim ursprünglichen Antigenkontakt aktivierten Lymphocyten werden kontinuierlich weiter stimuliert. Dies geschieht entweder durch kleine Mengen des Erregers, die ausreichen, um die aktivierte Zelle erneut zu stimulieren, aber nicht, um die Infektion auf andere zu übertragen, oder durch andere, kreuz-

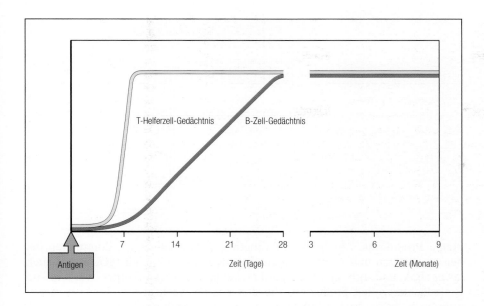

T-Helferzell-Gedächtnis   B-Zell-Gedächtnis

Antigen

7   14   21   28   3   6   9

Zeit (Tage)   Zeit (Monate)

9.35 T- und B-Gedächtniszellen erscheinen Tage bis Wochen nach dem ersten Antigenkontakt und bleiben für den Rest des Lebens erhalten. Die Messung des immunologischen Gedächtnisses erfolgt normalerweise durch die Übertragung von Lymphocyten eines immunisierten Donors auf ein bestrahltes, immundefizientes Tier. Die Abbildung zeigt das Ergebnis von Transfertests mit T- und B-Gedächtniszellen, die in unterschiedlichen Zeitabständen nach der Immunisierung des Spendertieres durchgeführt wurden. T-Helferzellen wurden zusammen mit einem Überschuß an B-Zellen verabreicht und umgekehrt, so daß immer nur ein Zelltyp limitierend war. Diese Experimente zeigen, daß die Aktivität der T-Helferzellen sofort nach der Immunisierung ansteigt, während B-Gedächtniszellen erst etwas später erscheinen und ihre endgültige Konzentration langsamer erreichen. Dies spiegelt einerseits die Notwendigkeit der T-Zellen für die Aktivierung der B-Zellen wider, und beruht andererseits auf den Vorgängen der somatischen Hypermutation und des Klassenwechsels, die nur bei den B-Zellen ablaufen.

reagierende Antigene, die zwar keine naive Zelle aktivieren, aber bereits zuvor aktivierte Zellen stimulieren können.

Die experimentelle Erfassung des immunologischen Gedächtnisses basierte auf quantitativen Transfertests mit Lymphocyten von Tieren, die man mit einfachen, nichtlebenden Antigenen immunisiert hatte. Wenn ein Tier mit einem Proteinantigen immunisiert wird, treten nach etwa fünf Tagen plötzlich T-Helferzellen auf, während antigenspezifische B-Zellen erst einige Tage später erscheinen, da die Aktivierung der B-Zellen erst beginnen kann, wenn bewaffnete T-Helferzellen vorhanden sind. Die meisten B-Zellen beginnen dann in den Keimzentren mit einer weiteren proliferativen Phase. Etwa einen Monat nach der Infektion haben sowohl die B-Gedächtniszellen als auch die T-Helfer-Gedächtniszellen ihre maximale Konzentration erreicht (Abb. 9.35). Mit geringen Schwankungen bleiben diese Konzentrationen in dem Tier für den Rest seines Lebens erhalten. Bei diesen Versuchen mißt man die Existenz von Gedächtniszellen ausschließlich durch die Übertragung einer spezifischen Reaktionsfähigkeit von einem immunisierten Tier in einen bestrahlten und dadurch immundefizienten Wirt (Abschnitt 2.29). In aufeinanderfolgenden Abschnitten werden wir die Veränderungen, die nach dem ersten Antigenkontakt bei den Lymphocyten auftreten, genauer betrachten und die Mechanismen vorstellen, die diesen Veränderungen möglicherweise zugrunde liegen.

9.22 Sowohl die klonale Expansion als auch die klonale Differenzierung tragen zu dem immunologischen Gedächtnis der B-Zellen bei

Das immunologische Gedächtnis der B-Zellen läßt sich untersuchen, indem man B-Zellen immunisierter Mäuse isoliert und sie in Gegenwart bewaffneter T-Helferzellen, die für das entsprechende Antigen spezifisch sind, erneut stimuliert. Auf diese Weise konnte man zeigen, daß sich antigenspezifische B-Gedächtniszellen sowohl quantitativ als auch qualitativ von naiven B-Zellen unterscheiden. Nach dem ersten Antigenkontakt erhöht sich die Anzahl der B-Zellen, die auf das Antigen reagieren können, auf etwa das Fünf- bis Zehnfache (Abb. 9.36). Die Affinität der Antikörper, die sie produzieren, steigt mit der Anzahl der Antikörperantworten; sie ist also bei der sekundären zum Beispiel höher als bei der primären (Abb. 9.37). Im Gegensatz zu der primären Antikörperreaktion, die in ihren frühen Phasen durch eine ausge-

9.36 Die Ausbildung einer sekundären Antikörperantwort durch B-Gedächtniszellen unterscheidet sich von der einer primären Antikörperreaktion. Die primäre Reaktion wird normalerweise von Antikörpermolekülen aus zahlreichen verschiedenen Vorläuferzellen getragen, die eine relativ geringe Affinität und wenige somatische Mutationen aufweisen. Die sekundäre Reaktion dagegen beruht auf weit weniger, jedoch hochaffinen Vorläuferzellen, deren Rezeptoren ausgeprägte somatische Mutationen aufweisen und die durch klonale Expansion vermehrt wurden. Nach der ersten Immunisierung nimmt die Zahl der aktivierbaren B-Zellen also höchstens um das Vier- bis Zehnfache zu, aber die Qualität der Antikörperreaktion verändert sich sehr, so daß diese Vorläuferzellen eine weit stärkere und effektivere Reaktion auslösen.

	Herkunft der B-Zellen	
	nichtimmunisierter Spender primäre Reaktion	immunisierter Spender sekundäre Reaktion
Anteil spezifischer B-Zellen	$1:10^4$	$1:10^3$
Isotyp der produzierten Antikörper	IgM > IgG	IgG, IgA
Affinität der Antikörper	niedrig	hoch
somatische Hypermutation	niedrig	hoch

prägte Produktion von IgM-Antikörpern gekennzeichnet ist, dominieren bei den sekundären und weiteren Immunreaktionen gewöhnlich IgG, wobei auch etwas IgA und IgE gebildet werden kann. Diese Antikörper werden von B-Gedächtniszellen produziert, die den Klassenwechsel von IgM zu diesen reiferen Isotypen bereits vollzogen haben und auf ihrer Oberfläche IgG, IgA oder IgE exprimieren. Außerdem tragen sie mehr MHC-Klasse-II-Moleküle, als für naive B-Zellen typisch ist. All diese Eigenschaften erleichtern die

9.37 Sowohl die Affinität als auch die Menge der Antikörper steigt bei wiederholter Immunisierung an. (Man beachte, daß die Konzentrationen und Affinitäten logarithmisch aufgetragen sind.) Die obere Abbildung zeigt die Zunahme der Antikörpermenge in Abhängigkeit von der Zeit nach der primären Immunisierung, der eine sekundäre und eine tertiäre Immunisierung folgen. In der unteren Abbildung ist die Erhöhung der Affinität der Antikörper zu erkennen. Diese Erhöhung der Affinität (Affinitätsreifung) beobachtet man vor allem bei IgG-Antikörpern (sowie bei IgA und IgE, was jedoch nicht dargestellt ist), die von reifen B-Zellen produziert werden, welche bereits einen Klassenwechsel und somatische Hypermutationen durchlaufen haben. Obwohl auch bei einer primären Antikörperreaktion eine gewisse Affinitätsreifung stattfindet, ist sie bei späteren Antworten auf wiederholte Antigeninjektionen viel ausgeprägter.

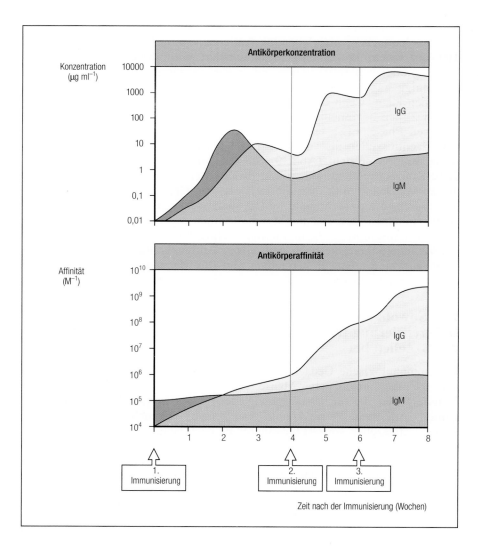

Antigenaufnahme und -präsentation und erlauben es den B-Gedächtniszellen, bereits bei niedrigeren Antigenkonzentrationen ihre wichtigen Wechselwirkungen mit den bewaffneten T-Helferzellen einzugehen.

Dieser Unterschied zwischen der primären und sekundären Antikörperreaktion wird am deutlichsten, wenn bei der primären Reaktion Antikörper dominieren, die eng miteinander verwandt sind und, wenn überhaupt, nur wenige somatische Hypermutationen aufweisen. Dies ist der Fall bei der Reaktion auf bestimmte Haptene, die zufällig eine bereits vorhandene Gruppe naiver B-Zellen aktivieren, die für die Reaktion gegen genau dieses Antigen prädestiniert sind. Die dann gebildeten Antikörper werden bei allen Mäusen eines Inzuchtstammes von denselben V_H- und V_L-Genen codiert. Diese variablen Regionen sind also möglicherweise im Lauf der Evolution im Hinblick darauf selektiert worden, daß sie Determinanten auf Krankheitserregern erkennen, die mit einigen Haptenen kreuzreagieren. Aufgrund dieser Einheitlichkeit der primären Antikörperreaktion sind Veränderungen der Antikörpermoleküle, die bei einer zweiten Reaktion auf dasselbe Antigen entstehen, leicht zu erkennen. Diese umfassen nicht nur zahlreiche somatische Mutationen in Antikörpern mit den dominanten variablen Regionen, sondern auch die zusätzliche Bildung von Antikörpern mit anderen V_H- und V_L-Gensegmenten, die aufgrund ihrer Seltenheit bei der primären Reaktion nicht nachgewiesen werden konnten. Von letzteren nimmt man an, daß sie von B-Zellen abstammen, die im Zuge der primären Reaktion aktiviert wurden und sich dann zu B-Gedächtniszellen differenziert haben. Der besondere Charakter sekundärer Antikörperantworten beruht zum Teil auf Veränderungen der spezialisierten Mikroumgebung, in der die B-Gedächtniszellen aktiviert werden, und die eine direkte Folge der primären Reaktion sind, wie wir gleich sehen werden.

9.23 Wiederholte Immunisierungszyklen führen aufgrund somatischer Hypermutationen und der Selektion durch Antigene in Keimzentren zu einer erhöhten Antikörperaffinität

Bei einer primären Antikörperreaktion bilden B-Zellen, die durch bewaffnete T-Helferzellen stimuliert wurden, in den T-Zell-Regionen der lymphatischen Gewebe ein sogenanntes primäres Zentrum, wo einige von ihnen

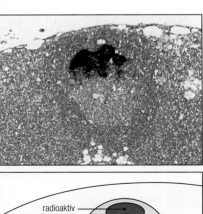

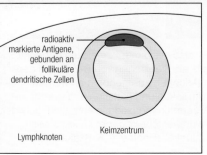

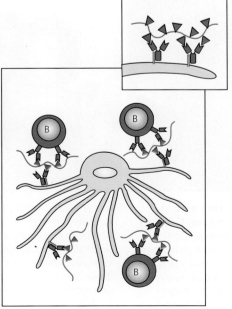

9.38 B-Zellen erkennen Antigene in Form von Immunkomplexen, die an die Oberfläche von follikulären dendritischen Zellen gebunden sind. Radioaktiv markierte Antigene gelangen mit der Lymphe in die Follikel von Lymphknoten, wo sie auch verbleiben. (Die mikroskopische Aufnahme sowie die Schemazeichnung zeigen ein Keimzentrum in einem Lymphknoten. Radioaktiv markierte Antigene wurden drei Tage zuvor injiziert, und ihre Lokalisation in dem Keimzentrum ist an der dunklen Färbung zu erkennen.) Die Antigene werden in Form von Antigen:Antikörper:Komplement-Komplexen auf der Oberfläche von follikulären dendritischen Zellen präsentiert. Dabei sind sie an Fc-und Komplementrezeptoren gebunden. Die Bindung von Antigen:Antikörper-Komplexen an Fc-Rezeptoren ist in der rechten Zeichnung und dem Einsatzbild schematisch dargestellt. In dieser Form können die Antigene lange Zeit überdauern. (Photo: J. Tew.)

differenzieren und Antikörper sezernieren. Letztere helfen vermutlich, Antigene auf der Oberfläche von follikulären dendritischen Zellen zu lokalisieren (Abb. 9.38). Die follikulären dendritischen Zellen stimulieren dann wiederum die Bildung von Keimzentren, wo B-Zellen, die sich im primären Zentrum nicht ausdifferenziert haben, in eine zweite Vermehrungsphase eintreten. Dabei unterliegt die DNA dieser B-Zellen, in der die variablen Domänen der Immunglobuline codiert sind, somatischen Hypermutationen, bevor die Zellen zu antikörperbildenden Plasmazellen werden. Die Antikörper dieser Plasmazellen spielen eine wichtige Rolle bei der sekundären Immunantwort. Bei sekundären und weiteren Immunreaktionen stehen sämtliche Antikörper aus den B-Zellen, die sich im Zuge der primären Reaktion differenziert haben, sofort zur Verfügung, um das erneut vorhandene Antigen zu binden. Einige dieser Antikörper leiten die Antigene zu Phagocyten, die sie aufnehmen und abbauen. Einige scheinen jedoch auch von spezialisierten antigentransportierenden Zellen im Sinus marginalis der lymphatischen Organe eingefangen zu werden. Diese Zellen binden Antigen:Antikörper-Komplexe und transportieren sie, statt sie zu phagocytieren, zu den Lymphfollikeln, wo man sie daraufhin an der Oberfläche der follikulären dendritischen Zellen findet. Möglicherweise sind die antigentransportierenden Zellen die Vorläufer der follikulären dendritischen Zellen, deren Herkunft man sich bislang nicht anders erklären kann.

Die follikulären dendritischen Zellen verpacken das Antigen dann in Membranbündel, die aus ihrer Oberfläche knospen und mit Antigen:Antikörper-Komplexen bedeckt sind. Diese Strukturen nennt man auch **Iccosomen** (Abb. 9.39). Man nimmt an, daß B-Zellen, deren Rezeptoren das Antigen mit einer ausreichenden Avidität binden, um mit den zirkulierenden Antikörpern konkurrieren zu können, diese Iccosomen aufnehmen, die Antigene verarbeiten und sie den bewaffneten T-Helferzellen präsentieren. Die T-Helferzellen regen daraufhin die B-Zellen zu einer heftigen Proliferation an, wodurch Keimzentren entstehen. Etwa fünf Tage nach der sekundären Immunisierung erreicht die Anzahl neuer antigenspezifischer Keimzentren ihr Maximum, und es werden große Mengen antikörperproduzierender Zellen gebildet.

Wie bei einer primären Immunantwort geht die Vermehrung der B-Zellen als Centroblasten in den Keimzentren einher mit einer somatischen Hyper-

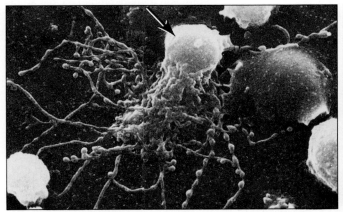
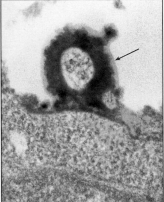
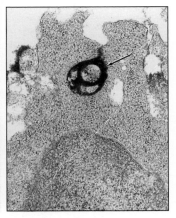

9.39 An follikuläre dendritische Zellen gebundene Immunkomplexe bilden Iccosomen, die sich lösen und von B-Zellen in den Keimzentren aufgenommen werden können. Follikuläre dendritische Zellen (FDZ) haben einen markanten Zellkörper und zahlreiche dendritische Fortsätze. Immunkomplexe, die an Fc-Rezeptoren auf ihrer Oberfläche gebunden sind, sammeln sich und bilden vorgewölbte Bläschen entlang der Dendriten (links). Diese Bläschen trennen sich als Iccosomen (*immune complex coated bodies*), also mit Immunkomplexen bedeckte Körperchen, von der Zelle ab. Sie können von B-Zellen in den Keimzentren gebunden (Mitte) und aufgenommen werden (rechts). Die Iccosomen im linken und mittleren Bild wurden mit Immunkomplexen, die Meerrettichperoxidase enthalten, gebildet. Diese ist elektronendicht und erscheint daher im Transmissionelektronenmikroskop dunkel. (Photos: A. K. Szakal.)

mutation der exprimierten Gene für die variable Region. Dieser folgt die Selektion der entstehenden Centrocyten anhand ihrer Bindung an Antigene, die auf der Oberfläche von follikulären dendritischen Zellen fixiert sind. Die Ereignisse, die bei einer sekundären Reaktion in den Keimzentren stattfinden, unterscheiden sich jedoch in zwei wichtigen Aspekten von denen bei einer primären Reaktion. Zunächst ist dadurch, daß bereits Antikörper vorhanden sind, das Einfangen von Antigenen auf den follikulären dendritischen Zellen effizienter. So ist das Signal an die B-Zellen stark amplifiziert. Zweitens verhindern die bereits vorhandenen Antikörper, die mit den Centrocyten um die Bindung von Antigenen auf der Oberfläche von follikulären dendritischen Zellen konkurrieren, die Selektion von B-Zellen, deren Oberflächenimmunglobuline eine niedrigere Affinität als die bereits vorhandenen Antikörper haben. Die bereits existierenden Antikörper verstärken also einerseits die sekundäre humorale Immunantwort. Andererseits stellen sie sicher, daß sich nur B-Zellen mit hochaffinen Rezeptoren an der sekundären oder einer folgenden Antikörperreaktion beteiligen können. Dies führt zu einer deutlichen Verbesserung der Affinität der Antikörper, die bei wiederholter Stimulierung

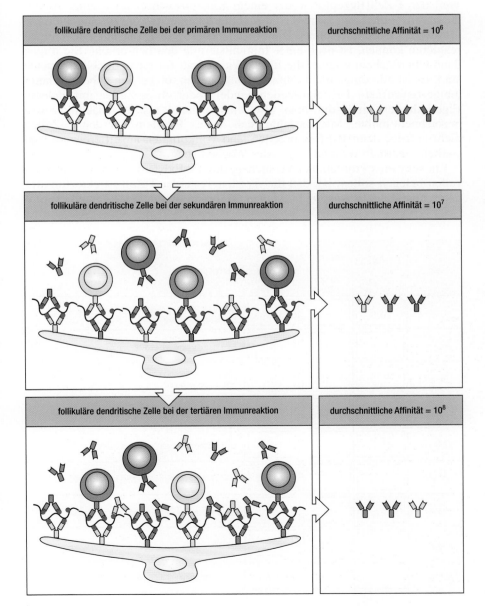

follikuläre dendritische Zelle bei der primären Immunreaktion

durchschnittliche Affinität = 10^6

follikuläre dendritische Zelle bei der sekundären Immunreaktion

durchschnittliche Affinität = 10^7

follikuläre dendritische Zelle bei der tertiären Immunreaktion

durchschnittliche Affinität = 10^8

9.40 Die Affinitätsreifung während einer Antikörperreaktion. Antigene in hoher Konzentration können, wenn keine Antikörper vorhanden sind, mit B-Zellen verschiedenster Affinitäten wechselwirken, von denen die meisten nur schwach binden. Bei einer primären Reaktion geben die follikulären dendritischen Zellen in den Keimzentren am effektivsten den B-Zellen mit der höchsten Affinität Signale. Diese Zellen werden selektiert und überleben, selbst wenn sie in nur geringer Anzahl vorhanden sind. Bei einem erneuten Antigenkontakt konkurrieren die im Zuge der primären Reaktion gebildeten Antikörper mit den B-Zell-Rezeptoren um die Bindung dieser Antigene. Bei der sekundären Immunantwort können also nur solche B-Zellen, deren Affinität hoch genug ist, sich gegen die bereits vorhandenen Antikörper durchsetzen, Antigene binden und zu der Reaktion beitragen. Bei einer tertiären Reaktion bewirken dieselben Mechanismen die Selektion von Antikörpern mit noch höherer Affinität.

gebildet werden (Abb. 9.40). Je höher die Affinität eines Antikörpers, desto effektiver ist er bei geringen Konzentrationen, und desto größer ist seine Fähigkeit, an lösliche Antigene wie etwa Toxine zu binden, die bereits in sehr niedriger Konzentration schädlich sein können. Ein Grund für Booster-Injektionen (vom englischen *to boost* für „verstärken") von Antigenen bei Immunisierungen ist, sekundäre Antikörperreaktionen hervorzurufen, und zwar nicht nur, um die Anzahl der B-Gedächtniszellen zu erhöhen, sondern auch um die Bildung solcher B-Gedächtniszellen zu fördern, die hochaffine Antikörper produzieren. Auch bei experimentellen Immunisierungen wendet man diese Methode bei der Produktion von Antikörpern für serologische Tests an: Je höher die Affinität eines Antikörpers, desto effizienter ist er bei der Reaktion mit Antigenen, und desto empfindlicher ist der Test. Aus diesem Grund werden Tiere oft überimmunisiert, um hochaffine Antikörper zu erhalten.

9.24 T-Gedächtniszellen treten in erhöhter Häufigkeit auf, werden unter anderen Bedingungen aktiviert und besitzen andere Oberflächenproteine

Weil der T-Zell-Rezeptor weder einem Klassenwechsel noch einer Affinitätsreifung unterliegt, waren T-Gedächtniszellen schwerer zu charakterisieren als B-Gedächtniszellen. Die Anzahl an T-Zellen, die auf ein Antigen reagieren können, ist nach einer Immunisierung deutlich erhöht. Sie tragen dann Oberflächenproteine, die für aktivierte statt für naive T-Zellen typisch sind. Es ist allerdings nicht einfach, festzustellen, ob es sich dabei um langlebige bewaffnete T-Effektorzellen handelt, oder ob es Zellen mit anderen Eigenschaften sind, die man also entsprechend als T-Gedächtniszellen bezeichnen müßte. Man beachte, daß dieses Problem bei den B-Zellen nicht auftritt, denn B-Effektorzellen sind vollkommen ausdifferenziert und sterben innerhalb weniger Tage oder Wochen ab.

Ein schweres Problem bei Versuchen, die die Existenz von T-Gedächtniszellen belegen sollen, ist, daß die meisten Tests der T-Zell-Effektorfunktionen einige Tage in Anspruch nehmen. Während dieser Zeit könnten eventu-

9.41 Auf T-Gedächtniszellen ist die Expression vieler Oberflächenmoleküle verändert. Am deutlichsten ist dies bei CD45 zu sehen, das in unterschiedlichen Isoformen exprimiert wird (Abb. 9.42). Solche Veränderungen sind auch bei aktivierten T-Effektorzellen zu beobachten. Sie führen zu einer erhöhten Adhäsion der T-Zellen an antigenpräsentierende Zellen und Endothelzellen. Sie steigern außerdem die Sensibilität der T-Gedächtniszellen für eine Stimulierung durch Antigene.

Molekül	andere Bezeichnungen	relative Expression auf		Bemerkungen
		naiven T-Zellen	T-Gedächtniszellen	
LFA-3	CD58	1	>8	Ligand für CD2; an Adhäsion und Signalgebung beteiligt
CD2	T11	1	3	vermittelt die Adhäsion und Aktivierung der T-Zellen
LFA-1	CD11a/CD18	1	3	vermittelt die Adhäsion der Leukocyten und die Signalgebung
α4-Integrin	VLA4	1	4	am Hinführen (*homing*) der T-Zellen zu Geweben beteiligt
CD44	Ly24 Pgp-1	1	2	am Hinführen der Lymphocyten zu Geweben beteiligt
CD45RO		1	30	CD45-Isoform mit dem niedrigsten Molekulargewicht
CD45RA	2H4 HB-11	10	1	CD45-Isoform mit dem höchsten Molekulargewicht
L-Selektin		hoch	niedrig	Rezeptor für das *homing* in die Lymphknoten
CD3		1,0	1,0	Teil des antigenspezifischen Rezeptorkomplexes

elle T-Gedächtniszellen bereits wieder in bewaffnete T-Effektorzellen zurückverwandelt worden sein, so daß sich mit solchen Tests zwischen schon existierenden T-Zell-Populationen und T-Gedächtniszellen nicht unterscheiden läßt. Dies gilt nicht für cytotoxische T-Zellen, die innerhalb von fünf Minuten eine Zielzelle für eine Lyse programmieren können. Experimente mit CD8-T-Zellen aus immunisierten Tieren haben ergeben, daß bei Kontakt mit Antigen eine besondere Population von CD8-T-Zellen entsteht. Diese wirken zwar kurzfristig nicht cytotoxisch, können aber nach einen erneuten ein- oder zweitägigen Kontakt mit Antigenen in einer Form, die naive CD8-T-Zellen nicht zur Umwandlung in bewaffnete T-Zellen stimulieren können, zum Töten anderer Zellen angeregt werden. Man kann also eine spezielle Population von CD8-T-Gedächtniszellen definieren.

Für CD4-T-Zellen ist dies schwieriger, und die Identifizierung von CD4-T-Gedächtniszellen beruht bisher größtenteils auf der Existenz einer Zellpopulation mit den Oberflächenmerkmalen von aktivierten T-Zellen (Abb. 9.41), die nicht direkt auf Zielzellen einwirken können. Drei Zelloberflächenproteine, L-Selektin, CD44 und CD45, verändern sich beim Antigenkontakt besonders deutlich: L-Selektin geht verloren, während die Konzentration an CD44 zunimmt. Die Isoform von CD45 wechselt infolge eines alternativen Spleißens der Exons, die die extrazelluläre Domäne von CD45 codieren (Abb. 9.42). Dabei entstehen Isoformen, die an den T-Zell-Rezeptor und an CD4 binden und die Antigenerkennung erleichtern. Einige der Zellen, bei denen diese Veränderungen stattgefunden haben, weisen viele Eigenschaften ruhender CD4-T-Zellen auf, was die Vermutung nahelegt, daß es sich nicht um bewaffnete T-Effektorzellen handelt. Solche Zellen produzieren bevorzugt Interleukin-2 und unterliegen der klonalen Expansion, wenn sie Antigenen ausgesetzt werden. Den Status der bewaffneten T-Effektorzellen erreichen sie erst später, und dann zeigen sie Eigenschaften der CD4-T-Helferzellen oder inflammatorischen CD4-T-Zellen, das heißt, sie produzieren IL-4 und IL-5 beziehungsweise IFN-γ und TNF-β anstelle von IL-2. Es scheint daher vernünftig, diese Zellen als CD4-T-Gedächtniszellen zu bezeichnen.

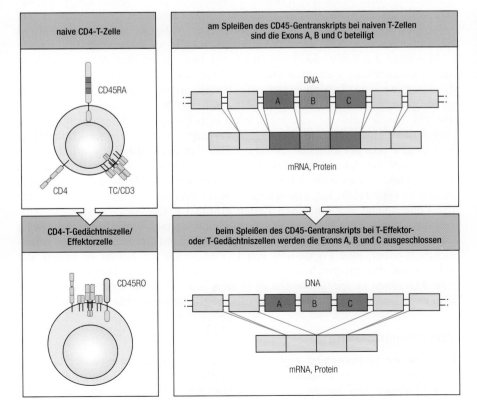

9.42 CD4- und CD8-T-Gedächtniszellen exprimieren veränderte CD45-Isoformen, welche die Wechselwirkung des T-Zell-Rezeptors mit seinen Corezeptoren regulieren. CD45 ist eine transmembrane Tyrosinphosphatase mit drei variablen Exons (A, B, C), die einen Teil der extrazellulären Domäne codieren. Bei naiven T-Zellen findet man Isoformen mit hohem Molekulargewicht (CD45RA), die sich weder mit dem T-Zell-Rezeptor noch mit seinen Corezeptoren verbinden. Bei T-Gedächtniszellen werden die variablen Exons durch alternatives Spleißen der RNA für CD45 entfernt. Die entstehende Isoform (CD45R0) lagert sich sowohl mit dem T-Zell-Rezeptor als auch mit dem Corezeptor zusammen. Dieser zusammengesetzte Rezeptor scheint die Signale effektiver weiterzuleiten als der Rezeptor auf naiven T-Zellen.

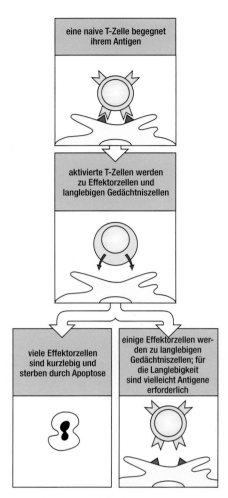

9.43 Der Kontakt mit Antigenen führt zur Bildung von T-Effektorzellen und langlebigen T-Gedächtniszellen. Die meisten T-Effektorzellen, die sich aus stimulierten naiven T-Zellen entwickeln, sind relativ kurzlebig. Sie gehen entweder an einer Überladung mit Antigenen oder wegen einer fehlenden Stimulierung durch Antigene zugrunde. Einige differenzieren zu langlebigen T-Gedächtniszellen, die auch direkt aus aktivierten T-Zellen entstehen können. Man vermutet, daß die Stimulierung durch Antigene notwendig ist, damit diese Zellen längere Zeit überleben können.

Insgesamt legen diese Beobachtungen nahe, daß sich naive CD4-T-Zellen zu bewaffneten T-Effektorzellen oder zu T-Gedächtniszellen entwickeln können. Ob bewaffnete T-Effektorzellen *in vivo* für lange Zeit überleben und ob sie zu T-Gedächtniszellen werden können, ist unklar.

9.25 Zurückbleibende Antigene spielen beim immunologischen Gedächtnis wahrscheinlich eine Rolle

Eine erfolgreiche adaptive Immunreaktion entfernt die Antigene aus dem Körper und stoppt somit die weitere Aktivierung naiver Lymphocyten. Die Antikörperspiegel sinken kontinuierlich ab, und es sind keine T-Effektorzellen mehr nachzuweisen. Verbleibende Antigene – entweder als überlebende Erreger oder als Moleküle, die sich von ihnen ableiten – sind nur schwer aufzuspüren. Einige Antigene werden jedoch wahrscheinlich als Immunkomplexe auf follikulären dendritischen Zellen in den Lymphfollikeln zurückgehalten. Auch einige intakte Virionen können dort möglicherweise persistieren, und einige wenige infizierte Zellen könnten der Eliminierung durch das Immunsystem entgehen. Man nimmt an, daß solche verbleibenden Antigene dafür wichtig sind, die Zellen zu unterstützen, die das immunologische Gedächtnis vermitteln.

Diese langlebigen Zellen leiten sich möglicherweise von naiven T-Zellen ab, die durch Antigene aktiviert wurden. Danach können sie entweder zu langlebigen T-Gedächtniszellen werden oder zu bewaffneten T-Effektorzellen differenzieren. Aus diesen können wiederum langlebige T-Gedächtniszellen werden, oder sie sind kurzlebig und sterben durch Apoptose (Abb. 9.43). Antigene sind dabei sehr wichtig, denn sie bestimmen das Schicksal der aktivierten T-Zellen, und zwar in einer Weise, die an die positive Selektion im Thymus erinnert (Kapitel 6): Hohe Antigendosen können die Apoptose der T-Effektorzellen auslösen, ähnlich wie es bei der klonalen Deletion geschieht. Aber auch das Fehlen von Antigenen kann zur Apoptose der T-Effektorzellen führen, genau wie heranreifende T-Zellen sterben, wenn sie nicht positiv selektiert werden. T-Gedächtniszellen leben lange, entweder weil ihr Antigen sie für eine längere Lebensdauer programmiert hat, oder weil ein niedriger Spiegel verbliebener Antigene sie durch ständiges Signalisieren unterhalb der Aktivierungsschwelle am Leben erhält.

Versuche, die Rolle von Antigenen beim Aufrechterhalten des immunologischen Gedächtnisses zu erforschen, sind mit Schwierigkeiten verbunden. Die Übertragung von Lymphocyten, die bereits mit Antigenen in Berührung gekommen sind, in bestrahlte Empfänger liefert keinen eindeutigen Beweis für ein langlebiges immunologisches Gedächtnis. Die Verabreichung von Antigenen gemeinsam mit den Zellen verlängert jedoch die Reaktionsfähigkeit gegen das aktivierende Antigen. Die Antigenbehandlung erhöht allerdings auch die Anzahl spezifischer Zellen, indem sie sie zur Proliferation anregt. Daher ist es nicht leicht zu unterscheiden, ob die Mäuse, denen man Antigene verabreicht hat, einfach mehr Vorläuferzellen besitzen, oder ob auch die Lebensdauer der einzelnen Zellen erhöht ist. Ob Antigene für die Aufrechterhaltung des immunologischen Gedächtnisses unbedingt notwendig sind, ist schwer festzustellen. Allerdings helfen persistierende Antigene offensichtlich dabei, eine Population von Lymphocyten am Leben zu halten, die schnell auf das entsprechende Antigen reagieren können. Das Zurückhalten von Antigenen in spezialisierten Regionen, wie etwa den Keimzentren, spielt also beim immunologischen Gedächtnis möglicherweise eine wichtige Rolle.

Zusammenfassung

Die schützende Immunität gegen eine erneute Infektion ist eine der wichtigsten Konsequenzen der adaptiven Immunität, die auf der klonalen Selektion von Lymphocyten beruht. An der schützenden Immunität sind nicht nur bereits vorhandene Antikörper und bewaffnete T-Effektorzellen beteiligt, sondern auch ein immunologisches Gedächtnis, also eine erhöhte Reaktivität gegenüber Krankheitserregern, denen das Immunsystem zuvor bereits begegnet ist. Diese erhöhte Reaktivität beruht auf der Entstehung einer neuen Population von Gedächtnislymphocyten und kann durch B- und T-Zellen, die bereits Kontakt mit dem Antigen hatten, auf immundefiziente Empfänger übertragen werden. Worin sich naive, Effektor- und Gedächtnislymphocyten im Detail unterscheiden, ist nicht genau bekannt, und im Fall der T-Zellen weiß man auch nicht, in welchem Verhältnis die klonale Expansion und die Differenzierung zum Gedächtnisphänotyp beitragen. B-Gedächtniszellen lassen sich jedoch anhand von Veränderungen in ihren Immunglobulingenen, die auf dem Klassenwechsel und somatischen Hypermutationen beruhen, identifizieren. Aufgrund der Auswirkungen bereits existierender Antikörper auf die Aktivierung und Selektion der B-Zellen in den lymphatischen Geweben sind sekundäre und weitere Immunreaktionen von Antikörpern mit einer steigenden Affinität für ihr Antigen gekennzeichnet. Wahrscheinlich sind verbliebene Antigene oder Reste einer Infektion für das Überleben der Gedächtnislymphocyten wichtig, wenn auch vielleicht nicht unerläßlich.

Zusammenfassung von Kapitel 9

Wirbeltiere treten einer Infektion mit Krankheitserregern auf verschiedene Weise entgegen. Angeborene Abwehrmechanismen verhindern zunächst das Eindringen der Erreger oder töten sie bereits beim ersten Kontakt. Um Erreger, denen es gelingt, tatsächlich eine Infektion zu etablieren, unter Kontrolle zu halten, bis eine adaptive Immunantwort zum Tragen kommt, sind einige frühe, nichtadaptive Reaktionen von großer Bedeutung. Zur Ausbildung einer adaptiven Immunreaktion sind einige Tage notwendig, da T- und B-Lymphocyten dazu ihren spezifischen Antigenen begegnen, sich vermehren und zu Effektorzellen differenzieren müssen. T-Zell-abhängige B-Zell-Antworten können erst dann zustandekommen, wenn antigenspezifische T-Zellen Gelegenheit zur Proliferation und Differenzierung hatten. In allen drei Phasen

Phase der Immunantwort		
unmittelbar (0–4 Stunden)	früh (4–96 Stunden)	spät (>96 Stunden)
unspezifisch angeboren kein Gedächtnis keine spezifischen T-Zellen	unspezifisch und spezifisch induzierbar kein Gedächtnis keine spezifischen T-Zellen	spezifisch induzierbar Gedächtnis spezifische T-Zellen
Barrierenfunktionen Haut, Epithelien	lokale Entzündung (C5a) lokaler TNF-α	IgA-Antikörper im Lumen exokriner Drüsen oder im Darm IgE-Antikörper auf Mastzellen
Reaktion auf extrazelluläre Krankheitserreger Phagocyten, Komplementaktivierung über den alternativen Weg	mannosebindendes Protein, C-reaktives Protein, T-Zell-unabhängige B-Zell-Antikörper und Komplement	IgG-Antikörper und Fc-Rezeptoren-tragende Zellen, IgG-, IgM-Antikörper und Komplementaktivierung über den klassischen Weg
Reaktion auf intrazelluläre Bakterien Makrophagen	T-Zell-unabhängige Aktivierung von Makrophagen IL-1, IL-6, TNF-α	Makrophagenaktivierung durch T-Zellen mittels Interferon-γ
Reaktion auf virusinfizierte Zellen natürliche Killerzellen	Interferon-α und -β, durch Interferon aktivierte NK-Zellen	cytotoxische T-Zellen, Interferon-γ

9.44 Die Bestandteile der drei Phasen einer Immunantwort, die bei der Abwehr verschiedener Klassen von Mikroorganismen zum Zuge kommen. Zwischen den Effektormechanismen, die in den einzelnen Phasen der Immunantwort aktiviert werden, bestehen auffallende Ähnlichkeiten. Die wichtigsten Unterschiede liegen in den Strukturen, die für die Antigenerkennung verantwortlich sind.

einer Immunreaktion kommen dieselben grundlegenden Effektormechanismen zum Zuge; nur der Erkennungsmechanismus ändert sich (Abb. 9.44). Sobald eine adaptive Immunreaktion stattgefunden hat, wird die Infektion gewöhnlich unter Kontrolle gebracht oder eliminiert, und es folgt ein Zustand schützender Immunität. Diese beruht auf den Effektorzellen und -molekülen, die im Zuge der ursprünglichen Reaktion produziert wurden, und auf dem immunologischen Gedächtnis. Das immunologische Gedächtnis äußert sich darin, daß der Organismus besser auf Krankheitserreger reagieren kann, mit denen er bereits zuvor Kontakt hatte und die er bei der ersten Infektion erfolgreich bekämpft hat. Mit T- und B-Gedächtniszellen läßt sich die Gedächtnisfunktion auf immundefiziente Empfänger übertragen. Der genaue Mechanismus des immunologischen Gedächtnisses, das ein essentieller Bestandteil der adaptiven Immunität ist, liegt jedoch noch immer im dunkeln. Das künstliche Erzeugen einer schützenden Immunität, einschließlich der Induktion eines immunologischen Gedächtnisses, mit Hilfe von Impfstoffen, ist die herausragendste Errungenschaft der Immunologie im Bereich der Medizin. Unser Wissen darüber, wie dies genau funktioniert, hinkt jedoch noch hinter dem praktischen Erfolg her.

Literatur allgemein

Gallin, J. I.; Goldstein, I. M.; Snyderman, R. (Hrsg.) *Inflammation – Basic Principles and Clinical Correlates.* 2. Aufl. New York (Raven Press) 1992.

Gorbach, S. L.; Bartlett, J. G.; Blacklow, N. R. (Hrsg.) *Infectious Diseases.* 1. Aufl. Philadelphia (W. B. Saunders) 1992.

Gray, D. *Immunological Memory.* In: *Annu. Rev. Immunol.* 11 (1993) S. 49–77.

Mims, C. A. *The Pathogenesis of Infectious Diseases.* 3. Aufl. London (Academic Press) 1987.

Moller, G. (Hrsg.) *T Helper Cell Subpopulation.* In: *Immunol. Rev.* 123 (1991) S. 1–229.

Picker, L. J.; Butcher, E. C. *Physiological and Molecular Mechanisms of Lymphocyte Homing.* In: *Annu. Rev. Immunol.* 10 (1993) S. 561–591.

Vitetta, E. S.; Berton, M. T.; Burger, C.; Kepron, M.; Lee, W. T.; Yin, X. *Memory B and T Cells.* In: *Annu. Rev. Immunol.* 9 (1991) S. 193–217.

Literatur zu den einzelnen Abschnitten

Abschnitte 9.1 und 9.2

Gibbons, R. J. *How Microorganisms Cause Disease.* In: Gorbach, S. L.; Bartlett, J. G.; Blacklow, N. R. (Hrsg.) *Infectious Diseases.* 1. Aufl. Philadelphia (W. B. Saunders) 1992. S. 7–106.

Abschnitt 9.3

Isberg, R. R. *Discrimination Between Intracellular Uptake and Surface Adhesion of Bacterial Pathogens.* In: *Science* 252 (1991) S. 934–938.

Lehrer, R. I.; Lichtenstein, A. K.; Ganz, T. *Defensins: Antimicrobial and Cytotoxic Peptides of Mammalian Cells.* In: *Annu. Rev. Immunol.* 11 (1993) S. 105–128.

Mackowiak, P. A. *The Normal Microbial Flora.* In: *N. Engl. J. Med.* 307 (1982) S. 83.

Abschnitt 9.4

Liszewski, M. K.; Post, T. W.; Atkinson, J. P. *Membrane Cofactor Protein (MCP or CD46): Newest Member of the Regulators of Complement Activation Gene Cluster.* In: *Annu. Rev. Immunol.* 9 (1993) S. 431–455.

Lublin, D. M.; Atkinson, J. P. *Decay-Accelerating Factor: Biochemistry, Molecular Biology and Function.* In: *Annu. Rev. Immunol.* 7 (1993) S. 35–58.

Pangbum, M. K. *The Alternative Pathway.* In: Ross, G. D. (Hrsg.) *Immunobiology of the Complement System.* Orlando (Academic Press) 1986. S. 45–62.

Abschnitt 9.5

Ezekowitz, R. A. B.; Williams, D. J.; Koziel, H.; Armstrong, M. Y. K.; Warner, A.; Richards, F. F.; Rose, R. M. *Uptake of Pneumocystis carinii Mediated by the Macrophage Mannose Receptor.* In: *Nature* 351 (1991) S. 155–158.

Stahl, P. D. *The Mannose Receptor and Other Macrophage Lectins.* In: *Curr. Opin. Immunol.* 4 (1992) S. 49–52.

Ulevitch, R. J.; Tobias, P. S. *Recognition of Endotoxin by Cells Leading to Transmembrane Signalling.* In: *Curr. Opin. Immunol.* 6 (1994) S. 125.

Wright, S. D. *Multiple Receptors for Endotoxin.* In: *Curr. Opin. Immunol.* 3 (1991) S. 83–90.

Wright, S. D.; Ramos, R. A.; Tobias, P. S.; Ulevitch, R. J.; Mathison, J. C. *CD14, a Receptor for Complexes of Lipopolysaccharide (LPS) and LPS-Binding Protein.* In: *Science* 249 (1990) S. 1431–1433.

Abschnitt 9.6

Bevilacqua, M. P. *Endothelial Leukocyte Adhesion Molecules.* In: *Annu. Rev. Immunol.* 11 (1993) S. 767–804.

Dinarello, C. A. *Role of Interleukin-1 and Tumor Necrosis Factor in Systemic Responses to Infection and Inflammation.* In: Gallin, J. I.; Goldstein, I. M.; Snyderman, R. (Hrsg.) *Inflammation – Basic Principles and Clinical Correlates.* 2. Aufl. New York (Raven Press) 1992. S. 211–232.

Downey, G. P. *Mechanisms of Leukocyte Motility and Chemotaxis.* In: *Curr. Opin. Immunol.* 6 (1994) S. 113–124.

Springer, T. A. *Traffic Signals for Lymphocyte Recirculation and Leukocyte Emigration: The Multi-Step Paradigm.* In: *Cell* 76 (1994) S. 211–232.

Pfieffer, K.; Matsuyama, T.; Kundig, T. M.; Wakeham, A.; Kishihara, K.; Shahinian, A.; Wiegmann, K.; Ohashi, P. S.; Kromke, M.; Mak, T. W. *Mice Deficient for the 55kd Tumor Necrosis Factor Receptor Are Resistant to Endotoxic Shock, Yet Succumb to L. monocytogenes Infection.* In: *Cell* 73 (1993) S. 457–467.

Van Snik, J. *Interleukin-6: An Overview.* In: *Annu. Rev. Immunol.* 8 (1993) S. 253–278.

Vassalli, P. *The Pathophysiology of Tumor Necrosis Factors.* In: *Annu. Rev. Immunol.* 10 (1992) S. 411–452.

Abschnitt 9.7

Baggiolini, M.; Dewald, B.; Waltz, A. *Interleukin-8 and Related Chemotaktic Cytokines.* In: Gallin, J. I.; Goldstein, I. M.; Snyderman, R. (Hrsg.) *Inflammation – Basic Principles and Clinical Correlates.* New York (Raven Press) 1992. S. 247–263.

Gerard, C.; Gerard, N. P. *The Pro-Inflammatory Seven Transmembrane Spanning Receptors of the Leukocyte.* In: *Curr. Opin. Immunol.* 6 (1994) S. 140.

Miller, M. D.; Krangel, M. S. *Biology and Biochemistry of the Chemokines: A Family of Chemotactic Cytokines.* In: *CRC Crit. Rev. Immunol.* 12 (1992) S. 30.

Oppenheim, J. J.; Zachariae, C. O. C.; Mukaida, N.; Matsushima, K. *Properties of the Novel Proinflammatory Supergene Intercrine Cytokine Family.* In: *Annu. Rev. Immunol.* 9 (1993) S. 817–848.

Abschnitt 9.8

Emsley, J.; White, H. E.; O'Hara, B. P.; Oliva, G.; Srinivasan, N.; Tickle, I. J.; Blundell, T. L.; Pepys, M. B.; Wood, S. P. *Structure of Pentameric Human Serum Amyloid P Component.* In: *Nature* 367 (1994) S. 338.

Ezekowitz, R. A. B. *Ante-Antibody Immunity.* In: *Curr. Biol.* 1 (1990) S. 60–62.

MacLeod, C. M.; Avery, O. T. *The Occurrence During Acute Infections of a Protein Not Normally Present in Blood. Isolation and Properties of the Reactive Protein.* In: *J. Exper. Med.* 73 (1941) S. 183–190.

Sastry, K.; Ezekowitz, R. A. Collectins: *Pattern Recognition Molecules Involved in First-Line Host Defense.* In: *Curr. Opin. Immunol.* 5 (1993) S. 59–66.

Weiss, W. I.; Drickamer, K.; Hendrickson, W. A. *Structure of a C-Type Mannose-Binding Protein Complexed With an Oligosaccharide.* In: *Nature* 360 (1992) S. 127–134.

Abschnitt 9.9

Friedman, R. M. *Interferons.* In: Oppenheim, J. J.; Shevach, E. M. (Hrsg.) *Textbook of Immunophysiology.* New York (Oxford University Press) 1988. S. 94.

Ortaldo, J. R.; Herberman, R. B. *Augmentation of Natural Killer Activity.* In: *Immunobiology of Natural Killer Cells.* Bd. 2. Boca Raton, Fla. (CRC Press) 1986. S. 145.

Vilcek, J.; De Maeyer, E. (Hrsg.) *Interferons and the Immune System.* 1. Aufl. Amsterdam (Elsevier) 1984.

Abschnitt 9.10

Ciccone, E.; Pende, D.; Viale, O.; Di Donato, C.; Tripodi, G.; Oriengo, A. M.; Guardiola, J.; Moretta, A.; Moretta, L. *Evidence of a Natural Killer (NK) Cell Repertoire for (Allo) Antigen Recognition: Definition of Five Distinct NK-Determined Allospecifities in Humans.* In: *J. Exper. Med.* 175 (1992) S. 709–718.

Karlhofer, F. M.; Ribaudo, R. K.; Yokoyama, W. M. *MHC Class I Alloantigen Specificity of Ly-49⁺ IL-2 Activated Natural Killer Cells.* In: *Nature* 358 (1992) S. 66–70.

Ohlen, C.; Kling, G.; Hoglund, P.; Hansson, M.; Scangos, G.; Bieberich, C.; Jay, G.; Karre, K. *Prevention of Allogeneic Bone Marrow Graft Rejection by H-2 Transgene in Donor Mice.* In: *Science* 246 (1989) S. 666–668.

Trinchieri, G. *Biology of Natural Killer Cells.* In: *Adv. Immunol.* 47 (1989) S. 187–376.

Wolf, S. F.; Temple, P. A.; Kobayashi, M.; Young, D.; Dicig, M.; Lowe, L.; Dzialo, R.; Fitz, L.; Ferenz, C.; Hewick, R. M.; Kelleher, K.; Hermann, S. H.; Clark, S. C.; Azzoni, L.; Chan, S. H.; Trinchieri, G.; Perussia, B. *Cloning of cDNA for Natural Killer Cell Stimulatory Factor, a Heterodimeric Cytokine With Multiple Biologic Effects on T and Natural Killer Cells.* In: *J. Immunol.* 47 (1989) S. 187–376.

Yokoyama, W. M. *Recognition Strategies of Natural Killer Cells.* In: *Curr. Opin. Immunol.* 5 (1993) S. 67–73.

Yokoyama, W. M.; Seaman, W. E. *The LY-49 and NKR-P1 Gene Families Encoding Lectin-Like Receptors on Natural Killer Cells: The NK Gene Complex.* In: *Annu. Rev. Immunol.* 11 (1993) S. 613–635.

Abschnitt 9.11

Haas, W.; Pereira, P.; Tonegawa, S. γ:δ *Cells.* In: *Annu. Rev. Immunol.* 11 (1993) S. 637–685.

Janeway, C. A. jr.; Jones, B.; Hayday, A. *Specificity and Function of T Cells Bearing γ:δ Receptors.* In: *Immunol. Today* 9 (1988) S. 73–76.

Raulet, D. H. *The Structure, Function and Molecular Genetics of the γ:δ T-Cell Receptor.* In: *Annu. Rev. Immunol.* 7 (1993) S. 175–207.

Abschnitt 9.12

Hayakawa, K.; Hardy, R. R. *Normal, Autoimmune and Malignant CD5⁺ B Cells: The LY-1B Lineage.* In: *Annu. Rev. Immunol.* 6 (1993) S. 197–218.

Kantor, A. B.; Herzenberg, L. A. *Origin of Murine B-Cell Lineages.* In: *Annu. Rev. Immunol.* 11 (1993) S. 501–538.

Abschnitt 9.13

Ledbetter, J. A.; June, C. H.; Grosmarie, L. S.; Rabinovitch, P. S. *Crosslinking of Surface Antigens Causes Mobilization of Intracellular Ionized Calcium in T Lymphocytes.* In: *Proc. Natl. Acad. Sci. USA* 84 (1987) S. 1384–1388.

Meuer, S. C.; Hussey, R. E.; Fabbi, M.; Fox, D.; Acuto, O.; Fitzgerald, K. A.; Hogdon, J. C.; Protentis, J. P.; Schlossman, S. F.; Reinherz, E. L. *An Alternative Pathway of T-Cell Activation: A Functional Role for the 50kd T11 Sheep Erythrocyte Receptor Protein.* In: *Cell* 36 (1984) S. 897–906.

Abschnitt 9.14

Bergstresser, P. R. *Sensitization and Elicitation of Inflammation in Contact Dermatitis.* In: Norms, D. (Hrsg.) *Immunologic Mechanisms in Cutaneous Disease.* New York (Marcel Dekker) 1988. S. 20.

Cumberbatch, M.; Kimber, I. *Phenotypic Characteristics of Antigen-Bearing Cells in the Draining Lymph Nodes of Contact Sensitized Mice.* In: *Immunology* 71 (1990) S. 404.

Ford, W. L. *Lymphocyte Migration and Immune Responses.* In: *Prog. Allergy* 19 (1975) S. 1–59.

Macatonia, S. E.; Knight, S. C.; Edwards, A. J.; Griffith, S.; Fryer, P. *Localization of Antigen on Lymph Node Dendritic Cells After Exposure to the Contact Sensitizer Fluorescein Isothiocyanate. Functional and Morphological Studies.* In: *J. Exper. Med.* 166 (1987) S. 1654.

Shunizu, Y.; Shaw, S. *Mucins in the Mainstream.* In: *Nature* 366 (1993) S. 630f.

Abschnitt 9.15

Hsieh, C.-S.; Heimberger, A. B.; Gold, J.; O'Garra, A.; Murphy, K. *Differential Regulation of T Helper Phenotype Development by Interleukins 4 and 10 in an α:β T-Cell Receptor Transgenic System.* In: *Proc. Natl. Acad. Sci. USA* 89 (1992) S. 6065–6069.

Hsieh, C.-S.; Macatonia, S. E.; Tripp, C. S.; Wolf, S. F.; O'Garra, A.; Murphy, K. M. *Development of TH1 CD4+ T Cells Through IL-12 Produced by Listeria-Induced Macrophages.* In: *Science* 260 (1993) S. 547–549.

Manetti, R.; Parronchi, P.; Guidizi, M. G.; Piccini, M.-P.; Maggi, E.; Trinchieri, G.; Romagnani, S. *Natural Killer Cell Stimulatory factor (NKSF/IL-12) Induces Th1-Type Specific Immune Responses and Inhibits the Development of IL-4 Producing Th Cells.* In: *J. Exper. Med.* 177 (1993) S. 1199–1204.

Scott, P. *Selective Differentiation of CD4+ T Helper Cell Subsets.* In: *Curr. Opin. Immunol.* 5 (1993) S. 391–397.

Seder, R. A.; Paul, W. E.; Davis, M. M.; Fasekas De St. Groth, B. *The Presence of Interleukin-4 During in vitro Priming Determines the Lymphokine-Producing Potential of CD4+ T Cells From T Cell Receptor Transgenic Mice.* In: *J. Exper. Med.* 176 (1992) S. 1091–1098.

Sher, A.; Coffman, R. L. *Regulation of Immunity to Parasites by T Cells and T Cell-Derived Cytokines.* In: *Annu. Rev. Immunol.* 10 (1992) S. 385–409.

Abschnitt 9.16

Pfeiffer, C.; Murray, J.; Madri, J.; Bottomly, K. *Selective Activation of TH1-and TH2-Like Cells in vivo – Response to Human Collagen IV.* In: *Immunol Rev.* 123 (1991) S. 65–84.

Abschnitt 9.17

Baron, J. L.; Madri, J. A.; Ruddle, N. H.; Hashim, G.; Janeway, C. A. jr. *Surface Expression of α4 Integrin by CD4 T Cells is Required for Their Entry Into Brain Parenchyma.* In: *J. Exper. Med.* 177 (993) S. 57–68.

MacKay, C. R.; Marston, W.; Dudler, L. *Altered Patterns of T-Cell Migration Through Lymph Nodes and Skin Following Antigen Challenge.* In: *Eur. J. Immunol.* 22 (1992) S. 2205–2210.

MacKay, C. R. *Homing of Naive, Memory and Effector Lymphocytes.* In: *Curr. Opin. Immunol.* 5 (1993) S. 423–427.

Abschnitt 9.18

Jacob, J.; Kelsoe, G. *In situ Studies of the Primary Immune Response to (4-Hydroxy-3-Nitrophenyl)Acetyl II. A Common Clonal Origin for Periarteriolar Lymphoid Sheath-Associated Foci and Germinal Centers.* In: *J. Exper. Med.* 176 (1992) S. 679–687.

Kelsoe, G.; Zhang, B. *Sites of B-Cell Activation in vivo.* In: *Curr. Opin. Immunol.* 5 (1993) S. 418–422.

Liu, Y. J.; Johnson, G. D.; Gordon, J.; MacLennan, I. C. M. *Germinal Centres in T Cell-Dependent Antibody Responses.* In: *Immunol. Today* 13 (1992) S. 17–21.

Moller, G. (Hrsg.) *Immunological Reviews* 126 (1993) S. 1–178.

Abschnitt 9.19

Benner, R.; Hijmans, W.; Haaijman, J. J. *The Bone Marrow: The Major Source of Serum Immunoglobulin, But Still a Neglected Site of Antibody Formation.* In: *Clin. Exper. Immunol.* 46 (1991) S. 1–8.

MacLennan, I. C. M.; Gray, D. *Antigen-Driven Selection of Virgin and Memory B Cells.* In: *Immunol. Rev.* 91 (1986) S. 61.

Abschnitt 9.21

Black, F. L.; Rosen, L. *Patterns of Measles Antibodies in Residents of Tahiti and Their Stability in the Absence of Re-Exposure.* In: *J. Immunol.* 88 (1962) S. 725–731.

Vitetta, E. S.; Berton, M. S.; Burger, C.; Kepron, M.; Lee, W. T.; Yin, X.-M. *Memory B and T Cells.* In: *Annu. Rev. Immunol.* 9 (1991) S. 193–217.

Abschnitt 9.22

Jacob, J.; Kelsoe, G.; Rajewski, K.; Weiss, U. *Intraclonal Generation of Antibody Mutants in Germinal Centres.* In: *Nature* 354 (1991) S. 389–392.

Kraal, G.; Weissman, I. L.; Butcher, E. C. *Memory B Cells Express a Phenotype Consistent With Migratory Competence After Secondary But Not Short-Term Primary Immunization.* In: *Cell. Immunol.* 115 (1988) S. 78.

Linton, P. J.; Lai, L.; Lo, D.; Thorbecke, G. R.; Klinman, N. R. *Among Naive Precursor Cell Subpopulations Only Progenitors of Memory B Cells Originate Germinal Centers.* In: *Eur. J. Immunol.* 22 (1992) S. 1293–1297.

Shittek, B.; Rajewski, K. *Natural Occurrence and Origin of Somatically Mutated Memory in Mice.* In: *J. Exper. Med.* 176 (1992) S. 427.

Abschnitt 9.24

MacKay, C. R. *Immunological Memory.* In: *Adv. Immunol.* 53 (1993) S. 217–265.

Michie, C. A.; McLean, A.; Alcock, C.; Beverly, P. C. L. *Lifespan of Human Lymphocyte Subsets Defined by CD45 Isoforms.* In: *Nature* 360 (1992) S. 264f.

Novak, T. J.; Farber, D.; Leitenberg, D.; Hong, S.; Johnson, P.; Bottomly, K. *Isoforms of the Transmembrane Tyrosine Phosphatase CD45 Differentially Affect T-Cell Recognition.* In: *Immunity* 1 (1994) S. 81–92.

Abschnitt 9.25

Gray, D. *The Dynamics of Immunological Memory.* In: *Semin. Immunol.* 4 (1992) S. 29–34.

Gray, D.; Skarvall, H. *B-Cell Memory is Shortlived in the Absence of Antigen.* In: *Nature* 336 (1988) S. 70–72.

Gray, D.; Matzinger, P. *T-Cell Memory is Shortlived in the Absence of Antigen.* In: *J. Exper. Med.* 174 (1991) S. 969–974.

Sprent, J. *Lifespan of Naive, Memory and Effector Lymphocytes.* In: *Curr. Opin. Immunol.* 5 (1993) S. 433–438.

Das Versagen der Immunabwehr

10

Wie wir im vorangegangen Kapitel gesehen haben, löst eine Infektion normalerweise eine Immunantwort aus, die die Erreger tötet und einen Zustand schützender Immunität herbeiführt. Dies geschieht allerdings nicht immer, und wenn die Abwehrmechanismen des Wirtes versagen, können schwere Krankheiten die Folge sein. In diesem Kapitel werden wir sehen, daß es drei Möglichkeiten gibt, wie die Immunantwort gegen eine Infektion fehlschlagen kann: a) Der Erreger ist gegen eine normal funktionierende Abwehr resistent; b) aufgrund bestimmter Gendefekte besteht eine ererbte Schwäche des Immunsystems; c) es liegt das **erworbene Immunschwächesyndrom** (*acquired immune deficiency syndrome*, **AIDS**) vor, eine allgemeine Anfälligkeit für Infektionen, die ihrerseits auf eine Infektion mit dem **menschlichen Immunschwächevirus** (*human immunodeficiency virus*, **HIV**) zurückgeht.

Die Ausbreitung eines pathogenen Organismus hängt von seiner Fähigkeit ab, sich in einem Wirt zu vermehren und sich von dort aus auf andere Wirte zu übertragen. Häufige Erreger müssen sich also im Wirtsorganismus vermehren können, ohne dabei eine zu starke Immunantwort zu aktivieren. Allerdings dürfen sie den Wirt auch nicht zu schnell töten, da sie dadurch ihre Chancen, sich weiter auszubreiten, vermindern würden. Pathogene Organismen sind sehr aufschlußreiche Forschungsobjekte für Zellbiologen, denn die gemeinsame Evolution des Erregers und des Wirtes über Millionen von Jahren hinweg hat die Biologie beider Organismen geprägt. Durch die Untersuchung der Strategien, mit deren Hilfe Pathogene der Immunantwort ihres Wirtes entgehen, kann man viel über das Immunsystem lernen. Die erfolgreichsten Krankheitserreger können im Wirtsorganismus überleben, indem sie entweder erst gar keine Immunantwort auslösen oder aber sich dieser Abwehr entziehen.

Obwohl wir im allgemeinen auf die meisten Infektionen mit einer geeigneten Immunantwort reagieren, sind einige Menschen dazu nicht in der Lage. Diese Personen leiden an sogenannten **Immunschwächekrankheiten**. Bei den meisten dieser Krankheiten verursacht ein fehlerhaftes Gen das Versagen von einer oder mehreren Komponenten der Abwehrreaktion, was zu einer erhöhten Anfälligkeit für Infektionen durch bestimmte Klassen pathogener Organismen führt. Indem man solche Patienten untersucht, kann man viel über die normale Entwicklung und Funktion des Immunsystems erfahren. Bisher kennt man eine Reihe von Immunschwächekrankheiten, die auf Fehlern in der Entwicklung von T- oder B-Lymphocyten, auf einer gestörten Phagocytose oder auch auf Mängeln im Komplementsystem beruhen.

Das erworbene Immunschwächesyndrom, AIDS, wird durch die Infektion mit dem menschlichen Immunschwächevirus, HIV, verursacht. Indem dieses Virus CD4-T-Zellen inaktiviert und zerstört, führt es zu einem Versagen der Immunabwehr des Wirtes. Mit HIV infizierte Personen entwickeln eine Immunantwort, die die Infektion für einige Jahre unterdrückt. Sie vernichtet das Virus jedoch nie vollständig. In den späten Stadien einer HIV-Infektion geht die Anzahl der CD4-T-Zellen so weit zurück, daß der Patient seine Immunkompetenz verliert. Von diesem Zeitpunkt an ist er anfällig für Infektionskrankheiten, mit denen gesunde Menschen leicht fertig werden. Dann erst sagt man, daß der Patient unter AIDS leidet.

Die Analyse der Ursachen von Immunschwächeerkrankungen sowie der Mechanismen, mit deren Hilfe pathogene Organismen eine persistierende Infektion verursachen, haben unser Wissen über das Immunsystem bereits stark erweitert. Obwohl es noch immer sehr unvollständig ist, könnte uns ein Fortschritt in diesem Bereich Methoden an die Hand geben, mit denen sich solche Infektionen, zu denen auch AIDS gehört, kontrollieren oder verhindern lassen.

Persistierende Infektionen bei normalen Individuen

Einige infektiöse Organismen können trotz einer normalen Immunantwort im Körper überleben, oder sie lösen erst gar keine wirksame Immunreaktion aus. Genau wie sich die Wirbeltiere als Wirtsorganismen im Laufe der Evolution ausgeklügelte Verteidigungsmechanismen gegen Krankheitserreger angeeignet haben, so haben letztere Strategien entwickelt, um diesen Mechanismen zu entgehen. In diesem Teil des Kapitels werden wir sehen, auf welche Weise sich manche Krankheitserreger dem Verteidigungssystem des Wirts entziehen oder es überwältigen können. Die meisten Pathogene verwenden nur jeweils eine dieser Strategien. Das menschliche Immunschwächevirus setzt jedoch eine Kombination von mehreren Vorgehensweisen ein.

10.1 Durch antigene Variation können Krankheitserreger der Immunabwehr entkommen

Eine Strategie, mit der infektiöse Organismen der Immunreaktion entgehen können, ist das Verändern ihrer Antigene. Es gibt drei Typen **antigener Variation**: Erstens existieren viele infektiöse Agentien in vielen Formen mit verschiedenen Antigentypen. Beispielsweise sind 84 verschiedene Stämme von *Streptococcus pneumoniae* bekannt, die sich in der Struktur ihrer Polysaccharidhülle unterscheiden. Somit repräsentiert jeder dieser Stämme einen anderen Antigentyp. Die Infektion mit einem der Stämme führt zu einer stammspezifischen Immunität, die zwar vor einer erneuten Infektion durch diesen Stamm schützt, nicht aber vor einer Infektion durch einen anderen Stamm derselben Art. Für das Immunsystem sind also alle Stämme von *S. pneumoniae* unterschiedliche Organismen, die es erkennen und abwehren muß. Aus diesem Grund können im wesentlichen identische Erreger mehrfach dasselbe Individuum infizieren und eine Krankheit auslösen (Abb. 10.1).

Einen zweiten, dynamischeren Mechanismus der Antigenvariabilität können wir beim Grippevirus beobachten. Für die Infektionen in einem bestimmten Zeitraum ist weltweit immer ein einziger Virustyp verantwortlich. Die Menschen entwickeln nach und nach eine Immunität gegen diesen Virustyp, meist in Form von Antikörpern gegen das wichtigste Oberflächenprotein des Grippevirus, das Hämagglutinin. Da sich das Virus so schnell ausbreitet, würde es irgendwann keinen geeigneten Wirt mehr finden, wenn es nicht in

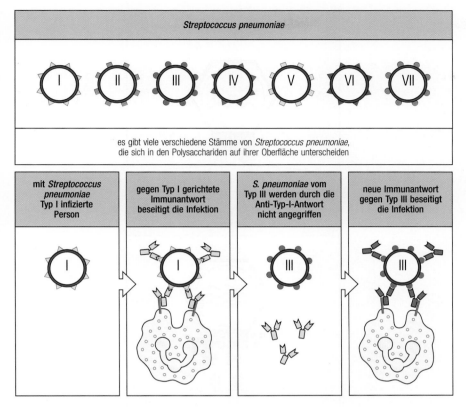

Streptococcus pneumoniae

| I | II | III | IV | V | VI | VII |

es gibt viele verschiedene Stämme von *Streptococcus pneumoniae*,
die sich in den Polysacchariden auf ihrer Oberfläche unterscheiden

| mit *Streptococcus pneumoniae* Typ I infizierte Person | gegen Typ I gerichtete Immunantwort beseitigt die Infektion | *S. pneumoniae* vom Typ III werden durch die Anti-Typ-I-Antwort nicht angegriffen | neue Immunantwort gegen Typ III beseitigt die Infektion |

10.1 Die Immunabwehr gegen *Streptococcus pneumoniae* ist typspezifisch. Die verschiedenen Stämme von *S. pneumoniae* tragen unterschiedliche Polysaccharide in ihrer Zellwand, die verhindert, daß die Bakterien phagocytiert werden können. Erst nach der Opsonisierung durch spezifische Antikörper und das Komplementsystem können Phagocyten diese Hülle zerstören. Man kennt viele verschiedene Typen von *S. pneumoniae*, die alle unterschiedliche Antigene exprimieren. Antikörper gegen den einen Typ kreuzreagieren nicht mit anderen Typen, so daß verschiedene Typen von *S. pneumoniae* denselben Wirt mehrmals hintereinander infizieren können. Bei jeder Infektion mit einer neuen Variante muß er eine neue Immunantwort ausbilden.

der Lage wäre, seinen Antigentyp zu verändern. Das Grippevirus kann denselben Menschen viele Male infizieren, weil es seine Oberflächenantigene auf zwei Arten modifiziert (Abb. 10.2). Punktmutationen in den Genen für Hämagglutinin und ein weiteres Oberflächenprotein, die Neuraminidase, führen zu der sogenannten **Antigendrift**. Alle zwei bis drei Jahre entsteht auf diese Weise eine neue Variante des Virus mit Mutationen, die es ihm erlauben, den bereits vorhandenen Antikörpern zu entgehen. Daher sind Menschen, die früher bereits von der alten Variante infiziert wurden und nun gegen diese immun sind, dennoch gegenüber der neuen Variante anfällig. Dies verursacht eine verhältnismäßig milde Epidemie, denn die meisten Mitglieder der betroffenen Bevölkerungsgruppe sind zu einem gewissen Grad immun, da die bei früheren Infektionen gebildeten Antikörper und T-Zellen trotz allem in geringem Umfang auch diese neue Virusvariante erkennen. Zu schweren, weit verbreiteten Grippeepidemien mit oft tödlichen Folgen für einzelne Betroffene kommt es aufgrund eines anderen Mechanismus, des sogenannten **Antigenshifts**. Dabei findet zwischen den Genen des Grippevirus und anderer, verwandter Viren in einem Tier als Wirtsorganismus eine Rekombination statt, die zu größeren Veränderungen des Hämagglutininproteins auf der viralen Oberfläche führt. Die dadurch entstehende neue Virusvariante wird, wenn überhaupt, von den gegen die vorhergehende Variante gebildeten Antikörpern und T-Zellen nur in sehr geringem Maße erkannt. Daher sind die meisten Menschen gegenüber diesem neuen Virus ausgesprochen anfällig, und es kommt zu schweren Infektionen.

Die dritte Art der antigenen Variation ist sogar noch dynamischer. Sie erfolgt in einem einzigen infizierten Wirt. Trypanosomen sind durch Insekten übertragene Protozoen, die beim Menschen die Schlafkrankheit verursachen. Sie sind mit nur einem einzigen Glykoprotein bedeckt, dem sogenannten variantenspezifischen Glykoprotein (VSG). Eine Infektion mit Trypanosomen löst sofort die Bildung von Antikörpern aus, die gegen das VSG gerichtet sind, so daß die meisten Parasiten schnell getötet werden. Einige Trypanoso-

10.2 Zwei Arten von antigener Variation ermöglichen eine wiederholte Infektion durch das Grippevirus. Neutralisierende Antikörper, die eine schützende Immunität vermitteln, sind gegen das Oberflächenprotein Hämagglutinin (H) gerichtet, das für das Andocken und den Eintritt des Virus in die Zelle notwendig ist. Die Antigendrift beinhaltet das Entstehen von Punktmutationen, die die Struktur der Bindungsstelle für die schützenden Antikörper am Hämagglutinin verändern. Dann kann das neue Virus in einem Wirt überleben, der bereits gegen die vorhergehende Variante immun ist. Da jedoch T-Zellen und einige Antikörper immer noch Epitope erkennen können, die sich nicht verändert haben, verursachen die neuen Virusvarianten bei Menschen, die zuvor bereits einmal infiziert waren, nur verhältnismäßig schwache Erkrankungen. Ein Antigenshift, bei dem das segmentierte RNA-Genom der Viren zwischen zwei Grippeviren neu verteilt wird, ist ein seltenes Ereignis. Der Vorgang findet wahrscheinlich nur in Vögeln als Wirtsorganismen statt. Die dabei entstehenden Viren weisen große Veränderungen in ihren Hämagglutininmolekülen auf, so daß bei früheren Infektionen gebildete T-Zellen und Antikörper keinen Schutz mehr bieten. Daher verursachen diese Virusvarianten schwere Infektionen, die sich sehr weit ausbreiten und zu den alle zehn bis 20 Jahre auftretenden Grippeepidemien führen.

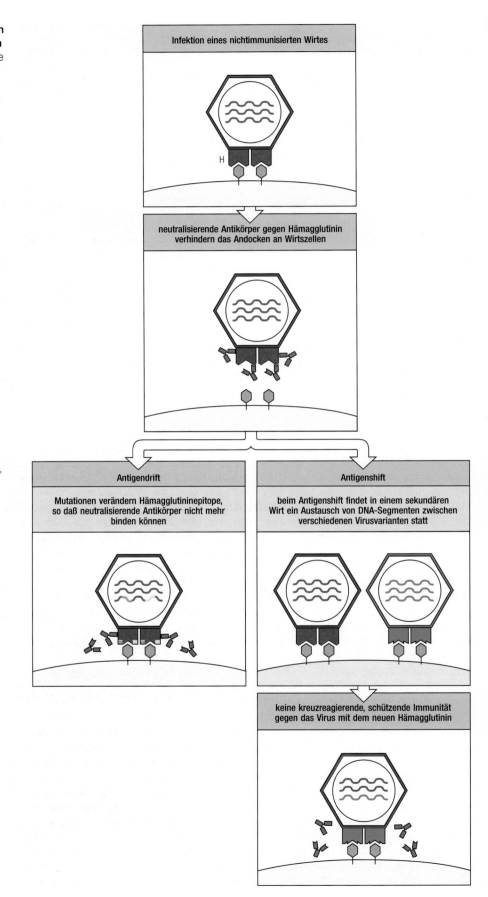

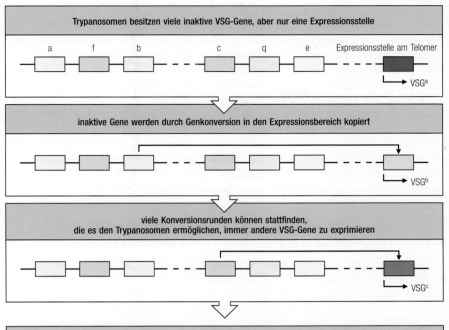

Trypanosomen besitzen viele inaktive VSG-Gene, aber nur eine Expressionsstelle

inaktive Gene werden durch Genkonversion in den Expressionsbereich kopiert

viele Konversionsrunden können stattfinden, die es den Trypanosomen ermöglichen, immer andere VSG-Gene zu exprimieren

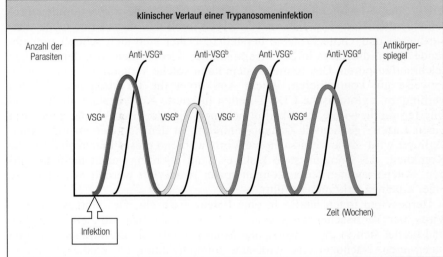

klinischer Verlauf einer Trypanosomeninfektion

10.3 Antigene Variationen ermöglichen es den Trypanosomen, der Immunüberwachung zu entgehen. Die Oberfläche von Trypanosomen ist von einem variantenspezifischen Glykoprotein (VSG) bedeckt. Jedes Trypanosoma besitzt etwa 1000 Gene, die verschieden VSGs codieren, aber nur das Gen an einer ganz bestimmten Stelle am Telomer wird exprimiert. Zwar hat man mehrere Mechanismen gefunden, durch die das jeweils exprimierte VSG-Gen ausgetauscht werden kann, normalerweise geschieht dies jedoch durch Genduplikation. Dabei wird ein inaktives Gen, das sich nicht am Telomer befindet, kopiert und an der Expressionsstelle am Telomer eingebaut und so aktiviert. Bei der ersten Infektion bildet das Immunsystem Antikörper gegen das VSG, das die Trypanosomen zuerst exprimiert haben. Einige Trypanosomen verändern jedoch spontan ihren VSG-Typ, und während die erste Variante durch die Immunreaktion eliminiert wird, geschieht der neuen nichts. Die neue Variante vermehrt sich, und der Vorgang läuft erneut ab. Dieser chronische Kreislauf der Beseitigung von Antigenen führt zu einer Schädigung durch Immunkomplexe, zu Entzündungen und schließlich zu einer Schädigung des Nervensystems, die gewöhnlich im Koma endet. Dies gab der Erkrankung ihren Namen: Schlafkrankheit.

men verändern jedoch ihr VSG, vermehren sich im Körper und verursachen einen Rückfall (Abb. 10.3). Der Wirt bildet daraufhin Antikörper gegen das neue VSG, und der Zyklus beginnt von vorn. Das Genom der Trypanosomen enthält etwa 1000 VSG-Gene, jedes davon mit anderen Antigeneigenschaften, die reihum verwendet werden. Um der Überwachung durch ein System zu entgehen, das viele verschiedene Antikörper bilden kann, haben die Trypanosomen also ihr eigenes System einer schnellen genetischen Variabilität entwickelt. Interessanterweise erreichen die Trypanosomen dies, indem sie durch Umlagerung ihrer Gene nur jeweils eines der vielen möglichen VSGs bilden – ein Vorgang, der an die Erzeugungsvielfalt der Immunglobuline erinnert. Wie wir in Abschnitt 3.12 gesehen haben, gibt es im Säugergenom mehrere hundert verschiedene V_H- und V_L-Gene, von denen eine B-Zelle jedoch immer nur eines exprimiert. Der zugrundeliegende Prozeß der Genumlagerung trägt in hohem Maße zu der Vielfalt der Antikörper bei.

Sowohl die Rezeptorproteine der Lymphocyten als auch die Glykoproteine der Trypanosomen werden also nur dann gebildet, wenn eines der vielen Gene, die sie codieren, an eine Stelle verlagert wird, an der es transkribiert und in ein Protein umgesetzt werden kann. Zwei andere wichtige Mechanismen, die die Zellen des Immunsystems nutzen, um die Vielfalt der Antikörper zu erhöhen, sind die Diversifizierung der Verbindungsstellen zwischen den einzelnen Gensegmenten sowie die somatische Hypermutation. Obwohl wir bei Krankheitserregern keinen Mechanismus kennen, welcher der Verknüpfungsvielfalt entspricht, werden wir später in diesem Kapitel sehen, daß zufällige Punktmutationen und eine anschließende Selektion für die antigene Variation bei HIV von großer Bedeutung sind. Infektiöse Organismen bedienen sich also Mechanismen, um der Immunabwehr zu entgehen, die direkt denjenigen entsprechen, die das Immunsystem einsetzt, um sie aufzuspüren. In dem sich unaufhörlich ändernden Gleichgewicht zwischen Infektion und Immunabwehr haben Wirt und Krankheitserreger ähnliche Methoden entwickelt, um den jeweils anderen zu bekämpfen.

10.2 Einige Viren persistieren *in vivo*, indem sie sich nicht vermehren, solange die Immunantwort andauert

Damit das Immunsystem einen fremden Organismus beseitigen kann, muß es mit ihm in Kontakt kommen und ihn erkennen können. Im Falle einer Virusinfektion erkennen CD8-T-Zellen infizierte Zellen an dem Vorhandensein viraler Proteine, die an zelleigene MHC-Moleküle auf der Zelloberfläche gebunden sind. Voraussetzung für die Präsentation viraler Proteine auf MHC-Klasse-I-Molekülen ist, daß die befallene Zelle diese fremden Proteine synthetisiert. Um sich zu vermehren, muß das Virus seine Gene transkribieren und virale Proteine herstellen. Daher sind sich schnell replizierende Viren, die akute Infektionskrankheiten verursachen, von den T-Zellen leicht aufzuspüren. Das Immunsystem kann solche Virusinfektionen normalerweise gut kontrollieren, indem Antikörper die Infektion neuer Zellen verhindern, cytotoxische CD8-T-Zellen infizierte Körperzellen abtöten und Interferone die virale Replikation hemmen. Einige Viren können jedoch in einen **Latenz** genannten Zustand eintreten, in dem ihr Genom nicht transkribiert wird. Zwar verursacht ein Virus während dieser Latenzphase keine Krankheit, das Immunsystem kann es dann allerdings auch nicht beseitigen. Solche latenten Viren können später reaktiviert werden, was dann zu einer erneuten Erkrankung führt.

Herpesviren treten häufig in eine Latenzphase ein. Das Herpes-simplex-Virus, der Verursacher der sogenannten Fieberbläschen, infiziert Epithelien und breitet sich in die sensorischen Neuronen aus, die die infizierte Region innervieren. Nachdem eine wirksame Immunreaktion die epitheliale Infektion unter Kontrolle gebracht hat, überdauert das Virus in einem latenten Stadium in diesen sensorischen Neuronen. Verschiedene Faktoren wie Sonnenlicht, Streß und hormonale Veränderungen lösen die Reaktivierung der Viren aus. Diese wandern dann in den Axonen der sensorischen Neuronen wieder in die Peripherie und reinfizieren das Epithelgewebe (Abb. 10.4). In diesem Stadium wird das Immunsystem erneut aktiv und dämmt die lokale Infektion ein, indem es die infizierten Epithelzellen abtötet, wodurch neue Fieberbläschen entstehen. Dieser Zyklus kann sich viele Male wiederholen. Aus zwei Gründen bleibt das sensorische Neuron dabei immer infiziert: Erstens liegt das Virus in der Nervenzelle im latenten Stadium vor. Die Zelle produziert also nur wenige virale Proteine, so daß auch nur wenige Peptide viralen Ursprungs auf der Zelloberfläche präsentiert werden können. Zweitens tragen Neuronen nur sehr wenige MHC-Klasse-I-Moleküle auf ihrer Oberfläche, so daß CD8-T-Zellen infizierte Nervenzellen nur schwer erkennen und angreifen können. Die niedrige Expressionsrate der MHC-Proteine in Neuronen ist möglicherweise sinnvoll, da sie das Risiko verringert, daß Neuronen, die sich ja nicht regenerieren können, unnötigerweise von CD8-Zellen zerstört werden. Sie macht Neuronen allerdings auch anfällig für persistierende Infektionen. In ähnlicher Weise überdauert das Varicella-zoster-

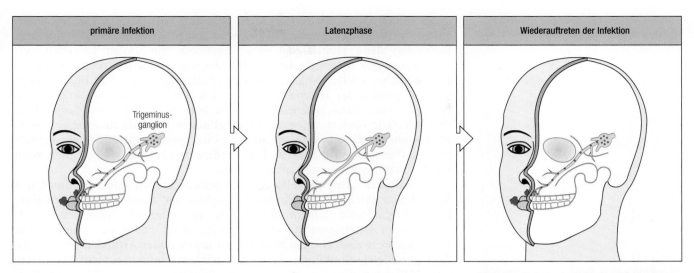

| primäre Infektion | Latenzphase | Wiederauftreten der Infektion |

10.4 Persistenz und Reaktivierung einer Herpes-simplex-Infektion. Die erste Infektion der Haut wird durch eine effektive Immunantwort unter Kontrolle gebracht, doch überdauern einige Viren in sensorischen Neuronen, wie etwa den Trigeminusneuronen, deren Axone die Lippen innervieren. Wird das Virus reaktiviert – gewöhnlich geschieht dies durch Streß und/oder Veränderungen im Hormonstatus –, dann infiziert es die Hautregion, die von dem Nerv versorgt wird, von neuem und verursacht die Bildung von Fieberbläschen. Dieser Vorgang kann sich viele Male wiederholen. Herpes zoster (Varicella zoster) kann auf ähnliche Weise nach der ersten Infektion in ein latentes Stadium übergehen und nach der Reaktivierung eine Gürtelrose, also einen Ausschlag am Rumpf, hervorrufen. Eine Herpes-simplex-Reaktivierung ist häufig, die von Herpes zoster dagegen erfolgt bei einem immunkompetenten Wirt meist nur einmal im Leben.

Virus (oder Herpes-zoster-Virus), das die Windpocken verursacht, in einer latenten Form in einem oder mehreren Spinalganglien, wenn die akute Erkrankung vorüber ist. Streß oder eine Immunsuppression können das Virus reaktivieren. Es breitet sich dann im Spinalnerv aus und reinfiziert die Haut. Dies führt zu dem typischen Ausschlag in der von diesem Spinalnerv innervierten Hautregion, den man gemeinhin als Gürtelrose bezeichnet.

Das Epstein-Barr-Virus (EBV), ein weiterer Vertreter der Herpesviren, verursacht die infektiöse Mononucleose oder das Pfeiffersche Drüsenfieber, eine akute Infektion der B-Lymphocyten. EBV infiziert die B-Zellen, indem es an das CR2-Protein bindet, eine Komponente des CD19-Corezeptorkomplexes der B-Zellen. Die meisten infizierte Zellen werden durch DNA-bindende Proteine, die im Virusgenom codiert sind, zur Proliferation angeregt. Dies führt zu dem Überschuß an mononucleären weißen Blutzellen, nach dem die Krankheit benannt ist. Letztlich bringen spezifische CD8-T-Zellen die Infektion unter Kontrolle, indem sie die infizierten, proliferierenden B-Zellen abtöten. Einige der B-Lymphocyten sind jedoch latent infiziert und teilen sich nicht. Bringt man B-Zellen aus Personen, die eine EBV-Infektion scheinbar überwunden haben, in Kultur, so transformieren sich manche der latent infizierten Zellen, die das Virusgenom in sich tragen, in kontinuierlich wachsende Zellinien. Auch *in vivo* können EBV-infizierte Zellen einer malignen Transformation unterliegen, die dann zu einem Lymphom der B-Zellen, dem sogenannten Burkitt-Lymphom, führt. Dies tritt jedoch nur selten ein und ist wahrscheinlich auf ein Versagen der Überwachung durch die T-Zellen zurückzuführen. In den Zellen eines Burkitt-Lymphoms gibt es auch chromosomale Translokationen, die das Protoonkogen *c-myc* aktivieren, indem sie es in einen Immunglobulinlocus einbauen. Man nimmt an, daß dieser Vorgang zur Tumorentwicklung beiträgt (Abschnitt 5.17). Neuere Ergebnisse deuten darauf hin, daß EBV auch dendritische Zellen infizieren und sie zu malignen Hodgkin-Zellen transformieren kann (Abschnitt 6.21). Darüber hinaus scheint die virale Latenz auch im Zusammenhang mit HIV-Infektionen von Bedeutung zu sein, wie wir später in diesem Kapitel sehen werden.

10.3 Einige Krankheitserreger entgehen der Zerstörung durch das Immunsystem des Wirtes

Einige Pathogene induzieren eine normale Immunantwort, scheinen jedoch gegen die Abwehrreaktionen resistent zu sein. So können zum Beispiel manche Bakterien der Tötung durch Makrophagen entkommen. Sie nutzen diese Zellen sogar zum Teil als ihren primären Wirt. *Mycobacterium tuberculosis* wird durch normale Phagocytose von Makrophagen aufgenommen, verhindert dann jedoch, daß das Phagosom mit einem Lysosom verschmilzt, und schützt sich dadurch vor der bakteriziden Wirkung des Lysosomeninhalts. Andere Mikroorganismen entkommen aus dem Phagosom in das Cytoplasma der Wirtszelle, wo sie sich dann schnell vermehren. *Toxoplasma gondii* kann anscheinend ein eigenes Vesikel bilden, das es vom Rest der Zelle isoliert, da es nicht mit zellulären Vesikeln fusioniert. *T. gondii* könnte möglicherweise auf diese Weise verhindern, daß seine Peptide für die Präsentation auf MHC-I-Molekülen zugänglich werden und somit für das Immunsystem unsichtbar bleiben.

Im Falle der Lyme-Borreliose, einer persistierenden Infektion durch den Spirochäten *Borrelia burgdorferi*, begegnen wir einer anderen Situation: Dieser Organismus scheint bereits eine persistierende Infektion (hauptsächlich im Bindegewebe) zu etablieren, noch bevor er erstmals eine Immunantwort auslöst. Aus bisher noch unbekannten Gründen können die dann gebildeten Antikörper die bereits etablierte Infektion nicht beseitigen, obwohl sie den Wirt vor einer erneuten Infektion schützen. Ähnliche Resistenzen sind auch bei anderen Infektionen durch Spirochäten zu beobachten, wie zum Beispiel bei der Syphilis. Sie ermöglichen es den Erregern, zu überdauern und schließlich das Gewebe zu schädigen. Die Resistenz gegen eine anscheinend schützende Immunantwort ist also ein wichtiger Mechanismus für den Erreger, der Abwehr zu entgehen.

10.4 Immunsuppression oder ungenügende Immunantworten können zu einer persistierenden Infektion beitragen

Einige Krankheitserreger sind in der Lage, die Immunantwort von einer effektiven in eine ineffektive Form umzuwandeln, während andere alle Immunreaktionen unterdrücken können. Lepra ist ein gutes Beispiel, um den ersten dieser Mechanismen zu illustrieren. Wie wir in Abschnitt 7.12 gesehen haben, gibt es zwei Formen von Lepra, die lepromatöse und die tuberkuloide Lepra. Im Falle der **tuberkuloiden Lepra** findet eine wirksame zelluläre Immunreaktion mit einer Aktivierung der Makrophagen statt, die die Infektion zwar eindämmt, aber nicht ausmerzt. Im Gewebe sind nur wenige lebensfähige Erreger zu finden, und eine ausgeprägte Entzündung ist die Ursache für die meisten Symptome dieser Form der Erkrankung. Bei der **lepromatösen Lepra** beobachten wir dagegen eine wirksame Beeinträchtigung der zellulären Immunantwort. *Mycobacterium leprae* ist in großer Zahl vorhanden und auch die gegen andere Antigene gerichtete Immunreaktion ist unterdrückt, was bei solchen Patienten zu einem **Anergie** genannten phänotypischen Zustand führt. Der Unterschied zwischen diesen beiden Lepra-Formen beruht möglicherweise auf einem unterschiedlichen Verhältnis zwischen der Anzahl der T_H1- und der T_H2-Zellen (Abb. 10.5). Es ist bisher nicht bekannt, warum verschiedene Personen in so unterschiedlicher Weise auf eine Infektion mit demselben Erreger reagieren. Im Kapitel 12 werden wir sehen, wie eine solche Dominanz von T_H1- oder T_H2-ähnlichen Zellen zustande kommen kann und wie sie sich möglicherweise korrigieren läßt.

Superantigene, wie etwa das **Enterotoxin von Staphylococcus** oder das dem toxischen Schock-Syndrom zugrundeliegende Toxin (*toxic shock syndrome toxin*-1), führen zu einer anderen Art der Immunsuppression. Wenn sie über eine geeignete V_β-Domäne an den T-Zell-Rezeptor binden (Abschnitt 4.24), so stimuliert dies viele T-Zellen zur Bildung von Cytokinen, die die gesamte Immunantwort unterdrücken. Wie diese Immunsuppression im Detail funktioniert, ist noch nicht geklärt. Die angeregten T-Zellen teilen sich, verschwinden dann jedoch sehr schnell, anscheinend durch

Lepra – die Infektion mit *Mycobacterium leprae* führt zu verschiedenen klinischen Erscheinungsformen

es gibt zwei extreme Formen, die tuberkuloide und die lepromatöse Lepra, sowie einige Zwischenformen

tuberkuloide Lepra	lepromatöse Lepra
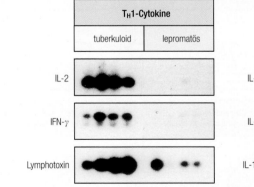	
Erreger in niedriger oder nicht nachweisbarer Anzahl vorhanden	Erreger vermehren sich heftig in Makrophagen
niedrige Infektivität	hohe Infektivität
Granulome und lokale Entzündungen; Schädigung peripherer Nerven	weitverbreitete Infektion; Knochen-, Knorpel- und diffuse Nervenschädigungen
normale Immunglobulinspiegel im Serum	Hypergammaglobulinämie
normale T-Zell-Reaktivität; spezifische Antwort gegen *M.-leprae*-Antigene	schwache oder keine T-Zell-Reaktivität; keine Antwort gegen *M.-leprae*-Antigene

Cytokinmuster in Lepraläsionen

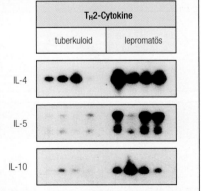

T$_H$1-Cytokine		T$_H$2-Cytokine	
tuberkuloid	lepromatös	tuberkuloid	lepromatös
IL-2		IL-4	
IFN-γ		IL-5	
Lymphotoxin		IL-10	

möglicher Mechanismus	möglicher Mechanismus
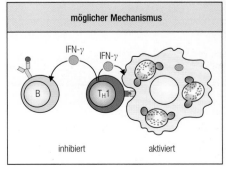	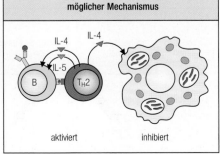
inhibiert aktiviert	aktiviert inhibiert

10.5 T-Zell- und Makrophagenantworten gegen *Mycobacterium leprae* sind bei den beiden Hauptformen der Lepra sehr unterschiedlich. Eine Infektion mit *M. leprae* (im Photo rot angefärbt) kann zu zwei sehr verschiedenen Krankheitsformen führen. Bei der tuberkuloiden Lepra wird die Vermehrung der Erreger durch T$_H$1-ähnliche Zellen, die infizierte Makrophagen aktivieren, gut unter Kontrolle gebracht. Die Läsionen bei dieser Lepraform enthalten Granulome und sind entzündet. Die Entzündung ist allerdings eng begrenzt und verursacht nur lokale Effekte, wie etwa die Schädigung peripherer Nerven. Bei der lepromatösen Lepra breitet sich die Infektion weiter aus, und die Erreger vermehren sich unkontrolliert in den Makrophagen. In den späten Stadien ist eine starke Schädigung des Bindegewebes und des peripheren Nervensystems zu beobachten. Es gibt auch einige Zwischenformen zwischen der tuberkuloiden und der lepromatösen Lepra. Die Analyse von mRNA, die man aus Läsionen von jeweils drei Patienten isoliert hat, zeigte, daß sich die Cytokinmuster bei den beiden Hauptformen der Erkrankung stark unterscheiden (Photos von sogenannten *dot blots*). Bei der lepromatösen Form dominieren die T$_H$2-Cytokine (IL-4, IL-5 und IL-10), während bei der tuberkuloiden Form die T$_H$1-Cytokine (IL-2, IFN-γ und Lymphotoxin) vorherrschen. Es ist also möglich, daß bei der tuberkuloiden Lepra T$_H$1-ähnliche Zellen überwiegen und bei der lepromatösen Lepra T$_H$2-ähnliche Zellen. Man würde erwarten, daß Interferon-γ Makrophagen aktiviert und so die Vernichtung von *M. leprae* unterstützt, wohingegen IL-4 die Aktivierung der Makrophagen sogar hemmen kann. Ein hoher IL-4-Spiegel würde auch die Hypergammaglobulinämie erklären, die mit der lepromatösen Lepra einhergeht. Welche Faktoren durch die Induktion einer T$_H$1- oder T$_H$2-Antwort den Krankheitsverlauf bestimmen, ist unbekannt. Auch wie es bei der lepromatösen Form zur Anergie und zum allgemeinen Verlust einer effektiven zellvermittelten Immunantwort kommt, weiß man noch nicht. (Photo: G. Kaplan; Cytokinmuster: R. L. Modlin.)

Apoptose. Superantigene verursachen also möglicherweise eine allgemeine Immunsuppression und gleichzeitig das Absterben vieler perpiherer T-Zellen.

Auch viele andere Erreger verursachen eine leichte oder vorübergehende Immunsuppression während der akuten Phase der Infektion. Zwar verstehen wir diese Formen unterdrückter Immunität bisher noch kaum, sie sind jedoch folgenschwer, da sie den Wirtsorganismus für Sekundärinfektionen durch weitverbreitete Keime anfällig machen. Ein wichtiges Beispiel hierfür ist die Immunsuppression infolge eines Traumas, nach Verbrennungen oder nach einer schweren Operation. Patienten mit Verbrennungen haben eine deutlich verminderte Abwehrkraft gegen Infektionen, und eine generalisierte Infektion ist eine häufige Todesursache.

Das extremste Beispiel für eine durch einen pathogenen Organismus ausgelöste Immunsuppression ist die HIV-Infektion. Die eigentliche Todesursache bei AIDS ist meist eine Infektion durch sogenannte **opportunistische Keime**. Das sind Mikroorganismen, die in der Umwelt vorhanden sind, normalerweise aber keine Erkrankung verursachen, da ein funktionierendes Immunsystem sie gut unter Kontrolle halten kann. Eine HIV-Infektion führt jedoch zu einem fortschreitenden Verlust der Immunkompetenz und ermöglicht dadurch eine Infektion durch Organismen, die normalerweise nicht pathogen sind.

10.5 Die Immunantwort kann direkt zur Pathogenese beitragen

Bei den meisten Infektionen ist das Krankheitsbild teilweise auf die Immunantwort des Wirtsorganismus zurückzuführen. Zum Beispiel entsteht das Fieber, das im allgemeinen eine bakterielle Infektion begleitet, durch die Freisetzung von Monokinen. In einigen Fällen ist das Immunsystem für die meisten oder sogar für alle Symptome verantwortlich, und immunsupprimierte Tiere, die man mit demselben Organismus infiziert hat wie die Kontrolltiere, bleiben vollkommen gesund. Ein klassisches Beispiel hierfür ist die Infektion

10.6 Das Krankheitsbild einer Infektion durch das lymphocytische Choriomeningitis-Virus (LCMV) beruht auf einer T-Zell-vermittelten Immunantwort. Adulte Mäuse, die man intracranial mit LCMV infiziert hat, sterben innerhalb weniger Wochen aufgrund von Entzündungen im Zentralnervensystem. Die Immunantwort der Maus gegen das Virus und damit auch die Krankheitssymptome, lassen sich durch Verabreichen immunsuppressiver Substanzen verhindern. Dies führt zwar zu einer chronischen Infektion der Mäuse. Sie tolerieren das Virus jedoch. Die Übertragung bewaffneter T-Effektorzellen von einer adulten infizierten Maus in eine tolerante führt zu Entzündungen und schließlich zum Tod der vormals toleranten Maus.

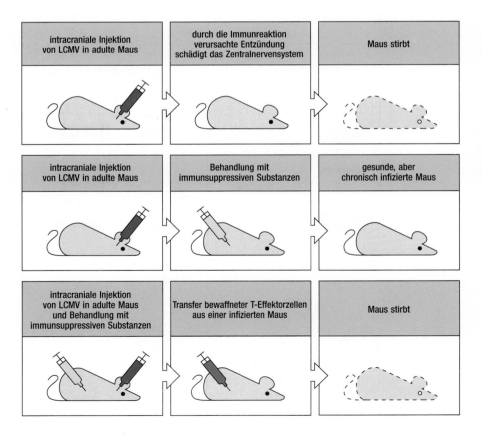

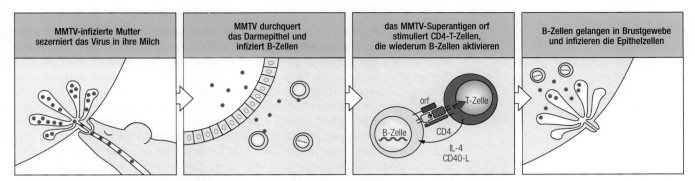

| MMTV-infizierte Mutter sezerniert das Virus in ihre Milch | MMTV durchquert das Darmepithel und infiziert B-Zellen | das MMTV-Superantigen orf stimuliert CD4-T-Zellen, die wiederum B-Zellen aktivieren | B-Zellen gelangen in Brustgewebe und infizieren die Epithelzellen |

von Mäusen mit dem **lymphocytischen Choriomeningitis-Virus (LCMV)**. Dieses Virus kann eine chronische Infektion ohne offensichtliche Symptome verursachen, wenn man die Mäuse direkt nach der Geburt infiziert, so daß das noch unreife Immunsystem eine Toleranz gegen das Virus entwickelt. Das gleiche Ergebnis erhält man, wenn die Mäuse aufgrund einer Immunsuppression oder einer neonatalen Thymektomie nicht mehr zu einer T-Zell-vermittelten Immunantwort fähig sind. Ersetzt man die fehlenden T-Effektorzellen, so bewirkt dies eine schwere Entzündungsreaktion im zentralen Nervensystem, die zum Tode führt (Abb. 10.6).

Ein anderes Beispiel für eine pathogene Immunantwort ist die Reaktion auf die Eier von Schistosomen. Das sind parasitische Würmer, die ihre Eier in der Leberpfortader ablegen. Einige der Eier gelangen in den Darmkanal, werden zusammen mit dem Kot abgegeben und dienen der Verbreitung des Organismus. Andere verbleiben in der Pfortader und lösen hier eine starke Immunantwort aus, was zu einer chronischen Entzündung, zu einer Leberzirrhose und schließlich zu einem Versagen der Leber führt. Bei Mäusen ist die Immunreaktion ein zweischneidiges Schwert: Bei immunsupprimierten Mäusen ist eine akute Leberschädigung zu beobachten, und normale Mäuse entwickeln eine chronische Lebererkrankung, die letztlich zum Tod führt. Unterdrückt man die Immunreaktion zum Teil mit Hilfe von Medikamenten, so wird die Zirrhose verhindert und der Wirt überlebt. Durch die Übertragung von T-Zellen aus Mäusen in einem späteren Stadium der Infektion läßt sich die Zirrhose ebenfalls einschränken, was den Schluß nahelegt, daß diese Reaktion unter endogener Kontrolle steht.

Bei dem **MMTV** (*mouse mammary tumor virus*), das bei Mäusen Mammacarcinome verursacht, ist die Immunantwort für den Infektionszyklus notwendig. Der Wirt kann sich gegen MMTV schützen, indem er eine bestimmte Gruppe von T-Zellen abtötet, die für den Lebenszyklus des Virus essentiell sind.

MMTV wird mit der Milch auf die Nachkommen übertragen. Das Virus muß sich in den Lymphocyten des neuen Wirtes vermehren, um dann wieder in das Drüsenepithel der Brust zu gelangen und seinen Lebenszyklus fortzusetzen. Da es sich um ein Retrovirus handelt, kann es sich jedoch nur in proliferierenden Zellen vermehren. MMTV infiziert daher zunächst B-Zellen und veranlaßt sie, auf ihrer Oberfläche ein Superantigen zu präsentieren, das im MMTV-Genom codiert ist. Dieses Superantigen stimuliert T-Zellen mit der entsprechenden V_β-Domäne in ihren T-Zell-Rezeptoren (Abschnitt 4.24). Die T-Zellen produzieren daraufhin Cytokine, die dann ihrerseits die B-Zellen zur Teilung anregen – ganz ähnlich der Wirkung von T-Helferzellen auf antigenbindende B-Zellen. Die Aktivierung der T-Zellen durch das Superantigen ist daher Voraussetzung für die Vermehrung von MMTV in B-Zellen (Abb. 10.7).

Es gibt verschiedene MMTV-Stämme, deren Superantigene mit verschiedenen V_β-Domänen reagieren. Wie wir im Abschnitt 6.18 gesehen haben, tragen verschiedene Mäusestämme unterschiedliche, stabil in ihre DNA integrierte MMTV-Genome. Diese defekten endogenen Retroviren haben einige wich-

10.7 Die Aktivierung der T-Zellen durch das MMTV-Superantigen ist essentiell für den Lebenszyklus des Virus. MMTV wird mit der Muttermilch auf die Nachkommen übertragen. Dort durchdringt es das Darmepithel, gelangt in lymphatische Gewebe und infiziert B-Lymphocyten. Diese exprimieren daraufhin das von MMTV codierte Superantigen, orf, auf ihrer Oberfläche, das an geeignete V_β-Domänen der T-Zell-Rezeptoren auf CD4-T-Zellen bindet. Das Superantigen hat auch Bindungsstellen für MHC-II-Moleküle, so daß ein Komplex aus Superantigen, MHC-Molekül, T-Zell-Rezeptor und CD4 entsteht, der die T-Zelle aktiviert. Diese regt nun ihrerseits die B-Zelle zur Teilung an und ermöglicht dadurch die Replikation der Viren, die anschließend das Epithel der Brustdrüsen infizieren. Sind die T-Zellen mit den passenden V_β-Domänen zuvor aufgrund der Expression eines Superantigens, das in dem Genom eines defekten endogenen MMTV codiert war (Abschnitt 6.18), zerstört worden, dann können die infizierten B-Zellen die verbleibenden T-Zellen nicht aktivieren. Infolgedessen werden die B-Zellen nicht zur Teilung angeregt, was die Vermehrung von MMTV verhindert. In wild lebenden Mäusepopulationen werden viele verschiedene endogene MMTV-Genome exprimiert, und jedes von ihnen schaltet eine bestimmte V_β-Gruppe aus. Die einzelnen Mäuse sind also gegenüber verschiedenen MMTV-Stämmen resistent.

tige Gene verloren und sind nicht mehr in der Lage, Virionen zu produzieren. Sie können aber nach wie vor die Expression von Superantigenen auslösen. Da diese Superantigene eine klonale Deletion im Thymus verursachen können, werden die T-Zellen mit den entsprechenden V_β-Domänen ausgelöscht. Warum könnte es für die Maus von Vorteil sein, einen Teil ihres Immunrepertoires zu verlieren? Möglicherweise verhindert die Vernichtung von T-Zellen, die durch ein bestimmtes Superantigen stimuliert werden können, eine Infektion durch die passenden MMTV-Stämme. Um diese Hypothese zu überprüfen, hat man transgene Mäuse konstruiert, die das MMTV-Genom in sich tragen. Diese Mäuse exprimieren das MMTV-Superantigen und vernichten also ihre T-Zellen V_β-Domänen, die mit dem Superantigen reagieren. Da nun keine T-Zellen mehr übrig sind, die dieser MMTV-Stamm stimulieren könnte, werden die B-Zellen nicht zur Teilung angeregt und der MMTV-Stamm kann sich in den transgenen Mäusen nicht vermehren. Bei diesem Beispiel ist also die Fähigkeit eines pathogenen Organismus, eine Immunreaktion auszulösen, notwendig, damit er überhaupt eine Krankheit hervorrufen kann. Mäuse, die defekte MMTV-Genome in ihre DNA integriert haben, löschen also verschiedene Teile ihres T-Zell-Rezeptorrepertoires aus und reduzieren damit das Risiko, daß eine ganze Mäusepopulation von einem bestimmten MMTV befallen wird. Bisher kennt man keine menschliche Krankheit, der ein ähnlicher Mechanismus zugrunde liegt.

Zusammenfassung

Einige Erreger können eine persistierende Infektion verursachen, indem sie die normalen Abwehrmechanismen des Wirtes umgehen. Es gibt viele verschiedene Strategien, um der Immunantwort zu entgehen. Antigene Variation, Latenz, Resistenz gegenüber einer Immunreaktion und die Unterdrückung der Immunantwort tragen zu persistierenden und medizinisch wichtigen Infektionen bei. In einigen Fällen ist auch die Immunantwort selbst ein Teil des Problems. Manche Pathogene nutzen die Immunreaktion dazu, sich auszubreiten, andere würden ohne die Immunantwort des Wirtes überhaupt keine Krankheit verursachen. Jeder dieser Mechanismen gibt uns einen Einblick in die Eigenschaften der Immunantwort und ihre Schwachpunkte, und jeder macht einen anderen medizinischen Ansatz für die Vermeidung oder Behandlung einer persistierenden Infektion nötig.

Erbliche Immunschwächekrankheiten

Zu einer Immunschwächekrankheit kommt es, wenn eine oder mehrere Komponenten des Immunsystems defekt sind. Die meisten dieser Erkrankungen sind erblich und begegnen uns im allgemeinen in Form von wiederkehrenden oder sehr ausgeprägten Infektionen bei Kleinkindern. Aber nicht alle Immunschwächekrankheiten sind ererbt. Manche sind auch erworben und kommen dann erst später im Leben zum Tragen. Die Ursachen für viele dieser erworbenen Immunschwächekrankheiten liegen zwar noch im dunkeln. Einige sind jedoch auf bekannte Faktoren zurückzuführen, wie etwa auf bestimmte Medikamente, auf Strahlung, die die Lymphocyten schädigt, oder aber auf eine Infektion mit dem menschlichen Immunschwächevirus. Indem wir untersuchen, welche Infektionen mit einer bestimmten ererbten oder erworbenen Immunschwäche einhergehen, können wir die Rolle der einzelnen Bestandteile des Immunsystems bei der Reaktion auf einen bestimmten Krankheitserreger ermitteln. Mit Hilfe der ererbten Immunschwächekrankheiten lassen sich auch die Beziehungen zwischen den einzelnen zellulären Komponenten des Immunsystems und ihre Position in der Entwicklungslinie der B- und T-Lymphocyten aufdecken. Schließlich können uns diese Erkrankungen auch zu den fehlerhaften Genen führen und so vielleicht neue Informationen über die molekularen Grundlagen der Immunreaktionen zutage bringen sowie die notwendigen Kenntnisse für die Diagnose, eine gute genetische Beratung und möglicherweise eine Gentherapie.

10.6 Erbliche Immunschwächekrankheiten beruhen auf rezessiven Gendefekten

Vor der Entdeckung der Antibiotika sind die meisten Patienten mit einem ererbten Defekt in ihrer Immunabwehr wahrscheinlich bereits im Säuglingsalter oder während der frühen Kindheit gestorben, da sie für Infektionen durch bestimmte Krankheitserreger besonders anfällig waren (Abb. 10.8). Diese

Immunschwäche-krankheit	charakteristische Veränderung	Immundefekt	erhöhte Anfälligkeit
schwerer kombinierter Immundefekt (SCID)	ADA-Mangel	keine T-Zellen	allgemein
	PNP-Mangel	keine T-Zellen	allgemein
	X-gekoppelter SCID, Defekt der IL-2Rγ-Kette	keine T-Zellen	allgemein
	autosomaler SCID, defekte DNA-Reparatur	keine T- oder B-Zellen	allgemein
DiGeorge-Syndrom	Thymusaplasie	keine T-Zellen	allgemein
Syndrom der nackten Lymphocyten	fehlende Expression von MHC-II-Molekülen	keine CD4-T-Zellen	allgemein
MHC-Klasse-I-Mangel	TAP-Mutationen	keine CD8-T-Zellen	Viren
Wiskott-Aldrich-Syndrom	unbekannt; X-gekoppelt	mangelhafte Antikörperantwort gegen Polysaccharide	extrazelluläre Bakterien mit Kapseln
variabler Immundefekt	unbekannt; MHC-gekoppelt	defekte Antikörperproduktion	extrazelluläre Bakterien
X-gekoppelte Agammaglobulinämie	Verlust der Bruton-Tyrosinkinase (btk)	keine B-Zellen	extrazelluläre Bakterien, Viren
X-gekoppeltes Hyper-IgM-Syndrom	defekte CD40-Liganden	kein Isotypwechsel	extrazelluläre Bakterien
selektiver IgA-Mangel	unbekannt; MHC-gekoppelt	keine IgA-Synthese	Infektionen der Atemwege
selektive Ig-Mangelzustände	Deletionen in der konstanten Region der Ig-Gene	Verlust eines oder mehrerer Ig-Isotypen	verschiedene
Fehlfunktion der Phagocyten	viele verschiedene	Verlust der Phagocytenfunktion	extrazelluläre Bakterien
Defekte im Komplementsystem	viele verschiedene	Verlust bestimmter Komplementkomponenten	extrazelluläre Bakterien, vor allem *Neisseria* spp.
Defekt der natürlichen Killerzellen	unbekannt	Verlust der NK-Funktion	Herpesviren
Mangel an mannose-bindendem Protein	unbekannt	wenig mannosebindendes Protein (vorübergehend)	extrazelluläre Bakterien

10.8 Menschliche Immunschwäche-syndrome. In dieser Tabelle sind für einige verbreitete menschliche Immunschwächesyndrome die zugrundeliegenden Gendefekte, die Konsequenzen für das Immunsystem und die daraus entstehenden Anfälligkeiten für bestimmte Klassen von Erregern aufgeführt. ADA, Adenosindesaminase; PNP, Purinnucleotidphosphorylase; TAP, Transportproteine, die an der Antigenverarbeitung beteiligt sind.

Erbkrankheiten waren nicht leicht zu identifizieren, da auch viele nicht betroffenen Kinder an den Folgen von Infektionskrankheiten starben. Aus diesem Grund wurde die erste Immunschwächekrankheit erst 1952 beschrieben. Seit damals hat man jedoch viele erbliche Immunschwächekrankheiten entdeckt. Die Gendefekte, die diesen Leiden zugrunde liegen, sind rezessiv, und einige der Krankheiten sind auf Mutationen in den Genen des X-Chromosoms zurückzuführen. Defekte in rezessiven Genen führen nur dann zur Erkrankung, wenn beide Chromosomen das fehlerhafte Gen tragen. Da Männer nur ein X-Chromosom besitzen, bilden alle Männer, die eine X-gekoppelte Erkrankung erben, die Krankheit auch aus, während Frauen aufgrund ihres zweiten X-Chromosoms meist gesund bleiben. Man hat Immunschwächekrankheiten beschrieben, die einzelne Schritte in der Entwicklung der B- oder T-Lymphocyten betreffen, sowie solche, die auf Veränderungen in Oberflächenmolekülen beruhen, die wichtig für die Funktion der T- oder B-Zellen sind. Auch Defekte im Zusammenhang mit phagocytierenden Zellen, Lymphokinen, Lymphokinrezeptoren und Molekülen, die Effektorantworten vermitteln, wurden identifiziert (Abb. 10.8). Einzelne Beispiele solcher Erkrankungen werden wir in späteren Abschnitten kennenlernen.

Die meisten der bisher bekannten Immunschwächekrankheiten betreffen die adaptive Immunität. Störungen der angeborenen Immunität sind dagegen eher selten. Möglicherweise werden wir aber noch mehr solcher Mangelerkrankungen entdecken, wenn wir die angeborene Immunität und ihre Funktion besser verstehen.

10.7 Die Infektionen, die mit Immunschwächekrankheiten einhergehen, geben Aufschluß über die normale Funktion der defekten Komponente

Häufig stammt der erste Hinweis auf die Funktion einer bestimmten Komponente des Immunsystems aus der Untersuchung eines Patienten, bei dem genau diese Komponente nicht funktioniert. So haben uns beispielsweise die X-gekoppelte Agammaglobulinämie (Abschnitt 10.8) und der schwere kombinierte Immundefekt die ersten Hinweise auf die B- und T-Lymphocyten und ihre jeweiligen Rollen bei der humoralen und zellulären Immunantwort geliefert. In jüngerer Zeit haben es uns Methoden zum gezielten Ausschalten von Genen ermöglicht, in Tiermodellen einzelne Komponenten der Immunantwort stillzulegen, und die Untersuchung dieser Tiere erweitert unser Verständnis der Abwehrmechanismen. Trotz allem sind jedoch die menschlichen Immunschwächekrankheiten noch immer am aufschlußreichsten, wenn wir die Immunabwehr des Menschen kennenlernen wollen.

Am Beispiel eines erst kürzlich diagnostizierten Patienten, bei dem ein Defekt anscheinend allein die Killerzellen betrifft, läßt sich die Wirksamkeit dieses Vorgehens gut illustrieren. Dieser Patient litt an wiederkehrenden Herpesinfektionen, die in den frühen Phasen immer sehr ausgeprägt waren, dann jedoch eine wirksame Immunreaktion auslösten und eine schützende Immunität hervorriefen. Diese Beobachtungen lassen darauf schließen, daß die natürlichen Killerzellen des Menschen besonders für die Kontrolle der frühen Phase einer Herpesinfektion wichtig sind. Studien an Tiermodellen lieferten Hinweise darauf, daß natürliche Killerzellen auch bei der frühen Kontrolle einer Infektion durch andere Viren und das intrazelluläre Bakterium *Listeria monocytogenes* eine bedeutende Rolle spielen. Die Identifizierung und Untersuchung weiterer solcher Patienten sollte die genaue Funktion der Killerzellen noch besser klären. Diese und ähnliche Beobachtungen lassen ermessen, wie wichtig die angeborene Immunität in allen Bereichen der Immunabwehr ist. Der am weitesten verbreitete Defekt der angeborenen Immunität – ein bei vielen jungen Patienten bestehender, niedriger Gehalt an mannosebindendem Protein – hat ein gehäuftes Auftreten schwerer bakterieller Infektionen zur Folge. Dieser Mangel ist allerdings vorübergehend und verschwindet, wenn die Kinder größer werden.

10.8 Die wichtigste Folge einer zu niedrigen Antikörperkonzentration ist die Unfähigkeit, bakterielle Infektionen zu beseitigen

Eitererregende Bakterien sind von einer Polysaccharidhülle umgeben, die sie gegen eine Phagocytose resistent macht. Normalerweise kann die körpereigene Abwehr Infektionen durch solche Bakterien kontrollieren, indem Antikörper und das Komplementsystem diese Hülle opsonisieren, so daß die Bakterien phagocytiert und zerstört werden können. Eine zu geringe Antikörperproduktion bewirkt also, daß das Immunsystem solche Infektionen nicht mehr in Schach halten kann. Da Antikörper außerdem bei der Neutralisierung infektiöser Viren eine wichtige Rolle spielen (Kapitel 8), sind Menschen mit einer verringerten Antikörperproduktion auch besonders anfällig für bestimmte Virusinfektionen.

Die erste Beschreibung einer Immunschwächekrankheit lieferte Ogden C. Bruton im Jahre 1952 am Beispiel eines Jungen, der keine Antikörper produzieren konnte. Dieser Defekt wird mit dem X-Chromosom vererbt und ist durch einen Mangel an Immunglobulinen im Serum gekennzeichnet. Da man ihn anhand der fehlenden Proteine im Gammaglobulinbereich einer Serumproteinelektrophorese diagnostizieren kann, nennt man ihn auch **X-gekoppelte Agammaglobulinämie** (*X-linked agammaglobulinemia*, XLA). Seitdem sind viele weitere Krankheiten beschrieben worden, die die Antikörperproduktion betreffen. Die meisten von ihnen beeinträchtigen die Entwicklung von B-Lymphocyten.

Kürzlich konnte man zeigen, daß das bei XLA fehlerhafte Gen eine Tyrosinkinase codiert, die sogenannte Bruton-Tyrosinkinase (btk). Dieses Protein wird normalerweise in B-Zellen und in polymorphkernigen neutrophilen Leukocyten exprimiert. Bei XLA-Patienten wirkt sich der Defekt jedoch nur in den B-Zellen aus. Die Reifung der B-Zellen endet bei den Betroffenen im Stadium der Prä-B-Zelle, in dem die Gene für die schweren Ketten bereits neu kombiniert sind, die für die leichten Ketten aber noch nicht. Die btk ist also wahrscheinlich daran beteiligt, den Prä-B-Zell-Rezeptor (der aus schweren Ketten, leichten Ersatzketten, sowie Ig-α und Ig-β besteht) mit Ereignissen im Zellkern zu koppeln, die zum Wachstum und zur Differenzierung der B-Zellen führen. Eine homologe Kinase, die sogenannte itk, wurde in T-Zellen gefunden. Ihre Funktion ist jedoch bislang unklar. Eine Fehlfunktion der btk entspricht einer Fehlfunktion der lck während der Entwicklung von T-Zellen (Abschnitt 6.8). Bei der Maus führt ein Defekt der lck dazu, daß CD4/CD8 doppelt negative Thymocyten, die an ihrer Oberfläche β-Ketten der T-Zell-Rezeptoren exprimieren, die Gene für die α-Ketten nicht mehr umordnen können. Es gibt also möglicherweise eine Kaskade von Tyrosinkinasen, die bei der Entwicklung der Lymphocyten eine Rolle spielt. In doppelt negativen Thymocyten gehören unter anderem lck und itk dazu, in Prä-B-Zellen eine Kinase aus der *src*-Familie und btk. In beiden Fällen gelangen einige B- und T-Zellen trotz des Defekts in der Signalkaskade zur Reifung. Dies legt den Schluß nahe, daß diese Signale zwar die Neuanordnung der Gene für die leichte Kette oder die α-Kette fördern, dafür aber nicht unerläßlich sind.

Da sich das für XLA verantwortliche Gen auf dem X-Chromosom befindet, kann man weibliche Trägerinnen durch die Analyse der X-Chromosom-Inaktivierung in ihren B-Zellen identifizieren. Im Zuge ihrer Reifung inaktivieren weibliche Zellen zufällig eines ihrer beiden X-Chromosomen. Da das normale Genprodukt des *btk*-Gens für die Entwicklung der B-Lymphocyten notwendig ist, können nur solche Zellen zu reifen B-Zellen werden, in denen das X-Chromosom mit dem normalen *btk*-Allel aktiv ist. Demnach ist in allen B-Zellen von heterozygoten Trägerinnen des mutierten *btk*-Gens das gleiche X-Chromosom inaktiviert. In den T-Zellen und Makrophagen solcher Frauen ist dagegen das X-Chromosom mit dem normalen *btk*-Allel mit der gleichen Wahrscheinlichkeit aktiv wie das mit dem mutierten Allel. Aus diesem Grund konnte man heterozygote Trägerinnen

10.9 Das *btk*-Genprodukt ist wichtig für die Entwicklung der B-Zellen. Bei der X-gekoppelten Agammaglobulinämie (XLA) ist eine als btk bezeichnete Tyrosinkinase defekt. Bei gesunden Individuen verläuft die Entwicklung der B-Zellen über ein Stadium, in dem der Prä-B-Zell-Rezeptor (bestehend aus μ:λ5:VpreB) über die btk ein Signal überträgt, das die weitere Reifung der B-Zellen auslöst. Bei männlichen XLA-Patienten kann dieses Signal nicht übertragen werden und die B-Zellen reifen nicht, obwohl der B-Zell-Rezeptor exprimiert wird. Bei X-gekoppelten Immunschwächekrankheiten lassen sich anhand von weiblichen heterozygoten Trägerinnen nützliche Informationen über die Funktion eines fehlerhaften Gens gewinnen. Bei Frauen wird bereits früh in der Entwicklung eines der beiden X-Chromosomen in jeder Zelle permanent inaktiviert – vermutlich, weil ein Überschuß der Produkte X-chromosomaler Gene Schwierigkeiten bereiten würde. Da die Inaktivierung zufällig erfolgt, bildet die Hälfte der Prä-B-Zellen eine Wildtyp-btk, während die andere Hälfte das fehlerhafte Gen exprimiert. Keine der Zellen, die das defekte Gen exprimieren, kann sich zu einer reifen B-Zelle entwickeln. In allen reifen B-Zellen der Trägerin ist also nur das funktionsfähige Chromosom aktiv. Dies ist ein wichtiger Unterschied zu allen anderen Zelltypen, bei denen immer nur in einer Hälfte der Zellen das normale X-Chromosom aktiv ist. Eine gezielte X-Inaktivierung bei einer Zellinie ist ein deutlicher Hinweis darauf, daß das Produkt eines X-chromosomalen Gens für die Entwicklung dieser Zellen notwendig ist. In manchen Fällen kann man sogar das Stadium identifizieren, in dem das Genprodukt benötigt wird, indem man feststellt, zu welchem Zeitpunkt in der Entwicklung die X-Inaktivierung nicht mehr ausgeglichen ist. Mit dieser Art der Analyse kann man heterozygote Trägerinnen von Defekten wie XLA identifizieren, ohne das zugrundeliegende Gen zu kennen.

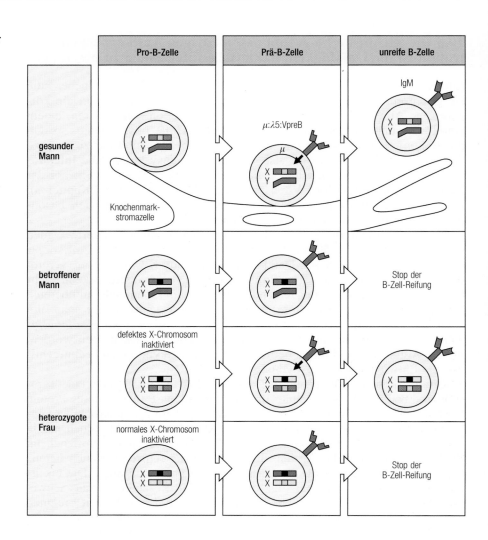

des XLA-Defekts bereits identifizieren, bevor man das *btk*-Gen entdeckt hatte. Die nur in B-Zellen vorkommende, gezielte Inaktivierung des X-Chromosoms beweist außerdem schlüssig, daß die btk zwar für die Entwicklung der B-Zellen notwendig ist, nicht aber für die anderer Zellen, und daß das Enzym innerhalb der B-Zellen seine Wirkung entfaltet, und nicht in Stromazellen oder anderen Zellen, die für die Entwicklung von B-Zellen erforderlich sind (Abb. 10.9). Aus der weiteren Untersuchung des *btk*-Defekts bei der Maus und beim Menschen werden wir viel Neues über die Signale lernen, die für die Reifung der B-Zellen von Bedeutung sind. Es gibt viele seltene Krankheiten, die auf einem Mangel an Immunglobulinen beruhen, und aus jeder von ihnen können wir ähnliche Einblicke in die Entwicklung und Funktionsweise von B-Zellen erlangen.

Der am weitesten verbreitete Defekt der humoralen Immunantwort ist der vorübergehende Mangel an Immunglobulinen während der ersten sechs bis zwölf Lebensmonate. Direkt nach der Geburt besitzt das Neugeborene dank der Übertragung von IgG durch die Placenta genauso viele Antikörper wie die Mutter (Kapitel 8). Dieses IgG wird abgebaut und der Antikörperspiegel nimmt kontinuierlich ab. Das Baby beginnt erst im Alter von etwa sechs Monaten, selbst signifikante IgG-Mengen zu bilden (Abb. 10.10). Der IgG-Spiegel ist also zwischen dem dritten und zwölften Lebensmonat relativ niedrig, und die humoralen Immunantworten sind entsprechend nur schwach. Bei manchen Kindern kann das zu einer erhöhten Anfälligkeit für Infektionen führen. Dies gilt besonders für Frühgeborene, da hier die Zeitspanne zwischen der Geburt und dem Erreichen der Immunkompetenz noch länger ist.

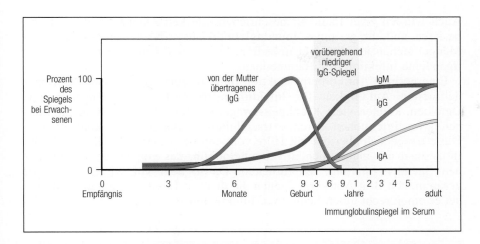

10.10 Die Immunglobulinspiegel von Neugeborenen fallen in den ersten sechs Lebensmonaten auf sehr niedrige Werte. Neugeborene haben einen sehr hohen Spiegel von IgG, das während der Schwangerschaft über die Placenta transportiert wurde. Fast sofort nach der Geburt setzt die Produktion von IgM ein. Die IgG-Synthese beginnt jedoch nicht vor dem sechsten Lebensmonat. Bis dahin fällt der IgG-Spiegel im Blut ab, da das mütterliche IgG nach und nach abgebaut wird. Zwischen dem dritten Lebensmonat und dem Ende des ersten Lebensjahres sind die IgG-Werte also sehr niedrig, was zu einer erhöhten Anfälligkeit für Infektionen führen kann. Bei Frühgeborenen ist der IgG-Spiegel bei der Geburt nicht so hoch wie normal und fällt während eines noch längeren Zeitraums auf noch niedrigere Werte ab. Auch die Produktion eigener Antikörper setzt später ein als normal, da das Immunsystem noch nicht so weit entwickelt ist. Dies erklärt die erhöhte Infektionsrate bei frühgeborenen Babys.

Die häufigste erbliche Form eines Immunglobulinmangels ist der selektive Mangel an IgA, der bei etwa einem von 800 Menschen auftritt. Obwohl damit keine offensichtlich erhöhte Krankheitsanfälligkeit verbunden ist, tritt dieser Defekt bei Patienten mit chronischen Lungenleiden häufiger auf als bei der Normalbevölkerung. Ein Mangel an IgA prädisponiert also möglicherweise für eine Infektion der Lunge durch verschiedene Krankheitserreger, was mit der Rolle von IgA bei der Abwehr von Fremdorganismen an der Körperoberfläche in Einklang steht. Die genetische Grundlage dieses Defekts ist unbekannt. Man hat jedoch Hinweise, daß möglicherweise ein Gen mit noch unbekannter Funktion, das in der Nähe der Gene für die MHC-Klasse-III-Proteine liegt, beteiligt ist.

Ein etwas selteneres, möglicherweise verwandtes Syndrom ist der sogenannte variable Immundefekt (*common variable immunodeficiency*). Bei dieser Krankheit besteht ein genereller Mangel an IgG und IgA, und auch hier hat man Gene in der Region der MHC-Klasse-III-Gene mit einigen Fällen dieser Erkrankung in Zusammenhang gebracht. Andere beruhen auf Defekten der T-Zellen, wie wir im nächsten Abschnitt sehen werden.

Schließlich fehlt einigen wenigen Familien aufgrund von Deletionen der Gene für die konstante Region der schweren Kette die Fähigkeit zur Produktion von einem oder mehreren der Immunglobulinisotypen (Abb. 10.11).

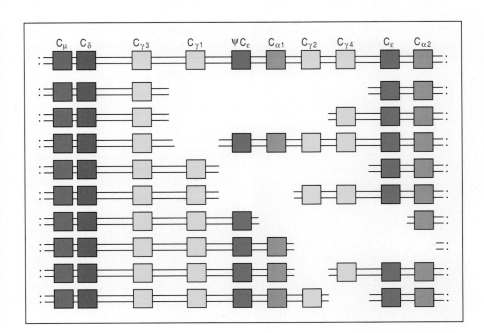

10.11 Selektive Immunglobulindefekte beruhen auf Deletionen in den Genen für die schweren Ketten. Es sind eine Reihe von verschiedenen Defekten bekannt, die einen Immunglobulinisotyp oder mehrere betreffen, meist jedoch IgG-Subklassen. Im allgemeinen weisen die Betroffenen keine erhöhte Anfälligkeit für Infektionen auf. Die Abbildung zeigt für verschiedene Familien den Umfang und die Position der Deletionen in den Genen für die konstante Region der schweren Kette.

Auch wurden zwei Familien beschrieben, die keine Gene für die κ-Kette besitzen und ihr gesamtes Immunglobulin aus λ-Ketten aufbauen. Diese Mängel stehen jedoch nicht unbedingt mit einer erhöhten Anfälligkeit für irgendeine Infektion in Zusammenhang.

Eine geringe Antikörperproduktion führt zu einer verhältnismäßig genau definierten Anfälligkeit für Infektionen. Menschen mit reinen B-Zell-Defekten, können viele Krankheitserreger erfolgreich bekämpfen. Sie können zwar Infektionen durch extrazelluläre Bakterien nicht kontrollieren. Diese lassen sich aber gut mit Hilfe von Antibiotika oder durch periodische Infusionen mit menschlichem Immunglobulin, das von vielen verschiedenen Spendern stammt, unterdrücken. Da in dem von vielen Spendern gesammelten Blut Antikörper gegen die meisten Erreger enthalten sind, bildet es einen recht guten Schutz vor Infektionen.

10.12 Patienten mit Hyper-IgM-Syndrom tragen defekte CD40-Liganden (CD40-L) auf ihren aktivierten T-Zellen. Dies beruht auf Mutationen im Gen für den CD40-Liganden auf dem X-Chromosom. Das Signal der B-Zellen an die T-Zellen ist normal, und die T-Zelle reagiert mit der Expression von IL-4. Auch die vom B-Zell-Rezeptor übertragenen Proliferationssignale (Signal 1) sind normal. Da jedoch der CD40-Ligand nicht an CD40 binden kann, fehlt dieses Signal (Signal 2). Die B-Zellen teilen sich daher kaum, und es findet auch kein Klassenwechsel statt. T-Zell-abhängige Antigene führen also nur zu schwachen IgM-Antworten, und das überwiegende Immunglobulin im Serum der Patienten ist IgM. (Photos: R. Geha; A. Perez-Atayde.)

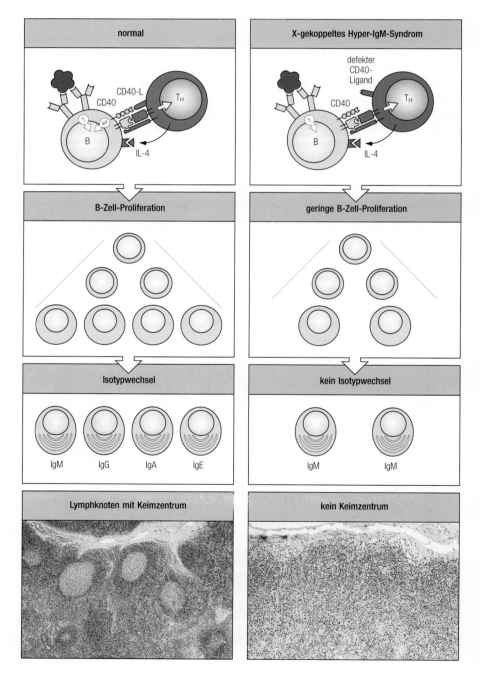

10.9 T-Zell-Defekte können zu einem erniedrigten Antikörperspiegel führen

Bei Patienten mit dem **X-gekoppelten Hyper-IgM-Syndrom** entwickeln sich die B-und T-Zellen normal und der IgM-Spiegel im Blut ist hoch. Solche Patienten reagieren jedoch nur mit einer schwachen IgM-Antwort auf T-Zell-abhängige Antigene. Erstaunlicherweise bilden sie, außer von IgM und IgD, nur Spuren von Immunglobulinen anderer Isotypen. Dies macht sie anfällig für Infektionen durch extrazelluläre Bakterien und bestimmte opportunistische Organismen wie etwa *Pneumocystis carinii*. Der Fehler liegt in dem CD40-Ligand auf aktivierten T-Zellen, die CD40 also nicht binden können. Die B-Zellen selbst sind normal. Wie wir in Kapitel 8 gesehen haben, spielt der CD40-Ligand eine wichtige Rolle bei der Aktivierung der B-Zell-Proliferation durch T-Zellen. An den Patienten mit X-gekoppeltem Hyper-IgM-Syndrom sehen wir, daß der CD40-Ligand noch eine weitere wichtige Bedeutung hat. Er stimuliert nämlich die B-Zellen dazu, ihren Immunglobulinisotyp zu ändern (Abb. 10.12).

Die Suche nach der Ursache der XLA brachte die Forscher auf die Spur eines bis dahin unbekannten Genprodukts. Die Klonierung des Gens für den CD40-Liganden zeigte, daß dieses Protein bei dem X-gekoppelten Hyper-IgM-Syndrom defekt ist. Die Untersuchung erblicher Immunschwächekrankheiten kann also zur Endeckung neuer Gene führen oder uns helfen, die Funktion bereits bekannter Gene bei der Immunabwehr aufzuklären.

Einige wenige Patienten mit einem variablen Immundefekt haben ebenfalls eine normale Anzahl von B-Zellen im Blut, bilden jedoch nur wenige Immunglobuline. Die Ursache scheint in einer mangelhaften Stimulierung der B-Zellen durch CD4-T-Zellen zu liegen. Bei einigen Patienten ist dies auf einen Defekt der CD4-T-Zellen zurückzuführen, bei anderen auf einen

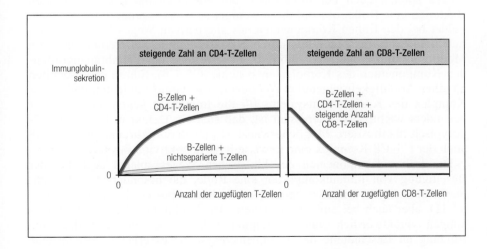

10.13 Bei manchen Patienten mit variablem Immundefekt sind die B-Zellen voll funktionsfähig, allerdings fehlt ihnen die Unterstützung durch CD4-T-Zellen. Die gemeinsame Kultivierung von T- und B-Zellen der Patienten führt nicht zur Produktion von Antikörpern. Gewährleistet man jedoch die T-Helferfunktion, so ist die Antikörperproduktion normal. Bei manchen Patienten sind die CD4-Zellen selbst nicht funktionsfähig (nicht abgebildet). Bei anderen können jedoch die eigenen CD4-Zellen die Helferfunktion ausüben, wenn man die CD8-Zellen entfernt (linkes Bild). Fügt man CD8-T-Zellen des Patienten zu dem Gemisch aus CD4-T-Zellen und B-Zellen hinzu, so nimmt die Antikörperproduktion ab (rechtes Bild).

störenden Einfluß von CD8-T-Zellen. Mischt man B-Zellen und CD4-T-Zellen solcher Patienten und stimuliert sie *in vitro*, so werden Antikörper gebildet. Fügt man jedoch CD8-T-Zellen hinzu, wird die Antikörperbildung gestoppt (Abb. 10.13). Worin dieser Defekt genau begründet liegt, ist noch unbekannt. Eine Hypothese besagt jedoch, daß möglicherweise eine übergroße Aktivität von CD8-T-Suppressorzellen eine Rolle spielt (Kapitel 12).

10.10 Defekte im Komplementsystem verursachen eine Schwächung der humoralen Immunantwort und das Persistieren von Immunkomplexen

Die Anfälligkeit von Patienten mit einem niedrigen Antikörperspiegel gegenüber Infektionen ist wahrscheinlich zum Teil darauf zurückzuführen,

10.14 Defekte des Komplement-systems stehen mit einer erhöhten Anfälligkeit für bestimmte Infektionen und mit der Anhäufung von Immunkomplexen in Zusammenhang. Defekte der frühen Komponenten sowohl des klassischen als auch des alternativen Weges der Komplementaktivierung führen zu einer erhöhten Anfälligkeit für extrazelluläre Krankheitserreger. Defekte der frühen Komponenten des klassischen Weges beeinträchtigen außerdem die durch den Komplementrezeptor CR1 vermittelte Beseitigung von Immunkomplexen. Fehler in den membranumgreifenden Komponenten führen ausschließlich zu einer erhöhten Anfälligkeit für verschiedene *Neisseria*-Stämme, die Erreger von Meningitis und Gonorrhoe. Dies weist darauf hin, daß dieser Teil des Komplementsystems hauptsächlich zur Abwehr dieser Organismen dient.

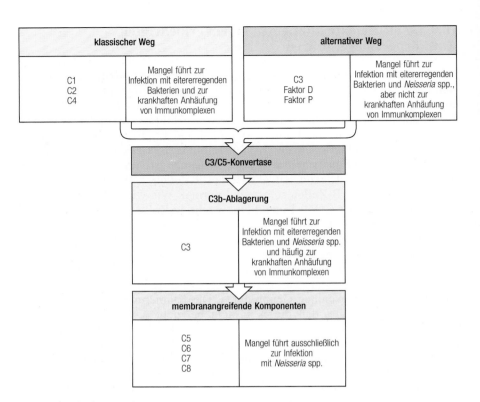

daß ihr Immunsystem den klassischen Weg der Komplementaktivierung nicht initiieren kann. Defekte bei den frühen Komponenten des klassischen Weges spielen auch bei Infektionen mit eitererregenden, extrazellulären Bakterien eine Rolle, obwohl diese weniger schwerwiegende Folgen haben. Fehler bei den frühen Komponenten des alternativen Weges führen zu ähnlichen Infektionen, besonders durch *Neisseria* spp., den Verursacher von Meningitis und Gonorrhoe (Abb. 10.14). Defekte der membranangreifenden Komponenten des Komplementsystems (C5–C8), führen hauptsächlich zu einer Anfälligkeit gegenüber *Neisseria*, was darauf hindeutet, daß dieser Komplex des Komplementsystems für die Immunität gegen diese Erreger besonders wichtig ist. Interessant ist, daß sich ein Defekt in C9 nicht phänotypisch manifestiert. Möglicherweise ist dies darauf zurückzuführen, daß auch der C5–C8-Komplex eine gewisse lytische Aktivität besitzt.

Die frühen Komponenten des klassischen Weges spielen auch bei der Beseitigung von Immunkomplexen eine Rolle, die besonders bei Autoimmunerkrankungen, wie etwa beim systemischen Lupus erythematodes (Kapitel 11), aber auch bei einigen persistierenden Infektionen für ernste Erkrankungen verantwortlich sind. In Kapitel 8 haben wir gesehen, daß eine Bindung an Bestandteile des Komplementsystems es erlaubt, daß lösliche Immunkomplexe von Zellen mit Komplementrezeptoren transportiert, aufgenommen und verdaut werden können. Dies verhindert, daß sie sich im Gewebe ansammeln. Wenn dieser Mechanismus nicht mehr funktioniert, lagern sich die Immunkomplexe auf dem Gewebe ab und aktivieren Phagocyten. Das wiederum führt zu Entzündungen und lokalen Gewebeschädigungen.

Defekte der Proteine, die die Aktivierung des Komplementsystems regulieren, können Symptome hervorrufen, die einer Autoimmunerkrankung gleichen. So zerstören zum Beispiel Patienten, denen der Faktor DAF (*decay-accelerating factor*) und CD59 fehlen, ihre eigenen roten Blutkörperchen. Beide Proteine schützen normalerweise die Oberflächen der eigenen Körperzellen vor der Aktivierung des alternativen Weges. Dies führt zu dem Krankheitsbild der paroxysmalen nächtlichen Hämoglobinurie (Kapitel 8). Noch schlimmer ist die Situation bei Patienten mit Defekten im

C1-Inhibitor: Sie können die Aktivierung des klassischen Weges des Komplementsystems nicht mehr regulieren, so daß entzündungsfördernde Proteine wie C5a (Abschnitt 8.29) freigesetzt werden. Diese verursachen die Ansammlung von Flüssigkeit im Gewebe und eine Schwellung des Kehldeckels, die zum Ersticken führen kann. Man nennt dieses Syndrom auch **erbliches angioneurotisches Ödem**.

10.11 Phagocytendefekte ermöglichen ausgedehnte bakterielle Infektionen

Wie in Kapitel 8 beschrieben, besteht ein wichtiger Schritt beim Kampf gegen eine Infektion durch eitererregende Bakterien darin, die Erreger mit Antikörpern und Komplementproteinen zu opsonisieren. Dann können die Phagocyten die Eindringlinge aufnehmen und zerstören. Eine Fehlfunktion der Phagocyten, etwa ein Defekt in der β_2-Untereinheit der Leukocytenintegrine oder in CD18 führt ebenfalls zu wiederkehrenden, schweren Infektio-

Defekt/Name des Syndroms	zugehörige Infektions- oder andere Krankheit
Defekt der Leukocytenadhäsion (CD18)	ausgedehnte Infektionen mit eitererregenden Bakterien
septische Granulomatose	intra- und extrazelluläre Infektionen, Granulome
G6P-Dehydrogenase-Mangel	Störung des oxidativen Metabolismus, chronische Infektionen
Myeloperoxidase-Mangel	gestörtes Abtöten intrazellulärer Erreger, chronische Infektionen
Chediak-Higashi-Syndrom	intra- und extrazelluläre Infektionen, Granulome

10.15 Defekte phagocytischer Zellen führen zur Persistenz bakterieller Infektionen. *Fehler in den Leukocytenintegrinen [CD11a/CD18 (LFA-1), CD11b/CD18 (CR3/Mac-1) und CD11c/CD18 (CR4/gp150,95)] verhindern die Adhäsion der Phagocyten und ihre Wanderung zu den Infektionsherden. Bei der septischen Granulomatose ist der oxidative Metabolismus gestört, es besteht ein Mangel an Glucose-6-Phosphat-Dehydrogenase und Myeloperoxidase. Bei dieser Erkrankung überdauern die Erreger, da die Aktivierung der Makrophagen nicht funktioniert. Dies führt zu einer chronischen Stimulierung der CD4-Zellen und somit zur Ausbildung von Granulomen. Beim Chediak-Higashi-Syndrom ist die Vesikelfusion innerhalb der Phagocyten gestört. Diese Krankheiten verdeutlichen die wichtige Rolle der Phagocyten bei der Beseitigung und Zerstörung pathogener Bakterien.*

nen durch eitererregende Bakterien. Die Leukocytenintegrine CD11a/CD18 (LFA-1), CD11b/CD18 (MAC-1/CR3) und CD11c/CD18 (CR4/gp150,95) sind wichtig für das Anheften der Phagocyten an die Wand der Blutgefäße, ihren Durchtritt durch diese Wand und die Aufnahme opsonisierter Bakterien. Wenn sie fehlerhaft sind, wie etwa beim CD18-Mangel, können die Phagocyten nicht mehr zu den Infektionsherden gelangen, und dort die Erreger zerstören. Dies führt zu Infektionen, die gegenüber einer Antibiotikabehandlung unempfindlich sind und trotz einer anscheinend funktionierenden zellulären und humoralen Immunantwort persistieren.

Die meisten anderen bekannten Funktionsstörungen der Phagocyten (Abb. 10.15) betreffen ihre Fähigkeit, intrazelluläre und/oder phagocytierte extrazelluläre Bakterien zu zerstören. Bei der **septischen Granulomatose** können die Phagocyten keine Superoxidradikale bilden und sind dadurch in ihrer antibakteriellen Aktivität stark beeinträchtigt. Die Ursache können mehrere verschiedene genetische Defekte sein, die eines der vier konstitutiven Proteine des NADPH-Oxidase-Systems betreffen. Patienten mit dieser Krankheit leiden unter chronischen bakteriellen Infektionen, die in manchen Fällen zur Bildung von sogenannten Granulomen führen. Defekte der Glucose-6-Phosphat-Dehydrogenase oder der Myeloperoxidase beeinträchtigen ebenfalls das intrazelluläre Töten von Krankheitserregern und führen zu ähnlichen, aber weniger schwerwiegenden Krankheitsbildern. Beim Chediak-Higashi-Syndrom bewirkt ein unbekannter Defekt, daß Lysosomen nicht mehr korrekt mit Phagosomen fusionieren können. Die Zellen dieser Patienten weisen vergrößerte Granula auf, und auch das intrazelluläre Töten ist beeinträchtigt.

10.12 Mängel der T-Zell-Funktion verursachen schwere kombinierte Immundefekte

Während Patienten mit Mängeln, die B-Zellen betreffen, mit den meisten Krankheitserregern gut fertig werden, sind Patienten mit Defekten in der T-Zell-Entwicklung sehr anfällig für eine Reihe infektiöser Organismen. Dies unterstreicht die zentrale Rolle, die T-Zellen bei der adaptiven Immunantwort auf nahezu alle Antigene spielen. Solche Patienten sind weder zu einer T-Zell-abhängigen, spezifischen Antikörperantwort in der Lage, noch zu einer zellulären Immunreaktion. Sie können folglich keine schützende Immunität entwickeln. Solche Erkrankungen nennt man deshalb **schwere kombinierte Immundefekte** (*severe combined immune deficiency*, SCID).

Mehrere verschiedene Defekte ergeben den SCID-Phänotyp. Beim X-gekoppelten schweren kombinierten Immundefekt entwickeln sich keine T-Zellen aufgrund einer Mutation im Gen für die λ-Kette des IL-2-Rezeptors. Im Abschnitt 10.13 werden wir diese Erkrankung näher untersuchen. Auch Störungen zweier Enzyme, die am Nucleotidabbau beteiligt sind, der **Adenosindesaminase-(ADA-)Mangel** und der **Mangel an Purinnucleotid-Phosphorylase (PNP)**, verursachen eine Fehlfunktion der T-Zellen und einen SCID-Phänotyp. Beide Defekte führen zu einer Akkumulation von Nucleotidabbauprodukten, die besonders für heranreifende T-Zellen toxisch sind. Auch B-Zellen sind bei diesen Patienten in gewissem Umfang beeinträchtigt.

Bei einer Gruppe von SCID-Patienten fehlen sämtliche MHC-Klasse-II-Proteine auf der Zelloberfläche. Da man diesen Defekt zuerst bei Lymphocyten beobachtet hat, nennt man ihn auch Syndrom der **nackten Lymphocyten**. Da auch im Thymus keine MHC-II-Moleküle vorhanden sind, können die CD4-T-Zellen nicht selektiert werden, so daß nur wenige heranreifen. Auch den antigenpräsentierenden Zellen fehlen MHC-II-Moleküle, so daß die wenigen CD4-Zellen, die sich entwickeln, nicht zur Antikörperproduktion angeregt werden können. Bei diesen Patienten liegt eine normale Expression von MHC-Klasse-I-Molekülen vor, und die CD8-T-Zellen entwickeln sich normal. Die Betroffenen leiden unter einem schweren kombinierten Immundefekt, was die wichtige Rolle der T-Lymphocyten bei der adaptiven Immunität gegen die meisten Erreger unterstreicht. Das Syndrom beruht nicht auf Mutationen in den MHC-Genen selbst, sondern in Genen, die deren Expression regulieren. Mindestens vier sich gegenseitig ergänzende Gendefekte sind inzwischen bei Patienten, die keine MHC-II-Proteine exprimieren können, definiert worden. Das heißt, daß mindestens vier verschiedene Gene für die normale Expression der MHC-II-Gene notwendig sind.

Kürzlich wurde eine Familie beschrieben, deren Mitglieder fast keine MHC-Klasse-I-Proteine auf der Oberfläche ihrer Zellen tragen. Sie besitzen einen normalen Gehalt an mRNA für diese Proteine, die auch vollkommen normal translatiert wird. Es stellte sich heraus, daß der Defekt ähnlich dem ist, den wir im Zusammenhang mit den TAP-Mutationen in Abschnitt 4.6 kennengelernt haben, und die betroffenen Familienmitglieder weisen auch tatsächlich Mutationen in einem TAP-Gen auf. Diese Patienten sind aufgrund eines Mangels an CD8-T-Zellen nicht immunkompetent.

Eine sehr interessante Mausmutante ist die *scid*-Maus, so genannt, weil sie einen schwerwiegenden kombinierten Immundefekt aufweist. Diese Mutante besitzt einen Defekt in einem uncharakterisierten Enzym, das an der Rekombination der Gene für die Rezeptorproteine beteiligt ist. Die Zellen von *scid*-Mäusen sind sehr empfindlich gegen ionisierende Strahlung, was vermuten läßt, daß der Fehler in einem Gen liegt, das an der DNA-Reparatur beteiligt ist. Wie wir in Kapitel 3 gesehen haben, scheint die Rekombination von B- und T-Zell-Rezeptorgenen mit der Bildung einer Haarnadelstruktur an DNA-Doppelstrangbrüchen an den Rändern der V-, D- und J-Segmente einherzugehen. In unreifen Thymocyten von *scid*-Mäusen findet man eine große Zahl solcher Haarnadelstrukturen in teilweise rekombinierten Genen für die δ-Kette des

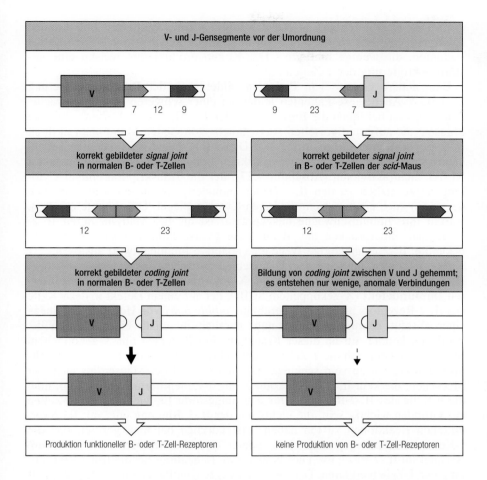

V- und J-Gensegmente vor der Umordnung

V   7   12   9   9   23   7   J

**korrekt gebildeter *signal joint*
in normalen B- oder T-Zellen**

12   23

**korrekt gebildeter *signal joint*
in B- oder T-Zellen der *scid*-Maus**

12   23

**korrekt gebildeter *coding joint*
in normalen B- oder T-Zellen**

V   J

V J

Produktion funktioneller B- oder T-Zell-Rezeptoren

**Bildung von *coding joint* zwischen V und J gehemmt;
es entstehen nur wenige, anomale Verbindungen**

V   J

V

keine Produktion von B- oder T-Zell-Rezeptoren

10.16 Eine fehlerhafte Rekombination der Gene für die Antigenrezeptoren verursacht eine schwere kombinierte Immunschwäche bei *scid*-Mäusen. Im Zuge der Umordnung der Rezeptorgene in normalen T- und B-Lymphocyten wird die DNA zwischen zwei codierenden Sequenzen herausgeschnitten. Diese Signalsequenzen sind die heptameren und nonameren Sequenzen, die wir in Abschnitt 3.14 kennengelernt haben. Die herausgeschnittenen Segmente schließen sich dann zu ringförmigen DNA-Molekülen. Diesen Vorgang bezeichnet man als *signal joint*, da er zwei Signalsequenzen für die Rekombination miteinander verbindet. Die doppelsträngige DNA bricht an den Grenzen der V- und J-Gene auseinander und bildet eine Haarnadelstruktur, die gespalten wird, bevor sich die V- und J-Gensegmente miteinander verbinden. Diese VJ-Nahtstelle nennt man auch *coding joint*, da hier zwei DNA-Bereiche miteinander verbunden sind, die zusammen die V-Domäne eines Rezeptors codieren. Bei *scid*-Mäusen bilden sich die *signal joints* normal. Allerdings entstehen nur selten *coding joints*. Der Grund ist ein Defekt in einem Gen, das für die Reparatur von DNA-Brüchen notwendig ist. Statt dessen häufen sich bei diesen Mäusen V- und J-Gensegmente mit nicht aufgelösten Haarnadelstrukturen an. In seltenen Fällen bilden sich auch anomale *coding joints*, in denen viele Nucleotide der V- und J-Sequenzen fehlen. Diese codieren jedoch meist keine funktionsfähigen Proteine. In *scid*-Mäusen fehlen also reife T- und B-Lymphocyten. Einige menschliche Patienten mit autosomalem SCID können ähnliche Defekte aufweisen.

T-Zell-Rezeptors. Dies legt den Schluß nahe, daß in *scid*-Mausmutanten ein Enzym defekt ist, das an der Rückbildung dieser Haarnadelstrukturen beteiligt ist (Abb. 10.16). In den B- und T-Zellen von *scid*-Mäusen sind nur wenige VJ- oder VDJ-Verbindungen zu finden, und die meisten von ihnen weisen ungewöhnliche Eigenschaften auf. Diese Mäuse bilden daher nur sehr wenige reife B- und T-Zellen. Kürzlich hat man ähnliche anomale DJ-Verbindungen in Prä-B-Zellen einiger Patienten mit autosomalen schweren kombinierten Immundefekten gefunden. Die Zellen dieser Patienten sind, ebenso wie die von *scid*-Mäusen, ungewöhnlich empfindlich gegen ionisierende Strahlung.

Bei Patienten mit **DiGeorge-Syndrom** entwickelt sich, ebenso wie bei **Nacktmäusen** (Abschnitt 6.2), das Epithelgewebe des Thymus nicht normal. Ohne die richtige, stimulierende Umgebung können T-Zellen nicht reifen, und sowohl die von T-Zellen abhängige Antikörperproduktion als auch die zelluläre Immunantwort findet nicht statt. Solche Patienten weisen zwar einige Immunglobuline und B-Zellen in ihrem Blut auf, jedoch nur sehr wenige T-Zellen.

Die schweren kombinierten Immundefekte verdeutlichen sehr gut die Bedeutung der T-Zellen für praktisch alle adaptiven Immunantworten. In den meisten Fällen entwickeln sich die B-Zellen normal. Dennoch ist die Immunreaktion gegen nahezu alle Krankheitserreger stark abgeschwächt.

10.13 Eine Beeinträchtigung der Cytokinproduktion oder der Cytokinwirkung kann eine Immunschwäche verursachen

Voraussetzung für jede Immunantwort ist die Aktivierung von T-Lymphocyten und ihre Differenzierung zu Zellen, die Cytokine produzieren, die wiederum spezifisch auf Cytokinrezeptoren wirken. Man kennt einige Gendefekte, die diese Prozesse stören. So haben zum Beispiel Patienten, denen die CD3γ-Ketten fehlen, nur sehr wenige T-Zell-Rezeptoren und können daher nur eine schwache T-Zell-vermittelte Immunantwort auslösen. Auch Patienten, die wenige mutierte CD3ε-Ketten produzieren, weisen eine gestörte Aktivierung der T-Zellen auf.

Eine andere Gruppe von Patienten bildet nach der Rezeptoraktivierung kein IL-2. Auch diese Patienten leiden an einer schweren Immunschwäche. Allerdings ist bei ihnen die Entwicklung der T-Zellen normal, ebenso wie bei Mäusen, die aufgrund gezielten Ausschaltens von Genen Mutationen in ihren IL-2-Genen tragen (Abschnitt 2.38). Diese IL-2-negativen Patienten zeigen heterogene Symptome. Manche von ihnen können den Transkriptionsfaktor NF-AT nicht aktivieren (Abschnitt 4.27), der die Transkription einiger Cytokingene zusätzlich zu den IL-2-Genen induziert, und haben wahrscheinlich deswegen auch einen extrem niedrigen Cytokinspiegel. Dies könnte erklären, warum ihre Immunschwäche ausgeprägter ist als bei Mäusen, deren IL-2-Gene man unterbrochen hat, denn diese Mäuse können über bisher nicht bekannte, IL-2-unabhängige Wege eine adaptive Immunantwort auslösen.

Es gibt einen interessanten Unterschied zwischen Individuen mit einem IL-2-Mangel und Patienten mit einem **X-gekoppeltem schweren kombinierten Immundefekt** (X-gekoppeltem SCID), der auf einem Defekt in der γ-Kette des IL-2-Rezeptors beruht. Das berühmte *bubble baby* von Houston, das nur in einer absolut keimfreien Umgebung, nämlich innerhalb einer Plastikhülle, überleben konnte, litt an dieser Krankheit. Bei Patienten mit X-gekoppeltem SCID entwickeln sich die T-Zellen nicht richtig, während die B-Zellen verhältnismäßig normal zu sein scheinen. Da sich sowohl bei Mäusen als auch bei Menschen, die kein IL-2 bilden können, die T-Zellen normal entwickeln, muß die γ-Kette des IL-2-Rezeptors für eine ungestörte Entwicklung der T-Zellen aus Gründen wichtig sein, die nichts mit der IL-2-Bindung oder mit IL-2-vermittelten Reaktionen zu tun haben. Erst kürzlich hat man gezeigt, daß die γ-Kette des IL-2-Rezeptors auch in anderen Cytokinrezeptoren vorkommt, zum Beispiel im IL-7-Rezeptor. Dies könnte ihre Bedeutung für die frühe Entwicklung der T-Zellen erklären. Darüber hinaus erzeugen Patienten mit X-gekoppeltem SCID keine effektiven Antikörperreaktionen gegen die meisten Antigene, obwohl ihre B-Zellen normal erscheinen. Da der Gendefekt auf dem X-Chromosom lokalisiert ist, läßt sich feststellen, ob der Ausfall der B-Zellen ausschließlich auf dem Fehlen der T-Helferfunktion beruht, indem man die X-Inaktivierung bei gesunden, heterozygoten Trägerinnen analysiert (Abschnitt 10.8). In naiven, IgM-positiven B-Zellen ist häufiger das defekte X-Chromosom inaktiviert als das normale. Dies zeigt, daß die Reifung der B-Zellen zwar von der γ-Kette des IL-2-Rezeptors beeinflußt wird, aber nicht unbedingt auf sie angewiesen ist. Allerdings ist in fast allen reifen B-Gedächtniszellen, die nun andere Isotypen als IgM produzieren, das defekte X-Chromosom inaktiviert. Dies beruht möglicherweise auf der Tatsache, daß die γ-Kette des IL-2-Rezeptors auch Teil des IL-4-Rezeptors ist. Demnach haben B-Zellen, denen diese Kette fehlt, defekte IL-4-Rezeptoren und teilen sich auch nicht mehr im Rahmen von Antikörperreaktionen, die von T-Zellen abhängig sind.

Die Untersuchung von Mausmutanten, bei denen gezielt Defekte in den Cytokingenen und den Genen für Cytokinrezeptoren hervorgerufen wurden, bringt uns schnell viele neue Erkenntnisse, die uns die Rolle der einzelnen Cytokine bei der Immunantwort besser verstehen lassen. Mäuse, denen TGF-β fehlt, gehen an ausgeprägten Entzündungskrankheiten zugrunde, während Mäuse ohne Interferon-γ oder den Interferon-γ-Rezeptor Infektionen durch eine Reihe intrazellulärer Erreger nicht bekämpfen können.

10.14 Durch Transplantation oder Gentherapie lassen sich Gendefekte möglicherweise beheben

Wie wir in Kapitel 6 gesehen haben, lassen sich Fehler in der Lymphocytenentwicklung, die zum SCID-Phänotyp führen, häufig durch Ersetzen der feh-

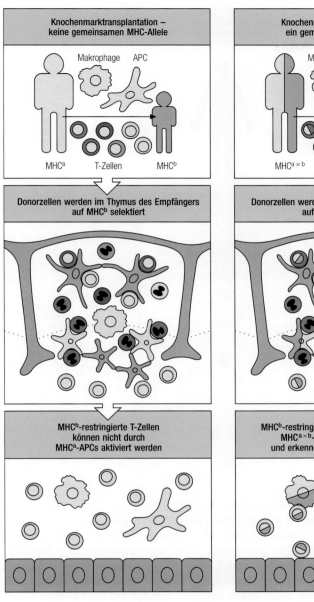

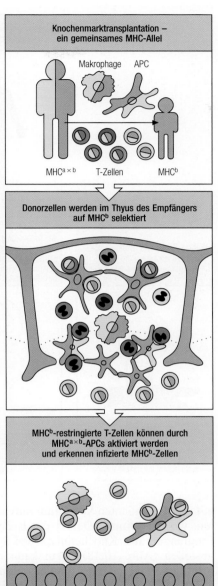

Knochenmarktransplantation – keine gemeinsamen MHC-Allele

Makrophage   APC

MHCᵃ   T-Zellen   MHCᵇ

Donorzellen werden im Thymus des Empfängers auf MHCᵇ selektiert

MHCᵇ-restringierte T-Zellen können nicht durch MHCᵃ-APCs aktiviert werden

Knochenmarktransplantation – ein gemeinsames MHC-Allel

Makrophage   APC

MHCᵃ ˣ ᵇ   T-Zellen   MHCᵇ

Donorzellen werden im Thyus des Empfängers auf MHCᵇ selektiert

MHCᵇ-restringierte T-Zellen können durch MHCᵃ ˣ ᵇ-APCs aktiviert werden und erkennen infizierte MHCᵇ-Zellen

10.17 Ein Knochenmarkspender und der Empfänger müssen zumindest einige MHC-Moleküle gemeinsam haben, damit die Immunkompetenz des Empfängers wiederhergestellt werden kann. Wenn die Knochenmarkzellen des Spenders keine MHC-Allele mit dem Thymus des Empfängers gemeinsam haben, so werden im Thymus T-Zellen heranreifen, die Peptide auf MHC-Molekülen erkennen, die von den antigenpräsentierenden Zellen (APC) des Spenders nicht exprimiert werden. Daher können diese Zellen auch keine schützende Immunität vermitteln (linke Spalte). In der rechten Spalte haben Spender und Empfänger das MHCᵇ-Allel gemeinsam, und im Thymus reifen Zellen heran, die das MHCᵇ-Molekül erkennen. Die antigenpräsentierenden Zellen im peripheren Blutkreislauf können T-Zellen aktivieren, die gegen MHCᵇ-Moleküle gerichtet sind. Diese können dann auch infizierte MHCᵇ-tragende Zellen erkennen.

lerhaften Komponente korrigieren. Die größten Schwierigkeiten bei einer solchen Therapie ergeben sich aus den MHC-Polymorphismen. Ein geeignetes Transplantat muß einige der MHC-Allele mit dem Wirt gemeinsam haben. Wie im Abschnitt 6.14 erläutert, bestimmen die vom Thymusepithel exprimierten MHC-Allele, welche T-Zellen selektiert werden. Transplantiert man Knochenmarkzellen in immundefiziente Patienten mit normalem Thymusstroma, so stammen später sowohl die T-Zellen als auch die antigenpräsentierenden Zellen aus dem Transplantat. Die T-Zellen, die im Thymusgewebe des Wirts selektiert werden, können also nur von antigenpräsentierenden Zellen aus dem Transplantat aktiviert werden, wenn zumindest einige MHC-Allele des Transplantats mit denen des Wirts übereinstimmen (Abb. 10.17). Es besteht auch die Gefahr, daß reife T-Zellen im Knochenmarktransplantat, die bereits im Thymus des Spenders selektiert wurden, den Empfänger als fremd erkennen und angreifen. Dies bezeichnet man auch als ***graft versus host-*(GVH-)Reaktion** oder als Transplantat-gegen-Wirt-Reaktion (Abb. 10.18). Sie läßt sich vermeiden, indem man reife T-Zellen im Transplantat vor der Übertragung tötet. Bei SCID-Patienten treten selten Abstoßungsreaktionen

10.18 Bei Knochenmarktransplantationen zur Korrektur von Immunschwächen, die auf eine gestörte Lymphocytenreifung zurückzuführen sind, können zwei Probleme auftauchen. Wenn reife T-Zellen im Knochenmark vorhanden sind, können diese die MHC-Moleküle auf Zellen des Empfängers erkennen und die Zellen angreifen, was zu einer sogenannten *graft versus host*-Reaktion (Transplantat-gegen-Wirt-Reaktion) führt (links). Durch die Zerstörung der T-Zellen im gespendeten Knochenmark läßt sich dies verhindern (Mitte). Auch wenn der Empfänger immunkompetente T-Zellen hat, kann es zu Schwierigkeiten kommen (rechts). Denn diese können zur Abstoßung der Knochenmarkstammzellen führen, so daß die Transplantation wirkungslos ist.

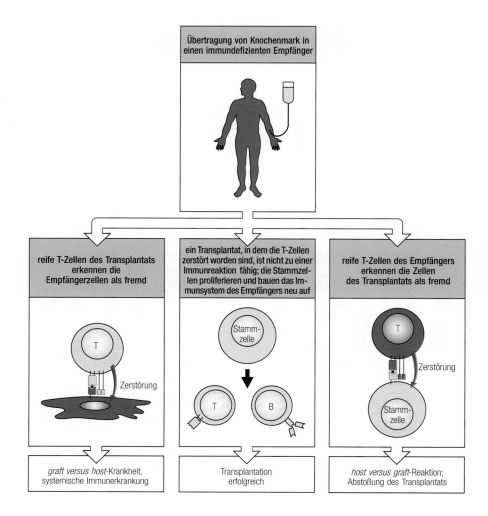

auf, da die Patienten keine Immunreaktion ausbilden können. In anderen Fällen, wo der primäre Defekt die B-Zellen betrifft, können reife T-Zellen des Empfängers das Knochenmark des Spenders jedoch als fremd erkennen und abstoßen (Abb. 10.18). Dem kann man durch immunsuppressive Medikamente oder durch Entfernen der reifen T-Zellen des Empfängers vorbeugen.

Da inzwischen immer mehr spezifische Gendefekte identifiziert werden, kann man versuchsweise auch einen anderen Ansatz zur Behebung dieser erblichen Immunschwächekrankheiten verfolgen. Eigene Knochenmarkzellen des Patienten können entnommen werden, um dann funktionsfähige Kopien des defekten Gens in sie einzuschleusen. Durch eine solche **Gentherapie** sollte sich der Gendefekt korrigieren lassen. Außerdem sollte es möglich sein, dieses Knochenmark ohne die üblicherweise notwendige Bestrahlung wieder in den Patienten zu transplantieren. In diesem Fall besteht nicht das Risiko einer *graft versus host*-Reaktion, obwohl nicht auszuschließen ist, das der Patient auf das ersetzte Genprodukt reagiert und die veränderten Zellen abstößt. Dieser Ansatz ist theoretisch sehr vielversprechend, allerdings ist ein effizienter Transfer von Genen in Knochenmarkstammzellen methodisch schwierig und bisher nur bei Mäusen geglückt.

Zusammenfassung

Gendefekte können nahezu alle Moleküle betreffen, die an der Immunreaktion beteiligt sind. Sie verursachen charakteristische Immunschwächekrankheiten, die zwar sehr selten sind, aus denen wir aber viel über die normale Entwicklung und Funktion des Immunsystems lernen können. Die Untersuchung der erblichen Immunschwächekrankheiten hat uns viele Informationen über die jeweiligen Rollen der B- und T-Lymphocyten bei der humoralen und zellulären Immunabwehr gebracht, über die Bedeutung der angeborenen Immunität bei der Abwehr von Virus- und Bakterieninfektionen, sowie über die speziellen Funktionen einiger Zelloberflächen- oder Signalmoleküle bei der adaptiven Immunantwort. Es gibt viele erbliche Immunschwächekrankheiten, deren Ursache wir noch nicht kennen. Die Erforschung dieser Krankheiten wird unser Wissen über die normale Immunantwort und ihre Regulation sehr vertiefen.

Das erworbene Immunschwächesyndrom (AIDS)

1981 gab es in Los Angeles mehrere Fälle einer schweren Lungenentzündung infolge einer Infektion mit *Pneumocystis carinii*, einem normalerweise nicht pathogenen Pilz. Ähnliche Berichte aus anderen großen Städten in den Vereinigten Staaten führten zu der Erkenntnis, daß die Betroffenen an einer neuen Immunschwächekrankheit litten, die sie sich als Erwachsene zugezogen hatten. Diese Krankheit nannte man bald **erworbenes Immunschwächesyndrom** (*acquired immune deficiency syndrome*, **AIDS**). Epidemiologische Studien zeigten, daß AIDS sich durch intimen Kontakt mit Betroffenen ausbreitete, und man schloß daraus, daß es durch ein neues infektiöses Agens verursacht wurde. 1983 gelang es, aus dem Blut von Infizierten ein Virus zu isolieren, das man heute als menschliches Immunschwächevirus (*human immunodeficiency virus*, HIV) bezeichnet. Inzwischen weiß man, daß dieses Virus tatsächlich die Ursache von AIDS ist. Eine Infektion mit HIV führt langsam, aber unausweichlich zu einem Verlust der Immunkompetenz, deren auffälligstes Merkmal der Verlust der CD4-T-Zellen ist. AIDS-Patienten werden dadurch sehr anfällig für viele Krankheitserreger, vor allem für solche, die normalerweise durch die zelluläre Immunantwort getötet werden. Man weiß immer noch nicht genau, wie dieses Virus das Immunsystem des Wirtes zerstört, und wir wissen fast nichts darüber, wie wir diesen Prozeß verlangsamen oder rückgängig machen können. Da sich HIV immer weiter ausbreitet (Abb. 10.19) und AIDS immer mehr Todesopfer fordert, wird es immer dringlicher, diese Krankheit zu verstehen und effektive Behandlungsmethoden zu entwickeln.

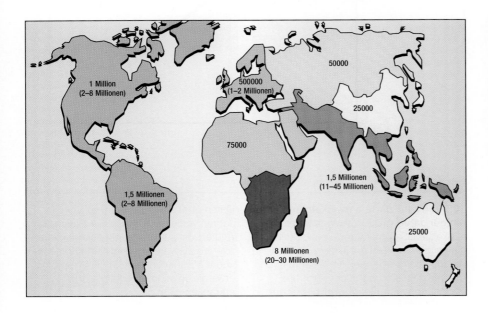

10.19 HIV breitet sich auf allen Kontinenten aus. Die Zahl der HIV-Infizierten ist riesig (angegeben ist die geschätzte Gesamtzahl Mitte 1993) und nimmt immer mehr zu, vor allem in Entwicklungsländern. Die Zahlen in Klammern sind Schätzungen der Gesamtzahl der Infizierten vom Beginn der Epidemie bis zum Jahre 2000 in den am stärksten betroffenen Gebieten.

10.15 AIDS wird durch eine chronische Infektion mit dem menschlichen Immunschwächevirus verursacht

1983 isolierte man ein neues Virus aus Patienten, die AIDS-Symptome zeigten. Später konnte man nachweisen, daß im wesentlichen alle AIDS-Patienten Antikörper gegen dieses Virus besitzen, das man heute als menschliches Immunschwächevirus (HIV) bezeichnet. HIV ist ein Retrovirus. Sein Genom besteht aus RNA, die im Lauf seines Lebenszyklus durch das Enzym **Reverse Transkriptase** zu einem komplementären DNA-Strang kopiert (revers transkribiert) wird. Wir kennen zwei Typen von HIV, HIV-1 und HIV-2, deren Genom zu etwa 40 Prozent identisch ist. Die meisten AIDS-Fälle in der westlichen Welt sind auf eine Infektion mit HIV-1 zurückzuführen.

HIV gehört zu einer etwas ungewöhnlichen Familie von Retroviren, den Lentiviren, so genannt, weil sie nur sehr langsam zur Erkrankung führen (vom lateinischen *lentus* für „langsam"). Die meisten Retroviren transformieren ihre Wirtszelle, so daß diese sich unkontrolliert vermehrt. Die Lentiviren dagegen sind pathogen, weil sie ihre Wirtszellen töten. Wie einige andere Lentiviren, so verursacht auch HIV eine persistierende Infektion und ist die meiste Zeit über kaum aktiv. Während dieser Phase ist der Patient fast symptomlos und weiß häufig nicht, daß er oder sie infiziert ist. Dieses Stadium kann zehn Jahre oder länger andauern. Ein infizierter Mensch kann das Virus also auf eine Reihe anderer Personen übertragen. Zur Zeit scheint es so, als ob fast alle HIV-Infizierten irgendwann auch die AIDS-Symptome entwickeln (Abb. 10.20) und schließlich an dieser Krankheit sterben.

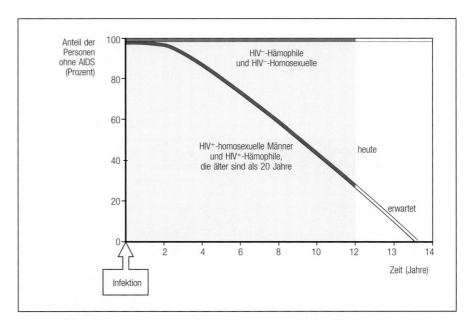

10.20 HIV-Infizierte entwickeln im Laufe einiger Jahre AIDS. Die Wahrscheinlichkeit, AIDS-Symptome zu entwickeln, steigt kontinuierlich an, je mehr Zeit seit der Infektion vergangen ist. 15 Jahre nach der Infektion sind wahrscheinlich alle Betroffenen erkrankt, obwohl bisher nur Daten über einen Zeitraum von zwölf Jahren vorliegen. Hämophilie-Patienten (Bluter), die zum Zeitpunkt der Infektion älter als 20 waren und infizierte homosexuelle Männer entwickeln die Symptome etwa gleich schnell. Nichtinfizierte erkranken nicht.

10.16 Die symptomlose Phase einer chronischen HIV-Infektion kann einige Jahre andauern

Der Verlauf einer typischen HIV-Infektion ist in Abbildung 10.21 dargestellt. Die Infektion beginnt, wenn der Patient mit dem Virus in Kontakt kommt. Dies kann nur durch den Austausch von Körperflüssigkeiten, wie Blut, Sperma oder Vaginalsekrete, geschehen. Die erste Phase der Erkrankung, die nur wenige Wochen dauert, besteht aus einer akuten Virusinfektion. HIV infiziert bevorzugt CD4-T-Zellen und Makrophagen. In diesem ersten Stadium werden viele CD4-Zellen getötet und sehr viele Viruspartikel produziert. Dies führt zwar oft zu wahrnehmbaren Symptomen, in den meisten Fällen wird allerdings die Ursache nicht erkannt.

Nach dieser anfänglichen Vermehrungsphase reagiert das Immunsystem, das noch zum größten Teil intakt ist, mit einer Immunantwort, die aus Antikörpern, CD4-T-Helferzellen, inflammatorischen CD4-T-Zellen und cytotoxischen CD8-T-Zellen besteht. Diese Immunreaktion entfernt die Viren sehr effektiv aus dem Blut, so daß weniger neue Zellen befallen werden, und der infizierte Mensch weist keine Symptome mehr auf. Am Ende dieser akuten Infektionsphase kehrt die Anzahl der CD4-T-Zellen gewöhnlich zu fast normalen Werten zurück.

Nach dieser akuten Phase sind nur wenige der zirkulierenden CD4-Zellen mit HIV infiziert, und die meisten von ihnen enthalten nur eine einzige Kopie des viralen Genoms in inaktiver oder latenter Form. Dieses Stadium bezeichnet man häufig als „asymptomatische Phase", da infektiöse Viren im peripheren Blut nur schwer aufzuspüren sind und die Patienten kaum Symptome zeigen. Allerdings läßt sich virale RNA, wahrscheinlich in Form neutralisierter Virionen, im Plasma nachweisen, und eine Vielzahl von HIV-Virionen befinden sich auf der Oberfläche von follikulären dendritischen Zellen in den

10.21 Der typische Verlauf einer HIV-Infektion. Die ersten Wochen sind durch eine akute grippeähnliche Infektion mit einem hohen Virustiter im Blut gekennzeichnet, die man manchmal auch als Serokonversion bezeichnet. Die folgende adaptive Immunantwort bringt die akute Infektion unter Kontrolle, beseitigt die Viren jedoch nicht vollständig. Während der anschließenden, längeren, asymptomatischen Phase sind nur wenige infektiöse Viren im peripheren Blut vorhanden. In lymphatischen Geweben überdauern sie jedoch. Während dieser Zeit nimmt die Zahl der CD4-Zellen (PBL steht für *peripheral blood lymphocytes*) kontinuierlich ab, obwohl eine starke, gegen das Virus gerichtete Immunantwort (Antikörper und cytotoxische CD8-T-Zellen) bestehen bleibt. Im unteren Bild sind zwei verschiedene Antikörperreaktionen dargestellt – die eine gegen das Hüllprotein des Virus (env) und die andere gegen das Kernprotein p24. Opportunistische Infektionen und andere Symptome werden häufiger, wenn die Zahl der CD4-Zellen abnimmt. Sie beginnen etwa bei 500 CD4-Zellen pro μl. Wenn die CD4-Zellen unter 200 pro μl sinken, spricht man von AIDS. Zu diesem Zeitpunkt nehmen auch die Antikörperspiegel und die HIV-spezifischen cytotoxischen T-Lymphocyten (CTLs) ab, und es erscheinen wieder infektiöse Viren im peripheren Blut (Virämie). Man beachte, daß die Zahl der CD4-Zellen aus klinischen Gründen in Zellen pro μl angegeben wird und nicht wie sonst in diesem Buch in Zellen pro ml.

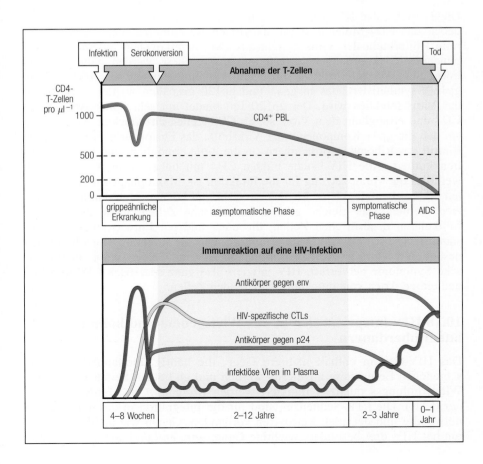

Keimzentren der Lymphfollikel. Wie im Kapitel 9 beschrieben, tragen follikuläre dendritische Zellen Fc- und Komplementrezeptoren auf ihrer Oberfläche, an die Antigen:Antikörper-Komplexe binden können und wo sie dann lange Zeit verbleiben. Es ist bisher nicht geklärt, ob das Virus in dieser Form infektiös ist. Die Keimzentren sind gewöhnlich von aktivierten CD4-T-Zellen umgeben, die wahrscheinlich an der Antikörperreaktion beteiligt sind. Während der klinischen Latenzphase werden einige dieser Zellen von HIV infiziert und produzieren neue Viren. Unabhängig davon, ob die Viren auf den follikulären dendritischen Zellen nun infektiös sind oder nicht, muß man die Keimzentren daher wahrscheinlich als Infektionsherde betrachten. Obwohl das periphere Blut während der inaktiven Phase keine infektiösen Viren zu enthalten scheint, vermehrt sich HIV also aktiv in den lymphatischen Geweben, im Gehirn und in anderen Körperregionen.

Die kontinuierliche Vermehrung von HIV in allen Stadien der Infektion macht deutlich, daß die Viren nie vollständig unter der Kontrolle des Immunsystems sind. Die chronische Infektion vernichtet die CD4-T-Zellen auf bisher noch nicht verstandene Weise. Schließlich sind nahezu alle CD4-Zellen zerstört, und wenn ihre Zahl unter 200 pro μl fällt, spricht man von AIDS. Auch die follikulären dendritischen Zellen werden nach und nach irreversibel geschädigt, was zu einem Verlust von Lymphfollikeln führt und zu einer völligen Vernichtung der Struktur des Lymphgewebes. Schließlich zerstört ein ähnlicher Prozeß das Thymusstroma. Wahrscheinlich ist der Verlust der Funktion der CD4-Zellen die Hauptursache für die allgemeine Anfälligkeit für viele andere Infektionen, besonders solche durch intrazelluläre Erreger, wie sie bei AIDS-Patienten häufig zu beobachten sind.

10.17 HIV infiziert CD4-T-Zellen, indem es CD4 als Rezeptor benutzt

Die Tatsache, daß HIV CD4-T-Zellen infiziert, nicht aber CD8-T-Zellen, half dabei, das CD4-Molekül selbst als viralen Rezeptor zu identifizieren. Das reife Hüllprotein des Virus besteht aus zwei nichtkovalent miteinander verbundenen Glykoproteinen, gp120 und gp41. Diese werden gemeinsam in Form eines Vorläuferproteins mit einem Molekulargewicht von 160 kd, dem gp160, synthetisiert, das in gp41 und gp120 gespalten werden muß, bevor das Virus infektiös wird. Der gp120-Teil bindet mit sehr hoher Affinität an CD4 und ermöglicht dem Virus so, an CD4-Zellen anzudocken. Man nimmt an, daß die gp41-Komponente der Virushülle das Fusionsprotein ist, das den Eintritt des Ribonucleoproteinkerns in die Zelle ermöglicht und so die Infektion initiiert. Alle HIV-Isolate binden CD4 mit hoher Affinität, vermutlich weil dies die Voraussetzung für die Infektion ist. Makrophagen und Monocyten bilden ebenfalls kleine Mengen an CD4 und können auch durch HIV infiziert werden. Das gleiche gilt für dendritische Zellen, nicht aber für die follikulären dendritischen Zellen, die einer anderen Entwicklungslinie entstammen (Abschnitt 8.5). Man nimmt an, daß die Infektion von Monocyten besonders wichtig ist für den Eintritt von HIV ins Gehirn, wo es neurologische Symptome hervorruft. HIV infiziert also ganz spezifisch CD4-T-Zellen und einige Arten von antigenpräsentierenden Zellen.

10.18 HIV integriert sich in das Wirtsgenom und kann dort latent überdauern

Das HIV-Genom enthält mehrere Gene, die häufig überlappen, mit verschiedenen Leserastern abgelesen werden und an beiden Seiten von langen Wiederholungssequenzen flankiert werden (*long terminal repeat sequences*, LTR). Die LTR-Sequenzen sind für die Integration in das Wirtsgenom notwendig und bei allen Retroviren vorhanden. Genau wie andere Retroviren hat HIV drei besonders wichtige Gene: *gag*, *env* und *pol*. Diese codieren die Strukturproteine des viralen Kerns, die Hüllproteine und die für die Replikation des Virusgenoms notwendigen Enzyme. Die Genprodukte von *gag* und *pol* werden in Form eines großen Polyproteins synthetisiert, das dann von einer viralen Protease in die einzelnen Bestandteile gespalten wird. Das *env*-Genprodukt gp160 wird von einer Protease der Wirtszelle in gp120 und gp41 gespalten, nachdem das Virus zusammengesetzt ist.

Sobald HIV in eine Zelle eingedrungen ist, transkribiert das von dem Virus mitgebrachte Enzym Reverse Transkriptase das virale RNA-Genom in eine cDNA (Abb. 10.23). Der nächste Schritt im Lebenszyklus von HIV ist der Einbau dieser cDNA in die DNA der Wirtszelle mit Hilfe der viralen Integrase. Solange die Wirtszelle nicht aktiviert wird, wird auch das integrierte virale Genom, das sogenannte Provirus, nicht transkribiert. Die Zelle enthält also keine viralen Genprodukte. Man sagt, sie ist latent infiziert. Die einzige Möglichkeit, das latente Virusgenom nachzuweisen, ist seine Amplifizierung mit Hilfe der Polymerasekettenreaktion (Abschnitt 2.27). Wird jedoch eine infizierte T-Zelle aktiviert, dann lagern sich dadurch induzierte, DNA-bin-

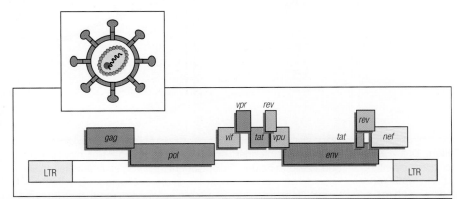

Gen		Genprodukt/-funktion
gag	gruppenspezifisches Antigen	Kernproteine
pol	Polymerase	Reverse Transkriptase, Protease und Integrase
env	Virushülle (*envelope*)	Transmembranglykoprotein
tat	Transaktivator	Transkriptionsverstärker
rev	Regulator der viralen Expression	ermöglicht das Ausschleusen ungespleißter Transkripte
vif	Infektiosität des Virus	beeinflußt die Infektiosität der Viruspartikel
vpr	virales R-Protein	unbekannt, möglicherweise nicht unbedingt notwendig
vpu	virales U-Protein	für effiziente Virusfreisetzung notwendig
nef	*negative-regulation factor*	steigert die virale Replikation *in vivo* und *in vitro*

10.22 Die Gene und Proteine von HIV-1. Wie alle Retroviren hat auch HIV ein RNA-Genom, das von langen Wiederholungssequenzen flankiert ist (*long terminal repeats*, LTR). Die LTR-Sequenzen sind für die Integration in das Genom der Wirtszelle und die Regulation der viralen Gene wichtig. Das Genom kann in drei unterschiedlichen Leserastern abgelesen werden, und einige der viralen Gene überlappen in den verschiedenen Rastern. So kann das Virus in einem sehr kleinen Genom viele Proteine codieren. Aufgelistet sind die mutmaßlichen Funktionen der einzelnen Gene und ihrer Produkte. Die Genprodukte von *gag*, *pol* und *env* sowie die virale RNA sind in den reifen Viruspartikeln enthalten (kleines Bild).

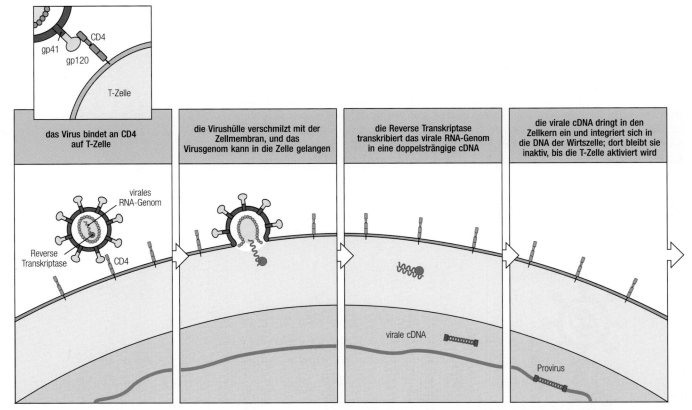

10.23 Der Lebenszyklus von HIV in CD4-T-Zellen. Das virale Hüllprotein gp160 wird nach der Synthese in zwei Untereinheiten, gp41 und gp120, gespalten. Das reife Virus bindet über gp120 an das CD4-Molekül, und gp41 vermittelt daraufhin die Fusion mit der Zielzelle. Einmal im Cytoplasma, wird das RNA-Genom in cDNA umgeschrieben, die in den Kern wandert und sich in das Wirtsgenom einbaut. Das integrierte Virusgenom bezeichnet man auch als Provirus. In einigen CD4-Zellen wird die virale cDNA nicht integriert, sondern verbleibt in der sich nicht teilenden Zelle. In beiden Fällen spricht man von einer latenten Infektion der ruhenden CD4-Zellen. In dieser Phase werden kaum virale Gene transkribiert oder neue Virionen produziert. Latent infizierte Zellen kann das Immunsystem nicht erkennen. Die Infektion bleibt unsichtbar, bis die Zellen aktiviert werden, wie auf der gegenüberliegenden Seite dargestellt ist.

dende Proteine (unter anderem der Transkriptionsfaktor NF-κB) an Bereiche der LTR-Sequenzen an und lösen die Transkription des integrierten Virusgenoms aus. Neben den gewöhnlichen retroviralen Genen enthält das HIV-Genom mindestens zwei Gene, die seine Replikation verstärken. Eines dieser Gene codiert einen wirksamen Transkriptionsregulator mit der Bezeichnung **tat**. Das tat-Protein bindet an einen Bereich in der LTR-Sequenz, den man auch transkriptionsaktivierende Region oder TAR nennt. Die Bindung von tat an TAR erhöht die Transkriptionsrate des viralen Genoms erheblich. Ein zweites Gen, *rev*, codiert ein Protein, **rev**, das an das RNA-Transkript von HIV bindet, es ins Cytoplasma schleust und sein Spleißmuster ändert. Die gemeinsame Wirkung von NF-κB, tat und rev führt zur Produktion neuer Virionen, die weitere CD4-T-Zellen infizieren, und tötet schließlich die aktivierte T-Zelle (Abb. 10.23). Die anderen HIV-Gene und ihre Funktionen sind, soweit bekannt, in Abbildung 10.22 zusammengefaßt.

10.19 Im frühen Stadium einer HIV-Infektion ist eine gestörte Funktion der CD4-T-Zellen zu beobachten

Während der frühen Phasen einer HIV-Infektion, wenn die Anzahl der CD4-Zellen noch normal oder fast normal ist, ist die Funktion der CD4-

| die Aktivierung der T-Zelle induziert eine geringe Transkription des Provirus und die Synthese von tat und rev im Cytoplasma | tat amplifiziert die Transkription der integrierten Proviren, rev transportiert die RNA ins Cytoplasma | im Cytoplasma erfolgt die Synthese viraler Proteine; gp160 wird in die Membran eingelagert | neue Viruspartikel verlassen die Zelle, was schließlich deren Tod bewirkt |

Wird eine latent infizierte Zelle aktiviert, wirken Faktoren im Kern wie NF-κB, die die Transkription zellulärer Gene induzieren, auch auf die LTR-Promotoren des HIV-Provirus ein und lösen dessen Transkription aus. Virale Proteine, besonders tat, verstärken nun die Transkription des Provirus. Die neue virale RNA bindet an rev, das die RNA ins Cytosol transportiert und ihr Spleißmuster verändert. Dies führt zur Produktion neuer Viren und zum Tod der Wirtszelle. (Photo: L. Nilsson.)

Zellen anscheinend bereits beeinträchtigt. Diese Störung läßt sich meist dadurch nachweisen, daß sich CD4-Zellen bei einem Kontakt mit Antigenen wie etwa Tetanustoxin, gegen die der Patient früher immun war, nicht mehr teilen. Der T-Zell-Proliferationstest, mit dem man gewöhnlich die funktionelle Beeinträchtigung der CD4-Zellen ermittelt, hängt sowohl von der Funktion der CD4-Zellen ab als auch davon, daß die antigenpräsentierenden Zellen geeignete costimulierende Signale geben. Die primäre Störung könnte also in beiden Zelltypen begründet sein. Man hat mehrere Hypothesen formuliert, um diesen Defekt in der T-Zell-Funktion zu erklären, und mehr als einer dieser Mechanismen könnte zu dem oben beschriebenen Defekt beitragen (Abb. 10.24).

Die einfachste Erklärung für das Ausbleiben der Immunantwort gegen solche „Gedächtnis"-Antigene wäre eine selektive Zerstörung der CD4-T-Gedächtniszellen durch HIV. Wie wir in Kapitel 9 gesehen haben, gibt es einige Hinweise darauf, daß T-Gedächtniszellen chronisch von Antigenen stimuliert werden, und da sich HIV in stimulierten CD4-T-Zellen vermehrt, könnten CD4-Gedächtniszellen somit besonders anfällig sein. Einige Studien haben jedoch gezeigt, daß Gedächtnisreaktionen auch in T-Zell-Kulturen von HIV-Infizierten stattfinden, wenn man dem Kulturmedium Anti-CD28 als costimulierendes Signal hinzufügt. Es müssen also zumindest noch einige Gedächtniszellen verblieben sein. Warum teilen sie sich in Kultur normalerweise nicht, und warum gibt ihnen Anti-CD28 ihre Teilungsfähigkeit zurück?

Diese Wirkung von Anti-CD28 ließe sich auf zwei Arten erklären: Der ersten Hypothese zufolge können mehrere gp120-Proteine entweder in

10.24 Verschiedene Hypothesen wurden vorgeschlagen, um zu erklären, warum die Fähigkeit der CD4-T-Zellen, sich an Antigene zu erinnern, bei einer HIV-Infektion verlorengeht. CD4-Gedächtniszellen könnten möglicherweise häufiger als naive CD4-Zellen aktiviert und daher spezifisch durch HIV infiziert und zerstört werden (obere Reihe). Andere Ergebnisse deuten jedoch darauf hin, daß CD4-Gedächtniszellen bei infizierten Personen durchaus noch vorhanden sind, aber nicht mehr reagieren können. Fügt man dem Kulturmedium Anti-CD28-Antikörper hinzu, dann proliferieren diese CD4-T-Zellen beim Kontakt mit Antigenen. Die funktionelle Beeinträchtigung der CD4-Zellen könnte auf die gleichzeitige Bindung von multivalentem gp120 (in Form eines Viruspartikels oder an Anti-gp120-Antikörper gebunden) an mehrere T-Zell-Rezeptoren (Vernetzung) zurückzuführen sein (zweite Reihe). Alternativ könnte der Defekt auch auf der Ebene der antigenpräsentierenden Zellen (APCs) bestehen, denn die Teilung von CD4-Zellen in Kultur erfordert costimulierende Signale von antigenpräsentierenden Zellen. Wenn diese Zellen nun durch HIV abgetötet oder in ihrer Funktion beeinträchtigt worden sind, so ist keine Gedächtnisreaktion auf bereits bekannte Antigene möglich (dritte Reihe). In diesem Fall sollten die Anti-CD28-Antikörper die Funktion der antigenpräsentierenden Zellen ersetzen können. Ein vierter möglicher Grund, weshalb keine T-Gedächtnisreaktionen mehr stattfinden, ist die Verschiebung von Untergruppen von CD4-T-Zellen, die bei HIV-Infizierten zu beobachten ist. Der Versuchsansatz zur Messung der CD4-Gedächtnisfunktion erfaßt hauptsächlich T_H1-Zellen. Bei HIV-Infizierten scheint jedoch eine Verschiebung von T_H1-ähnlichen zu T_H2-ähnlichen CD4-Zellen stattzufinden (vierte Reihe). Diese Zellen werden bei dem gängigen Testverfahren nicht erfaßt.

aktivierte T-Zellen werden infolge cytopathischer Effekte von HIV getötet

eine infizierte CD4-T-Zelle erkennt ein Antigen und wird aktiviert – HIV vermehrt sich

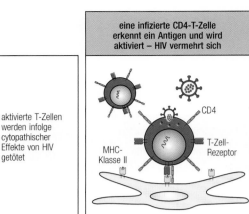

die virale Replikation tötet die aktivierte CD4-Zelle

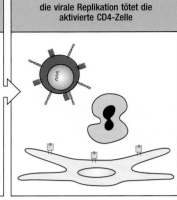

das Vernetzen von CD4-Molekülen auf T-Zellen durch gp120 von HIV verhindert die T-Zell-Aktivierung

gp120-Aggregate (z.B. HIV-Viren oder gp120:Anti-gp120-Immunkomplexe) vernetzen CD4-Moleküle

das Vernetzen von CD4 erzeugt ein negatives Signal, das die Aktivierung der T-Zelle verhindert

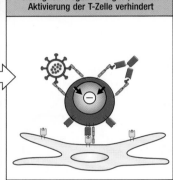

eine HIV-Infektion antigenpräsentierender Zellen verhindert die Aktivierung von CD4-T-Zellen

HIV kann einige antigenpräsentierende Zellen (dendritische Zellen oder Makrophagen) infizieren

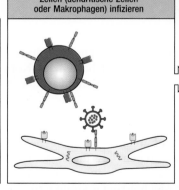

infizierte antigenpräsentirende Zellen sterben (oder werden durch HIV-spezifische CTL getötet) – naive T-Zellen können nicht aktiviert werden

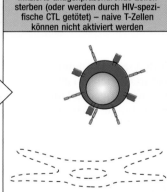

aktivierte CD4-T-Zellen entwickeln einen T_H2-Effektor-Phänotyp

CD4-T-Zellen erkennen Antigene auf antigenpräsentierenden Zellen und werden aktiviert

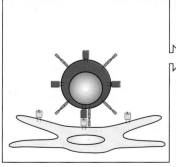

aktivierte CD4-T-Zellen sezernieren IL-4 und IL-10 und nicht IL-2 und IFN-γ

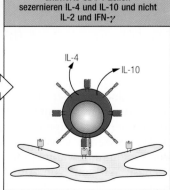

Form intakter Virionen oder in einem Komplex mit Anti-gp120-Antikörpern mehrere CD4-Moleküle auf der Oberfläche der CD4-T-Gedächtniszellen miteinander verbinden. Man weiß, daß das Vernetzen von CD4-Molekülen auf T-Gedächtniszellen erstens deren Proliferation unterdrückt und sie zweitens dafür prädisponiert, zu sterben, wenn sie auf ihr Antigen treffen. Diesen beiden Effekten wirkt Anti-CD28 entgegen. Die zweite mögliche Erklärung ist, daß antigenpräsentierende Zellen bei einer HIV-Infektion entweder direkt oder durch cytotoxische CD8-T-Zellen zerstört werden. Bei Mäusen infiziert das lymphocytische Choriomeningitis-Virus antigenpräsentierende Zellen und verursacht dadurch ihre Zerstörung durch cytotoxische CD8-T-Zellen. Dies wiederum führt zu einer ausgeprägten Immunsuppression, die in mancher Hinsicht an AIDS erinnert. Man würde erwarten, daß sowohl frisch isolierte dendritische Zellen aus gesunden Tieren als auch Anti-CD28-Antikörper den CD4-T-Gedächtniszellen die Fähigkeit zur Vermehrung wiedergeben. Dies scheint auch tatsächlich der Fall zu sein.

Eine ganz andere Erklärung für das Ausbleiben immunologischer Gedächtnisreaktionen bei HIV-Infizierten wäre, daß CD4-T-Gedächtniszellen zwar vorhanden sind, aber die falschen Cytokine produzieren, um eine Vermehrung auszulösen. Die Proliferation infolge eines Kontakts mit bereits bekannten Antigenen ist die Aufgabe von inflammatorischen oder von T_H1-CD4-Helferzellen, die IL-2 und Interferon-γ produzieren. Die CD4-T-Gedächtniszellen von HIV-Infizierten gleichen jedoch eher CD4-T-Helferzellen (T_H2), die IL-4 und IL-10 bilden. Dies würde erklären, warum die meisten HIV-Infizierten zwar ausgeprägte Antikörperreaktionen, jedoch keine zellulären Immunantworten zeigen. Wie die HIV-Infektion diese Verschiebung in der CD4-T-Zell-Funktion bewirkt ist noch unklar. Sie könnte jedoch von entscheidender Bedeutung sein, denn man vermutet, daß es für den Wirt möglicherweise von Vorteil ist, wenn er mit einer T_H1-Antwort auf eine frühe HIV-Infektion reagiert. Bestimmte Personen mit einem hohen HIV-Infektionsrisiko besitzen eine gute proliferative CD4-T-Zell-Antwort gegen HIV. Sie scheinen jedoch nicht infiziert zu sein, da bei diesen Personen keine Antikörper gegen HIV nachzuweisen sind und sie auch keine HIV-Genome in ihren Zellen enthalten. Man vermutet, daß diese Personen bevorzugt mit einer T_H1-Antwort auf eine HIV-Infektion reagieren und daß sie, obwohl sie wahrscheinlich mit HIV in Kontakt kamen, auf diese Weise die Infektion ausmerzen konnten. Diese Fälle sind allerdings sehr selten, und es ist auch nicht eindeutig nachzuweisen, daß die Betreffenden tatsächlich dem Virus ausgesetzt waren. Dennoch ist dies eine interessante Beobachtung. Diese Theorie besagt also, daß HIV auf bisher noch unbekannte Weise die CD4-T-Zell-Antwort bei den meisten Menschen in Richtung einer T_H2-ähnlichen Reaktion verschiebt.

Wir haben nun einige Mechanismen kennengelernt, die zu der gestörten Funktion von CD4-T-Zellen bei HIV-Infizierten führen könnten (Abb. 10.24). Es ist durchaus möglich, daß mehrere dieser Mechanismen gemeinsam zu dem Defekt beitragen.

10.20 In späteren Stadien einer HIV-Infektion werden die CD4-T-Zellen zerstört; der Mechanismus ist noch ungeklärt

Während der asymptomatischen Phase einer HIV-Infektion wirkt das Virus ständig aktivierend auf das Immunsystem ein und schädigt es zunehmend. Dies zeigt sich in einer Hypergammaglobulinämie, in einem erhöhten Cytokinspiegel im Blut sowie in der abnehmenden Zahl von CD4-T-Zellen. In dieser Zeit wird auch das Netzwerk aus follikulären dendritischen Zellen im lymphatischen Gewebe immer weiter zerstört, so daß sich die Struktur der lymphatischen Organe auflöst. Auch im Thymus sind Zeichen der Zerstörung des Stroma zu erkennen.

10.25 Eine HIV-Infektion kann eine Zelle direkt töten oder sie für die Vernichtung durch cytotoxische CD8-T-Zellen anfällig machen. Auf diese Weise werden nur infizierte Zellen zerstört.

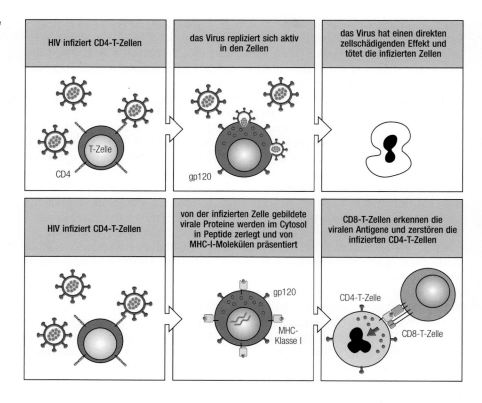

AIDS liegt dann vor, wenn die Zahl der T-Lymphocyten im Blut auf weniger als 200 Zellen pro μl fällt. Diese Abnahme, ausgehend von der normalen Anzahl von etwa 1 000 T-Lymphocyten pro μl kann bis zu zehn Jahren dauern und benötigt selten weniger als zwei Jahre. Während dieser Zeit ist der Patient gewöhnlich nahezu gesund (Abb. 10.21). Wir wissen noch nicht, wie die HIV-Infektion diese langsame Vernichtung der CD4-T-Zellen bewirkt. Auch hierfür gibt es viele Theorien. Die einfachste Erklärung wäre, daß das Virus CD4-Zellen direkt tötet oder sie zum Angriffsziel für HIV-spezifische cytotoxische CD8-T-Zellen macht (Abb. 10.25). Die Abnahme der CD4-Zellen findet in einer Phase statt, in der fast keine infektiösen Viren mehr im Blut nachzuweisen sind. Aus diesem Grund hat man lange Zeit angenommen, daß HIV während der asymptomatischen Phase ruht, und daß der Verlust von CD4-Zellen nicht auf eine direkte Wirkung von HIV zurückzuführen sei. Die kürzlich gemachte Beobachtung, daß im Lymphgewebe CD4-Zellen vorhanden sind, die virale RNA produzieren (Abschnitt 10.16), relativiert diese Vermutung. In lymphatischen Organen könnte also durchaus eine direkte Schädigung aktivierter CD4-Zellen durch HIV erfolgen.

Auch zwei indirekte Mechanismen für die Zerstörung nichtinfizierter CD4-T-Zellen wurden vorgeschlagen, um den Verlust dieser Zellen zu erklären. Infizierte CD4-Zellen exprimieren viele gp120-Moleküle auf ihrer Oberfläche, die an CD4 auf benachbarten, nichtinfizierten CD4-Zellen binden können und sie dazu veranlassen, zu vielkernigen, nicht lebensfähigen Syncytien zu verschmelzen (Abb. 10.26). Diesen Vorgang hat man in Gewebekultur beobachtet. Es ist jedoch nicht sicher, daß es auch *in vivo* zu einer solchen Fusion kommen kann. Bei AIDS-Patienten hat man auch cytotoxische CD4-Zellen nachgewiesen, die gegen ein Peptid aus gp120, das an ein MHC-Klasse-II-Molekül gebunden ist, gerichtet waren. Diese Zellen können *in vitro* in Gegenwart von löslichem gp120 aktivierte CD4-Zellen, die MHC-Klasse-II-Moleküle exprimieren, zerstören. Da gp120-Proteine *in vivo* von der HIV-Oberfläche freigesetzt werden können, ist es also möglich, daß auch *in vivo* aktivierte, nichtinfizierte CD4-Zellen auf diese Weise getötet werden (Abb. 10.27).

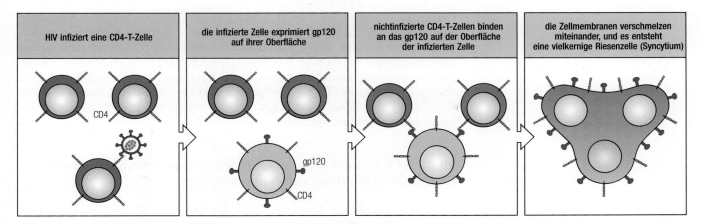

| HIV infiziert eine CD4-T-Zelle | die infizierte Zelle exprimiert gp120 auf ihrer Oberfläche | nichtinfizierte CD4-T-Zellen binden an das gp120 auf der Oberfläche der infizierten Zelle | die Zellmembranen verschmelzen miteinander, und es entsteht eine vielkernige Riesenzelle (Syncytium) |

10.26 HIV-infizierte Zellen können gesunde CD4-Zellen vernichten, indem sie mit ihnen verschmelzen. In Gewebekultur hat man die Bildung riesiger fusionierter Zellen, sogenannter Syncytien, beobachtet. Diese entstehen, wenn infizierte CD4-T-Zellen, die gp120 exprimieren, mit nichtinfizierten CD4-Zellen verschmelzen. Dabei nutzen erstere gp120, um an die nichtinfizierten Zellen anzudocken. Der Vorgang ähnelt der Fusion von HIV mit CD4-T-Zellen (Abb. 10.23). Das entstehende Syncytium ist nicht lebensfähig.

Ein letzter Faktor, der zum Verlust von CD4-Zellen beitragen könnte, ist, daß HIV die Mikroumgebung im Thymus schädigt. Obwohl bei Erwachsenen normalerweise nicht viele T-Zellen im Thymus gebildet werden, könnten neue Zellen aus dem Thymus möglicherweise wichtig sein, um den Mangel an CD4-T-Zellen auszugleichen. Bei AIDS-Patienten besteht diese Quelle für neue CD4-Zellen wahrscheinlich nicht mehr. Die Fähigkeit zur Neubildung von T-Zellen könnte vor allem bei Kindern von großer Bedeutung sein, die bereits vor oder direkt nach der Geburt mit HIV infiziert worden sind. Etwa 20 bis 30 Prozent der Kinder von HIV-infizierten Müttern tragen das Virus ebenfalls in sich. Die Infektion erfolgt entweder direkt über die Placenta oder durch die Übertragung von Blut während der Geburt. Zwischen dem Krankheitsverlauf bei Erwachsenen und bei Kindern bestehen große Unterschiede, und die meisten infizierten Kinder sterben bereits vor dem zweiten Lebensjahr. Bei Kleinkindern liegt die normale Anzahl von CD4-T-Zellen im Blut weit höher als bei Erwachsenen, so daß 1000 Zellen pro μl bereits ein Zeichen für eine deutliche Schädigung des Immunsystems sein können. An AIDS erkrankte Kinder sind, wie Erwachsene, gegenüber den normalen opportunistischen Keimen besonders anfällig, aber auch für bakterielle Infektionen, da sie noch keine humoralen Immunantworten gegen pathogene Bakterien ausbilden konnten.

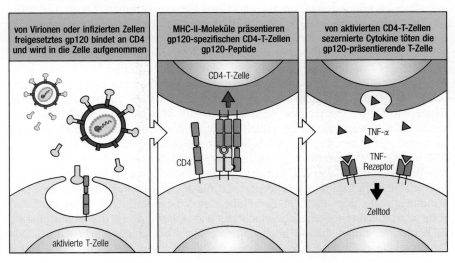

| von Virionen oder infizierten Zellen freigesetztes gp120 bindet an CD4 und wird in die Zelle aufgenommen | MHC-II-Moleküle präsentieren gp120-spezifischen CD4-T-Zellen gp120-Peptide | von aktivierten CD4-T-Zellen sezernierte Cytokine töten die gp120-präsentierende T-Zelle |

10.27 Bei AIDS-Patienten hat man cytotoxische CD4-Zellen gefunden, die in Anwesenheit von gp120 aktivierte, aber nichtinfizierte CD4-Zellen zerstören können. Diese Zellen erkennen ein Peptid von gp120, das ihnen durch MHC-Klasse-II-Moleküle präsentiert wird. Auf diese Weise können normale CD4-T-Zellen zerstört werden, die freies gp120 aus dem Serum an ihr CD4 binden, es aufnehmen, zerlegen und in MHC-II-Molekülen präsentieren.

Die direkte Wirkung von HIV auf CD4-Zellen, die Wirkung von cyto-toxischen CD8- und CD4-Zellen auf CD4-Zellen, sowie die fehlende Neu-bildung im Thymus tragen also wahrscheinlich gemeinsam zu dem ausge-prägten Mangel an CD4-Zellen bei AIDS-Patienten bei. Dies führt, mögli-cherweise zusammen mit einem Defekt der antigenpräsentierenden Zellen, zu einem Verlust der Immunkompetenz. Aktive Viren treten erneut ins Blut über, und der AIDS-Patient wird anfällig gegenüber Organismen, die nor-malerweise nicht pathogen sind.

10.21 HIV bedient sich verschiedener Mechanismen, um eine dauerhafte Infektion aufrechtzuerhalten

Im ersten Teil dieses Kapitels haben wir einige Mechanismen kennenge-lernt, mit deren Hilfe Krankheitserreger der Immunabwehr des Wirtes ent-gehen können. Viele von ihnen nutzt auch HIV (Abb. 10.28). Während der latenten Phase der Infektion werden nur wenige oder gar keine viralen Pro-teine gebildet. Neue Methoden, mit denen sich virale DNA und RNA in einzelnen Zellen aufspüren läßt, haben gezeigt, daß bei Personen mit einer normalen Anzahl von CD4-T-Zellen bis zu zehn Prozent dieser Zellen latent infiziert sein können, ohne daß die Erkrankung zutage tritt. Die mei-sten dieser Zellen transkribieren die viralen Gene nicht und produzieren daher auch keine viralen Proteine, so daß das Immunsystem des Wirtes die infizierten Zellen nicht erkennen kann.

10.28 Das menschliche Immunschwä-chevirus (HIV) bedient sich mehrerer Mechanismen, um der Immunabwehr zu entgehen. Ähnlich wie das Herpes-virus kann HIV CD4-Zellen latent infizieren, und genau wie das Grippevirus zeigt es eine ausgeprägte antigene Variation. In einem Wirtsorganismus mutiert es schnell, wie es auch bei Trypanosomen zu beobachten ist. Und schließlich kann es wie *M. leprae* die Immunantwort des Wirtsorganismus unterdrücken – in die-sem Fall durch Zerstörung der CD4-Zel-len oder durch Umwandlung dieser Zel-len in eine inaktive Form, wie etwa in T_H2-Zellen. Diese Mechanismen ermög-lichen es HIV, im Laufe der Zeit der Kontrolle durch das Immunsystem voll-kommen zu entgehen.

Mechanismen zum Umgehen der Immunantwort	Beispiele
latente Infektion der Wirtszellen	Herpes-simplex-Virus, EB-Virus, HIV
antigene Variation	Trypanosomen, HIV, Grippevirus, *Streptococcus* spp.
Induktion einer Immunsuppression	*M. leprae*, HIV, *Staphylococcus* spp.

In seiner Wirtszelle mutiert HIV schnell und verändert dadurch die Struk-tur seiner Oberflächenantigene. Dies wird besonders daran deutlich, daß keine zwei Virusisolate aus demselben Patienten genau dieselbe genomische RNA-Sequenz aufweisen, obwohl die Sequenzen sich genügend ähneln, um erkennen zu können, daß sie aus derselben Person stammen. Diese Variabili-tät der Gensequenz ist wahrscheinlich darauf zurückzuführen, daß die Reverse Transkriptase des Virus sehr fehlerhaft arbeitet und dadurch eine große Zahl von Mutationen erzeugt. Wenn diese Mutationen nicht letal sind, überlebt das neuentstandene Virus und vermehrt sich. Einige Mutationen kön-nen für das Virus sogar vorteilhaft sein, wenn sie ihm zum Beispiel ermögli-chen, der Antikörper-oder T-Zell-Antwort des Wirtes zu entgehen. Diese Mutanten haben dann einen Selektionsvorteil. Besonders viele Mutationen treten in dem wichtigsten Oberflächenantigen des Virus, dem gp120, auf und dort vor allem in einer als V3-Schleife bezeichneten Region (Abb. 10.29). Die meisten HIV-spezifischen Antikörper sind gegen die V3-Schleife gerich-tet. Wahrscheinlich werden Viren, die eine Veränderung in ihrer V3-Schleife aufweisen, aufgrund der Antikörperreaktion des Wirtes begünstigt. Die CD4-Bindungsstelle liegt ganz in der Nähe der V3-Schleife, hier sind aber nur sehr wenige Mutationen zu beobachten. Wahrscheinlich ist die Mutationsrate in beiden Regionen gleich hoch. Da das Virus bei einem Verlust der CD4-Bindungsfähigkeit jedoch keine neuen Zellen mehr infizieren und sich somit

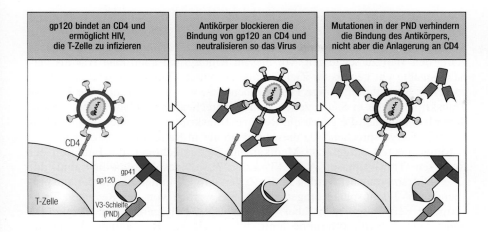

| gp120 bindet an CD4 und ermöglicht HIV, die T-Zelle zu infizieren | Antikörper blockieren die Bindung von gp120 an CD4 und neutralisieren so das Virus | Mutationen in der PND verhindern die Bindung des Antikörpers, nicht aber die Anlagerung an CD4 |

10.29 Mutationen in der wichtigsten neutralisierenden Determinante *(principal neutralizing determinant,* **PND) von gp120 ermöglichen es dem Virus, neutralisierenden Antikörpern zu entgehen.** Die PND liegt in der Nähe der CD4-Bindungsstelle, und wenn ein Antikörper an diese Region bindet, kann das Virus nicht mehr in die Zelle eindringen. Mutationen in der PND können die Anlagerung von Antikörpern verhindern, ohne die Bindung an CD4 zu beeinträchtigen. Auf diese Weise entgeht das Virus den neutralisierenden Antikörpern, ohne die Fähigkeit zu verlieren, Zielzellen zu infizieren.

auch nicht replizieren kann, gehen diese Mutanten verloren. Bisher ist es nicht gelungen, Antikörper herzustellen, die spezifisch die CD4-Bindungsstelle erkennen. HIV verändert sich also während einer Infektion in einem einzigen Menschen in ganz ähnlicher Weise, wie sich das Grippevirus über Jahre hinweg in der gesamten menschlichen Bevölkerung verändert. Dies trägt zur Dauerhaftigkeit der Infektion bei. Darüber hinaus schädigt HIV direkt das Immunsystem, verursacht so eine Immunsuppression und fördert dadurch seine Persistenz noch weiter.

10.22 AIDS-Patienten sind anfällig für opportunistische Infektionen und einige Krebsarten

AIDS-Patienten sind extrem anfällig für sogenannte opportunistische Infektionen. Diese werden durch Organismen verursacht, die das Immunsystem normalerweise sehr gut kontrollieren kann und die daher bei Menschen mit einer funktionierenden Immunabwehr nicht zu einer Erkrankung führen. Die verbreitetsten opportunistischen Erreger sind *Pneumocystis carinii*, das Lungenentzündungen verursacht, *Toxoplasma*, das Cytomegalievirus und einige Mycobakterien, wie zum Beispiel *M. tuberculosis* und normalerweise nicht pathogene Arten wie *M. avium*. Für eine effektive Kontrolle dieser Krankheitserreger ist eine funktionierende zelluläre Immunabwehr notwendig. Eine kleinere Gruppe der AIDS-Patienten (etwa 15 bis 20 Prozent) erkrankt aufgrund von Erregern, die normalerweise durch das humorale Immunsystem kontrolliert werden, wie etwa *Haemophilus influenzae*. Worauf dieser Unterschied beruht, weiß man nicht. Wie wir gesehen haben, kommt zu der Abnahme der CD4-T-Zellen bei vielen AIDS-Patienten eine Verschiebung der T-Zell-Funktion vom inflammatorischen Typ zum Helfertyp hinzu. Dies könnte den bei vielen Patienten beobachteten Verlust der zellulären Immunantwort erklären. AIDS-Patienten sind auch anfällig für Tumorerkrankungen, wie etwa das Kaposi-Sarkom, eine normalerweise sehr langsam verlaufende Proliferation von Blutgefäßzellen, und für die Tumoren der B-Zellen, die man Non-Hodgkin-Lymphome nennt (Abb. 10.30). Dies läßt sich möglicherweise durch eine mangelhafte T-Zell-Antwort gegen diese Tumorzellen zu erklären (Kapitel 12) oder durch eine chronische Stimulierung von B-Zellen, die ebenfalls ein Merkmal von HIV-Infektionen ist.

10.23 Die Behandlung von HIV-Infektionen ist bisher wenig erfolgreich

Allein in den USA schätzt man die Zahl der Infizierten bereits auf etwa eine Million, weltweit sind es noch viel mehr (Abb. 10.19). Eine effektive Therapie ist dringend notwendig. Noch immer sind wirksame Behandlungskonzepte für

Infektionen	
Parasiten	*Toxoplasma* spp. *Cryptosporidium* spp. *Leishmania* spp. *Microsporidium* spp.
Bakterien	*Mycobacterium tuberculosis* *Mycobacterium avium intracellulare* *Salmonella* spp.
Pilze	*Pneumocystis carinii* *Cryptococcus neoformans* *Candida* spp. *Histoplasma capsulatum* *Coccidioides immitis*
Viren	Herpes simplex Cytomegalievirus Varicella zoster

Krebserkrankungen
Kaposi-Sarkom (invasives) Non-Hodgkin-Lymphome, einschließlich EBV-positiver Burkitt-Lymphome primäre Lymphome des Gehirns

10.30 AIDS-Patienten können an vielen opportunistischen Infektionen oder Krebserkrankungen sterben. Infektionskrankheiten, besonders Infektionen durch *Pneumocystis carinii*, sind die häufigste Todesursache bei AIDS-Patienten. Die meisten dieser Krankheitserreger können nur mit Hilfe einer effektiven Aktivierung der Makrophagen durch CD4-Zellen oder mit funktionsfähigen cytotoxischen T-Zellen kontrolliert werden. Sie führen vor allem bei Personen mit geschädigtem Immunsystem zu Erkrankungen. AIDS-Patienten sind auch anfällig für seltene Krebsarten wie das Kaposi-Sarkom und Lymphome. Normalerweise verhindert die Immunüberwachung durch T-Zellen vermutlich solche Tumoren.

Virusinfektionen eine Seltenheit. Da ein Virus immer die zelluläre Maschinerie seines Wirtsorganismus zu seiner Vermehrung nutzt, ist es sehr schwierig, ein Medikament zu finden, das die virale Reproduktion beeinträchtigt, ohne gleichzeitig den Wirt zu schädigen. Vor diesem Hintergrund kann man HIV als verhältnismäßig gut geeignetes Ziel für eine antivirale Therapie bezeichnen, da es zu seiner Vermehrung einige Proteine benötigt, wie etwa Tat und die Reverse Transkriptase, die in Säugerzellen kein entsprechendes Pendant haben. Besonders Medikamente, die gegen die Reverse Transkriptase gerichtet sind, erscheinen sehr vielversprechend, da dieses Enzym nur in Retroviren vorkommt.

Einige derzeit eingesetzte Medikamente beeinträchtigen die Funktion der Reversen Transkriptase. AZT (3′-Azido-2′,3′-Didesoxythymidin) und ddI (2′,3′-Didesoxyinosin) werden in die Zellen aufgenommen und in die entsprechenden 5′-Triphosphate umgewandelt. Sie werden von der Reversen Transkriptase verwendet, nicht aber von der DNA-Polymerase der Säuger. Da ihnen eine 3′-Hydroxylgruppe fehlt, führen sie zur Beendigung der DNA-Verlängerung (Abb. 10.31). Diese Substanzen wirken in gewissem Maße auch auf Säugerzellen toxisch, möglicherweise weil sie die Replikation der mitochondrialen DNA beeinträchtigen. Dennoch hat sich herausgestellt, daß diese Medikamente die Überlebenszeit von AIDS-Patienten verlängern können, und sie verzögern möglicherweise auch den Krankheitsverlauf während der asymptomatischen Phase. Mutationen der Reversen Transkriptase können diese allerdings gegen AZT resistent machen. Solche Mutationen entstehen erst nach monate- oder jahrelanger AZT-Behandlung, führen dann aber wahrscheinlich zu einer verstärkten viralen Reproduktion und einem schnelleren Fortschreiten der Krankheit.

Ein zweiter guter Kandidat für eine antivirale Behandlung ist die virale Protease, eines der *pol*-Genprodukte. Diese Protease spaltet die Polyproteinprodukte der *gag*- und *pol*-Gene in ihre funktionellen Bestandteile. Es hat sich herausgestellt, daß spezifische Inhibitoren der HIV-Protease bereits bei niedriger, für die Zellen selbst nicht schädlicher Dosierung die Vermehrung der Viren in T-Zellen verhindern. Diese Substanzen befinden sich zur Zeit in der klinischen Testphase.

Ein drittes mögliches Angriffsziel ist das gp120. Allerdings waren alle bisherigen Anstrengungen, Antikörper zu entwickeln, die eine ganze Reihe verschiedener Isolate neutralisieren, erfolglos – ebenso der alternative Ansatz, lösliche rekombinante CD4-Moleküle einzusetzen, um das Andocken der Viren an die Zellen zu verhindern. Bis heute ist es nicht gelungen, für die klinische Anwendung kleine chemische Substanzen zu synthetisieren, die die Bindung von gp120 an CD4 verläßlich blockieren, obwohl man sehr intensiv nach solchen Molekülen sucht. Jedes virale Protein, einschließlich Tat, Rev und der viralen Integrase, ist ein potentielles Ziel für eine Therapie.

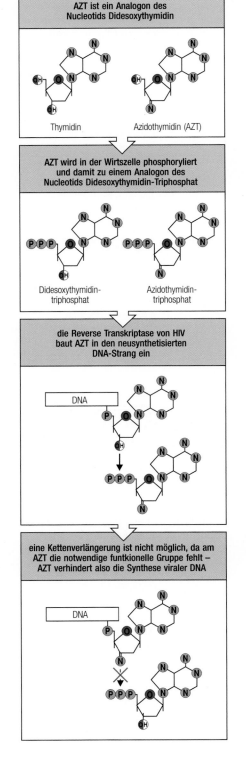

AZT ist ein Analogon des Nucleotids Didesoxythymidin

Thymidin   Azidothymidin (AZT)

AZT wird in der Wirtszelle phosphoryliert und damit zu einem Analogon des Nucleotids Didesoxythymidin-Triphosphat

Didesoxythymidin-triphosphat   Azidothymidin-triphosphat

die Reverse Transkriptase von HIV baut AZT in den neusynthetisierten DNA-Strang ein

DNA

eine Kettenverlängerung ist nicht möglich, da am AZT die notwendige funktionelle Gruppe fehlt – AZT verhindert also die Synthese viraler DNA

DNA

10.31 Die Wirkungsweise des AIDS-Medikaments AZT (3′-Azido,2′,3′-Didesoxythymidin). AZT ist ein Thymidinanalogon (oberes Bild). Es wird von Zellen aufgenommen und an der 5′-Position phosphoryliert (zweites Bild). Anschließend wird es wie das natürliche Nucleotid Thymidintriphosphat von der Reversen Transkriptase verwendet, nicht jedoch von zellulären DNA-Polymerasen. (Eine Ausnahme bilden möglicherweise die DNA-Polymerasen der Mitochondrien.) AZT unterscheidet sich an seiner 3′-Position von Thymidin. Letzteres trägt wie alle natürlichen Desoxynucleotide an dieser Stelle eine Hydroxylgruppe, AZT dagegen eine Azidogruppe. Die 3′-Hydroxylgruppe ist wichtig bei der DNA-Synthese, da sie die Verknüpfung eines Nucleotids mit der Phosphatgruppe des nächsten ermöglicht (drittes Bild). Die Azidogruppe kann eine solche Verknüpfung nicht eingehen, so daß das Anhängen weiterer Nucleotide an den neuentstehenden DNA-Strang unterbunden wird (viertes Bild) und das Virus nicht replizieren kann. Die virale Transkription in bereits latent infizierten Zellen wird auf diese Weise allerdings nicht beeinflußt, da hier hauptsächlich die RNA-Polymerase, und nicht die Reverse Transkriptase, aktiv ist. Der Wirkungsmechanismus von ddI (2′,3′-Didesoxyinosin) ist ähnlich.

Ein neuer Ansatz schließlich basiert auf einem als intrazelluläre Immunisierung bezeichneten Vorgang. Dies hat nichts mit dem Auslösen einer Immunantwort gegen HIV zu tun. Die intrazelluläre Immunisierung verwendet vielmehr dominant negative Varianten von Proteinen, wie beispielsweise Tat, die für die Replikation von HIV notwendig sind. Schleust man solche mutierten Proteine in infizierte Zellen ein, dann unterstützen diese nicht länger die Vermehrung der Viren. Wenn es gelänge, Gene für solche negativen Mutanten in die CD4-T-Zellen von Infizierten einzubringen, ohne die Funktion der Zellen zu beeinträchtigen, so ließen sich die Vermehrung und anschließende Ausbreitung von HIV verhindern. Dies könnte dann entweder als Therapie eingesetzt werden oder aber um eine Infektion von vornherein zu verhindern. Dieser Ansatz ist jedoch noch weit von der klinischen Testphase entfernt.

10.24 Wir brauchen dringend einen sicheren und wirksamen Impfstoff gegen HIV

Viele Menschen sind bereits mit HIV infiziert, und ihre Zahl wächst schnell. Der beste Weg, der Verbreitung einer Virusinfektion Einhalt zu gebieten, ist, die Risikopersonen zu impfen. Zur Zeit werden viele Anstrengungen unternommen, um einen sicheren und wirksamen Impfstoff gegen HIV zu entwickeln. Die Suche nach einem solchen Impfstoff stellt uns jedoch vor besondere Probleme. Erstens gibt es bisher keine Impfstoffe gegen Lentiviren, also kein Modell, an dem man sich orientieren kann. Darüber hinaus ist man sich nicht einig, welche Immunantwort tatsächlich vor einer HIV-Infektion schützen würde. Gewöhnlich sind Impfstoffe so konstruiert, daß sie die Bildung von Antikörpern induzieren, um eine erste Infektion zu verhindern. Antikörper gegen HIV binden jedoch normalerweise an die hypervariable Region des gp120-Moleküls und erkennen daher nur einen kleinen Prozentsatz der vorhandenen Viren. Es ist also nur schwer vorstellbar, daß einen Impfstoff geben kann, der die Bildung von Antikörpern gegen alle möglichen HIV-Variationen auslöst. Darüber hinaus kann HIV auch in latent infizierten Zellen in den Körper gelangen statt als freies Virus, und eine der wichtigsten Eintrittsstellen ist möglicherweise die Darmschleimhaut. In solchen Situationen hätte eine IgG-Antwort keine schützende Wirkung. Daher ist es vielleicht notwendig, Impfstoffe zu entwickeln, die T_H1- und IgA-Antworten sowie eine Reaktion der cytotoxischen T-Lymphocyten induzieren.

Auch stellt sich das Problem, wie man die Effizienz eines Impfstoffs testen soll. Man kann zwar Schimpansen mit HIV infizieren, aus unbekannten Gründen entwickeln diese allerdings kein AIDS. Außerdem sind Schimpansen selten. Ein typischer Schimpansenversuch beschränkt sich auf drei bis vier Tiere, so daß die Aussagekraft dieser Experimente sehr eingeschränkt ist. Wenn man sich auf Freiwillige aus Hochrisikogruppen stützt, wird es schwierig sein, die Exposition der geimpften Personen und der Kontrollgruppe gegenüber dem Virus quantitativ zu erfassen. Daher wird man viele Personen benötigen. Darüber hinaus besteht die Gefahr, daß die durch den Impfstoff ausgelöste Immunreaktion gegen HIV unerwarteterweise ein erhöhte Anfälligkeit für eine HIV-Infektion verursacht. Dies alles sind große Probleme, die die Entwicklung eines effektiven AIDS-Impfstoffs erschweren. Die aktuellen Ansätze bei der Suche nach einem Impfstoff werden in Kapitel 12 näher erläutert.

10.25 Information und Vorbeugung sind die einzigen verfügbaren Mittel, um die Ausbreitung von HIV und AIDS zu verlangsamen

Wir müssen wissen, daß weder mit einem Impfstoff noch mit einer sicheren und effektiven Therapie der HIV-Infektion in naher Zukunft zu rechnen ist. Die Rate der Neuinfektionen steigt noch immer mit alarmierender Schnelligkeit an, vor allem in Asien, Afrika und Lateinamerika. Die Infektion von vornherein zu verhindern, ist das sicherste und beste Mittel, um die Ausbreitung von AIDS zu verlangsamen. Leider ist dies zur Zeit das einzige, was man mit Sicherheit sagen kann.

Öffentliche Maßnahmen, wie etwa die Verteilung von Kondomen oder sterilen Nadeln und Spritzen und eine fundierte Information, haben sich bei der Kontrolle der Ausbreitung von HIV als sehr nützlich erwiesen. Die Überprüfung von Blutspendern und Blutproben hat das Risiko im Zusammenhang mit Bluttransfusionen erheblich reduziert. Wesentlich breiter angelegte AIDS-Tests könnten helfen, die Ausbreitung der Krankheit zu verhindern. Mit groß angelegten Tests ist jedoch ein weiteres schwerwiegendes Problem verbunden: HIV-Infizierte werden häufig sozial und wirtschaftlich diskriminiert. Im Prinzip ist es um so besser, je früher eine HIV-Infektion erkannt wird. Die Nachricht ist für den Betroffenen zwar hart, doch wird ihm sofort die bestmögliche Therapie zuteil, und er kann vor allem seine Sexualpartner vor der Infektion schützen. Führt eine solche Diagnose aber zur unausweichlichen gesellschaftlichen Isolation, dann ist verständlicherweise die Angst vor einem AIDS-Test enorm. Wenn allerdings HIV-Infizierte nicht um die Infektion wissen, so achten sie in ihrem Intimleben nicht auf die nötige Sicherheit und tragen zur weiteren Verbreitung des Erregers bei. Wir müssen also durch Erziehung erreichen, daß eine HIV-Infektion nicht gleichbedeutend mit sozialer Stigmatisierung ist, und Gesetze erlassen, die die Diskriminierung Infizierter verbieten. Erst wenn diese Voraussetzungen gegeben sind, wird ein AIDS-Test zum Eindämmen des Virus allgemein akzeptiert werden.

Zusammenfassung

Unglücklicherweise hat AIDS uns gelehrt, daß beim Verlust von CD4-T-Zellen kein Überleben möglich ist. HIV bedient sich zahlreicher Strategien, um dem Immunsystem des Wirtes zu entgehen und induziert dadurch eine persistierende Infektion, die nach und nach zunächst die CD4-T-Gedächtniszellen und dann alle CD4-T-Zellen zerstört. Obwohl die Mechanismen, die dem Verlust der CD4-Zellen zugrunde liegen, noch immer nicht genau aufgeklärt sind, werden wir durch die Erforschung dieser Krankheit viel über das Immunsystem lernen. Die dringlichste medizinische Aufgabe ist, eine HIV-Infektion, wo möglich, zu verhindern und ihre Auswirkungen bei bereits Infizierten zu mildern. Ein wichtiges Ziel ist die Entwicklung eines Impfstoffs, die allerdings auf große Schwierigkeiten stößt. Die besten bereits vorhandenen Therapien zielen auf die virale Reverse Transkriptase ab, und derzeit untersucht man intensiv Substanzen, die sich gegen andere virale Moleküle richten. Leider läßt sich zur Zeit keine Möglichkeit erkennen, wie man diese komplexe und tödliche Krankheit heilen kann. AIDS ist eine immense und noch immer wachsende Bedrohung für die Gesundheit der Weltbevölkerung. Aufklärung und andere soziale Maßnahmen sind derzeit die besten Mittel, um die weitere Ausbreitung von HIV und AIDS einzudämmen.

Zusammenfassung von Kapitel 10

Während die meisten Infektionen zu einer schützenden Immunität führen, verursachen manche schwerwiegende, persistierende Krankheiten. Der Grund ist meist, daß der Erreger Mechanismen entwickelt hat, um trotz einer funktionierenden Immunreaktion zu überdauern. Einige Menschen leiden auch an erblichen Defekten verschiedener Komponenten ihres Immunsystems, die sie gegenüber bestimmten Arten infiziöser Organismen besonders anfällig machen. Persistierende Infektionen und Immunschwächekrankheiten zeigen deutlich, wie wichtig eine effektive Immunreaktion ist. Sie sind eine große Herausforderung für die zukünftige immunologische Forschung. HIV hat sowohl die Eigenschaften eines persistierenden Erregers als auch die Fähigkeit, bei seinem menschlichen Wirt eine Immunschwäche zu induzieren – eine tödliche Kombination. Ein wichtiger Schritt im Kampf gegen neue Krankheitserreger wie beispielsweise HIV ist es, zu einem tieferen Verständnis der grundlegenden Eigenschaften des Immunsystems und seiner Rolle bei der Infektionsbekämpfung zu gelangen. Wenn dies erreicht ist, haben wir vielleicht bessere Voraussetzungen, um gegen neue Erreger wie HIV vorzugehen.

Literatur allgemein

AIDS 92/93 – A Year in Review. Current Science. London 1993.

Immunodeficiency. Current Biology. London 1993.

Fauci, A. S. *Multifactorial Nature of Human Immunodeficiency Virus Disease: Implications for Therapy.* In: *Science* 262 (1993) S. 1011–1018.

Mims, C. A. *The Pathogenesis of Infectious Disease.* London (Academic Press) 1987.

Waldmann, T. A. *Immunodeficiency Diseases: Primary and Acquired.* In: Samter, M.; Talmage, D. W.; Frank, M.M.; Austen, K. F.; Claman, H. N. (Hrsg.) *Immunological Diseases.* 4. Aufl. Boston (Little, Brown and Co.) 1988. S. 411–465.

Literatur zu den einzelnen Abschnitten

Abschnitt 10.1

Borst, P. *Molecular Genetics and Antigenic Variation.* In: *Immunology Today* 12 (1991) A29–A33.

Murphy, B. R.; Webster, R. G. *Influenza Viruses.* In: Fields, B. N.; Knipe, D. M.; Chanock, R. M.; Hirsch, M. S.; Melnick, J. L., Morath, T. P.; Rolzman, B. (Hrsg.) *Virology.* New York (Raven Press) 1985. S. 1179–1239.

Abschnitt 10.2

Garcia-Blanco, M. A.; Cullen, B. R. *Molecular Basis of Latency in Pathogenic Human Viruses.* In: *Science* 254 (1992) S. 815–820.

Klein, R. J. *The Pathogenesis of Acute, Latent and Recurrent Herpes Simplex Infection.* In: *Arch. Virol.* 72 (1982) S. 143.

Abschnitt 10.3

Kaufman, S. H. E. *Immunity to Intracellular Bacteria.* In: *Annu. Rev. Immunol.* 11 (1993) S. 129–163.

Steere, A. C. *Lyme Disease.* In: *N. Engl. J. Med.* 321 (1989) S. 586–596.

Abschnitt 10.4

Bloom, B. R.; Modin, R. L.; Salgame, P. *Stigma Variations: Observations on Suppressor T Cells and Leprosy.* In: *Annu. Rev. Immunol.* 10 (1992) S. 453–488.

Salgame, P.; Abrams, J. S.; Clayberger, C.; Goldstein, H.; Modlin, R. L.; Bloom, B. R. *Differing Lymphokine Profiles of Functional Subsets of Human CD4 and CD8 T-Cell Clones.* In: *Science* 254 (1991) S. 279.

Abschnitt 10.5

Golovkina, T. V.; Chervonsky, A.; Dudley, J. P.; Ross, S. R. *Transgenic Mouse Mammary Tumor Virus Superantigen Expression Prevents Viral Infection.* In: *Cell* 69 (1992) S. 637.

Zinkernagel, R. M.; Haenseler, E.; Leist, T. P.; Cemy, A.; Hengartner, H.; Althage, A. *T-Cell Mediated Hepatitis in Mice Infected With Lymphocytic Choriomeningitis Virus.* In: *J. Exper. Med.* 164 (1986) S. 1075–1092.

Abschnitt 10.6

Kinnon, C.; Levinsky, R. J.: *Molecular Genetics of Inherited Immunodeficiency Diseases.* In: *Immunogenetics* 135 (1990) S. 894–900.

Abschnitt 10.7

Biron, C. A.; Byron, K. S.; Sullivan, J. L. *Severe Herpes Virus Infection in an Adolescent Without Natural Killer Cells.* In: *New Engl. J. Med.* 320 (1989) S. 1731–1734.

WHO Primary Immunodeficiency Diseases – Report of a WHO Scientific Group. In: *Immunodef. Rev.* 3 (1992) S. 195–236.

Abschnitt 10.8

Bruton, O. C. *Agammaglobulinaemia.* In: *Paediatrics* 9 (1952) S. 722–728.

Conley, M. E. *Molecular Approaches to analysis of X-linked Immunodeficiencies.* In: *Annu. Rev. Immunol.* 10 (1992) S. 215–238.

Preudhomme, J. L.; Hanson, L. A. *IgG Subclass Deficiency.* In: *Immunodef. Rev.* 2 (1990) S. 129–149.

Vetrie, D.; Vorechowsky, I.; Sideras, P.; Holland, J.; Davies, A.; Flinter, F.; Hammarström, L.; Kinnon, C.; Levinsky, R.; Bobrow, M.; Edvard Smith, C. J.; Bentley, D. R. *The Gene Involved in X-linked Agammaglobulinaemia is a Member of the* src *Family of Protein-Tyrosine Kinases.* In: *Nature* 361 (1993) S. 226–233.

Volanakis, J. E.; Zhu, Z. B.; Schaffer, F. M.; Macon, K. J.; Palermos, J.; Barger, B. O.; Go, R.; Campbell, R. D.; Schroeder, H. W.; Cooper, M. D. *Major Histocompatibility Complex Class III Genes and Susceptibility to Immunoglobulin A Deficiency and Common Variable Immunodeficiency.* In: *J. Clin. Invest.* 89 (1992) S. 1914–1922.

Abschnitt 10.9

Allen, R. C.; Armintage, R. J.; Conley, M. E.; Rosenblatt, H.; Jenkins, N. A.; Copeland, N. G.; Bedell, M. A.; Edelhoff, S.; Disteche, C. M.; Simoneaux, D. K.; Fanslow, W. C.; Belmont, J.; Spriggs, M. K. *CD40 Ligand Gene defects Responsible for X-linked Hyper IgM Syndrome.* In: *Science* 259 (1993) S. 990–993.

Waldmann, T. A.; Broder, S.; Blaese, R. M.; Durm, M.; Blackman, M.; Strober, W. *The Role of Suppressor T Cells in the Pathogenesis of Common Variable Hypogammaglobulinaemia.* In: *Lancet* 2 (1974) S. 609.

Abschnitt 10.10

Botto, M.; Fong, K.; So, A. K.; Rudge, A.; Walport, M. J. *Homozygous Hereditary C3 Deficiency Due to a Partial Gene Deletion.* In: *Proc. Natl. Acad. Sci. USA* 89 (1992) S. 4957–4961.

Colten, H. R.; Rosen, F. S. *Complement Deficiencies.* In: *Annu. Rev. Immunol.* 10 (1993) S. 809–824.

Lachmann, P. J.; Walport, M. J. *Genetic Deficiency Diseases of the Complement System.* In: Ross, G. D. (Hrsg.) *Immunobiology of the Complement System.* 1. Aufl. Orlando (Academic Press) 1986.

Abschnitt 10.11

Fischer, A.; Lisowska-Grospierre, B.; Anderson, D. C.; Springer, T. A. *Leukocyte Adhesion Deficiency: Molecular Basis and Functional Consequences.* In: *Immunodef. Rev.* 1 (1988) S. 39–54.

Rotrosen, D.; Gallin, J. I. *Disorders of Phagocyte Function.* In: *Annu. Rev. Immunol.* 5 (1987) S. 127–150.

Abschnitt 10.12

Bosma, M. J.; Carroll, A. M. *The SCID Mouse Mutant: Definition, Characterization, and Potential Uses.* In: *Annu. Rev. Immunol.* 9 (1993) S. 323–350.

Hirschhorn, R. *Adenosine Deaminase Deficiency.* In: *Immunodef. Rev.* 2 (1990) S. 175–198.

Kara, C. J.; Glimcher, L. H. *Promoter Accessibility Within the Environment of the MHC is Affected in Class II-Deficient Combined Immunodeficiency.* In: *EMBO-J.* 12 (1993) S. 187–193.

Noguchi, M.; Yi, H.; Rosenblatt, H. M.; Filipovich, A. H.; Adelstein, S.; Modi, W. S.; McBride, O. W.; Leonard, W. J. *Interleukin-2 Receptor Gamma-Chain Mutation Results in X-linked Severe Combined Immunodeficiency.* In: *Cell* 73 (1993) S. 147–157.

Roth, D. B.; Menetski, J. P.; Nakajima, P. B.; Bosma, M. Y.; Gellert, M. *V(D)J Recombination: Broken DNA Molecules With Covalently Sealed (Hairpin) Coding Ends in* scid *Mouse Thymocytes.* In: *Cell* 70 (1992) S. 983–991.

Schwartz, K.; Hausen-Hagge, T. E.; Knobloch, C.; Friedrich, W.; Kleihauer, E.; Bartram, K. *SCID in Man: B-Cell Negative SCID Patients Exhibit an Irregular Recombination Pattern at the JH Locus.* In: *J. Exper. Med.* 174 (1991) S. 1039–1048.

Abschnitt 10.13

Arnaz-Villena, A.; Timon, M.; Corell, A.; Perez-Aclego, P.; Martin-Villa, J. M.; Regueiro, J. R. *Primary Immunodeficiency Caused by Mutations in the Gene Encoding the C3-Gamma Subunit of the T-Lymphocyte Receptor.* In: *N. Engl. J. Med.* 327 (1992) S. 529–533.

Chatila, T.; Wong, R.; Young, M.; Miller, R.; Terhorst, C.; Geha, R. S. *An Immunodeficiency Characterized by Defective Signal Transduction in T Lymphocytes.* In: *N. Engl. J. Med.* 320 (1989) S. 696–702.

Chatila, T.; Castigli, E.; Pahwa, R.; Pahwa, S.; Chirmule, S.; Oyaizu, N.; Godd, R. A.; Geha, R. S. *Primary Combined Immunodeficiency Resulting From Defective Transcription of Multiple T-Cell Lymphokine genes.* In: *Proc. Natl. Acad. Sci. USA* 87 (1990) S. 10033–10037.

Disanto, J. P.; Keever, C. A.; Small, T. N.; Nichols, G. L.; O'Reilly, R. J.; Flomenberg, N. *Absence of Interleukin-2 Production in a severe Combined Immunodeficiency Disease Syndrome With T cells.* In: *J. Exper. Med.* 171 (1990) S. 1697–1704.

Noguchi, M.; Nakamura, Y.; Russell, S. M.; Ziegler, S. F.; Tsang, M.; Cao, X.; Leonard, W. J. *Interleukin-2 Receptor Gamma chain: A Functional Component of the Interleukin-7 Receptor.* In: *Science* 262 (1993) S. 1877–1880.

Russell, S. M.; Keegan, A. D.; Harada, N.; Nakamura, Y.; Noguchi, M.; Leland, P.; Friedmann, M. C.; Miyajima, A.; Puri, R. K.; Paul, W. E.; Leonard, W. J. *Interleukin-2 Receptor Gamma chain: A Functional Component of the Interleukin-4 Receptor.* In: *Science* 262 (1993) S. 1880–1883.

Soudais, C.; de Villartay, J. P.; Le Deist, F.; Fischer, A.; Lisowska-Grospierre, B. *Independent Mutations of the Human CD3ε Gene Resulting in a T-Cell Receptor/CD3 Complex Immunodeficiency.* In: *Nature Genet.* 3 (1993) S. 77–81.

Weinberg, K.; Parkman, R. *Severe Combined Immunodeficiency Due to a Specific Defect in the Production of IL-2.* In: *N. Engl. J. Med.* 322 (1990) S. 1718–1723.

Abschnitt 10.14

Buckley, R. H.; Schiff, S. E.; Sampson, H. A.; Schiff, R. I.; Markert, M. L.; Knutsen, A. P.; Hershfield, M. S.; Huang, A. T.; Mickey, G. H.; Ward, F. E. *Development of Immunity in Severe Primary T-Cell Deficiency Following Haploidentical Bone Marrow Stem Cell Transplantation.* In: *J. Immunol.* 136 (1986) S. 2398–2407.

Coumoyer, D.; Caskey, C. T. *Gene Therapy of the Immune System.* In: *Annu. Rev. Immunol.* 11 (1993) S. 297–332.

Abschnitt 10.15

Barre-Sinoussi, F.; Chermann, J. C.; Rey, F.; Nugeyre, M. T.; Chamaret, S.; Gruest, J.; Dauguet, C.; Axler-Blin, C.; Vezinet-Brun, F.; Rouzioux, C.; Rozenbaum, W.; Montagnier, L. *Isolation of a T-Lymphotrophic Retrovirus From a Patient at Risk for Acquired Immune Deficiency Syndrome (AIDS).* In: *Science* 220 (1983) S. 868–871.

Gallo, R. C.; Salahuddin, S. Z.; Popovic, M.; Shearer, G. M.; Kaplan, M.; Haynes, B. F.; Parker, T. J.; Redfield, R.; Oleske, J.; Safai, B.; White, G.; Foster, P.; Markham, P. D. *Frequent Detection and Isolation of Cytopathic Retroviruses (HTLV-III) from Patients With AIDS and at Risk for AIDS.* In: *Science* 224 (1984) S. 500–503.

Tindall, B.; Hing, M.; Edwards, P.; Barnes, T.; Mackie, A.; Cooper, D. A. *Severe Clinical Manifestations of Primary HIV Infection.* In: *AIDS* 3 (1989) S. 747–749.

Weissman, I. L. *AIDS: The Whole Body View.* In: *Curr. Biol.* 3 (1993) S. 766–769.

Abschnitt 10.16

Embretson, J.; Zupanicic, M.; Ribas, J. L.; Burke, A.; Racz, P.; Tenderracz, K.; Haase, A. T. *Massive Covert Infection of Helper T Lymphocytes and Macrophages by HIV During the Incubation Period of AIDS.* In: *Nature* 362 (1993) S. 359–362.

Lemp, G. F.; Payne, S. F.; Rutherford, G. W.; Hessol, N. A.; Winkelsten, W. jr.; Wiley, J. A.; Moss, A. R.; Chiasson, R. E.; Chen, R. T.; Feigal, D. W. jr.; Thomas, P. A.; Werdegar, D. *Projections of AIDS Morbidity and Mortality in San Francisco.* In: *JAMA* 263 (1990) S. 1497–1501.

Pantaleo, G.; Graziosi, C.; Demarest, J. F.; Butini, L.; Montroni, M.; Fox, C. H.; Orenstein, J. M.; Kotler, D. P.; Fauci, A. S. *HIV Infection is Active and Progressive in Lymphoid Tissue During the Clinically Latent Stage.* In: *Nature* 362 (1993) S. 355–358.

Abschnitt 10.17

Dalgeish, A. G.; Beverly, P. C. L.; Clapham, P. R.; Crawford, D. H.; Greaves, M. F.; Weiss, R. A. *The CD4(T4)Antigen is an Essential Component of the Receptor for the AIDS Retrovirus.* In: *Nature* 312 (1984) S. 763–767.

Helseth, E.; Olshevsky, U.; Gabuzda, D.; Ardman, B.; Haseltine, W.; Sodroski, J. *Changes in the Transmembrane Region of the Human Immunodeficiency Virus Type 1 gp41 Envelope Glycoprotein Affect Membrane Fusion.* In: *J. Virol.* 64 (1990) S. 6314–6318.

Eiden, L. E.; Lifson, J. D. *HIV Interactions With CD4: A Continuum of Conformations and Consequences.* In: *Immunol. Today* 13 (1992) S. 201–206.

Abschnitt 10.18

Greene, W. C. *The Molecular Biology of Human Immunodeficiency Virus Type 1 Infection.* In: *N. Engl. J. Med.* 324 (1991) S. 308–317.

Haseltine, W. A.; Wong-Staal, F. *Genetic Structure and Regulation of HIV.* In: *Gene Regul. Hum. Retroviruses* 1 (1991) S. 1–157.

Jeang, K.-T.; Chang, Y.; Berkhout, B.; Hammarskold, M.-L.; Rewkosh, D. *Regulation of HIV Expression Mechanisms of Action of* tat *and* rev. In: *AIDS* 5 (1991) S. 513f.

Abschnitt 10.19

Benton, J.; Tsoukas, C. D.; McCutchan, J. A.; Septor, S. A.; Richman, D. D.; Vaughan, J. H. *Impairmant in T-Lymphocyte Responses During Early Infection With the Human Immunodeficiency Virus.* In: *J. Clin. Immunol.* 9 (1989) S. 159–168.

Clerici, M.; Shearer, G. M. *A Th1-Th2 Switch is a Critical step in the Etiology of HIV Infevtion.* In: *Immunol. Today* 14 (1993) S. 107–111.

Gurley, R. J.; Ikeuchi, K.; Byrn, R. A.; Anderxon, K.; Groopman, J. E. *CD4+ Lymphocyte Function With Early Human Immunodeficiency Virus Infection.* In: *Proc. Natl. Acad. Sci. USA* 86 (1989) S. 1993–1997.

Teeuwsen, V. J.; Siebelink, K. H.; de Wolf, F.; Goudsmit, H. J.; Uytedehaag, F. G.; Osterhaus, A. D. *Impairment of in vitro Immune Responses Occurs Within Three Months After HIV-1 Seroconversion.* In: *AIDS* 4 (1990) S. 77–81.

Abschnitt 10.20

De Rossi, A.; Franchini, G.; Aldovini, A.; Del Mistro, A.; Chieco-Bianchi, L.; Gallo, R. C.; Wong-Staal, F. *Differential Responses to the Cytopathic Effects of Human T-Cell Lymphotrophic Virus Type III (HTLV-III) Superinfection in T4+ (Helper) and T8+ (Suppressor) T-Cell Clones Transformed by HTLV-1.* In: *Proc. Natl. Acad. Sci. USA* 83 (1986) S. 4297–4301.

Koga, Y.; Sasaki, M.; Yoshida, H.; Wigzell, H.; Kimura, G.; Nomoto, K. *Cytopathic Effect Determined by the Amount of CD4 Molecules in Human Cell Lines Expressing Envelope Glycoprotein of HIV.* In: *J. Immunol.* 144 (1990) S. 94–102.

Somasundaram, M.; Robinson, H. L. *A Major Mechanism of Human Immunodeficiency Virus-Induced Cell Killing Does Not Involve Cell Fusion.* In: *J. Virol.* 61 (1987) S. 3114–3119.

Abschnitt 10.21

Ivanoff, L. A.; Looney, D. J.; McDanal, C.; Morris, J. F.; Wong-Staal, F.; Langlois, A. J.; Petteway, S. R. Jr.; Matthews, T. J. *Alteration of HIV-1 Infectivity and Neutralization by a Single Amino Acid Replacement in the V3 Loop Domain.* In: *AIDS Res. Hum. Retroviruses* 7 (1991) S. 595–603.

Tremblay, M.; Wainberg, M. A. *Neutralization of Multiple HIV-1 Isolates From a Single Subject by Autologous Sequential Sera.* In: *J. Infect. Dis.* 162 (1990) S. 735–737.

Abschnitt 10.22

Cohn, D. L.; Dobkin, J. F. *Treatment and Prevention of Tuberculosis in HIV Infection.* In: *AIDS* 7 (1993) S. 195–202.

Katlama, C.; Dickinson, G. M. *Update on Opportunistic Infections.* In: *AIDS* 7 (1993) S. 5185–5194.

Siliken, S.; Boyle, M. J. *Update on HIV and Neoplastic Disease.* In: *AIDS* 7 (1993) S. 203–209.

Abschnitt 10.23

Yeni, P.; Schooley, R.; Hammer, S. *Antiretroviral and Immune-Based Therapies: Update.* In: *AIDS* 7 (1993) S. 173–184.

Abschnitt 10.24

Fast, P. E.; Walker, M. C. *Human Trials of Experimental AIDS Vaccines.* In: *AIDS* 7 (1993) S. 147–159.

Girard, M. P.; Shewarer, G. M. *Vaccines and Immunology.* In: *AIDS* 7 (1993) 115f.

Salk, J.; Bretscher, P. A.; Salk, P.; Clerici, M.; Shearer, G. M. *A Strategy for Prophylactic Vaccination Against HIV.* In: *Science* 260 (1993) S. 1270–1272.

Abschnitt 10.25

Decosas, J; Finlay, J. *International AIDS Aid: The Response of Development Aid Agencies to the HIV/AIDS Pandemic.* In: *AIDS* 7 (1993) S. 281–286.

Dowsett, G. W. *Sustaining Safe Sex: Sexual Practices, HIV and Social Context.* In: *AIDS* 7 (1993) S. 257–262.

Immunreaktionen in Abwesenheit einer Infektion

11

In den vorangegangenen Kapiteln haben wir gelernt, daß die adaptive Immunantwort ein wichtiger Bestandteil der Abwehr von Infektionen und damit für unsere Gesundheit von essentieller Bedeutung ist. Adaptive Immunantworten werden manchmal auch durch Antigene ausgelöst, die nichts mit infektiösen Organismen zu tun haben. Dies kann zu schweren Erkrankungen führen. Im wesentlichen entsprechen diese Reaktionen den adaptiven Immunantworten gegen einen Krankheitserreger, lediglich die Antigene sind andere. In diesem Kapitel wollen wir drei besonders wichtige Kategorien solcher Immunreaktionen betrachten: die unangemessenen Reaktionen auf harmlose fremde Substanzen, die man auch als **Allergie** oder **Überempfindlichkeit** (**Hypersensibilität**) bezeichnet, Immunreaktionen gegen körpereigene Antigene – man nennt dies **Autoimmunität** –, die zu **Autoimmunerkrankungen** führen, sowie die Immunreaktionen gegen transplantierte Organe – die Ursache für die **Transplantatabstoßung**.

Diese schädlichen adaptiven Immunreaktionen sind identisch mit den schützenden Immunreaktionen, die Krankheitserreger und infizierte Wirtszellen zerstören. Sie lassen sich in verschiedene Klassen unterteilen, je nachdem, welcher Immunmechanismus den Wirt schädigt und ob es sich um ein zelluläres oder ein lösliches Antigen handelt (Abb. 11.1). Durch IgE-Antikörper und Mastzellen vermittelte Immunantworten sind die wichtigsten Mechanismen der Allergien, während man die anderen Klassen von **Überempfindlichkeitsreaktionen** sowohl bei Allergien als auch bei der Autoimmunität und der Transplantatabstoßung finden kann. In diesem Kapitel werden wir uns mit diesen unerwünschten adaptiven Immunreaktionen und den zugrundeliegenden Mechanismen befassen.

Allergie: Reaktionen auf harmlose Substanzen

Zu allergischen Reaktionen kommt es, wenn ein bereits immunes oder **sensibilisiertes** Individuum erneut mit derselben harmlosen fremden Substanz (oder demselben **Allergen**) in Kontakt kommt. Allergische Reaktionen reichen von der vertrauten laufenden Nase und dem Niesen bei Heuschnupfen bis hin zur systemischen Anaphylaxie, die bei sehr empfindlichen Menschen als Reaktion auf einen Bienenstich oder einen Insektenbiß eintreten und bis zum Tod führen kann. Diese Reaktionen treten beim allerersten Kontakt mit dem Allergen noch nicht auf. Die erste adaptive Immunreaktion benötigt Zeit und wird in der Regel gar nicht wahrgenommen. Sobald

	Typ I	Typ II		Typ III	Typ IV	
Immun-komponente	IgE-Antikörper	IgG-Antikörper		IgG-Antikörper	T-Zellen	
Antigen	lösliches Antigen	zell- oder matrix-assoziiertes Antigen	Zelloberflächen-rezeptoren	lösliches Antigen	lösliches Antigen	zellassoziiertes Antigen
Effektor-mechanismus	Mastzell-aktivierung	Komplementsystem, FcR⁺-Zellen (Phagocyten, NK-Zellen)	Antikörper ändert Signalgebung	Komplementsystem, Phagocyten	Makrophagen-aktivierung	Cytotoxizität

11.1 Es gibt vier Typen von Gewebeschädigungen durch Immunreaktionen. Die Typen I bis III werden durch Antikörper vermittelt. Sie unterscheiden sich in den Arten der beteiligten Antigene und den Antikörperklassen. Reaktionen vom Typ I werden von IgE vermittelt, welches die Aktivierung der Mastzellen bewirkt, die Typen II und II dagegen durch IgG, das entweder komplementvermittelte oder phagocytische Effektormechanismen auslöst. Diese verschiedenen Effektormechanismen führen zu sehr unterschiedlichen Gewebeschäden und Krankheitsbildern. Reaktionen vom Typ II richten sich gegen Zelloberflächen- oder matrixassoziierte Antigene. Reaktionen vom Typ III sind gegen lösliche Antigene gerichtet, und die mit ihnen einhergehenden Gewebeschäden werden durch Immunkomplexe verursacht. An einer besonderen Klasse der Typ-II-Reaktionen sind IgG-Antikörper gegen Zelloberflächenrezeptoren beteiligt.

Sie behindern die normale Funktion der Rezeptoren, indem sie entweder ihre unkontrollierte Aktivierung verursachen oder die Rezeptorfunktion blockieren. Da die Oberflächenrezeptoren körpereigene Proteine sind, beobachtet man diese Typ-II-Reaktion nur bei Autoimmunerkrankungen. Reaktionen vom Typ IV werden von T-Zellen vermittelt und lassen sich in zwei Klassen einteilen: Bei der ersten beruht die Gewebeschädigung auf der Aktivierung von Entzündungsreaktionen durch T_H1-Zellen, die hauptsächlich durch Makrophagen vermittelt werden, bei der zweiten wird die Schädigung direkt durch cytotoxische T-Zellen verursacht. Alle diese Arten von Überempfindlichkeitsreaktionen finden wir sowohl bei der Autoimmunität als auch bei der Allergie. Die einzige Ausnahme ist die Hypersensibilitätsreaktion vom Typ I. IgE-Reaktionen konnte man bisher nicht im Zusammenhang mit Autoimmunität beobachten.

jedoch gegen das Antigen gerichtete Antikörper oder T-Zellen vorhanden sind, führt jeder erneute Kontakt mit diesem Antigen zu Symptomen. Diese Reaktionen sind identisch mit der Immunantwort gegen einen Krankheitserreger, aber da das Allergen selbst unschädlich ist, beruhen die Krankheitserscheinungen ausschließlich auf der Immunreaktion. Die allergischen Reaktionen sind also ein weiteres Beispiel dafür, daß das Immunsystem selbst wesentlich zum Krankheitsbild beitragen kann, wie es auch bei der Reaktion auf manche Infektionen der Fall ist (Abschnitt 10.5).

Ursprünglich hat man allergische Reaktionen anhand ihrer klinischen Symptome klassifiziert, da die zugrundeliegenden Mechanismen noch unbekannt waren. Schnelle allergische Reaktionen nennt man **Überempfindlichkeit vom Soforttyp**, **atopische Allergie** oder **Atopie**. Bei diesen Reaktionen dominieren IgE-Antikörper. Bei der **Überempfindlichkeit vom verzögerten Typ** sind T-Zell-Antworten die Ursache, die erst nach einem oder zwei Tagen ihr Maximum erreichen. In einigen Fällen ist die Entwicklung allergischer Reaktionen sehr komplex, und sie lassen sich nicht einfach einem dieser Typen zuordnen. Wir wissen noch nicht, warum manche Menschen auf eine Substanz allergisch reagieren und andere nicht. Der MHC-Genotyp spielt dabei jedoch offensichtlich eine Rolle.

11.1 Allergische Reaktionen treten auf, wenn ein sensibilisiertes Individuum ein extrinsisches Antigen erkennt

Viele verbreitete Allergien werden durch Antigene auf eingeatmeten Partikeln verursacht oder richten sich gegen Substanzen, mit denen wir über die Haut in Kontakt kommen. Diese Antigene haben ihren Ursprung außerhalb des Körpers, und man bezeichnet sie daher als extrinsisch. Der erste Kontakt führt zur Bildung von Antikörpern oder T-Zellen. Ein erneuter Kontakt mit demselben Allergen, der gewöhnlich auf die gleiche Weise erfolgt wie der erste, führt zu einer **allergischen Reaktion**. An dieser kann jeder der in Abbildung 11.1 gezeigten Mechanismen mitwirken.

Heuschnupfen ist eine typische allergische Reaktion. Der erste Kontakt mit den Proteinen in eingeatmeten Pollenkörnern verursacht eine IgE-Antikörperreaktion. Werden dieselben Pollen später erneut eingeatmet, dann diffundieren die Proteine durch das respiratorische Epithel der oberen Atemwege, wo sie an bereits gebildetes IgE auf Mastzellen der Submucosa binden (Abschnitt 8.20). Dabei aktivieren sie die Mastzellen, welche die Atemwege auskleiden, und verursachen Heuschnupfen oder Asthma (Abb. 11.2). Der Kontakt mit Allergenen kann auch zu IgG- oder T-Zell-Antworten führen, aber inhalierte Antigene lösen solche Reaktionen nur selten aus. Ist ein Individuum erst sensibilisiert, werden die allergischen Reaktionen oft von Mal zu Mal schlimmer, denn jeder erneute Kontakt führt nicht nur zu den gleichen allergischen Symptomen wie der vorhergehende, sondern erhöht auch die Anzahl der vorhandenen Antikörper oder T-Zellen.

Im Fall von IgE-vermittelten Reaktionen versuchen die Allergologen, den Patienten mit Hilfe von sorgfältig kontrollierten und wiederholten Konfrontationen mit dem Allergen zu **desensibilisieren**. Zwar ist der genaue Mechanismus bislang noch nicht bekannt, man nimmt jedoch an, daß die Desensibilisierung mit der Produktion von IgG- und IgA-Antikörpern gegen das Allergen zusammenhängt. Wenn genügend IgG oder IgA produziert werden, binden diese Antikörper an das Allergen, verhindern dessen Anlagerung an IgE und blockieren somit die allergische Reaktion. Die Bindung von IgG oder IgA an das Allergen verursacht keine wahrnehmbaren Symptome – wahrscheinlich, weil inhalierte Antigene meist nur in sehr geringer Dosis aufgenommen werden. In einem der folgenden Abschnitte werden wir jedoch sehen, daß IgG-Antikörper Gewebeschäden verursachen können, wenn sie mit großen Antigenmengen wechselwirken.

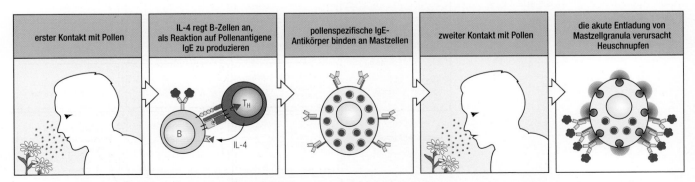

| erster Kontakt mit Pollen | IL-4 regt B-Zellen an, als Reaktion auf Pollenantigene IgE zu produzieren | pollenspezifische IgE-Antikörper binden an Mastzellen | zweiter Kontakt mit Pollen | die akute Entladung von Mastzellgranula verursacht Heuschnupfen |

11.2 Für allergische Reaktionen ist ein vorhergehender Kontakt mit dem Allergen notwendig. Hier löst der erste Kontakt mit Pollen die Produktion von pollenspezifischen IgE-Antikörpern aus. Sie wird durch das von CD4-T-Helferzellen (T$_H$2) freigesetzte IL-4 vorangetrieben. IgE bindet über FcεRI an Mastzellen. Sobald genügend IgE-Antikörper auf den Mastzellen vorhanden sind, führt ein erneuter Kontakt mit denselben Pollen zur Aktivierung der Mastzellen. Das verursacht eine allergische Reaktion, in diesem Fall Heuschnupfen. Es können einige Antigenkontakte notwendig sein, um eine allergische Reaktion auszulösen.

11.2 Die Art der allergischen Reaktion hängt von der Art der Immunantwort ab

Die antikörpervermittelten Überempfindlichkeitsreaktionen lassen sich, wie in Abbildung 11.1 gezeigt, in drei Klassen einteilen. Den häufigsten Allergien liegt die Produktion von IgE-Antikörpern zugrunde, was zu einer Hypersensibilitätsreaktion vom Typ I führt – der klassischen Überempfindlichkeitsreaktion vom Soforttyp, die innerhalb von Sekunden oder Minuten nach dem Antigenkontakt eintritt. Das IgE regt Mastzellen zur Freisetzung von vasoaktiven Aminen, Leukotrienen und Cytokinen an – genauso, als würden die Mastzellen auf eine Infektion reagieren (Abschnitt 8.21). IgE-vermittelte Reaktionen sind bei ansonsten gesunden Menschen ein wichtiger Verursacher von Krankheitserscheinungen. Einige der Allergieerkrankungen, die auf Überempfindlichkeitsreaktionen vom Typ I beruhen, sind in Abbildung 11.3 zusammengefaßt.

An einigen allergischen Reaktionen sind auch andere Antikörperisotypen als IgE beteiligt. Zelluläre Allergene führen zu Überempfindlichkeitsreaktionen vom Typ II: Die Antikörper aktivieren das Komplementsystem und Fc-vermittelte Effektorreaktionen, und die Zellen werden so angegriffen, als seien sie Bakterien (Abschnitte 8.18 und 8.22 bis 8.30). Bei löslichen Allergenen bilden sich in dem betroffenen Gewebe Immunkomplexe, die wiederum lokale Entzündungen verursachen. In diesem Fall spricht man von Hypersensibilitätsreaktionen vom Typ III. Reaktionen vom Typ I treten innerhalb von Minuten nach Kontakt mit dem Allergen ein, Reaktionen vom Typ II und III laufen innerhalb weniger Stunden an.

Bei Hypersensibilitätsreaktionen vom Typ IV ist das Antigen entweder ein fremdes Protein oder eine chemische Substanz, die mit körpereigenen Proteinen reagiert. Wenn Selbst-Proteine chemisch modifiziert werden, so erscheinen ihre Peptide den eigenen T-Zellen als fremd. Ist eine Person gegenüber einem modifizierten Selbst-Peptid oder einem fremden Protein sensibilisiert, dann löst ein erneuter Kontakt eine T-Zell-Antwort aus, zu deren Entwicklung einige Tage notwendig sind. Aus diesem Grund nennt

11.3 IgE-vermittelte Reaktionen gegen externe Antigene. Bei allen IgE-vermittelten Reaktionen ist die Degranulierung von Mastzellen zu beobachten. Die Symptome, die der Patient wahrnimmt, können jedoch sehr unterschiedlich sein – je nachdem, ob das Allergen injiziert, inhaliert oder mit der Nahrung aufgenommen wurde. Auch die Antigendosis spielt eine Rolle (Abb. 11.6).

IgE-ermittelte allergische Reaktionen			
Syndrom	**verbreitete Allergene**	**Eintrittsweg**	**Reaktion**
systemische Anaphylaxie	Medikamente, Serum, Gifte	intravenös	Ödeme, Gefäßerweiterung, Verschluß der Atemwege, Kreislaufkollaps, Tod
erythematöse Quaddelbildung	Insektenstiche, Allergietests	subkutan	lokale Gefäßerweiterung, lokale Ödeme
Heuschnupfen (allergische Rhinitis)	Pollen (Jakobskreuzkraut, Timotheusgras, Birke), Staubmilbenkot	inhaliert	Ödeme und Reizung der Nasenschleimhaut
Asthma bronchiale	Pollen, Staubmilbenkot	inhaliert	Zusammenziehen der Bronchien, erhöhte Schleimsekretion, Entzündungen der Atemwege
Nahrungsmittelallergie	Schalentiere, Milch, Eier, Fisch, Weizen	oral	Erbrechen, Durchfall, Hautjucken, Urticaria (Nesselsucht)

man diese Reaktionen auch Überempfindlichkeitsreaktionen vom verzögerten Typ. Solche Reaktionen entstehen gewöhnlich bei direktem Hautkontakt mit dem Allergen. Man nennt daher auch Kontakt-Hypersensibilitätsreaktionen. Die T-Zell-Antwort beruht auf CD4- oder CD8-T-Zellen und kann das Gewebe entweder durch die Freisetzung inflammatorischer Cytokine (Abschnitt 7.25) oder durch direkte cytotoxische Effekte schädigen – genauso, als wäre die körpereigene Zelle, die das modifizierte Peptid präsentiert, von einem Virus infiziert (Abschnitt 7.21).

Die Klasse der Antikörper oder T-Zellen, die als Reaktion auf ein Allergen entstehen, bestimmt also, von welchem Typ die allergische Reaktion bei einem erneuten Kontakt mit dem Allergen sein wird. Da IgE-Antworten die häufigste Ursache von Allergien sind, ist es wichtig, festzustellen, warum bestimmte Antigene die Produktion von IgE-Antikörpern ganz besonders gut stimulieren können und warum manche Menschen anfälliger für Allergien sind als andere. In den folgenden Abschnitten werden wir die aktuellen Ansätze zur Beantwortung dieser Fragen betrachten.

11.3 Allergene, die IgE-Reaktionen hervorrufen, gelangen oft in niedriger Dosis durch Schleimhäute in den Körper

Viele Allergien des Menschen werden durch wenige eingeatmete Proteinallergene verursacht, die reproduzierbare IgE-Reaktionen auslösen. Die Tatsache, daß wir viele verschiedene Proteine einatmen, die nicht zu einer IgE-Reaktion führen, wirft die Frage auf, was so ungewöhnlich an den Proteinen ist, die allergen wirken. Obwohl wir dies immer noch nicht völlig verstehen, zeichnen sich einige allgemeine Prinzipien ab (Abb. 11.4).

Die meisten Allergene sind verhältnismäßig kleine, gut lösliche Proteinmoleküle, die zusammen mit ausgetrockneten Partikeln, wie etwa Pollenkörnern oder Milbenkot, eingeatmet werden. Das leicht lösliche Allergen wäscht sich von dem Partikel ab und diffundiert in die Schleimhaut (Mucosa). Die Allergene werden dem Immunsystem in sehr geringen Dosen präsentiert. Man hat geschätzt, daß die maximale Exposition eines Menschen gegenüber häufigen Pollenallergenen 1 μg pro Jahr nicht überschreiten kann! Und dennoch entwickeln viele Menschen lästige und zum Teil sogar lebensbedrohliche IgE-Reaktionen gegen diese winzigen Allergenmengen. Wichtig ist, daß nicht alle Menschen, die mit solchen Substanzen in Kontakt kommen, IgE-Antikörper gegen sie ausbilden. Die Faktoren, die dafür verantwortlich sind, wer auf Allergene reagiert, werden im nächsten Abschnitt vorgestellt.

Wahrscheinlich induziert die transmucosale Präsentation niedriger Allergendosen IgE-Antworten besonders effizient. Wie wir in Kapitel 8 gesehen haben, sind für die Bildung von IgE-Antikörpern IL-4-produzierende CD4-T-Helferzellen notwendig (T_H2), und sie kann durch IFN-γ-produzierende inflammatorische CD4-T-Zellen (T_H1) gehemmt werden (Abb. 8.9). Außerdem wissen wir, daß die geringe Dosis, mit der die Allergene durch Schleimhäute in den Körper gelangen, eher zur Aktivierung von CD4-T-Helferzellen als von inflammatorischen CD4-T-Zellen führt (Abschnitt 9.16). Die vorherrschende antigenpräsentierende Zelle im Atmungsepithel besitzt ähnliche Eigenschaften wie die Langerhansschen Zellen (Kapitel 7 und 9), von denen man annimmt, daß sie Allergene binden und in lokale Lymphknoten transportieren, wo naive CD4-T-Zellen zum ersten Mal ihren Peptiden begegnen. Diese Zellen nehmen kaum Proteinantigene auf, wirken jedoch stark costimulierend, und da sie kein IL-12 produzieren, führen sie wahrscheinlich nicht zur Aktivierung inflammatorischer CD4-T-Zellen, die durch IL-12 gefördert wird (Abschnitt 9.15).

Einige gut charakterisierte Allergene sind Proteasen. Dies könnte ebenfalls zu ihrer Fähigkeit beitragen, IgE-Antworten auszulösen. Es gibt einige

Eigenschaften inhalierter Allergene, die IgE-Reaktionen fördern könnten	
Protein	nur Proteine lösen T-Zell-Antworten aus
niedrige Dosis	begünstigt die Aktivierung IL-4-produzierender CD4-T-Zellen
geringes Molekulargewicht	diffundiert aus Partikel in den Schleim
gute Löslichkeit	leicht aus Partikel ausgewaschen
stabil	überlebt in ausgetrockneten Partikeln
enthält Peptide, die an körpereigene MHC-Klasse-II-Moleküle binden	für die Aktivierung der T-Zellen *(priming)* bei einem ersten Kontakt notwendig (Abschn.11.14)

11.4 Eigenschaften inhalierter Antigene.

Hinweise darauf, daß eine Proteaseaktivität die Freisetzung von IL-4 aus nichtlymphatischen Zellen – höchstwahrscheinlich basophilen Zellen – stimulieren kann, was wiederum die selektive Aktivierung von CD4-T-Helferzellen oder T_H2 begünstigt.

11.4 Bestimmte MHC-Genotypen und eine hohe IgE-Grundkonzentration erhöhen die Anfälligkeit für IgE-vermittelte Allergien

Mehrere Faktoren prädisponieren einen Menschen für die Ausbildung von IgE-Antworten. Bisher hat man zwei Hauptfaktoren identifiziert: erstens eine ererbte Tendenz für ausgeprägte IgE-Reaktionen auf viele Allergene und zweitens einen bestimmten MHC-Klasse-II-Genotyp, der die Reaktion auf bestimmte Allergene kontrolliert. Die IgE-Produktion unterliegt einer strengen Regulation, wie an den extrem niedrigen IgE-Serumkonzentrationen bei den meisten Einwohnern von Industrieländern zu erkennen ist (Abb. 3.27). Allerdings löst eine Infektion mit parasitischen Würmern sehr ausgeprägte IgE-Antworten aus – wahrscheinlich, weil IgE vor einem Wurmbefall schützt (Abb. 8.29). Menschen, die aus diesem Grund erhöhte IgE-Werte aufweisen, neigen nicht stärker zu Allergien als andere – im Gegenteil, sie zeigen meist sogar weniger allergische Reaktionen. Der Grund ist möglicherweise, daß die IgE-Rezeptoren auf Mastzellen mit IgE-Molekülen abgesättigt sind, die sich spezifisch gegen Epitope auf den Parasiten richten, und daß die Mastzellen daher kaum solche IgE-Moleküle binden, die in relativ geringer Menge als Reaktion auf das Allergen produziert wurden.

Die meisten Allergiker bilden IgE-Antikörper nur gegen ein Allergen oder einige wenige aus. Bei solchen Patienten besteht ein deutlicher Zusammenhang zwischen der IgE-Produktion gegen ein bestimmtes Antigen und dem Genotyp am MHC-Klasse-II-Locus HLA-DR (Abb. 11.5). Patienten mit einem hohen IgE-Spiegel verabreicht man manchmal Allergene in hoher Konzentration, um einen Klassenwechsel zu IgG zu induzieren und dadurch die allergischen Reaktionen zu hemmen (Abschnitt 11.1). Dabei hat man festgestellt, daß der HLA-DR-Genotyp, der offensichtlich mit einer verstärkten IgE-Reaktion auf Allergene in normalen Konzentrationen zusammenhängt, diesen Wechsel zu IgG begünstigt. Dies deutet stark darauf hin, daß die HLA-DR-Moleküle Peptide aus dem Allergen besonders gut binden und sie in hoher Konzentration den T-Zellen präsentieren, wenn man das Allergen zur Desensibilisierung des Patienten einsetzt. Eine effektive Bindung der Peptide an MHC-Klasse-II-Moleküle würde sowohl

11.5 Der MHC-Klasse-II-Genotyp beeinflußt die Wahrscheinlichkeit, mit der eine Person mit IgE-Reaktionen auf ein bestimmtes Allergen antwortet. Es besteht ein Zusammenhang zwischen IgE-Reaktionen gegen kleine Proteine aus den Pollen von Jakobskreuzkraut und dem HLA-DR-Genotyp. Sie sind jedoch nicht völlig korreliert, was darauf hindeutet, daß noch weitere Faktoren beteiligt sind.

Regulierung der IgE-Reaktivität gegen Pollenantigene durch den MHC			
Allergen	Antigen	Molekulargewicht	mit der IgE-Reaktion assoziiertes HLA-Allel
Pollen von Jakobskreuzkraut	Amb a V	5000	DR2
	Amb a V1	11 000	DR5
	Amb t V	4400	DR2
Gräser	Lol p I	27 000	DR3
	Lol p II	11 000	DR3
	Lol p III	11 000	DR3

die Wahrscheinlichkeit einer ersten Immunantwort erhöhen, als auch den Umschwung dieser Antwort nach IgG fördern, wenn das Allergen in großen Mengen verabreicht wird. Letzteres geschieht vermutlich, weil eine erhöhte Menge spezifischer Peptid:MHC-Komplexe die Aktivierung inflammatorischer CD4-T-Zellen (T_H1) begünstigt (Abschnitt 9.16).

Schließlich scheinen einige Menschen besser auf alle Antigene reagieren zu können. Die Gründe dafür liegen bisher noch im dunkeln. Dieses Phänomen hängt aber möglicherweise ebenfalls mit dem MHC-Genotyp zusammen. Zwei häufige HLA-Haplotypen sind mit einer Neigung zu Autoimmunerkrankungen und Allergien verbunden. Es ist vollkommen unklar, ob diese erhöhte Reaktivität nützlich ist. Wenn wir aber annehmen, daß diese Menschen auch schneller und effektiver auf Krankheitserreger reagieren, könnte sie durchaus einen evolutionären Vorteil bedeuten. Bevor wir verstehen können, warum einige Menschen allergische Reaktionen entwickeln und andere nicht, müssen wir diese genetischen Faktoren erst genauer kennen.

11.5 IgE-vermittelte Immunreaktionen haben unterschiedliche Konsequenzen – je nach der Dosis des Allergens und seinem Eintrittsweg in den Körper

Überempfindlichkeitsreaktionen vom Typ I werden ausgelöst, wenn sich das Allergen an spezifische IgE-Antikörper bindet, die ihrerseits von FcεRI auf Mastzellen festgehalten werden. Das Vernetzen der gebundenen IgE-Antikörper durch Allergene stimuliert die Mastzellen zur Freisetzung von Botenstoffen, die auf Blutgefäße und glatte Muskelzellen in ihrer unmittelbaren Nachbarschaft einwirken. Das klinische Erscheinungsbild hängt dabei von drei Variablen ab: der Anzahl der vorhandenen IgE-Antikörper, dem Eintrittsweg des Allergens und der Allergendosis (Abb. 11.6; siehe auch Abb. 8.33).

Bei systemischer Verabreichung des Allergens können die Mastzellen des Bindegewebes sämtlicher Blutgefäße aktiviert werden. Dies führt zu einem sehr gefährlichen Syndrom, der sogenannten **systemischen Anaphylaxie**. Eine Aktivierung von Mastzellen überall im Körper verursacht Gefäßerweiterungen, die ihrerseits zu einem katastrophalen Blutdruckabfall, zu einem Zusammenziehen der Atemwege, einem Anschwellen des Kehldeckels und damit zum Erstickungstod führen. Dieses Syndrom bezeichnet man auch als **anaphylaktischen Schock**. Er kann entstehen, wenn man Menschen Medikamente verabreicht, gegen die sie allergisch sind, aber auch nach einem Insektenstich, wenn der Betroffene auf das Insektengift allergisch reagiert. Der anaphylaktische Schock führt schnell zum Tod, kann jedoch durch sofortige Gabe von Adrenalin unter Kontrolle gebracht werden.

Die häufigsten allergischen Reaktionen auf Medikamente sind die gegen Penicillin und verwandte Substanzen. Bei Menschen mit IgE-Antikörpern gegen Penicillin kann die intravenöse Gabe dieses Antibiotikums zur Anaphylaxie und sogar zum Tod führen. Daher sollte sorgfältig festgestellt werden, ob eine Person gegen Penicillin allergisch ist oder nicht, bevor man es verordnet. Penicillin wirkt als Hapten (Abschnitt 8.2). Es ist ein kleines Molekül mit einem hochreaktiven β-Lactamring, der für die antibiotische Wirkung verantwortlich ist, der aber auch mit Aminogruppen von Proteinen reagiert und kovalente Konjugate bildet. Wenn Penicillin oral oder intravenös aufgenommen wird, bildet es Konjugate mit körpereigenen Proteinen und verändert diese dadurch stark genug, daß sie T-Helferzellen aktivieren können. Diese stimulieren dann penicillinbindende B-Zellen zur Produktion von Antikörpern gegen das Penicillinhapten. Dabei handelt es sich meist um IgE-Antikörper. Penicillin wirkt also sowohl als B-Zell- als auch – indem es körpereigene Peptide modifiziert – als T-Zell-Antigen. Injiziert man allergischen Personen intravenös Penicillin, dann vernetzt es IgE-Moleküle auf Mastzellen und verursacht dadurch eine Anaphylaxie.

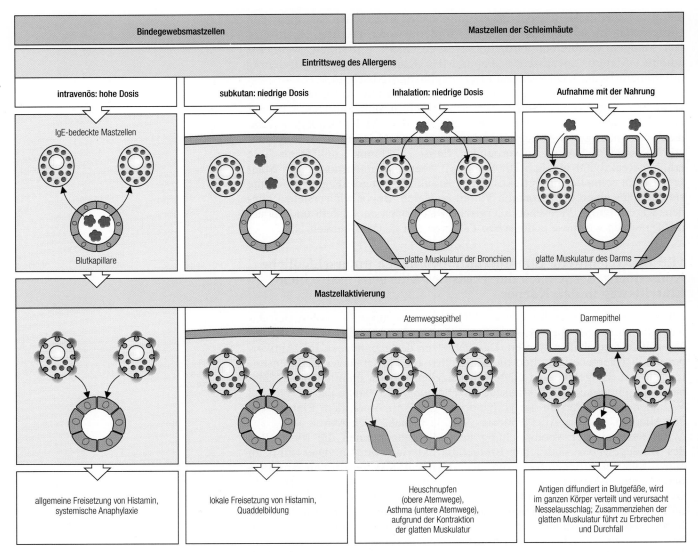

11.6 Die Dosis und der Weg, auf dem das Allergen in den Körper gelangt, bestimmen den Typ der IgE-vermittelten allergischen Reaktion. Es gibt zwei Hauptklassen von Mastzellen: die mit Blutgefäßen assoziierten, die man auch als Bindegewebsmastzellen bezeichnet, und solche, die man in der Submucosa findet, die sogenannten Mucosa- oder Schleimhautmastzellen. Bei einer allergischen Person sind alle Mastzellen von IgE-Antikörpern bedeckt, die sich gegen ein bestimmtes Allergen richten. Die Gesamtreaktion gegen ein Allergen hängt davon ab, welche Mastzellen aktiviert werden. Allergene im Blutstrom stimulieren Bindegewebsmastzellen im ganzen Körper, was die systemische Freisetzung von Histamin und anderen Botenstoffen zur Folge hat. Die subkutane Verabreichung eines Allergens aktiviert nur Binde-gewebsmastzellen in einem eng umgrenzten Bereich und führt damit zu einer lokalen Entzündungsreaktion. Eingeatmete Antigene, die das Epithel durchdringen, aktivieren hauptsächlich Mucosamastzellen, erhöhen dadurch die lokale Schleimbildung und verursachen Reizungen. Sie bewirken auch ein Zusammenziehen der glatten Muskulatur in den unteren Atemwegen und damit eine Konstriktion der Bronchien und Schwierigkeiten beim Ausatmen. In ähnlicher Weise durchdringen mit der Nahrung aufgenommene Antigene das Darmepithel. Aufgrund der Kontraktion der glatten Muskeln verursachen sie Erbrechen. Allergene aus der Nahrung werden außerdem mit dem Blut im Körper verteilt und führen zur Nesselsucht (Urticaria).

Die lokale Verabreichung geringer Allergenmengen über die Haut führt zu einer weit schwächeren allergischen Reaktion. Die lokale Aktivierung von Mastzellen in der Haut verursacht eine örtliche Gefäßerweiterung und einen Austritt von Flüssigkeit ins Gewebe, wodurch sich rötliche Quaddeln bilden (*wheal and flare reaction*). Dies macht man sich bei den üblichen Allergietests zunutze. Eine andere Standardprozedur ist die Ermittlung der Konzentration an IgE-Antikörpern, die gegen ein bestimmtes Allergen gerichtet sind, mit Hilfe eines Sandwich-ELISAs oder eines RIAs (Abschnitt 2.7).

Das Atmungssystem ist der häufigste Eintrittsweg für Allergene. Viele Menschen haben schwache Allergien gegen eingeatmete Antigene, die sich als Niesen und eine laufende Nase äußern. Man bezeichnet solche Allergien auch als **allergische Rhinitis** oder Heuschnupfen. Sie beruhen auf der Aktivierung von Mastzellen in der Schleimhaut des Riechepithels, ausgelöst durch Allergene, die durch die Schleimhaut der Nasenwege diffundieren. Heuschnupfen ist zwar lästig, führt jedoch kaum zu bleibenden Schäden. Ein schwerwiegenderes Syndrom ist das **allergische Asthma**, das durch die Aktivierung von Mastzellen in der Submucosa der unteren Atemwege verursacht wird. Dies führt zu einem Zusammenziehen der Bronchien sowie zu einer erhöhten Flüssigkeits- und Schleimsekretion und erschwert das Atmen, da die eingeatmete Luft in der Lunge festgehalten wird. Patienten mit allergischem Asthma brauchen oft eine Behandlung, und Asthma-Anfälle können lebensbedrohlich sein.

Wenn die Allergene mit der Nahrung aufgenommen werden, kennen wir schließlich zwei Typen allergischer Reaktionen. Die Aktivierung von Mastzellen in der Schleimhaut des Gastrointestinaltraktes kann zum Verlust von Flüssigkeit durch die Epithelien und zur Kontraktion glatter Muskelzellen führen, was Übelkeit und Durchfall zur Folge hat. Auch werden Bindegewebsmastzellen in tieferen Hautschichten aktiviert – wahrscheinlich aufgrund einer Bindung von IgE an das aufgenommene und absorbierte Allergen im Blut –, was zu einem Nesselausschlag mit großen roten Schwellungen unter der Hautoberfläche (**Urticaria**) führen kann. Dies ist eine häufige Reaktion, wenn allergische Patienten Penicillin einnehmen. Wie eine orale Aufnahme von Allergenen die Nesselbildung genau verursacht, weiß man nicht.

11.6 Eine Behandlung mit Antihistaminika beeinflußt nur die erste Phase der IgE-vermittelten Reaktion

Mastzellen reagieren auf die Stimulierung durch IgE zunächst mit der Entleerung bereits vorhandener Granula (Abb. 8.31), wobei insbesondere das vasoaktive Amin **Histamin** und verschiedene Enzyme freiwerden. Später bilden sie im Rahmen des Arachidonsäuremetabolismus Leukotriene (Abb. 8.32), die ebenfalls Entzündungen fördern, indem sie eine dauerhaftere Erhöhung des Blutflusses und der Gefäßpermeabilität verursachen. Aktivierte Mastzellen produzieren außerdem Cytokine, wie etwa IL-3, IL-4, IL-5 und TNF-α, welche die allergische Reaktion weiter aufrechterhalten. Die von den Mastzellen freigesetzten Botenstoffe und Cytokine locken Monocyten, T-Zellen und eosinophile Zellen an die Stelle, an der das Allergen eingedrungen ist. Dies führt innerhalb von sechs bis zwölf Stunden zu einer Reaktion der späten Phase, die von der Aktivität dieser rekrutierten Zellen geprägt ist. Man behandelt allergische Reaktionen oft mit Antihistaminika, die nur die frühe Phase der Reaktion beeinflussen. Die Immunantwort der späten Phase läßt sich am besten mit Corticosteroiden hemmen.

Die Veränderungen, die im Verlauf IgE-vermittelter allergischer Reaktionen stattfinden, sind vorübergehend und verschwinden, wenn das Antigen beseitigt ist. Wenn es allerdings wiederholt zu solchen Reaktionen kommt, kann dies chronische Entzündungen mit sich bringen. Im Falle von Asthma führt die wiederholte Stimulierung von Mastzellen zu einer chronischen Entzündung der Atemwege, die dadurch empfindlicher gegen Reize wie etwa Temperaturveränderungen oder Luftverschmutzung sind. Antihistaminika und andere Medikamente, welche die Immunantwort der frühen Phase effektiv hemmen, zeigen hier keine signifikante Wirkung.

11.7 Einige unmittelbare Überempfindlichkeitsreaktionen werden durch IgG-Antikörper vermittelt

Die IgE-vermittelten Überempfindlichkeitsreaktionen sind die bei weitem häufigsten allergischen Reaktionen. Es gibt jedoch auch einige medizinisch bedeutsame Hypersensibilitätsreaktionen, die nicht durch IgE, sondern durch IgG vermittelt werden. Man bezeichnet diese auch als Hypersensibilitätsreaktionen vom Typ II und Typ III (Abb. 11.1). Sie laufen ohne Aktivierung der Mastzellen ab.

An den Reaktionen vom Typ II ist die Bindung von IgG- (und gelegentlich IgM-) Antikörpern an Zelloberflächen oder extrazelluläre Matrixmoleküle beteiligt. Die gebundenen Antikörper aktivieren Komplement- und Fc-Rezeptoren tragende akzessorische Zellen, wie sie es auch bei der Abwehr von Krankheitserregern tun würden. Rote Blutkörperchen und Blutplättchen sind extrem anfällig für Reaktionen dieses Typs, da sie weniger komplementregulatorische Proteine besitzen als andere Zellen. Bestimmte Medikamente, wie beispielsweise Quinidin, das zur Behandlung von Herzrhythmusstörungen eingesetzt wird, kann an Zellmembranen binden. IgG-Antikörper gegen solche Substanzen können sich dann ihrerseits an die modifizierten Zellmembranen anlagern. Das offensichtlichste Ergebnis einer solchen Reaktion ist die Lyse der roten Blutkörperchen durch das Komplementsystem. Dies ist eine seltene, aber wichtige Form der Allergie.

Zu Überempfindlichkeitsreaktionen vom Typ III kommt es bei löslichen Allergenen. Ursache der Symptome ist die Ablagerung von Antigen:Antikörper-Aggregaten oder **Immunkomplexen** an bestimmten Stellen im Gewebe. Diese entstehen bei jeder Antikörperreaktion. Ihr pathogenes Potential wird zum Teil durch ihre Größe bestimmt. Größere Aggregate reagieren mit dem Komplementsystem und werden schnell durch Phagocyten beseitigt. Dagegen neigen die kleineren Aggregate, die sich bei einem Überschuß von Antigenen bilden (Abb. 2.13), dazu, sich an Gefäßwänden abzulagern und hier eine Schädigung des Gewebes zu verursachen. Wenn ein sensibilisiertes Individuum gegen ein bestimmtes Antigen gerichtete IgG-Antikörper besitzt, kann man durch eine Injektion des Antigens die lokale Bildung von Immunkomplexen auslösen. Injiziert man das Antigen in die Haut, dann bilden IgG-Antikörper, die ins Gewebe diffundiert sind, an dieser Stelle Immunkomplexe. Die Immunkomplexe aktivieren das Komplementsystem, das C5a freisetzt. Dies wiederum löst eine lokale Entzündungsreaktion mit einer Erhöhung der

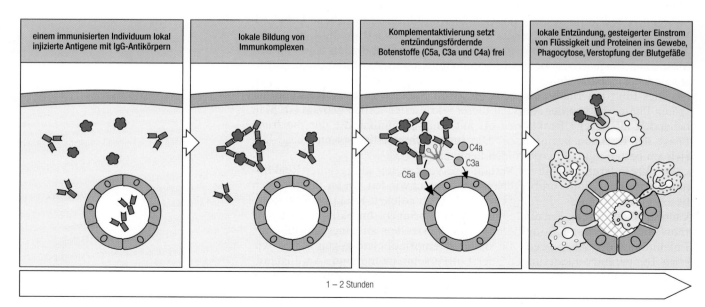

| einem immunisierten Individuum lokal injizierte Antigene mit IgG-Antikörpern | lokale Bildung von Immunkomplexen | Komplementaktivierung setzt entzündungsfördernde Botenstoffe (C5a, C3a und C4a) frei | lokale Entzündung, gesteigerter Einstrom von Flüssigkeit und Proteinen ins Gewebe, Phagocytose, Verstopfung der Blutgefäße |

C4a
C3a
C5a

1 – 2 Stunden

11.7 Die Ablagerung von Immunkomplexen im Gewebe verursacht lokale Entzündungsreaktionen (Typ III oder Arthus-Reaktion). Haben Personen bereits Antikörper gegen ein bestimmtes Allergen gebildet, führt dessen Injektion in die Haut zur Bildung von Immunkomplexen mit IgG-Antikörpern, die aus den Kapillaren herausdiffundiert sind. Da die Allergendosis niedrig ist, entstehen die Immunkomplexe in der Nähe der Injektionsstelle, wo sie das Komplementsystem aktivieren. Dies bildet entzündungsfördernde Moleküle wie C5a, welche die Gefäßpermeabilität und den Blutfluß erhöhen, so daß inflammatorische Zellen in die Region einwandern. Blutplättchen sammeln sich an und führen zum Gefäßverschluß.

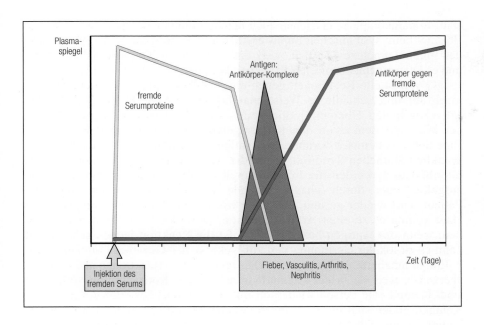

11.8 Die Serumkrankheit ist ein klassisches Beispiel für ein vorübergehendes, von Immunkomplexen vermitteltes Syndrom. Die Injektion eines fremden Proteins, in diesem Fall aus Pferdeserum, führt zu einer Antikörperreaktion. Diese Antikörper bilden mit den zirkulierenden fremden Proteinen Immunkomplexe. Diese wiederum aktivieren das Komplementsystem und Phagocyten, induzieren Fieber und werden in kleinen Gefäßen abgelagert, was zu Vasculitis, Nephritis und Arthritis führt. Das alles ist vorübergehend, und die Symptome verschwinden, wenn das fremde Protein beseitigt ist.

Gefäßdurchlässigkeit aus. Nun dringen Flüssigkeit und Zellen, insbesondere polymorphkernige Leukocyten, aus den lokalen Blutgefäßen ins Gewebe ein. Außerdem erhöht sich die Menge an verfügbaren Antikörpern und Komplementproteinen, und die Reaktion wird verstärkt. Diesen Vorgang bezeichnet man als **Arthus-Reaktion** (Abb. 11.7).

Zu einer etwas abgewandelten Reaktion kommt es, wenn man gesunden Individuen fremde Proteine in großer Menge injiziert. Vor der Entdeckung der Antibiotika, wurde häufig Pferdeimmunserum zur Behandlung einer durch Pneumokokken verursachten Lungenentzündung eingesetzt. Spezifische Antikörper in diesem Serum halfen dem Immunsystem des Patienten, die Infektion zu beseitigen. In ähnlicher Weise verwendet man auch heute noch Anti-Venin (Serum von Pferden, die zuvor mit Schlangengift immunisiert wurden) als Quelle neutralisierender Antikörper bei der Behandlung von Schlangenbissen. Bei solchen Behandlungsmethoden wird jedoch das Immunsystem zur Produktion von IgG-Antikörpern gegen die fremden Serumproteine angeregt, und nach einer gewissen Zeit bilden sich im ganzen Körper Immunkomplexe. Dies führt zu einer Erkrankung, die man Serumkrankheit nennt und die durch Fieber, Arthritis und Proteinurie gekennzeichnet ist. Glücklicherweise bildet sie sich vollständig zurück, wenn das Antigen entfernt ist, und sie läßt keine offensichtlichen Schäden zurück (Abb. 11.8). Es handelt sich hier um eine ungewöhnliche Art von Allergie: Da die Serumproteine (die Allergene) in großen Mengen verabreicht wurden und langlebig sind, finden die Sensibilisierung und die allergische Reaktion beide nach nur einer einzigen Antigengabe

11.9 Die Dosis und die Art und Weise, wie das Antigen aufgenommen wird, bestimmen das Krankheitsbild der Allergiereaktionen vom Typ III.

Eintrittsweg	resultierende Krankheit	Stelle der Immunkomplexablagerung
intravenös (hohe Dosis)	Vasculitis	Wände der Blutgefäße
	Nephritis	Nierenglomeruli
	Arthritis	Gelenkkapseln
subkutan	Arthus-Reaktion	Perivascularräume
inhaliert	Farmerlunge	Übergang zwischen Alveolen und Kapillaren

statt. Immunkomplexe entstehen auch bei Autoimmunerkrankungen, wie zum Beispiel beim systemischen Lupus erythematodes. Hier bleibt die Ablagerung der Immunkomplexe konstant, weil das Antigen im Körper erhalten bleibt, und es kann zu einer schweren Krankheit kommen (Abschnitt 11.13).

IgG-vermittelte Reaktionen gegen ein lösliches Antigen können sich klinisch auf unterschiedliche Weise manifestieren (Abb. 11.9). Wie bei den IgE-vermittelten Überempfindlichkeiten sind die Dosis des Antigens und der Weg, auf dem es in den Körper gelangt, von essentieller Bedeutung. Eine hohe, systemisch verabreichte Antigendosis führt zu einem der Serumkrankheit ähnlichen Syndrom. Wenn die Antigengabe nicht wiederholt wird oder andauert, werden die Immunkomplexe durch das Komplementsystem aufgelöst oder durch phagocytierende Zellen aufgenommen, und der Patient wird wieder gesund. Bei einer lokalen Injektion des Antiges in die Haut kommt es zu einer Arthus-Reaktion. Diese kann ebenfalls vorübergehen, wenn das Antigen beseitigt wird. Ist die Reaktion jedoch sehr heftig, kann es zu lokaler Gerinnung und zur Nekrose des Gewebes kommen.

Einige inhalierte Antigene lösen eher IgG- als IgE-Reaktionen aus – möglicherweise, weil sie in der Atemluft in sehr hoher Konzentration vorhanden sind. Kommt eine Person wiederholt mit solchen hochdosierten Antigenen in Kontakt, bilden sich in den Wänden der Alveolen (Lungenbläschen) Immunkomplexe aus. Dies führt zu einer Ansammlung von Flüssigkeit, Proteinen und Zellen in den Alveolarwänden, was den Gasaustausch verlangsamt und die Lungenfunktion beeinträchtigt. Solche Reaktionen treten vor allem bei bestimmten Berufsgruppen auf, wie etwa bei Landwirten, die wiederholt mit Heustaub oder Pilzsporen in Kontakt kommen. Die daraus resultierende Krankheit ist daher auch unter der Bezeichnung **Farmerlunge** oder Dreschfieber bekannt. Wenn die Antigenexposition länger andauert, kann sie zu einer dauerhaften Schädigung der Alveolenmembranen führen.

11.8 Überempfindlichkeitsreaktionen vom verzögerten Typ werden durch inflammatorische T-Zellen vermittelt

Im Gegensatz zu den Überempfindlichkeitsreaktionen vom Soforttyp, die durch Antikörper verursacht werden, liegt denen vom verzögerten Typ (Typ IV) die Aktivierung spezifischer T-Zellen zugrunde. Abbildung 11.10 zeigt Allergien, bei denen Hypersensibilitätsreaktionen vom Typ IV dominieren. Diese Reaktionen werden eindeutig von T-Zellen verursacht, da man sie auch bei Patienten mit Agammaglobulinämie beobachten kann. Außerdem lassen sie sich in Form reiner T-Zellen oder klonierter T-Zellinien von einem Versuchstier auf ein anderes übertragen.

11.10 Allergische Reaktionen vom Typ IV. Je nach der Herkunft des Antigens und dem Weg, über den es in den Körper gelangt, haben diese Krankheiten unterschiedliche Bezeichnungen und Konsequenzen.

Überempfindlichkeitsreaktionen vom Typ IV werden durch spezifische T-Zellen vermittelt		
Syndrom	Antigen	Folgen
Hypersensibilität vom verzögerten Typ	Proteine: Insektengifte, Proteine von Mycobakterien (Tuberkulin, Lepromin)	lokale Hautschwellungen: Erytheme, Verhärtung, zelluläre Infiltration, Kontaktdermatitis
Kontakthypersensibilität	Haptene: Pentadecacatechol (Gift-Sumach), DNFB kleine Moleküle: Nickel, Chromat	lokale epidermale Reaktion: Erytheme, zelluläre Infiltration, Kontaktdermatitis
glutenempfindliche Enteropathie (Zöliakie)	Gliadin	Zottenatrophie, Störung der Absorption

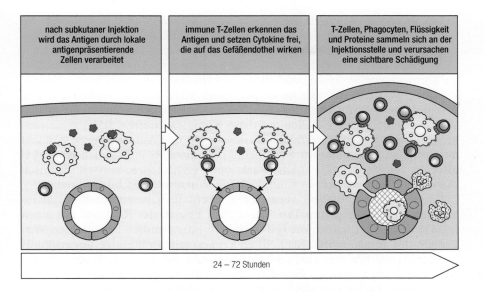

| nach subkutaner Injektion wird das Antigen durch lokale antigenpräsentierende Zellen verarbeitet | immune T-Zellen erkennen das Antigen und setzen Cytokine frei, die auf das Gefäßendothel wirken | T-Zellen, Phagocyten, Flüssigkeit und Proteine sammeln sich an der Injektionsstelle und verursachen eine sichtbare Schädigung |

24 – 72 Stunden

Der Prototyp einer Hypersensibilitätsreaktion vom verzögerten Typ ist ein Artefakt der modernen Medizin: der Tuberkulintest (Abschnitt 2.30). Dieser Test dient dazu, festzustellen, ob eine Person bereits einmal mit *Mycobacterium tuberculosis* infiziert war. Injiziert man subkutan kleine Mengen eines Proteins von *M. tuberculosis*, entwickelt sich bei Personen, die bereits zuvor eine Immunantwort gegen diesen Erreger ausgebildet hatten, innerhalb von 24 bis 72 Stunden eine T-Zell-abhängige, lokale Entzündungsreaktion (Abb. 11.11). Diese Reaktion wird durch inflammatorische CD4-T-Zellen (T_H1) vermittelt, die an der Injektionsstelle ins Gewebe eindringen, Peptid:MHC-Klasse-II-Komplexe auf antigenpräsentierenden Zellen erkennen und inflammatorische Cytokine freisetzen. Diese erhöhen lokal die Durchlässigkeit der Blutgefäße, bewirken dadurch einen verstärkten Zustrom von Flüssigkeit und Proteinen und locken akzessorische Zellen an (Abb. 11.12). Jede einzelne dieser Phasen benötigt mehrere Stunden, so daß die voll ausgeprägte Reaktion erst mit 24 bis 48 Stunden Verzögerung einsetzt.

11.11 Der zeitliche Verlauf einer Hypersensibilitätsreaktion vom verzögerten Typ. Die erste Phase umfaßt die Aufnahme, die Verarbeitung und das Vorzeigen des Antigens durch lokale antigenpräsentierende Zellen. In der zweiten Phase wandern inflammatorische CD4-T-Zellen, die durch einen vorhergehenden Kontakt mit dem Antigen geprägt wurden, an die Injektionsstelle und werden aktiviert. Da diese spezifischen Zellen sehr selten sind und keine Entzündung vorliegt, die die Zellen anlocken würde, kann es mehrere Stunden dauern, bis eine T-Zelle mit der richtigen Spezifität an die Stelle gelangt. Diese setzt dann Botenmoleküle frei, die lokale Endothelzellen aktivieren und auf diese Weise inflammatorische Zellen, hauptsächlich Makrophagen, anlocken und die Ansammlung von Flüssigkeit und Proteinen an der Injektionsstelle verursachen. In diesem Stadium kann man die Schädigung wahrnehmen.

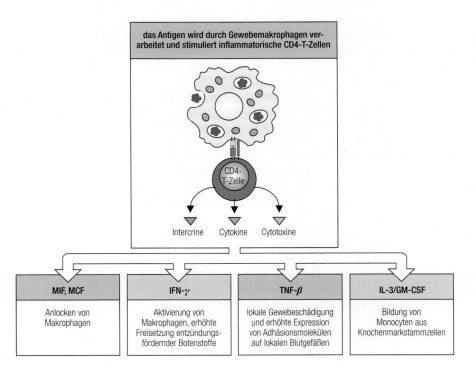

das Antigen wird durch Gewebemakrophagen verarbeitet und stimuliert inflammatorische CD4-T-Zellen

CD4-T-Zelle

Intercrine   Cytokine   Cytotoxine

MIF, MCF	IFN-γ	TNF-β	IL-3/GM-CSF
Anlocken von Makrophagen	Aktivierung von Makrophagen, erhöhte Freisetzung entzündungsfördernder Botenstoffe	lokale Gewebeschädigung und erhöhte Expression von Adhäsionsmolekülen auf lokalen Blutgefäßen	Bildung von Monocyten aus Knochenmarkstammzellen

11.12 Die Überempfindlichkeitsreaktion vom Typ IV wird von Cytokinen aus inflammatorischen CD4-T-Zellen gesteuert, die durch das Antigen stimuliert worden sind. Antigenpräsentierende Zellen im lokalen Gewebe verarbeiten Antigene und bieten sie auf MHC-Klasse-II-Molekülen dar. Antigenspezifische inflammatorische CD4-T-Zellen an der Injektionsstelle können das Antigen erkennen und Cytokine freisetzen, die wiederum Makrophagen anlocken. Zu diesen Cytokinen gehören auch die Intercrine MIF (*migration inhibition factor*) und MCF (*macrophage chemotactic factor*). Die Antigenpräsentation durch die angelockten Makrophagen verstärkt die Reaktion. T-Zellen können auch durch Freisetzung von TNF-β auf die lokalen Blutgefäße einwirken und die Produktion von Makrophagen durch IL-3 und GM-CSF anregen. Schließlich aktivieren T-Zellen die Makrophagen durch Interferon-γ und töten Makrophagen sowie andere sensibilisierte Zellen durch die Freisetzung von TNF-β oder LT.

Bei mehreren Allergien beobachtet man sehr ähnliche Reaktionen. So wird zum Beispiel der durch den Gift-Sumach (*Rhus toxicodendron*) hervorgerufene Hautausschlag durch eine Reaktion der T-Zellen auf die Substanz **Pentadecacatechol** in den Blättern verursacht. Diese bindet kovalent an körpereigene Proteine, und diese werden dann in modifizierte Selbst-Peptide gespalten, die sich an körpereigene MHC-Klasse-II-Moleküle binden und von spezifischen CD4-T-Zellen erkannt werden können. Wenn spezifisch sensibilisierte T-Zellen auf diese Komplexe treffen, können sie ausgeprägte Entzündungsreaktionen auslösen. Da das Antigen durch Kontakt mit der Haut aufgenommen wird, nennt man diese Reaktion auch **Kontaktallergie**. Substanzen, die solche Reaktionen verursachen, müssen chemisch aktiv sein, damit sie stabile Komplexe mit Wirtsproteinen bilden können.

Einige Insektenproteine verursachen ebenfalls Überempfindlichkeitsreaktionen vom verzögerten Typ. Die frühen Phasen der Reaktion auf einen Insektenstich sind jedoch oft IgE-vermittelt oder beruhen auf direkten Wirkungen des Insektengifts. Schließlich kennen wir auch einige ungewöhnliche verzögerte Überempfindlichkeitsreaktionen auf divalente Kationen, wie etwa auf Nickel, welche vielleicht die Konformation oder die Peptidbindungseigenschaften von MHC-Klasse-II-Molekülen verändern.

An Hypersensibilitätsreaktionen vom Typ IV können auch CD8-T-Zellen beteiligt sein, die das Gewebe hauptsächlich durch zellvermittelte Cytotoxizität schädigen. Einige Substanzen sind lipidlöslich und können daher auch Proteine im Zellinneren verändern. Dies führt zur Bildung modifizierter Peptide im Cytosol, die ins endoplasmatische Reticulum und von dort aus von MHC-Klasse-I-Molekülen an die Zelloberfläche transportiert werden. Die CD8-T-Zellen können nun Schaden verursachen, indem sie die betroffenen Zellen töten oder indem sie Cytokine wie das IFN-γ freisetzen.

Zusammenfassung

Allergien oder Überempfindlichkeitserkrankungen beruhen auf Immunantworten gegen nichtinfektiöse fremde Substanzen. Eine allergische Reaktion findet statt, wenn bereits vorhandene Antikörper oder T-Zellen mit dem Allergen in Kontakt kommen. Hypersensibilitätsreaktionen vom Soforttyp werden durch Antikörper vermittelt. Dabei bestimmen der Isotyp der Antikörper sowie die Dosis und der Eintrittsweg der Allergene, welcher Reaktionstyp ausgelöst wird. Die meisten der üblichen Allergiereaktionen sind Überempfindlichkeitsreaktionen vom Soforttyp. Sie werden durch IgE-Antikörper vermittelt, die bei Bindung des Allergens Mastzellen aktivieren. Trotz intensiver Forschungen über die Eigenschaften der Allergene, die IgE-Reaktion und die Mastzellen sind noch immer viele Fragen unbeantwortet, und die Behandlungsmöglichkeiten sind noch keineswegs zufriedenstellend. Einige Hypersensibilitätsreaktionen vom Soforttyp beruhen auf IgG-Antikörpern, die an Allergene auf Zelloberflächen binden oder mit ihnen Immunkomplexe bilden. Überempfindlichkeitsreaktionen vom verzögerten Typ beruhen auf der Aktivität von T-Zellen, die entweder Entzündungsreaktionen am Ort der Antigenablagerung verursachen oder Gewebezellen direkt töten. Die Mechanismen der allergischen Reaktionen sind mit denen der schützenden Immunantworten identisch. Der einzige Unterschied besteht in der Herkunft und der Natur des Antigens. Das wiederholte Hervorrufen dieser Reaktionen durch immer neuen Kontakt mit dem Allergen läßt sie jedoch andersartig erscheinen.

Autoimmunität: Reaktionen gegen körpereigene Antigene

Von einer Autoimmunerkrankung spricht man bei einer spezifischen adaptiven Immunreaktion gegen eigene Antigene. Man weiß nicht, wodurch eine Autoimmunreaktion ausgelöst wird. Allerdings spielen sowohl umweltbedingte als auch erbliche Faktoren, insbesondere der MHC-Genotyp, eine Rolle. Autoimmunreaktionen sind gewöhnlich nachhaltig und führen zu langfristigen Gewebeschäden – wahrscheinlich, weil die Selbst-Antigene, welche die Antwort auslösen, nur durch Zerstörung der Zellen, die sie produzieren, entfernt werden können. Die Mechanismen der Gewebeschädigung bei Autoimmunerkrankungen sind im wesentlichen dieselben wie die bei schützender Immunität und Allergien. Die einzige Ausnahme bilden IgE-vermittelte Reaktionen, die bei der Allergie vorherrschen. Im Zusammenhang mit der Autoimmunität hat man sie jedoch nicht gefunden. Man nimmt an, daß an der Auslösung der Autoimmunität T-Zellen beteiligt sind. Cytotoxische T-Zellen und eine unangemessene Aktivierung von Makrophagen können ausgeprägte Gewebeschäden verursachen, und gleichzeitig kann die Unterstützung durch T-Zellen eine schädliche Antikörperreaktion gegen körpereigene Antigene auslösen. Autoimmunreaktionen sind eine natürliche Folge des offenen Repertoires an B- und T-Zell-Rezeptoren, das es diesen Zellen erlaubt, jeden beliebigen Krankheitserreger zu erkennen. Diese Rezeptoren umfassen nämlich auch solche, die mit Autoantigenen reagieren können. In diesem Abschnitt untersuchen wir die Eigenschaften von Autoimmunreaktionen und wie sie Gewebeschäden herbeiführen. Im letzten Teil dieses Kapitels wollen wir die Mechanismen betrachten, durch die Autoimmunreaktionen ausgelöst werden.

11.9 Spezifische adaptive Immunreaktionen gegen körpereigene Antigene können Autoimmunerkrankungen verursachen

Bei der Erforschung der Immunität erkannte man schon früh, daß die wirkungsvollen Effektormechanismen, die bei der Immunabwehr zum Zuge kommen, schwere Gewebeschäden verursachen können, wenn sie sich gegen den Wirt richten. Ehrlich nannte dies *horror autotoxicus*. Gesunde Menschen produzieren keine dauerhaften adaptiven Immunantworten gegen ihre eigenen Antigene. Zwar kann man vorübergehende Reaktionen gegen geschädigtes Körpergewebe beobachten. Diese führen jedoch selten selbst zu Gewebeverletzungen. Obwohl Selbst-Toleranz die Regel ist, kommt es doch in einigen Fällen zu anhaltenden Immunantworten gegen körpereigenes Gewebe. Diese Autoimmunreaktionen verursachen die schweren Gewebeschädigungen, die Ehrlich voraussagte.

Beim Menschen entsteht die Autoimmunität normalerweise spontan. Das heißt, wir kennen die auslösenden Faktoren nicht. Im letzten Abschnitt dieses Kapitels werden wir jedoch sehen, daß zwischen Infektionen und dem Ausbruch der Autoimmunität ein enger Zusammenhang besteht, der darauf schließen läßt, daß infektiöse Organismen bei diesem Prozeß eine wichtige Rolle spielen. Bei Versuchstieren kann man Autoimmunerkrankungen künstlich induzieren, indem man Gewebe mit starken, bakterienhaltigen Adjuvantien mischt (Abschnitt 2.3) und das Gemisch in ein genetisch identisches Tier injiziert. Die Autoimmunität schließt also eine spezifische adaptive Immunreaktion gegen Selbst-Antigene ein und bildet die Grundlage für unser Verständnis der Entstehung der Autoimmunerkrankungen.

11.10 An der Anfälligkeit für Autoimmunerkrankungen sind Umwelt- und Erbfaktoren, insbesondere die MHC-Gene, beteiligt

Die Anfälligkeit für die meisten Autoimmunerkrankungen enthält eine deutliche genetische Komponente. Tatsächlich sind familiäre Häufungen nicht selten. Darüber hinaus entwickeln auch einige Mäuse-Inzuchtstämme in verläßlicher Weise bestimmte spontane oder experimentell induzierte Autoimmunerkrankungen. Diese Erkenntnisse führten zu einer intensiven Suche nach den genetischen Faktoren, die der Anfälligkeit für diese Krankheiten zugrunde liegen.

11.13 Der Zusammenhang zwischen dem HLA-Genotyp beziehungsweise dem Geschlecht und der Anfälligkeit für Autoimmunerkrankungen.

Das „relative Risiko", das ein bestimmtes HLA-Allel für eine Autoimmunkrankheit bedeutet, wird berechnet, indem man die Anzahl der Patienten, die dieses Allel tragen, mit der Anzahl vergleicht, die man aufgrund der Häufigkeit des betreffenden HLA-Allels in der Gesamtbevölkerung erwarten würde. HLA-DR3 und -DR4 sind eng mit HLA-DQ gekoppelt, das daher ebenfalls mit insulinabhängigem Diabetes mellitus in Verbindung gebracht wird (Abschnitt 2.26). Einige Erkrankungen zeigen eine eindeutig geschlechtsabhängige Häufung. Geschlechtshormone sind also vermutlich der Pathogenese beteiligt. Das stimmt mit der Tatsache überein, daß der Unterschied in der Krankheitshäufigkeit zwischen beiden Geschlechtern kurz nach Beginn der Pubertät am größten ist, wenn die Konzentration dieser Hormone besonders hoch ist.

Zusammenhang zwischen dem HLA-Genotyp und der Anfälligkeit für Autoimmunkrankheiten			
Krankheit	HLA-Allel	relatives Risiko	Geschlechter-verhältnis (♀:♂)
Spondylitis ankylosans	B27	87,4	0,3
akute anteriore Uveitis	B27	10,04	< 0,5
Goodpasture-Syndrom	DR2	15,9	?
Multiple Sklerose	DR2	4,8	10
Basedow-Krankheit	DR3	3,7	4 – 5
Myasthenia gravis	DR3	2,5	~ 1
systemischer Lupus erythematodes	DR3	5,8	10 – 20
insulinabhängiger Diabetes mellitus	DR3 und DR4	3,2	~ 1
rheumatische Arthritis	DR4	4,2	3
Pemphigus vulgaris	DR4	14,4	?
chronische Thyreoiditis	DR5	3,2	~ 1

Bisher ist der einzige eindeutig belegte genetische Marker für die Neigung zu Autoimmunerkrankungen der MHC-Genotyp. Bei vielen menschlichen Autoimmunkrankheiten hat man einen Zusammenhang mit den HLA-Genen festgestellt (Abb. 11.3), und dieser wird umso deutlicher, je genauer man die HLA-Genotypen bestimmen kann (Abschnitt 2.27). Zum Beispiel besteht ein enger Zusammenhang zwischen dem DQβ-Genotyp und dem insulinabhängigen Diabetes mellitus: In der normalen DQβ-Sequenz steht Asparaginsäure an Position 57, während Patienten mit Diabetes aus europäischen Populationen an dieser Stelle meist Valin, Serin oder Alanin aufweisen (Abb. 11.14). Mäuse, die diese Krankheit entwickeln, tragen in dem homologen MHC-Klasse-II-Molekül ebenfalls ein Serin an dieser Position. Bei den meisten Autoimmunerkrankungen hängt die Anfälligkeit mit den MHC-Klasse-II-Genen zusammen. In manchen Fällen ist sie jedoch mit den MHC-Klasse-I-Genen assoziiert.

Ein Zusammenhang zwischen dem MHC-Genotyp und Autoimmunkrankheiten erscheint sinnvoll, da an allen Autoimmunreaktionen T-Zellen beteiligt sind und die Fähigkeit der T-Zellen, auf ein bestimmtes Antigen zu reagieren, von dem MHC-Genotyp abhängt. Dieses einfache Modell über den Einfluß des MHC-Genotyps auf die Anfälligkeit für Autoimmunerkrankungen ist jedoch noch nicht bewiesen. Obwohl es nämlich plausibel ist, daß Unterschiede in der Fähigkeit verschiedener Varianten von MHC-Molekülen, autoreaktiven T-Zellen Selbst-Peptide zu präsentieren, die Neigung zu Autoimmunkrankheiten beeinflussen, bleibt dies hypothetisch. Vielleicht gelingt es eines Tages, autoantigene Peptide zu identifizieren und zu demonstrieren, daß sie sich selektiv an MHC-Moleküle anlagern, die mit der Krankheit zusammenhängen. So könnte man feststellen, ob die Bindung eines bestimmten autoantigenen Peptids an ein bestimmtes MHC-Molekül für die Anfälligkeit für eine Autoimmunkrankheit essentiell ist

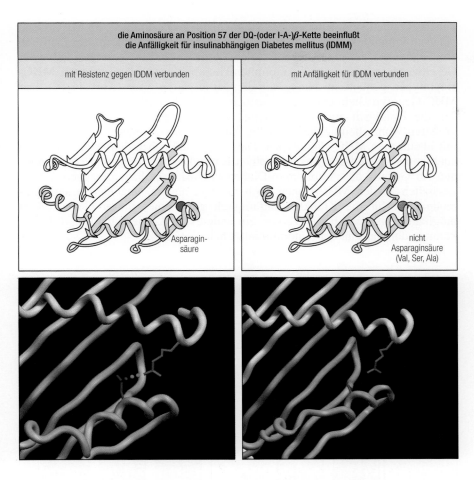

die Aminosäure an Position 57 der DQ-(oder I-A-)β-Kette beeinflußt die Anfälligkeit für insulinabhängigen Diabetes mellitus (IDMM)

mit Resistenz gegen IDDM verbunden

mit Anfälligkeit für IDDM verbunden

Asparaginsäure

nicht Asparaginsäure (Val, Ser, Ala)

11.14 Der Austausch einer einzigen Aminosäure in der Sequenz eines MHC-Klasse-II-Proteins korreliert mit einer erhöhten Anfälligkeit für Diabetes beziehungsweise einem Schutz vor dieser Erkrankung. Die Sequenz von HLA-DQβ1 enthält bei den meisten Menschen an Position 57 eine Asparaginsäure. Bei Patienten mit insulinabhängigem Diabetes, die der kaukasischen Rasse angehören, findet man an dieser Stelle statt dessen oft Valin, Serin oder Alanin. Die Asparaginsäure (rot) in der DQβ-Kette (blau im unteren linken Bild) bildet mit einem Argininrest (violett) in der benachbarten α-Kette (grau) eine Salzbrücke. Der Austausch gegen einen ungeladenen Rest, zum Beispiel Alanin (rot im unteren rechten Bild), verhindert die Bildung dieser Salzbrücke und verändert damit die Stabilität des DQ-Moleküls. Bei Mäusestämmen mit nichtfettleibigem Diabetes (*non-obese diabetes*, NOD) liegt ein ähnlicher Austausch von Asparaginsäure gegen Serin an Position 57 der homologen I-A-β-Kette vor. (Photos: C. Thorpe.)

oder ob es sich dabei nur um ein Merkmal handelt, das mit dem wahren Anfälligkeitslocus gekoppelt ist.

Den Zusammenhang zwischen dem MHC-Genotyp und einer Krankheit schätzt man zunächst ab, indem man die Häufigkeit verschiedener Allele bei Patienten mit ihrer Häufigkeit in der Durchschnittsbevölkerung vergleicht (Abb. 11.15). Für den insulinabhängigen Diabetes mellitus hat man auf diese Weise eine Verbindung mit den MHC-Klasse-II-Allelen HLA-DR3 und HLA-DR4 festgestellt, die eng mit HLA-DQ und der Anfälligkeit für diese Erkran-

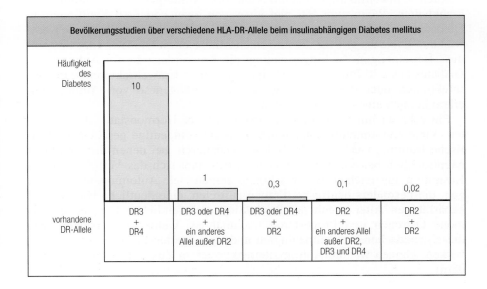

Bevölkerungsstudien über verschiedene HLA-DR-Allele beim insulinabhängigen Diabetes mellitus

Häufigkeit des Diabetes

DR3 + DR4	DR3 oder DR4 + ein anderes Allel außer DR2	DR3 oder DR4 + DR2	DR2 + ein anderes Allel außer DR2, DR3 und DR4	DR2 + DR2
10	1	0,3	0,1	0,02

vorhandene DR-Allele

11.15 Bevölkerungsstudien zeigen eine Koppelung zwischen der Anfälligkeit für insulinabhängigen Diabetes mellitus (IDDM) und dem HLA-Genotyp. Die Häufigkeit (Prävalenz) des Diabetes variiert bei Menschen mit unterschiedlichem HLA-Genotyp enorm. Sie ist hier in bezug auf das Vorkommen des Diabetes in der Gesamtbevölkerung angegeben, das in Nordamerika 1 von 300 Einwohnern entspricht. Menschen mit HLA-DR3 oder -DR4 leiden eindeutig häufiger an Diabetes. Von den Menschen, die sowohl HLA-DR3 als auch HLA-DR4 exprimieren, sind besonders viele betroffen. Diese Allele sind eng mit den HLA-DQ-Allelen gekoppelt, die ihrerseits mit dem IDDM in Zusammenhang stehen.

kung gekoppelt sind. Eine andere Möglichkeit, zu bestimmen, ob MHC-Gene bei Autoimmunerkrankungen eine Rolle spielen, besteht darin, die Familien von Patienten zu untersuchen. Solche Studien haben gezeigt, daß zwei Geschwister mit derselben Autoimmunkrankheit weit häufiger zwei MHC-Haplotypen gemeinsam haben, als dies zu erwarten wäre (Abb. 11.16). Der MHC-Genotyp allein entscheidet jedoch noch nicht darüber, ob bei einer Person die Krankheit ausbricht. Eineiige Zwillinge entwickeln mit einer weit größeren Wahrscheinlichkeit dieselbe Autoimmunerkrankung als Geschwister mit identischen MHC-Haplotypen. Dies zeigt, daß neben dem MHC-Genotyp auch andere genetische Faktoren einen Einfluß haben. Jüngere Untersuchungen zur Genetik des Autoimmun-Diabetes bei Mäusen haben ergeben, daß es zusätzlich zu den MHC-Genen noch mehrere andere, unabhängig segregierende Loci für die Krankheitsanfälligkeit gibt. Eines dieser Gene codiert möglicherweise den Fcγ-Rezeptor, ein anderes IL-2. Diese beiden Moleküle könnten durchaus an der Autoimmunität beteiligt sein.

11.16 Bevölkerungs- und Familienstudien ergaben eine enge Koppelung zwischen der Anfälligkeit für insulinabhängigen Diabetes mellitus (IDDM) und dem HLA-Genotyp. Bei Familien, wo zwei oder mehr Geschwister an IDDM leiden, kann man die HLA-Genotypen der Betroffenen miteinander vergleichen. Die erkrankten Geschwister haben weit häufiger zwei HLA-Allele gemeinsam, als zu erwarten wäre, wenn der HLA-Genotyp die Krankheit nicht beeinflussen würde.

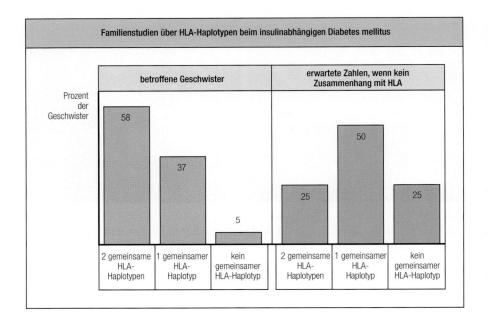

Auch Umweltfaktoren beeinflussen die Anfälligkeit für Autoimmunkrankheiten. Wenn zum Beispiel einer von zwei eineiigen Zwillingen an Diabetes leidet, muß der andere die Krankheit nicht unbedingt auch entwickeln. Gleiches gilt für die einzelnen Mäuse eines Diabetes-Inzuchtstammes. Bei eineiigen Zwillingen beträgt die Konkordanzrate für Autoimmun-Diabetes etwa 30 Prozent. Es scheinen also auch Umweltfaktoren, wie etwa Infektionen oder die Ernährung, bei der Pathogenese von Autoimmunerkrankungen eine Rolle zu spielen.

Ein sehr wichtiger zusätzlicher Faktor ist der Hormonstatus des Patienten. Viele Autoimmunkrankheiten zeigen eine eindeutige geschlechtsspezifische Häufung (Abb. 11.13). Bei Versuchstieren, bei denen die Krankheit hauptsächlich bei einem Geschlecht auftritt, läßt sich das Verhältnis durch Kastration ausgleichen. Darüber hinaus zeigen viele Autoimmunerkrankungen, die besonders häufig bei Frauen auftreten, eine deutliche Häufung im gebärfähigen Alter, wenn die Produktion der weiblichen Geschlechtshormone Östrogen und Progesteron maximal ist. Wenn wir verstehen, wie diese genetischen, umweltbedingten und hormonellen Faktoren zusammenwirken, können wir die Autoimmunreaktionen in Zukunft vielleich verhindern.

11.11 Sowohl Antikörper als auch T-Zellen können bei Autoimmunerkrankungen das Gewebe schädigen

Autoimmunkrankheiten beruhen auf anhaltenden adaptiven Immunreaktionen gegen körpereigene Antigene. Jede einzelne hat eine charakteristische Pathogenese, an der mindestens einer der vier in Abbildung 11.1 gezeigten Mechanismen der Gewebeschädigung beteiligt ist. Das spezifische Antigen oder die Gruppe von Antigenen, gegen die sich die Autoimmunantwort richtet, und der Mechanismus, durch den das antigentragende Gewebe geschädigt wird, bestimmen gemeinsam das Krankheitsbild.

IgE-Reaktionen gegen körpereigenes Gewebe wurden als Ursache für intrinsisches Asthma in Erwägung gezogen. Man konnte dies jedoch bisher weder für diese noch für eine andere Krankheit beweisen. Allerdings können IgG- oder IgM-Antworten gegen Autoantigene auf Zelloberflächen oder der extrazellulären Matrix zu Gewebeschädigungen bei einigen Autoimmunkrankheiten führen. Beispielsweise lösen bei der immunologisch bedingten **autoimmunhämolytischen Anämie** Antikörper gegen Autoantigene auf roten Blutkörperchen die Zerstörung dieser Zellen aus (Abb. 11.17). Kernhaltige Zellen werden seltener vernichtet, vielleicht weil solche Zellen dem Komplementsystem besser Widerstand leisten können. Eine Schädigung kernhaltiger Zellen beruht möglicherweise auf antikörperabhängiger, zellulärer Cytotoxizität, die durch natürliche Killerzellen vermittelt wird (Abschnitt 8.19). Antikörperantworten gegen extrazelluläre Matrixmoleküle sind zwar selten, können aber große Schäden anrichten. Beim **Goodpasture-Syndrom** werden Antikörper gegen das Kollagen der Basalmembran gebildet, die an die Basalmembranen von Nierenglomeruli und anderen kleinen Gefäßen binden und dadurch eine schnell tödliche Krankheit verursachen.

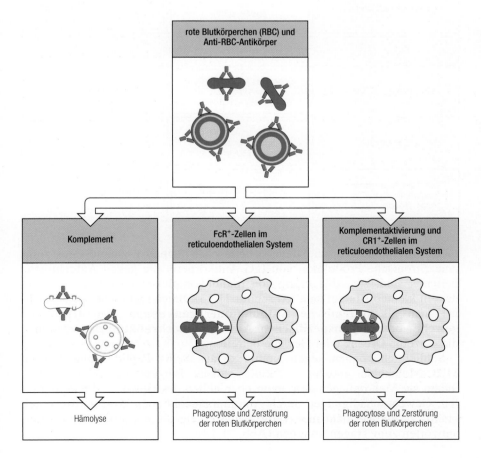

11.17 Antikörper gegen Zelloberflächenantigene können Zellen zerstören (Typ-II-Hypersensibilität). Bei der hier beispielhaft dargestellten, immunologisch bedingten hämolytischen Anämie können von Antikörpern bedeckte Erythrocyten im reticuloendothelialen System durch das Komplementsystem oder durch Makrophagen mit Fc-Rezeptoren lysiert werden. Die Ablagerung von Komplementproteinen auf der Oberfläche der Zielzellen verstärkt außerdem die Aufnahme durch Makrophagen, die Komplementrezeptoren tragen. Erythrocyten besitzen relativ wenige Proteine, die sie vor der Aktivierung des Komplementsystems schützen könnten, und sind daher besonders anfällig für diese Art der Schädigung.

rote Blutkörperchen (RBC) und
Anti-RBC-Antikörper

Komplement

FcR⁺-Zellen im
reticuloendothelialen System

Komplementaktivierung und
CR1⁺-Zellen im
reticuloendothelialen System

Hämolyse

Phagocytose und Zerstörung
der roten Blutkörperchen

Phagocytose und Zerstörung
der roten Blutkörperchen

11.18 Autoimmunerkrankungen, klassifiziert anhand des Mechanismus der Gewebeschädigung. Sämtliche in Abbildung 11.1 dargestellten Mechanismen mit Ausnahme der Typ-I-Reaktionen sind auch an Autoimmunerkrankungen beteiligt.

einige verbreitete Autoimmunkrankheiten, eingeteilt nach ihrem immunpathogenen Mechanismus		
Syndrom	**Autoantigen**	**Folgen**
Typ-II-Antikörper gegen Oberflächen- oder Matrixantigene		
hämolytische Anämie	Rhesus-Antigene, I-Antigen	Zerstörung der roten Blutkörperchen durch das Komplementsystem und Phagocytose; Anämie
autoimmune Thrombopenie	Integrin gpIIb:IIIa aus Blutplättchen	anomale Blutungen
Goodpasture-Syndrom	nichtkollagenöse Domäne des Basalmembrankollagens Typ IV	Vasculitis, Nierenversagen
Pemphigus vulgaris	epidermales Cadherin	Blasenbildung der Haut
akutes rheumatisches Fieber	Zellwandantigene von Streptokokken, Antikörper kreuzreagieren mit Herzmuskelzellen	Arthritis, Myocarditis, in der Spätphase Vernarben der Herzklappen
Typ-III-Immunkomplexerkrankungen		
Glomerulonephritis nach einer Streptokokkeninfektion	Streptokokkenantigene	vorübergehende Nephrose
Polyarteriitis nodosa	Oberflächenantigen des Hepatitis-B-Virus	systemische Vasculitis
systemischer Lupus erythematodes	DNA, Histone, Ribosomen, snRNPs, scRNPs	Glomerulonephritis, Vasculitis
Typ-IV-T-Zell-vermittelte Erkrankungen		
insulinabhängiger Diabetes mellitus	unbekanntes Antigen auf β-Zellen des Pankreas (Glutaminsäuredecarboxylase?)	Zerstörung der β-Zellen
rheumatische Arthritis	unbekanntes Antigen in der Synovialmembran der Gelenkkapsel (Hitzeschockprotein?)	Gelenkentzündung und -schädigung
experimentelle allergische Encephalomyelitis (EAE), Multiple Sklerose	basisches Myelinprotein, Proteolipidprotein	Einwanderung von CD4-T-Zellen ins Gehirn, Lähmung

Bei Erkrankungen wie dem systemischen Lupus erythematodes führt eine chronische Produktion von IgG-Antikörpern, die gegen Autoantigene gerichtet sind, zur Ablagerung von Immunkomplexen im Gewebe, besonders in kleinen Blutgefäßen (Abschnitt 11.13). Solche Krankheiten bezeichnet man als **systemische Autoimmunerkrankungen**. Sie stehen den **gewebe-** oder **organspezifischen Autoimmunerkrankungen** gegenüber, die einzelne Organe oder Gewebe betreffen.

Schließlich können gegen Komplexe aus Selbst-Peptiden und eigenen MHC-Molekülen gerichtete T-Zellen lokale Entzündungen hervorrufen, indem sie Makrophagen aktivieren oder Zellen des Gewebes direkt angreifen. Gewebeschädigungen durch Autoimmunreaktionen können also durch praktisch alle Mechanismen verursacht werden, die bei adaptiven Immunantworten zum Tragen kommen (Abb. 11.18).

11.12 Autoantikörper gegen Rezeptoren verursachen Krankheiten, indem sie die Rezeptoren stimulieren oder blockieren

Bei einer besonderen Klasse der Hypersensibilitätsreaktionen vom Typ II binden Autoantikörper an Rezeptormoleküle auf der Zelloberfläche. Das kann den Rezeptor entweder stimulieren oder seine Aktivierung durch den natürlichen Liganden verhindern. Bei der **Basedow-Krankheit** (*Graves' disease*) bewirken Autoantikörper gegen den Rezeptor für das schilddrüsenstimulierende Hormon (*thyroid stimulating hormone*, TSH) auf Schilddrüsenzellen eine Überproduktion von Schilddrüsenhormonen. Die Herstellung der Schilddrüsenhormone unterliegt normalerweise einer Feedback-(Rückkoppelungs-)Regulation. Ein hoher Hormonspiegel hemmt die Freisetzung von TSH in der Hypophyse, hat jedoch natürlich keinen Einfluß auf die Antikörperproduktion. Bei der Basedow-Krankheit ist diese Feedbackhemmung folglich außer Kraft gesetzt, und der Patient entwickelt eine Schilddrüsenüberfunktion (Abb. 11.19).

Bei der **Myasthenia gravis** blockieren Autoantikörper gegen die α-Kette des Acetylcholinrezeptors die Signalübertragung an den neuromuskulären Endplatten. Vermutlich fördern die Antikörper auch die Aufnahme der Acetylcholinrezeptoren in die Zelle und ihren intrazellulären Abbau (Abb. 11.20). Patienten mit Myasthenia gravis werden immer schwächer und sterben schließlich. In Abbildung 11.21 sind Krankheiten aufgeführt, die durch agonistisch oder antagonistisch wirkende Autoantikörper gegen Rezeptoren verursacht werden.

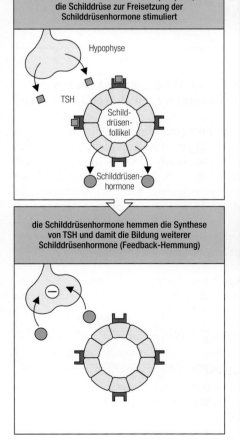

die Hypophyse schüttet das schilddrüsenstimulierende Hormon (TSH) aus, das die Schilddrüse zur Freisetzung der Schilddrüsenhormone stimuliert

Hypophyse

TSH

Schilddrüsenfollikel

Schilddrüsenhormone

die Schilddrüsenhormone hemmen die Synthese von TSH und damit die Bildung weiterer Schilddrüsenhormone (Feedback-Hemmung)

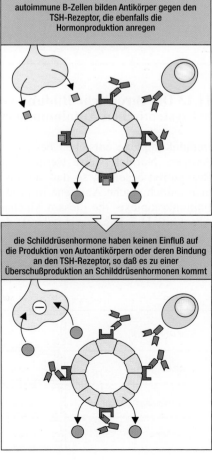

autoimmune B-Zellen bilden Antikörper gegen den TSH-Rezeptor, die ebenfalls die Hormonproduktion anregen

die Schilddrüsenhormone haben keinen Einfluß auf die Produktion von Autoantikörpern oder deren Bindung an den TSH-Rezeptor, so daß es zu einer Überschußproduktion an Schilddrüsenhormonen kommt

11.19 Bei der Basedow-Krankheit ist die Feedback-Regulation der Schilddrüsenhormonproduktion unterbrochen. Die Basedow-Krankheit wird durch Antikörper verursacht, die spezifisch gegen den Rezeptor für das schilddrüsenstimulierende Hormon (TSH) gerichtet sind. Normalerweise werden die Schilddrüsenhormone nach der Stimulierung durch TSH produziert und hemmen indirekt ihre eigene Synthese, indem sie in der Hypophyse die Produktion von TSH verringern (links). Bei der Basedow-Krankheit wirken die Autoantikörper als Agonisten für den TSH-Rezeptor und regen dadurch die Produktion von Schilddrüsenhormonen an (rechts). Die Schilddrüsenhormone hemmen die TSH-Produktion wie sonst auch, haben jedoch keinen Einfluß auf die Antikörpersynthese. Der auf diese Weise verursachte Überschuß an Schilddrüsenhormonen führt zum Krankheitsbild der Hyperthyreose.

11.20 Bei der Myasthenia gravis hemmen Autoantikörper die Rezeptorfunktion. Myasthenia gravis wird durch Autoantikörper gegen die α-Untereinheit des Acetylcholinrezeptors verursacht, der bei der neuromuskulären Signalübertragung eine Rolle spielt. Diese Antikörper binden an den Rezeptor, ohne ihn zu aktivieren, und verursachen seine Aufnahme in die Zelle, wo er abgebaut wird. Da auf diese Weise die Anzahl der Rezeptoren auf den Muskelzellen abnimmt, spricht der Muskel immer schlechter auf das von den motorischen Neuronen ausgeschüttete Acetylcholin an.

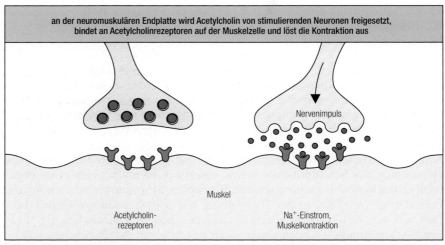

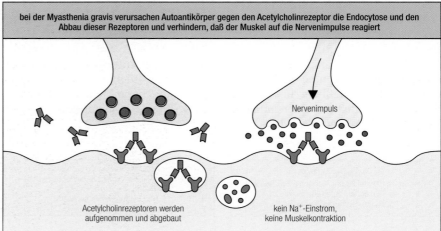

11.13 Die chronische Bildung von Immunkomplexen verursacht bei systemischen Autoimmunerkrankungen Gewebeschädigungen

Immunkomplexe entstehen bei jeder Antikörperreaktion gegen ein lösliches Antigen. Normalerweise werden sie von Zellen mit Komplement- und Fc-Rezeptoren beseitigt, so daß sie das Gewebe kaum beeinträchtigen. Injiziert man jedoch solche Antigene in großen Mengen, bilden sich sehr viele kleine Immunkomplexe, die diesem Mechanismus entgehen oder ihn überlasten. In Abschnitt 11.7 haben wir gelernt, daß die Injektion von großen Mengen an

11.21 Autoimmunkrankheiten, die durch Antikörper gegen Rezeptoren auf der Zelloberfläche verursacht werden. Solche Antikörper verursachen unterschiedliche Krankheitsbilder, je nachdem, ob sie agonistisch wirken, das heißt, den Rezeptor stimulieren, oder antagonistisch, ihn also hemmen. Man beachte, daß verschiedene Autoantikörper gegen den Insulinrezeptor die Signalübertragung entweder stimulieren oder hemmen können.

Krankheiten, die durch Antikörper gegen zelluläre Rezeptoren verursacht werden		
Syndrom	Antigen	Folgen
Basedow-Krankheit	TSH-Rezeptor	Hyperthyreose
Myasthenia gravis	Acetylcholinrezeptor	progressive Schwächesymptome
insulinresistenter Diabetes	Insulinrezeptor (Antagonist)	Hyperglykämie, Ketoazidose
Hypoglykämie	Insulinrezeptor (Agonist)	Hypoglykämie

Serumproteinen zur Serumkrankheit führt, die vorübergeht, wenn die Immunkomplexe beseitigt sind. Bei manchen systemischen Autoimmunkrankheiten und auch bei chronischen Infektionen werden jedoch ständig neue Immunkomplexe produziert, und es kann zu schweren Gewebeschäden kommen. Bei dem **systemischen Lupus erythematodes** werden Autoantikörper gegen normale Zellbestandteile, wie etwa Komplexe aus Nucleinsäuren und Proteinen, gebildet (Abschnitt 11.15). Hier sind die Antigene also internen Ursprungs und in großer Menge vorhanden, so daß ständig neue kleine Immunkomplexe in großer Zahl entstehen und an den Wänden kleiner Blutgefäße in den Nierenglomeruli (Abb. 11.22) und in Gelenken abgelagert werden. Dies führt zur Fixierung von Komplementproteinen und zur Aktivierung phagocytierender Zellen. Durch die Beschädigung des Gewebes werden noch mehr Nucleoproteinkomplexe freigesetzt, so daß noch mehr Immunkomplexe entstehen. Die in den Wänden kleiner Blutgefäße, besonders in der Niere und im Gehirn, hervorgerufenen Entzündungen können so großen Schaden anrichten, daß der Patient schließlich daran stirbt. Die chronische Ablagerung von Immunkomplexen ist die Ursache mehrerer Krankheiten (Abb. 11.18).

11.14 Der Mechanismus einer autoimmunen Gewebeschädigung läßt sich häufig durch adoptiven Transfer aufdecken

Um eine Krankheit als Autoimmunkrankheit zu klassifizieren, muß man nachweisen, daß eine adaptive Immunreaktion gegen ein körpereigenes Antigen die

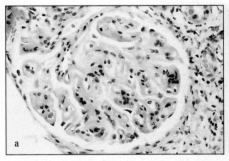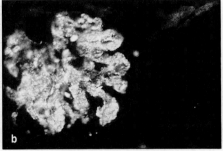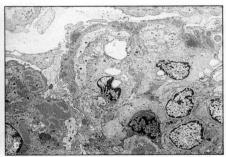

11.22 Die Ablagerung von Immunkomplexen in den Glomeruli der Niere führt beim systemischen Lupus erythematodes (SLE) zum Nierenversagen. a) Die Ablagerung von Immunkomplexen beim SLE verursacht eine Verdickung der Basalmembran in den Glomeruli. b) Nierenschnitte, angefärbt mit fluoreszenzgekoppelten Anti-Immunglobulin-Antikörpern (Abschnitt 2.13), was die Immunglobuline in den Ablagerungen auf der Basalmembran sichtbar macht. c) Im elektronenmikroskopischen Bild sind dichte Proteinablagerungen zwischen der Basalmembran der Glomeruli und den Podocyten zu erkennen. Polymorphkernige neutrophile Leukocyten sind ebenfalls vorhanden. Sie wurden durch die abgelagerten Immunkomplexe angelockt. (Photos: M. Kashgarian.)

Symptome verursacht. Ursprünglich genügte bereits das Vorhandensein von Antikörpern gegen das betroffene Gewebe im Serum von Patienten, die an verschiedenen Krankheiten litten, als Hinweis auf einen autoimmunen Ursprung der jeweiligen Erkrankung. Allerdings findet man solche Autoantikörper auch, wenn die Gewebeschädigung durch ein Trauma oder eine Infektion hervorgerufen wurde. Dies legt den Schluß nahe, daß Autoantikörper auch als Folge einer Gewebeschädigung entstehen können und nicht ihre Ursache sein müssen. Man kann also erst von einer Autoimmunkrankheit sprechen, wenn die Autoantikörper tatsächlich für die Symptome verantwortlich sind.

Auf Versuchstiere übertragene Autoantikörper rufen dort häufig ein ähnliches Krankheitsbild hervor, wie es bei dem Patienten zu beobachten ist, von dem die Antikörper stammen (Abb. 11.23). Dies funktioniert allerdings nicht immer, vermutlich aufgrund von Unterschieden in der Struktur der Autoantigene. Die Übertragung von Autoimmunkrankheiten durch Antikörper kann

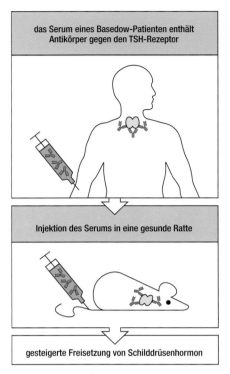

11.23 Bestimmte Autoimmunkrankheiten lassen sich mit dem Serum von Patienten auf Versuchstiere übertragen. Wenn das Autoantigen zwischen Menschen und Mäusen oder Ratten gut konserviert ist, können Antikörper eines erkrankten Menschen bei einem Versuchstier dieselben Symptome hervorrufen. So führen zum Beispiel Antikörper von Patienten, die an der Basedow-Krankheit leiden, bei Ratten zu einer Aktivierung der Schilddrüse.

auch bei neugeborenen Babys erkrankter Mütter vorkommen (Abb. 11.24). Wenn die Babies mit IgG-Autoantikörpern in Kontakt kommen, die über die Placenta übertragen werden, entwickeln sie häufig ein ähnliches Krankheitsbild wie die Mutter. Die Symptome verschwinden bald wieder, wenn die Antikörper abgebaut werden. Dieser Vorgang läßt sich durch eine Austauschtransfusion oder eine Plasmapherese (Austausch des Plasmas) des Babys beschleunigen.

Nicht alle Autoimmunerkrankungen werden durch Autoantikörper verursacht. Viele beruhen auch auf spezifisch reaktiven T-Zellen. Außerdem sind autoimmune T-Zellen wahrscheinlich notwendig, um alle Autoantikörperreaktionen aufrechtzuerhalten. Solche T-Zellen nachzuweisen ist weit schwieriger als das Aufspüren von Autoantikörpern. Erstens kann die Krankheit nicht in Form menschlicher T-Zellen auf Versuchstiere übertragen werden, da die T-Zell-Erkennung MHC-abhängig ist und die MHC-Allele von Tieren sich von denen des Menschen unterscheiden. Zweitens ist es nicht einfach, das von einer T-Zelle erkannte Antigen zu identifizieren. Beispielsweise kann man mit Hilfe von Autoantikörpern körpereigenes Gewebe anfärben, um die Verteilung der Autoantigene sichtbar zu machen. Mit T-Zellen ist dies nicht möglich. Dennoch gibt es deutliche Hinweise darauf, daß autoreaktive T-Zellen bei verschiedenen Autoimmunerkrankungen eine Rolle spielen. Beim insulinabhängigen Diabetes mellitus werden die insulinproduzierenden β-Zellen der Pankreasinseln selektiv durch spezifische T-Zellen zerstört. Transplantiert man solchen Patienten Pankreasgewebe von ihrem eineiigen Zwilling, werden die β-Zellen im Transplantatgewebe schnell und selektiv zerstört. Dabei dringen hauptsächlich CD8-T-Zellen in die Inseln ein, und ein Wiederauftreten der Krankheit läßt sich durch das immunsuppressive Medikament Cyclosporin A verhindern (Kapitel 12), das die T-Zell-Aktivierung blockiert. Auf die jüngsten Fortschritte bei der Identifizierung solcher autoimmun wirkenden T-Zellen und bei dem Nachweis, daß sie tatsächlich Krankheiten verursachen, werden wir im Abschnitt 11.16 eingehen.

11.15 Mit Hilfe von Autoantikörpern läßt sich das Ziel des Autoimmunangriffs identifizieren

Ist erst nachgewiesen, daß Autoantikörper für die Pathogenese notwendig sind, kann man sie zur Aufreinigung des Autoantigens verwenden und die-

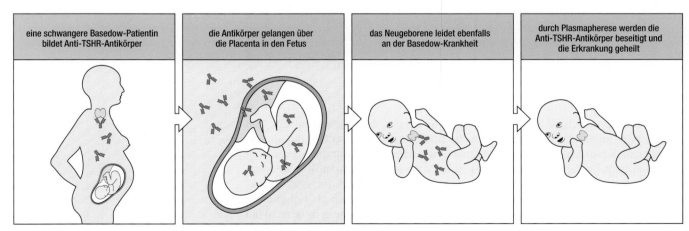

11.24 Antikörpervermittelte Autoimmunerkrankungen können sich infolge einer Übertragung von Antikörpern durch die Placenta auch bei den Kindern betroffener Mütter manifestieren. Während der Schwangerschaft durchqueren IgG-Antikörper die Placenta (Abb. 8.20). Babys von Müttern mit Ig-vermittelten Autoimmunkrankheiten zeigen daher in den ersten Wochen nach der Geburt oft ähnliche Symptome wie die Mutter.

Dies führt glücklicherweise kaum zu bleibenden Schäden, da die Symptome mit den mütterlichen Antikörpern verschwinden. Bei der Basedow-Krankheit werden die Symptome durch Antikörper gegen den TSH-Rezeptor verursacht. Kinder von Müttern, die schilddrüsenstimulierende Antikörper produzieren, werden mit einer Hyperthyreose geboren. Durch Austausch ihres Blutplasmas gegen normales Plasma läßt sich dies jedoch beheben.

ses anschließend identifizieren. Dieser Ansatz ist besonders erfolgversprechend, wenn der Antikörper die Krankheit auch bei Versuchstieren hervorruft, da dann große Mengen des Zielgewebes zur Verfügung stehen. Durch immunhistologische Untersuchungen mit den Autoantikörpern läßt sich auch die Verteilung der Zielstrukturen in den Zellen und Geweben ermitteln, was oft entscheidende Hinweise auf die Krankheitsentstehung gibt.

Das Aufspüren eines wichtigen Autoantigens, das von einem Antikörper erkannt wird, kann auch zur Identifizierung der T-Helferzelle führen, die für die Produktion des Autoantikörpers verantwortlich ist. Wie wir in Kapitel 8 gesehen haben, aktivieren T-Helferzellen selektiv solche B-Zellen, die sich an Epitope anlagern, welche physikalisch mit dem Peptid verbunden sind, das die T-Helferzelle erkennt. Daraus folgt, daß sich mit Hilfe der Autoantikörper Proteine oder Proteinkomplexe aufreinigen lassen sollten, die das von der autoreaktiven T-Helferzelle erkannte Peptid enthalten. Bei der Myasthenia gravis reagieren die krankheitsverursachenden Autoantikörper hauptsächlich mit der α-Kette des Acetylcholinrezeptors. Außerdem finden sich bei Myastheniepatienten CD4-T-Zellen, die Peptidfragmente dieser Rezeptoruntereinheit erkennen. Für die Entstehung dieser Krankheit sind also wahrscheinlich sowohl autoreaktive B- als auch T-Zellen notwendig (Abb. 11.25).

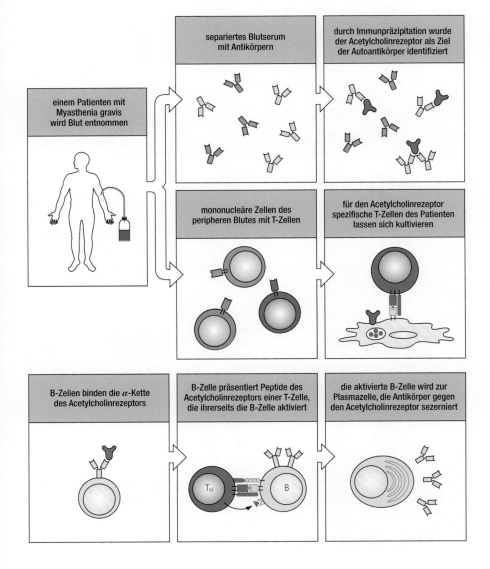

11.25 Mit Hilfe von Autoantikörpern lassen sich sowohl die B- als auch die T-Zell-Epitope einiger Autoantigene identifizieren. Bei Lysaten von Skelettmuskelzellen von Patienten mit Myasthenia gravis führen Autoantikörper zu einer Immunpräzipitation der α-Kette des Acetylcholinrezeptors (oben). Dies läßt vermuten, daß diese Patienten auch CD4-T-Helferzellen haben, die ein Peptid des Acetylcholinrezeptors erkennen. Um dies zu untersuchen, hat man T-Zellen von Patienten mit Myasthenia gravis isoliert und in Gegenwart von Acetylcholinrezeptoren und antigenpräsentierenden Zellen mit dem passenden MHC-Typ kultiviert. Tatsächlich hat man T-Zellen gefunden, die spezifisch gegen Epitope in der α-Kette des Acetylcholinrezeptors gerichtet waren (Mitte). In der unteren Reihe ist dargestellt, wie diese Autoimmunkrankheit wahrscheinlich induziert wird: Naive autoreaktive B-Zellen nehmen die α-Kette des Acetylcholinrezeptors auf und präsentieren den autoreaktiven CD4-T-Helferzellen Peptide daraus. Die T-Helferzellen setzen dann Cytokine frei, wie etwa IL-4, welche die B-Zellen zur Produktion von Autoantikörpern anregen.

Ein anderes Beispiel für dasselbe Phänomen ist der systemische Lupus erythematodes (SLE), eine antikörpervermittelte Autoimmunkrankheit. Wie wir bereits wissen, beruht die Gewebeschädigung bei dieser Krankheit auf Immunkomplexen aus Autoantikörpern und einer Vielzahl von Antigenen, die aus Nucleinsäuren und Proteinen bestehen, wie etwa Nucleosomen, Ribosomen und kleinen, an der RNA-Verarbeitung beteiligten Ribonucleoprotein-komplexen. Interessanterweise zeigen diese Antikörper einen hohen Grad an somatischen Mutationen, und die B-Zellen, aus denen sie stammen, durchliefen eine intensive klonale Expansion. Diese Eigenschaften sind typisch für Antikörper, die als Reaktion auf eine chronische Stimulierung der B-Zellen durch Antigene und spezifische T-Helferzellen gebildet wurden. Dies deutet sehr stark darauf hin, daß die Autoantikörper beim SLE als Reaktion auf Autoantigene produziert werden, die von spezifischen autoreaktiven T-Helfer-

11.26 Autoreaktive CD4-T-Helferzellen einer bestimmten Spezifität können die Produktion von Autoantikörpern mit vielen verschiedenen Spezifitäten anregen. Patienten mit systemischem Lupus erythematodes produzieren häufig Autoantikörper gegen alle Komponenten eines Nucleosoms oder des Ribosoms und nicht nur gegen einige wenige Bestandteile dieser Partikel. Die wahrscheinlichste Erklärung dafür ist, daß alle autoreaktiven B-Zellen von einem einzigen Klon autoreaktiver CD4-T-Helferzellen unterstützt werden, die alle dasselbe Peptid aus einem der Proteinbestandteile des Partikels erkennen. Da B-Zellen Partikel, die das von ihnen erkannte Antigen enthalten, aufnehmen und verarbeiten, kann jede einzelne B-Zelle, die ein Protein oder eine Nucleinsäure des Partikels erkennt, von einer solchen T-Zelle aktiviert werden. Wenn beispielsweise ein Patient CD4-T-Helferzellen besitzt, die Rezeptoren für ein Peptid des Histonproteins H1 tragen, kann jede B-Zelle, die irgendein Antigen in einem Nucleosom erkennt, diesen T-Zellen Histonpeptide präsentieren und von ihnen aktiviert werden. Eine einzige autoreaktive T-Helferzelle kann also eine vielfältige Antikörperantwort hervorbringen. Für Ribosomen spezifische B-Zellen können allerdings das H1-Peptid nicht präsentieren und werden folglich auch nicht zur Produktion antiribosomaler Antikörper angeregt (untere Bilder). Bei anderen Patienten sind Reaktionen gegen Ribosomen oder kleine Ribonucleoproteine des Zellkerns (*small nuclear RNPs*, snRNPs) zu beobachten. Diese spiegeln vermutlich die Existenz verschiedener CD4-T-Helferzellen wider, die Peptide aus diesen Partikeln erkennen.

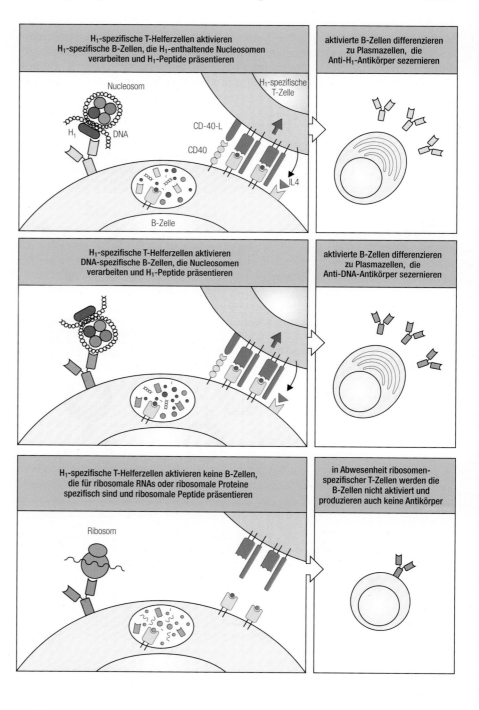

zellen erkannte Peptide enthalten. Darüber hinaus besitzt ein Individuum meist Autoantikörper gegen sämtliche Bestandteile eines Nucleoproteinpartikels. Die naheliegendste Erklärung ist das Vorhandensein von T-Helferzellen, die ganz spezifisch einen Peptidbestandteil dieses Partikels erkennen. Eine B-Zelle, deren Rezeptor irgendeinen beliebigen Teil des Partikels bindet, kann dieses Peptid verarbeiten, es den autoreaktiven T-Zellen präsentieren und von ihnen zur Differenzierung angeregt werden (Abb. 11.26). Dies würde die beobachteten Eigenschaften der Autoantikörperreaktion erklären sowie die Häufung unterschiedlicher Spezifitäten der Autoantikörper bei einzelnen Patienten. Um festzustellen, ob die Reaktion tatsächlich so abläuft, ist es notwendig, die an dieser Erkrankung beteiligten spezifischen T-Helferzellen zu isolieren.

11.16 Aufgrund der Natur der T-Zell-Liganden ist das Ziel der T-Zell-vermittelten Autoimmunität nur schwer zu identifizieren

Obwohl vieles darauf hindeutet, daß T-Zellen bei vielen Autoimmunerkrankungen eine Rolle spielen, sind die spezifischen T-Zellen, die bestimmte Krankheiten verursachen, sehr schwer zu isolieren und ihre Ziele kaum zu identifizieren. Dies liegt zum Teil darin begründet, daß man die T-Zellen, die zum Aufspüren des autoantigenen Peptids notwendig sind, nur in Gegenwart ihres spezifischen Antigens kultivieren kann. Außerdem ist es schwierig, festzustellen, inwieweit diese T-Zellen Krankheiten verursachen können, da man für jeden Test Zielzellen mit demselben MHC-Genotyp wie dem des Patienten benötigt. Mit Tiermodellen läßt sich dieses Problem eher in den Griff bekommen. Da man bei Tieren viele Autoimmunerkrankungen durch Injektion körpereigenen Gewebes auslösen kann, läßt sich das Autoantigen aufspüren, indem man einen Gewebeextrakt fraktioniert und die einzelnen Fraktionen auf ihr krankheitsauslösendes Potential hin testet. Auch kann man T-Zell-Linien herstellen, mit denen sich die Erkrankung von einem betroffenen Tier auf ein anderes mit demselben MHC-Genotyp übertragen läßt. Auf diese Weise ist es bei vielen experimentellen Autoimmunerkrankungen gelungen, die beteiligten Autoantigene zu identifizieren. Im allgemeinen handelt es sich um einzelne Peptide, die an spezifische MHC-Moleküle binden. Das identifizierte Peptid kann dann als Immunogen dienen, um bei Tieren mit dem passenden MHC-Genotyp das vollständige Krankheitsbild hervorzurufen. Beispielsweise können klonierte T-Zell-Linien bei der Injektion in syngene Mäuse oder Ratten eine der **Multiplen Sklerose** ähnliche Demyelinisierungskrankheit des Gehirns auslösen, die sogenannte **experimentelle allergische Encephalomyelitis**. Diese klonierten T-Zell-Linien werden durch Peptide des basischen Myelinprotein MBP (*myelin basic protein*) stimuliert, das in der Myelinhülle um die Axone der Nervenzellen in Gehirn und Rückenmark vorkommt. Immunisiert man Tiere, die das geeignete MHC-Allel besitzen, mit diesem Peptid, so entwickeln sie die Krankheit. Bei Patienten mit Multipler Sklerose hat man ebenfalls aktivierte T-Zellen gefunden, die gegen MBP gerichtet sind (Abb. 11.27). Zwar ist noch nicht bewiesen, daß diese Zellen tatsächlich für die Demyelinisierung verantwortlich sind. Die bisherigen Ergebnisse zeigen jedoch, daß der Einsatz von Tiermodellen bei der Suche nach autoantigenen Peptiden, die bei menschlichen Erkrankungen eine Rolle spielen, durchaus erfolgversprechend ist.

Bei einer Vielzahl entzündlicher Autoimmunerkrankungen werden offensichtlich extrazelluläre Autoantigene inflammatorischen CD4-T-Zellen (T_H1-Zellen) präsentiert. Ein Beispiel ist die experimentelle allergische Encephalomyelitis, die durch inflammatorische T_H1-Zellen (aber nicht durch T_H2) verursacht wird, welche gegen MBP gerichtet sind. Dies hat man durch den adoptiven Transfer der Erkrankung in Form von klonierten

Maus mit EAE im Vergleich zu einer gesunden Maus

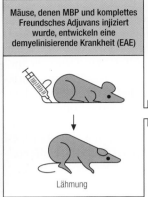

Mäuse, denen MBP und komplettes Freundsches Adjuvans injiziert wurde, entwickeln eine demyelinisierende Krankheit (EAE)

Lähmung

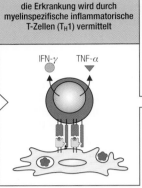

die Erkrankung wird durch myelinspezifische inflammatorische T-Zellen (T$_H$1) vermittelt

IFN-γ TNF-α

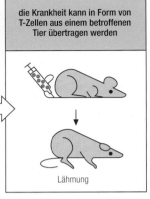

die Krankheit kann in Form von T-Zellen aus einem betroffenen Tier übertragen werden

Lähmung

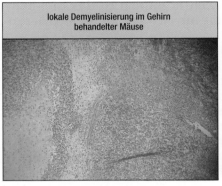

lokale Demyelinisierung im Gehirn behandelter Mäuse

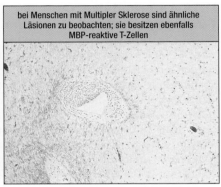

bei Menschen mit Multipler Sklerose sind ähnliche Läsionen zu beobachten; sie besitzen ebenfalls MBP-reaktive T-Zellen

11.27 Für das basische Myelinprotein (MBP) spezifische T-Zellen verursachen bei der experimentellen allergischen Encephalomyelitis Entzündungen im Gehirn. Die experimentelle allergische Encephalomyelitis (EAE) läßt sich bei Versuchstieren durch Injektion eines Rückenmarkhomogenats in vollständigem Freundschem Adjuvans induzieren. Das Ergebnis ist eine progressive Lähmung, die zuerst den Schwanz und die Hinterbeine befällt, bevor sie auf die Vorderbeine übergreift und schließlich zum Tod führt. Das Photo zeigt eine von der Hinterleibslähmung betroffene Maus (links) im Vergleich mit einer gesunden (rechts). Die Krankheit wird von inflammatorischen CD4-T-Zellen (T$_H$1) hervorgerufen, die für MBP spezifisch sind. Eine Immunisierung mit MBP allein kann ebenfalls zur Erkrankung führen. Klonierte MBP-spezifische T$_H$1-Zellen können die Krankheit auf gesunde Empfänger übertragen, sofern diese das korrekte MHC-Allel besitzen. In diesem System konnte man den Peptid:MHC-Komplex identifizieren, den die inflammatorischen CD4-T-Zellen erkennen, mit denen sich die Krankheit übertragen läßt. Bei EAE sind im Gehirn demyelinisierte Neuronen zu finden (unten links), die auch inflammatorische T-Zellen enthalten. Bei der Multiplen Sklerose liegen ähnliche Läsionen vor (unten rechts), ebenfalls mit inflammatorischen Zellen. Die betroffenen Patienten besitzen T-Zellen, die das menschliche MBP erkennen. Es ist jedoch noch nicht bewiesen, daß diese Zellen für die Erkrankung verantwortlich sind. (Untere Photos: K. Gijbels.)

inflammatorischen T$_H$1-Zell-Linien gezeigt, die spezifisch für MBP waren. Mit T$_H$2-Zellen gelang der Transfer nicht. Die **rheumatische Arthritis** beruht möglicherweise ebenfalls auf inflammatorischen CD4-T-Zellen, die ein mit den Gelenken assoziiertes Antigen erkennen. Dieses Antigen könnte sie zur Freisetzung von Lymphokinen stimulieren, die eine lokale Entzündung im Gelenk auslösen. Das wiederum würde eine Schwellung, die Ansammlung polymorphkerniger Leukocyten und Makrophagen sowie die Beschädigung des Knorpels verursachen und damit zur Zerstörung des Gelenks führen. Die rheumatische Arthritis ist eine komplexe Erkrankung. An ihr sind auch Antikörper beteiligt, darunter häufig IgM-Anti-IgG-Autoantikörper, die man auch **Rheumafaktor** nennt, und ein Teil der Gewebeschädigungen wird durch Immunkomplexe hervorgerufen.

Besonders schwierig ist die Identifizierung autoantigener Peptide bei Krankheiten, die von CD8-T-Zellen vermittelt werden. Von CD4-T-Zellen erkannte Autoantigene können aus einem beliebigen extrazellulären Protein stammen oder aus Zellen, die von Phagocyten aufgenommen und in deren Vesikeln zersetzt worden sind. Von CD8-T-Zellen erkannte Autoantigene müssen jedoch von den Zielzellen selbst produziert werden (Kapitel 4). Daher kann man zwar mit Hilfe von Zellextrakten das von den CD4-T-Zellen erkannte Autoantigen identifizieren, zur Untersuchung der autoimmun wirkenden CD8-T-Zellen sind jedoch intakte Zellen aus dem Zielgewebe notwendig. Andererseits kann bei manchen CD8-vermittelten Krankheiten auch die Pathogenese einer Erkrankung selbst Aufschluß über die Identität des Antigens geben, wie zum Beispiel beim insulinabhängigen Diabetes mellitus (*insulin-dependent diabetes mellitus*, IDDM). Da hier offensichtlich gezielt die insulinproduzierenden β-Zellen der Langerhans-Inseln im Pankreas von den CD8-T-Zellen zerstört werden, ist es wahrscheinlich, daß das Peptid, welches die pathogenen CD8-T-Zellen erkennen, aus einem Protein stammt, das ausschließlich von den β-Zellen exprimiert wird (Abb. 11.28).

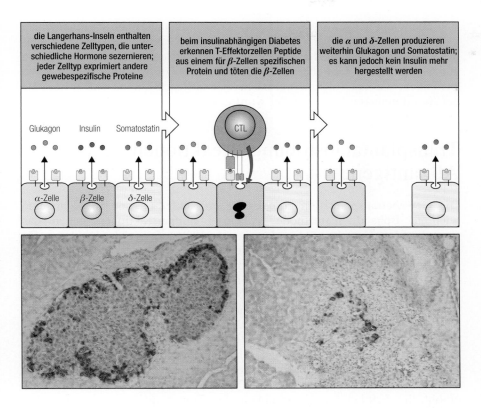

die Langerhans-Inseln enthalten verschiedene Zelltypen, die unterschiedliche Hormone sezernieren; jeder Zelltyp exprimiert andere gewebespezifische Proteine

beim insulinabhängigen Diabetes erkennen T-Effektorzellen Peptide aus einem für β-Zellen spezifischen Protein und töten die β-Zellen

die α und δ-Zellen produzieren weiterhin Glukagon und Somatostatin; es kann jedoch kein Insulin mehr hergestellt werden

Glukagon   Insulin   Somatostatin

CTL

α-Zelle   β-Zelle   δ-Zelle

11.28 Die selektive Zerstörung der β-Zellen des Pankreas beim Diabetes deutet darauf hin, daß das Autoantigen an der Oberfläche von β-Zellen exprimiert wird. Beim Diabetes werden insulinproduzierende β-Zellen in den Langerhans-Inseln des Pankreas mit hoher Spezifität zerstört, während andere Zelltypen der Inseln (α und δ) verschont bleiben. Dies ist schematisch in den oberen Bildern dargestellt. Die Photos zeigen Langerhans-Inseln von gesunden Mäusen und solchen mit Diabetes. Das Insulin und damit die β-Zellen sind braun angefärbt, schwarz gefärbt ist das Glukagon, also die α-Zellen. Man beachte die Lymphocyten, die in die Inseln der Diabetes-Maus (rechts) eindringen und die selektive Zerstörung der β-Zellen verursachen, nicht aber die der α-Zellen. Mit dem Verlust der β-Zellen verlieren die Inseln auch ihr charakteristisches morphologisches Erscheinungsbild. Wahrscheinlich sind cytotoxische CD8-T-Zellen für die Zerstörung der β-Zellen verantwortlich. Sie erkennen vermutlich Peptide aus β-Zell-spezifischen Proteinen, die von MHC-Klasse-I-Molekülen präsentiert werden. Aus jedem beliebigen, für β-Zellen spezifischen Protein können Peptide abgespalten und von MHC-Klasse-I-Molekülen auf der Zelloberfläche dargeboten werden. Diese Peptide entstehen nur in Geweben, in denen auch das Protein synthetisiert wird, und nur die entsprechenden Zellen werden durch autoreaktive CD8-T-Zellen getötet. Das für den insulinabhängigen Diabetes mellitus verantwortliche Autoantigen konnte man jedoch bisher nicht identifizieren. (Photos: I. Visintin.)

Es gibt auch einige Hinweise auf eine Beteiligung von CD4-T-Zellen am IDDM. Das steht in Einklang mit der Koppelung zwischen der Krankheitsanfälligkeit und bestimmten MHC-Klasse-II-Allelen, die wir früher in diesem Kapitel besprochen haben (Abb. 11.15 und 11.16). Die Identifizierung des Autoantigens, gegen das sich die T-Zellen bei solchen Erkrankungen richten, ist ein sehr wichtiges Ziel, denn es kann uns nicht nur dabei helfen, die Pathogenese dieser Krankheiten zu verstehen, sondern es liefert möglicherweise auch einige neue Ansatzpunkte für die Behandlung (Kapitel 12).

Zusammenfassung

Um eine Krankheit als Autoimmunerkrankung klassifizieren zu können, muß man zunächst nachweisen, daß sie auf einer Immunreaktion gegen körpereigene Antigene beruht. Autoimmunkrankheiten können durch Autoantikörper oder durch autoimmun wirkende T-Zellen verursacht werden. Die Gewebeschädigung kann auf einem direkten Angriff auf antigentragende Zellen, auf der Bildung von Immunkomplexen sowie auf lokalen Entzündungen beruhen. Von Antikörpern gegen zelluläre Rezeptoren verursachte Autoimmunerkrankungen fallen in eine besondere Gruppe. Sie können entweder eine Überaktivierung oder eine Hemmung der Rezeptorfunktion verursachen. T-Zellen können direkt an der Entzündungsreaktion oder an der Zerstörung von Zellen beteiligt sein. Außerdem sind sie für die Aufrechterhaltung der Antikörperantwort notwendig. Den überzeugendsten Beweis, daß eine Immunreaktion für eine Krankheit verantwortlich ist, erbringt die Übertragung der Krankheit auf einen geeigneten Empfänger mit Hilfe der aktiven Komponenten der Immunantwort. Dies ist allerdings nicht immer möglich. Zur Zeit gilt es, die von den T-Zellen erkannten Autoantigene zu identifizieren, um mit Hilfe dieser Information anschließend die Aktivität der autoimmunen T-Zellen zu kontrollieren oder sogar ihre Aktivierung zu verhindern. Dahinter steht die wichtigere Frage, wie eine Autoimmunreaktion überhaupt ausgelöst wird. Diesen Aspekt versucht man im allgemeinen zu klären, indem man bei Transplantationen die Reaktion gegen körperfremdes Gewebe untersucht. Im folgenden werden wir daher die Immunreaktion auf transplantierte Gewebe näher beleuchten, bevor wir uns dem Problem zuwenden, wie die Toleranz normalerweise zustande kommt und warum sie bei Autoimmunkrankheiten außer Kraft gesetzt ist.

Transplantatabstoßung: Reaktionen gegen Alloantigene

Die Gewebetransplantation zum Ersatz erkrankter Organe ist heute eine wichtige Behandlungsmethode. Adaptive Immunreaktionen gegen das transplantierte Gewebe sind in den meisten Fällen das größte Hindernis für eine erfolgreiche Übertragung. Diese Immunantworten ähneln sehr den Reaktionen, die bei Autoimmunkrankheiten zur Gewebeschädigung führen. Bei der zuerst entwickelten und noch immer häufigsten Gewebetransplantation, der Bluttransfusion, müssen die AB0- und die Rhesus-Blutgruppenantigene übereinstimmen, um die schnelle Zerstörung „unpassender" roter Blutkörperchen durch Antikörper zu verhindern (Kapitel 2). Da es nur acht große Bluttypen gibt, ist dies relativ einfach. Bei der Transplantation von Geweben mit kernhaltigen Zellen führen die T-Zell-Antworten gegen die hochpolymorphen MHC-Moleküle meist zur Abstoßung des Transplantats. Eine Übereinstimmung der MHC-Typen von Spender und Empfänger erhöht die Erfolgswahrscheinlichkeit der Transplantation. Eine perfekte Übereinstimmung ist allerdings nur bei einem verwandten Spender möglich, und auch in solchen Fällen führen genetische Unterschiede in anderen Loci häufig zur Abstoßung. In den folgenden Abschnitten werden wir die Immunreaktion gegen Gewebetransplantate betrachten und untersuchen, warum sie bei dem einen Gewebetransplantat, das im allgemeinen toleriert wird, ausbleibt: dem Säugetierfetus.

11.17 Die Transplantatabstoßung wird primär von T-Zellen vermittelt

Die Grundregeln der Gewebeübertragung hat man zuerst anhand von Hauttransplantationen zwischen verschiedenen Mäuse-Inzuchtstämmen aufgeklärt. Mit einer Erfolgsquote von 100 Prozent läßt sich Haut von einer Stelle an eine andere Stelle desselben Tieres oder Menschen (**autogene** oder **autologe Transplantation**) oder zwischen genetisch identischen Individuen transplantieren (**syngene Transplantation**). Wenn man Haut auf ein nichtverwandtes oder **allogenes** Individuen überträgt (**allogene** oder **homologe Transplantation**), wird das Transplantat zunächst angenommen, nach elf bis 14 Tagen jedoch abgestoßen (Abb. 11.29). Man bezeichnet dies als primäre **Abstoßungsreaktion**. Sie verläuft immer sehr ähnlich und beruht auf einer T-Zell-Antwort des Empfängers. Ein auf Nacktmäuse, die ja keine T-Zellen besitzen, transplantiertes Hautstück wird nämlich nicht abgestoßen. Man kann jedoch durch adoptiven Transfer normaler T-Zellen die Fähigkeit zur Abstoßung auch auf Nacktmäuse übertragen.

Überträgt man ein zweites Mal ein Hautstück auf einen Empfänger, der zuvor bereits ein Transplantat von demselben Spender abgestoßen hat, dann erfolgt die zweite Abstoßungsreaktion schneller, das heißt in nur sechs bis acht Tagen (sekundäre Abstoßungsreaktion). Haut von einem zweiten Spender, die man gleichzeitig auf den Empfänger übertragen hat, löst keine schnellere Abstoßungsreaktion aus. Der Zeitverlauf entspricht vielmehr einer Erstabstoßung. Der schnelle Verlauf der Zweitabstoßungsre-

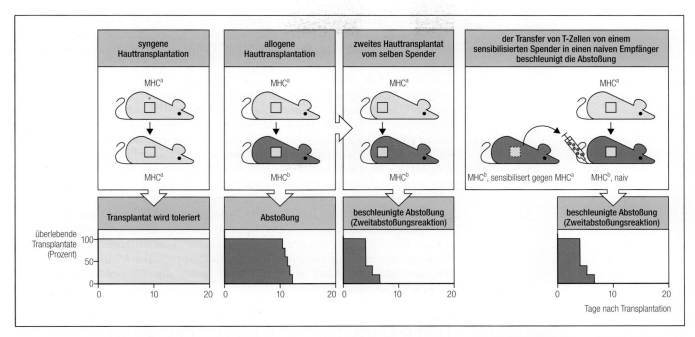

aktion kann in Form von T-Zellen aus dem Empfänger eines ersten Transplantats auf normale oder bestrahlte Empfänger übertragen werden. Dies zeigt, daß der Transplantatabstoßung eine spezifische Immunreaktion zugrunde liegt (Abb. 11.29).

Adaptive Immunreaktionen gegen die fremden Proteine auf Spendergewebe sind ein großes Hindernis für effektive Gewebetransplantationen. Sie können durch cytotoxische CD8-T-Zellen, durch inflammatorische CD4-T-Zellen oder durch beide vermittelt werden. Bei sekundären Abstoßungsreaktionen spielen möglicherweise auch Antikörper eine Rolle. Die Reaktion gegen transplantierte Organe, die körperfremde Antigene tragen, ähnelt also derjenigen gegen körpereigene Gewebe bei Autoimmunkrankheiten.

11.18 Das Anpassen des Spender-MHC-Typs an denjenigen des Empfängers verbessert das Transplantationsergebnis

Wenn sich Spender und Empfänger in ihren MHC-Molekülen unterscheiden, lösen die fremden MHC-Moleküle auf dem Transplantat eine Immunreaktion aus. Hat der Empfänger bereits ein Transplantat mit einem bestimmten MHC-Typ abgestoßen, wird er gegen ein weiteres Transplantat, das dieselben fremden MHC-Moleküle trägt, eine sekundäre Abstoßungsreaktion entwickeln. In Kapitel 4 haben wir gelernt, daß die gegen fremde MHC-Moleküle gerichteten T-Zellen sehr zahlreich sind, so daß Unterschiede in den MHC-Molekülen die stärksten Auslöser einer Abstoßungsreaktion gegen ein erstes Transplantat sind. Tatsächlich leitet sich sogar der Name MHC (*major histocompatibility complex* oder Haupthistokompatibilitätskomplex) von dieser zentralen Rolle bei der Transplantatabstoßung ab. Wie bereits erwähnt, ist der genaue Mechanismus der T-Zell-Antwort gegen fremde MHC-Typen noch immer sehr umstritten. T-Zellen könnten die MHC-Polymorphismen direkt erkennen oder aber Peptide, die in fremden MHC-Molekülen präsentiert werden oder beides (Abb. 4.22 und Abschnitt 4.17).

Als klar wurde, daß die Erkennung fremder MHC-Moleküle bei der Transplantatabstoßung eine wichtige Rolle spielt, hat man große Anstrengungen unternommen, um die MHC-Typen von Spender und Empfänger aufeinander abzustimmen. Dadurch gelang es, die Erfolgsquote von Organ-

11.29 Die Abstoßung von Hauttransplantaten beruht auf einer von T-Zellen vermittelten Reaktion. Syngene Transplantate werden auf Dauer angenommen (links), während Gewebe mit anderen MHCs etwa zehn bis 14 Tage nach der Transplantation abgestoßen werden (primäre Abstoßungsreaktion). Überträgt man einer Maus zum zweiten Mal Haut von demselben Spendertier, so erfolgt die Abstoßung des zweiten Transplantats schneller (Mitte). Dies bezeichnet man auch als sekundäre Abstoßungsreaktion. Die beschleunigte Reaktion ist MHC-spezifisch: Haut von einem zweiten Spender mit demselben MHC-Typ wird schnell abgestoßen, während die Reaktion bei Haut von einem zweiten Spender mit anderem MHC nicht schneller als bei der Erstabstoßung verläuft (nicht gezeigt). Nichtimmunisierte Mäuse, denen man T-Zellen von einem sensibilisierten Spendertier verabreicht, verhalten sich, als hätten sie bereits eine Transplantation hinter sich (rechts).

verpflanzungen signifikant zu erhöhen. Aber auch bei übereinstimmenden HLA-Typen sind Abstoßungsreaktionen nicht ausgeschlossen. Dafür gibt es zwei Hauptgründe: Erstens ist die HLA-Typisierung aufgrund der polymorphen Natur und der Komplexität der menschlichen MHCs nie ganz exakt. Das heißt, daß nicht miteinander verwandte Personen, deren HLAs man aufgrund der Typisierung mit Antikörpern gegen MHC-Proteine für identisch erklärt, selten tatsächlich genau dieselben MHC-Genotypen aufweisen (Abschnitt 2.27). Bei HLA-identischen Geschwistern sollte dies jedoch kein Problem sein. Da Geschwister ihre MHC-Gene als Haplotypen erben, sollte eines von vieren tatsächlich mit dem des Empfängers in bezug auf den HLA übereinstimmen (Abb. 2.49). Dennoch werden auch Transplantate von HLA-identischen Geschwistern generell abgestoßen, solange es sich bei Empfänger und Spender nicht um eineiige Zwillinge handelt. Die Abstoßung erfolgt hier lediglich etwas langsamer. Sie beruht auf sogenannten Nebenhistokompatibilitätsantigenen (*minor histocompatibility antigens*), die wir im nächsten Abschnitt näher kennenlernen werden. Alle Transplantatempfänger müssen also immunsuppressive Medikamente erhalten, um die Abstoßung zu verhindern, außer die Transplantation erfolgt zwischen eineiigen Zwillingen.

11.19 Bei MHC-identischen Transplantaten beruht die Abstoßung auf fremden Proteinen, die an die MHC-Moleküle des Transplantats gebunden sind

Wenn Spender und Empfänger in ihren MHCs übereinstimmen, sich jedoch in anderen Genloci unterscheiden, verläuft die Abstoßung langsamer (Abb. 11.30). Die für die Abstoßung von MHC-identischen Transplantaten verantwortlichen genetischen Polymorphismen bezeichnet man daher auch als **Nebenhistokompatibilitätsantigene**. Reaktionen gegen einzelne Nebenhistokompatibilitätsantigene sind weit weniger heftig als die gegen fremde MHCs, da nicht so viele spezifisch reaktive T-Zellen vorhanden sind. T-Zellen, die diese Antigene erkennen, müssen sogar *in vivo* zum ersten Mal mit ihrem Antigen in Kontakt kommen, bevor man sie in gemischten Lymphocytenkulturen nachweisen kann. Allerdings unterscheiden sich die meisten MHC-identischen Mäusestämme in zahlreichen Nebenhistokompatibilitätsloci, so daß Transplantate trotz allem regelmäßig

11.30 Selbst eine vollkommene Übereinstimmung in den MHCs gewährleistet nicht das Überleben des Transplantats. Zwar werden syngene Transplantate nicht abgestoßen (links), aber MHC-identisches Gewebe von Spendern, die sich in anderen Loci vom Empfänger unterscheiden, sehr wohl (rechts). Allerdings vollzieht sich die Abstoßung in diesem Fall deutlich langsamer als bei einem Transplantat mit einem anderen MHC-Typ (Mitte).

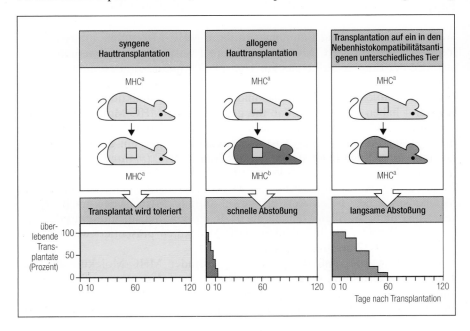

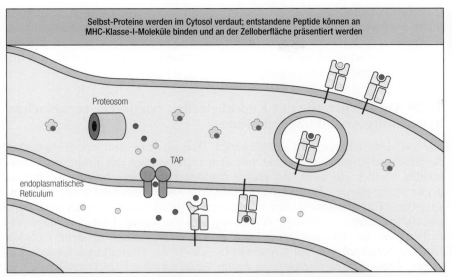

Selbst-Proteine werden im Cytosol verdaut; entstandene Peptide können an MHC-Klasse-I-Moleküle binden und an der Zelloberfläche präsentiert werden

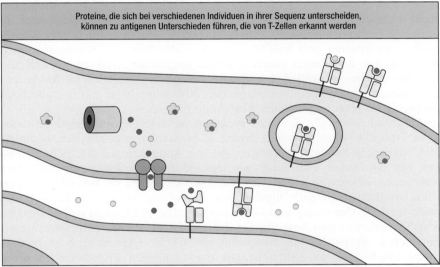

Proteine, die sich bei verschiedenen Individuen in ihrer Sequenz unterscheiden, können zu antigenen Unterschieden führen, die von T-Zellen erkannt werden

11.31 Nebenhistokompatibilitätsantigene sind Peptide aus polymporphen zellulären Proteinen, die an MHC-Klasse-I-Moleküle gebunden sind. Wie wir in Kapitel 4 gesehen haben, werden körpereigene Proteine routinemäßig durch Proteasome im Cytosol verdaut. Dabei entstehende Peptide werden ins endoplasmatische Reticulum transportiert, wo sie an MHC-Klasse-I-Moleküle binden können, um anschließend an der Zelloberfläche präsentiert zu werden (oben, siehe auch Abschnitt 4.8). Wenn irgendein polymorphes Protein bei Spender und Empfänger nicht übereinstimmt, kann daraus ein Peptid entstehen, das von T-Zellen als fremd erkannt wird und eine Immunreaktion auslöst (unten).

und relativ schnell abgestoßen werden. Die Zellen, die auf Nebenhistokompatibilitätsantigene reagieren, sind im allgemeinen CD8-T-Zellen. Das legt den Schluß nahe, daß es sich bei diesen Antigenen um Peptide handelt, die an Selbst-MHC-Klasse-I-Moleküle gebunden sind. Aber auch an Selbst-MHC-Klasse-II-Moleküle gebundene Peptide können bei der Reaktion gegen MHC-identische Transplantate eine Rolle spielen.

Heute wissen wir, daß Nebenhistokompatibilitätsantigene Peptide aus polymorphen Proteinen sind, die von MHC-Molekülen auf dem Transplantat präsentiert werden (Abb. 11.31). Praktisch jedes Zellprotein kann in Peptide zerlegt werden, die als Nebenhistokompatibilitätsantigene fungieren können. Eine solche Gruppe von Proteinen ist auf dem Y-Chromosom codiert. Man bezeichnet sie in ihrer Gesamtheit auch als H-Y. Da diese Y-chromosomalen Gene bei weiblichen Individuen nicht exprimiert werden, kommt es bei ihnen zu Reaktionen gegen die H-Y-Antigene. Umgekehrt wurden bei männlichen Individuen keine Reaktionen gegen spezifisch weibliche Antigene beobachtet, da beide Geschlechter die Gene des X-Chromosoms exprimieren. Die Reaktion gegen Nebenhistokompatibilitätsantigene entspricht in jeder Hinsicht der Immunantwort gegen eine virale Infektion. Da sämtliche Zellen des Transplantats die Nebenhistokompatibilitätsantigene exprimieren, wird das gesunde Transplantat bei einer solchen Reaktion geschädigt, genau wie eine Autoimmunreaktion gegen gewebespezifische Peptide das entsprechende

Gewebe vollkommen zerstört. Selbst wenn die MHC-Genotypen perfekt übereinstimmen, können Polymorphismen in einem beliebigen Protein also wirksame T-Zell-Reaktionen auslösen, die das gesamte Transplantat vernichten. Für eine erfolgreiche Transplantation ist daher der Einsatz wirkungsvoller Immunsuppressiva notwendig.

11.20 Antikörper, die mit Endothelzellen reagieren, verursachen hyperakute Abstoßungsreaktionen

Die meisten routinemäßig übertragenen Transplantate sind mit Blutgefäßen durchzogene Organe, die direkt mit dem Gefäßsystem des Empfängers verbunden werden. In manchen Fällen hat der Empfänger bereits Antikörper gegen Antigene des Transplantats gebildet – sei es aufgrund einer vorangegangenen Transplantation oder infolge einer Bluttransfusion. Solche Antikörper können eine sehr schnelle Abstoßung vaskularisierter Transplantate verursachen, da sie mit Antigenen auf dem Gefäßendothel in dem fremden Gewebe reagieren und die Komplement- sowie die Gerinnungskaskade aktivieren. Diese führen ihrerseits zu einem Gefäßverschluß im Transplantat und damit zum Absterben des Gewebes (Abb. 11.32). Da solche Transplantate nicht mehr durchblutet werden, erscheinen sie weiß, und man bezeichnet sie auch als weiße Transplantate. Dieses Problem läßt sich durch eine Kreuzprobe von Spender und Empfänger vermeiden. Wie vor Bluttransfusionen bestimmt man dabei unter anderem, ob der Empfänger Antikörper besitzt, die mit den weißen Blutzellen des Spenders reagieren. Sind solche Antikörper vorhanden, ist von einer Transplantation abzusehen, da sie mit fast absoluter Sicherheit zu einer hyperakuten Abstoßung führen.

Aufgrund eines sehr ähnlichen Problems ist auch die routinemäßige xenogene Transplantation tierischer Organe in Menschen nicht möglich. Die meisten Menschen besitzen Antikörper, die mit Antigenen auf den Endothelzellen der häufigsten Haustiere, wie etwa Schweine, reagieren. Bei einer xenogenen Übertragung von Gewebe aus Schweinen in Menschen führen diese Antikörper zu einer hyperakuten Abstoßung, indem sie die Komplement- und die Gerinnungskaskade aktivieren. Dieses Problem ist bei xenogenen Transplantationen besonders stark ausgeprägt, da die komplementregulatorischen Proteine, wie beispielsweise CD59 (Abschnitt 8.31), strikt artspezifisch sind, so daß diejenigen der xenogenen Endothelzellen diese nicht vor dem Angriff durch das menschliche Komplementsystem schützen können. In der Hoffnung, diese Schwierigkeit zu umgehen, haben in jüngerer Zeit mehrere Unternehmen transgene Schweine mit menschlichem CD59 entwickelt. Die Möglichkeit zur Transplantation xenogener Gewebe würde ein großes Hindernis beseitigen: den Mangel an Spenderorganen.

11.32 Antikörper gegen Gewebeantigene des Spenders können eine akute Abstoßung verursachen. In einigen Fällen besitzen die Empfänger bereits Antikörper gegen Spenderantigene. Wenn das Spenderorgan in den Empfänger übertragen wird, binden diese Antikörper an das Gefäßendothel und lösen die Komplement- und die Gerinnungskaskade aus. Dies blockiert den Blutfluß zum transplantierten Gewebe und führt zur Nekrose. Bei mangelnder Durchblutung erscheint das Gewebe weiß, weshalb man dann auch von einem „weißen Transplantat" spricht.

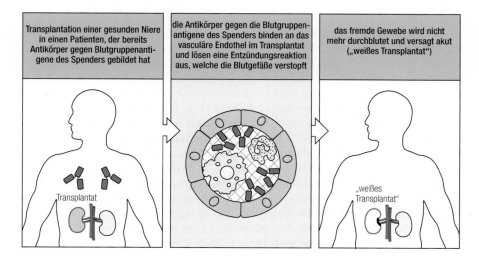

Transplantation einer gesunden Niere in einen Patienten, der bereits Antikörper gegen Blutgruppenantigene des Spenders gebildet hat

Transplantat

die Antikörper gegen die Blutgruppenantigene des Spenders binden an das vasculäre Endothel im Transplantat und lösen eine Entzündungsreaktion aus, welche die Blutgefäße verstopft

das fremde Gewebe wird nicht mehr durchblutet und versagt akut („weißes Transplantat")

„weißes Transplantat"

11.21 Viele verschiedene Organe werden heute routinemäßig transplantiert

Obwohl die Immunreaktion eine Organtransplantation erschwert, gibt es wenig alternative Möglichkeiten, um ein Organversagen zu behandeln. Drei große Errungenschaften habe das routinemäßige Verpflanzen wichtiger Organe ermöglicht. Erstens haben zahlreiche Menschen die chirurgischen Fähigkeiten für eine Organtransplantation erworben. Zweitens stellt ein Netzwerk aus kooperierenden Transplantationszentren sicher, daß der HLA-Typ der wenigen gesunden Organe, die für eine Verpflanzung zur Verfügung stehen, schnell bestimmt und ein geeigneter Empfänger gefunden wird. Drittens hat der Einsatz immunsuppressiver Medikamente zur Hemmung der T-Zell-Aktivierung, besonders von Cyclosporin A und FK-506 (Kapitel 12), die Überlebenschancen der Transplantate dramatisch erhöht. In Abbildung 11.33 sind die verschiedenen Organe aufgelistet, die man heute verpflanzen kann. Einige dieser Operationen werden bereits routinemäßig und mit einer sehr hohen Erfolgsquote durchgeführt. Am weitaus häufigsten transplantiert wird die Niere – das erste Organ, das in den fünfziger Jahren erfolgreich zwischen eineiigen Zwillingen übertragen wurde. Bei Hornhauttransplantationen ist die höchste Erfolgsquote zu verbuchen. Dieses Gewebe bildet in gewisser Weise eine Ausnahme, da es keine Blutgefäße enthält und auch zwischen nicht miteinander verwandten Personen sogar ohne Immunsuppression erfolgreich übertragen werden kann (Abschnitt 11.27).

Neben der Abstoßung sind mit der Organtransplantation noch viele andere Probleme verbunden. Erstens sind Spenderorgane schwer zu finden. Dies ist besonders dann ein Problem, wenn das fragliche Organ lebenswichtig ist, wie etwa das Herz oder die Leber. Da bei einem Versagen dieser Organe keine lebensverlängernde Behandlung möglich ist, steht nur wenig Zeit für die Suche nach einem geeigneten Spender zur Verfügung. Zweitens kann die Erkrankung, die das Organ des Patienten außer Funktion gesetzt hat, auch das Transplantat zerstören. Drittens erhöht die Immunsuppression, die zur Vermeidung einer Abstoßung notwendig ist, das Risiko, an Krebs oder Infektionen zu erkranken. Und schließlich ist eine Transplantation sehr kostspielig. All diese Schwierigkeiten gilt es zu beseitigen, bevor Transplantationen tatsächlich zum klinischen Alltag werden können. Das wissenschaftlich wohl am leichtesten zugängliche Problem ist die Entwicklung wirksamerer Mittel zur Immunsuppression oder die Induktion einer transplantatspezifischen Toleranz.

11.22 Fetales Gewebe wird auch bei wiederholter allogener Transplantation toleriert

Sämtliche in diesem Abschnitt angesprochenen Transplantate sind Kunstprodukte der modernen Medizintechnologie. Ein Gewebe, das jedoch auch bei mehrfacher Transplantation immer wieder toleriert wird, ist das des Säugerfetus. Der Fetus besitzt väterliche MHC- und Nebenhistokompatibilitätsantigene, die sich von denen der Mutter unterscheiden (Abb. 11.34), und trotzdem kann eine Mutter mehrere Babys austragen, die alle dieselben fremden MHC-Proteine des Vaters exprimieren. Das mysteriöse Ausbleiben einer gegen den Fetus gerichteten Abwehrreaktion hat Generationen von Immunologen beschäftigt, und bis heute gibt es keine schlüssige Erklärung dafür. Eine Schwierigkeit dabei ist, daß der Fetus eben in den allermeisten Fällen vom Immunsystem toleriert wird, so daß es kaum möglich ist, die Mechanismen, welche die Abwehrreaktion verhindern, zu erforschen. Wenn die Abwehrreaktionen gegen den Fetus so selten ausgelöst werden, wie soll man dann die Mechanismen untersuchen, die sie unterdrücken?

Um die Toleranz gegenüber dem fetalen Gewebe zu erklären, wurden zahlreiche Hypothesen formuliert. Zunächst hat man vorgeschlagen, daß

transplantiertes Gewebe	5-Jahres-Überlebensrate*	Anzahl an Transplantaten in den USA (1992)
Niere	80-90%	9736
Leber	40-50%	3064
Herz	70%	2172
Lunge	niedrig	535
Haut	vorübergehend	nb
Hornhaut	>90%	nb
Knochenmark	80%	nb

11.33 Häufig transplantierte Gewebe. Damit ein Transplantat überleben kann, ist eine langfristige Immunsuppression notwendig. Ausnahmen bilden die Hornhaut des Auges und einige Knochenmarktransplantate. In dieser Aufstellung ist jeweils die Anzahl der 1992 in den USA vorgenommenen Transplantationen angegeben (nb = nicht bekannt).

*Die Werte für die Fünf-Jahres-Überlebensrate sind Durchschnittswerte; bei einer strikteren Auswahl der passenden Spender und Empfänger sind bessere Ergebnisse möglich.

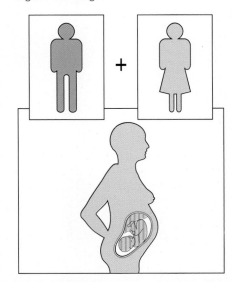

11.34 Der Fetus ist gewissermaßen ein allogenes Transplantat, das nicht abgestoßen wird. Obwohl er vom Vater stammende MHC-Moleküle und andere fremde Antigene trägt, wird er nicht abgestoßen. Selbst wenn die Mutter mit demselben Vater mehrere Kinder hat, kommt es nie zu einer Immunreaktion.

der Fetus aus irgendeinem Grund einfach nicht als fremd erkannt wird. Dies scheint jedoch unwahrscheinlich, da Mütter, die bereits viele Kinder geboren haben, im allgemeinen gegen die väterlichen MHC-Proteine gerichtete Antikörper besitzen. Tatsächlich ist das Blut solcher Mütter sogar die beste Quelle für Antikörper zur Analyse der menschlichen MHC-Typen. Vielmehr scheint die Placenta, die fetalen Ursprungs ist, den Fetus sehr effektiv von den T-Zellen der Mutter abschirmen zu können. Die trophoblastischen Zellen, welche die äußere Schicht der Placenta und damit die Kontaktzone zum mütterlichen Gewebe bilden, exprimieren keine klassischen MHC-Proteine und können daher auch nicht zum Ziel cytotoxischer T-Lymphocyten werden. Diese Zellen bilden also eine wichtige und offensichtlich nichtimmunogene Barriere gegen mütterliche T-Zellen.

Eine zweite mögliche Erklärung für die Toleranz des Fetus ist die hohe Konzentration an α-Fetoprotein in seinem Blut. Dies ist die fetale Form des Albumins und gleichzeitig ein natürliches Immunsuppressivum. Wenn mütterliche Lymphocyten in den fetalen Blutkreislauf eindringen, verhindert das α-Fetoprotein möglicherweise, daß sie mit fetalen Antigenen reagieren und den Fetus schädigen.

Der Fetus wird also hauptsächlich aus zwei Gründen toleriert: Er ist durch eine nichtimmunogene Barriere geschützt, und seine direkte Umwelt ist immunsuppressiv. In Abschnitt 11.27 werden wir sehen, daß auch einige andere Regionen des Körpers diese Eigenschaften besitzen und fremde Gewebetransplantate über einen längeren Zeitraum hinweg tolerieren. Man nennt sie daher auch **immunologisch privilegierte Regionen**.

Zusammenfassung

Transplantationen sind heute fast schon alltäglich. Ihr Erfolg beruht auf der MHC-Typisierung, wirkungsvollen Immunsuppressiva und fachmännischem Geschick. Allerdings läßt sich auch durch die exakteste MHC-Typisierung eine Transplantatabstoßung nicht verhindern. Jeder kleinste genetische Unterschied zwischen Spender und Empfänger kann zu leicht unterschiedlichen Proteinen führen, deren Peptidbruchstücke als Nebenhistokompatibilitätsantigene in MHC-Molekülen auf den Zellen des Transplantats präsentiert werden. Immunreaktionen gegen diese Antigene haben die Abstoßung des fremden Gewebes zur Folge. Da wir die Immunreaktion gegen das transplantierte Gewebe nicht hemmen können, ist für die meisten Transplantationen eine allgmeine Immunsuppression des Patienten notwendig. Diese kann jedoch toxisch wirken und erhöht das Risiko, an Krebs oder Infektionen zu erkranken. Der Fetus ist in gewissem Sinne ein natürliches allogenes Transplantat, das toleriert werden muß, um die Arterhaltung zu gewährleisten. Fetales Gewebe wird in den seltensten Fällen abgestoßen. In dieser Toleranz liegt möglicherweise der Schlüssel für die spezifische Toleranz gegenüber transplantiertem Gewebe. Vielleicht ist sie jedoch auch so speziell, daß sie für Organtransplantationen niemals eine Bedeutung haben wird.

Toleranz und Immunreaktionen gegen eigenes und fremdes Gewebe

Die Toleranz gegenüber dem körpereigenen Gewebe wird durch die klonale Deletion oder die Inaktivierung von heranreifenden Lymphocyten erreicht. Ihr Verlust führt zu Autoimmunerkrankungen, die jedoch relativ selten sind. Man kann eine Toleranz gegen Antigene auf Transplantatgewebe künstlich herbeiführen. Dies ist jedoch sehr schwierig, wenn bereits ein vollständiges Repertoire funktionsfähiger Lymphocyten produziert worden ist, was beim Menschen schon im fetalen Stadium geschieht und bei Mäusen etwa zum

Zeitpunkt der Geburt. Die beiden wichtigsten Mechanismen der Selbst-Toleranz haben wir bereits kennengelernt: die klonale Deletion durch ubiquitäre Selbst-Antigene und die klonale Inaktivierung durch gewebespezifische Antigene, die in Abwesenheit costimulierender Signale präsentiert werden (Kapitel 5 bis 7). Diese Prozesse entdeckte man bei der Erforschung der Toleranz gegen körperfremdes Gewebe. Ein Fehlen dieser Toleranz läßt sich nämlich anhand der Abstoßungsreaktionen gut untersuchen. Im folgenden werden wir die Toleranz gegen „Selbst" und gegen „Nicht-Selbst" als zwei Aspekte desselben Grundmechanismus kennenlernen. Wir werden auch die Situationen betrachten, in denen die Toleranz gegen „Selbst" oder „Nicht-Selbst" nicht mehr besteht und versuchen, die damit verbundenen Phänomene der Autoimmunität und der Transplantatabstoßung zu verstehen.

11.23 Autoantigene sind nicht in ausreichender Zahl vorhanden, um eine klonale Deletion induzieren zu können, sie sind aber auch nicht selten genug, um der Erkennung vollständig zu entgehen

Durch die klonale Deletion werden T-Zellen ausgelöscht, die ubiquitäre Selbst-Antigene erkennen. Antigene, die in großer Zahl auf körpereigenen Zellen in der Peripherie exprimiert werden, verursachen eine Anergie der Lymphocyten, die sie erkennen. Die meisten körpereigenen Proteine werden

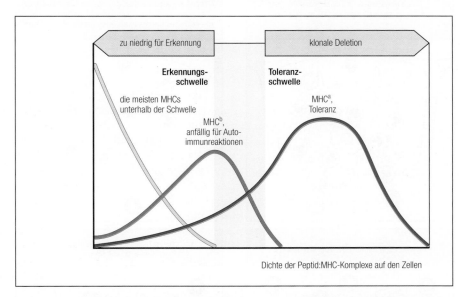

in zu geringer Menge exprimiert, als daß sie von T-Zellen erkannt würden. Sie können also nicht als Autoantigene wirken. Wahrscheinlich gibt es nur wenige Proteine, deren Peptide durch ein bestimmtes MHC-Molekül in einer Menge präsentiert werden, die ausreicht, um von den T-Effektorzellen erkannt zu werden, die aber für die Induktion der Toleranz zu gering ist (Abb. 11.35). Die Art dieser Peptide variiert in Abhängigkeit von dem individuellen MHC-Genotyp, da MHC-Polymorphismen die Peptidbindung stark beeinflussen (Abschnitt 4.15). Gegen solche Antigene gerichtete T-Zellen sind zwar in jedem Individuum vorhanden, werden aber normalerweise nicht aktiviert. Man sagt, sie befinden sich in einem Zustand der **immunologischen Ignoranz**. Man nimmt an, daß die meisten Autoimmunkrankheiten auf der Aktivierung solcher immunologisch ignoranter Zellen beruhen.

Es ist unwahrscheinlich, daß die Autoimmunität durch Versagen der beiden Hauptmechanismen der Toleranz entsteht, der klonalen Deletion und der klonalen Inaktivierung, weil diese Vorgänge sehr effizient sind. Beispielsweise führt die klonale Deletion von heranreifenden Lymphocyten zur Toleranz gegen körpereigene MHC-Moleküle. Ohne diese würde die

11.35 Ein autoantigenes Peptid wird von verschiedenen MHC-Molekülen in unterschiedlichem Ausmaß präsentiert. Peptide binden mit unterschiedlicher Affinität an die verschiedenen MHC-Moleküle. Das Peptid in unserem Beispiel interagiert sehr gut mit MHC^a, weniger gut mit MHC^b und kaum mit allen anderen MHC-Typen. In dem Diagramm ist die jeweilige Anzahl der Zellen gegen die Dichte der Antigen:MHC-Komplexe auf ihrer Oberfläche aufgetragen. Die meisten Zellen mit MHC^a-Molekülen tragen viele Komplexe auf ihrer Oberfläche, daß T-Zellen mit Rezeptoren, die den Komplex erkennen könnten, entweder im Thymus zerstört oder anergetisiert werden. Bei MHC^b und allen anderen MHC-Typen bieten nur wenige Zellen den Antigen:MHC-Komplex in einer Dichte dar, die über der Toleranz auslösenden Schwelle liegt. Daher reifen auch T-Zellen heran, deren Rezeptoren dieses körpereigene Peptid erkennen könnten. Bei allen MHC-Haplotypen außer MHC^b wird das Peptid jedoch in so geringer Menge auf Gewebezellen präsentiert, daß noch nicht einmal T-Zellen, die es erkennen können, reagieren. Nur MHC^b-tragende Zellen präsentieren das Peptid in einer mittleren Dichte, so daß in der Peripherie signifikante Konzentrationen des Komplexes erreicht werden. Dies bringt normalerweise keine Probleme mit sich, da das Peptid im allgemeinen nicht von solchen Zellen präsentiert wird, die die notwendigen costimulierenden Moleküle exprimieren. Wenn die autoreaktiven T-Zell-Klone jedoch auf irgendeine Weise aktiviert werden, können sie körpereigene Zellen angreifen, die den entsprechenden Peptid:MHC^b-Komplex auf ihrer Oberfläche tragen. Es ist wohl eher unwahrscheinlich, daß ein Peptid durch eines der MHC-Moleküle einer Population in solch einer mittleren Dichte präsentiert wird. Diese Situation tritt am häufigsten dann ein, wenn das Antigen selektiv in einem bestimmten Gewebe anstatt gleichmäßig im gesamten Körper exprimiert wird, da gewebespezifische Antigene seltener eine klonale Deletion im Thymus auslösen.

Reaktion gegen das eigene Gewebe derjenigen ähneln, die wir bei der *graft versus host*-Krankheit oder Transplantat-gegen-Wirt-Reaktion beobachten (Abschnitt 10.14). Welche Auswirkungen die klonale Deletion auf das Repertoire der heranreifenden T-Zellen hat, wird deutlich, wenn wir bedenken, daß der Anteil der T-Zellen, die ein beliebiges fremdes MHC-Molekül erkennen, bis zu fünf Prozent betragen kann (Abschnitt 4.17), und daß es dennoch bei Individuen mit normal entwickelter Immuntoleranz im allgemeinen nicht zu Reaktionen gegen körpereigene MHC-Antigene kommt. Darüber hinaus können Mäuse, in die man bei der Geburt fremde Knochen-

11.36 In Knochenmarkchimären von Mäusen läßt sich Toleranz gegen allogene Hauttransplantate induzieren.
Bei normalen Mäusen (links) unterliegen T-Zellen, die auf Peptide auf körpereigenen antigenpräsentierenden Zellen (APCs) reagieren könnten, im Thymus einer negativen Selektion. T-Zellen, die für fremde MHC-Moleküle spezifisch sind, reifen dagegen heran und führen zur Abstoßung allogener Transplantate. Wenn man den Mäusen direkt nach der Geburt, also bevor sie ihre Immunkompetenz entwickeln, allogenes Knochenmark injiziert (rechts), werden sie zu Chimären mit T-Zellen und APCs, die sich sowohl von eigenen als auch von den Knochenmarkstammzellen des Spenders ableiten. Die heranreifenden T-Zellen dieser Mäuse unterliegen einer negativen Selektion im Hinblick auf die APCs sowohl des Spenders als auch des Empfängers, so daß die reifen T-Zellen schließlich die MHC-Moleküle des Spenders nicht mehr als fremd erkennen. In diesem Zustand stößt die chimäre Maus Hauttransplantate von dem Spendertier, von dem auch das Knochenmark stammte, nicht mehr ab. Diese erworbene Toleranz ist spezifisch, da Haut von einem anderen Spendertier ganz normal abgestoßen wird (unten rechts). Die Toleranz bleibt nur so lange bestehen, wie der Empfänger chimär ist. Wenn aus dem übertragenen Knochenmark keine APCs mehr hervorgehen, verschwindet die Toleranz mit der Entwicklung neuer T-Zellen, und die Mäuse stoßen das fremde Gewebe ab.

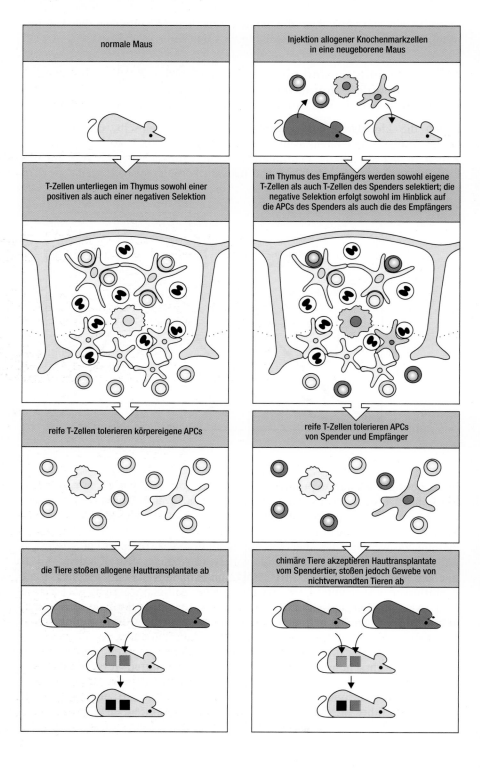

markzellen übertragen hat (also bevor die T-Zellen ihre volle Funktionsfähigkeit erreicht haben), eine vollständige und dauerhafte Toleranz gegen das Gewebe des Spendertieres entwickeln, vorausgesetzt, die implantierten Knochenmarkzellen vermehren sich weiterhin, so daß sie bei jeder neu entwickelten Kohorte von T-Zellen die Toleranz induzieren (Abb. 11.36). Dieses von Medawar durchgeführte Experiment bestätigte Burnets Voraussage, daß aus den heranreifenden Lymphocyten mit einem offenen Rezeptorrepertoire die selbstreaktiven zuerst ausselektiert und zerstört werden müssen, bevor die übrigen ihre funktionelle Reife erreichen. Die beiden Wissenschaftler erhielten dafür den Nobelpreis.

Die klonale Deletion entfernt verläßlich all jene T-Zellen, die möglicherweise aggressive Reaktionen gegen eigene MHC-Moleküle auslösen könnten. Es ist daher unwahrscheinlich, daß den Autoimmunkrankheiten, die mit einer seltenen T-Zell-Reaktion gegen bestimmte, an eigene MHC-Moleküle gebundene Selbst-Peptide zusammenhängen, ein generelles Versagen der klonalen Deletion zugrunde liegt. Vielmehr sind anscheinend die Lymphocyten, die Autoimmunreaktionen vermitteln, der klonalen Deletion nicht unterworfen. Solche autoreaktiven Zellen sind in jedem Menschen vorhanden. Sie führen normalerweise nicht zu Autoimmunreaktionen, da sie nur unter bestimmten Umständen aktiviert werden. Ähnliche Argumente sprechen auch gegen die Hypothese, daß die Autoimmunität auf einem zufälligen Versagen der Mechanismen beruht, die für die Anergie verantwortlich sind. Es scheint also unwahrscheinlich, daß natürlich auftretende Autoimmunkrankheiten auf ein Versagen dieser Toleranzmechanismen zurückzuführen sind.

Einen eindeutigen Hinweis, daß autoreaktive T-Zellen auch in gesunden Individuen vorhanden sein können, ergab die Untersuchung von transgenen Mäusen mit einem Gen für einen autoreaktiven T-Zell-Rezeptor, der ein Peptid des MBP (*myelin basic protein*) erkennt, wenn es an eigene MHC-Klasse-II-Moleküle gebunden ist. Der autoreaktive Rezeptor ist auf jeder T-Zelle vorhanden. Dennoch bleiben die Mäuse solange gesund, bis man ihre T-Zellen gezielt aktiviert. Auf diese Mäuse werden wir in Abschnitt 11.27 zurückkommen. Da außerhalb des Zentralnervensystems, wo die naiven T-Zellen nicht hingelangen, nur wenige Komplexe aus dem Peptid und dem MHC-II-Molekül vorkommen, verbleiben die autoreaktiven T-Zellen in einem Zustand der immunologischen Ignoranz. Werden sie jedoch aktiviert, beispielsweise durch künstliche Immunisierung, dann wandern sie in alle Gewebe ein, auch in das Zentralnervensystem, wo sie auf ihre MBP:MHC-Klasse-II-Liganden treffen. Dies löst die Cytokinproduktion durch die aktivierten T-Zellen aus und führt dadurch zu Entzündungen im Gehirn, zur Zerstörung des Myelins und der Neuronen und damit zu den für diese Krankheit typischen Lähmungserscheinungen.

Wahrscheinlich können nur wenige Proteine als Autoantigene fungieren, denn wenn ein Protein im Körper weit verbreitet ist, werden gegen dieses Protein gerichtete naive T-Zellen ausgelöscht oder anergisch. Andererseits werden viele Proteine in so geringen Mengen exprimiert, daß sie für eine Erkennung durch die T-Zellen nicht ausreichen (Abb. 11.35). Wir können schätzungsweise 10^5 Proteine mit einer durchschnittlichen Länge von 300 Aminosäuren herstellen, die sich in etwa 3×10^7 unterschiedliche Peptide spalten lassen. Da selten mehr als 10^5 MHC-Moleküle pro Zelle exprimiert werden und da die MHC-Moleküle auf einer Zelle mindestens etwa 100 identische Peptide binden müssen, damit eine Erkennung durch die T-Zellen erfolgt, können überhaupt nur maximal 1000 körpereigene Peptide von einem bestimmten MHC-Molekül in ausreichender Zahl präsentiert werden, um eine Erkennung zu ermöglichen. Daher werden die meisten körpereigenen Peptide in Mengen präsentiert, die zu gering sind, um bei den naiven T-Zellen durch irgendeinen Mechanismus eine Toleranz zu induzieren. Die meisten Peptide, die keine Toleranz auslösen, werden auch im Gewebe normalerweise in zu geringen Mengen exprimiert, als daß die bewaffneten

T-Effektorzellen sie aufspüren könnten. Sie können also in keinem Fall als Autoantigene fungieren. Wie in Abbildung 11.35 gezeigt ist, induzieren jedoch möglicherweise einige Peptide keine Toleranz, obwohl sie in ausreichender Zahl vorhanden sind. Bei dieser Argumentation wird jedoch außer Acht gelassen, wie die Aktivierung solcher T-Effektorzellen erfolgt. Darauf werden wir später eingehen (Abschnitt 11.28).

Wenn es zutrifft, daß nur wenige Peptide als Autoantigene wirken können, dann überrascht es nicht, daß es nur relativ wenige, unterschiedliche Autoimmunsyndrome gibt und daß alle von derselben Autoimmunkrankheit Betroffenen offensichtlich auf dasselbe Antigen reagieren. Angenommen, alle Antigene könnten zu einer Autoimmunreaktion führen, dann würde man erwarten, daß verschiedene Individuen mit derselben Krankheit unterschiedliche Antigene auf dem Zielgewebe erkennen können. Dies ist aber offensichtlich nicht der Fall. Schließlich hängt die Menge der präsentierten autoantigenen Peptide von polymorphen Regionen der MHC-Moleküle ab, welche die Affinität der Peptidbindung beeinflussen, so daß diese Hypothese auch den Zusammenhang zwischen Autoimmunerkrankungen und bestimmten MHC-Genotypen erklären würde.

11.24 Die Induktion einer gewebespezifischen Immunantwort erfordert die Expression costimulierender Aktivitäten auf antigenpräsentierenden Zellen

In Kapitel 7 haben wir gesehen, daß nur professionelle antigenpräsentierende Zellen, die costimulierende Signale exprimieren, die klonale Expansion der T-Zellen auslösen können. Dieser Vorgang ist essentiell für alle spezifischen Immunantworten, einschließlich der Transplantatabstoßung und wahrscheinlich auch der Autoimmunität. Bei Gewebetransplantaten stimulieren die antigenpräsentierenden Zellen im Transplantat die T-Zellen des Empfängers und verursachen dadurch die Reaktion, die zur Abstoßung führt. Wenn man die Anzahl antigenpräsentierender Zellen im Transplantat durch Behandlung mit Antikörpern oder durch länger andauernde Inkubation vermindert, kommt es erst viel später zur Abstoßung. Anscheinend verlassen also die antigenpräsentierenden Zellen bei der Sensibilisierung gegen fremdes Gewebe das Transplantat und wandern zu regionalen Lymphknoten (Abb. 11.37). Gibt es in der Transplantatregion keine Lymphdrainage, so kommt es nicht zu Abstoßungsreaktionen. Um eine effiziente Immunreaktion auszulösen, müssen also antigenpräsentierende Zellen, die sowohl fremde Antigene als auch costimulie-

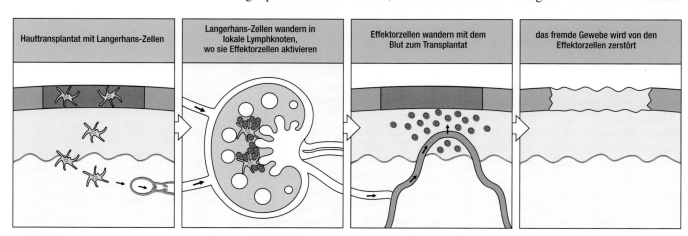

| Hauttransplantat mit Langerhans-Zellen | Langerhans-Zellen wandern in lokale Lymphknoten, wo sie Effektorzellen aktivieren | Effektorzellen wandern mit dem Blut zum Transplantat | das fremde Gewebe wird von den Effektorzellen zerstört |

11.37 Beim Auslösen einer Abstoßungsreaktion wandern normalerweise antigenpräsentierende Zellen des Spenders aus dem Transplantat zu lokalen Lymphknoten. Hier treffen sie auf zirkulierende T-Zellen, von denen einige auf Antigene des Transplantats reagieren. Die anschließend entstehenden aktivierten T-Effektorzellen gelangen über den Ductus thoracicus ins Blut und streben das fremde Gewebe an, das sie schnell zerstören. Dieser Vorgang ist spezifisch gegen Spenderzellen gerichtet, beruht also wohl auf direkter Cytotoxizität und nicht auf unspezifischen Entzündungsreaktionen.

rende Signale tragen, zu regionalen Lymphknoten wandern. Hier treffen sie auf zahlreiche T-Zellen des Empfängers und können diejenigen mit den richtigen, spezifischen Rezeptoren aktivieren. Genauso werden auch die Immunantworten gegen Infektionen induziert (Abschnitt 9.14).

Zwar werden Transplantate, deren antigenpräsentierende Zellen man zuvor zerstört hat, über lange Zeiträume hinweg toleriert. Schließlich werden aber auch sie abgestoßen. An diesem Vorgang scheinen antigenpräsentierende Zellen des Empfängers beteiligt zu sein. Interessanterweise werden von antigenpräsentierenden Zellen befreite, MHC-identische Transplantate, die Unterschiede in den Nebenhistokompatibilitätsantigenen aufweisen, schneller abgestoßen als solche, die verschiedene MHCs aufweisen, jedoch in ihren Nebenhistokompatibilitätsantigenen übereinstimmen. Dies deutet darauf hin, daß antigenpräsentierende Zellen des Empfängers Proteine aus dem Transplantat aufnehmen und Peptide daraus – darunter auch solche aus Nebenhistokompatibilitätsantigenen – den MHC-abhängigen T-Zellen des Empfängers präsentieren. Die Transplantate mit einem vom Empfänger verschiedenen MHC-Typ entgehen dieser Reaktion möglicherweise, weil sie andere Peptide präsentieren und keine Selbst-MHC-Moleküle besitzen. Solche Transplantate werden nicht durch einen direkten Angriff cytotoxischer T-Zellen abgestoßen, sondern vielmehr durch Entzündungen, die wahrscheinlich ausgelöst werden, wenn T-Zellen des Empfängers fremde Peptide erkennen, die ihnen ihre eigenen antigenpräsentierende Makrophagen anbieten. Diese Experimente zeigen auch, daß die für die Induktion einer Immunantwort gegen die fremden MHC-Moleküle auf dem Transplantat notwendigen costimulierenden Signale nicht getrennt von antigenpräsentierenden Zellen des Empfängers geliefert werden können. Die Fähigkeit der professionellen antigenpräsentierenden Zellen, Antigene im Transplantatgewebe aufzunehmen und die Abstoßung zu induzieren, ist wichtig, da sie möglicherweise auch bei der Gewebeschädigung im Rahmen von Autoimmunerkrankungen eine Rolle spielt. Der Mechanismus, durch den Antigene des Transplantats präsentiert werden, liegt jedoch noch immer im dunkeln.

11.25 Ohne Costimulierung wird Toleranz induziert

Wie in Abschnitt 7.4 beschrieben, muß eine Zelle sowohl Peptid:MHC-Komplexe als auch costimulierende Moleküle tragen, um T-Zellen aktivieren zu können. Ohne Costimulierung führt die spezifische Antigenerkennung zur Anergie oder zur Zerstörung der reifen T-Zellen (Abschnitt 7.10). Zwar reicht zum Beispiel die Expression fremder Antigene in peripheren Geweben zur Induktion einer Autoimmunität nicht aus, die Coexpression von Antigenen und B7 im Zielgewebe aber sehr wohl. Die alleinige Expression von B7 auf peripheren Zellen ist kein ausreichender Stimulus für eine Autoimmunreaktion. Daher ist für den Verlust der Toleranz gegen körpereigenes Gewebe offensichtlich sowohl ein geeignetes Zielantigen (Abschnitt 11.23) als auch ein costimulierendes Signal auf derselben Zelle notwendig. Da Zellen im Gewebeverband anscheinend weder B7 noch andere costimulierende Moleküle exprimieren, ist die Toleranz gegenüber körpereigenem Gewebe der Normalfall.

Diese Experimente legen den Schluß nahe, daß es dann zu einer Autoimmunreaktion kommt, wenn eine antigenpräsentierende Zelle mit einer costimulierenden Aktivität ein gewebespezifisches Antigen aufnimmt. Möglicherweise werden so T-Zellen aktiviert, die gegen das Autoantigen gerichtet sind und die dann das entsprechende Zielgewebe ansteuern und schädigen können.

Eine zweite Ebene, auf der Autoimmunreaktionen gegen Gewebezellen kontrolliert werden können, ergibt sich aus der Tatsache, daß bewaffnete T-Effektorzellen nur eine begrenzte Zahl von antigenpräsentierenden Gewebezellen töten, wenn diese keine costimulierenden Moleküle tragen. Danach sterben die Effektorzellen. Ohne Costimulierung ist also nicht nur die Initiation einer Autoimmunreaktion unmöglich. Eine solche Reaktion könnte auch nicht lange aufrechterhalten werden. Die Frage ist also nicht nur, wie die Autoimmunität vermieden wird, sondern auch, warum sie überhaupt jemals zustandekommen kann. Wie werden die Reaktionen gegen körpereigenes Gewebe ausgelöst und wie werden sie aufrechterhalten? Man nimmt an, daß Infektionen als ein Auslöser für Autoimmunreaktionen fungieren (Abschnitt 11.28).

11.26 Tiermodelle für Immuntoleranz weisen eine dominante Immunsuppression auf, und diese beeinflußt den Verlauf von Autoimmunkrankheiten

Bei einigen Tiermodellen für Toleranz hat man gezeigt, daß spezifische T-Zellen die Aktivität anderer T-Zellen unterdrücken, die eine Gewebeschädigung verursachen können. In diesen Fällen ist die Toleranz dominant, denn sie kann in Form von T-Zellen, die man auch **T-Suppressorzellen** nennt, übertragen werden. Darüber hinaus führt eine Entfernung der T-Suppressorzellen zu verstärkten Reaktionen gegen körpereigene oder Transplantatantigene. Obwohl man sich einig darüber ist, daß das Phänomen der Immunsuppression existiert, ist der zugrundeliegende Mechanismus Gegenstand kontroverser Diskussionen gewesen. Die gegenwärtigen Vorstellungen werden wir in Kapitel 12 detaillierter betrachten. Zunächst wollen wir das Phänomen anhand dreier Tiermodelle untersuchen.

In Versuchen mit Hauttransplantationen läßt sich bei neugeborenen Ratten durch Injektion von allogenem Knochenmark eine Toleranz gegen allogene Transplantate induzieren. Diese ist hochspezifisch und auf normale erwachsene Ratten übertragbar. Dies zeigt, daß die Toleranz bei diesem Tiermodell dominant und aktiv ist, da die Lymphocyten des Empfängers durch die übertragenen Zellen daran gehindert werden, die Transplantatabstoßung herbeizuführen. Zum Transfer sind sowohl Zellen des allogenen Spenders als auch des immuntolerant gemachten Empfängers notwendig. Wird einer der beiden Zelltypen zerstört, ist die Übertragung der Toleranz nicht mehr möglich. Dies erinnert an die Ergebnisse der Untersuchungen zur Toleranz, die Medawar an neugeborenen Mäusen mit fremdem Knochenmark durchgeführt hat (Abschnitt 11.23). In beiden Fällen konnte nicht einmal die Injektion einer großen Zahl normaler syngener Lymphocyten die Toleranz brechen, die sehr stark mit den fremden Zellen in der normalen Umgebung des Spenders reagieren würden. Dies gelang nur mit Zellen, die man vor der Übertragung immunisiert hatte. Solche Zellen zerstören die Toleranz wahrscheinlich, indem sie die allogenen Spenderzellen abtöten. Bei diesen Tieren verhindert also eine aktive Reaktion des Empfängers die Transplantatabstoßung. Da die Toleranz spezifisch ist für die Zellen des ursprünglichen Spenders, muß auch die Suppression spezifisch sein.

Beim Mäusediabetes, einer Autoimmunerkrankung, läßt sich durch die Übertragung bestimmter T-Zellklone, die gegen die Inseln gerichtet sind, die Zerstörung der β-Zellen des Pankreas durch cytotoxische T-Zellen verhindern. Diese Zellen können also offensichtlich die Aktivität autoaggressiver T-Zellen in einer antigenabhängigen Weise unterdrücken. Es gibt einige interessante Hinweise darauf, daß solche Zellen auch unter natürlichen Bedingungen den Verlauf der Autoimmunreaktion beeinflussen, die zum Diabetes führt. Die Zerstörung der β-Zellen benötigt beim Menschen einige Jahre, bis sich die Krankheit manifestiert. Wenn man jedoch neue syngene Inseln in Diabetespatienten transplantiert, werden diese innerhalb weniger Wochen zerstört. Dies deutet darauf hin, daß bei dem normalen Krankheitsverlauf spezifische Zellen die β-Zellen vor dem Angriff durch die T-Effektorzellen schützen und die Krankheit deswegen nur langsam voranschreitet. Möglicherweise nimmt die Aktivität dieser Schutzmechanismen ab, nachdem die eigenen Langerhans-Inseln des Empfängers zerstört worden sind, während die Effektorzellen, die für die Abstoßung verantwortlich sind, voll funktionsfähig bleiben.

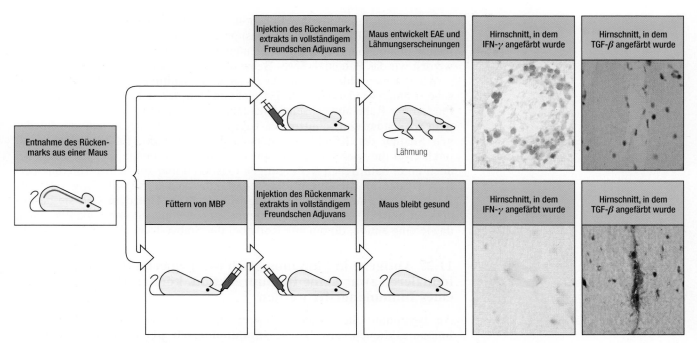

11.38 Oral verabreichte Antigene können vor Autoimmunkrankheiten schützen. Die experimentelle allergische Encephalomyelitis, eine Autoimmunerkrankung, läßt sich bei Mäusen durch Immunisierung mit einem Rückenmarkhomogenat in vollständigem Freundschen Adjuvans induzieren (oben). Die Erkrankung wird durch inflammatorische CD4-T-Zellen verursacht, die gegen das basische Myelinprotein (MBP) gerichtet sind. Wenn man Mäusen oral MBP verabreicht, läßt sich die Krankheit später nicht mehr durch Immunisierung mit Rückenmark oder MBP auslösen. Im Gehirn erkrankter Mäuse findet man inflammatorische CD4-T-Zellen, die IFN-γ produzieren (oberes linkes Photo; IFN-γ ist braun angefärbt). Diese T-Zellen sind vermutlich für die Gewebeschäden, die zur Lähmung führen, verantwortlich. Man beachte, daß TGF-β-exptimierende Zellen bei erkrankten Mäusen nicht zu beobachten sind (oberes rechtes Photo). Oral tolerant gemachte Mäuse besitzen keine IFN-γ-produzierenden Zellen (unteres linkes Photo). Statt der autoaggressiven inflammatorischen T-Zellen finden sich hier TGF-β-produzierende T-Zellen im Gehirn (unteres rechtes Photo, hier ist das TGF-β braun gefärbt), die es vermutlich vor einem Autoimmunangriff schützen. (Photos: S. Khoury, W. Hancock und H. Weiner.)

Könnte man die spezifische Unterdrückung von Autoimmunantworten beliebig induzieren, so stellten sie kein Problem mehr dar. Zwar hat man beim Menschen noch nichts Vergleichbares beobachtet, doch zeigen experimentelle Untersuchungen an Mäusen, denen man mit der Nahrung Gewebeantigene verabreicht hat, daß dies doch eine gewisse schützende Wirkung mit sich bringt. Frühe Untersuchungen dieser Art an Menschen zeigten ebenfalls einen positiven Effekt. Die Aufnahme spezifischer Antigene löst eine lokale Immunreaktion in der Darmschleimhaut aus. Dagegen werden Immunreaktionen gegen dasselbe Antigen, wenn man es anschließend systemisch verabreicht, unterdrückt (Abschnitt 2.4). Bei experimentellen Autoimmunkrankheiten hat man dieses Phänomen erforscht, indem man Proteine aus den Zielgeweben an Mäuse verfüttert hat. Mäuse, die Insulin erhielten, waren vor Diabetes geschützt, und Mäuse, denen man MBP in die Nahrung gemischt hatte, waren resistent gegen die experimentelle allergische Encephalomyelitis (EAE) (Abb. 11.38). Die EAE wird normalerweise durch inflammatorische CD4-T-Zellen verursacht, die als Reaktion auf MBP Interferon-γ produzieren. Bei Mäusen, die mit MBP gefüttert wurden, findet man im Gehirn statt dessen CD8-T-Zellen, die Cytokine wie TGF-β und IL-4 freisetzen. In beiden Fällen scheint der Schutz eher gewebespezifisch als antigenspezifisch zu sein. Die Aufnahme von Insulin mit der Nahrung schützt also vor Diabetes, und dennoch ist Insulin wahrscheinlich nicht das Ziel des Autoimmunangriffs auf die β-Zellen. Ebenso schützt die Fütterung mit MBP vor EAE, die von anderen Antigenen im Gehirn ausgeht. Man weiß noch nicht, warum die orale Verabreichung von Antigenen zur Produktion dieser Zellen führt. Wenn

11.39 Einige Körperregionen sind „immunologisch privilegiert". Hier eingebrachte Antigene lösen keine Immunreaktionen aus, Transplantate überleben oft unbegrenzt.

dies auch bei der klinischen Behandlung funktionieren würde, so hätte dies gegenüber dem Einsatz von Immunsuppressiva den Vorteil, daß es die allgemeine Immunkompetenz des Patienten nicht beeinträchtigt. In Kapitel 12 werden wir das Potential dieses Behandlungsansatzes genauer diskutieren.

Wie der menschliche Diabetes ist auch die Multiple Sklerose eine chronische, immer wiederkehrende Erkrankung, bei der sich akute Episoden mit Phasen der Ruhe abwechseln. Dies legt wiederum ein Wechselspiel autoimmun wirkender und schützender T-Zellen nahe, das sich in den verschiedenen Stadien der Krankheit unterschiedlich auswirkt. Es ist jedoch noch unklar, ob die spezifischen Suppressorzellen, von denen hier die Rede ist, auch unter natürlichen Bedingungen existieren und zur Selbst-Toleranz beitragen oder ob sie nur infolge einer künstlichen Stimulierung oder als Reaktion auf einen Autoimmunangriff entstehen. Trotzdem sind sie besonders attraktive Ziele für eine Immuntherapie von Autoimmunkrankheiten, da sie eine aktive, dominante Rolle bei der Selbst-Toleranz spielen können.

11.27 Antigene in immunologisch privilegierten Regionen induzieren zwar keine Immunreaktion, können jedoch zum Ziel eines Immunangriffs werden

An bestimmte Stellen des Körpers transplantierte Gewebe lösen keine Immunreaktionen aus. Solche **immunologisch privilegierten Regionen** sind zum Beispiel die vordere Augenkammer und das Gehirn (Abb. 11.39). Ursprünglich glaubte man, diese Sonderstellung resultiere daraus, daß Antigene den betreffenden Bereich nicht verlassen können, um Antworten zu induzieren. Spätere Untersuchungen zeigten jedoch, daß Antigene sehr wohl aus immunologisch privilegierten Regionen hinausgelangen, und daß sie auch mit T-Zellen wechselwirken. Aber statt eine zerstörerische Immunantwort auszulösen, induzieren sie eine Toleranz oder eine Reaktion, die das Gewebe nicht schädigt. Immunologisch privilegierte Regionen sind in zweierlei Hinsicht ungewöhnlich. Erstens verläuft die Kommunikation zwischen dem privilegierten Bereich und dem Rest des Körpers atypisch, da die Extrazellulärflüssigkeit in diesen Regionen nicht durch konventionelle Lymphbahnen fließt. Dennoch können an privilegierten Stellen plazierte Proteine diese Regionen verlassen und immunologische Wirkungen entfalten. Zweitens werden humorale Faktoren, wahrscheinlich Cytokine, in den privilegierten Regionen gebildet. Sie verlassen diese zusammen mit Antige-

11.40 Schädigungen in einer immunologisch privilegierten Region können zu Autoimmunreaktionen führen. Die Ophthalmia sympathica beruht auf der Schädigung eines Auges. Dabei gelangen Antigene aus dem betroffenen Auge in das umgebende Gewebe, wo sie von T-Zellen erkannt werden können. Die daraufhin gebildeten Effektorzellen greifen das verletzte Auge an, infiltrieren und schädigen jedoch auch das andere Auge. Obwohl also die Antigene dort nicht selbst eine Reaktion auslösen, können sie zum Ziel eines Immunangriffs werden, der an anderer Stelle induziert wurde.

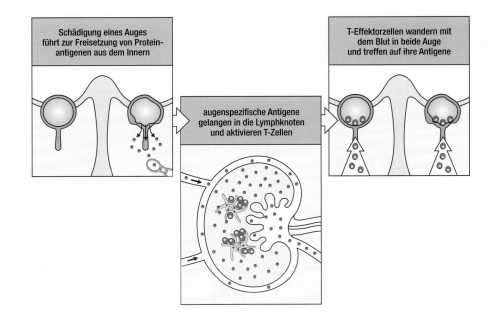

nen. Das Cytokin TGF-β scheint in dieser Hinsicht besonders wichtig zu sein. Damit vermischte Antigene können offensichtlich T-Zell-Antworten auslösen, die keine Gewebeschäden nach sich ziehen – zum Beispiel die Aktivierung von CD4-T-Helferzellen (T_H2) anstelle von inflammatorischen CD4-T-Zellen (T_H1).

Paradoxerweise sind oft gerade die Antigene in immunologisch privilegierten Regionen die Ziele eines Autoimmunangriffs. Zum Beispiel richtet sich die Immunreaktion bei der Multiplen Sklerose – einer der häufigsten Autoimmunkrankheiten – offensichtlich gegen das Autoantigen MBP (*myelin basic protein*) im Gehirn. Wir haben bereits gelernt, daß sich die experimentelle allergische Encephalomyelitis bei manchen Mäuse- und Rattenstämmen durch Immunisierung mit Rückenmarkgewebe oder MBP in einem Adjuvans herbeiführen läßt. Dieses Antigen induziert also keine Toleranz durch Deletion oder Anergie. Transgene Mäuse mit dem Gen für einen MBP-spezifischen T-Zell-Rezeptor exprimieren diesen Autorezeptor auf den meisten ihrer T-Zellen und entwickeln sich dennoch normal (Abschnitt 11.23). Diese T-Zellen werden schnell durch das geeignete MBP-Peptid aktiviert. Trotz alledem werden die Mäuse nicht krank, solange man sie nicht mit MBP immunisiert. Dann jedoch entwickeln sie akute Krankheitssymptome. Zahlreiche inflammatorische CD4-T-Zellen, die gegen MBP gerichtet sind, dringen ins Gehirn ein, was oft zum Tode führt. Bei nichttransgenen Tiere desselben Wurfs ist die Krankheit schwächer ausgeprägt und vorübergehend. In den immunologisch privilegierten Regionen gibt es also zumindest einige Antigene, die weder eine Toleranz noch eine Immunantwort induzieren, die aber zum Ziel eines Autoimmunangriffs werden können, wenn an anderer Stelle eine Immunreaktion induziert wird. Es scheint plausibel, daß gegen Antigene in immunologisch privilegierten Regionen gerichtete T-Zellen eher in einem Zustand der immunologischen Ignoranz (Abschnitt 11.23) verbleiben als andere T-Zellen. Dies läßt sich auch anhand einer Augenerkrankung, der Ophthalmia sympathica, demonstrieren (Abb. 11.40). Wenn ein Auge durch einen Schlag oder auf andere Weise verletzt wird, kann es zu einer Immunreaktion gegen Proteine des Auges kommen, die dann oft auch auf das andere Auge übergreift. Oft ist eine Immunsuppression und die Entfernung des beschädigten Auges, der Antigenquelle, notwendig, um das noch gesunde, andere Auge zu retten.

Es überrascht nicht, daß T-Effektorzellen in immunologisch privilegierte Regionen eindringen können: Auch dort kann sich eine Infektion etablieren, und dann müssen Effektorzellen zur Stelle sein. Wie wir in Kapitel 9 gesehen haben, dringen T-Effektorzellen nach der Aktivierung in die meisten oder gar in alle Gewebe ein. Eine Anhäufung dieser Zellen ist jedoch nur zu beobachten, wenn sie an der betreffenden Stelle auf ihr Antigen treffen und die Produktion von Cytokinen ausgelöst wird, die wiederum die Gewebebarrieren verändern.

11.28 Infektionen könnten auf verschiedene Weise Autoimmunreaktionen auslösen

Menschliche Autoimmunerkrankungen entwickeln sich oft nur langsam, so daß es schwierig ist herauszufinden, wie der Prozeß in Gang gesetzt wird. Allerdings deutet einiges darauf hin, daß Infektionen bei genetisch vorbelasteten Personen Autoimmunkrankheiten herbeiführen können. In der Tat lassen sich viele experimentelle Autoimmunkrankheiten auslösen, indem man Gewebezellen mit bakterienhaltigen Adjuvantien mischt. Um zum Beispiel eine experimentelle allergische Encephalomyelitis hervorzurufen (Abb. 11.38), muß man das zur Immunisierung eingesetzte Rückenmark oder MBP in vollständigem Freundschen Adjuvans suspendieren, in dem auch *Mycobacterium tuberculosis* enthalten ist (Abschnitt 2.3). Läßt man die Bakterien bei der Herstellung des Adjuvans weg, so wird nicht nur

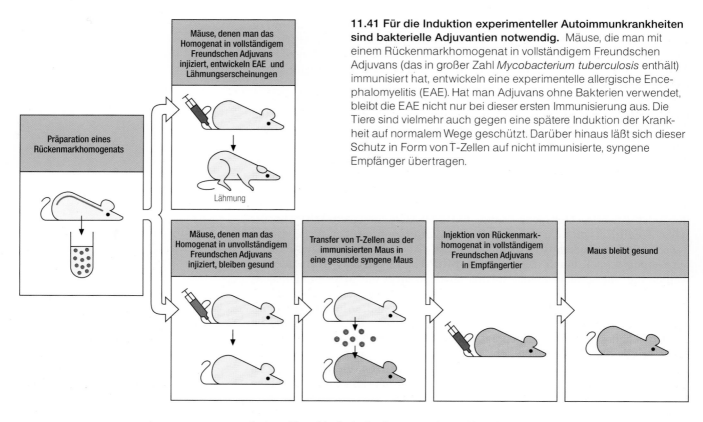

11.41 Für die Induktion experimenteller Autoimmunkrankheiten sind bakterielle Adjuvantien notwendig. Mäuse, die man mit einem Rückenmarkhomogenat in vollständigem Freundschen Adjuvans (das in großer Zahl *Mycobacterium tuberculosis* enthält) immunisiert hat, entwickeln eine experimentelle allergische Encephalomyelitis (EAE). Hat man Adjuvans ohne Bakterien verwendet, bleibt die EAE nicht nur bei dieser ersten Immunisierung aus. Die Tiere sind vielmehr auch gegen eine spätere Induktion der Krankheit auf normalem Wege geschützt. Darüber hinaus läßt sich dieser Schutz in Form von T-Zellen auf nicht immunisierte, syngene Empfänger übertragen.

keine Krankheit induziert, sondern die Tiere entwickeln sogar eine Resistenz gegen die Induktion durch Antigene im vollständigen Adjuvans. Diese Resistenz kann in Form von T-Zellen auf syngene Empfänger übertragen werden (Abb. 11.41). Auch in einigen anderen Fällen spielen Infektionen bei der Induktion einer Krankheit eine Rolle. Beispielsweise entwickeln die transgenen Mäuse mit dem MBP-spezifischen T-Zell-Rezeptor (Abschnitt 11.23 und 11.27) oft eine spontane Autoimmunreaktion, wenn sie infiziert werden. Vielleicht geht ihre Toleranz verloren, weil die infektiösen Organismen eine costimulierende Aktivität auf Zellen induzieren, die nur wenige MBP-Proteine exprimieren, und so die autoreaktiven T-Zellen aktivieren.

11.42 Eine Virusinfektion kann die Toleranz gegen ein transgenes virales Protein, das in den *β*-Zellen des Pankreas exprimiert wird, durchbrechen. Mäuse, die in ihren *β*-Zellen ein Protein des lymphocytischen Choriomeningitisvirus (LCMV) exprimieren, reagieren nicht auf dieses Protein und entwickeln daher auch keinen Diabetes. Wenn die transgenen Mäuse allerdings mit LCMV infiziert werden, kommt es zu einer ausgeprägten Reaktion cytotoxischer T-Zellen gegen das Virus. Diese zerstört die *β*-Zellen und führt zum Diabetes. Man nimmt an, daß infektiöse Faktoren bisweilen T-Zell-Antworten auslösen können, bei denen es zu Kreuzreaktionen mit körpereigenen Peptiden kommt, und daß dies auch zu Autoimmunkrankheiten führen kann. Diesen Vorgang bezeichnet man als molekulare Mimikry.

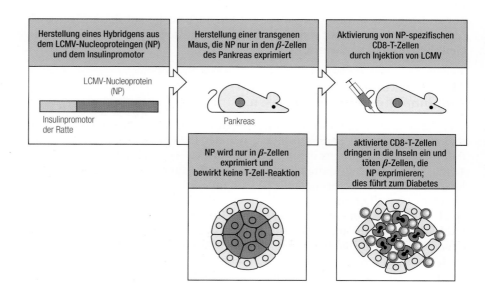

Mechanismus	Zerstörung der Zell- und Gewebebarriere	Infektion antigenpräsentierender Zellen	Bindung eines Krankheitserregers an ein körpereigenes Protein	molekulare Mimikry	Superantigen
Wirkung	Freisetzung zuvor unzugänglicher Selbst-Antigene; Aktivierung nichttoleranter Zellen	Induktion costimulierender Aktivitäten	Erreger fungiert als Carrier und ermöglicht eine Autoimmunreaktion	Produktion kreuzreaktiver Antikörper oder T-Zellen	polyklonale Aktivierung autoreaktiver T-Zellen
Beispiel	Ophthalmia sympathica	Effekt des Adjuvans: Induktion der EAE	? interstitielle Nephritis	rheumatisches Fieber, ? Diabetes, ? Multiple Sklerose	? rheumatische Arthritis

11.43 Infektiöse Organismen können die Selbst-Toleranz auf verschiedene Weise durchbrechen. Manche Antigene sind von der Zirkulation abgeschirmt – entweder durch eine Gewebebarriere oder innerhalb einer Zelle. Eine Infektion, durch die diese Barrieren durchbrochen werden, kann zur Exposition bis dahin versteckter Antigene führen (erste Spalte). Eine zweite Möglichkeit ist, daß die lokale Entzündung infolge einer Infektion die Expression von MHC-Molekülen und Costimulatoren auf Gewebezellen auslösen kann, die wiederum zu einer Autoimmunreaktion führen (zweite Spalte). In einigen Fällen können infektiöse Faktoren auch an körpereigene Proteine binden. Da der Fremdorganismus eine Reaktion der T-Helferzellen verursacht, wird jede B-Zelle, die das körpereigene Protein erkennt, von diesen T-Zellen unterstützt werden. Solche Immunantworten sollten beendet werden, wenn der infektiöse Organismus beseitigt ist, da die T-Helferfunktion dann nicht länger zur Verfügung steht (dritte Spalte). Infektiöse Faktoren können entweder T- oder B-Zell-Antworten induzieren, bei denen es zu Kreuzreaktionen mit Autoantigenen kommen kann. Dies bezeichnet man als molekulare Mimikry (vierte Spalte). Eine polyklonale T-Zell-Aktivierung durch ein bakterielles Superantigen könnte die klonale Anergie überwinden und eine Autoimmunreaktion ermöglichen (fünfte Spalte). Für eine Beteiligung der meisten dieser Mechanismen an menschlichen Autoimmunkrankheiten gibt es kaum Hinweise.

Einer weiteren Hypothese zufolge kann die Autoimmunität auch durch einen als **molekulare Mimikry** bezeichneten Mechanismus ausgelöst werden. Dabei kreuzreagieren Antikörper oder T-Zellen, die auf eine Infektion hin gebildet wurden, mit körpereigenen Antigenen. Um zu zeigen, daß infektiöse Organismen in der Lage sind, Reaktionen auszulösen, die zu Gewebeschäden führen können, hat man in Mäuse das Gen für ein virales Protein eingeschleust. Es stand unter der Kontrolle des Insulinpromotors und wurde daher nur in den β-Zellen des Pankreas exprimiert. Da dieses virale Protein nur in geringer Menge exprimiert wurde, blieben die T-Zellen mit der ent-

Zusammenhang zwischen Infektionen und immunvermittelten Gewebeschädigungen		
Infektion	assoziiertes HLA	Folge
Streptokokken der Gruppe A	?	rheumatisches Fieber (Carditis, Polyarthritis)
Chlamydia trachomatis	HLA-B27	Reiter-Syndrom (Arthritis)
Shigella flexneri, Salmonella typhimurium, S. enteritis, Yersinia enterocolitica, Campylobacter jejuni	HLA-B27	reaktive Arthritis
Borrelia burgdorferi	HLA-DR2, DR4	chronische Arthritis bei der Borreliose

11.44 Der Zusammenhang zwischen Infektionen und Autoimmunkrankheiten. Einige Autoimmunkrankheiten treten vor allem nach bestimmten Infektionen auf und werden vermutlich durch diese ausgelöst. Am besten untersucht ist die Autoimmunerkrankung nach einer Infektion durch Streptokokken. Sie ist mittlerweile jedoch sehr selten, da eine effektive Antibiotikabehandlung spätere Komplikationen normalerweise verhindert. Bei den meisten dieser nach einer Infektion auftretenden Autoimmunkrankheiten ist auch eine mit dem MHC gekoppelte Anfälligkeit zu beobachten.

sprechenden Spezifität ignorant. Sie entwickelten also weder eine Toleranz gegen das virale Protein, noch wurden sie aktiviert, und die Mäuse zeigten keine Anzeichen von Krankheit. Sobald sie jedoch mit dem lebenden Virus infiziert wurden, produzierten sie cytotoxische CD8-T-Zellen, die spezifisch gegen das virale Protein gerichtet waren. Diese zerstörten β-Zellen und verursachten dadurch Diabetes (Abb. 11.42). Man hält es für möglich, daß die Immunreaktion gegen natürliche Infektionen gelegentlich die Bildung von T-Zellen hervorruft, die ihrerseits eine Autoimmunität verursachen, indem sie mit körpereigenen Peptiden kreuzreagieren. Es ist keine Frage, daß die molekulare Mimikry bei der antikörpervermittelten Autoimmunität funktionieren kann: Bakterielle Antigene können die Bildung von Antikörpern auslösen, die nicht nur mit dem Erreger, sondern auch mit Selbst-Antigenen reagieren, die den bakteriellen in ihrer Struktur ähneln. Zu einer solchen Reaktion kommt es nach der Infektion mit einigen Arten von *Streptococcus*, bei der Antikörper gebildet werden, die mit Antigenen der Niere, der Gelenke und des Herzens reagieren und so eine Erkrankung hervorrufen. Meist sind solche Reaktionen jedoch vorübergehend und führen nicht zu einer anhaltenden Antikörperproduktion, da die T-Helferzellen spezifisch gegen den Mikroorganismus gerichtet sind und nicht gegen körpereigene Proteine. Wirtsproteine, die mit Bakterien Komplexe bilden, können ähnliche vorübergehende Reaktionen hervorrufen. In diesem Fall findet keine Kreuzreaktion des Antikörpers statt. Vielmehr wirkt das Bakterium als Träger und ermöglicht, daß B-Zellen, die einen autoreaktiven Rezeptor exprimieren, Unterstützung von den T-Helferzellen erhalten. Dieser und einige andere Mechanismen, die es einem Erreger erlauben könnten, die Toleranz zu durchbrechen, sind in Abbildung 11.43 zusammengefaßt. Man hat sie alle in experimentellen Systemen nachgewiesen, aber es ist noch unklar, ob sie auch bei menschlichen Autoimmunerkrankungen eine Rolle spielen.

Die Vorstellung, daß eine Autoimmunität durch Infektionen ausgelöst werden kann, wird durch die Tatsache gestützt, daß eine Infektion mit einem bestimmten Organismus oder mit einer bestimmten Gruppe von Organismen beim Menschen zu ganz bestimmten Autoimmunkrankheiten führen kann (Abb. 11.44). Auch hier hängt die Anfälligkeit für die Erkrankung stark vom MHC-Genotyp ab. Bei den meisten Autoimmunkrankheiten ist es jedoch noch nicht sicher erwiesen, daß der Krankheitsbeginn mit einer bestimmten Infektion zusammenhängt. Dies liegt unter anderem wahrscheinlich daran, daß sichtbare Symptome einer Autoimmunerkrankung oft erst nach vielen Jahren auftreten. Auch die Persistenz der Autoimmunphänomene ist verwirrend. Selbst wenn eine Infektion beispielsweise durch die Induktion costimulierender Faktoren die Krankheit auslöst, müßte diese Costimulierung auch dann bestehen bleiben, wenn die Infektion bereits ausgemerzt ist. Möglicherweise sind viele experimentelle Autoimmunerkrankungen, wie etwa die experimentelle allergische Encephalomyelitis, aus diesem Grund vorübergehend. Die Analyse der Expression costimulierender Faktoren auf Zellen in Geweben, die durch eine aktive Autoimmunerkrankung geschädigt sind, könnte unser Verständnis sowohl der Autoimmunität als auch der Expression solcher Faktoren verbessern. Wenn es uns gelänge, die Expression costimulierender Faktoren zu modulieren, könnten wir solche dauerhaften und zerstörerischen Immunreaktionen vielleicht verhindern.

Zusammenfassung

Die Toleranz gegenüber körpereigenem Gewebe ist ein normaler Zustand, der hauptsächlich durch die klonale Deletion heranreifender Zellen und die klonale Inaktivierung reifer Zellen in der Peripherie erreicht wird. Darüber hinaus werden einige Antigene vom Immunsystem ignoriert, weil sie sich in immunologisch privilegierten Regionen befinden. Wird der Zustand der Selbst-Toleranz unterbrochen – womöglich durch Infektionen –, so kann

Klassifizierung	Effektormechanismus	Beispiele		
		Allergie	Transplantatabstoßung	Autoimmunkrankheit
Typ I	Mastzellaktivierung durch IgE	allergische Rhinitis allergisches Asthma Quaddelbildung systemische Anaphylaxie	keine	keine
Typ II	Antikörper: FcR-Wechselwirkung Fixierung von Komplementkomponenten auf der Zelloberfläche	Medikamentenallergien, bei denen die Wirkstoffe sich an die Zelloberfläche binden, z. B. Penicillin	Transfusionsreaktion (Antikörper gegen Spendererythrocyten) weißes Transplantat (Antikörper gegen Gefäßendothel)	autoimmune hämolytische Anämie Goodpasture-Syndrom
Typ II	Antikörper gegen Oberflächenrezeptor	keine	keine	Myasthenia gravis (Antagonist) Basedow-Krankheit (Agonist)
Typ III	Immunkomplexe Aktivierung von Komplementsystem und FcR⁺-Zellen	Serumkrankheit Arthus-Reaktion Farmerlunge	keine	systemischer Lupus erythematodes
Typ IV	Aktivierung von Makrophagen durch T-Zellen	Kontaktdermatitis Tuberkulinreaktion	Transplantatabstoßung wegen ungleicher MHC-Klasse-II-Moleküle (?)	rheumatische Arthritis Multiple Sklerose (?)
Typ IV	cytotoxische T-Zellen	Kontaktdermatitis (?)	Abstoßung von Gewebetransplantaten	Diabetes mellitus (?)

Autoimmunität die Folge sein. Die klonale Deletion setzt der Vielfalt der möglichen Autoimmunerkrankungen Grenzen. Nur Antigene, die keine klonale Deletion im Thymus auslösen – weil sie nicht zahlreich genug sind oder weil sie gewebespezifisch sind und im Thymus nicht vorkommen –, sind potentielle Autoantigene. Die Toleranz gegenüber fremdem Gewebe kann durch Nachahmen der Mechanismen, die für die Toleranz gegen eigene Antigene verantwortlich sind, erreicht werden. Auch einen dritten Mechanismus der Selbst-Toleranz, die dominante Suppression, hat man bei verschiedenen experimentellen Systemen der Autoimmunität und Transplantatabstoßung beobachtet. Ein besseres Verständnis dieses Mechanismus würde es uns möglicherweise erlauben, ihn zu aktivieren, um einerseits die Transplantatabstoßung und andererseits die Autoimmunität zu verhindern, beides Probleme, die eng miteinander zusammenhängen.

Zusammenfassung von Kapitel 11

Die Reaktion auf nichtinfektiöse Antigene verursacht drei Arten von medizinischen Problemen: Allergie, Autoimmunität und Transplantatabstoßung. Diese haben viele gemeinsame Eigenschaften, denn allen liegen die normalen Mechanismen der adaptiven Immunität zugrunde (Abb. 11.45). Das Spezifische dieser Syndrome sind der Auslösevorgang und die Art der beteiligten Antigene, nicht jedoch die Reaktion selbst. Bei jeder dieser unerfreulichen Immunantworten stellt sich die Frage, wie wir sie kontrollieren können, ohne die vor Infektionen schützende Immunität zu beeinträchtigen. Die Antwort liegt möglicherweise in einer besseren Kenntnis davon, wie die Immunreaktion reguliert wird, insbesondere die suppressiven Mechanismen, die bei der Selbst-Toleranz eine Rolle zu spielen scheinen. Die Regulation der Immunantwort werden wir im nächsten Kapitel genauer betrachten.

11.45 Allergie, Autoimmunität und Transplantatabstoßung liegen dieselben Effektormechanismen zugrunde wie der adaptiven Immunantwort gegen Krankheitserreger. Die meisten Effektormechanismen sind bei allen drei Typen der Immunreaktion aktiv. Eine Ausnahme bilden die Typ-I-Reaktionen, die bei der Allergie eine wichtige Rolle spielen. Die durch die verschiedenen Reaktionen hervorgerufenen Symptome sind unterschiedlich, je nach der Lokalisierung des Antigens und dem Weg, auf dem es in den Körper gelangt. In einigen Fällen (mit ? gekennzeichnet) weiß man noch nicht genau, wie das Gewebe geschädigt wird.

Literatur allgemein

Coombs, R. R. A.; Gell, P. G. H. *Classification of Allergic Reactions for Clinical Hypersensitivity and Disease.* In: Gell, P. G. H.; Coombs, R. R. A.; Lachmann, P. J. (Hrsg.) *Clinical Aspects of Immunology.* Oxford (Blackwell Scientific) 1975. S. 761–781.

Holgate, S. T.; Church, M. K. *Allergy.* 1. Aufl. London (Gower Medical Publishing) 1993.

Moller, G. (Hrsg.) *Chronic Graft Rejection.* In: *Immunol. Rev.* 134 (1993) S. 1116.

Moller, G. (Hrsg.) *Models of Autoimmunity.* In: *Immunol. Rev.* 118 (1993) S. 1–310.

Moller, G. (Hrsg.) *Transgenic Mice and Immunological Tolerance.* In: *Immunol Rev.* 122 (1992) S. 1–204.

Moller, G. (Hrsg.) *Peripheral T-Cell Immunological Tolerance.* In: *Immunol. Rev.* 133 (1993) S. 1–240.

Rose, N. R.; MacKay, I. R. (Hrsg.) *The Autoimmune Diseases II.* 2. Aufl. Orlando (Academic Press) 1992.

Samter, M.; Talmage, D. W.; Frank, M. M.; Austen, K. F.; Claman, H. N. (Hrsg.) *Immunological Diseases.* Bde. 1 und 2. 4. Aufl. Boston (Little, Brown & Co.) 1988.

Sutton, B. J.; Gould, H. J. *The Human IgE Network.* In: *Nature* 366 (1993) S. 421–428.

Literatur zu den einzelnen Abschnitten

Abschnitt 11.1

Kitamura, Y. *Heterogeneity of Mast Cells and Phenotypic Change Between Subpopulations.* In: *Ann. Rev. Immunol.* 7 (1989) S. 59–76.

Lichtenstein, L. M. *Allergy and the Immune System.* In: *Sci. Amer.* 269 (1993) S. 117–124. [Deutsche Ausgabe: *Allergie und Immunsystem.* In: *Spektrum der Wissenschaft* (Spezialheft: *Das Immunsystem*). S. 74–83.]

Normann, P. S. *Modern Concepts of Immunotherapy.* In: *Curr. Opin. Immunol.* 5 (1993) S. 968–973.

Abschnitt 11.2

Dombrowicz, D.; Flamand, V.; Brigman, K. K.; Koller, B. H.; Kinet, J.-P. *Abolition of Anaphylaxis by Targeted Disruption of the High-Affinity Immunoglobulin E Receptor α Chain Gene.* In: *Cell* 75 (1993) S. 969–976.

Abschnitt 11.3

Marsh, D. G.; Norman, P. S. *Antigens That Cause Atopic Disease.* In: Samter, M.; Talmage, D. W.; Frank, M. M.; Austen, K. F.; Claman, H. N. (Hrsg.) *Immunological Diseases.* Boston (Little, Brown & Co.) 1988. S. 982–1008.

Parronchi, P.; Macchia, D.; Biswas, M.-P.; Simonelli, C.; Maggi, E.; Ricci, M.; Ansari, A. A.; Romagnani, S. *Allergen- and Bacterial-Antigen-Specific T-Cell Clones Established from Atopic Donors Show a Different Profile of Cytokine Production.* In: *Proc. Natl. Acad. Sci. USA* 88 (1991) S. 4538.

Ricci, M.; Rossi, O.; Bertoni, M.; Matucci, A. *The Importance of T_H2-Like Cells in the Pathogenesis of Airway Allergic Inflammation.* In: *Clin. Exper. Allergy* 23 (1993) S. 360–369.

Romagnani, S. *Human T_H1 and T_H2 Subsets: Doubt No More.* In: *Immunol. Today* 12 (1991) S. 256–257.

Varney, V.; Hamid, Q. A.; Gag, M.; Ying, S.; Jacobson, M.; Frew, A. J.; Kay, A. B.; Durham, S. R. *Influence of Grass Pollen Immunotherapy on Cellular Infiltration and Cytokine mRNA Expression During Allergen-Induced Late-Phase Cutaneous Responses.* In: *J. Clin. Invest.* 92 (1993) S. 644–651.

Wierenga, E. A.; Snoek, M.; De Grast, C.; Chretien, I.; Bos, J. D.; Jansen, H. M.; Kapsenberg, M. L. *Evidence of Compartmentalization of Functional Subsets of CD4$^+$ T Lymphocytes in Atopic Patients.* In: *J. Immunol.* 144 (1990) S. 4651.

Abschnitt 11.4

Huang, S.-K.; Marsh, D. G. *Genetics of Allergy.* In: *Ann. Allergy* 70 (1993) S. 347–358.

Marsh, D. G.; Bias, W. B. *The Genetics of Atopic Allergy.* In: Samter, M.; Talmage, D. W.; Frank, M. M.; Claman, H. N. (Hrsg.) *Immunologic Diseases.* Boston (Little, Brown & Co.) 1988. S. 981–1008.

Meyers, D. A.; Bias, W. B.; Marsh, D. G. *A Genetic Study of Total IgE Levels in the Amish.* In: *Hum. Hered.* 32 (1982) S. 15.

Abschnitt 11.5

Anderson, J. A. *Allergic Reactions to Drugs and Biological Agents.* In: *JAMA* 268 (1992) S. 2845–2857.

Abschnitt 11.6

Davies, P.; Bailey, P. J.; Goldenberg, M. M.; Ford-Hutchinson, A. W. *The Role of Arachidonic Acid Oxygenation Products in Pain and Inflammation.* In: *Ann. Rev. Immunol.* 2 (1993) S. 335–357.

Galli, S. J.; Gordon, J. R.; Wershii, B. K. *Cytokine Production by Mast Cells and Basophils.* In: *Curr. Opin. Immunol.* 3 (1991) S. 865–873.

Ishizaka, T.; Mitsui, H.; Yanagida, M.; Miura, T.; Dvorak, A. *Development of Human Mast Cells from Their Progenitors.* In: *Curr. Opin. Immunol.* 5 (1993) S. 937–943.

Parker, C. W. *Lipid Mediators Produced Through the Lipoxygenase Pathway.* In: *Annu. Rev. Immunol.* 5 (1993) S. 65–84.

Zweiman, B. *The Late-Phase Reaction: Role of IgE, Its Receptor and Cytokines.* In: *Curr. Opin. Immunol.* 5 (1993) S. 950–955.

Abschnitt 11.7

Dixon, F. J.; Cochrane, C. C.; Theofilopoulos, A. N. *Immune Complex Injury.* In: Samter, M.; Talmage, D. W.; Frank, M. M.; Claman, H. N. (Hrsg.) *Immunologic Diseases.* Boston (Little, Brown & Co.) 1988. S. 233–259.

Stankus, R. P.; Salvaggio, J. E. *Infiltrative Lung Disease: Hypersensitivity Pneumonitis, Allergic Bronchopulmonary Aspergilosis, and the Inorganic Dust Pneumoconioses.* In: Samter, M.; Talmage, D. W.; Frank, M. M.; Claman, H. N. (Hrsg.) *Immunologic Diseases.* Boston (Little, Brown & Co.) 1988. S. 1561–1585.

Abschnitt 11.8

Cher, D.; Mosmann, T. *Two Types of Murine Helper T-Cell Clone. II. Delayed Type Hypersensitivity is Mediated by T_H1 Clones.* In: *J. Immunol.* 138 (1987) S. 3688.

Kirkpatrick, C. H. *Delayed Hypersensitivity.* In: Samter, M.; Talmage, D. W.; Frank, M. M.; Claman, H. N. (Hrsg.) *Immunologic Diseases.* Boston (Little, Brown & Co.) 1988. S. 261–277.

Stout, R.; Bottomly, K. *Antigen-Specific Activation of Effector Macrophages by Interferon-Gamma Producing (TH1) T-Cell Clones. Failure of IL-4 Producing (TH2) T-Cell Clones to Activate Effector Functions in Macrophages.* In: *J. Immunol.* 142 (1989) S. 760.

Abschnitt 11.9

Acha-Orbea, H.; Steinmann, L.; McDevitt, H. O. *T-Cell Receptors In Murine Autoimmune Diseases.* In: Ann. Rev. Immunol. 7 (1993) S. 371–405.

Naparstek, Y.; Plotz, P. H. *The Role of Autoantibodies in Autoimmune Disease.* In: *Ann. Rev. Immunol.* 11 1993) S. 79–104.

Rose, N. R.; MacKay, I. R. *The Immune Response in Autoimmunity and Autoimmune Disease.* In: Rose, N. R.; MacKay, I. R. (Hrsg.) *The Autoimmune Diseases II.* 2. Aufl. Orlando (Academic Press) 1992. S. 1–26.

Abschnitt 11.10

Campbell, R. D.; Milner, C. M. *MHC Genes in Autoimmunity.* In: *Curr. Opin. Immunol.* 5 (1993) S. 887–893.

Moller, E.; Bohme, J.; Valugerdi, M. A.; Ridderstad, A.; Olerup, O. *Speculations on Mechanisms of HLA Associations with Autoimmune Diseases and the Specificity of Autoreactive T Lymphocytes.* In: *Immunol. Rev.* 118 (1993) S. 5–19.

Nepom, G. T.; Erlich, H. *MHC Class II Molecules and Autoimmunity.* In: *Ann. Rev. Immunol.* 11 (1993) S. 79–104.

Nepom, G. T.; Concannon, P. *Molecular Genetics of Autoimmunity.* In: Rose, N. R.; MacKay, I. R. (Hrsg.) *The Autoimmune Diseases II.* 2. Aufl. Orlando (Academic Press) 1992. S. 127–152.

Abschnitt 11.11

Wieslander, J.; Barr, J. F.; Butkowski, R. J.; Edwards, S. J.; Bygren, P.; Heinegard, D.; Hudson, B. G. *Goodpasture Antigen of the Glomerular Basement Membrane: Localization to Noncollagenous Regions of Type IV Collagen.* In: *Proc. Natl. Acad. Sci. USA* 81 (1984) S. 3838–3842.

Abschnitt 11.12

Adams, D. D.; Purves, H. D. *Abnormal Responses in the Assay of Thyrotropin.* In: *Proc. Univ. Otago Med. School* 34 (1956) S. 11.

Lindstrom, J.; Shelton, D.; Fuji, Y. *Myasthenia Gravis.* In: *Adv. Immunol.* 42 (1988) S. 233–284.

Weetman, A. P.; Yateman, M. E.; Ealey, P. A.; Black, C. M.; Reimer, C. B.; Williams, R. C. jr.; Shine, B.; Marshall, N. J. *Thyroid Stimulating Antibody Activity Between Different Immunoglobulin G Subclasses.* In: *J. Clin. Invest.* 86 (1990) S. 723–727.

Wilcox, N. *Myasthenia Gravis.* In: *Curr. Opin. Immunol.* 5 (1993) S. 910–917.

Abschnitt 11.13

Ferrell, P. B.; Tan, E. M. *Systemic Lupus Erythematosus.* In: Rose, N. R.; MacKay, I. R. (Hrsg.) *The Autoimmune Diseases.* Orlando (Academic Press) 1985. S. 29–57.

Reichlin, M. *Disease-Specific Autoantibodies in the Systemic Rheumatic Diseases.* In: Rose, N. R.; MacKay, I. R. (Hrsg.) *The Autoimmune Diseases II.* 2. Aufl. Orlando (Academic Press) 1992. S. 195–212.

Tan, E. M. *Antinuclear Antibodies: Diagnostic Markers for Autoimmune Diseases and Probes For Cell Biology.* In: *Adv. Immunol.* 44 (1989) S. 93.

Abschnitt 11.14

Lindstrom, J. M.; Seybold, M. E.; Lennon, V. A.; Whittingham, S.; Duane, D. *Antibody to Acetylcholine Receptor in Myasthenia Gravis.* In: *Neurology* 26 (1976) S. 1054.

Reich, E.-P.; Sherwin, R. S.; Kanagawa, O.; Janeway, C. A. jr. *An Explanation for the Protective Effect of the MHC Class II I-E Molecule in Murine Diabetes.* In: *Nature* 341 (1989) S. 326–328.

Zamvil, S.; Nelson, P.; Trotter, J.; Mitchell, D.; Knobler, R.; Fritz, R.; Steinman, L. *T-Cell Clones Specific for Myelin Basic Protein Induce Chronic Relapsing Paralysis and Demyelination.* In: *Nature* 317 (1985) S. 355.

Abschnitt 11.15

Craft, J.; Mamula, M. J.; Ohosone, H.; Boire, G.; Gold, H.; Hardin, J. A. *snRNPs and scRNPs As Autoantigens: Clues to Etiology of Connective Tissue Diseases.* In: *Clin. Rheumatol.* 9 (1990) S. 1.

Abschnitt 11.16

Baekkeskov, S.; Aanstoot, H. J.; Christgau, S.; Reetz, A.; Solimena, M.; Cascalho, M.; Folli, F.; Richter-Olesen, H.; De Camilli, P. *Identification of the 64kD Autoantigen in Insulin-Dependent Diabetes as the GABA-Synthesizing Enzyme Glutamic Acid Decarboxylase.* In: *Nature* 347 (1990) S. 151–156.

Lanchbury, J. S.; Pitzalis, C. *Cellular Immune Mechanisms in Rheumatoid Arthritis and Other Inflammatory Arthritides.* In: *Curr. Opin. Immunol.* 5 (1993) S. 918–924.

MacLaren, N.; Lafferty, K. *Perspectives in Diabetes. The 21th International Immunology and Diabetes Workshop.* In: *Diabetes* 42 (1993) S. 1099–1104.

Martin, R.; McFarland, H. F.; McFarlin, D. E. *Immunological Aspects of Demyelinating Diseases.* In: *Annu. Rev. Immunol.* 10 (1992) S. 153–187.

Protti, M. P.; Manfredi, A. A.; Horton, R. M.; Bellone, M.; Conti-Tronconi, B. M. *Myasthenia Gravis: Recognition of a Human Autoantigen at the Molecular Level.* In: *Immunol. Today* 14 (1993) S. 363–368.

Willcox, N.; Baggi, F.; Batocchi, A.-P.; Beeson, D.; Harcourt, G.; Hawke, S.; Jacobson, L.; Matsuo, H.; Moody, A.-M. *Approaches For Studying the Pathogenic T Cells in Autoimmune Patients.* In: *Ann. NY Acad. Sci.* 681 (1993) S. 219–237.

Abschnitt 11.17

Manning, D. D.; Reed, N. D.; Schaffer, C. F. *Maintenance of Skin Xenografts of Widely Divergent Phylogenetic Origin on Congenitally Athymic (Nude) Mice.* In: *J. Exper. Med.* 138 (1973) S. 488.

Medawar, P. B. *The Immunology of Transplantation*. In: *Harvey Lect.* 1956 (1958) S. 144.

Morris, P. S. *Tissue Transplantation*. 1. Aufl. Edinburgh (Churchill Livingstone) 1982.

Rosenberg, A. S.; Mizuochi, T.; Sharrow, S. O.; Singer, A. *Phenotype, Specificity, and Function of T-Cell Subsets and T-Cell Interactions Involved in Skin Allograft Rejection*. In: *J. Exper. Med.* 165 (1987) S. 1296.

Sprent, J.; Schaefer, M.; Lo, D.; Korngold, R. *Properties of Purified T-Cell Subsets*. In: *J. Exper. Med.* 163 (1986) S. 998–1011.

Abschnitt 11.18

Ayoub, G.; Terasaki, P. *HLA-DR Matching in Multicenter, Single-Typing Laboratory Data*. In: *Transplantation* 33 (1982) S. 515.

Opelz, G.; Mytilineos, J.; Scherer, S.; Dunckley, H.; Trejaut, J.; Chapman, J.; Middleton, D.; Savage, D.; Fischer, O.; Bignon, J.-D.; Bensa, J.-C.; Albert, E.; Noreen, H. *Survival of DNA HLA-DR Typed and Matched Cadaver Kidney Transplants*. In: *Lancet* 338 (1991) S. 461–463.

Abschnitt 11.19

Roopenian, D. C. *What Are Minor Histocompatibility Loci? A New Look at an Old Question*. In: *Immunol. Today* 13 (1992) S. 7–10.

Walny, H.-J.; Rammensee, H.-G. *Identification of Classical Minor Histocompatibility Antigen as Cell-Derived Peptide*. In: *Nature* 343 (1990) S. 275–278.

Abschnitt 11.20

Kissmeyer-Nielsen, F.; Olsen, S.; Petersen, V. P.; Fjeldborg, O. *Hyperacute Rejection of Kidney Allografts, Associated with Pre-Existing Humoral Antibodies Against Donor Cells*. In: *Lancet* 2 (1966) S. 662.

Williams, G. M.; Hume, D.; Hudson, R.; Morris, P.; Kano, K.; Milgrom, F. *Hyperacute Renal Homograft Rejection in Man*. In: *N. Engl. J. Med.* 279 (1968) S. 611–618.

Abschnitt 11.22

Hunt, J. S. *Immunobiology of Pregnancy*. In: *Curr. Opin. Immunol.* 4 (1992) S. 591–596.

Kovats, S.; Main, E. L.; Librach, C.; Stubblebine, M.; Fischer, S. J.; DeMars, R. *A Class I Antigen, HLA-G, Expressed in Human Trophoblasts*. In: *Science* 248 (1990) S. 220–223.

Abschnitt 11.23

Billingham, R. E.; Brent, L.; Medawar, P. B. *Actively Acquired Tolerance of Foreign Cells*. In: *Nature* 172 (1953) S. 603–606.

Brent, L. *Tolerance: Past, Present, and Future*. In: *Transplant. Proc.* 23 (1991) S. 2056–2060.

Goverman, J.; Woods, A.; Larson, L.; Weiner, L. P.; Hood, L.; Zaller, D. M. *Transgenic Mice that Express a Myelin Basic Protein-Specific T-Cell Receptor Develop Spontaneous Autoimmunity*. In: *Cell* 72 (1993) S. 551–560.

Katz, J.; Wang, B.; Haskins, K.; Benoist, C.; Mathis, D. *Following a Diabetogenic T Cell From Genesis Through Pathogenesis*. In: *Cell* 74 (1993) S. 1089–1100.

Ohashi, P. S.; Oehen, S.; Burki, K.; Pircher, H. P.; Ohashi, C.; Odermatt, C. T.; Odermatt, B.; Malissen, B.; Zinkernagel, R.; Hengertner, H. *Ablation of Tolerance and Induction of Diabetes by Virus Infection in Viral Antigen Transgenic Mice*. In: *Cell* 65 (1991) S. 305–317.

Abschnitt 11.24

Benichou, G.; Takizawa, P. A.; Olson, C. A.; McMillan, M.; Sercarz, E. E. *Donor Major Histocompatibility Complex (MHC) Peptides Are Presented by Recipient MHC Molecules During Graft Rejection*. In: *J. Exper. Med.* 175 (1992) S. 918–924.

Lafferty, K.; Prowse, S.; Simeonovic, C.; Warren, H. S. *Immunobiology of Tissue Transplantation: A Return to the Passenger Leukocyte Concept*. In: *Ann. Rev. Immunol.* 1 (1983) S. 143–173.

Abschnitt 11.25

Guerder, S.; Picarella, D. E.; Linsley, P. S.; Flavell, R. A. *Costimulator B7 Confers APC Function to Parenchymal Tissue and in Conjunction With TNF-α Leads to Autoimmunity in Transgenic Mice*. In: *Proc. Natl. Acad. Sci. USA*. Im Druck.

Liu, Y.; Janeway, C. A. Jr. *Interferon-γ Plays a Critical Role in Induced Cell Death of Effector T Cell: A Possible Third Mechanism of Self-Tolerance*. In: *J. Exper. Med.* 172 (1990) S. 1735–1739.

Abschnitt 11.26

Qin, S.; Cobbold, S. P.; Pope, H.; Elliott, J.; Kloussis, D.; Davies, J.; Waldmann, H. *Infectious Transplantation Tolerance*. In: *Science* 259 (1993) S. 974–977.

Reich, E.-P.; Scaringe, D.; Yagi, J.; Sherwin, R. S.; Janeway, C. A. jr. *Prevention of Diabetes in NOD Mice by Injection of Autoreactive T Lymphocytes*. In: *Diabetes* 38 (1989) S. 1647–1651.

Abschnitt 11.27

Hara, Y.; Caspi, R. R.; Wiggert, B.; Chan, C.-C.; Wilbanks, G. A.; Streilein, J. W. *Suppression of Experimental Autoimmune Uveitis in Mice by Induction of Anterior-Chamber-Associated Deviation with Interphotoreceptor Retinoid Binding Protein*. In: *J. Immunol.* 148 (1992) S. 1685–1692.

Streilein, J. W. *Immune Privilege as the Result of Local Tissue Barriers and Immunosuppressive Microenvironments*. In: *Curr. Opin. Immunol.* 5 (1993) S. 428–432.

Williams, G. A.; Mammolenti, M. M.; Streilein, J. W. *Studies on the Induction of Anterior Chamber-Associated Immune Deviation (ACAID). III. Induction of ACAID Depends Upon Intraocular Transforming Growth Factor-β*. In: *Eur. J. Immunol.* 22 (1992) S. 165–173.

Abschnitt 11.28

Fujinami, R. S. *Molecular Mimikry*. In: Rose, N. R.; MacKay, I. R. (Hrsg.) *The Autoimmune Diseases II*. 2. Aufl. Orlando (Academic Press) 1992. S. 153–171.

Nossal, G. J. V. *Autoimmunity and Self-Tolerance*. In: Rose, N. R.; MacKay, I. R. (Hrsg.) *The Autoimmune Diseases II*, 2. Aufl. Orlando (Academic Press) 1992. S. 27–46.

Rook, G. A. W.; Ludyard, P. M.; Stanford, J. L. *A Reappraisal of the Evidence that Rheumatoid Arthritis and Several Other Idiopathic Diseases are Slow Bacterial Infections*. In: *Ann. Rheum. Dis.* 52 (1993) S. S30–S38.

Kontrolle und Manipulation der Immunantwort

Wir haben bisher gelernt, wie adaptive Immunantworten in ruhenden Lymphocyten ausgelöst werden und wie uns sowohl die angeborene Immunität als auch die adaptiven Immunreaktionen vor Infektionskrankheiten schützen. Wir haben auch gesehen, was passiert, wenn das Immunsystem bestimmte Infektionen nicht unter Kontrolle bringt, und schädliche adaptive Immunantworten kennengelernt, wie etwa die unerwünschten Reaktionen auf Allergene und Autoantigene sowie die Transplantatabstoßung. Die Immunologen versuchen zu verstehen, wie das Immunsystem funktioniert, um effektive Behandlungsmöglichkeiten für solche Fälle zu entwickeln. In diesem Kapitel werden wir die aktuellen Methoden zur Behandlung immunologischer Erkrankungen kennenlernen sowie neue Ansätze zur Kontrolle und Manipulation der Immunreaktion.

Die heute gebräuchlichen Behandlungsmethoden für immunologische Leiden sind fast alle empirisch entstanden. Durch Reihentests hat man Medikamente zur Unterdrückung der Immunantwort gefunden. Die Untersuchung der Wirkungsweise dieser Medikamente hat einige interessante Eigenschaften des Immunsystems ans Licht gebracht. Wir werden daher zunächst die Medikamente und biologischen Substanzen betrachten, die bei der Behandlung immunologischer Krankheiten zum Einsatz kommen. Die heute verfügbaren Medikamente haben ein sehr breites Wirkungsspektrum und beeinträchtigen gewöhnlich alle Immunreaktionen – die schützenden wie die schädlichen. Diese Medikamente können sich den wichtigsten Vorteil der adaptiven Immunreaktion also nicht zunutze machen, nämlich die klonale Spezifität. Sie entsprechen keineswegs der Idealvorstellung, daß eine Behandlung ausschließlich auf die pathogene Reaktion einwirken soll. Impfungen dagegen nutzen die Spezifität der Immunreaktionen aus und stellen damit die bisher bei weitem erfolgreichste Anwendung immunologischer Forschung dar.

Wie kann es uns gelingen, nur die schädlichen Reaktionen zu unterbinden und nur die erwünschten zu verstärken? Der beste Ansatz ist wahrscheinlich, die Mechanismen zu stimulieren, mit denen der Körper selbst seine Immunantworten reguliert. Daß eine solche Regulation stattfindet, ist offensichtlich, obwohl man noch wenig darüber weiß, wie sie funktioniert. In diesem Kapitel werden wir die Phänomene untersuchen, die darauf hindeuten, daß eine Regulation existiert, und die derzeitigen Versuche kennenlernen, sich solche Regluationsmechanismen zunutze zu machen, um schädliche Reaktionen zu unterdrücken. Wir werden auch sehen, wie die Wechselwirkungen zwischen Lymphocytenrezeptoren die Vielfalt ihres Rezeptorrepertoires aufrechterhalten.

Die Immunreaktionen gleichen sich im wesentlichen alle. Die Art des Antigens bestimmt, ob eine Reaktion von Vorteil oder von Nachteil ist. Einigen Krankheiten liegt daher eine Reaktion gegen ein harmloses Antigen zugrunde (Kapitel 11). Die gegen Allergene, Autoantigene und Transplantatgewebe gerichteten Immunantworten sind schädlich, und man würde sie gerne verhindern können. Dagegen beruhen andere Krankheiten darauf, daß der Körper keine angemessene Immunantwort zustandebringt. In dem Fall würde man gerne die schützenden Immunreaktionen gegen Pathogene wie den Malariaerreger oder HIV oder gegen entartete Krebszellen stimulieren können. In den letzten Abschnitten dieses Kapitels werden wir die Immunreaktionen gegen Tumoren betrachten und aktuelle Ansätze zur Impfung gegen Tumorzellen oder Krankheitserreger kennenlernen. Diese basieren mehr und mehr auf dem im Laufe dieses Jahrhunderts stark angewachsenen Wissen über grundlegende immunologische Vorgänge.

Medikamentöse Behandlung von Immunkrankheiten: Immunpharmakologie und experimentelle Therapien

Wie in Kapitel 11 erwähnt, war die erste erfolgreiche Transplantation eines menschlichen Organs die einer Niere zwischen eineiigen Zwillingen. Da Spender und Empfänger genetisch identisch waren, bestand keine Notwendigkeit, das Immunsystem des Empfängers lahmzulegen. Heute werden allein in den USA jährlich etwa 10000 Nieren transplantiert. Dabei stammen die Nieren in den meisten Fällen von Spendern, die nicht mit dem Empfänger verwandt sind. Bei nahezu allen Transplantationen ist daher eine ununterbrochene Behandlung mit Immunsuppressiva, wie etwa Steroiden oder cytotoxischen Substanzen, notwendig. Die Einführung des immunsuppressiven Medikaments Cyclosporin A im Jahre 1983 hat die Erfolgsquote der Transplantationen deutlich erhöht und die Suche nach noch besseren und weniger toxischen Substanzen ausgelöst. Man setzt Cyclosporin A und andere immunsuppressive Substanzen auch zur Behandlung von Autoimmunkrankheiten ein. In diesem Abschnitt werden wir diese und andere Strategien zur Unterdrückung unerwünschter Immunreaktionen gegen Gewebetransplantate und Autoantigene kennenlernen. Ein großer Nachteil all dieser Ansätze ist, daß sie die Fähigkeit des Körpers, auf andere Antigene zu reagieren, einschränken und daher sowohl die nützlichen als auch die schädlichen Aspekte der adaptiven Immunität beeinträchtigen.

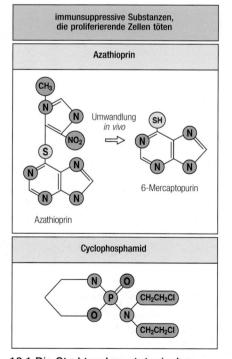

immunsuppressive Substanzen, die proliferierende Zellen töten

Azathioprin

Umwandlung *in vivo*

6-Mercaptopurin

Azathioprin

Cyclophosphamid

12.1 Die Struktur der cytotoxischen immunsuppressiven Substanzen Azathioprin und Cyclophosphamid. Azathioprin wird, wie im oberen Bild zu sehen, *in vivo* in eine aktive toxische Substanz umgewandelt.

12.1 Cytotoxische Substanzen und Steroide führen zur Immunsuppression, indem sie Zellen töten, und haben daher schwere Nebenwirkungen

In den ersten 30 Jahren der Geschichte der Organtransplantation waren die am häufigsten eingesetzten Immunsuppressiva cytotoxische Substanzen wie etwa **Azathioprin** und **Cyclophosphamid** (Abb. 12.1) sowie Corticosteroide wie **Prednison**. Cytotoxische Substanzen töten schnell proliferierende Zellen ab, und man nimmt an, daß sie die Transplantatabstoßung unterdrücken, indem sie die Lymphocyten des Empfängers töten, die sich als Reaktion auf die von antigenpräsentierenden Zellen des Spenders dargebotenen Antigene vermehren. Mit der Zeit sterben die antigenpräsentierenden Zellen des Spenders ab und werden durch Zellen des Empfängers ersetzt. Da diese die Immunreaktion gegen das Transplantat weniger stark stimulieren, kann man die Dosis des Medikaments reduzieren. Das fremde Gewebe wird allerdings abgestoßen, wenn man das Immunsuppressivum absetzt.

Wie zu erwarten haben immunsuppressive Medikamente einige unerwünschte Nebenwirkungen. Erstens hemmen sie sowohl nützliche als auch schädliche Immunreaktionen. Zweitens töten sie auch andere schnell proliferierende Zelltypen ab, wie beispielsweise die Knochenmarkzellen, aus denen sämtliche Zellen des Blutes entstehen. Das dritte und größte Problem ist, daß eine anhaltende Behandlung mit diesen Medikamenten zu einer deutlichen Zunahme von Lymphomen führt. Man weiß nicht, warum das so ist, aber es ist ein guter Grund, die Suche nach anderen, weniger gefährlichen Immunsuppressiva zu forcieren.

Die **Corticosteroide** sind wirksame Inhibitoren von Entzündungsreaktionen und bekannt für ihre positiven Auswirkungen, wenn man sie als Salbe einsetzt oder lokal injiziert. Bei systemischer Verabreichung wirken sie allerdings toxisch auf Lymphocyten, besonders auf die unreifen corticalen Thymocyten. Sie hemmen auch die inflammatorische Aktivität von Makrophagen und anderen phagocytierenden Zellen und beeinträchtigen die Immunreaktion dadurch noch weiter. Die Kombination eines cytotoxischen Medikaments mit einem stark wirkenden Corticosteroid wie Prednison ist eine gute Behandlungsmethode für die akuten Phasen der Transplantatabstoßung. Eine anhaltende Behandlung mit Steroiden verursacht jedoch eine Schwächung von Knochen und Bindegewebe und eine Rückbildung der Nebennieren, da sie die Freisetzung von adrenocorticotropem Hormon (ACTH) aus der Hypophyse hemmen. Dadurch kann der Körper bei Streß keine angemessene Reaktion der Nebennieren mehr auslösen. Wie die cytotoxischen Medikamente erhöhen auch Corticosteroide das Risiko für Infektionskrankheiten. Sie eignen sich also nicht zur Langzeitbehandlung, obwohl sie noch immer kurzfristig eingesetzt werden, wenn andere Medikamente unwirksam sind.

12.2 Cyclosporin A, FK506 und Rapamycin sind wirksame Immunsuppressiva, welche die Signalübertragung durch T-Zellen beeinträchtigen

Cyclosporin A, ein zyklisches Decapeptid, das man aus dem Bodenpilz *Tolypocladium inflatum* gewinnt, findet breite Anwendung bei Transplantationen, da es einerseits sehr wirksam (Abb. 12.2) und andererseits relativ wenig toxisch ist. Eine nichtverwandte Substanz mit ähnlicher Aktivität ist **FK506**. Diese beiden Moleküle verhindern die Synthese von IL-2, indem sie einen späten Schritt in der vom T-Zell-Rezeptor ausgehenden Signalkaskade blockieren. Mittlerweile versteht man recht gut, wie sie wirken. Interessanterweise hat die Erforschung dieser Substanzen zur Entdeckung eines zuvor unbekannten Schrittes in der T-Zell-Aktivierung geführt.

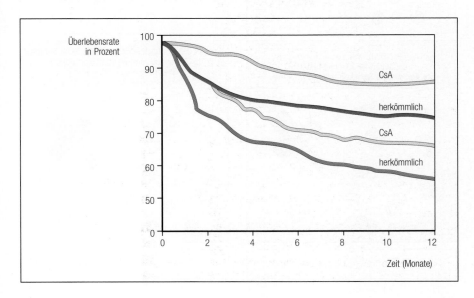

12.2 Cyclosporin A (CsA) hat deutlich positive Auswirkungen auf das Überleben von Nierentransplantaten. In der Abbildung ist die Überlebensrate von Transplantaten zwischen nicht miteinander verwandten Individuen dargestellt, die 0 (rote Linien) oder 4 (blaue Linien) Unterschiede in ihren HLA-DR- und HLA-B-Loci aufweisen. Wurde den Empfängern Cyclosporin A verabreicht, dann war in jeder Gruppe eine deutliche Verbesserung der Überlebensrate des fremden Gewebes im Vergleich mit herkömmlichen Behandlungen, etwa mit Azathioprin oder Cyclophosphamid, zu beobachten.

Cyclosporin A und FK506 binden an sogenannte Immunophiline innerhalb der Zellen, nämlich an Cyclophiline beziehungsweise FK-bindende Proteine (FKBP). Bei den Immunophilinen handelt es sich um Peptidyl-Prolyl-*cis-trans*-Isomerasen. Die Isomeraseaktivität der Bindungsproteine scheint jedoch nicht mit der immunsuppressiven Wirkung der Medikamente zusammenzuhängen. Der Komplex aus Immunophilin und Medikament bindet vielmehr an die Ca^{2+}-aktivierte Serin-Threonin-Phosphatase **Calcineurin** und hemmt deren Aktivität. Calcineurin wird aktiviert, wenn sich der intrazelluläre Ca^{2+}-Spiegel infolge der Bindung des T-Zell-Rezeptors an entsprechende Antigen:MHC-Komplexe erhöht. Wenn Calcineurin aktiv ist, dephosphoryliert es die cytosolische Komponente des Transkriptionsfaktors NF-AT, NF-ATc, die daraufhin in den Zellkern wandert und die Transkription des IL-2-Gens induziert (Abschnitte 4.27 und 7.9)

12.3 Cyclosporin A und FK506 hemmen die T-Zell-Aktivierung, indem sie die Aktivität der serin/threoninspezifischen Phosphatase Calcineurin hemmen. Die Signalübertragung über mit dem T-Zell-Rezeptor assoziierte Tyrosinkinasen (Abschnitt 4.27) führt zu einer erhöhten Synthese der nucleären Komponente des nucleären Faktors aktivierter T-Zellen (NF-ATn), sowie zu einer Steigerung der Calciumkonzentration im Cytoplasma (links). Letztere regt Calcineurin dazu an, die cytoplasmatische Komponente von NF-AT, NF-ATc, zu dephosphorylieren. Das so aktivierte NF-ATc wandert in den Zellkern, wo es mit NF-ATn einen Komplex bildet. Dieser NF-AT-Komplex induziert dann die Transkription von Genen, die für die T-Zell-Aktivierung notwendig sind, darunter auch die des IL-2-Gens. Wenn Cyclosporin A oder FK506 vorhanden sind, bilden diese Substanzen Komplexe mit ihren Immunophilin-Zielmolekülen, dem Cyclophilin beziehungsweise dem FK-bindenden Protein (FKBP) (rechts). Der Komplex aus Cyclophilin und Cyclosporin A kann an Calcineurin binden und dessen Fähigkeit zur Aktivierung von NF-ATc blockieren. Der Komplex aus FK506 und FKBP bindet an dieselbe Stelle des Enzyms und hemmt ebenfalls dessen Aktivität.

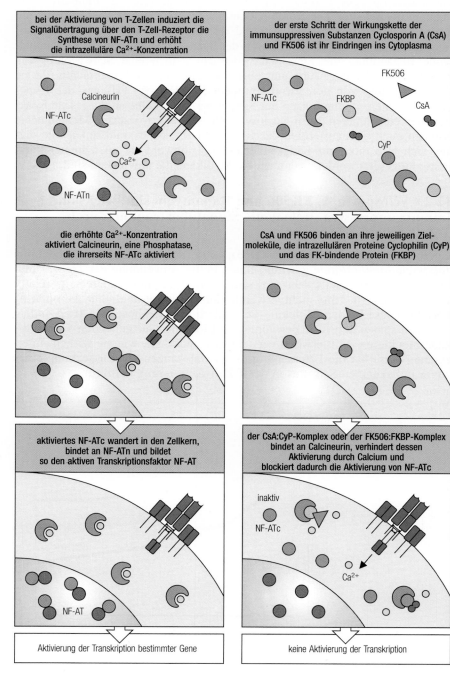

(Abb. 12.3). Man weiß bisher nicht, warum Calcineurin an diese beiden Komplexe aus Medikament und Immunophilin bindet. Man ist versucht zu spekulieren, daß es endogene Äquivalente von Cyclosporin A und FK506 gibt, die ähnliche regulatorische Aufgaben erfüllen, aber bis heute hat man noch kein solches Molekül entdecken können. Auch die physiologische Funktion der einzelnen Immunophiline liegt noch im dunkeln.

Cyclosporin A und FK506 hemmen die klonale Expansion der T-Zellen, indem sie die IL-2-Synthese blockieren. **Rapamycin**, ein anderer Typ von immunsuppressiver Substanz, hemmt statt dessen die von dem IL-2-Rezeptor aktivierte Signalkaskade, indem es die Wirkung der Proteinkinasen behindert (Abb. 12.4). Rapamycin und FK506 sind miteinander verwandte Substanzen, die von verschiedenen *Streptomyces*-Arten produziert werden (Abb. 12.5), und sie konkurrieren um die Bindung an denselben zellulären Rezeptor, FKBP. Rapamycin hemmt die Produktion von IL-2 jedoch nicht, da der Komplex aus FKBP und Rapamycin nicht an Calcineurin bindet. Rapamycin kann also einerseits die Hemmung der IL-2-Synthese durch FK506 verhindern, blockiert jedoch andererseits die Reaktion auf das gebildete IL-2. Es reagiert aber nicht mit Cyclophilin und hindert demnach auch Cyclosporin A nicht daran, die IL-2-Synthese zu hemmen. Cyclosporin A und Rapamycin bilden also eine sehr effektive Kombination, weil die eine Substanz die IL-2-Produktion hemmt, während die andere die Reaktion auf vorhandenes IL-2 unterbindet. Obwohl diese beiden Stoffe relativ wenig toxisch sind, bringt ihr Einsatz dennoch Probleme mit sich. Erstens betreffen sie – genau wie die cytotoxischen Substanzen – alle Immunreaktionen ohne Unterschied. Nur durch die Dosierung läßt sich ihre immunsuppressive Wirkung kontrollieren. Zum Zeitpunkt der Transplantation sind hohe Dosen notwendig, aber sobald das fremde Gewebe angewachsen ist, kann man sie reduzieren, um erwünschte schützende Immunreaktionen zu ermöglichen, während das Immunsystem aber noch ausreichend supprimiert ist, um die Transplantatabstoßung zu verhindern. Dieses Gleichgewicht zu erreichen, ist jedoch sehr schwierig und gelingt nicht immer. Da Immunophiline auch in vielen anderen Zelltypen vorkommen, ist zu erwarten, daß diese Medikamente auch andere Gewebe beeinflussen. Sowohl Cyclosporin A als auch FK506 wirken auf die Nieren und andere Organe toxisch. Und schließlich ist die Behandlung mit Cyclosporin A teuer, da es ein komplexes Naturprodukt ist, das unbegrenzte Zeit eingenommen werden muß. Was immunsuppressive Medikamente betrifft, sind also durchaus noch Verbesserungen möglich, und man sucht intensiv nach besseren Analoga. Trotz allem sind sie derzeit die Medikamente der Wahl bei Transplantationen, und man überprüft auch ihre Einsatzmöglichkeiten bei der Behandlung zahlreicher Autoimmunerkrankungen.

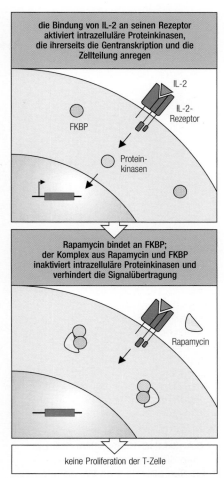

12.4 Rapamycin bindet an das FK-bindende Protein (FKBP), blockiert aber nicht die Aktivierung von Calcineurin. Im Gegensatz zu Cyclosporin A und FK506 behindert Rapamycin daher nicht die Aktivierung NF-AT-reaktiver Gene. Statt dessen blockiert es die vom IL-2-Rezeptor aktivierte Signalübertragungskette.

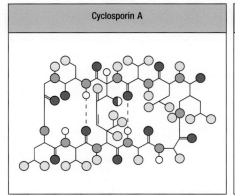

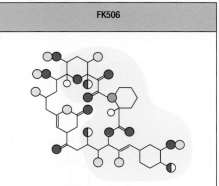

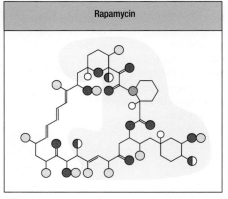

12.5 Die Strukturen der starken Immunsuppressiva Cyclosporin A, FK506 und Rapamycin. Rot = Sauerstoff; grün = Stickstoff; weiß = Wasserstoff; gelb = Methylgruppe. Man beachte, daß Rapamycin und FK506 eine in großen Teilen identische Struktur aufweisen (unterlegt) und an denselben zellulären Rezeptor binden.

12.3 Mit Antikörpern gegen Zelloberflächenantigene kann man bestimmte Subpopulationen von Lymphocyten entfernen oder ihre Funktion hemmen

Cytotoxische Medikamente töten alle proliferierenden Zellen, also auch alle Arten von aktivierten Lymphocyten und andere sich teilende Zellen. Es wäre besser, wenn es gelänge, nur die Lymphocyten außer Kraft zu setzen, die für den unerwünschten Prozeß verantwortlich sind. Anti-Lymphocyten-Globulin, ein Immunglobulinpräparat aus Pferden, die man mit menschlichen Lymphocyten immunisiert hat, hat sich bei der Behandlung einer akuten Abstoßungsreaktion als nützlich erwiesen. Das hat die Suche nach besser charakterisierten therapeutischen Antikörpern ausgelöst. Bei Versuchstieren und bei Patienten hat man schon einige solche Antikörper eingesetzt. Manche entfernen die Lymphocyten, indem sie sie *in vivo* töten. Andere wirken, indem sie lediglich die Funktion ihres Zielproteins hemmen, ohne dabei die Zelle, die das Protein trägt, zu zerstören.

Man hat Antikörper gegen T-Zell-Rezeptoren, gegen die CD4- und CD8-Corezeptoren, gegen MHC-Klasse-II-Moleküle, gegen die Integrine, die an der Bindung von T-Zellen an antigenpräsentierende Zellen und an das Gefäßendothel beteiligt sind sowie gegen die costimulierenden Moleküle B7.1 und B7.2 daraufhin überprüft, ob sie bei experimentellen Modellen für Autoimmunkrankheiten eine positive Wirkung zeigen. Antikörper gegen die V_β-Domänen des T-Zell-Rezeptors, gegen CD4, α_4-Integrine und MHC-Klasse-II-Moleküle (Abb. 12.6) konnten zum Beispiel die experimentelle allergische Encephalomyelitis bei Mäusen verhindern oder lindern. Keine dieser Behandlungen muß die entsprechenden Zellen töten, um zu wirken.

12.6 Anti-MHC-Klasse-II-Antikörper können die Entwicklung der experimentellen allergischen Encephalomyelitis (EAE) hemmen. Oligodendrocyten bilden die Myelinhülle um Neuronen. Bei Mäusen, die man mit basischem Myelinprotein (MBP) immunisiert hat, aktivieren CD4-Zellen Makrophagen, welche die Oligodendrocyten beschädigen (oben links). Dies führt zu Entzündungen in Gehirn und Rückenmark. Anti-MHC-Klasse-II-Antikörper verhindern, daß die CD4-T-Zellen MBP-Peptide erkennen können, die an MHC-Klasse-II-Moleküle auf den Makrophagen gebunden sind (oben rechts). Dies verhindert die Aktivierung der Makrophagen und damit die Erkrankung (unten). Diese Behandlung blockiert auch die normale Antigenerkennung (Abschnitt 2.25 und Abb. 2.48). Antikörper gegen den T-Zell-Rezeptor und gegen akzessorische Moleküle wirken ähnlich.

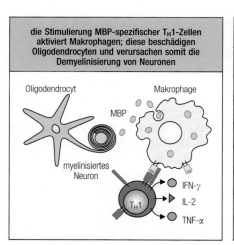

die Stimulierung MBP-spezifischer T_H1-Zellen aktiviert Makrophagen; diese beschädigen Oligodendrocyten und verursachen somit die Demyelinisierung von Neuronen

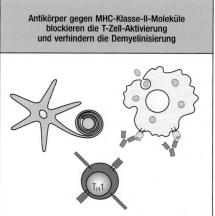

Antikörper gegen MHC-Klasse-II-Moleküle blockieren die T-Zell-Aktivierung und verhindern die Demyelinisierung

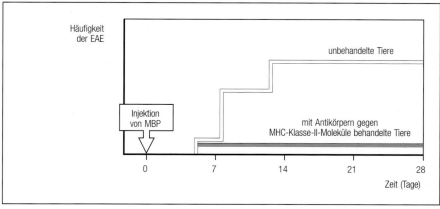

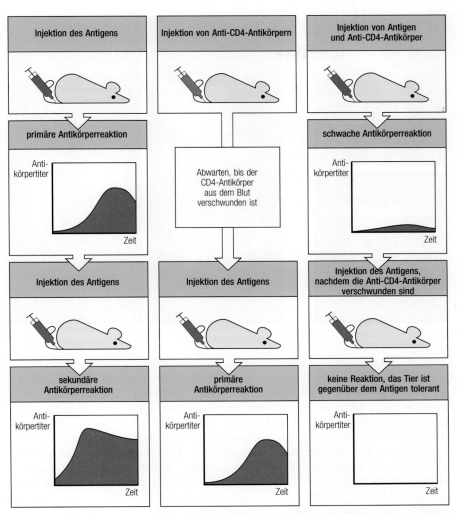

12.7 Gemeinsam mit Anti-CD4 verabreichte Antigene können eine spezifische Toleranz induzieren. Mäuse, die man durch Injektion eines Antigens immunisiert hat, bilden bei einer erneuten Injektion desselben Antigens eine sekundäre Immunreaktion aus (links). Mäuse, denen man nur Anti-CD4 injiziert hat, können ihre Immunkompetenz wiedererlangen, wenn der Antikörper aus dem Blutkreislauf verschwunden ist. Dies zeigt sich durch eine normale primäre Immunreaktion, wenn man danach das Antigen injiziert (Mitte). Verabreicht man allerdings das Antigen und Anti-CD4-Antikörper gemeinsam, so ist die primäre Immunantwort nur sehr schwach ausgeprägt (rechts). Eine spätere Injektion desselben Antigens in Abwesenheit von Anti-CD4-Antikörpern führt nicht zu einer Antikörperreaktion – das Tier hat eine Toleranz gegen dieses Antigen entwickelt.

Bei Tierexperimenten zur Transplantatabstoßung konnte man mit Hilfe eines Fusionsproteins aus CTLA-4 und dem Fc-Teil menschlichen Immunglobulins, das sowohl an B7.1 als auch an B7.2 bindet, ein dauerhaftes Überleben bestimmter transplantierter Gewebe erreichen. Wahrscheinlich blockiert dieses Fusionsprotein die Costimulierung der gegen Spenderantigene gerichteten T-Zellen und induziert somit eine Anergie bei sämtlichen alloreaktiven Zellen des Empfängers. Möglicherweise noch interessanter ist, daß bestimmte Anti-CD4-Antikörper beim Empfänger einen Zustand der Toleranz herbeiführen, wenn man sie für eine kurze Zeit während des ersten Kontakts mit dem fremden Antigen verabreicht (Abb. 12.7). Da diese Toleranz relativ lang anhält, ist daran möglicherweise einer oder mehrere der Regulationsmechanismen der Immunreaktion beteiligt. Diese werden wir im nächsten Teil des Kapitels betrachten. Schließlich verhindern Antikörper gegen den IL-2-Rezeptor die Vermehrung von T-Zellen, die fremde Antigene erkennen. Es ist noch nicht geklärt, ob diese Antikörper durch das Blockieren der Wechselwirkung von IL-2 mit seinem Rezeptor bei den Zellen eine Anergie induzieren oder ob sie sämtliche reagierenden T-Zellen einfach töten. Eine solche Behandlung kann die Transplantatabstoßung ebenfalls verhindern.

Das größte Hindernis, das dieser Art von Behandlung beim Menschen im Wege steht, ist, daß die meisten monoklonalen Antikörper in Mäusen hergestellt werden und daß Menschen sehr schnell eine Antikörperreaktion gegen Mausantikörper entwickeln. So wird letztere inaktiviert und es kommt zur Serumkrankheit (Abschnitt 11.7). Ist dies erst eingetreten, sind sämtliche monoklonalen Mäuseantikörper bei dem Patienten wirkungslos. Um dieses

12.8 Die Antigenspezifität läßt sich durch Transfer der komplementaritäts- determinierenden Regionen (CDRs) übertragen. a) zeigt das Fab-Fragment eines Mausantikörpers (leichte Kette in gelb, schwere Kette in grün), der an ein Antigen (grau) gebunden ist. b) zeigt das Fab-Fragment eines menschlichen Anti- körpers (leichte Kette in blau, schwere Kette in violett). Beide sind in ihrer Gesamtstruktur sehr ähnlich, obwohl die Sequenzen der Antikörper bei Maus und Mensch große Unterschiede aufweisen. Eine Folge dieser strukturellen Ähnlich- keit ist, daß man durch Übertragung der CDRs eines Mausantikörpers auf die menschlichen Rahmenregionen die Spe- zifität des Mausantikörpers auf menschli- che Antikörper übertragen kann (c). d) zeigt die Bindungsstellen des Antikörpers aus der „Sicht" des Antigens. Durch diese „Humanisierung" läßt sich die Antigen- spezifität übertragen, während im Rest des Antikörpermoleküls die menschliche Sequenz erhalten bleibt. Aus diesem Grund wirken „humanisierte" Antikörper weit weniger immunogen als Mausanti- körper. (Photos: C. Gorman.)

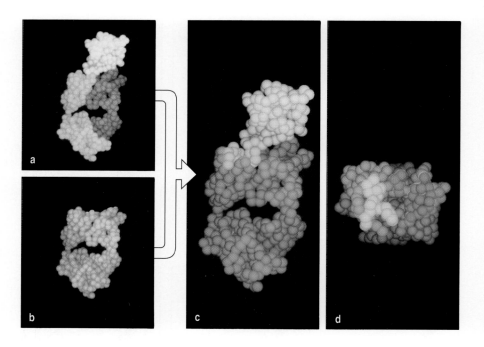

Problem zu umgehen, erforscht man zur Zeit drei Wege zur Herstellung monoklonaler Antikörper, die das menschliche Immunsystem nicht als fremd erkennt. Eine Methode ist, die antigenbindenden Domänen oder CDRs eines monoklonalen Mausantikörpers mit der Rahmenstruktur eines menschlichen Immunglobulins zu verbinden. Man bezeichnet diesen Vorgang als **Humani- sierung**. Da die Spezifität der Antigenbindung durch die Struktur der CDRs festgelegt ist und die allgemeine Form der Antikörper von Maus und Mensch sich so ähnelt, entsteht dabei ein monoklonaler Antikörper, der sich von den menschlichen Immunglobulinen kaum unterscheidet, der aber dasselbe Anti- gen erkennt wie der Mausantikörper, von dem die CDR-Sequenz stammt (Abb. 12.8). Diese rekombinanten Antikörper wirken beim Menschen weit weniger immunogen als die entsprechenden monoklonalen Mausantikörper, und das Risiko einer Serumkrankheit ist daher viel geringer. Ein zweiter Ansatz ist die Klonierung menschlicher V-Regionen in einer Phagen-Display- Bibliothek, die man anschließend, wie in Abschnitt 2.11 beschrieben, auf ihre Bindung an menschliche Zellen hin selektiert. Auf diese Weise erhält man monoklonale Antikörper, die vollständig menschlichen Ursprungs sind. Schließlich kann man mit Hilfe von künstlichen Hefechromosomen die men- schlichen Gene für die schweren und leichten Ketten der Immunglobuline in Mäuse einschleusen (Abschnitt 2.38). Die B-Zellen dieser transgenen Mäuse exprimieren dann Rezeptoren, die von menschlichen Immunglobulingenen codiert werden, entwickeln jedoch gegen die meisten menschlichen Proteine keine Toleranz. Indem man solche Mäuse mit menschlichen Zellen oder Pro- teinen immunisiert, sollte es daher möglich sein, monoklonale Antikörper zu produzieren, die sich in nichts von menschlichen Antikörpern unterscheiden.

Anti-CD4-Antikörper gehören möglicherweise einer besonderen Klasse an, da sie anscheinend eine Toleranz gegen sich selbst sowie gegen sämtli- che anderen Antigene induzieren, die zur selben Zeit vorhanden sind. Anti- CD4-Antikörper aus Mäusen können also vielleicht direkt beim Menschen eingesetzt werden. Bei Menschen mit Autoimmunkrankheiten, die auf keine Behandlung ansprechen, könnte man schließlich mit Hilfe eines wirk- samen Antikörpers die für die Krankheit verantwortlichen Zellen entfernen und das Immunsystem sich anschließend in Gegenwart eines Anti-CD4- Antikörpers wieder regenerieren lassen. Der Anti-CD4-Antikörper sollte bei den neu entstehenden Lymphocyten eine Toleranz gegen das Autoantigen induzieren und damit ein Wiederaufflammen der Krankheit verhindern. Studien zu dieser Strategie sind zwar noch in den Anfängen, aber trotzdem schon sehr vielversprechend.

12.4 Die Koppelung eines Antikörpers an ein Toxin könnte bewirken, daß er seine Zielzellen besser vernichten kann

Wie wir im vorangehenden Kapitel gesehen haben, können einige Antikörper ihre Zielzellen nicht töten. Die Antikörper, die ihre Zielzellen zerstören, müssen in hohen Dosen eingesetzt werden, um möglichst viele dieser Zellen zu entfernen. Um die Cytotoxizität der Antikörper zu erhöhen, koppelt man sie manchmal an Zellgifte. Diese Konjugate bezeichnet man als **Immuntoxine**. Die am häufigsten verwendeten Toxine sind das Pflanzengift Ricin, das Exotoxin von *Pseudomonas* sowie das Diphtherietoxin. Diese Gifte töten die Zellen mit Hilfe eines enzymatischen Mechanismus, so daß ein einziges Molekül ausreicht, um eine Zelle zu töten (Abb. 8.22). Bei all diesen Toxinen kann man den Teil des Moleküls blockieren oder entfernen, der ihm die Bindung an die Zelle ermöglicht, ohne den toxischen Enzymmechanismus zu beeinträchtigen. Solche modifizierten Toxine können allein nicht mehr an eine Zelle binden. Durch Koppelung an einen

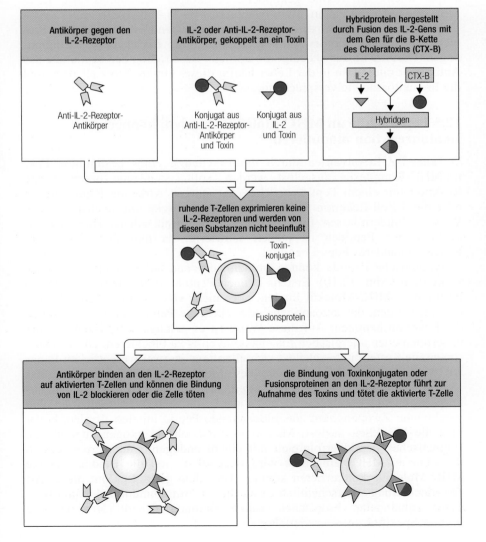

12.9 Einige Substanzen, die an den IL-2-Rezeptor binden, können aktivierte T-Zellen außer Funktion setzen. Substanzen, die sich an den IL-2-Rezeptor anlagern, binden nicht an ruhende T-Zellen, da diese keine IL-2-Rezeptoren exprimieren (Mitte). Bei der Transplantation werden gegen Transplantatantigene gerichtete T-Zellen aktiviert und exprimieren dann – im Gegensatz zu den meisten anderen T-Zellen – IL-2-Rezeptoren. Zum Zeitpunkt der Transplantation verabreichte Antikörper gegen den IL-2-Rezeptor können einerseits die Bindung von IL-2 an die T-Zelle blockieren, oder andererseits aktivierte T-Zellen töten, während die meisten anderen T-Zellen verschont bleiben (unten links). Die an Toxine gekoppelten Moleküle töten aktivierte T-Zellen sogar noch effektiver ab (unten rechts). Das Ausschalten von Zellen, die IL-2-Rezeptoren tragen, durch irgendeine dieser Methoden, hat in experimentellen Untersuchungen die Überlebensrate von Transplantaten erhöht.

Antikörper, der gegen einen ganz bestimmten Zelltyp gerichtet ist, kann man mit diesen Toxinen also einzelne Zelltypen gezielt vernichten (Abb. 12.9).

Damit ein Immuntoxin seine Wirkung entfalten kann, muß das Konjugat in die Zielzelle eindringen können. Einige Antikörper werden jedoch nicht in die Zelle aufgenommen oder gelangen nicht in das richtige Zellkompartiment. Mit solchen Antikörpern hergestellte Immuntoxine sind wirkungslos. Wählt man jedoch den richtigen Antikörper, sind Immuntoxine sowohl *in vitro* als auch *in vivo* sehr effektiv. Gegen verschiedene Typen von Krebszellen gerichtete Immuntoxine befinden sich derzeit in der klinischen Erprobungsphase (Abschnitt 12.18), und auch Tests zur Wirkung von Immuntoxinen bei der *graft versus host*-Reaktion laufen an. Auf ähnliche Weise kann man Toxine auch an Cytokine koppeln, so daß Zellen, die Rezeptoren für Cytokine exprimieren, durch das Konjugat getötet werden. Solche Konjugate lassen sich mit Hilfe der Gentechnik auch als Fusionsproteine herstellen. Beispielsweise können aktivierte T-Zellen, die alle den IL-2-Rezeptor exprimieren, mit Hilfe von einem IL-2, das man mit der B-Kette des Choleratoxins fusioniert hat, getötet werden. Man hofft, daß eine solche Behandlung auch bei Organtransplantationen von Nutzen sein wird, da das Immuntoxin selektiv solche T-Zellen töten sollte, die auf das fremde Gewebe reagieren. Vier verschiedene Moleküle, die an den IL-2-Rezeptor binden, können also bei Transplantationen getestet werden: Antikörper allein, an Toxine gekoppelte Antikörper beziehungsweise IL-2-Moleküle, oder mit einem Toxin fusioniertes IL-2 (Abb. 12.9).

Obwohl die Immuntoxinstrategie sehr verlockend ist, treten auch Probleme auf. Genau wie der Antikörper ist auch die Toxinkette selbst immunogen. Darüber hinaus schädigt die normale Beseitigung der Konjugate aus Antikörper und Toxin in der Leber häufig dieses Organ. Trotz alledem sind die Immuntoxine vielversprechend.

12.5 Peptide, die an MHC-Moleküle binden, können die Immunreaktion modulieren

Da alle T-Zell-Antworten durch die Erkennung eines bestimmten Peptid:MHC-Komplexes ausgelöst werden, sollte sich eine unerwünschte Reaktion mit einem Peptid, welches das antigen wirkende Peptid ersetzt oder die T-Zell-Reaktion verändert, auf nichttoxische und hochspezifische Weise verhindern lassen. Ein weitverbreiteter Einsatz solcher Therapien mit synthetischen Peptiden ist jedoch schwierig, da möglicherweise jeder Patient ein anderes Peptid benötigt.

Synthetische Peptide können Immunreaktionen auf verschiedene Weise verhindern (Abb. 12.10). Erstens können Peptide, die extrem stark an ein bestimmtes MHC-Molekül binden, aber nicht von einem T-Zell-Rezeptor erkannt werden, das autoantigene oder allergene Peptid verdrängen und so die Reaktion hemmen. Auf diese Weise ist es gelungen, die Induktion der experimentellen allergischen Encephalomyelitis zu blockieren. Dieses experimentelle System unterscheidet sich allerdings in zwei wesentlichen Punkten von Autoimmunkrankheiten des Menschen: Erstens stammt das „Selbst"-Peptid, das in diesem System als Autoantigen wirkt, nicht aus körpereigenem Gewebe, sondern es wird von dem Wissenschaftler akut verabreicht. Zweitens muß das blockierende Peptid injiziert werden, bevor man die Krankheit auslöst. Man weiß nicht, ob ein exogen zugeführtes, synthetisches Peptid erfolgreich mit einem endogen produzierten, das in der Zelle in MHCs eingebaut wird (Kapitel 4), um die Bindung an die MHC-Moleküle konkurrieren könnte. Außerdem gelingt es mit dieser Art der Blockierung wahrscheinlich nicht, die für Autoimmunkrankheiten typischen, anhaltenden chronischen Immunreaktionen zu verhindern, da diese in ihrer Spezifität oft sehr vielfältig sind.

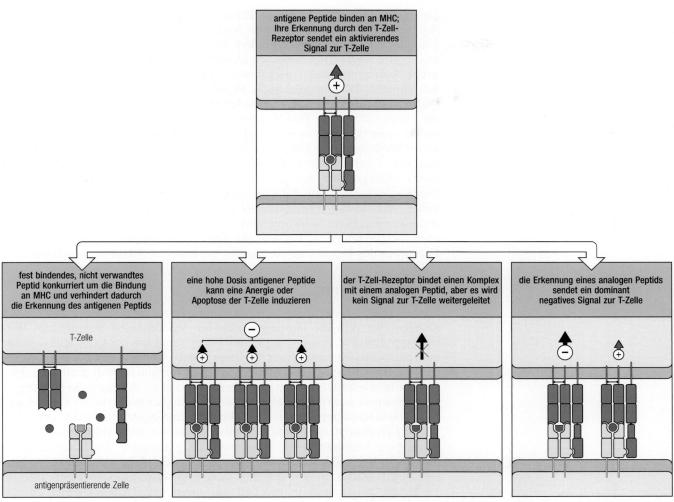

12.10 Der Einsatz spezifischer Peptide zur Hemmung einer T-Zell-Reaktion. Hat man ein Peptid, das von einer CD4-T-Zelle erkannt wird, identifiziert (oben), kann man Analoga herstellen, bei denen einzelne Aminosäuren ausgetauscht sind. Peptide, die besser als die Wildtyppeptide an MHC-Klasse-II-Moleküle binden, von den T-Zellen jedoch nicht erkannt werden, können das Wildtyppeptid verdrängen und auf diese Weise die Aktivierung der T-Zellen verhindern (links). Solche Peptide müssen nicht unbedingt mit dem Antigenpeptid verwandt sein. Hohe Dosen des Wildtyppeptids können eine Anergie oder Apoptose herbeiführen – möglicherweise, weil das Peptid dann auch von B-Zellen präsentiert werden kann, denen costimulierende Aktivitäten fehlen (zweites Bild). Schließlich können die Komplexe aus bestimmten analogen Peptiden und MHC-Klasse-II-Molekülen anscheinend an den T-Zell-Rezeptor binden, ohne gleichzeitig aktivierende Signale zu induzieren (drittes Bild). Einige dieser Analoga senden vielleicht sogar ein negatives Signal an die T-Zelle.

Ein zweiter Ansatz besteht in der Identifizierung eines autoantigenen oder allergenen Peptids, um anschließend ein identisches synthetisches Peptid in hoher Dosis verabreichen zu können und dadurch eine Toleranz zu induzieren. So kann man inflammatorische CD4-T-Zellen in einen Zustand der Anergie versetzen oder ihren Tod durch Apoptose herbeiführen. CD4-T-Helferzellen sind dagegen resistenter gegen die Induktion einer Toleranz durch hohe Peptiddosen. Da Allergien und antikörpervermittelte Autoimmunkrankheiten wahrscheinlich von CD4-T-Helferzellen vorangetrieben werden, sprechen diese Erkrankungen vielleicht auf eine solche Behandlung nicht an.

Eine andere Möglichkeit, bei der man mit Hilfe synthetischer Peptide die Produktion von IgE-Antikörpern hemmen könnte, ist das Auslösen einer Immunantwort, die von inflammatorischen CD4-T-Zellen dominiert wird, welche die IgE-Produktion unterdrücken. Dies könnte durch Immunisierung mit hohen Dosen eines antigenen Peptids geschehen. Dieser Ansatz wäre sogar noch effizienter, wenn man IL-12, das die Produktion inflammatorischer CD4-T-Zellen stark stimuliert, zusammen mit dem Peptid verabreichen könnte, um die Anzahl der neugebildeten antigenspezifischen inflammatorischen T-Zellen zu erhöhen. Wie in Kapitel 10 erwähnt, könnte eine solche Verschiebung im CD4-Phänotyp auch bei der AIDS-Behandlung sehr nützlich sein. Allerdings müssen diese Ideen erst noch getestet werden.

Kürzlich wurde ein dritter und sehr interessanter Weg beschrieben, wie Peptide die T-Zell-Reaktionen stören können. Die Modifizierung eines einzigen Aminosäurerests in einem Peptid kann dieses von einem spezifischen Agonisten für T-Zellen in einen Antagonisten verwandeln, der die Erkennung des Antigenpeptids verhindert. In einigen Fällen führen diese veränderten Peptide sogar dann zur Anergie, wenn sie von einer professionellen antigenpräsentierende Zelle dargeboten werden. Diese Ergebnisse legen den Schluß nahe, daß antagonistische Peptide den T-Zellen Signale auf eine neue Weise vermitteln, die keine Aktivierung, sondern vielmehr eine Hemmung zur Folge hat. Solche Peptide können ein enormes therapeutisches Potential haben, wenn sie auch *in vivo* wirksam sind. In jedem Fall sind sie faszinierende Werkzeuge zur Untersuchung des T-Zell-Rezeptors, denn es scheint, daß der T-Zell-Rezeptor Signale auf unterschiedliche Weise weitergeben kann, abhängig von den genauen Eigenschaften des jeweiligen Liganden. Die Beobachtung, daß T-Zellen Signale empfangen können, die nicht zur vollen Aktivierung führen, könnte den Unterschied zwischen der positiven und der negativen Selektion erklären: Erstere beruht möglicherweise auf einer eingeschränkten, letztere auf einer vollständigen Signalgebung. Das Phänomen des Peptidantagonismus ist noch nicht vollkommen verstanden.

Zusammenfassung

Die derzeitige Behandlung unerwünschter Immunreaktionen umfaßt unter anderem den Einsatz immunsuppressiver Medikamente mit breitem Wirkungsspektrum. Cyclosporin A und FK506 sind zur Zeit die wirksamsten und am wenigsten toxischen Vertreter. Diese Medikamente haben jedoch den Nachteil, daß sie neben der schädlichen Immunreaktion auch die schützenden Immunantworten unterdrücken. Dies hat zu der Suche nach weniger toxischen und selektiveren Formen der Immuntherapie geführt. Die Selektivität von Antikörpern gegen Zelloberflächenmoleküle nutzt man, um ungewollte Lymphocytenpopulationen entweder zu zerstören oder um ihre Aktivierung zu verhindern. An Toxinmoleküle gekoppelte Antikörper können ihre Zielzellen effektiver töten. Ein vielversprechender Ansatz ist der Einsatz von Peptiden, möglicherweise in Kombination mit Cytokinen, um das Verhältnis zwischen T-Helferzellen und inflammatorischen T-Zellen zu verschieben. Diese neue Vorgehensweise entspringt dem wachsenden Konsens, daß der wohl beste und spezifischste Weg zur Bekämpfung von Problemen wie Allergien, Autoimmunkrankheiten, Transplantatabstoßung und sogar AIDS darin besteht, die körpereigene Regulation der Immunantwort zu manipulieren. Ihr wollen wir uns nun zuwenden.

Die endogene Regulation der Immunantwort

Wie alle biologischen Systeme muß auch das Immunsystem mit Hilfe endogener Regulationsmechanismen eine Homöostase aufrechterhalten. Im Gegensatz zu den meisten anderen Systemen muß es jedoch spezifische Antworten gegen Substanzen hervorbringen, deren Natur nicht vorhersehbar ist, und diese Reaktionen müssen schnell genug einsetzen und ausreichend stark sein, um einen sich schnell vermehrenden Krankheitserreger unter Kontrolle zu bringen. Es muß sich also bei Bedarf weit vom Gleichgewichtszustand weg bewegen können. Eine Reaktion auf einen extrinsischen Stimulus, wie etwa einen Krankheitserreger, läßt sich durch dessen Eliminierung leicht regulieren, da damit das auslösende Signal beseitigt ist. Das Immunsystem besitzt jedoch auch interne Mechanismen zur Selbststeuerung, über die man bisher noch wenig weiß. In diesem Abschnitt werden wir drei Typen der Regulation kennenlernen und Situationen betrachten, in denen sie die Immunantwort beeinflussen. Wenn man die Mechanismen der Immunregulation erst versteht, kann man sie vielleicht selektiv aktivieren und so unerwünschte Reaktionen unter Kontrolle bringen.

12.6 Bei immunen Individuen werden sekundäre oder weitere Immunantworten ausschließlich durch Gedächtniszellen vermittelt

Während des normalen Verlaufs einer Infektion vermehrt sich ein Erreger zunächst bis zu einer Zahl, die ausreicht, um eine adaptive Immunreaktion auszulösen. Dann kommt es zur Produktion von Antikörpern und T-Effektorzellen, die den Erreger aus dem Körper entfernen. Danach sterben die meisten der T-Effektorzellen ab und der Antikörperspiegel sinkt wieder, da das Antigen, das die Reaktion ausgelöst hat, nicht mehr in ausreichender Menge vorhanden ist, um sie aufrecht zu erhalten. Es bleiben jedoch T- und B-Gedächtniszellen erhalten und damit auch die Fähigkeit, bei einer erneuten Infektion schnell eine Immunantwort aufzubauen.

Die Antikörper und T-Effektorzellen, die in einem bereits immunisierten Individuum verbleiben, verhindern darüber hinaus die Aktivierung naiver B- und T-Zellen durch dasselbe Antigen. Dies kann man durch die passive Übertragung von Antikörpern oder Effektorzellen auf einen nichtimmunisierten (naiven) Empfänger nachweisen. Wird dieser anschließend immunisiert, reagieren seine Lymphocyten nicht mehr auf das betreffende Antigen, während die Immunantworten gegen andere Antigene unverändert sind. Dies hat man sich zunutze gemacht, um eine Immunreaktion Rh-negativer Mütter gegen ihre Rh-positiven Kinder zu verhindern (Abschnitt 2.9). Injiziert man der Mutter Antikörper gegen das Rhesus-Antigen, bevor sie auf die roten Blutkörperchen ihres Kindes reagieren kann, so wird ihre Immunantwort unterbunden. Wie die Suppression genau erfolgt, ist zwar noch nicht bekannt. Man weiß jedoch, daß eine Vernetzung der Antigenrezeptoren mit FcγRII auf der Oberfläche von B-Zellen die Aktivierung naiver B-Zellen verhindert (Abb. 12.11), was diese Art der Suppression erklären würde. Aus bisher noch unbekanntem Grund werden Reaktionen der B-Gedächtniszellen durch Antikörper gegen das Antigen nicht beeinflußt. Für eine derartige Behandlung müssen die betroffenen Rh-negativen Mütter also identifiziert werden, bevor eine Reaktion stattgefunden hat, damit der Erfolg gewährleistet ist. Dies zeigt auch, daß B-Gedächtniszellen sogar dann zur Produktion von Antikörpern angeregt werden können, wenn sie mit bereits existierenden Antikörpern in Kontakt kommen. Dies ermöglicht die sekundären Antikörperreaktionen bei bereits immunisierten Individuen.

Die Übertragung immuner T-Zellen auf nicht-immunisierte syngene Mäuse verhindert gleichfalls die Aktivierung naiver T-Zellen durch Antigene. Dies wurde am deutlichsten am Beispiel cytotoxischer T-Zellen gezeigt. Möglicherweise werden die CD8-T-Gedächtniszellen so aktiviert, daß sie ihre cytotoxische Aktivität schnell genug wiedererlangen, um die antigenpräsentierenden Zellen abzutöten, die zur Aktivierung der naiven T-Zellen notwendig sind. So würde deren Aktivierung verhindert.

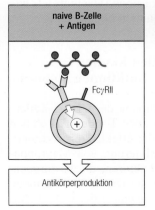
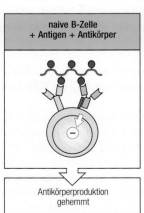
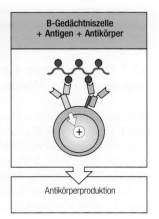

12.11 Antikörper können die Aktivierung naiver B-Zellen unterdrücken, indem sie den spezifischen Antigenrezeptor auf B-Zellen mit dem Fc-γ-Rezeptor II (FcγRII) vernetzen. Die Bindung eines Antigens an einen Antigenrezeptor vermittelt ein aktivierendes Signal (links), während die gleichzeitige Aktivierung von Antigenrezeptor und FcγRII ein negatives Signal an die naiven B-Zellen sendet (Mitte). Eine solche Vernetzung scheint auf B-Gedächtniszellen keinen Einfluß zu haben (rechts). Dieser Mechanismus spielt wahrscheinlich bei der Unterdrückung der Reaktion naiver B-Zellen bei bereits immunisierten Individuen eine Rolle.

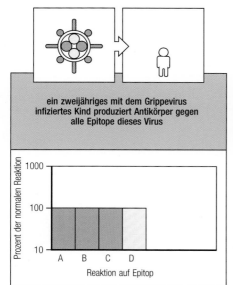

ein zweijähriges mit dem Grippevirus
infiziertes Kind produziert Antikörper gegen
alle Epitope dieses Virus

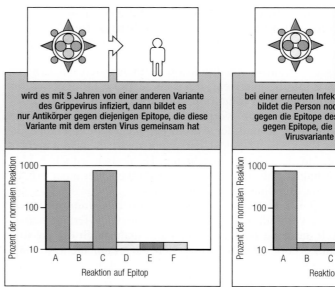

wird es mit 5 Jahren von einer anderen Variante
des Grippevirus infiziert, dann bildet es
nur Antikörper gegen diejenigen Epitope, die diese
Variante mit dem ersten Virus gemeinsam hat

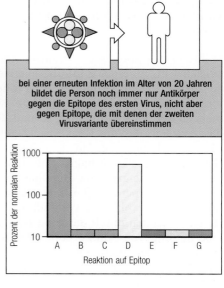

bei einer erneuten Infektion im Alter von 20 Jahren
bildet die Person noch immer nur Antikörper
gegen die Epitope des ersten Virus, nicht aber
gegen Epitope, die mit denen der zweiten
Virusvariante übereinstimmen

12.12 Personen, die bereits mit einer Variante des Grippevirus infiziert waren, bilden auch bei einer Infektion mit einer zweiten Variante nur Antikörper gegen solche Epitope, die bereits auf dem ersten Virus vorhanden waren. Ein Kind, das zum ersten Mal von einem Grippevirus infiziert wird, reagiert auf sämtliche Epitope (links). Wenn dasselbe Kind im Alter von fünf Jahren mit einer anderen Virusvariante in Kontakt kommt, reagiert es bevorzugt auf diejenigen Epitope, die diese Variante mit dem ursprünglichen Virus gemeinsam hat. Es kommt also gegen die neuen Epitope des Virus zu einer schwächeren Immunantwort als normal (Mitte). Selbst mit 20 Jahren sind diese Festlegung, nur auf solche Epitope zu antworten, die auch das ursprüngliche Virus besaß, und die eingeschränkte Reaktion gegen neue Epitope noch immer vorhanden (rechts). Dieses Phänomen bezeichnet man auch als Antigenerbsünde.

Diese Mechanismen könnten das Phänomen der sogenannten **Antigenerbsünde** (*original antigenic sin*) erklären. Dieser Begriff bezeichnet die Tendenz des Menschen, nur Antikörper gegen Epitope zu produzieren, die von dem ersten Grippevirus exprimiert wurden, dem sie in ihrem Leben ausgesetzt waren – selbst bei späteren Infektionen mit Virusvarianten, die auch andere, hochimmunogene Epitope tragen (Abb. 12.12). Antikörper gegen das ursprüngliche Virus unterdrücken die Reaktionen naiver B-Zellen, die gegen die neuen Epitope gerichtet sind, indem sie deren Antigenrezeptoren mit FcγRII verbinden. Für den Menschen könnte dies von Vorteil sein, weil er dann nur diejenigen B-Zellen einsetzt, die am schnellsten und effektivsten auf das Virus reagieren können. Durch die Hemmung der B-Zell-Antwort wird also die zur Aktivierung dieser Zellen notwendige Energie eingespart. Dieser Ablauf wird nur dann verändert, wenn ein Mensch einem Grippevirus begegnet, das keines der bei der ersten Infektion erkannten Epitope trägt. In diesem Fall sind keine Antikörper vorhanden, die an das Virus binden, und die B-Zellen können reagieren. Ähnlich beeinflußt die passive Verabreichung von Anti-Rh-Antikörpern zwar die Reaktion gegen die Rh-Antigene, nicht aber die gegen andere Antigene. Neben der Wirkung von Antikörpern auf B-Zellen sind wahrscheinlich auch CD8-T-Zellen an der Antigenerbsünde beteiligt, denn durch den Transfer von CD8-T-Zellen von immunisierten Mäusen in nichtimmunisierte Empfänger läßt sie sich ebenfalls übertragen. Im Verlauf dieses Kapitels werden wir sehen, daß man CD8-T-Zellen mit vielen immunregulatorischen Prozessen in Zusammenhang bringt, obwohl noch rätselhaft ist, wie sie Antigene erkennen und was sie bei diesen Vorgängen genau tun.

12.7 Die einzelnen Gruppen von CD4-T-Zellen können gegenseitig ihr Wachstum und ihre Effektorfunktionen steuern

Wie in Kapitel 7 beschrieben, haben die beiden Gruppen der CD4-T-Zellen, die T-Helfer- oder T_H2-Zellen und die inflammatorischen T- oder T_H1-Zellen sehr unterschiedliche Funktionen: T_H2-Zellen sind die effektivsten Aktivatoren von B-Zellen, während T_H1-Zellen bei der Aktivierung von Makrophagen eine bedeutende Rolle spielen. Zwei wichtige Faktoren, die bestimmen, welcher Typ von Effektorzelle sich entwickelt, sind die Dichte der Liganden und die zum Zeitpunkt des ersten Antigenkontakts (*priming*) der CD4-T-Zel-

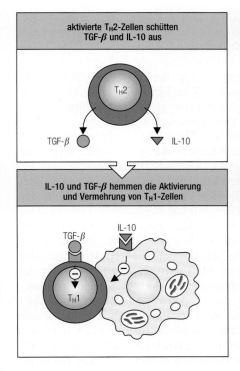

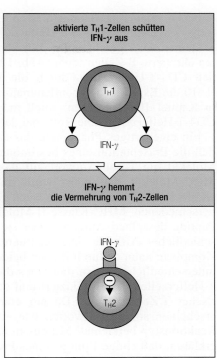

12.13 Beide Typen von CD4-T-Zellen produzieren Cytokine, die den jeweils anderen Typ negativ regulieren können. CD4-T-Helferzellen (T_H2) bilden TGF-β, welches das Wachstum von inflammatorischen CD4-T-Zellen (T_H1) hemmt, sowie IL-10, das auf Makrophagen einwirkt und die T_H1-Aktivierung verhindert – vielleicht, indem es die IL-12-Synthese durch Makrophagen blockiert (links). T_H1-Zellen bilden IFN-γ, welches das Wachstum von T_H2-Zellen hemmt (rechts). Dadurch kann jeder dieser beiden T-Zelltypen eine Immunantwort dominieren, indem er das Wachstum des jeweils anderen Typs hemmt.

len vorhandenen Cytokine (Abschnitt 9.15 und 9.16). Man weiß auch, daß sich die beiden Gruppen von CD4-T-Zellen gegenseitig regulieren. Sobald eine Gruppe dominiert, ist es oft schwierig, die Immunantwort in Richtung der anderen Gruppe zu verschieben. Ein Grund dafür ist, daß die von dem einen Typ der CD4-T-Zellen freigesetzten Cytokine die Aktivierung des anderen Typs verhindern. TGF-β und IL-10 – Produkte der CD4-T-Helferzellen (T_H2) – können also die Entwicklung von inflammatorischen CD4-T-Zellen (T_H1) hemmen, indem sie auf die CD4-T-Zelle beziehungsweise die antigenpräsentierende Zelle einwirken. Interferon-γ dagegen, ein Produkt der inflammatorischen T-Zellen, kann die Aktivierung von T-Helferzellen verhindern (Abb. 12.13). Wenn einer der CD4-T-Zelltypen bei einer Immunreaktion zuerst oder bevorzugt aktiviert wird, kann er die Entwicklung von Zellen des anderen Typs unterdrücken. Das Endergebnis ist, daß bei bestimmten Immunantworten entweder die humorale oder die zelluläre Immunität dominiert.

Ein zweiter Aspekt dieser gegenseitigen Einflußnahme ist, daß CD4-T-Effektorzellen des einen Typs die Effektorfunktionen des anderen Typs direkt

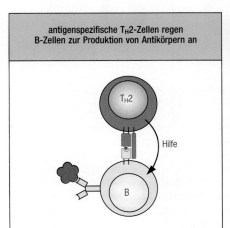

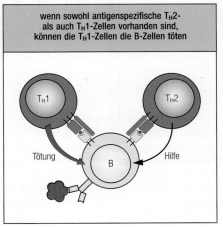

12.14 Inflammatorische CD4-T-Zellen können die Aktivierung von B-Zellen durch CD4-T-Helferzellen unterdrücken. CD4-T-Helferzellen (T_H2) regen B-Zellen zur Produktion von Antikörpern an. Gibt man sowohl CD4-T-Helferzellen als auch inflammatorische CD4-T-Zellen (T_H1), die beide Peptide aus demselben Antigen erkennen, zu antigenspezifischen B-Zellen hinzu, kann die Suppression überwiegen, so daß es nicht zur Bildung von Antikörpern kommt. Einige inflammatorische CD4-T-Zellen können B-Zellen töten, was möglicherweise ihre suppressive Wirkung erklärt.

hemmen können. Inflammatorische CD4-T-Zellen können also die Aktivierung von B-Zellen durch T-Helferzellen blockieren – zumindest in manchen Systemen. Dies geschieht hauptsächlich, indem inflammatorische CD4-T-Zellen aktivierte B-Zellen töten (Abb. 12.14). Genauso gibt es Hinweise darauf, daß CD4-T-Helferzellen durch die Freisetzung der Cytokine TGF-β und IL-10 die Expression der inflammatorischen T-Zell-Funktion verhindern. Wie in Kapitel 10 besprochen, spielt möglicherweise eine Verschiebung hin zu CD4-T-Helferzellen eine Rolle bei der Pathogenese von AIDS.

Ein eigenartiges Phänomen, das sich auf diese Weise erklären ließe, ist, daß die Präsentation eines bestimmten Antigens durch ein MHC-Klasse-II-Molekül die T-Zell-Antwort auf dasselbe Antigen, das in einem anderen MHC-Molekül präsentiert wird, unterdrücken kann (Abb. 12.15). Dies wurde sowohl für Mäuse als auch für Menschen beschrieben. Die beiden verschiedenen MHC-Klasse-II-Moleküle binden vermutlich verschiedene Peptide desselben Antigens oder sie binden das gleiche Peptid mit unterschiedlicher Affinität. Die resultierende Dichte spezifischer Peptid:MHC-Komplexe kann dadurch für die beiden verschiedenen MHC-Moleküle sehr unterschiedlich sein, so daß eines dieser MHC-Moleküle eine Antwort der T-Helferzellen (T_H2) induziert und das andere die Aktivierung inflammatorischer T-Zellen (T_H1). Da nur eine dieser Antworten dominieren kann, erscheinen solche Antworten wie eine Suppression, wenn man nur einen Reaktionstyp betrachtet. Mit einem ähnlichen Mechanismus ließe sich auch erklären, daß einige Epitope eines Proteins die Reaktion auf andere Epitope unterdrücken (Abb. 12.16). Vor dem Hintergrund dieses neuen Konzepts müssen diese Systeme neu untersucht werden. In Zukunft muß man die Aktivierung beider CD4-T-Zelltypen messen, damit man die durch CD4-T-Zellen vermittelte Regulation von der selektiven Aktivierung verschiedener Typen von CD4-T-Effektorzellen unterscheiden kann.

Da das Verhältnis zwischen T_H1- und T_H2-Zellen anscheinend von Cytokinen geregelt wird, würde man erwarten, daß man es durch Gabe geeigneter Cytokine verschieben können sollte. Mit IL-2 und IFN-γ hat man bei Krankheiten wie der lepromatösen Lepra die zelluläre Immunität stimuliert. Diese Substanzen können sowohl einen lokalen Rückgang der Läsionen als auch eine systemische Veränderung der T-Zell-Antworten herbeiführen. IL-12, ein starker Aktivator inflammatorischer CD4-T-Zellen, ist mögli-

Peptide aus einem Antigen werden sowohl von I-A- als auch von I-E-Molekülen präsentiert	bei Mäusen, die nur I-A-Moleküle exprimieren, reagieren die T-Zellen auf Peptide, die an I-A gebunden sind	bei Mäusen, die daneben auch I-E exprimieren, sind keine I-A-abhängigen T-Zell-Reaktionen zu beobachten	Anti-I-E-Antikörper blockieren die Reaktion von I-E-abhängigen T-Zellen, so daß die Immunantwort wieder zustandekommt

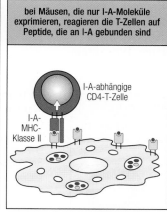

12.15 CD4-T-Zellen, die auf Peptide aus demselben Antigen reagieren, welche an verschiedene MHC-Klasse-II-Moleküle gebunden sind, können entgegengesetzte Wirkungen hervorrufen. Einige Antigene führen zur Vermehrung von T-Zellen bei Mäusen, die I-A-, aber keine I-E-Moleküle tragen (zweites Bild). Verwendet man dasselbe Antigen zur Immunisierung von Mäusen, die I-A- und I-E-Moleküle besitzen, ist keine Reaktion zu beobachten (drittes Bild). Allerdings wurden CD4-T-Zellen, die an I-A gebundene Peptide erkennen, aktiviert, da die Zugabe von Anti-I-E-Antikörpern zu den Kulturen geprägter T-Zellen zu einer Proliferation der T-Zellen führt (ganz rechts). Der Grund ist vielleicht, daß I-A-Moleküle eine T_H1-Reaktion auslösen, während I-E-Moleküle eine T_H2-Reaktion hervorrufen, welche die Antwort der T_H1-Zellen blockiert.

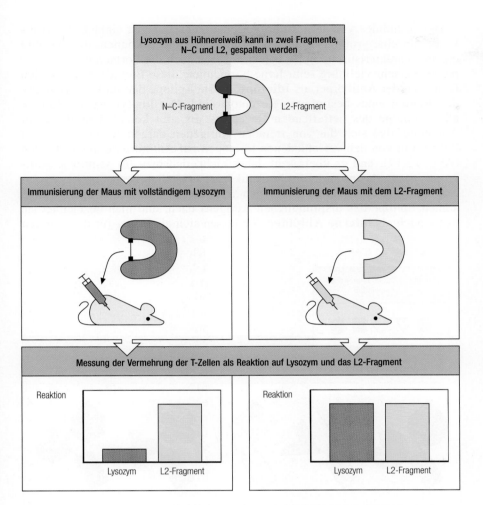

Lysozym aus Hühnereiweiß kann in zwei Fragmente, N–C und L2, gespalten werden

N–C-Fragment   L2-Fragment

Immunisierung der Maus mit vollständigem Lysozym

Immunisierung der Maus mit dem L2-Fragment

Messung der Vermehrung der T-Zellen als Reaktion auf Lysozym und das L2-Fragment

Reaktion

Lysozym   L2-Fragment

Reaktion

Lysozym   L2-Fragment

12.16 Einige Epitope eines Proteins können die Reaktion gegen andere Epitope desselben Proteins unterdrücken. Beispielsweise befindet sich eine bekannte Determinante für die Aktivierung MHC-II-restringierter CD4-T-Helferzellen im L2-Bereich des Lysozyms aus Hühnereiweiß (Abb. 4.5). Das Fragment aus den über eine Disulfidbrücke miteinander verbundenen N- und C-terminalen Peptiden (N–C) enthält ein Epitop, das diese Reaktion unterdrückt. Daher reagieren T-Zellen von Mäusen, die man mit intaktem Lysozym immunisiert hat, auf das L2-Fragment, aber nicht auf das intakte Enzymmolekül (links). Immunisiert man die Mäuse mit L2, so reagieren ihre T-Zellen sowohl auf L2 als auch auf das vollständige Molekül, da in Abwesenheit von N–C keine Aktivierung der suppressiven Zellen stattfindet (rechts). Antigene können also mehrere Epitope enthalten, die verschiedene funktionelle Gruppen von T-Zellen selektiv aktivieren. Bisher hat man die Identität der T-Zellen, die in diesem Fall die Suppression vermitteln, noch nicht bestimmt.

cherweise ein noch geeigneteres Therapeutikum. Wenn die Unfähigkeit, inflammatorische T-Zellen zu bilden, tatsächlich in den frühen Phasen einer HIV-Infektion eine Rolle spielt (Kapitel 10), dann könnte ein frühes Eingreifen mit Cytokinen wie IL-12 oder eine vergleichbare Behandlung von entscheidender Bedeutung sein.

12.8 Die Wechselwirkungen zwischen Lymphocytenrezeptoren bilden ein Netzwerk

Zu einem zweiten Typ regulatorischer Wechselwirkungen zwischen Lymphocyten kommt es, wenn die Rezeptoren des einen Lymphocyten die eines anderen erkennen. Niels Jerne schlug dieses **idiotypische Netzwerk** als Mechanismus zur Regulation der Antikörperproduktion vor. In Kapitel 3 (Abb. 3.16) haben wir gelernt, daß gegen die variable Region anderer Antikörpermoleküle gerichtete Antikörper die einzigartigen Eigenschaften oder den **Idiotyp** dieser Antikörper definieren. Man nennt sie antiidiotypische Antikörper. Als man zeigte, daß antiidiotypische Antikörper die Reaktion der B-Zellen, die diesen Idiotyp tragen, unterdrücken können, vermutete Jerne, daß solche Wechselwirkungen die Zellen des Immunsystems in einem regulatorischen Netzwerk miteinander verbinden. Heute sprechen wir eher in einem allgemeineren Sinn von immunologischen Netzwerken, da man experimentell Wechselwirkungen zwischen den Rezeptoren aller Lymphocytenklassen nachgewiesen hat.

Die Grundidee von Jernes idiotypischem Netzwerk ist einfach. Da Antikörper an eine große Vielzahl von Antigenen binden können, die alle ihre eigene charakteristische Form haben, müssen auch die Formen der Antikörper selbst sehr vielfältig sein. Jerne bezeichnete diese Formen der variablen Domänen der Antikörper als **Idiotope**, da sie Epitope der antikörperbindenden Region eines bestimmten Rezeptors sind. Der Idiotyp ist die Summe aller Idiotope des betreffenden Rezeptors. Es gibt keinen Grund zu der Annahme, daß sich die von fremden Antigenen dargebotenen Epitope in ihrer Form von den verschiedenen Idiotopen auf Antikörpern unterscheiden (Abb. 12.17), und es überrascht daher nicht, daß man für sämtliche Antikörper passende antiidiotypische Antikörper herstellen kann.

Es gibt zwei verschiedene Typen antiidiotypischer Antikörper. Einige ahmen Epitope des ursprünglichen Antigens nach, und man bezeichnet sie daher auch als **interne Abbilder**. Sie lassen sich als Ersatz für das Antigen

12.17 Jernes Hypothese eines idiotypischen Netzwerks basiert auf der Vorstellung, daß der Formensatz der Antigene mit dem Formensatz der Rezeptoren größtenteils überlappt. Das Immunsystem kann auf eine fast unendliche Vielfalt von Epitopen spezifisch reagieren. Bei der Antwort auf ein einziges Epitop werden viele verschiedene Antikörper gebildet, von denen jeder wiederum viele verschiedene Epitope in seiner variablen Region trägt, die man als Idiotope bezeichnet. Die Vielfalt dieser Epitope ist im wesentlichen genauso groß wie die der externen Epitope auf Antigenen. Die interne Gruppe idiotypischer Epitope sollte daher viele, wenn nicht gar alle Epitope der externen antigenen Welt enthalten. Diese internen Abbilder der Antigene lösen jedoch keine Toleranz aus, denn sonst wären keine reaktiven Zellen mehr übrig. Auf dieselbe Weise, wie man Antikörper gegen ein fremdes Antigen erzeugen kann, lassen sich daher auch Antikörper herstellen, die den Idiotyp eines natürlichen Antikörpers erkennen. Solche Antikörper bezeichnet man als antiidiotypisch.

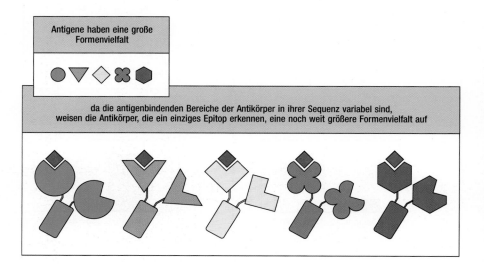

Antigene haben eine große Formenvielfalt

da die antigenbindenden Bereiche der Antikörper in ihrer Sequenz variabel sind, weisen die Antikörper, die ein einziges Epitop erkennen, eine noch weit größere Formenvielfalt auf

zur Immunisierung einsetzen. Die meisten antiidiotypischen Antikörper ähneln dem Antigen allerdings nicht und können dennoch das Verhalten der Zellen steuern, die in der frühen Phase einer Immunantwort reagierten, sowie von Zellen, die verwandte Idiotypen tragen. Letztere bezeichnet man als die unspezifische parallele Gruppe (Abb. 12.18), weil sie parallel mit den antigenspezifischen Antikörpern reguliert werden, obwohl sie selbst nicht gegen dasselbe Antigen gerichtet sind. Die als interne Abbilder bezeichneten Antikörper müssen in ihrer Form dem ursprünglichen Antigen sehr stark ähneln und auf dieselbe Weise wie das Antigen an die Antikörper binden, die man zu ihrer Herstellung eingesetzt hat. Mit anderen Worten: Man kann sie immunologisch nicht von dem externen Antigen unterscheiden. In ähnlicher Weise können T-Zellen Peptide aus der variablen Region des T-Zell-Rezeptors erkennen, die an Selbst-MHC-Moleküle auf anderen T-Zellen gebunden sind. Es wäre verwunderlich, wenn es zwischen den Peptiden aus den variablen Regionen der T-Zell-Rezeptoren und den vom Antigen abgeleiteten Peptiden keine Überlappungen gäbe. Das Immunsystem kann also seine eigenen Rezeptoren erkennen, und das Spektrum der Rezeptorerkennung scheint sich nicht von dem der Antigenerkennung zu unterscheiden.

Da es möglich ist, Antiidiotope für die meisten Antikörper herzustellen, dürfen Lymphocyten den meisten Antikörperidiotopen gegenüber nicht tolerant sein – wahrscheinlich, weil die meisten Idiotope nur in geringen Mengen vorhanden sind. Da Antikörper interne Abbilder eines Antigens

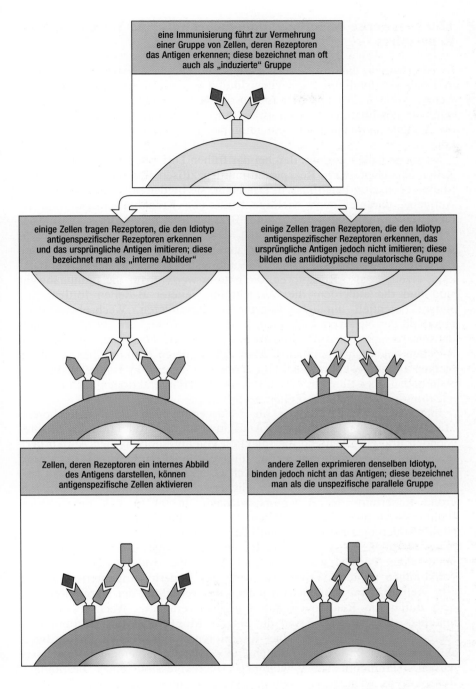

eine Immunisierung führt zur Vermehrung einer Gruppe von Zellen, deren Rezeptoren das Antigen erkennen; diese bezeichnet man oft auch als „induzierte" Gruppe

einige Zellen tragen Rezeptoren, die den Idiotyp antigenspezifischer Rezeptoren erkennen und das ursprüngliche Antigen imitieren; diese bezeichnet man als „interne Abbilder"

einige Zellen tragen Rezeptoren, die den Idiotyp antigenspezifischer Rezeptoren erkennen, das ursprüngliche Antigen jedoch nicht imitieren; diese bilden die antiidiotypische regulatorische Gruppe

Zellen, deren Rezeptoren ein internes Abbild des Antigens darstellen, können antigenspezifische Zellen aktivieren

andere Zellen exprimieren denselben Idiotyp, binden jedoch nicht an das Antigen; diese bezeichnet man als die unspezifische parallele Gruppe

12.18 Im Verlauf einer Reaktion gegen ein Antigen können zwei Arten von Antiidiotypen gebildet werden. Wenn ein Antigen eine Gruppe reagierender Zellen zur Vermehrung anregt (diese „induzierte" Gruppe sind in unserem Beispiel B-Zellen, obwohl das gleiche auch für T-Zellen gilt), können die Rezeptoren dieser Zellen über Rezeptor-Rezeptor-Wechselwirkungen zwei weitere Zellgruppen aktivieren. Dies ist erstens die Gruppe der internen Abbilder, deren Rezeptoren Epitope tragen, welche dem Antigen ähneln (links) und zweitens die Gruppe der antiidiotypischen regulatorischen Zellen (rechts), die Epitope auf den „induzierten" Zellen erkennen, deren Rezeptoren aber nicht dem ursprünglichen Antigen gleichen. Zellen aus der Gruppe der internen Abbilder können ihrerseits eine zweite Gruppe von Zellen aktivieren, die Rezeptoren tragen, welche spezifisch das Antigen erkennen (links unten). Die Rezeptoren dieser Zellen können den Idiotyp der ursprünglichen, induzierten Antikörper tragen oder auch nicht. Die regulatorischen Zellen können ebenfalls eine zweite Gruppe von Zellen induzieren. Diese tragen im allgemeinen den Idiotyp der induzierten Zellen, binden das Antigen aber nicht. Diese Zellen bezeichnet man als unspezifische parallele Gruppe (unten rechts). All diese Wechselwirkungen können in beide Richtungen ablaufen, da das Netzwerk keine intrinsische Ausrichtung aufweist. Die Richtung wird vielmehr von der Anzahl der Zellen in den einzelnen Gruppen festgelegt. Da jeder Rezeptor mehrere verschiedene Idiotypen trägt, ist das Netzwerk viel komplexer als es hier gezeigt ist. Theoretisch kann es sich unendlich oft verzweigen. Dieses Diagramm zeigt lediglich die minimal notwendigen Elemente des Netzwerks, wie es sich Jerne vorstellte.

darstellen können, würde mit einer Toleranz gegen alle Idiotope die Fähigkeit verlorengehen, auf die meisten Antigene zu reagieren. Dies bedeutet, daß viele Rezeptoren einen oder mehrere andere Rezeptoren das Systems erkennen und auf sie reagieren können. Adulten Mäusen verabreichte antiidiotypische Antikörper hemmen die Reaktionen von B-Zellen, die idiotypische Rezeptoren tragen. Jerne schlug daher vor, daß die Wechselwirkungen zwischen den Rezeptoren des idiotypischen Netzwerks zumindest für einen Teil der Regulation innerhalb des Immunsystems verantwortlich sein könnten. Antiidiotypische Antikörper und T-Zellen entstehen im Zuge einer Immunantwort, was bedeutet, daß die notwendigen Wechselwirkungen tatsächlich stattfinden. Es ist jedoch noch unklar, wie stark das Netzwerk die Intensität der Immunantwort tatsächlich beeinflußt. Dieser Frage werden wir uns in den folgenden Abschnitten zuwenden.

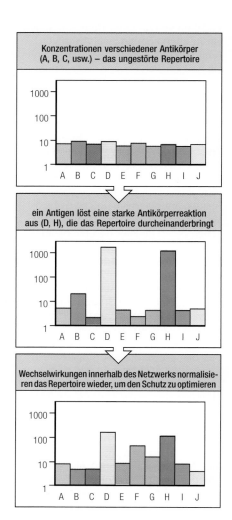

12.19 Idiotypische Wechselwirkungen können wichtig sein, damit die Vielfalt des Rezeptorrepertoires der Lymphocyten gewährleistet bleibt. Die adaptive Immunantwort muß sämtliche mögliche Fremdmoleküle erkennen können. Hierzu ist ein vielfältiges Repertoire an Rezeptoren ideal, von denen jeder in sehr geringer Menge vorliegt (oben). Der Kontakt mit einem Antigen führt zu einer ausgeprägten Störung dieses Repertoires (Mitte), wobei die Zahl mancher Rezeptoren steigt (D, H), und die anderer vermutlich sinkt – besonders solcher, die mit den vermehrten Zellen wechselwirken und dadurch unterdrückt werden. Mit der Zeit würde dies große „Löcher" im Repertoire mit sich bringen. Dies ließe sich durch Wechselwirkungen innerhalb des Netzwerks verhindern (unten), die die Verteilung der Rezeptoren relativ gleichmäßig halten, während die Zahl bestimmter Rezeptoren, die sich als nützlich erwiesen haben, zunehmen darf. Solche Effekte sind jedoch schwer nachzuweisen und wurden bisher noch nicht näher charakterisiert.

12.9 Netzwerke beeinflussen möglicherweise die Verteilung des Repertoires

Es ist erwiesen, daß die Elemente eines idiotypischen Netzwerks existieren und daß sie durch Injektion eines Idiotyps oder Antiidiotyps manipuliert werden können. Weniger klar ist, ob das Netzwerk für das normale Funktionieren des Immunsystems notwendig ist. In diesem Abschnitt wollen wir die Vorteile betrachten, die ein idiotypisches Netzwerk mit sich bringen könnte.

Versuche haben gezeigt, daß bei der frühen Differenzierung der B-Zellen Zellen entstehen, deren Rezeptoren multispezifisch sind und sich in hohem Maße gegenseitig beeinflussen. Das heißt, sie binden an viele verschiedene Antigene, darunter auch wichtige bakterielle Krankheitserreger, und sie binden auch die Rezeptoren anderer B-Zellen, die nur wenig später entstehen. Der zweite Schub der B-Zellen, deren Entwicklung durch die Wechselwirkung mit dem ersten Schub angeregt wird, bildet ebenfalls gegen Bakterien gerichtete Antikörper. Die allerersten B-Zellen, die sich entwickeln, erzeugen also Rezeptoren, die extrem wertvoll für die Immunabwehr sind und die außerdem die Vermehrung weiterer B-Zellen fördern, die andere potentiell nützliche Rezeptoren exprimieren. Wechselwirkungen innerhalb des Netzwerks scheinen demnach die frühe Vermehrung der nützlichsten Komponenten des Repertoires zu steuern. Diese stark interaktiven B-Zellen sind wahrscheinlich CD5-B-Zellen, deren Funktion bei der allgemeinen Immunreaktion gegen Bakterien wir bereits in Kapitel 9 besprochen haben. Es ist unklar, ob ähnliche Netzwerkinteraktionen auch die Entwicklung gewöhnlicher B-Zellen beeinflussen.

Interessanterweise erhöhen in Mäuseembryonen oder neugeborene Mäuse injizierte antiidiotypische Antikörper oft die Produktion des entsprechenden Idiotyps, während die Injektion von antiidiotypischen Antikörpern in adulte Mäuse fast immer die Idiotypproduktion blockiert (Abschnitt 12.10). Bei adulten Mäusen sind Wechselwirkungen im Netzwerk also vermutlich inhibierend. Sie haben möglicherweise die wichtige Funktion, das große Repertoire der Rezeptorspezifitäten in einem voll entwickelten Immunsystem aufrecht zu erhalten. Um so schnell wie möglich auf jede Herausforderung zu reagieren, muß das Rezeptorrepertoire der naiven Lymphocyten so vielfältig sein, daß Rezeptoren für praktisch alle möglichen molekularen Formen vorhanden sind. Wenn die Bildung der Rezeptoren vollkommen zufällig verliefe, so wäre das Repertoire theoretisch immer sehr vielfältig. Tatsächlich wird jedoch die Verteilung der Rezeptoren laufend durch die Reaktionen auf Antigene verändert. Wechselwirkungen innerhalb des Netzwerks sind die einzige Möglichkeit für das Immunsystem, selbst die Verteilung seiner Rezeptoren zu überwachen. Da die Interaktionen im Netzwerk bei adulten Individuen im allgemeinen suppressiv wirken, verhindern sie gewöhnlich Überexpression eines bestimmten Rezeptortyps, während sich Lymphocyten, die unterrepräsentierte Rezeptorspezifitäten exprimieren, ungehindert vermehren können. Es wäre also möglich, daß die wichtigste Funktion der Netzwerkwechselwirkungen darin besteht, die Verteilung der Rezeptoren zu erfassen und die größtmögliche Vielfalt an Rezeptorspezifitäten zu gewährleisten.

Wenn das Immunsystem tatsächlich so arbeitet, sollte es zwar die deutliche klonale Expansion erlauben, die notwendig ist, um eine adaptive Immunreaktion aufzubauen, den Beitrag dieser expandierten Klone zum Rezeptorrepertoire jedoch begrenzen, sobald das Antigen beseitigt worden ist. Dies würde die Verteilung der verschiedenen Rezeptorspezifitäten im Gleichgewicht halten (Abb. 12.19). Das Konzept eines idiotypischen Netzwerks, das die Vielfalt der Rezeptoren gewährleistet, ist zwar attraktiv, läßt sich aber nur schwer experimentell überprüfen. Es scheint nämlich keine Möglichkeit zu geben, einen Teil des Netzwerks außer Funktion zu setzen, ohne den Rest zu beeinträchtigen, um auf diese Weise die Folgen eines Defekts der Netzwerkregulation zu demonstrieren. Obwohl die Elemente eines immunologischen Netzwerks im reifen Immunsystem vorhanden sind und auch experimentell manipuliert werden können, kann man also über ihre tatsächliche Bedeutung für die Kontrolle des Rezeptorrepertoires nur spekulieren.

12.10 Manipulationen der Idiotypexpression beeinflussen die Reaktion auf Antigene normalerweise nicht

Eine Beobachtung, die Jerne dazu brachte, die Existenz eines idiotypischen Netzwerks zu postulieren, war, wie bereits erwähnt, daß antiidiotypische Antikörper die Produktion von Antikörpern mit diesem Idiotyp verhindern konnten. Wenn also ein Antikörper, der gegen ein bestimmtes Antigen gerichtet ist, einen von einem anderen Antikörper erkannten Idiotyp besitzt, so verhindert die Gegenwart dieses zweiten Antikörpers, daß bei einem Kontakt mit dem Antigen die entsprechenden Antikörper gebildet werden. Mit einigen wenigen Ausnahmen erreicht jedoch die Immunantwort gegen das Antigen trotzdem die normale Intensität – selbst wenn normalerweise Antikörper mit dem unterdrückten Idiotyp dominieren würden. Bei Mäusen, die man mit Antikörper 2 behandelt hat, wird die Reaktion auf das Antigen durch Antikörper getragen, die von anderen V-Regiongenen codiert werden als Antikörper 1. Die Regulation durch das Netzwerk beeinflußt also anscheinend die Induktion von Immunantworten nicht signifikant. Statt dessen scheint die Funktion des Netzwerks eher darin zu bestehen, die Diversität naiver Lymphocyten aufrecht zu erhalten, um auf diese Weise die Chance zu erhöhen, daß neue Antigene auch erkannt werden.

Ebenso wie es unerläßlich ist, schnell auf einen neuen Krankheitserreger zu reagieren, scheint es auch wichtig zu sein, daß die Reaktionen so vielfältig wie möglich ausfallen, da nicht alle Antikörper gegen die Erreger funktionell gleichwertig sind. Beispielsweise binden viele Antikörper, die gegen Oberflächenproteine von *Neisseria* gerichtet sind, Komponenten des Komplementsystems. Aber nur diejenigen, die sich an bestimmte Stellen auf der Oberfläche anlagern, binden die Komplementproteine in der für die Lyse des Bakteriums notwendigen Weise. Ebenso sind auch nur wenige Antikörper gegen virale Oberflächenproteine in der Lage, die Fähigkeit des Virus zur Infektion zu neutralisieren (Abb. 12.20). Diese Phänomene versteht man noch nicht vollkommen, aber es ist klar, daß die genaue Spezifität der produzierten Antikörper in manchen Fällen wichtiger sein kann als die Gesamtmenge an Antikörpern.

Auch T-Zell-Antworten werden möglicherweise durch Wechselwirkungen innerhalb eines Netzwerks reguliert. Da T-Zell-Rezeptoren von weit weniger

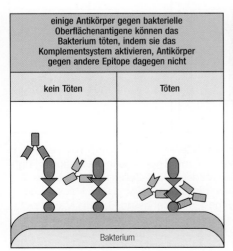
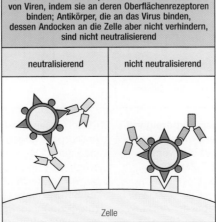

12.20 Die Eigenschaften einer Antikörperreaktion können wichtige funktionelle Konsequenzen haben. Antikörper, die gegen verschiedene Epitope eines Antigens gerichtet sind, können eine schützende Wirkung haben oder auch nicht. Die genaue Regulation des Repertoires an Antikörpern ist also von biologischer Bedeutung. Zwei Beispiele sind dargestellt. Antikörper gegen ein bakterielles Oberflächenantigen binden Komplementproteine. Zu einer Lyse der Bakterienzelle kommt es allerdings nur, wenn die Komplementkomponenten von einem Antikörper fixiert werden, der ein Epitop in der Nähe der Zellmembran erkennt (links). Antikörper gegen ein Virus, das an Zelloberflächenmoleküle bindet, können die Infektion der Zelle verhindern oder auch nicht – je nachdem, welches Epitop die Antikörper erkennen (rechts).

einige Antikörper gegen bakterielle Oberflächenantigene können das Bakterium töten, indem sie das Komplementsystem aktivieren, Antikörper gegen andere Epitope dagegen nicht

kein Töten	Töten

Bakterium

neutralisierende Antikörper verhindern das Andocken von Viren, indem sie an deren Oberflächenrezeptoren binden; Antikörper, die an das Virus binden, dessen Andocken an die Zelle aber nicht verhindern, sind nicht neutralisierend

neutralisierend	nicht neutralisierend

Zelle

V-Gensegmenten codiert werden als Antikörper, könnte die Manipulation von T-Zell-Antworten auf diese Weise einfacher sein als die von Antikörperreaktionen. Bei einigen Tiermodellen für Autoimmunerkrankungen dominieren T-Zellen, deren Rezeptoren nur von einem oder wenigen V$_\beta$-Gensegmenten codiert werden. Wir wissen, daß die Fähigkeit endogener viraler Superantigene, die meisten T-Zellen zu beseitigen, die Rezeptoren exprimieren, welche von mehreren verschiedenen V$_\beta$-Gensegmenten codiert werden, nur einen geringen Einfluß auf die Fähigkeit des Wirts hat, eine adaptive Immunantwort auszulösen. Es könnte daher möglich sein, durch die Unterdrückung von T-Zell-Antworten mit Anti-V$_\beta$-Antikörpern oder durch Immunisierung mit V$_\beta$-Peptiden, unerwünschte T-Zell-Reaktionen zu begrenzen. Diesen Ansatz hat man tatsächlich schon erfolgreich bei der Behandlung der experimentellen allergischen Encephalomyelitis verwendet (siehe unten und Abschnitt 12.3), und er könnte auch bei anderen Autoimmunkrankheiten von Nutzen sein.

12.11 CD8-T-Zellen vermitteln verschiedene Arten der Suppression

Viele Untersuchungen haben gezeigt, daß CD8-T-Zellen Immunreaktionen unterdrücken können. Man bezeichnet sie daher auch oft als „cytotoxische" oder „Suppressor"-T-Zellen. Bei Versuchstieren hat man zunächst nachgewiesen, daß sich durch Übertragung von T-Zellen aus Mäusen, die man gegen Schaferythrocyten tolerant gemacht hat, die Reaktion nicht immunisierter Mäuse gegen dieses Antigen unterdrücken läßt, nicht aber die Immunantwort gegen Pferdeerythrocyten oder andere, nichtverwandte Antigene. Anschließend hat man gezeigt, daß es sich bei den suppressiven Zellen um CD8-T-Zellen handelt, und daß gereinigte CD8-T-Zellen aus Mäusen, die man aktiv mit Schaferythrocyten immunisiert hat, ebenfalls suppressiv wirken. Daraus schloß man, daß die Fähigkeit, Immunreaktionen in einer antigenabhängigen Weise zu unterdrücken, eine normale Funktion der CD8-T-Zellen ist, und daß alle Immunreaktionen zur Produktion sowohl von Effektorzellen als auch von regulatorischen oder Suppressorzellen führen. Ein zweites Beispiel, das wir bereits in Kapitel 11 kennengelernt haben, ist, daß Mäuse und Ratten, die man mit oral basischem Myelinprotein gefüttert hat, CD8-T-Zellen hervorbringen, die TGF-β sezernieren und die die experimentelle allergische Encephalomyelitis unter-

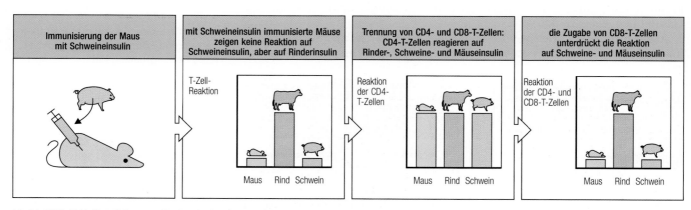

12.21 CD8-T-Zellen können die Reaktion gegen körpereigene und fremde Proteine regulieren. Einige Mäusestämme zeigen gegen Schweineinsulin keine Reaktion, obwohl es sich vom Mäuseinsulin in vier Aminosäuren unterscheidet. T-Zellen aus solchen Tieren reagieren allerdings auf Rinderinsulin, das dem Schweineinsulin sehr ähnlich ist. Entfernt man die CD8-T-Zellen, so zeigt sich, daß die CD4-T-Zellen den B-Zellen bei der Antikörperproduktion gegen Schweineinsulin helfen können. Diese CD4-T-Zellen können die B-Zellen auch bei der Synthese von Antikörpern gegen Mäuse- und Rinderinsulin unterstützen. Fügt man den CD4-T-Zellen wieder CD8-T-Zellen hinzu, so unterdrückt dies die Reaktion der CD4-T-Zellen gegen Mäuse- und Schweine-, nicht aber gegen Rinderinsulin. Daß die Mäuse nicht auf Schweineinsulin reagieren, ist möglicherweise auf T-Zellen zurückzuführen, welche die Reaktion gegen körpereigenes Insulin unterdrücken und die mit Schweineinsulin kreuzreagieren.

drücken (Abb. 11.38). Ganz ähnliche Zellen findet man auch bei Patienten mit lepromatöser Lepra (Abb. 10.5). Hier hemmen sie die Entzündungsreaktion gegen *Mycobacterium leprae* und verhindern, daß der Erreger vernichtet wird. In beiden Fällen erkennen die CD8-T-Zellen an MHC-Klasse-II-Moleküle gebundene Peptide und sezernieren für T_H2-Zellen typische Cytokine. Die Suppression kommt also zustande, indem die Bildung oder die Aktivität inflammatorischer CD4-T-Zellen gehemmt werden.

Ein interessantes Beispiel für eine von CD8-T-Zellen vermittelte Suppression kann man bei Mäusen beobachten, die man mit Schweineinsulin immunisiert hat. Sie zeigen keine CD4-T-Zell-Antwort auf das Schweineinsulin, reagieren jedoch auf das nahverwandte Rinderinsulin. Entfernt man die CD8-T-Zellen, so zeigt sich, daß die CD4-T-Zellen nicht nur gegen Schweineinsulin geprägt wurden, sondern auch gegen Mäuseinsulin. Dies legt den Schluß nahe, daß eine CD8-T-Zelle, die spezifisch gemeinsame Merkmale des Mäuse- und Schweineinsulins erkennt, nicht aber des Rinderinsulins, die Reaktion der CD4-T-Zellen gegen Mäuse- oder Schweineinsulin verhindert. Eine solche CD8-T-Zelle könnte nützlich sein, um eine Autoimmunreaktion gegen Insulin zu verhindern (Abb. 12.21). In Kapitel 11 haben wir auch gelernt, daß klonierte CD8-positive T-Zellinien den adoptiven Transfer des autoimmun bedingten Diabetes verhindern können. Darüber hinaus führt die Entfernung der CD8-Zellen durch Antikörperbehandlung oder Gen-Knockout bei der experimentellen allergischen Encephalomyelitis zu einer schwereren Form der Krankheit. Auch eine Verschlimmerung der menschlichen Autoimmunkrankheit Multiple Sklerose hängt möglicherweise mit einer Abnahme der CD8-T-Zellen zusammen. Schließlich steht der schwere kombinierte Immundefekt (Abb. 10.8) bei einigen Patienten mit CD8-T-Zellen in Zusammenhang, welche die durch CD4-T-Zellen angeregte Antikörperproduktion unterdrücken. Es deutet also einiges darauf hin, daß es eine Gruppe von CD8-T-Zellen gibt, welche die Aktivität von CD4-T-Zellen und möglicherweise auch von B-Zellen reguliert. Wie dies genau geschieht, werden wir im folgenden betrachten.

12.12 Die Spezifität und der Wirkungsmechanismus der CD8-T-Suppressorzellen sind noch unklar

Viele der im vorangegangenen Abschnitt beschriebenen Untersuchungen deuten darauf hin, daß die suppressive Aktivität der CD8-T-Zellen antigenspezifisch ist. Wie diese Zellen Antigene erkennen, ist jedoch noch immer sehr umstritten. Auch war es extrem schwierig, spezifische Effektormoleküle zu identifizieren, die an der Suppression beteiligt sein könnten. Daher weiß man auch noch nicht, wie diese zustandekommt. Beide Probleme stehen in engem Zusammenhang.

Verschiedene Mechanismen für die durch CD8-T-Zellen vermittelte Unterdrückung der spezifischen Immunantwort sind denkbar. Der naheliegendste ist, daß CD8-T-Zellen andere Zellen töten könnten, die für die Induktion einer Immunantwort notwendig sind, wie etwa antigenpräsentierende Zellen und CD4-T-Zellen. In diesem Fall würden die CD8-Zellen das Antigen auf die übliche Weise erkennen – als an MHC-Klasse-I-Moleküle gebundene Peptidfragmente – und die Suppression wäre das Ergebnis gewöhnlicher cytotoxischer Effektormechanismen (Kapitel 7). Wie CD8-T-Zellen durch das Töten antigenpräsentierender Zellen, die ihr spezifisches Antigen tragen, eine Immunreaktion unterdrücken oder einschränken könnten, ist leicht zu verstehen. Weniger klar ist allerdings, wie eine antigenspezifische CD4-T-Zelle direkt durch eine CD8-T-Zelle unterdrückt werden kann. Bei der Reaktion von CD4-T-Zellen gegen Mäuseinsulin ist beispielsweise vollkommen sicher, daß CD4-T-Zellen kein Insulin produzieren. Wenn die Antigenpräsentation durch MHC-Klasse-I-Moleküle also den normalen Regeln folgt (Kapitel 4), sollten die CD4-T-Zellen keine Komplexe

12.22 Durch Immunisierung mit Fragmenten des T-Zell-Rezeptors läßt sich die Induktion der experimentellen allergischen Encephalomyelitis (EAE) verhindern. Immunisiert man Ratten mit basischem Myelinprotein (MBP), so tragen die meisten der inflammatorischen T-Zellen, die für die Induktion der EAE verantwortlich sind, Rezeptoren mit demselben V$_\beta$-Gensegment (links). Injiziert man nicht immunisierten Ratten Peptidfragmente aus dieser V$_\beta$-Region, so reagieren sie mit der Bildung von cytotoxischen CD8-T-Zellen, die spezifisch dieses Peptid erkennen (Mitte). Diese Ratten sind dann gegenüber einer Induktion von EAE durch Injektion von MBP oder durch Übertragung von MBP-spezifischen CD4-T-Zellklonen resistent, weil die V$_\beta$-spezifischen cytotoxischen CD8-T-Zellen die meisten MBP-spezifischen CD4-T-Zellen töten (rechts). Dieser Schutz kann in Form von CD8-T-Zellen, die für das Rezeptorpeptid spezifisch sind, übertragen werden.

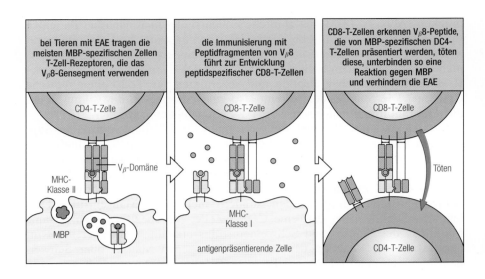

aus MHC-I-Molekülen und Peptiden des Antigens auf ihrer Oberfläche tragen.

Man hat nachgewiesen, daß CD4-T-Zellen durch cytotoxische CD8-T-Zellen kontrolliert werden können. Die Immunisierung mit Peptiden aus den variablen Regionen des T-Zell-Rezeptors kann zur Bildung von CD8-T-Zellen führen, die diese Peptide erkennen, wenn sie an MHC-Klasse-I-Moleküle auf der Oberfläche von CD4-Zellen gebunden sind. Solche CD8-T-Zellen können also CD4-T-Zellen töten, die den passenden Antigenrezeptor exprimieren. Dies stimmt mit der Tatsache überein, daß Zellen in ihren MHC-Klasse-I-Molekülen Peptide präsentieren, die sich von den Proteinen ableiten, welche die Zellen selbst synthetisieren (Abschnitte 4.6 bis 4.8).

Dies ist allerdings das einzige CD4-T-Zell-Antigen, das man bisher erfolgreich als Ziel für cytotoxische T-Zellen genutzt hat. Cytotoxische CD8-T-Zellen dieser Art unterdrücken die experimentelle allergische Encephalomyelitis (Abb. 12.22), und neuere Versuche, durch Immunisierung ähnliche CD8-T-Zellen bei Patienten mit Multipler Sklerose zu induzieren, lieferten ermutigende Ergebnisse. Diese für T-Zell-Rezeptoren spezifischen CD8-T-Zellen sind möglicherweise ein normaler Bestandteil eines idiotypischen Netzwerks aus T-Zellen und könnten bei der normalen Regulation der Immunantwort eine Rolle spielen.

Das Phänomen der durch CD8-T-Zellen vermittelten antigenspezifischen Suppression könnte es dennoch notwendig machen, daß wir unsere Vorstellungen über die in Kapitel 4 vorgestellten Wege der Antigenverarbeitung modifizieren. Wenn CD8-T-Zellen antigene Peptide erkennen, die an die Oberfläche der antigenspezifischen CD4-T-Zellen gebunden sind, wie kommen diese Peptide dann dorthin? Leider kennen wir die Antwort auf diese Frage nicht, die für unser Verständnis der antigenspezifischen Immunsuppression so wichtig wäre. Wir sollten beachten, daß man bei fast allen Analysen der Wege der Antigenverarbeitung die B-Zellen oder B-Zell-Tumoren als die antigenpräsentierenden Zellen untersucht hat. Möglicherweise verarbeiten allerdings auch andere Zelltypen Antigene auf zusätzlichen Wegen. Einige Experimente deuteten darauf hin, daß Peptide von Zellen oder Bakterien, die von Makrophagen aufgenommen wurden, ihren Weg zu den MHC-Klasse-I-Molekülen finden können. Die intrazellulären Mechanismen kennen wir allerdings nicht. CD4-T-Zellen haben diese Fähigkeit möglicherweise auch, denn wir wissen, daß sie MHC-Moleküle von ihrer Oberfläche durch Recycling über zelluläre Vesikel wiederverwenden. In B-Zellen geschieht dies nicht. Im Zuge dieses Vorgangs könnten MHC-Klasse-I-Moleküle ihre Peptide gegen andere austauschen, die sich in den Vesikeln befinden. Dies könnte besonders bei aktivierten CD4-T-Zellen wichtig sein. Man kann zeigen, daß solche Zellen spezifische Peptid:MHC-Klasse-II-Komplexe von antigenpräsentierenden Zellen aufnehmen. Diese Komplexe werden möglicherweise an den T-Zell-Rezeptor gebunden, in die Zelle aufgenommen und in zellulären Vesikeln abgebaut. Theoretisch könnten auf diese Weise von dem Antigen, dem MHC-Klasse-II-Molekül oder dem T-Zell-Rezeptor stammende Peptide an die zirkulierenden MHC-Klasse-I-Moleküle gebunden werden. Tatsächlich hat man bereits für jede dieser Strukturen spezifische CD8-T-Suppressorzellen beschrieben. CD8-T-Suppressorzellen könnten also auf diese neue Weise gebildete Peptid:MHC-Klasse-I-Komplexe erkennen, was ihre Spezifität erklären würde.

Nicht alle Beobachtungen einer Suppression durch CD8-T-Zellen lassen sich einfach dadurch erklären, daß sie möglicherweise antigenpräsentierende oder CD4-T-Zellen spezifisch zerstören. Frühe Untersuchungen von T-Suppressorzellen zeigten, daß sie direkt mit intakten Antigenmolekülen reagieren können, die in Abwesenheit von antigenpräsentierenden Zellen oder MHC-Molekülen an unlösliche Substrate gebunden sind. Von diesen Zellen abgegebene lösliche Produkte vermittelten die Suppression und lagerten sich auch direkt an Antigene an. Obwohl eine biochemische Charakterisierung dieser Moleküle bisher noch nicht gelungen ist, deuten indirekte Hinweise darauf hin, daß sie möglicherweise α-Ketten von T-Zell-Rezeptoren enthalten. Mit Hilfe von Antikörpern gegen diese Ketten kann man die suppressive Aktivität aus dem Überstand von Suppressorzellkulturen entfernen. Noch beeindruckender ist, daß die Blockierung der Synthese von T-Zell-Rezeptor-α-Ketten durch Anti-Sinn-Oligonucleotide die Synthese von antigenbindenden Suppressormolekülen verhindert. Dagegen kann man nichtsuppressiven Zellen durch Transfektion mit dem Gen für die α-Kette des T-Zell-Rezeptors, das man aus T-Suppressorzellen isoliert hat, die Fähigkeit verleihen, eine antigenspezifische Suppression zu vermitteln. Diese Ergebnisse sind zwar verlokkend, aber unbefriedigend, solange das für die Suppression verantwortliche Protein nicht identifiziert ist. Es scheint auch recht unwahrscheinlich, daß, wenn T-Zell-Rezeptor-α-Ketten an der Suppression beteiligt wären, sie die einzige Komponente des suppressiven Faktors sein sollten; denn T-Zell-Rezeptoren binden nicht an intakte Antigene, und einen Mechanismus zur Sekretion von α-Ketten müssen wir erst noch finden.

Zusammengenommen deuten die in den letzten beiden Abschnitten beschriebenen Untersuchungen stark darauf hin, daß CD8-T-Zellen bei einer Vielzahl von Immunantworten eine inhibitorische Funktion erfüllen. Wie sie dies tun, wissen wir jedoch nicht. Obwohl wir vielleicht nicht verstehen, wie solche Zellen eine Suppression verursachen können, ist es eine attraktive Vorstellung, bei der Behandlung von Autoimmunkrankheiten Suppressorzellen zu aktivieren, da sie antigenspezifisch sein sollten und somit keine toxischen Effekte zu erwarten wären. Aktuelle klinische Studien, bei denen man Patienten mit Autoimmunerkrankungen oral Autoantigene verabreicht – ein Verfahren, das bei Versuchstieren zur Bildung von antigenspezifischen CD8-T-Suppressorzellen führt –, liefern ermutigende Ergebnisse. Mit einem besseren Verständnis der Wirkungsmechanismen und der Art und Weise der Antigenerkennung dieser Zellen könnten wir rationellere und kontrolliertere Maßnahmen zu ihrer Aktivierung entwickeln, mit dem Ziel, Autoimmunkrankheiten und andere unerwünschte Immunreaktionen zu behandeln oder zu verhindern.

Zusammenfassung

Die wichtigste regulatorische Größe für die adaptive Immunantwort ist das Vorhandensein von Antigenen. Gelangt ein Antigen in den Körper, löst dies eine Reaktion aus, die mit der Beseitigung des Antigens endet. Es gibt allerdings deutliche Hinweise darauf, daß das Immunsystem sich auch selbst reguliert. Der wichtigste dieser Regulationsmechanismen ist möglicherweise die selektive Aktivierung von CD4-T-Helferzellen oder inflammatorischen CD4-T-Zellen, die sich gegenseitig in ihrem Wachstum und ihren Effektorfunktionen hemmen können. Dies führt schließlich bei jeder Immunantwort zur Dominanz eines der beiden Typen. Einiges deutet auch auf ein Netzwerk aus idiotypischen Wechselwirkungen zwischen Lymphocytenrezeptoren hin. Dieses Netzwerk beeinflußt möglicherweise die Spezifität der bei der Immunantwort aktivierten Rezeptoren, und, was vielleicht wichtiger ist, es könnte mithelfen, daß zu jeder Zeit ein gleichmäßiges Rezeptorrepertoire vorliegt. Schließlich gibt es viele Indizien dafür, daß CD8-T-Zellen eine antigenspezifische Suppressoraktivität besitzen, obwohl wir noch nicht wissen, wie sie das betreffende Antigen erkennen und die gegen dieses Antigen gerichtete Immunreaktion unterdrücken. Wenn wir diese Regulationsmechanismen erst besser kennen, können wir sie vielleicht ausnutzen, um unerwünschte Immunreaktionen wie Transplantatabstoßung, Allergien oder Autoimmunität zu kontrollieren.

Die Manipulation regulatorischer Mechanismen zur Induktion oder Unterdrückung einer Immunantwort

Obwohl unser Wissen über die endogene Regulation der Immunreaktion begrenzt ist, besteht ein großes Interesse am Einsatz bekannter Substanzen, um vorteilhafte Immunreaktionen zu fördern und unerwünschte zu blockieren. Solche Behandlungen versprechen recht spezifisch und wenig toxisch zu sein. Das klarste Ziel ist derzeit, das Verhältnis zwischen den beiden Typen von CD4-T-Effektorzellen zu verschieben (Abschnitt 12.7). Bislang haben sich die meisten Forscher auf eine selektive Induktion von CD4-T-Helferzellen oder inflammatorischen T-Zellen konzentriert, da der CD4-Zelltyp, der sich zuerst entwickelt, die weitere Immunreaktion stark beeinflußt (Kapitel 7 und 9). Im folgenden Teil dieses Kapitels werden wir sehen, daß es auch wünschenswert sein kann, eine Reaktion inflammatorischer CD4-T-Zellen gegen Tumorantigene zu induzieren. Allerdings weisen Patienten, die an Allergien oder Autoimmunkrankheiten leiden, normalerweise bereits ein bestimmtes Muster von CD4-T-Effektorzellen auf, die gegen das Allergen oder Autoantigen gerichtet sind: Aus diesem Grund müssen sich zukünftige Studien also mit der Regulation bereits vorhandener Populationen bewaffneter CD4-T-Effektorzellen befassen.

12.13 Welcher CD4-T-Zell-Typ bei einer Immunreaktion aktiviert wird, läßt sich durch die Dosis, den Eintrittsweg oder die Zusammensetzung der Antigene beeinflussen

Wie wir in Kapitel 9 gesehen haben, hat die Dichte der Liganden einen Einfluß darauf, welcher Typ von CD4-T-Zellen als Reaktion auf eine Immunsisierung aktiviert wird. Hohe Dosen führen zur Stimulierung inflammatorischer T-Zellen, während niedrige eher CD4-T-Helferzellen induzieren. Eine Möglichkeit, die Aktivierung von CD4-T-Zellen zu kontrollieren, besteht also in der Manipulation der effektiven Antigendosis, indem man ein Peptid verwendet, dessen Affinität für ein bestimmtes MHC-Klasse-II-Molekül bekannt ist. Bei sehr hohen Peptidkonzentrationen können inflammatorische CD4-T-Zellen jedoch eine Toleranz entwickeln, was dann wiederum zu einer Dominanz der T-Helferzellen führt. CD4-T-Helferzellen herrschen also bei sehr geringen oder sehr hohen Antigendosen vor. Durch Injektion unterschiedlicher Mengen des Antigens sollte es also möglich sein, zu bestimmen, welcher Typ von T-Effektorzellen bei einer Immunreaktion induziert wird.

Wir haben ebenfalls gelernt, daß auch die Art und Weise, wie die Peptide verabreicht werden, die Induktion der CD4-T-Zellen beeinflußt. So führen oral verabreichte Peptide beispielsweise eher zur Bildung von CD4-T-Helferzellen, die IL-4 und TGF-β produzieren (Kapitel 11). Ein intravenös injiziertes, lösliches Peptid reagiert bevorzugt mit MHC-Klasse-II-Molekülen auf ruhenden B-Zellen und induziert bei inflammatorischen CD4-T-Zellen eine Anergie. Durch eine sorgfältige Wahl der Art der Antigenverabreichung sollte es uns also gelingen, die Art der Immunantwort zu bestimmen.

Die Zusammensetzung der injizierten Antigene ist ein dritter Faktor. Ein in unvollständigem Freundschen Adjuvans (einer Öl-in-Wasser-Emulsion) (Abb. 2.4) gelöstes Peptid induziert meist entweder eine Toleranz oder aktiviert ausschließlich CD4-T-Helferzellen. Dasselbe Peptid, gelöst in vollständigem Freundschen Adjuvans, das auch Mycobakterien enthält, aktiviert dagegen inflammatorische CD4-T-Zellen, die oft die Immunreaktion dominieren. Die zusätzliche bakterielle Komponente ruft möglicherweise verschiedene frühe Cytokinreaktionen hervor, wie etwa die Herstellung von IL-12, das seinerseits die Produktion inflammatorischer CD4-T-Zellen fördert.

Bei einem ungeprägten Immunsystem hat also die Verabreichung von Antigen in unterschiedlicher Dosis, durch verschiedene Eintrittswege oder in unterschiedlicher Zusammensetzung einen Einfluß darauf, welcher Typ von CD4-T-Zellen aktiviert wird. Allerdings ist noch unklar, ob sich solche Manipulationen auch auf eine bereits angelaufene Immunreaktion auswirken. Selbst wenn sich mit diesem Ansatz auch bereits etablierte Immunantworten verändern lassen, bleibt es ein Nachteil, daß man zunächst das

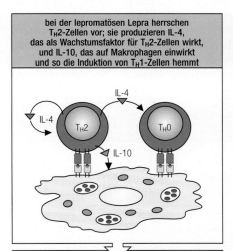

bei der lepromatösen Lepra herrschen T$_H$2-Zellen vor; sie produzieren IL-4, das als Wachstumsfaktor für T$_H$2-Zellen wirkt, und IL-10, das auf Makrophagen einwirkt und so die Induktion von T$_H$1-Zellen hemmt

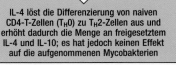

IL-4 löst die Differenzierung von naiven CD4-T-Zellen (T$_H$0) zu T$_H$2-Zellen aus und erhöht dadurch die Menge an freigesetztem IL-4 und IL-10; es hat jedoch keinen Effekt auf die aufgenommenen Mycobakterien

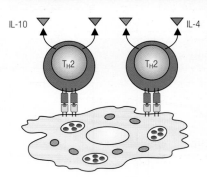

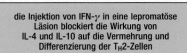

die Injektion von IFN-γ in eine lepromatöse Läsion blockiert die Wirkung von IL-4 und IL-10 auf die Vermehrung und Differenzierung der T$_H$2-Zellen

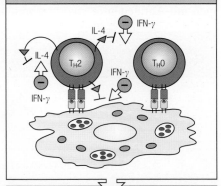

IFN-γ induziert die Differenzierung aktivierter T$_H$0-Zellen zu T$_H$1-Zellen, die TNFα und noch mehr IFN-γ sezernieren; dadurch aktivieren sie die Makrophagen zur Zerstörung der Mycobakterien und wandeln die Läsion in die tuberkuloide Form um

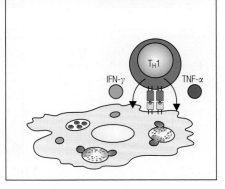

12.23 Interferon-γ kann das Verhältnis zwischen CD4-T-Helferzellen und inflammatorischen CD4-T-Zellen bei der lepromatösen Lepra verschieben. Bei der lepromatösen Lepra unterdrücken das von CD4-T-Helferzellen (T$_H$2), die gegen *Mycobacterium leprae* gerichtet sind, produzierte IL-4 und IL-10 die Entwicklung von T$_H$0-Zellen zu inflammatorischen CD4-T-Zellen (T$_H$1) (links). Ohne die inflammatorischen CD4-T-Zellen, welche die infizierten Makrophagen zum Abtöten der Mycobakterien anregen würden, ist der Patient nicht in der Lage, die Infektion zu kontrollieren. Lokal injiziertes IFN-γ verschiebt dieses Verhältnis, indem es die Entwicklung der T-Helferzellen hemmt und die der inflammatorischen T-Zellen fördert (rechts). Dies kann zu einem Umschwung von lepromatöser Lepra hin zu tuberkuloider Lepra führen, bei der inflammatorische CD4-T-Zellen dominieren.

betreffende Antigen identifizieren muß. Wie in Abschnitt 11.16 beschrieben, wissen wir nicht, welche Autoantigene T-Zellen erkennen. Es sind daher intensive Tests notwendig, um das richtige Antigen zu identifizieren, bevor die Behandlung einer Krankheit auf diese Weise überhaupt möglich ist. Dadurch werden solche Therapien wahrscheinlich sehr teuer und schwierig. Ein allgemeinerer Ansatz zur Beeinflussung des Verhältnisses zwischen den unterschiedlichen Arten von CD4-T-Zellen bei einer bereits stattfindenden Immunreaktion wäre daher weit nützlicher.

12.14 Cytokine oder Medikamente, die das Gleichgewicht zwischen den verschiedenen Typen von CD4-T-Effektorzellen verändern, könnten Immunantworten beeinflussen

Eine Komponente vieler immunologischer Krankheiten ist die dominante Aktivierung von T-Helferzellen (T_H2) oder inflammatorischen CD4-T-Zellen (T_H1) als Reaktion auf körpereigene oder Umweltantigene. In solchen Fällen würde man gerne die Reaktion auf ein bereits im Körper befindliches Antigen manipulieren. Möglicherweise lassen sich solche Reaktionen mit Hilfe von Cytokinen oder Cytokinantagonisten beeinflussen oder mit Medikamenten, welche die Reaktion der CD4-T-Zellen auf Antigene verändern.

Wir haben gelernt, daß CD4-T-Helferzellen Cytokine produzieren, die das Wachstum und die Effektorfunktionen der inflammatorischen T-Zellen steuern und umgekehrt. Cytokine oder Cytokinantagonisten sollten also in der Lage sein, *in vivo* das Verhältnis zwischen den beiden Typen von CD4-T-Zellen, die durch Antigene induziert wurden, zu verändern. TGF-β scheint die Vermehrung und die Effektorfunktionen von inflammatorischen CD4-T-Zellen zu hemmen, während IL-10 ihre Reaktionen auf das Antigen blockiert. Entsprechend hemmt IFN-γ offensichtlich Wachstum und Effektorfunktionen der T-Helferzellen. Diese Cytokine könnte man entweder allein oder zusammen mit Antigenen *in vivo* verabreichen, um unerwünschte Immunreaktionen

12.24 Antikörper gegen Interleukin-4 (IL-4) können dazu führen, daß Mäuse gegen eine Infektion durch *Leishmania major* resistent werden. Gegen Leishmania resistente Mäuse produzieren bei einer Infektion durch diesen Erreger meist IFN-γ, während anfällige Mäuse IL-4 bilden. Die Behandlung anfälliger Mäuse mit Anti-IL-4-Antikörpern führt dazu, daß diese Mäuse gegen *Leishmania* resistent werden und IFN-γ produzieren. Weshalb einige Stämme resistent sind, andere dagegen anfällig, ist bisher nicht bekannt.

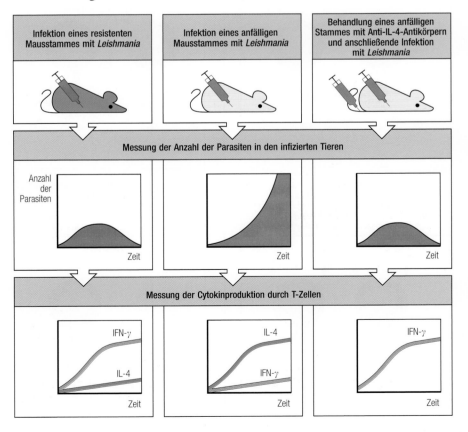

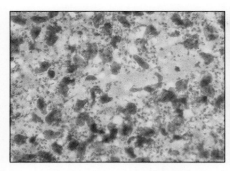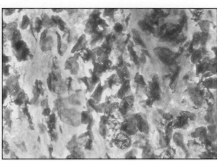

12.25 Die Behandlung mit Anti-IL-4-Antikörpern beseitigt eine *Leishmania*-Infektion. Das linke Photo zeigt einen mit Hämatoxylin und Eosin gefärbten Schnitt durch die Fußsohle einer mit *Leishmania major* infizierten Balb/c-Maus. Die Gewebemakrophagen enthalten zahlreiche Parasiten. Das rechte Photo zeigt ein ähnliches Präparat von einer Maus, die ebenso infiziert, gleichzeitig aber mit einer einzigen Injektion monoklonaler Anti-IL-4-Antikörper behandelt wurde. Hier sind nur sehr wenige Parasiten vorhanden. (Photos: R. M. Locksley.)

zu verhindern. Beispielsweise führt bei lepromatöser Lepra die direkte Injektion von IFN-γ in Läsionen (in denen CD4-T-Helferzellen (T$_H$2) dominieren und die Induktion inflammatorischer CD4-T-Zellen (T$_H$1) nicht funktioniert) zu einer effektiven Produktion inflammatorischer T-Zellen und dadurch zur Kontrolle der Bakterien (Abb. 12.23). Während die lokale Injektion von Cytokinen zwar einige positive Wirkungen mit sich bringt, erzielt man mit Anti-Cytokin-Antikörpern oder anderen Cytokinantagonisten weit eindrucksvollere Effekte. So lösen zum Beispiel für Leishmaniase anfällige Mäusestämme T$_H$2-dominierte Immunantworten aus und produzieren somit IL-4, während bei resistenten Mäusen T$_H$1-Zellen vorherrschen und hauptsächlich IFN-γ hergestellt wird. Die Injektion von Anti-IL-4 kann einen anfälligen Stamm resistent machen (Abb. 12.24) und führt zu Beseitigung der Parasiten aus infizierten Makrophagen (Abb. 12.25). Aus unbekannten Gründen hat die Injektion von IFN-γ keine solche Wirkung. Dennoch läßt sich mit den geeigneten Anti-Cytokin-Antikörpern der gewünschte Effekt erzielen, wenn man im frühen Stadium der Infektion Anti-IL-4 verabreicht hat. Ob sich durch Anti-IL-4-Gabe oder andere derartige Manipulationen auch bereits etablierte Infektionen beeinflussen können, ist nicht klar.

Das Verhältnis zwischen den CD4-T-Zelltypen läßt sich auch beeinflussen, indem man die Art und Weise verändert, wie die CD4-T-Zellen die Signale des Antigens interpretieren – beispielsweise, indem man ein aktivierendes Signal in ein Toleranz induzierendes Signal umwandelt. Möglicherweise könnte dies mit Hilfe von Anti-B7-Antikörpern gelingen (Abschnitt 12.3). Vielleicht lassen sich auch Substanzen finden, die selektiv die Entwicklung von inflammatorischen T-Zellen oder T-Helferzellen hemmen und somit die Dominanz des jeweils anderen Typs bewirken. Die Tatsache, daß verschiedene Antigendosen die beiden Zelltypen differentiell induzieren, legt den Schluß nahe, daß diese unterschiedliche Mechanismen der Signaltransduktion aufweisen. Es scheint daher plausibel, daß Medikamente die Signalübermittlung des einen oder anderen Zelltyps selektiv verändern könnten. Bisher kennt man noch keine Substanzen, die CD4-T-Zellen in dieser Weise beeinflussen. Da sich aber die Hinweise mehren, daß das Verhältnis der CD4-T-Zell-Effektorfunktionen bei immunologischen Erkrankungen von großer Bedeutung ist, wird die Suche nach solchen Stoffen sicher forciert werden.

12.15 Durch Manipulation der CD4-T-Zelltypen oder Immunisierung direkt nach der Geburt läßt sich möglicherweise die IgE-Antwort regulieren

Etwa jeder fünfte Einwohner der Vereinigten Staaten oder anderer industrialisierter Länder leidet unter einer Allergie. Die Behandlung richtet sich bisher hauptsächlich gegen die Symptome. Beispielsweise werden Antihistaminika und andere Medikamente eingesetzt, um der Aktivierung der Mastzellen entgegenzuwirken. Die einzige Behandlungsmethode für spezifische Allergien, die **Desensibilisierung**, zielt darauf ab, durch Injektion des Antigens in steigender Konzentration die Antikörperreaktion von IgE hin zu anderen Isotypen zu verschieben (Kapitel 11). Sie ist mit einem

12.26 Mäuse, die man direkt nach der Geburt mit IgE immunisiert hat, produzieren in ihrem späteren Leben kein IgE mehr. Immunisiert man neugeborene Mäuse mit IgE in einem Adjuvans, so produzieren sie Anti-IgE-Antikörper. Wenn später im Leben B-Zellen entstehen, die IgE exprimieren, binden sich die Anti-IgE-Antikörper an das IgE auf der Oberfläche der B-Zelle und führen zur Zerstörung der Zelle. Der genaue Mechanismus dieser Zerstörung IgE-tragender B-Zellen ist noch nicht bekannt.

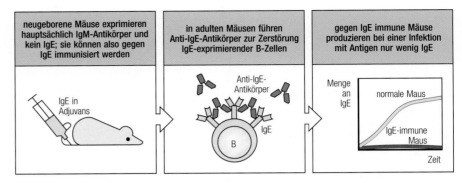

deutlichen Risiko verbunden, da der Patient auf das desensibilisierende Antigen allergisch reagieren kann. Darüber hinaus führt sie auch nicht immer zum Erfolg. Ein vernünftiger Ansatz wäre, Peptidepitope zu identifizieren, die zwar von den T-Zellen, aber nicht von den IgE-Antikörpern dieser Patienten erkannt werden. Eine Immunisierung mit diesen Peptiden wäre ungefährlicher, da sie nicht zu IgE-vermittelten allergischen Reaktionen führen würde. Prinzipiell sollte sich mit Hilfe solcher Peptide der dominierende T-Zell-Typ von den Helferzellen hin zu den inflammatorischen Zellen verschieben lassen, wodurch die IgE-Synthese in einer antigenspezifischen Weise gehemmt würde.

Einen neuen Ansatz zur IgE-Regulation hat man bei Versuchstieren getestet, aber noch nicht beim Menschen. Bei der Geburt besitzen weder Mäuse noch Menschen nachweisbare Mengen von IgE, da diese Immunglobuline nicht durch die Placenta transportiert und im unreifen Immunsystem auch nicht synthetisiert werden. Immunisiert man Mäuse in diesem Entwicklungsstadium mit IgE, unterdrückt dies die Entwicklung IgE-sezernierender B-Zellen und damit die Produktion von IgE-Antikörpern (Abb. 12.26). Wenn sich dieses Vorgehen auch beim Menschen als sicher und wirksam erweisen sollte, ließen sich bei denjenigen, die behandelt würden, wenn sie noch jung sind, alle IgE-vermittelten Allergien verhindern. Es ist nicht klar, ob der Verlust der IgE-Reaktion neben den positiven auch schädliche Auswirkungen hätte. Bisher war es allerdings nicht möglich, bei Bewohnern der Industrieländer einen direkten Nutzen der IgE-Produktion nachzuweisen.

Zusammenfassung

Da wir über die endogene Regulation der Immunantwort nur relativ wenig wissen, überrascht es nicht, daß die Versuche, sich diese Mechanismen zur Kontrolle unerwünschter oder zur Stimulierung vorteilhafter Immunreaktionen zunutze zu machen, noch in den Kinderschuhen stecken. Die einzelnen CD4-T-Zelltypen durch Antigene oder Cytokine zu manipulieren, erscheint jedoch möglich und ist in Modellsystemen auch bereits gelungen. Bislang hat sich ein solches Vorgehen bei Krankheiten, bei denen das Muster der CD4-T-Zellen bereits etabliert ist, nicht als effektiv erwiesen, und Substanzen, die das Verhältnis zwischen Helfer- und inflammatorischen T-Zellen auch während einer bereits laufenden Immunantwort beeinflussen, wären wünschenswert. Das Verständnis der normalen Regulationsmechanismen und Substanzen zu ihrer Manipulation sind unerläßlich, wenn wir die Immunantworten zum Wohle der Patienten beeinflussen wollen.

Der Einsatz der Immunreaktion zur Tumorbekämpfung

Krebs ist eine der drei häufigsten Todesursachen in den industrialisierten Ländern. Er wird durch das progressive Wachstum der Nachkommen einer

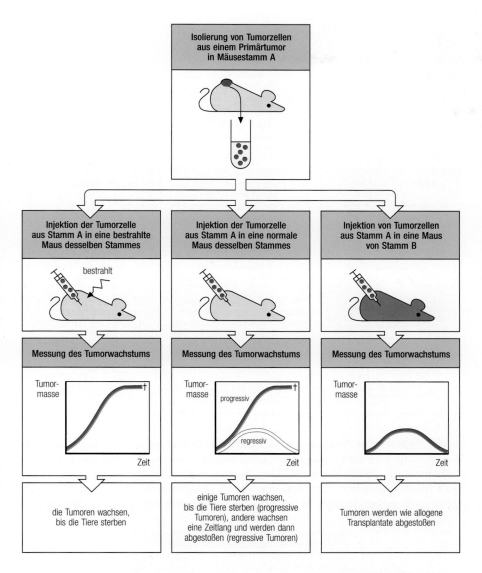

12.27 Die unterschiedlichen Wachstumsmuster transplantierbarer Tumoren werden durch Immunreaktionen gesteuert. Viele Tumoren weisen in Nacktmäusen oder bestrahlten Mäusen, die keine T-Zellen besitzen, ein progressives Wachstum auf (links). Diese Tumoren zeigen in normalen syngenen Empfängertieren entweder ein progressives oder ein regressives Wachstumsmuster (Mitte). Das regressive Muster ist auf eine adaptive Immunreaktion gegen die Tumorzellen zurückzuführen, und eine erneute Transplantation der gleichen Tumorzellen führt zu daher zu einer beschleunigten Abstoßung. In allogenen Mäusen werden diese Tumoren durch T-Zellen abgestoßen, die spezifisch gegen die MHC-Moleküle auf den Tumorzellen gerichtet sind (rechts). † steht für Tod des Tieres.

einzigen transformierten Zelle verursacht. Zur Heilung von Krebs ist es daher notwendig, daß sämtliche bösartigen Zellen entfernt oder zerstört werden. Eine elegante Methode, dies zu erreichen, wäre die Induktion einer Immunantwort, die zwischen den Tumorzellen und ihren normalen Gegenstücken unterscheiden kann. Die Hoffnung, daß dies möglich ist, wurde durch Studien an Versuchstieren und in sehr begrenztem Maße auch am Menschen geschürt, die zeigten, daß Tumorzellen in vollkommen syngenen Systemen erkannt und selektiv zerstört werden können. Wir wollen hier die grundlegenden Beobachtungen diskutieren, die zu diesem Ansatz in der Krebstherapie geführt haben, und uns dann ansehen, wie eine solche Behandlung beim Menschen aussehen könnte.

12.16 Einige Tumoren können vom Immunsystem erkannt und abgestoßen werden

Man hat sich die Abstoßung allogener Tumoren zunutze gemacht, um die ersten MHC-kongenen Mäusestämme zu entwickeln (Abschnitt 2.23). Dies zeigt, daß fremde MHC-Moleküle auf transplantierbaren Tumoren durch das Immunsystem erkannt werden können, was zur vollständigen Zerstörung des Tumors führt. Wir müssen die spezifische Immunreaktion gegen Tumoren also bei Inzuchtstämmen untersuchen, um sicherzustellen, daß die

**12.28 Tumorspezifische Transplanta-
tionsantigene lassen sich anhand der
Wachstumsmuster in immunisierten
Mäusen definieren.** Mäuse, die man mit
bestrahlten Tumorzellen immunisiert und
denen man anschließend lebende Zellen
desselben Tumors injiziert hat, können in
einigen Fällen eine letale Dosis dieser
Tumorzellen abstoßen (links). Dies beruht
auf einer Immunreaktion gegen tumorspezifische Transplantationsantigene
(TSTAs). Einige TSTAs sind für einen
bestimmten Tumor typisch, während
andere auch bei nah verwandten Tumoren vorkommen (Mitte), aber nicht bei
nichtverwandten (rechts).

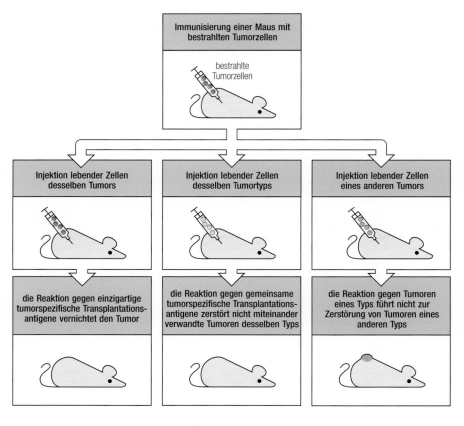

MHC-Typen von Tumor und Empfänger übereinstimmen. Injiziert man
einen Tumor in einen syngenen Empfänger, so ist eines von zwei Wachs-
tumsmustern zu beobachten: Der Tumor wächst entweder immer weiter
und führt schließlich zum Tod des Tieres (progressives Wachstum), oder er
geht nach anfänglichem Wachstum wieder zurück (regressives Wachstum,

**12.29 Tumorspezifische Transplanta-
tionsantigene (TSTAs) sind Peptide aus
zellulären Proteinen, die in körpereigenen MHC-Klasse-I-Molekülen präsentiert werden.** TSTAs entstehen auf zwei
Wegen. Bei manchen Tumorzellen führt
eine Mutation in einem normalen Protein
zu einem neuen Peptid, das sich an
Selbst-MHC-Moleküle binden kann und
von T-Zellen als fremd erkannt wird
(links). Dies sind die einzigartigen TSTAs.
Bei anderen Tumoren führt die Überexpression eines körpereigenen Proteins zu
einer erhöhten Präsentationsdichte der
zugehörigen Peptide auf Tumorzellen.
Solche Peptide werden in einer Dichte
präsentiert, die hoch genug ist, um von
T-Zellen erkannt zu werden. Häufig wird
dasselbe körpereigene Protein in allen
Tumoren eines bestimmten Typs überex-
primiert, und die Peptide aus diesen Proteinen bilden die sogenannten gemeinsamen TSTAs.

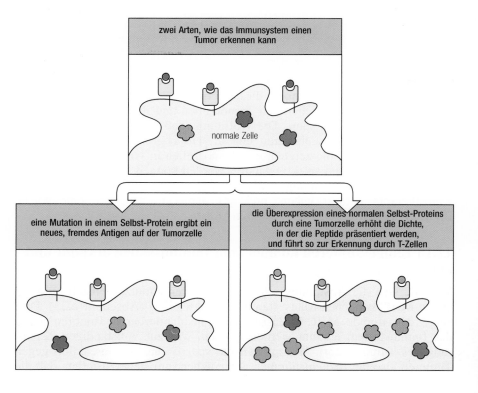

Abb. 12.27). Bei der Regression von Tumoren spielen unter anderem T-Zellen eine Rolle, denn in Nacktmäusen, denen T-Zellen fehlen, können Tumoren progressiv wachsen, die in anderen Mäusen zurückgehen. Man hat auch gezeigt, daß an der Regression eine spezifische Immunreaktion gegen den Tumor beteiligt ist, denn Mäuse, die bereits einen Tumor abgestoßen haben, sind danach gegen diesen Tumor immun. Injiziert man Zellen desselben Tumors erneut in eine bereits immunisierte Maus, so erfolgt die Kontrolle des Tumorwachstums viel schneller. Durch Zerstörung der T-Zellen kann man diese Immunität außer Kraft setzen.

Die T-Zell-Reaktion gegen Tumoren, die zu einem Rückgang des Wachstums führt, umfaßt die Erkennung eines von zwei verschiedenen Typen sogenannter **tumorspezifischer Transplantationsantigene (TSTA)**. Einige TSTAs sind spezifisch für einen ganz bestimmten Tumor und führen also nicht zur Abstoßung verwandter Tumoren, während andere auf mehreren oder gar allen Tumoren eines bestimmten Typs vorkommen (Abb. 12.28). Jüngere Untersuchungen haben gezeigt, daß einzigartige TSTAs auf Punktmutationen in den Genen beruhen, die weit verbreitete cytosolische Proteine codieren. Diese Mutationen verändern einzelne Aminosäuren in den Pepti-

12.30 Tumoren, die keine MHC-Klasse-I-Moleküle mehr exprimieren, um der Immunabwehr zu entgehen, sind anfälliger für eine Vernichtung durch natürliche Killerzellen (NK). Normalerweise wird das Tumorwachstum größtenteils durch cytotoxische T-Zellen (CTL) kontrolliert (links). NK-Zellen tragen hemmende Rezeptoren, die an MHC-Klasse-I-Moleküle binden (Abb. 9.18). Daher werden Tumorvarianten, die nur wenige MHC-I-Moleküle tragen, anfällig für NK-Zellen, obwohl sie gegen cytotoxische CD8-T-Zellen weniger empfindlich sind (Mitte). Obwohl Nacktmäuse keine T-Zellen besitzen, weisen sie mehr NK-Zellen auf als normale Mäuse. Folglich wachsen Tumoren, die gegen NK-Zellen empfindlich sind, in diesen Mäusen weniger gut. Durch Transfektion mit MHC-Klasse-I-Genen läßt sich sowohl ihre Resistenz gegen NK-Zellen als auch ihre Anfälligkeit gegenüber cytotoxischen CD8-T-Zellen wiederherstellen. Tumoren, die nur eine Sorte von MHC-Klasse-I-Molekülen verlieren, können einer spezifischen Reaktion der cytotoxischen CD8-T-Zellen möglicherweise entgehen, gleichzeitig aber auch resistent gegen NK-Zellen bleiben. Die unteren Bilder zeigen rasterelektronenmikroskopische Aufnahmen von NK-Zellen, die gerade Leukämiezellen angreifen. Linkes Bild: Kurz nach der Bindung an die Zielzelle hat die NK-Zelle bereits zahlreiche Mikrovillifortsätze und eine breite Kontaktzone mit der Leukämiezelle ausgebildet. Die NK-Zelle ist auf beiden Bildern die kleinere Zelle auf der linken Seite. Rechtes Bild: 60 Minuten, nachdem man die beiden Zelltypen zusammengegeben hat, sind lange Mikrovillifortsätze zu sehen, die sich von der NK-Zelle zu der Leukämiezelle erstrecken, und die Zellmembran der Leukämiezelle ist stark beschädigt. Durch den Angriff der NK-Zelle hat sie sich aufgerollt und ist zerrissen. (Photos: J. C. Hiserodt.)

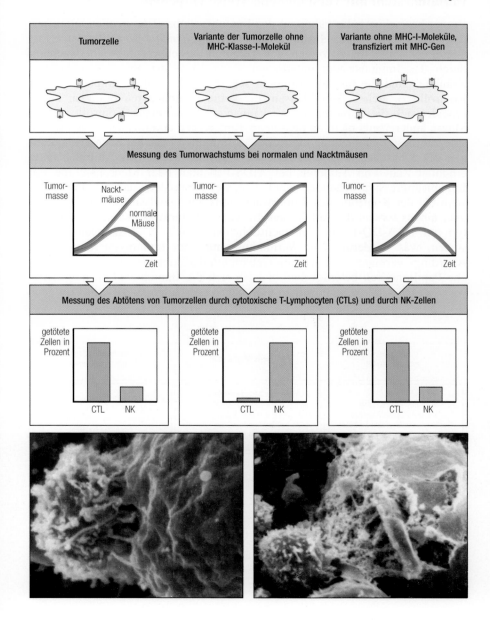

den, die an MHC-Klasse-I-Molekülen auf der Oberfläche der Tumorzellen gebunden sind. Da jeder Tumor andere Punktmutationen aufweist, sind die neuen Peptide spezifisch für diesen Tumor. Bei den gemeinsamen TSTAs handelt es sich dagegen um Peptide aus cytosolischen Proteinen, die nicht mutiert sind, sondern vielmehr fälschlicherweise von einem bestimmten Typ von Tumorzellen exprimiert werden. Dies führt zu einer Überexpression von Peptiden aus diesem cytosolischen Protein in allen Tumoren dieses Typs, so daß diese Tumoren alle dasselbe TSTA aufweisen (Abb. 12.29). Beide Arten von TSTAs sind also den Nebenhistokompatibilitätsantigenen vergleichbar. Die gemeinsamen TSTAs bieten eindeutig bessere Ziele für eine Immuntherapie, da eine Behandlung, die Reaktionen gegen solche Antigene induziert, bei allen Tumorzellen einer bestimmten Klasse wirkt. Warum lösen einige Tumoren spontane adaptive Immunreaktionen aus und andere nicht? Dieser Frage werden wir uns im folgenden Abschnitt zuwenden, bevor wir die Möglichkeiten zur therapeutischen Induktion solcher Immunantworten betrachten.

12.17 Tumoren können der Überwachung durch das Immunsystem auf verschiedene Weise entgehen

Burnet bezeichnete die Fähigkeit des Immunsystems, Tumorzellen aufzuspüren und zu zerstören, als **Immunüberwachung** (*immune surveillance*). Es ist allerdings schwierig, zu zeigen, daß Tumoren tatsächlich einer Überwachung durch das Immunsystem unterliegen, denn Krebs ist eine weitverbreitete Krankheit und die meisten Tumoren scheinen nicht unter immunologischer Kontrolle zu stehen. Bei Mäusen, die keine Lymphocyten besitzen, unterscheidet sich die Tumorhäufigkeit kaum von der normaler Kontrolltiere. Da Mäuse andererseits nicht an denselben Tumortypen erkranken wie Menschen, spiegelt diese Beobachtung die Rolle des Immunsystems bei Krebserkrankungen des Menschen möglicherweise nicht korrekt wider. Das Auftreten einer erhöhten Zahl von Tumoren bei AIDS-Patienten oder Menschen, die mit Immunsuppressiva behandelt werden, deutet darauf hin, daß das Immunsystem bei der Kontrolle des Tumorwachstums eine gewisse Rolle spielt. Darüber hinaus scheint die Anfälligkeit für Gebärmutterhalskrebs mit dem Genotyp am HLA-DQ-Locus der menschlichen MHCs in Zusammenhang zu stehen, was wiederum eine Verbindung mit dem Immunsystem nahelegt. Allerdings vermutet man, daß am Gebärmutterhalskrebs bestimmte menschliche Papillomviren beteiligt sind, so daß sich die Immunreaktion möglicherweise gegen virale Komponenten und nicht gegen tumorspezifische Antigene

12.31 Tumoren können der Immunüberwachung auf verschiedenen Wegen entgehen. Erstens können Tumoren eine nur geringe immunogene Wirkung haben (links). Einige Tumoren weisen keine mutierten Peptide auf, die in MHC-Molekülen präsentiert werden könnten, und erscheinen dem Immunsystem daher als normal. Andere haben ein oder mehrere MHC-Moleküle verloren oder exprimieren keine costimulierenden Moleküle. Zweitens können Tumoren anfangs Antigene exprimieren, die das Immunsystem erkennt, diese dann aber aufgrund einer antikörperinduzierten Aufnahme in die Zelle oder aufgrund von antigener Variation verlieren. Wenn Tumoren durch Zellen angegriffen werden, die auf ein bestimmtes Antigen reagieren, dann haben alle Tumorzellen, die dieses Antigen nicht exprimieren, einen Selektionsvorteil (Mitte). Drittens produzieren Tumoren auch oft Substanzen, wie etwa TGF-β, die die Immunantwort direkt unterdrücken (rechts).

Mechanismen, durch die Tumoren der Immunabwehr entgehen		
geringe Immunogenität	antigene Modulation	tumorinduzierte Immunsuppression
kein Peptid:MHC-Ligand keine Adhäsionsmoleküle keine costimulierenden Moleküle	Antikörper gegen Oberflächenantigene der Tumorzelle können die Endocytose und den Abbau des Antigens auslösen; Immunselektion von Varianten, denen das Antigen fehlt	von Tumorzellen sezernierte Faktoren (z. B. TGF-β) hemmen T-Zellen entweder direkt oder aktivieren T-Suppressorzellen

richtet. Ob nun Tumoren normalerweise durch das Immunsystem kontrolliert werden oder nicht – es ist klar, daß progressiv wachsende Tumoren in der Lage sein müssen, sich der Zerstörung durch das Immunsystem zu entziehen.

Wie entgehen Tumoren dem Immunangriff? Einige besitzen möglicherweise keine spezifischen antigenen Peptide, während anderen vielleicht die Adhäsions- oder costimulierende Moleküle fehlen, die zum Auslösen einer T-Zell-Antwort notwendig sind. Selbst wenn es zu einer Immunreaktion kommt, können Tumorzellen ihre Antigene durch Mutation verändern, da sie oft genetisch instabil sind. Dadurch könnten Zellvarianten entstehen, die dem Immunsystem entkommen und schließlich Krebs verursachen. Ein Tumor kann seine Oberflächenantigene auch durch antigene Modulation verlieren. wenn Antikörper sich an das Oberflächenantigen binden, wird dieses in die Zellen aufgenommen und kann somit nicht länger durch das Immunsystem erkannt werden. Bei einigen Tumoren, wie etwa dem Dickdarmkrebs, wird ein bestimmtes MHC-Klasse-I-Molekül nicht mehr exprimiert. Experimentelle Untersuchungen zeigten, daß ein Tumor, der überhaupt keine MHC-Klasse-I-Moleküle mehr exprimiert, von cytotoxischen T-Zellen nicht mehr erkannt werden kann, obwohl er dann für Angriffe durch natürliche Killerzellen anfällig werden kann (Abb. 12.30). Tumoren, die nur ein MHC-Klasse-I-Molekül verlieren, können jedoch möglicherweise der Erkennung durch spezifische cytotoxische CD8-T-Zellen entgehen und gleichzeitig den natürlichen Killerzellen gegenüber resistent bleiben. Dies würde ihnen *in vivo* einen Selektionsvorteil verschaffen. Darüber hinaus produzieren viele Tumoren immunsuppressive Cytokine, über deren genaue Natur man allerdings noch sehr wenig weiß. Der transformierende Wachstumsfaktor-β (TGF-β), den man erstmals im Überstand einer Tumorzellkultur entdeckt hat (daher der Name), unterdrückt, wie wir gesehen haben, gewöhnlich die Reaktion inflammatorischer CD4-T-Zellen und die zellvermittelte Immunität, die zur Kontrolle des Tumorwachstums notwendig ist. Es gibt also viele Möglichkeiten, wie Tumoren der Erkennung und Zerstörung durch das Immunsystem entgehen können (Abb. 12.31).

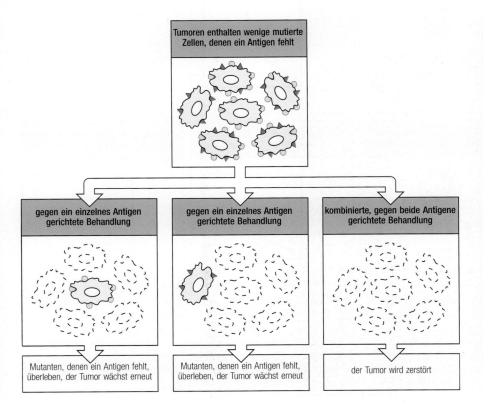

Tumoren enthalten wenige mutierte Zellen, denen ein Antigen fehlt

gegen ein einzelnes Antigen gerichtete Behandlung

gegen ein einzelnes Antigen gerichtete Behandlung

kombinierte, gegen beide Antigene gerichtete Behandlung

Mutanten, denen ein Antigen fehlt, überleben, der Tumor wächst erneut

Mutanten, denen ein Antigen fehlt, überleben, der Tumor wächst erneut

der Tumor wird zerstört

12.32 Ein einziger monoklonaler Antikörper ist bei der Tumortherapie weit weniger effektiv als zwei miteinander kombinierte Antikörper. Eine Population von Tumorzellen kann Varianten mit seltenen Mutationen in ihren tumorspezifischen Antigenen enthalten, die nicht länger von spezifischen Antikörpern erkannt werden. Einige dieser Varianten exprimieren die tumorspezifischen Antigene überhaupt nicht mehr. Mit einem einzigen monoklonalen Antikörper wird es daher nicht gelingen, die gesamte Tumorzellpopulation zu vernichten, da in jedem Fall seltene Varianten entkommen werden (links und Mitte). Es ist allerdings unwahrscheinlich, daß eine Zelle beide Antigene verliert, die von zwei verschiedenen Antikörpern erkannt werden, sofern keine besondere Selektion erfolgt. Die gleichzeitige Behandlung mit zwei Antikörpern ermöglicht also die vollständige Vernichtung des Tumors, während dies mit nur einem Antikörper oder zwei in Folge eingesetzten nicht zu erreichen ist.

12.18 Durch monoklonale Antikörper gegen Tumorantigene – allein oder an Toxine gekoppelt – läßt sich das Tumorwachstum kontrollieren

Die Entwicklung der monoklonalen Antikörper ließ darauf hoffen, daß man mit Hilfe solcher Antikörper gegen turmospezifische antigene Tumoren aufspüren und zerstören könnte. Bis heute war dieser Ansatz jedoch wenig erfolgreich. Dafür gibt es mehrere Gründe.

Erstens handelt es sich bei vielen Tumorantigenen um Peptide, die an MHC-Klasse-I-Proteine gebunden sind, und es ist sehr schwierig, dagegen Antikörper herzustellen. Zweitens werden – selbst wenn gute tumorspezifische Antigene identifiziert worden sind – die Tumorzellen durch die Antikörper oft nicht getötet. Dieses Problem läßt sich, wie bereits erwähnt, mit Hilfe von Immuntoxinen umgehen (Abb. 12.9), und einige Immuntoxine werden bereits klinisch getestet. Das dritte und vielleicht schwerwiegendste Problem ist, daß durch Behandlung mit tumorspezifischen Antikörpern oft Varianten selektiert werden, bei denen das vom Antikörper erkannte Epitop mutiert ist, so daß der Antikörper gegen diese Tumorzellen unwirksam ist. Ein gutes Beispiel hierfür ist der Einsatz antiidiotypischer Antikörper zur Bekämpfung von B-Zell-Lymphomen. Die Behandlung führt zunächst zu einer Remission, aber in fast allen Fällen tritt der Tumor in einer somatisch mutierten Form erneut auf, an die der bei der ersten Behandlung eingesetzte Antikörper nicht mehr bindet. Ein naheliegender Weg, dieses Problem zu umgehen, ist, dem Tumor gleichzeitig mit zwei oder mehreren tumorspezifischen Antikörpern zu Leibe zu rücken. Es ist unwahrscheinlich, daß in einer Zelle gleichzeitig zwei oder mehr Gene mutieren, so daß diese Kombinationstherapie mit einer weit höheren Wahrscheinlichkeit zum Erfolg führt als die Behandlung mit einzel-

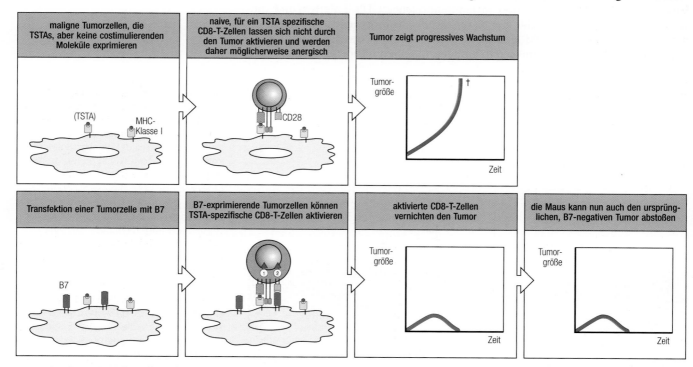

12.33 Die Transfektion von Tumoren mit dem Gen für B7 erhöht ihre Immunogenität. Ein Tumor, der keine costimulierenden Moleküle exprimiert, induziert keine Immunantwort, selbst wenn er tumorspezifische Transplantationsantigene (TSTAs) exprimiert, weil naive CD8-T-Zellen, die TSTAs erkennen, durch den Tumor nicht aktiviert werden können (oben). Transfiziert man solche Tumorzellen mit einem Gen für ein costimulierendes Mole-

kül wie B7, erhalten TSTA-spezifische CD8-T-Zellen nun sowohl Signal 1 als auch Signal 2 von derselben Zelle (Abschnitt 7.4). Sie können daher aktiviert werden (unten). Der B7-transfizierte Tumor zeigt folglich einen regressiven Phänotyp. Da jetzt TSTA-spezifische CD8-Zellen aktiviert worden sind, kommt es auch zu einer Abstoßung des ursprünglichen B7-negativen Tumors. † steht für den Tod des Tieres.

nen Antikörpern (Abb. 12.32). In einigen Studien verfolgt man auch tatsächlich genau diesen Ansatz.

12.19 Eine Verstärkung der Immunogenität von Tumoren ist ein vielversprechender Ansatz in der Krebstherapie

Die kürzlich gemachte Entdeckung, daß für eine T-Zell-Reaktion die Präsentation des Liganden und eines costimulierenden Moleküls durch eine einzige antigenpräsentierende Zelle notwendig ist, hat eine neue Serie von Experimenten angeregt, die darauf abzielen, eine aktive Immunantwort gegen Tumoren auszulösen. Das Grundschema dieser Experimente ist in Abbildung 12.33 skizziert. Zunächst implantiert man eine Tumorzelle, die man mit dem Gen für das costimulierende Molekül B7 (Abschnitt 7.4) transformiert hat, in ein syngenes Tier. Dadurch werden Zellen aktiviert, welche die tumorspezifischen Transplantationsantigene erkennen und zur Abstoßung der Tumorzellen führen. Diese T-Effektorzellen können die Tumorzellen erkennen – gleichgültig, ob sie B7 exprimieren oder nicht. Dies läßt sich durch die Reimplantation nichttransfizierter Tumorzellen zeigen, die ebenfalls abgestoßen werden. Ähnliche Ergebnisse hat man durch Transfektion des Tumors mit DNA erzielt, die ihn zur Sekretion von Cytokinen wie IL-2 oder IL-4 anregt, die beide das Wachstum und die Differenzierung cytotoxischer CD8-T-Zellen fördern. Die besten Resultate hat man jedoch mit B7-transfizierten Zellen erhalten.

Der Vorteil dieses Ansatzes ist, daß er keine detaillierte Kenntnis der Reaktion gegen einen bestimmten Tumor erfordert. Man könnte dem Patienten einige Tumorzellen entnehmen, mit B7 transfizieren und wieder zurückinjizieren. Es ist allerdings nicht klar, ob Patienten mit bereits etablierten Tumoren genügend cytotoxische T-Zellen bilden können, um alle Tumorzellen zu beseitigen, oder ob die CD8-T-Zellen solcher Patienten durch Kontakt mit dem Tumor und/oder seinen suppressiven Cytokinen anergisch geworden sind. Darüber hinaus besteht immer das Risiko, daß die transfizierten Zellen eine Autoimmunreaktion auslösen könnten, die sich gegen das normale Gewebe richtet, aus dem der Tumor hervorgegangen ist. Dies könnte für den Patienten genauso schlimm sein wie der Krebs oder sogar schlimmer. Nur die Zeit und weitere Experimente werden diese Fragen beantworten können. Trotz allem ist aber die Effizienz der Anti-Tumor-Reaktionen, die in diesen Tierexperimenten erreicht wurde, sehr ermutigend.

Zusammenfassung

Tumoren sind Auswüchse einer einzigen abnormen Zelle, und manches deutet darauf hin, daß das Immunsystem Tumorzellen von normalen Zellen unterscheiden kann. Dennoch gibt es kaum Hinweise darauf, daß es beim Menschen unter normalen Umständen zu effektiven Immunreaktionen gegen Krebszellen kommt. Wenn dies doch der Fall sein sollte, können Tumoren solchen Reaktionen auf verschiedene Weise entgehen. Aktuelle Strategien in der Tumorimmunologie versuchen, mit Hilfe unseres Wissens über die T-Zell-Aktivierung wirksame Immunreaktionen gegen Tumoren auszulösen. Die erfolgversprechendsten Studien basieren auf der Transfektion von costimulierenden Molekülen in Tumorzellen. Das führt bei Versuchstieren zu einer aktiven schützenden Immunreaktion auch gegen nichttransfizierte Tumorzellen. Ob dies auch beim Menschen funktioniert, muß noch getestet werden.

Moderne Ansätze bei der Impfstoffentwicklung

Die moderne Immunologie entwickelte sich aus den ersten Impferfolgen von Jenner und Pasteur. Nach diesen ersten Siegen über Pocken und Tollwut wur-

Eigenschaften effektiver Impfstoffe	
Sicherheit	der Impfstoff darf selbst nicht zu Krankheit oder Tod führen
Schutz	der Impfstoff muß vor einer Krankheit schützen, die durch einen lebenden Erreger hervorgerufen wird
lang-anhaltende Wirkung	der Schutz vor einer Infektion muß mehrere Jahre lang anhalten
Induktion neutralisierender Antikörper	einige Krankheitserreger (wie das Poliovirus) infizieren Zellen, die nicht ersetzt werden können (z.B. Neuronen); neutralisierende Antikörper sind unerläßlich, um einer Infektion solcher Zellen vorzubeugen
praktische Anforderungen	geringe Kosten pro Dosis, biologische Stabilität, leicht zu verabreichen, wenig Nebenwirkungen

12.34 Einige Kriterien für Impfstoffe.

den viele weitere Impfstoffe (Vakzine) entwickelt (Abb. 1.44). Während mit ihrer Hilfe zahlreiche Krankheiten ausgerottet werden konnten, haben ihre seltenen schädlichen Nebenwirkungen die Suche nach besseren Impfmethoden vorangetrieben. Eine große Herausforderung ist noch immer die Entwicklung von Vakzinen für Krankheiten wie zum Beispiel Malaria und AIDS. Die Explosion unseres Wissens über das Immunsystem und seine Wechselwirkungen mit Krankheitserregern ließ die Entwicklung von Impfstoffen zu einem sehr attraktiven Ansatz zur Krankheitskontrolle werden. Die Gentechnik hat neue Wege zur Manipulation mikrobieller Genome eröffnet und besitzt das Potential, die Impfstoffentwicklung extrem voranzubringen. Zusammen mit der wachsenden Erkenntnis des Bedarfs an Impfstoffen gegen besonders in Entwicklungsländern auftretende Krankheiten gegen neue Krankheiten wie AIDS sowie gegen tierische Erkrankungen, die für die Landwirtschaft von Bedeutung sind, hat dies das Interesse an dieser Forschungsrichtung wieder aufleben lassen. Im folgenden werden wir einige aktuelle Ansätze zur Entwicklung von Impfstoffen genauer betrachten.

12.20 Ein wirksamer Impfstoff muß verschiedene Bedingungen erfüllen

Um zu nützen, muß ein Impfstoff in erster Linie sicher sein. Vakzine werden einer enormen Zahl von Menschen verabreicht, von denen vermutlich nur wenige an der bestimmten Krankheit sterben würden, gegen die sich der Impfstoff richtet. Selbst eine geringe Toxizität ist daher nicht tolerierbar (Abb. 12.34). Zweitens muß der Impfstoff bei einem hohen Prozentsatz der Menschen, die ihn erhalten haben, eine schützende Immunität herbeiführen. Da es nicht praktikabel ist, großen Populationen regelmäßige Auffrischungsimpfungen zu verabreichen, muß ein erfolgreiches Vakzin ein langlebiges immunologisches Gedächtnis erzeugen. Das heißt, daß es sowohl B- als auch T-Zellen aktivieren muß. Drittens müssen Impfstoffe sehr billig sein, wenn man große Populationen damit behandeln möchte. Wirksame Impfungen gehören zu den kosteneffektivsten Maßnahmen im Gesundheitswesen. Dieser Vorteil verschwindet, wenn die Kosten pro Dosis ansteigen. Schließlich sind für eine schützende Immunität gegen manche Erreger bereits existierende Antikörper notwendig. Dies gilt besonders im Fall von intrazellulären Krankheitserregern, wie zum Beispiel dem Poliomyelitisvirus, das die Wirtszellen innerhalb kurzer Zeit nach dem Eindringen in den Körper infiziert. Einige infektiöse Organismen haben eine lange Inkubationszeit, bevor sie in wichtige Zellen des Wirtes gelangen. In solchen Fällen müssen keine Antikörper vor-

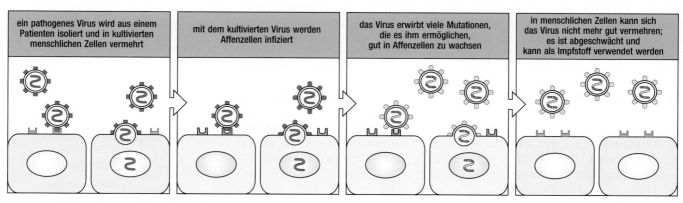

12.35 Normalerweise werden Viren durch Selektion auf Wachstum in nichtmenschlichen Zellen abgeschwächt. Um einen attenuierten Stamm herzustellen, muß man das Virus zunächst isolieren. Anschließend gewöhnt man es an das Wachstum in Zellen anderer Arten, bis es sich kaum noch in menschlichen Zellen vermehrt. Diese Anpassung ist das Ergebnis von Mutationen – gewöhnlich einer Kombination von mehreren Punktmutationen. Ein attenuiertes Virus wird sich in einem menschlichen Wirt kaum noch vermehren und daher zwar zur Immunität, nicht aber zur Erkrankung führen.

handen sein, da genügend Zeit bleibt, um eine sekundäre Antikörperreaktion zu erzeugen, bevor sich die Krankheit etabliert. An Immunreaktionen gegen infektiöse Organismen sind gewöhnlich Antikörper gegen eine Vielzahl von Epitopen beteiligt, von denen nur manche einen Schutz verleihen. Ein wirksamer Impfstoff muß also zur Bildung von Antikörpern und T-Zellen führen, die sich gegen die richtigen Epitope des Erregers richten. Dies ist besonders bei einigen modernen Impfverfahren wichtig, die nur wenige Epitope nutzen.

Bereits existierende Vakzine lassen sich sicherlich durch die neuen Methoden, die in den folgenden Abschnitten beschrieben werden, noch verbessern. Dabei ist zu bedenken, daß die heutigen Impfungen meist eine natürliche Infektion imitieren, die bei den Patienten, die sie überleben, zu einer schützenden Immunität führt. Dagegen lösen viele der Krankheiten, gegen die man zur Zeit Impfstoffe entwickelt, nach einer Infektion keine schützende Immunität aus. In vielen Fällen wird sogar die Primärinfektion gar nicht ausgemerzt. Impfstoffe gegen solche Krankheiten können also nicht einfach eine natürliche Immunreaktion imitieren. Sie müssen vielmehr besser sein – eine ungeheure Herausforderung.

12.21 Mit Hilfe der Gentechnik läßt sich die Virulenz von Viren reduzieren

Die meisten derzeit eingesetzten Impfstoffe bestehen aus lebenden, attenuierten oder aus toten Viren. Impfungen mit attenuierten Viren sind im allgemei-

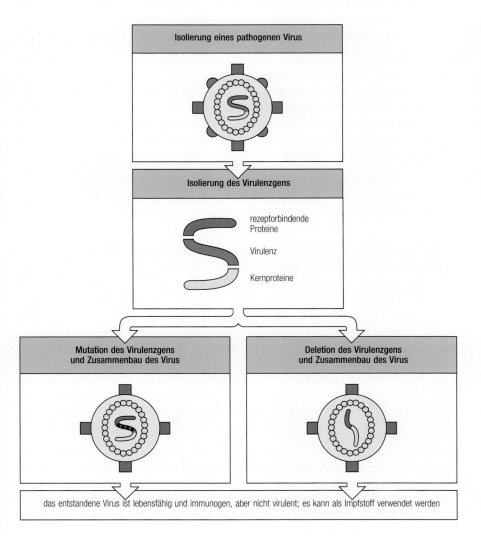

12.36 Mit Hilfe der Gentechnik läßt sich eine Attenuierung schneller und verläßlicher erreichen. Wenn man ein Gen des Virus identifiziert hat, das zwar für die Virulenz, nicht aber für die Vermehrung oder die Immunogenität notwendig ist, kann man dieses Gen mit Hilfe der Gentechnik entweder in mutierter Form vervielfältigen (links) oder es aus dem Genom entfernen (rechts). Auf diese Weise entsteht ein avirulentes (nichtpathogenes) Virus, das als Impfstoff eingesetzt werden kann. Die Mutationen im Virulenzgen sind gewöhnlich umfangreich, so daß es sehr unwahrscheinlich ist, daß das Virus zum Wildtyp revertiert.

Isolierung eines pathogenen Virus

Isolierung des Virulenzgens

rezeptorbindende Proteine

Virulenz

Kernproteine

Mutation des Virulenzgens und Zusammenbau des Virus

Deletion des Virulenzgens und Zusammenbau des Virus

das entstandene Virus ist lebensfähig und immunogen, aber nicht virulent; es kann als Impfstoff verwendet werden

nen die weit wirksameren, vielleicht weil sie alle wichtigen Effektormechanismen stimulieren, einschließlich der CD8-T-Zellen. Bei toten Viren treten keine Proteine im Cytosol auf, so daß Peptide aus den viralen Antigenen nicht durch MHC-Klasse-I-Moleküle präsentiert werden können. Somit werden nach solchen Impfungen keine cytotoxischen CD8-T-Zellen gebildet.

Die Attenuierung erreicht man gewöhnlich durch Kultivierung des Virus in nichtmenschlichen Wirtszellen. Man selektiert Viren, die bevorzugt in solchen Zellen wachsen, bis sie schließlich immer weniger zum Wachstum in menschlichen Zellen fähig sind (Abb. 12.35). Da diese abgeschwächten Stämme sich im Menschen kaum vermehren, führen sie bei einer Impfung zwar zur Immunität, nicht aber zu einer Erkrankung. Obwohl attenuierte Viren eine Vielzahl von Mutationen in einigen ihrer Gene tragen, könnte durch eine weitere Reihe von Mutationen erneut ein pathogener Stamm entstehen. Dieser empirische Ansatz zur Attenuierung wird noch immer angewendet, könnte jedoch durch zwei neue Methoden, die sich der Gentechnik bedienen, verdrängt werden. Eine davon ist die Isolierung und *In-vitro*-Mutagenese bestimmter viraler Gene. Die mutierten Gene ersetzen die Wildtypgene in einem rekonstituierten Virusgenom. Dieses gezielt attenuierte Virus kann dann als Impfstoff verwendet werden (Abb. 12.36). Der Vorteil dieses Vorgehens ist, daß die Mutationen so gewählt werden können, daß eine Rückmutation zum Wildtyp praktisch unmöglich ist. Die zweite Methode besteht in der Identifizierung von Genen, die an der Virulenz beteiligt sind, um anschließend das ganze entsprechende Gen zu deletieren. In manchen Fällen entstehen dabei zur Replikation fähige, nichtvirulente Stämme, die dennoch eine schützende Immunität gegen die Wildtypviren herbeiführen können. Die Deletion des Gens macht ebenfalls eine Revertierung zum Wildtyp praktisch unmöglich. Ähnliche Methoden können auch für die Entwicklung bakterieller Impfstoffe genutzt werden.

Diese Ansätze könnten für die Entwicklung von Grippeimpfstoffen besonders wertvoll sein. Wir wir in Kapitel 10 gesehen haben, kann das Grippevirus denselben Menschen mehrmals infizieren, weil es durch Antigenshift der ursprünglichen Immunreaktion entgeht. Wenn es gelänge, den neuen Virusstamm schon früh in einer Epidemie zu isolieren und mit Hilfe der oben beschriebenen, relativ schnellen Methoden abzuschwächen, sollte es möglich sein, die Epidemie einzudämmen. Mit Hilfe der Gentechnik kann man die Virulenz verändern, ohne die antigene oder immunogene Wirkung der Viren zu beeinflussen. Dies ermöglicht selbst bei hochvariablen Viren wie dem Grippevirus eine schnelle Herstellung effektiver Impfstämme.

12.22 Gene, die schützende Antigene codieren, können in etablierte Impfstämme eingeschleust werden

Ein alternativer Ansatz zur Entwicklung von Impfstoffen beinhaltet die Isolierung von Genen, die Antigene codieren, welche eine schützende Immunität hervorrufen. Anschließend überträgt man diese sogenannten schützenden Antigene in etablierte, nichtvirulente Impfstämme, wie etwa das Vacciniavirus. Dazu muß man die Natur der schützenden Immunität gegen den Erreger verstehen, damit man die Gene für die protektiven Antigene identifizieren kann. Mit Hilfe der Gentechnik ist es heute möglich, das mikrobielle Genom in mehrere Bestandteile zu zerlegen, die man dann auf ihre Fähigkeit, eine schützende Immunität zu induzieren, untersuchen kann. So konnte man bereits sowohl T- als auch B-Zell-Epitope von verschiedenen Mikroorganismen identifizieren (Abb. 12.37).

Sind die entscheidenden Epitope erst einmal gefunden, kann man die dazugehörigen Gene in einen Wirtsorganismus einschleusen und auf verschiedene Weise Impfstoffe erzeugen. Man kann das Gen in ein Expressionssystem einbringen und damit das antigene Protein in großen Mengen produzieren, um es als nichtlebenden Impfstoff einzusetzen. Das erste gentechnisch hergestellte

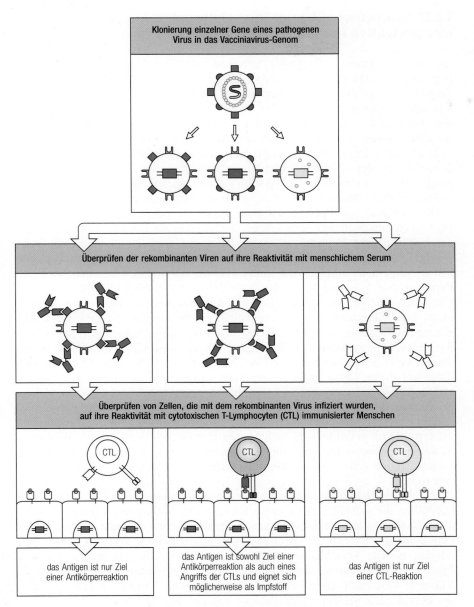

Klonierung einzelner Gene eines pathogenen Virus in das Vacciniavirus-Genom

Überprüfen der rekombinanten Viren auf ihre Reaktivität mit menschlichem Serum

Überprüfen von Zellen, die mit dem rekombinanten Virus infiziert wurden, auf ihre Reaktivität mit cytotoxischen T-Lymphocyten (CTL) immunisierter Menschen

das Antigen ist nur Ziel einer Antikörperreaktion

das Antigen ist sowohl Ziel einer Antikörperreaktion als auch eines Angriffs der CTLs und eignet sich möglicherweise als Impfstoff

das Antigen ist nur Ziel einer CTL-Reaktion

12.37 Gene für T- und B-Zell-Epitope können in der DNA eines Krankheitserregers aufgespürt werden, indem man sie in Vacciniaviren kloniert. Einzelne Gene aus einem virulenten Virus lassen sich in das Genom des Vacciniavirus einschleusen. Dadurch entstehen mehrere rekombinante Viren, die jeweils nur ein Gen des Erregers exprimieren. Diese überprüft man dann auf die Expression von Antigenen, die von menschlichen Antikörpern oder von T-Zellen immunisierter Individuen erkannt werden. Wenn die Antikörper an eine Virusvariante binden, muß das in diese Variante eingebaute Gen ein B-Zell-Epitop enthalten (links und Mitte). Mit denselben Varianten kann man auch menschliche Zellen infizieren, um festzustellen, inwieweit sie dadurch zu Zielzellen für einen Angriff durch cytotoxische T-Zellen immunisierter Individuen werden (unten). Wird die Zielzelle getötet (Mitte und rechts), dann enthält das Gen ein T-Zell-Epitop. Vacciniaviren mit Genen für B-Zell- und T-Zell-Antigene eignen sich möglicherweise als Impfstoff. Das Vacciniavirus ist ein sehr geeigneter Impfstoffvektor, weil man weiß, daß es für die meisten Menschen unschädlich ist und weil es sehr immunogen ist.

Vakzin für Menschen, der Hepatitis-B-Impfstoff, wurde auf diese Weise gewonnen. Alternativ dazu kann man das Gen in einen attenuierten Virusstamm mit bekannter immunogener Wirkung einschleusen, wie etwa das Vacciniavirus aus Jenners Impfstoff, so daß es dann von diesem in immunogener Form exprimiert wird. Der abgeschwächte mycobakterielle Impfstamm Bacille Calmette-Guérin (BCG) ist ebenfalls ein Kandidat als Trägerstamm für die Impfstoffentwicklung. Indem man einen Impfstamm verwendet, dessen Sicherheit gewährleistet ist und der bereits allein eine langanhaltende Immunität gegen sich selbst induziert, kann man mit Hilfe von zusätzlichen Antigenen eine schützende Immunität gegen diese herbeiführen. Diese Methode läßt sich sowohl bei viralen als auch bei bakteriellen Antigenen anwenden. Auch kann man mehrere Gene aus verschiedenen Organismen in einem einzigen Impfstamm kombinieren. Darüber hinaus ist es möglich, mehrere Typen des Impfstammes, die jeweils ein anderes fremdes Protein exprimieren, zu einem einzigen komplexen Impfstoff zusammenzufassen. Die letzteren beiden Methoden ermöglichen es, ein Individuum gleichzeitig gegen mehrere verschiedene Krankheitserreger zu immunisieren. Dieser Ansatz kombiniert das analytische Potential der Gentechnik mit ihrer Fähigkeit zur Strukturmanipulation.

12.23 Synthetische Peptide aus schützenden Antigenen können eine protektive Immunität hervorrufen

Die Identifizierung schützender Antigene mit Hilfe der Gentechnik ermöglicht die vollständige Charakterisierung ihrer Primärstruktur durch DNA-Sequenzierung. Dies ist wiederum die Voraussetzung dafür, daß Peptide aus verschiedenen Bereichen des Moleküls chemisch synthetisiert und auf ihre Fähigkeit zum Auslösen einer schützenden Immunität hin überprüft werden können. Prinzipiell kann man auf diese Weise einen vollkommen synthetischen Impfstoff herstellen und so die Sicherheitsrisiken ausschließen, die mit dem Einsatz lebender Impfstämme einhergehen. Mit Peptidimpfstoffen sind jedoch auch Probleme verbunden, die ihre Einsatzmöglichkeiten beim Menschen vielleicht letztendlich begrenzen.

Die Synthese von Peptiden ist teuer und wird mit zunehmender Länge der Peptide technisch immer schwieriger. Die meisten zur Immunisierung verwendeten künstlichen Peptide umfassen daher nur etwa 20 Aminosäuren oder weniger. Die Impfung von Tieren mit derart kurzen synthetischen Peptiden löst im allgemeinen keine Antikörperreaktion aus – wahrscheinlich, weil den Peptiden eine Sequenz fehlt, die an MHC-Klasse-II-Moleküle binden kann. Um dies zu umgehen, behandelt man das Peptid wie ein Hapten und koppelt es an ein Trägerprotein, das seinerseits Peptide enthält, die sich an MHC-Klasse-II-Moleküle anlagern. Tiere, die man mit solchen Peptid:Protein-Konjugaten immunisiert hat, bilden Antikörper gegen das Peptid, und einige dieser Antikörper erkennen auch das native Protein. Tatsächlich lassen sich Tiere auf diese Weise immunisieren, um neutralisierende Antikörper herzustellen, die ihnen eine schützende Immunität gegen eine Infektion verleihen. Wie lange diese Immunität anhält, hat man jedoch noch nicht untersucht. Außerdem sind die T-Helferzellen in diesem Fall gegen die künstlichen Trägerproteine gerichtet und nicht gegen Peptide aus dem Krankheitserreger, so daß eine erneute Infektion möglicherweise nicht zu einer sekundären Antikörperreaktion führt, weil keine entsprechenden T-Gedächtniszellen vorhanden sind.

Um diese Schwierigkeit zu umgehen, kann man komplexe Peptidimpfstoffe herstellen, die sowohl Peptide enthalten, die von Antikörpern erkannt werden, als auch solche, auf die T-Zellen ansprechen. Dabei ist es wichtig, das richtige Peptid für die Erkennung durch T-Zellen auszuwählen. Wie wir inzwischen wissen, binden verschiedene MHC-Klasse-II-Moleküle an unterschiedliche Peptide. Es könnte also schwierig sein, ein Peptid zu finden, das mit den MHC-Klasse-II-Molekülen aller Menschen reagieren kann. Darüber hinaus muß dieses Peptid auch bei einer natürlichen Infektion in MHC-Klasse-II-Molekülen präsentiert werden, um effektiv zu sein. Solche Peptide lassen sich auf drei Arten identifizieren. Erstens kann man anhand der Sequenz der Gene eine ganze Reihe von Proteinen synthetisieren und die Fähigkeit eines jeden einzelnen untersuchen, T-Zellen infizierter Individuen zu stimulieren. Zweitens kann man mit Hilfe bekannter Peptidmotive möglicherweise geeignete Peptide identifizieren und nur noch diese für vergleichbare Tests synthetisieren. Drittens kann man MHC-Moleküle infizierter Zellen aufreinigen und unter den an sie gebundenen Peptiden diejenigen suchen, die vom Erreger stammen. Der Vorteil der letzten Methode ist, daß sie nur solche Peptide aufspürt, die tatsächlich von infizierten Zellen verarbeitet und präsentiert werden. Mit diesem Ansatz ließe sich auch die Sequenz von Genen vorhersagen, die Proteine des Krankheitserregers codieren, welche zahlreich an den richtigen Stellen exprimiert werden, so daß sie verarbeitet und entweder von MHC-Klasse-I- oder -Klasse-II-Molekülen präsentiert werden können. Solche Gene könnten dann kloniert und für die Entwicklung von Impfstoffen genutzt werden.

Ein letztes Problem von Impfstoffen aus synthetischen Peptiden ist, daß sie kaum immunogen sind. Sie müssen also zusammen mit Adjuvantien verabreicht werden. Wie wir im nächsten Abschnitt sehen werden, ist die Entwick-

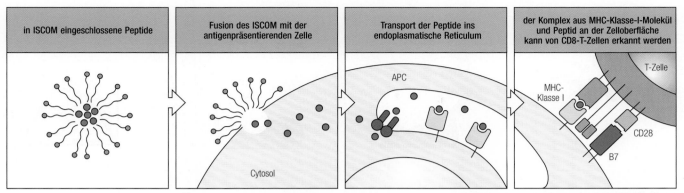

| in ISCOM eingeschlossene Peptide | Fusion des ISCOM mit der antigenpräsentierenden Zelle | Transport der Peptide ins endoplasmatische Reticulum | der Komplex aus MHC-Klasse-I-Molekül und Peptid an der Zelloberfläche kann von CD8-T-Zellen erkannt werden |

12.38 Mit Hilfe von ISCOMs lassen sich Peptide in den Verarbeitungsweg einschleusen, der zur Präsentation in MHC-Klasse-I-Molekülen führt. ISCOMs sind Lipidmicellen, die mit Zellmembranen fusionieren können. In ISCOMs eingeschleuste Peptide können ins Cytosol einer antigenpräsentierenden Zelle (APC) transportiert werden. Von dort aus können sie ins endoplasmatische Reticulum gelangen, wo sie an neue MHC-Klasse-I-Moleküle gebunden und dann als Peptid:MHC-Klasse-I-Komplexe an die Zelloberfläche transportiert werden. Dies ist eine mögliche Methode, um mit Peptiden eine Reaktion cytotoxischer CD8-T-Zellen auszulösen. In ISCOMs kann man Peptide auch in das Cytoplasma einer Zelle einschleusen, wo sie weiterverarbeitet und dann präsentiert werden, als stammten sie aus einem von der Zelle selbst produzierten Protein.

lung von Adjuvantien, die eine wirksame schützende Immunität gegen Peptide hervorrufen können, eine besondere Forschungsrichtung, die sich noch entwickeln muß.

12.24 Für Peptid-, Protein- und Kohlenhydratimpfstoffe sind neue Adjuvantien und Verabreichungssysteme notwendig

Peptide, Proteine und Kohlenhydratantigene wirken normalerweise kaum oder gar nicht immunogen, wenn sie allein verabreicht werden. Um dieses Problem zu umgehen, kann man Kohlenhydratantigene an Proteine koppeln. Aber selbst auf diese Weise erhält man nur schwach immunogene Impfstoffe. Es sind bessere Verabreichungssysteme und Adjuvantien notwendig, um die Gabe dieser Impfstoffe zu erleichtern und ihre immunogene Wirkung zu erhöhen. Bessere Adjuvantien sind auch für einige Proteinimpfstoffe erforderlich. Die am weitesten verbreiteten Proteinimpfstoffe, die Diphtherie- und Tetanustoxoide, verabreicht man beim ersten Mal im Gemisch mit *Bordetella pertussis*, das sowohl als Adjuvans, als auch als Antigen wirkt. Auf diese Weise löst man mit einer einzigen Immunisierung eine schützende Immunität gegen drei Erreger aus. Allerdings kam es auch in einigen Fällen zu ungünstigen Reaktionen auf *B. pertussis*, so daß auch hier bessere Adjuvantien vonnöten sind.

Neben ihrer schwachen Immunogenität ist eine weitere Schwierigkeit bei Peptid- und Proteinimpfstoffen, daß sie in bestimmte Zellkompartimente nicht eindringen können. Besonders die *In-vivo*-Immunisierung mit Peptiden und Proteinen zum Auslösen MHC-Klasse-I-spezifischer Antworten, hat sich als schwierig erwiesen. Eine Möglichkeit, diese beiden Probleme zu lösen, ist die Verwendung von **ISCOMs** (Abschnitt 2.3). Das sind Trägerlipide, die als Adjuvantien wirken, aber nur eine minimale Toxizität aufweisen. Sie scheinen Peptide und Proteine auch ins Cytoplasma transportieren zu können und ermöglichen so MHC-Klasse-I-abhängige T-Zell-Reaktionen (Abb. 12.38). Diese Trägermoleküle werden derzeit für die Immunisierung von Menschen weiterentwickelt.

Es hat sich gezeigt, daß auch viele kleinere Substanzen als Adjuvantien wirken, obwohl man ihren Wirkungsmechanismus noch nicht versteht. Möglicherweise wirken sie, indem sie die Expression costimulierender Faktoren in antigenpräsentierenden Zellen anregen oder indem sie costimulierende Signale in T-Zellen nachahmen. Alternativ dazu könnten sie auch die Antigenaufnahme durch dendritische Zellen verstärken, die bereits costimulierende Moleküle exprimieren. Bisher war die Entwicklung von Adjuvantien mehr ein empirisches Herumprobieren. Wenn wir erst wissen, was ein gutes Adjuvans ausmacht, werden wir dieses Problem direkter angehen können.

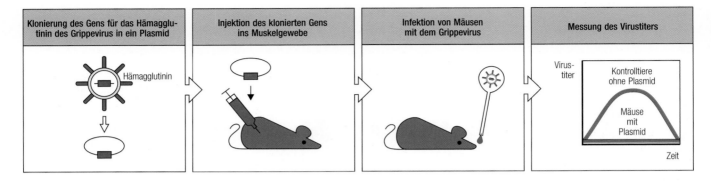

| Klonierung des Gens für das Hämagglu-tinin des Grippevirus in ein Plasmid | Injektion des klonierten Gens ins Muskelgewebe | Infektion von Mäusen mit dem Grippevirus | Messung des Virustiters |

12.39 Genetische Immunisierung durch Injektion von DNA, die ein schützendes Antigen codiert, ins Muskelgewebe. Das Hämagglutinin der Grippeviren enthält sowohl B- als auch T-Zell-Epitope. Injiziert man ein Plasmid mit dem Gen für dieses Protein direkt ins Muskelgewebe, so führt dies zu einer Immunantwort, an der sowohl Antikörper als auch cytotoxische CD8-T-Zellen beteiligt sind. Vermutlich wird die Plasmid-DNA durch einige der Zellen im Muskelgewebe exprimiert und löst dadurch diese Immunreaktion aus. Wie das genau geschieht, weiß man noch nicht.

12.25 Eine schützende Immunität läßt sich durch Injektion von DNA ins Muskelgewebe herbeiführen

Die neueste Entwicklung im Bereich der Impfungen kam selbst für die ursprünglichen Entdecker der Methode überraschend. Injiziert man Plasmid-DNA, die ein Immunogen codiert, ins Muskelgewebe, so wird diese DNA als Protein exprimiert. Die Expression viraler Antigene in Muskeln löst eine Antikörperreaktion und die Entwicklung cytotoxischer T-Zellen aus, die es den Mäusen ermöglichen, eine spätere Infektion durch vollständige Viren erfolgreich zu bekämpfen (Abb. 12.39). Diese Reaktion scheint das Muskelgewebe nicht zu beeinträchtigen, ist sicher und effektiv, und da sie nur ein einziges mikrobielles Gen verwendet, ist sie nicht mit dem Risiko einer aktiven Infektion verbunden. Dieses Verfahren bezeichnet man als genetische Immunisierung. Techniken für Massenimmunisierungen, bei denen mit DNA beschichtete Metallprojektile mit einer Luftdruckpistole durch die Haut ins darunterliegende Muskelgewebe geschossen werden, haben sich im Tierversuch als erfolgreich erwiesen. Am Menschen muß die Methode noch getestet werden.

Es ist noch nicht klar, wie die genetische Immunisierung funktioniert. Warum wird die Plasmid-DNA im Muskelgewebe effektiv exprimiert? Sind es die Muskelzellen, die die Immunreaktion auslösen, oder dendritische Zellen des Gewebes, welche die DNA aufnehmen und exprimieren? Wie treffen Lymphocyten auf das Antigen, wenn es in Muskelzellen exprimiert wird? Wie sicher ist die Methode, und wird sie allgemein anwendbar sein?

Diese interessante neue Entwicklung könnte das Erscheinungsbild der Impfstoffe mehr als jeder andere bisherige Fortschritt auf diesem Gebiet verändern. Jenners Impfstoff löste nur wenig Begeisterung aus, als er ihn vor fast 300 Jahren vorstellte, aber der Versuch, zu verstehen, wie dieser Impfstoff wirkt, bildet die Grundlage für einen großen Teil des seither erzielten Fortschritts in der Immunologie. Es warten mit Sicherheit noch viele Überraschungen auf uns, von denen bestimmt einige aus der Entwicklung neuer Impfstoffe hervorgehen.

Zusammenfassung

Die größten Erfolge der modernen Immunologie sind die Impfungen, die einige menschliche Krankheiten sehr dezimiert oder gar ausgerottet haben. Die Impfung ist bis heute die erfolgreichste Manipulation des Immunsystems, da sie sich seine natürliche Spezifität und Induzierbarkeit zunutze macht. Dennoch bleibt noch vieles zu tun. Gegen viele wichtige Infektionskrankheiten gibt es noch keine Impfungen, die vorhandenen Vakzine müssen sicherer und effektiver werden, und die Entwicklung von Impfstoffen gegen neu entstandene Krankheitserreger muß beschleunigt werden. Unser wachsendes Wissen in der Mikrobiologie und in der Immunologie hat zusammen mit den Methoden der Molekularbiologie neue Ansätze bei der Impfstoffentwicklung ermöglicht. Das Ziel ist letztlich, eine Verbesserung der Gesundheit der Weltbevölkerung zu erreichen, die Voraussetzung für eine effektive Geburtenkontrolle und Bevölkerungsentwicklung ist.

Zusammenfassung von Kapitel 12

Eine der großen Herausforderungen der Zukunft ist die Kontrolle der Immunantwort, so daß unerwünschte Immunreaktionen unterdrückt und erwünschte gefördert werden können. Die derzeitigen Ansätze zur Hemmung unerwünschter Reaktionen nutzen Substanzen, die sämtliche adaptiven Immunreaktionen gleichermaßen unterdrücken und dadurch von vornherein mangelhaft sind. Das Immunsystem kann seine eigenen Reaktionen in antigenspezifischer Weise unterdrücken, und durch die Erforschung dieser endogenen Regulation sollte es möglich sein, Methoden zur Manipulation bestimmter Reaktionen zu entwickeln, ohne dadurch die allgemeine Immunkompetenz zu beeinträchtigen. So sollte man Reaktionen, die zu Allergie, Autoimmunität und zur Transplantatabstoßung führen, verhindern können. Je mehr wir über Tumoren und infektiöse Organismen lernen, desto bessere Strategien können wir entwickeln, um das Immunsystem gegen Krebs und Infektionen zu mobilisieren. Hierzu müssen wir die Induktion der Immunantworten und die Biologie des Immunsystems besser erforschen und unser Wissen dann auf die menschlichen Krankheiten anwenden.

Literatur allgemein

Ada, G. *Vaccination in Third World Countries.* In: *Curr. Opin. Immunol.* 5 (1993) S. 683–686.
Brines, R. (Hrsg.) *Immunopharmacology.* In: *Immunol. Today* 14 (1993) S. 241–332.
Klein, G.; Boon, T. *Cancer, Editorial Overview.* In: *Curr. Opin. Immunol.* 5 (1993) S. 687–692.
Lanzavecchia, A. *Identifying Strategies for Immune Intervention.* In: *Science* 260 (1993) S. 937–944.
Moller, G. (Hrsg.) *New Immunosuppressive Drugs.* In: *Immunol. Rev.* 136 (1993) S. 1–109.
Moller, G. (Hrsg.) *Engineered Antibody Molecules.* In: *Immunol. Rev.* 130 (1992) S. 1–212.
Moller, G. (Hrsg.) *Antibodies in Disease Therapy.* In: *Immunol. Rev.* 129 (1992) S. 1–201.
Plotkin, S. A.; Mortimer, E. A. *Vaccines.* 1. Aufl. Philadelphia (Saunders Co.) 1988.

Literatur zu den einzelnen Abschnitten

Abschnitt 12.1

Chan, G. L. C.; Canafax, D. M.; Johnson, C. A. *The Therapeutic Use of Azathioprine in Renal Transplantation.* In: *Pharmacotherapy* 7 (1987) S. 165–177.
Cupps, T. R.; Fauci, A. S. *Corticosteroid-Mediated Immunoregulation in Man.* In: *Immunol. Rev.* 65 (1982) S. 133–155.

Abschnitt 12.2

Bierer, B. E.; Hollander, G.; Fruman, D.; Burakoff, S. J. *Cyclosporin A and FK506: Molecular Mechanisms of Immunosuppression and Probes for Transplantation Biology.* In: *Curr. Opin. Immunol.* 5 (1993) S. 763–773.
Clipstone, N. E.; Crabtree, G. R. *Identification of Calcineurin as a Key Signalimg Enzyme in T Lymphocyte Activation.* In: *Nature* 357 (1992) S. 695.

Flanagan, W. M.; Firpo, E.; Roberts, J. M.; Crabtree, G. R. *The Target of Rapamycin Defines a Restriction Point in Late G1.* In: *Mol. Cell. Biol.* (1993).
Schreiber, S. L. *Chemistry and Biology of the Immunophilins and their Immunosuppressive Ligands.* In: *Science* 253 (1991) S. 283.
Schreiber, S. L.; Crabtree, G. R. *The Mechanism of Action of Cyclosporin A and FK506.* In: *Immunol. Today* 13 (1992) S. 136.

Abschnitt 12.3

Payne, J.; Huber, B. T.; Cannon, N. A.; Schneider, R.; Schilham, M. W.; Acha-Orbea, H.; MacDonald, H. R.; Hengartner, H. *Two Monoclonal Rat Antibodies With Specifity for the β Chain Variable Region Vβ6 of the Murine T Cell Receptor.* In: *Proc. Natl Acad. Sci. USA* 85 (1988) S. 8608–8612.
Cobbold, S. P.; Qin, S.; Leong, L. Y. W.; Martin, G.; Waldmann, H. *Reprogramming in the Immune System For Peripheral Tolerance With CD4 and CD8 Monoclonal Antibodies.* In: *Immunol. Rev.* 129 (1992) S. 165–201.
Lenschow, D. J.; Zeng, Y.; Thistlewaite, J. R.; Montag, A.; Brady, W.; Gibson, M. G.; Linsley, P. S.; Bluestone, J. A. *Long-Term Survival of Xenogeneic Pancreatic Islet Cell Grafts Induced by CTLA4Ig.* In: *Science* 257 (1992) S. 789–792.
Lenschow, D. J.; Bluestone, J. A. *T Cell Costimulation and In Vivo Tolerance.* In: *Curr. Opin. Immunol.* 5 (1993) S. 747–752.
Steinmann, L.; Rosenbaum, J. T.; Siriam, S.; McDevitt, H. O. *In Vivo Effects of Antibodies to Immune Response Gene Products: Prevention of Experimental Allergic Encephalitis.* In: *Proc. Natl Acad. Sci. USA* 78 (1981) S. 7111–7114.
Waldmann, H.; Cobbold, S. *The Use of Monoclonal Antibodies to Achieve Immunological Tolerance.* In: *Immunol. Today* 14 (1993) S. 247–251.
Winter, G.; Harris, W. J. *Humanized Antibodies.* In: *Immunol. Today* 14 (1993) S. 243–246.

Abschnitt 12.4

Strom, T. B.; Kelley, V. R.; Woodworth, T. G.; Murphy, J. R. *Interleukin-2 Receptor-Directed Immunosuppressive Therapies: Antibody- or Cytokine-Based Targeting Molecules.* In: *Immunol. Rev.* 129 (1992) S. 131–163.

Vitetta, E.; Thorpa, P. E.; Uhr. J. W. *Immunotoxins: Magic Bullets or Misguided Missiles?* In: *Immunol. Today* 14 (1993) S. 252–259.

Abschnitt 12.5

Adorini, L.; Guery, J.-C.; Rodriguez-Tarduchy, G.; Trembleau, S. *Selective Immunosuppression.* In: *Immnol. Today* 14 (1993) S. 285–289.

De Magistris, M. T.; Alexander, J.; Coggeshall, M.; Altmann, A.; Gaeta, F. C. A.; Grey, H. M.; Sette, A. *Antigen-Analog Major Histocompatibility Complex Acts as Antagonist of the T Cell Receptor.* In: *Cell* 68 (1992) S. 625–634.

Kaufmann, D. L.; Clare-Salzler, M.; Tian, J.; Forsthuber, T.; Ting, G. S. P.; Robinson, P.; Atkinson, M. A.; Sercarz. E. E.; Tobin, A. J.; Lehmann, P. V. *Spontaneous Loss of T Cell Tolerance to Glutamic Acid Decarboxylase in Murine Insulin-Dependent Diabetes.* In: *Nature* 366 (1993) S. 69–71.

Tisch, R.; Yang, X.-D.; Singer, S. M.; Liblau, R. S.; Fugger, L.; McDevitt, H. O. *Immune Response to Glutamic Acid Decarboxylase Correlates With Insulitis in Non-Obese Diabetic Mice.* In: *Nature* 366 (1991) S. 72–75.

Abschnitt 12.6

Amigorena, S.; Bonnerot, C.; Drake, J.; Choquet, D.; Hunziker, W.; Guillet, J. G.; Webster, P.; Sautes, C.; Mellmann, I.; Fridman, W. H. *Cytoplasmic Domain Heterogeneity and Functions of IgG Fc Receptors in B Lymphocytes.* In: *Science* 256 (1992) S. 1808–1812.

Fazekas De St. Groth, B.; Webster, R. G. *Disquisitions on Original Antigenic Sin. I. Evidence in Man.* In: *J. Exper. Med.* 140 (1966) S. 2893–2898.

Fridman, W. H. *Regulation of B Cell Activation and Antigen Presentation by Fc Receptors.* In: *Curr. Opin. Immunol.* 5 (1993) S. 355–360.

Pollack, W. et al. *Results of Clinical Trials of RhoGAm in Women.* In: *Transfusion* 8 (1968) S. 151.

Uhr, J. W.; Moller, G. *Regulatory Effect of Antibody on the Immune Response.* In: *Adv. Immunol.* 8 (1968) S. 81–127.

Abschnitt 12.7

Adomi, L.; Harvey, M. A.; Miller, L.; Sercarz, E. E. *The Fine Specificity of Regulatory T Cells. II. Suppressor and Helper T Cells are Induced by Different Regions of Hen Egg White Lysozyme (HEL) in a Genetically Non-Responder Mouse Strain.* In: *J. Exper. Med.* 150 (1979) S. 293–306.

Baxevanis, C. N.; Nagy, Z. A.; Klein, J. *A Novel Type of T-T Interaction Removes the Requirement For I-B Region in the H-2 Complex.* In: *Proc. Natl Acad. Sci. USA* 78 (1981) S. 3809–3813.

Bottomly, K.; Kaye, J.; Jones, B.; Jones, F. III.; Janeway, C. A. Jr. *A Cloned, Antigen-Specific, Ia-Restricted Lyt-1+,2- T Cell With Suppressive Activity.* In: *J. Mol. Cell. Immunol.* 1 (1983) S. 42–49.

DelPrete, G. F.; De Carli, M.; Ricci, M.; Romagnani, S. *Helper Activity for Immunoglobulin Synthesis of T Helper Type 1 (Th1) and Th2 Human T Cell Clones: The Help of Th1 Clones is Limited by Their Cytolytic Capacity.* In: *J. Exper. Med.* 174 (1991) S. 908–913.

de Waal Malefyt, R.; Haanen, J.; Spits, H.; Roncarolo, M.-G.; te Velde, A.; Figdor, C.; Johnson, K.; Kastelein, R.; Yssel, H.; de Vries, J. E. *IL-10 and Viral IL-10 Strongly Reduce the Antigen-Specific Human T Cell Proliferation by Diminishing the Antigen-Presenting Capacity of Monocytes Via Downregulation of Class II Major Histocompatibility Complex Expression.* In: *J. Exper. Med.* 174 (1991) S. 915.

Gajewski, T. F.; Fitch, F. W. *Anti-Proliferative Effect of IFN-γ in Immune Regulation. I. IFN-γ Inhibits the Proliferation*

of Th2 But Not Th1 Murine Helper T Lymphocyte Clones. In: *J. Immunol.* 140 (1988) S. 4245.

Ruegemer, J. J.; Ho, S. N.; Augustine, J. A.; Schlager, J. W.; Bell, M. P.; McKean, D. J.; Abraham, R. T. *Regulatory Effects of Transforming Growth Factor β on IL-2 and IL-4 Dependent T Cell Cycle Progression.* In: *J. Immunol.* 144 (1990) S. 1767–1776.

Sher, A.; Gazzinelli, R. T.; Oswald, I. P.; Clerici, M.; Kullberg, M.; Pearce, E. J.; Berzofsky, J. A.; Mosmann, T. R.; James, S. L.; Morse, H. C. III; Shearer, G. M. *Role of T Cell Derived Cytokines in the Downregulation of Immune Responses in Parasitic and Retroviral Infection.* In: *Immunol. Rev.* 127 (1992) S. 183–204.

Abschnitt 12.8

Jeme, N. K. *Toward a Network Theory of the Immune System.* In: *Ann. Immunol.* 125C (1974) S. 373–389.

Pereison, A. S. *Immune Network Theory.* In: *Immunol. Rev.* 110 (1989) S. 5–36.

Abschnitt 12.9

Holmberg, D.; Andersson, A.; Carlsson, L.; Forsgren, S. *Establishment and Functional Implications of B Cell Connectivity.* In: *Immunol. Rev.* 110 (1989) S. 89–103.

Pollock, B. A.; Kearney, J. F. *Identification and Characterization of an Apparent Germline Set of Auto-Anti-Idiotypic Regulatory B Lymphocytes.* In: *J. Immunol.* 132 (1984) S. 114–121.

Abschnitt 12.10

Nisonoff, A.; Ju, S. T.; Owen, F. *Studies of Structure and Immunosuppression of a Cross-Reactive Idiotype in Strain A Mice.* In: *Immunol. Rev.* 35 (1977) S. 89–118.

Rajewski, K.; Takemori, T. *Genetics, Expression and Function of Idiotypes.* In: *Ann. Rev. Immunol.* 1 (1983) S. 569–607.

Abschnitt 12.11

Gershon, R. K.; Kondo, K. *Cell Interactions in the Induction of Tolerance: The Role of Thymic Lymphocytes.* In: *Immunology* 18 (1970) S. 723–737.

Jensen, P. E.; Kapp, J. A. *Stimulation of Helper T Cells and Dominant Suppressor T Cells that Recognize Autologous Insulin.* In: *J. Mol. Cell* 2 (1985) S. 133–139.

Waldmann, T. A.; Durm, M.; Broder, S.; Blackman, M.; Blease, R. M.; Strober, W. *The Role of Suppressor T Cells in the Pathogenesis of Common Variable Hypogammaglobulinemia.* In: *Lancet* 2 (1974) S. 609.

Abschnitt 12.12

Dorf, M. E.; Benaceraff, B. *Suppressor Cells and Immunoregulation.* In: *Ann. Rev. Immunol.* 2 (1984) S. 127–158.

Green, D. R.; Flood, P. M.; Gershon, R. K. *Immunoregulatory T Cell Pathways.* In: *Ann. Rev. Immunol.* 1 (1993) S. 439–463.

Kumar, V.; Sercarz, E. E. *The Involvement of T Cell Receptor Peptide-Specific Regulatory CD4+ T Cells in Recovery From Antigen-Induced Autoimmune Disease.* In: *J. Exper. Med.* 178 (1993) S. 909.

Vanderbark, A. A.; Hashim, G.; Offner, H. *Immunization With a Synthetic T Cell Receptor V-Region Peptide Protects Against Experimental Autoimmune Encephalomyelitis.* In: *Nature* 341 (1989) S. 541–544.

Zhang, J.; Medaer, R.; Stinissen, P.; Hafler, D.; Raus, J. *MHC-Restricted Depletion of Human Myelin Basic Protein-Reactive T Cells by T Cell Vaccination.* In: *Science* 261 (1993) S. 1451–1454.

Abschnitt 12.13

Constant, S.; Pfeiffer, C.; Pasqualini, T.; Bottomly, K. *Extent of T Cell Ligation Determines the Functional Differentiation of Naive CD4 T Cells.* In: *J. Exper. Med.* (1994).

Gammon, G.; Sercarz, E. E. *How Some T Cells Escape Tolerance Induction.* In: *Nature* 342 (1989) S. 183–185.

Pfeiffer, C.; Murray, J.; Madri, J.; Bottomly, K. *Selective Activation of Th1- and Th2-Like Cells In Vivo – Response to Human Collagen IV.* In: *Immunol. Rev.* 123 (1991) S. 65–84.

Powrie, F.; Coffman, R. L. *Cytokine Regulation of T Cell Function: Potential For Therapeutic Intervention.* In: *Immunol. Today* 14 (1993) S. 270–274.

Abschnitt 12.14

Badaro, R.; Falcoff, E.; Badaro, F. S.; Carvalho, E. M.; Pedral-Sampaio, D.; Barral, A.; Carvalho, J. S.; Barral-Netto, M.; Brandeley, M.; Silva, L.; Bina, J. C.; Teixeria, R.; Falcoff, R.; Rocha, H.; Ho, J. L.; Johnson, W. D. Jr. *Treatment of Visceral Leishmaniasis With Pentavalent Antimony and Interferon γ.* In: *N. Engl. J. Med.* 322 (1990) S. 16–21.

Salgamme, P.; Yamamura, M.; Bloom, B. R.; Modlin, R. L. *Evidence for Functional Subsets of CD4+ and CD8+ T Cells in Human Disease – Lymphokine Patterns in Leprosy.* In: *Chem. Immunol.* 54 (1992) S. 44–59.

Abschnitt 12.15

Creticos, P. S. *Immunotherapy With Allergens.* In: *JAMA* 268 (1992) S. 2834–2839.

Abschnitt 12.16

Finn, O. J. *Tumor-Rejection Antigens Recognized by T Lymphocytes.* In: *Curr. Opin. Immunol.* 5 (1993) S. 701–708.

Koeppen, H.; Rowley, D. A.; Schreiber, H. *MHC Class I and Unique Antigen Expression by Tumors that Escaped From CD8+ T Cell-Dependent Surveillance.* In: *Cancer Res.* 50 (1990) S. 3851–3858.

Van den Eynde, B.; Lethe, B.; Van Pel, A.; De Plaen, E.; Boon, T. *The Gene Coding for a Major Tumor Rejection Antigen of Tumor P815 is Identical to the Normal Gene of Syngeneic DBA/2 Mice.* In: *J. Exper. Med.* 173 (1991) S. 1373–1384.

Abschnitt 12.17

Miller, R. A.; Maloney, D. G.; Warnke, R.; Levy, R. *Treatment of B Cell Lymphoma With Monoclonal Anti-Idiotype Antibody.* In: *N. Engl. J. Med.* 306 (1982) S. 517–522.

Moller, P.; Hammerling, G. J. *The Role of Surface HLA-A,B,C Molecules in Tumor Immunity.* In: *Cancer Surv.* 13 (1992) S. 101–127.

Storkus, W. J.; Howell, D. N.; Slater, R. D.; Dawson, I. R.; Cresswell, P. *NK Susceptibility Varies Inversely With Target Cell Class I HLA Antigen Expression.* In: *J. Immunol.* 138 (1987) S. 1657–1659.

Travers, P. J.; Arklie, J. L.; Trowsdale, J.; Patillo, R. A.; Bodner, W. F. *Lack of Expression of HLA-ABC Antigens in Choriocarcinoma and Other Human Tumor Cell Lines.* In: Greenwald, P. (Hrsg.) *Research Frontiers in Aging and Cancer.* In: *Natl. Cancer Inst. Monogr.* 60 (1992) S. 175–180.

Uyttenhove, C.; Maryanski, J.; Boon, T. *Escape of Mouse Mastocytoma P815 After Nearly Complete Rejection is Due to Antigen Loss Variants Rather Than Immunosuppression.* In: *J. Exper. Med.* 157 (1983) S. 1040–1052.

Abschnitt 12.18

Riethmuller, G.; Schneider-Gadicke, E.; Johnson, J. P. *Monoclonal Antibodies in Cancer Therapy.* In: *Curr. Opin. Immunol.* 5 (1993) S. 732–739.

Abschnitt 12.19

Baskar, S.; Ostrand-Rosenberg, S.; Nabavi, N.; Nadler, L. M.; Freeman, G. J.; Glimcher, L. H. *Constitutive Expression of B7 Restores Immunogenicity of Tumor Cells Expressing Truncated MHC Class II Molecules.* In: *Proc. Natl Acad. Sci. USA* 90 (1993) S. 5687–5690.

Chen, L.; Ashe, S.; Brady, W. A.; Hellstrom, I.; Hellstrom, K. E.; Ledbetter, J. A.; McGowan, P.; Linsley, P. S. *Costimulation of Antitumor Immunity by the B7 Counterreceptor for the T Lymphocyte Molecules CD28 and CTLA-4.* In: *Cell* 71 (1992) S. 1093–1102.

Pardoll, D. M. *New Strategies for Enhancing the Immunogenicity of Tumors.* In: *Curr. Opin. Immunol.* 5 (1993) S. 719–725.

Pardoll, D. M. *Cancer Vaccines.* In: *Curr. Opin. Immunol.* 14 (1993) S. 310–316.

Townsend, S. E.; Allison, J. P. *Tumor Rejection After Direct Costimulation of CD8+ T Cells by B7-Transfected Melanoma Cells.* In: *Science* 259 (1993) S. 368–370.

Abschnitt 12.20

Cryz, S. J. Jr. (Hrsg.) *Vaccines and Immunotherapy.* 1. Aufl. New York (Pergamon) 1991.

Institute of Medicine: *New Vaccine Development: Establishing Priorities. Diseases of Importance in the United States.* Bd. 1. 1. Aufl. Washington, D.C. (National Academy Press) 1985.

Abschnitt 12.21

Kit, S.; Kit, M.; Pirtle, E. C. *Attenuated Properties of Thymidine Kinase - Negative Deletion Mutants of Pseudorabies Virus.* In: *Am. J. Vet. Res.* 46 (1985) S. 1359–1367.

Omata, T.; Kohara, M.; Kuge, S.; Komatsu, T. et al. *Genetic Analysis of the Attenuation Phenotype Poliovirus Type I.* In: *J. Virol.* 58 (1986) S. 348–358.

Abschnitt 12.22

Aldovani, A.; Young, R. A. *Humoral and Cell-Mediated Responses to Live Recombinant BCG-HIV Vaccines.* In: *Nature* 351 (1991) S. 479–482.

Cox, W. I.; Tartagila, J.; Paoletti, E. *Poxvirus Recombinants as Live Vaccines.* In: Binns, M.; Smith, G. L. (Hrsg.) *Recombinant Poxviruses.* 1. Aufl. Boca Raton, Fla. (CRC Press) 1992.

Stover, C. K.; de la Cruz, V. F.; Fuerst, T. R.; Burlein, J. E.; Benson, L. A.; Bennett, L. T.; Bansal, G. P.; Young, J. F.; Lee, M. H.; Hatfull, G. F.; Snapper, S. B.; Barletta, R. G.; Jacobs, W. R. jr.; Bloom, B. R. *New Use of BCG for Recombinant Vaccines.* In: *Nature* 351 (1991) S. 456–460.

Abschnitt 12.23

Brown, F. *The Potential of Peptides as Vaccines.* In: *Semin. Virol.* 1 (1990) S. 67–74.

Abschnitt 12.24

Audibert, F. M.; Lise, L. D. *Adjuvants: Current Status, Clinical Perspectives and Future Prospects.* In: *Immunol. Today* 14 (1993) S. 281–284.

Takahasshi, H.; Takeshita, T.; Morein, B.; Putney, S.; Germain, R. N.; Barzofski, J. A. *Induction of CD8+ Cytotoxic T Cells by Immunization with Purified HIV-1 Envelope Protein in ISCOMs.* In: *Nature* 344 (1990) S. 873–875.

Abschnitt 12.25

Ulmer, J. B.; Donnelly, J. J.; Parker, S. E.; Gromkowski, S. H.; Deck, R. R.; DeWitt, C. M.; Friedman, A.; Hawe, L. A.; Leander, K. R.; Martinez, D.; Perry, H. C.; Shiver, J. W.; Montgomery, D. L.; Liu, M. A. *Heterologous Protection Against Influenza by Injection of DNA Encoding a Viral Protein.* In: *Science* 259 (1993) S. 1745–1749.

Zusammenfassung von Teil V

In diesem letzten Teil des Buches haben wir untersucht, wie das Immunsystem innerhalb des intakten Organismus funktioniert. Die wichtigste Aufgabe des Immunsystems ist sicherlich, das Individuum vor einer Infektion durch Krankheitserreger zu schützen, wie es die Folgen von Immunschwächekrankheiten zeigen. Krankheitserreger mußten sich an das Immunsystem anpassen, und manchen ist dies so erfolgreich gelungen, daß sie der Immunabwehr entgehen oder ihr standhalten können. Das beste Beispiel für einen solchen Erreger ist das menschliche Immunschwächevirus HIV, der Verursacher von AIDS, das seinen Wirt schließlich überwältigt, indem es dessen Abwehrsystem zerstört.

Obwohl das Immunsystem eine wichtige Rolle beim Schutz vor Infektionen spielt, darf es dabei nicht den eigenen Körper in Mitleidenschaft ziehen. Dies bedeutet, daß das Immunsystem zwischen „Selbst" und „Nicht-Selbst" unterscheiden muß. Kann es dies nicht mehr, so kommt es zu Autoimmunkrankheiten, bei denen eine gegen körpereigene Antigene gerichtete adaptive Immunreaktion das eigene Gewebe schädigt oder zerstört. Praktisch dieselbe Reaktion ist bei der Transplantatabstoßung zu beobachten. Bisher kann man diese unerwünschten Immunreaktionen nur in Schach halten, indem man das gesamte adaptive Immunsystem hemmt. Wir müssen dringend Methoden entwickeln, um nur die unerwünschten Bestandteile der Immunantwort zu unterdrücken, wie zum Beispiel die IgE-Bildung im Falle der Allergie oder bei Transplantationen die Produktion von T-Zellen, die gegen ein Alloantigen auf dem fremden Organ gerichtet sind.

Der größte Erfolg der Immunologie ist die gezielte und spezifische Stimulierung von Lymphocyten, wie sie bei einer Impfung erfolgt. Versuche, Immunreaktionen zu hemmen oder zu verhindern, sind dagegen bisher fehlgeschlagen oder waren nicht selektiv genug. Bevor es uns gelingen kann, unerwünschte Reaktionen nach Belieben zu unterdrücken, müssen wir zunächst verstehen, wie das Immunsystem selbst seine Aktivität reguliert. Dann müssen wir Wege finden, die regulatorischen Komponenten ganz gezielt zu beeinflussen. Wenn wir in der Lage sind, die spezifische Immunreaktion gegen infektiöse Organismen oder auch gegen Tumorzellen zu fördern und unerwünschte Immunantworten durch gezielte Manipulation der Regulationsmechanismen zu verhindern, dann könnte der Arzt die körpereigenen Abwehrmechanismen mit größtem Nutzen für den Patienten einsetzen. Um dies zu erreichen, ist es notwendig die in diesem letzten Teil des Buches beschriebenen Krankheiten und die Bedeutung des Immunsystems für ihre Pathogenese intensiv zu erforschen.

Anhänge

Anhang I: Die CD-Antigene (die im Text erwähnten CD-Antigene sind grau unterlegt)

CD-Antigen	Zellen, die das Antigen exprimieren	Molekulargewicht (kd)	Funktionen	andere Bezeichnungen	Verwandtschaftsbeziehungen
CD1a,b,c,d	corticale Thymocyten, Langerhans-Zellen, dendritische Zellen, B-Zellen (CD1c), Darmepithel (CD1d)	43–49	MHC-Klasse-I-ähnliches Molekül, assoziiert mit β_2-Mikroglobulin; hat möglicherweise eine besondere Bedeutung bei der Antigenpräsentation		Immunglobulinsuperfamilie (IgSF)
CD2	T-Zellen, Thymocyten, natürliche Killerzellen	45–58	Adhäsionsmolekül, das an CD58 (LFA-3) bindet; kann T-Zellen aktivieren	T11, LFA-2	Immunglobulinsuperfamilie
CD2R	aktivierte T-Zellen	45–58	aktivierungsabhängige Form von CD2	T11-3	Immunglobulinsuperfamilie
CD3	Thymocyten, T-Zellen	γ: 25–28 δ: 20 ε: 20 ζ: 16 η: 22	assoziiert mit dem Antigenrezeptor von T-Zellen; notwendig für die Oberflächenexpression des T-Zell-Rezeptors und die Signalvermittlung über diesen Rezeptor	T3	Immunglobulinsuperfamilie ($\gamma,\delta,\varepsilon$) ζ/η mit FcRγ-Kette verwandt
CD4	einige Gruppen von Thymocyten, T-Helferzellen und inflammatorische T-Zellen (etwa zwei Drittel der peripheren T-Zellen), Monocyten, Makrophagen	55	Corezeptor für MHC-Klasse-II-Moleküle; bindet lck an der cytoplasmatischen Seite der Membran; Rezeptor für gp120 von HIV-1 und HIV-2	T4, L3T4	Immunglobulinsuperfamilie
CD5	Thymocyten, T-Zellen, eine Untergruppe von B-Zellen	67	bindet an CD72	T1, Ly1	Scavenger-Rezeptor
CD6	Thymocyten, T-Zellen, B-Zellen bei chronischer lymphatischer Leukämie	100–130	unbekannt	T12	Scavenger-Rezeptor
CD7	pluripotente hämatopoetische Zellen, Thymocyten, T-Zellen	40	unbekannt; Marker für akute lymphatische Leukämie der T-Zellen und Leukämien pluripotenter Stammzellen		Immunglobulinsuperfamilie
CD8	einige Gruppen von Thymocyten, cytotoxische T-Zellen (etwa ein Drittel der peripheren T-Zellen)	α: 32–34 β: 32–34	Corezeptor für MHC-Klasse-I-Moleküle; bindet lck an der cytoplasmatischen Seite der Membran	T8, Lyt2,3	Immunglobulinsuperfamilie
CD9	Prä-B-Zellen, eosinophile und basophile Zellen, Blutplättchen	22–27	möglicherweise an der Aggregation und Aktivierung von Blutplättchen beteiligt		*tetraspanning membrane protein*
CD10	B- und T-Vorläuferzellen, Zellen des Knochenmarkstroma	100	Zink-Metallproteinase; Marker für akute lymphatische Leukämie der Prä-B-Zellen	neutrale Endopeptidase, *common acute lymphocytic leukemia antigen* (CALLA)	
CD11a	Lymphocyten, Granulocyten, Monocyten und Makrophagen	180	α^L-Untereinheit des Integrins LFA-1 (assoziiert mit CD18); bindet an CD54 (ICAM-1), ICAM-2 und ICAM-3	LFA-1	

CD-Antigen	Zellen, die das Antigen exprimieren	Molekular-gewicht (kd)	Funktionen	andere Bezeichnungen	Verwandtschafts-beziehungen
CD11b	myeloide Zellen und natürliche Killerzellen	170	α^M-Untereinheit des Integrins CR3 (assoziiert mit CD18); bindet CD54, die Komplementkomponente iC3b sowie extrazelluläre Matrixmoleküle	Mac-1	
CD11c	myeloide Zellen	150	α^X-Untereinheit des Integrins CR4 (assoziiert mit CD18); bindet Fibrinogen	gp150,95	
CDw12	Monocyten, Granulocyten, Blutplättchen	90–120	unbekannt		
CD13	myelomonocytische Zellen	150–170	Zink-Metallproteinase	Aminopeptidase N	
CD14	myelomonocytische Zellen	53–55	Rezeptor für den Komplex aus Lipo-polysaccharid und lipopolysaccharid-bindendem Protein (LBP)		
CD15	neutrophile und eosinophile Zellen, Monocyten		verzweigtes Pentasaccharid auf Glykolipiden und vielen Glyko-proteinen der Zelloberfläche; die sialylierte Form ist ein Ligand für CD62E (ELAM)	Lewis-x (Le^x)	
CD16	neutrophile Zellen, natürliche Killerzellen, Makrophagen	50–80	Bestandteil des niedrigaffinen Fc-Rezeptors, FcγRIII; vermittelt die Phagocytose und die antikörperab-hängige zellvermittelte Cytotoxizität	FcγRIII	Immunglobulinsuper-familie
CDw17	neutrophile Zellen, Monocyten, Blutplättchen		Lactosylceramid, ein Glykosphingo-lipid der Zelloberfläche		
CD18	Leukocyten	95	β_2-Untereinheit der Integrine; bindet an CD11a, b und c		
CD19	B-Zellen	95	bildet einen Komplex mit CD21 (CR2) und CD81 (TAPA-1); Corezeptor für B-Zellen		Immunglobulinsuper-familie
CD20	B-Zellen	33–37	möglicherweise an der Regulation der B-Zell-Aktivierung beteiligt		*tetraspanning membrane protein*
CD21	reife B-Zellen, follikuläre dendritische Zellen	145	Rezeptor für die Komplementkompo-nente C3d und das Epstein-Barr-Virus; bildet zusammen mit CD19 und CD81 einen Corezeptor für B-Zellen	CR2	Superfamilie der Komplementkontroll-proteine (CCP-Super-familie)
CD22	reife B-Zellen	α: 130 β: 140	Adhäsion von B-Zellen an Monocyten und T-Zellen	BL-CAM	Immunglobulinsuper-familie
CD23	reife B-Zellen, aktivierte Makrophagen, eosinophile Zellen, follikuläre dendri-tische Zellen, Blutplättchen	45	niedrigaffiner Rezeptor für IgE; Ligand für den CD19:CD21:CD81-Corezeptor	FcεRII	C-Typ-Lektin
CD24	B-Zellen, Granulocyten	35–45	unbekannt	möglicherweise das menschliche Pendant des hitzestabilen Antigens (HSA) oder J11d der Maus	
CD25	aktivierte T-Zellen, B-Zellen und Monocyten	55	α-Kette des IL-2-Rezeptors; assoziiert mit CD122 und der IL-2Rγ-Kette	Tac	CCP-Superfamilie
CD26	aktivierte B- und T-Zellen, Makrophagen	110	Protease; möglicherweise am Eintritt von HIV in die Wirtszelle beteiligt	Dipeptidylpeptidase IV	
CD27	medulläre Thymocyten, T-Zellen	50–55	unbekannt		NGF-Rezeptorsuper-familie

CD-Antigen	Zellen, die das Antigen exprimieren	Molekular-gewicht (kd)	Funktionen	andere Bezeichnungen	Verwandtschafts-beziehungen
CD28	Untergruppen von T-Zellen, aktivierte B-Zellen	44	Aktivierung naiver T-Zellen; Rezeptor für costimulierendes Signal (Signal 2), bindet CD80 (B7.1) und B7.2	Tp44	Immunglobulinsuper-familie
CD29	Leukocyten	130	β_1-Untereinheit der Integrine, asso-ziiert im VLA-1-Integrin mit CD49a		
CD30	aktivierte B- und T-Zellen	105–120	unbekannt	Ki-1	NGF-Rezeptorsuper-familie
CD31	Monocyten, Blutplättchen, Granulocyten, B-Zellen, Endothelzellen	130–140	möglicherweise ein Adhäsions-molekül	PECAM-1	Immunglobulinsuper-familie
CDw32	Monocyten, Granulocyten, B-Zellen, eosinophile Zellen	40	niedrigaffiner FC-Rezeptor für aggre-gierte Immunglobulin- oder Immun-komplexe	FcγRII	Immunglobulinsuper-familie
CD33	myeloide Vorläuferzellen, Monocyten	67	unbekannt		Immunglobulinsuper-familie
CD34	hämatopoetische Vorläuferzellen, Kapillarendothel	105–120	Ligand für CD62L (L-Selektin)		
CD35	Erythrocyten, B-Zellen, Monocyten, neu-trophile und eosinophile Zellen, follikuläre dendritische Zellen	250	Komplementrezeptor 1; bindet C3b und C4b; vermittelt die Phagocytose	CR1	CCP-Superfamilie
CD36	Blutplättchen, Monocyten	88	unbekannt	*platelet* GPIV	
CD37	reife B-Zellen, reife T-Zellen, myeloide Zellen	40–52	unbekannt	gp52–40	*tetraspanning membrane protein*
CD38	frühe B- und T-Zellen, aktivierte T-Zellen, B-Zellen der Keimzentren, Plasmazellen	45	unbekannt	T10	
CD39	aktivierte B-Zellen, aktivierte natürliche Killerzellen, Makrophagen, dendritische Zellen	78	unbekannt; vermittelt möglicherweise die Adhäsion von B-Zellen	gp80	
CD40	B-Zellen, Monocyten, dendritische Zellen	50	Rezeptor für costimulierendes Signal für B-Zellen; bindet den CD40-Ligan-den (CD40-L)	gp50	NGF-(Nervenwachs-tumsfaktor-)Rezeptor-superfamilie
CD40-L	aktivierte CD4-T-Zellen	39	Ligand für CD40	T-BAM, gp39	TNF-ähnlich
CD41	Blutplättchen, Megakaryocyten	125/22 Dimer	α^{IIb}-Integrin; assoziiert mit CD61 zu GPIIb; bindet Fibrinogen, Fibronectin, den von-Willebrand-Faktor und Thrombospondin	GPIIb	
CD42a,b,c,d	Blutplättchen, Megakaryocyten	a: 23 b: 135,23 c: 22 d: 85	bindet den von-Willebrand-Faktor und Thrombin; wichtig für Adhäsion der Blutplättchen an verletzten Gefäßen	a: GPIX b: GPIbα c: GPIbβ d: GPV	
CD43	Leukocyten, außer ruhende B-Zellen	115–135 (neutrophile Zellen) 95–115 (T-Zellen)	bindet CD54 (ICAM-1)	Leukosialin, Sialo-phorin	
CD44	Leukocyten, Erythrocyten	80–95	bindet Hyaluronsäure; vermittelt die Adhäsion der Leukocyten	Hermes-Antigen Pgp-1	
CD45	Leukocyten	180–240	Tyrosinphosphatase; erhöht die Signalvermittlung über den Antigen-rezeptor von B- und T-Zellen; durch alternatives Spleißen entstehen viele Isoformen (s.u.)	*leukocyte common antigen* (LCA), T200, B220	
CD45RO	Untergruppen von T- und B-Zellen, Monocyten, Makrophagen	180	Isoform von CD45, die weder das A- noch das B- oder C-Exon enthält		

CD-Antigen	Zellen, die das Antigen exprimieren	Molekular-gewicht (kd)	Funktionen	andere Bezeichnungen	Verwandtschafts-beziehungen
CD45RA	B-Zellen, Untergruppen von T-Zellen (naive T-Zellen), Monocyten	205–220	Isoformen von CD45 mit A-Exon		
CD45RB	Untergruppen von T-Zellen, B-Zellen, Monocyten, Makrophagen, Granulocyten	190–220	Isoformen von CD45 mit B-Exon	T200	
CD46	hämatopoetische und nichthämato-poetische, kernhaltige Zellen	56/66 (Spleißvarianten)	membranständiges Cofaktor-Protein; bindet an C3b und C4b, um deren Abbau durch Faktor I zu ermöglichen	MCP	CCP-Superfamilie
CD47	alle Zellen	47–52	unbekannt; hängt mit Rh-Blutgruppe zusammen		
CD48	Leukocyten	40–47	unbekannt	Blast-1	Immunglobulinsuper-familie
CD49a	aktivierte T-Zellen, Monocyten	210	α^1-Integrin, verbindet sich mit CD29; bindet Kollagen und Laminin	VLA-1	
CD49b	B-Zellen, Monocyten, Blutplättchen	165	α^2-Integrin; verbindet sich mit CD29; bindet Kollagen und Laminin	VLA-2	
CE49c	B-Zellen	125	α^3-Integrin; verbindet sich mit CD29; bindet Laminin und Fibronectin	VLA-3	
CD49d	B-Zellen, Thymocyten	150	α^4-Integrin; verbindet sich mit CD29; bindet Fibronectin, HEV in Peyerschen Plaques, VCAM-1	VLA-4	
CD49e	T-Gedächtniszellen, Monocyten, Blutplättchen	135,25 Dimer	α^5-Integrin; verbindet sich mit CD29; bindet Fibronectin	VLA-5	
CD49f	T-Gedächtniszellen, Thymocyten, Monocyten	120,25 Dimer	α^6-Integrin; verbindet sich mit CD29; bindet Laminin	VLA-6	
CDw50	Thymocyten, T-Zellen, B-Zellen, Monocyten, Granulocyten	130	unbekannt		
CD51	Blutplättchen, Megakaryocyten	125,24 Dimer	α^V-Integrin; verbindet sich mit CD61; bindet Vitronectin, den von-Willebrand-Faktor, Fibrinogen und Thrombospondin	Vitronectinrezeptor	
CDw52	Thymocyten, T-Zellen, B-Zellen (außer Plasmazellen), Monocyten, Granulocyten	21–28	unbekannt; Zielmolekül für thera-peutisch eingesetzte Antikörper zum Abtöten der T-Zellen	CAMPATH-1	
CD53	Leukocyten	35–42	unbekannt	MRC OX44	*tetraspanning membrane protein*
CD54	hämatopoetische und nichthämato-poetische Zellen	85–110	interzelluläres Adhäsionsmolekül (ICAM)-1; bindet das CD11a/CD18-Integrin (LFA-1) und das CD11b/CD18-Integrin (Mac-1); Rezeptor für Rhinoviren	ICAM1-1	Immunglobulinsuper-familie
CD55	hämatopoetische und nichthämato-poetische Zellen	60–70	*decay accelerating factor* (DAF); bin-det C3b; zerlegt die C3/C5-Konvertase	DAF	CCP-Superfamilie
CD56	natürliche Killerzellen	175–185	Isoform des neuralen Zelladhäsions-moleküls (NCAM); Adhäsionsmolekül	NKH-I	Immunglobulinsuper-familie
CD57	natürliche Killerzellen, Untergruppen von T-Zellen, B-Zellen und Monocyten		Oligosaccharid, auf vielen Zellober-flächenglykoproteinen	HNK-1, Leu-7	
CD58	hämatopoetische und nichthämato-poetische Zellen	55–70	*leukocyte function-associated anti-gen-3* (LFA-3); bindet CD2; Adhä-sionsmolekül	LFA-3	Immunglobulinsuper-familie
CD59	hämatopoetische und nichthämato-poetische Zellen	19	bindet die Komplementkomponenten C8 und C9; verhindert die Zusam-mensetzung des membranangreifen-den Komplexes	Protectin, Mac-Inhibitor	
CD60	Untergruppen von T-Zellen, Blutplättchen, Monocyten		Oligosaccharid auf Gangliosiden		

CD-Antigen	Zellen, die das Antigen exprimieren	Molekular-gewicht (kd)	Funktionen	andere Bezeichnungen	Verwandtschafts-beziehungen
CD61	Blutplättchen, Megakaryocyten, Makrophagen	105	β_3-Untereinheit des Integrins; verbindet sich mit CD41 (GPIIb/IIIa) oder CD51 (Vitronectinrezeptor)		
CD62E	Endothel	140	*endothelium leukocyte adhesion molecule* (ELAM); bindet Sialyl-Lewis-x; vermittelt das Entlangrollen der neutrophilen Zellen am Endothel	ELAM-1, E-Selektin	C-Typ-Lektin
CD62L	B-Zellen, T-Zellen, Monocyten, natürliche Killerzellen	150	Leukocyten-Adhäsionsmolekül (LAM); bindet CD34, GlyCAM; vermittelt das Entlangrollen am Endothel	LAM-1, L-Selektin, LECAM-1	C-Typ-Lektin
CD62P	Blutplättchen, Megakaryocyten, Endothel	140	Adhäsionsmolekül; bindet Sialyl-Lewis-x; vermittelt die Interaktion zwischen Blutplättchen und neutro-philen Zellen bzw. Monocyten sowie das Entlangrollen von Neutrophilen am Endothel	P-Selektin, PADGEM	C-Typ-Lektin
CD63	aktivierte Blutplättchen, Monocyten, Makrophagen	53	unbekannt; ist ein lysosomales Membranprotein, das nach der Aktivierung an die Zelloberfläche verlagert wird	*platelet activation antigen*	*tetraspanning membrane protein*
CD64	Monocyten, Makrophagen	72	hochaffiner Rezeptor für IgG	FCγRI	Immunglobulinsuper-familie
CDw65	myeloide Zellen		Oligosaccharidkomponente eines Ceramid-Dodecasaccharids		
CD66a	neutrophile Zellen	160–180	unbekannt; Mitglied einer Familie von carcinoembryonalen Antigenen (CEA) (s.u.)	*biliary glycoprotein-1* (BGP-1)	Immunglobulinsuper-familie
CD66b	Granulocyten	95–100	unbekannt; Mitglied einer Familie von carcinoembryonalen Antigenen (CEA)	früher CD67	Immunglobulinsuper-familie
CD66c	neutrophile Zellen, Coloncarcinom	90	unbekannt; Mitglied einer Familie von carcinoembryonalen Antigenen (CEA)	*non-specific cross-reacting antigen* (NCA)	Immunglobulinsuper-familie
CD66d	neutrophile Zellen	30	unbekannt; Mitglied einer Familie von carcinoembryonalen Antigenen (CEA)		Immunglobulinsuper-familie
CD66e	adultes Colonepithel, Coloncarcinom	180–200	unbekannt; Mitglied einer Familie von carcinoembryonalen Antigenen (CEA)	*carcinoembryonic antigen* (CEA)	Immunglobulinsuper-familie
CD68	Monocyten, Makrophagen, neutrophile und basophile Zellen, große Lymphocyten	110	unbekannt	Makrosialin	
CD69	aktivierte T- und B-Zellen, aktivierte Makrophagen, natürliche Killerzellen	28,32 Homodimer	unbekannt, frühes Aktivierungs-antigen	*activation inducer molecule* (AIM)	
CD70	aktivierte B-Zellen, aktivierte T-Zellen, Makrophagen	75,95,170	unbekannt	Ki-24	
CD71	aktivierte Leukocyten	90–95 Homodimer	Transferrinrezeptor	T9	
CD72	B-Zellen	42 Homodimer	unbekannt; Ligand für CD5	Lyb-2	C-Typ-Lektin
CD73	Untergruppen von B- und T-Zellen	69	Ecto-5′-Nucleotidase; dephosphory-liert Nucleotide, damit die Nucleoside aufgenommen werden können		

CD-Antigen	Zellen, die das Antigen exprimieren	Molekular-gewicht (kd)	Funktionen	andere Bezeichnungen	Verwandtschafts-beziehungen
CD74	B-Zellen, Makrophagen, Monocyten, MHC-Klasse-II-positive Zellen	33, 35, 41, 43 (alternative Initia-tion, alternatives Spleißen)	MHC-Klasse-II-assoziierte konstante Kette	Ii, Iγ	
CDw75	reife B-Zellen, Untergruppen von T-Zellen		unbekannt; möglicherweise Oligo-saccharid; abhängig von Sialylierung		
CDw76	reife B-Zellen, Untergruppen von T-Zellen		unbekannt; möglicherweise Oligo-saccharid; abhängig von Sialylierung		
CD77	B-Zellen der Keimzentren		unbekannt	Globotriaocylceramid (Gb$_3$), P^k-Blutgruppe	
CDw78	B-Zellen		unbekannt	Ba	
CD79α,β	B-Zellen	α: 32–33 β: 37–39	Komponenten des Antigenrezeptors der B-Zellen, analog zu CD3; not-wendig für die Zelloberflächen-expression und Signalvermittlung	Igα, Igβ	Immunglobulinsuper-familie
CD80	Untergruppe von B-Zellen	60	Costimulator; Ligand für CD28 und CTLA-4	B7 (jetzt B7.1), BB1	Immunglobulinsuper-familie
CD81	Lymphocyten	26	verbindet sich mit CD19 und CD21 zum B-Zell-Corezeptor	*target of antiproli-ferative antibody* (TAPA-1)	*tetraspanning membrane protein*
CD82	Leukocyten	50–53	unbekannt	R2	*tetraspanning membrane protein*
CD83	aktivierte B-Zellen, aktivierte T-Zellen, zirkulierende dendritische Zellen	43	unbekannt	HB15	
CDw84	Monocyten, Blutplättchen, zirkulierende B-Zellen	73	unbekannt	GR6	
CD85	Monocyten, zirkulierende B-Zellen	120,83	unbekannt	GR4	
CD86	Monocyten, aktivierte B-Zellen	80	unbekannt	FUN-1, GR65	
CD87	Granulocyten, Monocyten, Makrophagen, aktivierte T-Zellen	50–65	Rezeptor für den Urokinase-Plasminogenaktivator	UPA-R	
CD88	polymorphkernige Leukocyten, Makrophagen, Mastzellen	40	Rezeptor für die Komplement-komponenete C5a	C5aR	Rhodopsinsuper-familie
CD89	Monocyten, Makrophagen, Granulocyten, neutrophile Zellen, Untergruppen von B- und T-Zellen	50–70	IgA-Rezeptor	FcαR	Immunglobulinsuper-familie
CDw90	CD34$^+$-Prothymocyten (Mensch); Thymocyten, T-Zellen (Maus)	18	unbekannt	Thy-1	Immunglobulinsuper-familie
CD91	Monocyten	600	α$_2$-Makroglobulinrezeptor		
CDw92	neutrophile Zellen, Monocyten, Blutplättchen, Endothel	70	unbekannt	GR9	
CD93	neutrophile Zellen, Monocyten, Endothel	120	unbekannt	GR11	
CD94	Untergruppen von T-Zellen, natürliche Killerzellen	43	unbekannt	KP43	
CD95	eine Vielzahl von Zellinien; *in vivo*-Verteilung unbekannt	43	bindet TNF-ähnlichen Fas-Liganden; induziert Apoptose	Apo-1, Fas	NGF-Rezeptorsuper-familie

CD-Antigen	Zellen, die das Antigen exprimieren	Molekular-gewicht (kd)	Funktionen	andere Bezeichnungen	Verwandtschafts-beziehungen
CD96	aktivierte T-Zellen	160	unbekannt	*T-cell activation increased late expression* (TACTILE)	
CD97	aktivierte Zellen	74,80,90	unbekannt	GR1	
CD98	T-Zellen, B-Zellen, natürliche Killerzellen, Granulocyten, alle menschlichen Zellinien	80,40 Heterodimer	unbekannt	4F2	
CD99	Lymphocyten des peripheren Blutes, Thymocyten	32	unbekannt	MIC2, E2	
CD100	weit verbreitet auf hämatopoetischen Stammzellen	150	unbekannt	GR3	
CDw101	Granulocyten, Makrophagen	140	unbekannt	BPC#4	
CD102	ruhende Lymphocyten, Monocyten, Endothelzellen (dort am stärksten)	55–65	bindet CD11a/CD18 (LFA-1), aber nicht CD11b/CD18 (Mac-1)	ICAM-2	Immunglobulinsuper-familie
CD103	intraepitheliale Lymphocyten, 2–6%, Lymphocyten des peripheren Blutes	150,25	α_E-Integrin	HML-1, α_6, α_E-Integrin	
CD104	Epithelien, Schwann-Zellen, einige Tumorzellen	220	β_4-Integrin	β_4-Integrinkette, β_4	
CD105	Endothelzellen, Knochenmarkzellen, *in vitro* aktivierte Makrophagen	95 Homodimer	unbekannt; möglicherweise Ligand für ein Integrin	Endoglin	
CD106	Endothelzellen	100,110	Adhäsionsmolekül; Ligand für VLA-4	VCAM-1	Immunglobulinsuper-familie
CD107a	aktivierte Blutplättchen	110	unbekannt; ist ein lysosomales Membranprotein, das nach der Aktivierung an die Zelloberfläche verlagert wird	*lysosomal associated membrane protein-1* (LAMP-1)	
CD107b	aktivierte Blutplättchen	120	unbekannt; ist ein lysosomales Membranprotein, das nach der Aktivierung an die Zelloberfläche verlagert wird	LAMP-2	
CDw108	aktivierte T-Zellen in der Milz, einige Stromazellen	80	unbekannt	GR2	
CDw109	aktivierte T-Zellen, Blutplättchen, Endothelzellen	170/50	unbekannt	*platelet activation factor*, GR56	
CD110–CD114	noch nicht zugeordnet				
CD115	Monocyten, Makrophagen	150	Rezeptor für den *macrophage colony stimulating factor* (M-CSF)	M-CSFR, c-fms	Immunglobulinsuper-familie
CDw116	Monocyten, neutrophile und eosinophile Zellen, Endothel	70–85	α-Kette des Rezeptors für den *granulocyte macrophage colony stimulating factor* (GM-CSF)	GM-CSFRα	Cytokinrezeptorsuper-familie
CD117	hämatopoetische Vorläuferzellen	145	Rezeptor für den *stem cell factor* (SCF)	c-kit	Immunglobulinsuper-familie, Tyrosinkinase
CD118	weit verbreitet		Rezeptor für Interferon-α,β	IFN-α,βR	
CD119	Makrophagen, Monocyten, B-Zellen Endothel	90–100	Rezeptor für Interferon-γ	IFN-γR	
CD120a	hämatopoetische und nicht hämato-poetische Zellen, am stärksten auf Epithelzellen	50–60	TNF-Rezeptor; bindet sowohl TNF-α als auch TNF-β	TNFR-I	NFG-Rezeptorsuper-familie

CD-Antigen	Zellen, die das Antigen exprimieren	Molekular-gewicht (kd)	Funktionen	andere Bezeichnungen	Verwandtschafts-beziehungen
CD120b	hämatopoetische und nichthämato-poetische Zellen, am stärksten auf myeloiden Zellen	75–85	TNF-(Tumornekrosefaktor-)Rezeptor; bindet sowohl TNF-α als auch TNF-β	TNFR-II	NFG-Rezeptorsuper-familie
CDw121a	Thymocyten, T-Zellen	80	Typ-I-Interleukin-1-Rezeptor, bindet IL-1α-und IL-1β	IL-1R Typ I	Immunglobulinsuper-familie
CDw121b	B-Zellen, Makrophagen, Monocyten	60–70	Typ II-Interleukin-1-Rezeptor bindet IL-1α und IL-1β	IL-1R Typ II	Immunglobulinsuper-familie
CD122	natürliche Killerzellen, einige ruhende T-Zellen, einige B-Zellinien	75	β-Kette des IL-2-Rezeptors	IL-2Rβ	
CD123	Knochenmarkstammzellen, Granulocyten, Monocyten, Megakaryocyten	70	α-Kette des IL-3-Rezeptors	IL-3Rα	Cytokinrezeptorsuper-familie, Fibronectin-Typ-III-Superfamilie
CD124	reife B- und T-Zellen, hämatopoetische Vorläuferzellen	130–150	IL-4-Rezeptor	IL-4R	Cytokinrezeptorsuper-familie, Fibronectin-Typ-III-Superfamilie
CD125	eosinophile und basophile Zellen	55–60	α-Kette des IL-5-Rezeptors	IL-5Rα	Cytokinrezeptorsuper-familie, Fibronectin-Typ-III-Superfamilie
CD126	aktivierte B-Zellen und Plasmazellen (starke Expression), die meisten Leukocyten (schwache Expression)	80	α-Untereinheit des IL-6-Rezeptors	IL-6Rα	Immunglobulinsuper-familie, Cytokinrezep-torsuperfamilie, Fibronectin-Typ-III-Superfamilie
CDw127	lymphatische Vorläuferzellen im Knochenmark, Pro-B-Zellen, reife T-Zellen, Monocyten	68–79, bildet möglicher-weise Homodimere	IL-7-Rezeptor	IL-7R	Fibronectin-Typ-III-Superfamilie
CDw128	neutrophile und basophile Zellen, Untergruppen der T-Zellen	58–67	IL-8-Rezeptor	IL-8R	Rhodopsinsuper-familie
CD129	noch nicht zugeordnet				
CDw130	aktivierte B-Zellen und Plasmazellen (stark), die meisten Leukocyten (schwach), Endothelzellen	130	gemeinsame Untereinheit der Rezep-toren für IL-6, IL-II, Oncostatin M (OSM) und *leukemia inhibitory factor* (LIF)	IL-6Rβ, IL-IIRβ, OSMRβ, LIFRβ	Immunglobinsuper-familie, Cytokinrezep-torsuperfamilie, Fibronectin-Typ-III-Superfamilie

Anhang II: Cytokine und ihre Rezeptoren

Familie	Cytokin (alternative Bezeichnungen)	Größe (Anzahl der Aminosäuren) und Form	Rezeptoren (c steht für gemeinsame Untereinheit)	produzierende Zellen	Wirkungen	Effekt des Cytokin- oder Rezeptor-Knock- outs (soweit bekannt)
Hämatopoetine (Bündel aus vier Helices)	Epo (Erythropoetin)	165, Monomer	EpoR	Niere	stimuliert erythroide Vorläufer- zellen	
	IL-2 (T-Zell- Wachstumsfaktor)	133, Monomer	CD25 (α), CD 122 (β), γ_C	T-Zellen	Proliferation der T-Zellen	IL-2: reduzierte T-Zell- Proliferation; γ-Kette des Rezeptors: unvoll- ständige Entwicklung der T-Zellen
	IL-3 (*multicolony* CSF)	133, Monomer	CD123, β_C	T-Zellen, Epithelzel- len des Thymus	synergistische Wirkung bei der Hämatopoese	
	IL-4 (BCGF-1, BSF-1)	129, Monomer	CD124, γ_C	T-Zellen, Mastzellen	B-Zell-Aktivierung, IgE-Wechsel	verringerte IgE-Synthese
	IL-5 (BCGF-2)	115, Homodimer	CD125, β_C	T-Zellen, Mastzellen	Wachstum und Differenzierung der eosinophilen Zellen	
	IL-6 (IFN-β_2, BSF-2, BCDF)	184, Monomer	CD126, CD$_W$ 130	T-Zellen, Makrophagen	Wachstum und Differenzierung von T- und B-Zellen, Immunant- wort der akuten Phase	verringerte Immunant- wort der akuten Phase
	IL-7	152, Monomer	CD$_W$127, γ_C	Knochenmarkstroma	Wachstum von Prä-B- und Prä- T-Zellen	
	IL-9	125, Monomer	IL-9R, γ_C	T-Zellen	verstärkende Wirkung auf Mastzellen	
	IL-11	178, Monomer	IL-11R, CD$_W$130	Stromafibroblasten	synergistische Wirkung mit IL-3 und IL-4 bei der Hämatopoese	
	IL-13 (P600)	132, Monomer	IL-13R, γ_C	T-Zellen	Wachstum und Differenzierung der B-Zellen, hemmt die Pro- duktion inflammatorischer Cyto- kine durch Makrophagen	
	IL-15 (T-Zell- Wachstumsfaktor)		IL-15R, γ_C	T-Zellen	IL-2-ähnlich	
	GM-CSF (*granulocyte macrophage colony stimulating family*)	127, Monomer	CD$_W$116, β_C	Makrophagen, T-Zellen	stimuliert Wachstum und Diffe- renzierung der myelomonocy- tischen Linie	
	OSM (OM, Oncostatin M)	196, Monomer	OMR, CD$_W$130	T-Zellen, Makrophagen	stimuliert Kaposisarkomzellen, hemmt das Wachstum von Melanomen	
	LIF (*leukemia inhibi- tory factor*)	179, Monomer	LIFR, CD$_W$130	Knochenmarkstro- ma, Fibroblasten	erhält embryonale Stammzellen, wie IL-6, IL-11, OSM	
Interferone	IFN-γ	143, Monomer	CD119	T-Zellen, natürliche Killerzellen	Aktivierung der Makrophagen, erhöhte MHC-Expression	Anfälligkeit für intra- zelluläre Infektion
	IFN-α	166, Monomer	CD118	Leukocyten	antiviral, erhöhte MHC-Klasse-I- Expression	
	IFN-β	166, Monomer	CD118	Fibroblasten	antiviral, erhöhte MHC-Klasse-I- Expression	
Immunglobulin- superfamilie	B7.1 (CD80)	262, Dimer	CD28, CTLA-4	antigenpräsen- tierende Zellen	Costimulierung von T-Zell- Antworten	
	B7.2 (B70)		CD28, CTLA-4	antigenpräsen- tierende Zellen	Costimulierung von T-Zell- Antworten	

Familie	Cytokin (alternative Bezeichnungen)	Größe (Anzahl der Aminosäuren) und Form	Rezeptoren (c steht für gemeinsame Untereinheit)	produzierende Zellen	Wirkungen	Effekt des Cytokin- oder Rezeptor-Knock- outs (soweit bekannt)
TNF-Familie	TNF-α (Cachectin)	157, Trimere	p55, p75 CD120a, CD120b	Makrophagen, natürliche Killerzellen	lokale Entzündungen, Endothelaktivierung	Rezeptor: Resistenz gegen septischen Schock, Anfälligkeit für *Listeria*
	TNF-β (Lymphotoxin, LT, LT-α)	171, Trimere	p55, p75 CD120a, CD120b	T-Zellen, B-Zellen	Abtöten, Endothelaktivierung	Lymphknotenmangel, vermehrte Antikörper
	LT-β	transmembran, trimerisiert mit TNF-β		T-Zellen, B-Zellen	unbekannt	
	CD40-Ligand (CD40-L)	Trimere	CD40	T-Zellen, Mastzellen	B-Zell-Aktivierung, Klassen-wechsel	schwache Antikörper-antwort, kein Klassen-wechsel
	Fas-Ligand	Trimere (?)	CD95 (Fas)	T-Zellen, Stroma?	Apoptose, Ca²⁺-unabhängige Cytotoxizität	Lymphoproliferation
	CD27-Ligand	Trimere (?)	CD27		unbekannt	
	CD30-Ligand	Trimere (?)	CD30		unbekannt	
	4-1BBL	Trimere (?)	4-1BB		unbekannt	
Chemokine	IL-8 (NAP-1)	69–79, Dimere	CD$_W$128	Makrophagen, andere	chemotaktisches Molekül für neutrophile Zellen und T-Zellen	
	MCP-1 (MCAF)	76, Monomer (?)		Makrophagen, andere	chemotaktisches Molekül für Monocyten	
	MIP-1α	66, Monomer (?)		Makrophagen, andere	chemischer Lockstoff für Monocyten, T-Zellen, eosinophile Zellen	
	MIP-1β	66, Monomer (?)		T-Zellen, B-Zellen, Monocyten	chemischer Lockstoff für Monocyten, T-Zellen	
	RANTES	66, Monomer (?)		T-Zellen, Blutplättchen	chemischer Lockstoff für Monocyten, T-Zellen, eosinophile Zellen	
nicht zugeordnet	TGF-β	112, Homo- und Heterotrimere		Chondrocyten, Monocyten, T-Zellen	hemmt das Zellwachstum, entzündungshemmend	
	IL-1α	159, Monomer	CD$_W$121a	Makrophagen, Epithelzellen, (tote Zellen?)	Fieber, T-Zell-Aktivierung, Makrophagenaktivierung	
	IL-1β	153, Monomer	CD$_W$121a	Makrophagen, Epithelzellen, (tote Zellen?)	Fieber, T-Zell-Aktivierung, Makrophagenaktivierung	
	IL-10 (*cytokine synthesis inhibitor* F)	160, Homodimer		T-Zellen, Makro-phagen, Epstein-Barr-Virus	wirksamer Inhibitor für Makrophagenfunktionen	
	IL-12 (*natural killer cell stimulatory factor*)	197 und 306, Heterodimer		B-Zellen, Makro-phagen	aktiviert natürliche Killerzellen, induziert die Differenzierung von CD4-T-Zellen zu T$_H$1-ähnlichen Zellen	
	MIF	115, Monomer		T-Zellen, andere	hemmt die Wanderung der Makrophagen	

Glossar

Die Antigene des **AB0-Blutgruppensystems** befinden sich auf der Oberfläche der roten Blutkörperchen. Man nutzt sie, um menschliches Blut für Transfusionen zu typisieren. Jeder Mensch bildet normalerweise Antikörper gegen die A- oder B-Blutgruppenantigene, wenn er sie nicht selbst auf seinen Blutzellen besitzt.

Abgeschwächte (attenuierte) Krankheitserreger vermehren sich in einem Wirtsorganismus und bewirken eine Immunisierung, ohne eine ernsthafte Erkrankung hervorzurufen.

Als **Absorption** bezeichnet man das Entfernen von Antikörpern, die ein bestimmtes Antigen erkennen, aus einem Antiserum; dieses wird dadurch spezifisch für ein oder mehrere andere Antigene.

Als **Abstoßungsreaktion** bezeichnet man die Zerstörung von fremdem transplantiertem Gewebe durch angreifende Lymphocyten. Man unterscheidet die erstmalige (primäre) Abstoßungsreaktion von folgenden (sekundären) Abstoßungsreaktionen gegen Transplantate von demselben Spender oder von einer mit dem ersten Spender verwandten Person. Letztere sind meist viel ausgeprägter als die erste Abstoßungsreaktion.

Unter einer **adaptiven Immunantwort** oder **adaptiven Immunität** versteht man die Reaktion antigenspezifischer Lymphocyten auf ein Antigen. Dazu gehört auch die Ausbildung eines immunologischen Gedächtnisses. Adaptive Immunantworten entstehen durch Selektion bestimmter Lymphocytenklone. Die adaptive Immunität unterscheidet sich von der → angeborenen und der nichtadaptiven Immunität, die nicht auf der Selektion antigenspezifischer Lymphocytenklone beruhen. Man bezeichnet die adaptive Immunität auch als erworbene Immunität.

ADCC → antikörperabhängige zellvermittelte Cytotoxizität.

Der **Adenosindesaminasemangel** (ADA-Mangel) führt zur Akkumulierung toxischer Purinnucleoside und -nucleotide, die den Tod der meisten im Thymus heranreifenden Lymphocyten zur Folge hat. Dieser Enzymdefekt ist häufig Ursache → schwerer kombinierter Immundefekte (SCIDs).

Adhäsionsmoleküle vermitteln die Bindung einer Zelle an andere Zellen oder an zelluläre Matrixproteine. Integrine, Selektine, die Genprodukte der → Immunglobulinsuperfamilie sowie CD44 und verwandte Proteine sind Adhäsionsmoleküle, die bei der Immunabwehr eine wichtige Rolle spielen.

Ein **Adjuvans** ist eine Substanz, die im Gemisch mit einem Antigen die Immunantwort gegen dieses Antigen verstärkt.

Eine **adoptive Immunität** wird einem immundefizienten oder strahlengeschädigten Patienten durch die Übertragung von Lymphocyten eines aktiv immunisierten Spenders verliehen. Diesen Vorgang bezeichnet man auch als adoptiven Transfer oder adoptive Immunisierung.

Adressine → vaskuläre Adressine.

Affinität ist die Stärke, mit der ein Molekül an einer einzelnen Stelle an ein anderes bindet, etwa bei der Anlagerung eines monovalenten Fab-Fragments eines Antikörpers an ein monovalentes Antigen (→ Avidität).

Affinitätschromatographie bezeichnet die Aufreinigung einer Substanz mit Hilfe ihrer Affinität zu einer anderen Substanz, die auf einem festen Trägermaterial immobilisiert ist. Ein Antigen läßt sich so zum Beispiel auf einer Säule aus kleinen Kügelchen aufreinigen, an die spezifische Antikörper gebunden sind.

Die **Affinitätshypothese** der T-Zell-Selektion im Thymus besagt, daß T-Zellen zwar eine meßbare → Affinität für körpereigene MHC-Moleküle besitzen müssen, damit sie reifen können. Die Affinität darf jedoch nicht so hoch sein, daß die Zelle während ihrer Reifung aktiviert wird. Dann müßte diese Zelle nämlich zerstört werden, um die Toleranz gegenüber körpereigenen Antigenen zu erhalten.

Der Begriff **Affinitätsreifung** bezieht sich auf die wachsende Affinität der Antikörper, die im Verlauf einer humoralen Immunantwort entstehen. Besonders ausgeprägt ist sie bei einer sekundären oder tertiären Immunisierung.

Agammaglobulinämie → X-gekoppelte Agammaglobulinämie.

Agglutination ist das Zusammenklumpen einzelner Partikel, gewöhnlich über Antikörpermoleküle, die an Antigene auf der Oberfläche der Partikel binden. Handelt es sich bei den Partikeln um rote Blutkörperchen, so spricht man von Hämagglutination.

AIDS → erworbenes Immunschwächesyndrom.

Eine **aktive Immunisierung** erfolgt mit Antigenen. Bei der passiven Immunisierung dagegen erhält die jeweilige Person Antikörper gegen einen Krankheitserreger.

Akute Phase → Immunantwort der akuten Phase, → Proteine der akuten Phase.

Akzessorische Zellen oder **akzessorische Effektorzellen** sind Zellen, die bei einer adaptiven Immunantwort helfen, selbst aber keine spezifische Antigenerkennung vermitteln. Beispiele sind Phagocyten, Mastzellen und natürliche Killerzellen.

Allele sind Varianten desselben Gens.

Unter **Allelausschluß** oder **alleler Exklusion** (*allelic exclusion*) versteht man die Expression von Immunglobulinen, deren konstante Region der schweren und der leichten Kette von jeweils einem einzigen Allel codiert wird, auf der Oberfläche von B-Zellen bei heterozygoten Tieren oder Menschen. Man verwendet den Ausdruck heute auch ganz allgemein, um die Bildung einer einzigen Rezeptorsorte bei Zellen zu beschreiben, die das Potential zur Expression mehrerer Rezeptoren mit unterschiedlicher Spezifität besitzen.

Allergene sind Antigene, die eine Überempfindlichkeits- oder allergische Reaktion hervorrufen.

Allergien sind symptomatische Reaktionen auf Umweltantigene. Sie beruhen auf der Wechselwirkung zwischen dem Antigen und Antikörpern oder T-Zellen, die sich bereits bei einem früheren Kontakt mit demselben Antigen gebildet haben.

Eine **allergische Reaktion** ist eine Immunantwort auf harmlose Umweltantigene oder Allergene aufgrund bereits existierender Antikörper oder T-Zellen. Dabei können eine Reihe von Mechanismen eine Rolle spielen. Meist bindet jedoch ein Allergen an IgE-Antikörper auf Mastzellen, wie bei Asthma, Heuschnupfen und anderen verbreiteten Allergien.

Allergische Rhinitis oder Heuschnupfen ist eine allergische Reaktion in der Nasenschleimhaut, die ein Laufen der Nase, Niesen und starken Tränenfluß verursacht.

Allergisches Asthma ist das Zusammenziehen der Bronchien infolge einer allergischen Reaktion auf ein eingeatmetes Antigen.

Als **allogen** bezeichnet man zwei Individuen derselben Art beziehungsweise Zellen oder Gewebe dieser Individuen, wenn sie einen unterschiedlichen Genotyp, also verschiedene Allele desselben Gens aufweisen (→ syngen, → xenogen).

Allogene MHC-Moleküle auf den Zelloberflächen eines Transplantats, das von einem nichtverwandten Spender derselben Spezies stammt, sind gewöhnlich die Ursache für die Abstoßung des Gewebes, da sie von den T-Zellen des Empfängers als fremd erkannt werden.

Allogene Transplantation (früher auch: homogene oder homologe Transplantation) ist die Übertragung von Gewebe, das von einem allogenen Spender derselben Spezies stammt, wenn es sich also nicht um Eigengewebe handelt. Solche Transplantate werden in jedem Fall abgestoßen, sofern der Empfänger nicht immunsupprimiert ist.

Alloreaktivität beschreibt die Reaktion von T-Zellen auf fremde oder allogene MHC-Moleküle.

Allotypen sind Polymorphismen, die mit Hilfe von Antikörpern aufgespürt werden können. Unterschiede im Allotyp der Immunglobuline waren wichtig bei der Erforschung der genetischen Grundlagen der Antikörpervielfalt.

In **α:β-Heterodimeren** wie beispielsweise dem Antigenrezeptor der meisten T-Zellen sind die variablen α- und β-Ketten über Disulfidbrücken miteinander verbunden und in der Membran mit den CD3-Ketten assoziiert. T-Zellen mit diesem Rezeptortyp bezeichnet man auch oft als α:β-T-Zellen.

Der **alternative Weg der Komplementaktivierung** wird im Gegensatz zu dem klassischen Weg nicht durch Antikörper in Gang gebracht, sondern durch die Bindung des Komplementproteins C3b an die Oberfläche eines Krankheitserregers. Er ist daher Bestandteil der → angeborenen Immunität. Er verstärkt außerdem den → klassischen Weg der Komplementaktivierung.

Der **anaphylaktische Schock** ist eine allergische Reaktion auf systemisch verabreichte Antigene, die einen Kreislaufkollaps sowie ein Anschwellen der Luftröhre und damit Erstickungsgefahr verursacht. Er wird durch die Bindung von Antigenen an IgE-Antikörper auf Mastzellen in Bindegeweben vieler Körperregionen ausgelöst und führt so zu zahlreichen, im ganzen Körper verteilten Entzündungsherden.

Anaphylatoxine sind kleine Fragmente von Komplementproteinen, die während der Komplementaktivierung abgespalten werden. Beispiele sind die Fragmente C5a, C3a und C4a, die hier entsprechend ihrer Stärke *in vivo* aufgelistet sind. Sie führen zur Flüssigkeitsansammlung und locken → inflammatorische Zellen zu den Antigenen.

Anergie ist ein Zustand fehlender Reaktivität auf Antigene. Man bezeichnet Personen als anergisch, wenn sie bei Kontakt mit entsprechenden Antigenen keine → Hypersensibilitätsreaktion vom verzögerten Typ ausbilden. T- und B-Zellen sind anergisch, wenn sie auch bei optimaler Stimulierung nicht auf ihr spezifisches Antigen reagieren.

Die frühen Phasen einer Abwehrreaktion beruhen auf der **angeborenen Immunität**, bei der eine Vielzahl von angeborenen Resistenzmechanismen einen Krankheitserreger erkennen und auf seine Anwesenheit reagieren. Die angeborene Immunität ist in allen Individuen und zu jeder Zeit gegeben, sie nimmt selbst bei wiederholtem Kontakt mit dem Erreger nicht zu und unterscheidet auch nicht zwischen verschiedenen Erregern. Einer Abwehrreaktion im Rahmen der angeborenen Immunität folgt normalerweise eine → adaptive Immunantwort, die auf der → klonalen Selektion spezifischer Lymphocyten beruht und zu einem langfristigen Schutz vor einer erneuten Infektion führt.

Antigene sind Moleküle, die mit Antikörpern reagieren. Ihren Namen verdanken sie der Fähigkeit, die Bildung von *Anti*körpern zu *generie*ren. Einige Antigene lösen jedoch allein keine Antikörperbildung aus.

Nur diejenigen, die dazu in der Lage sind, nennt man auch → Immunogene.

Antigen:Antikörper-Komplexe sind Gruppen von nichtkovalent miteinander verbundenen Antigen- und Antikörpermolekülen. Ihre Größe reicht von kleinen, löslichen bis zu großen, unlöslichen Komplexen. Man bezeichnet sie auch als → Immunkomplexe.

Die **Antigenbindungsstelle** eines Antikörpers besteht aus sechs hypervariablen Schleifen; drei davon gehören zu der variablen Region der leichten Ketten, drei zu der variablen Region der schweren Ketten.

Bei der **Antigendrift** führen Punktmutationen zu kleinen Veränderungen in der Struktur der viralen Oberflächenantigene. Mit Hilfe dieses Mechanismus verändern Grippeviren von Jahr zu Jahr ihr Antigenprofil. → Antigenshift.

Der Begriff **Antigenerbsünde** (*original antigenic sin*) bezeichnet die Tendenz des Menschen, Antikörper nur gegen diejenigen Epitope eines Virus herzustellen, die der ursprüngliche Stamm dieses Virus mit den nachfolgenden verwandten Stämmen gemeinsam hat, selbst wenn diese auch andere hochimmunogene Epitope tragen.

Die **antigene Determinante** ist der Bereich eines Antigenmoleküls, an den ein bestimmter Antikörper bindet. Man nennt diesen Bereich auch → Epitop.

Durch **antigene Variation** gelingt es vielen Krankheitserregern, der adaptiven Immunreaktion zu entgehen. Dabei verändern sie ihre Oberflächenantigene so, daß die bei früheren Infektionen gebildeten Antikörper oder T-Zellen sie nicht mehr erkennen (→ Antigendrift, → Antigenshift).

Unter **Antigenpräsentation** versteht man das Vorzeigen von Antigenen in Form von Peptidfragmenten, die an MHC-Moleküle auf der Zelloberfläche gebunden sind. T-Zellen erkennen Antigene nur in dieser Form.

Antigenpräsentierende Zellen sind hochspezialisiert. Sie können Proteinantigene zerlegen und die Peptidfragmente gemeinsam mit Molekülen, die für die Aktivierung von Lymphocyten notwendig sind, auf ihrer Oberfläche darbieten. Die wichtigsten Zellen, die den T-Zellen Antigene präsentieren, sind → dendritische Zellen, → Makrophagen und → B-Zellen. Die wichtigsten antigenpräsentierenden Zellen für B-Zellen sind dagegen die follikulären dendritischen Zellen (→ Lymphfollikel).

Antigenshift bezeichnet den Austausch einzelner Genomsegmente zwischen zwei Viren. Auf diese Weise verändern Grippeviren ihre Oberflächenantigene von Zeit zu Zeit grundlegend. Das Immunsystem erkennt die neuen Virusvarianten nicht, selbst wenn die betreffende Person zuvor bereits gegen Grippe immun war. So kommt es in gewissen Zeitabständen zu weitverbreiteten Grippeepidemien mit teilweise schweren Krankheitsverläufen.

Die **Antigenverarbeitung** (*antigen processing*) bezeichnet das Zerlegen von Proteinen zu Peptiden. Alle Antigene mit Ausnahme von Peptiden müssen zerlegt werden, bevor sie den T-Zellen von MHC-Molekülen präsentiert werden können.

Anti-Immunglobulin-Antikörper sind Antikörper, die die konstante Domäne der Immunglobuline erkennen. Man verwendet sie häufig bei immunologischen Nachweisreaktionen und anderen Tests, um gebundene Antikörper sichtbar zu machen.

Antikörper sind Plasmaproteine, die spezifisch an → Antigene binden, und bilden die Schlüsselmoleküle der humoralen Immunantwort. Sie entstehen als Reaktion auf eine Immunisierung mit den entsprechenden Antigenen und binden spezifisch an Fremdorganismen, neutralisieren diese oder bereiten sie für die Zerstörung durch Phagocyten vor. Jedes Antikörpermolekül besitzt eine einzigartige Struktur, die es ihm ermöglicht, ein ganz bestimmtes Antigen zu erkennen. Die Gesamtstruktur ist jedoch bei allen Antikörpern dieselbe. Daher faßt man sie auch unter dem Begriff Immunglobuline zusammen.

Unter **antikörperabhängiger zellvermittelter Cytotoxizität** (*antibody-dependent cell-mediated cytotoxicity, ADCC*) versteht man das Abtöten von Zellen mit Antikörpern an ihrer Oberfläche durch Zellen mit

Rezeptoren, die die Fc-Region der gebundenen Antikörper erkennen. Die ADCC wird meist durch natürliche Killerzellen vermittelt, die den Fc-Rezeptor FcγRIII oder CD16 auf ihrer Oberfläche tragen.

Das **Antikörperrepertoire** umfaßt die gesamte Vielfalt der Antikörper, die ein Individuum bilden kann.

Ein **Antiserum** ist die flüssige Fraktion von geronnenem Blut eines Lebewesens, das mit einem bestimmten Antigen immunisiert wurde. Es enthält verschiedene Antikörper gegen dieses Antigen, die alle eine ganz spezifische Struktur besitzen, unterschiedliche Epitope auf dem Antigen erkennen und mit jeweils verschiedenen anderen Antigenen kreuzreagieren. Aufgrund dieser Heterogenität ist jedes Antiserum einzigartig.

Unter **aplastischer Anämie** versteht man das völlige Versagen von Knochenmarkstammzellen, so daß keinerlei zelluläre Bestandteile des Blutes mehr gebildet werden können. Man kann sie mit Knochenmarktransplantation behandeln.

Bei der **Apoptose** oder dem **programmierten Zelltod** aktiviert die Zelle ein internes Zerstörungsprogramm. Charakteristisch sind der Abbau der Kern-DNA, die Degenerierung und Kondensierung des Zellkerns sowie die Phagocytose von Zellresten. Bei proliferierenden Zellen ist die Apoptose häufig ein natürlicher Bestandteil der Entwicklung. Das gilt besonders für Lymphocyten. Sie sterben häufig noch vor der Reife oder im Zuge von Immunreaktionen. Apoptose ist von der Nekrose zu unterscheiden, die durch äußere Umstände, wie etwa Toxine oder Anoxie, verursacht wird.

Die **Arthus-Reaktion** ist eine Hautreaktion, bei der in die Haut injiziertes Antigen mit IgG-Antikörpern in den Extrazellulärräumen reagiert. Dabei werden das → Komplementsystem und Phagocyten aktiviert, und es kommt zu einer lokalen Entzündungsreaktion.

Unter **atopischer Allergie** oder **Atopie** versteht man eine unmittelbare Hypersensibilität, die im allgemeinen durch IgE-Antikörper vermittelt wird.

Attenuierte Krankheitserreger → abgeschwächte Krankheitserreger.

Autoantikörper erkennen körpereigene Antigene.

Autoimmunerkrankungen werden durch eine Immunreaktion gegen körpereigene Antigene hervorgerufen.

Die **autoimmunhämolytische Anämie** ist ein krankhafter Mangel an roten Blutkörperchen (Anämie). Sie beruht auf Autoantikörpern, die sich an die Antigene auf der Oberfläche der Erythrocyten binden und diese so für die Zerstörung markieren.

Unter **Autoimmunreaktion** versteht man eine → adaptive Immunantwort, die gegen körpereigene Antigene gerichtet ist. Entsprechend bezeichnet man die adaptive Immunität gegen körpereigene Antigene als Autoimmunität.

Autoreaktivität umfaßt die gegen körpereigene Antigene gerichteten Immunantworten.

Avidität ist die Gesamtbindungsstärke zwischen zwei Molekülen oder Zellen. Im Gegensatz dazu bezieht sich die → Affinität nur auf eine einzige Bindung zwischen einem Molekül und seinem Liganden.

Azathioprin ist ein wirksames immunsuppressives Medikament, das erst *in vivo* in seine aktive Form umgewandelt wird. Es zerstört sich schnell teilende Zellen – etwa Lymphocyten, die bei der Reaktion gegen ein Transplantat proliferieren.

B7 (oder B7.1) und **B7.2** sind Oberflächenmoleküle antigenpräsentierender Zellen, die an CD28 und → CTLA-4 binden und dadurch costimulierende Signale an antigenspezifische T-Zellen senden.

Bakterien sind die Verursacher vieler Infektionskrankheiten. Sie sind prokaryotische Mikroorganismen, die vielen verschiedenen Spezies und Stämmen angehören. Sie können auf Körperoberflächen leben, in Extrazellulärräumen, in zellulären Vesikeln oder im Cytosol.

BALT → bronchienassoziierte lymphatische Gewebe, → mucosaassoziierte lymphatische Gewebe.

Bare lymphocyte Syndrome → nackte Lymphocyten.

Die **Basedow-Krankheit** (*Graves' disease*) ist eine Autoimmunerkrankung, bei der Antikörper gegen den Rezeptor für das schilddrüsenstimulierende Hormon gebildet werden. Dies führt zu einer Überproduktion von Schilddrüsenhormonen und somit zu dem Krankheitsbild der Hyperthyreose.

β₁-Integrine sind eine Familie von Integrinen mit identischen β₁-, aber unterschiedlichen α-Ketten. Sie erlauben die Adhäsion an andere Zellen und an extrazelluläre Matrixmoleküle. Man bezeichnet sie auch als sehr späte Antigene (→ *very late antigens*, VLAs).

Ein **β-Faltblatt** ist eines der wichtigsten Strukturelemente von Proteinen. Es besteht aus einander gegenüberliegenden Aminosäuresträngen, die durch Wechselwirkungen zwischen Amid- und Carbonylgruppen zusammengehalten werden. Die Seitenketten der Aminosäuren in einem einzelnen Strang ragen abwechselnd auf der einen oder der anderen Seite des Faltblatts hervor. β-Faltblätter können parallel sein, dann verlaufen beide Aminosäurestränge in derselben Richtung, oder antiparallel, also mit entgegengesetzter Ausrichtung. Alle Immunglobulindomänen bestehen aus antiparallelen β-Faltblattstrukturen. Ein β-Strang ist ein Aminosäurestrang in einem β-Faltblatt.

Der Begriff **bewaffnete T-Effektorzellen** (*armed effector T cells*) dient in diesem Buch zur Bezeichnung von aktivierten T-Effektorzellen. Diese Zellen werden nämlich unmittelbar durch den Kontakt mit Zellen, die den entsprechenden Peptid:MHC-Komplex tragen, dazu angeregt, ihre Effektorfunktionen auszuüben. Sie unterscheiden sich darin von den T-Gedächtniszellen, die zuerst durch antigenpräsentierende Zellen aktiviert werden müssen, bevor sie eine Reaktion vermitteln können.

Blutgruppenantigene sind Oberflächenmoleküle der roten Blutkörperchen, die man mit Hilfe von Antikörpern anderer Individuen identifizieren kann. Die wichtigsten Blutgruppenantigene bezeichnet man als AB0 und Rh (Rhesusfaktor). Man verwendet sie zur Typisierung des Blutes in Blutbanken. Daneben gibt es viele andere Blutgruppenantigene, die sich durch eine → Kreuzprobe nachweisen lassen.

Blutplättchen sind kleine, von Megakaryocyten gebildete Zellfragmente, die bei der Blutgerinnung eine wichtige Rolle spielen.

Bei der **Bluttypisierung** überprüft man in der Transfusionsmedizin, ob ein Spender und ein Empfänger dieselben AB0- und Rhesusantigene besitzen. Durch eine gegenseitige → Kreuzprobe, bei der Serum des Spenders auf Zellen des Empfängers gegeben wird und umgekehrt, werden andere Inkompatibilitäten (Unverträglichkeiten) ausgeschlossen. Die Transfusion von unverträglichem Blut verursacht eine sogenannte Transfusionsreaktion, in deren Verlauf rote Blutkörperchen zerstört werden. Das dabei freigesetzte Hämoglobin wirkt giftig.

B-Lymphocyten → B-Zellen.

Die **bronchienassoziierten lymphatischen Gewebe** (*bronchial-associated lymphoid tissues*, BALT) umfassen alle lymphatischen Zellen und Gewebe des Atmungssystems. Beim Auslösen einer Immunreaktion auf inhalierte Antigene und bei Atemwegsinfektionen spielen sie eine große Rolle.

Die **Bursa Fabricii** der Vögel, eine Ausstülpung der Kloake, setzt sich aus Epithelgewebe und lymphatischen Zellen zusammen und ist der Ort der frühen Proliferation der B-Zellen. Die Bursa ist für die Entwicklung der B-Zellen bei Vögeln notwendig. Ihre Entfernung (Bursektomie) bei Jungvögeln führt nämlich dazu, daß die Adulttiere keine B-Zellen besitzen. Beim Menschen fand man keine analoge Struktur. Hier erfolgt die Entwicklung der B-Zellen auf andere Weise.

B-Zellen oder **B-Lymphocyten** bilden eine der beiden wichtigsten Lymphocytenklassen. Der Antigenrezeptor der B-Lymphocyten, auch als B-Zell-Rezeptor bezeichnet, ist ein Zelloberflächenimmunglobulin. Werden B-Zellen durch Kontakt mit einem Antigen aktiviert, so differenzieren sie zu Zellen, die Antikörper mit der Spezifität des ursprünglichen Rezeptors ausbilden.

B-Zell-Mitogene sind Substanzen, die B-Zellen zur Teilung anregen.

Der **C1-Inhibitor (C1-INH)** ist ein Protein, das die aktivierte Komplementkomponente C1 hemmt, indem es an C1 bindet und dessen C1r:C1s-Enzymaktivität blockiert. Ein Defekt des C1-INH ist die Ursache des → erblichen angioneurotischen Ödems, bei dem spontane Komplementaktivierungen Kehldeckelschwellungen und damit Erstickungsnot auslösen.

Die Bildung der **C3/C5-Konvertase** auf der Oberfläche eines Krankheitserregers oder einer Zelle ist ein wichtiger Schritt bei der Aktivierung des → Komplementsystems. Die C3/C5-Konvertase katalysiert die Ablagerung zahlreicher C3-Moleküle auf der Oberfläche des Erregers. Das führt zur → Opsonisierung der Membran und zur Aktivierung der Effektorkaskade, die wiederum Membranläsionen verursacht.

Das Enzym **Calcineurin**, eine cytosolische Serin/Threonin-Phosphatase, spielt eine wichtige, aber noch nicht genau definierte Rolle bei der Signalübertragung über den T-Zell-Rezeptor. Die Immunsuppressiva → Cyclosporin und → FK506 bilden Komplexe mit zellulären Proteinen, den → Immunophilinen, die an Calcineurin binden, es inaktivieren und dadurch die T-Zell-Antworten unterdrücken.

Calnexin ist ein 88-kd-Protein, das im endoplasmatischen Reticulum vorkommt. Es bindet an teilweise gefaltete Proteine der Immunglobulinsuperfamilie und hält sie im endoplasmatischen Reticulum zurück, bis sie ihre endgültige Konformation eingenommen haben.

Carrierproteine sind fremde Proteine, mit denen man kleine, nichtimmunogene Antigene oder → Haptene koppeln kann, um sie immunogen zu machen. *In vivo* können auch körpereigene Proteine als Carrier fungieren, wenn sie durch das Hapten in geeigneter Weise modifiziert werden. Dies spielt bei Allergien gegen Medikamente eine Rolle.

CD → Differenzierungscluster.

CD4-T-Helferzellen sind CD4-T-Zellen, welche die B-Zellen bei ihrer Antikörperreaktion gegen ein Antigen unterstützen. Die wirksamsten T-Helferzellen nennt man auch T$_H$2. Sie produzieren die → Cytokine IL-4 und IL-5. Einige Fachleute bezeichnen alle CD4-T-Zellen als T-Helferzellen, ganz unabhängig von ihrer Funktion. Wir selbst tun dies nicht, da die Funktion der Zellen nur durch Tests ermittelt werden kann, und manche CD4-T-Zellen die Zellen, mit denen sie reagieren, abtöten.

Der **CD40-Ligand** wird von aktivierten T-Helferzellen exprimiert. Zusammen mit anderen Faktoren löst er durch Bindung an CD40 auf der Oberfläche der B-Zellen deren Reifung aus.

Das Leukocytenantigen **CD45** ist auf allen Leukocyten vorhanden. Es handelt sich um eine transmembrane Tyrosinphosphatase, die je nach Zelltyp in einer Vielzahl von Isoformen gebildet werden kann.

CDRs → komplementaritätsbestimmende Regionen.

Centroblasten sind große, sich schnell teilende Zellen in den → Keimzentren. Man nimmt an, daß in diesen Zellen somatische Hypermutationen stattfinden. Von den Centroblasten leiten sich antikörperbildende B-Zellen und B-Gedächtniszellen ab.

Centrocyten sind kleine, nichtproliferierende B-Zellen in den → Keimzentren, die sich von den → Centroblasten ableiten.

Chemokine sind kleine → Cytokine, die bei der Wanderung und Aktivierung von Zellen, besonders von phagocytischen Zellen und Lymphocyten, eine Rolle spielen.

Class-switching → Klassenwechsel.

Von einer **codominanten** Expression spricht man, wenn beide Allele eines Gens in einem heterozygoten Individuum annähernd gleich stark exprimiert werden. Bei den meisten Genen, auch bei den hochpolymorphen MHC-Genen, ist dies der Fall.

Congene Mausstämme haben ein bis auf einen einzigen Locus identisches Genom. Man erhält sie durch Rückkreuzung einer Maus, die das gewünschte Merkmal zeigt, mit einem Stamm, der den für die congenen Stämme gewünschten Genbestand besitzt. Die für die immunologische Forschung wichtigsten congenen Stämme sind die von George Snell entwickelten **congenen Resistenzstämme**, die sich nur in den MHCs voneinander unterscheiden.

Der **Coombs-Test** weist die Bindung von Antikörpern an Erythrocyten nach. Rote Blutkörperchen, an deren Zelloberfläche Antikörper gebunden sind, verklumpen, sobald man Anti-Immunglobulin-Antikörper zugibt. Mit diesem Test kann man die bei einer Rhesus-Inkompatibilität gebildeten, nichtagglutinierenden Antikörper nachweisen (→ direkter Coombs-Test, → indirekter Coombs-Test).

Ein **Corezeptor** ist ein Zelloberflächenprotein, das die Empfindlichkeit eines Antigenrezeptors gegenüber seinem Antigen erhöht, indem es sich an benachbarte Liganden bindet. Es wirkt an der Signalkaskade mit, die zur Aktivierung führt. CD4 und CD8 sind MHC-bindende Corezeptoren auf T-Zellen, während CD19 Teil eines Corezeptorkomplexes auf B-Zellen ist.

Corticosteroide sind in der Nebenniere gebildete Steroide, wie zum Beispiel das Cortison. Corticosteroide können Lymphocyten, besonders heranreifende → Thymocyten, abtöten, indem sie eine → Apoptose auslösen. Man setzt sie als entzündungshemmende und immunsuppressive Medikamente ein.

Oberflächenmoleküle auf der antigenpräsentierenden Zelle dienen als **costimulierende Signale**. Sie sind erforderlich, um zusammen mit der Antigenbindung die Proliferation der Lymphocyten auszulösen. Die costimulierenden Signale für T-Zellen sind → B7 und B7.2. Sie wirken auf die Oberflächenmoleküle CD28 und → CTLA-4. Eine analoge Funktion übt bei B-Zellen der → CD40-Ligand aus, der an das Oberflächenmolekül CD40 bindet.

Das **C-reaktive Protein**, ein → Protein der akuten Phase, bindet an Phosphatidylcholin, das seinerseits Bestandteil des C-Polysaccharids des Bakteriums *Streptococcus pneumoniae* ist (daher auch der Name). Auch viele andere Bakterien tragen Phosphatidylcholin auf ihrer Oberfläche. Das C-reaktive Protein kann sich daher an viele verschiedene Bakterien binden und sie für eine schnelle Endocytose durch Phagocyten vorbereiten.

Die **C-Regionen** oder **konstanten Regionen** von Antikörpermolekülen oder T-Zell-Rezeptoren bestehen aus einer oder mehreren C-Domänen, die jeweils von einem einzigen Exon codiert werden. Da nur ein einziges Gen die C-Region codiert, ist diese bei allen Antikörpern oder T-Zell-Rezeptoren, in denen sie vorkommt, gleich.

CTLA-4 ist ein Oberflächenmolekül aktivierter T-Zellen. Es fungiert als Rezeptor für → B7 und B7.2.

Cyclophosphamid ist ein alkylierendes Agens, das häufig als Immunsuppressivum eingesetzt wird. Es tötet schnell proliferierende Zellen ab, darunter auch Lymphocyten, die sich infolge eines Antigenkontakts teilen.

Cyclosporin A ist ein wirksames immunsuppressives Medikament. Es hemmt die Signalübertragung über den T-Zell-Rezeptor und verhindert dadurch die Aktivierung der T-Zellen, so daß sie ihre Effektorfunktionen nicht ausüben können. Cyclosporin A bindet an Cyclophilin, und dieser Komplex wiederum inaktiviert die Serin/Threonin-Phosphatase → Calcineurin.

Cytokine sind Proteine von Zellen, die das Verhalten anderer Zellen beeinflussen. Von Lymphocyten produzierte Cytokine nennt man auch oft Lymphokine oder → Interleukine (IL abgekürzt). In diesem Buch, wie auch in der einschlägigen Literatur, findet jedoch meist die übergeordnete Bezeichnung Cytokine Verwendung. Cytokine wirken über spezifische Rezeptoren auf ihren Zielzellen. Eine Auflistung der verschiedenen Cytokine und ihrer Rezeptoren findet sich in Anhang II.

Die Bindung von Cytokinen an **Cytokinrezeptoren** löst in der betroffenen Zelle verschiedene Veränderungen aus, wie zum Beispiel Wachstum, Differenzierung oder den Tod der Zelle. Die verschiedenen Cytokinrezeptoren sind in Anhang II aufgeführt.

Cytotoxine sind Proteine, die von → cytotoxischen T-Zellen gebildet werden und bei der Zerstörung der Zielzellen mitwirken. Die wichtigsten Cytotoxine sind die → Perforine und die Granzyme oder → Fragmentine.

Cytotoxische T-Zellen sind T-Zellen, die andere Zellen abtöten können. Die meisten cytotoxischen T-Zellen sind gegen MHC-Klasse-I-Moleküle gerichtete CD8-T-Zellen, aber auch CD4-T-Zellen können in manchen Fällen andere Zellen abtöten. Cytotoxische T-Zellen sind wichtig für die Verteidigung gegen cytosolische Krankheitserreger.

Darmassoziierte lymphatische Gewebe (*gut-associated lymphoid tissues,* GALT) sind lymphatische Gewebe, die eng mit dem Gastrointestinaltrakt verbunden sind. Dazu zählen die → Tonsillae palatinae, die → Peyerschen Plaques und die intraepithelialen Lymphocyten. Die GALT haben eine ganz eigene Biologie. Das hängt mit dem häufigen Kontakt zu Antigenen in Lebensmitteln und aus der normalen Darmflora zusammen.

Defekte endogene Retroviren sind Teile retroviraler Genome, die in die DNA der Wirtszelle integriert sind und wie die Gene des Wirts weitervererbt werden. Im Mausgenom liegen sie in sehr großer Zahl vor.

Dendritische Epidermiszellen sind eine spezialisierte Klasse von γ:δ-T-Zellen, die man in der Haut von Mäusen und einigen anderen Tierarten findet, nicht aber bei Menschen. Sie besitzen alle denselben γ:δ-Rezeptor. Ihre Funktion ist bislang noch unbekannt.

Dendritische Zellen, auch interdigitierende retikuläre Zellen genannt, findet man in den Bereichen der lymphatischen Gewebe, die viele T-Zellen enthalten. Sie sind verzweigt und die stärksten Stimulatoren der T-Zell-Reaktion. Nichtlymphatische Gewebe enthalten ebenfalls dendritische Zellen; diese scheinen aber T-Zell-Antworten erst dann auszulösen, wenn sie aktiviert wurden und zu den lymphatischen Geweben wandern. Dendritische Zellen sind auch bei der Transplantatabstoßung von Bedeutung, da sie vom Ort der Transplantation zu lokalen Lymphknoten wandern und dort die Abstoßungsreaktion auslösen. Die dendritischen Zellen leiten sich von Vorläuferzellen aus dem Knochenmark ab. Sie sind nicht zu verwechseln mit den → follikulären dendritischen Zellen, die den B-Zellen Antigene präsentieren.

Bei der **Desensibilisierung** wird ein allergischer Patient steigenden Antigendosen ausgesetzt, um die allergischen Reaktionen zu hemmen. Wahrscheinlich findet dabei eine Verschiebung des CD4-T-Zell-Typs und damit ein Wechsel der Antikörper von IgE nach IgG statt.

D-Gensegmente oder **Diversitätsgensegmente** sind kurze DNA-Sequenzen. Bei der somatischen Rekombination eines Exons für eine variable Region verbinden sie in den Genen für die schwere Kette der Immunglobuline die V- und J-Gensegmente miteinander und in den Genen für den T-Zell-Rezeptor die Segmente für die β- und δ-Ketten.

Diacylglycerin (DAG) entsteht beim Abbau von Lipiden, meist durch Spaltung von Inositolphospholipiden. Das Enzym Phospholipase C-γ spaltet diese Lipide in DAG und → Inositoltrisphosphat. Die DAG-Bildung wird durch die Bindung zahlreicher Rezeptoren an ihre Liganden aktiviert. DAG aktiviert dann seinerseits die cytosolische Proteinkinase C, die das Signal weiterleitet.

Als **Diapedese** bezeichnet man die Wanderung von Blutzellen, besonders von Leukocyten, durch die Gefäßwände ins Gewebe.

Differenzierungsantigene sind Proteine auf bestimmten Zellen, die sich mit Hilfe spezifischer Antikörper nachweisen lassen. Viele Differenzierungsantigene erfüllen wichtige Funktionen, die für die einzelnen Differenzierungsstadien der betreffenden Zelle charakteristisch sind. Ein Beispiel sind die Immunglobuline auf der Oberfläche von B-Zellen.

Differenzierungscluster (*clusters of differentiation,* CD) sind Gruppen monoklonaler Antikörper, die dasselbe Zelloberflächenmolekül erkennen. Dieses bezeichnet man mit CD und einer Zahl, zum Beispiel CD1 oder CD2. Eine Auflistung der CD-Antigene findet sich in Anhang I.

Das **DiGeorge-Syndrom** ist eine genetisch bedingte, rezessiv vererbte Immunschwächeerkrankung. Die Patienten besitzen kein ausdifferenziertes Thymusepithel und keine Nebenschilddrüsen. Ein weiteres Merkmal sind Anomalien der Blutgefäße. Das Syndrom geht offensichtlich auf einen Defekt der Zellen der Neuralleiste zurück.

Beim **direkten Coombs-Test** setzt man Anti-Immunglobulin-Antikörper ein, um festzustellen, ob die Erythrocyten *in vivo* mit Antikörpern bedeckt sind – entweder aufgrund einer Autoimmunreaktion oder einer gegen fetale Zellen gerichteten Immunreaktion der Mutter (→ Coombs-Test, → indirekter Coombs-Test).

Diskontinuierliche Epitope → Konformationsepitope.

Diversitätsgensegmente → D-Gensegmente.

Doppelt negative Thymocyten sind unreife T-Zellen im Thymus, die keinen der beiden → Corezeptoren CD4 und CD8 exprimieren. (Die selektive Expression eines dieser beiden Corezeptoren geht normalerweise mit der Entwicklung der T-Zellen einher.) Die vier wichtigsten T-Zell-Populationen im Thymus sind die doppelt negativen, die doppelt positiven, die CD4- sowie die CD8-Thymocyten.

Doppelt positive Thymocyten sind ein Zwischenstadium bei der T-Zell-Reifung im Thymus. Sie sind durch die Expression sowohl des CD4- als auch des CD8-Corezeptors gekennzeichnet.

Im **Ductus thoracicus**, der parallel zur Aorta durch den Oberkörper verläuft und sich in die linke Schlüsselbeinvene entleert, sammelt sich die Lymphe aus den meisten Bereichen des Körpers mit Ausnahme von Kopf, Nacken und dem rechten Arm. Der Ductus thoracicus führt also die Lymphflüssigkeit und die Lymphocyten wieder dem peripheren Blutkreislauf zu.

Effektorzellen sind Lymphocyten, die sich an der Zerstörung von Krankheitserregern beteiligen können, ohne daß sie eine weitere Differenzierung durchlaufen müssen. Darin unterscheiden sie sich von naiven Lymphocyten, die sich zunächst teilen und differenzieren müssen, bevor sie Effektorfunktionen ausüben können, und von Gedächtniszellen, die sich ebenfalls differenzieren und häufig auch teilen müssen, um sich zu Effektorzellen zu entwickeln. In diesem Buch werden sie auch als → bewaffnete Effektorzellen bezeichnet, um anzudeuten, daß ihre Effektorfunktionen bereits ausschließlich durch Antigenkontakt ausgelöst werden können.

Einfach positive Thymocyten ist eine andere Bezeichnung für reife T-Zellen. Sie lassen sich während der Entwicklung der T-Zellen im Thymus identifizieren, da sie entweder den CD4- oder den CD8-Corezeptor exprimieren.

Elektrophorese ist die Bewegung von Molekülen in einem elektrischen Feld. In der Immunologie setzt man verschiedene Formen der Elektrophorese ein, um Molekülgemische – insbesondere Proteingemische – aufzutrennen und die Ladung, Größe und Untereinheitenzusammensetzung der einzelnen Moleküle zu bestimmen.

Ein **ELISA** (*enzyme-linked immunosorbent assay*) ist ein serologischer Test, bei dem man gebundene Antigene oder Antikörper mit Hilfe eines gekoppelten Enzyms, das eine farblose Substanz in ein farbiges Produkt umwandelt, nachweist. Man verwendet sie häufig in der biologischen, medizinischen und immunologischen Forschung und Diagnostik.

Der **ELISPOT-Test** ist eine Variation des → ELISA-Tests. Dabei gibt man Zellen auf Antigene oder Antikörper, die an einer Plastikoberfläche immobilisiert sind. Diese fangen die Sekretionsprodukte der Zellen ein. Anschließend weist man die Sekretionsprodukte wie beim ELISA mit Hilfe eines enzymgekoppelten Antikörpers nach.

Embryonale Stammzellen (ES-Zellen) sind kontinuierlich proliferierende Zellen, die zu allen Zelltypen des Körpers differenzieren können. Embryonale Stammzellen der Maus können in Kultur gentechnisch manipuliert und anschließend in Mausblastocysten injiziert werden. Auf diese Weise lassen sich Mausmutanten herstellen. Meist löscht man durch → homologe Rekombination einzelne Gene in ES-Zellen aus und verwendet die Zellen, um sogenannte Knockout-Mutanten zu erhalten.

Sogenannte **endenbindende Antikörper** erkennen das Ende von Oligosaccharidantigenen, während andere an den Seiten dieser Moleküle binden.

Endogene Pyrogene sind → Cytokine, die eine Erhöhung der Körpertemperatur verursachen können. Sie sind nicht zu verwechseln mit den → Endotoxinen gramnegativer Bakterien, die Fieber hervorrufen, indem sie die Synthese und Sekretion endogener Pyrogene auslösen.

Endotoxine sind Bakterientoxine, die nur bei Beschädigung der Bakterienzelle freigesetzt werden. Demgegenüber werden Exotoxine von den Bakterien sezerniert. Die wichtigsten Endotoxine sind die Lipopolysaccharide gramnegativer Bakterien; sie sind wirksame Auslöser der Cytokinsynthese.

Entzündung (Inflammation) ist die allgemeine Bezeichnung für eine lokale Ansammlung von Flüssigkeit, Plasmaproteinen und weißen Blutkörperchen, die durch Verletzungen, Infektionen oder eine lokale Immunreaktion verursacht wird. Unter einer akuten Entzündung versteht man frühe und häufig vorübergehende Reaktionen, während man von einer chronischen Entzündung spricht, wenn die Infektion persistiert oder eine → Autoimmunreaktion vorliegt. Bei verschiedenen Erkrankungen beobachtet man viele verschiedene Entzündungsformen. Die Zellen, die ins Gewebe eindringen und eine Entzündung verursachen, bezeichnet man oft als → inflammatorische Zellen oder inflammatorisches Infiltrat.

Eosinophile Zellen sind → polymorphkernige Leukocyten mit eosinophilen Granula. Sie besitzen Oberflächenrezeptoren für IgE, die es ihnen ermöglichen, Parasiten anzugreifen. Bei allergischen Entzündungsreaktionen, wie beispielsweise Asthma, spielen sie eine wichtige Rolle.

Ein **Epitop** ist eine Stelle auf einem Antigen, die von einem Antikörper erkannt wird. Man bezeichnet sie auch als → antigene Determinante. Ein T-Zell-Epitop ist ein kurzes Peptid aus einem Proteinantigen. Es bindet an ein → MHC-Molekül und wird von einer bestimmten T-Zelle erkannt.

Das **Epstein-Barr-Virus (EBV)** gehört zu den Herpesviren. Es infiziert selektiv menschliche B-Zellen, indem es an den Komplementrezeptor 2 (CR2), auch CD21 genannt, bindet. Das Virus verursacht eine → infektiöse Mononucleose (Pfeiffersches Drüsenfieber) und führt zu einer lebenslänglichen Infektion der B-Zellen, die durch T-Zellen kontrolliert wird. Manche der latent mit EBV infizierten B-Zellen proliferieren *in vitro* und bilden → lymphoblastoide Zellinien.

Das **erbliche angioneurotische Ödem** beruht auf einem genetischen Defekt des → C1-Inhibitors des → Komplementsystems. Ist der C1-Inhibitor nicht vorhanden, so kann eine spontane Aktivierung des Komplementsystems den Austritt von Flüssigkeit aus den Blutgefäßen verursachen. Die schwerwiegendste Folge dieses Flüssigkeitaustritts ist ein Anschwellen des Kehldeckels, das zur Erstickungsgefahr führt.

Erworbene Immunität → adaptive Immunität.

Das **erworbene Immunschwächesyndrom (AIDS)** wird durch das → menschliche Immunschwächevirus (HIV) verursacht. Die Symptome treten auf, wenn ein Patient die meisten seiner CD4-T-Zellen verloren hat. Dann kommt es zu Infektionen durch → opportunistische Keime.

E-Selektin → Selektine.

ES-Zellen → embryonale Stammzellen.

Die **experimentelle allergische Encephalomyelitis (EAE)** ist eine künstlich herbeigeführte entzündliche Erkrankung des Zentralnervensystems bei Mäusen. Sie entwickelt sich, wenn man die Mäuse mit neuralen Antigenen in einem starken Adjuvans immunisiert.

Unter **Extravasation** versteht man die Wanderung von Zellen oder Flüssigkeit aus dem Lumen der Blutgefäße in das umgebende Gewebe.

IgG-Antikörper lassen sich mit Hilfe von Papain in zwei **Fab-Fragmente** und ein **Fc-Fragment** spalten. Die Fab-Fragmente enthalten den Bereich für die spezifische Antigenbindung. Sie bestehen aus einer leichten Kette und dem aminoterminalen Teil einer schweren Kette, die durch Disulfidbrücken zusammengehalten werden. Das Fc-Fragment (c steht für *crystallizable* oder kristallisierbar) besteht aus den carboxyterminalen Hälften der beiden schweren Ketten, die über Disulfidbrücken in der Gelenkregion miteinander verbunden sind.

FACS^R → fluoreszenzaktivierter Zellsorter.

Faktor P → Properdin.

Die sogenannte **Farmerlunge** ist eine Überempfindlichkeitserkrankung. Ursache ist die Reaktion von IgG-Antikörpern mit großen Mengen inhalierter Antigene in den Alveolarwänden der Lunge. Sie führt zu einer Entzündung der Alveolarwände und beeinträchtigt dadurch die Atmung.

Das Zelloberflächenmolekül **Fas** gehört zur Familie der Rezeptoren für den Tumornekrosefaktoren. Die Bindung des Liganden, der zu den Tumornekrosefaktoren gehört, an Fas kann die → Apoptose der betreffenden Zelle auslösen.

Fc-Fragment → Fab-Fragment.

Fc-Rezeptoren sind Rezeptoren für den Fc-Teil verschiedener Immunglobulinisotypen, beispielsweise die → Fcγ- und die → Fcε-Rezeptoren.

Den hochaffinen **Fcε-Rezeptor** (FcεRI) findet man auf → Mastzellen und basophilen → Granulocyten. Er bindet freies IgE. Die Verknüpfung mehrerer FcεRI durch die Bindung von IgE kann die Aktivierung der Mastzellen auslösen.

Fcγ-Rezeptoren, darunter FcγRI, -RII und -RIII, binden die Fc-Domäne von IgG-Molekülen. Die meisten Fcγ-Rezeptoren binden IgG nur in aggregierter Form, können also zwischen gebundenem und freiem Antikörper unterscheiden. Man findet sie auf Phagocyten, B-Lymphocyten, natürlichen Killerzellen und follikulären dendritischen Zellen. Als Bindeglied zwischen Antikörperbindung und Effektorzellfunktionen spielen sie eine Schlüsselrolle bei der → humoralen Immunität.

Die **fetale Erythroblastose** ist eine schwere Form der Rhesus-Hämolyse, bei der mütterliche Anti-Rh-Antikörper über die Placenta in den Fetus gelangen, mit väterlichen Antigenen auf den fetalen Erythrocyten reagieren und eine hämolytische Anämie auslösen. Diese ist so gravierend, daß das periphere Blut des Fetus fast nur unreife Erythroblasten enthält.

FK506 ist ein immunsuppressives Polypeptid, das T-Zellen inaktiviert, indem es die Signalübermittlung über den T-Zell-Rezeptor hemmt. FK506 und → Cyclosporin A sind die bei Organtransplantationen meistverwendeten Immunsuppressiva.

Mit Hilfe eines **fluoreszenzaktivierten Zellsorters** (*fluorescence-activated cell sorter*, FACS®) können einzelne Zellen klassifiziert und voneinander getrennt werden. Das Gerät mißt die Zellgröße, die Granuladichte und die Fluoreszenz der gebundenen fluoreszierenden Antikörper, während die Zellen einzeln an einem Photodetektor vorbeiströmen. Die Untersuchung einzelner Zellen auf diese Weise bezeichnet man auch als Durchflußcytometrie (Flowcytometrie) und die Meßgeräte dazu als Durchflußcytometer.

Follikuläre dendritische Zellen → Lymphfollikel.

Fragmentine oder **Granzyme** sind Serinesterasen in den Granula cytotoxischer Lymphocyten, wie zum Beispiel T-Zellen und natürlicher Killerzellen. Wenn Fragmentine in das Cytosol anderer Zellen gelangen, lösen sie die → Apoptose dieser Zellen aus, indem sie die Spaltung der Kern-DNA in Multimere mit einer Länge von 200 Basenpaaren induzieren.

Framework region → Gerüstregion.

Die **frühen induzierten Immunantworten** oder **frühen nichtadaptiven Immunantworten** werden durch Kontakt mit Antigenen in einem frühen Stadium der Infektion ausgelöst. Sie unterscheiden sich von der → angeborenen Immunität durch das Vorhandensein einer Induktionsphase. Im Gegensatz zu der → adaptiven Immunität basieren sie nicht auf der → klonalen Selektion seltener, antigenspezifischer Lymphocyten.

Frühe Pro-B-Zellen → Pro-B-Zellen.

GALT → darmassoziierte lymphatische Gewebe.

Als **γ:δ-Heterodimer** bezeichnet man die Rezeptoren der γ:δ-T-Zellen. Ihre Antigenerkennungsregionen unterscheiden sich von denen der α:β-Rezeptoren der meisten T-Zellen. Spezifität und Funktion der γ:δ-T-Zellen sind noch unbekannt.

γ-Globuline sind die Plasmaproteine, zu denen die meisten Antikörper zählen. Daneben gibt es die Albumine sowie die α- und die β-Globuline. Die einzelnen Gruppen lassen sich anhand ihrer elektrophoretischen Beweglichkeit voneinander trennen. Patienten, die keine Antikörper bilden können, leiden an einer sogenannten → Agammaglobulinämie, da man bei der → Elektrophorese ihrer Serumproteine keine γ-Globuline findet.

Gekoppelte Erkennung (*linked recognition*) bedeutet, daß Epitope, die von B-Zellen und T-Helferzellen erkannt werden, physikalisch miteinander verbunden sein müssen, damit die T-Helferzellen die B-Zellen aktivieren können. Zum Beispiel erkennt bei einem Hapten:Carrier-Komplex die B-Zelle das Hapten und die T-Zelle den Carrier. Letztere regt dann die B-Zelle zur Antikörperbildung an.

Die **Gelenkregion** eines Antikörpermoleküls ist eine flexible Domäne zwischen den Fab-Armen und dem Fc-Teil. Bei IgG- und IgA-Antikörpern ist das Gelenk sehr flexibel, so daß die beiden Fab-Arme viele verschiedene Winkel einnehmen und an weit voneinander entfernte Epitope binden können.

Von einer **gemischten Lymphocytenreaktion** (*mixed lymphocyte reaction, MLR*) spricht man, wenn Lymphocyten von zwei nicht miteinander verwandten Individuen gemeinsam kultiviert werden und die T-Zellen als Reaktion auf die allogenen → MHC-Moleküle auf den fremden Zellen proliferieren. Solche gemischten Lymphocytenkulturen (*mixed lymphocyte cultures*, MLCs) verwendet man bei Histokompatibilitätstests.

Unter **Gen-Knockout** versteht man die Unterbrechung von Genen durch → homologe Rekombination.

Unter **Genkonversion** versteht man den Transfer von genetischer Information von einem Gen zu einem homologen Gen. Die Genkonversion spielt eine wichtige Rolle bei der Bildung verschiedener → MHC-Varianten. Außerdem liegt sie der Antikörpervielfalt bei Hühnern und Kaninchen zugrunde.

Die variablen Domänen von Immunrezeptoren sind in einzelnen **Gensegmenten** verschlüsselt, die sich erst durch somatische Rekombination zu dem Exon für die vollständige → variable Region zusammensetzen. Wir unterscheiden drei Typen solcher Gensegmente: Die → V-Gensegmente codieren die ersten 95 Aminosäuren, die → D-Gensegmente etwa fünf Aminosäuren, und die → J-Gensegmente enthalten die Information für die letzten zehn bis 15 Aminosäuren der variablen Region. Die DNA der Keimzellen enthält zahlreiche Kopien dieser Gensegmente, von denen in rezeptortragenden Lymphocyten jedoch nur jeweils eine exprimiert wird.

Unter **Gentherapie** versteht man in der Immunologie die Korrektur eines Gendefekts durch Einschleusen eines funktionsfähigen Gens in Knochenmarkzellen oder andere Zelltypen.

Genetische Immunisierung ist eine neue Methode, um → adaptive Immunantworten gegen ein bestimmtes Protein auszulösen. Man injiziert Plasmid-DNA mit der Information für das gewünschte Protein in die Muskulatur. Aus noch unbekannten Gründen wird die DNA in den Muskelzellen exprimiert und löst dadurch die Bildung von Antikörpern und eine T-Zell-Antwort gegen das betreffende Protein aus.

Die variablen Bereiche von Immunrezeptoren lassen sich in **Gerüstregionen** (*framework regions*) und **hypervariable Regionen** unterteilen. Die Gerüstregionen sind kaum variierende Sequenzen innerhalb der variablen Bereiche. Sie bilden ein Proteingerüst für die hypervariablen Regionen, die mit dem Antigen in Kontakt treten und sich sehr stark voneinander unterscheiden.

Gewebespezifische Autoimmunerkrankungen beruhen auf Autoimmunreaktionen, die sich nur gegen bestimmte Gewebe richten, wie beispielsweise gegen das Bindegewebe.

Der **Gift-Sumach** (*poison ivy, Rhus toxicodendron*) ist eine Pflanze, deren Blätter die Substanz Pentadecacatechol enthalten – ein wirksames Kontaktantigen, das oft die Ursache für eine → Kontaktallergie ist.

Durch **Gleichgewichtsdialyse** läßt sich die → Affinität eines Antikörpers bestimmen. Bei diesem Verfahren füllt man den Antikörper in einen Dialysebeutel und gibt diesen in Lösungen mit unterschiedlichen Konzentrationen eines kleinen Antigens, das durch die Membran hindurchdiffundieren kann. Ist das Diffusionsgleichgewicht erreicht, bestimmt man die Menge an Antigen innerhalb und außerhalb des Beutels. Das Mengenverhältnis hängt von der Konzentration und der Affinität des Antikörpers im Beutel ab.

GlyCAM-1 ist ein mucinähnliches Molekül auf den hohen Endothelzellen der postkapillären Venolen lymphatischer Gewebe. Es ist ein wichtiger Ligand für → L-Selektin, das auf der Oberfläche naiver Lymphocyten exprimiert wird, und dirigiert diese aus der Blutbahn hinaus ins Lymphgewebe (→ Mucine).

Das **Goodpasture-Syndrom** ist eine → Autoimmunerkrankung, bei der → Autoantikörper gegen Basalmembranen oder Typ-IV-Kollagen gebildet werden, die eine ausgeprägte Vasculitis verursachen. Die Erkrankung führt rasch zum Tod.

Eine **graft versus host-Reaktion** (Transplantat-gegen-Wirt-Reaktion) liegt vor, wenn reife T-Lymphocyten eines Spenders in einen genetisch nicht identischen Empfänger injiziert werden und die Zellen des Empfängers angreifen. Beim Menschen können reife T-Zellen aus allogenen Knochenmarktransplantaten die sogenannte *graft versus host*-Krankheit verursachen.

Granulocyten ist eine andere Bezeichnung für → polymorphkernige Leukocyten.

Ein **Granulom** ist der Ort einer chronischen Entzündung, die normalerweise auf persistierende Krankheitserreger, wie etwa auf Mycobakterien, oder auf nichtzersetzbare Fremdkörper zurückgeht. Das Zentrum der Granulome besteht aus → Makrophagen, die häufig zu vielkernigen Riesenzellen verscholzen sind. Es ist von T-Lymphocyten umgeben.

Granzyme → Fragmentine.

H-2 ist der Haupthistokompatibilitätskomplex der Maus. Die Haplotypen werden durch hochgestellte Kleinbuchstaben, wie zum Beispiel H-2^b, gekennzeichnet.

Hämagglutinine sind alle Substanzen, welche die Verklumpung der Erythrocyten (Hämagglutination) verursachen. Die Hämagglutinine im menschlichen Blut sind Antikörper, die die AB0-Blutgruppenantigene erkennen. Grippeviren und einige andere Viren besitzen Hämagglutinine, die an Glykoproteine der Wirtszelle binden und dadurch den Infektionsprozeß einleiten.

Unter **Hämatopoese** versteht man die Bildung der zellulären Elemente des Blutes, wie zum Beispiel Erythrocyten, → Leukocyten und → Blutplättchen. Diese Zellen gehen alle aus pluripotenten hämatopoetischen Stammzellen hervor, deren ausdifferenzierte Nachkommen sich unter dem Einfluß hämatopoetischer Wachstumsfaktoren vermehren.

Hämatopoetische Zellinien sind alle aufeinanderfolgenden Zellstadien, die sich von hämatopoetischen Stammzellen ableiten und zu reifen Blutzellen entwickeln.

Beim **hämolytischen Plaque-Test** weist man antikörperbildende B-Zellen anhand sogenannter hämolytischer Plaques nach. Hierzu gibt man die Zellen auf eine Erythrocytenschicht. Die von den B-Zellen sezernierten Antikörper binden an Rezeptoren auf den Erythrocyten, die sich in der Nähe der B-Zellen befinden. Anschließend fügt man Komplement hinzu, das durch die gebundenen Antikörper dazu angeregt wird, die Erythrocyten um die B-Zellen herum zu lysieren.

Ein **Haplotyp** beschreibt die bei einem haploiden Genom miteinander gekoppelten Gene. Man verwendet diese Bezeichnung hauptsächlich im Zusammenhang mit den Genen für die → Haupthistokompatibilitätskomplexe (MHCs), die normalerweise als ein Haplotyp von jedem Elternteil geerbt werden. Einige MHC-Haplotypen kommen in der Bevölkerung überdurchschnittlich häufig vor. Man bezeichnet dieses Phänomen auch als → Kopplungsungleichgewicht.

Haptene sind Moleküle, die zwar an Antikörper binden, selbst jedoch keine → adaptive Immunantwort auslösen können. Um eine Antikörperbildung oder eine T-Zell-Antwort hervorzurufen, müssen Haptene an → Carrierproteine gebunden sein.

Bei dem **Haupthistokompatibilitätskomplex** (*major histocompatibility complex,* MHC) handelt es sich um eine Gruppe von Genen auf Chromosom 6 des Menschen oder Chromosom 17 der Maus, die die MHC-Moleküle codieren. Die MHC-Klasse-I-Moleküle präsentieren den CD8-T-Zellen Peptide, die im Cytosol aus Antigenen abgespalten wurden. Die MHC-Klasse-II-Moleküle präsentieren den CD4-T-Zellen Peptide, die in zellulären Vesikeln abgebaut wurden. Die MHC-Gene codieren auch Proteine, die an der Aufspaltung der Antigene und an der Immunreaktion im allgemeinen beteiligt sind. Der MHC enthält an verschiedenen Loci zahlreiche Allele. Er ist damit das am stärksten polymorphe Gencluster im menschlichen Genom. Da man die MHC-Polymorphismen normalerweise mit Hilfe von Antikörpern oder spezifischen T-Zellen aufspürt, bezeichnet man die MHC-Proteine auch oft als Haupthistokompatibilitätsantigene.

Helferzellen → CD4-T-Helferzellen.

Heuschnupfen → allergische Rhinitis.

high endothelial venules (HEV) → postkapilläre Venolen mit hohem Endothel.

Als ***high zone*-Toleranz** bezeichnet man die Toleranz, die durch Injektion einer hohen Antigendosis induziert wird. Injektion einer niedrigen Antigendosis führt dagegen zur *low zone*-Toleranz.

Histamin ist ein vasoaktives Amin, das in den Granula von → Mastzellen gespeichert wird. Es wird freigesetzt, wenn Antigene an IgE-Moleküle auf Mastzellen binden und verursacht eine lokale Erweiterung der Blutgefäße und ein Zusammenziehen der glatten Muskulatur. Damit ist es für einige Symptome der → Überempfindlichkeitsreaktion vom Soforttyp verantwortlich. Antihistaminika sind Medikamente, die die Histaminwirkung bekämpfen.

Histokompatibilität bedeutet im wörtlichen Sinne die Fähigkeit von Geweben (griechisch *histos*), miteinander auskommen zu können. In der Immunologie verwendet man den Begriff, um die genetischen Systeme zu beschreiben, die der Abstoßung von Gewebe- oder Organtransplantaten zugrunde liegen. (Die Abstoßung beruht auf der immunologischen Erkennung fremder Histokompatibilitätsantigene oder H-Antigene.)

HIV → menschliches Immunschwächevirus.

HLA steht für *Human Leucocyte Antigen* und ist die genetische Bezeichnung für menschliche → Haupthistokompatibilitätskomplexe. Die einzelnen Genloci sind durch Großbuchstaben gekennzeichnet, wie etwa HLA-A, und die Allele durch Zahlen, zum Beispiel HLA-A*0201.

Die **Hodgkin-Krankheit** ist eine bösartige Erkrankung, bei der anscheinend → antigenpräsentierende Zellen verändert sind, die den → dendritischen Zellen ähneln. Beim Hodgkin-Lymphom herrschen Lymphocyten vor. Diese Form der Hodgkin-Krankheit hat weitaus bessere Heilungsaussichten als die noduläre Sklerose genannte Form, bei der nichtlymphatische Zellen dominieren.

Das ***homing*** ist die Zielortbestimmung der Lymphocyten beim Ansteuern ihres zukünftigen Standortes.

Bei der **homologen Rekombination** können zelluläre Gene durch Kopien dieser Gene ersetzt werden, in die man Mutationen eingebaut hat. Schleust man solche exogenen DNA-Fragmente in Zellen ein, so ersetzen sie spezifisch das funktionelle zelluläre Gen durch eine nichtfunktionelle Kopie (Gen-Knockout).

Unter **Humanisierung** versteht man die Herstellung von Antikörpern mit hauptsächlich menschlichen Sequenzen. Dabei fügt man die DNA für die hypervariablen Schleifen von monoklonalen Mausantikörpern oder die DNA für eine V-Region, die man aus Phagenbibliotheken isoliert hat, in die Gerüstregionen menschlicher Immunglobulingene ein.

So kann man Antikörper mit einer gewünschten Spezifität herstellen, die bei der Verabreichung keine Abstoßungsreaktion des Patienten auslösen.

Die **humorale** Immunität ist die eine Form der → schützenden Immunität (die andere ist die zelluläre). Sie beruht auf Antikörpern, die im Zuge einer humoralen Immunantwort hergestellt wurden. Die humorale Immunität kann durch Transfusion von Serum, das spezifische Antikörper enthält, an einen Empfänger weitergegeben werden. Eine Übertragung der zellulären Immunität gelingt dagegen nur mit Hilfe spezifischer Immunzellen.

Hybridome sind hybride Zellinien, die monoklonale Antikörper produzieren. Man erhält sie durch die Fusion eines spezifischen antikörperproduzierenden B-Lymphocyts mit einer speziellen Myelomzelle. Diese kann sich in Kultur vermehren und exprimiert selbst keine Immunglobulinketten.

Unter **Hyperimmunisierung** versteht man die wiederholte Immunisierung, um einen höheren Immunitätsgrad zu erreichen.

Hypersensibilitätsreaktionen → Überempfindlichkeitsreaktionen.

Hypervariable Regionen → Gerüstregionen.

ICAM → interzelluläre Adhäsionsmoleküle.

Iccosomen sind kleine, mit Immunkomplexen bedeckte Membranfragmente, die sich in der frühen Phase einer sekundären, tertiären oder weiteren Antikörperreaktion von den Fortsätzen der follikulären dendritischen Zellen in → Lymphfollikeln abspalten.

Idiotope sind antigen wirkende Epitope in der variablen Region spezifischer Antikörper. Die Gesamtheit der Idiotope eines Antikörpers bezeichnet man auch als seinen Idiotyp.

Lymphocytenrezeptoren können einander aufgrund von Idiotyp:Anti-Idiotyp-Wechselwirkungen erkennen. Sie bilden somit ein **idiotypisches Netzwerk**, das möglicherweise bei der Erzeugung und dem Aufrechterhalten der Rezeptorvielfalt eine Rolle spielt. Wir kennen die verschiedenen Komponenten der idiotypischen Netzwerke, nicht jedoch ihre funktionelle Bedeutung.

Ig ist die gebräuchliche Abkürzung für → Immunglobulin. Die verschiedenen Immunglobulinisotypen sind IgM, IgD, IgG, IgA und IgE.

Als **Immunantwort der akuten Phase** (*acute phase response*) bezeichnet man die Veränderungen im Blut in der frühen Phase einer Infektionskrankheit. Dazu gehört die Produktion von → Proteinen der akuten Phase sowie von zellulären Elementen.

Die **Immunbiologie** befaßt sich mit der Erforschung der biologischen Mechanismen, die der Verteidigung gegen infektiöse Organismen zugrunde liegen.

Unter **Immundiffusion** versteht man den Nachweis von Antigenen oder Antikörpern anhand der Bildung eines Antigen:Antikörper-Komplexes in einem transparenten Agarosegel.

Unter ***immune clearance*** versteht man das rasche Entfernen großer Mengen von Antigenen aus dem Körper in Form von Antigen:Antikörper-Komplexen. Wenn die Antigene keine Immunreaktion ausgelöst haben, werden sie langsam durch dieselben katabolischen Prozesse beseitigt, die auch überschüssige Plasmaproteine zersetzen und entfernen.

Bei der **Immunelektrophorese** werden Antigene identifiziert, indem man sie aufgrund ihrer elektrophoretischen Beweglichkeit auftrennt und anschließend durch → Immundiffusion nachweist.

***Immune response*-Gene (Ir-Gene)** sind genetische Polymorphismen, die die Intensität einer Immunantwort auf ein bestimmtes Antigen beeinflussen. Sämtliche Ir-Phänotypen beruhen auf der differentiellen Bindung von Peptidfragmenten aus Antigenen an MHC-Moleküle, besonders MHC-Klasse-II-Moleküle. Die Bezeichnung Ir-Gene wird heute nur noch selten verwendet.

Die **Immunfluoreszenz** ist eine Methode zum Nachweis von Molekülen mit Hilfe fluoreszenzmarkierter Antikörper. Der gebundene fluoreszierende Antikörper kann mikroskopisch, durch Fluorometrie oder Durchflußcytometrie nachgewiesen werden, je nachdem, unter welchen Bedingungen gearbeitet wird. Die indirekte Immunfluoreszenz verwendet Anti-Immunglobulin-Antikörper, die mit fluoreszierenden Farbstoffen markiert sind, um die Bindung eines spezifischen, unmarkierten Antikörpers nachzuweisen.

Der Begriff **Immungenetik** bezeichnete ursprünglich die Analyse genetischer Merkmale mit Hilfe von Antikörpern gegen die Genprodukte polymorpher Gene, wie etwa Blutguppenantigene oder MHC-Moleküle. Heute versteht man darunter ganz allgemein die genetische Analyse von Molekülen, die bei der Immunität eine Rolle spielen – unabhängig von der angewendeten Methode.

Immunglobulin (Ig) ist der Oberbegriff für → Antikörper. Die spezifischen Antigenrezeptoren auf B-Lymphocyten sind Oberflächenimmunglobuline.

Viele Moleküle sind teilweise oder ganz aus sogenannten **Immunglobulindomänen** oder **Ig-Domänen** aufgebaut. Diese heißen so, weil sie erstmals bei der Strukturaufklärung der Antikörper beschrieben wurden. Das Vorhandensein von Immunglobulindomänen ist charakteristisch für die Proteine der Immunglobulinsuperfamilie, zu denen Antikörper, T-Zell-Rezeptoren, MHC-Moleküle und viele andere in diesem Buch beschriebene Moleküle zählen. Die Immunglobulindomäne besteht aus zwei β-Faltblättern, die über eine Disulfidbrücke miteinander verbunden sind. Man bezeichnet dieses Strukturelement auch als Immunglobulinfaltung. Es gibt zwei Haupttypen von Immunglobulindomänen: die C-Domänen mit einem aus drei und einem aus vier Strängen bestehenden Faltblatt und die V-Domänen mit einem zusätzlichen Strang in jedem Faltblatt. Domänen, die den kanonischen Ig-Domänen weniger stark ähneln, bezeichnet man manchmal auch als Ig-ähnliche Domänen.

Immunglobulinfaltung → Immunglobulindomänen.

Immunglobulinklassen → Isotypen.

Zu der **Immunglobulinsuperfamilie** oder **Ig-Superfamilie** zählt man zahlreiche Proteine, die an der Antigenerkennung oder an Zell-Zell-Interaktionen im Zusammenhang mit dem Immunsystem oder mit anderen biologischen Systemen beteiligt sind, weil die ihnen gemeinsamen strukturellen oder genetischen Merkmale erstmals bei den Immunglobulinmolekülen beschrieben wurden. Alle Mitglieder der Immunglobulinsuperfamilie besitzen mindestens eine → Immunglobulindomäne.

Unter **Immunhistochemie** versteht man den Nachweis von Antigenen in Geweben anhand von sichtbaren Reaktionsprodukten, die bei der Spaltung eines farblosen Substrats durch an Antikörper gekoppelte Enzyme entstehen. Dieses Verfahren hat den Vorteil, daß es mit anderen spezifischen, lichtmikroskopischen Färbemethoden kombiniert werden kann, während für die Immunfluoreszenzmikroskopie ein spezielles Dunkelfeldmikroskop notwendig ist.

Bei der **Immunisierung** löst man durch absichtlichen Kontakt mit Antigenen eine → adaptive Immunreaktion aus (→ aktive Immunisierung, → passive Immunisierung).

Immunität ist die Fähigkeit, einer Infektion zu widerstehen.

Immunkomplexe entstehen durch die Bindung von Antikörpern an Antigene. Sind genügend Antikörpermoleküle vorhanden, dann entstehen relativ große Immunkomplexe. Diese werden schnell durch das reticuloendotheliale System von Zellen mit Fc- und Komplementrezeptoren beseitigt. Bei einem Überschuß an Antigenen bilden sich kleine, lösliche Immunkomplexe, die sich in kleinen Blutgefäßen ablagern und diese beschädigen können (→ Antigen:Antikörper-Komplexe).

Immunogene sind Moleküle, die bei Injektion in ein Tier oder einen Menschen eine → adaptive Immunantwort auslösen können. In der Praxis sind allerdings nur Proteine vollkommen immunogen, da nur sie von T-Lymphocyten erkannt werden (→ Antigene).

Immunologie ist die Erforschung aller Aspekte der Verteidigung gegen infektiöse Organismen und auch der schädlichen Auswirkungen der Immunantwort.

Unter **immunologischer Ignoranz** versteht man eine Form der Selbst-Toleranz, bei der reaktive Lymphocyten und ihre Zielantigene gleichzeitig im selben Individuum vorkommen, ohne daß jedoch eine Autoimmunreaktion stattfindet. Die meisten Autoimmunerkrankungen entstehen wahrscheinlich, wenn die immunologische Ignoranz nicht mehr gewährleistet ist.

Das **immunologische Gedächtnis** führt dazu, daß die → adaptive Immunantwort schneller und effektiver erfolgt, wenn der Körper bereits zuvor mit dem Antigen Kontakt hatte. Das immunologische Gedächtnis ist spezifisch und langlebig.

Immunologisch privilegierte Regionen sind Körperbereiche, in denen → allogene Gewebetransplantate keine Abstoßungsreaktion verursachen. Dies beruht zum einen auf physischen Barrieren, die der Wanderung von Zellen und Antigenen entgegenstehen, zum anderen auf dem Vorhandensein löslicher immunsuppressiver Substanzen, wie beispielsweise bestimmter → Cytokine. Das Gehirn ist zum Beispiel eine immunologisch privilegierte Region.

Immunophiline sind Proteine mit einer Peptidyl-Prolyl-*cis-trans*-Isomeraseaktivität, die die immunsuppressiven Substanzen → Cyclosporin A, → FK506 und → Rapamycin binden.

Durch **Immunpräzipitationsanalyse** mit Hilfe spezifischer Antikörper lassen sich lösliche Proteine oder solubilisierte Membranproteine markieren und dann detektieren. Die immunpräzipierten markierten Proteine werden gewöhnlich durch eine → SDS-PAGE und anschließende Autoradiographie nachgewiesen.

Unter **Immunregulation** versteht man die Fähigkeit des Immunsystems, seine eigenen Aktivitäten zu messen und selbst zu regulieren.

Immunschwächekrankheiten sind ererbte oder erworbene Erkrankungen, bei denen eine oder mehrere Komponenten der Immunabwehr fehlen oder nicht voll funktionsfähig sind.

Immunsuppressiva sind Substanzen, die die adaptiven Immunantworten unterdrücken. Sie kommen vor allem bei der Behandlung von Transplantatabstoßungsreaktionen und schweren Autoimmunerkrankungen zum Einsatz.

Immunstimulatorische Komplexe → ISCOMs.

Zum **Immunsystem** gehören alle Gewebe, Zellen und Moleküle, die zu der → adaptiven Immunität beitragen. Vielfach erstreckt sich der Begriff sogar auf die Gesamtheit aller Verteidigungsmechanismen eines Wirtsorganismus.

Immuntoxine sind Antikörper, an die man chemisch toxische Moleküle aus Pflanzen oder Mikroorganismen gebunden hat. Der Antikörper bringt das Toxin zu seinen Zielzellen. Derzeit überprüft man die Einsatzmöglichkeiten von Immuntoxinen bei der Tumorbekämpfung und als immunsuppressive Medikamente.

Im Zuge der sogenannten **Immünüberwachung** (*immune surveillance*) werden einer Theorie zufolge die meisten entstehenden Tumoren durch Lymphocyten, die spezifisch Tumorantigene erkennen, zerstört. Zwar gibt es bisher kaum Hinweise, daß ein solcher Prozeß tatsächlich mit einer nennenswerten Effizienz im Körper abläuft, die Theorie stellt jedoch noch immer ein wichtiges Konzept in der → Tumorimmunologie dar.

Bei einer **Impfung** löst man durch Injektion eines Impfstoffs, das heißt eines toten oder abgeschwächten Krankheitserregers, eine → adaptive Immunität gegen diesen Erreger aus.

Der **indirekte Coombs-Test** ist eine Variante des → direkten Coombs-Tests. Dabei überprüft man ein unbekanntes Serum auf Antikörper gegen normale Erythrocyten, indem man zunächst beide vermischt, dann die Erythrocyten wäscht und sie schließlich mit Anti-Immunglobulin-Antikörpern reagieren läßt. Wenn in dem Serum Antikörper vorhanden waren, die an Erythrocyten binden, so erfolgt eine Agglutination durch die Anti-Immunglobuline (→ Coombs-Test).

Indirekte Immunfluoreszenz → Immunfluoreszenz.

Die **infektiöse Mononucleose**, auch Pfeiffersches Drüsenfieber genannt, beruht auf einer Infektion von B-Zellen durch das → Epstein-Barr-Virus. Das Virus stimuliert die B-Zellen und diese lösen eine T-Zell-Antwort aus, die wiederum die Infektion kontrolliert.

Inflammatorische CD4-T-Zellen, auch T_H1-Zellen (oder T-Entzündungszellen) genannt, sind → bewaffnete T-Effektorzellen, die bei Kontakt mit ihrem Antigen die → Cytokine Interferon-γ und Tumornekrosefaktor bilden. Ihre wichtigste Funktion ist die Aktivierung der → Makrophagen. Einige T_H1-Zellen sind auch cytotoxisch aktiv.

Inositoltrisphosphat und Diacylglycerin entstehen bei der Spaltung von Phosphatidylinositol-bisphosphat durch das Enzym Phospholipase C-γ. Inositoltrisphosphat löst die Freisetzung von Ca^{2+} aus intrazellulären Speichern aus.

Beim **insulinabhängigen Diabetes mellitus** sind die β-Zellen in den Langerhansschen Inseln der Bauchspeicheldrüse zerstört, so daß kein Insulin mehr produziert werden kann. Man nimmt an, daß die Erkrankung auf einer Autoimmunreaktion gegen β-Zellen beruht.

Integrine sind heterodimere Zelloberflächenproteine, die an Zell-Zell- und Zell-Matrix-Wechselwirkungen beteiligt sind. Sie sind wichtig für die Adhäsion zwischen Lymphocyten und antigenpräsentierenden Zellen sowie bei der Wanderung von Lymphocyten und Leukocyten ins Gewebe (→ β_1-Integrine).

Die **Intercrine** sind eine Familie kleiner → Cytokine, die man auch → Chemokine nennt. Sie werden von vielen Zelltypen produziert und spielen eine wichtige Rolle bei der Wanderung der Leukocyten zu den Entzündungsherden. Eine Auflistung findet sich in Anhang II.

Interdigitierende retikuläre Zellen → dendritische Zellen.

Interferone sind → Cytokine, die bewirken können, daß Zellen gegen Virusbefall resistent werden. Interferon-α und Interferon-β werden unter anderem von Leukocyten beziehungsweise Fibroblasten produziert. Interferon-γ ist dagegen ein Produkt → inflammatorischer CD4-T-Zellen, CD8-T-Zellen und natürlicher Killerzellen. Die wichtigste Aufgabe von Interferon-γ ist die Aktivierung der Makrophagen.

Interleukine (IL) ist die übergeordnete Bezeichnung für von Leukocyten produzierte → Cytokine. In diesem Buch verwenden wir meist den allgemeineren Begriff Cytokine. Die Bezeichnung Interleukin dient nur zur Benennung bestimmter Cytokine, wie etwa Interleukin-2 (IL-2). Die Interleukine sind in Anhang II aufgelistet.

Wird ein antigenspezifischer Antikörper zur Immunisierung eines Individuums verwendet, so gleichen einige der daraufhin gebildeten Antikörper dem ursprünglichen Antigen, und man bezeichnet sie auch als **internes Abbild** (*internal image*). Solche Antikörper können wiederum in andere Individuen injiziert werden, um die Bildung von Antikörpern gegen das ursprüngliche Antigen hervorzurufen.

Die **interzellulären Adhäsionsmoleküle ICAM-1, ICAM-2** und **ICAM-3** sind Zelloberflächenmoleküle. Sie sind Liganden der Leukocytenintegrine. Außerdem spielen sie eine wichtige Rolle bei der Bindung von Lymphocyten und anderen Leukocyten an bestimmte Zellen, wie zum Beispiel an antigenpräsentierende Zellen und Endothelzellen. Die ICAMs sind Proteine der Immunglobulinsuperfamilie.

Die Haupthistokompatibilitätskomplex-Proteine der Klasse II (MHC-Klasse-II-Proteine) sammeln sich im endoplasmatischen Reticulum gemeinsam mit der **invarianten Kette (Ii)**. Die invariante Kette schirmt die MHC-II-Moleküle ab, so daß sie keine Peptide binden können, und leitet sie zu den zellulären Vesikeln. Dort wird Ii zersetzt, und die MHC-Moleküle können jetzt Peptidfragmente von Proteinantigenen binden.

ISCOMs sind sogenannte immunstimulatorische Komplexe aus Antigenen in einer Lipidmatrix, die als Adjuvans wirkt und durch Fusion mit der Plasmamembran die Aufnahme des Antigens ins Cytoplasma ermöglicht.

Die **isoelektrische Fokussierung** ist eine elektrophoretische Methode, bei der Proteine in einem pH-Gradienten wandern, bis sie an eine Stelle gelangen, an der ihre Nettoladung neutral ist – den sogenannten isoelektrischen Punkt. Ungeladene Proteine bewegen sich nicht mehr weiter durch das Gel, so daß sich schließlich alle Proteine an ihrem jeweiligen isoelektrischen Punkt befinden.

Es gibt fünf verschiedene **Isotypen** oder Klassen von Immunglobulinen: IgM, IgG, IgD, IgA und IgE. Die konstanten Regionen ihrer schweren Ketten sind jeweils unterschiedlich und werden von verschiedenen Genen codiert. Von dem Isotyp eines Antikörpers hängt es ab, welche Effektorfunktionen er bei der Bindung an ein Antigen ausüben kann.

Isotypwechsel (*isotype-switching*) → Klassenwechsel.

Die **J-Gensegmente** (*joining gene segments*) sind Gensegmente für Immunrezeptoren. Sie befinden sich 5' von den C-Genen. Ein V- und ein D-Gensegment müssen sich mit einem J-Gensegment verbinden, um ein vollständiges Exon für die variable Region zu bilden.

Einige Bakterien besitzen eine **Kapsel** aus Kohlenhydraten, die sie vor der Phagocytose schützt. Solche Bakterien können extrazelluläre Infektionen verursachen. Phagocyten können sie erst dann aufnehmen und zerstören, wenn sie zuvor durch Antikörper gebunden und von den Bestandteilen des → Komplementsystems angegriffen worden sind, die im Zuge einer → adaptiven Immunantwort produziert wurden.

Unter **Keimbahndiversität** versteht man den Anteil der Rezeptorvielfalt, der bereits auf der Vererbung zahlreicher verschiedener Gensegmente für die variable Region beruht. Sie ist nicht zu verwechseln mit der Vielfalt an Rezeptoren, die durch somatische Genumordnungen oder nach der Expression der Rezeptorproteine entsteht.

In ihrer sogenannten **Keimbahnkonfiguration** liegen die Gene der immunologischen Rezeptoren in der DNA von Keimzellen vor sowie in der DNA somatischer Zellen, in denen noch keine Rekombination stattgefunden hat.

Die **Keimbahntheorie** zur Antikörpervielfalt besagt, daß jeder Antikörper von einem einzelnen, bereits in den Keimzellen vorhandenen Gen codiert wird.

Keimzentren sind Bereiche in sekundären lymphatischen Geweben, in denen eine intensive Proliferation, Selektion und Reifung von B-Zellen stattfindet. Viele B-Zellen sterben auch im Zuge von Antikörperreaktionen ab. Keimzentren entstehen um Netzwerke aus follikulären dendritischen Zellen herum, wenn aktivierte B-Zellen in die → Lymphfollikel einwandern.

Killerzellen → cytotoxische T-Zellen.

Beim sogenannten **Klassen-** oder **Isotypwechsel** ändern aktivierte B-Zellen den Antikörpertyp. Bei einer humoralen Immunantwort werden zunächst IgM-Antikörper gebildet, nach dem Wechsel jedoch IgG, IgE und IgA. Die Spezifität ändert sich dabei nicht, wohl aber die Effektorfunktionen der Antikörper. Der Klassenwechsel erfolgt durch ortsspezifische Rekombination. Dabei wird die zwischen den fortan exprimierten Bereichen liegende DNA herausgeschnitten.

Als **klassischen Weg der Komplementaktivierung** bezeichnet man die Reaktionskette, die durch die Bindung eines Antikörpers an ein Antigen in Gang gesetzt wird. Dabei sind die Komplementkomponenten C1, C4 und C2 an der Synthese der C3/C5-Konvertase beteiligt (→ alternativer Weg).

Ein **Klon** ist eine Population von Zellen, die alle von einer gemeinsamen Vorläuferzelle abstammen.

Unter **klonaler Deletion** versteht man nach der Theorie der → klonalen Selektion die Eliminierung unreifer Lymphocyten, die körpereigene

Antigene erkennen. Sie ist der wichtigste Mechanismus der → zentralen Toleranz und kann auch bei der → peripheren Toleranz eine Rolle spielen.

Unter **klonaler Expansion** versteht man die Proliferation antigenspezifischer Lymphocyten als Reaktion auf eine Stimulierung durch das entsprechende Antigen. Sie geht der Differenzierung der Lymphocyten zu Effektorzellen voraus. Die klonale Expansion ist ein wichtiger Mechanismus der → adaptiven Immunität. Sie ermöglicht es, daß sich die Anzahl zuvor seltener antigenspezifischer Zellen rasch erhöht, so daß diese den auslösenden Krankheitserreger effektiv bekämpfen können.

Die Theorie der **klonalen Selektion** ist ein zentrales Paradigma der → adaptiven Immunität. Sie besagt, daß adaptive Immunantworten auf einzelnen antigenspezifischen Lymphocyten beruhen, die den eigenen Körper nicht angreifen. Bei Kontakt mit einem Antigen teilen sich diese und differenzieren zu antigenspezifischen Effektorzellen, die den auslösenden Krankheitserreger eliminieren, und zu Gedächtniszellen, die die Immunität aufrechterhalten. Diese Theorie wurde zunächst von Niels Jerne und David Talmage aufgestellt und in ihrer heutigen Form von Sir Macfarlane Burnet formuliert.

Eine **klonierte T-Zell-Linie** ist eine sich ständig teilende Linie von T-Zellen, die auf eine einzige Vorläuferzelle zurückgeht. Um sie zur Teilung anzuregen, muß man dem Kulturmedium Antigene hinzufügen. Solche Zellinien sind sehr nützlich, um die Spezifität der T-Zellen, ihr Wachstumsverhalten und ihre Effektorfunktionen zu untersuchen.

Als **klonotypisch** bezeichnet man eine Eigenschaft, die nur bei den Zellen eines bestimmten Klons zu finden ist. Zum Beispiel ist ein monoklonaler Antikörper, der nur mit Rezeptoren einer klonierten T-Zell-Linie reagiert, ein klonotypischer Antikörper. Man sagt, er erkennt seinen Klonotyp oder den klonotypischen Rezeptor dieser Zellen (→ Idiotyp, → idiotypisch).

Im **Knochenmark** werden die zellulären Bestandteile des Blutes gebildet; dazu gehören die Erythrocyten, → Monocyten, → polymorphkernigen Leukocyten und → Blutplättchen. Bei Säugern findet dort auch die Reifung der B-Zellen statt. Darüber hinaus ist es der Ursprungsort der Stammzellen, die in den Thymus wandern und dort zu T-Zellen heranreifen. Daher kann eine Knochenmarktransplantation alle zellulären Elemente des Blutes wiederherstellen, auch diejenigen, welche für eine → adaptive Immunantwort notwendig sind.

Eine **Knochenmarkchimäre** entsteht, wenn man Knochenmark von einer gesunden Maus in eine bestrahlte überträgt, so daß alle Lymphocyten und anderen Blutzellen den Genbestand des Spenders aufweisen. Knochenmarkchimären waren bei der Erforschung der Entwicklung von Lymphocyten und anderen Blutzellen von großem Nutzen.

Die **kombinatorische Vielfalt** ist die Grundlage der Vielfalt der Rezeptoren des Immunsystems. Die Gensegmente für die Rezeptorproteine werden in vielen unterschiedlichen Kombinationen aneinandergereiht, um verschiedene Rezeptorketten zu erzeugen. Anschließend werden zwei verschiedene Rezeptorketten (bei Immunglobulinen eine schwere und eine leichte Kette, bei T-Zell-Rezeptoren α und β oder γ und δ) miteinander verbunden. Zusammen bilden sie die Antigenerkennungsstelle.

Mit **kompetitiven Bindungstests** kann man eine Substanz anhand ihrer Fähigkeit, einen markierten, bekannten Liganden von seinem spezifisch gebundenen Antikörper zu verdrängen, nachweisen und quantifizieren.

Die **komplementaritätsbestimmenden Regionen** (*complementarity determining regions,* CDRs) der Rezeptoren des Immunsystems sind die Bereiche des Rezeptors, die mit dem Liganden in Kontakt treten und die Spezifität des Rezeptors bestimmen. Die CDRs sind die variabelsten Teile der Rezeptoren und für deren Vielfalt verantwortlich. Je drei der Schleifen befinden sich an den distalen Enden der beiden variablen Domänen des Rezeptors.

Komplementrezeptoren sind Oberflächenproteine verschiedener Zellen. Sie erkennen und binden Komplementproteine, die ihrerseits an einen Krankheitserreger gebunden sind. Komplementrezeptoren auf Phagocyten ermöglichen es diesen Zellen, mit Komplementproteinen umhüllte Krankheitserreger zu erkennen und zu vernichten.

Das **Komplementsystem** besteht aus einer Reihe von Plasmaproteinen, die gemeinsam extrazelluläre Krankheitserreger angreifen. Bei manchen Pathogenen wird es spontan aktiviert, in anderen Fällen durch Bindung von Antikörpern an den Erreger. Die Hülle aus Komplementproteinen, die den Krankheitserreger dann umgibt, erleichtert seine Vernichtung durch Phagocyten. Auch die Komplementproteine allein können den Erreger schon abtöten.

Konformationsepitope oder diskontinuierliche Epitope werden bei der Faltung des Proteinantigens aus voneinander entfernt liegenden Bereichen der Peptidkette gebildet. Antikörper, die für diskontinuierliche Epitope spezifisch sind, erkennen nur native, gefaltete Proteine (→ kontinuierliche Epitope).

Konstante Regionen → C-Regionen.

Die **Kontaktallergie** ist eine Form der verzögerten Überempfindlichkeit, bei der T-Zellen auf Antigene reagieren, die über die Haut in den Körper gelangt sind. Ein Beispiel ist die Reaktion auf das chemische Antigen Pentadecacatechol in den Blättern des Gift-Sumachs.

Kontinuierliche oder **lineare Epitope** sind antigene Determinanten auf Proteinen, die aus einem zusammenhängenden Stück der Peptidkette bestehen. Sie werden von dem Antikörper auch erkannt, wenn das Protein nicht gefaltet vorliegt (→ Konformationsepitope).

Eine **Konvertase** ist ein Enzym, das ein Komplementprotein durch Spaltung in seine aktive Form überführt. Die Bildung der → C3/C5-Konvertase ist der entscheidende Schritt der Komplementaktivierung.

Ein **Kopplungsungleichgewicht** liegt vor, wenn Allele an gekoppelten Loci innerhalb des Genkomplexes für die MHC-Moleküle häufiger gemeinsam vererbt werden, als ihre jeweilige Häufigkeit dies erwarten ließe.

Durch **Kreuzprobe** (*cross-matching*) stellt man bei Bluttypisierungen und Histokompatibilitätstests fest, ob ein Spender oder Empfänger Antikörper gegen die Zellen des jeweils anderen besitzt, die bei Transfusionen oder Transplantationen zu Schwierigkeiten führen könnten.

Bei einer **Kreuzreaktion** bindet ein Antikörper an ein Antigen, das nicht zur Herstellung des Antikörpers verwendet wurde. Wenn also ein Antikörper, den man spezifisch gegen das Antigen A hergestellt hat, an Antigen B bindet, so sagt man, es gibt eine Kreuzreaktion mit Antigen B. Allgemein verwendet man diesen Ausdruck, um die Reaktion von Antikörpern oder T-Zellen auf andere als die auslösenden Antigene zu beschreiben.

Kuhpocken werden durch das → Vacciniavirus verursacht. Edward Jenner hat dieses Virus als erster erfolgreich zur Impfung gegen → Pocken eingesetzt, die durch das verwandte Variolavirus verursacht werden.

Kupfer-Zellen sind Phagocyten in der Leber. Sie kleiden die Lebersinusoide aus und entfernen Zellabfälle und sterbende Zellen aus dem Blut. Soweit bisher bekannt ist, lösen sie keine Immunreaktionen aus.

Ein **kutanes T-Zell-Lymphom** entsteht durch ein bösartiges Wachstum von T-Zellen in der Haut.

Langerhans-Zellen sind phagocytierende dendritische Zellen in der Epidermis. Sie können von dort über die Lymphgefäße zu regionalen Lymphknoten wandern, wo sie zu → dendritischen Zellen differenzieren.

Als **Latenz** bezeichnet man den Zustand eines Virus, das im Genom der Wirtszelle integriert vorliegt, seine Erbsubstanz jedoch nicht repliziert. Die Latenz kann auf verschiedene Weise zustande kommen. Wenn das Virus reaktiviert wird und sich vermehrt, kann es Krankheitssymptome hervorrufen.

LCMV → lymphocytisches Choriomeningitis-Virus.

Die **leichte Kette** der Immunglobuline ist die kleinere der beiden Ketten, aus denen alle Immunglobuline aufgebaut sind. Sie besteht aus einer V- und einer C-Domäne und ist über Disulfidbrücken an die → schwere Kette gebunden. Es gibt zwei Klassen leichter Ketten, die man auch als κ- und λ-Ketten bezeichnet.

Lepra wird durch das *Mycobacterium leprae* verursacht und tritt in vielen verschiedenen Formen auf. Die beiden Extremformen sind die lepromatöse und die tuberkuloide Lepra. Die **lepromatöse Lepra** ist durch eine ausgeprägte Vermehrung der Lepraerreger und eine massive Antikörperproduktion ohne zelluläre Immunreaktion gekennzeichnet. Bei der **tuberkuloiden Lepra** findet man nur wenige Erreger im Gewebe, es werden kaum Antikörper gebildet, aber es kommt zu einer ausgeprägten zellulären Immunreaktion. Die anderen Lepraformen sind zwischen diesen beiden Extremformen angesiedelt.

Als **Leukämie** bezeichnet man die ungehemmte, bösartige Vermehrung weißer Blutkörperchen. Charakteristisch ist eine sehr hohe Zahl der malignen Zellen im Blut. Leukämien können lymphocytisch, myelocytisch oder monocytisch sein.

Leukocyt ist die übergeordnete Bezeichnung für weiße Blutkörperchen. Dazu zählen → Lymphocyten, → polymorphkernige Leukocyten und → Monocyten.

Die **Leukocyten-Adhäsionsdefizienz** ist eine Immunschwächekrankheit, bei der die gemeinsame β-Kette der Leukocytenintegrine nicht produziert wird. Dies beeinträchtigt vor allem die Fähigkeit der Leukocyten, zu Infektionsherden mit extrazellulären Bakterien zu wandern, so daß die Infektionen nicht mehr effektiv kontrolliert werden können.

Allgemeines **Leukocytenantigen** → CD45.

Leukocytenintegrine → LFA-1.

Leukocytose ist das Vorhandensein einer erhöhten Anzahl von Leukocyten im Blut. Sie tritt gewöhnlich bei akuten Infektionen auf.

LFA-1 (*lymphocyte function-associated antigen*-1) ist eines der Leukocytenintegrine. Dies sind heterodimere Moleküle, die an den Wechselwirkungen zwischen Leukocyten und anderen Zellen, wie etwa Endothelzellen oder → antigenpräsentierenden Zellen, beteiligt sind. LFA-1 ist besonders wichtig für die Adhäsion von T-Zellen an diese Zellen. Die anderen Leukocytenintegrine sind auch unter der Bezeichnung Mac-1 und gp150,95 bekannt.

LFA-3 (*lymphocyte function-associated antigen*-3) ist der auf vielen Zellen vorkommende Ligand für CD2 (auch LFA-2 genannt). Es ist ein Mitglied der Immunglobulinsuperfamilie.

Lineares Epitop → kontinuierliches Epitop.

Low zone-**Toleranz** → *high zone*-Toleranz.

L-Selektin ist ein Adhäsionsmolekül der Selektinfamilie, das auf Lymphocyten vorkommt. L-Selektin bindet an CD34 und GlyCAM-1 auf postkapillären Venolen mit hohem Endothel, um die Wanderung naiver Lymphocyten in lymphatische Gewebe auszulösen.

Die **Lyme-Borreliose** ist eine chronische Infektion mit dem Erreger *Borrelia burgdorferi*, einem Spirochäten, dem es bisweilen gelingt, der Vernichtung durch das Immunsystem zu entgehen.

Lymphatische Organe sind strukturierte Gewebe, in denen sehr viele Lymphocyten mit einem nichtlymphatischen Stroma wechselwirken. Die primären lymphatischen Organe, in denen Lymphocyten gebildet werden, sind der → Thymus und das → Knochenmark. Die wichtigsten sekundären lymphatischen Organe, in denen adaptive Immunantworten ausgelöst werden, sind die → Lymphknoten, die → Milz sowie mucosaassoziierte lymphatische Gewebe wie die → Tonsillae palatina oder die → Peyerschen Plaques.

Lymphgefäße sind dünnwandige Gefäße, in denen die **Lymphe** – die extrazelluläre Flüssigkeit im Gewebe – durch die Lymphknoten zum Ductus thoracicus transportiert wird.

Lymphfollikel bestehen aus Gruppen von B-Zellen, die sich um ein enges Netzwerk aus follikulären dendritischen Zellen anordnen. Die

Herkunft dieser Zellen ist nicht bekannt. Sie besitzen lange, verzweigte Fortsätze, die mit verschiedenen B-Zellen in engen Kontakt treten. Follikuläre dendritische Zellen besitzen nichtphagocytische Fc-Rezeptoren, die es ihnen ermöglichen, über längere Zeit hinweg Antikörper:Antigen-Komplexe an ihrer Oberfläche festzuhalten. Diese Komplexe spielen während der Antikörperreaktion eine wichtige Rolle bei der Selektion antigenbindender B-Zellen.

Lymphknoten sind sekundäre → lymphatische Organe, in denen die → adaptiven Immunreaktionen ausgelöst werden. Sie befinden sich an den Kreuzungspunkten vieler → Lymphgefäße, wo Antigene mit → antigenpräsentierenden Zellen in Kontakt kommen, welche die Antigene den zahlreichen durch die Lymphknoten zirkulierenden Lymphocyten präsentieren. Einige dieser Lymphocyten erkennen das Antigen und rufen durch ihre Reaktion eine adaptive Immunantwort hervor.

Ein **Lymphoblast** ist ein Lymphocyt, der sich vergrößert hat und dessen RNA- und Proteinsyntheserate erhöht ist.

Alle adaptiven Immunantworten werden durch **Lymphocyten** vermittelt. Lymphocyten besitzen Gensegmente, die rekombiniert werden können und Oberflächenrezeptoren für Antigene codieren. Es gibt zwei Hauptklassen von Lymphocyten: Die B-Lymphocyten vermitteln die humorale Immunantwort und die T-Lymphocyten die zelluläre. Kleine Lymphocyten besitzen nur wenig Cytoplasma, und ihr Chromatin im Zellkern ist kondensiert. Bei Kontakt mit einem Antigen vergrößern sich die Zellen zu → Lymphoblasten, teilen sich und differenzieren zu antigenspezifischen → Effektorzellen.

Das **lymphocytische Choriomeningitis-Virus (LCMV)** verursacht eine nichtbakterielle Meningitis bei Mäusen und in seltenen Fällen bei Menschen. Man setzt es häufig bei experimentellen Untersuchungen ein.

Lymphokine sind von Lymphocyten produzierte → Cytokine.

Lymphome sind Lymphocytentumoren, die in lymphatischen und anderen Geweben wachsen, aber kaum ins Blut übertreten. Es gibt viele unterschiedliche Lymphomtypen, die durch die Transformation verschiedener Klassen lymphatischer Zellen entstehen.

MadCAM-1 (*mucosal cell-adhesion molecule*-1 oder *mucosal addressin*) ist ein Oberflächenmolekül auf Mucosazellen, das von den Oberflächenproteinen → L-Selektin und VLA-4 der Lymphocyten erkannt wird. Es ermöglicht das → *homing* der Lymphocyten in → mucosaassoziierte Gewebe.

Makroglobuline sind Plasmaproteine, die Globuline sind und ein hohes Molekulargewicht besitzen, wie zum Beispiel das Immunglobulin M (IgM).

Makrophagen sind große, einkernige, phagocytierende Zellen, die bei der → angeborenen Immunität und in frühen, nichtadaptiven Phasen der Immunantwort eine Rolle spielen. Sie können als → antigenpräsentierende Zellen sowie als Effektorzellen bei humoralen und zellulären Immunreaktionen fungieren. Diese migratorischen Zellen leiten sich von Vorläuferzellen im Knochenmark ab und sind in den meisten Geweben des Körpers zu finden. Sie sind für die Abwehr von Fremdkörpern und Krankheitserregern von großer Bedeutung. Makrophagen greifen erst dann intrazelluläre Bakterien an, wenn sie durch eine T-Zelle aktiviert wurden. Diese Aktivierung ist sehr wichtig für die Kontrolle einer Infektion. Sie verursacht allerdings auch Schäden im benachbarten Gewebe.

MALT → mucosaassoziierte lymphatische Gewebe.

Mandeln → Tonsillae palatinae.

Das **mannosebindende Protein** ist ein Protein der akuten Phase, das an Mannosereste bindet. Es kann Krankheitserreger, die Mannosereste auf ihrer Oberfläche tragen, opsonisieren und so das → Komplementsystem aktivieren. Besonders bei der → angeborenen Immunität ist es von Bedeutung.

Die follikuläre **Mantelzone** ist eine Schicht aus B-Lymphocyten, die die → Lymphfollikel umgibt. Welcher Natur die Lymphocyten der Mantelzone sind und welche Funktion sie ausüben, ist noch unbekannt.

Mastzellen sind große Zellen, die über den ganzen Körper verteilt im Bindegewebe vorkommen. Am häufigsten findet man sie in der Submucosa und der Oberhaut. Sie enthalten große Granula, in denen eine Vielzahl an Vermittlermolekülen gespeichert sind, wie etwa die vasoaktive Substanz Histamin. Mastzellen besitzen hochaffine → Fcε-Rezeptoren (FcεRI), die es ihnen erlauben, IgE-Monomere zu binden. Die Bindung von Antigenen an diese IgE-Moleküle löst die Degranulierung und Aktivierung der Mastzellen aus. Dies führt zu einer unmittelbaren lokalen oder systemischen → Überempfindlichkeitsreaktion. Mastzellen spielen eine wichtige Rolle bei allergischen Reaktionen.

Unter **Medulla** (Mark) versteht man gewöhnlich den zentralen Bereich eines Organs. Als Thymusmedulla bezeichnet man die zentrale Region eines Thymuslappens oder Lobulus. Sie ist reich an antigenpräsentierenden Zellen, die aus dem Knochenmark stammen, und an Zellen aus einem abgegrenzten medullären Epithel. In der Medulla eines Lymphknotens sind Makrophagen und Plasmazellen konzentriert, da hier die Lymphe auf ihrem Weg zu den efferenten Lymphgefäßen durchfließt.

Der **membranangreifende Komplex** (*membrane-attack complex*) besteht aus den terminalen Komplementkomponenten, die gemeinsam eine membrandurchspannende Pore bilden und auf diese Weise die Membran beschädigen.

Das **menschliche Immunschwächevirus (HIV)** verursacht das → erworbene Immunschwächesyndrom (*acquired immunodeficiency syndrome*, AIDS). HIV ist ein Retrovirus aus der Familie der Lentiviren, das selektiv CD4-T-Zellen infiziert und sie nach und nach zerstört. Schließlich führt es zu einer gravierenden Immunschwäche.

MHC → Haupthistokompatibilitätskomplex.

Das Erkennen von Antigenen durch T-Zellen ist **MHC-restringiert** (MHC-abhängig). T-Zellen können nur in Gegenwart von körpereigenen MHC-Molekülen stimuliert werden. Sie erkennen ein Antigen deshalb normalerweise nur in Form von Peptiden, die an körpereigene MHC-Moleküle gebunden sind. Auf experimentelle Weise lassen sich allerdings mutierte T-Zellen erzeugen, die ein Antigen nur dann erkennen, wenn die Peptidfragmente an fremde MHC-Moleküle gebunden sind. Die MHC-Restriktion legt also die Spezifität der T-Zellen fest, und zwar sowohl im Hinblick auf das erkannte Antigen als auch im Hinblick auf das MHC-Molekül, an das die Peptidfragmente gebunden sein müssen.

Mikroorganismen sind mikroskopisch kleine Organismen und mit Ausnahme einiger Pilze einzellig. Dazu zählen → Bakterien, Hefen und andere Pilze sowie Protozoen. Viele von ihnen können beim Menschen Krankheiten verursachen.

Die **Milz** ist ein primäres lymphatisches Organ. Sie besteht unter anderem aus einer roten Pulpa, die an der Beseitigung alter Blutzellen beteiligt ist, und einer weißen Pulpa mit lymphatischen Zellen, welche auf Antigene reagieren, die mit dem Blutstrom in die Milz gelangen.

Sogenannte **mittig bindende Antikörper** binden lange Polysaccharidketten im mittleren Bereich (→ endenbindende Antikörper).

Mls-Loci (*minor lymphocyte stimulatory loci*) liegen außerhalb der MHC-Loci der Maus und lösen starke gemischte Lymphocytenantworten aus. Bei den Mls-Loci handelt es sich um integrierte → MMTV-Genome (*mouse mammary tumor virus*). Sie wirken, indem sie ein Superantigen exprimieren, das in der langen Wiederholungssequenz am 3'-Ende des Virusgenoms codiert ist. Dieses Superantigen stimuliert zahlreiche T-Lymphocyten durch Bindung an die V$_\beta$-Domäne des T-Zell-Rezeptors.

Das **MMTV** (*mouse mammary tumor virus*) ist ein Retrovirus, das ein virales Superantigen codiert. Ins Genom integrierte Kopien verwandter Viren bezeichnet man auch als → Mls.

Die Theorie des **molekularen Mimikry** besagt, daß infektiöse Organismen eine Autoimmunreaktion hervorrufen können, indem sie die Bildung von Antikörpern und T-Zellen auslösen, die den Erreger schädigen, aber gleichzeitig auch mit körpereigenen Antigenen kreuzreagieren.

Monocyten sind weiße Blutkörperchen mit einem bohnenförmigen Kern. Sie sind die Vorläuferzellen der → Makrophagen.

Monokine sind von → Makrophagen sezernierte → Cytokine.

Monoklonale Antikörper sind Antikörper, die von einem einzigen B-Zell-Klon produziert werden. Man stellt sie normalerweise her, indem man durch Fusion von Myelomzellen und immunen Milzzellen hybride antikörperbildende Zellen erzeugt.

Einige Antikörper erkennen alle allelen Formen eines polymorphen Moleküls, wie etwa eines MHC-Klasse-I-Moleküls. Man sagt, daß diese Antikörper ein **monomorphes Epitop** erkennen.

Als **mononucleäre Zellen des peripheren Blutes** bezeichnet man Lymphocyten und Monocyten, die man (gewöhnlich durch Ficoll-Hypaque-Dichtegradientenzentrifugation) aus peripherem Blut isoliert.

Lymphocyten besitzen nur einen Rezeptortyp und sind daher **monospezifisch** für ein Antigen.

Mucine sind stark glykosylierte Zelloberflächenproteine. Beim Lymphocyten-*homing* werden sie durch L-Selektin gebunden.

Das **mucosaassoziierte lymphatische Gewebe** (*mucosal-associated lymphoid tissue*, MALT) umfaßt alle lymphatischen Zellen in Epithelien und der Lamina propria, die unter den Schleimhautoberflächen des Körpers liegen. Die wichtigsten mucosaassoziierten lymphatischen Gewebe befinden sich im Darmbereich (*gut-associated lymphoid tissues*, GALT) und im Bereich der Bronchien (*bronchial-associated lymphoid tissues*, BALT).

Bei dem **multiplen Myelom** handelt es sich um einen Tumor von → Plasmazellen, der in den meisten Fällen zunächst multifokal im Knochenmark auftritt. Myelomzellen produzieren ein monoklonales Immunglobulin, das auch als Myelomprotein bezeichnet wird und im Blutplasma der Patienten nachgewiesen werden kann.

Multiple Sklerose ist eine neurologische Erkrankung, die durch fokale Demyelinisierung im Zentralnervensystem, den Eintritt von Lymphocyten ins Gehirn und einen chronischen progressiven Verlauf gekennzeichnet ist. Man nimmt an, daß es sich um eine Autoimmunerkrankung handelt.

Die **Myasthenia gravis** ist eine Autoimmunerkrankung, bei der Autoantikörper gegen den Acetylcholinrezeptor auf Skelettmuskelzellen die Signalübertragung an neuromuskulären Synapsen blockieren. Diese Krankheit führt zu einer langsam an Intensität zunehmenden Ermüdungslähmung und schließlich zum Tod.

Myelomproteine sind von Myelomtumoren sezernierte Immunglobuline. Man kann sie im Blutplasma des Patienten nachweisen.

Myelopoese ist die Produktion von → Monocyten und → polymorphkernigen Leukocyten im Knochenmark.

Das Syndrom der **nackten Lymphocyten** (*bare lymphocyte syndrome*) ist eine Immunschwächekrankheit, bei der aufgrund eines Defekts in einem von mehreren regulatorischen Genen keine MHC-Klasse-II-Moleküle auf der Oberfläche der Lymphocyten exprimiert werden. Patienten mit dieser Krankheit leiden an einer schweren Immunschwäche und besitzen nur sehr wenige CD4-T-Zellen.

Nacktmäuse tragen eine Mutation (*nude*), die zum Fehlen der Körperbehaarung und einer abnormen Ausbildung des Thymusstromas führt. Homozygote Nacktmäuse besitzen daher keine reifen T-Zellen.

Naive oder **ungeprägte Lymphocyten** hatten noch keinen Kontakt mit ihrem spezifischen Antigen und haben somit auch noch nie auf ihr Antigen reagiert. Darin unterscheiden sie sich von Gedächtnis- oder Effektorlymphocyten. Alle Lymphocyten sind naive Lymphocyten, wenn sie die → zentralen lymphatischen Organe verlassen. Stammen sie aus dem → Thymus, so spricht man von naiven T-Zellen, kommen sie aus dem Knochenmark, so bezeichnet man sie als naive B-Zellen.

Natürliche Killerzellen oder **NK-Zellen** sind Nicht-T-Nicht-B-Lymphocyten mit gewöhnlich granulärer Morphologie, die bestimmte Tumorzellen abtöten. NK-Zellen spielen eine wichtige Rolle bei der angeborenen

Immunität gegen Viren und andere intrazelluläre Krankheitserreger sowie bei der → antikörperabhängigen zellvermittelten Cytotoxizität (ADCC).

Nebenhistokompatibilitätsantigene (*minor histocompatibility antigens*) sind Peptide aus polymorphen zellulären Proteinen, die an MHC-Moleküle gebunden sind und zur Transplantatabstoßung führen können, wenn sie durch T-Zellen erkannt werden.

Unter **negativer Selektion** versteht man in der Immunologie die Zerstörung von → Thymocyten, die körpereigene Antigene erkennen, bereits während ihrer Entwicklung im → Thymus. Autoreaktive B-Zellen durchlaufen einen vergleichbaren Prozeß im Knochenmark.

Unter **Nekrose** versteht man den Tod von Zellen oder Geweben aufgrund von chemischen oder physikalischen Schädigungen. Sie unterscheidet sich damit von der → Apoptose, dem biologisch vorprogrammierten Zelltod. Im Gegensatz zur Apoptose entstehen bei der Nekrose große Mengen zellulären Abfalls, die von Phagocyten beseitigt werden müssen.

Neutralisierende Antikörper hemmen die Infektiosität eines Virus oder die Toxizität eines Giftstoffes. Diesen Vorgang der Inaktivierung bezeichnet man auch als Neutralisierung.

Neutrophile oder **neutrophile polymorphkernige Leukocyten** (Granulocyten) sind eine Gruppe weißer Blutkörperchen im peripheren Blut des Menschen. Sie besitzen einen stark gelappten Kern und neutrophile Granula. Es handelt sich um Phagocyten, die eine wichtige Rolle bei der Aufnahme und Tötung extrazellulärer Pathogene spielen.

NK-Zellen → natürliche Killerzellen.

Noduläre Sklerose → Hodgkin-Krankheit.

N-Regionen bestehen aus Nucleotiden, die bei der Umordnung der Gensegmente in die Verbindungsstücke zwischen den Genen für die V-Region der schweren Ketten der Immunglobuline und T-Zell-Rezeptoren eingefügt werden. Diese N-Nucleotide werden nicht von einem der Gensegmente codiert sondern durch das Enzym terminale Desoxynucleotidyltransferase (TdT) eingefügt. Sie tragen erheblich zur großen Vielfalt der Immunrezeptoren bei.

Nude-**Mäuse** → Nacktmäuse.

Onkogene sind Gene, die an der Regulation des Zellwachstums beteiligt sind. Wenn diese Gene fehlerhaft sind oder nicht korrekt exprimiert werden, kann dies zu einer unkontrollierten Zellteilung und damit im Extremfall zur Tumorbildung führen.

Als **opportunistische Keime** bezeichnet man Krankheitserreger, die nur bei Patienten mit eingeschränkter Immunabwehr zu Erkrankungen führen, wie es zum Beispiel bei AIDS der Fall ist.

Unter **Opsonisierung** versteht man die Veränderung der Oberfläche eines Krankheitserregers oder eines anderen Fremdkörpers, so daß sie von → Phagocyten aufgenommen werden können. Antikörper und das Komplementsystem opsonisieren extrazelluläre Bakterien und bereiten sie so für die Zerstörung durch neutrophile Zellen und Makrophagen vor.

Organspezifische Autoimmunerkrankungen sind Autoimmunkrankheiten, die ein bestimmtes Organ betreffen, wie etwa die Schilddrüse bei der Basedow-Krankheit. Sie unterscheiden sich darin von den → systemischen Autoimmunerkrankungen, die sich nicht auf einzelne Organe beschränken.

Der **Paracortex** ist die T-Zell-Region der → Lymphknoten. Sie liegt direkt unterhalb des Follikelcortex, der hauptsächlich aus B-Zellen besteht.

Parasiten sind Organismen, die auf Kosten eines lebenden Wirtes gedeihen und ihn dabei schädigen können. In der medizinischen Praxis beschränkt sich die Bezeichnung auf Würmer und Protozoen. Sie sind die Objekte der Parasitologie.

Bei der **paroxysmalen nächtlichen Hämoglobinurie (PNH)** sind komplementregulatorische Proteine defekt, so daß die Aktivierung des Komplementsystems zu Episoden spontaner Hämolyse führt.

Durch **passive Hämagglutination** weist man Antikörper nach. Dabei bedeckt man die Oberfläche von Erythrocyten mit Antigenen. Ist der passende Antikörper vorhanden, agglutinieren sie.

Passive Immunisierung ist die Injektion von Antikörpern oder eines Immunserums in einen Empfänger. Im Gegensatz dazu löst man bei der aktiven Immunisierung durch Injektion von Antigenen eine Immunreaktion aus.

Pathogene Mikroorganismen oder **Pathogene** sind infektiöse Mikroorganismen, die bei ihrem Wirt eine Erkrankung verursachen.

Pathologie ist die Erforschung von Krankheiten. Der Begriff wird auch zur Beschreibung von Gewebeschädigungen verwendet.

Pentadecacatechol ist die chemische Substanz in den Blättern des → Gift-Sumachs, welche die zelluläre Immunreaktion verursacht, die zur Allergie gegen diese Pflanze führt.

Perforin ist ein Protein, das durch Polymerisierung Membranporen bilden kann. Diese sind ein wichtiger Bestandteil der zellvermittelten Cytotoxizität. Perforin wird von → cytotoxischen T-Zellen und → natürlichen Killerzellen produziert, in Granula gespeichert und bei Kontakt der Zelle mit einer spezifischen Zielzelle ausgeschüttet.

Zu den **peripheren lymphatischen Organen** zählen die Lymphknoten, die Milz und schleimhautassoziierte lymphatische Gewebe, in denen Immunreaktionen ausgelöst werden. In den → zentralen lymphatischen Organen findet dagegen die Entwicklung der Lymphocyten statt.

Unter **peripherer Toleranz** versteht man die von reifen Lymphocyten in den peripheren Geweben entwickelte Toleranz. Im Vergleich dazu bezieht sich der Begriff → zentrale Toleranz auf die Toleranz, die im Zuge der Lymphocytenreifung entwickelt wird.

Peyersche Plaques sind Ansammlungen von Lymphocyten entlang des Dünndarms und vor allem im Bereich des Ileums.

Eine **Phagen-Display-Bibliothek** besteht aus antikörperähnlichen filamentösen Phagen, in die man Gene für die V-Region der Immunglobuline eingeschleust hat. Sie exprimieren also antigenbindende Domänen auf ihrer Oberfläche. Antigenbindende Phagen lassen sich in Bakterien vermehren. Danach kann man sie wie Antikörper verwenden. Dieses Verfahren setzt man häufig ein, um neue Antikörper gegen bestimmte Antigene zu entwickeln.

Phagocytose ist die Aufnahme von Partikeln durch Zellen. Bei den Phagocyten handelt es sich gewöhnlich um Makrophagen oder neutrophile Zellen, bei den Partikeln um Bakterien, die aufgenommen und zersetzt werden. Das aufgenommene Material befindet sich zunächst in einem Vesikel, einem sogenannten Phagosom, das dann mit einem oder mehreren Lysosomen zu einem Phagolysosom fusioniert. Die lysosomalen Enzyme spielen eine wichtige Rolle bei der Zerstörung der Krankheitserreger und ihrem Abbau zu kleinen Molekülen.

Die **Phospholipase C-γ** ist ein Schlüsselenzym bei der Signalübermittlung. Es wird durch Tyrosinkinasen aktiviert, und diese wiederum durch Ligandenbindung an den Rezeptor. Die aktivierte Phospholipase C-γ spaltet Phosphatidylinositol-bisphosphat zu Inositoltrisphosphat und Diacylglycerin.

Pilze, wie etwa die einzelligen eukaryotischen Hefen oder die Schimmelpilze, können eine Reihe von Krankheiten verursachen. Die Immunantworten gegen Pilze sind komplex und bestehen aus humoralen und zellulären Reaktionen.

Plasma ist die flüssige Komponente des Blutes. Es besteht aus Wasser, Elektrolyten und den Plasmaproteinen.

Plasmazellen sind ausdifferenzierte B-Lymphocyten. Sie sind die wichtigsten → antikörperbildenden Zellen des Körpers. Man findet sie in der → Medulla der → Lymphknoten, in der roten Pulpa der → Milz und im → Knochenmark. Maligne Plasmazellen bilden Tumoren im Knochenmark, die man auch → multiple Myelome nennt.

P-Nucleotide sind Nucleotide in den Verbindungsstücken zwischen den rekombinierten Gensegmenten für die V-Region der Immunrezeptoren. Es handelt sich dabei um inverse Wiederholungen der Sequenz am Ende des benachbarten Gensegments, die durch Bildung von Haarnadelstrukturen während der Genumordnung entstehen. Die Bezeichnung P-Nucleotide leitet sich von dieser palindromen Zwischenstufe ab.

Pocken sind eine durch das Variolavirus verursachte Infektionskrankheit. In früheren Zeiten verlief sie bei fast zehn Prozent der Infizierten tödlich. Heute ist die Krankheit aufgrund von Impfprogrammen ausgerottet.

Der → Haupthistokompatibilitätskomplex ist sowohl **polygen** (er enthält verschiedene Loci, die Proteine mit identischer Funktion codieren) als auch **polymorph** (er besitzt für jeden Locus mehrere Allele; → Polymorphismus).

Der **Poly-Ig-Rezeptor** bindet polymere Immunglobuline, besonders IgA, an der basolateralen Membran von Epithelzellen und transportiert sie durch die Zelle, an deren apikaler Oberfläche sie wieder sezerniert werden. Durch diesen Vorgang gelangt IgA vom Ort seiner Synthese an seinen Wirkungsort an der Oberfläche von Epithelien.

Bei der **polyklonalen Aktivierung** werden viele Zellklone mit unterschiedlicher Spezifität aktiviert. Zum Beispiel stimulieren **polyklonale Mitogene** die meisten oder gar alle Lymphocyten. Im Gegensatz dazu aktivieren Antigene nur die entsprechenden spezifischen Lymphocyten.

Die **Polymerasekettenreaktion** (*polymerase chain reaction*, PCR) ist eine Methode zur Amplifizierung bestimmter DNA-Sequenzen. Mit Hilfe zweier Primer, die zu beiden Seiten der Zielsequenz an die beiden Stränge der Doppelhelix binden, wird in mehreren Synthesezyklen das gewünschte DNA-Fragment selektiv vermehrt.

Der Begriff **Polymorphismus** bezeichnet ganz allgemein die Existenz eines Objekts in mehreren Formen. Unter einem genetischen Polymorphismus versteht man die Variabilität eines Genlocus, die nicht auf zufälligen Mutationen beruht. Der → Haupthistokompatibilitätskomplex ist der am stärksten polymorphe, bekannte Gencluster des Menschen.

Polymorphkernige Leukocyten sind weiße Blutkörperchen mit stark gelappten Kernen und cytoplasmatischen Granula (daher auch Granulocyten). Es gibt drei Typen polymorphkerniger Leukocyten: Die Granula der neutrophilen Leukocyten lassen sich mit neutralen Farbstoffen anfärben, die der eosinophilen mit Eosin und die der basophilen mit basischen Farbstoffen.

Polyspezifische Antikörper können an viele verschiedene Antigene binden.

Unter **positiver Selektion** versteht man in der Immunologie, daß nur T-Zellen mit Rezeptoren, die von körpereigenen MHC-Molekülen präsentierte Antigene erkennen, im Thymus heranreifen können. Alle anderen T-Zellen sterben ab, bevor sie vollständig entwickelt sind.

Postkapilläre Venolen mit hohem Endothel (*high endothelial venules*, HEV) sind spezialisierte Venolen in lymphatischen Geweben. Lymphocyten wandern aus dem Blut ins Lymphgewebe, indem sie sich an die hohen Endothelzellen dieser Gefäße anheften und die Gefäßwand durchdringen.

Prä-B-Zellen sind Vorläufer der B-Zellen, bei denen die Gene für die schwere Kette bereits umgeordnet sind, die für die leichte Kette jedoch noch nicht.

Die **Präzipitinreaktion** war die erste Methode zur quantitativen Messung der Antikörperproduktion. Die Antikörpermenge ermittelt man dabei anhand der Menge an Präzipitat, das mit einer bestimmten Menge an Antigen erhalten wird. Die Präzipitinreaktion kann auch eingesetzt werden, um Aussagen über die → Valenz eines Antigens zu machen und um in Gemischen aus Antikörper und Antigen Überschüsse der einen oder anderen Komponente festzustellen.

Prednison ist ein synthetisches Steroid mit entzündungshemmender und immunsuppressiver Wirkung. Man setzt es zur Behandlung von akuten Abstoßungsreaktionen bei Transplantationen und von Autoimmunerkrankungen ein.

Die **primären Follikel** der Lymphgewebe bestehen aus → follikulären dendritischen Zellen und ruhenden B-Lymphocyten. Beim Eintritt von aktivierten B-Zellen bilden sich → Keimzentren in den primären Follikeln, die dadurch zu sekundären Follikeln werden.

Die **primäre Immunantwort** ist die adaptive Immunreaktion infolge eines ersten Antigenkontakts. Die primäre Immunisierung, die man auch oft als *priming* bezeichnet, löst diese primäre Immunreaktion aus und führt zur Bildung eines immunologischen Gedächtnisses.

Primäre Immunisierung → primäre Immunantwort.

Ein Beispiel für eine **primäre Interaktion** ist die Bindung eines Antikörpers an sein Antigen. Eine sekundäre Interaktion ist dagegen der Nachweis der Bindung aufgrund von damit verbundenen Veränderungen, wie etwa die Präzipitation eines löslichen Antigens oder die Agglutination nichtlöslicher Antigene.

Priming → primäre Immunantwort.

Pro-B-Zellen sind Vorläufer von B-Zellen, die zwar bereits B-Zell-spezifische Oberflächenproteine tragen, bei denen jedoch die Gene für die schwere Kette noch nicht rekombiniert sind. Man unterscheidet frühe und späte Pro-B-Zellen.

Professionelle antigenpräsentierende Zellen oder **APCs** lösen normalerweise die Reaktion naiver T-Zellen auf Antigene aus. Bisher hat man diese Fähigkeit nur bei → dendritischen Zellen, → Makrophagen und → B-Zellen nachgewiesen. Eine professionelle antigenpräsentierende Zelle muß Peptidfragmente von Antigenen an geeigneten MHC-Molekülen präsentieren können und daneben auch costimulierende Moleküle auf ihrer Oberfläche tragen.

Der **programmierte Zelltod**, auch → Apoptose genannt, wird durch zelleigene Mechanismen ausgelöst. Durch Apoptose sterben T-Zellen, die während der Entwicklung weder positiv noch negativ selektiert werden, überschüssige Effektorzellen sowie reife Lymphocyten, die nicht ihrem passenden Antigen begegnen. Der programmierte Zelltod ist von großer Bedeutung, weil er die Anzahl an Lymphocyten in einem angemessenen Rahmen hält.

Properdin oder Faktor P ist eine positiv regulatorische Komponente des → alternativen Weges der Komplementaktivierung. Properdin wirkt, indem es die → C3/C5-Konvertase des alternativen Faktors (mit C3b,Bb) auf der Oberfläche von Bakterien stabilisiert.

Ein **Proteasom** ist eine große Protease mit vielen Untereinheiten, die cytosolische Proteine zersetzt. Man nimmt an, daß die in MHC-Klasse-I-Molekülen präsentierten Peptide durch die katalytische Aktivität von Proteasomen gebildet werden. Zwei Untereinheiten einiger Proteasomen sind in dem MHC-Gencluster codiert.

Protein A ist ein Bestandteil der Zellmembran von *Staphylococcus aureus*, der an die Fc-Region von IgG bindet. Man nimmt an, daß es die Bakterien vor den IgG-Antikörpern schützt, indem es deren Wechselwirkung mit dem → Komplementsystem und den Fc-Rezeptoren blockiert. Man kann es verwenden, um IgG-Antikörper aufzureinigen.

Proteine der akuten Phase entstehen kurz nach Beginn einer Infektion. Sie sind an der frühen Phase der Immunantwort beteiligt. Ein Beispiel ist das → mannosebindende Protein.

Protoonkogene sind Gene, die an der Regulation der Zellteilung beteiligt sind. Eine Mutation oder fehlerhafte Expression dieser Gene kann zu einer malignen Transformation der Zellen und schließlich zu Krebs führen.

P-Selektin → Selektine.

Beim **Purinnucleotidphosphorylase-Mangel** handelt es sich um einen Enzymmangel, der zu einem → schweren kombinierten Immundefekt (SCID) führt. Die Purinnucleotidphosphorylase ist am Purinmetabolismus beteiligt. Ein Mangel des Enzyms führt zur Anhäufung von Purinnucleosiden. Diese sind toxisch für reifende T-Zellen und verursachen somit die Immunschwäche.

Mit Hilfe sogenannter **Radioimmunoassays (RIAs)** lassen sich Antigen:Antikörper-Wechselwirkungen untersuchen. Unmarkierte Antigene oder unmarkierte Antikörper fixiert man auf einer festen Trägersubstanz, wie etwa einer Kunststoffoberfläche, und läßt sie mit markiertem Antigen oder Antikörper reagieren. Die durch Antikörper-Antigenbindung an der Trägersubstanz zurückgehaltene Fraktion dient als Maß für die Bindung zwischen Antigen und Antikörper.

RAG-1 und *RAG-2* → rekombinationsaktivierende Gene.

Rapamycin ist ein Immunsuppressivum, das die Wirkung von → Cytokinen blockiert.

Als **Reagine** oder **Reagin-Antikörper** hat man ursprünglich IgE-Antikörper bezeichnet, die für → Überempfindlichkeitsreaktionen vom Soforttyp verantwortlich sind.

Reife B-Zellen sind B-Zellen, die IgM und IgD auf ihrer Oberfläche tragen und auf Antigene reagieren können.

Die **rekombinationsaktivierenden Gene** *RAG-1* und *RAG-2* codieren die Proteine Rag-1 und Rag-2, die bei der Umordnung der Gene für die Immunrezeptoren eine wichtige Rolle spielen. Mäuse, denen eines dieser Gene fehlt, können keine Immunrezeptoren bilden. Ihre Immunabwehr ist sehr eingeschränkt.

Rekombinationssignalsequenzen (RSS) sind kurze DNA-Bereiche auf beiden Seiten der Gensegmente, die bei der Bildung des Exons für die V-Region umgeordnet werden. Sie bestehen immer aus einer konservierten Heptamer- und einer Nonamersequenz, die durch zwölf oder 23 Basenpaare voneinander getrennt sind. Zwei Gensegmente werden nur dann miteinander verbunden, wenn eines von einer RSS mit einem 12-bp-Abstand und das andere von einer RSS mit einem 23-bp-Abstand flankiert wird. Dies nennt man auch die **12/23-Regel** der Segmentumordnung.

Die **Reverse Transkriptase** ist ein essentielles Enzym der Retroviren. Sie transkribiert das RNA-Genom dieser Viren in DNA, die anschließend in das Genom der Wirtszelle integriert wird. Die Reverse Transkriptase ist auch ein wichtiges Werkzeug der Molekularbiologie. Mit ihrer Hilfe läßt sich RNA zur Klonierung in cDNA umschreiben.

Das **rev-Protein** ist das Produkt des *rev*-Gens des menschlichen Immunschwächevirus (HIV). Rev unterstützt während der Replikation des Virus den Transport der viralen RNA aus dem Zellkern ins Cytoplasma.

Die Expression von **Rezeptoren** für Antigene auf der Zelloberfläche ist das kennzeichnende Merkmal von Lymphocyten. Jeder Lymphocyt trägt einen Rezeptor mit einzigartiger Struktur. Das Gen für diesen Rezeptor entsteht durch die Umordnung von Rezeptorgensegmenten während der Lymphocytenreifung.

Unter dem **Rezeptorrepertoire** der Lymphocyten versteht man die Gesamtheit aller Rezeptoren auf allen Lymphocyten des Körpers. Es umfaßt Millionen verschiedener Rezeptoren, wobei alle Rezeptoren auf der Oberfläche eines einzelnen Lymphocyten dieselbe Struktur besitzen.

Rezeptorvermittelte Endocytose ist die Aufnahme von Molekülen, die an Oberflächenrezeptoren der Zelle gebunden sind, in Endosomen. Auf diese Weise gelangen zum Beispiel Antigene, die an Rezeptoren von B-Lymphocyten gebunden sind, in die Zelle.

Die **Rhesus-Blutgruppenantigene (Rh-Antigene)** sind Antigene in der Membran der roten Blutkörperchen, die es auch bei Rhesusaffen gibt. Anti-Rh-Antikörper selbst führen nicht zu einer Agglutination menschlicher Erythrocyten. Um sie nachzuweisen, muß man daher einen → Coombs-Test durchführen.

Die **rheumatische Arthritis** ist eine weitverbreitete entzündliche Gelenkerkrankung, die wahrscheinlich auf einer Autoimmunreaktion beruht. Sie geht mit der Produktion des sogenannten Rheumafaktors einher, einem IgM-Anti-IgG-Antikörper, der auch bei normalen Immunantworten entstehen kann.

Der **Rosettentest** dient zur mikroskopischen Differenzierung und Isolierung von T-Lymphocyten *in vitro*. Dabei bringt man menschliche T-Zellen mit vorbehandelten Schaferythrocyten zusammen. Die vielen Erythrocyten, die sich an die T-Zellen anlagern, geben diesen das Aussehen einer Rosette. Sie erhöhen die Dichte der T-Zellen, so daß diese durch Gradientenzentrifugation isoliert werden können.

Der **Sandwich-ELISA** zum Nachweis von Proteinen nutzt auf einer Oberfläche immobilisierte Antikörper, die ein Epitop des gesuchten Proteins erkennen. Das auf diese Weise gebundene Protein wird anschließend mit Hilfe von enzymgebundenen Antikörpern sichtbar gemacht, die ein anderes Epitop auf der Proteinoberfläche erkennen. Dies verleiht dem Test eine hohe Spezifität.

Die **Scatchard-Analyse** ist eine mathematische Methode zur Analyse von Bindungsverhältnissen unter Gleichgewichtsbedingungen. Mit ihrer Hilfe lassen sich Aussagen über die → Affinität und die → Valenz einer Rezeptor-Liganden-Bindung treffen.

Schützende Immunität ist die Resistenz gegenüber bestimmten Infektionen infolge einer früheren Infektion mit demselben Erreger oder einer Impfung.

Alle Immunglobulinmoleküle sind aus zwei Typen von Peptidketten aufgebaut, den **schweren Ketten** mit einem Molekulargewicht von 50–70 kd und den → leichten Ketten mit 25 kd. Ein Immunglobulin besteht aus zwei identischen schweren und zwei identischen leichten Ketten. Es gibt mehrere Klassen oder → Isotypen von schweren Ketten, und jede dieser Klassen ist die Grundlage für eine bestimmte Funktion des Antikörpermoleküls.

Der **schwere kombinierte Immundefekt** (*severe combined immunodeficiency*, **SCID**) ist eine Immunschwächekrankheit, bei der weder Antikörper- noch T-Zell-Antworten ausgelöst werden. Sie beruht gewöhnlich auf einem Mangel an T-Zellen. Die *scid*-Mutation bei Mäusen führt ebenfalls zu einem SCID-Phänotyp.

Schutzimpfung → Impfung.

SCID → schwerer kombinierter Immundefekt.

SDS-PAGE ist die gebräuchliche Abkürzung für eine Polyacrylamidgel-Elektrophorese (PAGE) von Proteinen, die in dem Detergens Natriumdodecylsulfat (*sodium dodecyl sulfate*, SDS) gelöst sind. Diese Methode benutzt man häufig zur Charakterisierung von Proteinen, besonders nach einer Markierung und Immunpräzipitation.

Bei der **sekretorischen Komponente**, die in Körpersekreten an IgA-Antikörper gebunden ist, handelt es sich um ein Fragment des Poly-Ig-Rezeptors, das nach dem Transport durch die Epithelzellen an dem IgA verbleibt.

Der Begriff **sekundäre Abstoßung** (*second set rejection*) bezeichnet die Tatsache, daß ein zweites Gewebe- oder Organtransplantat von einem Empfänger, der bereits ein Transplantat von demselben Spender abgestoßen hat, schneller und heftiger abgestoßen wird als das erste.

Eine **sekundäre Immunantwort** wird durch eine zweite Injektion von Antigenen oder eine sekundäre Immunisierung ausgelöst. Die sekundäre Antwort beginnt früher nach der Antigeninjektion, ist stärker und von einer höheren Affinität als die → primäre Immunantwort. Sie wird hauptsächlich von IgG-Antikörpern getragen.

Sekundäre Interaktion → primäre Interaktion.

Von **Selbst-** oder **Eigentoleranz** spricht man, wenn das Immunsystem nicht auf körpereigene Antigene reagiert. → Toleranz.

Eine Zelle wird durch ein Antigen **selektiert**, wenn ihre Rezeptoren dieses Antigen erkennen und binden. Wenn die Zelle sich daraufhin vermehrt und einen Klon bildet, spricht man von → klonaler Selektion, wenn sie durch die Antigenbindung getötet wird, von → negativer Selektion oder → klonaler Deletion.

Selektine sind eine Familie von Adhäsionsmolekülen auf der Oberfläche von Leukocyten und Endothelzellen. Sie binden an Zuckereinheiten bestimmter Glykoproteine mit mucinähnlichen Eigenschaften.

Unter **Sensibilisierung** versteht man die Immunisierung vor einer allergischen Reaktion, und zwar mit demselben Antigen, das später die akute Immunantwort auslöst. Zu allergischen Reaktionen kommt es nur bei sensibilisierten Individuen.

Bei einer **Sepsis** oder Blutvergiftung handelt es sich um eine Infektion des Blutes, die oft tödlich verläuft. Eine Infektion mit gramnegativen Bakterien führt durch die Freisetzung des → Cytokins TNF-α häufig zu einem sogenannten septischen Schock.

Die **septische Granulomatose** ist eine Immunschwächekrankheit, bei der sich aufgrund einer unzureichenden Zerstörung von Bakterien durch phagocytierende Zellen zahlreiche Granulomen bilden. Ursache ist ein Defekt im NADPH-Oxidasesystem der Enzyme, welche die für die Abtötung der Bakterien wichtigen Superoxidradikale bilden.

Ein **Sequenzmotiv** ist eine Abfolge von Nucleotiden oder Aminosäuren, die in verschiedenen Genen oder Proteinen vorkommt, welche oft ähnliche Funktionen haben. Peptide, die an ein bestimmtes MHC-Glykoprotein binden, besitzen Sequenzmotive, weil sie bestimmte Aminosäuren enthalten müssen, um das betreffende MHC-Molekül binden zu können.

Bei **serologischen Tests** weist man mit Hilfe von Antikörpern Antigene nach und ermittelt so ihre Menge. Die Tests tragen diese Bezeichnung, weil man sie ursprünglich mit Serum, der flüssigen Fraktion des geronnenen Blutes immunisierter Individuen, durchgeführt hat.

Serotonin ist das wichtigste vasoaktive Amin. In den Granula der Mastzellen von Nagetieren kommt es in besonders großer Menge vor.

Serum ist die flüssige Fraktion von geronnenem Blut.

Zu einer **Serumkrankheit** kommt es nach der Injektion von fremdem Serum oder fremden Serumproteinen. Ursache ist die Bildung von → Immunkomplexen aus den injizierten Proteinen und den gegen diese gebildeten Antikörpern. Charakteristische Symptome sind Fieber, Gelenkschmerzen und Nephritis.

Durch **somatische Hypermutation** in den Genen für die V-Region werden bei der Reaktion von B-Zellen auf Antigene eine Vielzahl verschiedener Antikörper gebildet, von denen einige mit erhöhter Affinität binden. Auf diese Weise kann die Affinität der Antikörperreaktion zunehmen. Diese Mutationen betreffen nur somatische Zellen und werden nicht über die Keimbahn weitervererbt.

Die Theorie der **somatischen Mutation** besagte, daß es nur ein einziges Gen für Antikörper gibt, welches in den einzelnen Körperzellen somatischen Mutationen unterliegt und so die Vielfalt von Antikörpern codiert.

Durch **somatische Rekombination** der einzelnen Gensegmente für Immunrezeptoren während der Lymphocytenreifung entstehen die vollständigen Exons, welche die V-Region jeder Antikörper- oder T-Zell-Rezeptorkette codieren. Dieser Vorgang läuft nur in somatischen Zellen ab, und die Veränderungen werden dementsprechend nicht vererbt.

Staphylokokken-Enterotoxine verursachen Lebensmittelvergiftungen und stimulieren darüber hinaus viele T-Zellen, indem sie an MHC-Klasse-II-Moleküle und an die V$_β$-Domäne der T-Zell-Rezeptoren binden. Die Staphylokokken-Enterotoxine wirken also als → Superantigene.

Superantigene sind Moleküle, die durch Bindung an MHC-Klasse-II-Moleküle und an V$_β$-Domänen von T-Zell-Rezeptoren eine Untergruppe der T-Zellen aktivieren. Sie stimulieren dadurch die Aktivierung von T-Zellen, die bestimmte V$_β$-Gensegmente exprimieren.

Beim Isotyp- oder → Klassenwechsel unterliegt das aktive Exon für die V-Region der schweren Ketten einer somatischen Rekombination mit einem 3' in der sogenannten *switch*-Region liegenden Gen für die konstante Region der schweren Ketten. Die Verknüpfung muß dabei nicht an einer bestimmten Stelle erfolgen, da sie innerhalb eines Introns liegt. Deswegen sind alle *switch*-Rekombinationen produktiv.

Von **sympathischer Ophthalmie** spricht man, wenn bei einer Schädigung des einen Auges auch das andere Auge durch eine Autoimmunreaktion beeinträchtigt wird.

Ein **syngenes Transplantat** ist ein Transplantat von einem genetisch identischen Spender. Es wird vom Immunsystem nicht als fremd erkannt.

Die **systemische Anaphylaxie** ist die gefährlichste Form einer → Überempfindlichkeitsreaktion vom Soforttyp. Dabei werden durch Antigene im Blut Mastzellen im gesamten Körper aktiviert. Dies führt zu einer weitverbreiteten Gefäßerweiterung, zu Ansammlungen von Gewebeflüssigkeit, zur Anschwellung des Kehldeckels und oft zum Tod.

Systemische Autoimmunerkrankungen beruhen auf der Produktion von Antikörpern gegen häufige körpereigene Antigene. Die Ursache der meisten Krankheitssymptome bei systemischen Autoimmunerkrankungen ist die Ablagerung von Immunkomplexen im Körper. Das klassische Beispiel für eine systemische Autoimmunerkrankung ist der systemische Lupus erythematodes, bei dem Autoantikörper gegen DNA, RNA und Proteine gemeinsam mit Nucleinsäuren Immunkomplexe bilden, die kleine Blutgefäße beschädigen.

TAP-1 und **TAP-2** sind Transportproteine, die bei der Prozessierung von Antigenen eine Rolle spielen. Sie binden ATP und wirken beim Transport kurzer Peptide aus dem Cytosol in das Lumen des endoplasmatischen Reticulums mit. Hier lagern sich die Peptide an neusynthetisierte MHC-Klasse-I-Moleküle an und vervollständigen somit ihre Struktur. TAP-1 und TAP-2 sind für die korrekte Expression von MHC-Klasse-I-Molekülen notwendig.

Das **tat-Protein** ist das Produkt des *tat*-Gens des → menschlichen Immunschwächevirus (HIV). Es wird bei der Aktivierung latent infizierter Zellen exprimiert und bindet an transkriptionsverstärkende Enhancersequenzen in der langen endständigen Wiederholungssequenz des Provirus. Dadurch verstärkt es die Transkription des proviralen Genoms.

Die **terminale Desoxynucleotidyltransferase (TdT)** fügt → N-Nucleotide in die Verbindungssequenzen zwischen den Gensegmenten für die V-Region der → schweren Ketten der T-Zell-Rezeptoren und → Immunglobuline ein. Diese N-Nucleotide tragen erheblich zu der Vielfalt der V-Regionen bei.

Das Komplementsystem kann direkt oder über Antikörper aktiviert werden. Die beiden Wege der Komplementaktivierung laufen jedoch auf der Stufe der **terminalen Komplementkomponenten**, die den membrangreifenden Komplex bilden, zusammen.

Eine **tertiäre Immunantwort** ist die Reaktion auf ein zum dritten Mal injiziertes Antigen. Die Injektion bezeichnet man als tertiäre Immunisierung.

T-Helferzellen → CD4-T-Helferzellen.

Thymektomie ist die chirurgische Entfernung des Thymus.

Thymocyten sind lymphatische Zellen im Thymus. Dabei handelt es sich hauptsächlich um heranreifende T-Zellen, wenn auch einige Thymocyten bereits funktionsfähig sind.

Der **Thymus** ist ein lymphoepitheliales Organ. Er ist der Ort der T-Zell-Entwicklung und liegt im oberen Teil des Brustkorbs, direkt hinter dem Brustbein. Der Thymus besteht aus zwei Lappen und diese wiederum aus zahlreichen Lobuli, die jeweils von einem Cortex umgeben sind. Im Cortex findet die Proliferation der Vorläuferzellen statt, die Umordnung der Gene für den T-Zell-Rezeptor und die Selektion der sich entwikkelnden T-Zellen, besonders die positive Selektion der Epithelzellen des Thymuscortex. Das Thymusstroma besteht aus Epithel- und Bindegewebszellen. Diese beiden Zelltypen bilden die notwendige Mikroumgebung für die Entwicklung der T-Zellen.

Sogenannte **thymusabhängige Antigene** oder **TD-Antigene** (für *thymus-dependent*) lösen nur bei solchen Tieren oder Menschen eine Immunreaktion aus, die T-Zellen besitzen. Andere Antigene können dies auch, wenn keine T-Zellen vorhanden sind. Solche Antigene heißen daher auch **thymusunabhängige** oder **TI-Antigene** (für *thymus-independent*). Es gibt zwei Typen von TI-Antigenen: Die TI-1-Antigene besitzen die intrinsische Fähigkeit zur Aktivierung von B-Zellen, während die TI-2-Antigene viele identische Epitope besitzen und die B-Zellen anscheinend durch Vernetzen der B-Zell-Rezeptoren aktivieren.

Die **thymusabhängigen T-Lymphocyten** sind Lymphocyten, die sich nicht entwickeln können, wenn kein Thymus vorhanden ist. Gebräuchliche Abkürzungen für diese Zellen sind → T-Zellen oder T-Lymphocyten.

T-Killerzellen → cytotoxische T-Zellen.

T-Lymphocyten → T-Zellen.

Als **Toleranz** bezeichnet man die Unfähigkeit, auf ein Antigen zu reagieren. Die Toleranz gegenüber körpereigenen Antigenen ist eine zentrale Eigenschaft des Immunsystems. Ist diese Toleranz nicht gegeben, kann das Immunsystem körpereigenes Gewebe zerstören, wie es bei Autoimmunerkrankungen geschieht (→ zentrale Toleranz, → periphere Toleranz, → Selbst-Toleranz).

Die **Tonsillae palatinae** sind beidseitig des Pharynx liegende, mandelförmige Ansammlungen lymphatischer Zellen. Sie sind Teil des → mucosa- oder darmassoziierten Immunsystems.

Das ***toxic shock syndrome*-Toxin-1 (TSST-1)** ist ein bakterielles Superantigen. Es wird von *Staphylococcus aureus* sezerniert und verursacht die Staphylokokkentoxikose.

Toxoide sind inaktivierte Toxine, die zwar nicht mehr toxisch, aber noch immer immunogen sind. Sie eignen sich daher gut zur Immunisierung.

Als **Transcytose** bezeichnet man den aktiven Transport von Molekülen durch Epithelzellen. Die Transcytose von IgA-Molekülen durch Darmepithelzellen erfolgt in Vesikeln, die an der basolateralen Membran gebildet werden. Nach ihrer Wanderung durch die Zelle fusionieren sie mit der apikalen Membran und entleeren sich in das Darmlumen.

Transfektion ist das Einschleusen von kleinen DNA-Fragmenten in Zellen. Wird die DNA exprimiert, ohne daß sie zuvor ins Wirtsgenom integriert wurde, so spricht man von einer vorübergehenden Transfektion. Integriert die DNA in das Genom, dann wird sie immer zusammen mit der DNA der Wirtszelle repliziert. In diesem Fall liegt eine stabile Transfektion vor.

Durch **Transgenese** lassen sich fremde Gene ins Mausgenom einschleusen. Dabei entstehen transgene Mäuse an denen man die Funktion des fremden Gens oder Transgens sowie seine Regulation untersuchen kann.

Als **Transplantation** bezeichnet man die Übertragung von Organen oder Geweben von einem Individuum auf ein anderes. Die Transplantate können vom Immunsystem des Empfängers abgestoßen werden, sofern er nicht tolerant gegenüber den Antigenen des Fremdgewebes ist oder → Immunsuppressiva eingesetzt werden.

T-Suppressorzellen sind T-Zellen, die im Gemisch mit naiven T-Zellen oder T-Effektorzellen deren Aktivität unterdrücken. Die Eigenschaften der T-Suppressorzellen sind bisher nicht genau bekannt. Auch weiß man nicht, auf welche Weise sie Antigene erkennen und wie sie aktiviert werden.

Beim **Tuberkulintest** wird ein aufgereinigtes Proteinderivat aus *Mycobacterium tuberculosis*, dem Erreger der Tuberkulose, subkutan injiziert. Das Derivat, auch PPD (von *purified protein derivative*) genannt, löst bei Menschen, die bereits Tuberkulose hatten oder dagegen immunisiert worden sind, eine → Überempfindlichkeitsreaktion vom verzögerten Typ aus.

Tuberkuloide Lepra → Lepra.

Die **Tumorimmunologie** befaßt sich mit der Erforschung der Immunreaktionen gegen Tumoren, meist mit Hilfe von Tumortransplantationen. In syngene Empfänger transplantierte Tumoren können entweder ungestört wachsen oder durch T-Zellen erkannt und abgestoßen werden. Die T-Zellen erkennen dabei sogenannte tumorspezifische Transplantationsantigene (TSTAs). Das sind Peptide aus mutierten oder überexprimierten zellulären Proteinen, die an MHC-Klasse-I-Moleküle auf der Oberfläche der Tumorzellen gebunden sind.

Tyrosinkinasen sind Enzyme, die die Anlagerung von Phosphatgruppen an Tyrosinreste in Proteinen katalysieren. Sie spielen eine wichtige Rolle bei der Signalübertragung und der Regulation des Zellwachstums.

Bei **T-Zellen** oder **T-Lymphocyten** handelt es sich um Lymphocyten, die im Thymus heranreifen und für die heterodimere Rezeptoren charakteristisch sind, die mit den Proteinen des CD3-Komplexes assoziiert sind. Die meisten T-Zellen tragen → $\alpha{:}\beta$-heterodimere Rezeptoren. Nur $\gamma{:}\delta$-T-Zellen tragen → $\gamma{:}\delta$-heterodimere Rezeptoren.

T-Zell-Hybride erhält man durch Fusion spezifischer, aktivierter T-Zellen mit T-Zell-Lymphomzellen. Die Hybridzellen exprimieren den Rezeptor der ursprünglichen T-Zelle und vermehren sich unbegrenzt.

T-Zell-Klone → klonierte T-Zell-Linien.

T-Zell-Linien sind T-Zell-Kulturen, die unter wiederholter Stimulierung durch Antigene und antigenpräsentierende Zellen gezüchtet wurden. Kultiviert man einzelne Zellen aus diesen Linien weiter, so erhält man T-Zell-Klone oder → klonierte T-Zell-Linien.

Der **T-Zell-Rezeptor** ist ein Heterodimer aus je einer hochvariablen α- und β-Kette, die über Disulfidbrücken miteinander verbunden und im Komplex mit den CD3-Ketten in die Zellmembran eingelagert sind. Eine Untergruppe der T-Zellen trägt einen Rezeptor auf der Oberfläche, der aus variablen γ- und δ-Ketten im Komplex mit CD3 besteht.

Überempfindlichkeitsreaktionen sind Immunantworten auf harmlose Antigene. Bei erneutem Kontakt mit dem Antigen führen sie zu symptomatischen Reaktionen. Man teilt sie nach ihrem Mechanismus ein: dem Typ I liegt die Aktivierung von Mastzellen durch IgE-Antikörper zugrunde, an Typ II sind IgG-Antikörper gegen Zelloberflächen- oder Matrixantigene beteiligt, Typ III beruht auf Antigen:Antikörper-Komplexen, und Typ IV wird durch T-Zellen vermittelt.

Überempfindlichkeitsreaktionen vom Soforttyp treten innerhalb von Minuten nach dem Kontakt mit einem Antigen ein. Sie werden durch Antikörper vermittelt. Bei der → Überempfindlichkeit vom verzögerten Typ dagegen kommt es erst Stunden oder gar Tage nach dem Antigenkontakt zu einer Immunreaktion. Sie wird in diesem Fall von T-Zellen verursacht.

Die **Überempfindlichkeit vom verzögerten Typ** beruht auf einer → zellulären Immunantwort, die durch Antigene in der Haut ausgelöst wird. Sie wird durch → inflammatorische CD4-T-Zellen vermittelt. Als verzögert bezeichnet man die Reaktion, weil sie erst Stunden oder Tage nach der Injektion des Antigens eintritt. Sie unterscheidet sich darin von der → Überempfindlichkeit vom Soforttyp, bei der die Hautreaktion bereits Minuten nach der Injektion zu beobachten ist.

Ungeprägte Lymphocyten → naive Lymphocyten.

Unproduktive Rekombinationen entstehen oft bei der Umordnung der Gene für die B- und T-Zell-Rezeptoren, wenn aufgrund eines verschobenen Leserasters keine funktionsfähigen Proteine gebildet werden können.

Unreife B-Zellen sind B-Zellen, bei denen bereits eine Umordnung der Gene für die V-Region der schweren und leichten Ketten stattgefunden hat. Sie exprimieren IgM-Rezeptoren auf ihrer Oberfläche, sind aber noch nicht ausreichend weit gereift, um auch einen IgD-Oberflächenrezeptor zu exprimieren.

Urticaria oder Nesselsucht ist eine → Überempfindlichkeitsreaktion der Haut und der Schleimhäute. Typische Symptome sind juckende Quaddeln, zum Teil auch Bläschenbildung und Fieber.

Das **Vacciniavirus**, ein Kuhpockenvirus, war der allererste wirksame Impfstoff. Es verursacht beim Menschen eine sehr schwache Infektion, die zur Resistenz gegen das menschliche Pockenvirus (Variola) führt.

Die **Valenz** eines Antikörpers oder eines Antigens ist die Anzahl verschiedener Moleküle, die er oder es gleichzeitig binden kann.

Die **Variabilität** eines Proteins beruht auf den Unterschieden in den Aminosäuresequenzen von verschiedenen Varianten dieses Proteins. Die am stärksten variablen Proteine, die wir kennen, sind die Antikörper und T-Zell-Rezeptoren.

Variabilitätsplot → Wu-und-Kabat-Plot.

Variable Gensegmente → V-Gensegmente.

Der **variable Immundefekt** *(common variable immunodeficiency)* ist eine verhältnismäßig häufige Krankheit, die auf einem Defekt der Antikörperproduktion beruht. Wie sie entsteht, weiß man noch nicht. Man hat jedoch einen engen Zusammenhang mit Genen festgestellt, die im Bereich der MHC-Gene auf dem Genom liegen.

Als **variable Region** oder **V-Region** eines Immunrezeptors bezeichnet man seine aminoterminale Domäne, die während der Lymphocytenreifung durch Rekombination der V-, D- und J-Gensegmente entsteht.

Vaskuläre Adressine sind Moleküle auf Endothelzellen, an die Adhäsionsmoleküle der Leukocyten binden. Sie spielen eine wichtige Rolle beim selektiven → *homing* der Leukocyten in bestimmte Körperregionen.

Die Hypothese der **veränderten Liganden** (*altered ligand hypothesis*) erklärt die positive Selektion der sich entwickelnden T-Zellen im → Thymus. Sie besagt, daß die MHC-Moleküle im Thymus andere Peptide präsentieren als die → antigenpräsentierenden Zellen in peripheren lymphatischen Geweben. Daher werden die im Thymus selektierten T-Zellen von den antigenpräsentierenden Zellen in diesen peripheren Geweben nicht stimuliert und auch nicht zerstört.

Als **Verankerungsreste** (*anchor residues*) bezeichnet man die Seitenketten bestimmter Aminosäuren der Peptidfragmente von Antigenen. Sie binden sich in Taschen, die die Wand der Peptidbindungsstelle der MHC-Klasse-I-Moleküle auskleiden. Die einzelnen MHC-I-Moleküle binden verschiedene Muster von Verankerungsresten. Das führt zu einer gewissen Spezifität der Peptidbindung. Bei Peptiden, die an MHC-Klasse-II-Moleküle binden, sind Verankerungsreste weniger gut definierbar.

Die **verkäsende Nekrose** ist eine Form der Nekrose, die im Zentrum von großen Granulomen, wie etwa bei der Tuberkulose, auftritt. Die Bezeichnung geht auf das weißlich-käsige Erscheinungsbild des zentralen nekrotischen Areals zurück.

Die *very late antigens* (**VLAs**) gehören zu der Familie der β_1-Integrine, die an Zell-Zell- und Zell-Matrix-Wechselwirkungen beteiligt sind. Einige VLAs spielen bei der Wanderung der Leukocyten und Lymphocyten eine Rolle.

Vesikel sind kleine, membranumhüllte Kompartimente im Cytosol.

Die **V-Gensegmente** enthalten die Information für die ersten 95 Aminosäuren der variablen Domänen der Immunglobuline und T-Zell-Rezeptoren. Ein V-Gensegment muß sich mit einem J- oder einem DJ-Gensegment zu einem vollständigen Exon für eine V-Domäne verbinden, bevor eine funktionsfähige Rezeptorkette exprimiert werden kann. Die variable oder V-Region einer Rezeptorkette paart sich dann mit einer anderen V-Region oder V-Domäne zu einem vollständigen Immunglobulin oder einem vollständigen T-Zell-Rezeptor.

Viren sind Partikel mit einem Genom aus Nucleinsäuren, die sich nur in lebenden Zellen vermehren können, da sie keinen eigenen Stoffwechsel besitzen.

Virion ist die Bezeichnung für die Form eines Virus, in der es sich von Zelle zu Zelle oder von einem Individuum zum nächsten ausbreitet.

VLAs → *very late antigens*.

Bei einem **Western Blot** überträgt man gelelektrophoretisch aufgetrennte Proteine auf einen Nitrocellulosefilter, um anschließend mit Hilfe von markierten Antikörpern ein bestimmtes Protein sichtbar zu machen.

Beim **Wiskott-Aldrich-Syndrom** handelt es sich um eine angeborene Immunschwächeerkrankung, bei der keine funktionsfähigen Antikörper gegen Polysaccharidantigene gebildet werden. Der zugrundeliegende Gendefekt ist noch unbekannt. Patienten mit einem Wiskott-Aldrich-Syndrom sind besonders anfällig für Infektionen mit eitererregenden Bakterien.

Beim **Wu-und-Kabat-Plot** oder Variabilitätsplot trägt man die Variabilität der Aminosäuren gegen die Nummer des jeweiligen Aminosäurebausteins eines Proteins auf. Die Variabilität entspricht dabei der Anzahl der verschiedenen Aminosäuren, die an der entsprechenden Position vorkommen können, geteilt durch die Häufigkeit der am meisten vorkommenden Aminosäure.

Tiere, die verschiedenen Arten angehören, sind **xenogen**.

Die **X-gekoppelte Agammaglobulinämie** ist eine genetisch bedingte Erkrankung, bei der die Entwicklung der B-Zellen im Stadium der → Prä-B-Zellen endet, also keine reifen B-Zellen oder Antikörper gebildet werden. Die Krankheit beruht auf einem Defekt in dem Gen für die Bruton-Tyrosinkinase (BTK).

Das **X-gekoppelte Hyper-IgM-Syndrom** ist eine Erkrankung, bei der nur wenige oder überhaupt keine IgG-, IgE- oder IgA-Antikörper gebildet werden und auch keine IgM-Reaktionen stattfinden. Der IgM-Spiegel im Serum ist jedoch normal oder sogar erhöht. Ursache der Krankheit ist ein Defekt des Gens für den CD40-Liganden, das Zelloberflächenprotein gp39.

Beim **X-gekoppelten schweren Immundefekt (X-gekoppelten SCID)** endet die Entwicklung der T-Zellen bereits in einem frühen Stadium im Thymus. Dann werden weder reife T-Zellen noch T-Zell-abhängige Antikörper gebildet. Die Erkrankung beruht auf einem Defekt in einem Gen, das einige der Rezeptoren für verschiedene → Cytokine codiert.

Die **zelluläre Immunantwort** umfaßt alle → adaptiven Immunreaktionen, bei denen antigenspezifische T-Zellen eine zentrale Rolle spielen. Dazu zählen zum Beispiel sämtliche Bestandteile des adaptiven Immunsystems, die nicht mit den Serumantikörpern – den Hauptbestandteilen der humoralen Immunantwort – auf einen nichtimmunen Empfänger übertragen werden können.

Die **zelluläre Immunologie** befaßt sich mit den zellulären Grundlagen der Immunität.

In den **zentralen lymphatischen Organen** entwickeln sich die Lymphocyten. Beim Menschen entstehen die B-Zellen im → Knochenmark, während sich die T-Zellen im → Thymus aus Vorläuferzellen bilden, die ihrerseits dem Knochenmark entstammen.

Unter **zentraler Toleranz** versteht man die Immuntoleranz von Lymphocyten, die sich in den → zentralen lymphatischen Organen entwickeln (→ periphere Toleranz).

Die Funktion der T-Effektorzellen ermittelt man immer anhand der Veränderungen, die sie in antigentragenden **Zielzellen** (*target cells*) hervorrufen. Dies können B-Zellen sein, die sie zur Produktion von Antikörpern anregen, Makrophagen, die sie stimulieren, Bakterien oder Tumorzellen abzutöten, oder andere gekennzeichnete Zellen, die durch cytotoxische T-Zellen zerstört werden.

Bei der **zweidimensionalen Gelelektrophorese** trennt man Proteine zunächst durch → isoelektrische Fokussierung auf und anschließend noch einmal durch eine rechtwinklig zu dieser ausgerichtete → SDS-PAGE. Auf diese Weise lassen sich sehr viele verschiedene Proteine identifizieren.

Biographien

Emil von Behring (1854–1917) entdeckte gemeinsam mit Shibasaburo Kitasato die Antitoxin-Antikörper.

Baruj Benacerraf (* 1920) entdeckte für die Immunreaktion verantwortliche Gene und wirkte beim ersten Nachweis der MHC-Restriktion mit.

Jules Bordet (1870–1961) entdeckte die Komplementproteine als eine hitzelabile Komponente des normalem Serums, welche die antimikrobielle Wirkung bestimmter Antikörper verstärkte.

Frank Macfarlane Burnet (1899–1985) schlug die erste allgemein akzeptierte Hypothese zur klonalen Selektion bei der adaptiven Immunität vor.

Jean Dausset (* 1916) war einer der Pioniere bei der Untersuchung des menschlichen MHC oder HLA.

Gerald Edelman (* 1929) trug wesentlich zur Aufklärung der Immunglobulinstruktur bei. Unter anderem entschlüsselte er die erste vollständige Sequenz eines Antikörpermoleküls.

Paul Ehrlich (1854–1915) war ein führender Verfechter von Theorien der humoralen Immunität. Er stellte die berühmte Seitenkettentheorie zur Antikörperbildung auf, die verblüffende Ähnlichkeiten zu den aktuellen Vorstellungen über Oberflächenrezeptoren aufweist.

James Gowans (* 1924) entdeckte, daß die adaptive Immunität durch Lymphocyten vermittelt wird, und lenkte damit die Aufmerksamkeit der Immunologen auf diese kleinen Zellen.

Michael Heidelberger (1888–1991) entwickelte den quantitativen Präzipitintest und leitete damit das Zeitalter der quantitativen Immunologie ein.

Edward Jenner (1749–1823) beschrieb erstmals den erfolgreichen Schutz von Menschen vor einer Pockeninfektion durch Impfung mit dem Kuhpocken- oder Vacciniavirus. Damit begründete er die Immunologie.

Niels Jerne (1911–1994) entwickelte den hämolytischen Plaque-Test und einige wichtige immunologische Theorien, darunter eine frühe Version der klonalen Selektion, die Vorhersage, daß die Lymphocytenrezeptoren auf eine MHC-Erkennung hin ausgerichtet sind, und die Theorie des idiotypischen Netzwerks.

Shibasaburo Kitasato (1892–1931) entdeckte gemeinsam mit Emil von Behring die Antitoxin-Antikörper.

Robert Koch (1843–1910) stellte die Kriterien zur Charakterisierung einer Infektionskrankheit auf, die man auch als die Kochschen Postulate bezeichnet.

Georges Köhler (* 1946) gelang zusammen mit Cesar Milstein erstmals die Herstellung monoklonaler Antikörper mit Hilfe von antikörperbildenden Hybridzellen.

Karl Landsteiner (1868–1943) entdeckte die Blutgruppenantigene des AB0-Systems. Außerdem führte er mit Hilfe von Haptenen als Modellantigenen detaillierte Untersuchungen zur Spezifität der Antikörperbindung durch.

Peter Medawar (1915–1987) wies mit Hilfe von Hauttransplantaten nach, daß die Toleranz ein erworbenes Merkmal lymphatischer Zellen ist, und belegte damit eine wichtige Aussage der Theorie der klonalen Selektion.

Elie Metchnikoff (1845–1916) war der erste Verfechter der zellulären Immunologie. Er untersuchte vor allem die zentrale Rolle der Phagocyten bei der Immunabwehr.

Cesar Milstein (* 1927) gelang zusammen mit Georges Köhler erstmals die Herstellung monoklonaler Antikörper mit Hilfe von antikörperbildenden Hybridzellen.

Louis Pasteur (1822–1895) war ein französischer Mikrobiologe und Immunologe, der das erstmals von Jenner untersuchte Konzept der Immunisierung bestätigte. Er entwickelte Impfstoffe gegen Hühnercholera und Tollwut.

Rodney Porter (1920–1985) entdeckte die Polypeptidstruktur der Antikörpermoleküle und lieferte damit die Grundlage für ihre Analyse durch Proteinsequenzierung.

George Snell (* 1903) entschlüsselte die Genetik des MHCs der Maus und stellte die congenen Stämme her, die zu seiner biologischen Untersuchung notwendig waren. Er legte damit den Grundstein für unser gegenwärtiges Verständnis der Bedeutung des MHC für die Biologie der T-Zellen.

Susumu Tonegawa (* 1939) entdeckte die somatische Rekombination der Gene für immunologische Rezeptoren, die der Vielfalt der Antikörper und T-Zell-Rezeptoren von Mäusen und Menschen zugrunde liegt.

Bildnach-weise

Der Abdruck der hier aufgeführten Photographien erfolgte jeweils mit freundlicher Genehmigung der Zeitschrift, in der sie ursprünglich veröffentlicht wurden.

1.14 Aus *J Exp Med* 1972, **135**:200–219. Mit Genehmigung der Rockefeller University Press.
1.25 Aus *J Exp Med* 1989, **169**:893–907. Mit Genehmigung der Rockefeller University Press.

2.24 Aus *Nature* 1990, **343**:133–139 © 1990 Macmillan Magazines Ltd.

3.5 Aus *Adv Immunol* 1969, **11**:1–30.
3.10 Teilbilder a und b aus *Science* 1990, **248**:712–719. © 1990 AAAS. Teilbild c aus *Structure* 1993, **1**:83–93.
3.11 Aus *Science* 1985, **229**:1358–1365. © 1985 AAAS.
3.12 Aus *Nature* 1990, **348**:254–257. © 1990 Macmillan Magazines Ltd.
3.15 Aus *Science* 1986, **233**:747–753. © 1986 AAAS.
3.35 (oben) Aus *Eur J Immunol* 1988, **18**:1001–1008.

4.5 Aus *J Biochem* 1988, **263**:10541–10544.
4.6 Teilbild a aus *Nature* 1987, **329**:506–512. Teilbild b aus *Nature* 1991, **353**:321–325. © 1987 für beide Macmillan Magazines Ltd.

6.23 Aus *Science* 1990, **250**:1720–1723. © 1990 AAAS.

7.30 Aus Henkart, P. A.; Martz, E. (Hrsg.) *Second International Workshop on Cell Mediated Cytotoxicity.* New York (Plenum Press) 1985, S. 99–119.
7.37 Aus *Eur J Immunol* 1989, **19**:1253–1259.
7.38 Teilbilder a und b aus Henkart, P. A.; Martz, E. (Hrsg.) *Second International Workshop on Cell Mediated Cytotoxicity.* New York (Plenum Press) 1985, S. 99–119. Teilbild c aus *Immunol Today* 1985, **6**:21–27.

8.36 Aus *Essays in Biochem* 1986, **22**:27–68.
8.37 Aus *Eur J Immunol* 1988, **18**:1001–1008.
8.51 Aus *Blut* 1990, **60**:309–318.

9.15 (oben) Aus *Nature* 1993, **367**:338–345. © 1994 Macmillan Magazines Ltd. (unten) Aus *J Immunol* 1990, **144**:2287–2294. © 1990, The Journal of Immunology.
9.39 (links) Aus *J Immunol* 1985, **134**:1349–1359. © 1985 The Journal of Immunology.

9.39 (mitte, rechts) Aus *Annu Rev Immunol* 1989, **7**:91–109. © 1990 Annual Reviews Inc.

10.5 Aus *Int Rev Exp Pathology* 1986, **28**:45–78. © mit Genehmigung von Academic Press.

10.23 © Boehringer Ingelheim International GmbH.

11.27 (oben links) Aus *Cell* 1989, **59**:247. © by Cell Press. (unten links) Aus *J Neurosci Res* 1993, **36**:432–440. © 1993, mit Genehmigung von Wiley-Liss.

11.38 Aus *J Exp Med* 1992, **176**:1355–1364. Mit Genehmigung der Rockefeller University Press.

12.30 Aus Herberman, R. B. (Hrsg.) *Mechanisms of Cytotoxicity by Natural Killer Cells.* New York (Academic Press) 1985, S. 195. © mit Genehmigung von Academic Press.